Springer-Lehrbuch

Bernd Sauer

(Hrsg.)

Konstruktionselemente des Maschinenbaus 2

Grundlagen von Maschinenelementen für Antriebsaufgaben

8. Auflage

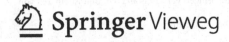

Hrsg.
Prof. Dr.-Ing. Bernd Sauer
Lehrstuhl für Maschinenelemente und
Getriebetechnik
Technische Universität Kaiserslautern
Kaiserslautern, Deutschland

ISSN 0937-7433
ISBN 978-3-642-39502-4   ISBN 978-3-642-39503-1 (eBook)
https://doi.org/10.1007/978-3-642-39503-1

Die Deutsche Nationalbibliothek verzeichnet diese Publikation in der Deutschen Nationalbibliografie; detaillierte bibliografische Daten sind im Internet über http://dnb.d-nb.de abrufbar.

Springer-Vieweg

Springer Vieweg ist ein Imprint der eingetragenen Gesellschaft Springer-Verlag GmbH, DE und ist ein Teil von Springer Nature.
Die Anschrift der Gesellschaft ist: Heidelberger Platz 3, 14197 Berlin, Germany

Vorwort zur achten Auflage

Die vorliegenden zwei Lehrbücher „Konstruktionselemente des Maschinenbaus" sind aus den Büchern „Maschinen- und Konstruktionselemente" von Prof. Steinhilper und Prof. Röper entstanden. Die ersten Auflagen der damaligen Bände 1 bis 3 erschienen 1982, 1990 und 1994. Ein vierter Band war von Prof. Steinhilper geplant, konnte aber aufgrund seines frühen Todes nicht mehr vollendet werden. In Würdigung der besonderen Verdienste der Herren Professoren Röper und Steinhilper und wegen des Wertes der Bücher für die universitäre Ausbildung wurde am Standort Kaiserslautern 2001 der Entschluss gefasst, die Bücher weiterzuentwickeln.

Zur Weiterführung der Bücher wurde ein neues Konzept realisiert. Die Bücher sollten von einem Autorenteam weiterentwickelt und gepflegt werden. Der Grundgedanke dabei war und ist, dass durch die Mitwirkung von weiteren ausgewiesenen Fachleuten noch mehr Kompetenz in die Abfassung der Inhalte fließt. Weiterhin hat sich gezeigt, dass das Autorenteam hinsichtlich der Inhalte ein hervorragendes Diskussionsforum bietet, das auch dazu dient, die Lehrinhalte über mehrere Universitätsstandorte zu harmonisieren. So entstand ein Team, das mit viel Engagement und Einsatz die heute vorliegenden zwei Lehrbücher und ein Übungsbuch erarbeitet haben.

Zur Bedeutung des Inhaltes der Lehrbücher seien einige Gedanken aus dem ersten Vorwort von Prof. Steinhilper aus dem Jahr 1982 wiedergeben: Mit der Ingenieurtätigkeit verbindet sich primär die schöpferische Gestaltung technischer Systeme, und sie wird maßgebend gekennzeichnet durch das Konstruieren, d. h. das Auffinden von Zielvorgaben und deren Verwirklichung durch logische, physikalische und konstruktive Wirkzusammenhänge.

Die sich heute abzeichnenden Veränderungen im Ingenieurberuf verlangen eine stärkere Gewichtung der Grundlagen und eine gegenüber dem früher Üblichen weiter auszubauende Methodenlehre. Da eine speziellere Kenntnisvermittlung nur noch exemplarisch erfolgen kann, ist eine verstärkte Ausbildung in den Grundlagenfächern unerlässlich und dies zu unterstützen, ist ein wesentliches Anliegen der vorliegenden Lehrbücher, die einerseits die Grundlagenausbildung unterstützen und andererseits auch dem Ingenieur in der Praxis als Nachschlagewerk dienen mögen.

Gerade aus dieser Sicht kommt den Konstruktionselementen als Basis für das Konstruieren eine herausragende Rolle zu. Dem widerspricht nicht die sicher zu pauschale Ansicht, dass „die Elemente nur in der Lehre für Dimensionierungsaufgaben nützlich sind, in der

Praxis aber aus den Katalogen der Herstellerfirmen entnommen werden". Tatsächlich sind Konstruktionselemente die technische Realisierung physikalischer Effekte und weiterer Wirkzusammenhänge im Einzelelement oder im technischen Teilsystem mit noch überschaubarer Komplexität. Sie fördern das Verständnis für die wesentlichen Merkmale höherer technischer Strukturen, lassen erkennen, auf welcher physikalischen, logischen und technischen Systematik sie beruhen, die zum Gesamtverhalten führt, und schaffen somit überhaupt erst die Voraussetzungen zur Konstruktion und Entwicklung eines Produktes.

Während der Bearbeitung der beiden neuen Lehrbuchbände und der Schaffung des neuen Übungsbuches sind die Autoren von einigen tatkräftigen Helfern unterstützt worden, die hier nicht ungenannt bleiben sollen:

- In Karlsruhe haben die Herren Dipl.-Ingenieure Jochen Kinzig und Matthias Behrendt bei den Kap. 5, 13 und 14 (Elastische Elemente, Federn; Einführung in Antriebssysteme; Kupplungen und Bremsen) tatkräftig mitgewirkt.
- Zum Kap. 6 (Schraubenverbindungen) hat Herr Prof. Friedrich, Universität Siegen, wichtige Beiträge bei der inhaltlichen Überarbeitung geleistet.
- In Kaiserslautern hat Herr Prof. Geiß einen Textbeitrag zum Themengebiet „Kleben" beigesteuert, der in Kap. 8 aufgenommen worden ist.
- In Magdeburg wurden die Arbeiten am Kap. 16 (Zugmittelgetriebe) durch Herr Dr. Wolfgang Mücke maßgeblich unterstützt.

Allen Mitwirkenden sei für die Unterstützung und das eingebrachte Engagement an dieser Stelle sehr herzlich gedankt.

Zwei Hinweise sollen hier noch gegeben werden:

Der heutige Produktentwicklungsprozess ist vielmehr durch moderne Kommunikation und Informationsbeschaffung gekennzeichnet als in früheren Jahren. Daraus leitet sich ab, dass jeder Ingenieur und jede Ingenieurin die Pflicht hat sich während eines Produktentwicklungsprozesses fortwährend über den aktuellen Stand von Normen und Vorschriften zu informieren, deren ständige Aktualisierung nicht das Ziel und die Absicht eines Lehrbuches sein kann.

Weiter möchten die Autoren darauf hinweisen, dass bei der Abfassung des Textes zur Vereinfachung und aus Platzgründen darauf verzichtet worden ist, jeweils beide Geschlechter zu nennen. Gemeint ist z. B. mit einer Formulierung „der Konstrukteur" natürlich „die Konstrukteurin und der Konstrukteur"! Alle Autoren bitten um Verständnis für diese verkürzte Schreibweise.

Die nun vorliegende 8. Auflage des Bandes 2 stellt eine überarbeitete Fassung der 7. Auflage dar, nachdem die 5. Auflage eine vollständige Neubearbeitung lieferte. Die beiden Lehrbücher gehören zu den Büchern des Springer Verlages, die von Studierenden mit am häufigsten genutzt werden. Sie werden seit 2011 durch das neu erschienene Übungsbuch ergänzt und bieten damit hervorragende Möglichkeiten zum Selbststudium.

Bei meinen Autorenkollegen möchte ich mich für die Unterstützung hier noch einmal ausdrücklich bedanken!

Kaiserslautern, im Juni 2018   B. Sauer

Inhaltsverzeichnis

Vorwort zur achten Auflage... V
Inhaltsverzeichnis... VII
Autorenverzeichnis.. XI

Kapitel 10
10 Reibung, Verschleiß und Schmierung 1
Ludger Deters
    10.1   Einführung.. 2
    10.2   Tribotechnisches System 3
    10.3   Reibung, Reibungsarten, Reibungszustände........ 13
    10.4   Verschleiß.. 21
    10.5   Grundlagen der Schmierung....................... 28
    10.6   Schmierstoffe.. 41
    Literatur... 67

Kapitel 11
11 Lagerungen, Gleitlager, Wälzlager. 69
Gerhard Poll und Ludger Deters
    11.1   Lagerungen 70
    11.2   Gleitlager 78
    11.3   Wälzlager 132
    Literatur... 189

Kapitel 12
12 Dichtungen... 195
Gerhard Poll
    12.1   Funktion und Wirkprinzip 196
    12.2   Dichtungsbauformen............................... 201
    12.3   Gestaltung und Berechnung von Dichtungen 214
    12.4   Werkstoffe 227

12.5   Schädigungsmechanismen und Lebensdauer........................ 228
12.6   Einbau... 231
Literatur... 233

Kapitel 13
13 Einführung in Antriebssysteme... 235
Albert Albers
13.1   Funktion und Wirkungsweise................................. 236
13.2   Einteilung und Eigenschaften der Getriebe 242
13.3   Mechanische Getriebe 246
13.4   Hydraulische Getriebe 251
13.5   Berechnung 255
Literatur... 265

Kapitel 14
14 Kupplungen und Bremsen.. 267
Albert Albers
14.1   Funktion und Wirkungsweise................................. 268
14.2   Gestalt, Bauarten und Bauformen 273
14.3   Auswahlkriterien und Auswahlprozess 299
14.4   Berechnung 302
14.5   Kupplungswerkstoffe und Friktionswerkstoffe..................... 338
14.6   Gestaltung 350
Literatur... 355

Kapitel 15
15 Zahnräder und Zahnradgetriebe..................................... 357
Heinz Linke
15.1   Grundlegendes zu Zahnradgetrieben 363
15.2   Stirnradgetriebe 375
15.3   Stirnradgetriebe – Tragfähigkeit............................... 414
15.4   Kegelradgetriebe 495
15.5   Schneckengetriebe 506
15.6   Planetengetriebe 512
15.7   Anhang... 535
Literatur... 546

Kapitel 16
16 Zugmittelgetriebe 549
Ludger Deters und Wolfgang Mücke
16.1   Aufbau und Wirkungsweise 550
16.2   Riemengetriebe 554

16.3 Kettengetriebe 595
Literatur 613

Kapitel 17
17 Reibradgetriebe 615
Gerhard Poll
17.1 Funktion und Wirkprinzip 615
17.2 Bauformen und ihre Anwendung. 619
17.3 Berechnung 630
Literatur 635

Kapitel 18
18 Sensoren und Aktoren 637
Jörg Wallaschek
18.1 Funktion. 638
18.2 Aktoren. 641
18.3 Sensoren. 664
Literatur 673

Autorenkurzbiographien 675
Sachverzeichnis. 679

Autorenverzeichnis

Die Kapitel der beiden Bände „Konstruktionselemente des Maschinenbaus" wurden von folgenden Autoren verfasst und betreut:

Band 1

Kapitel		Autor(en)
1	Einführung	Jörg Feldhusen und Bernd Sauer
2	Normen, Toleranzen, Passungen u. techn. Oberflächen	Erhard Leidich 2.1 bis 2.3 Ludger Deters 2.4
3	Grundlagen der Festigkeitsberechnung	Bernd Sauer
4	Gestaltung von Elementen und Systemen	Jörg Feldhusen
5	Elastische Elemente, Federn	Albert Albers und Matthias Behrendt
6	Schrauben und Schraubenverbindungen	Bernd Sauer
7	Achsen und Wellen	Erhard Leidich
8	Verbindungselemente und Verfahren	Jörg Feldhusen
9	Welle-Nabe-Verbindungen	Erhard Leidich

Band 2

Kapitel		Autor(en)
10	Reibung, Verschleiß und Schmierung	Ludger Deters
11	Lagerungen, Gleitlager, Wälzlager	Gerhard Poll 11.1 Ludger Deters 11.2 Gerhard Poll 11.3
12	Dichtungen	Gerhard Poll
13	Einführung in Antriebssysteme	Albert Albers
14	Kupplungen und Bremsen	Albert Albers
15	Zahnräder und Zahnradgetriebe	Heinz Linke
16	Zugmittelgetriebe	Ludger Deters und Wolfgang Mücke
17	Reibradgetriebe	Gerhard Poll
18	Sensoren und Aktoren	Jörg Wallaschek

Reibung, Verschleiß und Schmierung

10

Ludger Deters

Inhaltsverzeichnis

10.1   Einführung.. 2
10.2   Tribotechnisches System.................................... 3
     10.2.1   Allgemeines.. 3
     10.2.2   Funktion 5
     10.2.3   Struktur 5
     10.2.4   Kontaktgeometrie.................................... 8
     10.2.5   Tribologische Beanspruchungen und Wechselwirkungen 10
     10.2.6   Beanspruchungskollektiv (Eingangsgrößen) 11
     10.2.7   Ausgangsgrößen (Nutzgrößen) 12
     10.2.8   Verlustgrößen 12
10.3   Reibung, Reibungsarten, Reibungszustände 13
     10.3.1   Reibung, allgemein.................................. 13
     10.3.2   Reibungsarten...................................... 13
     10.3.3   Reibungszustände................................... 15
     10.3.4   Reibungsmechanismen 16
     10.3.5   Reibungszahlen..................................... 17
     10.3.6   Reibungsschwingungen (stick-slip-Vorgänge) 17
10.4   Verschleiß... 21
     10.4.1   Verschleiß, allgemein................................ 21
     10.4.2   Verschleißarten und -mechanismen 22
     10.4.3   Verschleißverläufe und -messgrößen..................... 24
     10.4.4   Bestimmung von Verschleiß und Lebensdauer 26
10.5   Grundlagen der Schmierung................................ 28
     10.5.1   Schmierungszustände 30
     10.5.2   Vollschmierung..................................... 32

L. Deters (✉)
Lehrstuhl für Maschinenelemente und Tribologie, Institut für Maschinenkonstruktion, Otto-von-Guericke-Universität Magdeburg, Magdeburg, Deutschland
e-mail: ludger.deters@ovgu.de

© Springer-Verlag GmbH Deutschland, ein Teil von Springer Nature 2018
B. Sauer (Hrsg.), *Konstruktionselemente des Maschinenbaus 2*, Springer-Lehrbuch,
https://doi.org/10.1007/978-3-642-39503-1_1

1

		10.5.2.1	Hydrodynamische Schmierung	32
		10.5.2.2	Elastohydrodynamische Schmierung (EHD)	37
		10.5.2.3	Hydrostatische Schmierung	38
	10.5.3		Grenzschmierung	38
	10.5.4		Teilschmierung	40
	10.5.5		Schmierung mit Feststoffen und Oberflächenbeschichtungen	41
10.6	Schmierstoffe			41
	10.6.1		Schmieröle	42
		10.6.1.1	Mineralöle	42
		10.6.1.2	Synthetische Öle	43
		10.6.1.3	Biologisch leicht abbaubare Öle	46
		10.6.1.4	Wirkstoffe (Additive)	46
	10.6.2		Konsistente Schmierstoffe (Schmierfette)	48
		10.6.2.1	Schmierfette	48
		10.6.2.2	Haftschmierstoffe	52
	10.6.3		Festschmierstoffe	54
	10.6.4		Eigenschaften von Schmierstoffen	55
		10.6.4.1	Viskosität	55
		10.6.4.2	Dichte, spezifische Wärme, Wärmeleitfähigkeit	62
		10.6.4.3	Konsistenz von Schmierfetten	64
	10.6.5		Schmierstoffklassifikation	64
		10.6.5.1	Klassifikation der Schmieröle	64
		10.6.5.2	Klassifikation der Schmierfette	66
Literatur				67

10.1 Einführung

Reibung und Verschleiß sind häufig unerwünscht. Während Reibung den Wirkungsgrad von Maschinenelementen, Maschinen und Anlagen verschlechtert und damit den Energiebedarf erhöht, mindert Verschleiß den Wert von Bauteilen und Baugruppen und kann zum Ausfall von Maschinen und Anlagen führen. Andererseits wird bei vielen technischen Anwendungen eine hohe Reibung angestrebt, Tab. 10.1. Auch Verschleiß kann in Sonderfällen in begrenztem Umfang nützlich sein, so z. B. bei Einlaufvorgängen.

Tab. 10.1 Beispiele für technische Anwendungen mit erwünschter und unerwünschter Reibung

Anwendungen mit erwünschter Reibung	Anwendungen mit unerwünschter Reibung
– Bremsen, Kupplungen	– Gleitlager, Wälzlager und Führungen
– Rad/Schiene, Autoreifen/Straße	– Dichtungen
– Reibradgetriebe	– Zahnrad- und Kettengetriebe
– Keil- und Flachriemengetriebe	– Bewegungsschrauben
– Schraubverbindungen	– Kolbenring/Zylinder
– Kegelsitze, Spannelemente, Presssitze	– Ventil/Ventilführung, Nocken/Stößel
– Dämpfer	– Ur- und Umformprozesse
– Transportband/Transportgut	– spanende Bearbeitung
usw.	usw.

Reibung und Verschleiß sind keine geometrie- oder stoffspezifischen Eigenschaften nur eines der am Reibungs- und Verschleißvorgang beteiligten Elemente, wie z. B. äußere Abmessungen, Oberflächenrauheiten, Wärmeleitfähigkeit, Härte, Streckgrenze, Dichte oder Gefüge, sondern sind Systemeigenschaften. Schon wenn eine Einflussgröße des tribotechnischen Systems geringfügig modifiziert wird, kann sich das Reibungs- und/oder das Verschleißverhalten des Systems gravierend verändern.

Schmierung wird eingesetzt, um Reibung zu verringern und Verschleiß zu verkleinern oder ganz zu vermeiden. Bei einer Umlaufschmierung können außerdem Verschleißpartikel und Wärme aus dem Reibkontakt abtransportiert werden. Weitere wichtige Aufgaben der Schmierung sind das Verhindern von Korrosion (Rostbildung) und bei Fettschmierung das Abdichten der Reibstellen.

Reibung und Verschleiß werden im Rahmen der *Tribologie* behandelt. Tribologie ist die Wissenschaft und Technik von aufeinander einwirkenden Oberflächen bei Relativbewegung. Tribologie schließt Grenzflächenwechselwirkungen sowohl zwischen Festkörpern als auch zwischen Festkörpern und Flüssigkeiten und/oder Gasen ein. Tribologie umfasst das Gesamtgebiet von Reibung und Verschleiß, einschließlich der Schmierung [GfT7].

Aufgabe der Tribologie ist es, Reibung und Verschleiß für den jeweiligen Anwendungsfall zu optimieren. Das bedeutet, neben der Erfüllung der geforderten Funktion, einen hohen Wirkungsgrad und ausreichende Zuverlässigkeit bei möglichst geringen Herstell-, Montage- und Wartungskosten sicherzustellen. Außerdem spielen Umweltgesichtspunkte eine immer wichtigere Rolle. Um diese Anforderungen zu erreichen, kann beispielsweise ein anwendungs- und umweltgerechter Zwischenstoff (Schmierstoff) zwischen die Reibkörper gebracht werden, können Werkstoffe und Oberflächenrauheiten angepasst oder optimiert werden, können Beschichtungen auf die Reibkörper aufgebracht werden u. v. a. m.

10.2   Tribotechnisches System

10.2.1   Allgemeines

Nach [FePa04] sind technische Gebilde, wie z. B. Maschinen, Baugruppen oder Bauteile, künstliche und konkrete Systeme, die aus einer Gesamtheit geordneter Elemente bestehen, die aufgrund ihrer Eigenschaften miteinander durch Beziehungen verknüpft sind. Systeme sind von ihrer Umgebung abgegrenzt. Die Verbindungen zur Umgebung sind die Ein- und Ausgangsgrößen. Sie schneiden die Systemgrenze.

Technische Systeme dienen der Leitung und/oder Veränderung von Energie, Stoffen und Signalen. Sie lassen sich beschreiben mit Hilfe der zu erfüllenden Funktion, der Wirk- und Baustruktur und den Wechsel- und Rückwirkungen zwischen den Systemelementen und zwischen der Umgebung und den Systemelementen.

Reibung und Verschleiß finden innerhalb eines *Tribotechnischen Systems* (TTS) statt. Zur Abgrenzung eines TTS wird zunächst in geeigneter Weise eine Systemeinhüllende um die unmittelbar an Reibung und Verschleiß beteiligten Bauteile und Stoffe gelegt und

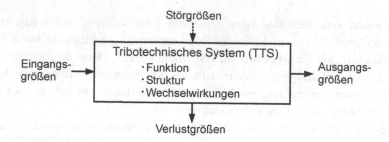

Abb. 10.1 Allgemeine Darstellung eines Tribotechnischen Systems (TTS)

diese damit fiktiv von den übrigen Bauteilen abgetrennt. Die an Reibung und Verschleiß beteiligten Stoffe und Bauteile sind die Elemente des TTS und sind durch ihre Stoff- und Formeigenschaften charakterisiert. Ein Tribotechnisches System kann in allgemeiner Form wie in Abb. 10.1. dargestellt werden. Es wird durch die zu erfüllende Funktion, die Eingangsgrößen (Belastungskollektiv), die Ausgangsgrößen, die Verlustgrößen und die Struktur beschrieben. Neben gewollten *Eingangsgrößen* treten auch ungewollte Eingangsgrößen, so genannte *Störgrößen*, auf. Zusammen mit der Struktur beeinflussen sie die *Ausgangs-* und *Verlustgrößen* des TTS.

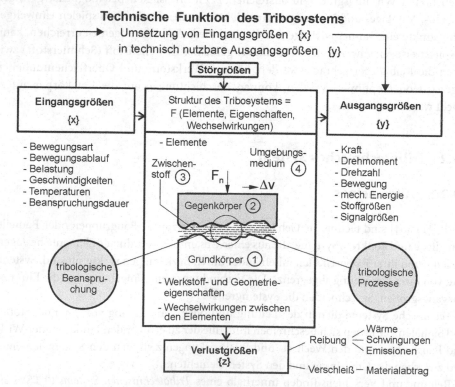

Abb. 10.2 Erweiterte Darstellung eines Tribotechnischen Systems (TTS) nach [CziHa03]

Tab. 10.2 Technische Funktionen und dazugehörige tribotechnische Bauteile und Systeme (Beispiele)

Funktionen	tribotechnische Bauteile und Systeme	Systemart
Kraft leiten und Bauteil führen	Gleitlager, Wälzlager, Führungen, Passungen, Rad/Schiene, Reifen/Straße	energiedeterminiert
Drehmoment leiten	Kupplung, kraftschlüssige Wellen-Nabe-Verbindung	energiedeterminiert
Drehmoment ändern	Zahnrad-, Riemen-, Ketten-, Reibradgetriebe	energiedeterminiert
Informationen übertragen	Relais, Schleifring, Kurvengetriebe (Steuergetriebe)	signal- bzw. informationsdeterminiert
Material transportieren	Förderband, Rohrleitung, Rutsche	stoffdeterminiert
Material zerspanen	Dreh-, Fräs-, Schleif-, Bohr-, Säge-, Räumwerkzeug	stoffdeterminiert

10.2.2   Funktion

Aufgabe bzw. Funktion eines TTS ist die Umsetzung von *Eingangsgrößen* (z. B. Eingangsdrehmoment, Eingangsdrehzahl, Eingangsbewegungsart und -ablauf) in *technisch nutzbare Ausgangsgrößen* (z. B. Ausgangsdrehmoment, Ausgangsdrehzahl, Ausgangsbewegung) unter Nutzung der Systemstruktur (Abb. 10.2).

Je nach ihrer Hauptaufgabe, welche die Umsetzung von mechanischer Energie oder von Stoffen oder aber auch eine damit verbundene Signal- oder Informationsübertragung sein kann, können die TTS in primär *energie-, stoff- oder informationsdeterminierte Systeme* eingeteilt werden, Tab. 10.2. So dienen Lager und Führungen der Aufnahme und Weiterleitung von Kräften und ermöglichen dabei eine Rotations- bzw. Translationsbewegung, d. h. sie sind energiedeterminiert. Auch Drehmomente und Drehzahlen ändernde Getriebe sind energiedeterminierte TTS. Stoffdeterminierte TTS sind z. B. Rohrleitungen zum Transport von Stoffen und Walzen zum Umformen von Werkstücken. Für die signal- bzw. informationsdeterminierten TTS soll hier beispielhaft das Schaltrelais stehen, mit dem Signale übertragen werden.

10.2.3   Struktur

Die Struktur von TTS wird beschrieben durch die beteiligten *Elemente*, deren *Eigenschaften* und *Wechselwirkungen zwischen den Elementen*. Die Grundstruktur aller TTS besteht aus vier Elementen: *Grundkörper* (1), *Gegenkörper* (2), *Zwischenstoff* (3) und *Umgebungsmedium* (4), siehe Abb. 10.2. In Tab. 10.3 sind einige TTS mit unterschiedlichen Elementen angegeben. Während Grund- und Gegenkörper in jedem TTS anzutreffen sind, kann der Zwischenstoff und im Vakuum sogar das Umgebungsmedium fehlen.

Tab. 10.3 Beispiele für Elemente von Tribotechnischen Systemen

TTS	Grundkörper ①	Gegenkörper ②	Zwischenstoff ③	Umgebungs-medium ④	Systemart
Passung	Zapfen	Buchse	–	Luft	geschlossen
Gleitlager	Welle	Lagerschale	Öl	Luft	geschlossen
Gleitringdichtung	Gleitring	Gegenring	Flüssigkeit oder Gas	Luft	geschlossen
Zahnradgetriebe	Ritzel	Rad	Getriebeöl	Luft	geschlossen
Rad/Schiene	Rad	Schiene	Feuchtigkeit, Staub, Fett	Luft	offen
Baggerschaufel/ Baggergut	Schaufel	Baggergut	–	Luft	offen
Drehmeißel	Schneide	Werkstück	Schneidöl	Luft	offen

Bei Transport- und Bearbeitungsvorgängen wird der Grundkörper ständig von neuen Stoffbereichen des Gegenkörpers beansprucht. Solche Systeme werden *offene* TTS genannt. Im Gegensatz dazu sind bei *geschlossenen* TTS die beanspruchten Bereiche von Grund- und Gegenkörper wiederholt im Kontakt. Beispiele für offene und geschlossene Systeme sind ebenfalls in Tab. 10.3 zu finden. Die Funktion in offenen Systemen hängt vor allem vom Verschleiß des Grundkörpers ab. Vom Gegenkörper wird die Beanspruchung erzeugt. Der Verschleiß an ihm interessiert in der Regel nicht. Bei geschlossenen Systemen hängt dagegen die Funktionsfähigkeit vom Verschleiß beider Reibkörper ab. Die Elemente des TTS werden durch eine Vielzahl von *Eigenschaften* gekennzeichnet, die im Wesentlichen in Tab. 10.4 aufgeführt sind.

Beim Grund- und Gegenkörper wird hauptsächlich zwischen Geometrie- und Werkstoffeigenschaften unterschieden, die durch physikalische Größen ergänzt werden. Zwischenstoff und Umgebungsmedium können in unterschiedlichen Aggregatzuständen auftreten, wovon dann weitere wichtige tribologische Eigenschaften abhängen. Bei den Werkstoffeigenschaften von Grund- und Gegenkörper wird zwischen dem Grundmaterial und dem oberflächennahen Bereich unterschieden. Dabei sind die Eigenschaften des oberflächennahen Bereiches, wie z. B. Gefügeaufbau, Härte und chemische Zusammensetzung, für die tribologischen Prozesse von besonderer Bedeutung. Außerdem spielen die Oberflächen-Rauheiten eine wichtige Rolle.

In Abb. 10.3. wird schematisch der mögliche Aufbau von *Grenzschichten* bei metallischen Werkstoffen gezeigt. Dabei schließt sich i. Allg. an das ungestörte *Grundgefüge* ein von der spanenden Bearbeitung oder Umformung stammender verfestigter, gegenüber dem Grundgefüge mit feinkörnigerem Gefüge ausgestatteter Schichtenaufbau an. Darüber liegen dann eine Reaktionsschicht und eine Adsorptionsschicht, die zusammen auch als *äußere Grenzschicht* bezeichnet werden. Solange das Verschleißgeschehen in der äußeren Grenzschicht abläuft, ist das i. Allg. akzeptabel.

Tab. 10.4 Tribologisch relevante Eigenschaften von Elementen des Tribotechnischen Systems (TTS)

1	**Grundkörper ① und Gegenkörper ②**	
1.1	**Geometrische Eigenschaften**	
	äußere Abmessungen	Welligkeiten
	Form- und Lageabweichungen	Oberflächen-Rauheiten
1.2	**Werkstoff-Eigenschaften**	
1.2.1	**Grundmaterial**	
	Festigkeit ($R_{p0,2}$ (R_e), R_m, σ_D, K_{Ic}, τ_{aB})	E-Modul, Querkontraktionszahl
	Härte (Makro-, Mikro- und Universalhärte)	Eigenspannungen
	Struktur, Textur, Gefüge, Phasen (Verteilung, Größe, Anzahl, Art)	chemische Zusammensetzung
1.2.2	**Oberflächennaher Bereich**	
	Härte (Mikro- und Universalhärte)	E-Modul, Querkontraktionszahl
	Oberflächenenergie	Eigenspannungen
	Struktur, Textur, Gefüge, Phasen (Verteilung, Größe, Anzahl, Art)	Dicke und Aufbau der Grenzschicht
	chemische Zusammensetzung	
1.3	**Physikalische Größen**	
	Dichte	Schmelzpunkt
	Wärmeleitfähigkeit	spez. Wärmekapazität
	Wärmeausdehnungskoeffizient	hygroskopisches Verhalten
2	**Zwischenstoff ③**	
	Aggregatzustand (fest, flüssig, gasförmig)	
	Eigenschaften bei festem Zwischenstoff	*Eigenschaften bei flüssigem Zwischenstoff*
	Härte	Viskosität abhängig von Temperatur, Druck, Schergefälle
	Korngrößenverteilung	Konsistenz
	Kornform	Benetzungsfähigkeit
	Kornmenge, Kornanzahl	Schmierstoffmenge u. -druck
	Anzahl Komponenten, Mischungsverhältnis	chem. Zusammensetzung
	chemische Zusammensetzung	Mischungsverhältnis der Komponenten
3	**Umgebungsmedium ④**	
	Aggregatzustand (flüssig, gasförmig)	Feuchtigkeit
	Wärmeleitfähigkeit	Umgebungsdruck
	chemische Zusammensetzung	

Nicht nur das Werkstoffgefüge des oberflächennahen Bereiches, sondern auch seine chemische Zusammensetzung unterscheiden sich in der Regel deutlich vom Grundmaterial, was in Abb. 10.4. zu erkennen ist. Der Werkstoff unter der Oberfläche verändert sich bereits mit der Fertigung hinsichtlich der Konzentration vorhandener Elemente gegenüber dem Grundmaterial. Weitere erhebliche Veränderungen erfahren die Elementekonzentrationen des oberflächennahen Bereiches durch den Einlauf bzw. nach kurzer Laufzeit.

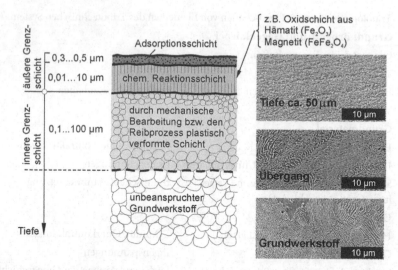

Abb. 10.3 Grenzschichtenaufbau bei metallischen Werkstoffen am Beispiel eines tribologisch beanspruchten Schienenstahls nach [Eng02]

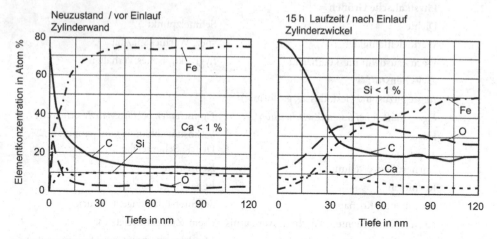

Abb. 10.4 AES-Tiefenprofile als Elementkonzentration im oberen Totpunkt des Zylinders (Zylinderzwickel) eines Dieselmotors für den Neuzustand vor dem Einlauf und nach 15 h Laufzeit (Öl: SAE 15 W 40) [Ger98] (AES *Auger-Elektronen-Spektroskopie*)

10.2.4 Kontaktgeometrie

Reibung und Verschleiß von Grund- und Gegenkörper und der Schmierungszustand des Tribotechnischen Systems werden außer von den Eingangsgrößen, den Werkstoff-Eigenschaften und den physikalischen Größen von Grund- und Gegenkörper, dem Zwischenstoff und dem Umgebungsmedium auch stark von der Kontaktfläche beeinflusst.

Die sich im Betrieb einstellenden Kontaktflächen hängen wiederum von der Kontaktform, Tab. 10.5, den Eingangsgrößen, den geometrischen Eigenschaften von Grund- und Gegenkörper, Tab. 10.4, und den weiteren Systemeigenschaften ab.

Tab. 10.5 Kontaktgeometrie (Kontaktform) Tribotechnischer Systeme

Kontaktform		Grundkörper	Gegenkörper	Skizze	Anwendungsbeispiele
konform	Flächenberührung	Ebene	Ebene		Geradführungen
		Hohlzylinder	Vollzylinder		Gleitlager, Rundpassungen, Zylinderlaufbahnen
kontraform	Linienberührung	Ebene	Zylinder		Rollenführungen
		Zylinder	Zylinder		Walzenstühle, Rollenlager
		Ritzel-Zahn	Rad-Zahn		Zahnräder
kontraform	Punktberührung	Ebene	Kugel		Kugelführungen
		Innenring (Umfangsrichtung)	Kugel		Wälzlager

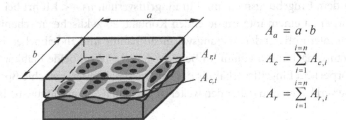

$$A_a = a \cdot b$$

$$A_c = \sum_{i=1}^{i=n} A_{c,i}$$

$$A_r = \sum_{i=1}^{i=n} A_{r,i}$$

Abb. 10.5 Verschiedene Arten von Kontaktflächen

Bei den Kontaktflächen werden die *nominelle Kontaktfläche* und *die realen Kontaktflächen* unterschieden (Abb. 10.5).

Die nominelle Kontaktfläche A_a entspricht der makroskopischen Kontaktfläche der sich berührenden Körper, z. B. der Berührfläche $a \cdot b$ eines Quaders auf einer Ebene oder der Hertzschen Kontaktfläche zwischen einem Zylinder und einer Ebene. Wenn sich die Reibkörper innerhalb der nominellen Kontaktfläche an den Rauheiten berühren, spielen neben der nominellen Kontaktfläche die realen Kontaktflächen $A_{r,i}$ eine entscheidende Rolle.

Die realen Kontaktflächen resultieren aus den Rauheitskontakten, die bei nicht vollständiger Trennung der Reibkörper durch einen Schmierfilm auftreten oder bei Anwendungsfällen, bei denen kein Schmierstoff verwendet wird (Trockenreibung). Bei der Betrachtung der realen Kontaktflächen sind neben den Rauheiten auch die Welligkeiten auf den Reibkörperoberflächen zu berücksichtigen. Aufgrund der Welligkeiten bilden sich so genannte *Konturenflächen* $A_{c,i}$ und innerhalb der Konturenflächen die realen Kontaktflächen an den Rauheitskontakten.

In der Regel ist die Summe der realen Kontaktflächen A_r, die von den Rauheitsverteilungen und der Annäherung der beiden Reibkörperoberflächen abhängig ist, wesentlich kleiner als die nominelle Kontaktfläche ($A_r \approx 10^{-1}$ bis $10^{-4} A_a$). Daher sind auch die realen Flächenpressungen in den Rauheitskontakten wesentlich höher als die nominelle Pressung. Während die nominelle Pressung elastisches Makro-Werkstoffverhalten anzeigt, kann bei einem Großteil der Mikrokontakte (reale Kontaktflächen) bereits plastische Verformung eingesetzt haben. Aus Rechenergebnissen [GrWi66] ergibt sich, dass die Summe der realen Kontaktflächen nahezu proportional der Normalkraft F_n ist. Außerdem steigt mit zunehmender Normalkraft die Anzahl der realen Einzelkontakte, während die reale Einzelkontaktfläche $A_{r,i}$ ungefähr konstant bleibt.

Neben den realen Kontaktflächen spielt auch noch das *Eingriffverhältnis* ε eine wichtige Rolle. Es stellt das Verhältnis der nominellen Berührungsfläche A_a zur Reibfläche A_f eines Reibkörpers dar. So weist beispielsweise die stillstehende Lagerschale eines Gleitlagers mit Lagerspiel ein Eingriffsverhältnis $\varepsilon = 1$ auf, da bei der Lagerschale die nominelle Berührungsfläche A_a der Reibfläche A_f entspricht. Bei der rotierenden Welle ist die Reibfläche $A_f = \pi \cdot d \cdot b$ mit dem Wellendurchmesser d und der Lagerschalenbreite b jedoch größer als die nominelle Kontaktfläche $A_a = d \cdot b \cdot \gamma / 2$ mit dem Kontaktwinkel γ, so dass das Eingriffsverhältnis $\varepsilon < 1$ ist. Ein Eingriffsverhältnis $\varepsilon = 1$ bedeutet für einen konstant belasteten Reibkörper permanenten Kontakt, keine zyklischen mechanischen Beanspruchungen (makroskopisch), permanente Reibungswärmeaufnahme und eingeschränkte mikrochemische Reaktion mit dem Umgebungsmedium. Ein Eingriffsverhältnis $\varepsilon < 1$ führt bei dem betroffenen Reibkörper zu einem intermittierenden Kontakt, zu zyklischer mechanischer Beanspruchung, zu intermittierender Reibungswärmeaufnahme und zu tribochemischen Reaktionen mit dem Umgebungsmedium im Bereich $A_f - A_a$. Wenn beide Reibkörper (Grund- und Gegenkörper) ein Eingriffsverhältnis $\varepsilon \approx 1$ aufweisen, können Verschleißpartikel in der Kontaktfläche verbleiben und daher den weiteren Verschleißverlauf ungünstig beeinflussen.

10.2.5 Tribologische Beanspruchungen und Wechselwirkungen

Tribologische Beanspruchungen in einem TTS werden hervorgerufen durch das Einwirken von Eingangs- und Störgrößen auf die Systemstruktur. Sie umfassen hauptsächlich Kontaktvorgänge, Kinematik und thermische Vorgänge [CziHa03]. Dabei stellt die tribologische Beanspruchung nach [GfT7] „die Beanspruchung der Oberfläche eines festen Körpers durch Kontakt und Relativbewegung eines festen, flüssigen oder gasförmigen Gegenkörpers" dar.

Sie wird über die realen Kontaktflächen eingeleitet. Infolge plastischer Deformation und Verschleiß können sich die realen Kontaktflächen während des Betriebes des TTS ändern.

Bei der Umsetzung mechanischer Energie durch Reibung tritt Energiedissipation auf, die sich durch Änderung der thermischen Verhältnisse bemerkbar macht. Da sich auch die thermischen Verhältnisse infolge Verschleiß, Veränderungen der Kontaktgeometrie und dadurch geänderter Reibung fortlaufend an die neuen Bedingungen anpassen, wird die tribologische Beanspruchung im realen Kontakt nicht durch statisch, sondern durch dynamisch auftretende Einflussgrößen bewirkt.

Die Kontaktgeometrie, die im Kontakt stattfindenden Vorgänge und die thermischen Verhältnisse eines TTS werden u. a. von der Belastung, den Bewegungsverhältnissen, den Elementeigenschaften und dem Reibungszustand beeinflusst.

Während bei Flüssigkeitsreibung allein die nominelle Kontaktfläche entscheidend ist, müssen nach [Ham94] bei Mischreibung, d. h. wenn das Schmierspalthöhe-Rauheits-Verhältnis

$$\Lambda = \frac{h_{min}}{(Rq_1^2 + Rq_2^2)^{1/2}} \tag{10.1}$$

mit der minimalen Schmierspalthöhe h_{min} und den quadratischen Rauheitsmittelwerten Rq_1 und Rq_2 von Grund- und Gegenkörper im Bereich $\Lambda < 3$ liegt, bei Grenzreibung mit $\Lambda < 1$ und bei Trockenreibung sowohl die nominelle Kontaktfläche als auch die realen Kontaktflächen berücksichtigt werden (Abb. 10.5).

Bei Kontakten zwischen den Reibkörpern finden in den realen Kontaktflächen und in den oberflächennahen Bereichen *Wechselwirkungen* statt. Es treten zum einen *atomare/ molekulare* und zum anderen *mechanische* Wechselwirkungen auf.

Während erstere Adhäsion an Festkörper/Festkörper-Grenzflächen bewirken oder in Form von Physi- und Chemisorption an Festkörper/Flüssigkeit-Grenzflächen technisch von großer Bedeutung sind, führen die anderen zu elastischen und plastischen Kontaktdeformationen und zur Ausbildung der realen Kontaktflächen.

Welche Art von Wechselwirkung hauptsächlich in Erscheinung tritt, hängt stark vom Reibungszustand ab. So kann häufig bei Anwesenheit eines Schmierstoffs die atomare/ molekulare Wechselwirkung gegenüber der mechanischen vernachlässigt werden.

Letztlich hängen bei einem vorgegebenen TTS Reibung und Verschleiß von den Wechselwirkungen zwischen den Elementen ab, wobei die Wechselwirkungen durch den Reibungszustand, die wirkenden Reibungs- und Verschleißmechanismen und den Kontaktzustand beschrieben werden können.

Die in den realen Berührungsflächen stattfindenden tribologischen Beanspruchungen rufen *tribologische Prozesse* hervor. Darunter werden die dynamischen, physikalischen und chemischen Mechanismen von Reibung und Verschleiß und Grenzflächenvorgänge zusammengefasst, die auf Reibung und Verschleiß zurückzuführen sind.

10.2.6   Beanspruchungskollektiv (Eingangsgrößen)

Das Beanspruchungskollektiv setzt sich nach [GfT7] aus der Bewegungsart und dem zeitlichen Bewegungsablauf der in der Systemstruktur enthaltenen Elemente und aus einer Reihe von technisch-physikalischen Beanspruchungsparametern zusammen, die auf die Systemstruktur bei der Ausübung der Funktion einwirken. Das Beanspruchungskollektiv wird folgendermaßen gebildet:

- Bewegungsart und zeitlicher Bewegungsablauf
- Belastung

- Geschwindigkeiten
- Temperaturen
- Beanspruchungsdauer

Die Bewegungsart lässt sich häufig auf eine der Grundbewegungsarten „Gleiten, Rollen, Bohren, Stoßen oder Strömen" zurückführen oder kann aus diesen zusammengesetzt werden. Der zeitliche Ablauf der Bewegung kann gleichförmig, ungleichförmig, hin- und hergehend und zeitlich unterbrochen erfolgen. Häufig besteht der Bewegungsablauf auch aus unterschiedlichen Anteilen. Für die Belastung ist i. Allg. die Normalkraft F_n maßgebend.

Bei den Geschwindigkeiten können sowohl die Relativgeschwindigkeit zwischen den Reibkörpern als auch die Fördergeschwindigkeit (Summengeschwindigkeit) des Schmierstoffs und der Schlupf als Verhältnis von Relativgeschwindigkeit zur mittleren Umfangsgeschwindigkeit eine Rolle spielen. Bei den Temperaturen sind die sich im Betrieb einstellenden Reibkörpertemperaturen und die aktuelle Kontakttemperatur von entscheidender Bedeutung, wobei die Letztere in der Regel nicht gemessen werden kann. Neben diesen gewollten Eingangsgrößen, die i. Allg. durch eine technische Funktion vorgegeben sind, müssen u. U. auch *Störgrößen*, wie z. B. Vibrationen, Staubpartikel usw., berücksichtigt werden.

10.2.7 Ausgangsgrößen (Nutzgrößen)

Das TTS stellt Ausgangsgrößen zur weiteren Nutzung zur Verfügung. Die Nutzgrößen spiegeln die Funktionserfüllung des TTS wieder. Je nach der Hauptaufgabe des TTS können die Nutzgrößen sehr unterschiedlich sein. In einem energiedeterminierten System können beispielsweise folgende Ausgangsgrößen gewünscht sein:

- Kraft
- Drehmoment
- Drehzahl
- Bewegung
- mechanische Energie

Bei stoff- oder signaldeterminierten TTS könnten als Nutzgrößen bestimmte Stoff- bzw. Signalgrößen von Interesse sein.

10.2.8 Verlustgrößen

Die Verlustgrößen eines TTS werden im Wesentlichen durch Reibung und Verschleiß gebildet. Während die Reibung zu Kraft-, Momenten- oder Energieverlusten führt, bedeutet Verschleiß einen fortschreitenden Materialverlust.

Die bei der Reibung entstehenden Energieverluste werden zum weitaus größten Teil in Wärme umgewandelt. Dieser Vorgang ist irreversibel, d. h. nicht umkehrbar, und wird

Energiedissipation genannt. Neben der Umwandlung von Reibung in Wärme und der Erzeugung von Verschleißpartikeln verursacht der tribologische Prozess weitere triboinduzierte Verlustgrößen, wie Schwingungen, die sich häufig über Schallwellen bemerkbar machen, Photonenemission (Tribolumineszenz), Elektronen- und Ionenemission usw.

10.3   Reibung, Reibungsarten, Reibungszustände

10.3.1   Reibung, allgemein

Reibung ist auf Wechselwirkungen zwischen sich berührenden, relativ zueinander bewegten Stoffbereichen von Körpern zurückzuführen und wirkt einer Relativbewegung entgegen. Es wird zwischen *äußerer* und *innerer* Reibung unterschieden. Bei äußerer Reibung berühren sich Stoffbereiche von verschiedenen Reibkörpern, und bei innerer Reibung gehören die sich berührenden Stoffbereiche zu einem Reibkörper oder zum Zwischenstoff.

Reibung kann durch eine Reihe von Kenngrößen charakterisiert werden. So wird Reibung je nach Anwendungsfall durch die Reibungskraft F_f, das Reibmoment M_f oder die Reibungszahl bzw. den Reibungskoeffizienten f gekennzeichnet. Für die Reibungszahl bzw. den Reibungskoeffizienten wird anstelle von f auch häufig das Zeichen μ verwendet. Die Reibungszahl f wird aus dem Verhältnis von Reibungskraft F_f zur Normalkraft F_n gebildet:

$$f = \frac{F_f}{F_n} \tag{10.2}$$

Zur Berechnung der Reibungswärme oder des Deformationsanteils der Reibungskraft bei Festkörperreibung wird auf die Reibungsarbeit bzw. Reibungsenergie W_f zurückgegriffen. Sie wird berechnet aus

$$W_f = F_f \cdot s_f \tag{10.3}$$

mit dem Reibungsweg s_f. Für eine Leistungsbilanz oder eine Wirkungsgradberechnung ist die Reibleistung P_f von Interesse. Die Reibleistung ist eine Verlustleistung und ohne Beachtung des Vorzeichens gilt

$$P_f = F_f \cdot \Delta v \tag{10.4}$$

mit der Relativgeschwindigkeit Δv (Die Verlustleistung wird häufig negativ definiert!).

10.3.2   Reibungsarten

Reibung lässt sich nach verschiedenen Merkmalen ordnen. In Abhängigkeit von der Art der Relativbewegung der Reibkörper wird zwischen verschiedenen Reibungsarten unter-

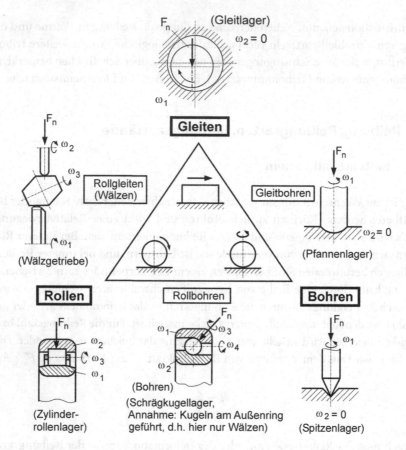

Abb. 10.6 Reibungsarten bei Bewegungsreibung

schieden. In Abb. 10.6 werden die wichtigsten Reibungsarten mit Anwendungsbeispielen vorgestellt. Es gibt die drei Haupt-Reibungsarten

- Gleitreibung
- Rollreibung
- Bohrreibung (spin)

Neben diesen drei kinematisch definierten Reibungsarten können auch Überlagerungen (Mischformen) auftreten, nämlich

- Gleit-Rollreibung (Wälzreibung)
- Gleit-Bohrreibung
- Roll-Bohrreibung

Neben den in Abb. 10.6 aufgeführten Reibungsarten kommt als weitere Reibungsart noch die Stoßreibung vor. Hierbei trifft ein Körper senkrecht oder schräg zur Berührungsfläche auf

einen anderen Körper auf und entfernt sich eventuell wieder. Ein Maschinenelement, bei dem
sowohl Gleitreibung als auch Roll- und Bohrreibung auftritt, stellt das Schrägkugellager dar.

10.3.3   Reibungszustände

Wird Reibung in Abhängigkeit vom Aggregatzustand der beteiligten Stoffbereiche geordnet, können verschiedene Reibungszustände definiert werden. Zur Veranschaulichung
sind in Abb. 10.7 beispielhaft für ein Radialgleitlager anhand der Stribeck-Kurve (siehe
auch Kap. 2.3 „Gleitlager") verschiedene Reibungszustände dargestellt. Allgemein werden
folgende Reibungszustände unterschieden:

- Festkörperreibung
- Mischreibung
- Flüssigkeitsreibung
- Gasreibung

Bei *Festkörperreibung* wirkt die Reibung zwischen Stoffbereichen, die Festkörpereigen-
schaften aufweisen und sich in unmittelbarem Kontakt befinden. Findet die Reibung
zwischen festen Grenzschichten mit gegenüber dem Grundmaterial modifizierten Eigen-

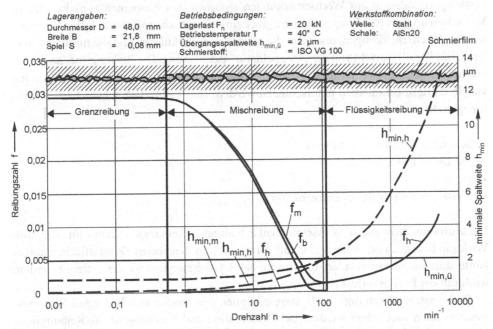

Abb. 10.7 Stribeck-Kurve, minimale Schmierspalthöhen und Reibungszustände in einem Radialgleitlager (f_m Reibungszahl bei Mischreibung, f_b Reibungszahl bei Grenzreibung, f_h Reibungszahl
bei Flüssigkeitsreibung, $h_{min,ü}$ minimale Schmierspalthöhe beim Übergang von Flüssigkeits- in die
Mischreibung, $h_{min,h}$ minimale Schmierspalthöhe bei Flüssigkeitsreibung, $h_{min,m}$ minimale Schmierspalthöhe bei Mischreibung)

schaften statt, z. B. zwischen Reaktionsschichten, so liegt *Grenzschichtreibung* vor. Bestehen die Grenzschichten auf den Kontaktflächen aus je einem molekularen Film, der von einem Schmierstoff stammt, so wird von *Grenzreibung* gesprochen. Bei Grenzreibung ist die hydrodynamische Wirkung des Schmierstoffs vernachlässigbar, weil die Geschwindigkeit sehr klein ist und/oder nur eine sehr kleine Schmierstoffmenge vorhanden ist, die nicht ausreicht, den Spalt zu füllen.

Flüssigkeitsreibung ist innere Reibung im Schmierfilm zwischen den Reibkörperoberflächen, wobei die Oberflächen durch den Schmierfilm vollständig getrennt sind. Es wird häufig zwischen Flüssigkeitsreibung bei konformen Kontaktflächen (Hydrodynamik) und bei kontraformen Kontaktflächen (Elastohydrodynamik) unterschieden. Während im ersten Fall i. Allg. von starren Oberflächen und von einer nur von der Temperatur abhängigen Schmierstoffviskosität ausgegangen wird, ist das im zweiten Fall nicht mehr möglich. Hier müssen zum einen die Verformungen der Oberflächen und zum anderen die Druck-, Temperatur- und Schergefälleabhängigkeit der Schmierstoffviskosität berücksichtigt werden.

Bei *Mischreibung* liegt eine Mischform von Reibungszuständen vor, und zwar der Grenzreibung und der Flüssigkeitsreibung.

10.3.4 Reibungsmechanismen

Festkörperreibung ist auf Wechselwirkungen zwischen den Elementen zurückzuführen. Wie schon im Kap. 10.2.5 angesprochen, gibt es im Wesentlichen zwei unterschiedliche Arten von Wechselwirkungen, und zwar die atomaren/mole-kularen und die mechanischen. Kragelski [Kra71] spricht von der „Doppelnatur" der Reibung. Die Reibungsmechanismen lassen sich daher in zwei Gruppen einteilen. Allgemein kann zunächst zwischen folgenden vier Reibungsmechanismen unterschieden werden, die in Abb. 10.8 schematisch zusammengestellt sind:

- Scherung adhäsiver Bindungen
- plastische Deformation
- Furchung
- Hysterese bei elastischer Deformation

Die Adhäsion stellt einen atomar/molekular bedingten Reibungsmechanismus dar. Ihre Wirkung bezüglich der Reibung beruht darauf, dass in den realen Kontaktflächen aufgebaute atomare oder molekulare Bindungen bei Relativbewegung wieder getrennt werden, wodurch ein Energieverlust entsteht.

Deformation, Furchung und Hysterese können den mechanisch bedingten Reibungsmechanismen zugeordnet werden. Bei Deformation und Furchung ist die Reibungswirkung vor allem auf Verdrängen von Überschneidungen der Mikroerhebungen zurückzuführen. Die Hysterese beruht auf innerer Reibung und hat eine dämpfende Wirkung. Häufig treten unterschiedliche Reibungsmechanismen gleichzeitig auf. Welche Reibungsmechanismen hauptsächlich wirken, hängt vom Reibungszustand ab.

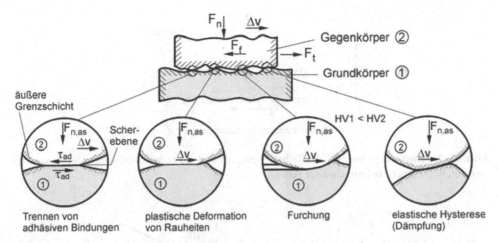

Abb. 10.8 Grundlegende Reibungsmechanismen bei mikroskopischer Betrachtungsweise (F_n Normalkraft auf nomineller Berührungsfläche, F_f Reibungskraft zwischen Grund- und Gegenkörper, F_t Tangentialkraft, $F_{n,as}$ Normalkraft auf Rauheitskontakt, Δv Relativgeschwindigkeit, τ_{ad} Scherspannung zum Scheren einer adhäsiven Bindung, HV Vickershärte)

Tab. 10.6 Reibungszahlen bei unterschiedlichen Reibungsarten und -zuständen

Reibungsart	Reibungszustand	Reibungszahl f
Gleitreibung	Festkörperreibung	0,1 ... 1
	Grenzreibung	0,1 ... 0,2
	Mischreibung	0,01 ... 0,1
	Flüssigkeitsreibung	0,001 ... 0,01
	Gasreibung	0,0001
Wälzreibung	(Fettschmierung)	0,001 ... 0,005

10.3.5   Reibungszahlen

In Tab. 10.6 sind Bereiche von Reibungszahlen bei verschiedenen Reibungsarten und -zuständen wiedergegeben [Hab04]. Es soll hier jedoch noch einmal darauf hingewiesen werden, dass die Reibung nicht einen konstanten Kennwert eines Werkstoffs oder einer Werkstoffpaarung darstellt, sondern vom Belastungskollektiv und der Systemstruktur abhängt, d. h. von der Beanspruchung und den am Reibungsvorgang beteiligten Elementen mit ihren Eigenschaften und Wechselwirkungen.

10.3.6   Reibungsschwingungen (stick-slip-Vorgänge)

Bei Gleitreibung tritt häufig so genanntes Ruckgleiten (stick-slip) auf. Die Ursachen hierfür sind selbsterregte Reibungsschwingungen. Als typische Beispiele können schwingende Violinsaiten, kreischende Bremsen, quietschende Schienenfahrzeuge in der Kurve, knarrende Türangeln, ratternde Schneidstähle an der Drehbank, aber auch ruckartig gleitende Li-

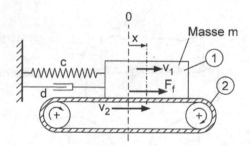

Abb. 10.9 Schwingungsmodell eines Tribotechnischen Systems (*Linie* 0 entspricht der Ausgangslage von Reibkörper 1 bei unbelasteter Feder)

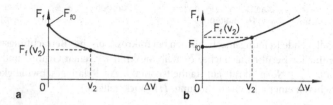

Abb. 10.10 Reibungskraft F_f in Abhängigkeit von der Relativgeschwindigkeit Δv (Reibungs-Kennlinie): **a** Kennlinie mit negativen Steigungen ($F_{f0} = F_f$ *bei* $\Delta v = 0$), **b** Kennlinie mit positiven Steigungen

nearschlitten sowie schwingende Maschinenteile, die in wartungsfreien Gleitlagern gelagert sind, genannt werden. Trotz der Verschiedenartigkeit dieser Systeme ist der Entstehungsmechanismus der selbsterregten Reibungsschwingungen in allen Fällen der gleiche. Der Mechanismus soll nachfolgend an einem einfachen Modell untersucht werden. Das Modell besteht aus einem Reibkörper 1 mit der Masse *m*, der über eine Feder mit der Federkonstante *c* und über eine schwinggeschwindigkeitsproportionale Dämpfung mit der Dämpfungskonstante *d* mit einem stationären Fundament verbunden ist und einem Gegenkörper 2 (hier beispielsweise als Förderband dargestellt), der mit der konstanten Geschwindigkeit v_2 umläuft (Abb. 10.9). Der Reibkörper 1 kann Schwingungen ausführen, und zwar jeweils eine Halbschwingung mit positiver Geschwindigkeit v_1, wenn er sich nach rechts bewegt und eine Halbschwingung mit negativer Geschwindigkeit $-v_1$, wenn er nach links gleitet.

Zwischen dem Reibkörper 1 und dem Gegenkörper 2 werden Reibungskräfte übertragen, deren Betrag von der Größe der Relativgeschwindigkeit $\Delta v = v_2 - v_1$ zwischen Reibkörper 1 und Gegenkörper 2 abhängt. Mögliche Zusammenhänge zwischen der Reibungskraft F_f und der Relativgeschwindigkeit Δv sind der Abb. 10.10 zu entnehmen.

In praktischen Anwendungen kommen sowohl Kennlinien mit negativen als auch solche mit positiven Steigungen vor. So liegt beispielsweise bei der Stribeck-Kurve (Abb. 10.7) im Mischreibungsgebiet eine Reibungs-Kennlinie mit negativen Steigungen vor, während im Bereich der hydrodynamischen Schmierung eine Kennlinie mit positiven Steigungen vorhanden ist. Bei Reibungs-Kennlinien mit negativen Steigungen liegt i. Allg. die größte Reibungskraft dann vor, wenn die Relativgeschwindigkeit $\Delta v = 0$ ist (Ruhereibung).

Reibungs-Kennlinien mit fallenden, negativen Steigungen können zu selbsterregten Schwingungen führen, während bei mit der Relativgeschwindigkeit ansteigenden Reibungs-Kennlinien (positive Steigungen) Schwingungen gedämpft werden. Dieses lässt sich bereits durch eine einfache Energieüberlegung plausibel machen. Mit der Relativgeschwindigkeit $\Delta v = v_2 - v_1$ wird bei einer Reibungskraft F_f innerhalb der Zeitspanne Δt die Arbeit $W = F_f \cdot \Delta v \cdot \Delta t$ geleistet. Wenn F_f eine konstante Größe wäre, dann würde diese Arbeit bei symmetrischen Schwingungen je Vollschwingung gleich Null. Nun ist aber F_f eine Funktion der Relativgeschwindigkeit $\Delta v = v_2 - v_1$. Bei der in Abb. 10.10a) angegebenen Reibungs-Kennlinie mit negativen Steigungen liegt für $v_1 > 0$, also für $\Delta v < v_2$ eine größere Reibungskraft vor als für $v_1 < 0$, also für $\Delta v > v_2$. Daher wird die Halbschwingung mit $v_1 > 0$ durch die Reibungskraft stärker unterstützt, als die Halbschwingung mit $v_1 < 0$ durch die Reibungskraft gebremst wird. Daher wird während einer Vollschwingung Arbeit geleistet und dem Reibkörper 1 Energie zugeführt. Ist diese Energie groß genug, um die im System vorhandenen Dämpfungen zu überwinden, dann ist Selbsterregung möglich. Bei der Reibungs-Kennlinie mit positiven Steigungen (Abb. 10.10b) verhält es sich genau umgekehrt. Hier wird bei jeder Vollschwingung mehr Arbeit ab- als zugeführt und so dem Reibkörper 1 Energie entzogen. Dieses führt dann zu einer gedämpften Schwingung [Mag76].

Ein Überblick über die möglichen Bewegungen des Reibkörpers 1 in Abb. 10.9 kann mit Hilfe von Abb. 10.11 gewonnen werden. Vor dem Start des Förderbandes (Reibkörper 2) befindet sich der Schwerpunkt des Reibkörpers 1 bzw. die Mitte der Masse m an der Stelle $x = 0$, die dem 0-Punkt in Abb. 10.11 entspricht. Die Feder ist noch nicht ausgelenkt. Beim Start des Förderbandes wird der Reibkörper 1 mittransportiert. Er haftet am Förderband, sodass beide Reibkörper die gleiche Geschwindigkeit aufweisen ($\Delta v = 0$, $v_1 = v_2$ und $F_f = F_{f0}$). Durch das Mitnehmen des Reibkörpers 1 nach rechts wird die Feder gelängt und es wirken die Federkraft cx und die Dämpfungskraft dv_2 am Reibkörper 1. Das Haften von Reibkörper 1 hat so lange Bestand, bis die Summe aus Feder- und Dämpfungskraft kleiner oder gleich der Ruhereibungskraft ist ($cx + dv_2 \le F_{f0}$). Im so genannten „Abreißpunkt" B löst sich der Reibkörper 1 vom Reibkörper 2. Er fängt an zu gleiten. Durch das Lösen des Reibkörpers 1 vom Reibkörper 2 wird das schwingungsfähige Feder-Masse-System aus der Masse des Reibkörpers 1 und der Feder mit der Federkonstante c zu Schwingungen angeregt.

Bei ausreichend großer Dämpfung werden die Geschwindigkeit und die Auslenkung von Reibkörper 1 immer geringer (Abb. 10.11). Die Geschwindigkeits-Auslenkungs-Kurve zieht sich spiralförmig zur Gleichgewichtslage (Punkt A) hin zusammen. Der Gleichgewichtspunkt A liegt auf der x-Achse im Abstand $x_A = F_f(v_2)/c$ vom 0-Punkt. In der Gleichgewichtslage stehen die Federkraft und die Reibungskraft der Bewegung im Gleichgewicht, d. h. sie sind gleich groß ($F_f(v_2) = cx_A$). Der Reibkörper 1 führt hier keine Bewegung aus ($v_1 = 0$, $\Delta v = v_2$).

Bei zu geringer Dämpfung (Abb. 10.11b) gleitet der Reibkörper 1 nach dem Loslösen vom Förderband im Punkt B entsprechend der Kurve B–D, d. h. auf einer sich aufweitenden Spirale um die Gleichgewichtslage A herum. Im Punkt D beginnt der Reibkörper 1 wieder an dem Förderband zu haften. Das Förderband bewegt dann den Reibkörper 1 zum Punkt B, wo wiederum das Gleiten beginnt. Die Geschwindigkeits-Weg-Kurve zeigt einen

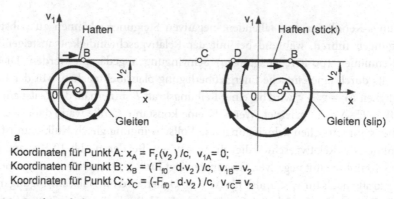

Koordinaten für Punkt A: $x_A = F_f(v_2)/c$, $v_{1A} = 0$;
Koordinaten für Punkt B: $x_B = (F_{f0} - d \cdot v_2)/c$, $v_{1B} = v_2$
Koordinaten für Punkt C: $x_C = (-F_{f0} - d \cdot v_2)/c$, $v_{1C} = v_2$

Abb. 10.11 Geschwindigkeits-Weg-Diagramme für eine schwingende Masse bei selbsterregten Reibungsschwingungen in Anlehnung an [Mag76]. **a** große Dämpfung, **b** geringe Dämpfung (*A* Gleichgewichtslage, *B* Übergang vom Haften zum Gleiten, *C* Grenzpunkt für Übergang vom Gleiten zum Haften)

geschlossenen Verlauf, der den Grenzzyklus des Systems darstellt. Bei den Betriebspunkten, die innerhalb der Strecke B–C liegen, haftet der Reibkörper 1 am Gegenkörper 2 ($v_1 = v_2$), da die Ruhereibungskraft F_{f0} hier größer ist als die Resultierende aus Feder- und Dämpfungskraft, wobei der Punkt C den Grenzpunkt für den Übergang vom Gleiten zum Haften darstellt. Hier erreicht die Reibungskraft am Reibkörper 1 bei negativer Amplitude gerade noch die Höhe der resultierenden Kraft aus Feder- und Dämpfungskraft, sodass der Reibkörper 1 soeben noch von der Gleit- in die Haftphase übergeht.

Auch wenn sich der Reibkörper 1 in der Gleichgewichtslage A befindet, kann er zu Schwingungen angeregt werden, wenn die Dämpfung zu gering ist (Abb. 10.11b). Die Geschwindigkeits-Auslenkungs-Kurve hat dann die Form einer sich öffnenden Spirale. Der Reibkörper 1 führt um die Gleichgewichtslage herum sich vergrößernde Schwingungen aus, bis die Strecke B-C berührt oder geschnitten wird. Dann mündet die Bewegung des Reibkörpers 1 in den Grenzzyklus des Systems ein und findet fortan auf der geschlossenen Kurve B–D–B statt.

Die Gleichgewichtslage (Punkt A) wird stabil eingehalten, wenn die Neigung der Reibungs-Kennlinie im Gleichgewichtspunkt, d. h. bei $\Delta v = v_2$, die Bedingung $(d F_f / d \Delta v)_A > -d$ erfüllt [Mag76]. Ansonsten kann es zu reiberregten Schwingungen kommen.

Das mögliche stick-slip-Verhalten eines geschmierten Tribotechnischen Systems (TTS) wird in Abb. 10.12 anhand unterschiedlicher Betriebspunkte in der Stribeck-Kurve dargestellt. Dabei wurde die Stribeck-Kurve 90° rechts herum gedreht. Arbeitet das TTS bei Mischreibung, wo die Reibungszahl mit wachsender Gleitgeschwindigkeit abfällt, treten die typischen stick-slip-Schwingungen auf. Im Übergangsbereich zwischen Misch- und Flüssigkeitsreibung, d. h. im Bereich des Reibungszahlminimums, können Instabilitäten vorkommen und das TTS kann zu Schwingungen angeregt werden. Bei reiner Flüssigkeitsreibung werden angeregte Schwingungen durch die mit ansteigender Gleitgeschwindigkeit zunehmende Reibung automatisch gedämpft.

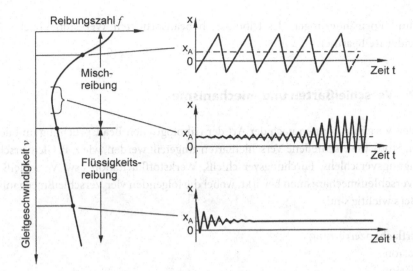

Abb. 10.12 Stick-slip-Verhalten einer geschmierten Reibpaarung bei unterschiedlichen Betriebspunkten in Anlehnung an [CziHa03]

Um selbsterregte Reibungsschwingungen zu vermeiden, sollte die Reibungs-Kennlinie (Abb. 10.10) sicherheitshalber mindestens waagerecht verlaufen oder besser durchweg positive Steigungen aufweisen. Dieses kann z. B. durch grenzflächenaktive chemische Additive ermöglicht werden oder aber durch Verbesserung der Schmierungsbedingungen, um von der Mischreibung in die Flüssigkeitsreibung zu kommen. Reibungsschwingungen können auch dann unterdrückt werden, wenn die Reibungskraft bei Bewegung F_{fkin} größer ist als die Reibungskraft im Stillstand F_{f0}. Gegen Reibungsschwingungen hilft ferner, das Niveau der Reibung abzusenken, die Gleitgeschwindigkeit, die Systemdämpfung und die Systemsteifigkeit zu erhöhen, um möglichst kleine Schwingungsamplituden zu bekommen. Die Schwingungsamplituden verschwinden fast ganz, wenn der Betrag der Amplitude unterhalb von 10^{-2} mm liegt, was in etwa der Länge von einzelnen Rauheitskontakten bei Stahl-Stahl-Systemen entspricht [Rab95].

10.4 Verschleiß

10.4.1 Verschleiß, allgemein

Sobald Grund- und Gegenkörper sich berühren, d. h. wenn die Schmierspalthöhe zu klein wird oder kein Schmierstoff vorhanden ist, tritt Verschleiß auf. Verschleiß ist fortschreitender Materialverlust aus der Oberfläche eines festen Körpers, hervorgerufen durch mechanische Ursachen, d. h. durch Kontakt und Relativbewegung eines festen, flüssigen oder gasförmigen Gegenkörpers [GfT7]. Anzeichen von Verschleiß sind losgelöste kleine Verschleißpartikel, Werkstoffüberträge von einem Reibkörper auf den anderen sowie

Stoff- und Formänderungen des tribologisch beanspruchten Werkstoffbereiches eines oder beider Reibpartner.

10.4.2 Verschleißarten und -mechanismen

Verschleißvorgänge können nach der Art der tribologischen Beanspruchung und der beteiligten Stoffe in verschiedene Verschleißarten eingeteilt werden, wie z. B. Gleitverschleiß, Schwingungsverschleiß, Furchungsverschleiß, Werkstoffkavitation usw. Verschleiß wird durch Verschleißmechanismen bewirkt, wobei die folgenden vier Verschleißmechanismen besonders wichtig sind:

- Oberflächenzerrüttung
- Abrasion
- Adhäsion
- Tribochemische Reaktion

In Tab. 10.7 ist die Gliederung des Verschleißgebietes nach Verschleißarten und Verschleißmechanismen nach [GfT7] dargestellt.

Das Wirken der Verschleißmechanismen wird schematisch in Abb. 10.13 gezeigt. Die Verschleißmechanismen können einzeln, nacheinander oder überlagert auftreten.

Die *Oberflächenzerrüttung* äußert sich durch Rissbildung, Risswachstum und Abtrennung von Verschleißpartikeln, hervorgerufen durch wechselnde Beanspruchungen in den oberflächennahen Bereichen von Grund- und Gegenkörper.

Bei der *Abrasion* wiederholtes Ritzen und Mikrozerspanungen des Grundkörpers durch harte Rauheitshügel des Gegenkörpers oder durch harte Partikel im Zwischenstoff zu Verschleiß.

Bei der *Adhäsion* werden zunächst nach Durchbrechen eventuell vorhandener Deckschichten atomare Bindungen (Mikroverschweißungen) vor allem an den plastisch deformierten Mikrokontakten zwischen Grund- und Gegenkörper gebildet. Ist die Festigkeit der adhäsiven Bindungen höher als die des weicheren Reibpartners, kommt es zu Ausbrüchen aus dem weicheren und zum Materialübertrag auf den härteren Reibpartner. Das übertragene Material kann entweder auf dem härteren Reibpartner verbleiben oder abgetrennt oder aber auch zurück übertragen werden.

Bei *tribochemischen Reaktionen* finden chemische Reaktionen von Bestandteilen des Grund- und/oder Gegenkörpers mit Bestandteilen des Schmierstoffs oder des Umgebungsmediums statt, und zwar infolge einer reibbedingten Aktivierung der beanspruchten oberflächennahen Bereiche. Die Reaktionsprodukte weisen gegenüber Grund- und Gegenkörper veränderte Eigenschaften auf und können nach Erreichen einer gewissen Dicke zum spröden Ausbrechen neigen oder auch reibungs- und/oder verschleißmindernde Effekte zeigen.

Tab. 10.7 Verschleißarten und -mechanismen nach [GfT7]

Systemstruktur	Tribologische Beanspruchung (Bewegungsarten und vereinfachte Tribosysteme)	Verschleißart	Wirkende Verschleißmechanismen (einzeln oder kombiniert)			
			Oberflächenzerrüttung	Abrasion	Adhäsion	Tribochemische Reationen
Festkörper ① -Zwischenstoff ③ (vollständige Festkörpertrennung) -Festkörper ②	Gleiten Rollen Wälzen Prallen Stoßen	–	X			X
Festkörper ① -Festkörper ② (Festkörperreibung, Grenzreibung, Mischreibung)	Gleiten	Gleitverschleiß	X	X	X	X
	Rollen Wälzen	Wälzverschleiß	X	X	X	X
	Oszillieren	Schwingungsverschleiß	X	X	X	X
Festkörper ① -Festkörper und Partikel ②	Furchen	Furchungsverschleiß		X		X
	Gleiten	Korngleitverschleiß	X	X		X
	Walzen	Kornwälzverschleiß	X	X		X
Festkörper ① -Flüssigkeit ②	Strömen Schwingen	Werkstoffkavitation (Kavitationserosion)	X			X
Festkörper ① -Flüssigkeit mit Partikeln ②	Strömen	Spülverschleiß (Erosionsverschleiß)	X	X		X

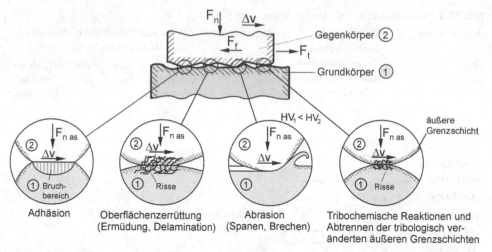

Abb. 10.13 Grundlegende Verschleißmechanismen bei mikroskopischer Betrachtungsweise (F_n Normalkraft auf nomineller Berührungsfläche, F_f Reibungskraft zwischen Grund- und Gegenkörper, $F_{n,\,as}$ Normalkraft auf Rauheitskontakt, Δv Relativgeschwindigkeit, HV Vickershärte)

Tab. 10.8 Typische Verschleißerscheinungsformen durch die Haupt-Verschleißmechanismen nach [GfT7]

Verschleißmechanismus	Verschleißerscheinungsform
Adhäsion	Fresser, Löcher, Kuppen, Schuppen, Materialübertrag
Abrasion	Kratzer, Riefen, Mulden, Wellen
Oberflächenzerrüttung	Risse, Grübchen
Tribochemische Reaktionen	Reaktionsprodukte (Schichten, Partikel)

Neben den Verschleißarten und Verschleißmechanismen sind für die Interpretation der Verschleißergebnisse auch die *Verschleißerscheinungsformen* von großem Interesse, Tab. 10.8. Hierunter sind die sich durch Verschleiß ergebenden Veränderungen der Oberflächenschicht eines Körpers sowie Art und Form der anfallenden Verschleißpartikel zu verstehen. Dieses kann anschaulich durch licht- oder raster-elektronenmikroskopische Aufnahmen dargestellt werden.

10.4.3 Verschleißverläufe und -messgrößen

Zur Abschätzung der Lebensdauer von Bauteilen ist es notwendig, den Verschleißverlauf über der Beanspruchungsdauer und/oder die Verschleißgeschwindigkeit (Verschleißbetrag pro Beanspruchungsdauer) zu kennen. Abhängig von den wirkenden Verschleißmechanismen ergeben sich in Anlehnung an [Hab04] und [GfT7] häufig unterschiedliche Verschleißverläufe (Abb. 10.14).

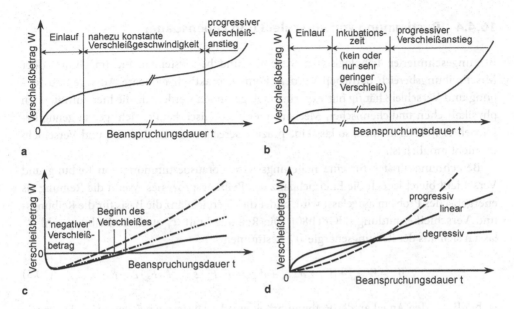

Abb. 10.14 Verschleißbetrag in Abhängigkeit von der Beanspruchungsdauer

Es werden die drei Phasen Einlauf, Beharrungszustand und Ausfall unterschieden. Beim Einlauf kann ein erhöhter Verschleiß, der so genannte Einlaufverschleiß, mit degressivem Verlauf auftreten und beispielsweise in einen lang andauernden Zustand mit einem konstanten Anstieg des Verschleißbetrages (konstante Verschleißgeschwindigkeit) übergehen, bis ein progressiver Anstieg den Ausfall ankündigt (Abb. 10.14a).

Ist Oberflächenzerrüttung als vorrangiger Verschleißmechanismus wirksam, so macht sich nach dem Einlauf ein messbarer Verschleiß häufig erst nach einer gewissen Inkubationsperiode bemerkbar, in der mikrostrukturelle Veränderungen, Rissbildung und Risswachstum eintreten. Erst nach der Inkubationsperiode werden dann Verschleißpartikel abgetrennt (Abb. 10.14b). Zu Beginn des Verschleißprozesses wird auch gelegentlich ein negativer Verschleißbetrag gemessen. Ursache hierfür ist Werkstoffübertrag vom Verschleißpartner (Abb. 10.14c). Grundsätzlich kann der Verlauf des Verschleißbetrages W über der Beanspruchungsdauer t progressiv, linear oder degressiv sein (Abb. 10.14d).

Es wird zwischen direkten Verschleiß-Messgrößen, wie linearem, planimetrischem, volumetrischem und massemäßigem Verschleißbetrag, und bezogenen Verschleiß-Messgrößen (Verschleißraten), wie Verschleißgeschwindigkeit, Verschleiß-Weg-Verhältnis und Verschleiß-Durchsatz-Verhältnis, unterschieden. Im Regelfall ist der Verschleißbetrag zu messen. Bezogene bzw. relative Verschleißbeträge empfehlen sich dann, wenn bei vergleichenden Verschleißuntersuchungen das Beanspruchungskollektiv oder die Eigenschaften von am Verschleiß beteiligten Elementen nicht konstant gehalten werden können oder absichtlich verändert werden.

10.4.4 Bestimmung von Verschleiß und Lebensdauer

Bei ungeschmierten tribologischen Systemen und bei Systemen, die im Grenz- oder Mischreibungsbereich betrieben werden, können praktisch nutzbare Aussagen zu Reibung und Verschleiß häufig nur experimentell gefunden werden, da die hier auftretenden physikalischen und chemischen Mechanismen theoretisch häufig nicht genau genug beschrieben werden können, sodass eine präzise Berechnung von Reibung und Verschleiß oft nicht möglich ist.

Berechnungsansätze für eine näherungsweise Vorausbestimmung von Reibung und Verschleiß bietet jedoch die Energiebilanz des Reibungsprozesses. Wenn die Reibung als energetisches Problem aufgefasst wird, bildet die Energiebilanz die Basis für die Reibungs- und Verschleißermittlung [FlGrTh80]. Die Reibungskraft F_f und die Reibungszahl f lassen sich aus der Reibungsenergie W_f bestimmen

$$W_f = W_{el,hys} + W_{pl} + W_{furch} + W_{ad} = f \cdot F_n \cdot s_f = f \cdot F_n \cdot \Delta v \cdot t \tag{10.5}$$

wobei $W_{el,hys}$ den Anteil an der Reibungsarbeit aus der Hysterese bei elastischer Deformation, W_{pl} die Reibungsarbeit aus plastischer Deformation, W_{furch} die Reibungsarbeit durch Furchung, W_{ad} die Reibungsarbeit durch Trennung von adhäsiven Bindungen, f die Reibungszahl, F_n die Normalkraft, s_f den Reibungsweg, Δv die Relativgeschwindigkeit zwischen den reibenden Körpern und t die Reibungszeit darstellen [FlGrTh80].

Die Einsatzdauer einer Reibpaarung hängt meistens vom Verschleiß ab. Häufig wird in einer Berechnung die zu erwartende Lebensdauer L_h bei den jeweiligen Betriebsbedingungen ermittelt. Dabei wird von einem funktionsbedingten maximal zulässigen Verschleiß ausgegangen. Die Lebensdauer L_h entspricht damit der Einsatzzeit, in der ein gefahrloses Betreiben der Reibpaarung möglich ist.

Verschleißverhalten in Abhängigkeit von der Reibungszeit sind in Abb. 10.15 dargestellt. Der Verlauf des Verschleißes ist darin mit seiner Streuung als Funktion der Reibungszeit für verschiedene Betriebsbedingungen aufgeführt. Als Maß für den Verschleiß dient die Verschleißhöhe h_w. Die funktionsbedingte Verschleißgrenze ist durch die maximal zulässige Verschleißhöhe $h_{w\,zul}$ gekennzeichnet. In der Regel liegt ein Verschleißverlauf vor, der sich aus einem Einlaufvorgang und einem stationären Zustand zusammensetzt (Abb. 10.15, Fall 2 und 3). Außerdem zeigt Abb. 10.15 noch die Verteilungsdichten $f(t)$ für die durch $h_{w\,zul}$ festgelegten Lebensdauern L_h.

Der Fall 1 stellt trotz einer großen zulässigen Verschleißhöhe keinen praktikablen Fall dar, da hier die Reibpaarung einen Frühausfall erfährt und keinen stationären Zustand erreicht. Fall 2 zeigt einen normalen Verlauf bei reiner Festkörperreibung. Im Fall 3 liegen günstigere Bedingungen vor (z. B. Mischreibung), aber mit einer kleinen zulässigen Verschleißhöhe.

Die mittlere Lebensdauer (Einsatzzeit) für den Medianwert der Verteilungsdichte ergibt sich aus der Beziehung

$$L_h = t_E + \Delta t = t_E + (h_{w\,zul} - h_{w\,E})/(I_h \cdot \Delta v) \tag{10.6}$$

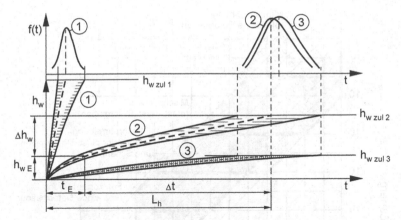

Abb. 10.15 Verlauf der Verschleißhöhe h_w und der Verteilungsdichte $f(t)$ in Abhängigkeit von der Reibungszeit t beim Erreichen zulässiger Werte der Verschleißhöhe für verschieden hohe Beanspruchungen bzw. verschiedene Reibungszustände [Wäch89]

mit der linearen Verschleißintensität I_h, die aus dem Verhältnis der Verschleißhöhe h_w zum Reibungsweg s_f gebildet wird ($I_h = \Delta h_w / \Delta s_f$) und der Einlauf-Verschleißhöhe h_{wE}. Wird angenommen, dass das Verschleißvolumen V_w der Reibungsarbeit W_f proportional ist ($W_f \sim V_w$), und wird als Proportionalitätsfaktor die Größe e_w als Verschleißenergiedichte eingeführt, wodurch sich die Verschleißgrundgleichung mit $W_f = e_w V_w$ ergibt, und berücksichtigt man den Wahrscheinlichkeitscharakter im realen Verschleißverhalten (Einführung der Größen $L(\gamma)_h$ als γ-prozentuale Lebensdauer, x als Quantil (Zufallsvariable) der normierten Normalverteilung und v als empirischen Variationskoeffizienten, der ein Maß für die Streuung der Verschleißgeschwindigkeit darstellt), so kann folgende Beziehung für die Lebensdauer aufgestellt werden [Wäch89]

$$L(\gamma)_{h\,1,2} = t_{E\,1,2} + \frac{(h_{w\,zul\,1,2} - h_{w\,E\,1,2}) \cdot e_{w\,1,2}}{\alpha_{f\,1,2} \cdot \tau_f \cdot \Delta v (1 - x \cdot v_{1,2})} \qquad (10.7)$$

mit der Reibungsschubspannung $\tau_f = f\,F_n / A_a$, wobei A_a für die nominelle Kontaktfläche steht, und dem Energieanteilsfaktor $\alpha_{f1,2}$, mit dem der in Reibkörper 1 bzw. 2 eingeleitete Anteil der Reibungsarbeit quantifiziert wird.

Für eine Überlebenswahrscheinlichkeit von $\gamma = 50\%$ beträgt bei einer normierten Normalverteilung das Quantil $x = 0$. Für $\gamma = 90\%$ gilt: $x = -1,28$. Der Variationskoeffizient hängt von den Betriebsbedingungen ab (übliche Werte nach [Thum92]: $v = 0,2...0,8$; bei Ermüdungsverschleiß: $v = 0,2...0,4$).

Zur Ermittlung der Lebensdauer nach Gl. (10.7) sind neben der Kenntnis der Einlaufzeit t_E, der zul. Verschleißhöhe $h_{w\,zul}$, der Einlauf-Verschleißhöhe h_{wE} des Energieanteilsfaktors α_f, der Normalkraft F_n, der nominellen Kontaktfläche A_a, der Relativgeschwindigkeit Δv und der statistischen Größen Quantil x und Variationskoeffizient v vor allem

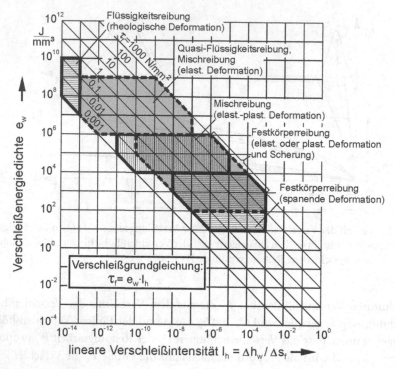

Abb. 10.16 Verschleißenergiedichte e_w in Abhängigkeit von der linearen Verschleißintensität l_h und der Reibungsschubspannung τ_f nach [FlGrTh80]

Informationen über die im Kontakt auftretende Reibungszahl f und die Verschleißenergiedichte e_w notwendig.

Die Reibungszahl kann experimentell ermittelt oder mit Hilfe von Rechnungen abgeschätzt werden [Bar01, Eng02]. Werte für die Verschleißenergiedichte e_w werden entweder mit Hilfe von Versuchen bestimmt oder Tabellen entnommen [FlGrTh80, Wäch89, Thum92]. Die nomografische Darstellung der Verschleißgrundgleichung $W_f = e_w \cdot V_w$ zeigt Abb. 10.16, und zwar mit Bereichen für typische Reibungs- und Verschleißzustände zur Bewertung und Klassifizierung des tribologischen Verhaltens von Reibpaarungen.

10.5 Grundlagen der Schmierung

Schmierung wird eingesetzt, um Reibung zu vermindern und um Verschleiß zu reduzieren oder ganz zu vermeiden. Damit wird eine lange Lebensdauer sichergestellt. Außerdem soll in manchen Anwendungen mit Hilfe der Schmierung die Wärme besser abtransportiert werden und eventuell auftretende Verschleißpartikel aus dem Reibungskontakt entfernt werden. Bei der Schmierung werden zwei gegeneinander bewegte und belastete Oberflächen durch die gezielte Einbringung eines reibungs- und verschleißmindernden

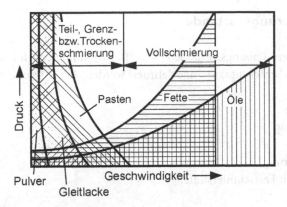

Abb. 10.17 Einsatzbereich von Schmierstoffen in Anlehnung an [Dey82]

Zwischenstoffs (Schmierstoffs) ganz oder teilweise getrennt. Darüber hinaus soll der Schmierstoff Korrosion verhindern und in manchen Fällen auch abdichten (Fett). Die meisten Schmierstoffe sind flüssig (Mineralöle, synthetische Öle, Wasser usw.), können jedoch auch fest sein, beispielsweise für den Einsatz in Trockengleitlagern (PTFE, Graphit, MoS_2 usw).

Außerdem werden Fette z. B. in Wälz- und Gleitlagern und hin und wieder auch in Zahnradgetrieben angewandt, aber auch Gase (Luft) kommen z. B. in Gaslagern zum Einsatz. In Abb. 10.17 sind die Einsatzbereiche unterschiedlicher Schmierstoffe wiedergegeben, wobei Pulver, Gleitlacke und Pasten den Festschmierstoffen zugeordnet werden können [Dey82]. Bei den geschmierten tribotechnischen Systemen muss zwischen konformen und kontraformen Kontakten unterschieden werden, Tab. 10.5, da sich hier unterschiedliche Schmierungsbedingungen ergeben. *Konforme Oberflächen* schmiegen sich eng aneinander mit einem hohen Grad an geometrischer Konformität, sodass die Last von einer relativ großen Kontaktfläche getragen wird. Die lasttragende Kontaktfläche bleibt nahezu konstant, auch wenn die Last anwächst. Ölgeschmierte Radial- und Axialgleitlager weisen z. B. konforme Oberflächen auf. Bei den Radialgleitlagern ist der Durchmesserunterschied zwischen der Welle und der Buchse typischerweise nur ein Tausendstel (1/1000) des Wellendurchmessers; bei den Axialgleitlagern beträgt die Neigung der Lagersegmentoberfläche gegenüber der Spurscheibe häufig weniger als ein Tausendstel (< 1/1000).

Viele geschmierte Maschinenelemente besitzen jedoch Oberflächen, die nicht konform, sondern kontraform zueinander ausgebildet sind, Tab. 10.5. Die Last kann dann nur von einer kleinen Fläche aufgenommen werden. Die Kontaktfläche eines *kontraformen Kontaktes* ist typischerweise um 2 bis 3 Größenordnungen geringer als die eines konformen Kontaktes. Die geschmierte Kontaktfläche zwischen kontraformen Oberflächen vergrößert sich mit zunehmender Last beträchtlich, bleibt jedoch wesentlich kleiner als die geschmierte Kontaktfläche zwischen konformen Oberflächen. Kontraforme Kontakte findet man z. B. in Zahnradgetrieben, Nocken/Stößel-Paarungen und Wälzlagern.

10.5.1 Schmierungszustände

Ähnlich wie bei den Reibungszuständen (Kap. 10.3.3) können auch bei der Schmierung unterschiedliche Schmierungszustände definiert werden, Tab. 10.9 und zwar:

- Vollschmierung
- Grenzschmierung
- Teilschmierung
- Trockenschmierung
  (Schmierung mit Festschmierstoffen)

Bei der *Vollschmierung* werden die Oberflächen der Reibkörper vollständig durch den Schmierfilm voneinander getrennt. Die Normalkraft wird durch den im Schmierstoff erzeugten Druck getragen. Bei Vollschmierung liegt Flüssigkeitsreibung vor. Der Reibungswiderstand, der der Bewegung entgegenwirkt, resultiert allein aus der Scherung der viskosen Flüssigkeit. Das Betriebsverhalten von flüssigkeitsgeschmierten Lagern kann mit Hilfe der Fluidmechanik (Hydrodynamik) genau vorherbestimmt werden. Wenn die Belastungen so groß werden, dass die Viskosität vom Schmierfilmdruck beeinflusst wird und die Oberflächen eine elastische Verformung erfahren, bildet sich ein elastohydrodynamischer (EHD) Schmierfilm aus.

Bei höheren Lasten, niedrigeren Geschwindigkeiten oder geringeren Schmierstoff-Viskositäten kann der Schmierfilm zu dünn werden, sodass sich die Rauheiten der Reibkörper an einigen Stellen berühren. Dieser Schmierungszustand wird *Teilschmierung* genannt. Das Verhalten eines tribotechnischen Systems bei Teilschmierung wird teilweise durch die bei Grenzschmierung auftretenden Mechanismen und teilweise durch die bei Vollschmierung ablaufenden Effekte bestimmt.

Grenzschmierung liegt dann vor, wenn nur sehr wenig Schmierstoff im Schmierspalt vorhanden ist, der nicht ausreicht, die Rauheitstäler zu füllen, oder wenn die Oberflächen nur mit einem sehr dünnen Schmierfilm überzogen sind oder wenn die Geschwindigkeit und/oder die Viskosität des Schmierstoffs so gering sind, dass sich keine hydrodynamischen Schmiereffekte einstellen. Der vorhandene Schmierstoff verhindert, dass sich zwischen den Rauheitskontakten starke adhäsive Bindungen aufbauen. Dadurch wird Reibung und Verschleiß gegenüber reiner Festkörperreibung stark reduziert.

Auf eine Schmierung mit *Festschmierstoffen* wird vielfach bei extremen Betriebsbedingungen zurückgegriffen, wie z. B. bei hohen Belastungen und gleichzeitig niedrigen Gleitgeschwindigkeiten, bei sehr hohen oder sehr tiefen Temperaturen, in aggressiven Medien, im Vakuum oder unter Bedingungen, bei denen aus wartungstechnischen, sicherheitstechnischen, umwelttechnischen oder gesundheitlichen Gründen auf eine Schmierung mit Ölen oder Fetten verzichtet werden muss. Als Festschmierstoffe kommen häufig Verbindungen mit Schichtgitterstruktur, oxidische und fluoridische Verbindungen, weiche Metalle oder Polymere zum Einsatz. Außerdem finden zunehmend dünne Schichten aus harten Werkstoffen (wie z. B. TiN, TiC, DLC usw.) für die Reibungs- und Verschleißminderung Verwendung.

Tab. 10.9 Reibungs- und Schmierungszustände

	Reibungs-/Schmierungszustände
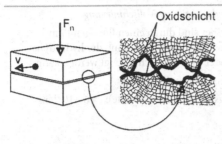 Oxidschicht	*1. Festkörperreibung/keine Schmierung*
	unmittelbarer Kontakt der Reibpartner
	Bildung von oxidischen Reaktionsschichten und Adsorption von Gasen
	hohe Verschleißraten wahrscheinlich, Fressgefahr
	Reibungszahlen (Anhaltswerte): $f \approx 0{,}35$ bis > 1
	Sonderfälle
	Grenzschichtreibung
	Reibung zwischen festen Grenzschichten mit gegenüber dem Grundmaterial modifizierten Eigenschaften (z. B. Oxidschichten)
	Reibung von metallisch reinen Oberflächen
	direkte Berührung von metallisch reinen Oberflächen (z. B. bei spanender Bearbeitung und bei Fressvorgängen)
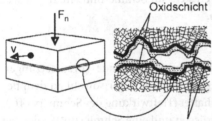 Oxidschicht Schmierstoff und Adsorptions- und Reaktionsschichten	*2. Grenzreibung/Grenzschmierung*
	Oberflächen der Reibpartner mit einem dünnen, reibungsmindernden Schmierstofffilm bedeckt
	Bildung von reibungsmindernden, leicht scherbaren Schichten auf den Oberflächen durch Physisorption, Chemisorption und tribochemischer Reaktion mit Wirkstoffen (Additiven) aus dem Schmierstoff
	geringere Verschleißraten als bei Festkörperreibung
	hydrodynamische Schmierwirkung vernachlässigbar
	Reibungszahlen (Anhaltswerte): $f \approx 6 \times 10^{-2}$ bis 2×10^{-1}
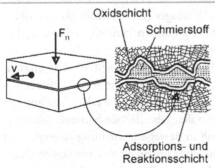 Oxidschicht Schmierstoff Adsorptions- und Reaktionsschicht	*3. Mischreibung/Teilschmierung*
	Schmierfilm nicht dick genug, um Oberflächen vollständig voneinander zu trennen; Folge: Rauheitskontakte
	gleichzeitiges Vorliegen von Grenz- und Flüssigkeitsreibung
	Belastung wird teilweise vom Schmierfilm durch hydrodynamische Wirkung und teilweise von den Rauheitskontakten aufgenommen
	wie bei Grenzreibung auch hier Einsatz von Additiven im Schmierstoff wichtig, um reibungsmindernde Adsorptions- und Reaktionsschichten auf den Oberflächen zu erzeugen
	Verschleißrate um so geringer, je höher hydrodynamischer Traganteil
	Reibungszahlen (Anhaltswerte): $f \approx 10^{-3}$ bis 10^{-1}

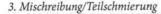

Tab. 10.9 (Fortsetzung)

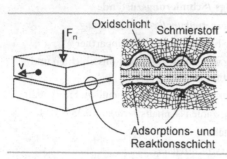	**Reibungs-/Schmierungszustände**
	4. Flüssigkeitsreibung/Vollschmierung
	Reibpartner sind durch einen flüssigen Film lückenlos voneinander getrennt, der hydrodynamisch oder hydrostatisch erzeugt werden kann.
	quasi verschleißfreier Betrieb
	Reibungszahlen (Anhaltswerte): $f \approx 6 \times 10^{-4}$ bis 5×10^{-3}

10.5.2 Vollschmierung

Vollschmierung, d. h. die vollkommene Trennung der reibenden Oberflächen durch einen Schmierfilm, kann durch eine hydrodynamische, elastohydrodynamische oder hydrostatische Schmierung erreicht werden, Tab. 10.10. Es entsteht im Schmierfilm ein Tragdruck, wodurch die Belastung aufgenommen werden kann.

10.5.2.1 Hydrodynamische Schmierung

Um eine hydrodynamische Schmierung zu erreichen, müssen folgende Voraussetzungen erfüllt sein. Es muss ein viskoser Schmierstoff eingesetzt werden, der sowohl an dem bewegten als auch an dem stillstehenden Reibkörper haftet (Haftwirkung des Schmierstoffs). Ferner muss ein sich verengender Schmierspalt vorliegen und eine Schmierstoffförderung in den engsten Spalt stattfinden. Die Fördergeschwindigkeit wird häufig mit der Relativgeschwindigkeit verwechselt. Letztere ist für die Reibung maßgebend, während die Fördergeschwindigkeit des Schmierstoffs in den engsten Spalt für die Tragfähigkeit wesentlich ist. Wie die mittlere Fördergeschwindigkeit des Schmierstoffs in den engsten Spalt bei unterschiedlichen Anwendungsfällen, wie Rolle-Ebene, Wälzlager (Zylinderrollenlager), Gleitlager, Ritzelzahn-Radzahn einer Evolventenverzahnung und Nocken-Stößel-Paarung, berechnet werden kann, ist der Tab. 10.11 zu entnehmen.

Zur einfacheren Berechnung der mittleren Fördergeschwindigkeit in den engsten Spalt werden dabei die realen Systeme auf äquivalente Ersatzsysteme zurückgeführt, bei denen die Belastung bezüglich beider Reibkörper stillsteht. Durch die relativ zur engsten Schmierspalthöhe bewegten Reibkörper wird der an den Oberflächen haftende Schmierstoff in den engsten Spalt gezogen. Da sich der Spalt in Bewegungsrichtung verengt, staut sich die von den bewegten Reibkörpern mitgenommene Ölmenge vor dem engsten Querschnitt und kann durch die Schleppwirkung der bewegten Reibkörper allein nicht vollständig abgeführt werden-(Tab. 10.12).

So entsteht in dem sich verengenden Raum zwischen den Gleitflächen zwangsläufig ein Überdruck, der gerade so groß wird, dass die Differenz zwischen den durch die Schleppströmung zu- und abgeführten Mengen infolge Druckströmungen aus dem Schmierspalt

Tab .10.10 Verschiedene Arten der Vollschmierung

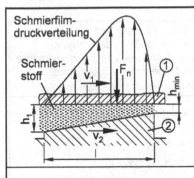

Hydrodynamik [LaSt78]

bei gegebener Geometrie

$$h_{min} \sim \sqrt{\frac{\bar{v}\,\eta}{F_n}} = (\bar{v}\,\eta)^{0,5}\, F_n^{-0,5}$$

$\bar{v} = (v_1 - v_2)/2$ mittlere Schmierstoff-Fördergeschwindigkeit in den engsten Schmierspalt (Regelfall: $v_2 = 0$; $\bar{v} = v_1/2$)

η mittlere Viskosität des Schmierstoffs im Schmierfilm

F_n Belastung

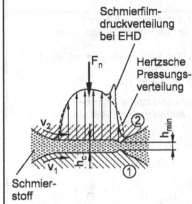

Elasto-Hydrodynamik [Ham94]

a) harte Werkstoffoberflächen (harte EHD)
elliptische Kontaktfläche, gegebene Geometrie

$$h_{min} \sim (\bar{v}\,\eta_0)^{0,68}\, \alpha^{0,49}\, E^{*-0,117}\, F_n^{-0,073}$$

$h_{min}/h_c \approx 0,56$

$\bar{v}$ mittlere Fördergeschwindigkeit in den engsten Schmierspalt $\bar{v} = (v_1 + v_2)/2$

η_0 Viskosität des Schmierstoffs am Spalteintritt bei $p=0$

α Viskositäts-Druck-Koeffizient

$$\frac{1}{E^*} = \frac{1}{2}\left[\frac{1-v_1^2}{E_1} + \frac{1-v_2^2}{E_2}\right] \text{ reduzierter E-Modul}$$

E_1 und E_2 E-Modul von Reibkörper 1 und 2
v_1 und v_2 Querkontraktionszahl von Reibkörper 1 und 2
F_n Belastung

b) weiche Werkstoffoberflächen (weiche EHD)
elliptische Kontaktfläche, gegebene Geometrie

$$h_{min} \sim (\bar{v}\,\eta_0)^{0,65}\, E^{*-0,44}\, F_n^{-0,21} \quad;\quad h_{min}/h_c \approx 0,77$$

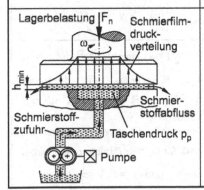

Hydrostatik [LaSt78]

bei gegebener Geometrie und konstantem Schmierstoffvolumenstrom ($\dot{V}$=konst.)

$$h_{min} \sim \sqrt[3]{\frac{\eta}{F_n}} = \eta^{0,33}\, F_n^{-0,33}$$

η mittlere Viskosität des Schmierstoffs im Schmierspalt

F_n Belastung

Tab. 10.11 Hydrodynamisch wirksame Fördergeschwindigkeiten und Relativgeschwindigkeiten bei unterschiedlichen technischen Anwendungsfällen

Anwendungsfall	äquivalente Kontakt-bedingungen (wie beim Anwendungsfall) mit ortsfestem, nichtbeweg-lichem Kraftvektor	mittlere Fördergeschwindigkeit des Schmierstoffs in den engsten Spalt $\bar{v}$ (hydrodynamisch wirksame Fördergeschwindigkeit) und Relativgeschwindigkeit Δv
Rolle - Ebene (allg. Fall) 		$\bar{v} = \dfrac{1}{2}(R_1\omega_1 + v_2 - v_1)$ $\Delta v = R_1\omega_1 - (v_2 - v_1)$ $\quad = R_1\omega_1 + v_1 - v_2$
Wälzlager Index I : Innenring Index A : Außenring Index K : Käfig Index W : Wälzkörper Index pw : Teilkreis	 pos. Drehrichtung	a) *Kontaktstellen zwischen Innenring und Wälzkörper* $\bar{v}_I = \dfrac{1}{2}[R_I(\omega_I - \omega_K) + \dfrac{D_W}{2}\omega_W]$ $\Delta v_I = R_I(\omega_I - \omega_K) - \dfrac{D_W}{2}\omega_W$ b) *Kontaktstelle zwischen Außenring und Wälzkörper* $\bar{v}_A = \dfrac{1}{2}[R_A(\omega_K - \omega_A) + \dfrac{D_W}{2}\omega_W]$ $\Delta v_A = R_A(\omega_K - \omega_A) - \dfrac{D_W}{2}\omega_W$ *Es gilt:* $R_I = \dfrac{D_{pw}}{2} - \dfrac{D_W}{2}; \quad R_A = \dfrac{D_{pw}}{2} + \dfrac{D_W}{2}$ $\omega_K = \dfrac{1}{2}[(1 - \dfrac{D_W}{D_{pw}})\omega_I + (1 + \dfrac{D_W}{D_{pw}})\omega_A]$ $\omega_W = (\dfrac{D_{pw}}{D_W} - \dfrac{D_W}{D_{pw}})\dfrac{\omega_A - \omega_I}{2}$
Gleitlager Index J : Welle Index B : Lagerschale Index F : Belastung Index n : normale Richtung		$\bar{v} = \dfrac{1}{2}[R_B(\omega_B - \omega_F) + R_J(\omega_J - \omega_F)]$ $\bar{v} \approx \dfrac{1}{2} R_J(\omega_J + \omega_B - 2\omega_F),$ da $R_B \approx R_J$ $\Delta v = R_B\omega_B - R_J\omega_J \approx R_J(\omega_B - \omega_J)$ *Sonderfälle:* * für $\omega_B = 0$ (stillstehende Lagerschale): $\bar{v} = 0$ für $\omega_F = \dfrac{\omega_J}{2}$ (Halbfrequenzwirbel) * $\omega_B = 0$ und $\omega_F = 0$: $\bar{v} = \dfrac{1}{2} R_J\omega_J$; $\quad \Delta v = R_J\omega_J$ * $\omega_B = \omega_J$: $\bar{v} = R_J(\omega_J - \omega_F)$; $\Delta v = 0$

Tab. 10.11 (Fortsetzung)

Anwendungsfall	äquivalente Kontakt-bedingungen (wie beim Anwendungsfall) mit ortsfestem, nichtbeweg-lichem Kraftvektor	mittlere Fördergeschwindigkeit des Schmierstoffs in den engsten Spalt $\bar{v}$ (hydrodynamisch wirksame Fördergeschwindigkeit) und Relativgeschwindigkeit Δv
Zahnradgetriebe	$r_{w2}\sin\alpha_w + g_y$ $r_{w1}\sin\alpha_w - g_y$ r_w : Betriebswälz-kreisradius α_w : Betriebseingriffs-winkel g_y : Strecke zwischen momentanem Berührpunkt y und Wälzpunkt C Index 1: Ritzel Index 2: Rad	$\bar{v} = \dfrac{1}{2}(v_{t1} + v_{t2})$; $\Delta v = v_{t1} - v_{t2}$ *a) Kontakt Zahnfußbereich Ritzel - Zahnkopfbereich Rad* $\bar{v} = \dfrac{1}{2}[(r_{w1}\sin\alpha_w - g_y)\,\omega_1$ $+ (r_{w2}\sin\alpha_w + g_y)\,\omega_2]$ $\Delta v = (r_{w1}\sin\alpha_w - g_y)\,\omega_1$ $- (r_{w2}\sin\alpha_w + g_y)\,\omega_2$ *b) Kontakt Zahnkopfbereich Ritzel - Zahnfußbereich Rad* $\bar{v} = \dfrac{1}{2}[(r_{w1}\sin\alpha_w + g_y)\,\omega_1$ $+ (r_{w2}\sin\alpha_w - g_y)\,\omega_2]$ $\Delta v = (r_{w1}\sin\alpha_w + g_y)\,\omega_1$ $- (r_{w2}\sin\alpha_w - g_y)\,\omega_2$ *c) im Wälzpunkt C :* $\Delta v = 0$
Nocken mit gerade geführtem Flachstößel	① Flachstößel ② Nocken	$\bar{v} = \dfrac{1}{2}[r\,\omega + v_K]$; $\Delta v = r\,\omega - v_K$ mit $r = r_0 + s + \dfrac{b}{\omega^2}$ und $v_K = \dfrac{de}{dt} = \dfrac{b}{\omega}$ $\bar{v} = \dfrac{1}{2}[(r_0 + s + \dfrac{b}{\omega^2})\,\omega + \dfrac{b}{\omega}]$ $\bar{v} = \dfrac{1}{2}[(r_0 + s)\,\omega + \dfrac{2b}{\omega}]$ $\Delta v = (r_0 + s + \dfrac{b}{\omega^2})\,\omega - \dfrac{b}{\omega} = (r_0 + s)\,\omega$ b - Beschleunigung des Stößels ω - Winkelgeschwindigkeit des Nockens s - Stößelhub r_0 - Grundkreisradius des Nockens v_K - Kontaktpunktgeschwindigkeit

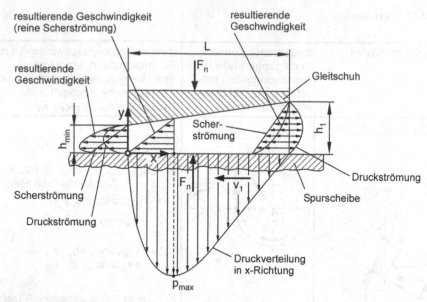

Abb. 10.18 Geschwindigkeitsverteilungen und Druckverteilung bei einem Gleitschuh

hinausgedrückt wird (Erfüllung der Kontinuitätsbedingung). Aus dem Überdruck resultiert die Tragfähigkeit der Reibstelle, die mit der äußeren Belastung im Gleichgewicht steht.

Beispielhaft sind für einen ebenen Gleitschuh Geschwindigkeitsverteilungen an verschiedenen Stellen im Schmierspalt und die Druckverteilung in Abb. 10.18 dargestellt. Die Höhe des entwickelten mittleren Druckes (normalerweise < 7 MPa) ist i. Allg. nicht groß genug, um eine signifikante elastische Deformation der Oberflächen zu verursachen. Der hydrodynamische Druck ist abhängig von der Geometrie der Reibkörper, der Neigung der Oberflächen zueinander, der Viskosität des Schmierstoffs, der Belastung und der Fördergeschwindigkeit des Schmierstoffs in den engsten Spalt.

Der Zusammenhang zwischen der minimalen Schmierspalthöhe h_{min} und der Fördergeschwindigkeit des Schmierstoffs in den engsten Spalt, der Viskosität des Schmierstoffs und der Belastung ist in Tab. 10.10 aufgeführt. Es ist zu erkennen, dass die minimale Schmierspalthöhe mit zunehmender Fördergeschwindigkeit und mit größer werdender Viskosität ansteigt und mit wachsender Belastung abfällt, allerdings jeweils nur mit einem Exponenten von 0,5. Die minimale Schmierspalthöhe ist normalerweise größer als 1 μm.

Die Schmierwirkung wird bei hydrodynamischer Schmierung vor allem durch die Viskosität des Schmierstoffs bestimmt. Die entstehende Reibung wird nur durch die Scherung des viskosen Schmierstoffes hervorgerufen. Für die Reibung sind neben der Viskosität die Relativgeschwindigkeit zwischen den Schmierspalt-Oberflächen der bewegten Reibkörper und die Schmierspalthöhe maßgebend. Relativgeschwindigkeiten sind für verschiedene Anwendungsfälle in Tab. 10.11 dargestellt. Wenn beide Oberflächen mit der gleichen Gleitgeschwindigkeit gleiten, ist die Relativgeschwindigkeit $\Delta v = 0$, d. h. es tritt keine Reibung auf. Andererseits kann bei der gleichen Gleitbedingung jedoch eine hohe Fördergeschwindigkeit in den engsten Schmierspalt vorliegen, sodass das Tribotechnische System dann eine hohe Tragfähigkeit und eine Reibungskraft von Null besitzt.

10.5.2.2   Elastohydrodynamische Schmierung (EHD)

Die elastohydrodynamische Schmierung (EHD) ist eine Form der hydrodynamischen Schmierung, wobei elastische Deformationen der geschmierten Oberflächen signifikant werden. Die bei der hydrodynamischen Schmierung erforderlichen Voraussetzungen, wie sich verengender Schmierfilm, vorhandene Fördergeschwindigkeit des Schmierstoffs in den engsten Schmierspalt und ein viskoser Schmierstoff zwischen den Oberflächen, sind auch bei der EHD wichtig. Elastohydrodynamische Schmierung wird normalerweise mit kontraformen Oberflächen, Tab. 10.5, in Verbindung gebracht. Es gibt zwei unterschiedliche Formen der EHD, und zwar EHD bei harten Oberflächen (harte EHD) und EHD bei weichen Oberflächen (weiche EHD).

EHD bei harten Oberflächen

Elastohydrodynamische Schmierung bei harten Oberflächen (harte EHD) bezieht sich auf Materialien mit hohen Elastizitätsmodulen, wie bei Metallen. Bei dieser Schmierungsart sind sowohl die elastischen Deformationen als auch die Druckabhängigkeit der Viskosität gleichermaßen von Bedeutung. Der maximal auftretende Schmierfilmdruck liegt typischerweise zwischen 0,5 und 4 GPa. Die minimale Schmierspalthöhe überschreitet normalerweise einen Wert von 0,1 µm. Bei der sogenannten harten EHD weisen die elastischen Verformungen bei Lasten, wie sie normalerweise in kontraformen Kontakten von Maschinenelementen vorkommen, Werte auf, die um einige Größenordnungen größer sind als die minimalen Schmierspalthöhen. Außerdem kann sich die Schmierstoffviskosität innerhalb des geschmierten Kontaktes um 3 bis 4 Größenordnungen und mehr verändern, abhängig von Schmierstoff, Druck und Temperatur.

Die minimale Schmierspalthöhe h_{min} ist eine Funktion der gleichen Parameter, wie bei der hydrodynamischen Schmierung, muss jedoch um den effektiven Elastizitätsmodul E^* und den Viskositäts-Druck-Koeffizienten des Schmierstoffs α erweitert werden, Tab. 10.10. Der Tab. 10.10 ist ferner zu entnehmen, dass in der Beziehung für die minimale Schmierspalthöhe der Exponent für die Normalbelastung bei der harten EHD ungefähr 7mal kleiner ist als bei der hydrodynamischen Schmierung. Das bedeutet, dass die Schmierspalthöhe bei harter EHD nur geringfügig durch die Belastung beeinflusst wird, im Gegensatz zur hydrodynamischen Schmierung. Die Ursachen hierfür sind in dem Anwachsen der Kontaktfläche mit zunehmender Last bei der harten EHD zu finden, wodurch eine größere Schmierfläche entsteht, um die Last zu tragen. Der Exponent für die Fördergeschwindigkeit des Schmierstoffs in den engsten Spalt ist bei harter EHD höher als bei hydrodynamischer Schmierung. Typische Anwendungsfälle für die harte EHD sind Zahnradgetriebe, Wälzlager und Nocken-Stößel-Paarungen.

EHD bei weichen Oberflächen

Elastohydrodynamik bei weichen Oberflächen (weiche EHD) bezieht sich auf Materialien mit geringem Elastizitätsmodul, wie z. B. Gummi. Bei weicher EHD treten große elastische Verformungen sogar bei geringen Belastungen auf. Die maximal vorkommenden

Drücke liegen bei weicher EHD typischerweise bei 1 MPa, im Gegensatz zu 1 GPa für harte EHD. Dieser geringe Schmierfilmdruck beeinflusst die Viskostität beim Durchlauf durch den Schmierspalt nur noch in vernachlässigbarer Weise. Die minimale Schmierspalthöhe ist eine Funktion der gleichen Parameter wie bei der hydrodynamischen Schmierung mit dem Zusatz des effektiven Elastizitätsmoduls E^*. Die minimale Schmierfilmdicke liegt bei weicher EHD typischerweise bei 1 µm. Anwendung findet die weiche EHD bei Dichtungen, bei künstlichen menschlichen Gelenken, bei Reifen und in kontraformen Kontakten, in denen Gummi eingesetzt wird.

Die harte und die weiche EHD weisen als gemeinsame Merkmale auf, dass in Folge lokaler elastischer Deformationen der Reibkörper ein zusammenhängender Schmierfilm erzeugt wird und dass so Interaktionen zwischen Rauheiten verhindert werden. Daher wird der Reibungswiderstand gegen die Bewegung nur durch Scherung des Schmierstoffes hervorgerufen.

10.5.2.3 Hydrostatische Schmierung

Bei der hydrostatischen Schmierung von Reibkörpern wird in der Kontaktstelle in einen Reibkörper eine Tasche eingearbeitet, in die von außen ein Fluid mit konstantem Druck eingepresst wird. Der Schmierstoffdruck wird durch eine Pumpe außerhalb des Lagers erzeugt. Die wichtigsten Merkmale der hydrostatischen Schmierung sind daher die Schmierstoffpumpe und die Schmierstoffdruckkammer oder die Schmierstofftasche, in die der Schmierstoff unter Druck zugeführt wird. Die Lage der Schmierstofftasche befindet sich normalerweise gegenüber der äußeren Belastung. Die Tragfähigkeit eines Kontaktes mit hydrostatischer Schmierung ist auch bei stillstehenden Oberflächen gewährleistet. Bei konstantem Schmierstoffvolumenstrom in die Schmierstofftasche ist die minimale Schmierspalthöhe proportional der dritten Wurzel aus dem Verhältnis der mittleren Schmierstoffviskosität im Schmierspalt und der Belastung, d. h. die minimale Schmierspalthöhe ist weniger abhängig von der Viskosität und der Belastung als bei hydrodynamischer Schmierung.

Die hydrostatische Schmierung wird vor allem dort eingesetzt, wo keine metallische Berührung der Oberflächen der Reibpartner, d. h. kein Verschleiß, auch nicht beim Hoch- oder Herunterlaufen einer Maschine oder bei niedrigen Geschwindigkeiten, auftreten darf, eine möglichst kleine Reibungszahl bei niedrigen Drehzahlen realisiert werden muss und in Folge zu kleiner wirksamer Fördergeschwindigkeiten des Schmierstoff in den engsten Spalt hydrodynamisch über die Keilwirkung kein tragender Schmierfilm verwirklicht werden kann.

10.5.3 Grenzschmierung

Bei *Grenzschmierung* werden die Reibkörper nicht durch einen Schmierstoff getrennt, die hydrodynamischen Schmierfilmeffekte sind vernachlässigbar und es gibt beträchtliche Rauheitskontakte. Die Schmiermechanismen im Kontakt werden beherrscht durch die

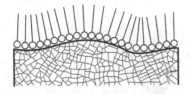
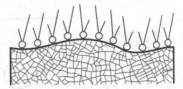

Adsorption von Fettsäure (Schema)
  O Carbonsäurerest (-COOH)
  —— unpolare Kohlenwasserstoffkette
       (Kohlenwasserstoffrest)

a

Adsorption von Fettsäureestern (Schema)
  O Carbonsäurerest (-COOH)
  —— unpolarer langkettiger Kohlenwasserstoffrest
  — unpolarer kurzkettiger Kohlenwasserstoffrest

b

Abb. 10.19 Adsorption an Metalloberflächen nach [MöNa02]

physikalischen und chemischen Eigenschaften von dünnen Oberflächenfilmen von molekularer Dicke. Die Eigenschaften des Grundschmierstoffes sind von geringer Bedeutung. Der Reibungskoeffizient ist im Großen und Ganzen unabhängig von der Schmierstoffviskosität. Die Reibungscharakteristik wird bestimmt durch die Eigenschaften der am Reibungsprozess beteiligten Festkörper und der sich auf den Werkstoffoberflächen bildenden Grenzschichten, die primär von den Eigenschaften des Schmierstoffes – insbesondere jedoch von den Schmierstoffadditiven – aber auch von den Eigenschaften der Werkstoffoberflächen abhängen. Diese Grenzschichten werden durch Physisorption, Chemisorption und/oder durch tribochemische Reaktion gebildet. Die Oberflächengrenzschicht variiert in der Dicke zwischen 1 und 10 nm, abhängig von der Molekülgröße.

Bei der *Physisorption* werden im Schmierstoff enthaltene Zusätze (z. B. AW (anti wear)Zusätze), wie gesättigte und ungesättigte Fettsäuren, natürliche und synthetische Fettsäureester und primäre und sekundäre Alkohole auf den tribologisch beanspruchten Oberflächen adsorbiert. Gemeinsam haben solche Stoffe ein hohes Dipolmoment auf Grund von mindestens einer polaren Gruppe im Molekül (Abb. 10.19).

Die Belegung der Oberflächen erfolgt nach den Gesetzen der Adsorption und sie ist temperatur- und konzentrationsabhängig. Eine Voraussetzung für die Adsorption von polaren Gruppen besteht darin, dass die Werkstoffoberfläche einen polaren Charakter aufweist, damit van-der-Waals-Bindungen entstehen können. Bei metallischen Werkstoffen wird dies in der Regel durch die auf den Oberflächen gebildeten Oxidschichten erreicht. Bei keramischen Werkstoffen kann es jedoch zu Problemen kommen. Während z. B. auf Aluminiumoxid mit ionischer Bindung Fettsäuren mit polaren Endgruppen leicht adsorbiert werden, sodass ab einer gewissen Kettenlänge die Reibung erniedrigt wird, findet auf Siliziumcarbid mit kovalenter Bindung offenbar keine Adsorption statt, sodass die Reibungszahl nicht beeinflusst wird [CziHa03].

Bei der *Chemisorption* werden Moleküle an die Oberfläche gebunden. Es entwickeln sich wesentlich stabilere Grenzschichten, weil an der Grenzfläche chemische Bindungen mit größeren Bindungskräften gebildet werden (z. B. Reaktion von Stearinsäure mit Eisenoxid bei der Anwesenheit von Wasser, wodurch Metallseife in Form von Eisenstearat entsteht). Chemisorbierte Schichten haben bis zu ihrem Schmelzpunkt gute Schmiereigen-

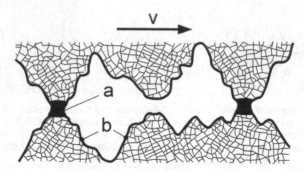

Abb. 10.20 Bildung einer Schutzschicht bei EP-Wirkstoffen mit Schwefelverbindungen in Anlehnung an [MöNa02]. **a** Metallsulfidverbindung, **b** Metalloberfläche

schaften. Sie bewirken bei mittleren Belastungen, Temperaturen und Geschwindigkeiten eine anhaltende Reibungsminderung.

Durch *tribochemische Reaktionen* zwischen Bestandteilen des Schmierstoffes und der metallischen Werkstoffoberfläche werden Reaktionsschichten gebildet, die i. Allg. thermisch und mechanisch höher belastbar sind als physi- oder chemisorptiv gebildete Schichten. Dazu werden den Schmierstoffen Chlor-, Phosphor- oder Schwefelverbindungen als Additive (EP (extreme pressure)-Zusätze) zugesetzt. Die Wirksamkeit solcher EP-Additive hängt von der Geschwindigkeit der Reaktionsschichtbildung ab, welche von der Aktivierungsenergie der Reaktion, der Oberflächentemperatur und der Additivkonzentration beeinflusst wird. Die EP-Wirkstoffe reagieren selbst oder deren thermische Spaltprodukte mit dem Oberflächenmetalloxid in sehr kurzer Zeit (10^{-6} bis 10^{-7} s) unter Bildung einer Reaktionsschicht, die gut haftet und leicht scherbar ist (Abb. 10.20).

Während bei hydrodynamischer und elastohydrodynamischer Schmierung nur sehr geringer bzw. kein Verschleiß auftritt, da keine Rauheitskontakte vorkommen, wachsen bei Grenzschmierung die Anzahl der Rauheitskontakte und damit die Verschleißrate mit zunehmender Last stark an. Gegenüber ungeschmierten Bedingungen liegen die Verschleißraten bei Grenzschmierung jedoch wesentlich niedriger.

10.5.4 Teilschmierung

Falls die Belastung in hydrodynamisch oder elastohydrodynamisch geschmierten Maschinenelementen zu groß oder die Fördergeschwindigkeit des Schmierstoffes in den engsten Spalt zu klein wird, wird der Schmierfilm zu dünn, sodass an einigen Stellen Rauheitskontakte auftreten. Es liegt Mischreibung vor, bei der die Reibungszustände Grenzreibung und Flüssigkeitsreibung nebeneinander vorkommen. Der Schmierfilm ist nicht mehr zusammenhängend, weil einzelne Oberflächenspitzen der gepaarten Teile ihn durchbrechen und eine direkte Berührung der Gleitflächen bewirken. Bei Teilschmierung wird die Normalbelastung zum Teil durch hydrodynamische Staudrücke und zum Teil durch Berührung der Reibflächen in den Rauheitskontakten aufgenommen. Der Übergang von der hydro-

Abb. 10.21 Trockenschmierung aus Gleitlack nach [MöNa02]. **a** Phosphatschicht (3 μm), **b** Binder, **c** Festschmierstoffe, **d** Grundmetall

dynamischen bzw. elastohydrodynamischen Schmierung zur Teilschmierung findet nicht sprunghaft statt, wenn die Last gesteigert wird, sondern der Anteil der Last der durch den hydrodynamischen Druckaufbau getragen wird, verringert sich allmählich, während in gleichem Maße der Anteil des Festkörpertraganteils anwächst.

10.5.5   Schmierung mit Feststoffen und Oberflächenbeschichtungen

Bei der Schmierung mit Festschmierstoffen und bei Beschichtungen sind die wichtigsten Maßnahmen zur Verbesserung der Reibung, zur Vermeidung von Fressen und zur Verringerung von Verschleiß das Aufbringen von metallischen, z. B. Indium, oder nichtmetallischen Schichten, z. B. Kunstharz-Beläge, die Bildung von Reaktionsschichten durch chemische Umsetzungen, z. B. Phosphatieren, und die Anwendung von festen Schmierstoffen. Zu den nichtmetallischen Schichten zählen auch durch physikalische (PVD (physical vapour deposition)) oder durch chemische Abscheidung aus der Gasphase (CVD (chemical vapour deposition)) erhaltene Schichten, deren Schichtdicken im Mikrometerbereich liegen, von z. B. Titannitrid (TiN), Titanaluminiumnitrid (TiAlN), Chromnitrid (CrN) oder Wolframcarbid/Kohlenstoff (WC/C).

Bei den Festschmierstoffen scheinen kristalline Festsstoffe mit Schichtgitter (Blättchenstruktur) besonders geeignet zu sein. Deren Aufbau ist durch leicht gegeneinander verschiebbare Lamellen mit Gleitebenen gekennzeichnet. Typische Vertreter hierfür stellen Graphit (C) und Molybdändisulfid (MoS_2) dar. Aber auch bestimmte Kunststoffe, wie z. B. PTFE, sind als feste Schmierstoffe im Einsatz.

Daneben spielen auch noch festhaftende, schmierwirksame und grifffeste Überzugschichten auf Metallen, so genannte Gleitlacke, eine Rolle (Abb. 10.21). Sie besitzen einen hohen Anteil an Festschmierstoffen und können als Trockenfilm in einem weiten Temperaturbereich eingesetzt werden.

10.6   Schmierstoffe

Im Maschinenbau sind gasförmige, flüssige, konsistente oder feste Schmierstoffe im Einsatz. Gasförmige Schmierstoffe finden beispielsweise Anwendung in schnelllaufenden, wenig belasteten Maschinen (z. B. Ultrazentrifugen, Gaspumpen für Kernkraftwerke usw.)

oder in der Gerätetechnik. Zu den flüssigen Schmierstoffen zählen die Mineralöle als wichtigste Stoffgruppe, die synthetischen, tierischen und pflanzlichen Öle und in Sonderanwendungen auch Wasser. Schmierfette und Haftschmierstoffe gehören den konsistenten Schmierstoffen an. Schmierfette bestehen aus Mineral- oder Syntheseölen, die z. B. mit Seifen eingedickt werden. Haftschmierstoffe gibt es auf Bitumenbasis oder bitumenfrei als Sprühhaftschmierstoffe. Sie werden vornehmlich zur Schmierung großer, offener Zahnradgetriebe verwendet. Festschmierstoffe werden häufig in flüssige oder konsistente Trägersubstanzen eingebracht. Festschmierstoffe in reiner Form finden nur bei besonderen Betriebsbedingungen Anwendung. Zu den festen Schmierstoffen gehören u. a. Graphit, Molybdändisulfid, PTFE usw.

Während des Betriebes wirken auf einen Schmierstoff unter anderem Druck- und Scherspannungen bei unterschiedlichen Temperaturen ein. Der Schmierstoff kommt mit Gasen (z. B. Luft), mit Flüssigkeiten (z. B. Wasser) und mit festen Stoffen (z. B. Metalle, Dichtungsmaterialien, Verschleißpartikel) in Berührung. Außerdem sind Berührungen mit der menschlichen Haut nicht auszuschließen. Daraus ergeben sich eine Reihe von Anforderungen an einen guten Schmierstoff. Er sollte ein für die jeweilige Anwendung passendes Viskositäts-Temperatur- und Viskositäts-Druck-Verhalten aufweisen, einen tiefen Stockpunkt besitzen und möglichst nicht flüchtig sein, ferner eine hohe Temperatur-, Scher- und Oxidationsstabilität aufweisen und hydrolyse- und in Sonderfällen strahlungsfest sein. Darüber hinaus sollte ein guter Schmierstoff verträglich mit den verwendeten Konstruktionsmaterialien und ungiftig sein und keine Entsorgungsprobleme bereiten.

10.6.1   Schmieröle

Bei den flüssigen Schmierstoffen werden Mineralöle und synthetische Öle unterschieden.

10.6.1.1   Mineralöle

Mineralöle werden aus natürlich vorkommendem Rohöl mit Hilfe von Destillation und Raffination gewonnen. Rohöle bestehen hauptsächlich aus Kohlenwasserstoffen und aus organischen Sauerstoff-, Schwefel- und Stickstoffverbindungen. Die genaue Zusammensetzung eines Rohöls hängt von seiner Herkunft (Provenienz) ab. Bei der Herstellung von Mineralölen können durch gezielte Auswahl der Basisöle und durch Lenkung des Herstellverfahrens bestimmte Zusammensetzungen erzielt und damit gewünschte Eigenschaften beeinflusst werden. Mineralöle sind Gemische aus Kohlenwasserstoffen, welche sich in Abhängigkeit von der Struktur in kettenförmige und ringförmige Kohlenwasserstoffe unterteilen lassen, die jeweils gesättigt oder ungesättigt sein können.

Kettenförmige, gesättigte Kohlenwasserstoffe sind chemisch reaktionsträge und werden Paraffine oder Alkane genannt. Kettenförmige, ungesättigte Kohlenwasserstoffe (Alkene oder Olefine) sind dagegen chemisch sehr reaktionsfreudig und daher als Schmierstoffe ungeeignet. Ringförmige, gesättigte Kohlenwasserstoffe (Cycloalkane, Cycloparaffine oder Naphthene) sind chemisch reaktionsträge. Ringförmige, ungesättigte Kohlenwasserstoffe

(Cycloalkene oder Cycloolefine, Aromaten) sind wiederum chemisch reaktionsfreudig, wobei Aromaten in den Kohlenstoff-Ringen alternierend Doppel- und Einfachbindungen aufweisen. Aromaten kommen in Mineralölen normalerweise in wesentlich kleineren Mengen vor als Paraffine oder Naphtene.

Mineralöle werden nach dem Kohlenwasserstofftyp, der in der Hauptsache die physikalischen und chemischen Eigenschaften bestimmt, in drei Gruppen eingeteilt, und zwar in paraffinbasische, naphtenbasische oder aromatische Mineralöle. Die in Mineralölen vorliegenden größeren Moleküle gehören häufig nicht nur einer Gruppe an, sondern sind aus verschiedenen Gruppen aufgebaut. Die Eigenschaften der Mineralöle werden durch die Zusammensetzung stark beeinflusst. So zeigen paraffinbasische Öle gegenüber den naphtenbasischen ein besseres Viskositäts-Temperatur-Verhalten (geringere Abhängigkeit der Viskosität von der Temperatur), eine günstigere Alterungsbeständigkeit, einen höheren Flammpunkt und eine geringere Verdampfungsneigung. Bei der Toxizität und der Elastomerverträglichkeit verhalten sich beide Öltypen ähnlich. Bezüglich der Thermostabilität, der Benetzungsfähigkeit, des Additivlösungsvermögens und der Demulgierbarkeit besitzen naphtenbasische Öle Vorteile gegenüber paraffinbasischen.

Mineralöle verändern ihre Gebrauchseigenschaften mit zunehmender Gebrauchsdauer. Hauptursache für eine Gebrauchsminderung ist graduelles Oxidieren von Kohlenwasserstoffketten, wobei Aromaten mehr reagieren als Naphtene und Naphtene mehr als Paraffine. Dadurch können schlammartige Ablagerungen entstehen, die die Ölversorgung durch Verstopfen der Ölzufuhrleitungen und der Filter behindern. Außerdem kann die Bildung von organischen Säuren gefördert werden, wodurch Korrosion von Maschinenteilen verursacht werden kann. Dieses lässt sich teilweise durch Beimischen von Additiven (z. B. Antioxidantien, Detergent- und Dispersant-Wirkstoffe) verhindern. Weitere Informationen zur Wirkung und zum Einsatz von Additiven sind im Kap. 10.6.1.4 zu finden.

10.6.1.2 Synthetische Öle

Schmieröle auf Synthesebasis werden durch eine chemische Synthese aus chemisch definierten Bausteinen (z. B. Ethylen) hergestellt. Durch ihre Entwicklung ist es möglich geworden, auch extreme Anforderungen (wie z. B. Schmierstofftemperatur $> 150\,°C$) gezielt zu erfüllen. Synthetische Schmierstoffe werden nach ihrer chemischen Zusammensetzung in synthetische Kohlenwasserstoffe, die nur Kohlenstoff und Wasserstoff enthalten (z. B. Polyalphaolefine (PAO), Dialkylbenzole (DAB), Polyisobutene (PIB) und in synthetische Flüssigkeiten (z. B. Polyglykole, Carbonsäureester, Phosphorsäureester, Silikonöle, Polyphenylether, Fluor-Chlor-Kohlenstofföle) unterteilt. Typische Kennwerte verschiedener synthetischer Öle liefert Tab. 10.12 und in Tab. 10.13 ist ein Vergleich von Eigenschaften von Syntheseölen mit denen von Mineralöl dargestellt.

Gegenüber Mineralölen bieten synthetische Schmierstoffe eine Reihe von Vorteilen. Sie besitzen eine bessere Alterungsbeständigkeit (thermische und oxidative Beständigkeit) und damit eine 3 bis 5 mal höhere Lebensdauer. Sie weisen ein günstigeres Viskositäts-Temperatur-Verhalten (wesentlich geringe Abhängigkeit der Viskosität von der Temperatur) auf, zeigen ein besseres Fließverhalten bei tiefen Temperaturen und geringere

Tab. 10.12 Kennwerte verschiedener synthetischer Öle in Anlehnung an [Pol04]

	Mineralöl	Poly-alphaolefin	Polyglykol (wasser-unlöslich)	Ester	Silikonöl	Alkoxy-fluoröl
Viskosität bei 40°C in mm²/s	2...4500	15...1200	20...2000	7...4000	4...100.000	20...650
Einsatz für Ölsumpf-Temperatur in °C bis	100	150	100...150	150	150...200	150...220
Einsatz für Ölumlauf-Temperatur in °C bis	150	200	150...200	200	250	240
Pourpoint in °C	−20[b]	−40[b]	−40	−60[b]	−60[b]	−30[b]
Flammpunkt in °C	220	230...260[b]	200...260	220...260	300[b]	–
Verdampfungs-verluste[d]	o	+	o bis −	+	+[b]	++[b]
Wasserbestän-digkeit[e]	+	+	+[b,f]	+ bis o	+	+
V-T-Verhalten[e]	o	+ bis o	+	+	++	+ bis o
Druck-Viskositäts-Koeffizient in 10⁸ m²/N[c]	1,1...3,5	1,5...2,2	1,2...3,2	1,5...4,5	1,0...3,0	2,5...4,4
Eignung für hohe Temperaturen (≈ 150°C)[e]	o	+	+ bis o[b]	+[b]	++	++
Eignung für hohe Last[e]	++[a]	++[a]	++[a]	+	−[b]	+
Verträglichkeit mit Elastomeren[e]	+	+[b]	o[g]	o bis −	++	+
Preisrelationen	1	6	4...10	4...10	40...100	200...800

[a] mit EP-Zusätzen
[b] abhängig vom Öltyp
[c] gemessen bis 2000 bar; Höhe ist abhängig vom Öltyp und der Viskosität
[d] sehr niedrig ++, niedrig +, mäßig o, mäßig bis hoch o bis −
[e] sehr gut ++, gut +, mäßig bis gut + bis o, mäßig o, mäßig bis schlecht o bis −, schlecht −
[f] schlecht trennbar, da gleiche Dichte
[g] bei Anstrichen prüfen

Tab. 10.13 Vergleich der Eigenschaften von natürlichen und synthetischen Basisölen für Schmierstoffe in Anlehnung an [MöNa02]

	A	B	C	D	E	F	G	H	I	J	K
Viskositäts-Temperatur-Verhalten (Viskositäts-Index (VI))	−	+	+−	+	+	+−	−−	−−	++	++	−
Tief-Temperaturverhalten (Stockpunkt)	−−	+−	++	++	+	+−	−−	−	++	+	+−
Oxidationsbeständigkeit (Alterungstest)	−	−−	+	+−	+	−−	+	+−	+	+	++
Thermische Beständigkeit (Erwärmen unter Luftabschluss)	−	−	−	+−	+	+−	++	−	+	+−	+
Flüchtigkeit (Verdampfungsverlust)	−	+−	+−	++	++	+−	+−	+	+	+−	−
Lackverträglichkeit (Einwirkung auf Anstriche)	++	−	++	−	−	−	−	−−	+−	−	+−
Wasserbeständigkeit (Hydrolysetest)	++	−−	++	−	−	+−	++	−	+−	−	+
Rostschutzeigenschaften (Korrosionstest)	++	++	++	−	−	+−	−	−	+−	−	+
Dichtungsverträglichkeit (Quellverhalten)	+−	−	++	−	−	+−	+−	−−	+−	+−	−
Feuerresistenz (Entzündungstemperatur)	−−	−−	−−	−	−	−	−	++	+−	−	++
Löslichkeit von Additiven (Aufnahme größerer Konzentrationen)	++	+−	+	−−	+−	−	+	+−	−−	+−	−
Schmierfähigkeit (Lastaufnahmevermögen)	+−	++	+−	+	+	+−	++	++	−−	−	++
Biologische Abbaubarkeit (Abbautest)	−	++	+−	++	++	++	−−	+	−−		−−
Toxizität	+−	++	++	+−	+−	+	+−	−−	++	−	+
Mischbarkeit mit Mineralöl (Bildung einer homogenen Phase)	++	++	++	+	+	+	−−	+−			
Preisrelation zu Mineralöl	1	3	4	7	8	8	350	7	65	25	350

Bewertungstabelle:

1 ++; 2 +; 3 + − ; 4 −; 5 −−

A Mineralöl (Solvent Neutral); **B** Rapsöl; **C** Polyalphaolefin; **D** Dicarbonsäureester; **E** Neopentylester; **F** Polyalkylenglykol (Polyglykol); **G** Polyphenylether; **H** Phosphorsäureester; **I** Siliconöl; **J** Silikatester; **K** Fluor-Chlor-Kohlenstofföl (Chlortrifluorethylenöl)

Flüchtigkeit bei hohen Temperaturen, können einen wesentlich erweiterten Temperatureinsatzbereich abdecken und sind strahlenbeständig und schwer entflammbar. Außerdem lassen sich spezielle Reibungsverhalten, wie z. B. geringere Reibungszahlen zur Verlustleistungsminderung in Wälzlagern oder Zahnradgetrieben oder höhere Reibungszahlen zur Steigerung des übertragbaren Drehmomentes in Reibradgetrieben, mit synthetischen Schmierstoffen erzielen. Auf der anderen Seite können synthetische Schmierstoffe häufig nicht so universell eingesetzt werden wie Mineralöle, da sie für spezielle Eigenschaften entwickelt wurden.

Außerdem sind sie in stärkerem Maße hydroskopisch (wasseranziehend), zeigen nur ein kleines Luftabscheidevermögen (Verschäumungsgefahr), sind schlecht oder überhaupt nicht mit Mineralölen mischbar, in stärkerem Maße toxisch, sind gekennzeichnet durch eine geringe Verträglichkeit mit anderen Werkstoffen (Gefahr chemischer Reaktion mit Dichtungen, Lacken, Buntmetallen) und durch eine schlechte Löslichkeit für Additive. Ihre Verfügbarkeit, vor allem in bestimmten Viskositätsklassen, ist nicht immer gegeben und ihr Preis ist häufig wesentlich höher. Beispiele für typische Einsatzbereiche von Syntheseölen beinhaltet Tab. 10.14.

10.6.1.3 Biologisch leicht abbaubare Öle

Umweltverträgliche Schmieröle werden z. B. in Fahrzeugen und Geräten in Wasserschutzgebieten und im Wasserbau, in Fahrzeugen der Land- und Forstwirtschaft und in offen laufenden Getrieben mit Verlustschmierung (Bagger, Mühlen) zunehmend eingesetzt. Sie sind leicht und schnell abbaubar, weisen eine niedrige Wassergefährdungsklasse auf und sind toxikologisch unbedenklich. Ihre Grundsubstanzen müssen in einem Abbaubarkeits-Test (z. B. CEC L-33-T-82) innerhalb einer vorgegebenen Zeitdauer um ein definiertes Maß abgebaut sein und die eingesetzten Additive (bis maximal 5 % Anteil) sollten potentiell abbaubar sein. Eingesetzt werden native Öle und synthetische Ester auf nativer Basis sowie vollsynthetische Ester und Polyglykole. Native Öle (z. B. Rapsöl, natürliche Ester) sind für hohe Temperaturen (> 70 °C) ungeeignet und besitzen außerdem eine geringe thermische Stabilität und Alterungsbeständigkeit. Die für höhere Dauertemperaturen geeigneten synthetischen Öle werden oft als Hydrauliköle in land- und forstwirtschaftlichen Maschinen eingesetzt. Polyglykole finden z. B. Anwendung als biologisch leicht abbaubare Öle im Wasserbau.

10.6.1.4 Wirkstoffe (Additive)

Wirkstoffe (Additive) sind Stoffe, die Mineral-, Synthese- oder Pflanzenölen entweder neue Charakteristika verleihen oder bereits bestehende positive Eigenschaften verstärken. Mineralöle mit Additiven werden häufig legierte Öle genannt – im Gegensatz zu reinen oder unlegierten Mineralölen. Die Menge der eingesetzten Additive ist sehr unterschiedlich. So können legierte Umlauf- oder Hydrauliköle nur einige zehntel Prozent enthalten, während spezielle Motoren- und Getriebeöle einen Legierungsanteil von bis zu 30 % besitzen können.

Tab. 10.14 Einsatzbeispiele der wichtigsten synthetischen Schmierstoffe in Anlehnung an [NiWiHö01]

Produktgruppe	Einsatzbeispiele
Polyalphaolefine (synthetische Kohlenwasserstoffe)	– Hochleistungsöle für Dieselmotoren
	– Mehrbereichmotorenöle
	– Getriebeschmierung bei hoher thermischer Beanspruchung
	– Kompressoröle
Dicarbonsäureester	– Flugmotorenöle
	– Leichtlaufmotorenöle
	– Grundöl für Hoch- und Tieftemperaturfette
	– Anwendungen, in denen eine sehr gute und schnelle biologische Abbaubarkeit verlangt wird
Neopentylester	– Anwendung ähnlich wie bei Dicarbonsäureester, aber besonders dort, wo höhere Oxidationsbeständigkeit und bessere Löslichkeit von Additiven gefordert wird
Polyalkylenglykole (Polyglykole)	– Metallbearbeitungsflüssigkeiten
	– Getriebeöle (Schneckengetriebe)
	– Hydraulikfluide (schwer entflammbar)
	– Schmierstoff für Kompressoren und Pumpen
Polyphenylether	– Hochtemperaturschmierstoffe (bis 400 (C)
	– Anwendungen, wo Resistenz gegen ionisierende Strahlung (γ-Strahlen und thermische Neutronen) gefordert wird
Phosphorsäureester	– Weichmacher
	– feuerresistente Hydrauliköle
	– Sicherheitsschmierstoffe für Luft- und Gaskompressoren
	– EP-Wirkstoff
Silikonöle	– Sonderschmierstoffe für hohe Temperaturen
	– Grundöl für Lifetime-Schmierfette (z. B. für Ausrücklager von Kfz-Kupplungen, Anlasser, Bremsen- und Achsbauteile)
Silikatester	– Hydrauliköle für tiefere Temperaturen
	– Wärmeübertragungsflüssigkeiten
Fluor-Chlor-Kohlenstofföle	– Schmierstoffe für Sauerstoffkompressoren und für Pumpen für aggressive Flüssigkeiten

Durch Additive können nicht alle Eigenschaften von Schmierstoffen verändert werden. Es können jedoch durch Additive Eigenschaften der Schmierstoffe modifiziert und damit deutliche schmierungstechnische Verbesserungen erzielt werden. So lassen sich beispielsweise Wärmeabfuhr, Viskositäts-Dichte-Verhalten und Temperaturbeständigkeit nicht durch Additive beeinflussen. Verbesserungen durch Additive werden beim Kälteverhalten, der Alterungsstabilität, dem Viskositäts-Temperatur-Verhalten und dem Korrosionsschutz erzielt. Ein gutes Reinigungsvermögen, günstiges Dispersionsverhalten, Fress-schutz-Eigenschaften und Schaumverhütung lassen sich nur durch Additive erreichen.

Additive müssen nach Menge und Zusammensetzung auf das Grundöl und auf die Anwesenheit anderer Additive abgestimmt sein, da sie unterschiedlich auf das Grundöl ansprechen und nicht in jedem Falle miteinander verträglich sind. Antagonistische Wirkungen gibt es z. B. zwischen Viskositätsindex-Verbesserern und Antischaumzusätzen, zwischen Detergent/Despersant-Zusätzen und Verschleißschutz-, Fressschutz- und Antischaumzusätzen sowie zwischen Korrosionsinbibitoren und Verschleißschutz- und Fress-schutzzusätzen [MöNa02].

Additive lassen sich unterscheiden in solche, die Oberflächenschichten bilden, und in solche, die die Eigenschaften des Schmierstoffs selbst verändern. Oberflächenschichten bildende Additive wirken vor allem bei Mangelschmierung als Schmierfilm, wodurch die Reibung gemindert und die Tragfähigkeit von Gleit-Wälz-Paarungen verbessert wird. Zu dieser Additivgruppe zählen u. a. die Verschleißschutzwirkstoffe (Anti Wear (AW)-Zusätze), die Fressschutzwirkstoffe (Extreme Pressure (EP)-Zusätze) und die Reibungsverminderer (Friction Modifier). Die Zugabe von Oberflächenschichten bildenden Additiven führt jedoch auch zu Nachteilen. So oxidieren additivierte Schmierstoffe schneller als normale Mineralöle, es bilden sich häufig korrosive Säuren sowie unlösliche Rückstände. Diese Additive sollten daher nur dann eingesetzt werden, wenn die Betriebsbedingungen dies erfordern. Schmierstoff verändernde Additive nehmen z. B. Einfluss auf das Schaumverhalten, das Korrosionsverhalten, die Schlammbildung, den Stockpunkt usw. Eine Übersicht über die wichtigsten Additiv-Typen und deren Einsatzgebiete ist in der Tab. 10.15 wiedergegeben.

Während des Betriebes kann die Wirksamkeit mancher Wirkstoffe abnehmen (Erschöpfung), da durch Reaktion mit den Werkstoffen oder dem Luftsauerstoff ihre Konzentration sinkt. Nach Unterschreitung bestimmter Konzentrationen des ursprünglich eingesetzten Additivs ist ein Ölwechsel erforderlich.

10.6.2　Konsistente Schmierstoffe (Schmierfette)

Konsistente Schmierstoffe haben eine Fließgrenze. Unterhalb einer schmierstoffspezifischen Schubspannung tritt keine Bewegung auf. Erst beim Überschreiten dieser Fließgrenze sinkt die Viskosität von einem quasi unendlich hohen Wert auf messbare Größen.

10.6.2.1　Schmierfette

Schmierfette bestehen aus drei Komponenten: einem Grundöl (75 bis 96 Gewichts-Prozente), einem Eindicker (4 bis 20 Gewichts-Prozente) und Additiven (0 bis 5 Gewichts-Prozente). Geeignete Eindicker können sowohl in Mineralölen als auch in Synthese- oder Pflanzenölen dispergiert werden, sodass konsistente Schmierstoffe entstehen. Die weitaus meisten Schmierfette werden mit Seifen (Metallsalze von Fettsäuren) als Eindicker hergestellt. So wird bei verhältnismäßig hohen Temperaturen Fettsäure im Grundöl gelöst

Tab. 10.15 Wirkstoffe (Additive), typische Wirkstoffarten, Verwendungszwecke und Wirkmechanismen nach [Bar94]

Wirkstoff	Wirkstoffarten	Verwendungszweck	Wirkungsmechanismus
Verschleiß-schutzwirkstoffe (Anti Wear (AW)-Additive)	Zinkdialkyldithiophosphate, Trikresylphosphate	Herabsetzung übermäßigen Verschleißes zwischen Metalloberflächen	Durch Reaktion mit Metalloberflächen entstehen Schichten, die plastisch deformiert werden und das Tragbild verbessern.
Fressschutzwirkstoffe (Extreme Pressure (EP)-Additive)	geschwefelte Fette und Olefine, Chlorkohlenwasserstoffe, Bleisalze organischer Säuren, Aminophosphate	Verhütung von Mikroverschweißungen zwischen Metalloberfläche bei hohen Drücken und Temperaturen	Durch Reaktion mit Metalloberflächen entstehen neue Verbindungen mit niedrigerer Scherfestigkeit als die des Grundmetalls. Ständiges Abscheren und Neubilden der Reaktionsschichten
Reibungsveränderer (Friction Modifier)	Fettsäuren, gefettete Amine, Festschmierstoffe	Verringerung der Reibung zwischen Metalloberflächen	Hochpolare Moleküle werden auf Metalloberflächen adsorbiert und trennen die Oberflächen. Festschmierstoffe bilden reibungssenkenden Oberflächenfilm.
Viskositäts-Index-Verbesserer	Polyisobutylene, Polymethacrylate, Polyacrylate, Älhylen-Propylen, Styrol-Maleinsäureester-Copolymere, hydrogenierte Styrol-Bultadien-Copolymere	Minderung der Abhängigkeit der Viskosität von der Temperatur	Polymermoleküle sind im kalten Öl (schlechteres Lösungsmittel) stark verknäult und nehmen im warmen Öl (gutes Lösungsmittel) durch Entknäuelung ein größeres Volumen ein. Dadurch ergibt sich eine relative Eindickung des Öls.
Pourpoint-Erniedriger	paraffin-alkylierte Naphthalene und Phenole, Polymethacrylate	Herabsetzung des Pourpoints des Öls	Verhindern der Agglomeration Paraffinkristallen durch Umhüllung
Detergent-Wirkstoffe	normale oder basische Calcium-, Barium- oder Magnesium-Sulfonate, -Phenate oder-Phosphonate	Verringerung oder Verhütung von Ablagerungen in Motoren bei hohen Betriebstemperaturen	Vermeidung der Entstehung von Lack und Schlamm durch Reaktion mit den Oxidationsprodukten, wobei öllösliche oder im Öl suspendierte Produkte entstehen

Tab. 10.15 (Fortsetzung)

Wirkstoff	Wirkstoffarten	Verwendungszweck	Wirkungsmechanismus
Dispersant-Wirkstoffe	Polymere, wie stickstoffhaltige Polymethacrylate, Alkylsuccinimide und Succinatester, hochmolekulargewichtige Amine und Amide	Vermeidung oder Verzögerung der Entstehung und Ablagerung von Schlamm bei niedrigen Betriebstemperaturen	Dispersantien besiizen ausgeprägte Affinität zu Verunreinigungen und umhüllen diese mit öllöslichen Molekülen, welche die Agglomeration und Ablagerung von Schlamm im Motor unterbinden.
Oxidationsinhibitoren	gehinderte Phenole, Amine, organische Sulfide, Zinkdithiophosphate	Bildung von harz-, lack-, schlamm-, säure-und polymerartigen Verbindungen minimieren	Beendigung von Oxidationskettenreaktionen durch Verringerung der organischen Peroxide, Herabsetzung der Säurebildung durch verringerte Sauerstoffaufnahme durch das Öl, Vermeidung von katalytischen Reaktionen
Korrosionsinhibitoren	Zinkdithiophosphate, geschwefelte Terpene, phosphorierte, geschwefelte Terpene, geschwefelte Olefine	Schutz von Lager- und anderen Metalloberflächen gegen Korrosion	Wirkung als Antikatalysatoren, Filmbildung auf Metalloberflächen als Schulz gegen Angriff durch Säuren und Peroxide
Rostinhibitoren	Aminphosphate, Natrium-, Calzium- und Magnesiumsulfate, Alkyl-Succinsäuren, Fettsäuren	Schutz von eisenhaltigen Metallflächen gegen Rost	Polare Moleküle werden bevorzugt auf Metalloberflächen adsorbiert und dienen als Barriere gegen Wasser. Neutralisation von Säuren
Metalldeaktivatoren	Triarylphosphite, Schwefelverbindungen, Diamine, Dimerkaptan-Thiadizol-Derivate	Unterbindung des katalytischen Einflusses auf Oxidalion und Korrosion	Auf Metallflächen wird ein Schulzfilm adsorbiert, der den Kontakt zwischen dem Grundmetall und den korrosiven Substanzen unterbindet.
Schauminhibitoren	Silikonpolymere, Tributylphosphate	Verhüten der Entstehung stabilen Schaums	Verringerung der Grenzflächenspannung durch Angriff auf den jede Luftblase umgebenden Ölfilm, wodurch kleinere Blasen zu größeren Blasen zusammenfließen, die zur Oberfläche aufsteigen

Tab. 10.15 (Fortsetzung)

Wirkstoff	Wirkstoffarten	Verwendungszweck	Wirkungsmechanismus
Haftverbesserer	Seifen, Polyiso-butylene und Polyacrylat-Polymere	Erhöhung des Haftver-mögens des Öls	Erhöhung der Viskosität; Wirkstoffe sind zäh und klebrig
Emulgatoren	Natriumsalze der Sul-fonsäure und anderer organischer Säuren, gefettete Aminsalze	Emulgieren von Öl in Wasser	Herabsetzung der Grenz-flächenspannung durch Adsorption des Emul-gators in der Öl/Wasser-Grenzfläche, wodurch eine Flüssigkeit in einer anderen dispergiert
Demulgatoren	anionische Sulfon-säureverbindungen (Dinonylnaphthalin-sulfonat)	Demulgieren von Wasser	Ausbildung einer Grenz-schicht zwischen Wasser und Öl aus grenzflächen-aktiven Stoffen
Bakterizide	Phenole, Chlorver-bindungen, Form-aldehyd-Derivate	Erhöhung der Emul-sionsgebrauchsdauer, Vermeiden unange-nehmer Gerüche	Verhütung oder Verzöge-rung des Wachstums von Mikroorganismen

und anschließend ein entsprechendes Metallhydroxid (z. B. Hydroxide von Natrium, Li-thium, Calcium oder in untergeordnetem Maße von Barium sowie Aluminium) zugege-ben. Langkettige Fettsäuren stammen aus pflanzlichen oder tierischen Fetten und können hydriert sein. Gelegentlich werden neben langkettigen Fettsäuren auch kurzkettige Säuren, wie Essigsäure, Propionsäure, Benzoesäure usw. eingesetzt. Es entstehen dann sogenannte Komplexseifen [MöNa02]. Die meisten Seifenverbindungen bilden ein faseriges Gerüst, welches das Grundöl festhält (Abb. 10.22).

Nur die Aluminiumseifen enthalten dagegen eine kugelige Gelstruktur. Die Schmier-wirkung des Fettes beruht darauf, dass im Betrieb unter Belastung das Grundöl langsam und in ausreichender Menge abgegeben wird. Die Grundölabgabe ist stark von der Tem-peratur abhängig. Das Schmierfett scheidet mit abnehmender Temperatur immer weniger Öl ab und die Steifigkeit des Fettes (Konsistenz) wird immer höher.

Ab einer unteren Grenztemperatur führt das schließlich im Reibkontakt zu einer un-zureichenden Schmierung. Bei zunehmender Temperatur wird mehr und mehr Öl abge-geben. Gleichzeitig altert und oxidiert das Fett schneller und die entstehenden Alterungs-produkte wirken sich ungünstig auf die Schmierung aus. Als Richtwert gilt, dass oberhalb von ca. 70 °C für jeweils 15 °C Temperaturanstieg die Fettgebrauchsdauer und damit die Schmierfrist halbiert wird. Unterhalb von 70 °C kann die Fettgebrauchsdauer und infolge-dessen die Schmierfrist verlängert werden, sofern nicht die untere Grenztemperatur unter-schritten wird. Schmierfetttypen mit Nichtseifeneindickern haben meist nur für Sonderan-wendungen Bedeutung. So werden für Hochtemperaturschmierfette z. B. Bentonite- oder Polyharnstoff-Eindicker verwendet. Während für die Beständigkeit gegenüber Wasser und

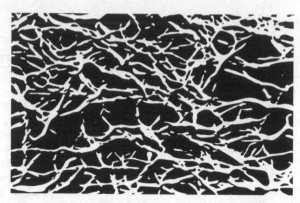

Abb. 10.22 Faser-Struktur eines Fettes mit Seifen-Verdicker [StaBa01]

die zulässige Temperatur die Art des Eindickers maßgebend ist, sind für die Schmiereigenschaften der Grundöltyp, dessen Viskosität und die enthaltenen Additive entscheidend.

Schmierfette werden überwiegend bei niedrigen Geschwindigkeiten eingesetzt, da die Reibungswärmeabfuhr gegenüber Ölschmierung durch den Schmierstoff gering ist. Die Temperaturbereiche liegen im Allgemeinen zwischen – 70 °C bis + 350 °C. Schmierfette haben auch häufig die Aufgabe, Schmierstellen gegen Eindringen von Wasser und Schmutz zu schützen und geringe Mengen Schmutz zu binden, ohne die Funktion zu stören. In Tab. 10.16 und 10.17 sind Gebrauchseigenschaften und Einsatzbereiche unterschiedlicher Schmierfette dargestellt.

Additive dienen in der Hauptsache zur Verbesserung bestimmter Gebrauchseigenschaften der Grundöle. Sie müssen gleichmäßig verteilt und in gelöster Form vorliegen. Durch Additive lassen sich insbesondere folgende Eigenschaften von Fetten verbessern: Oxidationsstabilität, Korrosionsschutz, Wasserbeständigkeit, Haftvermögen und Verschleißschutzeigenschaften.

Beim Mischen von unterschiedlichen Schmierfetttypen ist größte Vorsicht geboten, da nicht alle Schmierfetttypen miteinander verträglich sind, Tab. 10.18. So ist z. B. das Natriumseifenfett mit Ausnahme des Bariumkomplexseifenfettes mit fast allen anderen Schmierfetten unverträglich. Lithiumseifenfett ist unverträglich mit Natriumseifenfett, Aluminiumkomplexseifenfett und Bentonitfett. Bentonitfette wiederum sind mit allen anderen Fetttypen unverträglich.

10.6.2.2 Haftschmierstoffe

Besondere Schmierfette sind Haftschmierstoffe, die sich in Haftschmierstoffe auf Bitumenbasis und in bitumenfreie Sprühhaftschmierstoffe unterteilen lassen. Sie werden vor allem zur Schmierung großer, offener Zahnradgetriebe und bei Ketten, Drahtseilen, Gleitführungen usw. eingesetzt. Haftschmierstoffe auf Bitumenbasis haften sehr gut an den Reibstellen und haben eine sehr hohe Viskosität. Zum leichteren Auftragen auf die Reibstellen werden diese Schmierstoffe häufig mit Lösungsmitteln verdünnt. Auch die bitumenfreien Sprühhaftschmierstoffe werden oft mit Lösungsmitteln verdünnt, um sie

Tab. 10.16 Gebrauchseigenschaften von Schmierfetten auf Mineralölbasis [MöNa02]

Eindickerkation	Natrium	Lithium	Calcium	Calcium-Komplex	Bentonit
Eindickerform	Faser	Faser	Faser	Faser	Plättchen
Faserlänge [µm]	100	25	1	1	0,5
Faserdurchmesser [µm]	1	0,2	0,1	0,1	0,1
Faserart	langfaserig	mittelfaserig	kurzfaserig	kurzfaserig	kurzfaserig
Eigenschaften					
Tropfpunkt [°C]	150...200	170...220	80...100	250...300	rd. 300
Einsatztemperatur					
obere [°C]	+100	+130	+50	+130	+150
untere [°C]	−20	−20	−20	−20	−20
Wasserbeständigkeit	unbeständig	gut	sehr gut	sehr gut	gut
Walkbeständigkeit[a] [0,1 mm]	60...100	30...60	30...60	<30	30...60
Korrosionsschutz[b]	gut	sehr schlecht	schlecht	schlecht	gut
Einsatz					
Eignung für Wälzlager	gut	sehr gut	bedingt	bedingt	sehr gut
Eignung für Gleitlager	gut	gut	bedingt	–	–
Hauptanwendung	Getriebe-fließfett	Mehrzweck-fett	–	Mehrzweck-fett	Hochtempe-raturfett
Preis	mittel	hoch	niedrig	sehr hoch	sehr hoch

[a]Differenz der Penetration nach 60 und 100.000 Doppelhüben
[b]deutliche Verbesserung durch Wirkstoffe möglich

Tab. 10.17 Einsatzbereiche von synthetischen Schmierfetten [MöNa02]

Grundöl	Mineralöl (als Vergleich)	PAO	Esteröl	Silikonöl	Alkoxifluoröl
obere Einsatzgrenze [°C]	150	200	200	250	250
untere Einsatzgrenze [°C]	−40	−70	−70	−75	−30
Schmierung von Metallen	++	++	+++	−−−	−
Schmierung von Kunststoff	o	++	o	+++	+++
Hydrolysebeständigkeit	++	++	o	+++	+++
Beständigkeit gegen Chemikalien	+	+	−−	++	+++
Elastomerverträglichkeit	o	+	o	+++	+++
Toxizität	−	+	+	+++	+++
Brennbarkeit	−−−	−−−	+	++	+++
Strahlenbeständigkeit	−−	−−	−	+	++

+++ ausgezeichnet; ++ sehr gut; + gut; o mäßig; − ausreichend; −− bedingt; −−− ungünstig

Tab. 10.18 Verträglichkeit von Schmierfetttypen [MöNa02]

Fetttyp	Na-Fett	Li-Fett	Ca-Fett	Ca-Komplex-Fett	Ba-Komplex-Fett	Al-Komplex-Fett	Bentonit-Fett
Na-Fett		−	−	−	+	−	−
Li-Fett	−		+	+	+	−	−
Ca-Fett	−	+		−	+	−	−
Ca-Komplex-Fett	−	+	+		+	−	−
Ba-Komplex-Fett	+	+	+	+		+	−
Al-Komplex-Fett	−	−	−	−	+		−
Bentonit-Fett	−	−	−	−	−	−	

+ verträglich; − unverträglich

mit entsprechenden Sprühvorrichtungen auf die Reibstellen zu bringen. Haftschmierstoffe sind im Allgemeinen unempfindlich gegen Wasser und zeigen ein befriedigendes Lastaufnahmevermögen. Sie werden bei niedrigen Geschwindigkeiten eingesetzt. Nachteilig ist, dass Staub und Schmutz dauerhaft festgehalten werden.

10.6.3 Festschmierstoffe

Festschmierstoffe kommen besonders dann zum Einsatz, wenn flüssige und konsistente Schmierstoffe die geforderte Schmierwirkung nicht erfüllen können. Dieses tritt häufig bei folgenden Betriebsbedingungen auf: niedrige Gleitgeschwindigkeiten, oszillierende Bewegungen, hohe spezifische Belastungen, hohe oder tiefe Betriebstemperaturen, sehr niedrige Umgebungsdrücke (Vakuum) und aggressive Umgebungsatmosphären. Festschmierstoffe werden auch eingesetzt, um bestimmte Eigenschaften von flüssigen und konsistenten Schmierstoffen zu verbessern, d. h. als Wirkstoff (Additiv), wie z. B. zur Reibungs- und Verschleißminderung und zur Gewährleistung von Notlaufeigenschaften. Festschmierstoffe wirken zum einen in Form von Pulver, Pasten oder Gleitlacken direkt am Schmierfilmaufbau mit oder verbessern zum anderen in Ölen, Fetten oder in Lagerwerkstoffen das Schmierungsverhalten.

Als Festschmierstoffe finden Stoffe mit Schichtgitterstruktur (Graphit, Sulfide (MoS_2, WS_2), Selenide (WSe_2), organische Stoffe (Polytetrafluoräthylen (PTFE), Amide, Imide), weiche Nichtmetalle (z. B. Bleisulfid, Eisensulfid, Bleioxid, Silberjodid), weiche Nichteisenmetalle (z. B. Gold, Silber, Blei, Kupfer, Indium) und Reaktionsschichten an den Oberflächen (z. B. Oxid-, Sulfid-, Nitrid- und Phosphatschichten) Anwendung. Graphit braucht zum Haften und zur Minderung der Scherfestigkeit (niedrigere Reibung) Wasser und ist daher für den Einsatz in trockener Atmosphäre oder im Vakuum ungeeignet. Molybdändisulfid (MoS_2) haftet gut auf allen Metalloberflächen mit Ausnahmen von Aluminium und Titan. Für Temperaturen bis 350 °C stellt es einen sehr geeigneten Festschmierstoff dar, besitzt allerdings gegenüber Graphit einen höheren Preis. Polytetrafluoräthylen

(PTFE bzw. Teflon) weist bei kleinen Gleitgeschwindigkeiten und hohen Lasten eine niedrige Reibungszahl auf und ist für Temperaturen von − 250 bis + 250 °C geeignet.

Gleitlacke unterscheiden sich von dekorativen Industrielacken durch ihren hohen Anteil an Festschmierstoffen (Graphit, Molybdändisulfid oder PTFE) und können als Trockenfilm bei Temperaturen zwischen − 180 und + 450 °C eingesetzt werden. Gleitlacke mit ölbeständigen Bindern können auch in öligen Systemen Verwendung finden und eignen sich beispielsweise dazu, die kritische Phase des Einlaufs schadensfrei zu überbrücken oder die Einlaufzeit zu verkürzen.

10.6.4   Eigenschaften von Schmierstoffen

Die Eigenschaften von flüssigen und konsistenten Schmierstoffen werden durch Daten beschrieben, die man überwiegend mit genormten Prüfverfahren ermittelt. Dabei ist zu beachten, dass nicht alle Ergebnisse von Laborprüfungen im Hinblick auf schmiertechnische Anwendungen aussagekräftig sind. Zu den Eigenschaften von Schmierstoffen zählt man neben der Viskosität die Dichte, die spezifische Wärme, die Wärmeleitfähigkeit, den Stockpunkt, den Flammpunkt, den Brennpunkt, die Alterungsbeständigkeit, das Schaumverhalten, die Verträglichkeit mit Dichtungsmaterialien usw.

10.6.4.1   Viskosität

Eine der wichtigsten rheologischen Eigenschaften von Schmierstoffen ist deren Viskosität. Die dynamische (oder absolute) Viskosität η eines Fluids ist ein Maß für dessen Widerstand, den es einer Relativbewegung entgegensetzt. Die dynamische Viskosität η ist definiert als die erforderliche Scherkraft F, die in Richtung des Schmierstoffflusses zwischen zwei parallelen Ebenen wirkt und auf die Reibfläche A und den Geschwindigkeitsgradienten dv / dy zwischen den Ebenen bezogen und für die Aufrechterhaltung der Relativbewegung benötigt wird (Abb. 10.23).

Da die Scherkraft pro Reibfläche der Scherspannung τ entspricht und der Geschwindigkeitsgradient der lokalen Scherdehnungsrate $\dot{\gamma}$ (auch Scherrate oder Schergefälle genannt), gilt folgende Beziehung

$$\eta = \frac{F / A}{dv / dy} = \frac{\tau}{\dot{\gamma}} \qquad (10.8)$$

mit $\dot{\gamma} = dv / dy = \Delta v / h$, wobei Δv die Relativgeschwindigkeit zwischen den beiden Reibkörpern und h die Schmierspalthöhe bedeuten. Der Betrag der Scherkraft F gleicht dem der Reibungskraft F_f.

Flüssigkeiten, welche sich bei konstanten Temperaturen und Drücken mit Hilfe von Gl. (1.8) charakterisieren lassen, werden auch *Newtonsche Fluide* genannt. Viele übliche Fluide, speziell solche mit relativ einfachen molekularen Strukturen, fallen in diese Gruppe (z. B. unlegierte Mineralöle, synthetische Flüssigkeiten, Pflanzenöle, Wasser, Gase). Die

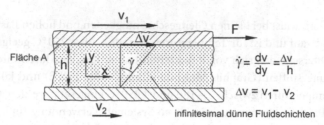

Abb. 10.23 Spaltströmung und Geschwindigkeitsgefälle bei einer Newtonschen Flüssigkeit

Einheit für die dynamische Viskosität η ist Ns/m^2 = Pas. In der Technik wird jedoch i. Allg. mPas benutzt, was dem früher üblichen cP (Centi-Poise) entspricht.

Die Viskosität oder Zähigkeit wird mit handelsüblichen Viskosimetern gemessen, die als Rotations-, Kapillar-, Kugelfall- und Fallstab-Viskosimeter genormt sind. Die dynamische Viskosität η wird mit den Rotations- und Kugelfallviskosimetern ermittelt, während mit den am meisten benutzten Kapillarviskosimetern das Verhältnis von dynamischer Viskosität η und Dichte ρ bestimmt wird. Dieses Verhältnis ist als kinematische Viskosität ν bekannt, so dass gilt:

$$\nu = \frac{\eta}{\rho} \tag{10.9}$$

Die kinematische Viskosität stellt eine rechnerische Größe dar, d. h. sie ist keine Stoffeigenschaft. Ihre Einheit ist m^2/s. Meistens wird jedoch mm^2/s benutzt, was dem früher üblichen cSt (Centi-Stokes) entspricht. Die kinematische Viskosität hat sich in Industrie und Handel allgemein zur Kennzeichnung der Zähigkeit von Schmierstoffen eingebürgert.

Die Viskosität von Newtonschen Fluiden ändert sich mit der Temperatur und dem Druck. Dabei wird für flüssige Schmierstoffe die Viskosität mit zunehmender Temperatur kleiner und mit zunehmendem Druck größer. Bei gasförmigen Schmierstoffen, z. B. Luft, Stickstoff, Argon usw., nimmt die Viskosität sowohl mit zunehmender Temperatur als auch mit zunehmendem Druck zu.

Wenn die kinematischen Viskositäten von Fluiden und Gasen analysiert werden, fällt auf, dass die kinematische Viskosität nicht unmittelbar für die Schmierwirkung ausschlaggebend sein kann, da Luft bei 20 °C etwa die gleiche kinematische Viskosität hat wie ein dünnes Spindelöl mit $\nu_{40°C} = 10 \ mm^2/s$. Luft hat aber bei weitem nicht die gleiche Schmierwirkung wie das Spindelöl mit seiner über 700 mal so hohen dynamischen Viskosität η. Bei 100 °C entspricht die kinematische Viskosität ν von Luft sogar der eines Zylinderöles mit $\nu_{40°C} = 200 \ mm^2/s$.

Bei Stoffen, die sich nicht wie ein Newtonsches Fluid verhalten, ist die Viskosität von der Temperatur, dem Druck, der Scherrate und dem mittleren Molekulargewicht abhängig. Es ist außerdem zu beachten, dass die Scherspannungen nicht nur von der momentanen Scherrate, sondern auch von der zurückliegenden Schergeschichte abhängig sind („Gedächtniseigenschaften" des Schmierstoffs).

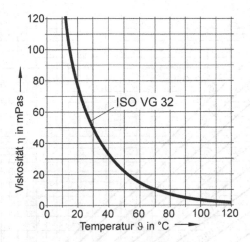

Abb. 10.24 Viskositäts-Temperatur-Verhalten von ISO VG 32 im linearen Netz

Abhängigkeit von Temperatur und Druck

Die Viskosität von Schmierölen ist sehr stark von der Betriebstemperatur abhängig. Mit zunehmender Temperatur fällt die Viskosität des Schmieröls beträchtlich ab. Abbildung 10.24 zeigt eine lineare Darstellung der Viskositäts-Temperatur-Abhängigkeit des Mineralöls ISO VG 32. Es ist zu erkennen, dass die Viskosität im Bereich < 50 °C mit abfallender Temperatur sehr stark ansteigt.

Für die Auslegung von geschmierten tribologischen Kontakten ist es wichtig, die Viskosität bei der Betriebstemperatur zu kennen, da diese die Schmierspalthöhe der zu trennenden Oberflächen entscheidend beeinflusst. Das Viskositäts-Temperatur-Verhalten (V-T-Verhalten) der Schmierstoffe wird messtechnisch mit Hilfe von Viskosimetern ermittelt und wird häufig durch einfache Potenz- und Exponentialansätze beschrieben. Für die in der Praxis vorkommenden Schmieröle hat sich der nachfolgend dargestellte Ansatz von Vogel gut bewährt:

$$\eta(\vartheta) = A \cdot \exp\left(\frac{B}{C + \vartheta}\right) \tag{10.10}$$

In dieser Zahlenwertgleichung bedeuten η die dynamische Viskosität in Pas, A, B und C schmierstoffspezifische Größen, die für jeden Schmierstoff ermittelt werden müssen, und ϑ die Betriebstemperatur in°C. Für die in der DIN 51519 in 18 Viskositätsklassen (ISO VG) unterteilten flüssigen Industrie-Schmierstoffe ist das Viskositäts-Temperatur-Verhalten in Abb. 10.25 dargestellt. Durch die Wahl einer logarithmischen Skalierung auf der Ordinatenachse und einer hyperbolischen Skaleneinteilung auf der Abzisse erhalten die Viskositätskurven einen geraden Verlauf. Dadurch ist es möglich, mit nur 2 Messungen das V-T-Verhalten zu ermitteln.

Das Viskositäts-Temperatur-Verhalten wird in der Praxis auch häufig mit dem Viskositätsindex (VI) nach DIN ISO 2909 beschrieben. Der Viskositätsindex ist ein Maß für die Neigung der Viskositäts-Temperatur-„Geraden" im Vergleich zu einem Bezugsschmier-

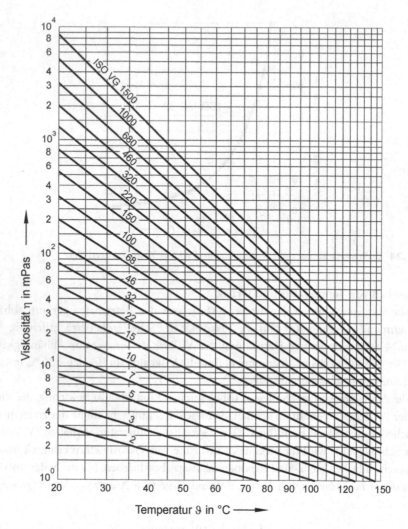

Abb. 10.25 Abhängigkeit der dynamischen Viskosität η von der Temperatur ϑ bei der Dichte $\rho = 900$ kg/m³ nach ISO

stoff. Das V-T-Verhalten ist umso günstiger, je höher der VI ist. Ein hoher VI ist durch eine relativ geringe und ein niedriger VI durch eine relativ starke Änderung der Viskosität mit der Temperatur gekennzeichnet. Öle, die bei niedrigen Temperaturen wenig zum Eindicken neigen und bei höheren Temperaturen nicht so rasch dünnflüssig werden, also Öle mit einem hohen VI, sind dann vorzuziehen, wenn die zu schmierenden Maschinenteile in einem weiten Temperaturbereich arbeiten müssen. Übliche paraffinbasische Öle weisen einen VI von 90…100 auf, synthetische Schmierstoffe einen VI von ca. 200 und darüber.

Die Viskosität von Schmierölen nimmt mit steigendem Druck zu. Allerdings macht sich die Druckabhängigkeit der Viskosität erst bei recht hohen Drücken bemerkbar. Der

Tab. 10.19 Viskositäts-Druck-Koeffizient α und Beispiele für Viskositätserhöhung für verschiedene Schmierstoffe [Kla82]

Öltyp	$\alpha_{25°C} \cdot 10^8$ [m²/N]	$\dfrac{\eta_{2000\,bar}}{\eta_0}$ bei 25°C	$\dfrac{\eta_{2000\,bar}}{\eta_0}$ bei 80°C
paraffinbasische Mineralöle	1,5–2,4	15–100	10–30
naphthenbasische Mineralöle	2,5–3,5	150–800	40–70
aromatische Solvent-Extrakte	4,0–8,0	1000–200.000	100–1000
Polyolefine	1,3–2,0	10–50	8–20
Esteröle (Diester, verzweigt)	1,5–2,0	20–50	12–20
Polyätheröle (aliph.)	1,1–1,7	9–30	7–13
Silikonöle (aliph. Subst.)	1,2–1,4	9–16	7–9
Silikonöle (arom. Subst.)	2,0–2,7	300	–
Chlorparaffine (je nach Halogenierungsgrad)	0,7–5,0	5–20.000	–

Einfluss des Druckes nimmt mit zunehmender Temperatur ab, wobei für Mineralöle gilt, dass die Viskosität umso stärker mit dem Druck zunimmt, je steiler die Viskositäts-Temperatur-Kurve ist. Das Viskositäts-Druck-Verhalten lässt sich angenähert durch folgende Gleichung beschreiben:

$$\eta(p) = \eta_0(\vartheta) \exp\left[\alpha(p - p_u)\right] \tag{10.11}$$

Darin bedeuten $\eta_0(\vartheta)$ die Viskosität bei 1 bar und bei der entsprechenden Betriebstemperatur, α der Viskositäts-Druck-Koeffizient und p_u der Umgebungsdruck. α hat für jeden Schmierstoff eine charakteristische Größe und wird hauptsächlich von der Zusammensetzung (Gehalt an Paraffin-Naphthen-Kohlenwasserstoffen und Aromaten) sowie den physikalischen Eigenschaften des Grundöls, weniger jedoch von den chemischen Zusätzen beeinflusst, Tab. 10.19.

In [GfT5] wird eine Beziehung angegeben, die gleichzeitig die Abhängigkeit der dynamischen Viskosität η von den Zustandsgrößen Druck p und Temperatur ϑ wiedergibt:

$$\eta(\vartheta, p) = A \cdot \exp\left[\frac{B}{C + \vartheta}\left(\frac{p - p_u}{2000} + 1\right)^{\left(D + E\frac{B}{C+\vartheta}\right)}\right] \tag{10.12}$$

Dabei wird die Abhängigkeit der dynamischen Viskosität von der Temperatur durch die Koeffizienten A, B sowie C abgebildet (Ansatz von Vogel) und die Abhängigkeit vom Druck durch die Koeffizienten D und E beschrieben. Die Koeffizienten A bis E werden mit Hilfe von Versuchen bestimmt. In Abb. 10.26 ist die Viskosität eines Schmieröls in Abhängigkeit von Druck und Temperatur dargestellt.

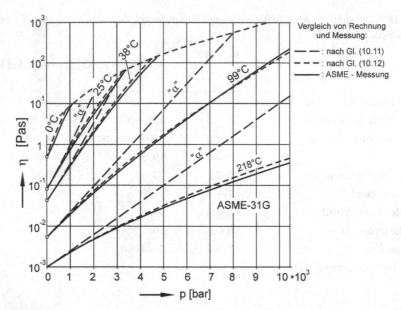

Abb. 10.26 Viskosität des Schmieröls ASME-31G in Abhängigkeit von Druck und Temperatur [GfT5] (ASME-31G entspricht ungefähr einem Schmieröl ISO VG 46)

Abhängigkeit von der Scherrate

Das Fließverhalten viskoser Schmierstoffe lässt sich einfach beschreiben, wenn die rheologischen Eigenschaften unabhängig von der Zeit sind, d. h. wenn der Schmierstoff keine Erinnerung an vorangegangene Deformationen besitzt. Die Scherspannung τ im Schmierstoff ist dann eine einfache Funktion der lokalen Scherrate $\dot{\gamma}$, d. h. $\tau = f(\dot{\gamma})$. Ist diese Funktion linear, sodass die Scherspannung proportional zur Scherrate ist, liegt ein Newtonsches Fluid vor und der Proportionalitätskoeffizient ist die dynamische Viskosität, die auch bei sich verändernder Scherrate konstant bleibt (Abb. 10.27a). Reine Mineralöle weisen i. Allg. bis zu relativ hohen Scherraten von 10^5 bis 10^6 s^{-1} ein Newtonsches Verhalten auf. Bei höheren Scherraten, die relativ oft in tribotechnischen Kontakten, wie z. B. Zahnradgetrieben, Wälzlagern, Nocken/Stößel-Paarungen usw., vorkommen, geht die Konstanz der Viskosität häufig verloren und die Viskosität fällt mit zunehmender Scherrate ab. Der Schmierstoff beginnt sich wie ein nicht-Newtonsches Fluid zu verhalten, d. h. die Viskosität hängt nun von der Scherrate ab.

Pseudoplastisches Verhalten, welches auch als Scherverdünnung bekannt ist, zeichnet sich durch eine Viskositätsverringerung mit anwachsender Scherrate aus (Abb. 10.27a). Während des Scherprozesses von pseudoplastischen Fluiden, wie z. B. von Mineralölen mit polymeren Additiven, werden lange Moleküle, welche normalerweise statistisch verteilt sind und keine Verbundstrukturen aufweisen, ausgerichtet, woraus eine Viskositätsreduzierung resultiert. In Emulsionen fällt die Viskosität durch Orientierung und Deformation von Emulsionspartikeln ab, wobei der Prozess normalerweise reversibel ist. Mehrbereichsöle zeigen eine besondere Art von pseudoplastischem Verhalten. Bei kleinen und bei großen Scherraten zeigen sie ein angenähert Newtonsches Verhalten, während in

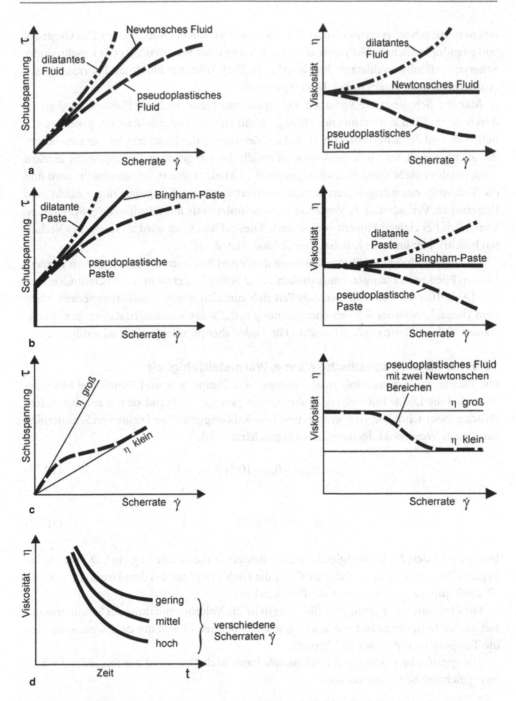

Abb. 10.27 Typische Fließkurven von unterschiedlichen Schmierstoffen. **a** Newtonsches, dilatantes und pseudoplastisches Fluid, **b** Bingham-Paste, dilatante und pseudoplastische Paste, **c** pseudoplastisches Fluid mit Newtonschem Verhalten bei kleinen und bei hohen Scherraten, **d** Fluid mit thixotropen Verhalten

einem mittleren Scherratenbereich die Viskosität stark abfällt (Abb. 10.27c). Das Gegenteil von pseudoplastischem Verhalten, d. h. Verdickung eines Schmierstoffs mit zunehmender Scherrate, offenbaren dilatante Fluide (Abb. 10.27a). Dilatante Fluide sind normalerweise Suspensionen mit einem hohen Festkörperanteil.

Manche Schmierstoffe verhalten sich thixotrop (Abb. 10.27d). Dieses Verhalten ist durch einen Zähigkeitsverlust der Flüssigkeit mit zunehmender Scherdauer gekennzeichnet. Während des Scherprozesses nimmt die Zerstörung der Fluidstruktur mit zunehmender Zeitdauer zu, wodurch die Viskosität abfällt, bis ein gewisses Gleichgewicht erreicht wird, bei dem die Struktur sich selbst im gleichen Maße erneuert, wie sie zerstört wird und die Viskosität einen angenähert konstanten Wert annimmt. Ein gegenteiliger Effekt zum thixotropen Verhalten, d. h. Verdickung des Schmierstoffs mit zunehmender Scherdauer, kann auch bei einigen Fluiden vorkommen. Dieses Phänomen wird als rheopexes Verhalten beschrieben und tritt z. B. bei Gelenkflüssigkeiten auf.

Das Fließverhalten von Fetten kann mit dem eines Bingham-Stoffes verglichen werden. Um ein Fließen zu erzeugen, muss zunächst eine Schwellscherspannung überwunden werden (Abb. 10.27b). Das bedeutet, dass Fett sich zunächst wie ein Festkörper verhält. Nach dem Überschreiten der Schwellscherspannung τ_0 fließt das Schmierfett dann z. B. mit konstanter Viskosität wie ein Newtonsches Fluid oder aber pseudoplastisch oder dilatant.

10.6.4.2 Dichte, spezifische Wärme, Wärmeleitfähigkeit

Die Dichte von Schmierstoffen ist abhängig von Temperatur und Druck. Bei Schmierölen wird die Dichte mit steigender Temperatur geringer, während sie mit zunehmendem Druck größer wird. Die Temperatur- und Druckabhängigkeit der Dichte von Schmierölen kann nach Vogelpohl folgendermaßen abgeschätzt werden:

$$\rho = \rho_{20}\left[1 - 0,65 \cdot 10^{-3}\left(\vartheta - 20\right)\right] \qquad (10.13)$$

$$\rho = \rho_0\left[1 + 0,046 \cdot 10^{-3}\left(p - p_0\right)\right] \qquad (10.14)$$

In diesen beiden Zahlenwertgleichungen bedeuten ρ die Dichte in g/cm^3, ρ_{20} die Dichte in g/cm^3 bei der Temperatur $\vartheta = 20\,°C$, ρ_0 die Dichte in g/cm^3 bei dem Druck $p_0 = 0$ bar, ϑ die Temperatur in °C und p der Druck in bar.

Für die Dimensionierung von Ölbehältern ist die Volumenzunahme des Schmieröls mit steigender Temperatur zu berücksichtigen. Das Volumen nimmt um ca. 5 % zu, wenn sich die Temperatur von 15 auf 80 °C erhöht.

Die spezifische Wärme c für Schmieröle kann nach Kraussold mit folgender Zahlenwertgleichung bestimmt werden

$$c = \left[a + 4,2 \cdot b\left(\vartheta - 15\right)\right] \qquad (10.15)$$

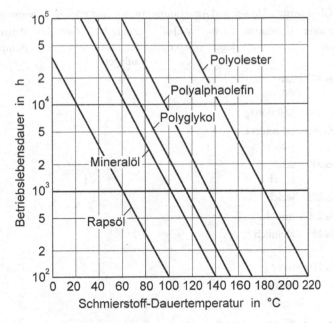

Abb. 10.28 Einfluss der Schmierstoff-Dauertemperatur auf die ungefähre Lebensdauer von mineralölbasischen und synthetischen Schmierstoffen in Anlehnung an [NiWiHö01]

mit $a = 0{,}93 - 0{,}56 \ \rho_{15}$ für $\rho_{15} > 0{,}9$ g/cm^3 (bzw. $a = 0{,}71 - 0{,}31 \ \rho_{15}$ für $\rho_{15} < 0{,}9$ g/cm^3) und $b = 0{,}0011$. Weiterhin bedeuten ρ_{15} die Dichte in g/cm^3 bei 15 °C, c die spezifische Wärme in kJ/(kgK) und ϑ die Temperatur in °C.

Die Wärmeleitfähigkeit von Schmierölen λ liegt nach [SteRö94] für die wichtigsten Schmieröle ($\rho = 0{,}81$ bis 0,96 g/cm^3) bei Werten von $\lambda = 0{,}123$ bis 0,178 W/(mK). Für ein übliches Mineralöl gilt: $\lambda = 0{,}13$ W/(mK) bei 20 °C. Die Temperatur- und Druckabhängigkeit der Wärmeleitfähigkeit kann normalerweise vernachlässigt werden.

Weitere wichtige Eigenschaften von Schmierölen sind der Stockpunkt (Pourpoint) nach DIN 51597, der Flammpunkt nach ISO 2592, der Brennpunkt, der 30 bis 40 °C über dem Flammpunkt liegt, das Verhalten bei elektrochemischer Korrosion, das Schaumverhalten und die Verträglichkeit mit Dichtungsmaterialien. Weiterhin ist die Alterungsbeständigkeit wesentlich, da sie die Abnahme der Schmierfähigkeit und damit die Lebensdauer von Schmierölen kennzeichnet und die Ölwechselintervalle bestimmt (Abb. 10.28). Als Beurteilungskriterien für Ölalterung werden häufig der Anstieg der Neutralisationszahl (NZ) gegenüber dem Frischöl nach DIN 51558 und die Verseifungszahl nach DIN 51559 herangezogen. Einen Einfluss auf das Schmierverhalten hat auch die Reinheit des Schmierstoffes (mögliche Probleme: Festkörperkontakte, abrasiver Verschleiß, Verstopfen von Ölbohrungen und Filter), sodass folgende Anhaltswerte für zulässige Verschmutzungen eingehalten werden sollten: (<300 mg/l bei rauem Betrieb (Walzwerke, Stahlwerke) und (<50 mg/l bei Turbomaschinen. Ebenso ist der Anteil von Wasser und freien Säuren im Schmierstoff zu begrenzen, da sonst die Ölalterung und die Korrosion von Werkstoffen beschleunigt wird.

Tab. 10.20 NLGI-Konsistenzklassen und Anwendung von Schmierfetten in Anlehnung an [CziHa03]

NLGI-Klasse	Penetration 0,1 mm	Konsistenz	Gleit-lager	Wälz-lager	Zentral-schmier-anlagen	Getriebe	Wasser-pumpen	Block-fette
000	445 bis 475	fast flüssig			+	+		
00	400 bis 430	halbflüssig			+	+		
0	355 bis 385	besonders weich			+	+		
1	310 bis 340	sehr weich			+	+		
2	265 bis 295	weich	+	+				
3	220 bis 250	mittel	+	+				
4	175 bis 205	ziemlich fest		+			+	
5	130 bis 160	fest					+	
6	85 bis 115	sehr fest						+

+ hauptsächliche Einsatzgebiete

10.6.4.3 Konsistenz von Schmierfetten

Das Verhalten des Schmierfettes wird häufig durch die Konsistenz (Verformbarkeit) be-schrieben. Als Kennwert wird die Penetration nach DIN 51804/1 benutzt. Zur Bestim-mung der Penetration wird in einem Penetrometer die Eindringtiefe eines Standardkonus mit vorgegebenen Maßen in eine Schmierfettoberfläche nach einer Eindringzeit von 5 s bei einer Temperatur von 25 °C gemessen (in 1/10 mm). Unterschieden wird zwischen Ruh- und Walkpenetration. Die Ruhpenetration wird am unbenutzten Schmierfett gemes-sen. Die Walkpenetration am schon gescherten Fett, dass unter genormten Bedingungen (DIN 51804) in einem Standard-Schmierfett-Kneter gewalkt wurde. Je höher die Walkpe-netration, desto weicher ist das Fett. Einen Zusammenhang zwischen der Penetration und den Konsistenzklassen liefert Tab. 10.20.

10.6.5 Schmierstoffklassifikation

Schmierstoffe sind international und national klassifiziert und standardisiert. Hier soll nur ein grober Überblick über die Klassifikation von für den Maschinen-, Motoren- und Kraft-fahrzeugbau wichtigen Schmierölen und Schmierfetten gegeben werden.

10.6.5.1 Klassifikation der Schmieröle

Schmieröle werden beispielsweise nach folgenden unterschiedlichen Merkmalen gekenn-zeichnet:

Einsatzgebiet

Maschinenöle, Spindelöle, Zylinderöle, Turbinenöle, Kfz-Motorenöle, Industriegetriebeöle, Kfz-Getriebeöle, ATF-Fluide, Kompressorenöle, Umlauföle, Hydrauliköle, Isolieröle, Wärmeträgeröle, Prozessöle, Metallbearbeitungsöle/Kühlschmierstoffe, Korrosionsschutzmittel und Textil- und Textilmaschinenöle.

Herstellung (Mineralöle)

Destillate, die aus Rohöl durch Destillation gewonnen wurden; *Raffinate* als chemisch und physikalisch gereinigte bzw. weiterbehandelte Destillate und bei der Destillation zurückgebliebene *Rückstandsöle*.

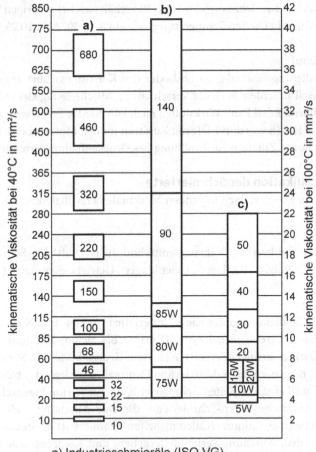

a) Industrieschmieröle (ISO VG)
b) Kraftfahrzeug-Getriebeöle (SAE-Klassen)
c) Kraftfahrzeug-Motorenöle (SAE-Klassen)

Abb. 10.29 Viskositäts-Klassifikationen nach ISO und SAE [GfT5]

Viskosität

Schmieröle für allgemeine Anwendungen in der Industrie werden nach ISO 3448 und DIN 51519 in 18 Klassen von 2 bis 1500 mm^2/s eingeteilt (Viskositätsklassen ISO VG 2 bis ISO VG 1500). Die Zahlenwerte hinter dem Kurzzeichen VG geben den gerundeten Wert der kinematischen Mittelpunktsviskosität (Toleranz:±(10 %) in mm^2/s bei 40 °C an.

Kfz-Motoren- und Kfz-Getriebe-Schmieröle werden nach DIN 51511 und DIN 51512 in SAE-Klassen unterteilt. Für Kfz-Motoren-Schmieröle gelten die Klassen SAE 0 bis SAE 50 und für Kfz-Getriebe-Schmieröle die Klassen SAE 70 bis SAE 250, wobei die höheren Zahlenwerte die höheren Viskositäten charakterisieren (Abb. 10.28). Öle, die für tiefe Temperaturen geeignet sind, erhalten den Zusatzbuchstaben W (W = Winter). Mehrbereichsöle überdecken mehrer Viskositätsklassen und weisen einen flacheren Viskositäts-Temperatur-Verlauf auf. Sie sind für Sommer- und Winterbetrieb geeignet. Ein Kfz-Motoren-Schmieröl mit der Bezeichnung SAE 10W-30 verhält sich bei niedrigen Temperaturen wie ein SAE 10W und bei hohen Temperaturen wie ein SAE 30, Abb. 10.29.

Wirkstoffe (Additive)

Werden an die Alterungsbeständigkeit und/oder den Korrosionsschutz hohe Anforderungen gestellt, und soll außerdem auch der Verschleiß bei Mischreibung klein bleiben, werden beispielsweise Mineralöle CLP mit Wirkstoffen nach DIN 51517, T 3 verwendet. Ferner werden beispielsweise HD (heavy duty)-Öle mit Zusätzen für den Motorenbetrieb und EP (extreme pressure)-Öle mit Zusätzen zur Erhöhung des Druckaufnahmevermögens angeboten.

10.6.5.2 Klassifikation der Schmierfette

Schmierfette lassen sich u. a. nach folgenden Merkmalen klassifizieren:

Einsatzgebiet

Kfz-, Eisenbahn-, Stahlwerks-, Nahrungsmittelindustrie-, Luftfahrt-Schmierfette; aber auch Wälzlager-, Gleitlager-, Radlager-, Gelenklager-, Getriebe-Schmierfette, usw.

Zusammensetzung

Entsprechend des Eindickers werden die Schmierfette in Seifen- und Nichtseifenfette eingeteilt. Die Seifenfette werden nach der Metallbasis (z. B. Calcium-, Lithium-, Barium- oder Natrium-Seifenfett) bezeichnet oder auch nach dem Grundöl, wie z. B. Mineral- oder Syntheseschmierfett, oder nach der Additivierung (Normal- oder legiertes bzw. EP-Schmierfett). Es werden auch einfache Seifen-Schmierfette, die für je eine Eigenschaft entwickelt wurden, gemischtbasische Seifen-Schmierfette, die eine Mischung mehrerer einfacher Seifen-Schmierfette (z. B. Lithium-/Calcium-Seifen-Schmierfett) darstellen, deren Eigenschaften sich aus dem Mischungsverhältnis ergeben, und Komplex-Seifen-Schmierfette unterschieden. Komplex-Seifen-Schmierfette sind höherwertige Schmierfette, die nach besonderen Verfahren hergestellt werden und die sich für schwierige Anforderungen, insbesondere höhere Temperaturen, Scherstabilität und Wasserbeständigkeit, eignen.

Temperaturbereich

Je nach Einsatztemperaturbereich (-70 bis $+350\,^\circ$C) werden Tief-, Normal- und Hoch-temperatur-Schmierfette unterschieden.

Literatur

[Bar01]	Bartel, D.: Berechnung von Festkörper- und Mischreibung bei Metallpaarungen. Dissertation Uni Magdeburg (2001)
[Bart94]	Bartz, W.J.: Additive - Einführung in die Problematik. In: Bartz, W.J., et al. (Hrsg.) Additive für Schmierstoffe, Bd. 433. Expert, Renningen-Malmsheim (1994)
[CziHa03]	Czichos, H., Habig, K.-H.: Tribologie-Handbuch; Reibung und Verschleiß, 2. Aufl. Vieweg, Wiesbaden (2003)
[Dey82]	Deyber, P.: Möglichkeiten zur Einschränkung von Schwingungsverschleiß. In: Czichos, H. Federführender Autor (Hrsg.) Reibung und Verschleiß von Werkstoffen, Bauteilen und Konstruktionen, S. 149. Expert, Grafenau (1982)
[Eng02]	Engel, S.: Reibungs- und Ermüdungsverhalten des Rad-Schiene-Systems mit und ohne Schmierung. Dissertation Uni Magdeburg (2002)
[FePa04]	Feldhusen, J., Pahl, G.: Grundlagen der Konstruktionstechnik. In: Grote, K.-H., Feldhusen, J. (Hrsg.) Dubbel - Taschenbuch für den Maschinenbau, 21. Aufl. Springer, Berlin (2004)
[FlGrTh80]	Fleischer, G., Gröger, H., Thum, H.: Verschleiß und Zuverlässigkeit. Technik, Berlin (1980)
[Ger98]	Gervé, A., Oechsner, H., Kehrwald, B., Kopnarski, M.: Tribomutation von Werkstoffoberflächen im Motorenbau am Beispiel des Zylinderzwickels (Heft R 497). FVV, Frankfurt a. M. (1998)
[GfT5]	GfT-Arbeitsblatt 5: Zahnradschmierung. Gesellschaft für Tribologie
[GfT7]	GfT-Arbeitsblatt 7: Tribologie - Verschleiß, Reibung, Definitionen, Begriffe, Prüfung. Gesellschaft für Tribologie e. V. (GfT) (2002)
[GrWi66]	Greenwood, J.A., Williamson, J.B.P.: The contact of nominally flat surfaces. Proc. Roy. Soc. Lond. 295:300 (1966)
[Hab04]	Habig, K.-H.: Tribologie. In: Grote, K.-H., Feldhusen, J. (Hrsg.) Dubbel - Taschenbuch für den Maschinenbau, 21. Aufl. Springer, Berlin (2004)
[Ham94]	Hamrock, B.J.: Fundamentals of Fluid Film Lubrication. Mc Graw-Hill Inc., New York (1994)
[Kla82]	Klamann, D.: Schmierstoffe und verwandte Produkte; Herstellung-Eigenschaften-Anwendung. Chemie, Weinheim (1982)
[Kra71]	Kragelski, J.W.: Reibung und Verschleiß. VEB Technik, Berlin (1971)
[LaSt78]	Lang, O.R., Steinhilper, W.: Gleitlager. Springer, Berlin (1978)
[Mag76]	Magnus, K.: Schwingungen. Teubner, Stuttgart (1979)
[MöNa02]	Möller, U.J., Nassar, J.: Schmierstoffe im Betrieb, 2. Aufl. Springer, Berlin (2002)
[NiWiHö01]	Niemann, G., Winter, H., Höhn, B.-R.: Maschinenelemente Bd. 1: Konstruktion und Berechnung von Verbindungen, Lagern, Wellen, 3. Aufl. Springer, Berlin (2001)
[Pol04]	Poll, G.: Wälzlager. Tribologie. In: Grote, K.-H., Feldhusen, J. (Hrsg.) Dubbel - Taschenbuch für den Maschinenbau, 21. Aufl. Springer, Berlin (2004)
[Rab95]	Rabinowicz, E.: Friction and Wear of Materials, 2. Aufl. Wiley, New York (1995)
[StaBa01]	Stachowiak, G.W., Batchelor, A.W.: Engineering Tribology, 2. Aufl. Butterworth-Heinemann, Boston (2001)

[SteRö94]   Steinhilper, W., Röper, R.: Maschinen- und Konstruktionselemente 3; Elastische
             Elemente, Federn, Achsen und Wellen, Dichtungstechnik, Reibung, Schmierung,
             Lagerungen, 1. Aufl. Springer, Berlin (1994)
[Thum92]   Thum, H.: Verschleißteile.Technik, Berlin (1992)
[Wäch89]   Wächter, K.: Konstruktionslehre für Maschineningenieure. Technik, Berlin (1989)

Lagerungen, Gleitlager, Wälzlager

11

Gerhard Poll (11.1 und 11.3) und Ludger Deters (11.2)

Inhaltsverzeichnis

11.1 Lagerungen... 70
    11.1.1 Funktion von Lagerungen.. 70
    11.1.2 Wirkprinzipien von Lagern...................................... 72
    11.1.3 Gestaltung, Bauformen und Anwendung der Lagerungen................ 74
        11.1.3.1 Gestaltung der Lagerungen............................. 74
        11.1.3.2 Anwendung der verschiedenen Lagerbauarten und -formen....... 77
11.2 Gleitlager... 78
    11.2.1 Aufgabe, Einteilung und Anwendungen............................. 78
    11.2.2 Wirkungsweise 78
    11.2.3 Bauarten.. 82
    11.2.4 Werkstoffe und Herstellung 83
    11.2.5 Gestaltung von Lagern und Lagerumgebung......................... 86
        11.2.5.1 Konstruktion und Spaltausbildung...................... 86
        11.2.5.2 Dichtungen 87
    11.2.6 Schmierung und Kühlung.. 87
        11.2.6.1 Lagerschmierung.................................... 87
        11.2.6.2 Lagerkühlung 89
    11.2.7 Berechnung hydrodynamischer Radialgleitlager...................... 89

G. Poll (✉) (Kap. 11.1 und 11.3)
Institut für Maschinenelemente, Konstruktionstechnik und Tribologie der Leibniz Universität
Hannover, Hannover, Deutschland
E-Mail: poll@imkt.uni-hannover.de

L. Deters (Kap. 11.2)
Institut für Maschinenkonstruktion, Otto-von-Guericke-Universität Magdeburg, Magdeburg,
Deutschland
E-Mail: ludger.deters@ovgu.de

© Springer-Verlag GmbH Deutschland, ein Teil von Springer Nature 2018
B. Sauer (Hrsg.), *Konstruktionselemente des Maschinenbaus 2*, Springer-Lehrbuch,
https://doi.org/10.1007/978-3-642-39503-1_2

11.2.7.1   Stationär belastete Radialgleitlager 89
11.2.7.2   Instationär belastete Radialgleitlager......................... 101
11.2.7.3   Mehrgleitflächenlager 102
11.2.8   Berechnung hydrodynamischer stationär bel. Axialgleitlager.............. 104
11.2.9   Fettgeschmierte Gleitlager.. 117
11.2.10   Berechnung hydrostatischer Gleitlager............................. 118
11.2.10.1   Hydrostatische Radialgleitlager 119
11.2.10.2   Hydrostatische Axialgleitlager 129
11.2.11   Hydrostatische Anfahrhilfe.. 131
11.2.12   Wartungsfreie und wartungsarme Gleitlager 131
11.3   Wälzlager 132
11.3.1   Funktion und Wirkprinzip der Wälzlager 132
11.3.2   Bauarten der Wälzlager.. 134
11.3.2.1   Lager für rotierende Bewegungen 136
11.3.2.2   Linearwälzlagert... 143
11.3.3   Wälzlagerkäfige.. 144
11.3.4   Wälzlagerwerkstoffe.. 146
11.3.5   Bezeichnungen für Wälzlager.................................... 146
11.3.6   Gestaltung und konstruktive Integration von Wälzlagerungen.............. 147
11.3.6.1   Lagersitze, axiale und radiale Festlegung der Lagerringe.......... 147
11.3.6.2   Lagerluft.. 149
11.3.6.3   Fest-Loslager-Anordnung.................................... 149
11.3.6.4   Schwimmende und angestellte Lagerung 152
11.3.7   Wälzlagerschmierung 155
11.3.7.1   Fettschmierung.. 157
11.3.7.2   Ölschmierung.. 162
11.3.7.3   Feststoffschmierung.. 163
11.3.8   Wälzlagerdichtungen 164
11.3.9   Wälzlagerberechnung (Belastbarkeit, Lebensdauer, Reibung).............. 166
11.3.9.1   Statische bzw. dynamische Tragfähigkeit, Lebensdauer 169
11.3.9.3   Bewegungswiderstand und Referenzdrehzahlen.................. 178
11.3.10   Schadensfälle... 183
11.3.11   Hinweise für den Ein- und Ausbau von Wälzlagern..................... 187
Literatur 189

11.1   Lagerungen

11.1.1   Funktion von Lagerungen

Lagerungen im Maschinenbau ermöglichen Relativbewegungen von Maschinenteilen und stellen somit im Sinne der Getriebelehre die konkrete Ausformung von Gelenken dar, Abb. 11.1:

- Linearlager erlauben translatorische Relativbewegungen
- Drehlager ermöglichen rotatorische Relativbewegungen
- Gelenklager lassen Drehbewegungen um beliebige Achsen zu
- Drehlager, die in sich axial verschiebbar sind, bilden Dreh-Schubgelenke

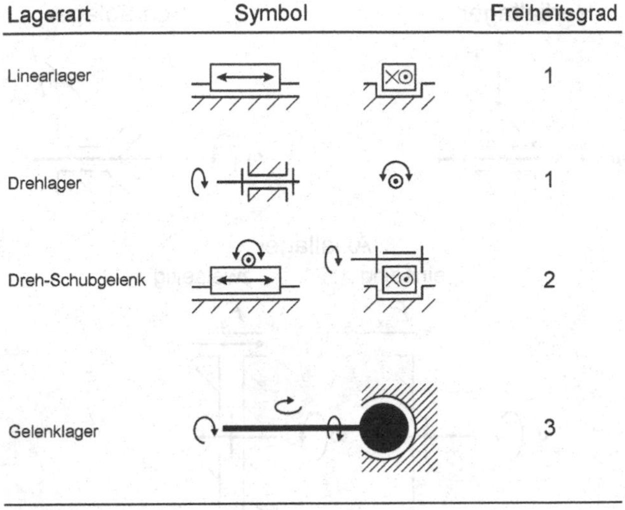

Lagerart	Symbol	Freiheitsgrad
Linearlager		1
Drehlager		1
Dreh-Schubgelenk		2
Gelenklager		3

Abb. 11.1 Lager für verschiedene Bewegungsformen

Linearbewegungen sind immer oszillierend, während Drehbewegungen sowohl in einer Richtung umlaufend als auch oszillierend ablaufen können. Lager übernehmen Trag- und Führungsaufgaben:

- Bei der Funktion „Tragen" steht im Vordergrund, Kräfte und Momente zwischen relativ zueinander bewegten Teilen zu übertragen. Entsprechend der Richtung der zu übertragenden Kräfte kann man zwischen Radiallagern, Axiallagern und Schräglagern unterscheiden, Abb. 11.2.
- Bei der Funktion „Führen" geht es darum, die gegenseitige Lage der relativ zueinander bewegten Teile möglichst genau festzulegen. Loslager dienen nur der Führung in radialer Richtung, Festlager zusätzlich oder ausschließlich der axialen Festlegung, Abb. 11.3.

In der Praxis liegt meistens eine Kombination der beiden Hauptfunktionen Tragen und Führen vor, je nach Anwendung sind sie jedoch mehr oder weniger wichtig. So steht zum Beispiel bei einem Elektromotor mit querkraftfreiem Abtrieb vor allem die exakte Führung des Rotors relativ zum Stator im Vordergrund, damit ein möglichst kleiner Luftspalt zwischen Läufer und Ständer gewählt werden kann, ohne dass die Gefahr des Anstreifens dieser Teile besteht. Natürlich müssen auch Kräfte aus Eigengewicht und Unwucht des Rotors aufgenommen werden. Auch bei einer Werkzeugmaschine zur Hochpräzisionsschleifbearbeitung geht es vor allen Dingen um eine spielfreie und steife Führung der Spindel. An den Lagerstellen werden aber auch die Bearbeitungskräfte, das Eigengewicht und die Unwuchten der Spindelwelle abgefangen. Beim Verbrennungsmotor geht es dagegen primär um die Umsetzung des Arbeitsdruckes im Zylinder in ein Drehmoment an der Kurbelwelle, wobei die Pleuellager durch Radialkräfte belastet werden. Die notwendige exakte Koppelung zwischen der Linearbewegung des Kolbens und Drehbewegung der

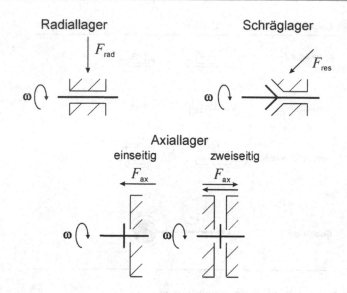

Abb. 11.2 Lager für verschiedene Lastrichtungen

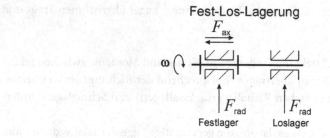

Abb. 11.3 Führungsfunktion der Lager am Beispiel Fest-Los-Lagerung

Kurbelwelle erfordert jedoch auch ein nicht zu großes Lagerspiel und damit ausreichende Führungsgenauigkeit.

11.1.2 Wirkprinzipien von Lagern

Bei der technischen Realisierung von Lagerungen werden verschiedene Wirkprinzipien eingesetzt. Sie orientieren sich an zwei Hauptforderungen:

- Die Funktion muss sichergestellt sein bzw. möglichst lange erfüllt werden. Das heißt, eine Zerstörung oder eine fortschreitende Schädigung mit letztendlichem Ausfall der

Wirkflächen oder Wirkköper und eine sofortige oder allmähliche Veränderung der Geometrie mit Beeinträchtigung der Führungseigenschaften müssen vermieden bzw. möglichst lange hinausgezögert werden. Typische Mechanismen, die zur Funktionsbeeinträchtigung führen können, sind Bruch, plastische Verformungen, Schmelzen, Fressen, Ermüdung, Oberflächenzerrüttung und Verschleiß.

• Der Bewegungswiderstand, das heißt die Lagerreibung, soll über einen weiten Betriebsbereich möglichst gering sein, um den Kraft-, Momenten- und Energieaufwand für die Bewegung zu minimieren.

Die Relativbewegung zwischen den Wirkflächen eines Lagers kann gleitend bzw. bohrend (tangential), rollend (radial) oder wälzend sein. Wälzen ist eine Kombination aus gleitenden und rollenden Bewegungen. Kleine tangentiale Relativbewegungen können auch durch elastische Verformungen aufgenommen werden; größere Verschiebewege erfordern ein Gleiten.

Gleitbewegungen von Festkörperoberflächen aus gebräuchlichen Strukturwerkstoffen in unmittelbarem Kontakt erfordern einen vergleichsweise hohen Kraft- und Energieaufwand. Gleichzeitig lösen sich Partikel ab, die Oberflächen verschleißen. Der hohe lokale Energieeintrag durch die Reibungswärme kann außerdem zu Fresserscheinungen, das heißt zu lokalen Verschweißungen führen.

Gleitlager (siehe auch Abschn. 11.2)
Bei Gleitlagern versucht man, den eben genannten unerwünschten Erscheinungen durch geeignete Paarungen von Grundwerkstoffen, Modifikation der Oberflächen oder das Einbringen von Schmierstoffen fester, flüssiger oder gasförmiger Konsistenz zu begegnen. Die Wirkung solcher Zwischenstoffe ist umso größer, je vollständiger die Trennung der Festkörperoberflächen gelingt und je geringer andererseits der Scherwiderstand ist. Fluide, insbesondere Gase, haben im Allgemeinen kleinere Scherwiderstände als Feststoffe. Eine Trennung der Festkörperoberflächen ist mit ihrer Hilfe möglich, indem den im Lager übertragenen Kräften durch einen entsprechenden Druck im Fluid das Gleichgewicht gehalten wird. Drücke in Fluiden können selbsttätig mit Hilfe einer Schleppströmung durch sich verengende Querschnitte oder einer Quetschströmung infolge einer Annäherung der Oberflächen in Normalenrichtung entstehen (fluiddynamisches Prinzip); sie können aber auch durch eine äußere Energiequelle (Pumpe) erzwungen werden (fluidstatisches Prinzip). Beim fluiddynamischen Prinzip steigt der Druck mit der hydrodynamisch wirksamen Geschwindigkeit. Dies bedeutet, dass es im Stillstand und bei kleinen Geschwindigkeiten nicht möglich ist, die Festkörperoberflächen vollständig zu trennen.

Wälzlager (siehe auch Abschn. 11.3)
Bei Wälzlagern versucht man, das Gleiten weitestgehend durch ein Abrollen zu ersetzen, indem man Wälzkörper mit kreisförmigem Querschnitt zwischen die tangential relativ zueinander bewegten Wirkflächen schaltet. Bei reinen Rollbewegungen ist der Bewegungswiderstand auch beim Anfahren aus dem Stillstand und bei kleinen Geschwindigkeiten

sehr gering; er entsteht durch Energieverluste infolge Hysterese, das heißt, durch innere Reibung im Werkstoff bei den zyklischen elastischen Verformungen während des Überrollens.

Magnetlager
Bei Magnetlagern setzt man äußere Kraftfelder ein, um die relativ bewegten Oberflächen voneinander zu trennen und dabei Kräfte zu übertragen. Diese Kraftfelder werden durch Permanentmagnete oder Elektromagnete erzeugt. In Verbindung mit sogenannten magnetischen Fluiden, das sind Flüssigkeiten, in denen spezielle Partikel suspendiert sind, können Magnetfelder auch zum Aufbau hydrostatischer Drücke eingesetzt werden.

Elastische Lagerungen (siehe auch Kap. 5 in Band 1)
Elastische Lagerungen entstehen, indem die relativ bewegten Funktionsflächen durch einen elastischen Zwischenkörper, d. h. durch Federn getrennt werden. Dabei werden vorwiegend Elastomere eingesetzt, die während der tangentialen Relativbewegung eine Scherung erleiden und dadurch eine Schubbelastung erfahren. Seltener werden auch metallische Biege- oder Torsionsfedern verwandt. Alle diese elastischen Lagerungen sind nur für oszillierende Relativbewegungen geeignet, da sonst eine bleibende Verformung oder ein Zerreißen des elastischen Zwischenkörpers aufträte. Der Bewegungswiderstand entsteht aus den elastischen Rückstellkräften, der Hysterese und der geschwindigkeitsabhängigen Dämpfung. Die beiden letzten Effekte führen auch zur Energiedissipation, während die in elastischen Formänderungen gespeicherte Arbeit während der Rückbewegung zurückgewonnen werden kann.

11.1.3 Gestaltung, Bauformen und Anwendung der Lagerungen

11.1.3.1 Gestaltung der Lagerungen
Hinsichtlich des Lastangriffs unterscheidet man beidseitig abgestützte und fliegend gelagerte Wellen. Bei fliegend gelagerten Wellen greift eine Querkraft außerhalb der Verbindungsstrecke der Lager an. Diese Anordnung ist von der Beanspruchung her die ungünstigere: dadurch entsteht eine ausgeprägte Umlaufbiegung und eine hohe Radialbelastung am lastseitigen Lager, Abb. 11.4:

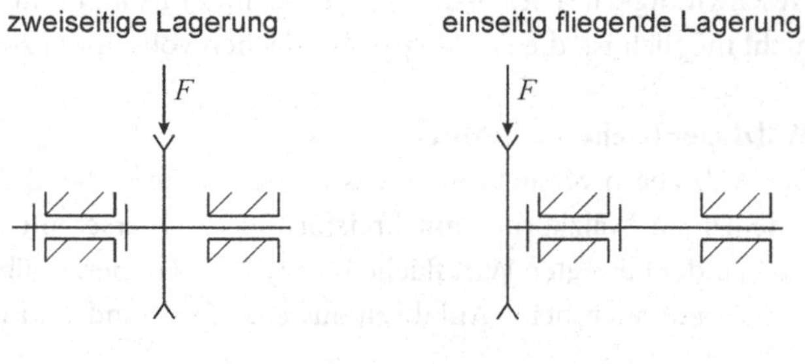

Abb. 11.4 Zweiseitige und einseitige („fliegende") Lagerung

Ferner ist zu beachten, dass in der Regel radiale und axiale Kräfte aufgenommen werden müssen, ohne dass es zu unzulässig hohen Zusatzbelastungen durch Verspannungen infolge unterschiedlicher Wärmedehnungen oder Längentoleranzen kommt. Um solche Verspannungen in axialer Richtung zu vermeiden, benötigt man sogenannte Loslager, die radiale Kräfte aufnehmen, aber in axialer Richtung möglichst ungehinderte Verschiebungen zulassen. Diese können in den Lagern selber im Rahmen des Axialspiels oder zwischen Lagern und Umbauteilen erfolgen. Lager, mit denen eine Welle in axialer Richtung positioniert wird, bezeichnet man demgegenüber als Festlager. Bei einer vollständigen Funktionstrennung benötigt man zwei Lager, die radiale Belastungen aufnehmen können und ein Lager, das axiale Belastungen in beiden Richtungen aufnehmen kann und damit das Festlager darstellt. Es kann auch aus zwei einzelnen Lagern für jeweils eine Richtung der axialen Belastung zusammengesetzt sein. Wird dieses Lager für kombinierte radiale und axiale Belastungen ausgelegt, dann ersetzt es gleichzeitig das zweite Lager für die radialen Belastungen. Damit lässt sich eine klassische Fest-Loslager-Anordnung realisieren, Abb. 11.5 links. Das Festlager oder Festlagerpaar legt die Welle umso genauer axial fest, je kleiner sein Axialspiel ist. Bei einem Festlagerpaar lässt sich das Axialspiel durch eine starre axiale Anstellung einstellen.

Alternativ können auch zwei Lager für kombinierte radiale und axiale Belastung eingesetzt werden, von denen jedes axiale Kräfte nur in einer Richtung aufnimmt. Je nach Richtung der von außen angreifenden Axialkräfte wird eines der beiden Lager zum Stützlager und das andere zum radialen Traglager. Da zum Ausgleich von Längentoleranzen und unterschiedlichen thermischen Längenänderungen der Welle und des Gehäuses ein relativ

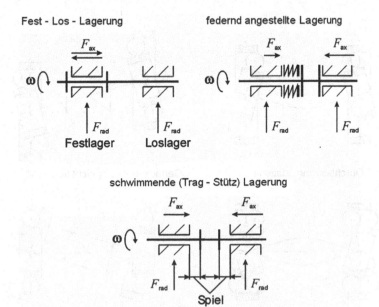

Abb. 11.5 Prinzipielle Lageranordnungen

großes Axialspiel erforderlich ist, bezeichnet man eine solche Lagerung auch als „schwimmend", Abb. 11.5 unten. Eine exakte axiale Positionierung lässt sich damit natürlich nicht erreichen; bei kleinen Axialkräften undefinierter Richtung kann es zu Schwingungen und häufigen Anlagewechseln kommen. Um dies zu vermeiden, stellt man die beiden Lager häufig über Federn gegeneinander an, Abb. 11.5 rechts.

Einen Sonderfall stellen Lager oder Lagerpaare dar, die außer Radial- und Axialkräften auch Kippmomente aufnehmen können. Sie können in speziellen Anwendungen auch alleine ohne ein weiteres zusätzliches Lager eingesetzt werden. Lagerungen mit mehr als zwei radial tragenden Lagern für eine Welle kommen in der Praxis vor, stellen jedoch ein statisch unbestimmtes System dar, bei dem die Lastverteilung auf die Lager nur unter Berücksichtigung der elastischen Verformungen aller Bauteile berechnet werden kann und wegen der Toleranzen insbesondere der radialen Lagerluft einer großen Streuung unterliegt.

Wellendurchbiegungen und Einbautoleranzen, wie Schiefstellungen und Versatz, führen zu Winkelfehlern in den Lagerungen mit entsprechenden lokalen Belastungsüberhöhungen, Abb. 11.6. Werden diese größer als zulässig, kann man sich mit sogenannten winkeleinstellbaren Lagerungen helfen, die sphärische Flächen enthalten oder elastisch nachgiebig befestigt sind.

Das Wirkprinzip der meisten Lagerbauarten beinhaltet die weitgehende Trennung der Wirkflächen durch Schmierfilme. Dazu muss der Schmierstoff den Kontaktstellen zugeführt bzw. in ihrer Nähe gehalten werden und gleichzeitig eine Verschmutzung der Umgebung durch austretenden Schmierstoff vermieden werden. Bei Fettschmierung, wie sie bei Wälzlagern überwiegt, ist dies weniger kritisch als bei Ölschmierung. Außerdem müssen

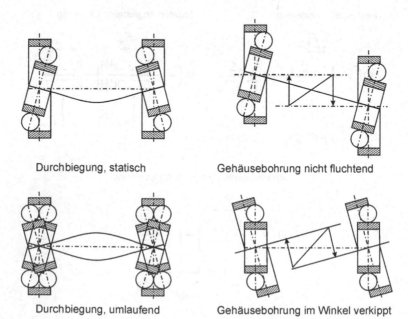

Durchbiegung, statisch   Gehäusebohrung nicht fluchtend

Durchbiegung, umlaufend   Gehäusebohrung im Winkel verkippt

Abb. 11.6 Mögliche Ursachen für Schiefstellungen, die von Lagern ausgeglichen werden müssen

feste und flüssige Verunreinigungen aus der Umgebung, die auch im Schmierstoff enthalten sein können, von den Schmierspalten ferngehalten werden. Wasser beeinträchtigt
den Schmierfilmaufbau und begünstigt Korrosion und Ermüdung. Feste, harte Partikel
verursachen abrasiven Verschleiß, insbesondere wenn sie größer sind als der Schmierspalt.
Wälzlager sind wegen der wesentlich dünneren Schmierfilme empfindlicher als Gleitlager. Bei hinreichender Festigkeit und Größe beschädigen die Partikel beim Überrollen die
Funktionsflächen in Wälzlagern derart, dass vorzeitige Ermüdungsschäden drohen. Aus
diesen Gründen müssen bei der Gestaltung der Lagerungen ausreichende Abdichtungen
vorgesehen werden. Bei Ölumlaufschmierung werden Filter im Haupt- oder Nebenstrom
eingebaut; bei Ölsumpfschmierung behilft man sich mit Magnetabscheidern. Die Ölumlaufschmierung ist aufwendig, bietet aber den Vorteil, dass die Reibungswärme über externe Ölkühler, also spezielle Wärmetauscher, zwangsweise abgeführt werden kann, woraus
niedrigere Schmierstofftemperaturen und eine höhere Betriebsviskosität resultieren als bei
einer Wärmeabgabe, die lediglich über die Gehäusewände an die Umgebungsumluft erfolgt.

11.1.3.2 Anwendung der verschiedenen Lagerbauarten und -formen

Gleitlager können nahezu unbegrenzte Lebensdauern erreichen, wenn sie dauernd in
Drehzahlbereichen betrieben werden, in denen die Oberflächen vollständig durch einen
Schmierfilm getrennt sind, und wenn abrasive Partikel ferngehalten werden. Sie werden
daher in anspruchsvollen Anwendungen eingesetzt, wo eine hohe Zuverlässigkeit bei stets
annähernd gleichbleibenden Betriebszuständen gefordert ist, wie Turbinen und Generatoren in Kraftwerken und Schiffsgetriebe. Sie eignen sich wegen ihrer Schwingungs- und
Geräuscharmut besonders gut für hohe Drehzahlen und können stoßartige Belastungen
wegen der geringeren Flächenpressung besser ertragen als Wälzlager. Gleitlager können
aber auch extrem einfach als zylindrische Sinter- oder Kunststoffbuchsen aufgebaut sein
und dominieren daher in weniger anspruchsvollen Anwendungen mit sehr großen Stückzahlen, z. B. in Haushaltsgeräten und Hilfsaggregaten in Kraftfahrzeugen. Dabei ist auch
von Vorteil, dass sie weniger hohe Ansprüche an die Fertigungsgenauigkeit der Umbauteile stellen als Wälzlager. Ein weites Anwendungsfeld stellen Lagerungen in Verbrennungsmotoren dar. Hier – wie auch in anderen Spezialfällen – wirkt sich günstig aus, dass
Gleitlager radial geteilt werden können und daher leicht ein- und auszubauen sind. Ferner
werden Gleitlager bevorzugt bei oszillierenden Bewegungen eingesetzt, deren Amplitude
für Wälzlager zu klein und für elastische Lager zu groß ist.

Wälzlager bilden gegenwärtig die Standardlösung für Lagerungen im Allgemeinen Ma-
schinen- und Fahrzeugbau und sind sie als Normteile in einer Vielzahl von Baugrößen verfügbar. Sie vereinigen hohe Tragfähigkeit und Führungsgenauigkeit in sich, da eine spielfreie
Anstellung oder sogar eine Vorspannung möglich ist. Dies gilt gleichermaßen in radialer
und axialer Richtung und ist besonders bei Werkzeugmaschinen ein großer Vorteil. Sie sind
außerdem für einen weiten Drehzahlbereich und einen häufigen Anlauf aus dem Stillstand
geeignet, da sie im Allgemeinen kein erhöhtes „Losbrechmoment" aufweisen. Damit eignen
sie sich besonders für Rad- und Getriebelagerungen von Straßen- und Schienenfahrzeugen.

Magnetlager können in beliebiger Umgebung, das heißt auch im Vakuum, eingesetzt
werden, ohne das die Gefahr einer Verschmutzung durch Schmierstoff entsteht, und

entwickeln dann eine extrem niedrige Reibung. Typische Anwendungen sind daher Vakuumpumpen, Schwungmassenspeicher und Kreiselkompasse.

Elastische Lager bewähren sich bei oszillierenden Relativbewegungen kleiner Amplitude, vor allem in Gelenken der Fahrwerke von Kraftfahrzeugen.

Diesen verschiedenen Wirkprinzipien von Lagern sind jeweils eine Vielzahl von Bauarten und Bauformen zugeordnet, die sich aus ihrer Funktion in den jeweiligen Anwendungen – Richtung und Höhe der Belastung, Bewegungsform, Trag- oder Führungslager etc. – ableiten. Sie werden für Gleit- und Wälzlager in den folgenden Abschn. 11.2 und 11.3. Wälzlager im Detail dargestellt.

11.2 Gleitlager

11.2.1 Aufgabe, Einteilung und Anwendungen

Gleitlager sollen relativ zueinander bewegte Teile möglichst genau, reibungsarm und verschleißfrei führen und Kräfte zwischen den Reibpartnern übertragen. Je nach Art und Richtung der auftretenden Kräfte werden statisch oder dynamisch belastete Radial- und Axialgleitlager unterschieden. Gleitlager werden mit Öl, Fett oder Festschmierstoffen, welche auch aus dem Lagerwerkstoff stammen können, geschmiert.

Gleitlager sind unempfindlich gegen Stöße und Erschütterungen und wirken schwingungs- und geräuschdämpfend. Sie vertragen geringe Verschmutzungen und erreichen bei permanenter Flüssigkeitsreibung, richtiger Werkstoffwahl und einwandfreier Wartung praktisch eine unbegrenzte Lebensdauer. Gleitlager können auch bei sehr hohen und bei niedrigen Gleitgeschwindigkeiten eingesetzt werden. Der Aufbau ist relativ einfach und der Platzbedarf gering. Sie können ungeteilt, aber auch geteilt ausgeführt werden, was den Ein- und Ausbau stark vereinfacht. Nachteilig sind bei Gleitlagern das hohe Anlaufreibmoment und der verschleißbehaftete Betrieb bei niedrigen Drehzahlen (Ausnahme: aero- und hydrostatische Gleitlager) und die höhere Reibung gegenüber Wälzlagern.

Gleitlager werden in Maschinen und Geräten jedweder Art verwendet. Hauptsächlich werden Gleitlager u. a. in folgenden Anwendungen genutzt: Verbrennungsmotoren (Kurbelwellen-, Pleuel-, Kolbenbolzen- und Nockenwellenlager), Kolbenverdichter und -pumpen, Getriebe, Dampf- und Wasserturbinen, Generatoren, Kreisel- und Zahnradpumpen, Werkzeugmaschinen, Schiffe, Walzwerke, Pressen, aber auch in Führungen und Gelenken (häufig bei Mischreibung und trockener Reibung) bei niedrigen Geschwindigkeiten, in der Land- und Hauswirtschaftstechnik, Bürotechnik und Unterhaltungselektronik.

11.2.2 Wirkungsweise

Für eine *hydrodynamische Schmierung* sind ein sich verengender Schmierspalt, ein viskoser, an den Oberflächen haftender Schmierstoff und eine Schmierstoffförderung in Richtung des sich verengenden Spaltes erforderlich. Wird genügend Schmierstoff in den konvergierenden

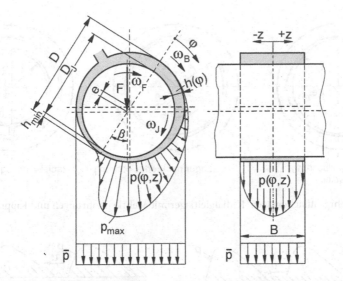

Abb. 11.7 Zylindrisches Radialgleitlager (schematisch) mit Druckverteilung. F Lagerkraft, ω_F Winkelgeschwindigkeit der Lagerkraft, ω_J Winkelgeschwindigkeit der Welle, ω_B Winkelgeschwindigkeit des Lagers, D_J Wellendurchmesser, D Lager-Nenndurchmesser (Lagerinnendurchmesser), B Lagerbreite, h Schmierspalthöhe, h_{min} kleinste Schmierspalthöhe (minimale Schmierfilmdicke), e Exzentrizität, $p(\varphi,z)$ Druckverteilung im Schmierfilm, p_{max} größter Schmierfilmdruck, $\bar{p}$ spezifische Lagerbelastung, β Verlagerungswinkel (Winkel zwischen der Lage der kleinsten Schmierspalthöhe und der Lastrichtung), φ und z Koordinaten

Spalt gefördert, kommt es zu einer vollkommenen Trennung der Oberflächen durch den Schmierstoff. Bei zylindrischen Radialgleitlagern wird der sich verengende Schmierspalt ohne weitere Maßnahmen durch die Exzentrizität der Welle im Lager erzeugt. Sie stellt sich so ein, dass das Integral der Druckverteilung über der Lagerfläche mit der äußeren Lagerkraft im Gleichgewicht steht (Abb. 11.7).

Bei Mehrgleitflächenlagern (Radiallager mit Mehrkeilbohrungen und Kippsegmentlager) werden konvergierende Spalte durch spezielle Spaltformen realisiert. Selbst im unbelasteten bzw. sehr niedrig belasteten Zustand, d. h. bei zentrischer Wellenlage im Lager, weist die Welle gegenüber den Gleitflächen jeweils die Herstellungs-Exzentrizität e_{man} auf (Abb. 11.8), sodass sich selbst bei diesem Betriebsfall Tragdrücke im Schmierspalt ausbilden, die die Welle zentrieren. Bei Last verlagert sich dann die Welle um die Exzentrizität e gegenüber dem Schalenmittelpunkt (Abb. 11.20).

Bei Axialgleitlagern wird der konvergierende Spalt beispielsweise durch Keilflächen, die in einer feststehenden Spurplatte eingearbeitet sind, oder durch mehrere unabhängig voneinander kippbewegliche Gleitschuhe sichergestellt (Abb. 11.9).

Bei hydrostatischer Schmierung werden in die Lagerschale (Radiallager; Abb. 11.10) bzw. in die Spurplatte (Axiallager; Abb. 11.11) Taschen eingebracht, in die von außen ein Fluid mit Druck eingepresst wird. Der Schmierstoffdruck, der außerhalb des Lagers durch eine Pumpe erzeugt wird, sorgt für die Tragfähigkeit des Lagers.

Bei *Feststoffschmierung* wird ein gewisser Verschleiß benötigt, um den im Lagerwerkstoff eingebundenen Festschmierstoff (z. B. PTFE, Graphit) oder den Lagerwerkstoff selbst

Lager mit Zweikeilbohrung   Lager mit Vierkeilbohrung   Radial-Kippsegmentlager
(Zitronenspiel)

Abb. 11.8 Mehrgleitflächenlager (Radialgleitlager mit Mehrkeilbohrungen und Kippsegmenten)

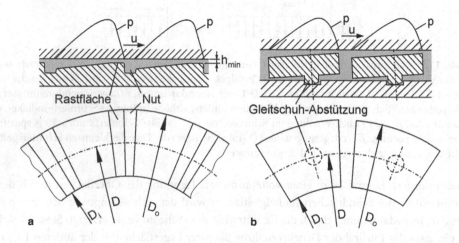

Abb. 11.9 Axiallagerbauarten **a** Lager mit eingearbeiteten Keil- und Rastflächen, **b** Lager mit kippbeweglichen Gleitschuhen (Michell-Lager)

(z. B. PA, POM) freizusetzen, wenn dieser als Schmierstoff wirken soll. Der Festschmierstoff wird besonders beim Einlauf auf den Gegenkörper übertragen und setzt dort die
Rauheitstäler zu (Transferschicht), so dass bei günstigen Bedingungen der Kontaktbereich
vollständig mit Festschmierstoff gefüllt ist.

Reibungszustände

Die in Abb. 11.12 dargestellte *Stribeck-Kurve* gibt einen guten Überblick über die in Gleitlagern vorkommenden Reibungszustände. Es wird der Zusammenhang zwischen der Reibungszahl f und dem bezogenen Reibungsdruck $\eta \, \omega_J / \bar{p}$ gezeigt. Die Reibungszahl f ist
definiert als $f = F_f / F$ mit F_f als Reibungskraft und F als Lagerkraft.

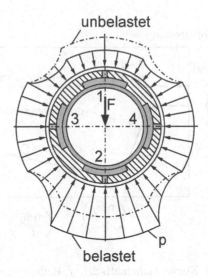

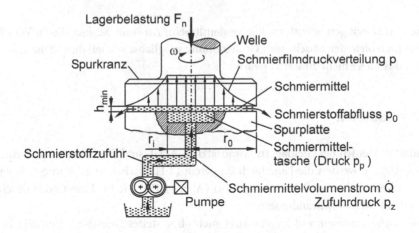

Abb. 11.10 Druckverteilung bei einem hydrostatischen Radiallager mit 4 Schmiertaschen

Abb. 11.11 Druckverteilung beim Einflächen-Axiallager (Spurlager)

Beim Anfahren aus dem Stillstand wird zunächst das Gebiet der *Grenzreibung* durchlaufen, da die Oberflächen in der Regel mit einem molekularen, vom Schmierstoff
stammenden Film bedeckt sind. Das Reibungsverhalten wird hier von den Werkstoffen
und den Oberflächenrauhigkeiten der Reibpartner sowie von den molekularen Oberflächenfilmen bestimmt. Mit zunehmender Gleitgeschwindigkeit wird die Schmierung mehr
und mehr wirksam. Bei *Mischreibung* liegen Grenz- und Flüssigkeitsreibung nebeneinander vor. Die Reibungszahl f erreicht innerhalb des Mischreibungsbereichs bei A ein
Minimum. Der Übergang von der Mischreibung in den Zustand der *Flüssigkeitsreibung* erfolgt erst bei B. Nur bei Flüssigkeitsreibung findet eine vollkommene Trennung der Oberflächen durch den Schmierfilm statt, so dass kein Verschleiß auftritt. Der Betriebspunkt

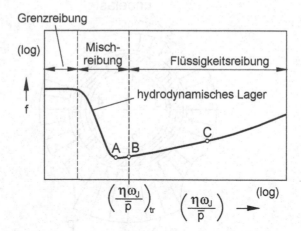

Abb. 11.12 Stribeck-Kurve (schematisch). f Reibungszahl, η Schmierstoffviskosität, ω_J Winkelgeschwindigkeit der Welle, $\bar{p}$ spezifische Lagerbelastung, $\eta\,\omega_J/\bar{p}$ bezogener Reibungsdruck, $(\eta\,\omega_J/\bar{p})_{tr}$ bezogener Reibungsdruck beim Übergang von Misch- zur Flüssigkeitsreibung

C sollte von B weit genug entfernt liegen, damit beim An- und Auslauf die zu Verschleiß führenden Gebiete der Misch- und Grenzreibung möglichst schnell durchfahren werden und sich das Lager nicht zu stark erwärmt.

11.2.3 Bauarten

Als Bauarten werden bei Gleitlagern grundsätzlich Axial- und Radiallager unterschieden. Bei Radiallagern werden die Lagerbuchsen geteilt (2 Halbschalen) oder ungeteilt jeweils mit oder ohne axiale Gleitflächen ausgeführt (Abb. 11.13). Die Buchsen und Halbschalen können dick- oder dünnwandig sein.

Dickwandige Buchsen und Schalen sind auch ohne steifes Gehäuse formstabil. Bei ihnen wird die gewünschte Gleitflächengeometrie auch bei geringem oder ohne Presssitz im Gehäuse gewährleistet. Die Oberflächenstruktur der Gehäuseaufnahmebohrung hat bei ihnen keinen nennenswerten Einfluss auf die Gleitflächen. Sie werden in der Regel aus einem einzigen Lagerwerkstoff (Massivlager) hergestellt oder aus einem Stützkörper mit einer Lagerwerkstoff-Ausgussschicht (Verbundlager). Buchsen werden i. Allg. aus einem Rohr oder aus Stangenmaterial produziert.

Dünnwandige Buchsen und Schalen erreichen erst nach dem Einbau ins Gehäuse bei ausreichender Pressung zwischen Gehäuse und Lager ihre endgültige Form. Im freien Zustand sind sie nicht formstabil und unrund. Sie werden meistens aus einem Bandabschnitt (Platine) durch Biegen, Pressen oder Rollen hergestellt, welches aus einem einzigen (massiv) oder aus einem mehrschichtigen (2-, 3- oder 4-schichtigen) Werkstoff (meistens mit

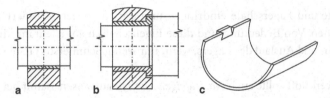

Abb. 11.13 Bauformen von Radialgleitlagern. **a** dünnwandige Buchse, **b** dickwandige Buchse mit einseitiger axialer Gleitfläche, **c** dünnwandige Halbschale mit Arretierungsnocken

Stahlrücken) besteht. Bei Mehrschichtlagern werden die guten Eigenschaften der einzelnen Werkstoffschichten zu einem optimalen Gesamtverhalten des Lagers verknüpft.

Die Schichtdicke des Lagerwerkstoffs sollte so gering wie möglich sein, wobei die untere Grenze durch fertigungstechnische Gründe, durch eine genügende Verschleißdicke und durch eine ausreichende Einbettfähigkeit von Verschleiß- und Schmutzpartikeln gegeben ist. Die Belastbarkeit (Quetschgrenze und Ermüdungsfestigkeit) steigt an, wenn die Schichtdicke abnimmt.

Neben zylindrischen Radialgleitlagern werden auch Mehrgleitflächenlager eingesetzt, letztere vor allem bei hohen Drehzahlen und als Präzisionslager mit sehr hoher Steifigkeit. Bei Mehrgleitflächenlagern können die Gleitsegmente fest eingearbeitet oder kippbeweglich ausgeführt sein. Gelenklager mit sphärischen Gleitflächen kommen bei niedrigen Geschwindigkeiten bei Gefahr von Schiefstellungen und Fluchtungsfehlern zum Einsatz.

In den meisten Anwendungsfällen werden Lagerschalen und Buchsen in die Gehäusebohrung eingepresst, Abb. 11.13a und b. Wichtig ist, dass die Pressung bei allen Betriebszuständen so groß bleibt, dass eine Verschiebung der Schale in der Bohrung verhindert wird. Die bei Lagerschalen und gerollten Buchsen auftretenden Teilfugen sollten beim Einbau so gelegt werden, dass sie sich senkrecht zur Lastrichtung befinden.

Als *Axiallager* werden z. B. Axialsegmentlager mit fest in einen Spurring eingearbeiteten Keilflächen oder Axialkippsegmentlager mit kippbeweglichen Segmenten verwendet. In beiden Fällen können die Gleitsegmente entweder aus Massivwerkstoff oder aus Verbundmaterial hergestellt werden.

11.2.4 Werkstoffe und Herstellung

Neben ausreichender Festigkeit, Widerstandsfähigkeit gegen Korrosion und Kavitation und chemischer Beständigkeit gegen den Schmierstoff und die sich darin befindlichen Stoffe (Additive) sollten die Lagerwerkstoffe auch besondere Gleiteigenschaften besitzen. Hierfür spielen eine gute Benetzbarkeit und eine hohe Kapillarität durch den eingesetzten Schmierstoff, Notlaufeigenschaften und ausreichendes Einlauf-, Einbettungs- und Verschleißverhalten eine wichtige Rolle.

Bei guter *Benetzbarkeit* wird die Gleitlageroberfläche vollständig von einem Schmierfilm bedeckt und bei hoher *Kapillarität* kann der Schmierstoff auch in den engen Spalt zwischen Welle und Lagerschale eindringen und dort für einen Schmierfilmaufbau zur Verfügung stehen. Von Bedeutung sind diese Eigenschaften vor allem im Mischreibungsgebiet beim An- und Auslauf des Lagers, wenn nur wenig Schmierstoff in der Kontaktzone vorhanden ist.

Der Lagerwerkstoff sollte auch *Notlaufeigenschaften* aufweisen, damit bei Versagen der Schmierung das Lager kurzzeitig ohne große Schädigung betriebsfähig gehalten werden kann. Dabei wirken noch Restölmengen sowie eventuell im Lagerwerkstoff vorhandene Festschmierstoffe, z. B. Graphit oder Molybdändisulfid (MoS_2), mit. Hauptsächlich werden die Notlaufeigenschaften aber durch die Eigenschaften der Lagermetalle bestimmt. Am besten eignen sich niedrig schmelzende Metalle geringer Härte, die bei örtlicher Erhitzung aufschmelzen und so die Reibung niedrig halten. Wichtig ist in diesem Zusammenhang die Unempfindlichkeit gegen Fressen, d. h. der Widerstand des Gleitlagerwerkstoffs gegen die Bildung von adhäsiven Bindungen mit dem Gegenkörper.

Günstig ist außerdem ein gutes *Einlaufverhalten*. Ziel ist es, die Oberflächen und die Form der Laufflächen durch Abrieb und Verformung ohne merkliche Beeinträchtigung der Funktionen in kurzer Zeit so anzupassen, dass die durch Fertigung, Montage und elastische Verformungen bedingten Abweichungen von der Sollform des Gleitraumes weitgehend ausgeglichen werden.

Durch das *Einbettungsverhalten* können Fremdkörper (Schmutz- und/oder Verschleißpartikel) in die Gleitfläche eingelagert und dadurch deren schädigende Wirkung gemildert werden. Dennoch verlangen auch einbettfähige Werkstoffe, die Lager vor Verschmutzung zu schützen und den Schmierstoff durch Filterung sauber zu halten.

Lagerwerkstoffe mit einer hohen *Verschleißfestigkeit* zeichnen sich dadurch aus, dass Sie dem Herauslösen kleiner Teilchen aus der Laufschicht einen hohen Widerstand entgegenbringen. In Gleitlagern tritt Verschleiß dann auf, wenn sie bei Mischreibung (z. B. während des An- und Auslaufs) betrieben werden. Wegen der starken Abhängigkeit von den Betriebsbedingungen und den Eigenschaften der Reibpartner und des Schmierstoffs lassen sich allgemeingültige Aussagen zum Verschleiß kaum machen. Allgemeine Eigenschaften von verschiedenen Gleitlagerwerkstoffen sind in Tab. 11.1 dargestellt.

Als *metallische* Lagerwerkstoffe werden Blei-, Zinn-, Kupfer- und Aluminium-Legierungen eingesetzt. Für eine Auswahl von Lagerwerkstoffen sind in der Tab. 11.2. Werte für die höchstzulässige spezifische Lagerbelastung angegeben.

Für bestimmte Anwendungsfälle (Wasserschmierung, Trockenlauf, chemisch aggressive Medien) werden auch *nichtmetallische Werkstoffe*, wie z. B. Gummi, Kunststoff und Keramik, verwendet. Dabei sind deren von den Metallen abweichende physikalische Eigenschaften (Festigkeit, Elastizität, Wärmeleitfähigkeit, thermische Stabilität) besonders zu beachten.

Bei wartungsfreien Lagern kommen z. B. Kunststoffe, Sintermetalle mit inkorporierten Festschmierstoffen oder auch ölgetränkte Sintermetalle zum Einsatz.

Der Werkstoff, der mit einer Umfangslast beaufschlagt wird (meistens die Welle oder bei Axiallagern die Spurscheibe) sollte eine höhere Härte aufweisen als der Werkstoff, der

Tab. 11.1 Allgemeine Eigenschaften von Gleitlagerwerkstoffen nach [Lan78]

Werkstoffe Eigenschaften	Weißmetalle		Bronzen			Alu-Legierungen	Poröse Sinterlager	Kunststoffe	Kunstkohle
	Blei-Basis	Zinn-Basis	Blei-Basis	Zinn-Basis	Alu-Basis				
Gleiteigenschaften	++	+	o(+*)	o	o	+ ... o(+*)	o... -	-	-
Einbettfähigkeit	++	+	o(+*)	o	o	+ ...o(+*)	o	-	--
Notlaufeigenschaft	++	+	+(++*)	o	+	+(++*)	++	++	++
Belastbarkeit	-	o	+	+	+	+	o	-	--
Wärmeleitung/ Wärmedehnung	-	-	o	o	o	+	-	--	--
Korrosionsfestigkeit	--	o	-	o	+	+	+ ...-- (je nach Aufbau)	o	+
Mangel- oder Trockenschmierung	+	o	-(o*)	--	-	o	++	++	++

++ sehr gut, + gut, o ausreichend, - mäßig, -- mangelhaft, * mit zusätzlicher ternärer Laufschicht

Tab. 11.2 Erfahrungsrichtwerte für die höchstzulässige spezifische Lagerbelastung $\bar{p}_{\mathrm{lim}}$ nach [DIN31652]

Lagerwerkstoff-Gruppe	$\bar{p}_{\mathrm{lim}}$ in N/mm² [a]
Pb- und Sn-Legierungen	5 (15)
Cu Pb-Legierungen	7 (20)
Cu Sn-Legierungen	7 (25)
Al Sn-Legierungen	7 (18)
Al Zn-Legierungen	7 (20)

[a] Klammerwerte nur ausnahmsweise aufgrund besonderer Betriebsbedingungen zulässig, z. B. bei sehr niedrigen Gleitgeschwindigkeiten

mit einer Punktlast beansprucht wird (meistens die Lagerbuchse oder bei Axiallagern das Gleitsegment). Nach [SpFr00] gilt

$$(H/E)_{\mathrm{Umfangslast}} = 1,5 \ bis \ 2 \ (H/E)_{\mathrm{Punktlast}}$$

mit H als Härte und E als E-Modul. Der Werkstoff, auf den die äußere Last als Punktlast wirkt, sollte als Lagerwerkstoff ausgebildet sein (Konstruktionsregel: Punktlast für Lagerwerkstoff!).

11.2.5 Gestaltung von Lagern und Lagerumgebung

11.2.5.1 Konstruktion und Spaltausbildung

Die Berechnung hydrodynamischer Radialgleitlager legt eine in axialer Richtung parallele Schmierspaltform zugrunde, Abb. 11.7. Durch die sich unter Belastung einstellende Verformung der Welle (Schiefstellung, Krümmung) wird in starr angeordneten Lagern die Parallelität des Schmierspaltes gestört, Abb. 11.14. Das führt zu Kantentragen (erhöhte Kantenpressung) und zu Tragkraftminderungen, die bei Lagerbreiten $B/D > 0,3$ deutlich spürbar werden. Durch konstruktive Maßnahmen zur Anpassung des Lagers an den Verformungszustand der Welle kann dem entgegengewirkt werden. Grundsätzlich ist das möglich durch Anwendung möglichst kleiner Lagerbreiten. Bei Endlagern, die stärker von Wellenschiefstellungen betroffen sind, kann eine Anpassung aber auch erreicht werden durch elastische Nachgiebigkeit des Lagerkörpers, Abb. 11.15a oder durch eine kippbewegliche Anordnung, Abb. 11.15b. Bei Mittellagern, bei denen häufiger eine Wellenkrümmung zu Problemen führt, lässt sich das Kantentragen vermindern, indem die Lagerbohrungsenden leicht konisch erweitert werden, Abb. 11.15c bzw. die Lagerschale nicht über die ganze Länge im Lagerkörper abgestützt wird, Abb. 11.15d und e. Weitere Anpassungen zur Tragfähigkeitssteigerung werden über Einlaufvorgänge erreicht. Bei Axiallagern können Schiefstellungen der Spurplatte durch eine elastische Abstützung der Spurplatte oder der einzelnen Segmente ausgeglichen werden, Abb. 11.26b. Letzteres bewirkt auch ein gleichmäßiges Tragen aller Segmente.

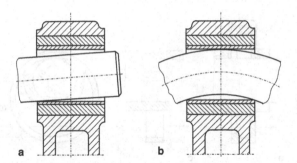

Abb. 11.14 Kantentragen bei starren Lagerkörpern [Dro54]. **a** Wellenschiefstellung in einem Endlager, **b** Wellenkrümmung in einem Mittellager

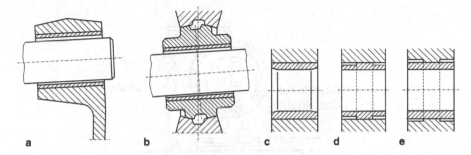

Abb. 11.15 Konstruktive Maßnahmen zur Minderung des Kantentragens. **a** elastische Nachgiebigkeit [Dro54], **b** Kippbeweglichkeit des Lagerkörpers [Ste94], **c** konische Erweiterung der Lagerbohrungsenden [Ste94], **d** und **e** elastische Verformung der Lagerbuchse bei verringerter Stützbreite im Lagerkörper [Ste94]

11.2.5.2   Dichtungen

An Gleitlagern haben Wellendichtungen die Aufgabe, den Austritt von Öl und Ölnebel zu verhindern bzw. zu minimieren und das Eindringen von Fremdkörpern und Wasser in schädlichen Mengen zu verhüten. Die Art der Dichtung richtet sich nach dem jeweiligen Anwendungsfall. Folgende Dichtungsarten werden serienmäßig eingesetzt: Schneidendichtungen, schwimmende Schneiden- und Spaltdichtungen, einstellbare Kammerdichtungen, Schneidendichtungen mit Zusatzlabyrinth oder mit Zusatzkammer, Dralldichtungen, Weichdichtungen, Filzringe, fettgeschmierte Dichtungen, Spritzringdichtungen usw.

11.2.6   Schmierung und Kühlung

11.2.6.1   Lagerschmierung

Ein Lager muss so konstruiert sein, dass sich der Gleitraum hinreichend mit Schmierstoff versorgen lässt. Das kann geschehen durch feste oder lose Schmierringe, Abb. 11.16, oder

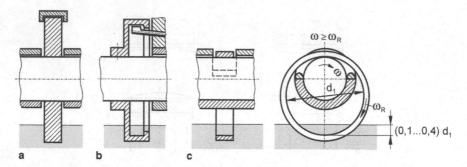

Abb. 11.16 Ringschmierung. **a** fester Schmierring mit Abstreifer für beidseitige Ölversorgung, **b** fester Schmierring für innere Ölübergabe und Abstreifer für einseitige Ölversorgung (Gefahr des Ölabschleuderns geringer als bei Variante **a**), **c** loser Schmierring

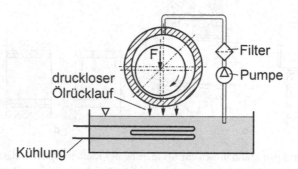

Abb. 11.17 Ölumlaufschmierung mit Kühlung (schematisch)

durch Umlaufschmierung, Abb. 11.17. Feste Schmierringe mit Abstreifer, Abb. 11.16a, sind nach VDI 2204 für Geschwindigkeiten von 10 m/s am Ringaußendurchmesser geeignet. Bei höheren Geschwindigkeiten schleudert das Öl ab, und es bildet sich Schaum im Ölvorrat. Bei festen Schmierringen im geschlossenen Ringkanal oder mit geeigneten Ringquerschnitt, Abb. 11.16b, nimmt dagegen die Fördermenge mit steigender Ringgeschwindigkeit zu. Hier liegt der Einsatzbereich nach VDI 2204 bei 14 bis 24 m/s.

Bei losen Schmierringen, Abb. 11.16c, wächst das Fördervolumen zunächst mit steigender Ringgeschwindigkeit an, erreicht ein Maximum und fällt dann wieder ab. Lose Schmierringe können nach VDI 2204 zwischen 10 und 20 m/s eingesetzt werden, wobei die Einsatzgrenze von der Ringform, der Schmierstoffviskosität, der Reibung zwischen Ring und Welle und der Eintauchtiefe abhängig ist. Sie können zwischen 1 und 4 l/min fördern. Die oberen Werte werden aber nur mit profilierten Ringen erreicht. Bei dynamischer Belastung oder Stößen sind lose Ringe ungeeignet.

Ölumlaufschmiersysteme, im Wesentlichen bestehend aus Pumpe, Ölbehälter, Kühler, Volumenstromregler, Filter, Zuführ- und Rücklaufleitungen und Mess- und Regeleinrichtungen für Öltemperatur und -druck, versorgen meist mehrere Lager zentral mit gekühltem und gefiltertem Öl, wobei der Zuführdruck zwischen 0,5 und 5 bar liegen kann.

Die Geschwindigkeit in den Zuführleitungen sollte 1,5 bis 2 m/s nicht überschreiten. Die Rohrdurchmesser der Rücklaufleitungen sollte 4- bis 6-mal so groß wie die der Zuführleitungen sein und ein gleichmäßiges Gefälle von ca. 15° aufweisen.

Die Schmierstoffzufuhr sollte in der unbelasteten Zone im Bereich des divergierenden Spalts erfolgen, um in der belasteten Zone einen ungestörten Druckaufbau mit maximaler Tragwirkung zu erzielen und die Verschäumungsgefahr für den Schmierstoff zu mindern. Bei instationär belasteten Radialgleitlagern kann die günstigste Lage der Schmierstoffzufuhr aus der Wellenverlagerungsbahn ermittelt werden. Die gleichmäßige Verteilung des Schmierstoffs über der Lagerbreite erfolgt in der Regel entweder über eine oder mehrere Taschen oder Bohrungen oder über eine Ringnut. Letztere (ganz oder teilweise umlaufend) wird häufig bei rotierender oder unbestimmter Lastrichtung eingesetzt. Bei einem schmalen Lager wird i. Allg. eine Bohrung eingebracht. Die axiale Breite von Schmiertaschen sollte weniger als 70 % der Lagerbreite betragen, um den Seitenfluss klein zu halten.

Abstreifer können verhindern, dass heißer austretender Schmierstoff wieder in den Gleitraum eintritt. Bei Axiallagern für vertikal angeordnete Wellen ist darauf zu achten, dass trotz der Wirkung der Fliehkraft die innenliegenden Bereiche der Gleitflächen ausreichend mit Schmierstoff versorgt werden.

11.2.6.2   Lagerkühlung

Bei Lagern mit Ringschmierung wird die Reibungswärme überwiegend über das Lagergehäuse an die Umgebung abgegeben. Dabei hängt die Kühlwirkung von den Umströmungsverhältnissen am Lagergehäuse ab. Bei Umlaufschmierung wird die Wärme hauptsächlich mit dem Schmierstoff abgeführt. Ohne zusätzliche Kühlung des Ölvorrats sind dabei Ölabkühlungen bis zu 10K möglich [Fro79]. Durch den Einbau von Rohrschlangen, die von gekühltem Wasser oder Kühlöl durchflossen werden, in den Ölsumpf oder –sammelbehälter, Abb. 11.17, lässt sich eine Ölrückkühlung von 20 bis 30K erzielen.

11.2.7   Berechnung hydrodynamischer Radialgleitlager

11.2.7.1   Stationär belastete Radialgleitlager

Die Berechnung basiert auf numerischen Lösungen der Reynoldsschen Differentialgleichung für ein vollumschlossenes Lager mit endlicher Lagerbreite:

$$\frac{1}{(D_J/2)^2}\frac{\partial}{\partial\varphi}\left(h^3\frac{\partial p}{\partial\varphi}\right)+\frac{\partial}{\partial z}\left(h^3\frac{\partial p}{\partial z}\right)=6\,\eta_{\text{eff}}\,\omega_{\text{eff}}\,\frac{\partial h}{\partial\varphi} \qquad (11.1)$$

(Bezeichnungen nach Abb. 11.7, ferner $\omega_{\text{eff}}=\omega_J+\omega_B-2\omega_F$ als effektive Winkelgeschwindigkeit mit ω_F als Winkelgeschwindigkeit der konstanten Lagerlast und ω_J und ω_B als Winkelgeschwindigkeiten von Welle und Lager, η_{eff} als effektive dynamische Viskosität

Tab. 11.3 Erfahrungsrichtwerte $\psi_{\text{eff,rec}}$ für das effektive relative Lagerspiel ψ_{eff} in ‰ (Bei Geschwindigkeiten > 50 m/s werden in der Regel Mehrgleitflächenlager mit festen Keilflächen oder Radial-Kippsegmentlager eingesetzt. Für diese Lager gelten andere Richtwerte!)

Wellendurchmesser D_J in mm	Gleitgeschwindigkeit der Welle U_J in m/s			
	<3	3–10	10–25	25–50
<100	1,3	1,6	1,9	2,2
100 bis 250	1,1	1,3	1,6	1,9
250 bis 500	1,1	1,1	1,3	1,6
>500	0,8	1,1	1,3	1,3

des Schmierstoffs und $h = (D/2)\,\psi_{\text{eff}}(1 + \varepsilon\cos\varphi)$ als idealisierte Spalthöhe ohne Berücksichtigung von Deformationen und Rauhigkeiten mit ψ_{eff} als effektives relatives Lagerspiel und $\varepsilon = 2e/(D - D_J)$ als relative Exzentrizität). Die Lösungen gelten für in Betrag und Richtung konstante Belastungen, wobei sowohl die Welle als auch das Lager mit gleichförmiger Geschwindigkeit rotieren können. Außerdem können Fälle berechnet werden, bei denen eine konstante Last mit der Winkelgeschwindigkeit ω_F umläuft (z. B. Unwuchtkraft). Im Schmierfilm tritt Turbulenz auf, wenn die *Reynoldszahl*

$$\text{Re} = \frac{\rho\,\omega_{\text{eff}}D_J(D - D_J)}{4\eta_{\text{eff}}} \geq \frac{41{,}3}{\sqrt{\psi_{\text{eff}}}} \tag{11.2}$$

ist mit ρ als der Dichte des Schmierstoffs [Ham94]. Es entstehen dann höhere Reibungsverluste und infolgedessen höhere Lagertemperaturen. Andererseits kann die Tragfähigkeit steigen. Lager mit turbulenten Strömungsverhältnissen im Schmierfilm lassen sich mit dem nachfolgend aufgeführten Berechnungsverfahren nur näherungsweise auslegen.

Spezifische Lagerbelastung, relative Lagerbreite, effektives relatives Lagerspiel und effektive dynamische Viskosität des Schmierstoffs
Zur Beurteilung der mechanischen Beanspruchung der Lagerwerkstoffe wird bei Radialgleitlagern die Lagerkraft F auf die *projizierte Lagerfläche BD* bezogen und die *spezifische Lagerbelastung* $\bar{p} = F/(BD)$ gebildet, die dann anhand der zulässigen spezifischen Lagerbelastung $\bar{p}_{\text{lim}}$ aus Tab. 11.2 zu überprüfen ist.

Für die *relative Lagerbreite* $B^* = B/D$ werden im Allgemeinen Werte von $B/D = 0{,}2$ bis 1 gewählt. Bei Konstruktionen mit $B/D > 1$ sollte eine Einstellbarkeit der Lager vorgesehen werden, um der Gefahr von Kantenpressungen vorzubeugen.

Das sich in Betrieb einstellende effektive Lagerspiel $C_{\text{D,eff}} = D_{\text{eff}} - D_{\text{J,eff}}$ mit den im Betrieb auftretenden effektiven Lagerinnen- und Wellendurchmessern D_{eff} und $D_{\text{J,eff}}$ beeinflusst das Betriebsverhalten von Radialgleitlagern. Richtwerte für das effektive *relative Lagerspiel* $\psi_{\text{eff}} = C_{\text{D,eff}}/D_{\text{eff}}$ werden häufig überschlagsmäßig nach [Vog67] in Abhängigkeit von der Umfangsgeschwindigkeit der Welle U_J mit Hilfe der Beziehung $\psi_{\text{eff,rec}} = 0{,}8\sqrt[4]{U_J}$ mit U_J in m/s und $\psi_{\text{eff,rec}}$ in ‰ abgeschätzt. Erfahrungsrichtwerte für ψ_{eff} sind auch in Tab. 11.3 zu finden.

Nach [SpFr00] ist für die Wahl des relativen Lagerspiels die gemittelte Erwärmung des Schmierstoffs im Spalt vom Eintritt in die Zuführtasche oder -bohrung bis zum seitlichen Austritt an den Lagerenden entscheidend. Unter der Annahme, dass die Reibungswärme aus dem Schmierspalt ausschließlich durch den Seitenfluss abgeführt wird (Umlaufschmierung), ergibt sich nach [SpFr00] für die Bestimmung von Richtwerten für das relative Lagerspiel $\psi_{eff,rec}$ folgender Zusammenhang:

$$\psi_{eff,rec} = K_\psi \sqrt{\frac{\eta_{eff}\,\omega_{eff}}{c_p\rho(T_{ex}-T_{en})}} \qquad (11.3)$$

mit $K_\psi = 4$ bis 6 und $(T_{ex}-T_{en}) = 10$ bis 20 K, wobei T_{ex} die mittlere Temperatur des Seitenflusses aus dem Lager und T_{en} die Eintrittstemperatur des Schmierstoffs in den Schmierspalt bedeuten. Für die volumenspezifische Wärmekapazität des Schmierstoffs $c_p\rho$ kann bei Mineralölen ein Wert von $c_p\rho \approx 1,8\cdot10^6\ Nm/(m^3K)$ verwendet werden. Bei hohen Umfangsgeschwindigkeiten kann $(T_{ex}-T_{en})$ auch einen Wert von 30K und mehr erreichen. Mit Gl. (11.3) kann bei Vorgabe eines relativen Lagerspiels auch eine zweckmäßige Betriebsviskosität η_{eff} abgeschätzt werden.

Das sich aufgrund von Passungen und Einbauverhältnissen nach dem Einbau ergebende mittlere relative Lagerspiel $\bar\psi$ kann berechnet werden aus:

$$\bar\psi = 0,5\,(\psi_{max} + \psi_{min}) \qquad (11.4)$$

mit dem maximalen relativen Lagerspiel $\psi_{min} = (D_{max} - D_{J,min})/D$ und dem minimalen relativen Lagerspiel $\psi_{min} = (D_{min} - D_{J,max})/D$. $D_{J,max}$ und $D_{J,min}$ beschreiben den maximalen und minimalen Wellendurchmesser aufgrund der Fertigungstoleranz. D_{max} und D_{min} repräsentieren den maximalen und minimalen Innendurchmesser des Lagers, wobei die Werte gelten, die sich nach dem Einbau bei Umgebungstemperatur einstellen. Für die Berechnung von Radialgleitlagern ist jedoch nicht das mittlere relative Lagerspiel im Einbauzustand, das sog. Kaltspiel, von Interesse, sondern das *effektive relative Lagerspiel* ψ_{eff}, das sich bei der effektiven Schmierfilmtemperatur T_{eff} im Betrieb ergibt. ψ_{eff} kann aus $\psi_{eff} = \bar\psi + \Delta\psi_{th}$ bestimmt werden, wenn die thermische Änderung des relativen Lagerspiels $\Delta\psi_{th}$ bekannt ist. Können sich Welle und Lager frei ausdehnen, wird mit den linearen Wärmeausdehnungskoeffizienten $\alpha_{l,J}$ und $\alpha_{l,B}$ und den Temperaturen T_J und T_B von Welle und Lager und der Umgebungstemperatur T_{amb} die thermische Änderung des relativen Lagerspiels $\Delta\psi_{th}$ ermittelt aus:

$$\Delta\psi_{th} = \alpha_{l,B}(T_B - T_{amb}) - \alpha_{l,J}(T_J - T_{amb}) \qquad (11.5)$$

Es kann aber auch der Fall auftreten, dass sich der Wellendurchmesser infolge Erwärmung vergrößert, während sich das Lager im kälteren Maschinenrahmen nur nach innen ausdehnen kann und zuwächst. Die Änderung des relativen Lagerspiels ergibt sich dann mit der Lagerwanddicke s zu:

$$\Delta \psi_{\text{th}} = -\left[2\alpha_{\text{l,B}}\left(\frac{s}{D}\right)(T_{\text{B}} - T_{\text{amb}}) + \alpha_{\text{l,J}}(T_{\text{J}} - T_{\text{amb}})\right] \tag{11.6}$$

Näherungsweise kann in Gl. (11.5) und (11.6) $T_{\text{J}} \approx T_{\text{B}} \approx T_{\text{eff}}$ gesetzt werden.

Neben den zuvor aufgeführten geometrischen Lagerkenngrößen ist für die Lager-berechnung auch die Kenntnis der im Betrieb auftretenden *dynamischen Viskosität des Schmierstoffs* erforderlich. Wenn der Schmierstoff gegeben ist und die effektive Tempe-ratur entweder bekannt ist oder zunächst geschätzt wird, kann die Schmierstoffviskosität nach der Beziehung:

$$\eta = a \exp\left[\frac{b}{T+95}\right] \tag{11.7}$$

von Vogel berechnet werden mit der Schmierstofftemperatur T in °C. Für die Konstanten werden in [Spi86] unter Berücksichtigung der Dichte ρ_{15} (bei 15 °C in kg/m³) und des ISO-Viskositätsgrades VG nach [DIN51519] folgende Beziehungen angegeben:

$$a = \eta_{40}\exp\frac{-b}{135} \text{ mit } \eta_{40} = 0,98375 \cdot 10^{-6}\,\rho_{15} \cdot \text{VG[Pas]}$$

$$b = 159,55787\ln\frac{\eta_{40}}{0,00018}[°\text{C}]$$

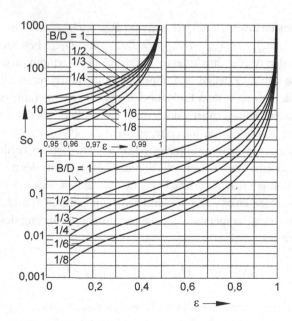

Abb. 11.18 Sommerfeldzahl *So* für vollumschlossene Radialgleitlager in Abhängigkeit von *B/D* und ε nach [Lan78]

η_{40} ist die dynamische Viskosität in *Pas* bei $T = 40°C$ (Nennviskosität). Bei Gleitlagern kann die Abhängigkeit der Viskosität vom Druck i. Allg. vernachlässigt werden.

Tragfähigkeit

Die Tragfähigkeit von hydrodynamischen Radialgleitlagern kann mit Hilfe der dimensionslosen *Sommerfeldzahl*

$$So = \frac{\overline{p}\ \psi_{eff}^2}{\eta_{eff}\ \omega_{eff}} \qquad \overline{p} = \frac{F}{B \cdot D} \qquad (11.8)$$

beschrieben werden und resultiert aus der sich im Schmierspalt entsprechend den Betriebsbedingungen einstellenden Druckverteilung. Wenn die relative Exzentrizität ε mittels *So* und *B/D* anhand von Abb. 11.18 bestimmt wird, kann anschließend die *minimale Schmierfilmdicke* h_{min} berechnet werden:

$$h_{min} = \frac{D}{2}\ \psi_{eff}\ (1-\varepsilon) \qquad (11.9)$$

Um Verschleiß zu vermeiden, sollte die im Betrieb auftretende minimale Schmierfilmdicke h_{min} größer als die zulässige minimale Schmierfilmdicke im Betrieb h_{lim} sein ($h_{min} > h_{lim}$). Erfahrungsrichtwerte für h_{lim} können Tab. 11.4 oder der [VDI2204] entnommen werden.

Die Lage der kleinsten Schmierspalthöhe im Lager wird durch den Verlagerungswinkel β angegeben, Abb. 11.19. Die Verlagerung des Wellenmittelpunktes liegt angenähert auf einem Halbkreis, dem sog. *Gümbelschen Halbkreis.*

Reibung

Die im Radialgleitlager anfallende Reibungsleistung wird berechnet mit der Gleichung:

$$P_f = f\ F(U_J - U_B) \qquad (11.10)$$

Die Reibung ergibt sich aus der Scherung des Schmierstoffes im Schmierspalt und kann mit Hilfe des Newtonschen Schubspannungsansatzes $\tau = \eta(U_J - U_B)/h$ ermittelt werden.

Tab. 11.4 Erfahrungsrichtwerte für die kleinstzulässige minimale Schmierfilmdicke h_{lim} im Betrieb in µm

Wellendurchmesser D_J in mm	Gleitgeschwindigkeit der Welle U_J m/s				
	<1	1–3	3–10	10–30	>30
24 bis 63	3	4	5	7	10
63 bis 160	4	5	7	9	12
160 bis 400	6	7	9	11	14
400 bis 1000	8	9	11	13	16
1000 bis 2500	10	12	14	16	18

Abb. 11.19 Verlagerungswinkel β für vollumschlossene Radialgleitlager in Abhängigkeit von B/D und ε in Anlehnung an [DIN31652]

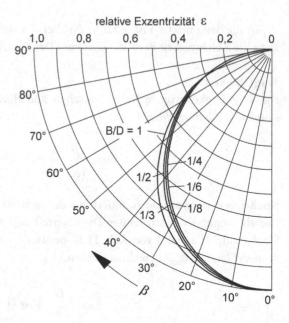

Abb. 11.20 Bezogene Reibungszahl f/ψ_{eff} für vollumschlossene Radialgleitlager in Abhängigkeit von B/D und So in Anlehnung an [DIN31652]

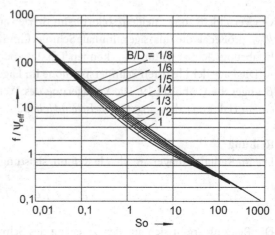

Die auf das effektive relative Lagerspiel ψ_{eff} bezogene Reibungszahl f ist in Abb. 11.20 dargestellt. Sie lässt sich nach [Lan78] auch näherungsweise aus

$$\frac{f}{\psi_{\mathrm{eff}}} = \frac{\pi}{So\sqrt{1-\varepsilon^2}} + \frac{\varepsilon}{2}\sin\beta \tag{11.11}$$

bestimmen. Die im Lager entstehende Reibungsleistung ist eine Verlustleistung und wird nahezu vollständig in Wärme umgewandelt.

Schmierstoffdurchsatz

Der Schmierstoff im Lager soll einen tragfähigen Schmierfilm bilden, der die beiden Gleitflächen möglichst vollständig voneinander trennt. Infolge Druckentwicklung im Schmier-

Abb. 11.21 Schmierstoffdurchsatz-Kennzahl infolge
hydrodynamischer Druck-
entwicklung Q_3^* für vollumschlossene Radialgleitlager in
Abhängigkeit von B/D und ε
nach [DIN31652]

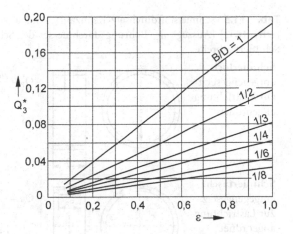

Abb. 11.22 Radialgleitlager (schematisch)
mit Druckverteilung in Breitenrichtung bei
Schmierstoffzufuhr durch eine umlaufende
Schmiernut

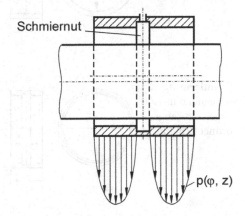

film fließt Schmierstoff an beiden Seiten des Lagers ab, der durch Schmierstoff, der dem
Spaltraum neu zugeführt wird, ersetzt werden muss. Für diesen Anteil Q_3 des Schmierstoffdurchsatzes gilt nach [DIN31652]:

$$Q_3 = D^3\,\psi_{\text{eff}}\,\omega_{\text{eff}}\,Q_3^* \tag{11.12}$$

Die Schmierstoffdurchsatz-Kennzahl Q_3^* für den durch den hydrodynamischen Druckaufbau
bewirkten Seitenfluss ist der Abb. 11.21 zu entnehmen. Die Zufuhr von Q_3 kann drucklos erfolgen. Wenn der Schmierstoff mit dem Druck p_{en} zugeführt wird, erhöht sich der Schmierstoffdurchsatz, was sich günstig auf den Wärmetransport aus dem Lager auswirkt. Dieser Anteil Q_p des Schmierstoffdurchsatzes infolge Zuführdrucks ergibt sich nach [DIN31652] aus

$$Q_p = \frac{D^3\,\psi_{\text{eff}}^3\,p_{\text{en}}\,Q_p^*}{\eta_{\text{eff}}} \tag{11.13}$$

Tab. 11.5 Schmierstoffdurchsatz-Kennzahl infolge Zuführdruck Q_P^* in Anlehnung an [DIN31652] (Auszug). d_H Bohrungsdurchmesser des Schmierlochs, b_p Schmiertaschenbreite, b_G Schmiernutbreite

Schmierloch, entgegengesetzt zur Lastrichtung angeordnet		$$Q_P^* = \frac{\pi}{48} \frac{(1+\varepsilon)^3}{\ln(B/d_H) \cdot q_H}$$ $$q_H = 1,204 + 0,368\left(\frac{d_H}{B}\right) - 1,046\left(\frac{d_H}{B}\right)^2$$ $$+ 1,942\left(\frac{d_H}{B}\right)^3$$
Schmiertasche, entgegengesetzt zur Lastrichtung angeordnet		$$Q_P^* = \frac{\pi}{48} \frac{(1+\varepsilon)^3}{\ln(B/b_P) \cdot q_P}$$ $$q_P = 1,188 + 1,582\left(\frac{b_P}{B}\right) - 2,585\left(\frac{b_P}{B}\right)^2$$ $$+ 5,563\left(\frac{b_P}{B}\right)^3$$ für $0,05 \leq \left(\frac{b_P}{B}\right) \leq 0,7$
Schmiermut, umlaufend in Lagermitte angeordnet (Ringnut)		$$Q_P^* = \frac{\pi}{24} \frac{1 + 1,5\,\varepsilon^2}{(B/D)} \cdot \frac{B}{B - b_G}$$

mit der Schmierstoffdurchsatz-Kennzahl Q_P^* infolge Zuführdrucks, die je nach Schmierstoff-Zuführungselement (Schmierloch, Schmiernut oder Schmiertasche) mit Hilfe von Tab. 11.5 bestimmt werden kann. Der Schmierstoffzuführdruck p_{en} liegt üblicherweise zwischen 0,5 und 5 bar, damit hydrostatische Zusatzbelastungen vermieden werden.

Bei Verwendung einer umlaufenden Ringnut entstehen zwei unabhängige Druckberge, siehe Abb. 11.22. Die Berechnung wird hier je Lagerhälfte mit der halben Belastung durchgeführt. Bei der Wärmebilanz ist von Q_3 nur der halbe Wert einzusetzen, da der Schmierstoff, der in die Ringnut strömt, nicht an der Wärmeabfuhr teilnimmt. Bei Verwendung von Schmiertaschen sollte die relative Taschenbreite $b_P/B < 0,7$ bis $0,8$ sein. Der gesamte Schmierstoffdurchsatz beträgt bei druckloser Schmierung $Q = Q_3$ und bei Druckschmierung $Q = Q_3 + Q_p$.

Wärmebilanz

Zur Berechnung der Tragfähigkeit und der Reibung ist die im Betrieb auftretende effektive Schmierstoffviskosität erforderlich, die wiederum von der effektiven Schmierstofftemperatur abhängt. Diese resultiert aus der Wärmebilanz von im Lager erzeugter Reibungsleistung und den abfließenden Wärmeströmen. Bei drucklos geschmierten Lagern, z. B. bei Ringschmierung, wird die Wärme hauptsächlich durch Konvektion an die Umgebung abgeführt.

Tab. 11.6 Erfahrungswerte für die höchstzulässige Lagertemperatur T_{lim} nach [DIN31652]

Art der Lagerschmierung	T_{lim} in °C [a] Verhältnis von Gesamtschmierstoffvolumen zu Schmierstoffvolumen pro Minute (Schmierstoffdurchsatz)	
	bis 5	über 5
Druckschmierung (Umlaufschmierung)	100 (115)	110 (125)
drucklose Schmierung (Eigenschmierung)	90 (110)	90 (110)

[a] Klammerwerte nur ausnahmsweise bei besonderen Betriebsbedingungen zulässig

Lager mit Umlaufschmierung geben die Wärme vorwiegend durch den Schmierstoff ab. Für die Lagertemperatur T_B gilt bei reiner *Konvektionskühlung*

$$T_B = \frac{P_f}{k_A A} + T_{amb} \tag{11.14}$$

mit dem der wärmeabgebenden Fläche A zugeordneten äußeren Wärmedurchgangskoeffizienten k_A. Bei freier Konvektion (Luftgeschwindigkeit $w_{amb} < 1 m/s$) beträgt $k_A = (15\ bis\ 20) W/(m^2 K)$, wobei der untere Wert für Lager im Maschinengehäuse gilt [Lan78]. Bei Anströmung des Lagergehäuses mit Luft (erzwungene Konvektion) mit einer Geschwindigkeit $w_{amb} > 1,2\ m/s$ kann k_A berechnet werden aus $k_A \approx 7 + 12\sqrt{w_{amb}}$ mit w_{amb} in m/s.

Bei zylindrischen Lagergehäusen kann die wärmeabgebende Oberfläche A aus $A \approx (\pi/2)(D_H^2 - D^2) + \pi D_H B_H$ mit dem Gehäusedurchmesser D_H und der axialen Gehäusebreite B_H bestimmt werden, bei Stehlagern näherungsweise aus $A = \pi H(B_H + H/2)$ mit der Stehlagergesamthöhe H und bei Lagern im Maschinenverband überschlagsmäßig aus $A = (15\ bis\ 20)\ BD$. Die effektive Schmierstofftemperatur T_{eff} kann bei Wärmeabfuhr durch Konvektion angenähert gleich der Lagertemperatur gesetzt werden ($T_{eff} = T_B$).

Bei *Umlaufschmierung* werden i. A. die Schmierstofftemperatur am Eintritt ins Lager T_{en}, der Schmierstoffzuführdruck p_{en} und die Art des Zuführungselements mit der entsprechenden Geometrie vorgegeben. Bestimmt werden müssen der gesamte Schmierstoffdurchsatz durchs Lager $Q = Q_3 + Q_p$ nach Gl. (12) und (13), die Schmierstofftemperatur beim Austritt aus dem Lager T_{ex} und die effektive Schmierstofftemperatur T_{eff}. Die beiden Temperaturen T_{ex} und T_{eff} werden ermittelt aus

$$T_{ex} = \frac{P_f}{c_p \rho Q} + T_{en} \tag{11.15}$$

und

$$T_{eff} = \frac{T_{en} + T_{ex}}{2} \tag{11.16}$$

Die volumenspezifische Wärmekapazität des Schmierstoffs $c_p \rho$ weist für Mineralöl einen Wert von ungefähr $c_p \rho = 1,8 \cdot 10^6 Nm/(m^3 K)$ auf. Bei hohen Umfangsgeschwindigkeiten empfiehlt es sich, anstelle des Mittelwertes für T_{eff} einen Wert zu wählen, der näher an T_{ex} liegt. Da bei steigender Lagertemperatur Härte und Festigkeit der Lagerwerkstoffe abnehmen, was sich besonders stark bei Pb- und Sn-Legierungen bemerkbar macht, und bei Temperaturen über 80 °C mit einer verstärkten Alterung der Schmierstoffe auf Mineralölbasis zu rechnen ist, sollte sichergestellt werden, dass T_B und T_{ex} die höchstzulässige Lagertemperatur T_{lim} aus Tab. 11.6 nicht überschreiten.

Im iterativen Berechnungsablauf zur Bestimmung von T_{eff} sind am Anfang häufig nur T_{amb} und T_{en} bekannt. Zunächst werden daher je nach Wärmeabgabebedingung T_B oder T_{ex} geschätzt (Empfehlung: $T_B = T_{amb} + 20°C$ und $T_{ex} = T_{en} + 20°C$). Aus der Wärmebilanz ergibt sich dann ein neuer Werte für T_B bzw. T_{ex}, der durch Mittelwertbildung mit dem zuvor zugrunde gelegten Temperaturwert solange iterativ korrigiert wird, bis in der Rechnung die Differenz zwischen Ein- und Ausgangswert akzeptabel ist.

Betriebssicherheit

Ein hydrodynamisches Radialgleitlager arbeitet dann betriebssicher, wenn die sich im Betrieb einstellenden Werte für h_{min}, $\bar{p}$ und T_B bzw. T_{ex}, unterhalb der Grenzwerte liegen. Außerdem sollte die Geschwindigkeit für den Übergang in die Mischreibung U_{tr} kleiner als der zulässige Grenzwert sein und die Betriebsgleitgeschwindigkeit U weit genug entfernt von U_{tr} liegen ($U > U_{tr}$).

Wird ein Radialgleitlager mit variierenden Betriebsparametern betrieben, so ist zu beachten, ob der Wechsel von einem Betriebszustand zum nächsten allmählich oder innerhalb einer kurzen Zeitspanne stattfindet. Wenn beispielsweise auf einen Betriebszustand mit hoher thermischer Belastung unmittelbar ein anderer mit hohem $\bar{p}$ und niedrigem ω_{eff} folgt, sollte der neue Betriebspunkt auch mit den Viskositäts- und Lagerspieldaten des vorhergehenden Falls berechnet werden.

Der Übergang in die Mischreibung kann durch die mindestzulässige Übergangsschmierspalthöhe $h_{lim,tr}$ gekennzeichnet werden. Diese kann aus den Mittelwerten der quadratischen Rauheits-Mittelwerte Rq_J und Rq_B von Welle und Lager, der Verkantung und Durchbiegung der Welle $1/2 qB$ bzw. $1/2 f_b$ innerhalb der Lagerbreite mit dem Verkantungswinkel q im Bogenmaß und der Durchbiegung f_b und den effektiven Welligkeitsamplituden $w_{t,J}$ und $w_{t,B}$ von Welle und Schale ermittelt werden und hängt vom Einlaufzustand ab. Es gilt:

$$h_{lim,tr} = 3\sqrt{Rq_J^2 + Rq_B^2} + w_{t,J} + w_{t,B} + \frac{1}{2}f_b + \frac{1}{2}qB \qquad (11.17)$$

Mit bekanntem $h_{lim,tr}$ kann dann nach [Spi93] die Gleitgeschwindigkeit für den Übergang in die Mischreibung U_{tr} näherungsweise aus folgender Gleichung bestimmt werden:

$$U_{tr} = \frac{\bar{p}\psi_{eff}h_{lim,tr}}{\eta_{eff}\sqrt{\frac{3}{2}}\left[1 + \frac{\sqrt{2}\,\bar{p}\,D}{E_{rsl}h_{lim,tr}}\right]^{2/3}} \qquad (11.18)$$

mit dem resultierenden Elastizitätsmodul E_{rsl} aus $1/E_{rsl} = (1/2)[(1-v_J^2)/E_J + (1-v_B^2)/E_B]$, wobei E_J und E_B die E-Module von Welle und Lager darstellen und v_J und v_B die dazugehörigen Querkontraktionszahlen. Dabei wird berücksichtigt, dass sich infolge elastischer Deformationen die tragende Druckzone in Umfangsrichtung vergrößert und sich in diesem Bereich ebenfalls das effektive Lagerspiel verringert, was sich beides tragfähigkeitssteigernd auswirkt. Das Lager sollte so ausgelegt werden, dass $U_{tr} < U_{lim,tr}$ ist, wobei $U_{lim,tr}$ der zulässigen Gleitgeschwindigkeit für den Übergang in die Mischreibung entspricht. Für $U_{lim,tr}$ gilt nach [Noa93]: $U_{lim,tr} = 1 m/s$ für $U > 3 \, m/s$ und $U_{lim,tr} = U/3$ für $U < 3 \, m/s$. Um die Erwärmung des Lagerwerkstoffs beim häufigen Durchfahren des Mischreibungsgebiets im zulässigen Bereich zu halten, sollte nach [Spi93] für den Bereich $0,5 \, m/s < U_{tr} < 1 m/s$ der Grenzwert $(\bar{p} U_{tr})_{lim} = 25 \cdot 10^5 \, W/m^2$ nicht überschritten werden. Für $U_{tr} < 0,5 \, m/s$ sollte die Bedingung $\bar{p} \leq 5 N/mm^2$ eingehalten werden, weil sonst die Werkstofffestigkeit infolge der großen spezifischen Lagerbelastung und der hohen Reibflächentemperaturen übertroffen wird.

Berechnungsbeispiel Radialgleitlager

Ein hydrodynamisches Radialgleitlager mit $D = 54 \, mm$ ($D_{max} = 54,045 \, mm$, $D_{min} = 54,030 \, mm$, $D_{J,max} = 53,992 \, mm$, $D_{J,min} = 53,975 \, mm$) und $B = 18 \, mm$ wird mit einer Normalkraft von $F = 5000 N$ stationär belastet, d. h. die Kraft ist nach Betrag und Richtung zeitlich konstant. Die Drehzahl der Welle beträgt $n_J = 2000 \, min^{-1}$, die Schale steht still ($n_B = 0$). Unter der Annahme einer konstanten effektiven Lagertemperatur von $T_{eff} = 60°C$, einer Umgebungstemperatur von $T_{amb} = 20°C$ und der Verwendung eines Schmieröls der Viskositätsklasse ISO VG 100 mit $\rho_{15} = 900 \, kg/m^3$ sind die sich im Betrieb einstellende minimale Schmierfilmdicke h_{min}, die Reibungsleistung P_f und der gesamte Schmierstoffdurchsatz Q bei Schmierstoffzufuhr über eine Bohrung ($d_H = 3 \, mm$, $p_{en} = 5 \, bar$) zu ermitteln. Des Weiteren ist zu überprüfen, ob eine ausreichende Betriebssicherheit hinsichtlich des Übergangs in die Mischreibung gegeben ist, wenn die Mittelwerte der quadratischen Rauheits-Mittelwerte der Laufflächen $Rq_J = 0,5 \, \mu m$ (Welle) und $Rq_B = 1,5 \, \mu m$ (Lagerschale) betragen. Verkantung und Durchbiegung der Welle und Welligkeiten von Welle und Schale können vernachlässigt werden. Die linearen Wärmeausdehnungskoeffizienten betragen $\alpha_{l,J} = 1,11 \cdot 10^{-5} \, K^{-1}$ (Welle aus Stahl) und $\alpha_{l,B} = 2,3 \cdot 10^{-5} \, K^{-1}$ (Lagerschale aus AlSn-Legierung). Die Welle weist einen Elastizitätsmodul von $E_J = 206000 N/mm^2$, die Lagerschale von $E_B = 70.000 N/mm^2$ auf, die Querkontraktionszahl liegt für die Welle bei $v_J = 0,3$ und für die Lagerschale bei $v_B = 0,35$.

1. *Bestimmung des effektiven relativen Lagerspiels ψ_{eff}*

    Das mittlere relative Lagerspiel nach dem Einbau ergibt sich nach Gl. (11.4) zu
    $\bar{\psi} = 0,5 (\psi_{max} + \psi_{min})$. Mit $\psi_{max} = (D_{max} - D_{J,min})/D$ und $\psi_{min} = D_{min} - D_{J,max}/D$
    folgt $\bar{\psi} = 0,5[(54,045 - 53,975) + (54,030 - 53,992)]/54 = 0,001 \hat{=} 1‰$.
    Nach Gl. (11.5) stellt sich unter der Annahme einer freien Ausdehnung von Welle und Lagerschale mit $T_B = T_J = T_{eff}$ im Betrieb eine thermische Änderung des relativen Lagerspiels um
    $\Delta\psi_{th} = \alpha_{l,B}(T_{eff} - T_{amb}) - \alpha_{l,J}(T_{eff} - T_{amb}) = 2,3 \cdot 10^{-5}(60-20) - 1,1 \cdot 10^{-5}(60-20)$
    $= 0,00048 \hat{=} 0,48‰$ ein. Das effektive relative Lagerspiel setzt sich aus beiden Anteilen wie folgt zusammen:
    $\psi_{eff} = \bar{\psi} + \Delta\psi_{th} = 0,001 + 0,00048 = 0,00148 \hat{=} 1,48‰$.

2. *Bestimmung der effektiven dynamischen Viskosität η_{eff}*

Mit $\eta_{40} = 0,98375 \cdot 10^{-6} \cdot \rho_{15} \cdot VG = 0,98375 \cdot 10^{-6} \cdot 900 \cdot 100 \, Pas = 0,08854 \, Pas$,

$b = 159,55787 \ln(\eta_{40}/0,00018) = 159,55787 \ln(0,08854/0,00018)°C = 988,98°C$

und $a = \eta_{40} \cdot \exp(-b/136) = 0,08854 \cdot \exp(-988,98/135) Pas = 5,829 \cdot 10^{-5} \, Pas$

ergibt sich die effektive dyn. Viskosität aus der Beziehung nach Vogel, Gl. (11.7), zu

$\eta_{eff} = a \cdot \exp[b/(T_{eff} + 95)] = 5,829 \cdot 10^{-5} \cdot \exp[988,98/(60 + 95)]Pas = 0,0344 \, Pas$

3. *Überprüfung, ob laminare Strömung vorliegt*

Mit der Dichte $\rho \approx \rho_{15} = 900 kg/m^3$, der effektiven Winkelgeschwindigkeit $\omega_{eff} = \omega_J + \omega_B - 2\omega_F = 2\pi \, n_J/60 + 0 - 2 \cdot 0 = 2\pi \cdot 2000/60 s^1 = 209,44 s^{-1}$ ($\omega_B = 0$ und $\omega_F = 0$) und dem mittleren Wellendurchmesser

$D_J = 0,5(D_{J,max} + D_{J,min}) = 0,5(53,992 + 53,975)mm = 53,984 \, mm$ lässt sich nach Gl. (11.2) die vorhandene Reynoldszahl zu Re $= \rho \omega_{eff} D_J (\psi_{eff} D)/(4\eta_{eff}) = 900 \cdot 209,44 \cdot [53,984 \cdot (0,00148 \cdot 54)]/1000^2/(4 \cdot 0,0344) = 5,91$ bestimmen. Es liegt laminare Strömung vor, da die Bedingung Re $= 5,91 < 41,3/\sqrt{\psi_{eff}} = 1073,54$ erfüllt ist.

4. *Bestimmung der minimalen Schmierfilmdicke h_{min}*

Mit der spezifischen Lagerbelastung $\bar{p} = F/(BD) = 5000/(54 \cdot 18)N/mm^2 = 5,14 \, N/mm^2$ kann nach Gl. (11.8) zunächst die Sommerfeldzahl So berechnet werden zu

$So = \bar{p}\psi_{eff}^2/(\eta_{eff} \cdot \omega_{eff}) = (5,14 \cdot 1000^2) \cdot 0,00148^2/(0,0344 \cdot 209,44) = 1,56$.

Nach Abb. 11.18 stellt sich mit $B/D = 18/54 = 1/3$ eine relative Exzentrizität von $\varepsilon = 0,844$ ein. Die minimale Schmierfilmdicke h_{min} ergibt sich dann nach Gl. (11.9) zu

$h_{min} = (D/2)\psi_{eff}(1 - \varepsilon) = (54/2) \cdot 0,00148 \cdot (1 - 0,844) mm = 0,00623 \, mm = 6,23 \, \mu m$.

5. *Bestimmung der Reibungsleistung P_f*

Der Verlagerungswinkel ergibt sich in Abhängigkeit von ε und B/D und aus Abb. 11.19 zu $\beta = 26°$. Nach Gl. (11.11) kann dann die bezogene Reibungszahl f/ψ_{eff} folgendermaßen bestimmt werden

$f/\psi_{eff} = \pi/(So\sqrt{1-\varepsilon^2}) + (\varepsilon/2)\sin(\beta) = \pi/(1,56 \cdot \sqrt{1-0,884^2}) + (0,884/2) \cdot \sin(26°)$

$= 3,94$. Daraus lässt sich mit $U_J = \pi D_J n_J = \pi \cdot (0,053984) \cdot (2000/60) mm/s = 5,65 \, m/s$ und $U_B = 0$ nach Gl. (11.10) die Reibungsleistung zu

$P_f = f \, F(U_J - U_B) = 0,00583 \cdot 5000 \cdot (5,65 - 0)W = 164,7 W$ berechnen.

6. *Bestimmung des gesamten Schmierstoffdurchsatzes Q*

Mit der Schmierstoffdurchsatz-Kennzahl $Q_3^* = 0,0686$ nach Abb. 11.21 ergibt sich nach Gl. (11.12) der Schmierstoffdurchsatz infolge Drehungsdruckentwicklung zu

$Q_3 = D^3 \psi_{eff} \omega_{eff} Q_3^* = 0,054^3 \cdot 0,00148 \cdot 209,44 \cdot 0,0686 \, m^3/s = 3,35 \cdot 10^{-6} \, m^3/s = 0,2 \, l/min$.

Die Schmierstoffdurchsatz-Kennzahl Q_P^* zur Ermittlung des Schmierstoffdurchsatzes infolge Zuführdruck lässt sich für die Schmierstoffzufuhr über eine Bohrung nach Tab. 11.5 mit

$q_H = 1,204 + 0,368 \, (d_H/B) - 1,046 \cdot (d_H/B)^2 + 1,942 \, (d_H/B)^3 = 1,204 + 0,368 \, (3/18) -$
$1,046 \, (3/18)^2 + 1,942 \, (3/18)^3 = 1,245$
aus folgender Beziehung berechnen: $Q_P^* = (\pi/48)(1 + \varepsilon)^3 / [\ln(B/d_H) q_H] = (\pi/48)(1 + 0,844)^3 /$
$[\ln(18/3) \cdot 1,245] = 0,184$. Daraus ergibt sich nach Gl. (11.13) der Schmierstoffdurch-
satz infolge Zuführdruck zu $Q_P = D^3 \psi_{eff}^3 p_{en} Q_P^* / \eta_{eff} = 0,054^3 \cdot 0,00148^3 \cdot 5 \cdot 10^5 \cdot$
$0,184/0,0344 \; m^3/s = 1,37 \cdot 10^{-6} \, m^3/s = 0,0819 \; l/min$. Der gesamte Schmierstoffdurchsatz setzt sich aus den Anteilen aus Drehungsdruck und Zuführdruck wie folgt zusammen $Q = Q_3 + Q_P = (0,2 + 0,0819) = 0,282 \; l/min$.

7. *Überprüfung der Betriebssicherheit hinsichtlich des Übergangs in die Mischreibung*
Aus den Mittelwerten der quadratischen Rauheits-Mittelwerte von Welle und Lagerschale lässt sich nach Gl. (11.17), wenn Welligkeiten, Durchbiegung und Verkantung
vernachlässigt werden können, die mindestzulässige Übergangsspaltweite zu
$h_{lim,tr} = 3\sqrt{Rq_J^2 + Rq_B^2} = 3 \cdot \sqrt{0,5^2 + 1,5^2} \; \mu m = 4,74 \, \mu m$ bestimmen. Mit dem reduzierten
Elastizitätsmodul aus Welle und Lagerschale $E_{rsl} = 2 E_J E_B / [E_B (1 - v_J^2) + E_J (1 - v_B^2)] =$
$(2 \cdot 206.000 \cdot 70.000 / [70.000(1 - 0,3^2) + 206.000 \; (1 - 0,35)^2]) \, N/mm^2 = 117.972 \, N/mm^2$
ergibt sich nach Gl. (11.18) die Gleitgeschwindigkeit für den Übergang in die Mischreibung zu:
$U_{tr} = \overline{p} \psi_{eff} h_{lim,tr} / \left\{ \sqrt{3/2} \; \eta_{eff} [1 + \sqrt{2} \, \overline{p} D / (E_{rsl} h_{lim,tr})]^{2/3} \right\} = (5,14 \cdot 10^6) \cdot 0,00148 \cdot$
$(4,74 \cdot 10^{-6}) / \left\{ \sqrt{3/2} \cdot 0,0344 \cdot \left[1 + \sqrt{2} \cdot 5,14 \cdot 54 / \left(117972 \cdot 4,74 \cdot 10^{-3}\right)\right]^{2/3} \right\} m/s = 0,6 \, m/s$.

$U_{tr} = 0,6 \, m/s < U_{lim,tr} = 1 \, m/s$ für $U > 3 \, m/s$. Es ist eine ausreichende Sicherheit
hinsichtlich des Übergangs in die Mischreibung gewährleistet, da zum einen die unter 4.
ermittelte minimale Schmierfilmdicke mit $h_{lim,tr} = 6,23 \, \mu m$ oberhalb der mindestzu-
lässigen Übergangsspaltweite von $h_{lim,tr} = 4,74 \, \mu m$ liegt und zum anderen die vorhandene Gleitgeschwindigkeit mit $U = \omega_{eff} D_J / 2 = 209,44 \cdot 53,984 \cdot 10^{-3}/2 = 5,65 \, m/s$
wesentlich größer als die Geschwindigkeit für den Übergang in die Mischreibung mit
$U_{tr} = 0,6 \, m/s$ ist.

11.2.7.2   Instationär belastete Radialgleitlager

Bei instationär belasteten Radialgleitlagern sind Lagerkraft (Betrag und Richtung) und
effektive Winkelgeschwindigkeit ω_{eff} von der Zeit abhängig. Demzufolge hängen auch
Tragfähigkeit, Reibung, Schmierstoffdurchsatz und effektive Schmierstofftemperatur von
der Zeit ab. Wenn sich Lagerkraft und effektive Winkelgeschwindigkeit periodisch ändern,
wie z. B. in Lagern von Kolbenmaschinen, zeigt die Verlagerungsbahn des Wellenmittelpunktes einen geschlossenen Verlauf.

Zur Berechnung von instationär belasteten Radialgleitlagern wird die Reynoldssche Differentialgleichung Gl. (11.1) auf der rechten Seite um das Glied $12 \partial h / \partial t$ erweitert, denn
neben den Drehbewegungen treten hier auch Verdrängungsbewegungen in radialer Rich-
tung auf. Zur Lösung der Differentialgleichung kann z. B. das Verfahren der überlagerten

Traganteile eingesetzt werden [Aff96, Hol59]. Zur Berechnung der Wellenmittelpunkts-
bahn wird dabei häufig auf Näherungsfunktionen nach [But76] für die Sommerfeldzahl
der Drehung So_D und der Verdrängung So_V zurückgegriffen. Bei periodischer Lagerbelastung wird die Iteration solange durchgeführt, bis sich eine geschlossene Verlagerungsbahn
ergibt.

11.2.7.3 Mehrgleitflächenlager

Leichtbelastete und schnell laufende Wellen (z. B. in Schleifspindeln, Gas- und Dampftur-
binen, Gebläsen, Turboverdichtern, Turbogetrieben usw.) neigen in zylindrischen Radialgleitlagern zu instabilem Laufverhalten. Bei Mehrgleitflächenlagern mit drei und mehr
Gleitflächen tritt dieses Problem i. Allg. nicht auf, da sie selbst im unbelasteten Zustand
bei zentrischer Wellenlage mehrere konvergierende Spalte am Umfang aufweisen, die bei
Wellendrehung zur Bildung von annähernd gleichen stabilisierenden Druckverteilungen
führen. Die am Umfang verteilten Druckberge bleiben auch unter Last, allerdings in geänderter, an die Last angepasster Form erhalten, wobei deren Tragkräfte sich geometrisch
addieren und der Lagerkraft das Gleichgewicht halten, Abb. 11.23.

Aufgrund der hydrodynamischen Verspannungswirkung im Betrieb ist bei Mehrgleitflächenlagern die Führungsgenauigkeit besonders hoch, allerdings ist gegenüber zylindrischen Radialgleitlagern die Tragfähigkeit verringert und die Reibungsleistung erhöht. Die
guten Führungseigenschaften von Mehrgleitflächenlagern werden vor allem da genutzt,
wo eine besonders gute Führungsgenauigkeit erforderlich ist, z. B. bei vertikalen Pumpen,
bei Turbomaschinen und bei Werkzeugmaschinenlagerungen. Typische Betriebsdaten
hinsichtlich Umfangsgeschwindigkeit und spezifischer Flächenpressung sind für unterschiedliche Bauformen von Mehrgleitflächenlagern in Tab. 11.7 angegeben.

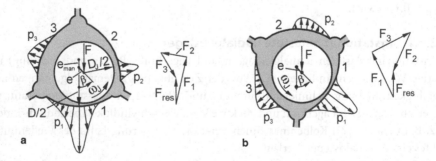

Abb. 11.23 Vollumschlossene Mehrgleitflächenlager mit Druckverteilungen und Kräfte-
gleichgewichten (schematisch). **a** Kraftrichtung mittig auf die Gleitfläche, **b** Kraftrichtung auf
Ölversorgungsnut, F Lagerkraft, ω_J Winkelgeschwindigkeit der Welle, e Exzentrizität, e_{man} Herstellungs-Exzentrizität, β Verlagerungswinkel (Winkel zwischen der Lage der Wellenzapfen-Exzen-
trität e und der Lastrichtung), $p_1 - p_3$ Druckverteilungen an den entsprechenden Gleitflächen, F_1
bis F_3 Tragkräfte aus den Druckverteilungen, F_{res} Tragkraft des Lagers

Abb. 11.24 Radialgleitlager mit Kippsegmenten (John Crane, Bearing Technology, Göttingen)

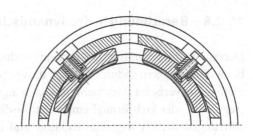

Tab. 11.7 Typische Betriebsparameter von unterschiedlichen Lagerbauformen

Lagerbauform	kreiszylindrisch	Zweikeil-Lager	Vierkeil-Lager	Kippsegment-Lager
Umfangs-Geschwindig-keit U (m/s)	0 ... 35	25 ... 75	25 ... 125	15 ... 160
spezifische Flächenpres-sung $\bar{p}$ (N/mm²)	0,1 ... 5	0,1 ... 4	0 ... 3	0 ... 3

Eine umlaufende Lagerkraft kann bei Mehrgleitflächenlagern Schwingungen anregen, da die Lagersteifigkeit richtungsabhängig ist, Abb. 11.23. Um bei hohen Umfangsgeschwindigkeiten die Lagertemperaturen von vollumschließenden Lagern im zulässigen Bereich zu halten, sind relativ große Spiele erforderlich, die jedoch den Übergang zu turbulenter Strömung begünstigen. Mit Hilfe von Radial-Kippsegmentlagern (Abb. 11.24) können die hohen Reibungsverluste und die Lagertemperaturen verringert werden, da sie die Welle nur teilweise umschließen und die Wärmeabfuhr durch Unterteilung der Laufflächen verbessern, sodass kälterer Schmierstoff in den Schmierspalt gelangen kann. Außerdem sind sie bei punktförmiger Abstützung unempfindlich gegen Schiefstellungen der Welle. Die Anwendung eines Radialgleitlagers mit Kippsegmenten bei vertikaler Wellenanordnung ist in Abb. 11.25 zu sehen.

Abb. 11.25 Vertikallager-Einsatz mit einem Radialgleitlager aus einzeln einstellbaren Kippsegmenten und einem Axiallager aus kippbeweglichen Kreisgleitschuhen (Renk, Hannover)

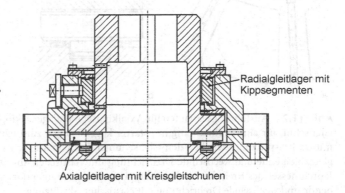

Radialgleitlager mit Kippsegmenten

Axialgleitlager mit Kreisgleitschuhen

11.2.8 Berechnung hydrodynamischer stationär bel. Axialgleitlager

Der zur hydrodynamischen Druckentwicklung erforderliche konvergierende Spalt wird bei Axialgleitlagern dadurch erzeugt, dass beispielsweise Keilflächen in feststehende Spurplatten eingearbeitet oder mehrere unabhängig voneinander kippbewegliche Gleitschuhe (segment- oder kreisförmig) eingesetzt werden, bei denen sich, je nach Wahl der Unterstützungsstelle, der Lagerkonstruktion und der Betriebsbedingungen, die Neigung der Gleitschuhe und die kleinste Schmierspalthöhe am Schmierspaltaustritt oder kurz davor selbständig einstellt, Abb. 11.26, 11.27 und 11.28. Zwischen den Lagersegmenten angeordnete Freiräume dienen der Schmierstoffzufuhr. Mittig abgestützte kippbewegliche Gleitschuhe sind für beide Drehrichtungen geeignet, weisen aber gegenüber den im optimalen Bereich abgestützten Gleitschuhen eine geringere Tragfähigkeit und eine höhere Reibung auf. Bei Kippsegmentlagern wirken sich im Betrieb auftretende Verformungen der Gleitschuhe aufgrund von Schmierfilmdrücken und Temperaturunterschieden zwischen Gleitschuhober- und -unterseite tragfähigkeitsmindernd, aber reibungssenkend aus.

Die Auswahl der Lagerbauart hängt von den Betriebsbedingungen ab. Bei hohen Flächenpressungen und häufigem An- und Auslaufen unter Last sind Kippsegmentlager zu bevorzugen, da sich die Keilneigung, den Betriebsbedingungen entsprechend, selbständig einstellt, der beim An- und Auslauf auftretende Verschleiß keine Änderung der Spaltgeometrie bewirkt und die Segmente im Stillstand parallel zur Spurscheibe stehen. Wenn das Lager beim An- und Auslauf nicht oder nur selten belastet wird, wenn die vorliegenden

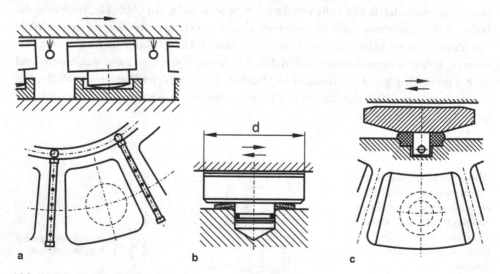

a b c

Abb. 11.26 Ausführungsvarianten für Axialkippsegmentlager. **a** kippbeweglicher segmentförmiger Gleitschuh für eine Drehrichtung mit starrer kugelförmiger Abstützung und Schmierölversorgung mittels Einspritzung zwischen den Gleitschuhen, **b** kippbeweglicher kreisförmiger Gleitschuh für gleichbleibende und wechselnde Drehrichtung mit elastischer Abstützung über eine Tellerfeder (*d* Durchmesser des Kreisgleitschuhs), **c** kippbeweglicher segmentförmiger Gleitschuh für gleichbleibende und wechselnde Drehrichtung mit elastischer Abstützung

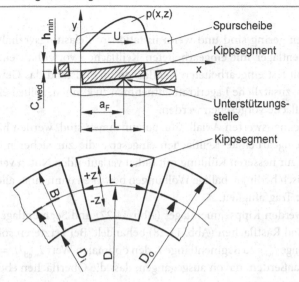

Abb. 11.27 Axialkippsegmentlager (schematisch) mit Druckverteilung. $p\,(x,z)$ Druckverteilung im Schmierfilm, U Gleitgeschwindigkeit auf dem mittleren Gleitdurchmesser, D mittlerer Gleitdurchmesser, D_i Innendurchmesser der Gleitfläche, D_o Außendurchmesser der Gleitfläche, B Segmentbreite, L Segmentlänge in Umfangsrichtung, a_F Abstand der Unterstützungsstelle vom Spalteintritt in Umfangsrichtung, C_{wed} Keiltiefe; h_{min} kleinste Schmierspalthöhe, x, y und z Koordinaten

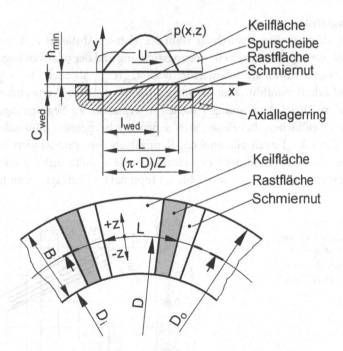

Abb. 11.28 Axialsegmentlager mit fest eingearbeiteten Keil- und Rastflächen (schematisch) mit Druckverteilung. $p(x,z)$ Druckverteilung im Schmierfilm, U Gleitgeschwindigkeit auf dem mittleren Gleitdurchmesser, D mittlerer Gleitdurchmesser (mittlerer Tragringdurchmesser), D_o Tragringaußendurchmesser, D_i Tragringpinnendurchmesser, B Segmentbreite, L Segmentlänge in Umfangsrichtung, l_{wed} Keillänge; C_{wed} Keiltiefe, h_{min} kleinste Schmierspalthöhe, x, y und z Koordinaten

Flächenpressungen gering sind und wenn instationäre Belastungsverhältnisse auftreten, lassen sich Segmentlager mit eingearbeiteten Keilflächen vorteilhaft einsetzen. Um bei Segmentlagern mit fest eingearbeiteten Keilflächen im Stillstand das Gewicht des Rotors und eventuell eine zusätzliche Lagerkraft aufnehmen zu können, sollte bei allen Lagersegmenten eine Rastfläche vorgesehen werden.

Wenn keine nennenswerten Axialkräfte aufzunehmen sind, werden häufig ebene Anlaufbunde ohne eingearbeitete Keilflächen eingesetzt, die zur sicheren Versorgung mit Schmierstoff und zur besseren Kühlung mit radial verlaufenden Nuten versehen sind. Geringfügige thermisch bedingte ballige Wölbungen bewirken dann eine -allerdings geringehydrodynamische Tragfähigkeit.

Nachfolgend werden Kippsegmentlager (Abb. 11.27) und Segmentlager mit fest eingearbeiteten Keil- und Rastflächen (Abb. 11.28) behandelt. Bei Letzteren soll das Verhältnis von Keilflächenlänge l_{wed} zu Segmentlänge L den optimalen Wert $l_{wed}/L = 0,75$ aufweisen [But76]. Es wird außerdem davon ausgegangen, dass die Oberflächen eben sind und sich im Betrieb nicht verformen.

Wenn die Reynoldszahl $Re = \rho U h_{min}/\eta_{eff}$ größere Werte als die kritische Reynoldszahl Re_{cr} aufweist, liegen turbulente Strömungsverhältnisse vor, ansonsten laminare ($Re_{cr} = 600$ für Keilspalt mit $h_{min}/C_{wed} = 0,8$). Das nachfolgend beschriebene Berechnungsverfahren ist für turbulente Strömung im Schmierspalt nur begrenzt anwendbar.

Unterstützungsstelle

Bei Kippsegmentlagern werden durch die Wahl des relativen Abstands der Unterstützungsstelle $a_F^* = a_F/L$ vom Spalteintritt in Bewegungsrichtung und der relativen Lagerbreite B/L sowohl die bezogene minimale Schmierfilmdicke h_{min}/C_{wed} als auch die Tragfähigkeits-, Reibungs- und Schmierstoffdurchsatz-Kennzahl festgelegt. Diese Werte ändern sich auch bei wechselnden Betriebsbedingungen nicht im Gegensatz zu Segmentlagern mit fest eingearbeiteten Keilflächen, bei denen sich neben der bezogenen minimalen Schmierfilmdicke (anderes h_{min}) auch alle anderen Kennzahlen den wechselnden Bedingungen anpassen. Der relative Abstand der Unterstützungsstelle a_F^* sollte anhand von Abb. 11.29 so gewählt werden, dass $h_{min}/C_{wed} = 0,5$ bis 1,2 (optimal 0,8) beträgt, wenn hohe Tragfä-

Abb. 11.29 Bezogene Unterstützungsstelle a_F^* für Axialkippsegmentlager in Abhängigkeit von B/L und h_{min}/C_{wed} nach [DIN31654]

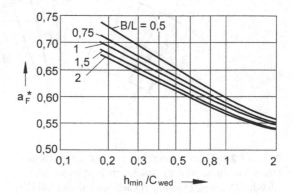

higkeit gewünscht wird, oder dass h_{min}/C_{wed} Werte von 0,25 bis 0,4 aufweist, wenn hoher Schmierstoffdurchsatz zur Kühlung benötigt wird.

Tragfähigkeit
Die Tragfähigkeit von hydrodynamischen Axialgleitlagern ist auf die sich in den Schmierspalten bildenden Druckverteilungen zurückzuführen.

Die Tragfähigkeit von Axialkippsegmentlagern wird durch die dimensionslose Tragkraftkennzahl F^* bestimmt:

$$F^* = \frac{\bar{p}\, h_{min}^2}{\eta_{eff}\, UB} \tag{11.19}$$

Da bei Segmentlagern mit fest eingearbeiteten Keil- und Rastflächen zu Beginn der Auslegung weder h_{min} noch η_{eff} und F^* bekannt sind und um eine zweifache Iteration über h_{min} und T_{eff} zu vermeiden, wird F^* zur Tragkraftkennzahl für Segmentlager F_B^* modifiziert:

$$F_B^* = \frac{F^*}{(h_{min}/C_{wed})^2} = \frac{\bar{p}\, C_{wed}^2}{\eta_{eff}\, UB} \tag{11.20}$$

F^* und F_B^* sind in Abb. 11.30 bzw. 11.31 dargestellt, und zwar abhängig von h_{min}/C_{wed} und dem Verhältnis von Segmentbreite zu Segmentlänge B/L. Für die Segmente werden Werte von $B/L = 0,75$ bis $1,5$ (meist $B/L \approx 1,0$) gewählt. Größere B/L-Werte wirken sich i. Allg. günstig auf das Temperaturniveau im Schmierfilm aus.

Abb. 11.30 Tragfähigkeitskennzahl F^* für Axialkippsegmentlager in Abhängigkeit von B/L und h_{min}/C_{wed}

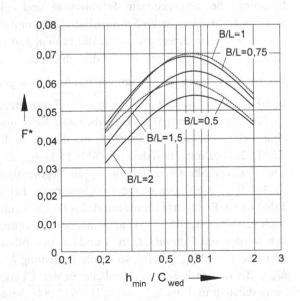

Abb. 11.31 Tragfähig-
keitskennzahl F_B^* für
Axialsegmentlager mit fest
eingearbeiteten Keil- und Rastflächen in Abhängigkeit von
B/L und h_{min}/C_{wed}

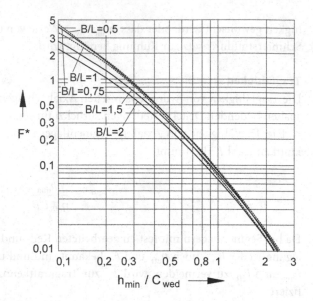

Die spezifische Lagerbelastung $\bar{p}$ berechnet sich aus $\bar{p} = F/(ZBL)$ mit der Segmentan-zahl Z, wobei diese je nach Lagergröße i. Allg. zwischen $Z = 4$ und $Z = 12$ liegt. $\bar{p}$ sollte klei-ner als $\bar{p}_{lim}$ aus Tab. 11.2 sein ($\bar{p} < \bar{p}_{lim}$). Sind die Lagerabmessungen bei der Auslegung noch frei wählbar, wird nach Festlegung von B/L und Z die Segmentlänge L überschlagsmäßig mit $L \geq \sqrt{F/[\bar{p}_{lim}Z(B/L)]}$ dimensioniert. Der mittlere Gleitdurchmesser D ergibt sich aus $D = ZL/(\pi\phi)$ mit dem Ausnutzungsgrad der Gleitfläche $\phi = ZBL/(\pi DB) \leq 0,8$. Ausnut-zungsgrade kleiner als $\phi = 0,8$ senken in der Regel die Lagertemperatur ab. Mit der Winkelge-schwindigkeit der Spurscheibe ω wird die mittlere Gleitgeschwindigkeit U aus $U = (D/2)\omega$ bestimmt. Bei vorgegebenem Schmierstoff und bekannter oder geschätzter effektiver Schmierstofftemperatur im Schmierfilm T_{eff} kann die effektive Schmierstoffviskosität η_{eff} mit Gl. (11.7) berechnet werden. Bei Wahl von a_F^* kann unter Berücksichtigung von B/L aus Abb. 11.29 h_{min}/C_{wed} abgelesen und danach mit dieser Größe aus Abb. 11.30 F^* entnommen werden. Nun liegen alle Größen vor, um für Kippsegmentgleitlager die minimale Schmier-filmdicke h_{min} aus $h_{min} = \sqrt{F^*\eta_{eff}UB/\bar{p}}$ ermitteln zu können.

Bei Segmentlagern mit eingearbeiteten Keil- und Rastflächen wird unter Vorgabe einer herzustellenden Keiltiefe C_{wed} mit den zuvor diskutierten Größen zunächst F_B^* mit Gl. (11.20) bestimmt und dann aus Abb. 11.31 h_{min}/C_{wed} abgelesen, woraus h_{min} abgeleitet wird. Das Verhältnis von Keiltiefe C_{wed} zur Segmentlänge L sollte im Bereich $C_{wed}/L = 1/200$ … 1/400 … 1/800 liegen. Ein verschleißfreier Betrieb erfordert, dass $h_{min} > h_{lim}$ nach Tab. 11.8 ist. Richtwerte für die mindestzulässige Schmierfilmdicke im Betrieb h_{lim} können nach [DIN31653, DIN31654] auch aus der Beziehung $h_{lim} = C\sqrt{UDF_{st}/F} \cdot 10^{-5}$ gewon-nen werden mit U in m/s, D in m und der im Stillstand auftretenden Belastung F_{st} in N. Wenn $h_{lim} \leq 1,25 h_{lim,tr}$ wird, so ist die Beziehung $h_{lim} = 1,25 h_{lim,tr}$ zu verwenden, wobei $h_{lim,tr}$ die minimale Schmierfilmdicke für den Übergang von Misch- zur Flüssigkeitsrei-bung darstellt und aus $h_{lim,tr} = C\sqrt{D\,Rz/12.000}$ berechnet wird mit D und dem Mittel-

Tab. 11.8 Richtwerte für die mindestzulässige Schmierspalthöhe im Betrieb h_{lim} in µm für Axial-kippsegmentlager bei $F_{st}/F = 1$ nach [DIN31654]. Werte in Klammern gelten bei $F_{st}/F = 0,25$. Für Segmentlager mit fest eingearbeiteten Keil- und Rastflächen nach [DIN31653] Tabellenwert für h_{lim} verdoppeln. Bei $F_{st}/F = 0$ sind die Werte der 1. Spalte zu verwenden.

mittl. Gleitdurchmesser D in mm	mittl. Gleitgeschwindigkeit der Spurscheibe U in m/s					
	1–2,4	2,4–4	4–6,3	6,3–10	10–24	24–40
24 bis 63	4 (4)	4 (4)	4,8 (4)	6 (4)	8,5 (4,3)	12 (6)
63 bis 160	6,5 (6,5)	6,5 (6,5)	7,5 (6,5)	8,5 (6,5)	14 (7)	19 (9,5)
160 bis 400	10 (10)	10 (10)	12 (10)	15 (10)	22 (11)	30 (15)
400 bis 1000	16 (16)	16 (16)	19 (16)	24 (17)	35 (17)	48 (24)
1000 bis 2500	26 (26)	26 (26)	30 (26)	38 (26)	55 (27)	75 (37)

wert der größten Profilhöhen der Spurscheibe Rz jeweils in m. In den Beziehungen für h_{lim} und $h_{lim,tr}$ ist für Kippsegmentlager $C = 1$ und für Segmentlager $C = 2$ zu setzen.

Reibung

Die Reibung von hydrodynamischen Axialgleitlagern resultiert aus der Scherung des Schmierstoffes in den Schmierspalten. Die in den Gleitschuhzwischenräumen auftretende Reibung wird vernachlässigt. Die Reibungsverluste von Axialkippsegmentlagern lassen sich mit Hilfe der Reibungskennzahl f^* erfassen:

$$f^* = \frac{f \, \bar{p} h_{min}}{\eta_{eff} U} \tag{11.21}$$

Für Segmentlager gilt entsprechend:

$$f_B^* = \frac{f^*}{(h_{min}/C_{wed})} = \frac{f \, \bar{p} C_{wed}}{\eta_{eff} U} \tag{11.22}$$

Die Kennzahlen f^* und f_B^* sind in Abb. 11.32 bzw. 11.33 aufgezeichnet.

Für die Reibungsleistung ergibt sich bei Kippsegmentlagern $P_f = f^* \eta_{eff} \, U^2 ZBL/h_{min}$ und bei Segmentlagern $P_f = f_B^* \eta_{eff} \, U^2 ZBL / C_{wed}$.

Schmierstoffdurchsatz

Von dem an jedem Segment mit der Temperatur T_1 in den Schmierspalt eintretenden Schmierstoffstrom Q_1 wird an beiden Seiten der Segmente infolge des hydrodynamischen Druckaufbaus jeweils der Teil $Q_3/2$ mit der Temperatur $(T_1 + T_2)/2$ wieder herausgefördert. Der Rest Q_2 verlässt den Spalt am Austritt mit der Temperatur T_2, Abb. 11.34. Daraus folgt: $Q_1 = Q_2 + Q_3$ mit $Q_1 = Q_1^* \, Q_0$, $Q_3 = Q_3^* \, Q_0$, $Q_2 = Q_1 - Q_3$ und $Q_0 = Bh_{min}U$. Die bezogenen Größen Q_1^* und Q_3^* können Abb. 11.35 für Kippsegmentlager und Abb. 11.36 für Segmentlager entnommen werden. Der zur hydrodynamischen Lastübertragung mindest erforderliche Schmierstoffvolumenstrom für das Lager ergibt sich aus $Q_{hyd,min} = ZQ_1$.

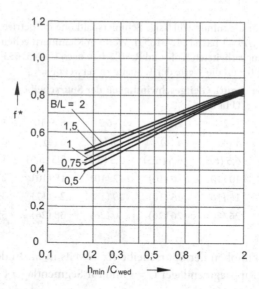

Abb. 11.32 Reibungskennzahl f^* für Axialkippsegmentlager in Abhängigkeit von B/L und h_{min}/C_{wed} nach [DIN31654]

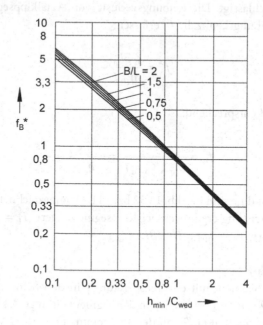

Abb. 11.33 Reibungskennzahl f_B^* für Axialsegmentlager mit fest eingearbeiteten Keil- und Rastflächen in Abhängigkeit von B/L und h_{min}/C_{wed} nach [DIN31653]

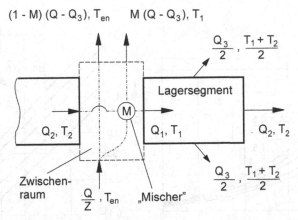

$(1 - M)(Q - Q_3), T_{en} \quad M(Q - Q_3), T_1$

$\dfrac{Q_3}{2}, \dfrac{T_1 + T_2}{2}$

Lagersegment

$Q_2, T_2 \qquad Q_1, T_1 \qquad Q_2, T_2$

$\dfrac{Q_3}{2}, \dfrac{T_1 + T_2}{2}$

Zwischen-
raum $\dfrac{Q}{Z}, T_{en}$ „Mischer"

Abb. 11.34 Schmierstoffdurchsatz- und Wärmebilanz in Zwischenräumen und Schmierspalten (schematisch) von hydrodynamischen Axialgleitlagern mit Segmenten nach [Pol81]. Z Anzahl der Segmente, Q/Z von außen pro Segment zugeführter Schmierstoffstrom, Q_1 Schmierstoffdurchsatz am Spalteintritt, Q_2 Schmierstoffdurchsatz am Spaltaustritt, Q_3 Schmierstoffdurchsatz an den Seitenrändern, M Mischungsfaktor, T_{en} Schmierstofftemperatur am Eintritt ins Lager, T_1 Schmierstofftemperatur am Spalteintritt, T_2 Schmierstofftemperatur am Spaltaustritt

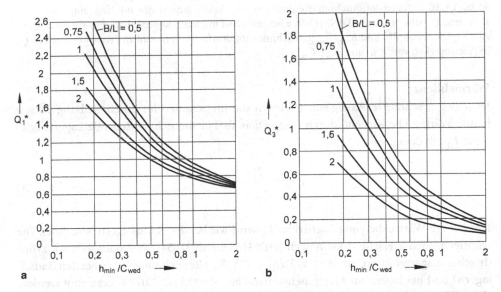

Abb. 11.35 Schmierstoffdurchsatz-Kennzahlen für Axialkippsegmentlager nach [DIN31654]. **a** Schmierstoffdurchsatz-Kennzahl am Eintrittsspalt Q_1^* in Abhängigkeit von B/L und h_{min}/C_{wed}, **b** Schmierstoffdurchsatz-Kennzahl an den Seitenrändern Q_3^* in Abhängigkeit von B/L und h_{min}/C_{wed}

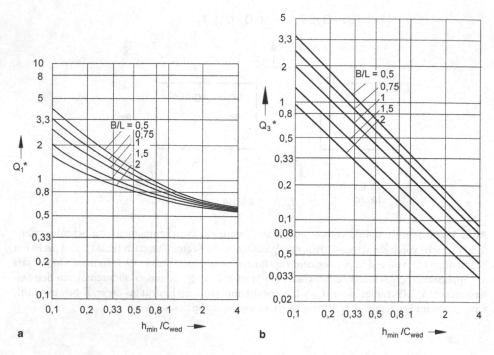

Abb. 11.36 Schmierstoffdurchsatz-Kennzahlen für Axialsegmentlager mit fest eingearbeiteten Keil- und Rastflächen nach [DIN31653]. **a** Schmierstoffdurchsatz-Kennzahl am Eintrittsspalt Q_1^* in Abhängigkeit von B/L und h_{min}/C_{wed}, **b** Schmierstoffdurchsatz-Kennzahl an den Seitenrändern Q_3^* in Abhängigkeit von B/L und h_{min}/C_{wed}

Wärmebilanz

Drucklos geschmierte Axialgleitlager leiten die im Schmierfilm durch Reibung entstehende Wärme überwiegend durch *Konvektion* ab. Für die sich einstellende Lagertemperatur T_B gilt damit:

$$T_B = \frac{P_f}{k_A A} + T_{amb} \qquad (11.23)$$

Der äußere Wärmeübergangskoeffizient k_A wird wie bei den Radiallagern berechnet. Die wärmeabgebende Fläche A kann nach [DIN31653, DIN31654] bei Axiallagern mit zylindrischen Lagergehäusen aus $A \approx (\pi/2)D_H^2 + \pi D_H B_H$ (Bezeichnungen wie bei den Radiallagern) und bei Lagern im Maschinenverband aus $A \approx (15\ bis\ 20)ZBL$ bestimmt werden. Die effektive Schmierfilmtemperatur T_{eff} entspricht bei Kühlung mit Konvektion der Lagertemperatur T_B, d. h. $T_{eff} = T_B$.

Bei der Wärmeabfuhr durch *Umlaufschmierung* mit Schmierstoffrückkühlung werden meistens die Erwärmung $\Delta T = T_{ex} - T_{en}$ und die Eintrittstemperatur T_{en} des zuzuführenden frischen Schmierstoffs vorgegeben. Dabei sollte die Temperaturdifferenz ΔT zwischen der Schmierstofftemperatur am Eintritt ins Lager T_{en} und derjenigen am Austritt aus dem Lager T_{ex} ungefähr $\Delta T = 10$ bis $30\ K$ betragen. Bestimmt werden muss dann noch der er-

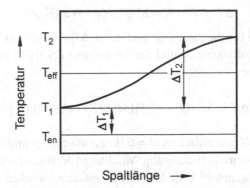

Abb. 11.37 Temperaturverlauf im Schmierfilm (schematisch) von Axialgleitlagern mit Segmenten. T_{en} Schmierstofftemperatur am Eintritt ins Lager, T_1 Schmierstofftemperatur am Spalteintritt; T_2 Schmierstofftemperatur am Spaltaustritt, T_{eff} effektive Schmierstofftemperatur, ΔT_1 Temperaturdifferenz zwischen T_1 und T_{en}, ΔT_2 Temperaturdifferenz zwischen T_2 und T_1

forderliche Durchsatz von frischem Schmierstoff durch das Lager Q, die effektive Schmierstofftemperatur im Schmierfilm T_{eff} und die Schmierstofftemperatur am Austrittsspalt T_2, die gleich der Lagertemperatur T_B gesetzt wird, d. h. $T_2 = T_B$. Der Schmierstoffdurchsatz durchs Lager Q kann ermittelt werden aus:

$$Q = Q^* Q_0 = P_f / (c_p \rho \Delta T) \qquad (11.24)$$

mit dem bezogenen Schmierstoffdurchsatz des Lagers für Kippsegmentlager:

$$Q^* = f^* Z \, \overline{p} / (F^* c_p \rho \Delta T)$$

und für Segmentlager mit fest eingearbeiteten Keil- und Rastflächen:

$$Q^* = f_B^* Z \, \overline{p} / [F_B^* c_p \rho \Delta T (h_{min} / C_{wed})].$$

Für T_{eff} und T_2 folgen aus Abb. 11.37:

$$T_{eff} = T_{en} + \Delta T_1 + \frac{\Delta T_2}{2} \qquad (11.25)$$

und

$$T_2 = T_{en} + \Delta T_1 + \Delta T_2 \qquad (11.26)$$

Mit Hilfe von Abb. 11.34 und 11.37 kann nach [Pol81] unter der Annahme, dass die Reibungswärme alleine durch den Schmierstoff abtransportiert wird und dass sich der Schmierstoff am Spaltaustritt um ΔT_2 und der an den Seitenrändern austretende Schmierstoff um $\Delta T_2/2$ erwärmt hat, für die Temperaturerhöhung des Schmierstoffs im Spalt ΔT_2 die Beziehung

$$\Delta T_2 = T_2 - T_1 = \Delta T Q^* / [(Q_1^* - 0,5\, Q_3^*) Z] \tag{11.27}$$

abgeleitet werden und für die Temperaturdifferenz $\Delta T_1 = T_1 - T_{en}$ zwischen der Schmierstofftemperatur am Spalteintritt T_1 und der Temperatur des frisch zugeführten Schmierstoffs T_{en} die Gleichung:

$$\Delta T_1 = \Delta T_2 (Q_1^* - Q_3^*) / [(M Q^* / Z) + (1 - M)\, Q_3^*] \tag{11.28}$$

Der Mischungsfaktor M, der zwischen $M = 0$ (keine Mischung) und $M = 1$ (vollkommene Mischung) variieren kann, berücksichtigt Mischungsvorgänge in den Zwischenräumen, (Abb. 11.34). Erfahrungsgemäß liegt der Mischungsfaktor zwischen $M = 0,4$ und $0,6$. Er hängt von den Betriebsbedingungen, den konstruktiven Gegebenheiten, dem Schmierstoff und der Art der Schmierstoffzufuhr ab [Det88].

Zum Schluss muss überprüft werden, ob T_B (bei Konvektion) bzw. T_2 (bei Umlaufschmierung) kleiner als die höchstzulässige Lagertemperatur T_{lim} nach Tab. 11.6 ist. Wie bei den Radiallagern sind auch bei den Axiallagern im Berechnungsablauf zur Bestimmung von T_{eff} am Anfang häufig nur T_{amb} und T_{en} bekannt. Zunächst wird daher je nach Wärmeabgabebedingung T_B bzw. T_{eff} geschätzt. Aus der Wärmebilanz ergibt sich dann ein neuer Wert für T_B bzw. T_{eff} der durch Mittelwertbildung mit dem zuvor zugrunde gelegten Temperaturwert solange iterativ korrigiert wird, bis in der Rechnung die Differenz zwischen Ein- und Ausgabewert akzeptabel ist.

Betriebssicherheit

Betriebssicherheit wird erreicht, wenn die errechneten Betriebskennwerte h_{min}, T_B, bzw. T_2 und $\bar{p}$ die entsprechenden zulässigen Betriebsrichtwerte nicht unter- bzw. überschreiten. Wenn $h_{min} < h_{lim,tr}$ wird, tritt Mischreibung auf und damit verbunden Verschleiß. Um das Mischreibungsgebiet beim An- und Auslaufen möglichst schadensfrei zu durchfahren, sollten für die mittlere Gleitgeschwindigkeit für den Übergang in die Mischreibung U_{tr} Werte größer als $U_{tr} = 1,5$ bis $2\,m/s$ vermieden werden, da sonst unzulässig hohe Temperaturen im Schmierfilm und den Gleitflächen auftreten können. Für Kippsegmentlager ergibt sich U_{tr} aus $U_{tr} = \bar{p}\, h_{min,tr}^2 / (\eta_{eff} F^* B)$ und für Segmentlager mit fest eingearbeiteten Keil- und Rastflächen aus $U_{tr} = \bar{p}\, C_{wed}^2 / (\eta_{eff} F_{B,tr}^* B)$, wobei $F_{B,tr}^*$ aus Abb. 11.31 mit $h_{min}/C_{wed} = h_{min,tr}/C_{wed}$ und B/L gewonnen wird. Bei Lagern mit konstanter Last sollte die Betriebsgleitgeschwindigkeit weit genug oberhalb von U_{tr} liegen. Treten nur drehzahlabhängige Belastungen auf (z. B. Strömungskräfte beim Ventilator mit waagerechter Welle), kommt Mischreibung erst bei hohen Drehzahlen vor, da die Belastung schneller ansteigt als die Tragfähigkeit des Lagers. Hier sollte $U < U_{tr}$ sein. Ferner gibt es Anwendungsfälle, bei denen neben einer konstanten Axialkraft noch ein drehzahlabhängiger Anteil dazu addiert werden muss (z. B. bei Wasserturbinen mit senkrechter Welle). Dann existieren ein unterer und ein oberer Mischreibungsbereich. U sollte weit genug entfernt von beiden liegen.

Berechnungsbeispiel Axialgleitlager

Zu überprüfen ist ein hydrodynamisches Axial-Kippsegmentlager mit den Abmessungen $D_i = 0,08\, m, D_0 = 0,170\, m, B = 0,045\, m$ und $L = 0,045\, m$, dass unter einer Belastung von $F = 35\, kN$ mit einer Drehfrequenz von $n_s = 60\, s^{-1}$ stationär betrieben wird. Es wird vorausgesetzt, dass die Schmierstofftemperatur am Lagereintritt $T_{en} = 40\,°C$ und am Austritt

$T_{ex} = 55\,°C\,(\Delta T = T_{ex} - T_{en} = 15K)$ beträgt und dass ein Schmieröl der Viskositätsklasse ISO VG32 mit $\rho_{15} = 900\ kgm^{-3}$ und einer spezifischen Wärmekapazität von $c_p = 1920\ J \cdot kg^{-1} \cdot K^{-1}$ verwendet wird. Für diesen Betriebszustand ist die sich einstellende minimale Schmierfilmdicke h_{min} und der gesamte Schmierstoffdurchsatz Q zu ermitteln. Weiterhin ist zu untersuchen, ob eine ausreichende Sicherheit bezüglich des Überganges in die Mischreibung gegeben ist. Die Spurscheibe weist einen Mittelwert der größten Profilhöhen von $Rz = 2\ \mu m$ auf.

1. *Lage der Unterstützungsstelle*
   Die Ermittlung der Lage der Unterstützungsstelle $a_F^* = a_F/L$ erfolgt unter Zuhilfenahme von Abb. 11.29. Als Eingangsgrößen werden das Verhältnis $h_{min}/C_{wed} = 0,8$ (hohe Tragfähigkeit) und die relative Lagerbreite $B/L = 1$ zur Bestimmung von a_F^* benötigt. Es ergibt sich $a_F^* = 0,59$. Daraus folgt für a_F ein Wert von $a_F = 26,55\ mm$.

2. *Bestimmung der effektiven dynamischen Viskosität η_{eff}*
   Vorab muss durch Gl. (11.25) geklärt werden, wie groß die effektive Schmierstofftemperatur $T_{eff} = T_{en} + \Delta T_1 + \Delta T_2/2$ ist. Hierzu werden die Temperaturerhöhung des Schmierstoffes zwischen Eintritt ins Lager und Eintritt in den Schmierspalt $\Delta T_1 = \Delta T_2\,(Q_1^* - Q_3^*)\,/$ $[M \cdot Q^*/Z + (1 - M)\,Q_3^*]$, die Temperaturerhöhung des Schmierstoffes zwischen Spaltein- und –austritt $\Delta T_2 = \Delta T(Q^*/Z)\,/\,(Q_1^* - 0,5Q_3^*)$ und die dimensionslose Schmierstoffdurchsatzkennzahl $Q^* = (f^* F)/(F^* B L c_p\,\rho \Delta T)$ benötigt. Die Kennzahlen für die Reibung f^* und für die Tragkraft F^* können mit $h_{min}/C_{wed} = 0,8$ und der relativen Lagerbreite $B/L = 1$ aus Abb. 11.32 bzw. 11.30 zu $f^* = 0,69$ bzw. $F^* = 0,07$ ermittelt werden. Damit folgt für $Q^* = (0,69 \cdot 35.000)/(0,07 \cdot 45 \cdot 10^{-3} \cdot 45 \cdot 10^{-3} \cdot 1920 \cdot 900 \cdot 15) = 6,573$. Ebenso wie die Reibungs- und die Tragkraftkennzahl lassen sich die Kennzahlen für den Schmierstoffstrom beim Eintritt in den Schmierspalt Q_1^* und für den Schmierstoffstrom beim Austritt über die Seitenränder Q_3^* mittels der Parameter $h_{min}/C_{wed} = 0,8$ und $B/L = 1$ aus Abb. 11.35 zu $Q_1^* = 0,94$ und $Q_3^* = 0,34$ bestimmen. Aus den zuvor ermittelten Größen können nun die Schmierstofftemperaturerhöhung $\Delta T_2 = 15 \cdot 0,939/(0,94 - 0,5 \cdot 0,34)K$ $= 20,7K$ und mit einem üblichen Mischungsfaktor von $M = 0,5$ auch $\Delta T_1 = 20,7$ $(0,94 - 0,34)\,/\,[0,5 \cdot 0,939 + (1 - 0,5)\,0,34]K = 20,048\ K$ berechnet werden. Es lässt sich nun die effektive Schmierstofftemperatur zu $T_{eff} = (40 + 20,05 + 20,7/2)\ °C =$ $70,4\,°C$ bestimmen. Nach Gl. (11.7) ergibt sich dementsprechend mit $\eta_{40} = 0,98375 \cdot 10^{-6} \cdot \rho_{15} \cdot VG = 0,98375 \cdot 10^{-6} \cdot 900 \cdot 32\ Pas = 0,02833\ Pas$, $b = 159,55787\ \ln(\eta_{40}/0,00018) = 159,55787\ \ln(0,02833/0,00018)°C = 807,17\,°C$ und $a = \eta_{40}\ \exp(-b/135) = 0,02833\ \exp(-807,17/135)Pas = 7,171 \cdot 10^{-5}\ Pas$ für die effektive dynamische Viskosität $\eta_{eff} = a\ \exp[b/(T_{eff} + 95)] = 7,171 \cdot 10^{-5} \cdot \exp$ $[807,17/(70,4 + 95)]Pas = 0,0094\ Pas = 9,4\ mPas$.

3. *Minimale Schmierspalthöhe h_{min}*
   Die minimale Schmierspalthöhe h_{min} kann aus $h_{min} = \sqrt{(F^* \eta_{eff}\ U B)/\bar{p}}$ bestimmt werden. U als mittlere Gleitgeschwindigkeit berechnet sich nach $U = (D/2)\omega$, wobei $D = (D_0 + D_i)\,/\,2$ den mittlerer Gleitdurchmesser darstellt. Mit $D = (0,17 + 0,08)/2\ m = 0,125\ m$ und der Winkelgeschwindigkeit $\omega = 2\pi\,n_s = 2\pi 60\,s^{-1} = 377\,s^{-1}$ kann die mittlere Gleitgeschwindigkeit zu $U = (0,125/2)377\ m/s = 23,6\ m/s$ ermittelt

werden. Die mittlere Flächenpressung $\bar{p}$ ergibt sich aus $\bar{p} = F/(ZBL)$.
Die Segmentanzahl Z lässt sich mit der Beziehung $Z = \pi D \phi / L$ bestimmen.
Wenn für den Ausnutzungsgrad der Gleitfläche ein Wert von $\phi = 0,8$ einge-
setzt wird, kann die Segmentanzahl $Z = \pi \, 0,125 \cdot 0,8/0,045 = 6,98 \approx 7$ gefun-
den werden. Die mittlere Flächenpressung $\bar{p}$ hat demzufolge einen Wert von
$\bar{p} = 35 \cdot 10^3/(7 \cdot 45^2) N/mm^2 = 2,469 N/mm^2$. Damit kann nun die minimale
Schmierspalthöhe wie folgt berechnet werden:

$$h_{min} = \sqrt{(0,07 \cdot 0,0094 \cdot 23,6 \cdot 45 \cdot 10^{-3})/2,4 \cdot 10^6} \; m = 17,1 \cdot 10^{-6} m = 17,1 \, \mu m.$$

4. *Überprüfung, ob laminare Strömung vorliegt*
Die Reynoldszahl ist für Keilspalte zu $\mathrm{Re} = \rho U h_{min}/\eta_{eff} = 900 \cdot 23,6 \cdot 1,71 \cdot 10^{-5}/$
$0,0094 = 38,638$ definiert, wobei für die Dichte annähernd $\rho \approx \rho_{15} = 900 \, kg/m^3$ gilt.
Als kritische Reynoldszahl wird bei $h_{min}/C_{wed} = 0,8 \, \mathrm{Re}_{cr} = 600$ angenommen (Übergang von laminarer zu turbulenter Strömung), sodass hier von laminarer Strömung
ausgegangen werden kann, da die Bedingung $\mathrm{Re} = 38,638 < \mathrm{Re}_{cr} = 600$ erfüllt ist.

5. *Bestimmung des min. erforderl. Schmierstoffdurchsatzes* $Q_{hyd,min}$ *in die Schmierspalte*
Für ein Axial-Kippsegmentlager lässt sich der zur hydrodynamischen Lastübertragung mindest erforderliche Schmierstoffdurchsatz $Q_{hyd,min}$ aus $Q_{hyd,min} = ZQ_l$
ermitteln. Der relevante Schmierstoffstrom für den Eintritt in den Schmierspalt
Q_l ergibt sich mit dem Bezugsschmierstoffdurchsatz $Q_0 = B h_{min} U$ wie folgt:
$Q_l = Q_l^* Q_0 = Q_l^* B h_{min} U$. Somit erhält man für den Schmierstoffstrom am Spalteintritt
$Q_l = 0,94 \cdot 45 \cdot 10^{-3} \cdot 1,71 \cdot 10^{-5} \cdot 23,6 \, m^3/s = 1,71 \cdot 10^{-5} \, m^3/s = 1,02 \, l/min$. Damit kann
der zur hydrodynamischen Lastübertragung mindestens erforderliche Schmierstoff-
durchsatz zu $Q_{hyd,min} = 1,02 \, l/min \cdot 7 = 7, 17 \, l/min$ bestimmt werden.

6. *Bestimmung der erforderlichen Kühlölmenge Q*
Die gesamte zur Kühlung des Lagers erforderliche Ölmenge ergibt sich mit der Schmierstoffdurchsatzkennzahl durchs Lager Q^* und der Bezugsschmierstoffdurchsatz Q_0 zu:
$Q = Q^* Q_0 = Q^* B h_{min} U = 6,573 \cdot 45 \cdot 10^{-3} \cdot 1,71 \cdot 10^{-5} \cdot 23,6 \, m^3/s = 1,19 \cdot 10^{-4} \, m^3/s = $
$7,16 \, l/min$.

7. *Überprüfung der Betriebssicherheit hinsichtlich des Überganges in die Mischreibung*
Charakteristisch für den Übergang des Systems in die Mischreibung ist das Unter-
schreiten der Übergangsspaltweite $h_{min.tr} = C\sqrt{DRz/12000}$ mit dem Mittelwert der
größten Profilhöhen der Spurscheibe $Rz = 2 \, \mu m$ und $C = 1$ für Kippsegmentlager.
Damit berechnet sich die Übergangsspaltweite zu

$$h_{min,tr} = 1\sqrt{0,125 \cdot 2 \cdot 10^{-6}/12000} \; m = 4,5 \cdot 10^{-6} m = 4,5 \, \mu m.$$

$$h_{min,tr} = 4,5 \, \mu m < h_{min} = 17,1 \, \mu m$$

Des Weiteren ist die Gleitgeschwindigkeit für den Übergang in die Mischreibung
zu bestimmen, welche durch die Beziehung $U_{tr} = \bar{p} \, h_{min,tr}^2/(\eta_{eff} F^* B)$ zu
$U_{tr} = 2,469 \cdot 10^6 \cdot (4,5 \cdot 10^{-6})^2/(0,0094 \cdot 0,07 \cdot 45 \cdot 10^{-3}) \; m/s = 1,68 \, m/s$ ermittelt wird.
$U_{tr} = 1,68 \, m/s < U = 23,6 \, m/s.$

Da sowohl die Übergangsspaltweite als auch die Gleitgeschwindigkeit für den Übergang in die Mischreibung bedeutend geringer sind als die Betriebskennwerte, liegt in diesem System eine ausreichende Sicherheit hinsichtlich des Überganges in die Mischreibung vor.

11.2.9 Fettgeschmierte Gleitlager

Die Auslegung von fettgeschmierten Gleitlagern entspricht dem Vorgehen, wie es bei ölgeschmierten Gleitlagern angewendet wird, jedoch nur für den Fall, bei dem die Wärmeabfuhr nicht durch den Schmierstoff erfolgt.

Bei der Berechnung der fettgeschmierten Lager muss das besondere rheologische Verhalten des Schmierfettes berücksichtigt werden. Für Schmierfette kann die Schubspannung im Schmierspalt mit folgender Beziehung nach Bingham ermittelt werden:

$$\tau = \tau_S + \eta_S \frac{du}{dy}, \qquad (11.29)$$

wobei τ_S die Fließgrenze des Schmierfettes darstellt, η_S die mit „Bingham-Viskosität" bezeichnete Steigung der $\tau - (du/dy)$ – Geraden und (du/dy) das so genannte Schergefälle im Schmierspalt. In der Regel wird bei der Auslegung von fettgeschmierten Gleitlagern nach [VDI2004] mit einer so genannten effektiven oder Scheinviskosität η_{eff} gerechnet, die folgendermaßen bestimmt werden kann:

$$\eta_{eff} = \frac{\tau_S}{(du/dy)} + \eta_S \qquad (11.30)$$

Für kleiner werdende Schergefälle geht die Scheinviskosität η_{eff} gegen unendlich und nähert sich bei hohen (du/dy)-Werten der Bingham-Viskosität η_S. Zur Ermittlung von η_S kann nach [VDI2204] die Gleichung:

$$\eta_S = \eta(1 + 2{,}5C_m + 14C_m^2) \qquad (11.31)$$

genutzt werden. In dieser Gleichung bedeuten η die temperaturabhängige Viskosität des Grundöls und C_m der Massenanteil des Verdickers im Fett. Bei praktisch ausgeführten Lagern ist der Anteil der Fließgrenze an der Scheinviskosität vernachlässigbar klein ($< 1\%$), sodass in der Regel bei einer Gleitlagerauslegung mit $\eta_{eff} = \eta_S$ gerechnet werden kann, d. h.:

$$\eta_{eff} = \eta(1 + 2{,}5\,C_m + 14C_m^2) \qquad (11.32)$$

mit der dynamischen Viskosität des Grundöls η nach Gl. (11.7).

Da Fettschmierung eine Verlustschmierung ist und aus dem Schmierspalt ausgetretenes Fett für die weitere Schmierung nicht wieder verwendet werden kann, sollte ein möglichst geringer Fettdurchsatz angestrebt werden. Fettgeschmierte Gleitlager werden i. Allg. diskontinuierlich geschmiert, weil eine kontinuierliche Schmierung aufgrund des geringen Durchsatzes praktisch nicht möglich ist. Die diskontinuierliche Schmierung hat allerdings den Nachteil, dass häufig am Ende des Intervalls Mangelschmierung vorliegt. Der Fettbedarf Q in $[m^3/s]$ kann bei fettgeschmierten Radialgleitlagern mit folgender empirisch gefundenen Beziehung bestimmt werden:

$$Q^* = \frac{Q}{BU(D-D_J)} \approx \frac{1-2h_{min}/(D-D_J)}{80000} \qquad (11.33)$$

Aus der Überlegung, dass das Nachschmierfettvolumen nicht größer als ca. 10 % des Schmierspaltvolumens sein sollte, kann das Nachschmierfettvolumen V_L und auch das Nachschmierintervall t_L bestimmt werden. Es gilt:

$$V_L = 0{,}1 \; \pi DB \left(D - D_J \right)/2 \qquad (11.34)$$

$$t_L = V_L/Q$$

Aufgrund höherer Erwärmung im Schmierspalt sollte bei fettgeschmierten Radialgleitlager das relative Lagerspiel größer sein als bei ölgeschmierten Radialgleitlagern. Praktisch liegen die Werte zwischen 2 und 6 ‰. Dabei sind die größeren Werte bei kleineren Lagerdurchmessern zu realisieren.

Da bei fettgeschmierten Gleitlagern die Wärmeabfuhr in der Regel gering ist, weil sie nicht über den Schmierstoff erfolgen kann, liegt die Geschwindigkeitsgrenze üblicherweise bei ca. $2 \, m/s$. Sie kann jedoch durch besondere Kühlmaßnahmen gesteigert werden.

Bezüglich der Betriebssicherheit und des Überganges in die Mischreibung ist das Vorgehen bei fettgeschmierten Gleitlagern mit dem bei ölgeschmierten identisch.

Bei fettgeschmierten Gleitlagern dürfen die Schmiernuten und -taschen nicht zu tief sein, da Fett von einer gewissen Tiefe an nicht mehr transportiert wird, wenn die Fließgrenze in der Nut bzw. Tasche unterschritten wird. Das Fett kann dann u. U. dort verkoken. Eine Nuttiefe, bei der noch ein sicherer Transport des Fettes durch Wellenbewegung gewährleistet ist, kann ermittelt werden aus:

$$h_p = 5\frac{\eta_S U}{\tau_S}. \qquad (11.35)$$

11.2.10 Berechnung hydrostatischer Gleitlager

Bei hydrostatischen Gleitlagern wird der zum Tragen im Schmierspalt erforderliche Druck von einer externen Pumpe erzeugt. Der unter Druck stehende Schmierstoff kann den Schmiertaschen im Lager beispielsweise mit jeweils einer Pumpe pro Tasche oder mit einer Pumpe

für alle Schmiertaschen und jeweils einer Drossel (Kapillare, Blende usw.) vor jeder Tasche
zugeführt werden. Die Schmierspalthöhe im Lager stellt sich entsprechend der Belastung ein.

11.2.10.1 Hydrostatische Radialgleitlager

Es werden Lager mit und ohne Zwischennuten zwischen den Schmiertaschen hergestellt.
Nachfolgend werden beide Lagertypen behandelt. Lager mit Zwischennuten benötigen bei
gleicher Steifigkeit eine höhere Leistung. Ihre Vorteile liegen in einem besseren und definierten
Warmölaustausch. Ein hydrostatisches Radialgleitlager mit Zwischennuten ist in Abb. 11.38
dargestellt und ein hydrostatisches Radialgleitlager ohne Zwischennut in Abb. 11.39.

Für die Berechnung, die sich an [DIN31655, DIN31656] anlehnt, wird auf die Bezeichnungen in den Abb. 11.38 und 11.39 verwiesen. Die Berechnung beruht auf einem Näherungsver-
fahren, welches die Strömung über den Lagerstegen beschreibt. Die in den Parallelspalten vorliegenden Druckströmungen werden mit der Hagen-Poiseuille-Gleichung und die Schlepp-
strömungen infolge Wellenrotation mit der Couette-Gleichung beschrieben. Bei schmalen Stegen, wie sie beispielsweise in Lagern mit schnelldrehenden Wellen eingesetzt werden, liefern
die Näherungslösungen recht genaue Ergebnisse. Bei breiten Stegen sollte die Reynoldsche
Differentialgleichung gelöst werden. Für die Berechnung gelten folgende Voraussetzungen:

- Die Ölversorgung erfolgt über eine gemeinsame Pumpe mit konstantem Pumpendruck
  (p_{en} =konst.) und über jeder Schmiertasche vorgeschaltete lineare Drosselwiderstände,

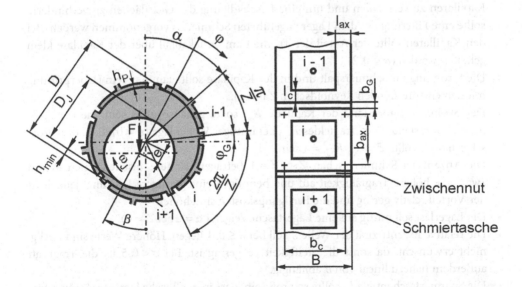

Abb. 11.38 Hydrostatisches Radialgleitlager mit Zwischennuten (schematisch). F Lagerkraft,
ω_J Winkelgeschwindigkeit der Welle, e Exzentrizität, β Verlagerungswinkel, Z Anzahl der
Schmiertaschen, α Stellwinkel der 1. Tasche bezogen auf Taschenmitte, B Lagerbreite, D Lagerdurchmesser, D_J Wellendurchmesser, h_{min} kleinste Spalthöhe, h_P Schmiertaschentiefe, l_{ax} axiale
Steglänge, l_c Umfangssteglänge, b_G Zwischennutbreite, $\varphi_G = l_c/D + b_G/D$ halber Umfangswinkel
von l_c und b_G, $b_{ax} = [(\pi/Z) - \varphi_G]D$ Abströmbreite in axialer Richtung, $b_c = B - l_{ax}$ Abströmbreite in Umfangsrichtung

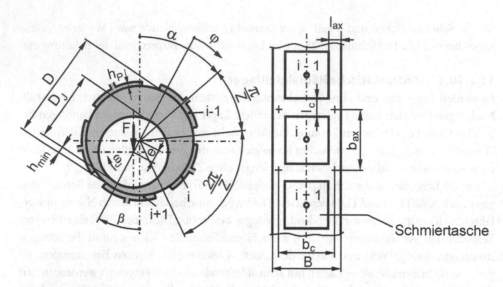

Abb. 11.39 Hydrostatische Radialgleitlager ohne Zwischennuten (schematisch). Bezeichnungen und Ermittlung von Größen wie in Abb. 11.38 mit Ausnahme von $b_{ax} = \pi D/Z$ als der Abströmbreite in axialer Richtung

z. B. Kapillaren. Der Innendurchmesser der Kapillaren d_{cp} sollte wegen Verschmutzungsgefahr groß genug gewählt werden ($d_{cp} > 0,6\,\mathrm{mm}$). Um eine Verstopfung der Kapillaren zu vermeiden und um eine Beschädigung der Gleitflächen zu verhindern, sollte eine Filterung des dem Lager zugeführten Schmieröls vorgenommen werden. Bei den Kapillaren sollte der Anteil der Trägheit am Druckabfall über die Kapillare klein gehalten werden ($a < 0,2$).

- Die Strömung im Schmierspalt und in der Kapillare sollte laminar sein (Überprüfung mit den entsprechenden Reynoldschen Zahlen).
- Der Strömungswiderstand der Kapillare R_{cp} sollte genauso groß sein wie der Strömungswiderstand eines Tragfeldes $R_{p,0}$ bei mittiger Wellenlage ($\varepsilon = 0$), d. h. das Drosselverhältnis sollte $\xi = R_{cp}/R_{p,0} = 1$ sein.
- Die Anzahl der Schmiertaschen Z soll $Z = 4$ betragen. Höhere Taschenzahlen weisen zwar eine höhere Tragfähigkeit auf und benötigen eine geringere Leistung, jedoch ist der Vorteil relativ gering und die Fertigungskosten sind höher.
- Die Lagerlast soll mittig auf eine Lagertasche zeigen ($\alpha = 0$ bei $Z = 4$).
- Die relative Exzentrizität der Welle ε soll bei $\varepsilon \leq 0,4$ liegen. Höhere Werte sind i. Allg. nicht erwünscht, da sonst die Steifigkeit zu gering ist. Bei $\varepsilon < 0,5$ ist die Tragkraft außerdem nahezu linear von ε abhängig.
- Die Schmiertaschentiefe h_p sollte so groß sein, dass in der Tasche laminare Strömungsverhältnisse vorliegen ($h_p/C_R \approx 20...100$; hier gewählt: $h_p/C_R = 40$ mit $C_R = (D - D_J)/2$ als dem radialen Lagerspiel).

Tragfähigkeit

Die Tragfähigkeit von hydrostatischen Radialgleitlagern wird mit der Tragfähigkeitskennzahl

$$F^* = \frac{F}{BDp_{en}} = \frac{\bar{p}}{p_{en}} \tag{11.36}$$

oder mit der effektiven Tragfähigkeitskennzahl

$$F_{eff}^* = \frac{\pi F}{Z b_c b_{ax} p_{en}} \hat{=} \frac{F^*}{(b_c/D)(Z/\pi)(b_{ax}/B)} \tag{11.37}$$

für Radiallager mit Zwischennuten bzw. mit

$$F_{eff}^* = \frac{F}{(B - l_{ax}) D p_{en}} \tag{11.38}$$

für Radiallager ohne Zwischennuten bestimmt. Die relative Exzentrizität $\varepsilon = e/C_R$ des Wellen- gegenüber dem Lagerschalenmittelpunkt folgt aus:

$$\varepsilon = \frac{0,4 \, F_{eff}^*}{(F_{eff}^*/F_{eff,\,0}^*)_{\varepsilon=0,4} \cdot (F_{eff,\,0}^*)_{\varepsilon=0,4}} \tag{11.39}$$

mit der effektiven Tragkraftkennzahl $(F_{eff,0}^*)_{\varepsilon=0,4}$ bei $\omega_J = 0$ und $\varepsilon = 0,4$ aus den Abb. 11.40 für hydrostatische Radialgleitlager mit Zwischennuten und Abb. 11.41 für hydrostatische Radialgleitlager ohne Zwischennuten und dem Tragkraftkennzahlenverhältnis $(F_{eff}^*/F_{eff,0}^*)_{\varepsilon=0,4}$ je nach Lagertyp aus Abb. 11.42 bzw. 11.43. In den Abbildungen bedeuten:

$$\kappa = \frac{l_{ax} \cdot b_c}{l_c \cdot b_{ax}}$$

das Widerstandsverhältnis und

$$K_{rot} = \kappa \, \xi \, \pi_f \, \frac{l_c}{D} \, \text{bzw.} \, K_{rot,nom} = \frac{K_{rot}}{1 + \kappa}$$

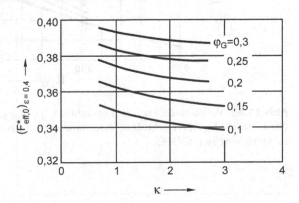

Abb. 11.40 Effektive Tragkraftkennzahl $(F_{eff,0}^*)_{\varepsilon=0,4}$ in Abhängigkeit von κ und φ_G für $Z = 4$, $\alpha = 0$, $\xi = 1$ und $\omega_J = 0$ bei $\varepsilon = 0,4$ in Anlehnung an [DIN31656]

Abb. 11.41 Effektive Trag-
kraftkennzahl $(F_{\text{eff},0}^{*})_{\varepsilon=0,4}$
in Abhängigkeit vom
Widerstandsverhältnis
κ für $Z = 4$, $\alpha = 0$, $\xi = 1$ und
$\omega_{\text{J}} = 0$ bei $\varepsilon = 0,4$ in Anlehnung an [DIN31655]

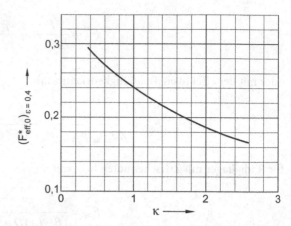

Abb. 11.42 Verhältnis der
effektiven Tragkraftkennzahlen
$(F_{\text{eff}}^{*}/F_{\text{eff},0}^{*})_{\varepsilon=0,4}$ in Abhängigkeit von $K_{\text{rot,nom}}$ und
φ_{G} für $Z = 4$, $\alpha = 0$, $\xi = 1$,
$\kappa = 1$ bis 2 bei $\varepsilon = 0,4$ in
Anlehnung an [DIN31656]

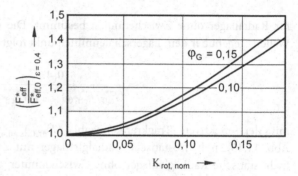

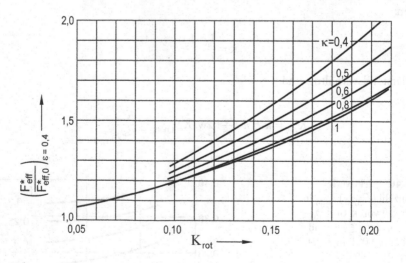

Abb. 11.43 Verhältnis der Tragkraftkennzahlen $(F_{\text{eff}}^{*}/F_{\text{eff},0}^{*})_{\varepsilon=0,4}$ in Abhängigkeit von der Dreheinflusskennzahl K_{rot} für verschiedene Widerstandsverhältnisse κ für $Z = 4$, $\alpha = 0$, $\xi = 1$ bei $\varepsilon = 0,4$
in Anlehnung an [DIN31655]

die Dreheinflusskennzahl bzw. die nominelle Dreheinflusskennzahl mit dem bezogenen Reibungsdruck

$$\pi_f = \frac{\eta_B \omega_J}{p_{en} \psi^2},$$

wobei die dynamische Schmierstoffviskosität im Lager η_B mit Gl. (11.7) und das relative Lagerspiel ψ aus

$$\psi = \frac{2 C_R}{D}$$

berechnet werden kann. Wenn die relative Exzentrizität bestimmt wurde, folgt die minimale Schmierspalthöhe h_{min} aus:

$$h_{min} = C_R (1 - \varepsilon) \qquad (11.40)$$

Die Steifigkeit des Lagers c ist folgendermaßen definiert:

$$c = \frac{F}{\varepsilon \cdot C_R}$$

Schmierstoffdurchsatz

Der Schmierstoffdurchsatz Q lässt sich unter der Annahme, dass die Kennzahl für den Schmierstoffdurchsatz

$$Q^* = \frac{Q \eta_B}{C_R^3 p_{en}}$$

im Bereich $\varepsilon = 0 \ldots 0,5$ nahezu konstant ist und für hydrostatische Radialgleitlager mit Zwischennuten aus

$$Q^* = \frac{Z}{6(1 + \xi)} \cdot \frac{B}{D} \cdot \frac{1 - (l_{ax}/B)}{(l_C/D)} \cdot \frac{\kappa + 1}{\kappa}$$

bzw. für hydrostatische Radialgleitlager ohne Zwischennuten aus

$$Q^* = \frac{1}{1 + \xi} \cdot \frac{\pi}{6(B/D)} \cdot \frac{1}{l_{ax}/B}$$

bestimmt werden kann, aus folgender Gleichung ermitteln:

$$Q = Q^* C_R^3 \frac{p_{en}}{\eta_B} \qquad (11.41)$$

In den zuvor genannten Beziehungen bedeuten $1/(1+\xi) = (p_{p,0}/p_{en})$ mit dem Taschendruck $p_{p,0}$ bei $\varepsilon = 0$ und dem Drosselverhältnis $\xi = R_{cp}/R_{p,0}$, wobei sich der Strömungswiderstand der Kapillare R_{cp} aus

$$R_{cp} = \frac{128\,\eta_{cp}\,l_{cp}}{\pi\,d_{cp}^4}(1+a)$$

mit der dynamischen Schmierstoffviskosität in der Kapillare η_{cp} nach Gl. (11.7), der Länge und dem Durchmesser der Kapillare l_{cp} und d_{cp} und dem nicht linearen Trägheitsanteil des Strömungswiderstandes

$$a = \frac{0,135}{\pi}\frac{\rho Q}{\eta_{cp}\,l_{cp}\,Z} = 0,043\frac{\rho Q}{\eta_{cp}\,l_{cp}\,Z}$$

mit der Dichte ρ des zugeführten Schmierstoffs berechnen lässt und der Strömungswiderstand eines Tragfeldes $R_{p,0}$ bei $\varepsilon = 0$ sich ergibt aus der Gleichung

$$R_{p,0} = \frac{6\eta_B\,l_{ax}}{b_{ax}\,C_R^3\,(1+\kappa)}$$

für hydrostatische Radialgleitlager mit Zwischennuten und aus der Gleichung

$$R_{p,0} = \frac{6\,\eta_B\,l_{ax}}{b_{ax}\,C_R^3} = \frac{6\,Z\eta_B\,l_{ax}}{\pi\,D\,C_R^3}$$

für hydrostatische Radialgleitlager ohne Zwischennuten.

Reynolds-Zahlen
Die Überprüfung, ob laminare oder turbulente Strömungsverhältnisse vorhanden sind, erfolgt mit der Bedingung

$$\mathrm{Re}_{cp} = \frac{4\rho Q}{\pi\,\eta_{cp}\,d_{cp}\,Z} < 2300 \qquad (11.42)$$

für die Kapillare und mit der Bedingung

$$\mathrm{Re}_p = \frac{U\,h_p\,\rho}{\eta_{cp}} < 1000 \qquad (11.43)$$

für die Tragtasche. Wenn die Bedingungen erfüllt werden, liegt jeweils eine laminare Strömung vor.

Um den nicht linearen Trägheitsanteil am Strömungswiderstand der Kapillare im Bereich $a = 0,1$ bis $0,2$ zu halten, sollte die Reynolds-Zahl für die Kapillare Re_{cp} Werte von $Re_{cp} = 1000$ bis 1500 möglichst nicht überschreiten.

Pumpen- und Reibungsleistung

Die Pumpenleistung P_p beträgt ohne Berücksichtigung des Pumpenwirkungsgrades:

$$P_p = Q\,p_{en} = \frac{Q^* p_{en}^2\, C_R^3}{\eta_B} \tag{11.44}$$

Die Reibungsleistung P_f folgt aus

$$P_f = \frac{P_f^*\, \eta_B \omega_J^2\, B D^3}{4 C_R} \tag{11.45}$$

mit der Reibungsleistungskennzahl P_f^* aus der Beziehung

$$P_f^* = \pi A_{lan}^* \left[\frac{1}{\sqrt{1-\varepsilon^2}} + \frac{4 C_R}{h_P}\left(\frac{1}{A_{lan}^*} - 1 \right) \right] \tag{11.46}$$

mit der bezogenen Stegfläche

$$A_{lan}^* = \frac{2}{\pi}\left[\frac{l_{ax}}{B}\pi + Z \frac{l_c}{D}\left(1 - 2\frac{l_{ax}}{B} \right) - Z \frac{l_{ax}}{B}\frac{b_G}{D} \right]$$

für hydrostatische Radialgleitlager mit Zwischennuten bzw. mit

$$A_{lan}^* = 2\frac{l_{ax}}{B} + \frac{Z}{\pi}\cdot\frac{l_c}{D}\left(1 - 2\frac{l_{ax}}{B} \right)$$

für hydrostatische Radialgleitlager ohne Zwischennuten.
Für die aufzubringende Gesamtleistung P_{tot} gilt:

$$P_{tot} = P_p + P_f = F\omega C_R \frac{Q^*}{4(B/D)F^*\pi_f}(1 + P^*) = F\omega C_R \cdot P_{tot}^* \tag{11.47}$$

Die Gesamtleistung lässt sich nach [Ver79] minimieren, wenn das Leistungsverhältnis $P^* = P_f/P_p$ ungefähr $P^* = 1$ bis 3 beträgt und die Bedingung

$$\pi_{f,opt} = \left(\frac{\eta_B \omega_J}{p_{en}\psi^2}\right)_{opt} = \frac{1}{2}\sqrt{\frac{P^* Q^*}{P_f^*(B/D)}} \tag{11.48}$$

eingehalten wird. Mit einem optimierten Wert für π_f kann z. B. das optimierte relative Lagerspiel

$$\psi_{opt} = \sqrt{\frac{\eta_B \omega}{p_{en}\pi_{f,opt}}}$$

und daraus das optimierte Lagerspiel $C_{R,opt} = \psi_{opt} D/2$ gefunden werden. Kenngrößen für optimierte Lager sind in Tab. 11.9 zusammengestellt.

Wenn eine bestimmte Steifigkeit c gefordert wird und ein leistungsoptimiertes Lager nach Tab. 11.9 gewählt wird, sind für die Auslegung des Lagers nachfolgend aufgeführte Beziehungen nützlich:

$$C_R = \frac{F}{\varepsilon c}; \quad (D^2 p_{en}) = \frac{F}{(B/D)F^*}$$

$$\left(\frac{p_{en}^2}{\eta_B}\right) = \frac{F\omega_J}{C_R^2}\frac{1}{4(B/D)F^*\pi_f}$$

$$p_{en} = \sqrt{\left(\frac{p_{en}^2}{\eta_B}\right)\eta_B}; \quad D = \sqrt{\frac{(D^2 p_{en})}{p_{en}}}$$

Tab. 11.9 Kenngrößen für optimierte hydrostatische Radialgleitlager in Anlehnung an [DIN31655, DIN31656]

Hydrostatisches Radialgleitlager mit Zwischennuten

$P^* = 2$; $\alpha = 0$; $\varepsilon = 0{,}4$; $h_p/C_R = 40$; $b_G/D = 0{,}05$; $l_{ax}/B = 0{,}1$

Z	B/D	l_c/B	l_c/D	κ	F*	π_f	P_f^*	Q*	P_{tot}^*
4	1,0	0,1	0,1	1,416	0,2859	1,288	1,531	5,080	10,349
4	0,75	0,12	0,09	0,855	0,2909	1,557	1,478	5,375	11,867

Hydrostatisches Radialgleitlager ohne Zwischennuten

$P^* = 2$; $\alpha = 0$; $\varepsilon = 0{,}4$; $h_p/C_R = 40$; $l_{ax}/B = 0{,}15$

Z	B/D	l_c/B	l_c/D	κ	F*	π_f	P_f^*	Q*	P_{tot}^*
4	1,0	0,25	0,25	0,6494	0,2965	0,6703	1,942	1,745	6,586
4	0,8	0,2	0,16	0,5195	0,2954	0,8718	1,803	2,193	7,982

Temperaturen

In den Kapillaren wird der Schmierstoff durch Dissipation erwärmt. Die Temperaturerhöhung des Schmierstoffes beim Durchströmen der Kapillaren beträgt bei $\varepsilon = 0$:

$$\Delta T_{cp} = \frac{p_{en} - p}{c_P \rho} = \frac{p_{en}}{c_P \rho} \cdot \frac{\xi}{1 + \xi}$$

Der Temperaturanstieg des Schmierstoffes beim Durchfließen des Lagers beläuft sich bei $\varepsilon = 0$ auf:

$$\Delta T_B = \frac{p}{c_P \rho} + \frac{P_f}{c_P \rho Q} = \frac{p_{en}}{c_P \rho}\left(\frac{1}{1 + \xi} + P^*\right)$$

Damit können die mittlere Temperatur in den Kapillaren T_{cp} und die mittlere Temperatur im Lager T_B bestimmt werden zu:

$$T_{cp} = T_{en} + \frac{1}{2}\Delta T_{cp} \tag{11.49}$$

und

$$T_B = T_{en} + \Delta T_{cp} + \frac{1}{2}\Delta T_B \tag{11.50}$$

Die wirksamen Viskositäten in den Kapillaren η_{cp} und im Lager η_B lassen sich dann mit Gl. (11.7) zu $\eta_{cp} = \eta(T_{cp})$ und $\eta_B = \eta(T_B)$ ermitteln.

Berechnungsbeispiele: Hydrostatische Radialgleitlager mit Zwischennuten

A) Nachrechnung eines Lagers

gegeben:
$F = 20\,000\,N$; $n = 1000\;1/\text{min}$; $T_{en} = 40°C$; $p_{en} = 60bar$;
$D = 120mm$; $B = 120mm$; $b_c = 108mm$; $l_{ax} = 12mm$; $l_c = 12mm$; $b_G = 6mm$;
$h_p\,/\,C_R = 40$; $Z = 4$; $d_{cp} = 3,25mm$; $l_{cp} = 1140mm$; $\psi = 1,5‰$
Schmierstoff: Mineralöl ISO VG 46; $\rho = 900\;kg/m^3$; $c_p\rho = 1,75 \cdot 10^6\;Ws/(m^3 K)$
Drosselverhältnis $\xi = 1$ für gutes Steifigkeitsverhalten

gesucht:
$Q, P_f, P_p, P_{tot}, c, h_{min}$

1. *Temperaturen und Viskositäten*

   Da P_f noch nicht bekannt ist, wird zunächst $P^* = 0$ gesetzt. $\Delta T_{cp} = 1,7\,K$; $\Delta T_B = 1,7\,K$; $T_{cp} = 45,9°C$; $T_B = 47,6°C$; $\eta_{cp} = 31,9\,mPas$; $\eta_B = 29,6\,mPas$

2. *Strömungswiderstände, Drossel-, Taschendruck- und Widerstandsverhältnis, bezogener Reibungsdruck, nominelle Dreheinflusskennzahl*

   $R_{cp} = 1,594 \cdot 10^{10}\,Ns/m^5$ mit $a = 0,2$ (a geschätzt, da Öldurchsatz noch nicht bekannt ist); $R_{p,0} = 1,593 \cdot 10^{10}\,Ns/m^5$; $\xi = 1,0006 \approx 1$; $(p_{p,0}/p_{en})_{\varepsilon=0} = 0,5$; $\kappa = 1,416$; $\pi_f = 0,23$; $K_{rot,nom} = 0,0135$ ($K_{rot,nom}$ sehr klein, daher Drehzahleinfluss vernachlässigbar)

3. *Tragkraftkennzahlen, Verlagerung, Spaltweite, Steifigkeit*

   $F^* = 0,231$; $F_{eff}^* = 0,318$; $(F_{eff,0}^*)_{\varepsilon=0,4} = 0,357$ aus Abb. 11.40 für $\varphi_G = 0,15$ und $\kappa = 1,416$; $\varepsilon = 0,356$ mit $(F_{eff}^*/F_{eff,0}^*)_{\varepsilon=0,4} \approx 1$; $h_{min} = 58\,\mu m$; $c = 624,2\,N/\mu m$

4. *Reibungsleistung, Pumpenleistung, Gesamtleistung, Schmierstoffdurchsatz*

   $A_{lan}^* = 0,391$; $P_f^* = 1,506$; $P_f = 281,2\,W$; $Q^* = 5,12$; $Q = 0,756 \cdot 10^{-3}\,m^3/s$; $P_P = 4540\,W$; $P_{tot} = 4821\,W$; $R_{cp} = 1,587 \cdot 10^{10}\,Ns/m^5$ und $P^* = 0,062$ entsprechen ungefähr den Annahmen unter 1. und 2.

   Da P_f klein gegenüber P_p ist ($P^* = 0,062$), sind die unter 1. berechneten Temperaturen ausreichend genau.

5. *Überprüfung, ob laminare Strömungen vorliegen*

   $Re_p = 687 < 1000$, daher laminar; $Re_{cp} = 2089 < 2300$, daher laminar; $a = 0,2$ (a ist relativ groß, da die Empfehlung $Re_{cp} < 1000$ bis 1500 nicht eingehalten wird.)

6. *Maßnahmen zur Optimierung*

   Um $P_{opt}^* \approx 1$ bis 3 zu erhalten, muss π_f vergrößert werden. Für $P^* = 1$ gilt:

   $\pi_{f,opt} = 1/2\sqrt{P^* Q^*/[P_f^*(B/D)]} = 0,922$; $\psi_{opt} = \sqrt{\eta_B \omega/(p_{en}\pi_{f,opt})} = 0,75 \cdot 10^{-3}$;

   $C_{R,opt} = \psi_{opt} D/2 = 45\,\mu m$; $P_f = 584\,W$; $P_p = 584\,W$; $P_{tot} = 1128\,W$;

   $Q = P_p/p_{en} = 9,4 \cdot 10^{-5}\,m^3/s = 0,094\,l/s$

B) Auslegung eines optimierten hydrostatischen Radialgleitlagers mit Zwischennuten

gegeben:

$F = 30.000\,N$; $n = 300\,min^{-1}$; $c = 1920\,N/\mu m$; $T_{en} = 45\,C$;

$\alpha = 0$; $\varepsilon = 0,4$; $P^* = 2$; $\xi = 1$; $B/D = 1$; $Z = 4$; $l_{ax}/B = 0,1$; $l_c/B = 0,1$;

$b_G/D = 0,05$; $h_p/C_R = 40$

Schmierstoff: Mineralöl ISO VG 32; $c_p\rho = 1,75 \cdot 10^6\,Ws/(m^3K)$; $\rho = 900\,kg/m^3$

gesucht:
$C_R, p_{en}, D, P_f, P_p, P_{tot}, Q, l_{cp}, d_{cp}$

Aus Tab. 11.9 werden für das optimierte Lager folgende Daten gewählt:

$\kappa = 1,416; \; F = 0,286; \; \pi_f = 1,288; \; P_f^* = 1,531; \; Q^* = 5,08; \; P_{tot}^* = 10,349$

1. *Abmessungen, Pumpendruck, Temperaturen, Viskositäten und minimale Schmierspalthöhe*

$C_R = F/(\varepsilon\,c) = 39\,\mu m; \; (D^2 \cdot p_{en}) = F/[(B/D) \cdot F^*] = 104.895 N; \; p_{en}$ und η_B iterativ berechenbar mit Hilfe folgender Gleichung $(p_{en}{}^2/\eta_B) = F \cdot \omega_J/[4C_R{}^2 \cdot (B/D) \cdot F^* \cdot \pi_f]$ und den Gleichungen (11.50) und (11.7);

$$(p_{en}{}^2/\eta_B) = 4,205 \cdot 10^{14}\,N/(s \cdot m^2); \; \Delta T_{cp} = 0,86K; \; \Delta T_B = 4,3K; \; T_{cp} = 45,4°C;$$

$$\Delta T_B = 48°C; \; \eta_{cp} = 23\,mPas; \; \eta_B = 20,7\,mPas; \; p_{en} = \sqrt{(p_{en}{}^2/\eta_B) \cdot \eta_B}$$

$$= 3 \cdot 10^6\,N/m^2 = 30\,bar; \; D = \sqrt{(D^2 \cdot p_{en})/p_{en}} = 0,187m = 187mm;$$

$$B = (B/D) \cdot D = 187mm; \; \psi = 2C_R/D = 0,42 \cdot 10^{-3} = 0,042\%;$$

$$h_{min} = C_R(1-\varepsilon) = 23,4 \cdot 10^{-6}\,m = 23,4\,\mu m$$

2. *Verlustleistungen und Schmierstoffbedarf*

$$P_{tot} = P_{tot}^* \cdot F\omega C_R = 380,2\ W; P_p = P_{tot}/(1+P^*) = 126,7\ W;$$

$$P_f = P^* \cdot P_p = 253,4\ W; \; Q = P_p/p_{en} = 4,23 \cdot 10^{-5}\,m^3/s = 2,54\ l/min$$

3. *Strömungswiderstand und Abmessungen der Kapillare*

$$R_{cp} = 1,4 \cdot 10^{11}\,Ns/m^5 \text{ mit } a = 0,1; \; l_{cp} = 178mm \text{ und } d_{cp} = 1,07mm$$

4. *Überprüfung, ob laminare Strömung vorliegt*

$Re_{cp} = 492 < 2300$, daher laminar ($Re_{cp} < 1000$ bis 1500, daher Trägheitsanteil gering; $a = 0,1$)
$Re_p = 180 < 1000$, daher laminar

11.2.10.2 Hydrostatische Axialgleitlager

Es soll hier ein Mehrflächen-Axiallager mit Schmiertaschen und Kapillaren als Drosseln vorgestellt werden. Für die Berechnung gelten die in Abb. 11.44 angegebenen Bezeichnungen. Es wird angenommen, dass bei der Bestimmung der Tragkraft und des Schmierstoffdurchsatzes die Scher- gegenüber der Druckströmung vernachlässigt werden kann (gültig für kleine Umfangsgeschwindigkeiten). Außerdem bleiben die Tragfähigkeit und die Reibung im Stegbereich zwischen den Schmiertaschen unberücksichtigt.

Die Tragkraft F kann dann näherungsweise bestimmt werden aus

$$F = \frac{Z\varphi_p}{16}\left(\frac{p_{en}}{1+\xi}\right)\left(\frac{D_1^2 - D_2^2}{\ln(D_1/D_2)} - \frac{D_3^2 - D_4^2}{\ln(D_3/D_4)}\right)$$

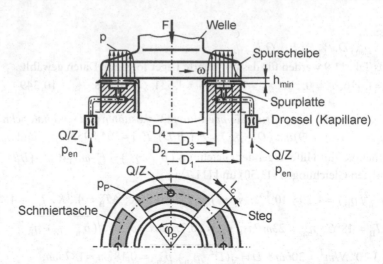

Abb. 11.44 Hydrostatisches Mehrflächen-Axialgleitlager (schematisch). F Lagerkraft; ω Winkelgeschwindigkeit der Spurscheibe, p Druckverteilung, p_P Taschendruck, p_{en} Zuführdruck (Pumpendruck), φ_P Umfangswinkel der Schmiertasche, Z Anzahl der Schmiertaschen, Q Schmierstoffdurchsatz des Lagers, D_1 Spurplattenaußendurchmesser, D_2 Schmiertaschenaußendurchmesser, D_3 Schmiertascheninnendurchmesser, D_4 Spurplatteninnendurchmesser, l_c Stegbreite in Umfangsrichtung auf dem mittleren Spurplattendurchmesser

mit dem Umfangswinkel der Schmiertasche $\varphi_p = (2\pi/Z) - 2l_c/D$ und dem mittleren Spurplattendurchmesser $D = (D_1 + D_4)/2$. Der Schmierstoffdurchsatz Q ergibt sich aus:

$$Q = \frac{Z\varphi_P}{12}\left(\frac{h_{min}^3}{\eta_B}\right)\frac{p_{en}}{1+\xi}\left(\frac{1}{\ln(D_1/D_2)} + \frac{1}{\ln(D_3/D_4)}\right) \tag{11.51}$$

Für das Reibungsmoment M_f gilt:

$$M_f = \frac{\pi}{32}\left(\frac{\eta_B\omega}{h_{min}}\right)(D_1^{\,4} - D_2^{\,4} + D_3^{\,4} - D_4^{\,4}) \tag{11.52}$$

Die Reibungsleistung P_f folgt aus $P_f = M_f\omega$ und mit der Pumpenleistung $P_p = p_{en}Q$ kann die Gesamtleistung $P_{tot} = P_f + P_p$ ermittelt werden. Das Drosselverhältnis ξ sollte bei $\xi = 1$ liegen und die Spaltweite h_{min} größer als

$$h_{lim} = 1,25\sqrt{(DRz)/3000}$$

sein mit D als dem mittleren Spurplattendurchmesser und Rz als dem Mittelwert der größten Profilhöhen der Spurscheibe jeweils in m.

11.2.11 Hydrostatische Anfahrhilfe

Wenn bei hydrodynamischen Gleitlagern häufiges Anfahren unter hoher Startlast
($\bar{p} > 2,5$ bis $3\ N/mm^2$), Trudelbetrieb mit niedrigen Drehzahlen oder sehr lange Auslauf-
zeiten auftreten, kann der Einsatz von hydrostatischen Anfahrhilfen empfehlenswert sein.
Hierzu werden eine oder zwei Schmiertaschen in der unteren Lagerschale im Kontaktbereich mit der Welle eingebracht, die mit einem unter Druck stehenden Schmierstoff von
einer externen Pumpe mit einem Pumpendruck von max. 200 bar beim Anheben und von
ca. 100 bar beim Halten der Welle versorgt werden.

11.2.12 Wartungsfreie und wartungsarme Gleitlager

Wartungsfreie Gleitlager zeigen ihre höchste Tragfähigkeit bei kleiner Gleitgeschwindigkeit. Hier können sie oft um ein Vielfaches höher belastet werden als hydrodynamische
Gleitlager, die bei niedriger Gleitgeschwindigkeit im Mischreibungsgebiet laufen. Mit zunehmender Gleitgeschwindigkeit U nimmt die ertragbare spezifische Belastung $\bar{p}$ jedoch
ab [$\bar{p}U \leq (\bar{p}U)_{zul}$], weil durch die zunehmende Reibungswärme die Lagertemperatur unzulässig hoch ansteigen würde. Typische Einsatzbereiche für unterschiedliche wartungsfreie Gleitlager sind in Abb. 11.45 dargestellt.

Als Lagerbauarten werden beispielsweise Sintergleitlager, metallkeramische Gleitlager,
Vollkunststofflager aus Thermoplasten oder Duroplasten, Gleitlager aus Verbundwerkstoffen oder aus Kunstkohle eingesetzt. Der typische Aufbau eines Gleitlagers aus Verbundwerkstoffen ist im Abb. 11.46 dargestellt.

Wartungsfreie Gleitlager benötigen für die Funktion einen gewissen Verschleiß, um den
Festschmierstoff (z. B. PTFE, Graphit) oder den Lagerwerkstoff selbst freizusetzen, wenn
dieser als Schmierstoff wirken soll. Der Festschmierstoff wird besonders beim Einlauf auf

Abb. 11.45 Zulässige
Betriebsbereiche für ver-
schiedene wartungsfreie bzw.
wartungsarme Gleitlager nach
[Ruß93]. 1 Gleitlager aus Sinterbronze, 2 Gleitlager aus Sintereisen, 3 metallkeramisches
Gleitlager, 4 Verbundgleitlager
mit Acetalharz, 5 Verbundgleitlager mit PTFE-Schicht, 6
Vollkunststoff-Gleitlager (Polyamid). (Der zulässige Einsatzbereich liegt jeweils unterhalb
der Kurve.)

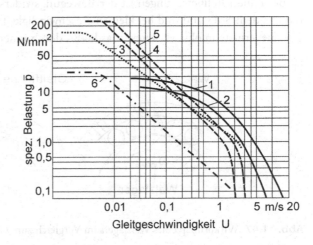

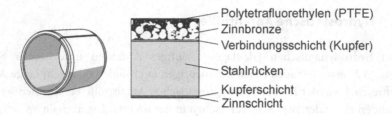

Abb. 11.46 Aufbau eines wartungsfreien Gleitlagers aus Verbundwerkstoffen nach [Ruß93]

den Gegenkörper übertragen und setzt dort die Rauheitstäler zu, so dass bei günstigen Bedingungen der Kontaktbereich zwischen Lager und Welle vollständig mit Festschmierstoff ausgefüllt ist. Die Berechnung der wartungsfreien Gleitlager umfasst die mechanische Belastbarkeit, die Lagertemperatur, wobei die richtige Erfassung der Wärmeabgabebedingungen entscheidend ist, den Verschleiß und damit die Lebensdauer [Ber00]. Anwendung finden wartungsfreie Gleitlager vor allem da, wo ein hydrodynamischer Schmierfilmaufbau wegen niedriger Gleitgeschwindigkeiten nicht möglich, eine hydrostatische Lagerung zu aufwendig oder ein Einsatz von flüssigen Schmierstoffen unerwünscht ist. Für Lager mit oszillierenden Schwenkbewegungen werden in weiten Bereichen des Maschinenbaus auch Gelenklager eingesetzt, die im Innen- und Außenring sphärische Gleitflächen besitzen [Sau86].

11.3 Wälzlager

11.3.1 Funktion und Wirkprinzip der Wälzlager

Wälzlager [DIN611] übertragen – wie auch *Gleitlager* – Kräfte zwischen relativ bewegten Maschinenteilen und legen ihre Lage zueinander fest. Durch Zwischenschaltung von *Wälzkörpern* wird das Gleiten durch ein Rollen mit kleinem Gleitanteil (*Wälzen*) ersetzt, Abb. 11.47.

Bei reinen Rollbewegungen ist der Bewegungswiderstand insbesondere beim Anfahren aus dem Stillstand und bei kleinen Geschwindigkeiten sehr gering; er entsteht durch Energieverluste infolge Hysterese, das heißt, durch innere Reibung im Werkstoff bei den

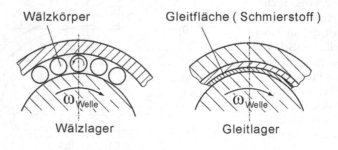

Abb. 11.47 Wirkprinzip eines Wälzlagers im Vergleich zum Gleitlager

zyklischen elastischen Verformungen während des Überrollens. Indem man Wälzkörper mit kreisförmigem Querschnitt zwischen die tangential relativ zueinander bewegten Wirkflächen schaltet, versucht man daher, das Gleiten weitestgehend durch ein Abrollen zu ersetzen.

Aufgrund der unterschiedlichen elastischen Verformungen der einander berührenden Körper, der Krümmung der Hertzschen Kontaktflächen und der Lagerkinematik wird die Abrollbedingung nie vollständig erfüllt und es überlagern sich mehr oder minder große Gleitanteile, so dass man zutreffender von einer „Wälzbewegung" spricht. Dementsprechend wäre ohne entsprechende Gegenmaßnahmen auch bei Wälzlagerungen mit Verschleiß zu rechnen, wenn auch in wesentlich geringerer Größenordnung als bei Gleitlagern.

Die typischen Schädigungsmechanismen sind plastische Verformungen durch die konzentrierten Belastungen bei statischer Beanspruchung und Wälzermüdung durch die zyklische Belastung bei dynamischer Beanspruchung. Die primäre Maßnahme zur Gewährleistung einer ausreichenden statischen und dynamischen Beanspruchbarkeit ist somit die Wahl geeigneter Werkstoffe und ihrer Wärmebehandlung.

Die Belastungen, die für die Wälzermüdung maßgeblich sind, werden aber durch die Rauheit der Wirkflächen und überlagerte Reibungsschubspannungen weiter erhöht. Aus diesem Grunde und zur Vermeidung von Verschleiß und Fresserscheinungen sind auch bei Wälzlagern reibungsmindernde Beschichtungen oder eine Trennung der Wirkflächen durch geeignete Zwischenstoffe erforderlich. Hier kommen dieselben Maßnahmen in Betracht wie bei Gleitlagern. Auch hier überwiegen flüssige Schmierstoffe. Der Aufbau des notwendigen Drucks im Schmierfilm erfolgt bei Wälzlagern ausschließlich nach dem hydrodynamischen Prinzip, wobei die Drücke wegen der konzentrierten Belastungen in den Hertzschen Punkt- oder Linienkontakten weitaus höher sind als in Gleitlagern; elastische Verformungen und die druckbedingte Viskositätszunahme der Fluide spielen dabei eine wesentliche Rolle. Da sich beide Oberflächen relativ zueinander gleichsinnig bewegen, sind die hydrodynamisch wirksamen Geschwindigkeiten höher; damit erfolgt eine Trennung der Festkörperoberflächen bereits bei sehr niedrigen Drehzahlen, was mit zum geringen Bewegungswiderstand beim Anlauf aus dem Stillstand beiträgt. Die Scherverluste sind gleichzeitig geringer als bei reinen Gleitbewegungen, so dass die Erwärmung und die damit verbundene Viskositätsabnahme auch bei extrem dünnen Filmen kleiner ausfallen; im Vergleich zu Gleitlagern ist daher der Bedarf an Schmierstoff zum Aufbau der Schmierfilme und zur Abfuhr der Reibungswärme geringer, so dass Fettschmierung oder eine Minimalmengenschmierung mit Öl in den meisten Anwendungsfällen ausreicht.

Weitere Vorteile sind, dass nicht nur radiale, sondern auch axiale und kombinierte Belastungen ohne großen zusätzlichen Aufwand aufgenommen werden können und dass ein annähernd spielfreier bzw. vorgespannter Betrieb leicht möglich ist. Wälzlager sind außerdem als einbaufertige Normteilbaureihen weltweit verfügbar.

Die Anforderungen an die Fertigungsgenauigkeit der Umbauteile sind allerdings hoch und der Ein- und Ausbau – außer bei Zylinderrollenlagern und Nadellagern – aufwendig, da Wälzlager – mit Ausnahme von Sonderausführungen – radial nicht teilbar sind. Der radiale Platzbedarf bei gleichem Wellendurchmesser ist höher als bei Gleitlagern, da auch bei *Nadelkränzen* zumindest der Durchmesser der Wälzkörper hinzukommt. Außerdem verändert sich die Steifigkeit im Takt der Wälzkörperüberrollfrequenz je nach der Stellung der Wälzkörper relativ zur Lastrichtung ständig, was eine Schwingungsanregung bedeutet. Da gleichzeitig die Dämpfung gering ist, sind die Geräuschemissionen höher als bei gleit- oder magnetgelagerten Systemen. Deshalb und wegen der Fliehkräfte, die auf die umlaufenden Teile – Wälzkörper und Käfige – wirken, sind die erreichbaren Drehzahlen im Allgemeinen geringer.

Problematisch ist weiterhin, dass eine dauerfeste Auslegung von Wälzlagerungen selten sinnvoll ist, die Lebensdauer im Zeitfestigkeitsbereich jedoch einer großen Streuung unterworfen ist. Es kann daher lediglich eine Überlebens-Wahrscheinlichkeit für eine hinreichend große Gruppe gleichartiger Lagerungen, wobei ein relativ großer Vertrauensbereich zu beachten ist. Die Lebensdauer von Wälzlagern reagiert überdies empfindlich auf feste und flüssige Verunreinigungen, Stromdurchgang, stoßartige Überlastungen und oszillierende Bewegungen kleiner Amplitude wie z. B. Stillstandserschütterungen.

11.3.2 Bauarten der Wälzlager

In allen Wälzlagern bewegen sich kugel- oder rollenförmige Wälzkörper, meist von einem *Käfig* gehalten, auf *Laufbahnen* hoher Festigkeit, Oberflächengüte und Formtreue, die in den *Innen-* bzw. *Außenring* des Lagers oder in die anschließenden Bauteile eingearbeitet sind, Abb. 11.48.

Entsprechend der Wälzkörpergeometrie unterscheidet man *Kugel-* und *Rollenlager*, Abb. 11.49. Rollen können als Zylinderabschnitte, als Kegelstümpfe oder als symmetrische bzw. asymmetrische Tonnen mit Kreisbogenprofil geformt sein. Theoretisch ergibt sich damit im unbelasteten Zustand eine *Linienberührung*, während Kugeln *Punktberührung* aufweisen, da der Kugelradius kleiner ist als die Laufbahnkrümmungsradien.

Abb. 11.48 Rillenkugellager

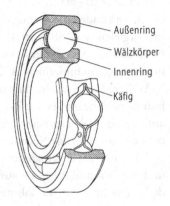

Außenring

Wälzkörper

Innenring

Käfig

Abb. 11.49 Punktberührung (Kugellager) mit Berührellipse und modifizierte Linienberührung (Rollenlager)

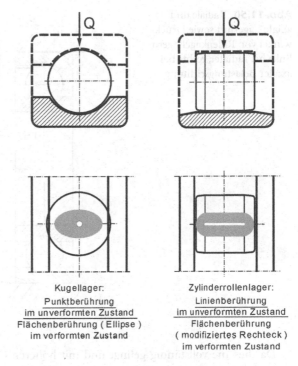

Kugellager:
Punktberührung
im unverformten Zustand
Flächenberührung (Ellipse)
im verformten Zustand

Zylinderrollenlager:
Linienberührung
im unverformten Zustand
Flächenberührung
(modifiziertes Rechteck)
im verformten Zustand

Unter Belastung bildet sich bei Punktberührung eine Berührfläche in Form einer Ellipse und bei reiner Linienberührung ein Rechteck aus. In der Praxis verwendet man eine *„modifizierte Linienberührung"*: um die bei reiner Linienberührung unvermeidlichen Spannungsspitzen an den Enden abzubauen, erhielten Zylinderrollen zunächst zu den Stirnflächen hin ballige Übergangszonen. Heute bevorzugt man für Zylinder- und Kegelrollen leicht konvexe (z. B. logarithmische) Profile, so daß auch bei mehreren Winkelminuten Schiefstellung zwischen Innen- und Außenring keine unstetigen Spannungsverläufe mit Spitzen auftreten.

Sphärische Rollen haben ähnlich Kugellagern einen geringfügig kleineren Profilkrümmungsradius als ihre Laufbahnen. Trotzdem übersteigt bei allen Rollenlagern die Ausdehnung der Berührfläche in axialer Richtung und damit auch die gesamte Berührflächengröße diejenige von Kugellagern wesentlich, so dass Rollenlager bei gleicher Baugröße und Ermüdungslebensdauer höhere Kräfte aufnehmen können. Da Rollen anders als Kugeln eine definierte Rotationsachse haben, müssen besondere Maßnahmen einen Schräglauf (*„Schränken"*) verhindern oder zumindest begrenzen. Die Rollen werden daher zwischen zwei *Borden* mit Spiel geführt (*Zylinderrollenlager*, frühere Bauformen von *Pendelrollenlagern* und *Tonnenlager*), an einem festen Bord oder an einem losen Führungsring mit *Spannführung* (*Kegelrollenlager*, *Pendelrollenlager*), vorwiegend durch den *Käfig* (*Nadellager*) oder durch Reibungskräfte zwischen Rollen und Laufbahnen (*Pendelrollen-* u. *Toroidalrollenlager*).

Abb. 11.50 Radiale und
axiale Lagerluft sowie Druckwinkel von Rillenkugellagern
links bei radialer, rechts bei
axialer Belastungsrichtung

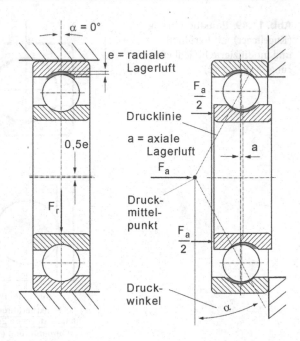

Da dies nie vollständig gelingt und mit höheren Gleitanteilenentweder in den Laufbahnen oder im Rolle-Bord-Kontakt erkauft wird, sind Rollenlager i. a. hinsichtlich der
Schmierung anspruchsvoller als Kugellager. Kugellager erreichen daher längere *Fettge-
brauchsdauern* und höhere Drehzahlen und neigen weniger zum katastrophalen Versagen.

11.3.2.1 Lager für rotierende Bewegungen

Entsprechend dem *Druckwinkel* α und damit der bevorzugten Lastrichtung unterschei-
det man *Radial-* $(\alpha = 0°)$, *Axial-* $(\alpha = 90°)$ und *Schräglager* $(0° < \alpha < 90°)$. Der Druckwinkel
gibt die Orientierung der *Drucklinie* an (die Senkrechte auf der Berührtangente zwischen
Wälzkörpern und bordloser Ringlaufbahn, Abb. 11.51, 11.53 und 11.54.

Der Schnittpunkt der Drucklinien mit der Lagerachse (der *Druckmittelpunkt*) ist ge-
dachter Angriffspunkt der äußeren Kräfte. Die axiale Tragfähigkeit nimmt mit dem
Druckwinkel zu, die Eignung für hohe Drehzahlen jedoch ab (ungünstigere Zerlegung
von Fliehkräften, größerer *Bohrschlupf*). Genaueres zum Thema „Bohrschlupf" enthält der
Abschnitt „Bewegungswiderstand und Referenzdrehzahlen der Wälzlager" im Abschnitt
„Berechnung der Wälzlager".

Rillenkugellager, [DIN625, DIN5401], Abb. 11.48 haben je nach resultierender Lastrichtung veränderliche Druckwinkel und werden dadurch bei Axialbelastung zu Schräglagern,
Abb. 11.50.

Rillenkugellager sind am vielseitigsten einsetzbar, da sie besonders kostengünstig und
schnell verfügbar sind, als Einzellager sowohl Radial- als auch Axialkräfte in beiden Richtungen aufnehmen, hohe Drehzahlen bei geringen Laufgeräuschen ertragen, geringe Ansprüche an die Schmierung stellen und den Schmierstoff wenig beanspruchen. Rillenku-

Abb. 11.51 Lager für ausschließlich radiale Belastung. **a, b, d** Zylinderrollenlager mit Borden an einem Ring: **a** Bauform NU, **b** Bauform N, **d** Bauform NN (zweireihig), **c** Nadellager, **e** Tonnenlager, **f** Toroidalrollenlager. ▼ radiale Last

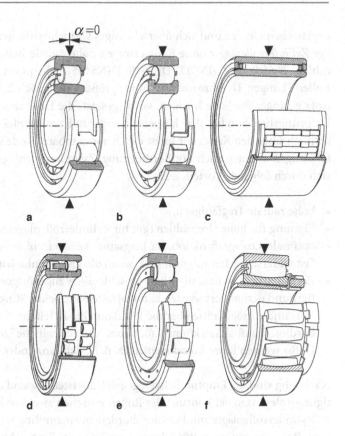

gellager werden in großer Stückzahl auch als befettete und abgedichtete Einheiten gefertigt. Die Standardausführung hat keine Einfüllnuten und daher eine beidseitig gleich hohe axiale Tragfähigkeit, allerdings weniger Kugeln. Sie nimmt auch geringe Kippmomente auf (daher z. B. in Spannrollen ein einzelnes Lager ausreichend). Für hohe radiale Belastungen gibt es zweireihige Lager. Rillenkugellager sind nicht zerlegbar. Aufgrund der relativ großen *Axialluft* sind mehrere Winkelminuten Schiefstellung zwischen den Lagerringen zulässig.

Lager für ausschließlich oder überwiegend radiale Belastung
Zylinderrollenlager [DIN5402, DIN5407, DIN5412] der Bauform NU Abb. 11.51a mit Führungsborden am Außenring gestatten das kostengünstige spitzenlose Schleifen der bordlosen Innenringlaufbahnen und deren visuelle Inspektion im Einbauzustand sowie die Demontage von Innenringen mit festem Sitz durch Erwärmen.

Bei horizontaler Welle bilden die Borde ein Ölreservoir, das beim Anfahren aus dem Stillstand hilft. Die ältere Bauform N (heute z. B. bei zweireihigen Zylinderrollenlagern NN für Werkzeugmaschinenspindeln) mit Führungsborden am Innenring erreicht bei drehender Welle und niedrigen Belastungen höhere Drehzahlen und Winkelbeschleunigungen, da die Rollensätze durch die Reibung an den Borden nicht gebremst, sondern angetrieben werden und sich überschüssiges Öl nicht zwischen den Borden staut. *Vollrollige Zylinderrollenlager* ohne Käfig ertragen hohe radiale Belastungen bei mäßigen Drehzahlen. *Nadellager* [DIN617, DIN618, DIN5405] haben eine große Zahl langer, dünner Rollen (Längen-Durchmesserverhältnis größer oder gleich 2,5), so dass die Tragfähigkeit trotz geringer Bauhöhe hoch ist, vorausgesetzt, die Laufbahnen fluchten sehr genau. Die Ursprungsbauform hat Wälzkörper mit abgerundeten Stirnflächen und führt diese hauptsächlich über den Käfig, der meist durch abnehmbare Borde gehalten wird; heutige Ausführungen arbeiten auch mit Bordführung. Zylinderrollenlager und Nadellager zeichnen sich durch folgende Vorteile aus:

- hohe radiale Tragfähigkeit,
- Eignung für hohe Drehzahlen (gilt für Zylinderrollenlager),
- optimale Loslagerfunktion, da langsame Axialverschiebungen in den Wälzkontakten fast widerstandsfrei möglich sind, wenn die Lager umlaufen,
- Zerlegbarkeit, so dass die Ringe einschließlich zugehöriger Rollensätze getrennt montiert und demontiert werden können; feste Sitze beider Ringe sind damit möglich, ohne Ein- und Ausbaukräfte über die Wälzkontakte zu leiten,
- bordlose Laufbahnen können auch vom Anwender in die Umbauteile integriert werden. Dafür werden Einzelkomponenten (z. B. Nadelkränze oder Nadelbüchsen) angeboten.

Nachteilig sind die Empfindlichkeit gegen Schiefstellung und die kostspieligen engen Fertigungstoleranzen bei Führung der Rollen zwischen zwei Borden.

Zylinderrollenlager mit Führungsborden an einem Ring und zusätzlichen Halteborden bzw. *Bordscheiben* oder *Winkelringen* am anderen Ring, Abb. 11.52, können bei ausreichender Radialbelastung auch dauernd geringe und kurzzeitig mittlere Axialkräfte aufnehmen und damit als *Festlager* oder *Stützlager* dienen (Steigerung der Axialbelastbarkeit durch neue, hydrodynamisch günstige „offene" Bordgeometrien). Die Bauform NJ hat einen Haltebord am Innenring für Axialkräfte in einer Richtung und ggf. einen Winkelring (HJ) für die andere Richtung (zusätzlicher axialer Bauraum!). Die Bauart NUP hat eine lose Bordscheibe und einen verkürzten Innenring (dadurch Breite wie Standardlager

Abb. 11.52 Lager für überwiegend radiale Belastung und kleine oder kurzzeitige axiale Zusatzlasten: Zylinderrollenlager mit Borden innen und außen. **a** Bauform NJ (nur einseitig axial belastbar), **b** Bauform NJ + HJ, **c** Bauform NUP ▼ radiale Hauptlast ▷ mögliche axiale Zusatzlast

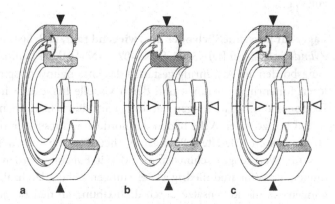

NU, aber kein Auffädelkegel für die Wälzkörper). Entsprechende Varianten sind auch in der Grundbauform N möglich. Für eine eindeutige Führung muß das Axialspiel zwischen den Führungsborden immer kleiner sein als zwischen den Halteborden und den Bordscheiben bzw. Winkelringen.

Toroidalrollenlager und *Tonnenlager* [DIN635] sind einreihige Radiallager mit hohlkugelförmigen (sphärischen) Laufbahnen und tonnenförmigen Rollen. Dadurch beeinträchtigen auch große Fluchtungsfehler und Schiefstellungen die Ermüdungslebensdauer und die Funktion nicht. Langsame Winkeländerungen erfolgen bei umlaufenden Lagern verschleißfrei und nahezu widerstandslos durch Querschlupf innerhalb der Wälzkontakte genauso wie bei *Pendelkugellagern* und *Pendelrollenlagern*, siehe Abschnitt „Schräglager" (Vorsicht jedoch bei schnellen Taumelbewegungen und großen Schiefstellungen bei umlaufendem Außenring!). Winkeleinstellbarkeit wird auch bei anderen Lagerbauarten erreicht, indem man die Außenringmantelfläche sphärisch gestaltet und in hohlkugelige Gehäuse einsetzt (z. B. *Y-Lager* als Abart der Rillenkugellager und spezielle Nadellager) oder Standardlager in die Bohrung von sphärischen Gelenkgleitlagern einbaut. (Nachteil: unvollkommene Einstellung bei Wellendurchbiegungen unter Last wegen Gleitreibung). Im Gegensatz zu den älteren Tonnenlagern werden die Rollen der Toroidalrollenlager nicht zwischen Borden, sondern durch Reibungskräfte geführt. Aufgrund der inneren Lagergeometrie entspricht einem kleinen Radialspiel eine so große Axialluft, dass das Lager anstelle eines Zylinderrollenlagers als Loslager verwendet werden kann (jedoch weniger montagefreundlich, da nicht zerlegbar).

Lager für ausschließlich oder überwiegend axiale Belastung
Reine Axiallager, Abb. 11.53, sind *Axialrillenkugellager*, [DIN711, DIN715, DINE-NISO683-17], *Axial-Zylinderrollenlager*, [DIN722], *Axialnadellager*, [DIN5404] und *Axialkegelrollenlager. Axialpendelrollenlager* [DIN728] und *Vierpunktlager* [DIN628] sind vom Druckwinkel her eigentlich Schräglager, können aber nur bei überwiegender Axialbelastung zusätzlich kleine Radialkräfte aufnehmen (sonst bei Vierpunktlagern keine kinematisch einwandfreie Zweipunktberührung und übermäßiger Bohrschlupf).

In Kombination mit Radiallagern werden Axiallager mit radialem Spiel zwischen Außenring und Gehäuse eingebaut, um Radialkräfte auszuschließen und damit die Aufgaben eindeutig zuzuordnen. Eine mit der Drehzahl zunehmende Mindestaxialbelastung ist erforderlich, damit die Wälzkörper trotz Fliehkräften und Kreiselmomenten kinematisch richtig abrollen. Nur Vierpunktlager können mit einer Wälzkörperreihe Axialkräfte in beiden Richtungen und Kippmomente aufnehmen. Die übrigen Axiallager wirken nur als zweireihige Ausführung oder als Lagerpaar zweiseitig. Axialpendelrollenlager sind winkeleinstellbar, die übrigen Axiallager reagieren empfindlich auf Schiefstellungen (ungleichmäßige Lastverteilung auf die Wälzkörper; Abhilfe durch ballige Gehäusescheiben, in Abb. 11.53a für Axialrillenkugellager dargestellt, Nachteil: Gleitreibung).

Andererseits gleichen Axialzylinderrollen-, Axialnadel- und asymmetrische Axialkegelrollenlager mit einer planen Scheibe radiale Verlagerungen der Welle durch Verschiebung im Lager reibungsfrei aus. Bohrschlupf tritt nur bei Axialkegelrollenlagern und

Abb. 11.53 Lager für ausschließlich oder überwiegend axiale Belastung. **a** einseitig wirkendes Axialrillenkugellager (hier winkeleinstellbar dank sphärischer Gehäusescheibe), **b** doppelseitig wirkendes Axialrillenkugellager, **c** Vierpunktlager, **d** Axialzylinderrollenlager mit unterteilten Rollen, **e** Axialkegelrollenlager, symmetrische Bauform, **f** Axialkegelrollenlager, asymmetrische Bauform, **g** Axialpendelrollenlager, ▼ axiale Hauptlast; ▷ mögliche radiale Zusatzlast; ↻Kippmoment

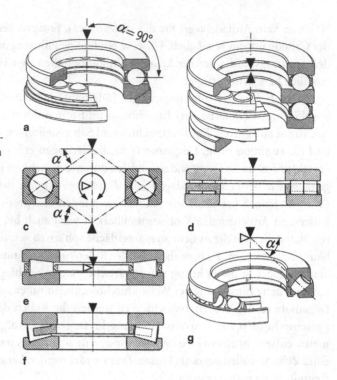

Axialpendelrollenlagern nicht auf, dafür Gleitreibung an den Borden. Die größte Bohrreibung haben Axialzylinderrollen- und Axialnadellager, weshalb die Wälzkörper häufig in Segmente unterteilt werden, die unterschiedliche Drehzahlen annehmen können.

Lager für radiale und axiale Belastungen (Schräglager)
Schräglager sind für radiale, axiale und kombinierte Belastungen geeignet, da die Drucklinien geneigt sind. Schräglager mit festen Druckwinkeln sind *Schulterkugellager*, [DIN615], *Schrägkugellager*, [DIN628], *Kegelrollenlager*, [DIN720], *Kreuzkegel-* und *Kreuzzylinderrollenlager*, *Pendelkugellager*, [DIN630] und *Pendelrollenlager*, [DIN635], Abb. 11.54, Rillenkugellager haben, wie in Abb. 11.50 erläutert, je nach resultierender Lastrichtung veränderliche Druckwinkel und werden dadurch nur bei Axialbelastung zu Schräglagern.

Einreihige Schrägkugellager und Kegelrollenlager nehmen Axialkräfte nur in einer Richtung auf. Durch den Druckwinkel entsteht bei Radialbelastung eine *innere Axialkraftkomponente*. Bei wechselnder axialer Belastungsrichtung oder radialen Belastungen, deren innere Axialkraftkomponente nicht durch eine *äußere Axialkraft* im Gleichgewicht gehalten wird, müssen Schräglager daher zusammen mit einem *Stützlager*, vorzugsweise einem weiteren Schräglager, für die jeweils andere Lastrichtung eingesetzt werden oder es sind *zweireihige Schrägkugellager* nach [DIN628], *zweireihige Kegelrollenlager, Kreuzzylinderrollenlager* oder *Kreuzkegelrollenlager* zu verwenden. Bei den Kreuzzylinder- und Kreuzkegelrollenlagern sind die Rollen, deren Durchmesser größer ist als ihre Länge, abwechselnd

Abb. 11.54 Lager für radiale
und axiale Belastungen
(Schräglager), **a** Schulterkugellager, **b** einreihiges Schrägkugellager, **c** zweireihiges
Schrägkugellager, **d** einreihiges
Kegelrollenlager, **e** Kreuzkegelrollenlager, **f** Kreuzzylinderrollenlager, **g** Pendelkugellager,
h Pendelrollenlager mit festen
Führungsborden, **i** Pendelrollenlager mit losem Führungsring.
▼ ► radiale bzw. axiale Last
☊ Kippmoment

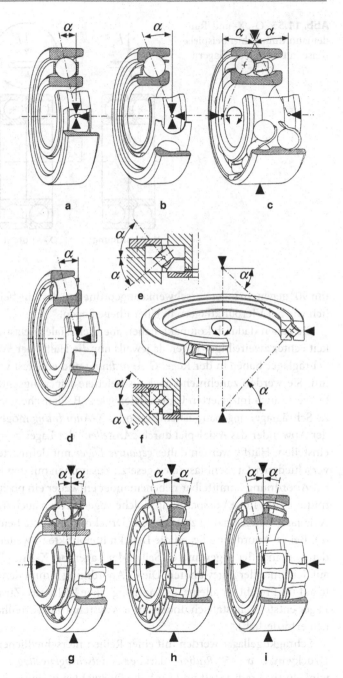

Abb. 11.55 O-, X- und Tandemanordnung, hier beispielsweise mit Schrägkugellagern

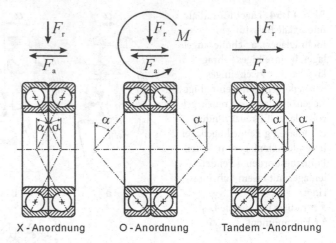

X - Anordnung   O - Anordnung   Tandem - Anordnung

um 90° gegeneinander verschwenkt angeordnet, so dass die beiden Wälzkörperreihen ähnlich wie bei Vierpunktlagern in einer Ebene liegen.

Sie bauen dadurch kompakt, haben aber bei axialer Belastung nur die halbe Tragfähigkeit echter zweireihiger Lager, da jeweils nur die Hälfte der Wälzkörper trägt. Zweireihige Schräglager haben in der Regel *O-Anordnung* und eine fest vorgegebene Fertigungslagerluft. Sie werden zunehmend auch als befettete Lagerungseinheiten mit Dichtungen und teilweise auch integrierten Umbauteilen wie z. B. Flanschen gefertigt. Werden zwei einzelne Schräglager angebaut, ist eine O- oder *X-Anordnung* möglich, Abb. 11.55. Dabei muss der Anwender das Axialspiel durch „*Anstellen*" der Lager gegeneinander bei der Montage einstellen. Häufig werden daher *gepaarte Lager* mit definierten *Fertigungslagerluftwerten* verschiedener Größenklassen eingesetzt. Zusammen mit den Einbaupassungen ergibt sich bei Anordnung unmittelbar nebeneinander entweder ein positives Lagerspiel oder leichte, mittlere bzw. hohe Vorspannung. Solche Lager werden auch im *Tandem* verbaut, um hohe Axiallasten gleichmäßig zu verteilen (Druckmittelpunkte beider Lager auf derselben Seite). Bei O-Anordnung liegen die Druckmittelpunkte in weitem Abstand voneinander auf den voneinander abgewandten Seiten der Lager, bei X-Anordnung in kleinerem Abstand auf den einander zugewandten. Die O-Anordnung nimmt daher beachtliche Kippmomente auf und reicht oft alleine als Lagerung einer Welle aus. Zusammen mit einem weiteren Lager entsteht ein statisch unbestimmtes System (nur vorteilhaft, wenn hohe Biegesteifigkeit erforderlich).

Schrägkugellager werden mit einer Reihe unterschiedlicher Druckwinkel gefertigt (bis Druckwinkel $\alpha = 45°$ *Radial*-, darüber *Axialschrägkugellager*). Lager mit kleinen Druckwinkeln sind radial steif und für hohe Drehzahlen geeignet, Lager mit großen Druckwinkeln axial steif und für hohe Drehzahlen weniger geeignet. Schrägkugellager sind zumindest im eingebauten Zustand nicht *zerlegbar*, wohl aber Schulterkugellager (veraltet); sie erlauben wegen der zylindrischen Laufbahnabschnitte auch eine begrenzte Axialverschiebung im Lager bei verringerter Tragfähigkeit wegen schlechter *Schmiegung* (das Verhältnis des Laufbahn- zum Wälzkörperkrümmungsradius). Kegelrollenlager sind zerlegbar und damit montagefreundlich (wie Zylinderrollen- und Nadellager, jedoch keine Loslagerverschiebung im Lager möglich). Wegen der Spannführung an nur einem Bord sind Kegelrollenlager kostengünstiger als Zylinderrollenlager (axiale Längentoleranzen unkritisch). Die kegelige Form der Rollen (für ein bohrschlupffreies Abrollen Schnittpunkt aller Wälzkörpermantellinien in einem Punkt auf der Lagerachse) erzeugt immer eine Kraftkomponente mit entsprechendem Gleitreibungsanteil auf den Bord. Da alle Kräfte primär als Normalkräfte über die Laufbahnen übertragen werden und im Gegensatz zu Zylinderrollenlagern NJ oder NUP nur ein Bruchteil einer äußeren Axialkraft am Bord wirksam wird, sind Kegelrollenlager auch rein axial belastbar (um so höher, je größer der Druckwinkel). Infolge der Neigung der Rollenachsen ist bei Kegelrollenlagern die Berührgeometrie zwischen Rollen und Bord für eine hydrodynamische Schmierung und genaue Führung der Rollen günstig (bei älteren Lagerausführungen erst nach Einlauf mit Verschleiß; dadurch anfänglich höhere Reibung, aber automatisierte Lufteinstellung über das Reibmoment leichter). Pendelkugellager und Pendelrollenlager sind zweireihige, nicht zerlegbare Schräglager, bei denen die Druckmittelpunkte der beiden Reihen zusammenfallen und die Außenringlaufbahn hohlkugelig ausgebildet ist. Dadurch sind sie wie die Tonnenlager und Toroidalrollenlager (siehe Abschnitt „Radiallager") in sich winkeleinstellbar. Im Gegensatz zu diesen sind Pendelkugellager und Pendelrollenlager – je nach Baureihe und Druckwinkel unterschiedlich hoch – axial belastbar. Wegen der ungünstigen Schmiegung zwischen Kugeln und Außenringlaufbahn sind Pendelkugellager weniger tragfähig als Rillenkugellager. Dank der Tonnenform der Wälzkörper haben Pendelrollenlager hingegen eine günstige Schmiegung und eine hohe Tragfähigkeit. Ältere Ausführungen mit festen Borden und anfänglich auch asymmetrischen Rollen sind heute durch symmetrische Rollen ohne festen Bord, teilweise mit losem Führungsring, verdrängt. Dadurch kann sich bei axialer Belastung selbsttätig ein größerer Druckwinkel einstellen. Eine übermäßige Axialbelastung im Verhältnis zur Radialkraft ist jedoch bedenklich, da dann eine Wälzkörperreihe völlig entlastet wird.

11.3.2.2 Linearwälzlager

Bei einfachen *Kugelführungen* und *Flachführungen* werden die Wälzkörper in Hülsen- bzw. leiterförmigen Käfigen gehalten, die dem Hub annähernd mit der halben Geschwindigkeit folgen. Dadurch ist der Weg begrenzt und es besteht infolge unsymmetrischen Schlupfes die Gefahr eines allmählichen Auswanderns in Längsrichtung. Bei *Kugelumlaufsystemen*, Abb. 11.56 (oben), und *Rollenumlaufschuhen* (unten) wird dies vermieden, indem die Wälzkörper durch entsprechende Bahnen wieder zum Anfang des Kontaktbereiches zurückgeführt werden.

Die Bauformen mit Kugeln laufen auf geraden, runden Stangen oder Profilen mit entsprechend bearbeiteten Oberflächen. Die Bauformen mit Rollen eignen sich für Flachführungen mit ebenen Gegenflächen.

Abb. 11.56 Linearwälzlager
(Längsführungen)

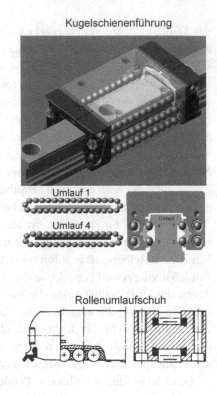

Kugelschienenführung

Umlauf 1

Umlauf 4

Rollenumlaufschuh

11.3.3 Wälzlagerkäfige

Lagerkäfige, Abb. 11.57, haben je nach Lagerbauart unterschiedliche Aufgaben:

- Weiterleitung von Massen- und Schlupfkräften,
- Verhinderung einer unmittelbaren Berührung der Wälzkörper, da sich dann wegen der einander entgegengerichteten, gleich großen Umfangsgeschwindigkeiten kein hydrodynamischer Schmierfilm aufbauen kann (nur bei niedrigen Geschwindigkeiten zulässig, siehe vollrollige Lager),
- gleichmäßige Verteilung der Wälzkörper bei teilgefüllten Lagern (z. B. Rillenkugellager),
- Führung der Wälzkörper, d. h. Begrenzung des Schräglaufes („Schränken") vorwiegend bei Nadellagern.

Die Mehrzahl der Käfige ist *wälzkörpergeführt*, entweder über *Stege* auf den äußeren Mantelflächen der Wälzkörper oder über *Bolzen* in den Bohrungen hohler Rollen (dadurch größere Rollenanzahl). Bei hohen Beschleunigungen und Drehzahlen werden *bordgeführte Käfige* eingesetzt. Dabei sind einteilige *Fensterkäfige* mehrteiligen genieteten, geklammerten, geschweißten oder geschraubten Ausführungen vorzuziehen, da diese Verbindungen eine Schwachstelle darstellen. *Kunststoffkäfige* (meist aus glasfaserverstärktem Polyamid, für hohe Temperaturen auch aus Polyimid, Polyethersulfon und Polyetheret-

Abb. 11.57 Verschiedene Bauformen von Wälzlagerkäfigen

Messingmassivkäfige für
ein Schrägkugellager   ein Zylinderrollenlager

Stahlblechkäfige für
ein Schrägkugellager   ein Zylinderrollenlager

Kunststoffkäfige für
ein Kegelrollenlager   ein Zylinderrollenlager

herketon gespritzt, für hohe Drehzahlen aus harzgetränkten gewickelten Textilfasern) werden auch bei Führung auf den Wälzkörpern einteilig gestaltet; infolge ihrer Elastizität können die Wälzkörper in die Taschen einschnappen. Sie bauen Zerrkräfte elastisch ab und haben gute Notlaufeigenschaften (kein katastrophales Versagen mit Blockieren des Lagers). Weitere gängige Käfigwerkstoffe sind Messing und Stahl, in Sonderfällen Leichtmetall. Aus ihnen werden entweder *Massivkäfige* spanend gefertigt bzw. gegossen oder *Blechkäfige* geformt. Stahlblechkäfige werden phosphatiert; bei selbstschmierenden Käfigen für Spezialanwendungen sind in die Matrix (z. B. Polyimid) Festschmierstoffe (z. B. MoS_2 oder PTFE) eingelagert, die sich auf die Wälzkörper übertragen, oder man versilbert metallische Käfige.

11.3.4 Wälzlagerwerkstoffe

Die Tragfähigkeit der Wälzlager beruht darauf, daß die wälzbeanspruchten Werkstoffe sehr rein und in den hochbeanspruchten Zonen ausreichend hart und zäh sind. Dies wird durch entsprechende Erschmelzungsverfahren und Vergüten (Härten und anschließendes Anlassen) auf $670 + 170$ HV erreicht. Dazu müssen Standard-Wälzlagerstähle *durchhärtbar*, *einsatzhärtbar* oder für Flamm- und Induktionshärtung geeignet sein, z. B.:

- durchhärtender Stahl 100 Cr 6 oder
- Einsatzstahl 17 MnCr 5

Wälzkörper werden meist durchgehärtet (mit Ausnahme hohlgebohrter Rollen z. B. im Verband mit Bolzenkäfigen). Wälzlagerringe kleiner und mittlerer Durchmesser werden in Europa ebenfalls meist durchgehärtet, in USA (insbesondere bei Kegelrollenlagern) jedoch vorwiegend einsatzgehärtet. Bei Lagern mit geringen Anforderungen an die Tragfähigkeit werden auch *naturharte Stähle* eingesetzt, in Spezialanwendungen mit hohen Temperaturen, z. B. Triebwerkslagern, *warmfeste Stähle*. *Hybridlager* mit Stahlringen und Keramikwälzkörpern (z. B. aus Siliziumnitrid) eignen sich wegen deren geringerer Dichte besonders für hohe Drehzahlen und stellen geringere Ansprüche an die Schmierung (vollständig keramische Lager für extrem hohe Temperaturen und aggressive Medien). Im Kontakt mit Lebensmitteln und korrosiven Medien bei niedrigen Belastungen setzt man *Kunststofflager* ein, bei höheren Belastungen *korrosionsbeständige Stähle*, von denen es auch härtbare oder nicht magnetisierbare Varianten gibt. Bei unzureichender Schmierung werden *Beschichtungen* aufgebracht, z. B. Wolframkarbid-Kohlenstoff im PVD- Verfahren.

11.3.5 Bezeichnungen für Wälzlager

Kurzzeichen für Wälzlager setzen sich nach [DIN623] Teil 1 aus *Vorsetzzeichen*, *Basiszeichen* und *Nachsetzzeichen* zusammen. Vorsetzzeichen bezeichnen Teile von vollständigen Wälzlagern, z. B.: L freier Ring eines nicht selbsthaltenden Lagers, R der dazu gehörige andere Ring mit dem Rollenkranz, Basiszeichen Art und Größe des Lagers, Tab. 11.10.

Die Abmessungen (Bohrung d, Außendurchmesser D, Breite B) der Wälzlager sind so aufgebaut, dass jeder Lagerbohrung mehrere Breitenmaße und Außendurchmesser zugeordnet sind, um einen großen Lastbereich abzudecken [DIN616]. Die Stufung erfolgt für Radiallager nach *Breitenreihen* (7, 8, 9, 0, 1, 2, 3, 4, 5, 6) und *Durchmesserreihen* (7, 8, 9, 0, 1, 2, 3, 4, 5). Durch Verbindung der beiden Kennzahlen (B vor D!) wird die *Maßreihe* gebildet, Abb. 11.58. Daneben gelten Maßpläne für Kegelrollenlager und Axiallager (Höhenreihe 7, 9, 1, 2; Durchmesserreihe 0, 1, 2, 3, 4, 5). Für Bohrungsdurchmesser von 20 bis 480 mm wird die Bohrungskennzahl angegeben. Ausgenommen für die Lagergrößen bis $d = 17$ mm Bohrung ergibt sich d in mm durch Multiplikation der Bohrungskennzahl mit 5. Zum Beispiel bedeutet das Basiskennzeichen 6204: Rillenkugellager einreihig (La-

Tab. 11.10 Basiszeichen für Wälzlager

Lagerreihe			
Lagerart s. DIN 623	Maßreihe		Zeichen für Lagerbohrung s. DIN 623
	Breiten- oder Höhenreihe	Durchmesser-reihe	
	s. DIN 616		
Beispiel Pendelrollenlager:			
2	3	0	04

Abb. 11.58 Aufbau der Maßpläne für Radiallager

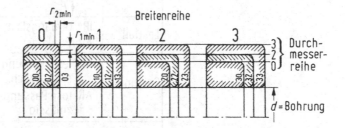

gerreihe 62), Maßreihe 02 (Breitenreihe 0, sie wird bei Rillenkugellagern in der Bezeichnung weggelassen, Durchmesserreihe 2), Bohrung $d = 5 \times 04 = 20$ mm, aus der Breitenreihe 0 ($B = 14$ mm) und aus der Durchmesserreihe 2 ($D = 47$ mm). Bei Bohrungsdurchmessern unter 20 und über 480 mm ersetzt die Millimeterangabe (teilweise durch Schrägstrich getrennt) die Bohrungskennzahl. Für Kegelrollenlager sieht [DINISO355] eine neue Kennzeichnung vor: T für Kegelrollenlager (engl. taper), anschließend die Winkelreihe (2, 3, 4, 5, 7) für den Druckwinkel α, die Durchmesserreihe (B, C, D, E, F, G), die Breitenreihe (B, C, D, E) und der dreistellige Bohrungsdurchmesser in mm. Die Nachsetzzeichen kennzeichnen die Stabilisierungstemperatur, Dichtungs- und Käfigausführung, Genauigkeit, Lagerluft etc.

11.3.6 Gestaltung und konstruktive Integration von Wälzlagerungen

11.3.6.1 Lagersitze, axiale und radiale Festlegung der Lagerringe

Zur axialen Festlegung von Lagerringen dienen Gehäusedeckel, Achskappen, Muttern, Sprengringe, Spann- und Abziehhülsen, [DIN981, DIN5406, DIN5416, DIN5417, DIN5418]. Eine radiale Abstützung über feste Sitze ist wo möglich vorzuziehen (Vermeidung von Relativbewegungen mit Passungsrostbildung insbesondere bei Schwingungen z. B. in Fahrzeugen, gute Unterstützung der Lagerringe zur Vermeidung von Biegespannungen und zur Verteilung der Belastung auf möglichst viele Wälzkörper). *Lose Passungen* oder *Übergangssitze* sind aber häufig erforderlich, um Axiallager radial freizusetzen, nicht

Abb. 11.59 Passungswahl
abhängig vom Lastfall

Bewe-gung	IR	rotiert	steht still	steht still	rotiert
	AR	steht still	rotiert	rotiert	steht still
	LR	unver-änderlich	rotiert mit AR	unver-änderlich	rotiert mit IR
Schema		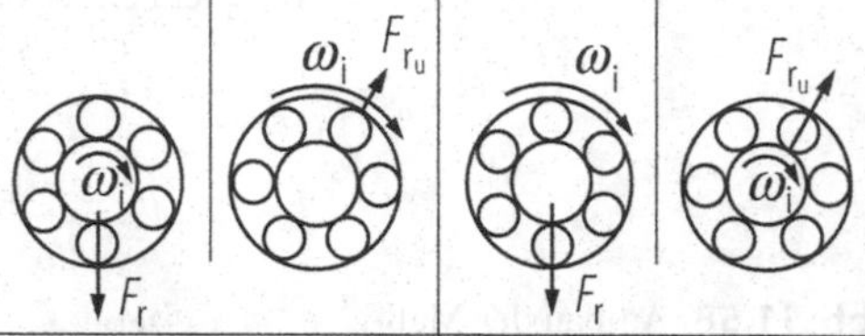			
Lastfall		IR: Umfangslast AR: Punktlast		IR: Punktlast AR: Umfangslast	
Passung		IR: feste Passung erforderlich AR: lose Passung zulässig		IR: lose Passung zulässig AR: feste Passung erforderlich	
IR - Innenring AR - Aussenring LR - Lastrichtung					

zerlegbare Lager einzubauen, ohne die Wälzkontakte zu beschädigen und in sich nicht verschiebbare Lager als Loslager einzusetzen. Sie sind nur bei nicht umlaufender radialer Lastrichtung (Punktlast) relativ zum betrachteten Lagerring zulässig. Das Größtspiel ist möglichst klein zu halten, um den Lagerring ausreichend zu unterstützen. Eine umlaufende Lastrichtung (Umfangslast) erfordert in der Regel, eine unbestimmte meist einen *Festsitz* (sonst Passungsrost und Verschleiß). Eine übermäßige Streuung der Einbaulagerluft bis hin zu unzulässigen Verspannungen, zu lose Sitze oder zu große Zugspannungen in den Ringen sind dabei durch enge Tolerierung zu vermeiden (Hinweise zur Wahl des Sitzcharakters bei verschiedenen Lastfällen in Abb. 11.59, detaillierte Empfehlungen zur Passungswahl in den Katalogen der Wälzlagerhersteller). Dabei ist zu beachten, dass nach [DIN620] Innen- und Außendurchmesser der Lager jeweils vom Nennmaß aus nach Minus toleriert sind, so dass sich mit einer Einheitsbohrung ein Schiebesitz und mit einer Einheitswelle ein Übergangssitz ergibt, entsprechend dem häufigsten Lastfall mit Punktlast für den Innenring und Umfangslast für den Außenring. Die Außenringe von zur reinen Axialkraftaufnahme radial freigesetzten Lagern werden mit Haltenut und Stift am Mitdrehen gehindert ebenso wie Außenringe, die trotz unbestimmter radialer Lastrichtung nur einen Übergangssitz erhalten (z. B. bei geteilten Gehäusen); ein axiales Festklemmen von Lagerringen reicht grundsätzlich nicht aus.

Aufgrund der geringen Dicke der Lagerringe sind starre Lagersitze mit geringen Form- und Lageabweichungen vorgeschrieben. Für die Lager selber sieht [DIN620] die *Toleranzklassen* P0 (Normaltoleranz) P6, P6X, P5, P4 und P2 (in der Reihenfolge steigender Genauigkeit) vor. Für hochgenaue Lagerungen z. B. von Werkzeugmaschinenspindeln

Abb. 11.60 Wälzlagertoleranzen und Auswahl von ISO-Toleranzen für Wellen und Gehäuse [DIN5425]

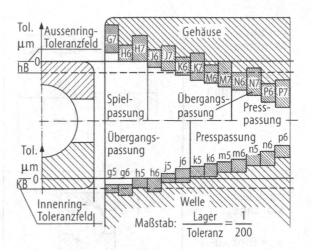

werden auch die Toleranzklassen SP (Spezial-Präzision), UP (Ultra-Präzision) und HG (hochgenau) verwendet. Zöllige Kegelrollenlager gibt es in den Toleranzklassen Normal und Q3 (Abb. 11.60).

11.3.6.2 Lagerluft

Die *Radial-* bzw. *Axialluft* ist das Maß, um das sich die Lagerringe in radialer bzw. axialer Richtung von einer Endlage in die andere gegeneinander verschieben lassen. Außer bei Zylinderrollenlagern gibt es eine eindeutig durch die innere Lagergeometrie festgelegte Beziehung zwischen radialer und axialer Lagerluft. Die *Betriebslagerluft* resultiert aus der *Einbaulagerluft*, Abb. 11.61 und Luftänderungen durch Temperaturdifferenzen, Abb. 11.62. Die Einbaulagerluft ergibt sich aus der *Herstelllagerluft* und Durchmesseränderungen der Laufbahnen infolge von Passungsübermaßen. Diese Einflüsse müssen bei der Wahl der Herstelllagerluft beachtet werden. Für unterschiedliche Einsatzbedingungen werden die Luftklassen C1, C2, CN (früher C0: Normalluft, in der Lagerbezeichnung nicht angegeben), C3, C4 und C5 (in der Reihenfolge wachsender Luft) gefertigt. Die Einbaulagerluft muss ausreichen, um unzulässig hohe Verspannungen durch Temperaturunterschiede sicher zu vermeiden. Bei Rillenkugellagern ist zu beachten, dass die Druckwinkel und damit die axiale Belastbarkeit mit steigender Betriebslagerluft zunehmen. Bei Toroidalrollenlagern gilt dies für die mögliche Axialverschiebung im Lager. Ansonsten sollte die Betriebslagerluft aber in Hinblick auf eine möglichst gleichmäßige Lastverteilung auf die Wälzkontakte im Lager, die Führungsgenauigkeit und die Steifigkeit im Idealfall gerade nur so groß sein, dass keine Funktionsstörung oder Verminderung der Lebensdauer eintritt. Mit zunehmender radialer Belastung verlagert sich das Optimum vom Wert Null in den Vorspannungsbereich. Weiterführende Literaturstellen zu diesem Abschnitt sind zu finden in z. B. [Alb87, Brä95, Esch64, Ham71, Jür53].

11.3.6.3 Fest-Loslager-Anordnung

Wellen müssen durch ein oder, je nach Lastrichtung abwechselnd, durch zwei Lager axial positioniert werden. Das jeweils nicht führende Lager muss – außer bei Anstellung von

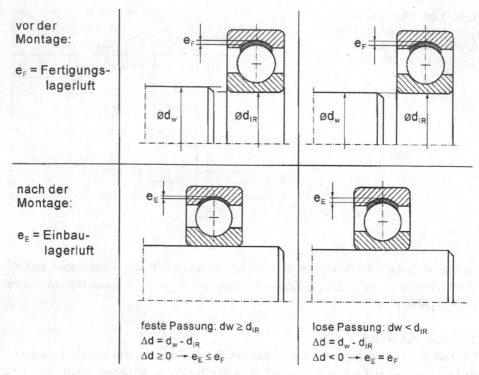

Abb. 11.61 Einbaulagerluft

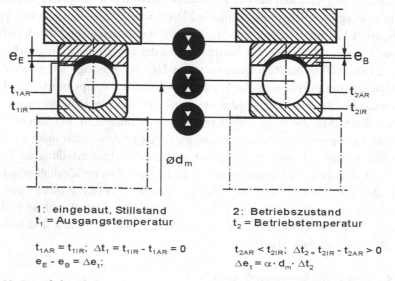

Abb. 11.62 Betriebslagerluft

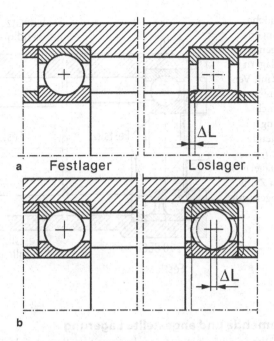

a Festlager Loslager

ΔL

b

Abb. 11.63 Fest-Los-Lagerungen (Prinzip) mit *Loslagerverschiebung* im Lager (**a**, *oben*) und zwischen Außenring und Gehäuse (**b**, *unten*), hier für nicht umlaufende Lastrichtung (*Punktlast*) am Außenring und umlaufende (*Umfangslast*) am Innenring

Schräglagern – axial beweglich sein, um unzulässige Verspannungen aufgrund der Längentoleranzen bzw. ungleicher Wärmedehnung der Welle und des Gehäuses zu vermeiden. Bei *Fest-Loslagerung*, Abb. 11.63, führt das *Festlager* in beiden Richtungen. Dafür eignen sich axial beidseitig belastbare Lager oder Lagerpaare, also Rillenkugellager, zweireihige oder gepaarte Schräglager in O- oder X- Anordnung, Abb. 11.55, Pendelrollenlager und Pendelkugellager, doppelseitig wirkende Axiallager und Zylinderrollenlager mit Halteborden. Als *Loslager* eignen sich besonders Lager für rein radiale Belastung, also Zylinderrollenlager Abb. 11.51a und b und Nadellager Abb. 11.51c und Toroidalrollenlager Abb. 11.51f. Sie erlauben die günstigere Verschiebung in den Wälzkontakten des Lagers (bei rotierendem Lager annähernd widerstandslos, Presssitz für beide Ringe erlaubt). Rillenkugellager, Abb. 11.48 und 11.64 (oben), zweireihige Schräglager wie Pendelrollenlager, Pendelkugellager und Schrägkugellager und Schräglagerpaare in X- oder O-Anordnung als Loslager erfordern, dass der Innenring auf der Welle oder der Außenring im Gehäuse verschiebbar ist (Nachteil: Reibungswiderstand, Gefahr der Passungsrostbildung, des Verschleißes oder des Ausschlagens der Sitze; Abhilfe: auf Schneiden oder elastisch gelagerte Gehäuse).

Sie haben andererseits den Vorteil, dass über eine starre Anstellung (vorwiegend bei Schräglagerpaaren) oder über Federn (vorwiegend bei Rillenkugellagern) eine Mindestbelastung sichergestellt werden kann.

Abb. 11.64 Zwei mögliche konstruktive Ausführungen von Fest-Los-Lagerungen. **a** (*oben*) mit Rillenkugellagern als Fest- und Loslager (mit Verschiebung zwischen Außenring und Gehäuse für nicht umlaufende Lastrichtung am Außenring und umlaufende am Innenring), **b** (*unten*) mit gepaarten Schrägkugellagern als Festlager und einem Zylinderrollenlager als Loslager (mit innerer Verschiebung)

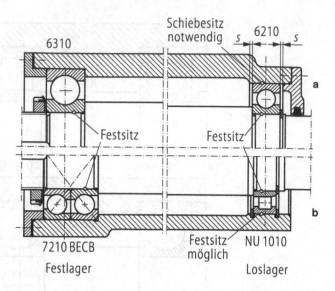

11.3.6.4 Schwimmende und angestellte Lagerung

Eine wechselseitige Führung durch zwei Lager kann mit großem Axialspiel als *schwimmende* bzw. *Trag-Stützlagerung* Abb. 11.65 oder mit definiertem kleinen Axialspiel oder axialer Vorspannung als *angestellte Lagerung* (Abb. 11.66) ausgeführt werden (schwimmende Lagerungen mit Rillenkugellagern und Zylinderrollenlagern mit einem Haltebord; bei Rillenkugellagern i. d. R. beide Lager mit Schiebesitzen innen oder außen; starr angestellte Lagerungen i. d. R. mit Schräglagern). Oft stellt man die Lager über Federn axial gegeneinander an, um die Steifigkeit und die Laufruhe zu erhöhen bzw. eine Mindestbelastung sicherzustellen (bei häufigen Richtungswechseln der Axialkraft mit Überschreitung der Federvorspannung Anlagewechsel mit Gleitbewegungen, dann ist eine Fest-Loslager-Anordnung mit federbelastetem Loslager besser, Abb. 11.66a gestrichelt).

Federanstellung wird vorwiegend mit Rillenkugellagern ausgeführt und hat den Vorteil eines zwanglosen Ausgleichs von Toleranzen und thermisch bedingten Längenänderungen. Sie hat meist den Zweck, Geräuschemissionen zu minimieren; dies ist z. B. bei Elektromotoren in Haushaltsgeräten wichtig.

Bei Schräglagern ist die *starre Anstellung* funktionssicherer; bei Federanstellung können Innen- und Außenring unter unzulässiger Spielvergrößerung und ggf. Druckwinkeländerung auseinandergleiten, wenn die innere Axialkraftkomponente die Federvorspannung übersteigt. Bei starrer Anstellung wird die Luft in der Einbausituation über Muttern oder Schrauben eingestellt oder über Passscheiben bzw. zugepasste Zwischenringe festgelegt, Abb. 11.65 und 11.66b).

Bei entsprechend genauer Fertigung der Lagersitze kann mit Hilfe gepaarter Lagersätze oder universell paarbarer Lager die Lufteinstellung beim Einbau entfallen. Bei starrer Anstellung beeinflussen Wärmedehnungen im Allgemeinen die Lagerluft; nur bei Schräglagern in O-Anordnung gibt es einen optimalen Lagerabstand, bei dem sich radiale und axiale Wärmedehnungen genau kompensieren, Abb. 11.67b. Eine starre Anstellung mit

Abb. 11.65 Zwei Möglichkeiten der schwimmenden Lagerung

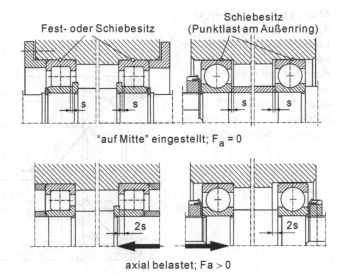

Fest- oder Schiebesitz

Schiebesitz (Punktlast am Außenring)

"auf Mitte" eingestellt; $F_a = 0$

axial belastet; $F_a > 0$

Abb. 11.66 Zwei Varianten einer starr angestellten Lagerung (Prinzip)

Vorzugsweise bei Schiebesitz an den Außenringen (wenn dort Punktlast) und Festsitz an den Innenringen; Nachteil:
starke Luftänderung bei Temperaturdifferenzen zwischen Welle und Gehäuse

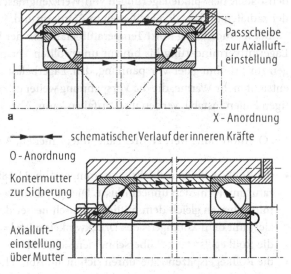

Passscheibe zur Axialluft-einstellung

a   X - Anordnung

→——← schematischer Verlauf der inneren Kräfte

O - Anordnung

Kontermutter zur Sicherung

Axialluft-einstellung über Mutter

Vorzugsweise bei Schiebesitz an den Innenringen (wenn dort Punktlast) und Festsitz an den Außenringen; geringe oder keine Luftänderung bei Temperaturdifferenzen zwischen Welle und Gehäuse

b

Abb. 11.67 Zwei konstruktive Ausführungen angestellter Lagerungen (nicht umlaufende Lastrichtung für die Außenringe und umlaufende für die Innenringe). **a** (*oben*) mit federnd angestellten Rillenkugellagern, **b** (*unten*) mit starr angestellten Schrägkugellagern

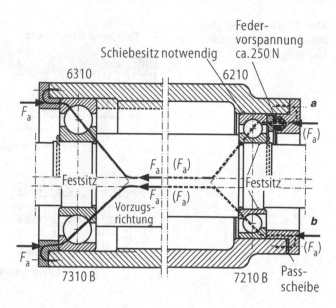

Vorspannung ist z. B. bei Radlagern von Fahrzeugen erforderlich, um die die Lastverteilung auf die Wälzkörper zu vergleichmäßigen und damit eine ausreichende Ermüdungslebensdauer zu erzielen, siehe Abschn. 1.1.1.1, statische bzw. dynamische Tragfähigkeit, Lebensdauer. Bei Spindellagerungen von Werkzeugmaschinen steht hingegen die Erhöhung der radialen und axialen Steifigkeit im Vordergrund.

Bei X-Anordnung führt Temperaturgefälle von der Welle zum Gehäuse immer zu einer Lagerluftverminderung bis hin zur ungewollten Verspannung, bei verspannten Lagerungen zur Erhöhung der Vorspannung, d. h. Lagerbelastung und Reibmoment steigen; damit entsteht mehr Wärme, die die Vorspannung weiter erhöht, wodurch das System in ungünstigen Fällen instabil werden und ausfallen kann, Abb. 11.68a.

Bei O-Anordnung werden drei Fälle unterschieden, Abb. 11.68b, c, d:

- die Rollkegelspitzen R fallen zusammen, Abb. 11.68b – die Lagerluft bleibt von Temperaturunterschieden unbeeinflusst. Dies gilt dann, wenn der axiale Abstand l der Lagermittelebenen gleich dem mittleren Durchmesser der Außenringlaufbahn d_{ma} multipliziert mit dem Kotangens des Druckwinkels α ist: $l = d_{ma} \cot\alpha$
- die Rollkegelspitzen R überschneiden sich, Abb. 11.68c – die Lagerluft wird kleiner
- die Rollkegelspitzen R berühren sich nicht, Abb. 11.68d – die Lagerluft wird größer

Die angestellten Betrachtungen gelten nur, wenn:

- Welle und Gehäuse aus dem gleichen Werkstoff bestehen
- Innenring und die gesamte Welle die gleiche Temperatur T_1 aufweisen
- Außenring und gesamtes Gehäuse die gleiche Temperatur T_2 aufweisen
- $T_1 > T_2$ ist

Abb. 11.68 Angestellte
Lagerung in X- und O-An-
ordnung mit unterschiedlichen
Lagerabständen

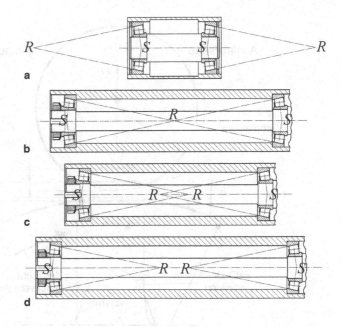

11.3.7 Wälzlagerschmierung

Allgemeines
Fette, Öle und *Festschmierstoffe* erfüllen bei der Wälzlagerschmierung folgende Aufgaben:

- Verhinderung oder Verminderung von Verschleiß an Kontaktstellen mit gleitenden Be-
  wegungsanteilen,
- Abbau von Spannungsspitzen und zusätzlichen Reibungsschubspannungen an der
  Oberfläche der Wälzkontakte, die zu vorzeitiger Ermüdung führen können,
- Korrosionsschutz und
- Kühlung, indem sie die Abfuhr der Verlustleistung aus dem Lager unterstützen (nur mit
  Ölen bei ausreichender Durchströmung möglich).

Die beiden ersten Aufgaben erfordern es, die metallischen Oberflächen durch einen *hydrodynamischen Flüssigkeitsfilm* oder eine schützende *Reaktionsschicht* zu trennen. Bei
der hydrodynamischen Schmierfilmbildung spielen bei Punkt- und Linienberührung die
elastischen Verformungen eine wesentliche Rolle, so daß man von *elastohydrodynamischer Schmierung* spricht. Dadurch ergibt sich ein etwas anderer Druckverlauf als nach
Hertz, Abb. 11.69. Man kann nach der Theorie von Dowson und Higginson berechnen
[Dow77], ob die Schmierfilmdicke die Rauheiten der Oberflächen weit genug übersteigt
oder überprüfen, ob die tatsächliche bei Betriebstemperatur vorliegende kinematische Viskosität v mindestens die erforderliche Viskosität v_1 erreicht (d. h.: ein *Viskositätsverhältnis*
$\kappa = v / v_1$ größer als eins) [Brä95, Har91, Schm85, Schr88].

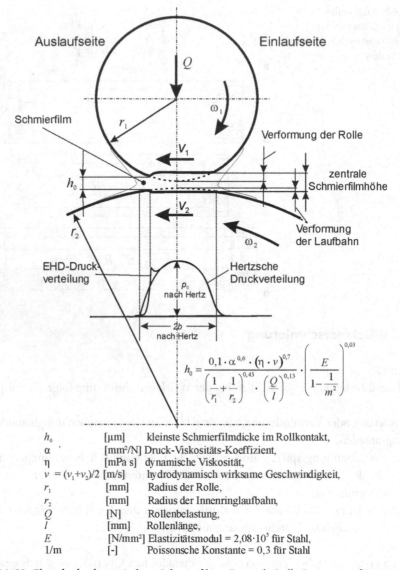

Abb. 11.69 Elastohydrodynamischer Schmierfilm, Beispiel Rolle/Innenring [Brä95, Dow77, Esch64], siehe auch Abschn. 10.5.5

Die *Bezugsviskosität* v_1 reicht bei gegebener Rollgeschwindigkeit im Wälzkontakt gerade zur vollständigen Trennung der Oberflächen aus. Sie ist in Abb. 11.70 abzulesen, wobei die Rollgeschwindigkeit durch die Drehzahl und den mittleren Durchmesser des Lagers gegeben ist, oder lässt sich nach folgenden Gleichungen berechnen:

$$v_1 = 45.000n^{-0,83}d_{\mathrm{m}}^{-0,5} \text{ für } n < 1000 \, \mathrm{min}^{-1} \quad (11.53)$$

Abb. 11.70 Mindestviskosität von Mineralölen für vollständige hydrodynamische Trennung der Oberflächen in den Wälzkontakten (kinematische Bezugsviskosität v_1) in Abhängigkeit des mittleren Lagerdurchmessers d_m und der Lagerdrehzahl n [SKF94]

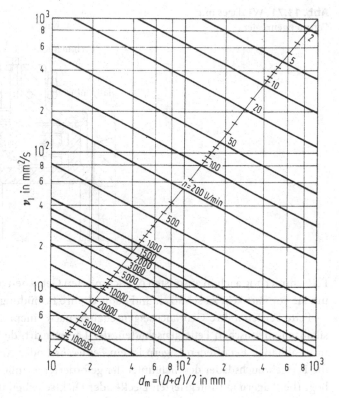

$$v_1 = 4500n^{-0{,}5}d_m^{-0{,}5} \text{ für } n \geq 1000\,\text{min}^{-1}, \tag{11.54}$$

mit: $v_1[\text{mm}^2/\text{s}]$ kinematische Bezugsvikosität, $d_m = (d+D)/2$ [mm] mittlerer Lagerdurchmesser, d [mm] Bohrungsdurchmesser, D [mm] Außendurchmesser, n [min^{-1}] Lagerdrehzahl.

An die Stelle von κ kann auch unmittelbar der Schmierfilmparameter λ, das Verhältnis aus Schmierfilmdicke und Summenrauheit der Oberflächen, treten. Die Angaben von Abb. 11.70 gelten für Mineralöle; für andere Öle sind sie nur anwendbar, wenn sie das gleiche Druck-Viskositäts-Verhalten haben. Es hat wegen der in Wälzkontakten herrschenden hohen Drücke von bis zu 4000 MPa einen großen Einfluss auf die Schmierfilmausbildung. Bei Fetten wird nach heutigem Kenntnisstand mit der kinematischen Viskosität des Grundöls gerechnet.

11.3.7.1 Fettschmierung

Fette bestehen aus einem Seifengerüst (Verdicker), das als Ölspeicher dient, und einem Grundöl [DIN51825]. *Fettschmierung* ist die Standardlösung für über 90 % aller Wälzlagerungen, da sie wenig konstruktiven Aufwand für die Versorgung der Lagerstellen und für die Dichtungen erfordert und eine Art *Minimalmengenschmierung* mit sehr geringen Reibungsverlusten bewirkt. Neuerdings werden *abgedichtete* oder *gedeckelte Lager* mit

Abb. 11.71 Wälzlager mit
Fettmengenregler

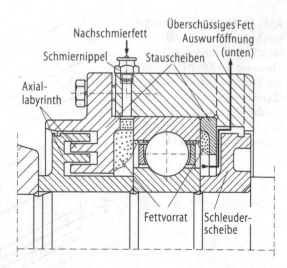

Fettschmierung auch in ansonsten ölgeschmierten Getrieben ohne Filtersystem eingesetzt, um sie vor Partikeln zu schützen und dadurch ihre Ermüdungslebensdauer zu steigern.

Fette verlieren ihre Gebrauchseigenschaften nach einem Zeitraum, der von den physikalisch-chemischen Fetteigenschaften, der Lagerbauart, der Drehzahl und der Temperatur abhängt. Bei offenen Lagern ist ein *Fettwechsel* oder *Nachschmieren* sinnvoll, wenn die Fettgebrauchsdauer deutlich unter der geforderten Ermüdungslebensdauer des Lagers liegt (bei Lagern mit integrierten Deck- oder Dichtscheiben unmöglich, d. h. gleichzeitig Ende der Lagergebrauchsdauer). Beim Fettwechsel wird das Lager gereinigt und neu befettet (rechtzeitig vor Schädigung durch unzureichende Schmierung). Dagegen wird beim Nachschmieren die Lagerstelle nicht geöffnet, sondern durch Bohrungen neues Fett bei betriebswarmen, sich drehendem Lager eingebracht und das gebrauchte Fett soweit wie möglich verdrängt. Es darf noch nicht verhärtet sein, weshalb die *Nachschmierfristen* wesentlich kürzer anzusetzen sind als die *Fettwechselfristen*. *Fettmengenregler*, das sind mit der Welle umlaufende Scheiben, die überschüssiges Fett in seitliche Gehäuseräume oder nach außen abschleudern, kombiniert mit Stauscheiben, die eine ausreichende Fettmenge zurückhalten (Abb. 11.71), erlauben dabei, größere Mengen Neufett zuzuführen ohne das Lager dauerhaft zu überfüllen. Bei *Neubefettung* oder einem Fettwechsel empfiehlt sich für mittlere Drehzahlen mit Rücksicht auf Gebrauchsdauer und Reibung eine Füllmenge von rund 30 % des nicht von bewegten Teilen überstrichenen freien Volumens; bei niedrigen Drehzahlen ist mehr, bei höheren weniger Fettfüllung optimal. Im Betrieb stellt sich im Lagerinnern drehzahlabhängig die notwendige Fettmenge selbsttätig ein, wenn das überschüssige Fett in seitliche Freiräume ausweichen kann. Richtwerte für die Nachschmier- und Fettwechselfrist von Lithiumfett ergeben sich aus Abb. 11.72, wobei die Beiwerte k_f aus Tab. 11.11 hervorgehen. Die *Schmierfrist* t_f entspricht dabei der Fettgebrauchsdauer F_{10} (maximale Fettwechselfrist mit Ausfallwahrscheinlichkeit $\leq 10\%$ bei Standardbedin-

Abb. 11.72 Schmierfrist t_f
für Standard-Lithiumseifen-
fette, gültig bei $P/C \leq 0,1$ und
70 °C, ohne Minderungsfaktoren [FAG85, FAG87, Gft93]

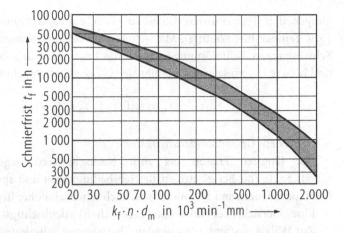

Tab. 11.11 Beiwerte k_f zur
Berücksichtigung der Wälzla-
gerbauart bei der Schmierfrist
[Esch64, FAG85]

Lagerbauart	k_f
Rillenkugellager	
Einreihig	0,9 … 1,1
Zweireihig	1,5
Schrägkugellager	
Einreihig	1,6
Zweireihig	2
Spindellager	
$\alpha = 15°$	0,75
$\alpha = 25°$	0,9
Vierpunktlager	1,6
Pendelkugellager	1,3 … 1,6
Axial-Rillenkugellager	5 … 6
Axial-Schrägkugellager	
Zweireihig	1,4
Zylinderrollenlager	
Einreihig	3 … 3,5[a]
Zweireihig	3,5
Vollrollig	25
Axial-Zylinderrollenlager	90
Nadellager	3,5
Kegelrollenlager	4
Tonnenlager	10
Pendelrollenlager ohne Bord („E")	7 … 9
Pedellrollenlager mit Mittelbord	0 … 12

[a] für radial und konstant axial belastete Lager; bei wechselnder
Axiallast gilt $k_f = 2$

gungen, d. h. Temperaturen von bis zu $+70\,°C$ am Lageraußenring, darüber Halbierung je 15 K Temperaturerhöhung). Mit weiteren *Minderungsfaktoren* f_n für Verunreinigungen, Schwingungen, Luftströmungen durch das Lager, Zentrifugalkräfte, vertikale Einbaulage und höhere Lagerbelastungen ergibt sich die *verminderte Schmierfrist*:

$$t_{fg} = t_f\ f_1\ f_2\ f_3\ f_4\ f_5\ f_6 = t_f q, \tag{11.55}$$

Mit q als dem *Gesamtminderungsfaktor*.

Die längsten Fristen bis zum Nachschmieren liegen erfahrungsgemäß bei $t_{fn} = 0{,}5\ldots0{,}7 t_{fg}$. Bei günstigen Betriebsbedingungen und speziellen Fetten können die Gebrauchsdauern und Schmierfristen auch erheblich höher liegen.

Eine Übersicht über Aufbau und Eigenschaften der wichtigsten Fettarten gibt Tab. 11.12.

Zur Wälzlagerschmierung werden überwiegend Schmierfette der Konsistenzklassen 1, 2 und 3 (NLGI-Werte) eingesetzt. Wenn – wie bei Wälzlagern in unsauberer Umgebung empfohlen – keine nach innen fördernden Dichtungen verwendet werden, müssen Fettverluste durch ausreichende Konsistenz (höher bei hohen Betriebstemperaturen, intensiven Schwingungen und vertikaler Welle) begrenzt werden. Für geringe Anlaufreibung

Tab. 11.12 Wälzlagerfette und ihre Eigenschaften [Dub01]

Nr.	Eindicker	Grundöl	Gebrauchs-Temperatur °C[a]	Verhalten gegen Wasser	Besondere Hinweise
1	Natrium-Seife	Mineralöl	$-20\ldots+100$	Nicht beständig	Emulgiert mit Wasser, wird daher u. U. flüssig
2	Lithium-Seife[b]	Mineralöl	$-20\ldots+130$	Beständig bis $90\,°C$	Emulgiert mit wenig Wasser, wird aber bei größeren Mengen weicher, Mehrzweckfett
3	Lithiumkomplex-Seife	Mineralöl	$-30\ldots+150$	Beständig	Mehrzweckfett mit hoher Temperaturbeständigkeit
4	Calcium-Seife[b]	Mineralöl	$-20\ldots+50$	Sehr beständig	Gute Dichtwirkung gegen Wasser, eingedrungenes Wasser wird nicht aufgenommen
5	Aluminium-Seife	Mineralöl	$-20\ldots+70$	Beständig	Gute Dichtwirkung gegen Wasser
6	Natriumkomplex-Seife	Mineralöl	$-20\ldots+130$	Beständig bis ca. $90\,°C$	Für höhere Temperaturen und Belastungen geeignet

Tab. 11.12 (Fortsetzung)

Nr.	Eindicker	Grundöl	Gebrauchs-Temperatur °C[a]	Verhalten gegen Wasser	Besondere Hinweise
7	Calciumkomplex-Seife[b]	Mineralöl	$-20\ldots+130$	Sehr beständig	Mehrzweckfett, für höhere Temperaturen und Belastungen geeignet
8	Bariumkomplex-Seife[b]	Mineralöl	$-20\ldots+150$	Beständig	Für höhere Temperaturen und Belastungen sowie Drehzahlen (abhängig von der Grundviskosität) geeignet: dampfbeständig
9	Polyharnstoff[b]	Mineralöl	$-20\ldots+150$	Beständig	Für höhere Temperaturen, Belastungen und Drehzahlen geeignet
10	Aluminiumkomplex-Seife[b]	Mineralöl	$-20\ldots+150$	Beständig	Für höhere Temperaturen und Belastungen sowie Drehzahlen (abhängig von der Grundviskosität) geeignet
11	Bentonit	Mineralöl und/oder Esteröl	$-20\ldots+150$	Beständig	Gelfett, für höhere Temperaturen bei niedrigen Drehzahlen geeignet
12	Lithium-Seife[b]	Esteröl	$-60\ldots+130$	Beständig	Für niedrige Temperaturen und hohe Drehzahlen geeignet
13	Lithiumkomplex-Seife	Esteröl	$-50\ldots+220$	Beständig	Mehrbereichs-schmierfett für weiten Temperaturbereich
14	Bariumkomplex-Seife	Esteröl	$-60\ldots+130$	Beständig	Für hohe Drehzahlen und niedrige Temperaturen geeignet, dampfbeständig
15	Lithium-Seife	Siliconöl	$-40\ldots+170$	Sehr beständig	Für höhere und niedrige Temperaturen bei geringer Belastung bis zu mittleren Drehzahlen geeignet

[a] abhänig von Lagerart und Schmierfrist. Durch Auswahl geeigneter Mineralöle kann bei den Fetten 1 bis 10 das Kälteverhalten verbessert werden (z. B. $-30\,°C$ in Sonderfällen bis zu $-55\,°C$)
[b] Auch mit EP Zusätzen

und die Fettförderung in Nachschmieranlagen ist hingegen eine niedrige Konsistenz vorteilhaft. Für viele Gebrauchseigenschaften der Fette, wie z. B. die Schmierfilmbildung und die Reibung im eingelaufenen Zustand, sind die Grundölviskosität und das Ölabgabeverhalten wesentlich wichtiger als die Konsistenz (bei übermäßiger Ölabgabe, z. B. infolge Schwingungen, droht ein „Ausbluten", bei zu geringer, z. B. infolge niedriger Temperaturen, kann Mangelschmierung entstehen).

Fetten ähnlich sind Polymerschmierstoffe, deren schwammähnliche Matrix, z. B. aus Polyethylen, mit Öl gefüllt ist und aufgrund ihrer Formstabilität im Lager verbleibt.

11.3.7.2 Ölschmierung

Ölschmierung herrscht vor, wo benachbarte Maschinenelemente ohnehin mit Öl versorgt werden, wo die Gebrauchsdauer von Fetten z. B. wegen hoher Drehzahlen zu kurz und häufiges Nachschmieren nicht möglich ist oder wo man z. B. wegen hoher Drehzahlen und Reibungsverlusten zusätzlich Wärme abführen muss (Abb. 11.73).

Die Gebrauchsdauer von Ölen ist ebenfalls begrenzt, jedoch wegen der größeren Volumina i. a. länger als die der Fette, Ölwechsel sind außerdem leichter durchzuführen als

Abb. 11.73 Beispiel für eine Öleinspritzschmierung

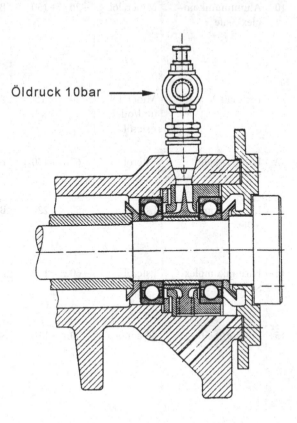

Öldruck 10 bar ⟶

Abb. 11.74 Ölmenge bei Umlaufschmierung. *a* zur Schmierung ausreichende Ölmenge, *b* obere Grenze für Lager symmetrischer Bauform, *c* obere Grenze für Lager unsymmetrischer Bauform [Dub01]

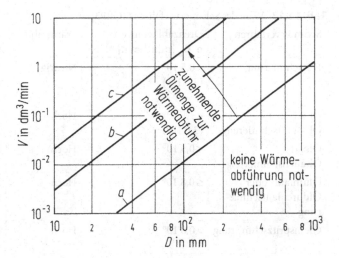

Nachschmieren oder Fettwechsel. Zwei Wege verhelfen zu einer niedrigen Lagertemperatur: eine sparsame oder eine sehr reichliche Ölzufuhr. Bei hohen Drehzahlen bevorzugt man zwecks Minimierung der Scherverluste heute kleinste Ölmengen (*Tropfölschmierung, Ölnebelschmierung* oder *Öl-Luft-Schmierung*). Bei *Öleinspritzschmierung* (mit mindestens 15 m/s zwischen Käfig und einen Ring, ausreichende Ablaufkanäle erforderlich) für hohe und *Ölumlaufschmierung* (drucklos, ggf mit Hilfe von Förderringen oder der Förderwirkung von Lagern mit unsymmetrischen Querschnitten) für mittlere Drehzahlen hingegen steht die Wärmeabfuhr im Vordergrund. Bei beiden kann man das umlaufende Öl filtern und so lebensdauermindernde Laufbahnbeschädigungen durch überrollte Partikel bekämpfen. Richtwerte für die Ölmenge bei Umlaufschmierung in Abhängigkeit vom Wälzlageraußendurchmesser *D* enthält Abb. 11.74. Die *Ölbad- oder Öltauchschmierung* ist für niedrige Drehzahlen geeignet (Ölstand i. A. nur bis Mitte des untersten Wälzkörpers, sonst Schaumbildung bzw. hohe Planschverluste!).

Bei normalen Bedingungen können unlegierte, bevorzugt aber inhibierte *Mineralöle* (verbesserte Alterungsbeständigkeit nach [DIN51517]) verwendet werden. Hohe Belastungen erfordern bei einem Viskositätsverhältnis $\kappa < 1$ und/oder hohen Gleitreibungsanteilen Öle mit verschleißmindernden Zusätzen (P bzw. EP-Additive). *Synthetische Öle* werden bei extrem hohen oder tiefen Temperaturen angewandt, *Silikonöle* nur bei geringen Belastungen. Kennwerte verschiedener Öle enthält Tab. 10.13 in Abschn. 10.6.1.2.

11.3.7.3 Feststoffschmierung

Festschmierstoffe, z. B. Graphit, Wolframdisulfid, Molybdändisulfid (*MoS$_2$*), Polytetrafluorethylen (PTFE) und Weichmetallfilme z. B. aus Silber, werden bei sehr hohen Temperaturen bzw. im Vakuum eingesetzt oder bei sehr langsamen bzw. oszillierenden Bewegungen (dabei kein trennender hydrodynamischer Flüssigkeitsfilm und keine verschleißmindernden Grenzschichten durch Additivreaktionen). Sie sind ähnlich Reaktionsschichten aufgrund ihrer besonderen Struktur schmierwirksam (haftfähig und gegen Normalbean-

Tab. 11.13 Wahl des Schmierverfahrens [Gft93]

Schmierverfahren	Drehzahlkennwert $n \cdot d_m$ [min^{-1} mm]	Wärmeabfuhr	Geräteaufwand (je nach verwendetem Gerät)
Fettschmierung	<0,5 10^6 (2,5 10^6)	Niedrig	Niedrig (Handpresse/ Fettmengenregler) hoch (Zentralschmieranlage)
Öl – Nebel Öl – Luftschmierung	<1,5 10^6 (3,0 10^6)	Hoch	Mittel (Schmieranlage) hoch (mit Absaugung)
Ölbad-/ Öltauchschmierung	<0,5 10^6	Hoch	Niedrig (Ölstab) hoch (elektrische Überwachung)
Ölumlauf- oder Öldurchlaufschmierung	≤0,8 10^6	Hoch	Mittel (Pumpe, Filter, Behälter, Ventile) hoch (Ölkühler)
Öleinspritzschmierung	>0,8 10^6	Hoch	Mittel (Pumpe, Filter, Behälter, Ventile) hoch (Ölkühler)

spruchung stabil, aber niedriger Scherwiderstand). Weiteres zur Wahl des Schmierverfahrens in Tab. 11.13 und [Esch64, FAG85, FAG87, Gft93].

11.3.8 Wälzlagerdichtungen

Wälzlager müssen vordringlich gegen Zutritt von festen und flüssigen Verunreinigungen geschützt werden (sonst Korrosion, Verschleiß und vorzeitige Ermüdungsschäden; ohne hinreichende Sauberkeit keine *Dauerwälzfestigkeit* auch bei geringen Belastungen). *Aktive Dichtelemente* werden daher bei Fettschmierung bevorzugt nach außen fördernd eingebaut. Bei ausreichender Konsistenz des Fettes und normaler Ölabgabe genügt dabei die Stauwirkung nicht berührender Dichtungsteile, um ausreichend Schmierstoff im Lager zu halten. Die sehr kleine nach außen geförderte Grundölmenge schützt berührende Dichtungen vor Verschleiß und hilft, Verunreinigungen fernzuhalten. Bei Überschmierung kann überschüssiges Fett entweichen. Häufig reichen *berührungsfreie Dichtungen* aus; wirksamer sind *berührende Dichtungen*, am besten mit vorgeschaltetem *Labyrinth*, Abb. 11.75.

Bei Ölschmierung ist es vordringlich, das Öl im Lagergehäuse zu halten. Es werden aktive Dichtelemente eingesetzt, die nach innen fördern, Abb. 11.76, solange der Ölstand die Dichtflächen nicht erreicht auch *Labyrinthdichtungen,* bei höherem Ölstand i. a. berührende Dichtungen. Dem Schutz gegen Verunreinigungen dienen äußere Zusatzdichtungen oder zusätzliche äußere *Schutzlippen* (Fettreservoir als Schutz gegen Verschleiß vorteilhaft).

Berührende Dichtungen sind *Filzringe* [DIN5419], *Radialwellendichtringe* (die als Spezialbauform, z. B. *Dichtscheiben,* Nachsetzzeichen RS, auch in das Lager integriert werden können) und *Gleitringdichtungen.* Sie können nach einem Einlauf verschleißfrei arbeiten, solange eine mikro-elastohydrodynamische Schmierung vorliegt und der Werkstoff nicht

Berührungsfreie Lagerdichtungen
Labyrinthe
NILOS-Ring
(nach Einlauf berührungsfrei)
Fett
Stau-Scheibe
Z-Stahl-lamellen
Lager mit Deckscheiben (integrierte Stauscheiben)
Berührende Lagerdichtungen
Filzring
Radial-wellen-dichtring
Lager mit integrierten Dichtscheiben

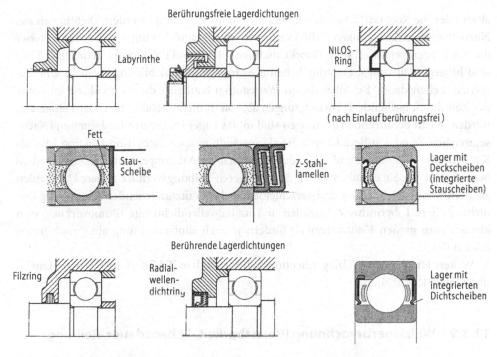

Abb. 11.75 Dichtungen gegen Zutritt von Verunreinigungen und Fettaustritt

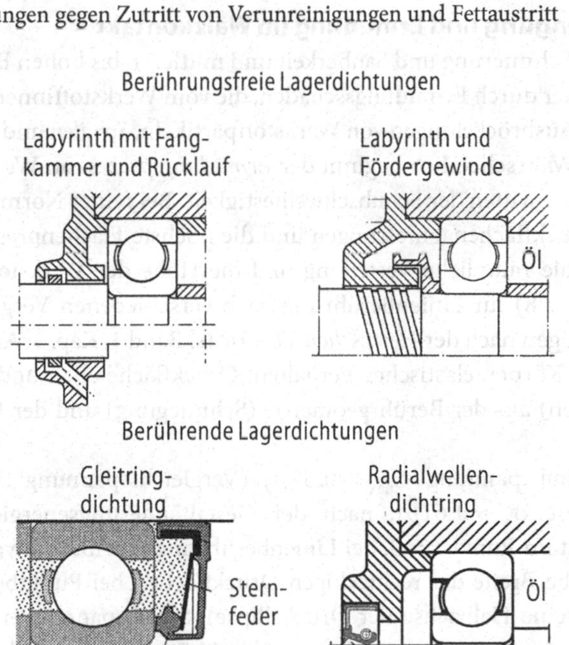

Berührungsfreie Lagerdichtungen
Labyrinth mit Fang-kammer und Rücklauf
Labyrinth und Fördergewinde
Öl
Berührende Lagerdichtungen
Gleitring-dichtung
Radialwellen-dichtring
Stern-feder
Öl
Dichtkörper
Fett
Schutzlippe

Abb. 11.76 Dichtungen gegen Austritt von Öl

altert oder die Kontaktflächen durch Ölkohlebildung geschädigt werden. Dichtlippen aus Nitril-Butadien-Kautschuken (NBR) verhärten und verspröden um so schneller, je höher die Betriebstemperaturen sind; Fluorkautschuke (FKM) und Polytetrafluorethylen (PTFE) sind hingegen alterungsbeständig, haben aber infolge Ölkohlebildung ebenfalls eine begrenzte Lebensdauer. Bei allen diesen Werkstoffen baut sich die Anpreßkraft im Laufe der Zeit durch bleibende Formänderungen ab, sofern nicht metallische Federn eingesetzt werden. Nicht berührende Dichtungen sind in das Lager integrierte *Deckscheiben* (Nachsetzzeichen Z) oder äußere Labyrinthe als anwendungsspezifische Konstruktion bzw. als Kaufteile wie *Z-Lamellen* und federnde Dichtscheiben (*Nilosringe*, nach Einlaufverschleiß berührungsfrei). Sie erlauben wegen der geringeren Reibungsverluste höhere Drehzahlen als berührende Dichtungen und verschleißen auch bei unzureichender Schmierung i. a. nicht. Äußere Labyrinthe, Z-Lamellen und Radialwellendichtringe (Pumpwirkung vom kleinen zum großen Kontaktwinkel) fördern je nach Einbaurichtung aktiv nach innen oder außen.

Weitere Hinweise zu Wälzlagerdichtungen finden sich in [FAG87, Gft93, Hal66, Ham71, Jür53, Har91, Mül90].

11.3.9 Wälzlagerberechnung (Belastbarkeit, Lebensdauer, Reibung)

Werkstoffanstrengung und Ermüdung im Wälzkontakt

Bei ausreichender Schmierung und Sauberkeit und mittleren bis hohen Belastungen endet die Lagerlebensdauer durch Ermüdungsschäden, die vom Werkstoffinnern bis zur Lauffläche fortschreiten (Ausbröckelungen von Werkstoffpartikeln, *Schälen* und *Grübchenbildung* bei Schmierung). Wahrscheinlich beginnt der *Ermüdungsprozess* an Werkstoffinhomogenitäten durch Überschritten der Schubschwellfestigkeit. Bei reiner Normalbeanspruchung bestimmen die Druckflächenabmessungen und die höchste Flächenpressung p_0 (in Kontaktflächenmitte) die räumliche Verteilung und die Höhe der Werkstoffbeanspruchung (Abb. 11.77 und 11.78) für Linienberührung nach verschiedenen Vergleichsspannungshypothesen). Sie folgen nach der *Hertzschen Theorie* (s. Band 1, Kap. 3; Annahmen: homogene und isotrope Körper, elastisches Verhalten, Druckfläche eben und klein gegenüber Körperabmessungen) aus der Berührgeometrie (Schmiegung) und der Wälzkörperbelastung Q.

Die größte Schubspannung $\tau_{max} \approx 0{,}31 p_0$ (Vergleichsspannung nach der Schubspannungshypothese $\sigma_v \approx 0{,}61 p_0$, nach der Gestaltänderungsenergiedichtehypothese $\sigma_v = 0{,}56 p_0$) wirkt im Punkt $x = 0$, bei Linienberührung im Abstand von $0{,}78\,b$ von der Oberfläche (b: halbe Breite der rechteckigen Druckfläche), bei Punktberührung im Abstand $0{,}47\,a$ (a: kleine Halbachse der Druckellipse). Schubspannungen infolge Gleitbewegungen erhöhen das Spannungsmaximum, Abb. 11.78, und verschieben es in Richtung Oberfläche.

Abb. 11.77 Dimensionslose Vergleichsspannungen σ_v/p_0 [Mün155, Pala95, Palm57, Palm64, Ryd81, Schl87] in der Kontaktzone bei Linienberührung und reiner Normalbelastung. **a** Hauptschubspannungshypothese, **b** Gestaltänderungsenergiedichtehypothese, **c** Wechselschubspannungshypothese

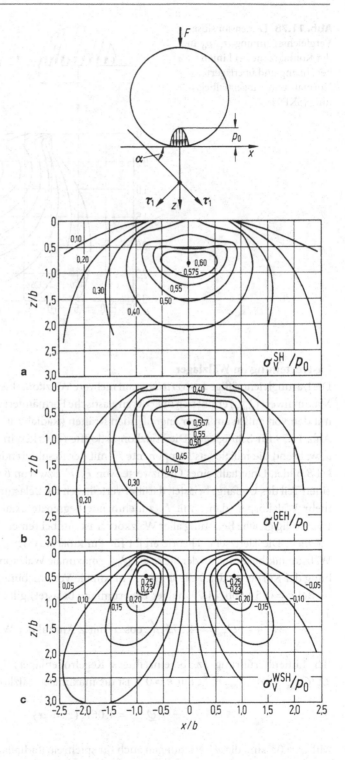

Abb. 11.78 Dimensionslose Vergleichsspannung σ_v/p_0 in der Kontaktzone bei Linienberührung und überlagerter Normal- und Tangentialbelastung [SKF94]

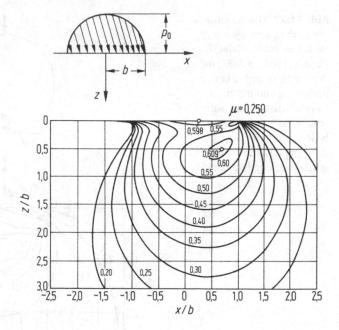

Lastverteilung im Wälzlager

Die i. a. ungleichmäßige *Lastverteilung* auf mehrere Wälzkontakte (Wälzkontaktbelastung Q_ψ, Maximalwert Q_{max}) ergibt sich über deren elastische Formänderungen aus dem Gleichgewicht mit den von außen am Lager angreifenden Kräften (Radialkraft F_r, Axialkraft F_a), s. z. B. in Abb. 11.79 für Schräglager. Die Wälzkontaktkräfte Q wirken in Richtung des Druckwinkels α, während die radiale Lastkomponente F_f mit der Resultierenden F aus F_r und F_a den Winkel β bildet. Unterhalb eines Grenzwertes von F_a/F_f bzw. von β wird die Laufbahn nur über einen Teil des Umfangs belastet, darüber verteilt sich die Belastung gleichförmiger auf immer mehr Wälzkörper (daher mit F_f zunehmende begrenzte axiale Vorspannung vorteilhaft). Eine völlig gleiche Belastung aller Wälzkörper ist nur bei reiner Axiallast ohne Schiefstellung möglich. Die Hertzsche Theorie ergibt für Punktberührung: $Q_\psi/Q_{max} = (\delta_\psi/\delta_{max})^{3/2}$ (Q_ψ Wälzkontaktbelastung an der Stelle ψ, Q_{max}, maximale Wälzkontaktbelastung, δ_ψ Verschiebung der Körper an der Stelle ψ, δ_{max}, maximale Verschiebung).

Bei $\varepsilon = 0,5$ (Abb. 11.79, halber Lagerumfang belastet) gilt z. B.:

$$Q_{max} = 4,37 F_r/(z\cos\alpha) \text{ mit z Anzahl der Wälzkörper} \qquad (11.56)$$

Bei Linienberührung (z. B. einreihiges Kegelrollenlager) folgt die Lastverteilung zu $Q_r/Q_{max} = (\delta_r/\delta_{max})^{1,08}$. Für $\varepsilon = 0,5$ ist die maximale Wälzkörperbelastung:

$$Q_{max} = 4,06 F_r(z\cos\alpha) \qquad (11.57)$$

Mit $\alpha = 0°$ sind diese Gleichungen auch für spielfreie Radiallager und rein radial belastete Rillenkugellager gültig. Sie liegen der Berechnung der Tragzahlen und der Lagersteifigkeit

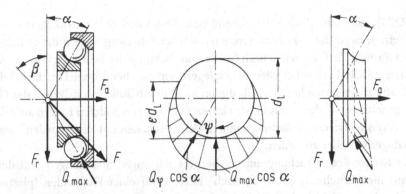

Abb. 11.79 Lastverteilung im einreihigen Schrägkugellager [Mün155]. α Druckwinkel, d_L Laufbahndurchmesser, F_a Axialkraft, F_r Radialkraft, β Richtungswinkel der Lagerbelastung F, Q_Ψ Wälzkörperbelastung, Ψ Lagewinkel des Wälzkörpers, Q_{max} maximale Wälzkörperbelastung, $\varepsilon\, d_L \pi$ Erstreckung der Laufbahnbelastung auf dem Umfang

zu Grunde. Je mehr Wälzköper tragen (kleinere Luft bzw. höhere Vorspannung) und je größer die Kontaktflächen (engere Schmiegung bzw. höhere Vorspannung), umso steifer verhalten sich die Lager und umso höher liegen die Eigenfrequenzen der Welle-Lager-Systeme.

11.3.9.1 Statische bzw. dynamische Tragfähigkeit, Lebensdauer

Obwohl die Spannungen im Werkstoff unterhalb der Kontaktfläche für die Beanspruchung des Werkstoffs maßgeblich sind, werden in der Praxis bei der Lagerberechnung Kennzahlen mit der Dimension einer Kraft verwendet: die *äquivalente statische* bzw. *dynamische Belastung* P_0 bzw. P für die Beanspruchung und die *statische* bzw. *dynamische Tragzahl* C_0 bzw. C als Maß für die Tragfähigkeit. Steht ein Lager still, schwenkt oder läuft langsam um, so gilt es als statisch beansprucht. Auch wenn umlaufende Lager kurzzeitig starke Stöße erleiden, ist die statische Tragsicherheit zu überprüfen. Die dynamische Tragzahl C gilt für umlaufende Lager. Die Begriffe statisch und dynamisch beziehen sich somit nicht auf Änderungen der äußeren Belastung. Die Tragzahlen ergeben sich nach [DINENISO683-17, DINISO76, DINISO281] aus den zulässigen Spannungswerten unter Berücksichtigung der Lastverteilung auf die Wälzkörper und ihrer Anzahl, der Schmiegung, der Größe des beanspruchten Volumens und der Werkstoffeigenschaften.

Zusammengesetzte Radial- und Axialbelastungen werden durch die *äquivalenten Lagerbelastungen* P_0 (statisch) bzw. P (dynamisch) ersetzt, die im Lager die gleichen Beanspruchungen hervorrufen:

$$\text{äquivalente statische Belastung} \quad P_0 = \max\left(X_0 F_r + Y_0 F_a, F_r \right) \tag{11.58}$$

$$\text{äquivalente dynamische Belastung} \quad P = X\, F_r + Y\, F_a \tag{11.59}$$

Hierin sind F_r die Radialkomponente der Belastung, F_a die Axialkomponente der Belastung, X, X_0 die *Radialfaktoren* und Y, Y_0 die *Axialfaktoren* des Lagers (Tab. 2 und 3 der

[DINISO76], unterschiedlich entsprechend dem Druckwinkel je nach Lagerbauart und Größenreihe). Es ist dabei zu beachten, dass sich bei Rillenkugellagern die Druckwinkel und deshalb auch die Faktoren je nach Größe und Richtung der Belastung ändern. Außerdem rufen radiale Lasten bei allen Schräglagern entsprechend dem Druckwinkel auch axiale Kraftkomponenten hervor. Falls diesen nicht durch äußere Axialkräfte das Gleichgewicht gehalten wird, dann müssen sie als innere Kräfte von anderen Lagern aufgefangen werden, deren äquivalente Belastung dadurch steigt. Genaueres hierzu ist in den Katalogen der Wälzlagerhersteller zu finden.

Bei statischer Beanspruchung entsprechen die zulässigen Spannungen und dementsprechend die statische Tragzahl C_0 nach [DINISO76] einer bleibenden (plastischen) Formänderung von 0,01 % des Wälzkörperdurchmessers (entsprechend einer maximalen Hertzschen Pressung p_0 von 4600 N/mm² bei Pendelkugellagern, 4200 N/mm² bei Kugellagern und 4000 N/mm² bei Rollenlagern; sie kann bei geringen Anforderungen an die Laufruhe bzw. sehr langsam umlaufenden Lagern auch überschritten werden; physikalisch begründete Grenze ist das *„Shakedown-Limit"* [Mün155] oberhalb dessen lokales Fließen bei jeder Überrollung trotz Eigenspannungsaufbau und Verfestigung weiter fortschreitet).

Forderung

$$P_0 \le C_0 / S_0 \tag{11.60}$$

mit der statischen Sicherheit S_0 Tab. 11.14.

Bei dynamischer Beanspruchung geht die ursprüngliche Berechnungsmethode davon aus, dass Wälzlager immer im Zeitfestigkeitsbereich arbeiten. Die Anzahl Umdrehungen der Lagerringe oder der Lagerscheiben relativ zueinander bis zum Ausfall durch Werkstoffermüdung, die sogenannte *Lagerlebensdauer*, streut auch bei identischer Belastung beträchtlich (Ursache: Unregelmäßigkeiten des Werkstoffgefüges und der wälzbeanspruchten Funktionsflächen, die sich nach Größe, Anzahl und Lage von Lager zu Lager unterscheiden), so dass die Vorausberechnung einer Lebensdauer für ein bestimmtes Lager nicht möglich ist. Die *dynamische Tragzahl* wurde daher als diejenige äquivalente Belastung definiert, bei der 90 % einer größeren Anzahl gleichartiger Lager unter Standardbe-

Tab. 11.14 Empfohlene Mindestwerte der statischen Tragsicherheit für Wälzlager [Pala95]	Einsatzfall	S_0
	Ruhiger, erschütterungsarmer Betrieb und normaler Betrieb mit geringen Ansprüchen an die Laufruhe; Lager mit nur geringen Drehbewegungen	≥ 1
	Normaler Betrieb mit höheren Anforderungen an die Laufruhe	≥ 2
	Betrieb mit ausgeprägten Stoßbelastungen	≥ 3
	Lagerung mit hohen Ansprüchen an die Laufgenauigkeit und Laufruhe	≥ 4

dingungen eine Million Umdrehungen überleben. Die Lebensdauer ist definitionsgemäß erschöpft, wenn die ersten Schäden infolge Werkstoffermüdung an einer der wälzbeanspruchten Oberflächen erkennbar werden. Von der *Ermüdungslebensdauer* ist die u. U. wesentlich kürzere *Gebrauchsdauer* zu unterscheiden (die tatsächliche funktionsfähige Einsatzzeit unter Einbezug aller *Versagensmechanismen*). Die Berechnung der sogenannten *nominellen Lebensdauer* (Ausfallwahrscheinlichkeit: 10 %) für beliebige Belastungen erfolgt über das Verhältnis C/P der dynamischen Tragzahl zur tatsächlich vorliegenden äquivalenten dynamischen Belastung, potenziert mit einem Exponenten p (p beträgt nach Norm 3 für Kugellager und 10/3 für Rollenlager, wobei gewisse Abweichungen von einer gleichmäßigen Spannungsverteilung entlang der Berührlinie bereits eingerechnet sind; bei idealer Spannungsverteilung gilt $p = 4$):

$$L_{10} = (C/P)^p \text{ in } 10^6 \text{ Umdrehungen des Lagers.} \tag{11.61}$$

Bei konstanter Drehzahl n des Lagers in min^{-1} gilt für die Lebensdauer L_{10h} in Stunden:

$$L_{10h} = 10^6 \, L_{10}/(60\,n) \tag{11.62}$$

Die nominelle Lebensdauer dient häufig lediglich als Ähnlichkeitskennzahl (Vergleich der Lebenserwartung von Lagern bzw. Erfahrungswerte für die notwendige nominelle Lebensdauer in verschiedenen Anwendungen s. Tab. 11.15.

Die Hersteller haben dieses klassische Berechnungsverfahren mittlerweile mit dem Ziel genauerer quantitativer Aussagen modifiziert: Lebensdauern für von 90 % abweichende Erlebenswahrscheinlichkeiten werden mit dem Faktor a_1 berechnet; Werkstoffeigenschaften, die von Standard-Wälzlagerstählen abweichen, werden mit dem Faktor a_2 und besondere Betriebsbedingungen,insbesondere Schmierungszustände mit einem Viskositätsverhältnis $\kappa \neq 1$, wurden zunächst über den Faktor a_3 berücksichtigt. So entsteht die *modifizierte Lebensdauer* L_{na} (der Index n steht für die *Ausfallwahrscheinlichkeit* in %, *Überlebenswahrscheinlichkeit* $s = (100 - n)\%$):

$$L_{na} = a_1 \, a_2 \, a_3 \, L_{10} = a_1 \, a_2 \, a_3 \, (C/P)^p$$
$$\text{in } 10^6 \text{ Umdrehungen des Lagers} \tag{11.63}$$

Tabelle 11.16 gibt a_1 in Abhängigkeit von n für eine Weibull-Verteilung der Ausfälle mit einem Exponenten $e = 1,5$ an; für beliebige Werte von e gilt:

Eine Berücksichtigung des Werkstoffeinflusses an sich erfolgt nicht über den Faktor a_2, sondern unmittelbar über Beiwerte zu den Tragzahlen:

- den Faktor b_m für die kontinuierliche Verbesserung der Wälzlagerstähle,
- den *statischen* (f_{H0}; $C_{H0} = f_{H0} \, C_0$) und den *dynamischen* (f_H; $C_H = f_H \, C$) *Härtefaktor* für vom Standardwert $HV = 670 \, \text{N/mm}^2$ abweichende Oberflächenhärten, s. Tab. 11.17 und
- den *Temperaturfaktor* f_T ($C_T = f_T C$) für Betriebswerte über 150 °C, s. Tab. 11.18.

Tab. 11.15 Erfahrungswerte für die erforderliche nominelle Lebensdauer [Dub01]

	h
Kraftfahrzeuge (Volllast)	
Personenwagen	900 … 1600
Lastwagen und Omnibusse	1700 … 9000
Schienenfahrzeuge	
Achslager Förderwagen	10000 … 34000
Straßenbahnwagen	30000 … 50000
Reisezugwagen	20000 … 34000
Lokomotiven	30000 … 100000
Getriebe von Schienenfahrzeugen	15000 … 70000
Landmaschinen	2000 … 5000
Baumaschinen	1000 … 5000
Elektromotoren für Haushaltsgeräte	1500 … 4000
Serienmotoren	20000 … 40000
Großmotoren	50000 … 100000
Werkzeugmaschinen	15000 … 80000
Getriebe im Allg. Maschinenbau	4000 … 20000
Großgetriebe	20000 … 80000
Ventilatoren, Gebläse	12000 … 80000
Zahnradpumpen	500 … 8000
Brecher, Mühlen, Siebe	12000 … 50000
Papier- und Druckmaschinen	50000 … 200000
Textilmaschinen	10000 … 50000

Tab. 11.16 Lebensdauerbeiwert a_1 für die Erlebenswahrscheinlichkeit [Dub01]

Ausfallwahrscheinlichkeit n in %	10	5	4	3	2	1
Ermüdungslaufzeit	L_{10}	L_5	L_4	L_3	L_2	L_1
Faktor a_1	1	0,62	0,53	0,44	0,33	0,21

Darüber hinaus gibt es einen wechselseitigen Einfluss von Werkstoff und Schmierstoff, so dass die Faktoren a_2 und a_3 sinnvollerweise zum Beiwert a_{23} verschmolzen wurden:

$$L_{na} = a_1 \, a_{23} \, L_{10} = a_1 \, a_{23} \, (C/P)^p \tag{11.64}$$

In 10^6 Umdrehungen des Lagers.

Er berücksichtigt, dass die Schmierfilmdicke auch oberhalb $\kappa = 1$ (gerade vollständige Trennung der Oberflächen) die Werkstoffbeanspruchung beeinflusst, so dass die Lebens-

Tab. 11.17 Statischer Härtefaktor f_{H0} und dynamischer Härtefaktor f_H [Pala95]

Härte			Statischer Härtefaktor f_{H0}		Dynamischer Härtefaktor f_H
Vickers HV	Rockwell HRC[a]	Brinell HB[a]	Kugellager	Zylinderrollen u. Nadellager	Alle Lagerbauarten
700	60,1		1	1	1
650	57,8		0,99	1	0,93
600	55,2		0,84	0,98	0,78
550	52,3		0,71	0,95	0,65
500	49,1		0,59	0,88	0,52
450	45,3	428	0,47	0,71	0,42
400	40,8	380	0,38	0,57	0,33
350	35,5	333	0,29	0,43	0,25
300	29,8	285	0,21	0,32	0,18
250	22,2	238	0,15	0,23	0,12
200	–	190	0,09	0,15	0,07

[a] umgewertet nach DIN 50150

Tab. 11.18 Temperaturfaktor f_T [Pala95]

Lagertemperatur °C	Temperaturfaktor f_T
125	1
150	1
175	0,92
200	0,88
250	0,73
300	0,6

dauer bei $\kappa \gg 1$ (dicke Filme) bis zum 2,5 – fachen ansteigen kann. Bei niedrigen Drehzahlen oder Viskositäten ($\kappa < 1$), kann die Ermüdungslebensdauer hingegen auf 1/10 des nominellen Wertes abfallen. Die folgende Abbildung zeigt beispielhaft einen entsprechenden Verlauf des Faktors a_{23} nach Angaben eines Herstellers.

v Betriebsviskosität des Schmierstoffs, v_1 Bezugsviskosität; Bereich I: Übergang zur Dauerfestigkeit. Voraussetzung: Höchste Sauberkeit im Schmierspalt und nicht zu hohe Belastung ($p_0 < 1800\,\text{N/mm}^2$), wenn Dauerfestigkeit angestrebt wird. II: Gute Sauberkeit im Schmierspalt. Geeignete Additive im Schmierstoff. III: Ungünstige Betriebsbedingungen, Verunreinigungen im Schmierstoff, ungeeignete Schmierstoffe.

Bei $\kappa < 1$ können Lager statt durch Wälzmüdung auch durch Verschleiß ausfallen; a_{23} berücksichtigt dies allerdings nicht. Die schädliche Wirkung von $\kappa < 1$ wird bei ausreichender Sauberkeit durch geeignete Additivierung mit Hilfe verschleißschützender und reibungsmindernder Reaktionsschichten gemildert. Bei ausreichend dicken Schmierfilmen und hoher Sauberkeit hingegen steigt nach neueren Erkenntnissen die Lebensdauer über den Faktor 2,5 hinaus bis zur Dauerwälzfestigkeit, wenn die äquivalente Belastung kleiner als die Ermüdungsgrenzbelastung P_u oder C_u bleibt. Diese entspricht für Standard-Wälzlagerstähle und Fertigungstoleranzen ungefähr einer maximalen Hertzschen Pressung $p_0 = 1500\,\mathrm{N/mm^2}$ (ideale Bedingungen: $p_0 \leq 2200\ \mathrm{N/mm^2}$; schlechtere Fertigungsqualität und Werkstoffe: $p_0 \geq 1100\,\mathrm{N/mm^2}$). Sie kann aus der statischen Tragzahl C_0 für Lager mit einem Bohrungsdurchmesser $d_m < 150\,\mathrm{mm}$ wie folgt abgeschätzt werden:

$$\begin{aligned}
&\text{Rollenlager:} && P_u, C_u \approx C_0/8{,}2 \\
&\text{Pendelkugellager:} && P_u, C_u \approx C_0/35{,}5 \\
&\text{übrige Kugellager} && P_u, C_u \approx C_0/27
\end{aligned} \tag{11.65}$$

Die Norm DIN ISO 281 benutzte daher einen kombinierten Faktor a_{ISO}, hier auch als a_{DIN} bezeichnet (oder herstellerspezifisch a_{xyz}), der auf einer Systembetrachtung beruht, zur Berechnung der *erweiterten Lebensdauer*

$$L_{nm} = a_1\,a_{xyz}\,L_{10} = a_1\,a_{xyz}(C/P)^p \text{ in } 10^6 \tag{11.66}$$

Zur Korrektur der nominellen Lebensdauer wird a_{ISO} dem Belastungsverhältnis P_u/P bzw. C_u/P, dem Viskositätsverhältnis κ und einem Faktor e_c oder η_c für die Verschmutzung entsprechend Abb. 11.80, 11.81, 11.82 und 11.83 für die unterschiedlichen Lagerhauptbauarten zugeordnet. Der Faktor η_c bzw. e_c erfasst verschiedene

Abb. 11.80 a_{23}-Diagramm nach [FAG87]

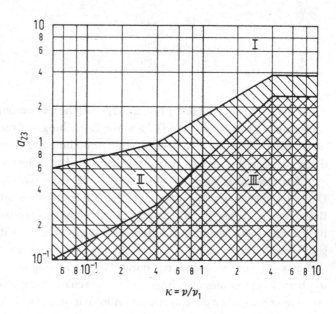

Abb. 11.81 Beiwert a_{ISO} (a_{DIN}) für alle Kugellager mit Ausnahme der Axialkugellager [DINISO76, DINISO281, DINTB24-85]

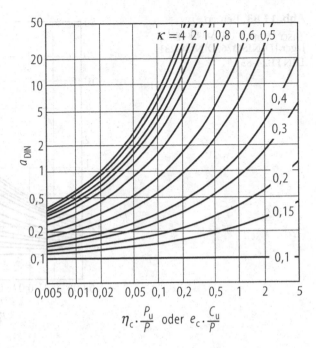

Abb. 11.82 Beiwert a_{ISO} (a_{DIN}) für alle Rollenlager mit Ausnahme der Axialrollenlager [DINISO76, DINISO281, DINTB24-85]

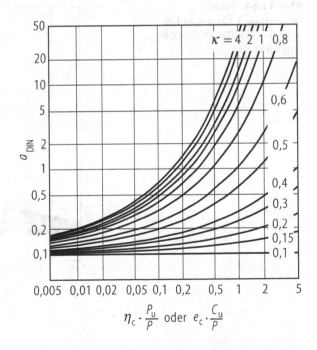

Abb. 11.83 Beiwert a_{ISO} (a_{DIN}) für Axialkugellager [DINISO76, DINISO281, DINTB24-85]

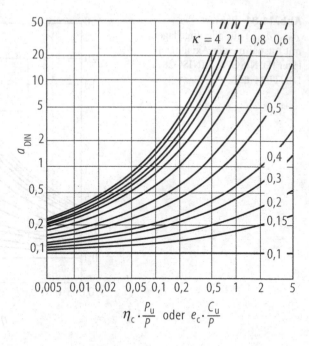

Abb. 11.84 Beiwert a_{ISO} (a_{DIN}) für Axialrollenlager [DINISO76, DINISO281, DINTB24-85]

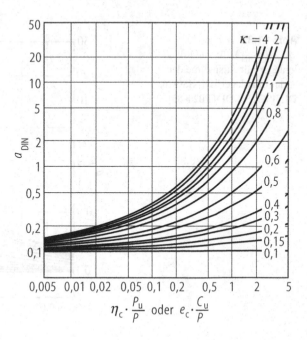

Tab. 11.19 Beiwert η_c bzw. e_c (Richtwerte) für verschiedene Grade der Verunreinigung [SKF94]

Betriebsverhältnisse	Beiwert η_c[a]
Größte Sauberkeit	1
(Teilchengröße der Verunreinigungen in der Größenordnung der Schmierfilmdicke)	
Große Sauberkeit	0,8
(entspricht den Verhältnissen, die für fettgefüllte Lager mit Dichtscheiben auf beiden Seiten typisch sind)	
Normale Sauberkeit	0,5
(entspricht den Verhältnissen, die für fettgefüllte Lager mit Deckscheiben auf beiden Seiten typisch sind)	
Verunreinigungen	0,5 … 0,1
(entspricht den Verhältnissen, die für Lager ohne Deck- oder Dichtscheiben typisch sind; Grobfilterung des Schmierstoffes und/oder von außen eindringende feste Verunreinigungen	
Starke Verunreinigungen[b]	0

[a] Die angegebenen η_c-Werte gelten nur für typische feste Verunreinigungen; lebensdauermindernde Einflüsse bei Eindringen von Wasser oder sonstigen Flüssigkeiten in die Lagerung sind hier nicht berücksichtigt
[b] Bei extrem starker Verunreinigung überwiegt der Verschleiß; die Lebensdauer liegt in diesem Fall weit unter dem errechneten Wert für L_{naa}

Grade der Verunreinigung, Tab. 11.19. Beim Überrollen von festen Partikeln mit einer Größe von mehr als 10 bis 20 µm mit hinreichend hoher Streckgrenze und Duktilität werden die Oberflächen so verformt, dass von lokalen Spannungsüberhöhungen bei nachfolgenden Überrollungen vorzeitige Ermüdungsschäden ausgehen (weiche Partikel verformen sich im Wälzkontakt plastisch, während große spröde Partikel in kleine Teilchen zerbrechen; beide sind daher weniger schädlich). Für $\kappa > 4$ ist jeweils die Kurve $\kappa = 4$ zu verwenden. Für $\eta_c P_u/P$ gegen Null geht a_{DIN} für alle κ-Werte gegen 0,1 (gilt für Schmierstoffe ohne EP-Zusätze, mit Additiven ggf. höher) (Abb. 11.84).

Auch mit diesen Modifikationen können die herstellerspezifischen Wälzkörper- und Laufbahnprofile, die Lagerluft, Schiefstellungen, zusätzliche Spannungen in den Ringen durch Presssitze, Gehäuseverformungen[Mün155], und Fliehkräfte bei der Ermüdungslebensdauer nicht über das genormte Berechnungsverfahren mit äquivalenten Belastungen und Tragzahlen, sondern nur mit speziellen Berechnungsprogrammen der Lagerhersteller oder angenähert mit Beiwerten erfasst werden. Nicht berücksichtigt sind weitere, die Gebrauchsdauer möglicherweise begrenzende, Ausfallursachen: Verschleiß der Laufbahnen oder der Käfige, Ermüdungsbrüche von Käfigbauteilen, Schmierstoff- oder Dichtungsversagen, Korrosion und Wälzkörperschlupf infolge zu niedriger Belastung. Die notwendige

Mindestbelastung richtet sich unter anderem nach der Drehzahl und etwaigen Winkelbeschleunigungen.

Läuft ein Wälzlager bei veränderlichen Drehzahlen und Belastungen, so kann man die Ermüdungslebensdauer aus Gleichung (9) nach der Palmgren-Miner-Regel mit der *mittleren Drehzahl* n_m und der *mittleren äquivalenten dynamischen Belastung* P_m bestimmen.

Sind die Drehzahl und die Lagerbelastung im Zeitraum T eindeutig definierte beliebige Zeitfunktionen $n(t)$ und $P(t)$, gilt:

$$P_m = \sqrt[p]{\dfrac{\displaystyle\int_0^T n(t)\cdot P^p(t)\,dt}{\displaystyle\int_0^T n(t)\,dt}} \quad \text{und} \quad n_m = \frac{1}{T}\int_0^T n(t)\,dt \qquad (11.67)$$

Bei stufenweise veränderlichen Beanspruchungsgrößen n_i und P_i im Zeitraum T, Abb. 11.85, gilt für P_m die aus (11.67) abgeleitete Summenformel über z Zeitabschnitte Δt_i, wobei $q_i = (\Delta t_i/T)\cdot 100$ die jeweiligen Zeitanteile der Wirkungsdauer in % sind:

$$P_m = \sqrt[p]{\frac{q_1.n_1.P_1^p + q_2.n_2.P_2^p + \ldots + q_z.n_z.P_z^p}{q_1.n_1 + q_2.n_2 + \ldots + q_z.n_z}} \quad \text{und} \qquad (11.68)$$

$$n_m = q_1.n_1 + q_2.n_2 + \ldots + q_z.n_z$$

11.3.9.3 Bewegungswiderstand und Referenzdrehzahlen

Der Bewegungswiderstand von Wälzlagern ergibt sich bei vollständiger Trennung der Oberflächen durch einen Schmierfilm aus zwei Beiträgen: *Hystereseverluste* im Werkstoff bei der zyklischen Verformung der Wälzkörper und der Ringe während jeder Überrollung und *Scherverluste* im Schmierstoff in den Wälzkontakten, in den Rolle-Bord-Kontakten (nur bei Kegelrollenlagern und Zylinderrollenlagern), zwischen Käfig und Wälzkörpern (bei bordgeführten Käfigen auch zwischen Käfigen und Ringen) sowie im bewegten Schmierstoffvolumen außerhalb der eigentlichen Kontakte. Die Scherverluste im Schmierstoff in den Wälzkontakten haben mehrere Ursachen. Auch bei kinematisch idealem Rollen ohne tangentiale Relativbewegungen entstehen durch Vor- Rück- und Seitenströmungen

Abb. 11.85 gestuftes Lastkollektiv

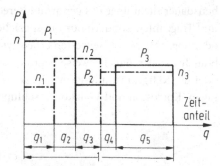

Abb. 11.86 Entstehung des Bohrschlupfes aus Winkelgeschwindigkeitskomponenten senkrecht zur Berührfläche [Tül99]

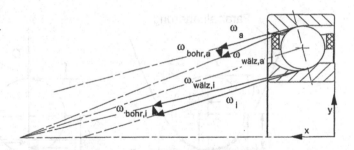

Geschwindigkeitsgradienten, die die sogenannte „hydrodynamische Rollreibung" hervorrufen. Bei von Null abweichenden Druckwinkeln entstehen kinematisch bedingt Gleitbewegungen und damit Schergefälle infolge von Bohrschlupf, Abb. 11.86, wenn sich die Tangenten in den Berührpunkten nicht in einem Punkt auf der Drehachse des Wälzlagers schneiden. Da sich bei Kegelrollenlagern die Mantellinien der Innen- und Außenringlaufbahn in einem Punkt auf der Mittellinie schneiden, wird somit Bohrschlupf vermieden. Bei Schrägkugellagern verlaufen die Tangenten in den Berührpunkten am Innen- und Außenring jedoch im statischen Fall ohne Fliehkraftwirkung parallel, wie in Abb. 11.86; im Allgemeinen schneiden sie sich jedoch weit außerhalb der Mittellinie, da Fliehkräfte den Druckwinkel am Innenring vergrößern und am Außenring verkleinern. Damit zerlegen sich die Relativwinkelgeschwindigkeiten am Innen- und Außenring, ω_i und ω_a, jeweils in eine Bohrkomponente ω_{bohr} und eine Wälzkomponente $\omega_{wälz}$ Das Verhältnis $\omega_{bohr}/\omega_{wälz}$ bezeichnet man als Bohrschlupf. Sind die Wälzflächen quer zur Rollrichtung gekrümmt (alle Kugellager, Pendelrollenlager und Toroidalrollenlager), so entstehen außerdem teils vor-, teils rückwärts gerichtete Gleitgeschwindigkeitskomponenten durch unterschiedliche Abstände von der Momentandrehachse, der sogenannte „Heathcote"-Schlupf, Abb. 11.87. Daher liegt hier niemals eine reine Rollbewegung, sondern eine Wälzbewegung vor.

Die Summe dieser Reibungskomponenten läßt sich formal – ohne nähere Berücksichtigung der physikalischen Zusammenhänge – durch einen Ausdruck mit zwei Termen darstellen [Pala95, Palm57]:

$$M_R = M_0 + M_1 \tag{11.69}$$

In den ersten Term gehen die Drehzahl und die Schmierstoffviskosität exponentiell sowie ein Beiwert f_0 linear ein; der zweite Term ist der sogenannte *lastabhängige Anteil*, der linear von der für das Reibungsmoment maßgebenden äquivalenten Lagerbelastung P_1 (Berechnung siehe Kataloge der Wälzlagerhersteller) und einem Reibungskoeffizienten f_1 abhängt:

$$M_R = 10^{-7} f_0 (vn)^{2/3} d_m^3 + f_1 P_1 d_m \quad \text{für } vn \geq 2000 \text{ bzw.} \tag{11.70}$$

$$M_R = 10^{-7} f_0 \, 160 d_m^3 + f_1 P_1 d_m \quad \text{für } vn \geq 2000, \text{mit.} \tag{11.71}$$

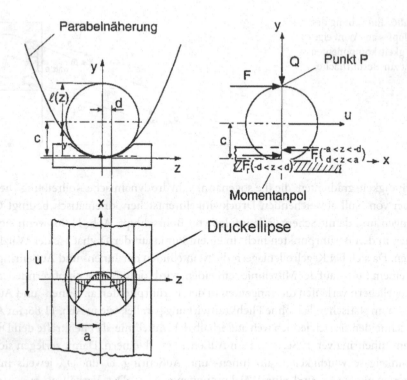

Abb. 11.87 Vor – und Rückgleiten infolge gekrümmter Berührflächen („Heathcote"-Schlupf) [Tül99]

M_R [Nmm] Reibmoment, ν [mm²/s] kinematische Viskosität bei Betriebstemperatur, n [min⁻¹] Lagerdrehzahl, $d_m = (d + D)/2$ [mm] mittlerer Lagerdurchmesser, d [mm] Lagerbohrungsdurchmesser, D [mm] Lageraußendurchmesser. Die Koeffizienten f_0 und f_1 sind von der Schmierungsart und von der Lagerbauart abhängig (f_{0r} und f_{1r} für Referenzbedingungen in Tab. 11.20).

Absolute Maximaldrehzahlen von Wälzlagern lassen sich nicht angeben. Mit zunehmender Drehzahl wachsen die Beanspruchungen der Außenringlaufbahn und des Käfigs, die Gefahr von Wälzkörperschlupf am Innenring, die Verlustleistung und damit die Lagertemperatur. Die Wälzfestigkeit des Lagerwerkstoffs und seine Dimensionsstabilität, die Zeitstandfestigkeit nichtmetallischer Käfigwerkstoffe und Dichtungen und die Schmierstoffgebrauchsdauer bestimmen die zulässigen Betriebstemperaturen. Mit Rücksicht auf den Schmierstoff strebt man an, die sogenannte *Referenztemperatur* nicht zu überschreiten. Diejenige Drehzahl, bei der unter Referenzbedingungen (Erwärmung des Lagers ausschließlich durch seine eigene Verlustleistung, natürliche Wärmeabfuhr mit der *Referenzwärmeflussdichte* q_r über die *Referenzoberfläche* ohne zusätzliche Kühlung) eine Temperaturerhöhung von 50 °C gegenüber der *Referenzumgebungstemperatur* 20 °C auf die *Referenztemperatur* 70 °C eintritt, wird als *thermische Referenzdrehzahl* $n_{\theta r}$ bezeichnet [Albe87, Hill84]. Die weiteren Referenzbedingungen nach [DINISO15312] sind:

Tab. 11.20 Koeffizienten f_{0r} und f_{1r} für verschiedene Lagerbauarten und Maßreihen bei Referenzbedingungen nach [DINISO15312]

Lagerbauart	Maßreihe	f_{0r}	f_{1r}
Einreihige	18	1,7	0,00010
Rillenkugellager	19	1,7	0,00015
	00	1,7	0,00015
	02	2	0,00020
	03	2,3	0,00020
Pendelkugellager	02	2,5	0,00008
	22	3	0,00008
	03	3,5	0,00008
	23	4	0,00008
Schrägkugellager	02	2	0,00025
einreihig	03	3	0,00035
zweireihig oder	32	5	0,00035
gepaart	33	7	0,00035
Vierpunktlager	02	2	0,00037
	03	3	0,00037
Einreihige	10	2	0,00020
Zylinderrollenlager mit	02	2	0,00030
Käfig	22	3	0,00040
	03	2	0,00035
	23	4	0,00040
Vollrollige	18	5	0,00055
einreihige	29	6	0,00055
Zylinderrollenlager	30	7	0,00055
	22	8	0,00055
	23	12	0,00055
Nadellager	48	5	0,00050
	49	5,5	0,00050
	69	10	0,00050
Pendelrollenlager	39	4,5	0,00017
	30	4,5	0,00017
	40	6,5	0,00027
	31	5,5	0,00027
	22	4	0,00019
	32	6	0,00036
	23	4,5	0,00030

Tab. 11.20 (Fortsetzung)

Lagerbauart	Maßreihe	f_{0r}	f_{1r}
Kegelrollenlager	02	3	0,00040
	03	3	0,00040
	30	3	0,00040
	20	3	0,00040
	22	4,5	0,00040
	23	4,5	0,00040
	13	4,5	0,00040
	31	4,5	0,00040
	32	4,5	0,00040
Axial-Zylinderrollenlager	11	3	0,00150
	12	4	0,00150
Axial-Pendelrollenlager, (modifiziert)	92	2,5	0,00023
	93	3	0,00030
	94	3,3	0,00033

Werte für Schrägkugellager nur für Druckwinkel $22° < a \leq 40°$!

- Referenzbelastung für Radiallager $(0° < \alpha < 45°)$: $P_{1r} = 0.05\,C_0$ (reine Radialbelastung)
- Referenzbelastung für Axiallager $(45° < \alpha < 90°)$: $P_{1r} = 0.02\,C_0$ (reine zentrische Axialb.)
- Referenzviskosität eines Schmieröles bei Referenztemperatur 70 °C: $v_r = 12\,mm^2/s$ für Radiallager, $v_r = 24\,mm^2/s$ für Axiallager
- Referenz-Grundölviskosität eines Lithiumseifenfettes mit mineralischem Grundöl bei 40 °C: $v_r = 24\,mm^2/s$, Fettfüllung 30 % des freien Volumens.

Referenzoberfläche der Radiallager außer Kegelrollenlager:

$$A_r = \pi(D+d)B \tag{11.72}$$

mit:
A_r [mm²] Referenzoberfläche, D [mm] Lageraußendurchmesser, d [mm] Lagerbohrungsdurchmesser, B [mm] Lagerbreite. Übrige Lagerbauarten s. [DINISO15312].

Für Radiallager bzw. Axiallager betragen die Referenzwärmeflussdichten q_r:

$$A_r \leq 50.000\,mm^2 : q_r = 16\,kW/m^2 \quad \text{bzw.} \quad q_r = 20\,kW/m^2$$
$$A_r \leq 50.000\,mm^2 : q_r = 16\,(A_r/50.000)^{-0.34}\,kW/m^2 \text{bzw.} \tag{11.73}$$
$$q_r = 20\,(A_r/50.000)^{-0.16}\,kW/m^2$$

Im Referenzzustand fließt über die Referenzoberfläche der Wärmestrom

$$\Phi_r = q_r A_r \tag{11.74}$$

der ohne zusätzliche Kühlung gleich der Lagerverlustleistung N_r bei Referenzdrehzahl $n_{\theta r}$ ist:

$$\Phi_r = N_r = 2\pi n_{\theta r} M_r = 2\pi n_{\theta r} \left(M_{0r} + M_{1r} \right)$$
$$= 2\pi n_{\theta r} \left(10^{-7} f_{0r} (vn)^{2/3} d_m^3 + f_{1r} P_{1r} d_m \right) \tag{11.75}$$

Die Referenzdrehzahl $n_{\theta r}$ ergibt sich als Lösung dieser Gleichungen. (Berechnung der Grenzdrehzahl für eine Betriebstemperatur von 70 °C bei beliebigen Betriebszuständen durch Einsetzen der zugehörigen Werte). Bei Ölumlaufschmierung wird zusätzlich ein Wärmestrom

$$\Phi_{\ddot{o}l} = V_{\ddot{o}l}\, c\, \rho \left(T_A - T_E \right) \tag{11.76}$$

über das Öl abgeführt, daher im Referenzzustand:

$$N_r = \Phi_r + \Phi_{\ddot{o}l}$$

mit: $V_{\ddot{o}l}$ Volumenstrom, c spezifische Wärmekapazität (1,7 bis 2,4 kJ/(kg K)) und ρ Dichte des Öls, T_A Ölaustritts- und T_B Öleintrittstemperatur.

11.3.10 Schadensfälle

Der klassische Versagensmechanismus von Wälzlagern ist die Ermüdung in oberflächennahen Werkstoffbereichen infolge der hohen, zeitlich veränderlichen Beanspruchungen beim Überrollen. Wenn die Rissbildung unterhalb der Oberfläche einsetzt – dies ist in der Regel bei hinreichender Trennung der Oberflächen durch einen Schmierfilm der Fall – dann entstehen muschelförmige Ausbrüche, sogenannte Pittings, Abb. 11.88. Diese gehen bei weiterem Betrieb des Lagers in großflächigere Schälungen über, Abb. 11.89.

Sobald der erste, wenn auch nur sehr kleine Ausbruch an der Oberfläche erscheint, spricht man definitionsgemäß von einem Lagerausfall durch Wälzermüdung. Er macht sich zunächst nur durch periodisch wiederkehrende Geräusche und Schwingungen bemerkbar. Diese werden mit fortschreitendem Schaden stärker und die Temperatur steigt an. Wird das Lager nicht rechtzeitig aus dem Betrieb genommen, dann führt die immer höhere Beanspruchung schließlich zum katastrophalen Bauteilversagen, wie z. B. dem Anriss und Bruch eines Ringes in Abb. 11.90.

Selbst bei idealen Herstell- und Betriebsbedingungen wird es irgendwann zu solchen Ermüdungsschäden kommen, wenn die Ermüdungsgrenzbelastung während einer hinreichend großen Anzahl von Lastwechseln überschritten wird. Ausgangspunkt sind klei-

Abb. 11.88 Pitting (Ermü-
dungsschaden) in der
Außenringlaufbahn eines
Rillenkugellagers

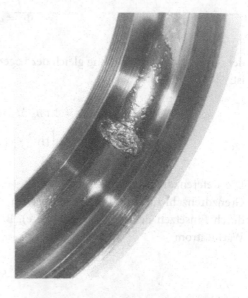

Abb. 11.89 Schälung
(Ermüdungsschaden) in der
Innenringlaufbahn eines
Rillenkugellagers in Folge
dynamischer Beanspruchung

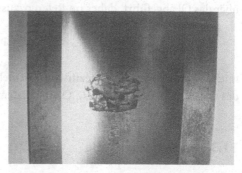

Abb. 11.90 Schälung (Ermüdungsschaden) in Rissbildung
übergehend, Innenringlaufbahn eines Pendelrollenlagers

ne Unvollkommenheiten im Werkstoffgefüge, die sich auch bei sorgfältigster Herstellung
nicht ganz vermeiden lassen.

„Grobe" Herstellfehler wie z. B. große Schlackeneinschlüsse können demgegenüber zu
frühen Ausfällen führen, Abb. 11.91.

Abb. 11.91 Schälung, verursacht durch eine Schlackenzelle in der Laufbahn eines Rollenlager-Innenringes

Abb. 11.92 Pittingbildung im Kugelabstand an einem Schrägkugellager – Vorschädigung durch statische Überlastung bei der Montage

Zusätzliche schädigende Einflüsse während des Ein- und Ausbaus sowie während des Betriebes können die Wahrscheinlichkeit von Ermüdungsschäden erheblich vergrößern, selbst dann, wenn die nominelle Beanspruchung unterhalb der Ermüdungsgrenzbelastung bleibt.

Häufig sind örtliche Überbeanspruchungen während der Montage, wenn die Einbaukräfte unsachgemäß über die Wälzkörper geleitet werden, Abb. 11.92. Die gleichen Folgen

Abb. 11.93 Außenring eines Pendelkugellagers, durch Erschütterung im Stillstand beschädigt („False Brinelling"); die Stellung der Ringe zueinander blieb während des Stillstands unverändert

sind möglich, wenn dies beim Ausbau geschieht und die Lager danach wiederverwendet werden (siehe auch Abschnitt „Ein- und Ausbau von Wälzlagern") (Abb. 11.93).

Ein Vorstadium davon sind Mulden in der Laufbahn, die im Stillstand durch plastische Verformung bei Überlastung oder durch Verschleiß bei kleinen Schwingbewegungen infolge von Erschütterungen oder Schwingungen hervorgerufen werden. Diese Erscheinung bezeichnet man auch als „False Brinelling".

Sehr ungünstig wirken sich Eindrücke überrollter Fremdpartikel aus, Abb. 11.94a, b. Die Kanten dieser Eindrücke verursachen örtliche Spannungsüberhöhungen, von denen beschleunigt Risse ausgehen.

Bei Lagern, die in einem Spannungsgefälle oder einem elektromagnetischen Feld arbeiten, können durch Stromdurchgang durch Funken Krater entstehen, Abb. 11.95, die eine ähnliche Wirkung haben.

Abb. 11.94 **a** Überrollspuren durch Fremdkörper in einer Wälzfläche, **b** Großaufnahme

Abb. 11.95 Schädigung einer Kugellagerlaufbahn durch Stromdurchgang

Eine unzureichende Trennung der Funktionsflächen durch einen Schmierfilm führt zu erhöhten oberflächennahen Beanspruchungen im Bereich der Rauheitserhebungen und erhöht dadurch ebenfalls das Ermüdungsrisiko. Sie kann außerdem zu verschleißbedingten Geometrieänderungen führen, die durch örtliche Beanspruchungserhöhungen Ermüdung begünstigen, Bauteile wie z. B. Käfige unzulässig schwächen oder, z. B. durch erhöhtes Spiel, die Lagerfunktion stören.

Verschleiß in Form tribochemischer Reaktionen oder Materialabtrags kann auch bei ungeeigneten Passungen an den Sitzflächen der Lagerringe auf der Welle oder im Gehäuse auftreten. In Abb. 11.96 links wird sogenannter Passungsrost gezeigt, der durch kleine Relativbewegungen an einem Lageraußenring wegen zu loser Passung entsteht. In Abb. 11.96 rechts wird starker Verschleiß an den Sitzstellen zweier Innenringe gezeigt.

11.3.11 Hinweise für den Ein- und Ausbau von Wälzlagern

Die im vorangegangenen Abschnitt gezeigten Schäden (Abb. 11.92) verdeutlichen eindringlich, dass Kräfte beim Einbau nur in Ausnahmefällen über die Wälzkörper geleitet werden dürfen. Es sind dann aber besondere Maßnahmen zu ergreifen und schlagartige Beanspruchungen unter allen Umständen zu vermeiden.

In der Regel wird man mit speziellen Hülsen oder Kappen dafür sorgen, dass die Montagekräfte über die Stirnflächen desjenigen Ringes eingeleitet werden, an dem der Verschiebewiderstand auftritt, Abb. 11.97.

Verschleiß der Sitzstellen zweier Innenringe
(Motorwelle) durch Passungsfehler
mögliche Folgen:
- Dauerbruch
- unzulässig großes Radialspiel
- Schädigung der Lager durch Verschleißpartikel

B-seitiges Lager   A-seitiges Lager

Reibstellen der Lagerdeckel

Reiboxidation auf
der Mantelfläche
eines Zylinderrollenlagers

Abb. 11.96 Schädigung der Lagesitze durch lose Passung bei Umfangslast

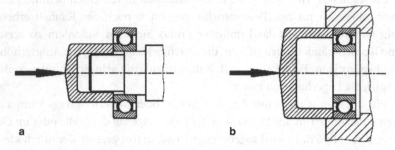

Abb. 11.97 Hilfsmittel **a** zum Aufschieben des Innenrings auf die Welle, **b** zum Einschieben des Außenringes in das Gehäuse

Abb. 11.98 Schonende
Demontage eines Außenringes
mit Abdrückschrauben

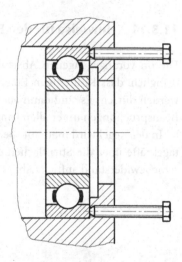

Sind beide Ringe gleichzeitig zu montieren, dann ist die Kraft auf denjenigen Ring auszuüben, der durch eine feste Passung oder einen Übergangssitz den grösseren Widerstand erfährt.

Ist dies nicht möglich, dann kann man durch thermisches Fügen oder das Einpressen von Drucköl zwischen die Fügeflächen den Verschiebewiderstand so weit verkleinern, dass keine Schäden zu befürchten sind.

Sollen die Lager nach einem Ausbau wieder verwendet werden, sind die gleichen Regeln zu beachten. Man muss dann aber dafür sorgen, dass die Stirnflächen der entsprechenden Lagerringe nach der Montage für Abzieh- oder Abdrückwerkzeuge zugänglich bleiben. Deshalb sind Wellenabsätze und Gehäuseschultern so zu bemessen, dass eine Ansatzfläche frei bleibt. Andernfalls kann man sich mit Abflachungen an Wellen oder Bohrungen für Abdrückschrauben behelfen, Abb. 11.98.

Literatur

Literatur zu 11.2

[Aff96]   Affenzeller, J., Gläser, H.: Lagerung und Schmierung von Verbrennungsmotoren. Die Verbrennungskraftmaschine, Neue Folge Bd. 8. Springer, Wien (1996)

[Ber00]   Berger, M.: Untersuchungen an wartungsfreien trockenlaufenden Verbundgleitlagern. Diss. Univ. Magdeburg 2000. Shaker, Aachen (2000)

[But76]   Butenschön, H.-J.: Das hydrodynamische, zylindrische Gleitlager endlicher Breite unter instationärer Belastung. Diss. Univ. Karlsruhe (1976)

[Det88]   Deters, L.: Hochtourige Axialgleitlager mit kippbeweglichen Kreisgleitschuhen. Antriebstechnik 27, 58–64 (1988)

[DIN38]   DIN 38: Gleitlager; Lagermetallausguß in dickwandigen Verbundgleitlagern. Berlin, Beuth (1983)

[DIN118]   DIN 118: Antriebselemente; Stehgleitlager für allgemeinen Maschinenbau, Hauptmaße. Berlin, Beuth (1977)

[DIN322]   DIN 322: Gleitlager; Lose Schmierringe für allgemeine Anwendung. Berlin, Beuth (1983)

[DIN502]   DIN 502: Antriebselemente; Flanschlager, Befestigung mit 2 Schrauben. Berlin, Beuth (1973)

[DIN503]   DIN 503: Antriebselemente; Flanschlager, Befestigung mit 4 Schrauben. Berlin, Beuth (1973)

[DIN504]   DIN 504: Antriebselemente; Augenlager. Berlin, Beuth (1973)

[DIN505]   DIN 505: Antriebselemente; Deckellager, Lagerschalen, Lagerbefestigung mit 2 Schrauben. Berlin, Beuth (1973)

[DIN506]   DIN 506: Antriebselemente; Deckellager, Lagerschalen, Lagerbefestigung mit 4 Schrauben. Berlin, Beuth (1973)

[DIN1591]   DIN 1591: Schmierlöcher, Schmiernuten, Schmiertaschen für allgemeine Anwendung. Berlin, Beuth (1982)

[DIN7473]   DIN 7473: Gleitlager; Dickwandige Verbundgleitlager mit zylindrischer Bohrung ungeteilt. Berlin, Beuth (1983)

[DIN7474]   DIN 7474: Gleitlager; Dickwandige Verbundgleitlager mit zylindrischer Bohrung geteilt. Berlin, Beuth (1983)

[DIN7477]   DIN 7477: Gleitlager; Schmiertaschen für dickwandige Verbundgleitlager. Berlin, Beuth (1983)

[DIN8221]   DIN 8221: Gleitlager; Buchsen für Gleitlager nach DIN 502/3/4. Berlin, Beuth (2000)

[DIN31651]   DIN 31651 T 1: Gleitlager; Formelzeichen, Systematik. Berlin, Beuth (1991)

[DIN31651-2] DIN 31651 T 2: Gleitlager; Formelzeichen, Anwendung. Berlin, Beuth (1991)

[DIN31652]   DIN 31652: Hydrodynamische Radial-Gleitlager im stationären Betrieb. Berlin, Beuth (1983)

[DIN31653]   DIN 31653: Gleitlager; Hydrodynamische Axial-Gleitlager im stationären Betrieb; Berechnung von Axialsegmentlagern. Berlin, Beuth (1991)

[DIN31654]   DIN 31654: Gleitlager; Hydrodynamische Axial-Gleitlager im stationären Betrieb; Berechnung von Axial-Kippsegmentlagern. Berlin, Beuth (1991)

[DIN31655]   DIN 31655: Berechnung von hydrostatischen Radial-Gleitlagern ohne Zwischennuten. Berlin, Beuth (1991)

[DIN31656]   DIN 31656: Berechnung von hydrostatischen Radial-Gleitlagern mit Zwischennuten. Berlin, Beuth (1991)

[DIN31657]   DIN 31657: Berechnung von Mehrflächen- und Kippsegment-Radialgleitlagern. Berlin, Beuth (1996)

[DIN31661]   DIN 31661: Gleitlager; Begriffe, Merkmale und Ursachen von Veränderungen und Schäden. Berlin, Beuth (1983)

[DIN31670]   DIN 31670: Gleitlager; Qualitätssicherung von Gleitlagern. Berlin, Beuth (1986)

[DIN31690]   DIN 31690: Gleitlager; Gehäusegleitlager, Stehlager. Berlin, Beuth (1990)

[DIN31692]   DIN 31692 T 1: Gleitlager-Teil 1; Hinweise für die Schmierung. Berlin, Beuth (1991)

[DIN31696]   DIN 31696: Axialgleitlager; Segment-Axiallager; Einbaumaße. Berlin, Beuth (1978)

[DIN31697]   DIN 31697: Axialgleitlager; Ring-Axiallager; Einbaumaße. Berlin, Beuth (1978)

[DIN31698]   DIN 31698: Gleitlager; Passungen. Berlin, Beuth (1979)

[DIN50282]   DIN 50282: Gleitlager; Das tribologische Verhalten von metallischen Gleitwerkstoffen; Kennzeichnende Begriffe. Berlin, Beuth (1979)

[DIN51519]   DIN 51519: Schmierstoffe-ISO-Viskositätsklassifikation für flüssige Industrie-Schmierstoffe. Berlin, Beuth (1998)

[DIN71420]   DIN 71420 T24: Zentralschmierung

[DINISO4381] DIN ISO 4381: Gleitlager; Blei- und Zinn- Gusslegierungen für Verbundgleitlager

[DINISO4382] DIN ISO 4382: Gleitlager; Kupferlegierungen

[DINISO4383] DIN ISO 4383: Gleitlager; Metallische Verbundwerkstoffe für dünnwandige Gleitlager

[DINISO4384] DIN ISO 4384: Gleitlager; Härteprüfung an Lagermetallen. Berlin, Beuth (2000)

[DINISO4386] DIN ISO 4386: Gleitlager; Prüfung der Bindung metallischer Verbundgleitlager. Berlin, Beuth (1992)

[DINISO6279] DIN ISO 6279: Gleitlager; Aluminiumlegierungen für Einstofflager

[DINISO6691] DIN ISO 6691: Gleitlager; Thermoplaste; Klassifizierung, Bezeichnung, Empfehlungen

[Dro54]   Droste, K.: Zur Frage der Betriebssicherheit bei Querlagern. Schmierungstechnik 1, 2–6 (1954)

[Fro79]   Fronius, S.: Konstruktionslehre – Antriebstechnik. Verlag Technik, Berlin (1979)

[Ham94]   Hamrock, B.J.: Fundamentals of fluid film lubrication. Mc Graw-Hill, Inc., New York (1994)

[Hol59]   Holland, J.: Beitrag zur Erfassung der Schmierverhältnisse in Verbrennungskraftmaschinen. VDI-Forsch. Heft 475. Düsseldorf (1959)

[Kan76]   Kanarachos, A.: Ein Beitrag zum Problem hydrodynamischer Gleitlager maximaler Tragfähigkeit. Konstruktion 28, 391–395 (1976)

[Lan78]   Lang, O.R., Steinhilper, W.: Gleitlager. Springer, Berlin (1978)

[Noa93]   Noack, G.: Berechnung hydrodynamisch geschmierter Gleitlager – dargestellt am Beispiel der Radiallager. Gleitlager als moderne Maschinenelemente, Tribotechnik Bd. 400. Expert-Verlag, Ehningen bei Böblingen (1993)

[Pee97]   Peeken, H.: Gleitlagerungen. Dubbel-Taschenbuch für den Maschinenbau. Springer-Verlag, Berlin (1997)

[Pol81]   Pollmann, E.: Berechnungsverfahren für Axiallager. Konstruktion 33, 103–108, 159–162 (1981)

[Ruß93]   Ruß, A.G.: Vergleichende Betrachtung wartungsfreier und selbstschmierender Gleitlager, Tribologie Bd. 422. Expert-Verlag, Ehningen bei Böblingen (1993)

[Sau86]   Sautter, S., von Wenz, V.: Moderne Gelenklager – Stand der Technik und Entwicklungstendenzen. Konstruktion 38, 433–441 (1986)

[Spi86]   Spiegel, K., Fricke, J., Meis, K.-R.: Berechnung von fettgeschmierten Radialgleitlagern. Gleitlagertechnik Teil 2, Tribotechnik Bd. 163. Expert-Verlag, Sindelfingen (1986)

[Spi93]   Spiegel, K.: Konstruktive Fragen des Gleitlagers unter Berücksichtigung der Schmierung. Gleitlager als moderne Maschinenelemente, Tribotechnik Bd. 400. Expert-Verlag, Ehningen bei Böblingen (1993)

[SpFr00]   Spiegel, K., Fricke, J.: Bemessungs- und Gestaltungsregeln für Gleitlager: Herkunft-Bedeutung-Grundlagen-Fortschritt. Tribologie und Schmierungstechnik 47(5), 32–41 (2000)

[Ste94]   Steinhilper, W., Röper, R.: Maschinen- und Konstruktionselemente 3. Springer-Verlag, Berlin (1994)

[Ver79]   Vermeulen, M.: De invloed van de tweedimensionale stroming op het statisch gedrag van het hydrostatisch radial lager; Dissertation Rijksuniversiteit Gent (1979)

[VDI2201]   VDI 2201: Gestaltung von Lagerungen. VDI-Verlag (1980)

[VDI2202]   VDI 2202: Schmierstoffe und Schmiereinrichtungen für Gleit- und Wälzlager. VDI-Verlag (1970)

[VDI2204]   VDI 2204: Auslegung von Gleitlagerungen; Berechnung. VDI-Verlag (1992)

[Vog67]   Vogelpohl, G.: Betriebssichere Gleitlager. Springer, Berlin (1967)

Literatur zu 11.3

[Albe87]   Albers, A.: Ein Verfahren zur Bestimmung zulässiger Drehzahlen von Wälzlagerungen. Dissertation, Universität Hannover (1987)

[Alb87]   Albert, M., Köttritsch, H.: Wälzlager – Theorie und Praxis. Springer Verlag, Wien (1987)

[Brä95]   Brändlein, J., Eschmann, P., Hasbargen, L., Weigand, K.: Die Wälzlagerpraxis, 3. Aufl. Vereinigte Fachverlage GmbH, Mainz (1995)

[DIN611]   DIN 611: Übersicht über das Gebiet der Wälzlager

[DIN615]   DIN 615: Schulterkugellager

[DIN616]   DIN 616: Maßpläne

[DIN617]   DIN 617: Nadellager mit Käfig

[DIN618]   DIN 618: Nadelhülsen-Nadelbuchsen

[DIN620]   DIN 620: Toleranzen von Wälzlagern

[DIN623]   DIN 623: Bezeichnungen von Wälzlagern

[DIN625]   DIN 625: Rillenkugellager

[DIN628]   DIN 628: Schrägkugellager und DIN 628-3: 2-reihige Schrägkugellager

[DIN630]   DIN 630: Pendelkugellager

[DIN635]   DIN 635: Tonnenlager – Pendelrollenlager

[DIN711]   DIN 711: Axial-Rillenkugellager

[DIN715]   DIN 715: zweiseitige Axial-Rillenkugellager

[DIN720]   DIN 720: Kegelrollenlager

[DIN722]   DIN 722: Axial-Zylinderrollenlager

[DIN728]   DIN 728: Axial-Pendelrollenlager

[DIN736-739]   DIN 736-739: Stehlagergehäuse für Wälzlager

[DIN981]   DIN 981: Nutmuttern

[DIN5401]   DIN 5401: Kugeln

[DIN5402]   DIN 5402: Zylinderrollen – Walzen – Nadeln

[DIN5404]   DIN 5404: Axial-Nadelkränze

[DIN5405]   DIN 5405: Radial-Nadelkränze

[DIN5406]   DIN 5406: Sicherungsbleche

[DIN5407]   DIN 5407: Walzenkränze

[DIN5412]	DIN 5412: Zylinderrollenlager
[DIN5416]	DIN 5416: Abziehhülsen
[DIN5417]	DIN 5417: Sprengringe
[DIN5418]	DIN 5418: Anschlussmaße
[DIN5419]	DIN 5419: Filzringe – Ringnuten für Wälzlagergehäuse
[DIN5425]	DIN 5425: Passungen für den Einbau
[DIN51501]	DIN 51 501: Ausgabe 1979–11: Schmierstoffe; Schmieröle L-AN, Mindestanforderungen
[DIN51502]	DIN 51 502: Ausgabe 1990–08: Schmierstoffe und verwandte Stoffe; Kurzbezeichnung der Schmierstoffe und Kennzeichnung der Schmierstoffbehälter, Schmiergeräte und Schmierstellen
[DIN51517]	DIN 51 517: Ausgabe 2004-01: Schmierstoffe – Schmieröle. Teil 1: Schmieröle C; Mindestanforderungen. Teil 2: Schmieröle CL; Mindestanforderungen. Teil 3: Schmieröle CLP; Mindestanforderungen
[DIN51825]	DIN 51 825: Wälzlagerfette
[DINENISO683-17]	DIN EN ISO 683-17: Ausgabe 2000–04: Für eine Wärmebehandlung bestimmte Stähle, legierte Stähle und Automatenstähle – Teil 17: Wälzlagerstähle (ISO 683-17:1999); Deutsche Fassung EN ISO 683-17:1999
[DINISO76]	DIN ISO 76: Statische Tragzahlen
[DINISO281]	DIN ISO 281: Wälzlager – Dynamische Tragzahlen und nominelle Lebensdauer
[DINISO355]	DIN ISO 355: Metrische Kegelrollenlager
[DINISO15312]	DIN ISO15312:2003: Wälzlager – Thermische Bezugsdrehzahl – Berechnung und Beiwerte (Rolling bearings – thermal speed rating – calculation and coefficients)
[DINTB24-85]	DIN-Taschenbuch Nr. 24: Wälzlager, 5. Aufl. Beuth Verlag, Berlin (1985)
[Dow77]	Dowson, D., Higginson, G.R.: Elasto-Hydrodynamic Lubrication, 2. Aufl. Pergamon Press Ltd., Oxford (1977)
[Dub01]	Beitz, W., Grote, K.-H.: Dubbel Taschenbuch für den Maschinenbau, 20. Aufl. Springer Verlag, Berlin (2001) S. G 181, Anh. G4, Tab. 1
[Esch64]	Eschmann, P.: Das Leistungsvermögen der Wälzlager. Springer Verlag, Berlin (1964)
[FAG85]	FAG Kugelfischer Georg Schäfer: Publ. Nr. WL 81115 DA: Schmierung von Wälzlagern. Schweinfurt (1985)
[FAG87]	FAG: Standardprogramm, Katalog WL 41510/2 DB (1987)
[Gft93]	Gesellschaft für Tribologie (GfT): GfT – Arbeitsblatt 3: Wälzlagerschmierung Mai (1993)
[Hal66]	Halliger, L.: Abdichtung von Wälzlagerungen. TZ für praktische Metallbearbeitung, 60(4), 207–218 (1966)
[Ham71]	Hampp, W.: Wälzlagerungen, Berechnung und Gestaltung. Springer Verlag, Berlin (1971)
[Hill84]	Hillmann, R.: Ein Verfahren zur Ermittlung von Bezugsdrehzahlen für Wälzlager. Dissertation, Universität Hannover (1984)
[Jür53]	Jürgensmeyer: Gestaltung von Wälzlagerungen. Springer Verlag, Berlin (1953)
[Har91]	Harris, T.A.: Rolling Bearing Analysis, 3. Aufl. Wiley, New York (1991)
[Mül90]	Müller, H.K.: Abdichtung bewegter Maschinenteile. Medienverlag U. Müller, Waiblingen (1990)
[Mün155]	Münnich, H., Erhard, M., Niemeyer, P.: Auswirkungen elastischer Verformungen auf die Krafteinleitung in Wälzlagern. Kugellager-Z. 155, 3–12

[Pala95]   Paland, E.-G.: Technisches Taschenbuch. Selbstverlag, Hannover (1995 und 2001)

[Palm57]   Palmgren, A.: Neue Untersuchungen über Energieverluste in Wälzlagern. VDI-Berichte 20, 117–121 (1957)

[Palm64]   Palmgren, A.: Grundlagen der Wälzlagerpraxis, 3. Aufl. Franckh'sche Verlagsbuchhandlung W. Keller & Co, Stuttgart (1964)

[Ryd81]   Rydholm, G.: On Inequalities and Shakedown in Contact Problems. Linköping Studies in Science and Technology, Dissertations, 61 (1981)

[Schl87]   Schlicht, H., Zwirlein, O., Schreiber, E.: Ermüdung bei Wälzlagern und deren Beeinflussung durch Werkstoffeigenschaften. FAG-Wälzlagertechnik 1987 1

[Schm85]   Schmidt, U.: Die Schmierfilmbildung in elastohydrodynamisch beanspruchten Wälzkontakten unter Berücksichtigung der Oberflächenrauheit. Dissertation, Universität Hannover (1985)

[Schr88]   Schrader, R.: Zur Schmierfilmbildung von Schmierölen und Schmierfetten in elastohydrodynamischen Wälzkontakten. Dissertation, Universität Hannover (1988)

[SKF94]   SKF: Hauptkatalog 4000/IV Reg. 47-28000-1994-12 (1994)

[Som69]   Sommerfeld, H., Schimion, W.: Leichtbau von Lagergehäusen durch günstige Krafteinleitung. Z. Leichtbau der Verkehrsfahrzeuge 3, 3–7 (1969)

[Stö88]   Stöcklein, W.: Aussagekräftige Berechnungsmethode zur Dimensionierung von Wälzlagern. Wälzlagertechnik. Teil 2: Berechnung von Lagerungen und Gehäusen in der Antriebstechnik. Kontakt und Studium, B. 248. Expert-Verlag, Grafenau (1988)

[Tül99]   Tüllmann, U.: Das Verhalten axial verspannter, schnelldrehender Schrägkugellager, Berichte aus der Produktionstechnik, Bd. 25/99. Shaker Verlag, Aachen (1999)

sowie Publikationen der Firmen

FAG, Schweinfurt
Hoesch Rothe Erde, Dortmund
INA, Herzogenaurach
Koyo, Hamburg
NSK, Ratingen
NTN, Erkrath-Unterfeldhaus
SKF, Schweinfurt
SNR, Stuttgart
TIMKEN, Canton, Ohio (USA)

Dichtungen

12

Gerhard Poll

Inhaltsverzeichnis

12.1 Funktion und Wirkprinzip 196
12.2 Dichtungsbauformen 201
    12.2.1 Berührungsfreie Dichtungen 201
    12.2.2 Berührende Dichtungen 203
        12.2.2.1 Statische Dichtungen 203
        12.2.2.2 Dynamische Berührungsdichtungen 205
        12.2.2.3 Elastische Dichtelemente 206
        12.2.2.4 Gleitringdichtungen 208
        12.2.2.5 Kolbenringe 212
    12.2.3 Kombination berührender/nicht berührender Dichtungen 213
12.3 Gestaltung und Berechnung von Dichtungen 214
    12.3.1 Anpresskraft und Überdeckung 214
        12.3.1.1 Starre Dichtungen 214
        12.3.1.2 Elastische Dichtungen 214
    12.3.2 Reibung und Temperatur 218
    12.3.3 Belüftung und Druckausgleich 219
    12.3.4 Leckage/Rückförderung 221

G. Poll (✉)
Institut für Maschinenelemente, Konstruktionstechnik und Tribologie der Leibniz Universität Hannover, Hannover, Deutschland

© Springer-Verlag GmbH Deutschland, ein Teil von Springer Nature 2018
B. Sauer (Hrsg.), *Konstruktionselemente des Maschinenbaus 2*, Springer-Lehrbuch,
https://doi.org/10.1007/978-3-642-39503-1_3

12.4   Werkstoffe 227
12.5   Schädigungsmechanismen und Lebensdauer 228
12.6   Einbau 231
Literatur 233

12.1   Funktion und Wirkprinzip

Funktion

Dichtungen werden benötigt, um den Stoffübergang zwischen zwei Arbeitsräumen mit gemeinsamer Grenzfläche zu verhindern oder zu begrenzen, sie „sperren" die Räume gegeneinander ab. Häufig ist ein hermetisches, vollständiges Sperren nicht möglich und auch nicht erforderlich. Es geht vielmehr darum die Stoffmengen auf ein zulässiges Maß zu begrenzen. Stoffe, deren Austritt kontrolliert werden muss, sind z. B. Chemikalien, Treibstoffe, Abgase, Kühl- und Heizmedien sowie Schmierstoffe. Stoffe, deren Zutritt möglichst zu verhindern ist, sind feste oder flüssige Verunreinigungen wie z. B. Wasser und Stäube. Des Weiteren ist zu unterscheiden, ob die Stoffe zwischen relativ zueinander ruhenden Maschinen- oder Anlagenteilen oder zwischen relativ zueinander bewegten Elementen durchtreten können. Im ersten Fall spricht man von statischen, im zweiten von dynamischen Abdichtungen.

Weiterhin können zwischen beiden Seiten der Dichtung Druckdifferenzen gleich bleibender Richtung (z. B. bei Druckbehältern, Wasserleitungen etc.) oder wechselnder Richtung (z. B. Kolbenabdichtung im Verbrennungsmotor) bestehen oder zwischen beiden Seiten besteht ein mehr oder minder vollkommener Druckausgleich (z. B. Getriebegehäuse mit Entlüftung).

Die am häufigsten vorkommende Dichtungsart sind statische Dichtungen zum Verhindern des Austritts von Fluiden. Die größten Probleme bereiten jedoch dynamische Dichtungen, die gleichzeitig den Austritt flüssiger Medien verhindern und den Zutritt von Verunreinigungen minimieren sollen, Abb. 12.1.

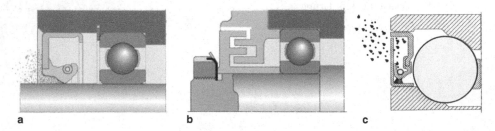

a   b   c

Abb. 12.1 Dichtungen mit verschiedenen Hauptfunktionen. **a** Verhindern des Austritts von Fluiden aus einem abgeschlossenen Raum, hier mit einem Radialwellendichtring **b**, **c** Hauptfunktion Dichten gegen Verunreinigungen, Nebenfunktion: Dichten gegen den Verlust von Fett. **b** mit einem Labyrinth, **c** mit einer berührenden Elastomerdichtung

Wirkprinzipien

Auch wenn die Wände von Behältern oder Maschinengehäusen den Stoffübergang zwischen verschiedenen Räumen verhindern, werden diese im normalen Sprachgebrauch nicht als Dichtungen bezeichnet, da andere Hauptfunktionen wie das Aufnehmen und Weiterleiten von Kräften und Drücken im Vordergrund stehen. Dichtungen im eigentlichen Sinne eines speziellen Maschinenelementes werden dort eingesetzt, wo unterschiedliche Maschinen- oder Anlagenteile zusammentreffen. In manchen Fällen bedarf es an diesen „Dichtstellen" gar keines speziellen Maschinenelementes, sondern aufeinander treffende Wirkflächen der beiden Festkörper können die Funktion des „Sperrens" mit übernehmen. Die Notwendigkeit spezieller Dichtelemente entsteht, wenn die Eigenschaften der Festkörper eine hinreichende Dichtwirkung nicht zulassen. Dies ist insbesondere an dynamischen Dichtstellen der Fall.

Statische Dichtungen arbeiten mit Festkörperkontakt, teilweise unterstützt durch Oberflächenspannungen. Falls gegen Flüssigkeiten oder Feststoffe abgedichtet wird, ist hierdurch sogar absolute Dichtheit zu erreichen. Grundsätzlich setzt sich die Leckage an einer statischen Dichtung aus einem Diffusionsanteil durch den Dichtringwerkstoff und einem Strömungsanteil über die Grenzfläche zwischen Dichtung und Gegenfläche zusammen. Der Diffusionsanteil wird maßgeblich durch Konzentrationsunterschiede und die chemischen Eigenschaften der beteiligten Werkstoffe geprägt. Der Strömungsanteil hängt dagegen von den zwischen den Oberflächen vorhandenen Leckkapillaren ab, die sich aus der Verformung der Rauheitserhebungen ergeben. Sind Rauheits- und Formabweichungen ausreichend klein und die Anpresskraft hinreichend hoch, so verschmelzen die einzelnen Kontaktbereiche zu einer zusammenhängenden Barriere und verschließen die Leckagepfade nach und nach vollständig. Bei regellosen Rauheitsstrukturen ist nach der Perkolationstheorie, [Sah94, Bin91], davon auszugehen, dass zum Verschließen aller Leckkapillare ein Kontaktflächenanteil von über 50 % notwendig ist. In der Praxis spielen jedoch Formabweichungen und stochastische Fehlstellen bei hohen Kontaktpressungen eine entscheidende Rolle, so dass auch bei nominell ausreichendem Kontaktanteil noch Leckage auftritt. Falls jedoch Flüssigkeiten abzudichten sind, kann auch bei offenen Leckagepfaden vollständige Dichtheit erreicht werden, wenn die Kapillarkräfte ausreichend groß sind. Dies setzt hinreichend enge Spalte und nicht zu große Druckdifferenzen voraus.

Bei dynamischen Dichtungen würden die für statische Abdichtungen notwendigen Kontaktverhältnisse meist zu hoher Reibung, Erwärmung und Verschleiß führen. Fast alle dynamischen Dichtungen haben daher einen Dichtspalt, wenn sie sich in Bewegung befinden. Die Bezeichnung „berührende" Dichtungen ist daher teilweise unzutreffend und besagt nur, dass die Dichtungen an der Gegenfläche anliegen und die sich im Betrieb selbsttätig einstellenden Spalte von der Größenordnung der Rauheit sind; ihre Geometrie hängt von der Oberflächentopographie ab und die Spaltweite ist somit örtlich veränderlich. Festkörperkontakt herrscht im Stillstand, ansonsten allenfalls an den Rauheitserhebungen. Die Trennung der Oberflächen geschieht durch mikroelastohydrodynamische Schmierung, bei Gleitringdichtungen auch durch das Kräftegleichgewicht zwischen dem Fluiddruck im Spalt und den Axialkräften, die auf der Rückseite der Dichtung angreifen.

Bei „berührungslosen" Dichtungen hingegen ist ein starrer Abstand der Funktionsflächen konstruktiv vorgegeben. Dieser kann sich im Betrieb durch elastische und thermische Verformungen jedoch ändern. Bei Druckdifferenzen sind solche Systeme grundsätzlich ohne zusätzliche Maßnahmen nicht „dicht", es sei denn, das abzudichtende Fluid
wird durch die passive Dichtwirkung von Fangvorrichtungen und Ablaufkanälen im Ver-
bund mit der Schwerkraftwirkung (Fanglabyrinthe) von den Dichtspalten ferngehalten.
Voraussetzung dafür ist ein niedriger Fluidstand. Fluidnebel können dadurch allein nicht
zurückgehalten werden. Andernfalls kann man aktiv durch die Ausnutzung von Fliehkräften oder anderen fluiddynamischen Effekten Druckdifferenzen entgegenwirken. Diese
Mechanismen sind im Stillstand allerdings nicht wirksam und es wird – wie meist auch
während der Bewegung – die Leckage lediglich passiv über die Drosselwirkung der Spalte
begrenzt. Dadurch allein ist keine vollständige Dichtheit zu erreichen, sondern nur eine
kontrollierte Leckage. Je enger und länger der Spalt und je höher die Viskosität des Fluids,
umso wirksamer ist dieser Mechanismus. Eine weitere Verbesserung der Dichtwirkung ist
durch scharfkantige Umlenkungen und Querschnittsveränderungen sowie eine Phasenumwandlung in Form eines Verdampfens der Flüssigkeit im Spalt zu erreichen. Der Effekt
der Volumenzunahme überwiegt hierbei gegenüber der Viskositätsabnahme. In begrenzten Drehzahlbereichen kann durch Wirbelbildung im Fluid vollständige Dichtheit erreicht
werden, auch wenn ein relativ großer Spalt vorhanden ist.

Neben der Einteilung in berührende und berührungsfreie Dichtungen ist mit Blick
auf die Wirkungsweise auch eine Einteilung in aktive und passive Dichtungen (Abb. 12.2)
sinnvoll. Immer vorhanden ist die Strömung im Spalt in Richtung des Druckgefälles. Die-

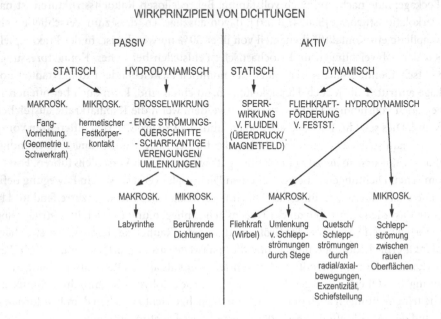

Abb. 12.2 Wirkprinzipien für Dichtungen

sem wirkt bei passiven Dichtungen die Drosselwirkung enger Spalte entgegen, die durch schroffe Querschnittsänderungen und Umlenkungen weiter verstärkt werden kann. Eine weitere passive Methode besteht darin, Leckage in Kammern oder Rinnen aufzufangen und in den abzudichtenden Raum zurückzuführen.

Bei aktiven Dichtungen gibt es eine Pump- oder Förderwirkung, die sich dem Druckgefälle überlagert. Ist sie dem Druckgefälle entgegengerichtet und groß genug, kann sich die Strömungsrichtung sogar umkehren. Dies ist z. B. der Fall bei Radialwellendichtringen zum Abdichten von Fluid gefüllten Räumen. Hier ist auf diese Weise vollständige Dichtheit gegen Austritt von Fluid zu erreichen. Zusätzlich besteht noch die Möglichkeit, Sperrflüssigkeiten oder -gase in das Dichtsystem zu pumpen, wenn der Austritt eines Mediums verhindert werden muss.

Aktive Medientransportmechanismen (Förderwirkung)
Eine aktive Förderwirkung kann gezielt erzeugt werden, indem die Bewegung zur Rückförderung ausgenutzt wird:

1. bei rotierenden Dichtungen durch:
   - die Ausnutzung von Fliehkräften zur Umlenkung der Leckage in Richtung des abzudichtenden Raums (z. B. mit Schleuderscheiben)
   - durch Umlenkung der im Dichtspalt auftretenden Schleppströmung in Dichtrichtung mit Hilfe makro- oder mikroskopischer Geometrie (Rauheit). Makrogeometrische Merkmale sind Gewinde auf der Welle bzw. Spiralnuten auf planen Gegenflächen oder Drallstege bzw. eine Welligkeit auf der Dichtlippe (meist bei berührenden Dichtungen, prinzipiell funktioniert dieses jedoch auch bei starren nicht berührenden Dichtungen mit hinreichend kleinem Spalt).
   Durch Mikrostrukturen kann die Schleppströmung durch Spalte unterschiedlicher Höhe und Breite gezwungen werden. Dadurch werden örtlich hydrodynamische Drücke aufgebaut. Diese verursachen auch axiale Strömungskomponenten, deren Vorzugsrichtung von der Orientierung der Rauheitsstruktur und dem Gradienten der Flächenpressung im Dichtkontakt abhängt. Asymmetrische axiale Flächenpressungsprofile führen dazu, dass aus den unterschiedlich gerichteten axialen Strömungen in der Summe eine resultierende Strömung in einer Vorzugsrichtung wird. Möglicherweise spielt dabei auch eine asymmetrische Verzerrung der Rauheitsstruktur eine Rolle.
2. bei oszillierenden Dichtungen durch die unterschiedliche Abstreifwirkung von Dichtkanten mit asymmetrischen Flächenpressungsprofilen. Dabei schleppt die Gegenfläche bei Bewegung in Richtung des größeren Pressungsgradienten weniger Fluid aus dem Dichtraum hinaus als in der Gegenrichtung (kleinerer Pressungsgradient) zurückgefördert werden kann, so dass auf der Stange nur ein sehr dünner Film zurückbleibt.

Bei Radialwellendichtringen und Stangendichtungen verläuft die resultierende Förderung in der Regel vom kleinen zum großen Kontaktwinkel, da sich die Flächenpressungsgradienten meist ähnlich verhalten. Bei mit Federn belasteten Dichtlippen wird diese oft in

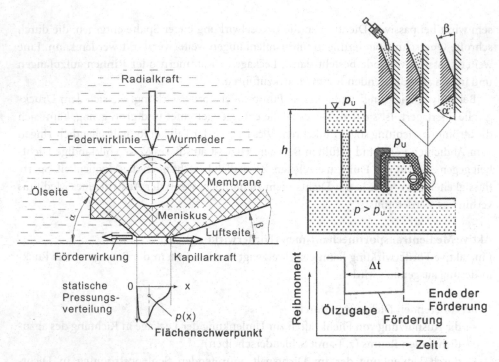

Abb. 12.3 Prinzipieller Mechanismus der aktiven Fluidförderung von Radialwellendichtringen

Richtung des kleineren Kontaktwinkels verschoben, um eine asymmetrische Pressungs-verteilung zu erzeugen, Abb. 12.3.

Im dynamischen Dichtungskontakt berührender Dichtungen gibt es immer einen Ein-laufverschleiß beider Partner. Bei ausreichender Schmierung, Sauberkeit und richtiger Werkstoffwahl kommt dieser Verschleiß nach einiger Zeit zum Stillstand. Anscheinend verschleißen Dichtlippen im Sinne einer „Selbstoptimierung" etwa so weit, bis sich un-abhängig vom Ausgangszustand eine bestimmte materialabhängige Flächenpressung im Kontakt einstellt (bei Radialwellendichtringen meist um 1 MPa). Dieser Einlauf ist not-wendig, um die richtige Rauheitsstruktur der Dichtlippenoberfläche für die aktive Rück-förderwirkung zu erzeugen.

Bei fortgeschrittener Betriebszeit verändern sich bei berührenden Dichtelementen häufig infolge von Veränderungen des Werkstoffes (z. B. Alterung) und dadurch wieder-auflebendem Verschleiß die vorherrschenden Mechanismen. Durch Verhärtung und Ver-änderung der Rauheit (Glättung) sowie der makroskopischen Kontaktgeometrie (Kontakt-winkel und Flächenpressungsprofil) kann die aktive Förderung ihre Wirksamkeit verlieren und zunächst eine passive Mikrospaltdichtung entstehen. Durch weiteren Verschleiß ver-größert sich der Spalt schließlich so weit, dass die Dichtung unwirksam wird, Abb. 12.4.

Die Dichtungslauffläche wird während dieser Prozesse im Allgemeinen glatter. Setzt man daher eine neue Dichtlippe auf einer alten Laufspur ein, dann findet kein richtiger Einlauf statt, die Kontaktfläche der Dichtung wird nicht ausreichend aufgeraut.

Abb. 12.4 Veränderung der
Wirkmechanismen eines
Radialwellendichtrings im
Laufe seiner Betriebszeit

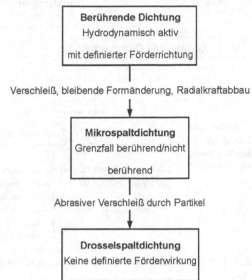

LEBENSABSCHNITTE EINES RADIALWELLENDICHTRINGS

Berührende Dichtung
Hydrodynamisch aktiv

mit definierter Förderrichtung

Verschleiß, bleibende Formänderung, Radialkraftabbau

Mikrospaltdichtung
Grenzfall berührend/nicht

berührend

Abrasiver Verschleiß durch Partikel

Drosselspaltdichtung
Keine definierte Förderwirkung

12.2 Dichtungsbauformen

Wie in Abschn. 12.1 dargestellt, lassen sich zunächst die Bauformen berührungsfreie und
berührende Dichtungen unterscheiden. In Abb. 12.5 sind diese Bauformen weiter aufge-
schlüsselt.

12.2.1 Berührungsfreie Dichtungen

Zur Gruppe der Berührungsfreien Dichtungen zählen im wesentlichen Spalt- und Labyrinthdichtungen. Spaltdichtungen sind einfache passive Drosseln, die den Leckagestrom
reduzieren. Aufgrund der technisch realisierbaren Spaltgröße von einigen hundertstel
Millimetern ist die Spaltdichtung hinsichtlich der Leckage jeder berührenden Dichtung
unterlegen. Dagegen sind die in solchen Dichtungen auftretenden Reibungsverluste deutlich geringer. Oftmals werden Spaltdichtungen zur Abdichtung mit Fett geschmierter
Wälzlager eingesetzt.

Unter Labyrinthen versteht man eine Kombination von Drosselspalten mit Umlenkungen und Querschnittsänderungen sowie Fangvorrichtungen. Im Spaltbereich sowie in den
Umlenkungen wird die Fluidströmung passiv gedrosselt. Schleuderscheiben dienen im anschließenden Fangbereich zur aktiven Rückförderung des verbleibenden Fluids. Häufig
werden mehrere dieser Anordnungen kombiniert, um eine hinreichende Dichtheit zu erreichen, Abb. 12.6.

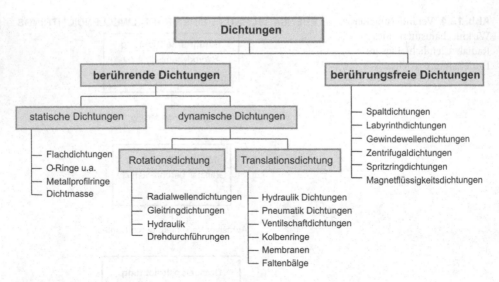

Abb. 12.5 Einteilung der dynamischen Dichtungen nach ihren hauptsächlichen Gestaltungsmerkmalen

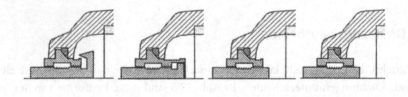

Abb. 12.6 Gestaltvarianten einer Labyrinthdichtung für ein ölgeschmiertes Wälzlagergehäuse (von *links* nach *rechts* zunehmende Vereinfachung)

Daneben gibt es noch Dichtungen, die als aktive Fluidpumpe ausgebildet sind. Hierzu gehören z. B. Gewindewellendichtungen und Zentrifugaldichtungen. Für Dauerläufer wie Turbomaschinen mit ihren hohen Relativgeschwindigkeiten kommen nur berührungsfreie Dichtungen zum Einsatz, da berührende Dichtungen immer einem Verschleiß unterliegen und bei sehr großen Geschwindigkeiten überhitzen. Hydraulikzylinder für Zugprüfmaschinen sind eine Anwendung, in der man nur einen schmalen Spalt statt einer berührenden Dichtung vorsieht, damit keine Losbrechkräfte das Messergebnis verfälschen. Die Spaltleckage wird aufgefangen.

Berührungslose Dichtungen eignen sich zwar für den Dauerbetrieb, absolut reibungsfrei sind sie jedoch nicht. In den engen Spalten, die zur Drosselung nötig sind, wird das am Entweichen zu hindernde Fluid einer starken Scherung ausgesetzt, und die Flüssigkeitsreibung kann zum Teil eine beträchtliche Verlustleistung hervorrufen.

Abb. 12.7 Notwendige
Flächenpressung von verpress-
ten statischen Dichtungen in
Abhängigkeit des Innendrucks
[Lok60]

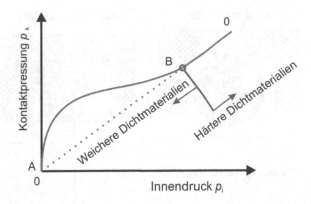

12.2.2 Berührende Dichtungen

12.2.2.1 Statische Dichtungen

Statische Dichtungen werden an Flanschverbindungen, Klappen, Deckeln etc. im Maschinen und Apparatebau eingesetzt. Die Bezeichnung „statisch" bezieht sich dabei auf den
Bewegungszustand der abzudichtenden Flächen. Die Belastung der Dichtstelle kann hingegen statisch oder dynamisch sein.

Wie eingangs erläutert stehen die Oberflächen von Berührungsdichtungen nicht flächig
miteinander im Kontakt, sondern nur an einzelnen Rauheitserhebungen. Die Berührzone
besteht aus einer Anzahl von Kontakten, zwischen denen sich Leckkanäle ergeben. Um zu
verhindern, dass ein abzudichtendes Medium durch einen solchen Kanal zwischen den
Dichtflächen hindurchwandert, werden Dichtmassen verwendet, die diesen vollkommen
ausfüllen, oder Zwischenkörper wie plastische Weichmetallringe und elastische Dichtungen, die an die Gegenflächen gepresst werden.

Die zur Abdichtung notwendige Pressung ist dabei von der Rauheit der beteiligten
Oberflächen, der Härte des Dichtungswerkstoffs und dem abzudichtendem Druck abhängig. Bei niedrigen abzudichtenden Drücken ist die notwendige Flächenpressung verhältnismäßig hoch, da zunächst eine ausreichende Anpassung der Oberflächenrauheit
erreicht werden muss, Abb. 12.7. Bei höherem Kontaktdruck ist oftmals die Fließgrenze
des Dichtungswerkstoffs bereits erreicht, so dass die erforderliche Pressung im Verhältnis
geringer ausfallen kann. Der Unterschied zwischen den verschiedenen Druckmitteln und
Dichtungen liegt in der Form der so genannten Druckanstiegskurven A-B. So haben här-
tere Dichtungen einen höher gelegenen Punkt B, ab dem zwischen abzudichtendem Druck
und dem erforderlichen Dichtungsdruck ein idealisiert linearer Zusammenhang besteht.

Typische statische elastische Dichtungen sind Flachdichtungen wie z. B. Zylinderkopf-
dichtungen, vor allem aber O-Ringe, Quad-Ringe und Leisten aus Elastomerwerkstoffen
oder Thermoplasten. Während bei den meisten statischen Dichtungen die Kontaktpressung mit zunehmendem abzudichtendem Druck erhalten bleibt oder durch innere Kräfte
abnimmt, können O- und Quad-Ringe so verbaut werden, dass sich mit zunehmendem

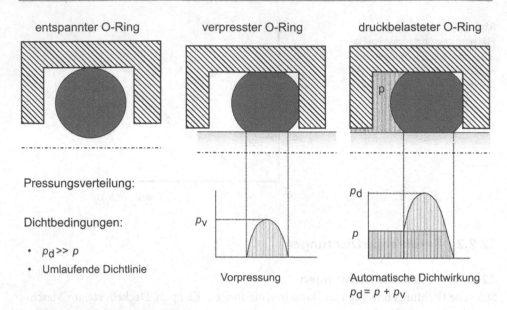

entspannter O-Ring   verpresster O-Ring   druckbelasteter O-Ring

Pressungsverteilung:

Dichtbedingungen:

• $p_d >> p$
• Umlaufende Dichtlinie

Vorpressung   Automatische Dichtwirkung
$p_d = p + p_v$

Abb. 12.8 O-Ring als statische Dichtung; selbst verstärkendes Dichtungsprinzip: Erhöhung des Kontaktdrucks durch Druckbeaufschlagung

Druck eine höhere Kontaktpressung einstellt, Abb. 12.8. Dies wird als selbstverstärkendes Dichtungsprinzip bezeichnet.

Bei Dichtmassen handelt es sich um flüssig oder pastenförmig aufgetragene Stoffe, die auch makroskopische Spalte ausfüllen. Es finden sich sowohl aushärtende Massen, die chemisch abbinden, z. B. durch Reaktion zweier Komponenten, durch katalytische Wirkung blanker Metalloberflächen oder durch Kontakt mit Luftsauerstoff, als auch dauerhaft flüssig oder zumindest weich bleibende Dichtmittel wie Fensterkitt. Es ist nicht immer zu unterscheiden, ob die Dichtwirkung oder eine Klebefunktion im Vordergrund steht.

Ein Nachteil der Dichtmassen ist, dass sie nach einer Demontage mühselig entfernt und neu aufgetragen werden müssen. Überschüssige Dichtmasse quillt aus der Fuge heraus, in der nur ein sehr dünner Film übrig bleibt. Dieser vermag den Spalt schon bei geringem Klaffen nicht mehr auszufüllen.

Wird die Dichtfuge von einer Gummi-, Papier- oder Weichstoffdichtung überbrückt, so ist dieses Problem überwunden. Man unterscheidet, ob die Dichtung im Krafthauptschluss oder Kraftnebenschluss eingebaut ist. Im Hauptschluss geht eine Verformung der Dichtung immer auch mit einer Änderung der gegenseitigen Lage der abgedichteten Bauteile einher, und es ist schwer zu erreichen, dass überall eine gleichmäßige Fugenpressung herrscht. Bei Kraftnebenschluss hingegen sind eindeutige Verhältnisse gewährleistet. Die Dichtung liegt zumeist in einer Nut oder Kehle der Bauteile, die sich bei der Montage schließt und einen wohl definierten Verformungszustand gewährleistet. Im Idealfall passen sich die Kontaktkörper so gut aneinander an, dass trotz der Oberflächenrauheit keine Leckagekanäle verbleiben. Dann findet nur noch Diffusion durch den Dichtungswerkstoff selbst statt.

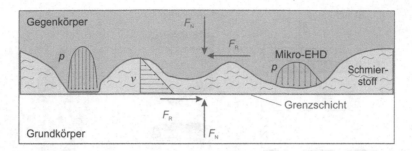

Abb. 12.9 Modellvorstellung zum Schmierungszustand im Spalt von dynamischen Berührungsdichtungen

Für die meisten Anwendungen reicht es aus, eine hohe Pressung in einem schmalen Streifen zu erreichen. Jedoch ist die Breite der Kontaktzone zumindest für die Restleckage von Bedeutung. Für Vakuum-Abdichtung wird empfohlen, O-Ringe in eine deutlich engere Nut einzubauen als normalerweise üblich, damit eine größere Kontaktbreite und somit ein längerer Sickerweg durch eventuelle Leckagekapillaren erreicht wird.

12.2.2.2 Dynamische Berührungsdichtungen

Bei berührenden dynamischen Dichtungen findet im Kontaktbereich eine Relativbewegung zwischen Dichtung und Gegenfläche statt. Grundsätzlich können in diesem Kontakt unterschiedliche Reibungs- und Schmierungszustände auftreten. Bei sehr geringer Geschwindigkeit oder fehlendem Schmierstoffangebot muss die Relativbewegung von den Oberflächen direkt aufgenommen werden. Es liegt zunächst Festkörperreibung vor. Ist ein ausreichendes Angebot eines Schmierstoffes vorhanden, so beginnen die Rauheitserhebungen mit zunehmender Gleitgeschwindigkeit Schmierkeile zu bilden, so dass sich der Anteil an Festkörperkontakten verringert. Dieser Zustand wird als Mischreibung bezeichnet, Abb. 12.9.

Sobald die durchschnittliche Schmierfilmdicke größer ist als die Rauheitserhebungen liegt eine vollständige Trennung der Oberflächen vor (Flüssigkeitsreibung). Der zwischen Dichtung und Gegenfläche entstehende Spalt ist mikroskopisch klein. Im Hinblick auf eine geringe Leckage sind enge Spalte, die nur geringe Mengen der abzudichtenden Flüssigkeit durchlassen oder sogar aktiv zurück fördern, anzustreben. Für geringe Reibung und Verschleiß der Dichtflächen sind dagegen eher größere Spalte und damit eine ausreichende Schmierung wünschenswert.

Die gegeneinander bewegten Flächen sollen sich möglichst ebenso gut aneinander anpassen wie bei statischen Dichtungen. Dies kann durch eine sehr gute Oberflächenbearbeitung und Formtoleranz der Bauteile erzielt werden, wie bei Gleitringdichtungen, oder durch die Verformung der Dichtung unter Vorspannung.

Neben der gleitbeanspruchten Hauptabdichtung müssen dynamische Dichtungen an der Kontaktstelle zum Einbauraum hin abgedichtet werden. Diese statische Dichtstelle wird als Nebenabdichtung bezeichnet.

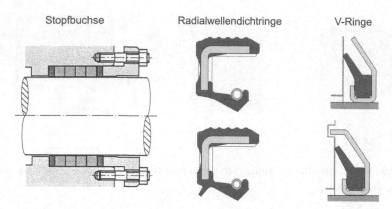

Abb. 12.10 Typische elastische Dichtelemente

12.2.2.3 Elastische Dichtelemente

Elastische Dichtelemente sind am besten geeignet, außer Maß- und Lageabweichungen auch Formabweichungen auszugleichen. Sie bestehen aus nachgiebigen Werkstoffen wie z. B. Elastomeren. Einmalige plastische Verformungen beim Einbau sind bei einigen Werkstoffen ebenfalls möglich. Typische dynamische elastische Dichtungen sind Stopfbuchsen, V-Ringe und Radialwellendichtringe, Abb. 12.10.

Stopfbuchsen oder Packungen gehören zu den ältesten Dichtungsbauformen. Sie sind sowohl für drehende als auch für axiale Bewegungen anwendbar. Stopfbuchsen sind passive Dichtelemente aus elastischen, aber wenig kompressiblen Materialien, häufig sind dies Faserwerkstoffe. Die aus einem Fasermaterial bestehende Packung ist in einem zylindrischen Einbauraum um die Welle oder Stange herum angeordnet und wird durch eine so genannte Brille axial gestaucht. Dadurch wird gleichzeitig eine Vorspannung in radialer Richtung erzeugt, so dass sich der Dichtspalt und gleichzeitig die Sickerleckagewege durch das Fasermaterial hindurch schließen. Völlige Dichtheit ist dabei nicht zu erreichen. Die Stopfbuchsen besitzen vergleichsweise hohe Reibung und müssen im Betrieb immer wieder nachgestellt werden. Ihr Vorteil ist jedoch, dass sie nicht plötzlich ausfallen, sondern das Ende ihrer Lebensdauer durch zunehmende Leckageverluste ankündigen. Damit können sie selbst bei extremen Abdichtdrücken betriebssicher eingesetzt werden.

Bewegungsdichtungen aus polymeren Werkstoffen wie Elastomeren, thermoplastischen Elastomeren und bei niedrigen Gleitgeschwindigkeiten auch aus Thermoplasten, die sich durch das nachgiebige Material elastisch an die Gegenfläche anpassen können, kommen in großen Stückzahlen in der Hydraulik und Pneumatik sowie im allgemeinen Maschinen- und Fahrzeugbau als V-Ringe und Radialwellendichtringe zur Anwendung. Kolben- und Stangendichtungen sowie Manschetten für Ventilschäfte sind vorwiegend für lineare Bewegungen vorgesehen. V-Ringe und Radialwellendichtringe dichten bei rotierenden Bewegungen. V-Ringe haben axiale Wirkflächen, während Radialwellendichtringe auf zylindrischen Mantelflächen von Wellen laufen. Letztere nehmen durch ihre sehr weite Verbreitung eine Sonderstellung ein. Sie werden zur Abdichtung rotierender Wellen ohne

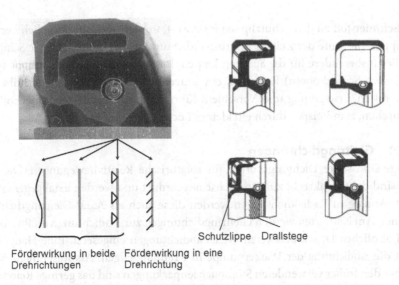

Förderwirkung in beide Drehrichtungen   Förderwirkung in eine Drehrichtung   Schutzlippe   Drallstege

Abb. 12.11 Schnitt eines Radialwellendichtrings (*oben*) mit schematischer Darstellung verschiedener Dichtkantengeometrien (mit und ohne Förderhilfe); verschiedene Bauformen (*unten*) mit und ohne zusätzliche Schutzlippe

oder bei geringer Druckdifferenz (verstärkte Ausführungen bis höchstens etwa 10 bar) eingesetzt. Sie sind nach [DIN3760] genormt, [DIN3761] schreibt spezielle Anforderungen für Dichtungen für Kraftfahrzeuge vor und geht intensiv auf ihre Prüfung ein. Die entsprechende Vorspannung wird entweder nur durch Verformung des Elastomerdichtkörpers oder zusätzlich durch metallische Federn erzeugt. Bei richtiger Werkstoffwahl und geeignetem Herstellungsprozess entsteht nach einem Einlauf eine aktive Förderwirkung vom kleineren zum größeren Kontaktwinkel. Diese „natürliche" Rückförderung wird häufig durch geometrische Förderhilfen unterstützt, Abb. 12.11.

Dabei handelt es sich um Welligkeiten der Dichtkante, Dreiecke oder Drallstege (Rippen). Letztere arbeiten nur bei einer Drehrichtung. Wegen der definierten Förderrichtung dieser Dichtelemente muss man beim Einbau auf die richtige Orientierung achten.

Diese richtet sich nach der Funktion:

- wenn vorrangig dem Zutritt von festen oder flüssigen Verunreinigungen zu einem Raum entgegengewirkt werden soll, dann sollten der steilere Pressungsgradient und damit der größere Kontaktwinkel nach außen weisen. Dies ist zum Beispiel bei Wälzlagern mit Fettschmierung der Fall. Gegen Fettverluste wirkt die „Bodenseite" der Dichtung wie eine Stauscheibe.
- soll primär der Austritt von Fluiden aus einem Arbeitsraum verhindert werden, so muss der flachere Pressungsgradient und somit der kleinere Kontaktwinkel nach außen und der größere zum Arbeitsraum hin weisen. Verunreinigungen von außen wehrt man ggf. mit Schutzlippen oder Vorschaltlabyrinthen ab. Schutzlippen können berührend oder berührungsfrei mit einem kleinen Spalt ausgeführt sein. Da die Hauptlippe die Zufuhr

von Schmierstoff zu den Schutzlippen erschwert, werden auch ursprünglich berührende Lippen im Laufe der Zeit zu Mikrospaltdichtungen. Bei mehr als einer Schutzlippe
gilt dies insbesondere für die äußeren Lippen. Im Raum zwischen Hauptlippe und berührenden Schutzlippe(n) kann sich ein Unterdruck aufbauen, der zu erhöhten Anpresskräften, Erwärmung und Verschleiß führt. Daher ist anzuraten, eine Entlüftung
vorzusehen, zum Beispiel durch ein kleines Loch.

12.2.2.4 Gleitringdichtungen

Gleitringe sind starre Dichtungskörper für rotatorische Relativbewegungen. Die Dichtflächen sind dabei senkrecht zur Drehachse angeordnet und werden axial gegeneinander
gepresst. Analog zu Radialdichtungen werden diese auch als Axial-Gleitringdichtungen
bezeichnet. Am häufigsten werden Gleitringdichtungen zur Abdichtung von Pumpenwel-
len und ähnlichen Druck belasteten Wellenabdichtungen eingesetzt. Eine Hauptanwen-
dung ist die Abdichtung der Wasserpumpe in Kraftfahrzeugen. Als wesentliche Vorteile
gegenüber den früher verwendeten Stopfbuchsenpackungen sind das geringe Reibmoment
und die niedrige Leckage wie auch die Wartungsfreiheit der Gleitringdichtung zu nennen.
Durch die Verwendung sehr harter Werkstoffe können Gleitringe eine hohe Lebensdauer
erreichen, bei hohen Temperaturen und Drücken eingesetzt werden und auch gegen aggressive Medien beständig sein. Sie erfordern aber verhältnismäßig viel Einbauraum, und
ihre Einsatzmöglichkeiten sind durch ihren fertigungsbedingt hohen Preis begrenzt.

Aufbau von Gleitringdichtungen

Eine Gleitringdichtung besteht im Wesentlichen aus zwei starren Dichtkörpern die gegeneinander gepresst werden. Zwischen diesen entsteht unter günstigen Bedingungen ein dynamischer Dichtspalt mit weniger als 1 µm Höhe. Voraussetzung hierfür ist, dass Dichtflächen ausreichend planparallel sind und senkrecht zur Wellenachse stehen. Aus diesem
Grunde sind die beiden Dichtkörper winkelbeweglich an den umgebenden Bauteilen
befestigt. Bei der in Abb. 12.12 dargestellten Gleitringdichtung werden an beiden Dicht-

Abb. 12.12 Aufbau einer
Gleitringdichtung, *1*: Gehäusedeckel, *2*: Verdrehsicherung,
3: Nebenabdichtung, *4*: Gegenring, *5*: Gleitring, *6*: Neben-
dichtung, *7*: Stützblech,
8: Feder

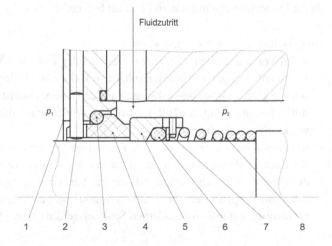

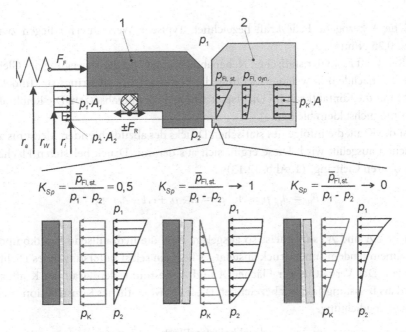

Abb. 12.13 Kräftegleichgewicht an Gleit- (*1*) und Gegenring (*2*) mit möglichen Druckverhältnissen im Dichtspalt

körpern hierzu O-Ringe eingesetzt, die gleichzeitig als statische Nebenabdichtung zu den angrenzenden Bauteilen dienen.

Um axiale Lageabweichungen infolge von Längentoleranzen, Wärmedehnungen und Verschleiß auszugleichen, muss einer der beiden Dichtkörper axial verschieblich sein. Dieser wird als Gleitring, der gegenüberliegende Dichtkörper dagegen als Gegenring bezeichnet. Die zwischen Gleit- und Gegenring auftretende Kontaktpressung p_K ist für die zuverlässige Funktion einer Gleitringdichtung von wesentlicher Bedeutung. Bei zu geringer Kontaktkraft besteht die Gefahr, dass die Dichtkörper voneinander abheben und die Leckage durch den Spalt ansteigt. Bei zu hoher Kontaktkraft erhöhen sich Reibmoment und Verschleiß des Dichtsystems. Die in der Gleitfläche wirkende Kontaktkraft F_K ergibt sich aus der Summe der am Gleitring angreifenden Kräfte, Abb. 12.13.

$$F_K = F_F \pm F_R + F_H - F_{Fl,st.} - F_{Fl,dyn.} \tag{12.1}$$

Die mittlere Kontaktpressung lässt sich aus Dichtspaltfläche A und der Kontaktkraft F_K errechnen.

$$\bar{p}_K = \frac{F_K}{A} \tag{12.2}$$

Die Federkraft F_F wird durch ein oder mehrere auf dem Umfang angeordnete Schraubenfedern oder einen Elastomerkörper aufgebracht. Als Federpressung p_F wird die auf die

Spaltfläche A bezogene Federkraft bezeichnet. Typische Werte hierfür liegen zwischen 0,05 und 0,25 N/mm².

Die Reibkraft F_R an der statischen Nebenabdichtung wirkt der Bewegung des Gleitrings entgegen. Je nachdem in welcher Richtung die Bewegung des Gleitrings stattfindet, kann die Reibkraft die Kontaktkraft im Dichtspalt erhöhen oder herabsetzen. Die Reibkraft sollte daher möglichst klein bleiben.

F_H ist die Kraft, die infolge des statischen Drucks des abzudichtenden Mediums auf die Gleitflächen ausgeübt wird. Diese ergibt sich aus den mit Druck belasteten Flächen des verschiebbaren Gleitrings (1, Abb. 12.13):

$$F_H = A_1 \cdot p_1 + A_2 \cdot p_2 = A_1 \cdot p_1 + (A - A_1) \cdot p_2 \tag{12.3}$$

Die Flächen A und A_1 sind meist so ausgelegt, dass die hydraulische Kraftkomponente F_H mit zunehmendem Innendruck ansteigt, es liegt ein selbst unterstützendes Dichtungsprinzip vor. Das Verhältnis der Flächen A und A_1 bestimmt den Grad des Kraftanstiegs und wird als Belastungsfaktor k bezeichnet. Dieser ist wesentliches Konstruktionsmerkmal einer Gleitringdichtung.

$$k = \frac{\text{druckbelastete Fläche}}{\text{Gleitfläche}} = \frac{A_1}{A} \tag{12.4}$$

Gleitringdichtungen im Bereich von $k \geq 1$ werden als nicht entlastet bezeichnet. Die aus der hydraulischen Kraftkomponente F_H resultierende Pressung ist größer als der Druck des abzudichtenden Mediums. Gleitringdichtungen dieser Bauart werden zur Abdichtung hochviskoser Medien und bei Drücken unter 1 MPa eingesetzt (Abb. 12.14).

Wesentlich häufiger werden allerdings entlastete Gleitringdichtungen eingesetzt, bei denen der Belastungsfaktor k kleiner 1 ist, typisch sind Werte zwischen 0,55 und 0,9. Durch die herabgesetzte Dichtflächenbelastung verringern sich Reibmoment, thermische Belastung und Verschleiß. Es besteht jedoch die Gefahr, dass es zum vollständigen Abheben der Gleitflächen kommt und die Leckage damit sprunghaft ansteigt.

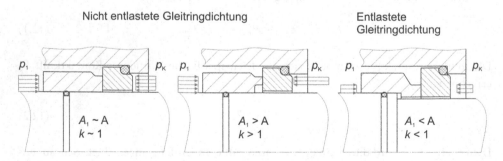

Abb. 12.14 Entlastete und nicht entlastete Gleitringdichtungen

Im Spalt zwischen den Dichtflächen findet ein Druckabbau des anstehenden Fluid-drucks p_1 auf den Umgebungsdruck p_2 statt. Durch Integration des im Spalt vorhandenen statischen Drucks erhält man die Spalt öffnend wirkende Kraftkomponente $F_{Fl, st.}$:

$$F_{Fl,st.} = \int_A p\, dA \approx K_{SP} \cdot (p_1 - p_2) \cdot A \qquad (12.5)$$

Die Spaltform hat dabei wesentlichen Einfluss auf den Druckverlauf. Bei parallelem Spalt ist dieser linear, während bei konvergentem Spalt ein progressiver Druckabfall stattfindet. Entsprechend variiert auch die zwischen den Dichtflächen auftretende Kontaktpressung, Abb. 12.13. Für die aus dem Druckverlauf resultierende Kraftwirkung auf den Gleitring kann die Hilfsgröße K_{SP} verwendet werden, die ein Verhältnis aus vorhandener und maxi-mal möglicher Druckkraft für den Fall darstellt, dass die gesamte Dichtfläche dem abzu-dichtenden Druck p_1 ausgesetzt wird.

Für den Betrieb der Dichtung ist ein leicht konvergenter Spaltverlauf von Vorteil, da das abzudichtende Fluid in den Spalt eindringen kann und hierdurch die Gleitflächen hy-drostatisch so entlastet, dass sich stabile Betriebspunkte einstellen. Gleichzeitig werden die Kontaktpartner durch das Fluid gekühlt. Aufgrund des verzögerten Druckabbaus im Spaltverlauf ist jedoch mit einer erhöhten Leckage zu rechnen.

Die infolge der Kontaktpressung entstehende Reibungswärme ruft eine Stülpung der Dichtungskörper nach außen hervor und verursacht somit eine Änderung der Spaltform, Abb. 12.15. Hierdurch ändert sich die Belastung der Gleitflächen und damit auch in den Kontaktflächen die erzeugte Reibungswärme. Die Druckverteilung im Spalt und die Ver-formung der Dichtringe beeinflussen sich auf diese Weise gegenseitig.

Aufgrund der Temperatur bedingten Verformung der Gleitflächen werden fast aus-schließlich von Außen mit Druck beaufschlagte Gleitringdichtungen eingesetzt, da mit zunehmender Temperatur im Dichtspalt ein leicht konvergenter Spaltverlauf entsteht und die Kontaktflächen entlastet werden. Nur in diesem Fall kann sich ein stabiler Abstand der Gleitflächen selbsttätig einstellen. Es liegt ein selbsthelfender Dichtmechanismus vor. Bei Fluidbeaufschlagung von der Innenseite der Dichtkörper steigt die Belastung dagegen mit zunehmender Temperaturverformung an.

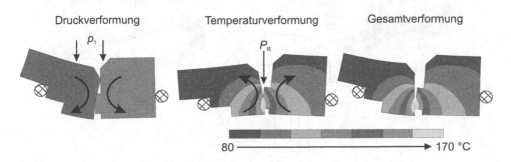

Abb. 12.15 Druck- und Temperatur bedingte Verformung der Dichtkörper einer Gleitringdichtung

Neben der statischen Druckkraft $F_{Fl, st.}$ kann im Betrieb durch die Rotation der Kontakt-flächen ein hydrodynamischer Druckaufbau stattfinden. Die hydrodynamische Spaltkraft $F_{Fl, dyn.}$ wirkt mit zunehmender Gleitgeschwindigkeit entlastend auf den Gleitring. Grund-voraussetzung hierfür ist ein ausreichendes Fluidangebot sowie eine geeignete Wellig- und Rauigkeitsstruktur der beteiligten Oberflächen. Durch aktive Merkmale wie z. B. Förder-strukturen oder Mikrotaschen kann der Aufbau eines hydrodynamischen Schmierfilms unterstützt werden.

12.2.2.5 Kolbenringe

Kolbenringe können sowohl für oszillierende wie auch für rotierende Dichtstellen ein-gesetzt werden. In beiden Fällen weisen sie eine radiale und eine axiale Dichtfläche auf. Bei Linearbewegungen wie bei den Kolben eines Verbrennungsmotors stellt der axiale Dichtkontakt an den Kolbennuten eine statische Dichtstelle dar, während der radiale Kon-takt mit der Zylinderwand die axialen Relativbewegungen aufnimmt.

Bei Drehdurchführungen, Abb. 12.16, sind die Bewegungsverhältnisse in der Regel um-gekehrt: der axiale Kontakt erfährt wie bei Gleitringdichtungen eine Gleitbeanspruchung, während der radiale Kontakt quasistatisch arbeitet. Durch die geschlitzte Form (Schloss) können sie Maßabweichungen des Durchmessers der radialen Dichtfläche elastisch ausgleichen. Die radiale Nachführkraft entsteht durch radiale elastische Vorspannung. Die axiale Nachführung erfolgt ausschließlich durch die Druckdifferenz. An der Stoßstelle er-geben sich zusätzliche innere Dichtstellen, die oft als Labyrinthe ausgebildet sind. Kolben-ring ähnliche Lamellendichtungen mit losen Scheiben, Abb. 12.17, sind im Gegensatz zu Drehdurchführungen nicht zur Abdichtung von Druckdifferenzen gedacht. Sie arbeiten

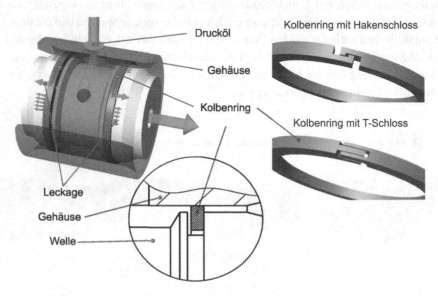

Abb. 12.16 Kolbenringe in getriebeinternen Drehdurchführungen

Abb. 12.17 Kolben-
ringartige Blechlamellen als
Labyrinthdichtung in einer
Arbeitswalzenlagerung;
zeitweise anstreifend, sonst
berührungsfrei

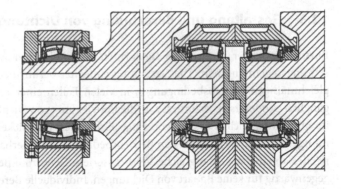

im Idealfall als Labyrinthe; da sie jedoch axial nicht festgelegt sind, können sie zeitweise anstreifen.

12.2.3 Kombination berührender/nicht berührender Dichtungen

Häufig wird eine Kombination „berührender" und berührungsfreier Dichtelemente eingesetzt, Abb. 12.18. Bei den berührungsfreien Elementen handelt es sich meist um so genannte Vorschaltlabyrinthe, die die „berührende" Dichtung schützen und entlasten, wobei sich die Reibung nur geringfügig erhöht.

Insbesondere geht es dabei darum, Spritzwasser, Feststoffe oder Mischungen davon weitgehend abzufangen, bevor sie an der berührenden Dichtung Korrosion oder Verschleiß bewirken. Dadurch steigt deren Lebensdauer.

Ein Sonderfall sind federnde Dichtscheiben aus Blech, Abb. 12.18. Sie arbeiten gegen axiale Flächen und berühren diese anfangs; nach einem Einlaufverschleiß bildet sich ein sehr enger „Mikro-Spalt" und die Dichtung arbeitet weitgehend berührungsfrei.

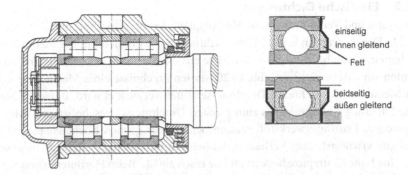

Abb. 12.18 Kombination berührende/berührungsfreie Dichtung. *Links*: Achslagerdichtung mit Kombination aus Filzring und äußerem Labyrinth, *rechts*: federnde Dichtscheibe, nach Einlaufverschleiß berührungsfrei

12.3 Gestaltung und Berechnung von Dichtungen

Entsprechend der Vielfalt von Bauformen lassen sich nur wenige allgemeingültige Gestaltungsregeln angeben. Die Gestaltung einfacher berührungsfreier Dichtsysteme ist bei gleichmäßigen Betriebsbedingungen in vielen Fällen einer rechnerischen Auslegung zugänglich. Andererseits erfordert z. B. die Entwicklung von Dichtungen für Bahngetriebe mit ihrem umfangreichen System von Fang-, Schleuder- und Sickerkanälen, in denen die Strömungsverhältnisse stark von den Betriebsbedingungen innerhalb eines weiten Drehzahlbereiches abhängen, umfangreiche Versuchsserien. Genormte Berechnungsverfahren gibt es gegenwärtig für keine Bauart von Dichtungen. Individuelle Berechnungen sind möglich für:

- die Berechnung von Anpresskräften und Verformungen aus der Überdeckung bei „berührenden" Dichtungen
- die Vorhersage des Reibmomentes und der Betriebstemperatur bei „berührenden" Dichtungen
- die Bestimmung der Leckage bei Stangendichtungen und Gleitringdichtungen

12.3.1 Anpresskraft und Überdeckung

12.3.1.1 Starre Dichtungen
Bei Gleitringdichtungen ergibt sich die Anpresskraft im dynamischen Dichtkontakt sowohl aus den Flüssigkeitsdrücken als auch aus der Federkraft am beweglichen Ring. Die Feder ist nicht immer notwendig und dient in der Regel nur dazu, eine Mindestanpresskraft sicherzustellen. In der Regel wirkt die statische Nebenabdichtung am bewegten Ring auf einem Durchmesser, der kleiner ist als der Außendurchmesser des Dichtringes. Dadurch erzeugt der Fluiddruck im abzudichtenden Raum eine Axialkraft auf den Ring, welche die Anpresskraft erhöht. Dieser wirkt eine Kraft entgegen, die aus dem Flüssigkeitsdruck im Haupt-Dichtspalt entsteht.

12.3.1.2 Elastische Dichtungen
Anpresskräfte und Verformungen in Abhängigkeit der Überdeckung und der von außen wirkenden Drücke werden bei Elastomerdichtungen gewöhnlich mit der Methode der Finiten Elemente berechnet, wobei Federkräfte aus der elastischen Kennlinie analytisch zu bestimmen sind, Abb. 12.19. In Abb. 12.20 werden Ergebnisse einer Messung gezeigt, bei der ein Messdorn mit mehreren Durchmesserstufen verwendet wird. Bei jeder Messung wird die Dichtung stufenweise bis zum größten Durchmesser geschoben und wieder heruntergezogen. Elastomerwerkstoffe zeigen neben ihrer großen Nachgiebigkeit auch ein ausgeprägtes viskoelastisches Verhalten, das beim Aufschieben auf eine Durchmesserstufe anfangs eine hohe Kraftspitze hervorruft, die rasch abfällt. Beim Herunterziehen auf einen kleineren Durchmesser nimmt die Radialkraft anfangs plötzlich ab und baut sich durch das Zusammenziehen des Dichtrings wieder auf.

Diese Vorgänge bezeichnet man auch als Relaxation. Daher ist eine gewisse Verweildauer auf jeder Stufe erforderlich. Ferner sind die Radialkräfte beim Herunterziehen auch

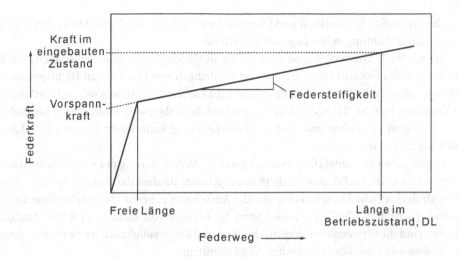

Abb. 12.19 Typische Kennlinie einer vorgespannten Schraubenfeder für einen Radialwellendichtring

nach der Relaxation kleiner als beim Aufschieben. Diese Erscheinung bezeichnet man als Hysterese.

Als Radialkraft-Messwert wird für jede Stufe schließlich der Mittelwert der nach einer Minute beim Hinaufschieben und Herunterziehen gemessenen Kräfte betrachtet. Im Betrieb fallen die Radialkräfte außerdem langsam ab, und zwar umso schneller, je höher die Temperatur ist; das Elastomer erleidet eine bleibende Formänderung. Die verbreitete

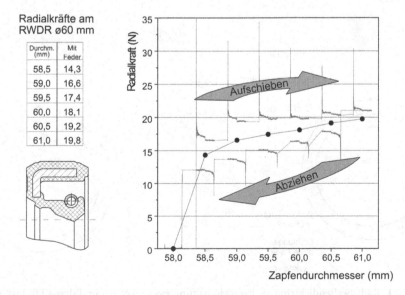

Abb. 12.20 Typischer Radialkraftverlauf in Abhängigkeit der Überdeckung für einen Radialwellendichtring mit Feder

Ansicht: „Je größer Anpresskraft und Überdeckung, umso besser die Dichtwirkung" ist bei dynamischen Dichtungen nur begrenzt zutreffend.

Eine minimale Vorspannung ist erforderlich als Gleichgewicht gegen Flüssigkeitsdruck: Das Integral des Fluiddruckes darf auch bei Eindringen von Fluid in den Dichtspalt nicht größer werden als die Vorspannkraft, da sonst die Gefahr des „Abhebens" und Ausblasens der Dichtung besteht. Bei vielen Dichtungen sind die Arbeitsdruckdifferenzen normalerweise gering; ein Abheben und Ausblasen der Dichtung kann kurzzeitig zum Druckausgleich sogar erwünscht sein.

Ein großer realer Kontaktflächenanteil und eine Verminderung der mittleren Spaltweite durch eine ausreichende Anpresskraft bei gegebener Rauheit der Kontaktflächen ist vor allem für die statische Dichtwirkung wichtig. Auch wenn es bereits zahlreiche theoretische Ansätze ([Sche90, Schl95]), zur Berechnung der Leckage von statischen Dichtverbindungen gibt, sind die verwendeten Vereinfachungen und Ungenauigkeiten heute noch so groß, dass es sinnvoller ist, diese messtechnisch zu ermitteln.

Für die dynamische Dichtwirkung bei Elastomerdichtungen mit aktiver Förderwirkung ist hingegen von Bedeutung, dass die Förderwirkung offenbar mit fallendem Kontaktdruck zunimmt. Dadurch kann eine zunehmende Druckströmung überkompensiert werden.

Eine hohe Radialkraft ist somit bei dynamischen Dichtungen vor allem wegen der Folgefähigkeit gegenüber Exzentrizitäten oder Unrundheiten von Vorteil. Die Vorspannkraft wirkt dabei dem Widerstand der Gummimembran (Hysterese plus Viskoelastizität) und der Massenträgheit entgegen, Abb. 12.21.

Außerdem unterstützt die Vorspannung beim Einlauf die Einebnung von Unregelmäßigkeiten der Gegenfläche. Elastomerdichtkanten polieren die Gegenfläche. „Negative" Strukturen („Täler") und Drall können dadurch während des Einlaufes umso mehr „aus-

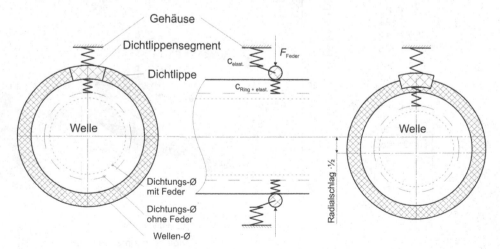

Abb. 12.21 Radialwellendichtring als Parallelschaltung zweier Federn und deren Einfluss auf die Folgefähigkeit der Dichtlippe bei Radialschlag

geschliffen" werden, je höher die radiale Pressung ist. Dauerhaft hohe Radialkräfte haben allerdings auch schwerwiegende nachteilige Wirkungen:

- Erhöhung des Reibmomentes und damit des Bewegungswiderstandes und der Verluste des Systems
- Erhöhung der Kontakttemperatur und der Systemtemperatur, dadurch beschleunigte Alterung des Elastomers und des Schmierstoffes, Gefahr der Ölkohlebildung.
- Beschleunigung bzw. Vergrößerung des Verschleißes. Dadurch ungünstige Beeinflussung der Kontaktgeometrie.

Zur Wahl der Anpresskraftanteile aus Überdeckung und Verformung des Elastomerkörpers einerseits und durch Federkraft andererseits gelten folgende Überlegungen:

- Federn sind bei Wälzlagerdichtungen nicht unbedingt nötig, können aber den Lagerausfall ein letztes Stück hinausschieben.
- je größer der Anteil aus der Verformung des Elastomers ist, umso größer wird die Radialkraftänderung durch Kriechen und Alterung des Elastomers.
- ein Anpassen der Vorspannung durch Variation des Dichtungsdurchmessers über das Formwerkzeug ist aufwendig, eine Änderung der Federvorspannung vergleichsweise einfach.
- die gewünschte Anfangsüberdeckung ist mit der Feder genauer einzuhalten.

Das optimale Verhältnis der Radialkraftanteile ist unbekannt, häufig 2/3 Feder, 1/3 Elastomer (im Neuzustand).

Eng verbunden mit der Anpresskraft ist die Überdeckung. Sie ist notwendig zum:

- Aufbau der Radialkraft (siehe oben). Die dazu notwendige Überdeckung ist unterschiedlich je nach Dichtungsgeometrie und Werkstoff (d. h. der Lippensteifigkeit) sowie dem Radialkraftbeitrag durch eine evtl. vorhandene Feder. Bei vorgespannten Federn genügt eine kleine Überdeckung für den Kraftaufbau (siehe Federkennlinie in Abb. 12.19). Ohne Feder ist eine größere Überdeckung erforderlich, um die Anpresskraft durch Verformung des Elastomers aufzubauen
- Einstellen der richtigen Kontaktwinkel und Federposition durch Drehen der Lippe beim Einbau.
- Aufrechterhalten des Kontaktes bei Exzentrizitäten und Unrundheiten.
- Beibehalten einer ausreichenden Anpressung bei Verschleiß. Je größer die Überdeckung gewählt wird, desto größer ist prinzipiell die Verschleißreserve. Zu beachten ist allerdings, dass die Geometrieänderung schon vor Aufzehren der Überdeckung durch Verschleiß bereits zu Fehlfunktion der Dichtung führen kann.

12.3.2 Reibung und Temperatur

Die Reibung von Radialwellendichtringen nimmt mit der Radialkraft und daher auch mit der Überdeckung zu, hingegen mit der Temperatur ab. Ursache hierfür ist vor allem, dass die Radialkraft und die Schmierstoffviskosität mit der Temperatur abfallen. Mit der Radialkraft und dem Reibungsmoment steigt auch die Temperatur in der Dichtlippenkontaktzone, mit negativen Auswirkungen auf den Dichtungswerkstoff und den Schmierstoff (Ölkohlebildung, beschleunigte Alterung von Fetten). Dadurch werden die positiven Effekte einer Radialkrafterhöhung oberhalb eines Grenzwertes völlig kompensiert, so dass eine weitere Steigerung nicht sinnvoll ist. Die hier gezeigten Zusammenhänge gelten bei Ölschmierung mit Kühlung auf konstante Sumpftemperatur. Bei Fettschmierung werden höhere Temperaturen bei kleineren Radialkräften erreicht, so dass die sinnvollen auf den Umfang bezogenen Radialkräfte bei Wälzlagerdichtungen 60 N/m bis unter 10 N/m betragen (typische RWDR für Ölschmierung: ungefähr 120 N/m). Wegen des geringen dynamischen Radialschlages der Funktionsflächen sind bei Wälzlagerdichtungen wesentlich geringere Vorspannungen nötig um den Kontakt aufrechtzuerhalten als z. B. bei Kurbelwellendichtungen von Verbrennungsmotoren. Die Förderwirkung nimmt mit kleinerer Radialkraft eher zu, Abb. 12.22 gilt für RS-Dichtungen von Rillenkugellagern. Die Abhängigkeiten von Viskosität und Dichtungsvorspannung sind ähnlich denen von Radialwellendichtringen. Rechte Spalte: Interessanterweise ist die Reibung bei Trockenlauf nicht notwendigerweise höher als bei Schmierung. Dies liegt an dem hohen Schergefälle im Schmierspalt. Zwischen gedrehten und polierten Laufflächen besteht bei Schmierung kein Unterschied in der Anlaufreibung.

Bei Wälzlagerdichtungen mit kleiner Radialkraft kommt ein erheblicher Teil der gemessenen Reibung nicht vom Dichtlippenkontakt selbst, sondern von der Reibung des Fettes an anderen Dichtungsbauteilen. Dies gilt umso mehr, je höher die Fettfüllung und je kleiner der Abstand von den bewegten Teilen des Lagers ist.

Maßnahmen zur Reibungsminderung sind daher:
1. möglichst kleine Radialkräfte
2. Vermeidung von Radialkrafterhöhungen durch Druckdifferenzen (Belüftung und optimale Fettfüllung)
3. Kleine Umfangsgeschwindigkeiten im Dichtungskontakt, d. h. Dichtungslaufflächen mit möglichst kleinem Durchmesser
4. Verringerung der Scherverluste im Schmierstoff durch größtmöglichen Abstand der Dichtungsbauteile von bewegten Lagerteilen, günstige Konsistenz und Verdickeranteil von Schmierfetten
5. Wahl von Elastomeren (insbesondere Füllern z. B. mit PTFE-Zusatz) und möglicherweise auch Beschichtungen der Laufflächen mit geringer Grenzreibung zur Verminderung des Reibungsanteils aus dem Kontakt Elastomer-Metall. Hierzu gehört auch eine ausreichende Benetzungsfähigkeit.

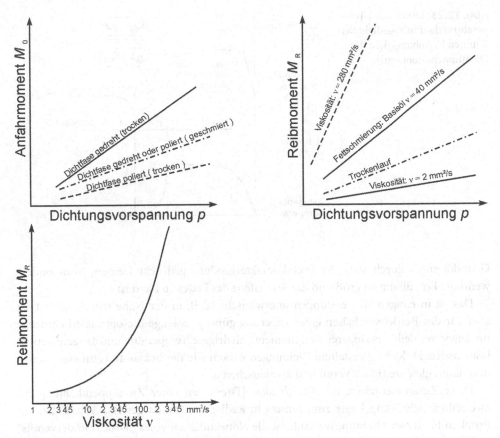

Abb. 12.22 Einfluss des Schmierstoffes, der Radialkraft und der Gegenflächenrauheit auf die Reibung von berührenden Wälzlagerdichtscheiben, [Dre98]

12.3.3 Belüftung und Druckausgleich

Dieses Thema betrifft besonders kleine abgedichtete Räume ohne Belüftung, wie z. B. Wälzlagereinheiten, da hier kleine abgeschlossene Räume entstehen. Durch Temperaturänderungen der eingeschlossenen Luft können erhebliche Druckschwankungen auftreten. Dabei sind sowohl Über- als auch Unterdrücke gegenüber dem Atmosphärendruck möglich. Falls die Dichtungen so orientiert sind, dass ein Überdruck die Dichtlippen stärker anpresst (Dichtungen gegen Fettaustritt), steigen bei Überdruck im Innenraum Radialkraft, Reibmoment, Temperatur und Verschleiß. Das gleiche gilt bei Unterdruck für Dichtungen, die gegen die Umgebung hin abdichten. In Abb. 12.23 werden schematisch typische Temperatur- und Innendruckverläufe für radiale Lippendichtungen unterschiedlicher Orientierung gezeigt.

Bei Unterdruck im Innenraum besteht generell die Gefahr, dass flüssige oder feste Verunreinigungen von außen angesogen werden. Bei Überdruck hingegen kann Fett oder

Abb. 12.23 Druck- und Temperaturverlauf in abgedichteten Räumen in Abhängigkeit der Dichtlippenorientierung

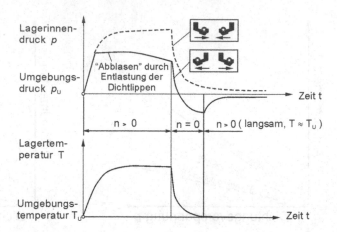

Grundöl sogar durch statische Dichtkontakte hindurchgedrückt werden, insbesondere wenn die Fettfüllung zu groß und die Konsistenz des Fettes zu klein ist.

Das ist in einigen Anwendungen unerwünscht (z. B. in der Nähe von Bremsen), ist aber für das Betriebsverhalten einer Lagerung günstig, solange die optimale Fettmenge im Lager verbleibt (geringeres Reibmoment, niedrigere Temperatur und längere Fettgebrauchsdauer). Richtig gestaltete Dichtungen wirken wie der bekannte Fettmengenregler und damit gleichzeitig als Ventil und als Stauscheibe.

Diese Zusammenhänge hat *Dreschmann* [Dre98] an einer Zweilippendichtung für zweireihige Schrägkugellager zum Einsatz in Radlagerungen dargestellt, Abb. 12.24. Ein Problem bei dieser Dichtungsvariante ist die Notwendigkeit eines „Druckminderventils" auf einer der Lagerseiten, damit ein Überdruck im Lager abgebaut werden kann. Dieser Überdruck entsteht durch Erwärmung, die beispielsweise durch Wärmerückstau aus der Bremsanlage oder durch Reibung an den Dichtlippen hervorgerufen wird. Verschiedene Ausführungen der Dichtung verhalten sich dabei unterschiedlich:

a. kein Druckausgleich möglich

b. einstufiger Druckausgleich durch Bohrung oder Spalt

c. Druckausgleich über zwei Dichtlippen

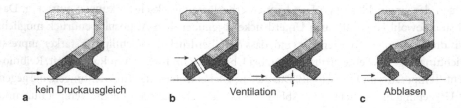

Abb. 12.24 Möglichkeiten des Druckausgleichs bei Zweilippendichtungen: **a** kein Druckausgleich, daher Unterdruck beim Abkühlen, **b** Ventilation des Zwischenraums, **c** „Abblasen" von *links* nach *rechts* möglich wegen gleicher Orientierung

Als beste Variante bezeichnet *Dreschmann* die Dichtung c, da sie einen Druckausgleich ohne dichtungstechnisch unerwünschte Fehlstellen ermöglicht. Sie erfüllt gleichzeitig die Funktion eines Fettmengenreglers. Die durchgezogene Linie in Abb. 12.24 soll den Druckverlauf in einem Lager, das mit einer solchen nach außen öffnenden und fördernden Dichtung ausgestattet ist, annähern. Infolge ihrer Orientierung werden die Dichtlippen durch den Innendruck entlastet und blasen oberhalb eines Grenzdrucks ab. Bei einer Abkühlung, z. B. durch Stillstand, entsteht ein Unterdruck, da sich nunmehr eine kleinere Luftmasse im Lagerinneren befindet als zu Anfang und die Dichtlippen durch den entstehenden Unterdruck an die Gegenfläche gesaugt werden. Lässt man das Lager langsam, das heißt ohne merkliche Temperaturerhöhung wieder anlaufen, baut sich der Unterdruck schnell auf den Wert ab, der durch die nach außen gerichtete Förderwirkung aufrechterhalten werden kann und verharrt dort. Trotzdem wird weiterhin ständig eine kleine Menge Grundöl aus dem Fett nach außen transportiert. Umgekehrt angeordnete, das heißt nach innen dichtende und fördernde Dichtungen, verhalten sich völlig anders: da die Dichtlippe durch den Überdruck angepresst wird, tritt keine Luft aus und bei nachfolgender Abkühlung bleibt infolge der Förderwirkung eher noch ein kleiner Überdruck bestehen (gestrichelte Linie).

12.3.4 Leckage/Rückförderung

Die Leckageströmung im Dichtspalt unterliegt den Gesetzen der Fluid-Dynamik. In engen Spalten, wie sie bei berührenden Dichtungen vorherrschen, bilden sich laminare Schlepp- und Druckströmungen aus, die mit der Reynolds-Gleichung beschrieben werden können. Bei berührungsfreien Dichtungen und in der Umgebung berührender Dichtungen überwiegen Trägheitseffekte, die auch zu Wirbeln führen können. Meist ist eine Berechnung nur mit numerischen Methoden (Computational Fluid Dynamics) möglich.

Am weitesten fortgeschritten ist die theoretische Durchdringung der Leckage bei Gleitringdichtungen und Stangendichtungen.

Bei Gleitringdichtungen berechnet man die Druckströmung durch einen Spalt veränderlichen Querschnittes. Bei der Berechnung der Spaltgeometrie spielen das Gleichgewicht der Fluiddrücke und Kontaktkräfte und in Verbindung damit mechanische und thermische Verformungen eine große Rolle. Bei in Richtung abnehmenden Druckes konvergenten Spalten stellt sich die Spaltweite selbsttätig stabil ein; divergente Spalte sind dagegen instabil.

Für die Berechnung von Elastomerdichtlippen sind die in der inversen hydrodynamischen Theorie vorausgesetzten Bedingungen sehr gut erfüllt. Gummi ist gegenüber Metallen als Gleitpartnern und auch im Vergleich mit gelegentlich verwendeten Kunststoffgegenflächen so viel nachgiebiger, dass die Verformung des Kontaktpartners vernachlässigt werden kann. Schmierfilme, die sich dazwischen aufbauen, erreichen wenige µm Dicke. Um das Pressungsprofil im Kontakt merklich zu verändern, sind aber Verschiebungen in der Größenordnung von einigen zehn µm erforderlich. Das Ergebnis der für

Gummidichtungen maßgeblichen inversen hydrodynamischen Schmierungstheorie ist, dass der Gradient der Flächenpressung unter der Lippe die Abstreifwirkung bestimmt, [Mül90]. Die Voraussetzungen der Theorie sind für reale Oberflächen nicht exakt erfüllt, da diese oftmals eine Rauheit in der Größenordnung der theoretisch berechneten Schmierfilmhöhe besitzen. In Folgenden werden die wesentlichen Beziehungen und Annahmen der inversen hydrodynamische Schmiertheorie am Beispiel von Stangendichtungen erläutert.

Für die folgenden Betrachtungen wird vorausgesetzt, dass ein in einem Spalt strömendes Fluid inkompressibel ist und die vom Schergefälle unabhängige dynamische Zähigkeit η besitzt. Im gesamten Dichtspalt wird eine gleichmäßige Betriebstemperatur angenommen, so dass die Abnahme der Zähigkeit mit steigender Temperatur nicht berücksichtigt zu werden braucht. Diese Annahme ist bei Stangendichtungen in guter Näherung erfüllt, weil der Schmierfilm rasch genug durch den Kontakt geschleppt wird und sich nicht wesentlich erwärmen kann. Auch die Dichtungsgegenfläche mit ihrer viel höheren Wärmekapazität sorgt für eine gleichmäßige Betriebstemperatur. Bei rotierenden Dichtungen hingegen entstehen hohe Übertemperaturen unter den Dichtlippen.

Grundsätzlich nimmt die Viskosität des Schmierstoffs mit dem Druck zu. Dieser Effekt kann vernachlässigt werden, da er nur für hohe Hertz'sche Pressungen im Kontakt eine Rolle spielt.

Eine Unterscheidung zwischen turbulenter und laminarer Strömung braucht für Dichtungsspalte ebenfalls nicht berücksichtigt zu werden, da die Zähigkeitskräfte wegen der geringen Spalthöhen um Größenordnungen höher sind als die Trägheitskräfte.

In Abb. 12.25 werden zwei unterschiedliche Strömungszustände in einem Spalt konstanter Höhe gezeigt:

Zum einen eine reine Scherströmung ohne Druckgefälle. Die Flächen bewegen sich mit den Geschwindigkeiten u_1 und u_2. An beiden Flächen gilt die Haftbedingung, und dazwischen stellt sich in der Flüssigkeit die eingezeichnete lineare Geschwindigkeitsverteilung ein. Der auf die Spaltbreite b bezogene Volumenstrom durch einen Spalt der Höhe h ist:

$$\dot{q} = h\frac{u_1 + u_2}{2} \tag{12.6}$$

Abb. 12.25 Reine Schleppströmung und reine Druckströmung

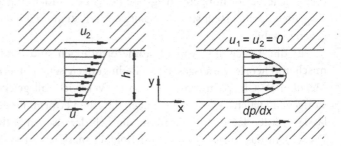

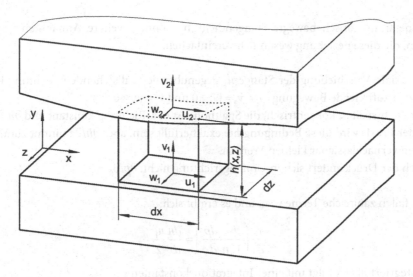

Abb. 12.26 Volumenelement im Schmierspalt

Der zweite Zustand ist eine reine Druckströmung mit unbewegten Grenzflächen und einem vorgegebenen Pressungsgradienten. Wieder gelten die Haftbedingungen, und es stellt sich eine parabolische Geschwindigkeitsverteilung ein:

$$u(y) = y \cdot (h-y) \cdot \frac{1}{2\eta} \frac{\partial p}{\partial x} = (-y^2 + hy) \frac{1}{2\eta} \frac{\partial p}{\partial x} \tag{12.7}$$

Daraus folgt der Volumenstrom als Integral der Geschwindigkeit über den Spaltquerschnitt:

$$\dot{q} = \frac{1}{2\eta} \frac{\partial p}{\partial x} \int_0^h (-y^2 + hy) \, dy = \frac{h^3}{12\eta} \frac{\partial p}{\partial x} \tag{12.8}$$

Diese beiden Strömungszustände können sich überlagern. Betrachtet man allgemeiner, wie in Abb. 12.26 dargestellt, ein Volumenelement im Spalt, dessen ideal glatte Berandungsflächen sich mit den Geschwindigkeiten u_1, v_1, w_1 und u_2, v_2, w_2 bewegen, so kommt noch ein Quetschströmungsanteil hinzu. Da die Flüssigkeit, wie vorausgesetzt, inkompressibel ist, muss die Strömung für ein solches Volumenelement quellfrei sein. Die Kontinuitätsgleichung lässt sich daher schreiben als:

$$\underbrace{\frac{\partial}{\partial x}\left(\frac{h^3}{12\eta}\frac{\partial p}{\partial x}\right) + \frac{\partial}{\partial z}\left(\frac{h^3}{12\eta}\frac{\partial p}{\partial z}\right)}_{\text{Druckströmungsterme}} = \underbrace{\frac{\partial}{\partial x}\left(h\frac{u_1+u_2}{2}\right) + \frac{\partial}{\partial z}\left(h\frac{w_1+w_2}{2}\right)}_{\text{Scherströmungsterme}}$$

$$\underbrace{-u_2\frac{\partial h}{\partial x} - w_2\frac{\partial h}{\partial z}}_{\substack{\text{veränderliche}\\\text{Spalthöhe}}} + \underbrace{v_2 - v_1}_{\substack{\text{Quetsch-}\\\text{anteil}}} \tag{12.9}$$

Für eine translatorisch bewegte Stangendichtung können weitere Annahmen gemacht werden, die diese Beziehung wesentlich vereinfachen:

1. Die axiale Verschiebung der Stange u_1 gegenüber der stillstehenden Dichtung ist die einzige auftretende Bewegung: $u_2 = v_2 = w_2 = 0$ und $v_1 = w_1 = 0$.
2. Der Dichtspalt ist konzentrisch, die Spalthöhe ist in z-Richtung konstant und $\partial h/\partial z = 0$. In der Praxis wird diese Bedingung nie exakt erfüllt sein, aber $\partial h/\partial z$ nimmt zumindest einen vernachlässigbar kleinen Wert an.
3. Auch der Druck ändert sich in Umfangsrichtung nicht: $\partial p/\partial z = 0$.

Damit fallen zahlreiche Terme weg, und es ergibt sich:

$$\frac{d}{dx}\left(\frac{h^3}{12\eta}\frac{dp}{dx}\right) = \frac{dh}{dx}\frac{u_1}{2} \tag{12.10}$$

und integriert über x folgt mit einer Integrationskonstanten C:

$$\frac{h^3}{\eta}\frac{dp}{dx} = 6u_1 h + C \tag{12.11}$$

An der Stelle maximaler Pressung unter der Dichtlippe verschwindet der Pressungsgradient, und die linke Seite von Gl. (12.11) wird null. Die dort auftretende Schmierfilmdicke wird nun mit h^* bezeichnet. Da an diesem Punkt eine reine Scherströmung vorliegt, besteht zwischen h^* und dem Volumenstrom $\dot{V}$ durch den Spalt der Zusammenhang

$$h^* = \frac{2\dot{V}}{u_1 \cdot b} \tag{12.12}$$

mit der Spaltbreite b, die dem Umfang der Dichtung entspricht.

Im Weiteren wird nur noch u statt u_1 geschrieben. Durch die Einführung von h^* lässt sich die Integrationskonstante $C = -6uh^*$ eliminieren, und es ergibt sich die als inverse Form der Reynolds-Gleichung bezeichnete Beziehung:

$$h^3\frac{dp}{dx} - 6\eta u\,(h - h^*) = 0 \tag{12.13}$$

die es bereits gestattet, die Schmierfilmhöhe an jeder Stelle des Spaltes zu berechnen, sofern neben der Pressungsverteilung der Volumenstrom bekannt ist.

Gleichung (12.10) lässt sich umformen in:

$$\frac{d}{dx}\left(h(x)^3\frac{dp}{dx}\right) - 6\eta u\frac{dh}{dx} = 0 \tag{12.14}$$

Nun sind die Spalthöhe und die Pressung Funktionen von x, womit die Ableitung als

$$h^3\frac{d^2p(x)}{dx^2} + \frac{dh(x)}{dx}\cdot\left(3h^2\cdot\frac{dp(x)}{dx} - 6\eta u\right) = 0 \tag{12.15}$$

umgeschrieben werden kann.

Abb. 12.27 Dichtlippen-
pressung und Spaltströmung.
Druckströmung und Spalt-
höhe sind stark vergrößert
dargestellt

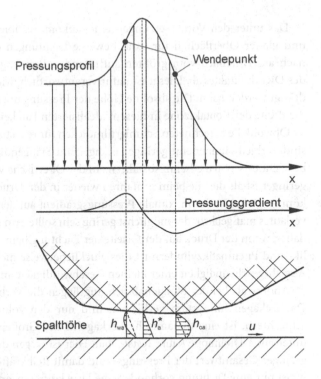

Für die inverse hydrodynamische Theorie wird vorausgesetzt, dass die Pressungsverteilung $p(x)$ und damit auch ihre Ableitungen vorab bekannt sind. Wird die zweite Ableitung des Pressungsprofils null, so muss auch der zweite Term von Gl. (12.15) verschwinden. Dies ist an den Wendepunkten, also an je einer Stelle auf den Flanken des Pressungshügels der Fall. An diesen Punkten ist die Strömungsverteilung in Abb. 12.27. schematisch eingezeichnet. Wie überall im Spalt überlagern sich die dreiecksförmige Geschwindigkeitsverteilung der Schleppströmung und die parabolische der Druckströmung. Da die Grundseite des Dreiecks überall die gleiche Länge hat und der gesamte Volumenstrom überall gleich ist, kann die geringste Spalthöhe (in Abb. 12.27. mit h_{oa} bezeichnet) nur dort auftreten, wo die Druckströmung die Scherströmung am stärksten unterstützt, also beim maximalen Pressungsgradienten im Auslaufbereich. Wenn dort die geringste Spalthöhe auftritt, wird gleichzeitig auch dh/dx zu null, und Gl. (12.15) ist damit schon erfüllt.

Nützlicher ist der Wendepunkt im Einlaufbereich (bei h_{wa} laut Abb. 12.27), denn dort ist dh/dx von null verschieden. Es muss also der Klammerausdruck in Gl. (12.15) verschwinden:

$$3h_{wa}^2 \cdot \frac{dp(x)}{dx} - 6\eta u = 0 \quad \Rightarrow \quad h_{wa} = \sqrt{\frac{2\eta u}{dp/dx}} \qquad (12.16)$$

Für diese Stelle ist die Spalthöhe direkt berechenbar, der Volumenstrom ergibt sich, und damit folgt mit (12.13) sofort die Filmdicke für alle übrigen Punkte des Spaltes. Sie nimmt erwartungsgemäß mit der Zähigkeit des Schmierstoffs und der Gleitgeschwindigkeit zu.

Das unter den Voraussetzungen eines inkompressiblen Fluids, isothermer Strömung und glatter Oberflächen für axial bewegte Dichtungen erhaltene Ergebnis hängt demnach ausschließlich vom größten auftretenden Pressungsgradienten in der Einlaufzone des Dichtkontaktes ab. Dieser ist dafür verantwortlich, wie stark die Flüssigkeit zurückgedrängt werden kann. Die absolute Höhe der Pressung unter der Dichtlippe hat ebenso wie die Breite der Kontaktzone in diesem idealisierten Fall keinen Einfluss auf die Spalthöhe.

Obwohl die berechneten Schmierfilmdicken für realistische Anwendungsfälle sehr klein sind, verbleibt immer eine geringe Leckage. Eine Stangendichtung wird als dynamisch dicht bezeichnet, wenn die beim Ausfahren auf der Oberfläche verbleibende Schmierstoffmenge geringer ist als die, die beim Einfahren wieder in den Druckraum zurückgefördert werden könnte. Dabei ist der maximale Pressungsgradient auf der anderen Flanke des Pressungsverlaufes maßgeblich, der möglichst gering sein sollte. Am schwierigsten ist die Abdichtung daher, wenn der Druck auf der Ölseite der Dichtung beim Ausfahren hoch ist bei Hydraulik- und Pneumatikzylindern ist dies glücklicherweise nicht der Fall und wenn eine hohe Ausfahrgeschwindigkeit einer kleinen Geschwindigkeit im Rückhub gegenübersteht.

Anders als bei der Stangenabdichtung liegen die Verhältnisse bei Kolbendichtungen. Da Leckagen im System verbleiben und nur den volumetrischen Wirkungsgrad verschlechtern, ist eine dynamische Leckage in der Größenordnung der Schmierfilmhöhe unter einer Dichtlippe kaum feststellbar. Hier ist wegen der großen Dichtkantenlänge ein geringer Gesamtwert der Pressungs- und damit Reibkräfte von Bedeutung. Außerdem ist meist nur eine Dichtung vorhanden, die Druckdifferenzen in etwa gleicher Höhe abwechselnd in beiden Richtungen abdichten muss und daher symmetrisch gestaltet wird. Zur Kolbenabdichtung in ölfrei betriebener Pneumatik, wo nur mit einer geringen Menge Fett geschmiert wird, die bei der Montage eingebracht wird, ist sogar ein besonders sanfter Pressungsverlauf erwünscht, um keine zu starke Abstreifwirkung hervorzurufen, die irgendwann gar keinen Schmierstoff mehr an der Dichtlippe übrig lässt.

Die inverse hydrodynamische Theorie führt zu den folgenden Schlussfolgerungen für den wünschenswerten Pressungsverlauf unter einer translatorisch bewegten Dichtung:

1. Auf der Hochdruckseite muss ein hohes Maximum des Pressungsgradienten erreicht werden.
2. Der größte Pressungsgradient auf der Niederdruckseite soll so gering wie möglich sein.
3. Die gesamte Pressungskraft soll gering sein, um nicht unnötig viel Reibung hervorzurufen.
4. Zusätzlich ist zur Gewährleistung der statischen Dichtheit meist noch ein bestimmtes Mindestniveau an Pressung erforderlich, das letztlich dafür sorgt, dass in Stillstandszeiten mikroskopische Leckagekanäle in den Oberflächenrauheitsstrukturen verlässlich verschlossen werden.

Im Pressungsverlauf der Druckseite bedeutet jeder Abschnitt, in dem der Pressungsgradient kleiner als das Maximum ist, eine Verschwendung, da der Anstieg auf das geforderte Pressungsmaximum auf einer zu großen Berührbreite stattfindet und eine unnötig hohe Gesamtpressung hervorruft. Auch auf der Niederdruckseite sollte aus dem gleichen Grund möglichst überall der gleiche Pressungsgradient vorliegen. Die optimale Pressungsverteilung ähnelt demnach einem Dreieck.

In einem realen Kontakt ist eine solche Pressungsverteilung allerdings nicht zu erreichen. Die Spitze des Dreiecks wird immer abgerundet sein, und auch an den Kanten des Dichtkontaktes wird wie in Abb. 12.27 ein allmählicher Übergang zur maximalen Steigung auftreten.

12.4 Werkstoffe

Als Werkstoff für Gleitringe werden für allgemeine Anwendungen Kombinationen aus harten (verschleißbeständigen) und weichen (verschleißenden) Werkstoffen eingesetzt. Als „weicher" Reibpartner wird meist gebundene Kunstkohle eingesetzt, die selbstschmierende Eigenschaften aufweist. Als harte Gegenfläche werden verschiedene Sintermetalle, Karbid- oder Oxidkeramiken verwendet, wobei eine gewisse Porosität von Vorteil ist.

Bei hohen Temperaturen, schlechter Schmierung oder abrasiven Medien stellt man beide Gleitflächen aus harten Werkstoffen, vorzugsweise aus Siliziumkarbid her. Neben geringen Verschleißwerten zeichnen sich diese insbesondere durch einen hohen Elastizitätsmodul sowie gute Wärmeleitfähigkeit und Temperaturschockbeständigkeit aus.

In Tab. 12.1 werden verschiedene Werkstoffe und Auswahlkriterien aufgelistet, die für elastische berührende Dichtelemente verwendet werden. Standardmaterial war lange Zeit NBR. Wegen seiner hohen Temperatur- und Medienstabilität hat sich FPM in hoch beanspruchten Anwendungen weit verbreitet, wurde aber in jüngerer Zeit teilweise durch Teflon ersetzt, das noch beständiger ist und auch bei Mangelschmierung niedrige Reibung aufweist. HNBR wird zunehmend bei mittleren Anforderungen eingesetzt, da es eine größere Temperaturstabilität und Alterungsbeständigkeit als NBR besitzt. Es reicht dabei zwar nicht an FPM heran, ist aber mechanisch höher belastbar und hat einen höheren

Tab. 12.1 Auswahlkriterien für Elastomerwerkstoffe berührender Dichtungen

Elastomerwerkstoff	Kennzeichen (ISO 1629)	Relativkosten der Mischung	Temperatureinsatzbereich	
			Unterer[1]	Oberer[2]
Acrylnitril-Butadien-Kautschuk	NBR	1,0	$-40 \ldots -30$	$+100 \ldots +120$
Hydr. Acryl.- Butad. Kautschuk	HNBR	4,4	-40	$+135 \ldots +165$
Acrylat Kautschuk	ACM	2,3	$-30 \ldots -15$	$+125 \ldots +150$
Silikon-Kautschuk	MVQ		$-60 \ldots -50$	$+135 \ldots +180$
Fluor-Kautschuk	FPM	11,8	$-40 \ldots -15$	$+150 \ldots +200$
Teflon	TFE		-60	$+250$
Thermoplastisches Urethan	TPE		-40	$+100$

1) unterer Temperatureinsatzbereich: bei nur geringer mechanischer Verformung des Elastomers ist die tiefere Temperatur zulässig
2) oberer Temperatureinsatzbereich: bei Dauertemperatur-Beanspruchung ist der untere, bei kurzzeitigen Temperaturspitzen der obere Wert zulässig

Verschleißwiderstand als dieses, vor allem auch bei niedrigen Temperaturen, und ist dabei auch wesentlich kostengünstiger. ACM ist bei Getriebeabdichtungen weit verbreitet.

12.5   Schädigungsmechanismen und Lebensdauer

Für Ausfälle von Dichtungen gibt es viele Ursachen. Ohne Anspruch auf Vollständigkeit ist im Folgenden eine Reihe von Beispielen angegeben:

1. Kratzer, Korrosionsstellen oder andere Schäden auf der Dichtungsgegenfläche.
2. Verschlechterung der mechanischen Kennwerte des Dichtungswerkstoffs durch Alterung. Dies umfasst einen umfangreichen Komplex von Schädigungsmechanismen, unter anderem Rissbildung unter Einfluss von Sauerstoff, Ozon und UV-Licht, Nachvernetzung des Elastomers und Wechselwirkungen mit dem Arbeitsmedium oder Schmierstoff.
3. Spaltextrusion bei Stopfbuchsen und O-Ringen.
4. Überlastung durch zu hohen Druck bis hin zum „Durchblasen" der Dichtung.
5. Mangelschmierung, z. B. aufgrund schlechter Benetzung der Dichtungsoberfläche durch den Schmierstoff.
6. „Dieseleffekt" in Hydraulikanlagen bei plötzlichen Druckstößen: Luftblasen sind mit Dämpfen des Öls gesättigt und entzünden sich durch die hohen Temperaturen, die bei plötzlicher Kompression auftreten.
7. Sättigung des Dichtungswerkstoffs mit einem unter Druck stehenden Gas. Bei Dekompression bilden sich Blasen im Material und zerreißen es.
8. Verdrillung eines O-Rings, der durch eine axial bewegte Stange auf einem Teil seines Umfangs mitgenommen wird.
9. Überhitzung. Sie kann durch zu hohe Umgebungstemperaturen oder durch Reibungswärme bei zu hoher Gleitgeschwindigkeit im Dichtkontakt auftreten und eine Vielzahl von Folgen haben: ungenügende Schmierung, Zersetzung des Dichtungswerkstoffs, Angriffsvorgänge durch Schmierstoffadditive, die erst oberhalb einer Mindesttemperatur stattfinden. Auch der Schmierstoff kann sich zersetzen und beispielsweise Ölkohleschichten bilden.
10. Allmählich fortschreitender Verschleiß der Dichtung oder der Gegenlauffläche, Abb. 12.28. Er ist bei berührenden Dichtungen immer vorhanden und kann durch Auswahl einer für die vorliegenden Betriebsbedingungen geeigneten Materialpaarung sowie durch die geometrische Gestalt der Dichtung beeinflusst werden.

Um eine statistisch abgesicherte Aussage machen zu können, welche Gebrauchsdauer für eine Dichtung aus einem bestimmten Werkstoff mit einer Gegenfläche gegebener Bearbeitung in einem vorliegenden Schmierstoff und unter bestimmten Betriebsbedingungen zu erwarten ist, ist es erforderlich, mehrere Prüfmuster zu untersuchen.

Entsprechend den bereits beschriebenen Wirkmechanismen einer Dichtung kann ein Abrieb von der Oberfläche der Kontaktzonen auf zwei Weisen zur Leckage führen: zum

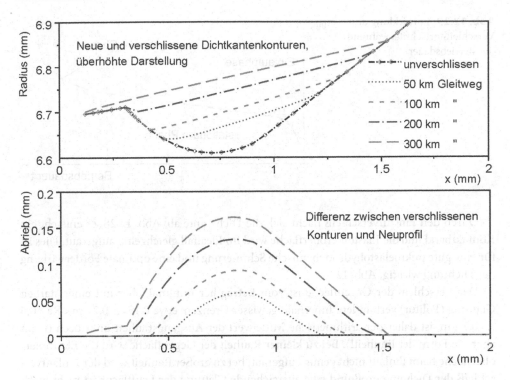

Abb. 12.28 Verschleißprofile einer Elastomerdichtlippe in Abhängigkeit vom Gleitweg

einen dadurch, dass die für statische Dichtheit erforderliche Flächenpressung nicht mehr aufrechterhalten wird, zum anderen kann die Veränderung des Pressungsprofils dynamische Undichtheit hervorrufen. Bei Elastomerdichtungen gibt es vier Hauptursachen von Verschleiß:

- Einlaufverschleiß (Selbstoptimierung der Kontaktgeometrie)
- „Altersverschleiß" infolge Alterung (Versprödung) des Elastomers
- Verschleiß durch Schmierstoffmangel, insbesondere bei Erschöpfung der Schmierfettgebrauchsdauer
- Verschleiß durch feste und flüssige Verunreinigungen

In dynamischen Dichtungskontakten berührender Dichtungen gibt es immer einen Einlaufverschleiß beider Partner. Bei ausreichender Schmierung und Sauberkeit und richtiger Werkstoffwahl kommt dieser Verschleiß nach einiger Zeit zum Stillstand, Abb. 12.29. Anscheinend verschleißen Dichtlippen aus typischen Elastomerwerkstoffen etwa so weit, dass sich unabhängig vom Ausgangszustand eine nominelle mittlere Flächenpressung im Kontakt von ungefähr 0,5 bis 1 MPa einstellt. Der Verschleiß kann später wieder aufleben, wenn sich die Eigenschaften des Elastomers durch Alterung verändern oder die Ölabgabe des Schmierfettes nachlässt. Vielfach ist deshalb ein Dichtungsversagen eigentlich ein Schmierungsproblem.

Abb. 12.29 Entwicklung des Verschleißfortschritts während der Betriebsdauer

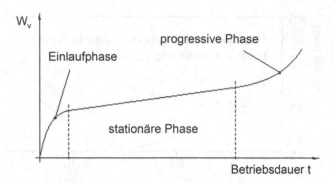

Durch den Einlaufverschleiß flacht sich die Dichtkante ab, Abb. 12.28, es entsteht ein Kontaktband und die Elastomeroberfläche wird im Idealfall gleichzeitig aufgeraut. Dies ist für eine gute mikroelastohydrodynamische Schmierung und eine optimale Förderwirkung der Dichtung wichtig, Abb. 12.9.

Der Verschleiß der Gegenfläche ist vom Betrag her minimal, aber mit einer starken Glättung (Politur) verbunden. Innerhalb gewisser Grenzen, etwa $0,15 \ldots 0,2\,\mu m < Ra < 0,6 \ldots 0,7\,\mu m$, ist daher der arithmetische Mittelwert der Ausgangsrauheit unkritisch (nicht aber die Form der Rauheit!). Bei zu kleiner Rauheit der Gegenfläche wird die Elastomeroberfläche beim Einlauf nicht genug aufgeraut; bei zu großer Rauheit wird der Einlaufverschleiß der Dichtung groß und eine ausreichende Glättung der Lauffläche ist nicht mehr möglich. Mikrogeometrien der Lauffläche mit einzelnen tiefen Kratzern oder Kratern und Drall sind ungünstig, insbesondere bei kleinen Radialkräften. Die Gegenlaufflächen von Wellendichtringen sollen drallfrei sein, um keine unerwünschte Förderwirkung zu erzeugen, und werden daher überwiegend im Einstich geschliffen. Bei Kassettendichtungen, die auf spanlos geformten Hülsen laufen, ist zu beachten, dass Drall auch von Umformwerkzeugen auf Blechteile übertragen werden kann.

Die Verschleiß bedingte Kontaktflächenbreite der Dichtlippen nimmt mit der Radialkraft und der Überdeckung zu. Bei fortgeschrittener Betriebszeit verändern sich bei berührenden Dichtelementen häufig infolge von Veränderungen des Werkstoffes (z. B. Alterung) und dadurch wiederauflebendem Verschleiß die vorherrschenden Mechanismen. Durch Verhärtung und Veränderung der Rauheit (Glättung) sowie der makroskopischen Kontaktgeometrie (Kontaktwinkel und Flächenpressungsprofil) kann die aktive Förderung ihre Wirksamkeit verlieren und zunächst eine passive Mikrospaltdichtung entstehen. Durch weiteren Verschleiß vergrößert sich der Spalt schließlich so weit, dass die Dichtung unwirksam wird, Abb. 12.4.

Wasser führt zum allmählichen Verschleiß der Dichtlippen oder, bei nicht korrosionsgeschützten Gegenflächen, zu deren Zerstörung im Stillstand und zu anschließendem katastrophalem Verschleiß an den Dichtungen; Spaltkorrosion kann schon bei geringer Feuchtigkeit auftreten. Der Korrosionsschutz der Gegenfläche ist dann wichtiger als hohe Verschleißfestigkeit.

Feststoffe führen zunächst zum Verschleiß der Gegenflächen, erst später zu Verschleiß der Dichtlippen, wenn der Kontakt verloren geht. Hier ist hohe Härte nützlich. Nach außen fördernde Lippen sind demnach zwar in der Lage, Wasser und Feststoffe abzuweisen und vom Lagerinneren fernzuhalten. Ihre Funktion bleibt aber nur dann lange erhalten, wenn der Verschleiß durch Wasser und Feststoffe so weit wie möglich vermindert wird. Am besten wird dies durch Vorschaltlabyrinthe, z. B. Schleuderscheiben, und zusätzliche Schutzlippen erreicht. Letztere müssen selber möglichst auch durch das Vorschaltlabyrinth geschützt und von der Hauptlippe aus mit etwas Schmierstoff versorgt werden, da sie sonst schnell verschleißen.

Die Gefahr der Spaltkorrosion kann durch Druckausgleich über einen „Bypass" vermindert werden, besser sind aber korrosionsgeschützte Gegenflächen. Dies kann mit L-förmigen Schleuderscheiben aus rostfreiem Stahl oder mit Zinküberzug leicht verwirklicht werden, die gleichzeitig auch als Lauffläche der Hauptlippe verwendet werden.

12.6 Einbau

Um die gewünschte Dichtwirkung zu erzielen, ist bei Radialwellendichtringen und Stangendichtungen mit bevorzugter Förderrichtung vor allem auf die richtige Orientierung beim Einbau zu achten, also Dichtlippe mit dem großen Kontaktwinkel zum abzudichtenden Medium hingewandt. Sind drehrichtungsabhängige Förderhilfen wie z. B. Drallstege oder Spiralen vorhanden, müssen die Dichtungen so ausgewählt werden, dass sie der Drehrichtung der Gegenfläche entsprechen. Wechselt die Drehrichtung, so sind Dichtungen mit drehrichtungsunabhängigen Förderstrukturen zu wählen, Abb. 12.30.

Die Gegenflächen müssen drallfrei sein, d. h. keine eigene aktive Förderwirkung besitzen. Dies erfordert in der Regel, dass die Gegenfläche im Einstich geschliffen wird. Andernfalls ist nur eine Drehrichtung zulässig. Weitere Hinweise sind [DIN3760, DIN3761] zu entnehmen.

Berührende Dichtungen sind überaus empfindlich gegenüber kleinen Beschädigungen. Risse, Spalte und Kratzer im Dichtungsmaterial können zur Entstehung von Leckagekanälen führen, falls das Dichtungsmaterial aufgrund der vorhandenen Elastizität diese nicht wieder verschließt.

Abb. 12.30 Drallstrukturen von Radialwellendichtringen

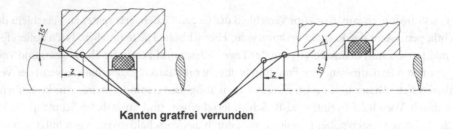

Kanten gratfrei verrunden

Abb. 12.31 Einbauhilfen für O-Ringe

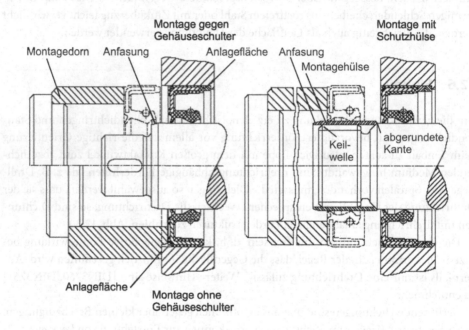

Abb. 12.32 Einbau von Radialwellendichtringen

Im Bereich aktiver Förderstrukturen kann durch solche Fehlstellen deren Wirkung aufgehoben oder ggf. sogar eine Fluidförderung in Gegenrichtung auftreten. Aus diesem Grunde sollten die Kontaktbereiche von Dichtungen mit besonderer Vorsicht behandelt werden. Für den Einbau von O-Ringen sind z. B. ausreichende Fasen an Anbauteilen erforderlich, Abb. 12.31. Die Kanten mit denen der Dichtring während Montage und Betrieb in Kontakt kommt, sollten ausreichend verrundet sein.

Für Radialwellendichtringe gelten ähnliche Randbedingungen wie für O-Ringe. Beim Aufschieben der Dichtungen auf die Gegenflächen müssen Beschädigungen durch scharfe Kanten und ein Umstülpen der Dichtlippe vermieden werden. Deshalb sind Fasen mit Winkeln von 15–25° vorzusehen und die Übergänge zu den angrenzenden Flächen zu verrunden, Abb. 12.32. Ist dies nicht möglich, müssen entsprechend gestaltete Aufschiebehülsen als Montagehilfe verwendet werden, welche die scharfkantigen Bereiche der Welle

Abb. 12.33 Einbau von Radialwellendichtringen im Reparaturfall

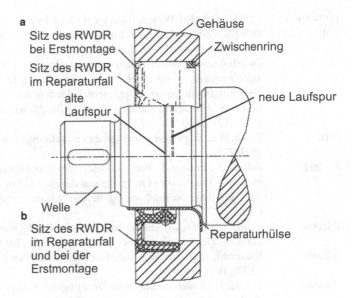

überdecken. Um einen lotrechten Sitz der Dichtlippe zur Wellenmitte zu gewährleisten, sollten für die Montage plane Anlageflächen geschaffen werden, gegen die der Dichtring eingepresst werden kann.

Weiter dürfen neue Radialwellendichtringe als Ersatz schadhafter Dichtungen nicht auf deren Laufspur weiterarbeiten, da dann ein erfolgreiches Einlaufen nicht gewährleistet ist. Gegebenenfalls ist es zunächst notwendig, die Laufflächen der Welle nachzuarbeiten oder eine Reparaturhülse einzusetzen, Abb. 12.33.

Der Ausbau von RWDR wird wesentlich erleichtert, wenn man die Dichtungen so in gesonderte Deckel einbaut, dass nach Ausbau des Deckels die Bodenseite zugänglich ist, gegebenenfalls können Abdrückbohrungen vorgesehen werden.

Literatur

[Arm64]   Armand, G., Lapujoulade, J., Paigne, J.: A theoretical and experimental relationship between leakage of gas through the interface of two metals in contact and their superficial micro geometrie. Vacuum 14, 53 ff. (1964)

[Bin91]   Binnington, P.: The measurement of rotary shaft seal film thickness. Diss., University of Durham: School of Engineering & Applied Science (1991)

[Brä86]   Brändlein, J., Lorösch, H.-K.: Schmutzgeschützte Wälzlager in Kraftfahrzeuggetrieben. VDI Bericht Nr. 579, S. 253–268 (1986)

[Chi75]   Chivers, R.C., Hunt, R.P., Rogers, W.J., Williams, M.E.: On the relationships between gas properties, surface roughness and leakage flow regimes. Proceedings of the 7th International Conference on Fluid Sealing, Nottingham, England (1975)

[CR92]   N. N.: Elastomeric lip seal handbook – fundamentals of elastomeric lip seals, 2. Aufl. CR Industries Technology Department (1992)

[DIN3760]   DIN 3760: Radial-Wellendichtringe. Beuth Verlag, Berlin (1996)

[DIN3761]   DIN 3761: Radial-Wellendichtringe für Kraftfahrzeuge. Beuth Verlag, Berlin (1984)
[DINEN1779]   DIN EN 1779: Dichtheitsprüfung – Kriterien zur Auswahl von Prüfmethoden und
              –verfahren. Beuth Verlag, Berlin (1999)
[Dre98]   Dreschmann, P.: Wellenabdichtungen in oder neben Wälzlagern für hohe Betriebs-
              anforderungen. Buchkapitel: Einsatz von Wälzlagern bei extremen Betriebs- und
              Umgebungsbedingungen, Optimierung durch geeignete Konstruktion und Entwick-
              lung von Wälzlagern, Schmierung und Abdichtung, Kontakt & Studium, Bd. 574,
              S. 152–171. (1998)
[Fri77]   Frisch, H.J.: Kugellager mit eingebauten Dichtungen. Wälzlagertechnik Nr. 1, S. 24–
              28 (1977)
[Gab92]   Gabelli, A., Ponson, F., Poll, G.: Computation and measurement of the sealing con-
              tact stress and its role in rotary lip seal design. In: Nau, B.S. (Hrsg.) 13th Internatio-
              nal Conference on fluid sealing, Brugge. Kluwer Academic Publishers, Dordrecht
              (1992)
[Geo04]   Geoffroy, S., Prat, M.: On the leak through a spiral-groove metallic static ring gasket.
              Trans. ASME, Series I. J. Fluids Eng. 126(1), 48 ff. (2004)
[Kaz69]   Kazamaki, T.: An investigation of air leakage between contact surfaces I. Bull. JSME.
              12(53), 1011 ff. (1969)
[Lok60]   Lok, H. H.: Untersuchungen an Dichtungen für Apparateflansche. Dissertation an
              der Technischen Hochschule in Delft (1960)
[Mül90]   Müller, H. K.: Abdichtung bewegter Maschinenteile: Funktion – Gestaltung –
              Berechnung – Anwendung. Medienverlag Ursula Müller (1990)
[Sche90]   Sahimi, M.: Applications of percolation theory. Taylor & Francis Ltd, London (1994)
[Sche90]   Scheerer, K.: Dichtheit von Kunststoff-Dichtelementen im Versuch. Kunststoffe
              80(7) (1990)
[Schl95]   Schleth, A.: Leckagesimulation in der Pneumatik und Folgerungen für die Auslegung
              statischer und dynamischer Dichtsysteme. Fachtag. Hydraul. Pneum. 143–150 (1995)
[Schm80]   Schmid, E.: Handbuch der Dichtungstechnik. Expert Verlag (1980)
[Tie00]   Tietze, W. (Hrsg.): Handbuch Dichtungspraxis. Vulkan-Verlag, Essen (2000)
[Tru75]   Trutnovsky, K., Kollmann, K. (Hrsg.): Berührungsdichtungen an ruhenden und
              bewegten Maschinenteilen. Konstruktionsbücher, Bd. 17, 2. Aufl. Springer, Berlin
              (1975)
[Tüc88]   Tückmantel, H.-J.: Die Berechnung statischer Dichtverbindungen unter Berücksich-
              tigung der maximal zulässigen Leckmenge auf der Basis einer neuen Dichtungstheo-
              rie. Konstruktion 40, 116 ff. (1988)
[Wer92]   Werries, H.: Einfluß von Fremdpartikeln in Wälzlagern und Maßnahmen zu ihrer
              Vermeidung, Forschungsvereinigung Antriebstechnik Report-Nr. 353, S. 1–103
              (1992)

sowie Publikationen der Firmen:

FAG, Schweinfurt
INA, Herzogenaurach
SKF, Schweinfurt

Einführung in Antriebssysteme

13

Albert Albers

Inhaltsverzeichnis

13.1 Funktion und Wirkungsweise 236
13.2 Einteilung und Eigenschaften der Getriebe 242
    13.2.1 Systematische Einteilung 242
    13.2.2 Eigenschaften 242
        13.2.2.1 Übersetzung 243
        13.2.2.2 Wirkungsgrad 244
        13.2.2.3 Momentenverhältnis 245
    13.2.3 Auswahl 245
13.3 Mechanische Getriebe 246
    13.3.1 Gleichförmig übersetzende Getriebe 246
        13.3.1.1 Rädergetriebe 246
            13.3.1.1.1 Formschlüssige Rädergetriebe (Zahnradgetriebe) 247
            13.3.1.1.2 Kraftschlüssige Rädergetriebe (Reibradgetriebe) 248
        13.3.1.2 Hüllgetriebe bzw. Zugmittelgetriebe 249
            13.3.1.2.1 Formschlüssige Hüllgetriebe 249
            13.3.1.2.2 Kraftschlüssige Hülltriebe 249
    13.3.2 Ungleichförmig übersetzende Getriebe 250
        13.3.2.1 Koppelgetriebe 250
        13.3.2.2 Kurvengetriebe 251

A. Albers (✉)
IPEK – Institut für Produktentwicklung, Karlsruher Institut für Technologie (KIT), Karlsruhe, Deutschland

© Springer-Verlag GmbH Deutschland, ein Teil von Springer Nature 2018
B. Sauer (Hrsg.), *Konstruktionselemente des Maschinenbaus 2*, Springer-Lehrbuch,
https://doi.org/10.1007/978-3-642-39503-1_4

13.4   Hydraulische Getriebe 251
       13.4.1   Hydrostatische Getriebe 252
       13.4.2   Hydrodynamische Getriebe 253
13.5   Berechnung 255
       13.5.1   Grundlage 255
       13.5.2   Modellbildung 257
                13.5.2.1   Reduktion von Massen und Trägheitsmomenten 257
                13.5.2.2   Reduktion von Steifigkeiten 260
                13.5.2.3   Reduktion von Momenten 261
                13.5.2.4   Mehrfachübersetzungen 261
       13.5.3   Anwendungsbeispiele 263
Literatur 265

13.1   Funktion und Wirkungsweise

Technische Antriebe werden in Maschinen, Anlagen und Fahrzeugen als Teilsysteme eingesetzt, um die Energie in jeweils geeigneter Form dem „Arbeitsprozess" zur Verfügung zu stellen und tragen somit dazu bei die gewünschte Gesamtfunktion zu erfüllen. Sie basieren dabei auf der Umformung, Übertragung und Speicherung von Energie. Technische Antriebe werden heutzutage mit wachsender Bedeutung als „Systeme" betrachtet und als solche entwickelt, wodurch der Begriff „Antriebssysteme" geprägt ist. Erst die Betrachtung als Antriebssystem ermöglicht die Beurteilung und Berechnung der integrierten Komponenten unter Berücksichtigung der statischen und dynamischen Eigenschaften des Gesamtsystems, z. B. eines Kraftfahrzeugs, und der auftretenden Rückkopplungen auf Teilsysteme, z. B. Getriebe, Kupplungen oder Gelenke. Antriebssysteme werden durch ein Zusammenwirken von Mechanik, Sensorik, Aktorik und Informationsverarbeitung realisiert. Unter Mechanik sind in diesem Zusammenhang alle Komponenten zu verstehen, die direkt im eigentlichen Leistungsfluss des Gesamtsystems wirken. Sensoren und Aktoren bestehen im Wesentlichen ebenfalls aus mechanischen Komponenten, bilden damit aber die Schnittstelle zwischen der Mechanik und der Informationsverarbeitung. Mittels der Sensoren lassen sich einzelne Betriebsgrößen als Istwerte erfassen und zur Informationsverarbeitung übermitteln. Die Informationsverarbeitung ermöglicht u. a. den Vergleich vom Istwert mit einem von außen vorgegebenen Sollwert. In Abhängigkeit der Regelungs- oder Steuerungsstrategie können somit die Aktoren mit Stellgrößen angesteuert und dadurch der Leistungsfluss der Mechanik verändert werden. Die mechatronischen Systeme gewinnen hierbei zunehmend an Bedeutung. Aufbau, Funktion und Wirkungsweise der Aktoren und Sensoren sind aufgrund ihrer steigenden Bedeutung für die Leistungsfähigkeit moderner Antriebssysteme in Kap. 18 ausführlich beschrieben.

Der häufigste Anwendungsfall der Antriebssysteme sind die rotativen und rotativ-linearen Systeme, wie sie z. B. im Fahrzeugbau, in Industrieanlagen oder Werkzeugmaschinen zur Anwendung kommen. Es sind auch reine lineare Antriebssysteme möglich. Die leistungsübertragende Mechanik der Antriebssysteme besteht grundsätzlich aus drei Subsystemen:

- Antriebs- oder Kraftmaschine
- Antriebssträngen
- Arbeitsmaschinen

Diese Subsysteme sind jeweils wiederum aus Maschinen- und Konstruktionselementen, wie sie in diesem Buch vorgestellt werden, aufgebaut. Zur Synthese dieser Subsysteme sind insbesondere Getriebe, Kupplungen, Wellen, Lager und Dichtungen von Bedeutung.

Die Antriebmaschine stellt die für die Realisierung der Gesamtfunktion erforderliche Antriebsenergie zur Verfügung. Bekannte Vertreter sind z. B. die Elektro- und Verbrennungsmotoren. Der Antriebsstrang beinhaltet die Funktion, die Antriebsenergie zur Arbeitsmaschine zu übertragen und dabei gegebenenfalls geeignet anzupassen. Die Arbeitsmaschine wandelt die ihr zugeführte Energie in die gewünschte Ausgangsenergie des Arbeitsprozesses bzw. der Arbeitsfunktion. Diese drei Subsysteme bilden ein Schwingungssystem, welches nur unter Berücksichtigung der auftretenden Wechselwirkungen zu berechnen ist und nicht zur Überbeanspruchung durch Schwingungseffekte oder sogar zur Resonanz führen darf. In technischen Systemen wird heutzutage vermehrt eine Schwingungsüberwachung durchgeführt, um kritische Betriebszustände frühzeitig erkennen zu können [Kol00]. Moderne Waschmaschinen nutzen hierfür z. B. die so genannte Unwuchtkontrolle, um die Trommeldrehzahl in Abhängigkeit der Beladung und deren Verteilung anzupassen.

Das Zusammenwirken der drei Subsysteme kann am wohl bekanntesten Praxisbeispiel, dem Kraftfahrzeug, verdeutlicht werden. Der Verbrennungsmotor als Antriebsmaschine – selbst ein kombiniertes Rotativ-Linear-System stellt die vom Benutzter geforderte Leistung als Drehmoment-Drehzahl-Charakteristik zur Verfügung, die z. B. als Kennlinie oder Kennfeld visualisiert werden kann. Der Antriebsstrang, gebildet aus Kupplung, Getriebe und Wellen, überträgt diese Leistung durch angepasste Wandlung – z. B. Schaltgetriebe – zum Reifen nebst Fahrzeug, der Arbeitsmaschine, ebenfalls ein rotativ-lineares System. Das Fahrzeug setzt hierbei die zugeführte Energie in den gewünschten Arbeitsprozess – dem Transport von Personen und Gütern – um. Gleiches gilt entsprechend für Industrieantriebe, bei denen meistens ein Elektromotor über Anpassungsgetriebe eine Arbeitsmaschine, wie z. B. eine Presse, antreibt.

Neben den Wellen und Kupplungen sowie die hierfür erforderlichen Lager und Dichtungen sind die Getriebe besonders hervorzuheben. Getriebe sind Kopplungen mechanischer Bauteile, welche durch Umwandlung der Eigenschaften der Ausgangsgrößen im Vergleich zu denen der Eingangsgrößen die wirkende Energieform ändern können. Es können Kraftgrößen, Bewegungsgrößen und Leistung umgewandelt werden. Häufig kann dabei An- und Abtrieb vertauscht werden, wobei auf Tot- und Strecklagen sowie Selbsthemmung durch Reibung zu achten ist. Es ist möglich mehrere Getriebe zu kombinieren, d. h. in Reihe oder parallel zu schalten. Ein Beispiel aus dem Alltag – das Fahrrad – verdeutlicht dies besonders. Am Fahrrad kommen die Getriebe Tretkurbel, Kettentrieb teilweise in Kombination mit einer Naben oder Kettenschaltung zum Einsatz.

Abstrakt formuliert, ist ein Getriebe eine mechanische Einrichtung zum Übertragen von Bewegungen und Kräften oder zum Führen von Punkten eines Körpers auf bestimmten Bahnen. Es besteht aus beweglich miteinander verbundenen Teilen (Gliedern), wobei deren gegenseitige Bewegungsmöglichkeiten durch die Art der Verbindungen (Gelenke) bzw. Wirkflächenpaare (WFP) [Alb02, Alb04-2] bestimmt sind. Ein Glied ist stets der Bezugskörper (Gestell), die Mindestzahl der Glieder und Gelenke beträgt jeweils drei. Glieder sind hierbei abstrahierte Darstellungen von mechanischen Bauteilen; ortsfeste Glieder nennt man Gestellglied, Gestell oder Gehäuse. Gelenke sind Kopplungen mit Wirkflächenpaaren von mindestens zwei Gliedern, die nach der Anzahl der möglichen Relativbewegungen, den so genannten Freiheitsgraden (DOF: Degrees of Freedom), unterschieden werden [VDI2127]. Die wichtigsten Vertreter sind hierbei das Drehgelenk (1 DOF rotatorisch), das Schubgelenk (1 DOF translatorisch), das Kardangelenk (2 DOF rotatorisch) und das Kugelgelenk (3 DOF rotatorisch) [Dub05]. Zur Vereinfachung und Verdeutlichung werden im Folgenden die rotativen Getriebe aufgrund ihrer weiten Verbreitung stellvertretend betrachtet.

Die Hauptfunktion der Getriebe ist es, die Leistung von einer Kraft- bzw. Antriebsmaschine zu einer Arbeitsmaschine zu übertragen. Da die Charakteristik des Leistungsbedarfs der Arbeitsmaschine nur in den seltensten Fällen mit der Charakteristik des Leistungsangebots der Antriebsmaschine übereinstimmt, Abb. 13.1a, leitet sich hieraus die Forderung nach der Anpassung dieser verschiedenen Leistungscharakteristiken ab, d. h. die Anpassung von Drehmoment und Drehzahl. Da es sich hierbei um die Wandlung von Kennlinien oder Kennfeldern handelt, werden Getriebe auch als Kennungswandler bzw. Drehmoment- und Drehzahlwandler[1] bezeichnet. Zum Beispiel wird eine Arbeitsmaschine im Konstantbetrieb aus energetischen und wirtschaftlichen Gründen entweder im Bereich maximaler Leistung oder im Bereich maximalen Wirkungsgrades betrieben, wodurch das jeweilige Drehmoment- oder Drehzahlniveau vorgegeben ist. Durch den Einsatz von

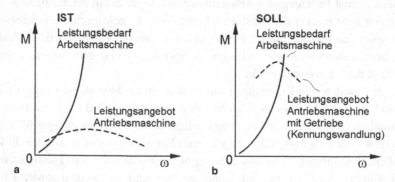

Abb. 13.1 Anpassung des Kennfelds einer Antriebsmaschine an die Kennlinie einer Arbeitsmaschine; **a** Ausgangssituation, **b** Endsituation

---

[1] Eigentlich Umformung, jedoch hat sich der Ausdruck Wandlung eingebürgert; nicht zu verwechseln mit Energiewandlung, wie sie z. B. bei Motoren stattfindet.

Über- oder Untersetzungsgetrieben lässt sich das Drehmoment- bzw. das Drehzahlniveau anpassen, Abb. 13.1b.

Als Nebenfunktion kommen den Getrieben zusätzlich zur Kennungswandlung folgende Aufgaben zu:
- Änderung der Drehachse
- Änderung der Drehrichtung
- Änderung der Leistungsflüsse

Für die Änderung der Drehachse bestehen drei grundsätzliche Anordnungen:
- Die Achsen schneiden sich im Unendlichen, d. h. sie sind parallel
- Die Achsen schneiden sich im Endlichen
- Die Achsen schneiden sich nicht, d. h. sie sind windschief

Unter der Änderung der Drehrichtung ist Folgendes zu verstehen:
- Die eigentliche Drehrichtungsumkehr auf einer koaxialen Welle.
- Die Änderung des Drehsinns auf einer beliebigen Drehachse

Der Leistungsfluss kann wie folgt verändert werden:
- Addition von Leistungsflüssen (Summengetriebe)
- Teilung von Leistungsflüssen (Verteilergetriebe)
- Wandel von einer Dreh- in eine Längsbewegung

Der Leistungsbedarf der Arbeitsmaschine definiert hierbei die Anforderungen an die Antriebsmaschine und den Antriebsstrang. Der Leistungsbedarf der Arbeitsmaschine erfordert unter Berücksichtigung aller Wirkungsgradverluste und des Leistungsbedarfs für Nebenantriebe das Leistungsangebot der Antriebsmaschine.

In Abb. 13.2 sind für verschiedene Arbeitsmaschinen die idealisierten Lastkennlinien dargestellt. Die Wahl der Antriebsmaschine hingegen definiert ebenfalls Anforderungen an den Antriebsstrang. Beim Einsatz einer Elektromaschine bietet sich grundsätzlich der Vorteil, dass über den gesamten Drehzahlbereich ein Antriebsmoment zur Verfügung gestellt wird, aber die einstellbare Leistungsabgabe – bauart- und baugrößenbedingt – Drehzahl- und Drehmomentgrenzen unterliegt. Zusätzlich sind dabei noch Kostenrestriktionen zu berücksichtigen. Ein Verbrennungsmotor hingegen basiert auf der zyklischen Verbrennung, weshalb keine Momentenabgabe bei der Drehzahl Null erfolgt und darüber hinaus ein Betrieb unterhalb einer gewissen Drehzahlgrenze – der Leerlaufdrehzahl – nicht zweckmäßig möglich ist. Zur Überbrückung dieser so genannten Drehzahllücke wird eine Anfahrkupplung benötigt, die als Drehzahlwandler wirkt. Zusätzlich ist der Antriebsstrang durch die periodische Erregung des Verbrennungsmotors insbesondere unter schwingungstechnischen Aspekten auszulegen.

Bei vielen Antriebssystemen sind feste Übersetzungen nicht ausreichend, da z. B. mehrere Betriebspunkte erforderlich sind. Ein bekanntes Beispiel sind Dreh- und Fräsmaschinen, bei denen in Abhängigkeit des zu bearbeitenden Werkstoffs, der gewählten

Abb. 13.2 Idealisierte Last-
kennlinien verschiedener
Arbeitsmaschinen [VDI2153,
Dub05]

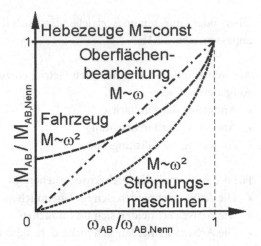

Schneidwerkstoffe und der gewünschten Oberflächengüte unterschiedliche Spindel- und
Vorschubgeschwindigkeiten, d. h. verschiedene Übersetzungen, erforderlich sind. Der
Wechsel der Übersetzungen erfolgt hierbei im Allgemeinen bei stillstehender Maschine.

Macht die Arbeitsmaschine bzw. der Arbeitsprozess große Drehzahlbereiche bzw. große
Drehmomentbereiche erforderlich, ist eine feste Übersetzung ebenfalls nicht ausreichend.
Dies gilt insbesondere für Straßenfahrzeuge, bei denen der gewählte Fahrzustand von vielen Parametern abhängig ist und deshalb eine möglichst hohe Flexibilität zur Verfügung
gestellt werden muss. Bei einem Fahrzeug mit nur einer Übersetzung wäre der erreichbare
Geschwindigkeitsbereich eng begrenzt, da der Motor nur in einem bestimmten Drehzahlbereich arbeitet und die begrenzte Leistung nur ein an die gewählte Drehzahl gebundenes
Antriebsmoment liefert. Um die notwendigen Fahr- oder Betriebszustände, insbesondere
im Bereich niedriger Fahrgeschwindigkeiten, erreichen zu können, muss das Getriebe die
Möglichkeit bieten, die Zugkraft des Fahrzeugs bzw. das verfügbare Drehmoment auch bei
verringerter Fahrgeschwindigkeit zu erhöhen, wodurch die maximal verfügbare Motorleistung z. B. auch bei Anfahrten oder Steigungsstrecken genutzt werden kann. In Abb. 13.3
ist eine Linie maximaler Motorleistung gegeben, die idealerweise konstant ist und sich im
M/ω -Diagramm als Hyperbel – bei Fahrzeugen auch Zugkrafthyperbel genannt – ergibt.

Nimmt man an, dass die Leistungslinie des 4. Ganges der realen Motorleistungskenn-
linie entspricht, dann ist die maximale Motorleistung nur in einem Betriebspunkt einsetzbar. Betrachtet man die Summe aller Widerstände – bei Fahrzeugen auch Fahrwider-
standslinie genannt – ergibt sich, dass die Leistungslinie nicht einmal ausreicht das System
in Bewegung zu versetzen, da kein überschüssiges Beschleunigungsmoment verfügbar ist.
Durch den Einsatz eines vierstufigen Getriebes wird die maximale Motorleistung in vier
Betriebspunkten zur Verfügung gestellt. Ebenso resultieren für niedrigere Drehzahlen, wie
z. B. beim Anfahren, erhöhte Antriebsmomente und somit höhere verfügbare Beschleunigungsmomente. Im 1. Gang ist die bereits angesprochene Drehzahllücke zu erkennen, die
durch eine Anfahrkupplung überbrückt werden muss.

Abb. 13.3 Getriebe-
stufung am Beispiel der
Leistungshyperbel

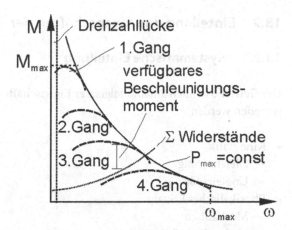

Der Gangwechsel während des Betriebs erfordert in den meisten Anwendungen eine Kupplung und eine Schaltstrategie nebst Schaltmechanik. Grundsätzlich lässt sich die Schaltfunktion in drei Varianten umsetzten. Erstens als reines handgeschaltetes Getriebe, zweitens als halb- bzw. teilautomatisiertes Getriebe und drittens als vollautomatisiertes Getriebe. Diese können mit und ohne Zugkraftunterbrechung ausgeführt werden. Die Funktion und die Bedeutung der Kupplung wird in Kap. 14 ausführlich beschrieben, auf eine nähere Betrachtung der Schaltfunktion wird an dieser Stelle auf Grund der Komplexität verzichtet. Als weitere Alternative bieten sich die stufenlosen Getriebe an, die, wie der Name schon sagt, eine stufenlose Übersetzungswahl ermöglichen, wodurch die Übersetzung optimal an den gewählten Betriebspunkt angepasst werden kann. Funktion und Wirkungsweise werden in Kap. 16 und 17 erläutert.

In einigen Anwendungsbereichen haben die großen Fortschritte der Leistungselektronik zum Direktantrieb mit dem Elektromotor geführt, wie z. B. bei Waschmaschinen. Auch bisher erforderliche mechanische Kopplungen werden heutzutage immer häufiger durch die Anwendung elektronischer Regelung ersetzt. Ein Beispiel hierfür sind Zahnradwälzfräsmaschinen, bei denen Fräserdrehzahl, Werkstückdrehzahl und Vorschub genau aufeinander abgestimmt sein müssen, was unter wirtschaftlichen Aspekten praktisch nicht mehr durch mechanische Kopplung und Wechselzahnräder zu gewährleisten ist.

Dem Zahnradgetriebe, das in Kap. 15 eingehend behandelt wird, kommt heute immer noch eine große Bedeutung zu, da es in vielen Fällen günstiger ist eine Kombination aus Motor, Getriebe und Kupplung zu verwenden. Als Beispiele können die Getriebe von Kraftfahrzeugen, Hubschraubern, Propellerantrieben und der Landeklappenverstellung bei Flugzeugen genannt werden. Häufig werden ein- oder mehrstufige Zahnradgetriebe eingesetzt, die sowohl schaltbar und nicht schaltbar ausgeführt werden können.

Hiermit wird deutlich, dass die Antriebs- und Arbeitsmaschine sowie der dazwischen geschaltete Antriebsstrang aufeinander abgestimmt sein müssen, da diese in Wechselwirkung zueinander stehen. Eine grundsätzliche Empfehlung für die Kombination Motor-Getriebe-Arbeitsmaschine kann demnach nicht gegeben werden. Maßgebende Kenngrößen für die Beurteilung und Auswahl solcher Antriebssysteme sind z. B. Kosten, Wirkungsgrad und Betriebsverhalten.

13.2   Einteilung und Eigenschaften der Getriebe

13.2.1   Systematische Einteilung

Die Getriebe können anhand folgender Eigenschaften oder Kriterien eingeteilt und unterschieden werden.

- Kinematik
  - Gleichförmig
  - Ungleichförmig
- Physikalisches Prinzip
  - Mechanisch
  - Hydraulisch/Pneumatisch
  - Elektrisch
- Wirkprinzip
  - Formschlüssig
  - Kraftschlüssig
- Art der Übertragung
  - Konstant
  - Gestuft
  - Stufenlos

13.2.2   Eigenschaften

Die Getriebe als Drehzahl- und Drehmomentwandler sind durch drei wesentliche Parameter bestimmt:

- Übersetzung i
- Wirkungsgrad η
- Momentenverhältnis μ

Durch diese Parameter ist es möglich die verschiedenen Getriebeausführungen hinsichtlich der Leistungsfähigkeit zu vergleichen und zu bewerten.

Man ordnet zweckmäßig dem Drehmoment und der Winkelgeschwindigkeit ein Vorzeichen zu und betrachtet die Drehmomente prinzipiell als von außen auf das Getriebe einwirkend. Am Antrieb sind das von außen auf das Getriebe wirkende Drehmoment und die Drehung gleichgerichtet, da die Bewegung dem Antrieb folgt. Am Abtrieb versucht das von außen wirkende Drehmoment die Drehung zu hemmen, also wirkt es der Drehbewegung entgegen. Betrachtet man das Getriebegehäuse als Systemgrenze, dann sind alle in das System fließenden Leistungen positiv und alle aus dem System fließenden Leistungen negativ, Abb. 13.4.

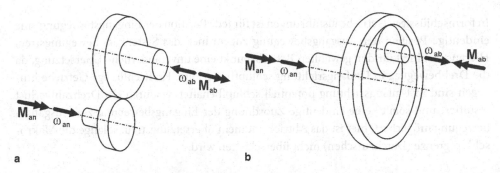

Abb. 13.4 Wirkrichtungen der Drehmomente und Winkelgeschwindigkeiten

Dies bedeutet, dass die Antriebsleistung $P_{an} > 0$ stets positiv und die Abtriebsleistung $P_{ab} < 0$ stets negativ ist. Unter der Annahme einer verlustfreien Übertragung folgt mit der Definition der Leistung:

$$P = M \cdot \omega \tag{13.1}$$

$$\sum P = 0 \rightarrow P_{an} + P_{ab} = 0 \rightarrow P_{an} = -P_{ab} \tag{13.2}$$

$$\omega_{an} M_{an} = -\omega_{ab} M_{ab} \tag{13.3}$$

Bei weniger komplexen Anwendungen, z. B. bei einstufigen Getrieben, ist es ausreichend und in der Praxis üblich eine Berechnung mit Absolutbeträgen durchzuführen, da die entsprechenden Drehrichtungen und Wirkrichtungen einfach ermittelt werden können. Für komplexere Anwendungen, wie z. B. mehrstufige Planetengetriebe, ist für eine Berechnung die Berücksichtigung der Vorzeichen unabdingbar.

13.2.2.1 Übersetzung

Die Übersetzung bzw. das Übersetzungsverhältnis i ist durch das Verhältnis von Eingangsdrehzahl n_{an} zu Ausgangsdrehzahl n_{ab} bzw. Winkelgeschwindigkeit Antrieb ω_{an} zu Winkelgeschwindigkeit Abtrieb ω_{ab} definiert.

$$i = \frac{n_{an}}{n_{ab}} = \frac{\omega_{an}}{\omega_{ab}} \tag{13.4}$$

Bei einer Reihenschaltung mehrerer Getriebe gilt:

$$i_{ges} = i_1 \cdot i_2 \cdot i_3 \cdot \ldots \cdot i_n = \prod_{j=1}^{n} i_j \tag{13.5}$$

Für gleichsinnige Drehrichtungen gilt $i > 0$, für gegensinnige Drehrichtungen gilt entsprechend $i < 0$. Übersetzungen ins Langsame ergeben sich aus $|i| > 1$ und Übersetzungen ins Schnelle ergeben sich aus $|i| < 1$.

In formschlüssigen Getriebeausführungen ist für jede Position der Eingangsbewegung eine eindeutige Position der Ausgangsbewegung zugeordnet, das System ist bewegungstreu. Hieraus resultiert für den gewählten Betriebspunkt eine unveränderliche Übersetzung, da die Drehbewegung in Umfangsrichtung schlupffrei erfolgt. Kraftschlüssige Getriebe hingegen sind in Umfangsrichtung potentiell schlupfbehaftet, wodurch ein Drehzahlverlust resultiert und somit keine eindeutige Zuordnung der Eingangsbewegung zur Ausgangsbewegung möglich ist; hier ist das Abtriebsmoment übersetzungstreu, solange die Makroschlupfgrenze (Durchrutschen) nicht überschritten wird.

13.2.2.2 Wirkungsgrad

Bei realen Getrieben existiert keine verlustfreie Leistungsübertragung. Die Leistungsverluste P_V hängen neben grundsätzlichen Verlusten der umgebenden Konstruktion, wie z. B. die Lagerung, auch von dem angewendeten physikalischen Prinzip der Leistungsübertragung und der Getriebeausführung ab. Diese zusätzlichen Leistungsverluste resultieren in einem Kraft- oder Drehzahlverlust der Abtriebsseite relativ zur Antriebsseite. Mit der stets positiven Antriebsleistung $P_{an} > 0$ und mit der negativen Abtriebsleistung $P_{ab} < 0$ folgt:

$$\sum P = 0 \rightarrow P_{an} + P_{ab} + P_V = 0 \tag{13.6}$$

$$P_{an} + P_{ab} = -P_V \tag{13.7}$$

Somit ist die Verlustleistung $P_V < 0$ ebenfalls stets negativ, da diese Leistung über die Systemgrenze abgeführt wird. Bei einigen Anwendungen kann durch Nebenaggregate Leistung zugeführt werden, die dann positiv einzusetzen ist.

Der Wirkungsgrad η eines Getriebes ist das Verhältnis der genutzten zur zugeführten Leistung, also der Quotient aus Ausgangsleistung P_{ab} zu Eingangsleistung P_{an}. Unter Berücksichtigung der Vorzeichen ist dieser definiert mit:

$$\eta = \frac{-P_{ab}}{P_{an}} \tag{13.8}$$

Mit Gl. (13.7) kann der Wirkungsgrad η bestimmt werden.

$$\eta = \frac{P_{an} + P_V}{P_{an}} = 1 + \frac{P_V}{P_{an}} \tag{13.9}$$

Durch $P_V < 0$ ergibt sich, dass der Wirkungsgrad stets $0 < \eta < 1$ sein muss, sonst würde ein „Perpetuum mobile" vorliegen. Der Wirkungsgrad ist in vielen Fällen richtungsabhängig und kann, z. B. im Fall der Schneckenradgetriebe, bis hin zur Selbsthemmung führen. Der Wirkungsgrad mehrerer in Reihe geschalteter Getriebe ist gegeben mit:

$$\eta_{ges} = \eta_1 \cdot \eta_2 \cdot \eta_3 \cdot \ldots \cdot \eta_n = \prod_{j=1}^{n} \eta_j \tag{13.10}$$

13.2.2.3 Momentenverhältnis

Das Momentenverhältnis μ oder auch die Wandlung genannt – bei der Berechnung von Zahnradgetrieben auch mit i_M bezeichnet – ist der Quotient von Abtriebs- zu Antriebsmoment.

$$\mu = \frac{-M_{ab}}{M_{an}} \qquad (13.11)$$

Mit $M = P / \omega$ aus Gl. (13.1) folgt, dass sich das Momentenverhältnis μ auch als Produkt der Übersetzung i und des Wirkungsgrades η bestimmen lässt.

$$\mu = \frac{-P_{ab}}{P_{an}} \frac{\omega_{an}}{\omega_{ab}} = \eta \cdot i \qquad (13.12)$$

Wird die Übersetzung vorzeichenbehaftet eingesetzt, gilt mit $i > 0$ für gleichsinnige Drehrichtungen $\mu > 0$, mit $i < 0$ für gegensinnige Drehrichtungen gilt entsprechend $\mu < 0$. Eine besondere Bedeutung kommt dem Momentenverhältnis bei der Berechnung der hydraulischen Leistungsübertragung nach [VDI2153] zu.

13.2.3 Auswahl

Die Auswahl einer Getriebebauart ist von den Randbedingungen des Einsatzfalles abhängig. Eine allgemeingültige Vorgehensweise kann nicht angegeben werden. In Tab. 13.1. ist ein grober Überblick der Leistungsdaten dargestellt. Die Angaben sind jeweils als Maximalwerte – Angaben in Klammern als Extremwerte – zu verstehen und können

Tab. 13.1 Anhaltswerte Leistung und Übersetzung [Nie83]

Getriebeart	Leistungsbereich max. [kW]	Drehzahlbereich max. [min⁻¹]	Übersetzung max. [–]	Übersetzungsart
Zahnradgetriebe	3000 (150.000)	150.000	800 (1000)	konstant
Riemengetriebe	150 (4000)	200.000	8 (20)	konstant
Kettengetriebe	200 (4000)	10.000	6 (10)	konstant
Reibradgetriebe	25 (200)	10.000	6 (18)	konstant
Zahnradgetriebe	150 (400)	5000	100	gestuft
Riemengetriebe	15 (45)	4000	3,5 (i_{max}/i_{min})	stufenlos
Kettengetriebe	75 (130)	7000	6 (i_{max}/i_{min})	stufenlos
Reibradgetriebe	50 (150)	4000	8 (i_{max}/i_{min})	stufenlos
Hydrostatisch	250 (1200)	4500	3 (i_{max}/i_{min})	stufenlos, konstant
Hydrodynamisch	150 (150 MW)	5000	2,5 (i_{max}/i_{min})	stufenlos, konstant (Kuppl.)
Elektrisch	1000	4000 (10.000)	20 (i_{max}/i_{min})	stufenlos, konstant

nicht gleichzeitig erreicht werden. Die jeweiligen Kapitel enthalten in Ergänzung hierzu bauformspezifische und detailliertere Angaben. Die Auswahl erfolgt in Ergänzung zu den drei Hauptparametern Übersetzung, Wirkungsgrad und Momentenverhältnis unter Berücksichtigung der folgenden, auszugsweise aufgeführten Auswahlkriterien:

- Übertragene Leistung und Drehmomente
- Drehmoment- und Drehzahlgrenze
- Übersetzungsgenauigkeit und -variabilität
- Schlupf
- Vorhandene Schmierung
- Leistungsdichte und Bauraum
- Betriebsverhalten
- Überlastbarkeit
- Gesamtgewicht
- Kosten und Wirtschaftlichkeit

Die weitaus meisten Getriebe im allgemeinen Maschinenbau sind als Zahnradgetriebe ausgeführt.

13.3 Mechanische Getriebe

13.3.1 Gleichförmig übersetzende Getriebe

Verhaltensbestimmende Eigenschaften sind:
- Massenträgheit rotatorisch und translatorisch
- Steifigkeit und Dämpfung
  - Dämpfung durch Werkstoffeigenschaften
  - Federsteifigkeit und Bauteileigenschaften
    (Werkstoffeigenschaften und Bauteilgeometrie)
- Reibung
  - Gleitreibung und/oder Rollreibung
  - Höhe der Reibungszahl
- Verschleiß
  - Versagen (Überbeanspruchung)
  - Funktionsverlust

13.3.1.1 Rädergetriebe
Rädergetriebe können durch verschiedene Radpaarungen realisiert werden:
- Stirnrad/Stirnrad
- Stirnrad/Stange
- Stirnrad/Hohlrad

13.3.1.1.1 Formschlüssige Rädergetriebe (Zahnradgetriebe)

Die wichtigsten Vertreter sind:
- Stirnradgetriebe (parallele Achsen)
- Kegelrad- Kronenradgetriebe (sich schneidende Achsen)
- Hypoid-, Spiroidgetriebe (sich kreuzende Achsen)
- Schraubradgetriebe (sich kreuzende Achsen)
- Schneckenradgetriebe (sich kreuzende Achsen)

Vorteile:
- Schlupffrei
- Weiter Einsatzbereich (von Mikro- bis Großgetriebe)
- Relativ kleine Baugröße durch hohe Leistungsdichte
- Hoher Wirkungsgrad erreichbar

Nachteile:
- Starre Kraftübertragung
- Periodische Schwingungserregung durch Zahneingriff

Besondere Bauformen:
- Umlaufrädergetriebe (Planetengetriebe; koaxiale Achsen)
- Wellgetriebe (Harmonic Drive Getriebe; koaxiale Achsen)
- Cyclogetriebe (koaxiale Achsen)

Cyclogetriebe, Abb. 13.5, basieren auf einem Exzenter, der über Rollenlager eine Kurvenscheibe antreibt, die sich im Inneren des feststehenden Bolzenrings abwälzt. Die Kurvenscheibe beschreibt zykloidische Bewegungen und wird mit jeder vollen Exzenterdrehung um einen Kurvenabschnitt weiter bewegt. Die Übersetzung wird über die Anzahl der Kurvenabschnitte bestimmt, wobei es mindestens einen Kurvenabschnitt weniger gibt als Bolzen im Bolzenring sind. Es kommen meistens zwei um 180° versetzte Kurvenschei-

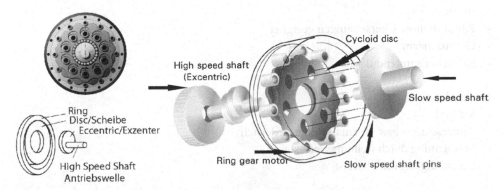

Abb. 13.5 Cyclogetriebe (SUMITOMO (SHI) Cyclo Drive Germany, GmbH)

Abb. 13.6 Harmonic Drive Getriebe (HARMONIC DRIVE AG)

ben zum Einsatz, um den Ausgleich der Drehmassen zu erreichen und um die doppelte Anzahl von Elementen zur Kraftübertragung einsetzen zu können.

Harmonic Drive Getriebe sind spielfreie, torsionssteife Getriebe, bei denen die Bewegung durch die wellenartige Verformung eines elastischen Zwischengliedes übertragen wird, Abb. 13.6.

Durch Drehung des Wave Generator, der aus einer elliptischen Stahlscheibe mit aufgesetztem elastischem Lager besteht, wird über seinen Außenring die außenverzahnte elastische Stahlbüchse, der Flexspline, derart verformt, dass dieser im Eingriff mit einem innenverzahnten starren Ring, dem Circular Spline, die Drehbewegung zum Abtrieb weiterleitet. Da der Flexspline zwei Zähne weniger als der Circular Spline besitzt, vollzieht sich nach je einer halben Umdrehung des Wave Generators eine Relativbewegung zwischen Flexspline und Circular Spline um die Größe eines Zahnes.

Ein typischer Einsatzbereich solcher Cyclogetriebe und Harmonic Drive Getriebe sind Roboter, Manipulatoren und Motor-Getriebeeinheiten. Hier kommt der Spielfreiheit und der großen Übersetzung bei hoher Leistungsdichte eine besondere Bedeutung zu.

13.3.1.1.2 Kraftschlüssige Rädergetriebe (Reibradgetriebe)
Die wichtigsten Vertreter sind:
- Reibrad (Planrad)
- Kegelige Reibkörper
- Kugelige Reibkörper
- Globoidkörper

Vorteile:
- Für stufenlose Übersetzungen geeignet
- Geräuscharm
- Sicherheitsanwendung bei Überlast

Nachteile:
- Schlupf
- Anpresskraft- bzw. Normalkraft erforderlich
- Erwärmung durch Reibungsverluste
- Beschädigung bei Überlast

Besondere Bauformen:
- Stufenlos verstellbares Toroidgetriebe
- Reibringgetriebe

13.3.1.2   Hüllgetriebe bzw. Zugmittelgetriebe
Hülltriebe können sowohl mit Zugmitteln oder auch mit Druckmitteln realisiert werden.

13.3.1.2.1   Formschlüssige Hüllgetriebe
- Zahnriementrieb (Zahnscheiben evtl. mit Borde)
- Kettentrieb (verzahnte Kettenräder)

Vorteile:
- Schlupffrei
- Hohe Drehmomente und Leistungen (Ketten)
- Mittlere Drehmomente und Leistungen (Zahnriemen)
- Geringe Vorspannung (Überspringen, Durchrasten, Schwingungen)
- Einsatz bei widrigen Bedingungen (Kette)

Nachteile:
- Häufig periodische Schwingungserregung durch Zahneingriff
- Zahnteilung führt zu Vibrationen durch Polygoneffekt
- Mittlere Umfangsgeschwindigkeiten

13.3.1.2.2   Kraftschlüssige Hülltriebe
- Flachriementrieb (glatte bis leicht ballige Scheiben evtl. mit Borde)
- Keilriementrieb (Profilscheiben)
- Kettentrieb (reibschlüssig, ohne verzahnte Kettenräder)

Vorteile:
- Geräuscharm
- Leistungsübertragung auch bei sich beliebig kreuzenden Winkeln möglich
- Sicherheitsfunktion bei Überlast

Nachteile:
- Vorspannung erforderlich (auch nach Laufzeit)
- Schlupf
- Lastabhängige Übersetzung

Besondere Bauformen:
- Stufenlos verstellbare Flachriemen-Konusgetriebe
- Stufenlos verstellbare Breitkeilriemengetriebe
- Stufenlos verstellbare Kettengetriebe, CVT-Getriebe (Druck- und Zugmittel)

13.3.2 Ungleichförmig übersetzende Getriebe

Ungleichförmig übersetzende Getriebe – Koppel- oder Kurvengetriebe – bieten als einzige die Möglichkeit eine gleichförmige Drehbewegung in eine ungleichförmige oder reversierende Bewegung umzuwandeln. Sinngemäß ist dieser Vorgang natürlich auch in umgekehrter Richtung möglich. In beiden Fällen ist stets auf die Tot- oder Strecklagen zu achten, wie sie z. B. in Abb. 13.7a auftreten wenn alle Glieder und Gelenke in einer Flucht liegen und somit beim Antreiben durch eine Linearbewegung keine eindeutige Drehrichtung der Abtriebsseite definiert ist.

13.3.2.1 Koppelgetriebe

Häufig beschränken sich die Ausführungen auf ebene Koppelgetriebe, die aus mindestens vier, über Dreh- oder Schubgelenke (ebene Gelenke) verbundenen, starren Gliedern bestehen. Das nicht mit dem Gestell verbundene Glied wird als Koppel bezeichnet. Auf der Koppel ortsfeste Punkte beschreiben Koppelkurven relativ zum Gestell, die als Führungskurven genutzt werden können, wobei ständig wechselnde Bewegungsgeschwindigkeiten auftreten, Abb. 13.7a. Diese stellen einerseits einen Nachteil dar, bieten jedoch erhebliches Potenzial für die Entwicklung neuer, komplexer Bewegungen. Die wohl bekannteste und wichtigste Anwendung ist die Kurbelwelle-Pleuel-Kolben-Mechanik des Verbrennungsmotors. Weitere wichtige Bauformen und mögliche Anwendungsbereiche sind:

- Kurbel- oder Schubkurbel (Verbrennungsmotoren, Pressen, Scheren)
- Hebel- oder Kniehebel (Pressen)
- Sonderformen (hydraulische Linearantriebe)

Vorteile:
- Vielfältige Anwendungsmöglichkeiten
- Einfacher Aufbau und einfache Herstellbarkeit
- Hohe Beanspruchbarkeit

Nachteile:
- Nicht veränderbare Übersetzung
- Nichtlineare Bewegungsumformung
- Oft komplexe Geometrie bei komplexen Bewegungswünschen

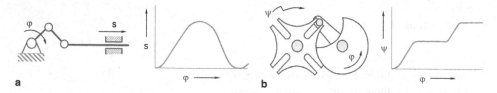

Abb. 13.7 Beispiele ungleichförmig übersetzender Getriebe. **a** Schubkurbelgetriebe (Koppelgetriebe), **b** Malteserkreuzgetriebe (Kurvengetriebe)

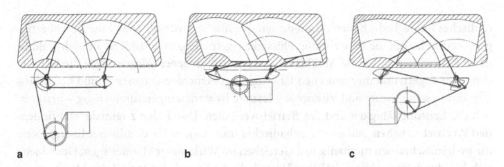

a   b   c

Abb. 13.8 Variationsmöglichkeit der Scheibenwischermechanik [Robert Bosch GmbH]. **a** Serien-schaltung, **b** Parallelschaltung, **c** gegenläufige Schaltung

Die Anwendungsmöglichkeiten und die Variationsvielfalt der Koppelgetriebe können am Beispiel der Scheibenwischermechanik verdeutlicht werden, Abb. 13.8. Bei gleicher Funktion lassen sich drei grundsätzliche Anordnungen ableiten (Serienschaltung, Parallel-schaltung und gegenläufige Schaltung), die in Abhängigkeit des zur Verfügung stehenden Bauraums gewählt werden können.

13.3.2.2 Kurvengetriebe

Bei Kurvengetrieben ist die gewünschte Bewegung in einer Bauteilgeometrie hinterlegt und kann durch Abtasten einer Kontur oder eines Profils abgerufen werden, Abb. 13.7b. Die wichtigste Anwendung ist die Nocken-Stößel-Mechanik im Ventiltrieb des Verbren-nungsmotors. Die Kurvengetriebe kommen im Maschinenbau wie folgt zur Anwendung:

- Nockensteuerung
- Kurvensteuerung

Sie ermöglichen hierbei verschiedene Bewegungszustände:

- Komplexe Bewegungs-Zeit-Gesetze
- Periodische
- Reversierende
- Durch variable Rastzeiten unterbrochen (Malteserkreuzgetriebe)

13.4 Hydraulische Getriebe

Die hydraulischen Getriebe haben eine große Anwendungsbreite in der mobilen und sta-tionären Antriebstechnik und wandeln die Leistungsfaktoren nach dem indirekten Wirk-prinzip. Die dem hydraulischen Getriebe antriebs- bzw. primärseitig zugeführte und ab-triebs- bzw. sekundärseitig abgeführte mechanische Leistung wird hierbei durch ein hydraulisches Bindeglied – basierend auf dessen spezifischer hydraulischen Energie – übertragen, wodurch auch die Bezeichnung Flüssigkeitsgetriebe geprägt ist. Das Betriebsfluid ist darüber hinaus auch für die Abführung von verlustbezogener Wärme sowie die Schmierung von Lagern und mechanischen Übertragungselementen vorgesehen und beeinflusst u. a. durch seine Dichte und Viskosität – letztere ist stark temperaturabhängig – maßgeblich die Leistungsfähigkeit und das Betriebsverhalten. Durch den zweimalig stattfindenden Wechsel zwischen „äußerer" mechanischer und „innerer" hydraulischer Energie, sind die hydraulischen den mechanischen Getrieben im Wirkungsgrad unterlegen. Doch bietet sich hierdurch auch ein wesentlicher Vorteil, da die Energiedichte und der Massenstrom vielfältig variiert werden können, wodurch eine hohe Anpassungsfähigkeit resultiert und sich – u. a. auch durch stufenlose Drehzahl- und Momentenwandlung – ein großer Marktanteil, insbesondere für die Anwendungen in Fahrzeugbau, Baumaschinen und mobilen Arbeitsmaschinen ergibt. Durch die auftretenden spezifischen Energieformen lassen sich die hydraulischen Getriebe grundsätzlich in zwei Formen der Kraftübertragung unterscheiden. Einerseits ist die druckkraftbasierte Kraftübertragung möglich, die so genannte Hydrostatik, die den formschlüssigen Getrieben zugeordnet wird. Andererseits ist die Ausnutzung des Impulses des Ölstroms möglich, der Hydrodynamik, die demnach den kraftschlüssigen Getrieben angehört.

13.4.1 Hydrostatische Getriebe

Die hydrostatischen Getriebe basieren auf dem Prinzip der Verdrängermaschinen. An- und Abtriebsseite – also Pumpe und Motor – übertragen die Leistung durch die stromgebundene spezifische Druckenergie. Die auftretenden hydraulischen Druckkräfte können z. B. durch die Kolben eines Motors als Drehmoment umgesetzt und somit in mechanische Leistung gewandelt werden. Die spezifische Druckenergie ist durch das Produkt der Druckdifferenz und dem Volumenstrom gegeben und kann große Werte bei kleinen Volumenströmen annehmen. Durch die Abhängigkeit von dem nutzbaren Hubraum ist der Ölstrom direkt proportional zur Drehzahl, wodurch die Drehzahlwandlung der hydrostatischen Getriebe grundsätzlich nicht von der anliegenden Belastung abhängig ist (Nebenschlusscharakteristik). Das Prinzip der Hydrostatik bietet gegenüber den hydrodynamischen Getrieben den Vorteil, dass Pumpe und Motor räumlich entkoppelt werden können, so genannte Ferngetriebe. Pumpe und Motor können dadurch weit voneinander platziert und mit Hydraulikleitungen verbunden werden [VDI2153].

Die hydrostatischen Pumpen und Motoren werden entweder als Umlauf- oder als Hubverdrängermaschinen realisiert, Abb. 13.9. Für die Synthese eines hydrostatischen Getriebes sind die verschiedenen Pumpen- und Motorenbauformen nach den gestellten Anforderungen zu kombinieren, wobei grundsätzlich An- und Abtriebsseite vertauscht werden kann. Ebenso sind hydrostatische Getriebe im Einsatz, bei denen Pumpe und Motor nur durch eine Linearmechanik – z. B. Hydraulikzylinder – realisiert werden, die jedoch aufgrund des begrenzten Verfahrweges keine permanente Förderleistung erlauben.

Umlaufverdrängermaschinen

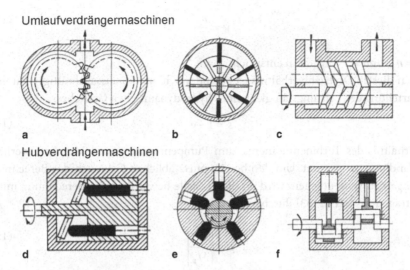

Hubverdrängermaschinen

Abb. 13.9 Ausführungen hydrostatischer Pumpen und Motoren nach [Dub05]. **a** Außenzahnradmaschine, **b** Flügelzellemaschine, **c** Schraubenmaschine, **d** Schrägscheibenmaschine, **e** Radialkolbenmaschine, **f** Reihenkolbenmaschine

Ein Beispiel ist die hydraulische Kupplungsbetätigung mit Geber- und Nehmerzylindern, die entsprechend nur für definierte Arbeitszustände eingesetzt werden kann.

13.4.2 Hydrodynamische Getriebe

Die hydrodynamischen Getriebe, deren Grundlagen, Wirkungsweisen, Bauformen, Auswahlkriterien und Berechnungsgrundlagen in [VDI2153] aufgezeigt werden, basieren auf dem Prinzip der Strömungsmaschinen. An- und Abtriebsseite – also Pumpe und Motor – übertragen die Leistung durch die stromgebundene, spezifische, kinetische Energie bei meist großen Massenströmen. Die auftretenden Massenkräfte resultieren in einem Drehmoment durch Umlenkung des Flüssigkeitsstroms an den so genannten Schaufelgittern, die radial, axial oder diagonal durchflossen werden können. Der Flüssigkeitsstrom erfährt dabei eine dem Drehmoment proportionale Dralländerung. Die theoretische spezifische Radleistung auf der Basis des Drehimpulssatzes und der Gesetze von Euler und Reynolds ist das Produkt aus dieser Dralländerung und der Radwinkelgeschwindigkeit. Die in [VDI2153] beschriebenen Bauformen der hydrodynamischen Getriebe sind gekapselte Einheiten, in denen die Schaufelräder unmittelbar nacheinander durchflossen werden. Durch die Abhängigkeit von den kraftschlüssig verbundenen Schaufeln sind die Schaufeldrehzahlen nicht an den Massenstrom gebunden, wodurch die Drehzahlwandlung der hydrodynamischen Getriebe von der anliegenden Belastung abhängig ist (Hauptschlusscharakteristik) und eine Drehzahldifferenz – so genannter Schlupf – entsteht.

Das Drehzahlverhältnis ν der hydrodynamischen Getriebe ist der Quotient von Turbinendrehzahl zu Pumpendrehzahl:

$$v = \frac{n_T}{n_P} \tag{13.13}$$

Ist $n_T = n_{ab}$ und $n_P = n_{an}$ dann entspricht $v = i^{-1}$.

Neben diesem Drehzahlverhältnis ist auch der Schlupf ein aussagekräftiger Parameter zur Beurteilung der Leistungsfähigkeit eines hydrodynamischen Getriebes:

$$s = 1 - v \tag{13.14}$$

Das Verhältnis des Turbinenmoments zum Pumpenmoment wird Momentenverhältnis bzw. Wandlung μ genannt. Um den bereits praxisüblichen Gebrauch der Berechnungsgleichungen zu verdeutlichen, wird an dieser Stelle beispielhaft die Berechnung mit Absolutbeträgen aus [VDI2153] durchgeführt.

$$\mu = \left| \frac{M_T}{M_P} \right| \tag{13.15}$$

Der Wirkungsgrad oder auch das Leistungsverhältnis η wird somit zu:

$$\eta = \left| \frac{P_T}{P_P} \right| = |\mu| \cdot |v| \tag{13.16}$$

Der Strömungsdruck ist geben mit:

$$\Delta p \sim \rho c^2 \sim \rho \cdot D^2 \cdot \omega^2 \tag{13.17}$$

Aus der Kraft als Flächenintegral des Druckes $F = \int \Delta p \, dA$ folgt somit für die hydraulische Strömungskraft $F_h \sim \rho \cdot D^4 \cdot \omega^2$. Mit dem wirksamen Radius ergibt sich für das wirkende hydraulische Moment $M_h \sim \rho \cdot \omega^2 \cdot D^5$ und für die hydraulische Leistung $P_h \sim \rho \cdot \omega^3 \cdot D^5$.

Unter Berücksichtigung der dimensionslosen Leistungs- oder Proportionalitätszahl λ ergibt sich die Drehmomentaufnahme des Pumpenrades zu:

$$M_P = \lambda \cdot \rho \cdot \omega_P^2 \cdot D^5 \tag{13.18}$$

Die Abhängigkeit $\lambda = f(v)$ charakterisiert das Drehmoment- bzw. Leistungsaufnahmeverhalten eines hydrodynamischen Getriebes und somit die gegebene Ausführung und Bauart. Es sind vier unterschiedliche Leistungszahlverläufe möglich: konstant, steigend, fallend und fallend in einem definierten Bereich. Die Grundbauformen unterscheidet man aufgrund ihrer Phasen – und Stufen – bzw. Flutenzahl. Die Abhängigkeit $\mu = f(v)$ charakterisiert das Drehmomentverhalten eines hydrodynamischen Getriebes auf der Abtriebsseite. Anhand der Beispiele in Abb. 13.10 lässt sich die Mehrphasigkeit erläutern. In Abb. 13.10a besteht das Getriebe aus Pumpe, Turbine und feststehendem Leitrad, wobei der Wirkungsgrad ab $\eta > 0,5$ stark abfällt. In Abb. 13.10b ist am Leitrad ein Freilauf inte-

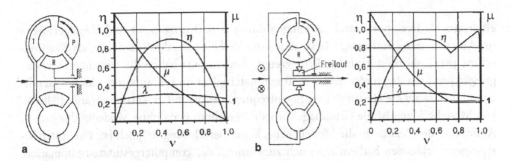

Abb. 13.10 Beispiele hydrodynamischer Getriebe [Dub05, VDI2153]. **a** Einstufiges, einphasiges Föttingergetriebe, **b** Einflutiger, zweiphasiger Trilok-Wandler

griert, der ab einem definierten Betriebspunkt entsperrt, so dass sich das Leitrad dadurch frei mitdrehen kann, da sich die Momentenwirkrichtung am Leitrad umkehrt. In diesem Zustand wirkt der Wandler als hydrodynamische Kupplung, deren Momentengleichheit der An- und Abtriebsseite stets die Wandlung $\mu = 1$ beinhaltet und durch einen linearen Anstieg des Wirkungsgrads charakterisiert ist. Durch den Wechsel der Wandlercharakteristik zur Kupplungscharakteristik sind zwei Betriebsbereiche definiert, es liegt eine zweiphasige Bauform vor. Durch diese Maßnahme ist es möglich, den Wirkungsgrad des Wandlers auch für große v – also geringe Drehzahldifferenzen – in geeignete Bereiche zu bringen.

13.5 Berechnung

Die Berechnung von Antriebssystemen ist komplex und kann in zwei grundsätzliche Ebenen unterteilt werden. Auf der Komponentenebene, z. B. der Dimensionierung von Verzahnungen – wird die endgültige geeignete Gestalt von einzelnen Komponenten definiert. Diese Berechnungen werden in den jeweiligen Kapiteln dieses Buches behandelt. Um die Komponentendimensionierung durchführen zu können und um das Systemverhalten des Antriebs bestimmen zu können, sind aber zunächst Analysen auf der Systemebene notwendig. Die Grundlagen dazu sollen im Folgenden kurz dargestellt werden.

13.5.1 Grundlage

Die Berechnung von Antriebssystemen bzw. deren Einzelkomponenten kann nur unter der Voraussetzung erfolgen, dass die jeweils wirkenden Kräfte und Momente bekannt sind. Diese sind jedoch generell von der Antriebsstrangkonfiguration, dessen Betriebszustand sowie den jeweiligen Umgebungsbedingungen abhängig und somit zeitlich veränderlich. Da die Einzelkomponenten zueinander in Wechselwirkung stehen, gilt es die jeweilige Komponente im Gesamtsystem zu betrachten [Alb04-1]. Wechselwirkungen können einerseits als Drehmomentschwankungen durch Beschleunigungen und Verzögerungen im Antriebsstrang auftreten, wie sie z. B. eine Verbrennungskraftmaschine als Kraftmaschine prinzipbedingt grundsätzlich erzeugt. Andererseits haben die jeweiligen schwingungsrelevanten Parameter, wie z. B. Torsionssteifigkeit und -dämpfung, einen wesentlichen Einfluss auf die Dynamik bzw. Eigenfrequenz des gesamten Antriebsstrangs [Alb98]. Die Modellbildung ist die Grundlage für jede Berechnung, da ohne Modellbildung, d. h. Abbildung der Realität in die Modellebene, keine Berechnung möglich ist. Für Antriebsstrangentwicklungen bedient man sich zunehmend der computergestützten Simulation. Um den Aufwand für die Simulationen – aber auch für herkömmliche Berechnungsmethoden – möglichst gering zu halten, müssen die Modelle so weit wie möglich vereinfacht werden, dabei muss aber immer noch eine hohe Aussagefähigkeit – die Modell- und Aussagegüte – erhalten bleiben. So kann eine Abstraktion durchgeführt werden, wodurch Schlussfolgerungen für das Betriebsverhalten sinnvoll möglich sind und gleichzeitig der Aufwand und die Berechenbarkeit durch Reduzierung auf die wesentlichen Freiheitsgrade optimiert wird. Diese geeignete Modellbildung ist der entscheidende Schritt bei der Dimensionierung von Antriebssystemen. Nach [DIN19226] ist ein Modell eine Abbildung eines Systems oder Prozesses in ein anderes begriffliches oder gegenständliches System, das aufgrund der Anwendung bekannter Gesetzmäßigkeiten, einer Identifikation oder auch getroffener Annahmen gewonnen wird und das System oder den Prozess bezüglich ausgewählter Fragestellungen hinreichend genau abbildet.

Die Aufgabe besteht nun darin, die relevanten Freiheitsgrade für die betrachtete Dimensionierungsaufgabe zu bestimmen und auf dieser Basis das Modell zu definieren. Mit diesem Schritt ist die Kernaufgabe der dynamischen Dimensionierung bereits durchgeführt. Es muss dabei entschieden werden ob und welche nicht-linearen Effekte (Spiel, Reibung, progressive Federn, usw.) berücksichtigt werden müssen. Als Grundsatz kann gelten, die Anzahl der Freiheitsgrade so gering wie möglich zu halten, aber in der Abbildung der Nichtlinearitäten alle wesentlichen Effekte zu berücksichtigen. So entstehen Modelle, die sowohl eine hohe Aussagegüte als auch eine gute Interpretierbarkeit der Simulationsergebnisse sichern. In vielen praktischen Fällen kann aus realen Antriebssystemen eine Abbildung in der Modellebene als Zwei- oder auch als Dreimassenschwinger erfolgen. Für dieses Schwingungssystem sind aus der Technischen Mechanik [Dub05], der Schwingungslehre [Wit96] und der Maschinendynamik [Jür04] standardisierte Berechnungsverfahren und Formeln verfügbar.

Für Komponentenentwicklungen, wie z. B. Kupplungen und Getriebe, ist es für die Simulation oder den Prüfstandsbetrieb möglich, die Systemumgebung abzubilden, wie z. B. die Massenträgheit und Drehungleichförmigkeiten der Verbrennungsmotoren oder den Reifen-Fahrbahn-Kontakt durch Kennfelder oder ebenfalls durch eingebundene Simulationen [Alb03, Lux00]. Hierdurch wird es in Grenzen möglich eine Entwicklung nebst Prüfung von Einzelkomponenten durchzuführen, ohne auf einen vorhandenen Antriebsstrang zurückzugreifen, der insbesondere bei heutzutage üblichen Simultaneous-Engineering-Prozessen erst in einer späteren Phase des Produktentwicklungsprozesses [Ehr03] vollständig zur Verfügung steht. Die endgültige Validierung des Antriebsstrangs durch abschließende Feldversuche bleibt davon unberührt.

13.5.2 Modellbildung

Modelle bilden die Basis für die Bestimmung oder Abschätzung des statischen und dynamischen Verhaltens von Antriebssystemen bzw. deren Komponenten, um die Frage zu beantworten, ob die gestellten Anforderungen erfüllt werden können. Die hierfür erforderliche Modellbildung kann sowohl theoretisch als auch experimentell erfolgen. Bei der theoretischen Modellbildung werden mit Hilfe der physikalischen Gesetze Differential-gleichungen abgeleitet und entsprechend gelöst. Die experimentelle Modellbildung hingegen erlaubt und erfordert eine Beobachtung und Messung.

Eine wesentliche Aufgabe bei der Betrachtung und Berechnung von Getrieben und weiteren Antriebsstrangkomponenten ist die Vereinfachung des Gesamtsystems, also die Reduktion zu einem dynamisch äquivalenten Modell. Für dynamische Berechnungen sind hierfür alle mechanischen Größen des Systems, wie z. B. Trägheiten und Steifigkeiten, auf eine Referenzwelle zu beziehen. Dies gilt insbesondere bei Getriebeübersetzungen und Linearantrieben. Es bleibt immer zu beachten, dass das reduzierte System nur energetisch mit dem Ausgangssystem übereinstimmt, jedoch nicht mehr bezüglich des eigentlichen Kraftflusses.

Um das System vorab zu vereinfachen, können z. B. Abschnitte, die auf der gleichen Achse liegen, unter Berücksichtigung des Restsystems zusammengefasst werden. Hierfür können zwei grundsätzliche Betrachtungsweisen angesetzt werden:

- Vernachlässigung von verhältnismäßig kleinen Trägheiten, insbesondere bei zusätzlich vorhandenen hohen Steifigkeiten.
- Vernachlässigung von verhältnismäßig großen Steifigkeiten, z. B. der Wellenabschnitte, und Addition von allen Trägheiten im entsprechenden Abschnitt, da häufig die Kupplung die einzig relevante Elastizität aufweist.

Bei der Entwicklung und Berechnung mechatronischer Systeme gilt es stets zu berücksichtigen, dass die mechanischen Größen allein nicht ausreichend sind, um das System als Modell abbilden zu können, da z. B. der Einfluss der Elektrotechnik und der Aktoren – häufig hydraulisch oder pneumatisch ausgeführt – zu berücksichtigen sind. Aufgrund der Vielfältigkeit der mechatronischen Systeme wird im Folgenden der Schwerpunkt auf die mechanischen Größen gelegt.

13.5.2.1 Reduktion von Massen und Trägheitsmomenten

Die Massenträgheiten auf unterschiedlichen Wellen können unter Beibehaltung ihrer jeweiligen kinetischen Energie auf eine Welle reduziert werden.

Für rotativ bewegte Massen folgt:
Es wird die Situation betrachtet, Abb. 13.11a, in der die Trägheitsmasse einer angetriebenen Welle J_{ab} auf die über eine Übersetzung i antreibende Welle reduziert werden soll, d. h. die Reduktion auf den Antrieb. Hierbei ist die kinetische Energie $E_{kin,rot}$ der rotierenden Masse auf ihrer ursprünglichen Welle durch ihre physikalische Trägheit J_{ab} und die Drehzahl der getrieben Welle ω_{ab} definiert.

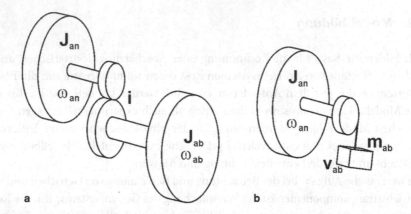

Abb. 13.11 Reduktion von Massen. **a** rotativ, **b** linear

$$E_{\text{kin,rot}} = \tfrac{1}{2} J_{ab} \omega_{ab}^2 \tag{13.19}$$

Diese unveränderliche kinetische Energie $E_{\text{kin,rot}}$ der gesuchten reduzierten Trägheitsmasse $J_{ab,\text{red}}$ auf der treibenden Welle wird durch die nun anzunehmende Drehzahl der treibenden Welle ω_{an} bestimmt.

$$E_{\text{kin,rot}} = \tfrac{1}{2} J_{ab,\text{red}} \omega_{an}^2 \tag{13.20}$$

Hieraus ergibt sich:

$$\tfrac{1}{2} J_{ab,\text{red}} \omega_{an}^2 = \tfrac{1}{2} J_{ab} \omega_{ab}^2 \tag{13.21}$$

$$J_{ab,\text{red}} = J_{ab} \left(\frac{\omega_{ab}}{\omega_{an}} \right)^2 \tag{13.22}$$

Mit der Definition der Übersetzung $i = \omega_{an} / \omega_{ab}$ aus Gl. (13.4) ergibt sich die gesuchte reduzierte Trägheitsmasse $J_{ab,\text{red}}$:

$$J_{ab,\text{red}} = \frac{1}{i^2} J_{ab} \tag{13.23}$$

Mit einer Übersetzung $|i| > 1$, d. h. eine Reduktion auf eine schnellere Welle, folgt somit auch $J_{ab,\text{red}} < J_{ab}$. Für $|i| < 1$ folgt demnach $J_{ab,\text{red}} > J_{ab}$.

Betrachtet wird nun die umgekehrte Situation, in der die Trägheitsmasse der antreibenden Welle J_{an} auf die über eine Übersetzung i angetriebene Welle reduziert wird, d. h. die Reduktion auf den Abtrieb. Hierbei ist nach Gl. (13.19) und (13.20) die kinetische Energie

$\overline{E}_{kin,rot}$ im ursprünglichen und im reduzierten Zustand gegeben, wodurch die reduzierte Trägheitsmasse $J_{an,red}$ bestimmt werden kann lässt.

$$\overline{E}_{kin,rot} = \tfrac{1}{2} J_{an} \omega_{an}^2 = \tfrac{1}{2} J_{an,red} \omega_{ab}^2 \tag{13.24}$$

$$J_{an,red} = J_{an} \left(\frac{\omega_{an}}{\omega_{ab}} \right)^2 = i^2 J_{an} \tag{13.25}$$

Als Ergebnis dieser beiden Betrachtungen ist festzuhalten, dass ein eindeutiger Bezug definiert werden muss, damit die dynamisch, äquivalente, kinetische Energie berücksichtigt wird.

Für linear bewegte Massen folgt:
Eine linear bewegte Masse kann ebenfalls auf eine rotierende Welle ersatzweise bezogen werden, wenn die kinetische Energie erhalten bleibt. Die kinetische Energie $E_{kin,lin}$ der linear bewegten Masse m_{ab} ist hierbei in Abhängigkeit der linearen Verfahrgeschwindigkeit v_{ab} gegeben.

$$E_{kin,lin} = \tfrac{1}{2} m_{ab} v_{ab}^2 \tag{13.26}$$

Mit Gl. (13.20) für die kinetische Energie der reduzierten, rotierenden Masse folgt für die Reduktion auf die Antriebswelle:

$$E_{kin,lin} = E_{kin,rot} \rightarrow \tfrac{1}{2} m_{ab} v_{ab}^2 = \tfrac{1}{2} J_{ab,red} \omega_{an}^2 \tag{13.27}$$

$$J_{ab,red} = m_{ab} \left(\frac{v_{ab}}{\omega_{an}} \right)^2 \tag{13.28}$$

Bei der Reduktion auf den Abtrieb ergibt sich mit Gl. (13.27) sinngemäß:

$$\overline{E}_{kin,lin} = \overline{E}_{kin,rot} \rightarrow \tfrac{1}{2} m_{an} v_{an}^2 = \tfrac{1}{2} J_{ab,red} \omega_{ab}^2 \tag{13.29}$$

$$J_{an,red} = m_{an} \left(\frac{v_{an}}{\omega_{ab}} \right)^2 \tag{13.30}$$

Als Ergebnis bleibt festzuhalten, dass der Quotient aus Lineargeschwindigkeit v und Winkelgeschwindigkeit ω erhalten bleibt und kein Vertauschen von Zähler und Nenner stattfindet. Dies bedeutet, dass für eine Reduktion – unabhängig davon, ob sie auf den Antrieb oder auf den Abtrieb erfolgt – immer gilt:

$$J_{m,red} = m \left(\frac{v}{\omega} \right)^2 \tag{13.31}$$

13.5.2.2 Reduktion von Steifigkeiten

Steifigkeiten bzw. Federn können unter der Voraussetzung, dass gleiche potentielle Energien erhalten bleiben, auf andere Wellen reduziert werden.

Für rotative Steifigkeiten, den Torsionssteifigkeiten, folgt:
Betrachtet wird ebenfalls zuerst die Reduktion auf die Antriebswelle, Abb. 13.11b. Die potentielle Energie $E_{pot,rot}$ einer Torsionssteifigkeit c ist in Abhängigkeit des anliegenden Drehmoments M und des Verdrehwinkels φ gegeben. Das Drehmoment wird hierbei wiederum durch die Torsionssteifigkeit und den Verdrehwinkel bestimmt.

$$E_{pot,rot} = \tfrac{1}{2} M \varphi = \tfrac{1}{2} c \varphi \cdot \varphi = \tfrac{1}{2} c \varphi^2 \tag{13.32}$$

Die potentielle Energie der ursprünglichen Torsionssteifigkeit auf der Abtriebswelle muss gleich der potentiellen Energie der gesuchten reduzierten Torsionssteifigkeit $c_{ab,red}$ auf der Antriebswelle sein:

$$E_{pot,rot} = \tfrac{1}{2} c_{ab} \varphi_{ab}^2 = \tfrac{1}{2} c_{ab,red} \varphi_{an}^2 \tag{13.33}$$

Die ergibt somit:

$$c_{ab,red} = \left(\frac{\varphi_{ab}}{\varphi_{an}} \right)^2 c_{ab} \tag{13.34}$$

Das Winkelverhältnis $\varphi_{ab}/\varphi_{an}$ führt durch die Integration über die Zeit zum Verhältnis der Winkelgeschwindigkeiten ω_{ab}/ω_{an}, welches nach Gl. (13.4) mit $1/i$ definiert ist. Dies ist zulässig, da die beiden Wellen durch die Übersetzung gekoppelt sind und gleiche Umfangswege bzw. gleiche Umfangsgeschwindigkeiten zu Grunde gelegt werden können. Somit folgt für die gesuchte, reduzierte Steifigkeit:

$$c_{ab,red} = \frac{1}{i^2} c_{ab} \tag{13.35}$$

Mit einer Übersetzung $|i| > 1$, d. h. eine Reduktion auf eine schnellere Welle, folgt somit $c_{ab,red} < c_{ab}$. Für $|i| < 1$ folgt demnach $c_{ab,red} > c_{ab}$. Betrachtet man nun die Reduktion einer Torsionssteifigkeit auf die Abtriebswelle, ergibt sich wie bei der Massenträgheit eine Richtungsabhängigkeit mit:

$$c_{an,red} = i^2 c_{an} \tag{13.36}$$

Für lineare Steifigkeiten folgt:
Unter Berücksichtigung der zurückgelegten Strecken und Winkel der beiden Zustände ergibt sich in Anlehnung an Gl. (13.31) folgender Zusammenhang:

$$c_{m,red} = c \left(\frac{v}{\omega} \right)^2 \tag{13.37}$$

Da häufig die Annahme zulässig ist, dass nur eine Antriebsstrangkomponente – z. B. die Kupplung – die einzig relevante Torsionssteifigkeit beinhaltet, können die übrigen Steifigkeiten oft vernachlässigt werden. Die umgebenden Steifigkeiten sind bei der Reduktion aufgrund ihrer quadratischen Abhängigkeit nur bei größeren Übersetzungen zu berücksichtigen.

13.5.2.3 Reduktion von Momenten

Hierfür ist häufig die Berücksichtigung der eingesetzten Übersetzungen ausreichend. Ein an der Getriebeausgangsseite wirkendes Lastmoment wird z. B. durch die Getriebeübersetzung $|i| > 1$ in seiner Wirkung auf die Getriebeeingangsseite entsprechend reduziert. Die Reduktion des Lastmoments ist insbesondere dann aufwendig, wenn eine Abhängigkeit von der Winkelgeschwindigkeit – linear oder quadratisch – gegeben ist.

13.5.2.4 Mehrfachübersetzungen

Reale Antriebssysteme bestehen in den häufigsten Fällen aus Mehrfachübersetzungen, d. h. einer Kombination von Einzelübersetzungen, wie sie in Abb. 13.12. beispielhaft dargestellt ist. Hier treibt ein Motor mit der Trägheit J_{an} und der Winkelgeschwindigkeit ω_{an} über ein zweistufiges Getriebe eine Seilrolle an, bei dem die Masse m_{ab} mit der Geschwindigkeit v_{ab} linear bewegt wird und eine Seilkraft F_G aufbringt. Setzt man vereinfachend voraus, dass die Antriebswelle mit c_1 die einzige relevante Steifigkeit darstellt, können zur Bildung des Zweimassenschwingers die rotativen Trägheiten J_2 bis J_9 sowie die linear bewegte Masse m_{ab} auf die Antriebswelle reduziert werden.

Für rotierende Massen folgt:
Zur Verdeutlichung wird beispielhaft zuerst die rotierende Masse J_8 auf die Zwischenwelle und anschließend auf die Abtriebwelle reduziert. Mit Gl. (13.23) ergibt sich die reduzierte Masse auf der Antriebswelle $J_{8,red}$ mit:

$$J'_{8,red} = \frac{1}{i_2^2} J_8 \rightarrow J_{8,red} = \frac{1}{i_1^2} J'_{8,red} = \frac{1}{i_1^2} \frac{1}{i_2^2} J_8 \qquad (13.38)$$

Mit Gl. 13.5 ist $i_1 \cdot i_2 = i_{ges}$ womit für die Masse $J_{8,red}$ gilt:

$$J_{8,red} = \frac{1}{i_{ges}^2} J_8 \qquad (13.39)$$

Dieses Ergebnis kann auch aus Gl. (13.23) direkt hergeleitet werden, da die obigen Betrachtungen die Übersetzung zwischen Ausgangspunkt und reduziertem Punkt betrachten, d. h. unabhängig von den jeweiligen Zwischenstufen sind.

Für linear bewegte Massen folgt:
Eine Reduktion der linearen Bewegung auf die rotierende Antriebswelle ist durch Gl. (13.31) beschrieben und kann sinngemäß durchgeführt werden, da wie bei den rotie-

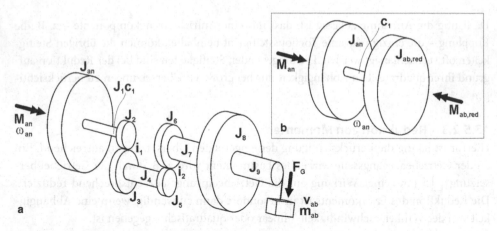

Abb. 13.12 Reduktionsbeispiel. **a** Ausgangssituation, **b** reduziertes System

renden Massen die allgemeine Herleitung vom Ausgangspunkt zum reduziertem Punkt gilt, wodurch sich die reduzierte Masse $J_{m,\,red}$ direkt bestimmen lässt.

$$J_{m,red} = m_{ab} \left(\frac{v_{ab}}{\omega_{an}} \right)^2 \tag{13.40}$$

Für das Gesamtsystem ergibt sich durch Zusammenfassung der einzelnen Trägheiten einer Welle die auf die Antriebswelle reduzierte Trägheit der Abtriebsseite $J_{ab,red}$. Zur Berechnung des Zweimassenschwingers kann dann z. B. die auf der Antriebswelle verbliebene Trägheit J_1 im Vergleich zu den beiden größeren Massen J_{an} und $J_{ab,red}$ vernachlässigt werden, Abb. 13.12b.

$$J_{ab,red} = J_2 + \frac{J_3 + J_4 + J_5}{i_1^2} + \frac{J_6 + J_7 + J_8 + J_9}{i_{ges}^2} + m_{ab} \left(\frac{v_{ab}}{\omega_{an}} \right) \tag{13.41}$$

Gleiches gilt entsprechend auch für die Reduktion von Torsionssteifigkeiten und ebenso entsprechend für den umgekehrten Fall bei der Reduktion auf die Abtriebswelle.

Für die wirkenden Kräfte und Momente folgt:
Die Seilkraft ist mit dem Seilrollendurchmesser und deren Wirkungsgrad in ein Drehmoment M_{ab} auf der Abtriebswelle umzurechnen. Dieses Drehmoment wird aufgrund der Getriebegesamtübersetzung i_{ges} auf die Antriebswelle übersetzt und wirkt dort nur noch als verringertes, reduziertes Seilrollenmoment $M_{ab,red}$.

$$M_{ab,red} = \frac{1}{i_{ges}} M_{ab} \tag{13.42}$$

Für das Beispiel in Abb. 13.12. wird besonders deutlich, dass die einzelnen Komponenten auch dann reduziert werden müssen, wenn wie z. B. die Masse J_{an} und J_8 auf der gleichen geometrischen Achse liegen, da aufgrund der Übersetzungen ihre Drehzahlen jedoch unterschiedlich sind.

13.5.3 Anwendungsbeispiele

Ein Antriebssystem, wie es in Abb. 13.12a als Beispiel dargestellt ist, stellt immer ein Schwingungssystem dar. Legt man hierfür ein freies, ungedämpftes System zu Grunde, führt dieses System nach einmaliger Anregung stationäre Eigenschwingungen aus, deren Frequenz nur von den Eigenschaften des Systems – Massen und Torsionssteifigkeiten – abhängig ist, solange keine Energie zu – oder abgeführt wird. Diese Eigenkreisfrequenz, d. h. die Zahl der Schwingungen in 2π Sekunden ist hierbei [Jür04, Wit96]:

$$\omega_e = \sqrt{c_1 \cdot \left(\frac{1}{J_{an}} + \frac{1}{J_{ab,red}}\right)} = \sqrt{c_1 \cdot \frac{J_{an} + J_{ab,red}}{J_{an} \cdot J_{ab,red}}} \qquad (13.43)$$

Die Eigenfrequenz oder Resonanzfrequenz ist somit:

$$f_e = \frac{\omega_e}{2\pi} \qquad (13.44)$$

Wird diesem System Energie zu- oder abgeführt, z. B. durch Erregung des vorliegenden Schwingungssystems mit einem äußeren periodisch wirkenden Moment, wie durch die Einbindung eines Verbrennungsmotors mit Drehungleichförmigkeit resultiert, schwingt das System nach einer Einschwingphase nicht mehr mit der Eigenfrequenz, sondern mit der Frequenz der Erregerkraft, der so genannten Erregerkreisfrequenz Ω. Stimmt bei dieser erzwungenen bzw. erregten Schwingung die Erregerfrequenz mit der Eigenfrequenz des Systems überein, liegt Resonanz vor. Infolge der Amplitudenvergrößerung, die durch den Vergrößerungsfaktor gegeben ist, Abb. 13.13d, wirkt sich der Resonanzfall durch einen unruhigen Lauf, starke Geräusche bzw. Schwingungen aus, was zur Beschädigung der Welle selbst (z. B. Dauerbruch) oder weiterer Konstruktionselemente (z. B. Lager) führen kann. Die Resonanz gilt es somit zu vermeiden. Da das System jedoch erst nach einer Einschwingphase die Erregerfrequenz annimmt, ist es für Beschleunigungs- und Verzögerungsvorgänge kurzzeitig möglich durch den Resonanzbereich zu fahren. Für den Zweimassenschwinger, der z. B. mit einem äußeren Moment $M_{an}(t) = M_i \sin(i\omega t)$ fremderregt wird, ist der Vergrößerungsfaktor gegeben mit [Jür04, Wit96]:

$$V = \sqrt{\frac{1 + \left(\psi/2\pi\right)^2}{\sqrt{\left(1 - \left(\Omega/\omega_e\right)^2\right)^2 + \left(\psi/2\pi\right)^2}}} \qquad (13.45)$$

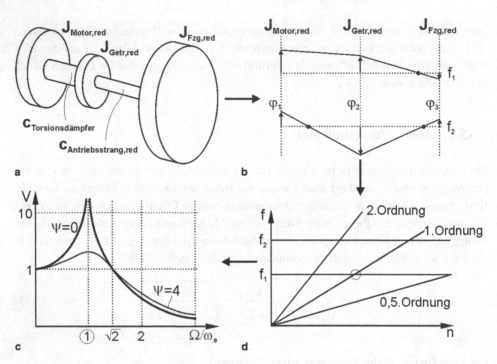

a   b   c   d

Abb. 13.13 Anwendungsbeispiel und Verdeutlichung eines Schwingungssystems. **a** Reduziertes Ersatzsystem des Pkw-Antriebsstrangs, **b** Eigenschwingungsformen, **c** Campbell-Diagramm, **d** Vergrößerungsfaktor V bei sinusförmiger Fremderregung

Für geringe Dämpfungen ψ kann außerhalb der Resonanz der Vergrößerungsfaktor mit Gl. (13.46) näherungsweise abgeschätzt werden [Scha75].

$$V = \left| \frac{1}{(\Omega / \omega_{\mathrm{e}})^2 - 1} \right| \tag{13.46}$$

Für das dann resultierende, maximal wirkende Wechseldrehmoment gilt jedoch immer:

$$M_{\mathrm{W}} = V \frac{J_{\mathrm{ab}}}{J_{\mathrm{an}} + J_{\mathrm{ab}}} M_{\mathrm{i}} \tag{13.47}$$

Reale Systeme weisen stets Dämpfungsanteile auf, die einerseits aus der inneren Materialdämpfung und andererseits aus der äußeren Reibungsdämpfung resultieren. Hierbei wird aus dem Bewegungssystem Energie, entweder durch die wegproportionale Coulomb'sche Reibung oder durch die geschwindigkeitsproportionale Viskose-Reibung, in Form von Wärme abgeführt. Die Abb. 13.13d verdeutlicht den Einfluss der Dämpfung auf die Vergrößerungsfunktion und somit auf das Schwingungssystem.

Ein wichtiges Anwendungsbeispiel ist der Kraftfahrzeug-Antriebsstrang an dem die Zusammenhänge im Folgenden aufgezeigt werden. Dieses System lässt sich durch die obigen Betrachtungen ersatzweise auf einen Dreimassenschwinger reduzieren, Abb. 13.13a, [Alb91, Alb98]. Dieser ist – vernachlässigt man die reine Starrkörperbewegung – durch zwei Eigenschwingungsformen bzw. Eigenfrequenzen charakterisiert, Abb. 13.13b. Die 1. Eigenform kennzeichnet Lastwechselreaktionen, die z. B. durch eine vom Fahrer induzierte Laständerung angeregt werden kann. Bei der 2. Eigenschwingungsform schwingt die Drehmasse des Getriebes gegen die Drehmasse von Motor und Fahrzeug, was eine typische Ursache für das so genannte Getrieberasseln ist. Im so genannten Campbell-Diagramm, Abb. 13.13c, trägt man diese Eigenfrequenzen über der Drehzahl auf. Die Anregungen eines Systems können harmonisch mit genau einer Frequenz oder z. B. proportional zur Drehzahl erfolgen. Dies würde eine Anregung 1. Ordnung, d. h. drehzahlproportional bedeuten. Im allgemeinen Fall – z. B. Sprunganregung – hat die Anregung allerdings auch die höheren Ordnungen der Drehzahl als Frequenzinhalt. Damit ergeben sich mehrere mögliche Erregerfrequenzen der n-ten Ordnungen, die in Abb. 13.13c beispielhaft dargestellt sind. Bei Verbrennungsmotoren ist die Hauptfrequenz von der Bauart und der Zylinderzahl abhängig. Für einen 4-Zylinder-4-Takt-Motor ist dies z. B. die 2. Ordnung, für einen 6-Zylinder-4-Takt-Motor die 3. Ordnung und für einen 8-Zylinder-4-Takt-Motor die 4. Ordnung. Diese drehzahlabhängigen Erregerfrequenzen des Motors ergeben im Campbell-Diagramm Ursprungsgeraden. An den resultierenden Schnittpunkten sind Erreger- und Eigenfrequenz identisch, d. h. das System befindet sich im Resonanzbereich, Abb. 13.13d.

An dieser Stelle sei noch einmal darauf hingewiesen, dass sich durch den Einsatz eines Getriebes mit veränderlichen Übersetzungen, die Eigenfrequenzen des Antriebssystems in Abhängigkeit der gewählten Übersetzung verändern (s. Gl. 13.39 und 13.43). Die Drehschwingungen des Antriebsstranges führen durch das rotativ-lineare Getriebe „Reifen-Fahrbahn" zu komfortrelevanten Längsschwingungen des Fahrzeugaufbaus [Alb98]. Diese können durch geeignete Maßnahmen, wie z. B. dem Einsatz eines Zweimassenschwungrads oder einer aktiven Schwingungsdämpfung reduziert werden [Alb91, Alb01, Krü03].

Literatur

[Alb91]   Albers, A.: Das Zweimassenschwungrad der dritten Generation – Optimierung der Komforteigenschaften von Pkw-Antriebssträngen. Antriebstechnisches Kolloquium '91. Verlag TÜV Rheinland, Köln (1991)

[Alb98]   Albers, A., Herbst, D.: Kupplungsrupfen – Ursachen, Modellbildung und Gegenmaßnahmen. VDI-Berichte 1416. VDI-Verlag, Düsseldorf (1998)

[Alb01]   Albers, A., Krüger, A.: Methodik zur Untersuchung des Übertragungsverhaltens von Antriebselementen am Beispiel eines Zweimassenschwungrads für Kraftfahrzeuge. VDI-Berichte 1630. VDI-Verlag, Düsseldorf (2001)

[Alb02]   Albers, A., Matthiesen, S.: Konstruktionsmethodisches Grundmodell zum Zusammenhang von Gestalt und Funktion technischer Systeme. Konstruktion, Zeitschrift für Produktentwicklung, Bd. 54, Heft 7/8, S. 55–60. Springer-VDI-Verlag GmbH & Co. KG, Düsseldorf (2002)

[Alb03]   Albers, A., Schyr, C.: Augmented Reality am dynamischen Leistungsprüfstand. In: Gausemeier, J., Grafe, M. (Hrsg.) Augmented & Virtual Reality in der Produktentstehung, HNI-Verlagsschriftenreihe, Bd. 123. Paderborn (2003)

[Alb04-1]   Albers, A., Behrendt, M.: Innovationen in Antriebsstrang und Getriebe fordern neue Kupplungssystemlösungen, VDI-Berichte Nr. 1827, Getriebe in Fahrzeugen 2004. VDI-Verlag, Düsseldorf (2004)

[Alb04-2]   Albers, A., Burkardt, N., Ohmer, M.: Principles for design on the abstract level of the Contact & Channel Model C & CM. Proceedings of the TMCE 2004, Lausanne, Switzerland, April 13–17 (2004)

[DIN19226]   DIN 19226: Teil 1 bis 6: Leittechnik; Regelungstechnik und Steuerungstechnik – Allgemeine Grundbegriffe und Begriffe für Systeme. Beuth-Verlag, Berlin (1994)

[Dub05]   Dubbel, H., Beitz, W., Grote, K.-H. (Hrsg.): Dubbel – Taschenbuch für den Maschinenbau. 21. neubearb. und erw. Aufl. Springer-Verlag, Berlin (2005)

[Ehr00]   Ehrlenspiel, K.: Integrierte Produktentwicklung – Denkabläufe, Methodeneinsatz, Zusammenarbeit, 2. überarb. Aufl. Hanser-Verlag, München (2003)

[Jür04]   Jürgler, R.: Maschinendynamik – Lehrbuch mit Beispielen, 3. neubearb. Aufl. Springer-Verlag, Berlin (2004)

[Kol00]   Kolerus, J.: Zustandsüberwachung von Maschinen. 3. erw. Aufl. Kontakt und Studium, Bd. 187. expert-Verlag, Renningen-Malmsheim (2000)

[Krü03]   Krüger, A.: Kupplungsrupfen – Ursachen, Einflüsse und Gegenmaßnahmen. Dissertation – Forschungsberichte des Instituts für Produktentwicklung, Universität Karlsruhe (TH), Bd. 10. Karlsruhe (2003)

[Lux00]   Lux, R.: Ganzheitliche Antriebsstrangentwicklung durch Integration von Simulation und Versuch. Dissertation – Forschungsberichte des Instituts für Produktentwicklung. Universität Karlsruhe (TH), Bd. 1. Karlsruhe (2000)

[Nie83]   Niemann, G., Winter, H.: Maschinenelemente- Bd. II. 2. völlig neubearb. Aufl. Springer-Verlag, Berlin (1983)

[Scha75]   Schalitz, A.: Kupplungs-Atlas – Bauarten und Auslegung von Kupplungen und Bremsen, 4. geänderte Aufl. A.G.T.-Verlag Georg Thum, Ludwigsburg (1975)

[VDI2127]   VDI-Richtlinie 2127, Februar 1993, Getriebetechnische Grundlagen – Begriffsbestimmungen der Getriebe. Inhaltlich überprüft und unverändert weiterhin gültig, Januar (2001)

[VDI2153]   VDI-Richtlinie 2153, Bl. 1, April 1994, Hydrodynamische Leistungsübertragung – Begriffe, Bauformen, Wirkungsweise. Inhaltlich überprüft und unverändert weiterhin gültig, November (2002)

[Wit96]   Wittenburg, J.: Schwingungslehre – Lineare Schwingungen, Theorie und Anwendungen. Springer-Verlag, Berlin (1996)

Kupplungen und Bremsen

14

Albert Albers

Inhaltsverzeichnis

14.1 Funktion und Wirkungsweise 268
    14.1.1 Funktion 270
    14.1.2 Wirkungsweise 272
14.2 Gestalt, Bauarten und Bauformen 273
    14.2.1 Klassierende Merkmale 273
    14.2.2 Eigenschaften 275
    14.2.3 Klassierung 281
    14.2.4 Bauformen 281
        14.2.4.1 Nicht schaltbare Kupplungen 282
        14.2.4.2 Schaltbare Kupplungen 289
14.3 Auswahlkriterien und Auswahlprozess 299
14.4 Berechnung 302
    14.4.1 Berechnungsgrundlagen 302
        14.4.1.1 Wirkende Momente 305
        14.4.1.2 Momentengleichgewichte des Zweimassensystems 313
    14.4.2 Vordimensionierung 314
        14.4.2.1 Nicht schaltbare Kupplungen 314
        14.4.2.2 Schaltbare Kupplungen 319
    14.4.3 Auslegungsrechnung 332
        14.4.3.1 Nicht schaltbare Kupplungen 333
        14.4.3.2 Schaltbare Kupplungen 335

A. Albers (✉)
IPEK – Institut für Produktentwicklung, Karlsruher Institut für Technologie (KIT), Karlsruhe, Deutschland

© Springer-Verlag GmbH Deutschland, ein Teil von Springer Nature 2018
B. Sauer (Hrsg.), *Konstruktionselemente des Maschinenbaus 2*, Springer-Lehrbuch,
https://doi.org/10.1007/978-3-642-39503-1_5

14.5   Kupplungswerkstoffe und Friktionswerkstoffe 338
       14.5.1   Kupplungswerkstoffe 339
       14.5.2   Funktionelle Zwischenelemente 340
       14.5.3   Friktionswerkstoffe 340
14.6   Gestaltung 350
       14.6.1   Konstruieren von Kupplungen 351
       14.6.2   Konstruieren mit Kupplungen (Konstruktion) 352
       14.6.3   Betätigungssysteme 354
Literatur 355

Dieses Kapitel gibt einen Überblick über die auf dem Markt etablierten Bauformen von Kupplungen und Bremsen und deren Einsatz als Konstruktionselement im Ingenieuralltag. Hierbei liegt der Schwerpunkt auf der Bedeutung und Funktionalität in Abhängigkeit der realisierten Eigenschaften sowie den wesentlichen Einflüssen und Wechselwirkungen einer Kupplung oder Bremse im Gesamtsystem, die bei der erforderlichen Auslegung berücksichtigt werden müssen.

Kupplungen sind in der Hauptsache form- oder kraftschlüssige Konstruktionselemente zum Verbinden von rotierenden Wellen oder rotierenden Körpern. Bremsen hingegen sind kraftschlüssige Konstruktionselemente, bei denen eine bewegliche und eine feststehende Komponente im Eingriff sind, wodurch die bewegliche Komponente abgebremst oder festgehalten wird. Somit sind Bremsen Sonderfälle schaltbarer Kupplungen und alle Bauformen von schaltbaren Kupplungen prinzipiell immer auch als Bremsen einsetzbar. Egal ob als Bremse oder Kupplung eingesetzt, sind stets die gleichen Berechnungsgrundlagen anzuwenden.

Dieses Kapitel ist generell durch den Begriff Kupplungen geprägt, damit sind aber immer Kupplungen und Bremsen zu verstehen. Sind für Bremsen spezielle anwendungsbedingte Grundsätze oder Eigenschaften gültig, werden diese auch explizit auf die Bremsen bezogen. Häufig sind in den DIN-Normen und in den Produktkatalogen die Drehmomente mit T bezeichnet. In diesem Buch werden jedoch abweichend hiervon durchgängig die Drehmomente nach DIN 1304 mit M bezeichnet.

14.1   Funktion und Wirkungsweise

Kupplungen stellen das wichtigste Verbindungselement in der Antriebstechnik dar, wodurch ihnen eine besondere technische Bedeutung zukommt. Sie sind dadurch gekennzeichnet, dass das Eingangsmoment M_1 der Kupplung, stets gleich dem Ausgangsmoment M_2 und somit gleich dem Kupplungsmoment M_K ist. Dies stellt lediglich die Drehmomentbilanz der Kupplung unter Vernachlässigung von Masseneffekten des Kupplungskörpers dar. Das im Antriebssystem, d. h. auf der Antriebs- oder Abtriebsseite, tatsächlich wirkende Drehmoment kann unter Berücksichtigung von Masseneffekten dennoch größer sein als das Kupplungsmoment M_K. Dieses Kupplungsmoment M_K definiert im weiteren Verlauf stets den allgemeinen Betrachtungsfall. Insbesondere für die Dimensionierung wird dieses allgemein formulierte Kupplungsmoment zu den jeweils auslegungsrelevanten, zulässigen Drehmomenten in Relation gesetzt.

$$M_1 = M_2 = M_K \tag{14.1}$$

Im Gegensatz zum Kupplungsmoment kann die Abtriebsdrehzahl einer Kupplung n_2 je nach Bauform jedoch zwischen null und der Antriebsdrehzahl n_1 variieren.

$$n_2 = 0 \text{ bis } n_1 \text{ bzw. } \omega_2 = 0 \text{ bis } \omega_1 \tag{14.2}$$

Die resultierende Drehzahldifferenz einer Kupplung, auch Schlupf s genannt, ist unter anderem von der Bauart, dem Lastkollektiv und dem Kupplungszustand abhängig.

$$s = \frac{\Delta n}{n_1} = \frac{n_1 - n_2}{n_1} = \frac{\omega_1 - \omega_2}{\omega_1} = 1 - \frac{\omega_2}{\omega_1} \tag{14.3}$$

Im Gegensatz zu den Getrieben als Drehmoment- und Drehzahlwandler können Kupplungen durch ihre Drehzahlübertragung und/oder der Drehzahlwandlung charakterisiert werden. Kupplungen sind sowohl in hochtechnisierten und hochspezifischen Anlagen (z. B. vollautomatisierten Produktionsstraßen) als auch in preisgünstigen Massenprodukten (z. B. Haushaltsgeräten) unentbehrlich. Somit kommen sie in den verschiedensten Produkten unterschiedlicher Marktsegmente und Preiskategorien zur Anwendung. Ihre wirtschaftliche Bedeutung nimmt unter dem steigendem Wettbewerbsdruck stetig zu, da durch den Einsatz spezifischer bzw. anwendungsgerechter Wellenkupplungen kostengünstige Antriebe erst umgesetzt und folgende Vorteile realisiert werden können:

- vereinfachte Konstruktion
- vereinfachte Montage und Wartung
- geringere Komplexität der einzelnen Teile
- größere Toleranzen (Fertigung und Ausrichtung)
- kleinere Dimensionierung weiterer Konstruktionselemente
- geringere Leistung der Antriebsmaschine
- erweiterte Funktionalität und zunehmende Integration von Funktionen
- Erhöhung der Sicherheit gegen Missbrauch und Überlastung
- mechatronische Antriebslösungen durch Kupplungen als Stellglied

Es gibt keine Kupplung, die alle technisch realisierbaren Funktionen gleichzeitig erfüllt. Dies ist nicht erforderlich, da spezifische Wellenkupplungen mit variablen Eigenschaften, die durch verschiedene Funktionen und Wirkprinzipien definiert sind, generiert werden. Diese Flexibilität ermöglicht es, eine Kupplung an gegebene Randbedingungen individuell anzupassen. Durch gezielte Reihen- und Parallelschaltung verschiedener Kupplungen mit ihren integrierten Eigenschaften können weitere spezifische Anforderungen erfüllt werden.

14.1.1 Funktion

Um die Funktion und das Wirkprinzip einer Kupplung beschreiben zu können ist es erforderlich, zwischen den Grundfunktionen und den Erweiterten Funktionen zu differenzieren. Unter der Grundfunktion einer Kupplung ist hierbei der eigentliche Einsatzgrund zu verstehen. Es existieren somit zwei Grundfunktionen: Zum einen ist eine Verbindung von Wellen bzw. verschiedenen Maschinenelementen herzustellen, wie z. B. der Wellen von Kraft- und Arbeitsmaschinen sowie der Wellen von Kraftmaschine und Getriebe oder Getriebe und Arbeitsmaschine. Zum anderen ist die Übertragung von Leistung – Drehmoment und Drehzahl – sicher zu gewährleisten. Erweiterte Funktionen hingegen sind dadurch gekennzeichnet, dass sie zur Erweiterung der Kupplungsfunktion beitragen, für die Erfüllung der Grundfunktionen aber nicht zwingend erforderlich sind. Sie dienen darüber hinaus der Unterscheidung und Einteilung der Kupplungen. Es existieren drei erweiterte Funktionen, die einzeln oder kombiniert gleichzeitig in einer Kupplung integriert sein können und wie folgt definiert werden:

Eine Erweiterte Funktion einer Kupplung ist die Schaltfunktion, mit welcher der Leistungsfluss bei Bedarf unterbrochen oder geschlossen werden kann. Man unterscheidet somit zwischen den „schaltbaren" und „nichtschaltbaren" Kupplungen. Für Anwendungen mit Verbrennungsmotoren ist diese Schaltfunktion erforderlich, da die Verbrennungsmotoren unterhalb der Leerlaufdrehzahl nicht betrieben werden können und somit z. B. der Rangierbetrieb unmöglich wäre.

Eine zweite Erweiterte Funktion ermöglicht den Ausgleich von Wellenversatz, Abb. 14.1. Die Art des Ausgleiches ist dabei durch die vorhandenen Freiheitsgrade bestimmt. Diese so genannten „nachgiebigen" Kupplungen oder auch „Ausgleichskupplungen" können Fertigungstoleranzen, Montagefehler und Wärmeausdehnungen ausgleichen, die sonst zu höhe-

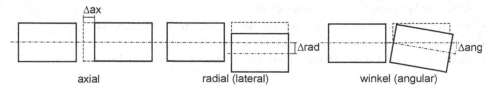

Abb. 14.1 Versatzarten

ren Belastungen anderer Konstruktionselemente, – z. B. Lagern – führen, wie sie bei den so genannten „starren" Kupplungen durch Verspannung der Komponenten entstehen können.

Eine dritte Erweiterte Funktion ermöglicht es, die Dynamik des Antriebsstranges durch das Übertragungsverhalten der Kupplung maßgeblich zu beeinflussen. Somit können gezielt Resonanzen und unerwünschte Schwingungseffekte – insbesondere Torsionsschwingungen – vermieden oder z. B. durch Dämpfung reduziert werden. Grundsätzlich wird die Dynamik des Gesamtsystems durch den Einsatz von Kupplungen immer beeinflusst. Es bleibt dabei die Frage zu klären, ob das System damit in einen kritischen Bereich verschoben wird oder nicht. Bei Fremderregung des Systems wird immer ein Betriebspunkt außerhalb des Resonanzbereichs (kritischer Bereich) angestrebt, was durch eine überkritische oder unterkritische Anregung des Systems gewährleistet wird. Dies kann anhand der Vergrößerungsfunktion, wie sie in Kap. 13 bereits eingeführt wurde, verdeutlicht werden. Im Folgenden wird hierfür eine abgewandelte Darstellung der Vergrößerungsfunktion, Abb. 14.2, – aufgetragen über die Drehzahl – herangezogen.

In Abb. 14.2a ist zu erkennen, dass die Resonanzdrehzahl n_R infolge der Eigenschaften des Zweimassenschwingers im Betriebsdrehzahlbereich liegt und die Eigendämpfung des Antriebssystems nicht ausreichend ist, um die Amplitudenerhöhung zu vermeiden. In Abb. 14.2b wird dargestellt, wie durch den Einsatz einer so genannten „drehelastischen" Kupplung in das ansonsten unveränderte Antriebssystem die Eigenfrequenz und damit die Resonanzdrehzahl wesentlich abgesenkt wird. Die Resonanzdrehzahl liegt somit unterhalb des ebenfalls unveränderten Betriebsdrehzahlbereichs, woraus folgt, dass das Antriebssystem überkritisch angeregt wird. Zu berücksichtigen ist hierbei jedoch, dass die Resonanzstelle beim Hochfahren und Herunterfahren des Antriebssystems durchfahren werden muss. Eine weitere Möglichkeit die Resonanz zu vermeiden, ist die unterkritische Anregung, bei der die Resonanzdrehzahl stets höher liegt als der Betriebsdrehzahlbereich. Hierzu müsste jedoch die Steifigkeit erhöht werden, was durch den Einsatz einer Kupplung praktisch nicht sinnvoll möglich ist, oder die Trägheit reduziert werden, was durch eine

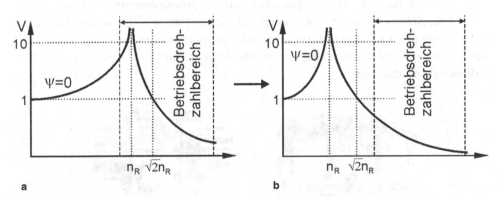

Abb. 14.2 **a** Resonanzstelle im Betriebsbereich des Antriebssystems, **b** Verschiebung des Resonanzbereichs und damit ein überkritischer Betriebsbereich (*rechts*)

Kupplung mit geringer Trägheit erzielt werden kann. Hieraus lässt sich ein wesentlich geringerer Einfluss der so genannten „drehstarren" Kupplungen auf die Systemdynamik im Vergleich zu den so genannten „drehelastischen" Kupplungen ableiten.

14.1.2 Wirkungsweise

Für die Übertragung von Energie, Information und Stoff stehen die drei Wirkprinzipien Kraft-, Form- und Stoffschluss zur Verfügung. Kupplungen übertragen das Drehmoment und die Drehzahl in der Hauptsache kraftschlüssig und formschlüssig. Stoffschlüssige Kupplungsarten sind ebenfalls möglich, wenn z. B. leistungsübertragende Elastomere auf metallische Kupplungskomponenten aufvulkanisiert und in der Fügeebene beansprucht werden. Welche Schlussart für den jeweiligen Kupplungstyp zur Anwendung kommt, ist in erster Linie von den integrierten Erweiterten Funktionen, dem Betriebszustand und dem Komfortanspruch abhängig. Je nach Einsatzfall und Anforderungen werden somit die schaltbaren Kupplungen meistens kraft- aber auch formschlüssig realisiert. Die Ausgleichskupplungen hingegen sind stets formschlüssig. Drehnachgiebige Kupplungen sind praktisch immer formschlüssig, wohingegen die drehstarren Kupplungen sowohl kraft- als auch formschlüssig sein können. Für Spezialanwendungen kann auch ein Wechsel der Schlussart im Betrieb stattfinden. Ein wichtiges Beispiel aus der Praxis ist z. B. die Synchronisierung eines mechanischen Schaltgetriebes, bei dem für den Drehzahlangleich während des Gangwechsels ein kraftschlüssiger Reibkegel eingesetzt wird, der bei Drehzahlgleichheit durch eine formschlüssige Verzahnung abgelöst wird.

Die Erweiterten Funktionen und damit die Eigenschaften einer Kupplung werden durch die Wirkflächenpaare (WFP) und die leistungsübertragende Struktur, die auch Wirkkörper oder Leitstützstruktur (LSS) genannt wird, bestimmt [Alb02]. Somit können die Kupplungseigenschaften durch konstruktive Maßnahmen, z. B. die Variation der Gestalt und der Werkstoffeigenschaften, generiert und verändert werden.

So wird z. B. durch das Hinzufügen eines neuen Kupplungselementes mit angepasster Geometrie, Abb. 14.3, – einem funktionellen Zwischenelement – eine relative Schieflage und Bewegung der jeweiligen Wirkflächenpaare zueinander ermöglicht sowie durch geeignete Materialwahl der Kupplung gleichzeitig federnde und dämpfende Eigenschaften verliehen (s. Abschn. 14.5).

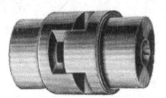 

ohne Zwischenelement   mit Zwischenelement

Abb. 14.3 Einfügen eines Elementes zur Anpassung der Eigenschaften (Fa. KTR)

14.2 Gestalt, Bauarten und Bauformen

14.2.1 Klassierende Merkmale

In Abhängigkeit von der zu erfüllenden Funktion erfolgt die systematische Einteilung der Kupplungen, wie sie in Abb. 14.4 vereinfacht dargestellt ist, auf Basis der [VDI2240]. Entsprechend der Forderung nach einer kontinuierlichen oder diskontinuierlichen Verbindung zweier Wellen, können die Kupplungen im Rahmen der Erweiterten Funktion Schalten zum Zu- oder Abschalten von Leistung eingesetzt werden, wodurch sich diese auf der obersten Ebene in schaltbare und nicht schaltbare Kupplungen unterteilen lassen.

Bei den schaltbaren Kupplungen ist strikt zwischen dem Schalten und dem Betätigen zu unterscheiden. Unter dem *Schalten* wird das Verbinden und Trennen der An- und Abtriebsseite einer Kupplung verstanden. Die Kupplung wird somit ein- bzw. ausgeschaltet. Das Ziel ist hierbei:

- Anlauf von Antriebsmaschinen ermöglichen
- Drehmomentübertragung unterbrechen und wiederherstellen
- Drehmomente begrenzen und steuern
- Drehmoment auf eine Drehrichtung beschränken
- Drehmomente zu messen und zu regeln

Im Gegensatz dazu wird durch das *Betätigen* die zum Ein- und Ausschalten einer Kupplung erforderliche Kraft aufgebracht, wodurch eine Anpresskraft erzeugt oder aufgehoben wird. Diese Betätigung wird im Wesentlichen in zwei Gruppen unterschieden:

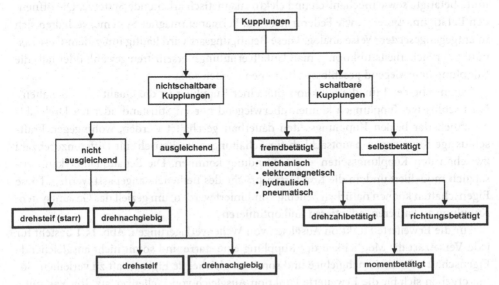

Abb. 14.4 Klassierung von Kupplungen, [VDI2240, Alb05]

- fremdbetätigt (Kraftwirkung von außen initiiert)
- selbstbetätigt (konstruktiv definierte Systemparameter initiieren Kraftwirkung)

Für die so genannten fremdbetätigten oder auch fremdgeschalteten Kupplungen kann die Betätigungsenergie eines erforderlichen Betätigungssystems durch die vier verfügbaren physikalischen Grundprinzipien realisiert werden:
- mechanisch
- elektromagnetisch
- hydraulisch
- pneumatisch

Für die selbstbetätigten oder auch selbstschaltenden Kupplungen wird die Betätigungsenergie durch konstruktiv definierte Antriesbssystemparameter bestimmt. Diese sind:
- Drehzahl (drehzahlbetätigt)
- Drehmoment (drehmomentbetätigt)
- Drehrichtung (richtungsbetätigt)

Die hieraus ableitbaren, üblichen Betätigungssysteme sind generell in zwei Gruppen zu unterteilen:
- schließende
- öffnende

Schließende Betätigungssysteme erzeugen durch das Einschalten die erforderliche Anpresskraft und heben diese beim Ausschalten auf. Hierzu gehören nach [VDI2241] druckmittelbetätigte sowie mechanisch und elektromagnetisch arbeitende Systeme. Die öffnenden Betätigungssysteme, wie Federdruck- und Permanentmagnet-Systeme, verhalten sich in entgegengesetzter Weise analog. Diese Betätigungsart wird häufig unter dem Gesichtspunkt der Sicherheitsfunktion gemäß Unfallverhütungsvorschriften gewählt oder falls die Kupplung überwiegend geschlossen betrieben werden soll.

Mitentscheidend für die Funktionalität einer Kupplung ist die Qualität des Schaltens. Formschlüssige Kupplungen können überwiegend nur im Stillstand oder bei Drehzahlgleichheit der beiden Kupplungsseiten dauerhaft geschaltet werden, wohingegen kraftschlüssige Kupplungen hauptsächlich für Schaltungen im Betrieb mit Differenzdrehzahl zwischen den Kupplungsseiten zur Anwendung kommen. Die Schaltqualität kann zusätzlich modelliert und an die Komfortansprüche des Bedieners angepasst werden. Diese Eigenschaften können natürlich beliebig kombiniert werden, um gezielt das Gesamtsystem Kupplung zu variieren, adaptieren und optimieren.

Für die Erweiterte Funktion Ausgleich von Wellenverlagerungen, Abb. 14.1 besteht für jede Versatzart die Möglichkeit der Kupplung eine starre und somit nicht ausgleichende Eigenschaft oder eine nachgiebige und somit ausgleichende Eigenschaft zu verleihen. Somit ergeben sich für die Erweiterte Funktion Ausgleich von Wellenversatz drei Varianten für die starren Eigenschaften –längs-, quer- und winkelsteif– und drei für die nachgiebigen Eigenschaften, längs-, quer- und winkelnachgiebig.

Die Erweiterte Funktion Beeinflussung des Gesamtsystems bzw. dessen Dynamik wird durch das Übertragungsverhalten bestimmt. Es wird zwischen drehsteifem und drehnachgiebigem Verhalten, das drehelastisch bzw. flexibel oder getriebebeweglich sein kann, unterschieden. Darüber hinaus ist Dämpfung durch innere und äußere Reibung sowie Spiel möglich, wodurch die Dynamik ebenfalls beeinflusst wird. Das Ziel ist hierbei:

- Stoßminderung
- Verlagerung der kritischen Drehzahl (Eigenfrequenz)
- Begrenzung der Ausschläge von Drehschwingungen in der Nähe der Resonanz

Für die Funktionalität und insbesondere die Auslegung (s. Abschn. 14.4) ist ausschlaggebend, wie die Energie zwischen den Wirkflächenpaaren übertragen wird. Diese Energieübertragung wird über die Wahl der Schlussart definiert. Klassierendes Merkmal ist demnach das Wirkflächenpaar mit den gegebenen Eigenschaften und dem entsprechenden Wirkprinzip:

- formschlüssig
- kraftschlüssig
- (stoffschlüssig)

Zusätzlich hat die Anzahl der Wirkflächenpaare einen wesentlichen Einfluss auf die Funktion der Kupplung und nicht zuletzt auf das maximal übertragbare Drehmoment. Darüber hinaus ist von besonderer Bedeutung, ob die Wirkflächenpaare geschmiert werden müssen oder ob ein trockener Kontakt für die Erfüllung der Funktion vorgesehen ist.

14.2.2 Eigenschaften

Eigenschaften schaltbarer Kupplungen

Die Leistung kann allgemein über das Drehmoment und die Drehzahl definiert werden, wodurch für die Eingangsleistung P_1 einer Kupplung entsprechend gilt:

$$P_1 = M_1 \cdot \omega_1 = M_K \cdot \omega_1 \tag{14.4}$$

Für die Ausgangsleistung P_2 gilt analog:

$$P_2 = M_2 \cdot \omega_2 = M_K \cdot \omega_2 \tag{14.5}$$

Aufgrund des möglichen Schlupfes und somit der möglichen Drehzahldifferenz bei schaltbaren Kupplungen nach Gl. (14.2) und unter der Annahme des auf beiden Kupplungsseiten wirkenden Kupplungsmoments M_K aus Gl. (14.1) resultiert in der Energie- bzw. Leistungsbilanz ein Verlustanteil P_V zwischen dem Kupplungseingang und dem Kupplungsausgang, wodurch es zur Eigenerwärmung der Kupplung kommt.

$$P_V = M_K \cdot \Delta\omega \tag{14.6}$$

Die Wärmeenergie wird hierbei durch die Gleitreibung in den Wirkflächenpaaren frei. Bei den hydraulischen Kupplungen treten im Strömungskreislauf neben den Reibungsverlusten auch Stoß und Ablöseverluste auf. Im Allgemeinen wird unter Vernachlässigung weiterer Verluste, wie z. B. der Lagerreibung, die Antriebsleistung um den Wärmeanteil auf die Abtriebsleitung reduziert. Diese Reduktion entspricht einer Dämpfung des Systems, da aus dem Schwingungssystem Energie abgeführt wird. Nicht schaltbare Kupplungen hingegen weisen geringe Drehzahlunterschiede – auch ohne Gleitbewegungen – zwischen den Kupplungsseiten auf, die aufgrund von Drehelastizitäten und geometrischen Übertragungsfehlern entstehen und somit häufig vernachlässigt werden können.

Eigenschaften ausgleichender Kupplungen

Die Ausgleichsfunktion einer Kupplung wird einerseits durch die elastische Verformung der für den Ausgleich vorgesehenen Elemente erzielt. Diese Verformungen sind natürlich nur unter Krafteinwirkungen auf die Kupplung möglich, die durch die Drehbewegung dynamisch erfolgen. Im Stillstand wirken diese Kräfte permanent statisch. Nach dem Newton'schen Axiom „actio = reactio" wirken diese Kräfte entsprechend auch an den Anschlussstellen der Kupplungshälften zum Gesamtsystem, Abb. 14.5. Somit werden weitere Konstruktionselemente – insbesondere Lager und Wellen – zusätzlich belastet.

Da die Ausgleichsfunktion der Kupplung gezielt integriert wird, ist im Normalfall die Kupplung so konstruiert, dass die Verformungskräfte möglichst gering gehalten werden und somit die Dimensionierung der anschließenden Konstruktionselemente unwesentlich beeinflusst wird. Dennoch kann es in einzelnen Anwendungsfällen dazu führen, dass z. B. ein Richtungswechsel der Axialkraft im Lastkollektiv der Lagerung stattfindet, wodurch die gewählte Lagerung bzw. Lageranordnung eventuell nicht mehr zweckmäßig ist. Die Ausgleichsfunktion wird andererseits durch gezielte Relativbewegungen der beiden Kupplungshälften ermöglicht. Da gleichzeitig das erforderliche Kupplungsmoment übertragen wird, resultieren aus den Relativbewegungen Reibkräfte. Genau genommen müssten diese ebenfalls in die Berechnung anderer Konstruktionselemente mit einbezogen werden. In der Realität sind diese im Vergleich zu den auf die jeweiligen Konstruktionselemente wirkenden Kräfte aber vernachlässigbar klein. Diese Reaktionskräfte sind hauptsächlich bei Leichtbaukonstruktionen zu berücksichtigen, da hier mit geringen Sicherheitsfaktoren dimensioniert wird. Zusätzlich zu den Reaktionskräften resultieren periodische Drehwinkelfehler $\Delta\varphi$ und damit Fehler in der zu übertragenden Winkelgeschwindigkeit ω, die durch die radiale und die angulare Ausgleichsfunktion verursacht werden.

Drehwinkelabweichungen durch radialen Ausgleich sind durch die Verschiebung der Drehmittelpunkte der beiden Kupplungshälften begründet. Die Winkelabweichung oder

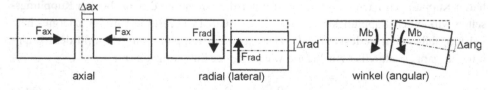

Abb. 14.5 Reaktionskräfte durch Ausgleichsfunktion

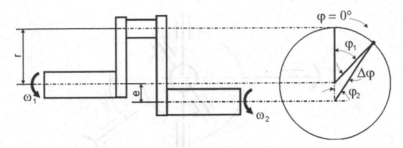

Abb. 14.6 Drehwinkelabweichungen durch radialen Versatz

auch der Drehwinkelfehler $\Delta\varphi$ hat im gewählten Koordinatensystem aus Abb. 14.6 sein Maximum bei $\varphi_1 = 90°$ und $\varphi_1 = 270°$. Für kleine radiale Verlagerungen gilt:

$$\Delta\varphi_{max} \approx \frac{e}{r} \tag{14.7}$$

Die hierbei entstehenden Abweichungen der Winkelgeschwindigkeit betragen:

$$\Delta\omega = \omega_1 - \omega_2 \cong \omega_1 \cdot \frac{e}{r} \cdot \cos\varphi_1 \tag{14.8}$$

Aus Gl. (14.8) folgt, dass für kleine radiale Verlagerungen und verhältnismäßig große Wirkdurchmesser der jeweiligen Kupplung die Winkelabweichung und damit die Winkelgeschwindigkeitsunterschiede vernachlässigbar klein sind.

Drehwinkelabweichungen durch angularen Versatz, dem so genannten Beugewinkel β, können durch die Beziehung der beiden Drehwinkel der Antriebsseite φ_1 und Abtriebsseite φ_2 über den Cosinus-Satz der sphärischen Trigonometrie hergeleitet werden:

$$\tan\varphi_2 = \frac{\tan\varphi_1}{\cos\beta} \rightarrow \varphi_2 = \arctan\left(\frac{\tan\varphi_1}{\cos\beta}\right) \tag{14.9}$$

Mit $\omega_1 = const$ und $\beta \neq 0$ folgt für die Ungleichförmigkeit der Winkelgeschwindigkeit ω_2 [Hinweis: $f = \arctan(y) \rightarrow f' = 1/1(y^2 + 1)$]:

$$\frac{\omega_2}{\omega_1} = \frac{d\varphi_2}{dt} \cdot \frac{1}{\omega_1} = \frac{1}{(\tan\varphi_1/\cos\beta)^2 + 1} \cdot \frac{1}{\cos\beta \cdot \cos^2\varphi_1} \tag{14.10}$$

$$\omega_2 = \frac{\cos\beta}{1 - \sin^2\beta \cdot \sin^2\varphi_1} \cdot \omega_1 \tag{14.11}$$

Hieraus folgt eine Ungleichförmigkeit der Winkelgeschwindigkeiten und demnach auch eine Winkelabweichung zwischen An- und Abtrieb, Abb. 14.7b.

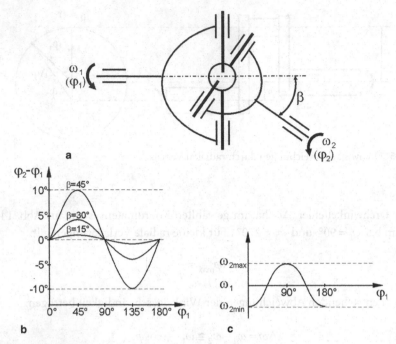

Abb. 14.7 Drehwinkelfehler durch angularen (Beuge-) Versatz: **a** Prinzipdarstellung, **b** Winkelabweichung und **c** Drehungleichförmigkeit

Für eine verlustfreie Kraftübertragung folgt:

$$\frac{M_2}{M_1} = \frac{\omega_1}{\omega_2} \tag{14.12}$$

$$M_2 = \frac{1 - \sin^2 \beta \cdot \cos^2 \varphi_1}{\cos \beta} M_1 \tag{14.13}$$

Das bedeutet, dass aus der Drehungleichförmigkeit eine Drehmomentungleichförmigkeit folgt. Nach Abb. 14.7c schwankt bei einer angenommen gleichförmigen Winkelgeschwindigkeit ω_1 der Antriebsseite die Winkelgeschwindigkeit ω_2 der Abtriebsseite zwischen ω_{2min} und ω_{2max}. Für die Position $\varphi_1 = 0°$ folgt hiermit:

$$\omega_{2min} = \cos \alpha \cdot \omega_1 \tag{14.14}$$

Für die Position $\varphi_1 = 90°$ folgt:

$$\omega_{2max} = \frac{1}{\cos \alpha} \cdot \omega_1 \tag{14.15}$$

Der Mittelwert über die Ausgangsdrehzahl entspricht zwar der konstanten Eingangsdrehzahl, jedoch resultiert eine Ungleichförmigkeit mit der doppelten Frequenz von ω_1, d. h.

einer Periode von 180°. Die Winkelabweichung ist für kleine Winkelverlagerungen zu vernachlässigen und die Ungleichförmigkeit der Bewegungsübertragung hält sich bei einem Beugewinkel bis $\beta = 10°$ bei den meisten Anwendungen in akzeptablen Grenzen. Lediglich bei Bauformen für große Winkelverlagerungen, wobei Beugewinkel $\beta < 45°$ einzuhalten sind, ist dies zu berücksichtigen, zu kompensieren oder gezielt zu nutzen, z. B. für Prüfstandsaufbauten mit periodischer Erregung.

Besonders zu berücksichtigen ist, dass bei der Drehmomentübertragung mit angularem Versatz andere Kraftverhältnisse herrschen als in der gestreckten Lage. Je nach Bauform kann sich das zu übertragende Drehmoment nicht mehr gleichmäßig auf die kraftleitenden Komponenten aufteilen. Mit der ungleichförmigen und den gegenphasigen Drehmomentspitzen resultieren hieraus höhere Pressungen und größere Biegespannungen, weshalb das zulässige Drehmoment zu reduzieren ist.

Eigenschaften drehsteifer und drehelastischer Kupplungen
Drehsteife Kupplungen übertragen das erforderliche Drehmoment praktisch unverändert und damit auch Drehmomentschwankungen, Stöße und überlagerte Schwingungen.

Drehelastische Kupplungen wirken hingegen im Drehmomentfluss wie zwischengeschaltete elastische Drehfedern und beeinflussen somit das Übertragungsverhalten des Gesamtsystems. Die Elastizität kann durch die Wahl der Materialien (z. B. Metalle, Kunststoffe oder Elastomer-Werkstoffe), durch geeignete Formgebung (abgestimmte Verformung) und durch den Einbau von Federelementen (z. B. Spiralfedern, Torsionsfedern) vorgegeben werden. Aufgrund der Elastizität des Zwischenelementes werden unter einem anliegenden Drehmoment die beiden Kupplungsseiten gegeneinander verdreht. Bei einem Drehstoß nimmt das elastische Zwischenelement die Stoßarbeit auf, so dass sich der relative Verdrehwinkel vergrößert und dadurch die Stoßwirkung auf die jeweils andere Kupplungsseite gemildert wird. Nach Stoßende gibt das elastische Zwischenelement die aufgenommene Arbeit ganz (elastisch) oder teilweise (dämpfend) ab. Hierdurch werden Drehmomentspitzen reduziert, die Wirkdauer jedoch verlängert.

Durch angepasste Konstruktionen oder geeignete Werkstoffe können Kupplungen somit auch mit Dämpfung ausgeführt werden. Hierbei findet eine Umwandlung von kinetischer Energie in Wärmeenergie durch innere Materialdämpfung (Elastomere und Kunststoffe als Zwischenelement) oder äußere Reibung statt (winkel- oder geschwindigkeitsproportional) [Alb91].

Die Federkennlinie ist durch das anliegende Moment in Relation zum relativen Verdrehwinkel $\Delta \varphi$ der beiden Kupplungshälften gegeben, Abb. 14.8.

$$M = f(\Delta \varphi) \qquad (14.16)$$

Der Gradient der Federkennlinie ist wie folgt definiert:

$$C_t = \frac{dM}{d(\Delta \varphi)} \qquad (14.17)$$

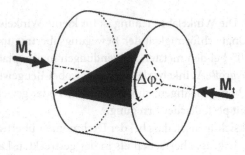

Abb. 14.8 Drehwinkelfehler durch Elastizität

Demnach sind drei grundsätzliche Kennlinien möglich, die für Be- und Entlastung unterschiedlich sein können (z. B. Dämpfung):

- linear (Federsteifigkeit bleibt konstant)
- progressiv (Federsteifigkeit nimmt stetig zu)
- degressiv (Federsteifigkeit nimmt stetig ab)

Weiterhin kann zwischen der statischen Steifigkeit und der dynamischen Federsteifigkeit bei zyklischer Belastung unterschieden werden. Der relative Verdrehwinkel $\Delta\varphi$ von der Eingangsseite zur Ausgangsseite entspricht hierbei direkt der Winkelabweichung.

$$\Delta\varphi = \frac{180°}{\pi} \cdot \frac{M_t}{C_t} \tag{14.18}$$

Vorhandenes Spiel, das konstruktions-, fertigungstechnisch- und abnutzungsbedingt auftreten kann, verursacht ebenfalls eine Drehwinkelabweichung, die sich insbesondere bei Drehrichtungsänderung voll auswirkt, Abb. 14.9. Diese Drehwinkelabweichung und die wirkende Umfangskraft sind dabei umso kleiner, je größer r ist.

$$\Delta\varphi = \frac{180°}{\pi} \cdot \frac{S}{r} \tag{14.19}$$

Die Winkelabweichungen durch Elastizität und Spiel sind im Vergleich zu den Abweichungen durch radialen und angularen Versatz bei gleichförmiger Antriebsdrehzahl nicht

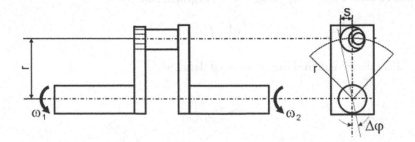

Abb. 14.9 Drehwinkelfehler durch Spiel

periodisch. Sie sind insbesondere bei Stell- und Positioniereinrichtungen zu berücksichtigen, oder, wenn möglich, von vorneherein durch die Wahl einer drehsteifen und spielfreien Kupplung zu vermeiden. Spiel führt in der Systemdynamik zu Nichtlinearitäten und möglichen Stoßimpulsanregungen und muss daher in der Modellbildung und Auslegung berücksichtigt werden.

Alle hier aufgeführten Kräfte und Drehwinkelfehler können je nach vorhandener Ausgleichsfunktion entweder einzeln, paarweise kombiniert oder alle gleichzeitig überlagert wirken.

14.2.3 Klassierung

Die vorgestellten klassierenden Merkmale und Eigenschaften können zur besseren Übersicht mit Hilfe einer Klassierungsmatrix, in der diese Merkmale und Eigenschaften systematisch aufgeführt sind, dargestellt werden [Alb05]. Der Großbuchstabe S ist eine Kennzeichnung für die Erweiterte Funktion Schalten, A für die Erweiterte Funktion Ausgleich von Wellenversatz, D für die Erweiterte Funktion Beeinflussen der Dynamik und E für die Art und Weise der Energieübertragung. Auf Basis der möglichen Erweiterten Funktionen lassen sich insgesamt acht Hauptgruppen ableiten, die in Abb. 14.4 hervorgehoben sind. Durch jede Erweiterte Funktion ist eine direkte Verknüpfung zu einer bestimmten, teilweise auch ergänzenden Berechnung begründet. Diese sind zur Vervollständigung in der Klassierungsmatrix mit aufgenommen und den jeweiligen Erweiterten Funktionen zugeordnet.

Zusätzlich zu den hier aufgezeigten Erweiterten Funktionen sind bei einigen Bauformen und Herstellern auch Zusatzfunktionen verfügbar. Solche Zusatzfunktionen können z. B. elektrisch isolierend, Anzeige der Schaltbedingungen, Lebensmittelverträglichkeit oder Säurebeständigkeit sein. Solch eine Klassierungsmatrix eröffnet durch ihre Strukturierung eine Zuordnung der Funktionen und Eigenschaften zu Matrixfeldern und damit einer mathematisch beschreibbaren Größe, wodurch insbesondere die Möglichkeit einer rechnergestützten Kupplungsauswahl in Abhängigkeit der erforderlichen Funktionen ermöglicht wird (Abb. 14.10).

Grundsätzlich kann angemerkt werden, dass die Befestigung der Kupplung auf einer Welle nicht zwingend von der Bauform abhängig ist, sondern praktisch durch alle bekannten Welle-Naben-Verbindungen realisiert werden kann, Abb. 14.11.

14.2.4 Bauformen

Umfangreiche Entwicklungen auf dem Gebiet der schaltbaren und nicht schaltbaren Kupplungen haben in den vergangenen Jahrzehnten zu einer Vielzahl an Bauformen geführt, wodurch es dem Anwender erschwert wird, sich einen umfassenden Überblick zu verschaffen und eine geeignete Kupplung für die gestellten Anforderungen auszuwählen. Ein wesentlicher Anteil der marktgängigen Kupplungen ist in aussagefähigen Referenzwerken aufgeführt [Dit74, Scha75] wobei die meisten Bauformen von ihrem Funktionsprinzip unverändert sind. Durch neue Werkstoffe und Werkstofftechnologien wurde die

			nein				
Funktion im Energiefluss	S	Schalten	nein	ja	(Auslegung auf Schalten und Dynamik)		
		Betätigungsart		Drehzahl $_1$	Moment $_2$	Richtung $_3$	Fremd $_4$
		Betätigungsenergie		mechanisch $_1$	elektrisch $_2$	hydraulisch $_3$	pneumatisch $_4$
		Qualität des Schaltens		im Stillstand $_1$	im Betrieb $_2$	modulieren $_3$	
		Betätigungssystem $_0$		öffnend $_1$	schließend $_2$		
	A	Ausgleich von Verlagerungen	nein (starr)	ja	(Berücksichtigen von Reaktionskräften)		
		Verlagerungsart		axial $_1$	radial $_2$	winkelig $_3$	
		Ausgleichsart $_0$		flexibel $_1$	beweglich $_2$		
	D	Dynamik beeinflussen	nein (drehsteif)	ja	(Berücksichtigen der Resonanz; Auslegung auf Dynamik)		
		drehnachgiebig		linear $_1$	progressiv $_2$	degressiv $_3$	
		dämpfend $_0$		linear $_1$	progressiv $_2$	degressiv $_3$	
Wirkprinzip		Spiel	nein $_0$	Ja $_1$	(sehr kritisch, da nicht linear)		
	E	Energieübertragung	Stoffschluss (SS) $_0$	Formschluss (FS) $_1$	Kraftschluss (KS) fest $_2$	Kraftschluss (KS) flüssig $_3$	Kraftschluss (KS) Feld $_4$
		Anzahl der Wirkflächenpaare	baugrößen-bedingt $_0$	Zahlenwert angeben			
		geschmiert	nein $_0$	ja $_1$			

Abb. 14.10 Klassierungsmatrix der Kupplungsfunktionen und -eigenschaften [Alb05]

Abb. 14.11 Variantenvielfalt der Kupplungsbefestigung mittels Welle-Nabe-Verbindung am Beispiel einer elastischen Klauenkupplung (Fa. KTR)

Leistungsfähigkeit, aber auch die Variantenvielfalt erhöht. In diesem Kapitel sollen lediglich wichtige Vertreter herausgegriffen und exemplarisch erläutert werden.

14.2.4.1 Nicht schaltbare Kupplungen

Nicht schaltende starre Kupplungen

Sie verbinden nur fluchtende (koaxiale) und in axialer Richtung nicht verschiebbare Wellen fest miteinander, d. h. sie sind starr (nicht ausgleichend), sowie drehstarr. Als Vertreter sei hier die Stirnzahnkupplung genannt, die auf der so genannten Hirth-Verzahnung basiert, Abb. 14.12. Diese Stirnzahnkupplung überträgt das Drehmoment formschlüssig über die Flanken der axial angeordneten Verzahnung, wodurch die Montier- und Demontierbarkeit nicht ohne axiale Verschiebung der Wellen erfolgen kann. Da das Drehmoment über die Stirnverzahnung formschlüssig übertragen wird, erfolgt die Berechnung

Abb. 14.12 Beispiele einer
Hirth-Verzahnung zum Einsatz
in Stirnzahnkupplungen

auf zulässige Flächenpressung. Kraftschlüssige Bauformen starrer Kupplungen sind z. B.
die Scheibenkupplung oder Schalenkupplung. Die Scheibenkupplung entspricht im Aufbau einer Flanschverbindung und kann als solche berechnet werden. Der Aufbau einer
Schalenkupplung entspricht der Welle-Nabe-Verbindung in der Bauform geteilte Klemm-
nabe, d. h. das Drehmoment wird über die Fugenpressung übertragen und es können die
Berechnungsgrundlagen des zylindrischen Pressverbands angesetzt werden. Wesentlicher
Vorteil dieser Bauform ist die radiale Montier- und Demontierbarkeit ohne axiale Verschiebung der Wellen.

Nicht schaltbare, ausgleichende (nachgiebig), drehsteife Kupplungen
Sie verbinden fluchtende (koaxiale) und nicht fluchtende (exzentrische) Wellen und
können zusätzlich alternativ oder kombiniert axiale, radiale und beuge (angulare) Verlagerungen zwischen den beiden zu verbindenden Wellen ausgleichen. Wärmeausdehnungen durch veränderte Umgebungsbedingungen oder durch Eigenerwärmung infolge
von Reibungsverlusten führen bei starren Kupplungen zu Verspannungen der Lager und
möglichen Durchbiegungen der Welle. Durch den Einsatz einer längsnachgiebigen Aus-
gleichskupplung kann dem entgegengewirkt werden, da die beiden Kupplungshälften ineinander geschoben werden können. Solche Kupplungen bieten zusätzlich die Möglichkeit
die Kupplung in axialer und radialer Richtung zu zentrieren und zu führen. Das wohl
bekannteste Beispiel ist die Klauenkupplung, Abb. 14.13.

Die Klauen der beiden Kupplungshälften können axial ineinander geschoben und auf
diese Weise montiert werden. Die Leistungsübertragung erfolgt formschlüssig mit wenig
Spiel. Die Längsverschieblichkeit ist auch bei Drehmomentübertragung gegeben. Zur Berechnung gilt es die Flächenpressung in den formschlüssigen Wirkflächenpaaren und die
Scherspannungen in den Klauen zu betrachten. Weitere Beispiele der längsnachgiebigen
Kupplungen sind z. B. die Bolzenkupplung oder auch der Einsatz einer Keilwellenverbin-
dung.

Koaxiale Wellen sind in der Praxis quasi nicht zu realisieren. Als Mindestvorausset-
zung müssten die Aufnahmebohrungen der Wellen aufgrund von Fertigungstoleranzen
in einer Aufspannung bearbeitet werden. Es ist zwar prinzipiell möglich zwei Wellen mit
einem sehr hohen Montageaufwand fluchtend auszurichten, jedoch wird sich deren relative Lage im Betrieb durch unterschiedliche Wärmeausdehnungen und Setzvorgänge verändern. Eine starre Verbindung der beiden Wellen würde somit in den meisten Fällen zu

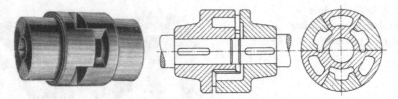

Abb. 14.13 Beispiel Klauenkupplung [Dub97]

schwer abschätzbaren, zusätzlichen Belastungen, insbesondere der Lager, führen. Einige Anwendungen machen sogar radiale und angulare Verlagerungen erforderlich, z. B. aufgrund von Bauraumrestriktionen. Hierfür wurden mehrfach ausgleichfähige Kupplungen, insbesondere für radialen und angularen Versatz, entwickelt, die häufig zusätzlich auch einen axialen Ausgleich erlauben. Stellvertretend sei die so genannte Bogenzahnkupplung genannt, Abb. 14.14.

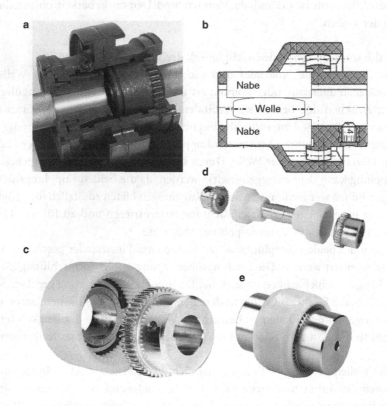

Abb. 14.14 Bogenzahnkupplungen: **a** Metallausführung mit integrierter Ölschmierung, **b** Verdeutlichung der radialen Bogenzahnform und der Flankenform, **c** Kunststoff-Metall-Ausführung. Variation der Baulänge: **d** mit verlängerndem Zwischenstück und **e** kurze Bauform (Fa. Tacke, Fa. KTR)

Bei der Bogenzahnkupplung greift eine bogenförmig und ballig ausgebildete Verzahnung der Kupplungswelle allseitig winkelbeweglich und axial verschiebbar in die gerade Innenverzahnung der Hülse bzw. der Kupplungsnabe ein. Somit kann eine einzelne Bogenverzahnung angularen und axialen Versatz ausgleichen. Zwei in Reihe geschaltete Bogenverzahnungen erlauben dann auch den Ausgleich von radialem Versatz. Metallische Verzahnungen werden häufig gekapselt und mit Fett oder Öl befüllt, um den Verschleiß zu reduzieren. Eine interessante Alternative bietet die Kombination von Metallen und Kunststoffen, da durch die selbstschmierenden Eigenschaften keine Kapselung und zusätzliche Schmierung erforderlich ist. Da das Drehmoment über die Bogenverzahnung formschlüssig übertragen wird, erfolgt die Berechnung auf zulässige Flächenpressung sowie Biegung und Scherung der Verzahnung.

Weitere Beispiele sind z. B. die Lamellenpaketkupplung oder auch Laschenkupplung genannt, die Balgkupplung und die getriebebewegliche Parallelkurbel-(Schmid-)-Kupplung und Kreuzscheiben-(Oldham-)-Kupplung. Die Lamellenpaketkupplung bzw. Laschenkupplung basiert auf der elastischen Verformung einzelner oder geschichteter Feder-

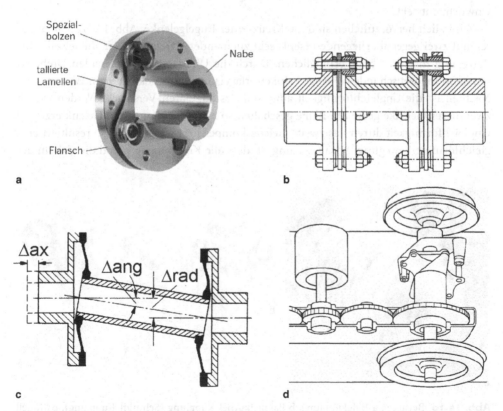

Abb. 14.15 Beispiele: **a** Lamellenpaketkupplung bzw. Laschenkupplung, **b** Lamellenpaketkupplung Schnittdarstellung, **c** Verdeutlichung der Ausgleichsmöglichkeiten, **d** Anwendungsbeispiel im Schienenfahrzeug, (Fa. KTR), [Dub97]

laschen. Eine einfache Laschenkupplung kann angularen und axialen Versatz ausgleichen, Abb. 14.15. Zwei in Reihe geschaltete Laschenkupplungen erlauben dann auch den Ausgleich von radialem Versatz, Abb. 14.15b, c.

Bei der Balgkupplung Abb. 14.16a kommt ein dünner Metallbalg mit geringem Trägheitsmoment zum Einsatz, der axialen, radialen und angularen Versatz ermöglicht. Eine abgewandelte Bauform ist die so genannte Membrankupplung, bei der dünne Membrane mit der Form einer Tellerfeder axial jeweils gegensinnig aneinandergereiht und die Kontaktstellen verschweißt werden. Durch mehrere Schichtlagen der Membrane und die mögliche Längenvariation der Membranpakete ergibt sich eine hohe Flexibilität für individuelle Baugrößen.

Die Schmidt-Kupplung Abb. 14.16b eignet sich besonders für Anwendungen mit großem radialen Versatz, Abb. 14.16c, wobei die Zwischenscheibe ihre Lage im Raum behält, zentrisch rotiert und keine Unwucht erzeugt. Aus kinematischen Gründen darf die Kupplung jedoch weder in Strecklage noch in neutraler Lage betrieben werden. Die Kreuzscheiben-Kupplung oder auch Oldham-Kupplung, Abb. 14.16d, wird nur noch selten und dann auch nur für untergeordnete Zwecke eingesetzt, da durch die Zwischenscheibe eine Unwucht entsteht.

Zusätzlich hervorzuheben sind die Kreuz- oder Kugelgelenke, Abb. 14.17d. Sie basieren auf zwei gegenüberliegenden (senkrecht zueinander) Drehgelenken, die jeweils eine Bewegung in einer Ebene ermöglichen. Durch die Überlagerung der beiden Drehachsen kann theoretisch jede beliebige Winkelverlagerung überbrückt werden. Wesentlicher Nachteil ist die Ungleichförmigkeit aufgrund des angularen Versatzes. Werden jedoch zwei dieser Gelenke gezielt in Reihe geschaltet, so kann die vom ersten Gelenk erzeugte Ungleichförmigkeit durch das zweite Gelenk kompensiert werden und so resultiert eine gleichförmige Bewegung. Voraussetzung ist, dass alle Komponenten und die Gabeln der

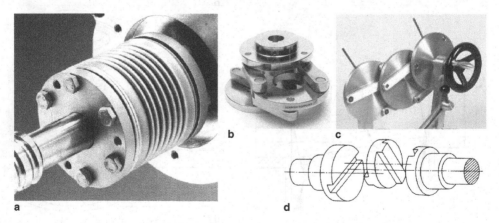

b

c

a

d

Abb. 14.16 Beispiele: **a** Balgkupplung, **b** Parallelkurbel-Kupplung (Schmidt-Kupplung), **c** Modell einer Parallelkurbel-Kupplung annähernd in Strecklage mit großem radialen Versatz, **d** Kreuzscheiben-Kupplung [Dub97], (Fa. Schmidt-Kupplung)

Abb. 14.17 a Prinzip Gelenkwelle Z-Anordnung, b Prinzip
Gelenkwelle W-Anordnung,
c Gelenk- bzw. Kardanwelle,
d Kreuzgelenk (Fa. KTR)

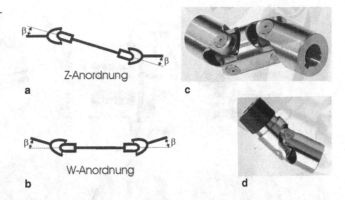

Zwischenwelle gleichermaßen orientiert in einer Ebene liegen sowie beidseitig gleiche Beugewinkel vorhanden sind. Hieraus ergeben sich die so genannte Z- und W-Anordnung, Abb. 14.17a, b. Solche Gelenk- bzw. Kardanwellen, Abb. 14.17c, können großen radialen und angularen Versatz ausgleichen. Mit einer längsverschieblichen Zwischenwelle, die zwischen den beiden Gelenken positioniert ist, kann ebenfalls ein axialer Versatz ausgeglichen werden.

Eine weitere konstruktive Lösung stellen so genannte Gleichlaufgelenke oder Gleichlaufverschiebegelenke dar, die durch eine gezielte Gestaltung der Wirkflächenpaare ein gleichförmiges Übertragungsverhalten bei geringer Baugröße ermöglichen. Diese werden z. B. im Radantrieb für Fahrzeuganwendungen eingesetzt, da sich durch das Einfederverhalten der Radaufhängung der Beugewinkel ständig ändert und eine Drehungleichförmigkeit zu Fahrzeuglängsschwingungen führen würde.

Nicht schaltbare, ausgleichende, drehnachgiebige Kupplungen
Wie die drehstarren Kupplungen verbinden die ausgleichenden, drehnachgiebigen Kupplungen fluchtende und nicht fluchtende Wellen und können dabei Verlagerungen ausgleichen.

Durch die elastischen Zwischenelemente ist eine Reduzierung der Stoßbelastung und der Übertragung von ungleichförmigen Drehbewegungen von der An- zur Abtriebsseite mit und ohne Dämpfung möglich. Die drehelastischen Eigenschaften werden z. B. der bereits beschriebenen Klauenkupplung durch den Einsatz eines elastischen Zwischenelements verliehen, Abb. 14.18. Hierdurch können ebenfalls Winkelverlagerungen ausgeglichen werden. Auch hier können durch Reihenschaltung zweier elastischer Klauenkupplungen radiale Verlagerungen kompensiert werden. Ebenso sind die so genannten gummielastischen oder hochelastischen Kupplungen zu nennen, bei denen die beiden Kupplungshälften durch ein auf Drehschub beanspruchten Elastomer verbunden sind, der das anliegende Drehmoment überträgt, Abb. 14.19.

Dieser Elastomer-Körper dämpft in hohem Maße Schwingungen und gleicht größte Fluchtungsfehler aus. Durch verschiedene Vulkanisate können die Eigenschaften an die

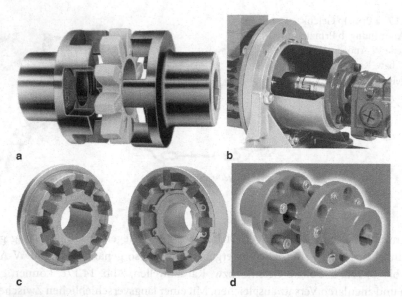

Abb. 14.18 Elastische Klauenkupplung und Steckkupplungen: **a** Umsetzungsbeispiel, **b** Anwendungsbeispiel: Verbindung eines Elektromotors mit einer Hydraulikpumpe, **c** Steckkupplung realisiert mit elastischen Laschen, **d** Steckkupplung mit elastischen Bolzen (Fa. KTR), (Fa. REICH)

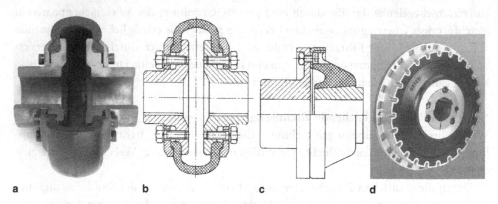

Abb. 14.19 Gummielastische Kupplungen: **a** Schnittmodell geklemmt, **b** Schnittdarstellung geklemmt, **c** Schnittdarstellung aufvulkanisiert, **d** Produktbeispiel aufvulkanisiert und verzahnt; [Dub97], (Fa: REICH)

Einsatzbedingungen angepasst werden. Der Gummikörper kann entweder aufvulkanisiert, geklemmt oder durch eine am Elementumfang vorhandene Nockenverzahnung integriert werden. Der Gummikörper bzw. dessen Befestigung bietet einen Schutz des Antriebssystems vor Überlastung.

Weitere Bauformen ausgleichender, drehnachgiebiger Kupplungen sind z. B. die Schlangenfeder-, Schraubenfeder- und Bügelfederkupplung, bei denen die funktionellen Zwischenelemente metallisch ausgeführt sind, diese der Kupplung aber trotzdem drehelastische Eigenschaften durch gezielte Verformung verleihen und eine große Variationsvielfalt bieten, Abb. 14.20.

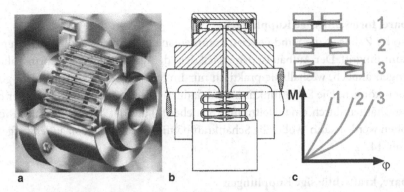

Abb. 14.20 Schlangenfeder-Kupplung: **a** Umsetzung, **b** Schnittdarstellung, **c** Variation der Drehelastizität durch veränderte Naben [Dub97]

14.2.4.2 Schaltbare Kupplungen

Schaltbare, fremdbetätigte Kupplungen

Die Anpresskraft oder Verschiebekraft für die so genannten fremdbetätigten oder auch fremdgeschalteten Kupplungen wird durch das Betätigungssystem bereitgestellt. Hierfür können die vier verfügbaren physikalischen Grundprinzipien eingesetzt werden, um mechanische, hydraulische, pneumatische und elektromagnetische Betätigungssysteme zu realisieren, Abb. 14.21.

Bei mechanischen Betätigungen wird die Anpresskraft meistens durch drei am Umfang gleichmäßig verteilte Hebel aufgebracht. Diese Anpresskraft wird über mehrere, teilweise auch kraftübersetzende Mechanismen, z. B. durch eine Einrückmuffe, erzeugt. Bei Fahrzeugkupplungen kommt hierfür der so genannte Zentralausrücker zum Einsatz, der auf die zentrale Tellerfeder wirkt. Für hydraulische oder pneumatische Betätigungen werden druckbeaufschlagte Kolben eingesetzt. Die hieraus erzeugte Kraft kann ebenfalls durch kraftübersetzende Mechanismen weitergeleitet und verstärkt werden. Elektromagnetische Betätigungen basieren auf einem Elektromagneten, dessen magnetische Anziehungskräfte die Anpresskräfte bewirken.

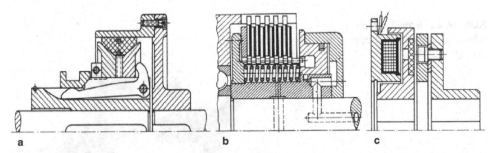

Abb. 14.21 Betätigungsarten an Kupplungsbeispielen: **a** mechanisch – Kegelkupplung, **b** hydraulisch oder pneumatisch – Lamellenkupplung, **c** elektromagnetisch – Einscheibenkupplung [Dub97]

Schaltbare, formschlüssige Kupplungen

Klauen oder Zähne (Nuten und Federn) kommen an den beiden Kupplungsteilen miteinander zum Eingriff. Der Aufbau ist prinzipiell dem der nicht schaltbaren, formschlüssigen
Kupplungen ähnlich, weshalb sie praktisch nur im Stillstand bzw. Synchronlauf geschaltet werden können. Die Schaltfunktion wird dadurch gewährleistet, dass einer der beiden
Kupplungshälften durch eine Gleitmuffe (Schiebesitz) auf der Welle in axialer Richtung
verschoben werden kann, wobei die Schaltkraft häufig mechanisch von außen aufgebracht
wird, Abb. 14.22.

Schaltbare, kraftschlüssige Kupplungen

Bei den schaltbaren, kraftschlüssigen Kupplungen erfolgt eine Drehmomentübertragung
durch Kraft- oder Reibschluss, die auch unter Drehzahldifferenzen – Asynchronlauf – aufrechterhalten werden kann, wodurch sie sich selbstständig synchronisieren. Die erforderliche
Anpresskraft, die durch das Betätigungssystem erzeugt oder aufgehoben wird, muss in den
reibkraftschlüssigen Wirkflächenpaaren während der Drehmomentübertragung stets wirken.

– Einscheibenkupplungen

In Abhängigkeit der konstruktiven Ausführung kommen durch den Einsatz einer Scheibe
entweder ein oder zwei Wirkflächenpaare mit Relativbewegung zur Drehmomentübertragung zum Einsatz. So ist z. B. in Abb. 14.21c der Reibbelag derart angeordnet und fixiert,
dass nur auf seiner rechten Seite ein Wirkflächenpaar mit Relativbewegung vorliegt. Im
Gegensatz hierzu liegen in Abb. 14.23 zwei Wirkflächenpaare mit Relativbewegung vor.
Hier wird die Anpressplatte auf den Reibbelag der Kupplungsscheibe gedrückt, wodurch
ein Wirkflächenpaar mit Reibschluss entsteht. Ein weiteres Wirkflächenpaar entsteht zwischen dem zweiten Reibbelag der Kupplungsscheibe und der Sekundärschwungmasse.
Zum Öffnen der Kupplung wird der Ausrücker gegen die Laschenenden am Innendurchmesser der Tellerfeder gedrückt. Die Tellerfeder liegt dabei an einem weiteren Abstütz-
punkt in der Anpressplatte auf, wodurch konstruktiv eine zusätzliche Kraftübersetzung
erreicht wird. Hierdurch wird die Anpresskraft reduziert und die reibschlüssige Verbindung am Wirkflächenpaar zwischen Anpressplatte und Reibbelag gelöst. Die geschlitzte

Abb. 14.22 Schaltbare, formschlüssige Bogenzahn-Kupp-
lung (Fa. KTR)

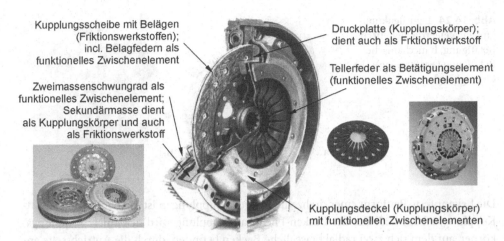

Kupplungsscheibe mit Belägen (Friktionswerkstoffen); incl. Belagfedern als funktionelles Zwischenelement

Zweimassenschwungrad als funktionelles Zwischenelement; Sekundärmasse dient als Kupplungskörper und auch als Friktionswerkstoff

Druckplatte (Kupplungskörper); dient auch als Frktionswerkstoff

Tellerfeder als Betätigungselement (funktionelles Zwischenelement)

Kupplungsdeckel (Kupplungskörper) mit funktionellen Zwischenelementen

Abb. 14.23 Einscheiben-Trocken-Kupplung für Kfz-Anwendung mit zwei Wirkflächenpaaren unter Relativbewegung zur Drehmomentübertragung (Fa. LuK)

Tellerfeder ermöglicht eine Anpassung der Federkennlinie mit bereichsweise flachem Verlauf, weshalb sie im Hinblick auf den Belagsverschleiß und die resultierende Kraft bei Betätigung der Kupplung sehr gut geeignet ist.

– Mehrscheiben- oder Lamellenkupplungen
Die Lamellen sind wechselseitig mit dem Primär- bzw. dem Sekundärteil der Kupplung drehfest verbunden, Abb. 14.24. Hierzu werden die Lamellen abwechselnd mit dem Außenteil (Außenlamellen) bzw. mit dem Innenteil (Innenlamellen) der Kupplung formschlüssig verbunden. Für die formschlüssige Verbindung der Lamellen mit den Kupplungsteilen sind Zähne oder Nocken an den Lamellen und Nuten oder Federn im Primär- und im Sekundärteil der Kupplung vorgesehen. Die Lamellen können in diesen Nuten oder Verzahnungen der Kupplungsteile in axialer Richtung gleiten (Schaltbewegungen). Lamellenkupplungen werden sowohl trocken- als auch nasslaufend ausgeführt.

• **Schaltbar, drehzahlbetätigt**
Drehzahlbetätigte Kupplungen werden vorwiegend als Anfahr- oder Anlaufkupplungen von Anlagen genutzt, bei denen ein hohes Anlaufdrehmoment wegen großer zu beschleunigender Massen erforderlich ist. Sie kuppeln bei einer konstruktiv vorgegebenen Drehzahl automatisch ein, d. h. sie sind fliehkraftgesteuert, Abb. 14.25. Das reibschlüssig übertragene Drehmoment wird mit zunehmender Drehzahl durch den Fliehkrafteinfluss auf die radial beweglichen Massen, den so genannten Fliehgewichten, stetig erhöht. Die Fliehkraft ist vom Quadrat der Winkelgeschwindigkeit abhängig und wirkt z. B. gegen konstante Feder- oder Gewichtskräfte. Aufgrund der reibschlüssigen Wirkungsweise bieten Fliehkraftkupplungen stets einen Überlastschutz.

$$F = m \cdot r \cdot \omega^2 \qquad (14.20)$$

Abb. 14.24 Lamellenkupp-
lungen: **a** elektromagnetische
Betätigung, **b** mechanische
Betätigung (Fa. Stromag), (Fa.
Ortlinghaus)

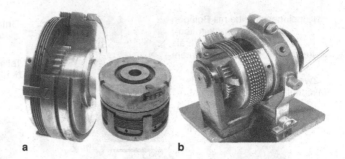

a   b

Die bekannteste Bauform einer drehzahlbetätigten Kupplungen ist die Backen-Fliehkraft-
Kupplung, Abb. 14.25. Bei der Backen-Fliehkraft-Kupplung wird der innere Kupplungskörper, auf dem sich zwei radial bewegliche Backen befinden, durch die Antriebsseite angetrieben. In Anhängigkeit der wirkenden Drehzahl werden die innen liegenden Backen
gegen den abtriebseitigen Außenring gepresst und dadurch das Drehmoment reibkraft-
schlüssig übertragen.

- **Schaltbar, momentbetätigt**

Die Aufgabe der schaltbaren, momentbetätigten Kupplungen ist, Maschinen oder wichtige
Antriebsteile vor Überlast, wie z. B. Verformung oder Zerstörung, beim Anlaufvorgang
oder im Dauerbetrieb zu schützen. Diese so genannten Sicherheitskupplungen können in
zwei Gruppen unterteilt werden: Man unterscheidet zwischen formschlüssigen und kraftschlüssigen. Die formschlüssigen dienen der Unterbrechung des Kraftflusses bei Überlastung, wohingegen die kraftschlüssigen zur Begrenzung des Kraftflusses auf das eingestellte
schaltbare Drehmoment eingesetzt werden.

Vertreter der kraftschlüssigen, momentbetätigten Kupplungen sind die Rastkupplungen
und die Rutschkupplungen, Abb. 14.26. Bei beiden wird die Drehmomentgrenze durch in

Abb. 14.25 Drehzahlbetätigte
Backen-Fliehkraft-Kupplung
[Dub97]

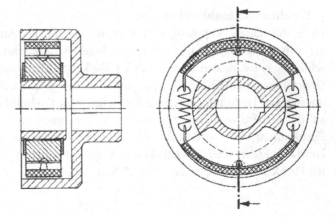

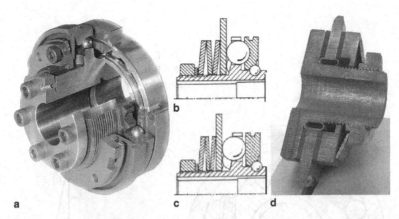

a   c   d

Abb. 14.26 Drehmomentbetätigte Kupplungen: **a** Rastkupplung mit Verdeutlichung der Ausrastfunktion, **b** eingerastet und Drehmoment übertragbar, **c** ausgerastet, **d** Rutschkupplung (Fa. KTR)

axialer Richtung wirkende Schrauben- bzw. Tellerfedern eingestellt. Hierbei kommt zur Erreichung einer robusten Schaltfunktion der Auslegung der Federcharakteristik eine große Bedeutung zu. Tellerfedern bieten hier die Möglichkeit – auch vom Verschleiß weitgehend unabhängig – den Betriebspunkt gezielt einzustellen.

Ein Beispiel für die formschlüssigen, momentbetätigten Kupplungen ist die Brechbolzenkupplung, bei der Passstifte oder Bolzen zwischen den beiden Kupplungshälften als Sollbruchstelle fungieren, die bei Überschreitung einer definierten Umfangskraft (Scherbeanspruchung), d. h. eines gewissen Drehmomentes, abgeschert werden.

- **Schaltbar, richtungsbetätigt**

Diese so genannten Freiläufe oder auch Freilauf- oder Überholkupplungen, erlauben eine Drehmomentübertragung nur in einer Richtung, d. h. in die andere Richtung können diese Kupplungen frei durchdrehen. Sie können somit als Rücklaufsperre oder auch als Überholkupplung eingesetzt werden. Auch hier kann zwischen formschlüssigen und kraftschlüssigen Bauformen unterschieden werden. Am häufigsten werden kraftschlüssige Freilaufkupplungen eingesetzt, wobei ein Durchrutschen und Überkippen der Klemmelemente infolge von Überlastung unbedingt zu vermeiden ist.

Kraftschlüssige Vertreter sind die Klemmrollen- und Klemmkörperfreiläufe. Der Klemmrollenfreilauf besteht aus einem zylindrischen Außenring und einem profilierten, jedoch nicht kreisförmigen Innenring, dazwischen liegen die Klemmrollen, Abb. 14.27. Werden die Klemmrollen in den sich verjüngenden Spalt bewegt, wird durch Reibschluss zwischen Innenring und Klemmrollen sowie zwischen Klemmrollen und Außenring das Drehmoment übertragen. Kommen die Klemmrollen in den sich erweiternden Spalt, wird kein Drehmoment übertragen, d. h. Innen- und Außenring laufen dann frei. Hier wird demnach das Keilprinzip im Wirkflächenpaar genutzt. Bedingung für eine nicht rutschende bzw. drehende Rolle ist, dass keine Momente um den Momentanpol wirken,

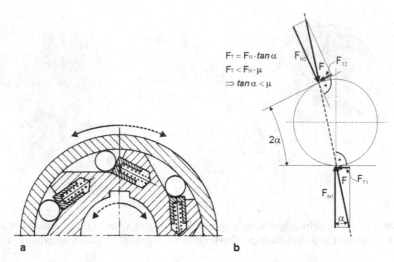

a   b

Abb. 14.27 Richtungsbetätigte Kupplungen bzw. Freiläufe: **a** Klemmrollenfreilauf, **b** Kräftegleichgewicht an der Rolle unter Vernachlässigung der Kraft des Druckbolzens

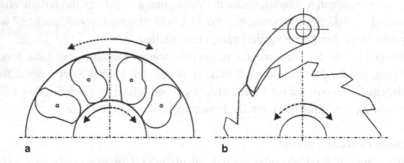

a   b

Abb. 14.28 Richtungsbetätigte Kupplungen bzw. Freiläufe: **a** Klemmkörperfreilauf: *rechts* ohne
und *links* mit Drehmomentübertragung, **b** Klinkenfreilauf

Abb. 14.27b. Hieraus ergibt sich mit $\tan\alpha < \mu$, dass jede Umfangskraft F_T selbsttätig eine
Normalkraft F_N erzeugt, die so groß ist, dass die Rolle niemals rutschen kann.

Der Klemmkörperfreilauf besteht je aus einem zylindrischen Innen- und Außenring.
Die eingesetzten Klemmkörper haben exzentrisch gekrümmte Wälzflächen. Je nach Drehrichtung des äußeren bzw. des inneren Ringes werden die Klemmkörper aufgerichtet und
an die äußere und innere Klemmbahn gedrückt, wodurch die Reibkraft erzeugt wird. Zur
Definition der Initialbedingung werden die Klemmkörper z. B. über Drehfedern an die
äußere und innere Klemmbahn gedrückt. Durch geeignete Massenverhältnisse und entsprechende Drehpunktwahl können Klemmkörperfreiläufe auch fliehkraftabhebend und
damit drehzahlbetätigt gestaltet werden, Abb. 14.28a. Formschlüssiger Vertreter ist der
Klinkenfreilauf, der aus gezahnten Sperrrädern und Klinken besteht, die durch Eigengewicht oder Federvorspannung selbsttätig einfallen und so das funktionserfüllende Wirkflächenpaar bilden, Abb. 14.28b.

- **Hydraulische Kupplungen**

Die hydraulischen Kupplungen lassen sich, wie die hydraulischen Getriebe, in zwei Gruppen unterteilen. Diese sind die hydrodynamischen und die hydrostatischen Kupplungen. Die physikalischen Grundlagen der hydraulischen Leistungsübertragung sind in Kap. 13 aufgeführt.

– Hydrodynamische Kupplungen

Die hydrodynamischen – also kraftschlüssigen – Kupplungen werden auch Strömungs- oder Föttinger-Kupplungen[1] genannt. Sie nutzen die Massenkräfte aus, die durch die Änderung des Bewegungszustandes eines strömenden Mediums entstehen. Sie bestehen aus einem mit einer Flüssigkeit (Öl, selten auch Wasser) gefüllten Gehäuse, in dem sich ein angetriebenes Pumpenrad (Antriebsseite) und ein mit der Abtriebsseite verbundenes Turbinenrad drehen. Im Regelfall ist das Gehäuse drehfest mit dem Pumpenrad verbunden und hat eine abgedichtete zentrale Durchführung der Abtriebswelle. Das Pumpen- und Turbinenrad stehen sich mit einem kleinen Spalt in axialer Richtung gegenüber und sind mit vielen radial verlaufenden Schaufeln versehen. Unter dem Einfluss der Fliehkraft wird bei laufendem Pumpenrad die in den einzelnen Kammern sich befindende Flüssigkeit nach außen gedrückt und strömt somit in das Turbinenrad ein, von wo es wieder zum Pumpenrad zurückfließt und am Kreislauf teilnimmt. Durch die Drehung des Pumpenrades wird auf die Kammerwände des Turbinenrades in Umfangsrichtung ein Druck ausgeübt, wodurch das Turbinenrad in Drehung versetzt wird. Mit zunehmender Drehzahl gleichen sich die Fliehkräfte, die auf die Flüssigkeit wirken, im Pumpen- und im Turbinenrad einander an. Die Folge davon ist eine Verzögerung der umlaufenden Flüssigkeit. Im Synchronlauf bei Drehzahlgleichheit zwischen dem Antrieb (Pumpe) und dem Abtrieb (Turbine) kommt die Flüssigkeit in der Kupplung zum Stillstand. Die An- und Abtriebswelle sind dann hydraulisch gekuppelt, aber es wird kein Drehmoment übertragen. Dieser Zustand ist in der Praxis ohne Bedeutung, da er nur bei bestimmten Lastwechselvorgängen auftritt. Für technische Anwendungen ist daher im Dauerbetrieb immer ein Schlupf von 1 bis 3 % vorhanden. Dies begründet den Wirkungsgradnachteil von hydrodynamischen Kupplungen, z. B. auch im Kraftfahrzeug. Grundsätzlich lässt sich anmerken, dass durch den Füllstand bzw. das Ablassen des hydraulischen Mediums immer eine fremdbetätigte, schaltbare Bauform realisiert werden kann.

– Hydrostatische Kupplungen

Die hydrostatischen Kupplungen können vom Wirkprinzip als formschlüssig betrachtet werden. Diese arbeiten im Prinzip wie eine hydrostatische Verdrängerpumpe (z. B. Zahnrad-, Flügelrad- oder Kolbenpumpe), die einen inneren Strömungskurzschluss zwischen Saug- und Druckseite mit regelbarem und völlig verschließbarem Drosselelement (Strömungswiderstand) hat. Der bei hydrostatischen Kupplungen auftretende Schlupf ist gering

---

[1] Zu Ehren Prof. Föttingers und seines Patents von 1905; auch Föttinger-Getriebe.

und eine Folge der Leckageverluste. Er ist unabhängig vom übertragenen Drehmoment und von den Drehzahlen durch Änderung des Drosselquerschnittes zwischen An- und Abtriebsseite einstellbar. Wegen des einstellbaren Drosselwiderstandes können hydrostatische Kupplungen gleichzeitig als einstellbare Drehschwingungsdämpfer eingesetzt werden. Das Einkuppeln der hydrostatischen Kupplungen erfolgt durch völliges Schließen des Drosselquerschnittes, was dann ein Blockieren der Pumpe bewirkt. Somit werden die hydrostatischen Kupplungen vorwiegend als Bremsen eingesetzt.

- **Elektromagnetische Kupplungen/Permanentmagnetische Kupplungen**

Diese Kupplungen basieren auf einem künstlich erregten Feld, durch das die Größe des zu übertragenden Drehmomentes bestimmt wird und der Drehzahlschlupf gesteuert werden kann. Die Trennung von An- und Abtriebsseite erfolgt durch Abschalten des Feldes. Das Funktionsprinzip der Asynchronkupplungen ist das der Kurzschluss-Asynchronmaschine mit ungleicher Polzahl in An- und Abtriebsteil.

Eine weitere Bauform magnetischer Kupplungen ist die Dauermagnetkupplung, Abb. 14.29, die zum berührungslosen Übertragen von Drehbewegungen aus abgeschlossenen Räumen, die durch Wände aus nicht magnetisierbaren Werkstoffen getrennt sind, eingesetzt werden kann. So kann diese auch bei kritischen Medien, wie z. B. Säuren, unter hermetischer Trennung von An- und Abtrieb in Pumpen und Rührwerken eingesetzt werden. Die sich zugewandten Flächen von Außen- und Innenrotor sind mit Permanentmagneten wechselnder Polarität bestückt. Die Magnete des abtriebsseitigen Innenrotors sind flüssigkeitsdicht gekapselt und somit gegen die äußeren Einflüsse und das Fördermedium geschützt, z. B. bei Wasserpumpen. Der so genannte Spalttopf wird zur hermetischen Trennung an der abtriebsseitigen Baugruppe fixiert, verursacht jedoch als statische Komponente in einem bewegten Magnetfeld Verluste. Diese Bauform kann als schaltbare drehmomentbetätigte Kupplung eingesetzt werden, da die Magnetfeldstärke z. B. durch den Magnetwerkstoff oder die Polzahl begrenzt wird.

- **Bremsen**

Bremsen sind praktisch schaltbare, fremdbetätigte, kraftschlüssige Kupplungen, bei denen eine Seite nicht rotiert, also fest steht. Die Bremsen erfüllen drei Funktionen:

Abb. 14.29 Dauermagnetische Synchronkupplung (Fa. KTR)

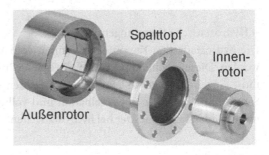

- Abbremsen einer rotierenden Welle (bzw. linear bewegter Komponenten)
- Belastung einer Antriebsmaschine durch ein Gegenmoment
- Festhalten eines Systems in Ruhestellung

Man unterscheidet diese nach dem Verwendungszweck:
- Regelbremsen zur Einstellung (Verminderung) von Rotations- und/oder Translations-
  geschwindigkeiten
- Stoppbremsen zum Abbremsen von Massen bis zur Ruhestellung
- Haltebremsen zur Gewährleistung des Stillstandes einer Anlage
- Leistungsbremsen zur Transformation von kinetischer Energie in eine andere Energie-
  form (häufig Wärme)

Einteilung der Bremsen:
- nach der Form der Reibflächenpaarungen (Wirkflächenpaare)
  - Backenbremse
  - Scheibenbremse, Lamellenbremse
  - Bandbremse
  - Trommelbremse
  - Kegel- und Konusbremse

- nach der Einleitung der Bremskraft
  - Radialbremsen (z. B. Backenbremsen)
  - Axialbremsen (z. B. Scheibenbremsen)

- nach der Lage der Bremsflächen
  - Außenflächenbremsen (z. B. Außenbackenbremsen)
  - Innenflächenbremsen (z. B. Innenbackenbremsen)

- Innenbacken- und Außenbackenbremse:
Bei den Innenbackenbremsen kommen meistens zwei Bremsbacken zum Einsatz, die
durch unterschiedliche Vorrichtungen gespreizt und von innen gegen die zylindrische
Bremstrommel gedrückt werden, Abb. 14.30a. Das Lösen erfolgt fast immer durch Federn.
Die Außenbackenbremsen unterscheiden sich nur durch die Anordnung der Bremsbacken
und somit durch die Kraftwirkung von außen.

- Bandbremsen:
Bei Bandbremsen wird eine Seilrolle oder Seiltrommel mit einem Band umschlungen
Abb. 14.30c. Eine entsprechende Mechanik erhöht die Trummkräfte, die durch das Um-
schlingungsgesetz bestimmt sind. Somit können mit kleinen Bandkräften relativ große
Bremsmomente erzeugt werden. Die Bandkräfte bewirken jedoch eine starke Biegebean-
spruchung der Bremswelle.

- Scheibenbremsen:
Die rotierende Scheibe einer Scheibenbremse Abb. 14.30d wird durch zwei von außen wirkende Bremsbeläge beidseitig mit einer Axialkraft beaufschlagt. Der symmetrische Kraft-

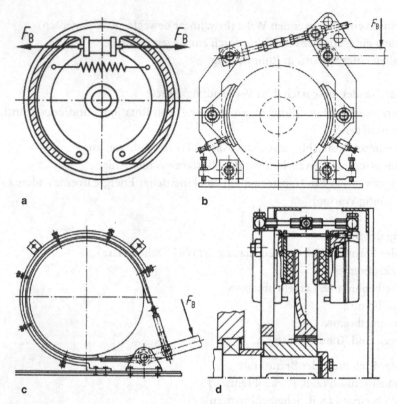

Abb. 14.30 Bauformen mechanischer Bremsen: **a** Innenbackenbremse, **b** Außenbackenbremse, **c** Bandbremse, **d** Scheibenbremse [Dub97]

angriff reduziert die Belastungen der Scheibenlagerung und des nicht rotierenden Bremssattels, in dem z. B. die Bremsbeläge axialverschieblich montiert werden. Bei Kraftfahrzeugen werden diese Scheibenbremsen als Hauptradbremsanlage eingesetzt, wobei durch eine innenbelüftete Scheibe gute Kühlungsverhältnisse erzielt werden.

- Retarder bzw. Wirbelstrombremsen:

So genannte Retarder dienen der Dauerbremsung von technischen Systemen, z. B. Industrieanlagen oder Fahrzeugen. Diese sind insbesondere bei schweren Nutzfahrzeugen gesetzlich vorgeschrieben, um die Radbremsanlagen zu unterstützen bzw. zu entlasten, wodurch die Radbremsanlagen vor thermischer Überlast und übermäßigem Verschleiß geschützt werden. Hydraulische Retarder sind in Analogie zur Föttinger-Kupplung aufgebaut. Das Pumpenrad bildet den Rotor und das Turbinenrad den gehäusefesten Stator. Die kinetische Energie wird vom Rotor auf die Flüssigkeit übertragen und am gehäusefesten Stator abgebaut und in Wärme umgewandelt.

Das Bremsmoment kann über den Füllungsgrad beeinflusst und variiert werden und steigt bauartbedingt mit zunehmender Drehzahl. Als hydraulische Sonderbauform ist die Wasserwirbelbremse zu nennen, bei der Wasser als Fluid eingesetzt wird.

Elektrische Retarder hingegen basieren auf dem Prinzip der Wirbelstrombremsen, mit
Erregerspulen am Stator und Aluminium-Rotor, der durch Kühlrippen die entstehende
Wärme abführt. Zum Bremsen werden die Erregerspulen mit Strom versorgt, wodurch
das magnetische Feld aufgebaut wird. Durch den sich in diesem magnetischen Feld bewe-
genden Rotor werden Wirbelströme erzeugt, die als Bremsmoment genutzt werden. Das
Bremsmoment kann durch die Erregung der Statorspulen, die stufenweise zugeschaltet
werden kann, variiert werden.

14.3 Auswahlkriterien und Auswahlprozess

Die Auswahl von Kupplungen in der konstruktiven Praxis ist ein komplexer Vorgang, bei
dem so viele Informationen wie möglich berücksichtigt werden sollen. Eine Kupplung wird
grundsätzlich nach den drei verfügbaren Erweiterten Funktionen ausgewählt. Darüber hinaus sind unter anderem der Anwendungsbereich (z. B. Medizin- oder Lebensmitteltech-
nik), die Umgebungsbedingungen, der verfügbare Bauraum und die Anwendungsdauer
und -häufigkeit zu berücksichtigen. [VDI2241] bietet hierfür eine Vielzahl von Anforderungen und Auswahlkriterien. Im Folgenden ist ein Auszug der Auswahlkriterien – oder
auch Zusatzfunktionen- dargestellt, wobei diese teilweise allgemeingültig sind, aber auch
herstellerspezifisch ergänzt werden können:

- Antriebseinheit/-maschine (elektrisch, Verbrennung, Hydromotor, Getriebe)
- Betriebsart (gleichförmig, Anzahl und Stärke von Stößen, Schwingungen)
- Schaltbarkeit/Schalthäufigkeit (Zeit, Weg, Kraft)
- Schaltqualität/Schaltkomfort
- Betätigungsart und Reaktionsgeschwindigkeit
- Ausgleichsforderung (Winkel, Länge, Drehwinkelfehler ...)
- Drehelastische Eigenschaften (Torsionssteifigkeit, Dämpfung, ...)
- Drehmoment- und/oder Drehzahlgrenze
- Wirkprinzip (kraft-/form-/stoffschlüssig) und Anzahl der Wirkflächenpaare
- Baugröße (Außen- bzw. Innendurchmesser, Gesamtlänge)
- Massenträgheitsmoment/Gewicht
- Anschlussmöglichkeit an Gesamtsystem (Welle-Nabe-Verbindung)
- Montierbarkeit (radial/axial), Ausrichten und Auswuchten
- Lebensdauer, Verschleiß und Zuverlässigkeit (Nachstellung und Austausch)
- Unempfindlich (Temperatur, Feuchtigkeit, Staub, Chemikalien, Öl, ...)
- Sicherheit (Kontur glatt, kein direkter Zugang auf sich bewegende Elemente)
- Wartungsfrei/Schmierzwang
- Elektrische, akustische und wärmetechnische Eigenschaften
- Steuerbar/Eignung als mechatronisches Stellglied
- Schlupfbehaftet
- Gleichförmiges oder ungleichförmiges Übertragungsverhalten
- Kosten

Für die Auswahl einer Kupplung kann der in Abb. 14.31 dargestellte Prozess zugrunde ge-legt werden. Nach der genauen Ermittlung der Randbedingungen und Umgebungsbedin-gungen und ihrer entsprechenden Gewichtung erfolgt die Auswahl der Kupplungshaupt-gruppe unter Berücksichtigung der drei Erweiterten Funktionen.

Im nächsten Schritt erfolgt die Auswahl der Kupplungsbauform. Als Basis für diese Auswahl können die Auswahlkriterien und ergänzende Angaben der Hersteller dienen. Ist die Bauform der Kupplung festgelegt, erfolgt eine Vorauswahl der Baugröße auf Basis der Vordimensionierung. Hierfür ist hauptsächlich die Drehmoment- und Drehzahlgrenze unter Berücksichtigung einer Sicherheitsreserve entscheidend. Zusätzlich können sowohl die erforderlichen Ausgleichsgrößen Weg und Winkel als auch die gewünschte Steifigkeit und Dämpfung zur Auswahl herangezogen werden. Diese Größen können bei den unter-schiedlichen Herstellern abweichen. Somit sind z. B. verschiedene Ausgleichsgrößen bei gleichem Drehmoment oder sogar unterschiedliche Drehmomentniveaus möglich. Aus der dann gewählten Baugröße eines speziellen Herstellers folgen die tatsächlich vorhan-denen Kupplungsparameter, wie z. B. Trägheitsmomente, Steifigkeiten und Dämpfungen.

Auf der Basis der vom Hersteller gegebenen Kupplungsparameter erfolgt die Ausle-gungsrechnung. Ist die Erweiterte Funktion Schalten integriert, ist darüber hinaus eine Auslegung auf Schaltbeanspruchungen durchzuführen.

Sind die Anforderungen an die Kupplung erfüllt, kann diese freigegeben werden. Der Konstruktionsprozess des Systems wird unter Berücksichtigung der resultierenden Reak-tionskräfte fortgeführt.

Sind die Anforderungen nicht erfüllt, muss durch Iterationsschleifen modifiziert wer-den. Zunächst können andere Kupplungsparameter einer Kupplungsbauform, z. B. durch einen Wechsel des Herstellers, ausgewählt und an die geforderten Leistungsgrößen ange-nähert werden. Ebenso kann die Kupplungsbauform gewechselt werden.

Durch Reihen- bzw. Parallelschaltung, Abb. 14.32, von einzelnen Kupplungsbauformen könnten die Anforderungen dennoch erfüllt werden. Darüber hinaus könnte unter zu Hil-fenahme der Kupplungsklassierung prinzipiell eine neue Kupplung mit den geforderten Leistungsgrößen entwickelt werden.

Ist damit keine Lösung zu erreichen, ist die Hauptgruppe zu wechseln oder es sind die Anforderungen bzw. die konstruktiven Randbedingungen entsprechend anzupassen. Die-ser Prozessschritt ist äußerst kritisch, da nun die Funktion des technischen Systems, das diese Randbedingungen definiert hat, natürlich eingeschränkt werden muss. Im Allgemei-nen bedeutet dies, dass auch Kundenanforderungen nicht mehr erfüllt werden könnten. Damit ist eine Modifikation des Zielsystems bzw. der Anforderungsliste erforderlich. Dies kann nur in Abstimmung mit dem Kunden erfolgen und ist möglichst zu vermeiden.

Ist eine Modifikation der Randbedingungen nicht möglich, gibt es für die Kupplungs-aufgabe keine Lösung mit Standardelementen. Das bedeutet aber auch, dass das geplante Gesamtsystem mit Standardelementen nicht realisiert werden kann.

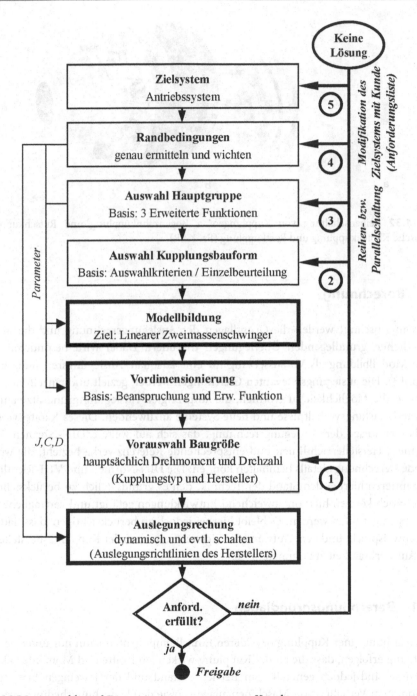

Abb. 14.31 Auswahl- und Dimensionierungsprozess von Kupplungen

a   b

Abb. 14.32 Reihenschaltung von Kupplungen: **a** Bogenzahnkupplung und Rutschkupplung, **b** Elastische Klauenkupplung und Rastkupplung (Fa. KTR)

14.4 Berechnung

In diesem Abschnitt werden die Grundlagen der Auslegungsrechnung und die hierfür erforderlichen grundlegenden Überlegungen diskutiert. Dabei wird besonderer Wert auf die Modellbildung als Voraussetzung für eine adäquate Auslegungsrechnung gelegt (s. Kap. 13). Die auslegungsrelevanten Gleichungen werden gezielt und einzeln hergeleitet, um so die Möglichkeit zu eröffnen, die aufgezeigten Auslegungsgrundsätze auf unbekannte Belastungsverhältnisse und neue Systeme anzuwenden. Dieses Kapitel versteht sich als Grundlage der Auslegungsrechnung, das sich auf weitere DIN-Normen, VDI-Richtlinien, Herstellerrichtlinien und entsprechende Referenzwerke bezieht, die weiterführende Berechnungsdetails beinhalten können. Die DIN-Normen und VDI-Richtlinien dokumentieren hierbei den Stand der Technik, den es grundsätzlich zu berücksichtigen gilt. Dennoch können hiervon abweichend Entwicklungen getätigt und vertragliche Vereinbarungen getroffen werden. Es bleibt hierbei jedoch zu berücksichtigen, dass dadurch der Nachweispflicht und dem Aufwand für Eigenerprobungen der Kupplungshersteller erhöhte Aufmerksamkeit zukommen muss.

14.4.1 Berechnungsgrundlagen

Die Berechnung einer Kupplung bzw. deren Einzelkomponenten kann nur unter der Voraussetzung erfolgen, dass die an der Kupplung wirkenden Kräfte und Momente bekannt sind. Diese sind jedoch generell vom Betriebszustand und der jeweiligen Erweiterten Funktion, dem Verhalten von Maschinenanlagen sowie den Umgebungsbedingungen abhängig und somit zeitlich veränderlich. Die Kupplung kann daher niemals alleine berechnet werden, sondern muss immer als Teilsystem im Gesamtsystem unter Berücksichtigung aller auftretenden Wechselwirkungen betrachtet und dimensioniert werden.

Wechselwirkungen können einerseits vom Gesamtsystem auf die Kupplung auftreten, z. B. als Drehmomentschwankungen durch Beschleunigungen und Verzögerungen im Antriebsstrang. Andererseits hat eine Kupplung durch ihre vorhandenen Parameter, wie z. B. Torsionssteifigkeit und –dämpfung, einen wesentlichen Einfluss auf die Dynamik bzw. Eigenfrequenz des gesamten Antriebsstrangs. Ebenso wirken die Reaktionskräfte durch den Ausgleich von Versatz auf andere Konstruktionselemente, wie z. B. Wellen und Lager.

Eine Auslegungsrechnung ist erst möglich, wenn die auslegungsrelevanten Kupplungsparameter, wie z. B. Steifigkeiten, Trägheiten und zulässige Drehmomente, der tatsächlich ausgewählten Kupplung bekannt sind. Diese so genannten Kennwerte können z. B. nach [DIN740] vom Hersteller angegeben werden und beziehen sich meistens auf eine Umgebungstemperatur von 10 bis 30 °C. Bei Kennwerten, die sich unter dem Einfluss von Belastung, Temperatur, Drehzahl, Frequenz usw. ändern, ist die Abhängigkeit anzugeben.

Der Auswahlprozess einer Kupplung ist jedoch ein iterativer Prozess für den ein Startpunkt festzulegen ist, Abb. 14.31. Unter Zeit- und damit Kostenaspekten ist es wünschenswert, möglichst schnell eine geeignete Baugröße zu erhalten. Durch eine gezielte Vordimensionierung können die erforderlichen Kupplungsparameter abgeschätzt werden, wodurch für die jeweilig gewünschte Bauform eine geschätzte Baugröße gewählt werden kann, die dann wiederum im Gesamtsystem zu berechnen bzw. zu dimensionieren ist.

Für die Berechnung und Dimensionierung von Kupplungen ist zwischen Wirkflächenpaaren mit und ohne Relativbewegung zu unterscheiden (s. auch Abschn. 14.5), woraus sich unterschiedliche auslegungsrelevante Versagensmechanismen ergeben. Hiervon unabhängig ist die leistungsübertragende Struktur, die natürlich nicht überlastet werden darf. Wirkflächenpaare mit Relativbewegung unterliegen u. a. Gleitbewegungen z. B. durch die Differenzdrehzahlen während der Synchronisationsphase, die eine Wärmebelastung verursachen und zum Verschleiß der Wirkflächenpaare führen. Wirkflächenpaare ohne Relativbewegung unterliegen bei Kupplungen mit dämpfenden Eigenschaften – hervorgerufen durch die innere Dämpfung der leistungsübertragenden Struktur – ebenfalls einer Wärmebelastung. Die wirkenden Flächenpressungen und Spannungen bzw. Verformungen sowie der Einfluss auf die Dynamik des Technischen Systems sind gesondert zu betrachten. Es ergeben sich die in Tab. 14.1 angeführten Auslegungsgrundsätze.

In Abb. 14.33 sind mehrere Schadensfälle von Kupplungen dargestellt. Die Wirkflächenpaare mit Relativbewegung in Abb. 14.33a, b wurden durch zu lange Gleitbewegungen belastet, die in einer zu hohen Wärmebelastung resultierten.

Der Belag wurde dadurch thermisch zerstört und die Anpressplatte derart erhitzt, dass diese gebrochen ist. Ebenso sind die Veränderungen der Oberfläche durch die hohe Wärmebelastung zu erkennen. In Abb. 14.33c, f wurde die leistungsübertragende Struktur überbeansprucht. Die Kupplungsscheibe wurde hierbei durch zu hohen radialen bzw. angularen Versatz und die Balgkupplung durch zu hohes Drehmoment beschädigt. Durch zu starke Schwingungen – insbesondere Rufschwingungen – ist die Torsionsfeder des Torsionsdämpfers in Abb. 14.33 ausgebrochen. Durch zu hohe Drehzahlen bzw. die hierbei wirkenden Fliehkräfte ist der Belag der Kupplungsscheibe in Abb. 14.33e zerborsten. Dieser Schaden wird nicht durch die maximale Motordrehzahl verursacht, sondern durch ein

Tab. 14.1 Auslegungsgrundsätze

	Formschlüssig	Kraftschlüssig	Stoffschlüssig
Schaltbar	Flächenpressung; dauerhaft schaltbar $\Delta\omega \approx 0$	Wärmebelastung und Verschleiß	Schubspannung (Dauerbruch)
Nicht schaltbar	Flächenpressung (Wärmebelastung bei Dämpfung)	Kraftschlüssige Verbindung garantiert	Schubspannung; Stoffschlüssige Verbindung garantiert

schiebendes Fahrzeug – z. B. bei Bergabfahrt – und geöffneter Kupplung, wenn die Geschwindigkeit des Fahrzeugs höher ist als die entsprechende Höchstgeschwindigkeit des eingelegten Ganges. Insbesondere solche Beanspruchungen durch Fehlbedienung sind in der Auslegung nur schwer zu berücksichtigen.

Zur Vereinfachung der Kupplungsberechnung im Antriebssystem ist die Reduktion (s. Kap. 13) auf den linearen Zweimassenschwinger anzustreben. Dies ist in der Praxis für viele Anwendungen möglich und ausreichend und es stehen umfangreiche Verfahren der Maschinendynamik und Schwingungslehre zur Verfügung. Nichtlinearitäten in der Kupplungskennlinie, Spiel und die auftretenden Dämpfungsarten (insbesondere Reibung) beeinflussen wesentlich die Dynamik des Antriebssystems und müssen unbedingt berücksichtigt werden. Dies ist bei der Modellbildung mit wenigen Freiheitsgraden einfacher.

Abb. 14.33 Schäden an schaltbaren und nicht schaltbaren Kupplungen: **a** Belag verbrannt bzw. aufgelöst, **b** Anpressplatte gebrochen, **c** Belagträger gebrochen, **d** Torsionsfeder ausgebrochen, **e** Belag zerborsten, **f** Leistungsübertragende Struktur verformt [LuK04]

Häufig lassen sich jedoch Kupplungsfederkennlinien nicht linearisieren, Drehmoment-Zeit-Verläufe bei Stoßvorgängen nicht ermitteln bzw. annähern oder die Systeme sind sehr komplex. Hier bieten sich so genannte Höhere Berechnungsverfahren in Mehrkörpersimulationsprogrammen oder speziellen Drehschwingungssimulationsprogrammen an. Sie beinhalten die Zeitintegration der u. a. nichtlinearen Schwingungsdifferentialgleichungen und berücksichtigen Schwingungen mit mehreren Freiheitsgraden, wie z. B.:

- Nichtlinearitäten (Kupplungsfedersteifigkeit)
- Spiele bzw. Lose (Kupplungs- und Getriebeverdrehspiel)
- Reibungsdämpfung
- Übersetzungen (auch mehrstufiger und leistungsverzweigender Getriebe)
- Zeitlich veränderliche Parameter (Kolbenmaschinen, elektrische Maschinen)
- Rückkopplungen (Regelungsvorgänge)

14.4.1.1 Wirkende Momente

Entscheidend für die Vordimensionierung und Auslegungsrechnung einer Kupplung ist das an der Kupplung maximal wirkende Kupplungsmoment M_K. Dieses wird direkt vom Betriebszustand der Anlage bzw. des Antriebssystems beeinflusst, worin die Kupplung integriert ist.

Auf der Antriebsseite in Abb. 14.34 wirkt üblicherweise das Antriebsmoment M_A der Antriebsmaschine und auf der Abtriebsseite das Lastmoment M_L der Arbeitsmaschine. Die Kupplung koppelt die beiden Teilsysteme „Antrieb" und „Abtrieb" zu einem Gesamtsystem mit dem in der Kupplung auf beiden Seiten stets gleichen Kupplungsmoment M_K. Hier darf noch einmal darauf hingewiesen werden, dass das höchste wirkende Drehmoment im Antriebsstrang durch Masseneffekte höher sein kann als das Kupplungsmoment M_K. Bei Kupplungen ohne Relativgeschwindigkeit in den Wirkflächen ist das wirkende Drehmoment der Antriebsseite gleich dem wirkenden Moment der Abtriebsseite. Bei Kupplungen mit kraftschlüssigen Wirkflächenpaaren unter Relativbewegung gilt dies nicht mehr, da das Kupplungsmoment dann einzig durch die Kupplungsparameter selbst definiert und eingestellt wird. In diesem Fall kann das Antriebsmoment größer sein als das Kupplungsmoment M_K, wobei das überschüssige Antriebsmoment zu einer Eigenbe-

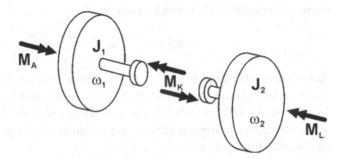

Abb. 14.34 Freigeschnittenes Zweimassensystem als Grundlage der Kupplungsberechnung

schleunigung der Antriebsmaschine bzw. der Massen der Antriebsseite führt. Ein solcher Betriebszustand kann zur Beschädigung der Antriebsmaschine führen, da diese dann z. B. außerhalb des zulässigen Drehzahlbereichs betrieben wird.

- **Antriebsmomente**

Das Antriebsmoment, das durch die Wahl der Antriebsmaschine in Abhängigkeit von der Drehzahl gegeben ist [Win85], kann konstant, stoßartig oder periodisch wirken, Abb. 14.35. Dabei wirkt häufig in Industrieanwendungen für den größten Teil der Kupplungslebensdauer das Nennmoment an der Antriebsmaschine. Gelegentlich treten Beschleunigungs- und Abbremsvorgänge der Maschinen oder stoßartige Belastungen auf. Ebenso kann zusätzlich zum Lastmoment eine Schwingung der An- oder Abtriebsseite überlagert sein, wobei die Erregerfrequenz, z. B. durch die periodische Drehungleichförmigkeit eines Verbrennungsmotors, bestimmt wird [Alb91].

- **Lastmomente**

Das Lastmoment der Abtriebsseite kann vergleichbar zum Antriebsmoment konstant, stoßartig oder periodisch wirken. Es wird dabei wesentlich durch die Art der Arbeitsmaschine und deren Betriebsverhalten beeinflusst. Grundsätzlich gibt es drei Zeit-/Lastmomentverläufe, wobei M_N das Nenndrehmoment und ω_N die Nennwinkelgeschwindigkeit der Arbeitsmaschine ist, Abb. 14.36.

Fall 1: In den häufigsten Anwendungen wirkt ein konstantes Lastmoment, wie z. B. in Hebezeugen.

$$M_L = const \text{ bzw. } M_L = M_N \tag{14.21}$$

Fall 2: Seltener dagegen ist ein linearer Verlauf, wie er z. B. bei der Viskosenreibung bzw. der Oberflächenbearbeitung auftritt.

$$M_L \sim \omega_2 \text{ bzw. } M_L = M_N \frac{\omega_2}{\omega_N} \tag{14.22}$$

Fall 3: Besondere Bedeutung kommt der quadratischen Abhängigkeit zu, die bei Strömungsmaschinen, Kreiselpumpen und vor allem dem geschwindigkeitsabhängigen Strömungswiderstand von Fahrzeugen vorliegt.

$$M_L \sim \omega_2^2 \text{ bzw. } M_L = M_N \left(\frac{\omega_2}{\omega_N} \right)^2 \tag{14.23}$$

Zur Verdeutlichung der wesentlichen Aspekte der Kupplungsberechnung wird das Lastmoment im Folgenden als konstant angenommen. Somit liegt der Schwerpunkt auf der Integration der relevanten zeitabhängigen Größen und nicht auf der reinen mathematischen Integration weiterer zeitabhängiger Parameter. In der praktischen Dimensionierung ist dies allerdings zu berücksichtigen.

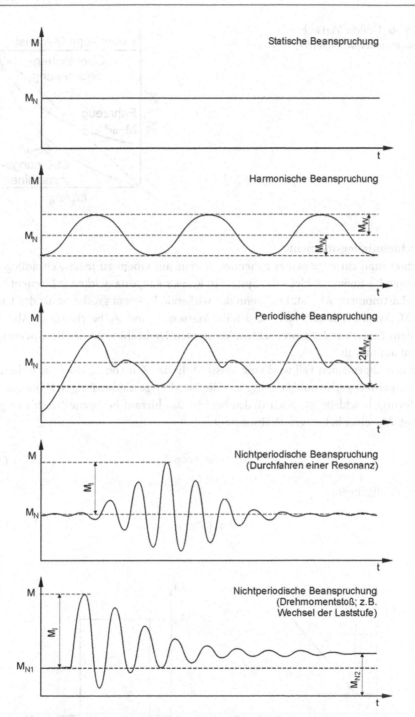

Abb. 14.35 Zeitabhängige Drehmomentverläufe nach [DIN740]

Abb. 14.36 Übliche Verläufe
des Lastmoments M_L [Dub97]

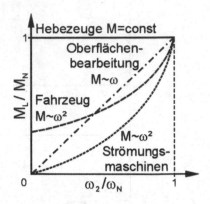

- **Beschleunigungsmomente**

Betrachtet man ein allgemeines ruhendes System mit einem zu jeder Zeit anliegenden, konstanten Lastmoment, bleibt das System in Ruhe, solange das wirkende Moment kleiner als das Lastmoment M_L ist. Erst wenn das wirkende Moment größer ist als das Lastmoment M_L, wird das System bzw. werden die Massen J_1 und J_2 beschleunigt, Abb. 14.37. Nach dem Erreichen der gewünschten, konstanten Drehzahl sinkt das Beschleunigungsmoment auf null ab.

Für den allgemeinen Fall wird eine Masse J in der Zeit von t_0 bis t', ausgehend von der Eigenwinkelgeschwindigkeit ω_0, auf die zugehörige Endwinkelgeschwindigkeit ω' gleichförmig beschleunigt. Nach d'Alembert ist das hierauf bezogene Beschleunigungsmoment M_B einer beliebigen Drehmasse J:

$$M_B = J\ddot{\varphi} = const \tag{14.24}$$

Hierin gilt allgemein:

$$J = \int r^2 dm \tag{14.25}$$

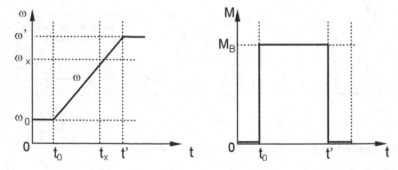

Abb. 14.37 Zeit-/Winkelgeschwindigkeitsverlauf einer gleichförmig beschleunigten Masse

$$\ddot{\varphi} = \frac{d\dot{\varphi}}{dt} = \frac{d\omega}{dt} = const \qquad (14.26)$$

Mit einem konstanten Trägheitsmoment J folgt hieraus:

$$M_{\mathrm{B}} = J\frac{d\omega}{dt} \qquad (14.27)$$

$$M_{\mathrm{B}}dt = Jd\omega \qquad (14.28)$$

Durch Integration in den Grenzen t_0 bis t' und ω_0 bis ω' ist:

$$M_{\mathrm{B}}\int_{t_0}^{t'} dt = J \int_{\omega_0}^{\omega'} d\omega \qquad (14.29)$$

$$M_{\mathrm{B}}(t' - t_0) = J(\omega' - \omega_0) \qquad (14.30)$$

Hieraus folgt für das Beschleunigungsmoment M_{B}:

$$M_{\mathrm{B}} = J\frac{(\omega' - \omega_0)}{(t' - t_0)} \qquad (14.31)$$

Mit der endlichen Beschleunigungszeit $t_{\mathrm{B}} = (t' - t_0)$ und einer Beschleunigung aus dem Stillstand mit $\omega_0 = 0$ folgt:

$$M_{\mathrm{B}} = J\frac{\omega'}{t_{\mathrm{B}}} \qquad (14.32)$$

- **Kupplungsmomente**

Das Kupplungsmoment M_{K} setzt sich aus dem eigentlichen Lastmoment M_{L}, das durch die Abtriebs- bzw. Arbeitsmaschine gegeben ist, und dem Beschleunigungsmoment M_{B}, das aus den Trägheitsmassen bei Drehzahländerungen oder Schwingungen resultiert, zusammen.

$$M_{\mathrm{K}} = M_{\mathrm{L}} + M_{\mathrm{B}} \qquad (14.33)$$

Bei den nicht schaltbaren Kupplungen muss das wirkende Kupplungsmoment immer kleiner sein als das auslegungsrelevante Kupplungsmoment. Bei einer kurzzeitigen Überschreitung der Höchstwerte würde die Kupplung beschädigt oder unbrauchbar werden. Bei den nicht schaltbaren Kupplungen sind dies das Nenndrehmoment M_{KN}, das Maximaldrehmoment M_{Kmax} und das Dauerwechseldrehmoment M_{KW}.

Für schaltbare, formschlüssige Kupplungen muss das wirkende Kupplungsmoment entsprechend den nicht schaltbaren Kupplungen ebenfalls kleiner sein als das auslegungsrelevante Kupplungsmoment. Eine formschlüssige Kupplung kann jedoch auch als eine Sicherheitskupplung ausgeführt werden, wie z. B. die Brechbolzenkupplung, die als Überlastschutz in Werkzeugmaschinen zum Einsatz kommt. Beim Überschreiten des maximal übertragbaren Moments wird der Bolzen abgeschert und der Leistungsfluss unterbrochen bzw. abgeschaltet.

Für schaltbare, reibschlüssige Kupplungen, wie z. B. die Anfahr- und Schaltkupplung von Fahrzeugen, gibt es zwei auslegungsrelevante Betriebszustände. Einerseits ist beim Synchronisiervorgang der Motor- und Getriebeseite Schlupf zwischen den beiden Kupplungsseiten erforderlich. Andererseits darf die Kupplung bei normalen geschlossenen Betriebsbedingungen, d. h. ohne Schaltwunsch, nicht durchrutschen. Somit gibt es für schaltbare, reibschlüssige Kupplungen zwei wesentliche auslegungsrelevante Kupplungsmomente zu berücksichtigen: das schaltbare Drehmoment bzw. Schaltmoment M_S und das übertragbare Drehmoment $M_{\ddot{U}}$. Beide beruhen auf dem Coulomb'schen Reibungsgesetz über das allgemein ein Reibmoment M_R definiert werden kann, Abb. 14.38.

$$dM_R = r \cdot p \cdot \mu \cdot z \; dA \tag{14.34}$$

$$dA = r \; d\varphi \; dr \tag{14.35}$$

Durch die Integration über den gesamten Umfang einer Kreisscheibe folgt für axial wirkende Reibsysteme, wie z. B. Einscheiben-Kupplungen:

$$dA = 2\pi \cdot r \; dr \tag{14.36}$$

Üblicherweise kommen Kreisringe in einer bestimmten Anzahl z zum Einsatz:

$$M_R = 2\pi \cdot \mu \cdot p \cdot z \cdot \int_{r_i}^{r_a} r^2 dr \tag{14.37}$$

$$M_R = \frac{2}{3}\pi \cdot \mu \cdot p \cdot z \cdot (r_a^3 - r_i^3) \tag{14.38}$$

Abb. 14.38 Mittlerer Reibradius und Reibmoment M_R

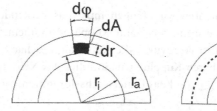

Mit der Flächenpressung p als Quotient aus Normalkraft F_N und Fläche A folgt für das Reibmoment:

$$p = \frac{F_N}{A} = \frac{F_N}{(r_a^2 - r_i^2)} \tag{14.39}$$

$$M_R = \frac{2}{3} \frac{(r_a^3 - r_i^3)}{(r_a^2 - r_i^2)} \cdot \mu \cdot F_N \cdot z = r_m \cdot \mu \cdot F_N \cdot z \tag{14.40}$$

Mit dem flächenbezogenen mittleren Reibradius[2] r_m wird das Reibmoment M_R zu:

$$r_m = \frac{2}{3} \frac{(r_a^3 - r_i^3)}{(r_a^2 - r_i^2)} \tag{14.41}$$

$$M_R = \mu \cdot F_N \cdot r_m \cdot z \tag{14.42}$$

Hierbei ist für z die Anzahl der aktiven Reibflächen einzusetzen. Für radial wirkende Reibsysteme, z. B. Trommelbremsen, ist r_m direkt auf den geometrischen Wirkdurchmesser bezogen.

Das maximal übertragbare Kupplungsmoment $M_Ü$, welches im geschlossenen Zustand ohne Schlupf maximal übertragen werden kann, wird durch die Haftreibungszahl μ_0 beeinflusst. Somit folgt mit Gl. (14.42):

$$M_Ü = \mu_0 \cdot r_m \cdot F_N \cdot z \tag{14.43}$$

Für die Schlupfphase während des Synchronisierungsvorgangs zwischen An- und Abtriebsseite ist das Schaltmoment oder Rutschmoment zu betrachten, welches durch die Gleitreibungszahl μ_{dyn} gegeben ist. Mit Gl. (14.42) ergibt sich hieraus:

$$M_S = \mu_{dyn} \cdot r_m \cdot F_N \cdot z \tag{14.44}$$

Da die Haftreibungszahl μ_0 höher ist als die Gleitreibungszahl μ_{dyn} gilt:

$$M_Ü > M_S \tag{14.45}$$

---

[2] Häufig wird auch $r_m = 0{,}5 \cdot (r_a + r_i)$ eingesetzt. Dies ist jedoch unter Berücksichtigung einer gleichverteilten Flächenpressung und insbesondere bei größeren Unterschieden von r_a zu r_i falsch und führt zu abweichenden Ergebnissen.

Somit führt auch nur kurzzeitiges Überschreiten von $M_{\ddot{U}}$ zu Schlupf, der erst dann wieder unterdrückt werden kann, wenn das Lastmoment M_L unter das Schaltmoment M_S abgesenkt wird.

Das Schaltmoment bzw. Rutschmoment ist nach Gl. (14.44) von mehreren Faktoren abhängig. Der Gleitreibwert ändert sich im Betrieb – insbesondere unter Temperatureinflüssen und wechselnden Gleitgeschwindigkeiten – ständig, Abb. 14.39.

Ebenso ändert sich auch die Anpresskraft bzw. Normalkraft während des Einschalt- oder Ausschaltvorgangs. Bei Schaltkupplungen in Fahrzeugen oder bei mechatronischen Stellern wird die Anpresskraft sogar während des Schaltvorgangs moduliert und definiert, wodurch sich ein sich ständig änderndes schaltbares Moment M_S ergibt. Dies soll hier im Rahmen der Vordimensionierung jedoch nicht näher betrachtet werden und muss aber in der Praxis und insbesondere für die abschließende Auslegungsrechnung berücksichtigt werden. Durch die Änderung der Anpresskraft wird die Flächenpressung beeinflusst, die ebenfalls einen wesentlichen Einfluss auf den Reibwertverlauf aufweist.

In Anlehnung an die [VDI2241] kann anstelle des Schaltmoments M_S das angenäherte Kennmoment[3] M_{KK} eingesetzt werden, Abb. 14.40, das mit guter Näherung als konstant angenommen werden kann, wenn die Anstiegszeit t_a vergleichsweise gering ist. Es entspricht in etwa dem Drehmomentniveau von M_S und liegt somit im Allgemeinen unter $M_{\ddot{U}}$. Ergänzend sind hier noch die Totzeit t_t bzw. der Ansprechverzug und die Verknüpfzeit t_v zu nennen.

Ein weiteres mögliches Kupplungsmoment ist das Leerlaufmoment einer Kupplung, das im Wesentlichen dann entsteht, wenn die Kupplung nicht richtig geöffnet wird, z. B. durch Fehlbedienung oder strömungstechnische Effekte [Alb97], oder nicht vollständig geöffnet werden kann, wie das z. B. bei der hydrodynamischen Kupplung der Fall ist. Dieses Leerlaufmoment führt zu Reibungsverlusten und somit zu Wärmebelastungen in der Kupplung. Diese sind insbesondere dann von Bedeutung, wenn lange Kupplungsöffnungszeiten vorgesehen sind oder nicht vermieden werden können und eventuell sogar die Abtriebs-

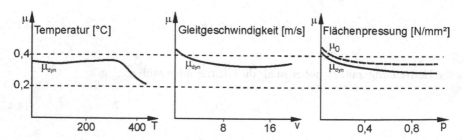

Abb. 14.39 Exemplarisches Reibwertverhalten: Guss/organischer Belag (Trockenlauf)

---

[3] In der [VDI-2241] mit M_K bezeichnet; nicht zu verwechseln mit dem in diesem Kapitel allgemein definierten Kupplungsmoment M_K.

Abb. 14.40 Kennmoment M_{KK} und Anstiegszeit t_a nach [VDI2241]

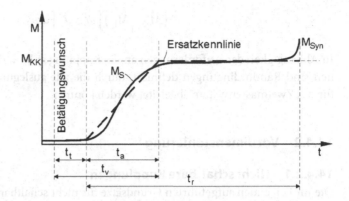

seite stillsteht und somit eine drastisch verminderte Konvektionskühlung aufweist. Sehr kritisch sind diese so genannten Schleppmomente auch bei Fahrzeugkupplungen, da sie zu erhöhten Schaltkräften und Synchronisationsbeanspruchungen führen.

14.4.1.2 Momentengleichgewichte des Zweimassensystems

Für die Kupplungsberechnung sind die wirkenden Momente des Zweimassensystems von Bedeutung, die durch das Aufstellen der Differentialgleichungen von Antriebs- und Abtriebsseite ermittelt werden. Hierfür wird das System an der Kupplung unter Vernachlässigung der Dämpfung und unter der Voraussetzung, dass das Kupplungsmoment M_K auf beiden Seiten stets gleich groß ist, freigeschnitten. In Bezug auf Abb. 14.34 werden treibende Momente der Antriebsseite und verzögernde Momente der Abtriebsseite positiv angenommen. Weisen An- und Abtriebsseite unterschiedliche Drehrichtungen auf, ist die Abtriebsdrehzahl mit negativem Vorzeichen einzusetzen.

Für die Antriebsseite gilt:

$$M_K = M_A - M_{B1} \tag{14.46}$$

Für die Abtriebsseite gilt:

$$M_K = M_L + M_{B2} \tag{14.47}$$

Mit Gl. (14.24) ergibt sich für die Gl. (14.46) und (14.47):

$$M_A - M_K = J_1 \ddot{\varphi}_1 \tag{14.48}$$

$$M_K - M_L = J_2 \ddot{\varphi}_2 \tag{14.49}$$

Mit Gl. (14.27) folgt schließlich:

$$\left(M_A - M_K \right) \int dt = J_1 \int d\omega_1 \tag{14.50}$$

$$(M_K - M_L) \int dt = J_2 \int d\omega_2 \qquad (14.51)$$

In Abhängigkeit der Anforderungen an die Kupplungen bzw. deren Erweiterten Funktionen sind Randbedingungen definiert, durch die alle auslegungsrelevanten Beziehungen für das Zweimassensystem abgeleitet werden können.

14.4.2 Vordimensionierung

14.4.2.1 Nicht schaltbare Kupplungen

Die im Folgenden aufgeführten Grundsätze für nicht schaltbare Kupplungen sind prinzipiell für alle Kupplungen im Synchronlauf bzw. ohne Drehzahldifferenzen gleichermaßen anzusetzen. Somit sind diese Grundsätze grundsätzlich auch für schaltbare Kupplungen im Synchronlauf gültig. Die Antriebs- und Arbeitsmaschine sind dabei über die nicht schaltbaren Kupplungen permanent verbunden. Soweit nicht ergänzend angegeben, sind die Winkelbeschleunigung $\ddot{\varphi}$, das Antriebsmoment M_A, das Lastmoment M_L und damit auch das Kupplungsmoment M_K als konstant angenommen. Lediglich die Kupplung weist hierbei die einzig relevante Elastizität C_K auf.

- **Drehstarre/drehelastische Kupplung im Nennbetriebsbereich unter Last**
Das Nenndrehmoment einer Kupplung ist im Nenndrehzahlbereich immer durch das Nenndrehmoment der Lastseite oder der Antriebsseite gegeben.

$$M_K = M_L = M_A \qquad (14.52)$$

Dieses Nenndrehmoment oder auch Nennlastmoment muss immer übertragen werden können. Die im Folgenden aufgeführten Beanspruchungsarten treten zusätzlich zum Nenndrehmoment auf.

- **Anlauf einer drehstarren/drehelastischen Kupplung unter Last**
Dem Nenndrehmoment wird beim Anfahren einer Anlage ein Beschleunigungsmoment überlagert. Unter der Annahme, dass der Beschleunigungsvorgang stoßfrei abläuft, sind folgende Betrachtungen zulässig. Mit den Drehmomentengleichgewichten nach den Gl. (14.48) und (14.49) und der Randbedingung, dass die beiden Kupplungshälften schlupffrei verbunden sind und damit die Winkelbeschleunigung $\ddot{\varphi}$ auf beiden Seiten gleich ist, kann das maximal wirkende Kupplungsmoment berechnet werden.

$$M_K = \frac{J_2}{(J_1 + J_2)} \cdot M_A + \frac{J_1}{(J_1 + J_2)} \cdot M_L \qquad (14.53)$$

Für M_A ist das größte zu erreichende Motor- bzw. Antriebsmoment einzusetzen. Sollte kein Lastmoment M_L vorhanden sein, ist der zweite Term gleich null zu setzen.

- **Einmalige kurzzeitige Stöße bei drehstarren/drehelastischen Kupplungen**

Ein konstantes und stoßfreies Motormoment ist in der Realität praktisch nicht vorhanden. Drehmomentstöße entstehen beim schlagartigen und kurzeitigen Beschleunigen oder Verzögern von Schwungmassen und durch eine zeitliche Veränderung des Antriebs- oder Lastmoments und ferner beim Durchlaufen von Spielen im Antriebsstrang. Solche Stöße führen zu einer breitbandigen Anregung des Schwingungssystems Antriebsstrang. Für die Berechnung wird der Stoß als Rechteckfunktion angenähert, die plötzlich auf das maximale Antriebsmoment ansteigt und nach einer kurzen Zeit t_i wieder auf das Nennmoment abfällt. Bezogen auf den Zweimassenschwinger versetzt eine Drehmomentschwankung einer der beiden Schwungmassen das System in Schwingung und führt damit zu kurzzeitigen Drehmomentüberhöhungen. Unter der Voraussetzung, dass kein Lastmoment vorhanden ist, folgt mit den Drehmomentengleichgewichten der Gl. (14.48) und (14.49) sowie dem aus der Elastizität resultierenden Kupplungsmoment $M_K = C_K \Delta\varphi$ nach Gl. (14.17):

Für die Antriebsseite:

$$J_1\ddot{\varphi}_1 + C_K\Delta\varphi = M_A \qquad (14.54)$$

Für die Abtriebseite:

$$J_2\ddot{\varphi}_2 = C_K\Delta\varphi \qquad (14.55)$$

Hieraus folgt:

$$\ddot{\varphi}_1 = \frac{M_A - C_K\Delta\varphi}{J_1} \qquad (14.56)$$

$$\ddot{\varphi}_2 - \frac{C_K\Delta\varphi}{J_2} \qquad (14.57)$$

Der durch die Elastizität der Kupplung C_K bedingte relative Verdrehwinkel $\Delta\varphi$ von der An- zur Abtriebsseite ist gegeben durch:

$$\Delta\varphi = \varphi_1 - \varphi_2 \rightarrow \Delta\ddot{\varphi} = \ddot{\varphi}_1 - \ddot{\varphi}_2 \qquad (14.58)$$

Aus der Gl. (14.18) folgt mit den Gl. (14.56) und (14.57):

$$\Delta\ddot{\varphi} = \frac{M_A - C_K\Delta\varphi}{J_1} - \frac{C_K\Delta\varphi}{J_2} = \frac{M_A}{J_1} - \frac{C_K\Delta\varphi}{J_1} - \frac{C_K\Delta\varphi}{J_2} \qquad (14.59)$$

Somit ergibt sich folgende Differentialgleichung:

$$J_1 J_2 \cdot \Delta\ddot{\varphi} + C_K(J_1 + J_2) \cdot \Delta\varphi = M_A \cdot J_2 \qquad (14.60)$$

Die Lösung dieser Differentialgleichung lautet:

$$\Delta\varphi = \frac{M_A}{J_1\omega_e^2}(1-\cos\omega_e t_i) \qquad (14.61)$$

Mit der Eigenkreisfrequenz ω_e nach Gl. (14.62) ergibt sich:

$$\omega_e = \sqrt{C_K\cdot\left(\frac{1}{J_1}+\frac{1}{J_2}\right)} = \sqrt{C_K\cdot\frac{J_1+J_2}{J_1\cdot J_2}} \qquad (14.62)$$

$$\Delta\varphi = \frac{J_2}{J_1+J_2}(1-\cos\omega_e t_i)\frac{M_A}{C_K} \qquad (14.63)$$

Und damit wird das maximale Kupplungsmoment zu:

$$M_K = \Delta\varphi\cdot C_K = \frac{J_2}{J_1+J_2}(1-\cos\omega_e t_i)\cdot M_A \qquad (14.64)$$

Der Term $(1-\cos\omega_e t_i)$ hat sein Maximum mit 2 bei $\omega_e t_i = \pi$, woraus folgt:

$$M_K = 2\frac{J_2}{(J_1+J_2)}\cdot M_A \qquad (14.65)$$

Ist ein Lastmoment vorhanden, ergibt sich entsprechend zu Gl. (14.53):

$$M_K = 2\frac{J_2}{(J_1+J_2)}\cdot M_A + \frac{J_1}{(J_1+J_2)}\cdot M_L \qquad (14.66)$$

Für M_A ist das größte erreichbare Motor- bzw. Antriebsmoment einzusetzen. Der Faktor 2 ist unabhängig von der Kupplungssteifigkeit und ist somit für drehstarre als auch für drehelastische Kupplungen gültig. Ebenso gilt diese Betrachtung entsprechend für Stöße der Lastseite. Obwohl in der Realität kein Rechteckstoß vorliegt, sind Faktoren in der Nähe von 1,8 in der Praxis durchaus möglich.

- **Drehstarre Kupplungen bei periodisch schwankenden Antriebsmomenten**

Bei Kupplungen im Nenndrehzahlbereich (nach dem Hochlauf) liegt das Lastmoment M_L auf der Abtriebsseite und das Antriebsmoment M_A auf der Antriebsseite an und das Gesamtsystem rotiert mit einer konstanten Winkelgeschwindigkeit ω. Das Lastmoment M_L und das Antriebsmoment M_A sind nach den Gln. (14.46) und (14.47) gleich groß, da die Beschleunigungsmomente M_{B1} und M_{B2} nach dem Hochlauf nicht mehr vorhanden sind. Wird dem bis dahin konstanten Antriebsmoment M_A eine periodische Anregung überlagert, wird das maximale Antriebsmoment und somit auch das maximale Kupplungsmoment durch das wirkende Wechseldrehmoment M_{Wwirk} der überlagerten Anregung bestimmt. Mit Gl. (14.52) folgt hieraus:

$$M_A + M_{\text{Wwirk}} = M_K = M_L + M_{\text{Wwirk}} \qquad (14.67)$$

Bei einer dem mittleren Drehmoment M_A bzw. M_L überlagerten Sinus-Schwingung mit der Amplitude M_W ergibt sich das wirkende Wechseldrehmoment M_{Wwirk} in Abhängigkeit der Vergrößerungsfunktion V, wodurch sich folgendes maximales Kupplungsmoment ergibt:

$$M_K = M_L + V \cdot \frac{J_2}{(J_1 + J_2)} \cdot M_W \qquad (14.68)$$

Drehstarre Kupplungen weisen im Rahmen der Werkstoffelastizitäten und Bauteilgeometrien vergleichsweise hohe Steifigkeiten C_K auf. Damit wird die Eigenkreisfrequenz ω_e nach Gl. (14.62) ebenfalls vergleichsweise hoch. Das Verhältnis von Erregerkreisfrequenz Ω zu Eigenkreisfrequenz ω_e geht für hohe Eigenkreisfrequenzen gegen null, Abb. 14.41, wodurch sich V asymptotisch gegen 1 nähert. Unter Einhaltung des zulässigen Wechseldrehmoments folgt somit aus Gl. (14.68) mit $V = 1$:

$$M_K = M_L + \frac{J_2}{(J_1 + J_2)} \cdot M_W \qquad (14.69)$$

• **Drehelastische Kupplungen bei periodisch schwankenden Antriebsmomenten**
Für drehelastische Kupplungen gilt ebenfalls Gl. (14.68). Hierbei kann das maximale Kupplungsmoment und damit die Belastung einer drehelastischen Kupplung geringer sein als bei einer drehstarren Kupplung, wenn der Vergrößerungsfaktor $V < 1$ ist, Abb. 14.41. Dies ist gegeben bei einer überkritischen Anregung mit:

$$\frac{\Omega}{\omega_e} \geq \sqrt{2} \qquad (14.70)$$

Für die Erregerkreisfrequenz $\Omega = \omega_e \sqrt{2}$ ist V annähernd unabhängig von der vorhandenen Dämpfung. Unter Berücksichtigung der Eigenkreisfrequenz ω_e des Zweimassenschwingers nach Gl. (14.62) kann für die Vorauswahl maximal $V = 1$ angenommen werden, wenn eine Kupplung mit folgender Steifigkeit gewählt wird:

$$C_{K,\text{soll}} \leq \frac{1}{2} \cdot \frac{J_1 J_2}{(J_1 + J_2)} \Omega^2 \qquad (14.71)$$

Abb. 14.41 Vergrößerungsfunktion mit Annäherung in
Verbindung mit Tab. 14.2

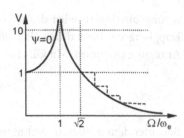

Grundsätzlich gilt in diesem Bereich: wird die Steifigkeit ausgehend von $C_{K,soll}$ immer weiter verringert, verringert sich auch der Vergrößerungsfaktor V. Wird die Steifigkeit immer weiter ausgehend von $C_{K,soll}$ erhöht, nimmt V für ω-Verhältnisse im Bereich von 1 bis $\sqrt{2}$ zu und zwischen 0 und 1 wieder ab; V ist dabei aber stets größer als 1, wodurch die drehelastische Kupplung höher belastet würde als eine drehstarre. Deshalb könnte eine Kupplung, die auf der Basis von $V = 1$ gewählt wird und eine Steifigkeit $C_{K,ist} \ll C_{K,soll}$ aufweist, wesentlich überdimensioniert sein. Eine anschließende Auslegungsrechnung würde praktisch immer eine ausreichende Tragfähigkeit nachweisen. Die gewählte Kupplung wäre aber nicht zwangsläufig die kleinstmögliche Baugröße, die es aus Kostengründen stets anzustreben gilt. Somit ist für periodische Belastungen iterativ eine kleinere Baugröße herauszuarbeiten. Hier ist das Steifigkeitsverhältnis $C_{K,ist}/C_{K,soll}$ zu betrachten, um den Vergrößerungsfaktor V und damit das maximale Kupplungsmoment anzupassen. Für die Vordimensionierung können deshalb die Näherungswerte aus Tab. 14.2 herangezogen werden. Das zulässige Wechseldrehmoment ist dabei stets zu berücksichtigen. Steifigkeitsverhältnisse von 1 bis 8 sollten nicht gewählt werden, da sonst der Betriebspunkt im Vergrößerungsbereich oder sogar direkt im Resonanzbereich liegen würde. Für Steifigkeitsverhältnisse größer 8 ist zu berücksichtigen, dass eine solche Kupplung im Vergleich zu drehstarren Kupplungen höher belastet werden würde. Somit sind Steifigkeitsverhältnisse im Bereich kleiner 1 zu wählen (Tab. 14.3).

- **Matrix zur Vordimensionierung von nicht schaltbaren, drehelastischen und drehstarren Kupplungen**
  Häufig ist auch eine Vordimensionierung auf Basis des Nenndrehmomentes der Antriebs- oder Arbeitsmaschine und/oder die Nutzung herstellerspezifischer Betriebs- oder Belastungsfaktoren möglich.

Tab. 14.2 Vergrößerungsfaktoren in Abhängigkeit der Kupplungssteifigkeit ohne Dämpfungseinfluss

$C_{K,ist}/C_{K,soll}$	> 32	32 … 8	8 … 1	1 … 0,75	0,75 … 0,6	0,6 … 0,3	< 0,3
V	1,2	1,4	∞	1	0,75	0,5	0,25

Tab. 14.3 Matrix zur Vordimensionierung drehstarrer und drehelastischer Kupplungen

Lastfall	Berechnungsgrundlage	
Nennbetriebsbereich	$M_K = M_L = M_A$	
Anlauf (ohne Stoß)	$M_K = \dfrac{J_2}{(J_1 + J_2)} \cdot M_A + \dfrac{J_1}{(J_1 + J_2)} \cdot M_L$	
Stoß, kurz, antriebsseitig (selten, Resonanzdurchfahrt)	$M_K = 2\dfrac{J_2}{(J_1 + J_2)} \cdot M_A + \dfrac{J_1}{(J_1 + J_2)} \cdot M_L$	
Periodisch (wechselnd, schwellend)	$M_K = M_L + V \cdot \dfrac{J_2}{(J_1 + J_2)} \cdot M_W$	
	drehstarr	drehelastisch
	$V = 1$	V aus Tab. 14.2
	$M_K = M_L + \dfrac{J_2}{(J_1 + J_2)} \cdot M_W$	$C_{K,soll} \leq \dfrac{1}{2} \cdot \dfrac{J_1 J_2}{(J_1 + J_2)} \Omega^2$
	M_{Wwirk}	M_{Wwirk}

14.4.2.2 Schaltbare Kupplungen

Unabhängig von der zur Anwendung kommenden Schlussart, werden schaltbare Kupplungen mechanisch belastet. Die Belastungen entsprechen bei vergleichbaren Randbedingungen in etwa denen der nicht schaltbaren Kupplungen. Die Festigkeit der schaltbaren, formschlüssigen Kupplungen wird im Wesentlichen durch die Gestaltung der Wirkflächenpaare, wie z. B. die Zahngeometrie, festgelegt. Für schaltbare, reibschlüssige Kupplungen gilt, dass diese zusätzlich erheblichen Wärmebelastungen unterliegen können, die durch die Drehzahldifferenz bzw. Relativbewegung im Reibkontakt hervorgerufen werden. Diese Wärmebelastungen stellen in den meisten Anwendungen die Auslegungskriterien dar. Demnach wird an dieser Stelle auf den rechnerischen Nachweis der mechanischen Festigkeit von Kupplungsteilen und der Zahngeometrien verzichtet und im Folgenden der Fokus auf die thermische Belastung und deren Entstehung gerichtet.

Die Relativbewegungen treten je nach Anwendungsfall unterschiedlich auf:
- vereinzelt (Einmalschaltung)
- regelmäßig in etwa gleichen Abständen (Mehrfachschaltungen)
- permanent (Dauerschlupf bzw. sehr lange Schaltzeiten)

Entscheidend für die thermische Auslegung ist dabei die Frage nach dem Vorgang, der die höchste thermische Belastung hervorruft. Dies können sein:
- Hochlauf
- Bremsen
- Lastlauf
- Leerlauf

In der Praxis sind drei Randbedingungen besonders häufig, weshalb diese für die Vordimensionierung und Auslegungsrechnung beispielhaft vorgestellt werden:

1. Eine wesentliche Forderung für technische Anwendungen ist die vorgegebene Beschleunigungszeit, z. B. für eine Arbeitsmaschine. In Abhängigkeit der Trägheiten und der relativen Winkelgeschwindigkeiten ergibt sich ein Beschleunigungsmoment zur Berechnung des Kupplungsmoments.
2. Eine zweite Forderung ist die geforderte Rutschzeit, die insbesondere bei Bremsen für die Einhaltung des Bremswegs von Bedeutung ist. Aus dem daraus resultierenden Beschleunigungs- bzw. Verzögerungsmoment kann direkt das Kupplungsmoment berechnet werden. Je nach Anwendungsfall kann die Beschleunigungszeit mit der Rutschzeit identisch sein, Abb. 14.42.
3. Keine Vorgaben außer die Wahl der Antriebs- und Arbeitsmaschine. Hierfür ist das maximale Drehmoment der Antriebs- oder Arbeitsmaschine vorauszusetzen sowie ein Sicherheits- bzw. Betriebsfaktor einzurechnen, der z. B. bei den Herstellern anzufragen ist, wodurch das erforderliche Kupplungsmoment bzw. Kennmoment M_{KK} bestimmt werden kann.

Je nach Anwendungsfall können weitere auslegungsrelevante Größen ermittelt werden:
- Beschleunigungs-/Verzögerungsmoment
- Kennmoment/Reibmoment
- Rutschzeit
- Synchrondrehzahl/Gleichlaufdrehzahl
- Wärmeeintrag/spezifischer Wärmeeintrag
- Wärmeleistung/spezifische Wärmeleistung
- Schwingungsanregung, z. B. Rupfen

Für die Auslegung von Bremsen sind diese den folgenden Gruppen zuzuordnen, wodurch die Randbedingungen bestimmt werden:

- Haltebremse
Diese wird nur im Stillstand eingesetzt, weshalb kein $\Delta\omega$ und somit auch weder Verschleiß noch Erwärmung auftreten. Dadurch ermöglichen sich kleine Baumaße und große Flächenpressungen, die praktisch nur durch die Fließgrenze des weicheren Reibpartners begrenzt werden.

- Stoppbremse
Sie findet ihren Einsatz zum Anhalten umlaufender Wellen und kann im Stillstand somit auch als Haltebremse eingesetzt werden. Je nach Anwendung ist ein $\Delta\omega$ von niedrig bis hoch möglich. Auch die Schalthäufigkeit kann von niedrig bis hoch variieren.

- Regelbremse
Sie dient zum Einhalten bestimmter Drehzahlen. Es treten relativ hohe Schalthäufigkeiten auf, wobei $\Delta\omega$ in Anhängigkeit der Regelungsparameter jedoch meist gering gehalten werden kann.

- Leistungsbremse
Diese wird häufig für Prüfungen von Kraftmaschinen auf Leistungsprüfständen eingesetzt und mit Dauerschlupf betrieben. Je nach Anwendung und Betriebspunkt ist ein niedriges bis sehr hohes $\Delta\omega$ möglich, das bis zur Motordrehzahl angehoben werden kann.

• **Der Synchronisierungsvorgang – Die Rutschphase**
Schaltbare Kupplungen werden eingesetzt, um den Leistungsfluss zu unterbrechen, zu schließen und gegebenenfalls zu modellieren. Häufigster Anwendungsfall ist das Schalten unter Last mit Drehzahldifferenz. Hierbei dreht sich z. B. die Antriebsseite mit einer gegebenen Ausgangswinkelgeschwindigkeit ω_{10}. Durch das Schließen einer kraftschlüssigen Kupplung werden die Antriebsseite ω_{10} und Abtriebsseite ω_{20} miteinander gekoppelt. Im Zeitraum t_0 bis t_{syn} liegt dabei eine rutschende bzw. schlüpfende Kupplung vor,

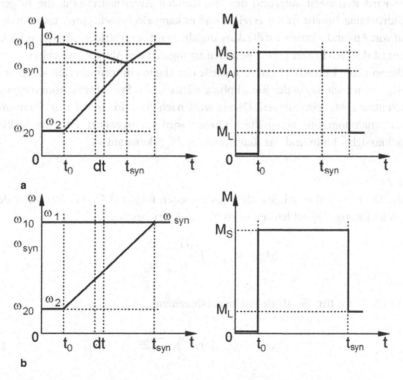

Abb. 14.42 Synchronisationsvorgang: Winkelgeschwindigkeiten und Drehmomente

Abb. 14.42. Diese Zeitspanne wird als Rutschzeit t_r oder nach [VDI2241] auch mit t_3 bezeichnet.

$$t_\text{syn} - t_0 = t_\text{r} \tag{14.72}$$

In der Rutschphase wird die Masse J_2 der langsameren Abtriebsseite beschleunigt und die Masse J_1 der schnelleren Antriebsseite verzögert. Die Winkelgeschwindigkeit des Antriebs kann durch Masseneffekte ($J_1 \gg J_2$) oder durch Drehzahlregelung der Antriebsmaschine konstant gehalten werden, Abb. 14.42. Unabhängig hiervon, weisen beide Kupplungsseiten bei t_syn, die gleiche Winkelgeschwindigkeit ω_syn auf und der Rutschvorgang ist damit abgeschlossen.

$$\omega_\text{syn} = \omega_1(t_\text{syn}) = \omega_2(t_\text{syn}) \tag{14.73}$$

Der Absolutbetrag der Rutschzeit t_r wird bei unveränderten Randbedingungen und Kupplungskennwerten durch den Drehzahlverlauf beeinflusst. In Abb. 14.42b ist zu erkennen, dass die Beschleunigungzeit der Abtriebsmaschine der Rutschzeit entspricht. In Abb. 14.42a hingegen wird Rutschzeit aufgrund der absinkenden Antriebsdrehzahl, die so genannte Drehzahldrückung, bereits früher erreicht und es kann ein gemeinsamer und schlupffreier Hochlauf von An- und Abtrieb auf die Ausgangsdrehzahl der Antriebsseite ω_{10} erfolgen. Die Rutschzeit ist dadurch kürzer als die Beschleunigungzeit der Abtriebsmaschine.

Für die weiteren Betrachtungen ist anstelle des allgemein formulierten Kupplungsmoments M_K prinzipiell das in der Rutschphase während des Synchronisationsvorgangs wirkende schaltbare M_S einzusetzen. Dieses wird nach Abschn. 14.4.1.1 als Kennmoment M_KK des Schaltmomentes angenähert. Ebenso wird vorausgesetzt, dass die Anstiegszeit t_a vernachlässigbar klein und das Kennmoment M_KK konstant ist.

– **Fall 1:** $M_\text{L} = const$
Durch die Drehmomentgleichgewichte beider Seiten folgt mit Gl. (14.50) unter der Annahme gleichförmiger Beschleunigungen für die Antriebsseite:

$$M_\text{A} - M_\text{KK} = J_1 \frac{(\omega_\text{syn} - \omega_{10})}{(t_\text{syn} - t_0)} \tag{14.74}$$

Mit Gl. (14.51) folgt für die Abtriebsseite entsprechend:

$$M_\text{KK} - M_\text{L} = J_2 \frac{(\omega_\text{syn} - \omega_{20})}{(t_\text{syn} - t_0)} \tag{14.75}$$

Mit Gl. (14.72) folgt hieraus:

$$t_r = \frac{J_1(\omega_{10} - \omega_{syn})}{M_{KK} - M_A} \qquad (14.76)$$

$$t_r = \frac{J_2(\omega_{syn} - \omega_{20})}{M_{KK} - M_L} \qquad (14.77)$$

Die bisher unabhängigen Gleichungen werden nun zusammengeführt, woraus die aus-legungsrelevanten Parameter berechnet werden können.

Rutschzeit t_r:
Die Gl. (14.76) nach ω_{syn} auflösen und in Gl. (14.77) einsetzen ergibt:

$$t_r = \frac{J_1 J_2}{J_1(M_{KK} - M_L) + J_2(M_{KK} - M_A)}(\omega_{10} - \omega_{20}) \qquad (14.78)$$

Gemeinsame Winkelgeschwindigkeit ω_{syn} nach der Rutschzeit t_r
Das Gleichsetzen der Gl. (14.76) und (14.77) ergibt:

$$\omega_{syn} = \frac{\omega_{10} J_1(M_{KK} - M_L) + \omega_{20} J_2(M_{KK} - M_A)}{J_1(M_{KK} - M_L) + J_2(M_{KK} - M_A)} \qquad (14.79)$$

Notwendiges Kupplungskennmoment M_{KK} für vorgegebene Rutschzeit t_r
Aus Gl. (14.78) kann direkt das Kupplungskennmoment ermittelt werden:

$$M_{KK} = \frac{J_1 J_2}{J_1 + J_2} \cdot \frac{(\omega_{10} - \omega_{20})}{t_r} + \frac{J_2}{J_1 + J_2} M_A + \frac{J_1}{J_1 + J_2} M_L \qquad (14.80)$$

– Fall 2: $M_L \sim \omega$
Für die Antriebsseite gilt die Gl. (14.50) und somit auch Gl. (14.76) unverändert. Für die Abtriebsseite gilt die Gl. (14.51) unter Berücksichtigung von Gl. (14.22):

$$(M_{KK} - M_{L\omega})dt = J_2 d\omega \qquad (14.81)$$

$$\left(M_{KK} - M_L \cdot \frac{\omega}{\omega_{syn}}\right) = J_2 \frac{d\omega_2}{dt} \qquad (14.82)$$

Für die Abtriebsseite folgt hieraus [Win85]:

$$t_r = \frac{J_2 \cdot \omega_{syn}}{M_{KK} - M_L} \cdot \ln \left(\frac{M_{KK} - M_L \dfrac{\omega_{20}}{\omega_{syn}}}{M_{KK} - M_L} \right) \tag{14.83}$$

Äquivalent zu Fall 1 kann hieraus die Rutschzeit t_r unter Berücksichtigung der Antriebs-seite ermittelt werden. Die gemeinsame Winkelgeschwindigkeit ω_{syn} nach der Rutschzeit t_r und das erforderliche Kupplungskennmoment M_{KK} für eine vorgegebene Rutschzeit t_r können hiermit entsprechend Fall 1 berechnet werden.

– Fall 3: $M_L \sim \omega^2$
Für die Antriebsseite gelten Gl. (14.50) und (14.76) weiterhin unverändert. Für die Ab-triebsseite gilt mit Gl. (14.51) unter Berücksichtigung von Gl. (14.23) entsprechend Fall 2:

$$(M_{KK} - M_{L\omega^2})dt = J_2 d\omega \tag{14.84}$$

$$\left(M_{KK} - M_L \cdot \frac{\omega^2}{\omega_{syn}^2} \right) = J_2 \frac{d\omega_2}{dt} \tag{14.85}$$

Für die Abtriebsseite folgt hieraus [Win85]:

$$t_r = \frac{J_2 \cdot \omega_{syn}}{\sqrt{M_L M_{KK}}} \cdot \left[\text{arctanh} \left(\sqrt{\frac{M_L}{M_{KK}}} \right) - \text{arctanh} \left(\frac{\omega_{20}}{\omega_{syn}} \sqrt{\frac{M_L}{M_{KK}}} \right) \right] \tag{14.86}$$

Äquivalent zu Fall 1 und Fall 2 ergeben sich hieraus die Rutschzeit t_r unter Berücksichti-gung der Antriebsseite, die gemeinsame Winkelgeschwindigkeit ω_{syn} nach der Rutschzeit t_r und das erforderliche Kupplungskennmoment M_{KK} für eine vorgegebene Rutschzeit t_r.

• **Wärmeeintrag und Wärmeleistung**
In Abb. 14.43 ist für eine Lastschaltung der Zeit-/Winkelgeschwindigkeitsverlauf eines Einkuppelvorgangs dargestellt. Hieraus ergeben sich rein mechanische Belastungen, wie z. B. die wirkenden Drehmomente. Zusätzlich unterliegt eine schaltbare, reibschlüssige Kupplung einer Wärmebelastung, die zum einen aus den Umgebungsbedingungen be-gründet ist. Zum anderen resultieren diese aus der Relativbewegung der Wirkflächenpaa-re, die einen Energieeintrag in die Kupplung aufgrund der Übertragungsverluste von der An- zur Abtriebsseite bewirken. Grundsätzlich betrachtet, wird dem System antriebsseitig die Leistung P_1 zugeführt.

$$P_1(t) = M_{KK} \cdot \omega_1(t) \tag{14.87}$$

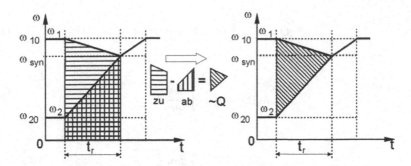

Abb. 14.43 Verdeutlichung der Entstehung des Wärmeeintrags Q

Unter Bezug auf das beidseitig gleiche Kupplungsmoment M_{KK} nach Gl. (14.1) steht dem System abtriebsseitig die Leistung P_2 zur Verfügung.

$$P_2(t) = M_{KK} \cdot \omega_2(t) \tag{14.88}$$

Aus der Differenz von P_1 und P_2 ergibt sich eine Verlustleistung, die auch als Wärmeleistung[4] $\dot{Q}$ bezeichnet wird.

$$\dot{Q}(t) = P_1(t) - P_2(t) \tag{14.89}$$

$$\dot{Q}(t) = M_{KK}(\omega_1(t) - \omega_2(t)) \tag{14.90}$$

Mit der Definition der Leistung folgt:

$$\dot{Q} = \frac{dQ}{dt} \text{ bzw. } dQ = \dot{Q}\, dt \tag{14.91}$$

$$dQ = M_{KK}(\omega_1(t) - \omega_2(t))\, dt \tag{14.92}$$

Die Integration von Gl. (14.92) in den gegebenen Grenzen, Abb. 14.43, unter Berücksichtigung der zeitabhängigen Winkelgeschwindigkeitsverläufe $\omega_1(t)$ und $\omega_2(t)$, s. Gl. (14.94) und (14.95), liefert in Gl. (14.103) eine Verlustarbeit, die als Energieeintrag in die Kupplung und damit als Wärmeeintrag[5] Q berücksichtigt werden muss:

---

[4] Nach [VDI2241] als Schaltleistung oder auch Reibleistung bezeichnet; jedoch nicht zu verwechseln mit der tatsächlich geschalteten bzw. übertragenen Leistung.

[5] Nach [VDI2241] als Schaltarbeit oder auch Reibarbeit bezeichnet; jedoch nicht zu verwechseln mit der tatsächlich geschalteten bzw. übertragenen Arbeit.

$$Q = M_{KK} \int_{t_0}^{t_{syn}} (\omega_1(t) - \omega_2(t)) \; dt \tag{14.93}$$

$$\omega_1(t) = \omega_{10} - \int_{t_0}^{t} \frac{d\omega_1}{dt} dt \tag{14.94}$$

$$\omega_2(t) = \omega_{20} + \int_{t_0}^{t} \frac{d\omega_2}{dt} dt \tag{14.95}$$

Mit der Annahme einer gleichförmigen Bewegung nach Gl. (14.26) folgt:

$$\frac{d\omega_1}{dt} = const = \frac{\omega_{10} - \omega_{syn}}{t_{syn} - t_0} \tag{14.96}$$

$$\omega_1(t) = \omega_{10} - \int_{t_0}^{t} \frac{\omega_{10} - \omega_{syn}}{t_{syn} - t_0} dt = \omega_{10} - \frac{\omega_{10} - \omega_{syn}}{t_{syn} - t_0}(t - t_0) \tag{14.97}$$

$$\frac{d\omega_2}{dt} = const = \frac{\omega_{syn} - \omega_{20}}{t_{syn} - t_0} \tag{14.98}$$

$$\omega_2(t) = \omega_{20} + \int_{t_0}^{t} \frac{\omega_{syn} - \omega_{20}}{t_{syn} - t_0} dt = \omega_{20} + \frac{\omega_{syn} - \omega_{20}}{t_{syn} - t_0}(t - t_0) \tag{14.99}$$

Mit der zeitlich veränderlichen Differenz der Winkelgeschwindigkeiten und dem konstanten und bekannten Kupplungskennmoment kann nun der Wärmeeintrag Q berechnet werden.

$$\omega_1(t) - \omega_2(t) = (\omega_{10} - \omega_{20}) \cdot \frac{t_{syn} - t}{t_{syn} - t_0} \tag{14.100}$$

$$Q = M_{KK} \cdot (\omega_{10} - \omega_{20}) \int_{t_0}^{t_{syn}} \frac{t_{syn} - t}{t_{syn} - t_0} dt \tag{14.101}$$

$$Q = \frac{1}{2} M_{KK} \cdot (\omega_{10} - \omega_{20}) \cdot (t_{syn} - t_0) \tag{14.102}$$

$$Q = \frac{1}{2} M_{KK} \cdot (\omega_{10} - \omega_{20}) \cdot t_r \tag{14.103}$$

Der hier allgemein ermittelte Wärmeeintrag Q betrachtet einen einzigen Synchronisationsvorgang und kann auch als Wärmeeintrag je Schaltung bezeichnet werden.

- **Maximaler Wärmeeintrag**

Unter Berücksichtigung der graphischen Verdeutlichung des Wärmeintrags Q in Abb. 14.43 lässt sich aus Abb. 14.42 ableiten, dass die Wärmeeinträge der beiden dargestellten Verläufe unterschiedlich sind. Eine konstante Winkelgeschwindigkeit des Antriebs $\omega_1 = \omega_{10} = \omega_{syn} = \omega_{const}$, Abb. 14.42b, führt hierbei zu einer verlängerten Rutschzeit t_r und zu einem höheren Wärmeeintrag Q. Das Absinken der Winkelgeschwindigkeit des Antriebs während der Rutschphase – die Drehzahldrückung – führt zu verringerten Rutschzeiten t_r und zu einem geringeren Wärmeeintrag Q.

Für die weiteren Betrachtungen wird der kritischste Belastungsfall mit konstanter Winkelgeschwindigkeit des Antriebs $\omega_1 = \omega_{10} = \omega_{syn} = \omega_{const}$ angenommen. Hieraus folgt, dass keine Beschleunigungseffekte der Antriebsseite zu berücksichtigen sind und somit die Rutschzeit t_r bei unverändertem Kennmoment $M_{KK} = M_A$ nur in Abhängigkeit der Massen und Beschleunigungen der Abtriebsseite bestimmt wird.

– **Fall 1:** $M_L = const$

Mit der Rutschzeit t_r aus Gl. (14.77) ergibt sich die maximale Schaltarbeit Q_{max} nach Gl. (14.103) zu:

$$Q_{max} = \frac{1}{2} J_2 (\omega_{10} - \omega_{20})^2 \cdot \left(1 - \frac{M_L}{M_{KK}} \right)^{-1} \tag{14.104}$$

– **Fall 2:** $M_L \sim \omega$

Mit der Rutschzeit t_r nach Gl. (14.83) ergibt sich die maximale Schaltarbeit Q_{max} nach Gl. (14.103) zu [Win85]:

$$Q_{max} = J_2 \omega_{10}^2 \left(\frac{M_{KK}^2}{M_L^2} - \frac{M_{KK}}{M_L} \cdot \frac{\omega_{20}}{\omega_{10}} \right) \cdot$$
$$\cdot \left(1 - e^{-\frac{t_r M_L}{J_2 \omega_{10}}} \right) - M_{KK} \omega_{10} \left(\frac{M_{KK}}{M_L} - 1 \right) \cdot t_r \tag{14.105}$$

–Fall 3: $M_L \sim \omega^2$

Mit der Rutschzeit t_r nach Gl. (14.86) ergibt sich die maximale Schaltarbeit Q_{max} nach Gl. (14.103) zu [Win85]:

$$Q_{max} = M_{KK}\omega_{10}t_r - J_2\omega_{10}^2 \frac{M_{KK}}{M_L} \ln \frac{\cosh(A)}{\cosh\left(\dfrac{t_r\sqrt{M_L M_{KK}}}{J_2\omega_{10}} + A\right)}$$

$$\text{mit } A = \text{arctanh}\left(\frac{\omega_{20}}{\omega_{10}}\sqrt{\frac{M_L}{M_{KK}}}\right)$$

(14.106)

Diese Gleichungen sind gültig, wenn die Anstiegszeit t_a für den Drehmomentaufbau in der Kupplung kurz und der während dieser Anstiegszeit t_a entstehende Wärmeeintrag Q unwesentlich für die Gesamtbetrachtung ist.

Der Wärmeeintrag Q nach Gl. (14.103) wird maßgeblich durch das Kupplungskennmoment M_{KK} bestimmt. Das Kupplungsmoment wiederum setzt sich nach Gl. (14.33) aus einem statischen Anteil des Lastmoments M_L und einem dynamischen Anteil des Beschleunigungsmoments M_B zusammen. Demnach resultiert für den Wärmeeintrag Q einer Kupplung sowohl ein statischer Anteil Q_{stat} als auch ein dynamischer Anteil Q_{dyn}:

$$Q = Q_{stat} + Q_{dyn}$$

(14.107)

In Abb. 14.44 wird die Abhängigkeit des Wärmeeintrags Q von dem Verhältnis M_{KK}/M_L in dimensionsloser Form gezeigt. Dabei ist Q_{dyn} der Wärmeeintrag bei reiner Massenbeschleunigung ohne Lastmoment.

- **Maximale Wärmeleistung**

Die Wärmeleistung $\dot{Q}$ ändert sich während des Schaltvorgangs permanent und erreicht meistens ihr Maximum zu Beginn des Schaltvorgangs, wodurch diese praktisch unabhängig vom Drehzahlverlauf während der Synchronisationsphase ist, Abb. 14.45.

Abb. 14.44 Einfluss von M_{KK}/M_L auf den Wärmeeintrag Q; nach [VDI2241]

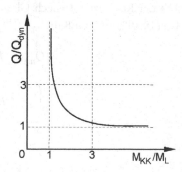

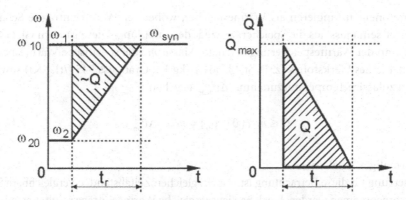

Abb. 14.45 Maximaler Wärmeeintrag und maximale Wärmeleistung (kritischster Fall)

Die maximale Wärmeleistung $\dot{Q}_{max}$ wird entsprechend wie folgt ermittelt:

$$\dot{Q}_{max} = M_{KK} \cdot (\omega_{10} - \omega_{20}) \tag{14.108}$$

In Abb. 14.46 wird die Abhängigkeit der Wärmeleistung $\dot{Q}$ von dem Verhältnis M_{KK}/M_L in dimensionsloser Form gezeigt. Eine zu langsam schaltende Kupplung bewirkt eine hohe Erwärmung. Eine zu schnell schaltende Kupplung führt beim Verbinden durch hohes Reibmoment zu kurzzeitig hoher Erwärmung und zu hohen Laststößen.

- **Wärmebelastung**
- Einmaliges Schalten

Einmalschaltungen finden z. B. für Notfallabschaltungen und bei Industrieanlagen Anwendung, die zu Beginn der Arbeitswoche hochgefahren werden und dann ohne weiteres Schalten bis zum Ende der Arbeitswoche im Nennbetriebpunkt betrieben werden. Hier kann der Wärmeübergang an den Außenflächen der Kupplung praktisch vernachlässigt werden, da die Reibungswärme relativ kurzzeitig erzeugt wird. Die Kupplung bzw. de-

Abb. 14.46 Wärmeleistung $\dot{Q}$ in Abhängigkeit von M_{KK}/M_L

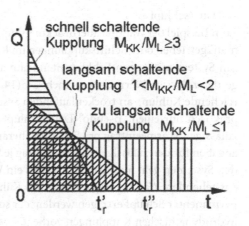

ren Komponenten fungieren als Wärmespeicher, wobei der Wärmeeintrag je Schaltung Q geringer sein muss, als die Speicherkapazität der Kupplung. Diese ist nach Gl. (14.109) durch die an der Wärmespeicherung beteiligte Masse m, die spezifische Wärmespeicherfähigkeit c eines Werkstoffes (z. B. Stahl: 461 J/(kg K); Grauguss 545 J/(kg K)) sowie die maximal zulässige Temperaturzunahme $\Delta\vartheta_{max}$ gegeben.

$$Q \leq m \cdot c(\vartheta - \vartheta_0) = m \cdot c \cdot \Delta\vartheta_{max} \qquad (14.109)$$

– Mehrmaliges Schalten

Voraussetzung für diese Betrachtung ist, dass in gleichen Zeitabständen vergleichbare Schaltungen vorgenommen werden, bei denen jeweils gleiche Wärmeeinträge resultieren, was z. B. in der Kfz-Kupplung unter Alltagsbedingungen praktisch nicht möglich ist. Dies bedeutet, dass die Wärmeleistung $\dot{Q}$ durch die Häufigkeit der Synchronisationsvorgänge, die so genannte Schalthäufigkeit s_h, mit jeweils einem Wärmeeintrag Q je Schaltung bestimmt wird.

$$\dot{Q} = Q \cdot s_h \qquad (14.110)$$

Für solche mehrmalige Schaltungen ist normalerweise die Wärmespeicherfähigkeit der Kupplung nicht mehr ausreichend, weshalb ein Wärmeübergang an den Außenflächen der Kupplung erfolgen muss; die Kupplung fungiert als Wärmetauscher. Der Wärmeübergang wird durch die an der Wärmeübertragung beteiligte Oberfläche A_K, die Wärmeübergangszahl a_K, die wiederum von der Geschwindigkeit der umgebenden Luft bzw. von der Geschwindigkeit der Kühlfläche selbst abhängig ist, und die vorhandene Temperaturdifferenz $\Delta\vartheta$ bestimmt. Ebenso wird der Wärmeübergang durch Schmierung und Kühlung bei nasslaufenden Friktionssystemen günstig beeinflusst. Das bedeutet, dass die erzeugte Wärmeleistung stets kleiner zu halten ist, als der konvektive Wärmeübergang des Newton'schen Abkühlungsgesetzes.

$$\dot{Q} = Q \cdot s_h \leq \alpha_K A_K (\vartheta - \vartheta_0) = \alpha_K A_K \Delta\vartheta$$
$$\text{mit } \alpha_K A_K = \sum_{j=1}^{j=n} \alpha_{Kj} A_{K_j} \qquad (14.111)$$

– Dauerschlupf

Zum Beispiel bei Wandlerüberbrückungskupplungen zur Schwingungsdämpfung in Automatikgetrieben oder Schiffskupplungen im Rangierbetrieb treten lange Schlupfphasen auf. Ein System mit langen Schlupfzeiten kann als Wärmespeicher betrachtet werden, solange der zulässige Wärmeintrag nach Gl. (14.109) nicht überschritten wird. Da eine ausreichende Kühlung an trockenlaufenden Systemen häufig nicht möglich ist, können diese praktisch nur einen „pseudo"-Dauerschlupf ertragen. Hierfür werden die Werte für den zulässigen Wärmeeintrag pro Schaltung herangezogen [Gei99], wobei dann die Herstellerangaben für den zulässigen Wärmeeintrag je Stunde als Grenzwerte gelten. Bei nasslaufenden Systemen geht man davon aus, dass ein Wärmetauscher vorliegt und ein Großteil der entstehenden Wärmeenergie durch das Kühlöl abgeführt werden kann. Somit kann ein permanenter Schlupf ertragen werden, der so genannte Dauerschlupf, wie er z. B. auch bei hydrodynamischen Kupplungen vorliegt.

Abb. 14.47 Zulässiger Wärmeeintrag Q_{zul} in Abhängigkeit der Schalthäufigkeit s_h nach [VDI2241]

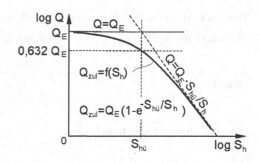

$$Q = M_{KK} \cdot \Delta\omega \cdot t_r \qquad (14.112)$$

– Grenzkurve

Auf der Basis obiger Betrachtungen muss die Kupplung in Abhängigkeit der Wärmeeinträge bzw. der Wärmeleistungen entweder als Wärmespeicher oder als Wärmetauscher fungieren. Unter Berücksichtigung der Schalthäufigkeit s_h ergibt sich eine Grenzkurve für den zulässigen Wärmeeintrag Q_{zul} je Schaltung, Abb. 14.47. Die Übergangsschalthäufigkeit $s$hü als charakteristischer Wert der Schalthäufigkeit s_h ist über den Schnittpunkt der beiden Asymptoten in der doppelt-logarithmischen Darstellung definiert. Schalthäufigkeiten oberhalb von $s_{hü}$ führen zu stark reduzierten zulässigen Wärmeeinträgen Q_{zul} je Schaltung. Die Übergangsschalthäufigkeit $s_{hü}$ kann dabei z. B. durch Kühlungsmaßnahmen, die Betriebsart – Kupplungs- oder Bremsbetrieb – und die Winkelgeschwindigkeiten zu Beginn des Synchronisationsvorgangs beeinflusst werden.

In der Praxis wird der zulässige Wärmeeintrag bei einmaliger Schaltung Q_E durch den auf die Fläche bezogenen spezifischen Wärmeeintrag[6] je Schaltung q_{AE} unter Berücksichtigung der aktiven Reibfläche A_K und der Anzahl der Reibflächen z bestimmt.

$$Q_E \leq q_{AE} \cdot A_R \cdot z \qquad (14.113)$$

Die zulässige Wärmeleistung einer Kupplung je Schaltung $\dot{Q}$ folgt schließlich in Anhängigkeit der flächenbezogenen spezifischen Wärmeleistung[7] je Schaltung $\dot{q}_{A0}$ unter Berücksichtigung der aktiven Reibfläche A_K, der Anzahl der Reibflächen z sowie der Schalthäufigkeit s_h:

$$\dot{Q} = Q \cdot s_h \leq \dot{q}_{A0} \cdot A_R \cdot z \cdot \frac{1}{s_h} \qquad (14.114)$$

• **Matrix zur Vordimensionierung schaltbarer Kupplungen mit Drehzahldifferenzen (Synchronisation)**

In Anlehnung an [VDI2241] sollte bei Lastschaltungen das Kennmoment $M_{KK} \geq 2\,M_L$ sein, damit der Anteil des anfallenden Wärmeeintrags Q_{stat} nicht zu groß wird. Als Ober-

---

[6] Nach [VDI2241] auch spezifische Reibarbeit genannt.

[7] Nach [VDI2241] auch spezifische Reibleistung genannt.

Tab. 14.4 Matrix zur Vordimensionierung schaltbarer Kupplungen

Annahme für $M_L = const$	Industrie: $2M_L < M_{KK} \leq 3M_L$
	Fahrzeuge: $1,3M_L < M_{KK} \leq (1,5 \text{ bis } 2)M_L$
Rutschzeit	$t_r = \dfrac{J_1 J_2}{J_1(M_{KK} - M_L) + J_2(M_{KK} - M_A)}(\omega_{10} - \omega_{20})$
Synchrondrehzahl nach Rutschzeit	$\omega_{syn} = \dfrac{\omega_{10} J_1(M_{KK} - M_L) + \omega_{20} J_2(M_{KK} - M_A)}{J_1(M_{KK} - M_L) + J_2(M_{KK} - M_A)}$
Kennmoment für gegebene Rutschzeit	$M_{KK} = \dfrac{J_1 J_2}{J_1 + J_2} \cdot \dfrac{(\omega_{10} - \omega_{20})}{t_r} + \dfrac{J_2}{J_1 + J_2}M_A + \dfrac{J_1}{J_1 + J_2}M_L$
Wärmeeintrag einer Schaltung	$Q = \dfrac{1}{2}M_{KK} \cdot (\omega_{10} - \omega_{20}) \cdot t_r$
Kritischster Fall	$\omega_{10} = const \rightarrow M_{KK} = M_A$
Maximale Wärmeleistung einer Schaltung	$\dot{Q}_{max} = M_{KK} \cdot (\omega_{10} - \omega_{20})$
Zulässiger Wärmeeintrag bei wiederholter Schaltung	$Q_{zul} = Q_E(1 - e^{-s_{h\ddot{u}}/s_h})$ mit $Q_E \leq q_{AE} \cdot A_R \cdot z$
Maximale zulässige Wärmeleistung einer Schaltung	$\dot{Q} = Q \cdot s_h \leq \dot{q}_{A0} \cdot A_R \cdot z \cdot \dfrac{1}{s_h}$

grenze sollte das Kennmoment $M_{KK} \leq 3M_L$ sein, da die Kupplung sonst zu schnell schaltet und Schwingungen entstehen können, Abb. 14.46.

Für die Anwendung als Fahrzeugkupplung hat sich dieser Ansatz allerdings nicht durchgesetzt, da die Kupplung anderenfalls zu große Sicherheitsreserven aufweisen würde (Baugröße, Kosten) und nicht zur Drehmomentbegrenzung eingesetzt werden kann. Hier ist das Kennmoment mit $M_{KK} = 1,3M_L$ bis $1,5M_L$, höchstens jedoch mit $M_{KK} \leq 2M_L$, anzusetzen (Tab. 14.4).

14.4.3　Auslegungsrechnung

Die Kupplungsbauform ist bereits nach dem Auswahlprozess unter den entsprechenden Erweiterten Funktionen und Auswahlkriterien ausgewählt, ebenso ist eine Baugröße, basierend auf der Vordimensionierung, bestimmt worden. Es gilt nun den bereits bestehenden Zweimassenschwinger durch die tatsächlich vorhandenen Kupplungsparameter zu erweitern. An dieser Stelle darf noch einmal darauf hingewiesen werden, dass die resultierenden Wechselwirkungen aus den Erweiterten Funktionen Ausgleich von Versatz und

Beeinflussung der dynamischen Eigenschaften zu Belastungen weiterer Konstruktionselemente, wie z. B. Lager und Wellen, führen und deren Sicherheit es zu überprüfen gilt.
Für die Auslegungsrechnung von Kupplungen ist das für die Vordimensionierung zuvor
gebildete Modell des linearen Zweimassenschwingers um die zusätzlichen Kupplungsträg-
heiten und die tatsächlichen Torsionssteifigkeiten zu erweitern und das erweiterte System
erneut auf einen linearen Zweimassenschwinger zu reduzieren.

14.4.3.1 Nicht schaltbare Kupplungen

Des Weiteren ist zu prüfen, ob die gewählte Kupplung unter Berücksichtigung weiterer Faktoren, wie z. B. die Umgebungstemperatur, die Auslegungsrundsätze erfüllt. Die
Auslegungsrichtlinien sind detailliert in der [DIN740] dargestellt und beziehen sich auf
„schlupffreie", nachgiebige Kupplungen, deren Kraftüber-tragungsglieder sowohl aus teilweise oder allseitig nachgiebigen Elastomeren als auch aus metallischen Federelementen
bestehen. Im Sinne der Norm gilt der Begriff „Nachgiebige Wellenkupplung" für Kupplungen in axial-, radial- und winkelnachgiebiger Ausführung, die jedoch sowohl drehelastisch
als auch drehstarr sein können. Demnach ist diese Norm sinngemäß auch auf schaltbare
Kupplungen im geschlossenen schlupffreien Zustand anwendbar. Die beinhalteten Auslegungsgrundsätze können hier nur auszugsweise vorgestellt werden.

Nach [DIN740] bestehen drei Möglichkeiten eine Auslegungsrechnung durchzuführen:

* Überschlägige Berechnung mit herstellerspezifischen Erfahrungswerten. Die Berech-
  nungsgänge und Faktoren sind den Herstellerkatalogen zu entnehmen
* Überschlägige Berechnungen für den linearen Zweimassenschwinger. Die Berech-
  nungsgänge und Faktoren sind der [DIN740] zu entnehmen.
* Höhere Berechnungsverfahren

Die ersten beiden Möglichkeiten beinhalten vorzugsweise erfahrungsspezifische Belastungsfaktoren und gelten außerdem nur für den linearen Zweimassenschwinger unter
speziellen Betriebsbedingungen. Es empfiehlt sich, die Auslegungsrechnung nach den
Herstellerangaben der gewählten Kupplung durchzuführen, da diese speziell angepasst,
einfach zu handhaben und häufig auch firmeninterne Erfahrungswerte eingebunden
sind.

* **Beanspruchung durch konstantes Nenndrehmoment**

Das zulässige Nenndrehmoment M_{KN}, das im gesamten zulässigen Drehzahlbereich
dauerhaft übertragen werden kann, muss bei jeder Temperatur größer sein als das maximale Nenndrehmoment der Anlage (Tab. 14.5).

$$M_{KN} \geq M_L \cdot S_T \tag{14.115}$$

Tab. 14.5 Temperaturfaktor S_T nach [DIN740]

Temperatur	S_T für Werkstoffmischung		
°C	Naturkautschuk (NBR)	Polyurethan Elasto- mere (PUR)	Acrylnitril-Butadien-Kaut- schuk (NBR, Perbunan N)
$-20°C < T < +30°C$	1,0	1,0	1,0
$+30°C < T < +60°C$	1,1–1,4	1,2–1,4	1,0
$+60°C < T < +80°C$	1,6	1,8	1,2

Der Faktor S_T ist hierbei ein Temperaturfaktor, der das Absinken der Festigkeit von visko-elastischen Werkstoffen unter Wärmeeinfluss berücksichtigt und ein Näherungswert, der dann als Richtwert zu verstehen ist, wenn keine ergänzenden Herstellerangaben gemacht werden. Für metallische Werkstoffe bzw. drehstarre Kupplungen ist $S_T = 1$.

- **Beanspruchung durch Drehmomentstöße M_I (z. B. beim Anfahren und Resonanzdurchfahrt)**

In Ergänzung zu der Gl. (14.115) muss bei Drehmomentstößen das Maximaldrehmoment M_{Kmax} der gewählten Kupplung größer sein als das maximal wirkende Kupplungsmoment. Das Maximaldrehmoment M_{Kmax} kann als schwellende oder wechselnde Beanspruchung kurzzeitig ertragen werden. Nach [DIN740] soll das Maximaldrehmoment während der gesamten Lebensdauer einer Kupplung als schwellende Beanspruchung $\geq 10^5$ bzw. als wechselnde Beanspruchung 5×10^4 -mal ertragen werden können. Zur Vermeidung unzulässiger Erwärmung – insbesondere bei drehelastischen Kupplungen – sollte es nicht öfter als 20-mal hintereinander auftreten.

$$M_{Kmax} \geq M_L \cdot S_T + M_I \cdot S_T \cdot S_Z \qquad (14.116)$$

M_I ist hierbei der Spitzenwert des Drehmomentstoßes[8], der zusätzlich ein beschleunigungsabhängiges Lastmoment beinhalten kann. S_Z ist ein Beiwert für die Anlaufhäufigkeit, der die zusätzliche Belastung durch die Anfahrhäufigkeit Z wie folgt berücksichtigt (Tab. 14.6):

- **Beanspruchung durch Dauerwechselmoment M_W**

Zusätzlich zu den Gl. (14.115) und (14.116) ist bei einem periodischen Wechseldrehmoment die Wechselfestigkeit zu berücksichtigen. Das im Betriebsdrehzahlbereich auftretende Wechseldrehmoment M_W muss stets kleiner sein als das Dauerwechseldrehmoment M_{KW}.

---

[8] Nach [DIN740] auch M_S genannt und nicht zu verwechseln mit dem schaltbaren Moment M_S reibschlüssiger Schaltkupplungen.

Tab. 14.6 Anlauffaktor S_Z [DIN740]

Z in h^{-1}	≤ 120	$120 < Z \leq 240$	> 240
S_Z	1,0	1,3	siehe Hersteller

Tab. 14.7 Frequenzfaktor S_F [DIN740]

Frequenz f in Hz	≤ 10	> 10
S_F	1	$\sqrt{f/10}$

Das Dauerwechseldrehmoment M_{KW} ist die Amplitude der dauernd zulässigen, periodischen Drehmomentschwankung bei einer Frequenz von 10 Hz[9] und einem mittleren Drehmoment bis zum maximalen Wert des Nenndrehmoments.

$$M_{KW} \geq M_W \cdot S_T \cdot S_F \qquad (14.117)$$

M_W ist die Amplitude des periodisch schwankenden Drehmoments und S_F ein Beiwert, der die Frequenzabhängigkeit des Dauerwechseldrehmomentes berücksichtigt (Tab. 14.7).

- **Wechselwirkungen durch die Erweiterte Funktion Ausgleich von Versatz**
Neben den Torsionsbelastungen sind die Einflüsse der Ausgleichsfunktion zu berücksichtigen. Während aus axialen Verlagerungen nur statische Kräfte resultieren, sind bei radialen und winkligen Verlagerungen drehzahlabhängige Wechselbeanspruchungen zu berücksichtigen, die sich mit gegebenenfalls bereits vorhandenen Wechselbeanspruchungen überlagern. Somit sind die Dämpfungswärme und die temperaturabhängige Beanspruchung durch die Wellenverlagerung zu betrachten. Die Belastungen ergeben sich unter Berücksichtigung der Federsteifigkeiten für axialen, radialen und winkeligen Versatz und unter Berücksichtigung des Temperatureinflusses.

Bei dämpfenden Eigenschaften einer Kupplung führt die dissipierte Energie zu einer Wärmebelastung, die in Abhängigkeit der verhältnismäßigen Dämpfung ψ ermittelt werden kann [DIN740].

14.4.3.2 Schaltbare Kupplungen

Die Dimensionierung schaltbarer Kupplungen kann nicht allgemein formuliert werden, da das Schaltverhalten und somit das Systemverhalten maßgeblich durch den Verlauf des Kupplungsmoments bzw. des schaltbaren Moments M_S in der Rutschphase bestimmt wird.

---

[9] Nach [DIN740] Erfahrungswert für die Auslegung „nachgiebiger" Industriekupplungen; für Fahrzeugkupplungen ist dies so nicht umsetzbar.

Hierbei ist. u. a. der zeitliche Verlauf der Anpresskraft und des Gleitreibwerts, der sich im Betrieb z. B. und Temperatureinflüssen und wechselnden Gleitgeschwindigkeiten ständig ändert, Abb. 14.39, sowie die relative Lage von An- und Abtriebsseite zu berücksichtigen. Zum einen ist die Anpresskraft und damit das Kupplungsmoment beim Betätigen der Kupplung nicht sofort verfügbar, was bedeutet, dass die so genannte Anstiegszeit t_a nicht vernachlässigt werden kann, Abb. 14.48. Zum anderen kann die Anpresskraft F_N durch geometrische Abweichungen schwanken und so zu dem durchaus kritischen und komfortrelevanten Schwingungsphänomen Rupfen führen (s. auch Abschn. 14.5.3), [Krü03]. Des Weiteren wird bei Schaltkupplungen in Fahrzeugen oder bei mechatronischen Stellern die Anpresskraft während des Schaltvorgangs gezielt moduliert und definiert. Der Betätigungseinfluss einer solchen Modulationskupplung führt zu einer wesentlich komplizierteren Berechnung. Für die endgültige Dimensionierung sollte diesen Gegebenheiten besondere Aufmerksamkeit zukommen. Für die eigentliche Berechnung gelten dennoch die Herleitungen und Gleichungen der Vordimensionierung aus Abschn. 14.4.2.2 gleichermaßen. An dieser Stelle sei noch einmal darauf hingewiesen, dass für alle bisherigen Berechnungen die Anstiegszeit t_a als vernachlässigbar klein angenommen wurde, was einer vollständigen Bereitstellung der Anpresskraft und somit des Reibmoments bei Schaltbeginn entspricht. Zur Erweiterung kann hier nun für die Berechnung des Wärmeeintrags Q die zuvor unter Abschn. 14.4.2.2 berechnete Rutschzeit t_r bei vernachlässigbarer Anstiegszeit t_a nach Gl. (14.118) durch die halbe ermittelte Anstiegszeit t_a erweitert werden, Abb. 14.48.

$$t_{ra} = t_r + \frac{1}{2} t_a \tag{14.118}$$

Die Anstiegszeit wird im Wesentlichen durch Reibungsverluste und Trägheiten der Betätigung [VDI2254] beeinflusst. Hierbei kann zwischen einer externen Betätigung und einer internen Betätigung unterschieden werden. Betrachtet man als Beispiel die Einscheiben-Trockenkupplung eines Fahrzeugs, so wird die externe Betätigung durch alle

Abb. 14.48 Bestimmung des Wärmeeintrags in Abhängigkeit der Anstiegszeit

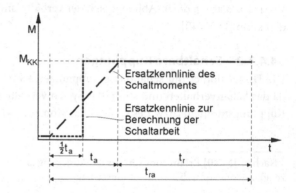

am Axialkraftfluss beteiligten Komponenten bis hin zur zentralen Tellerfeder gebildet. Hierin sind auch der Fahrer oder das Regelverhalten von Aktorbetätigungen beinhaltet, die die Anpresskraft aktiv modulieren. Die Tellerfeder wirkt von außen über den Zentralausrücker auf die interne Betätigung. Beide Betätigungen haben somit ihren Einfluss auf die Anstiegszeit. Werden diese von unterschiedlichen Herstellern entwickelt, wird es ungleich schwieriger das endgültige Systemverhalten vorherzusagen bzw. zu berechnen.

Ausnahmen bilden hier die selbstbetätigten Kupplungen, da es sich dabei um abgeschlossene und eigenständige Konstruktionselemente handelt. Dies bedeutet, dass die Betätigung, wie bereits erwähnt, durch definierte Betriebsparameter erfolgt und häufig weniger Elemente im Kraftfluss beteiligt sind, wodurch das Systemverhalten bestimmt werden kann. Es bleibt zu berücksichtigen, dass auch hier das Rutschmoment bzw. der Reibwert nicht konstant ist, da diese im Wesentlichen von der in der Kupplung herrschenden Temperatur und wirkenden Flächenpressung abhängig sind. Es handelt sich hier jedoch um einen Parameterraum, dessen Einfluss auf das Reibmoment, wie z. B. ein temperaturabhängiger Reibwert, in weiten Bereichen ermittelt werden kann. Gleiches gilt für die schaltbaren, momentbetätigten Kupplungen bei denen die wirkende reibschlüssige Verbindung überlastet wird, z. B. bei Sicherheitskupplungen. Da hier ein gezieltes Überschreiten von $M_{\ddot{U}}$ erfolgt und zu diesem Zeitpunkt die Axialkraft bereits vollständig zur Verfügung steht, kann die Anstiegszeit entsprechend vernachlässigt werden.

Zur Berechnung des Einflusses der schaltbaren Kupplung nebst erforderlicher Betätigung kommen mit zunehmenden Anteil Simulationen zum Einsatz (s. Kap. 13), mit Hilfe derer z. B. die Betätigung und deren Regelung in Modellen abgebildet werden können. Somit kann deren Einfluss auf das System Kupplung sowie auch auf das gesamte technische Antriebssystem ermittelt werden. Schwieriger ist es jedoch den zeitlichen Reibwertverlauf und damit das wirkende bzw. verfügbare Rutschmoment einer Kupplung zu bestimmen. Heutige Berechnungen basieren häufig auf Reibwertuntersuchungen von Reibpaarungen und den daraus ermittelten zeitlichen Verläufen und Abhängigkeiten von Temperatur, Pressung und relativer Gleitgeschwindigkeit. Bei solchen vereinfachten Berechnungen werden jedoch das Systemverhalten und z. B. die thermischen Verformungen der Reibflächen praktisch nicht berücksichtigt. In der Praxis werden zusätzlich umfassende und systembezogene Berechnungen durchgeführt, jedoch sind diese sehr spezifisch und werden in den späteren Phasen des Produktentstehungsprozesses eingesetzt. Ein Ansatz zur ganzheitlichen Berechnung von Rutschvorgängen einer Kupplung in einem frei definierbaren Antriebssystem bildet die Integration von Mehrkörpersimulationsmethoden, FE-Methoden und experimentellen Versuchen in einem Berechnungsprozess auf der Basis von Matlab/Simulink, Abb. 14.49.

Hierfür werden in Iterationsstufen der Einfluss des wirkenden Rutschmoments auf das Antriebssystem und die Kupplungskomponenten berechnet und im Umkehrschluss der

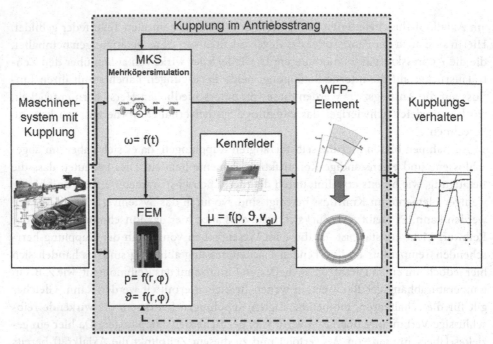

Abb. 14.49 Kombination experimenteller Ergebnisse und mehrerer Berechnungsmethoden zur Betrachtung des Friktionskontakts im Gesamtsystem

Betriebszustand des Antriebssystems als Basis für die lokalen Bedingungen des Friktionskontakts in der Rutschphase umgesetzt.

14.5 Kupplungswerkstoffe und Friktionswerkstoffe

Grundsätzlich sind die bei Kupplungen zu betrachtenden Materialien bzw. Werkstoffe in drei Gruppen zu unterteilen, wie sie in Abb. 14.23 beispielhaft aufgeführt sind: die Kupplungskörper, die funktionellen Zwischenelemente und die leistungsübertragenden Belagswerkstoffe oder auch Friktionswerkstoffe.

Die Kupplungskörper bzw. Gehäuse werden an der An- und Abtriebswelle mittels der bekannten Welle-Nabe-Verbindungen befestigt und unter den Aspekten Kraftleitung und Beanspruchung konstruiert. Die funktionellen Zwischenelemente, z. B. Federn, werden speziell eingesetzt, um die Erweiterten Funktionen Ausgleich von Versatz und Beeinflussung der dynamischen Eigenschaften in die Kupplung zu integrieren. Die Friktionswerkstoffe werden in einer geeigneten Werkstoffpaarung, der so genannten Friktionspaarung, eingesetzt, um auftretende Drehzahldifferenzen, die ausschließlich aus der Erweiterten Funktion Schalten resultieren, zu realisieren.

Diese drei Gruppen müssen unterschiedlichen Anforderungen, wie z. B. Funktionen und Belastungen, gerecht werden, wodurch jeweils unterschiedliche Werkstoffe und Werkstoffeigenschaften erforderlich sind.

14.5.1 Kupplungswerkstoffe

Die Kupplungskörper bestehen aus den so genannten Kupplungswerkstoffen bzw. –materialien, die für eine geeignete Leistungsübertragung von An- zur Abtriebsseite dimensioniert und konstruiert werden. Da hierbei lediglich die Tragfähigkeit und Beanspruchbarkeit der kraftleitenden Struktur berücksichtigt werden, liegen Wirkflächenpaare ohne relative Bewegung vor, an die in der Regel geringe Anforderungen gestellt werden.

Die Kupplungskörper sind in der Praxis im Wesentlichen mit metallischen Werkstoffen ausgeführt, Tab. 14.8. Häufig verwendete Materialien sind insbesondere Stahlguss, Gusseisen (Kugel, Lamellen, Vermicular), Baustahl und Vergütungsstahl. Gusseisen mit Lamellengraphit ist jedoch aufgrund von auftretenden Stößen für manche Anwendungen, wie z. B. Hütten- und Walzwerke, nicht zugelassen. Des Weiteren sind Ausführungen in Edelstahl und Aluminium möglich. Ebenso haben sich Kunststoffe, wie z. B. Polyamid, etabliert, die durch hohe Festigkeiten, hohe Steifigkeiten, gute Zähigkeiten auch bei tiefen Temperaturen, gute Widerstandsfähigkeiten gegen Chemikalien und ein sehr gutes elektrisches Isolationsvermögen überzeugen. Diese Kunststoffe haben zwar ein geringeres Leistungspotenzial als metallische Werkstoffe, jedoch weisen sie im Vergleich zu den metallischen Werkstoffen einen wesentlichen Gewichtsvorteil und bei gleichen Baugrößen somit auch geringere Trägheitsmomente auf. Im Bereich der thermisch hoch belasteten Systeme spielen Kunststoffe als Kupplungswerkstoff jedoch keine Rolle.

Tab. 14.8 Beispiele metallischer Werkstoffe für Kupplungen nach [DIN740]

Herstellverfahren	Werkstoff	Werkstoffkurzname	Nach
gegossen	Stahlguss	GS 45, GS 52	DIN 1681
	Vergütungsstahlguss	GS-25 CrMo4 GS-42 CrMo4	Stahl-Eisen Werkstoffblatt 510
	Gusseisen mit Lamellengraphit	EN-GJL-250 EN-GJL-300	DIN EN 1561
	Gusseisen mit Kugelgraphit	EN-GJS-400-15 EN-GJS-600-3	DIN EN 1563
	Gusseisen mit Vermiculargraphit	EN-GJV-300 EN-GJV-400	DIN EN 1560
geschmiedet oder aus dem Vollen gefertigt	Baustahl	E295, E360	DIN EN 10025
	Vergütungsstahl	C 45 42 CrMo4	DIN EN 10083

14.5.2 Funktionelle Zwischenelemente

Zur Realisierung der Erweiterten Funktionen Ausgleich von Versatz und Beeinflussung der dynamischen Eigenschaften, kommen Zwischenelemente aus metallischen Werkstoffen und Werkstoffen auf Kunststoffbasis zum Einsatz. Die Ausgleichfähigkeit und die dynamischen Eigenschaften werden hierbei durch die Wahl des Werkstoffes und die Gestaltung des Zwischenelementes selbst bestimmt.

Aus den Ausgleichsbewegungen, z. B. Abrollen oder Abgleiten, resultieren Wirkflächenpaare mit Relativbewegung, die geringe periodische und drehzahl abhängige Gleitbewegungen ohne schädigenden Verschleiß ertragen müssen. Kunststoffe, wie das bereits erwähnte Polyamid bzw. Elastomere, ermöglichen hierbei in Kombination mit Stahl ein sehr gutes Verschleißverhalten für trockenlaufende, gleitbeanspruchte Kupplungskomponenten. Hierdurch kann im Gegensatz zu vielen metallischen Reibpaarungen eine wartungsfreie Kupplung erzielt werden, da eine Beschädigung der Wirkflächen durch „Fressverschleiß" auch ohne zusätzliche Schmierung ausgeschlossen werden kann.

Die Dynamischen Eigenschaften der Kupplung und damit auch des Gesamtsystems resultieren aus den Verformungseigenschaften des Zwischenelements, das als Feder betrachtet und entsprechend konstruiert und berechnet werden kann. Es liegen Wirkflächenpaare ohne Relativbewegung vor, an die nur geringe Anforderungen gestellt werden. Es können verschiedene Federkennlinien mit und ohne dämpfenden Eigenschaften (z. B. „viskoelastisch") kombiniert werden. Neben dem konkreten Einsatz von Federn, z. B. Schraubenfedern, sind häufig Elastomere, wie z. B. Naturgummi (NR), Polyurethan Elastomere (PUR) Acrylnitril-Butadien-Kautschuk (NBR, Perbunan N) oder Styrol-Butadien-Kautschuk (SBR) im Einsatz. Diese beinhalten anders als die metallischen Werkstoffe aufgrund ihrer spezifischen Eigenschaften stets dämpfende Eigenschaften. Solche Zwischenelemente aus Elastomeren können bei gleicher Baugröße mit verschiedenen Steifigkeiten und Dämpfungseigenschaften bezogen werden und ermöglichen somit einen problemlosen Austausch und daher auch eine Anpassung an veränderte Anforderungen und Randbedingungen. Nachteilig ist die im Vergleich zu metallischen Federn niedrigere Federrate. Grundsätzlich bietet sich natürlich auch die Möglichkeit, die Kupplungskörper selbst drehnachgiebig zu konstruieren.

14.5.3 Friktionswerkstoffe

Aufgrund der Drehzahldifferenzen zwischen Antrieb und Abtrieb bzw. Gleitbewegungen, die aus der Erweiterten Funktion Schalten resultieren, liegen Wirkflächenpaare mit Relativbewegung vor, an die erhöhte Anforderungen gestellt werden, um Übertragungsleistung (Reibwert), Wärmebelastung, Wärmeleitung, Verschleiß und Komfort gerecht zu werden. Hierbei ist ein so genanntes Friktionssystem, Abb. 14.50, bei dem die in Lager- und Gleitsystemen parasitär wirkende Reibung nun zur Kraft- und Leistungsübertragung und damit zur Erfüllung einer technischen Funktion genutzt wird, zu betrachten. Wirkflächen-

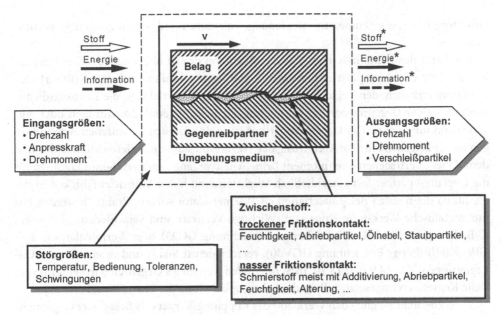

Abb. 14.50 Modell des Tribologischen Systems „Friktionskontakt"

paare sind stets als ein System zu verstehen und ebenso ist das nun unter Relativbewegung vorliegende Tribosystem nur als System definierbar (s. Kap. 10). An das Friktionssystem bzw. den Friktionskontakt werden sehr hohe Anforderungen gestellt. Hierfür sind spezielle Materialpaarungen erforderlich, um die geforderte Leistungsfähigkeit der Kupplung zu garantieren. Man spricht von Kupplungsbelägen bzw. Belagwerkstoffen in Verbindung mit dem Gegenreibpartner bzw. der Gegenreibscheibe.

Aus Abb. 14.50 geht hervor, dass der Friktionskontakt wesentlich durch den Belag und den Gegenreibpartner beeinflusst wird, wobei stets das vorhandene Zwischenmedium zu berücksichtigen ist. Das Zwischenmedium ist wesentlich davon abhängig, ob ein ungeschmierter, auch trocken genannter, oder ein geschmierter, ein so genannter nasser Friktionskontakt, vorliegt.

Handelt es sich um einen trockenen Friktionskontakt, besteht das Zwischenmedium unter anderem aus Abriebpartikel, Feuchtigkeit, Ölnebel und Staubpartikel. Bei einem nasslaufenden Friktionskontakt, besteht das Zwischenmedium in der Hauptsache aus dem Schmierstoff, der von der Grundsubstanz – mineralisch bis vollsynthetisch – und der jeweiligen Additivierung abhängig ist. Im Schmierstoff sind zusätzlich Festkörperpartikel enthalten, die durch Abrieb der Reibmaterialien und Verschleißpartikel anderer Gleitkontakte in der jeweiligen Anwendung sowie Alterungsprozesse des Schmieröls selbst entstehen. Der Alterungsprozess beinhaltet ebenfalls die Verunreinigung durch Wasser, das sich aufgrund der hydrophoben Eigenschaften des Schmierstoffes nicht löst und deshalb als Suspension im Schmierstoff „gebunden" wird. Für beide Friktionssysteme sind ebenfalls Störgrößen, wie Temperatur, Bedienung, Toleranzen und Schwingungen zu berücksichtigen.

Die Wahl des Friktionssystems ist wesentlich von der zu übertragenden Leistung abhängig. Der Gegenreibpartner hat einen signifikanten Einfluss auf den Reibwert, das Funktionsverhalten, den Verschleiß und das Leistungspotenzial bzw. die Leistungsdichte. Deshalb ist der Gegenreibpartner immer auf das Belagmaterial abzustimmen oder entsprechend umgekehrt. Der Gegenreibpartner ist in den meisten technischen Anwendungen ausschlaggebend für die Abführung der Wärme, die aus den Differenzdrehzahlen und dem dabei übertragenen Drehmoment beim Schaltvorgang resultiert. Somit kommen für die Gegenreibpartner fast ausschließlich Werkstoffe mit hoher Wärmeleitfähigkeit in Betracht, da die meisten Belagmaterialien als Wärmeisolator wirken. Praktisch werden fast nur metallische Werkstoffe eingesetzt. Wichtige Vertreter sind verschiedene Gusseisen, z. B. Grauguss EN-GJL-250 (bisherige Bezeichnung GG25) oder Vermicularguss EN-GJV-300 (bisherige Bezeichnung GGV30), verschiedenste Stähle und vereinzelt auch Cu-Legierungen, Tab. 14.9 und 14.10. In Sonderfällen werden als Gegenreibpartner auch spezielle Keramiken eingesetzt, z. B. in der Fahrzeugkupplung der Firma Porsche.

Es ist ebenfalls möglich den Werkstoff des Kupplungskörpers als Belag oder Gegenreibpartner zu nutzen. Dies gilt es jedoch stets abzuwägen, da hierbei verschlissene Bauteile nicht ohne weiteres ausgetauscht werden können. Mögliche Anwendungen sind somit auf geringe Schaltwiederholungen und geringe Wärmeeinträge beschränkt, wie z. B. Haltebremsen oder Sicherheitskupplungen. Ein Kupplungsbelag wird speziell unter Berücksichtigung der an ihn gestellten Anforderungen für eine Anwendung ausgewählt oder speziell entwickelt. Mögliche Anwendungsgebiete sind Kfz- und Industrieanwendungen, die sich nicht zuletzt durch das zu übertragende Drehmoment, den Komfortanspruch, die Leistungsdichte und das Belastungskollektiv unterscheiden. Die Frage, ob nasslaufende oder trockenlaufende Friktionssysteme zu bevorzugen sind, kann nicht allgemein beantwortet werden. Wichtige Kriterien für die Auswahl des Belags bzw. der Reibpaarung sind z. B.:

- Drehmomentübertragungsverhalten
- Thermisches Verhalten bzw. die thermische Beständigkeit
- Verschleiß (möglichst gering und temperaturunabhängig)
- Reibwert (möglichst konstant und temperaturunabhängig)
- zulässige Flächenpressungen
- zulässige Reibarbeit/Reibleistung
- Möglichkeit bzw. Eignung zur Wärmeabfuhr
- Lebensdauer

Im Bereich der Reibwerkstoffe für trockene Systeme sowohl für Fahrzeug- als auch Industrieanwendungen ist der organisch gebundene Kupplungsbelag in Kombination mit Stahl oder Guss derzeit der Stand der Technik. Mit steigenden Temperaturen steigt der Verschleiß der organischen Beläge bis hin zur thermischen Zerstörung durch Versagen der chemischen Bindefähigkeit der Harze und Kautschuke. Der organische Belag wird für

Tab. 14.9 Werkstoffe in Kupplungssystemen nach [VDI2241]

Gegenreibwerkstoffe	Belagwerkstoffe									
Legende: N = Nasslauf T = Trockenlauf ( ) = selten	Organische Beläge	Sinter-bronze	Sintereisen	Sinter-keramik	Papier-beläge	Stahl, ungehärtet	Stahl, gehärtet oder vergütet	Stahl, nitriert	GG, GS, oder GGG	Molybdän-beschichtet
Stahl, gehärtet oder vergütet	T (N)	T N	T N	T (N)	N		N	N		N
Stahl, ungehärtet	T (N)	N			N	T		T	N	
Stahl, nitriert	T			N				T		N
Stahl, chemisch vernickelt	T (N)				N					N
EN-GJL (Grauguss)	T (N)		(N)	(N)	N					N
EN-GJS (Sphäroguss)	T (N)				(N)					(N)
EN-GJV (Vermicularguss)	T									
GS (Stahlguss)	(T) (N)				(N)					(N)
Cu-Legierungen	T									

Tab. 14.10 Merkmale gängiger Reibpaarungen nach [VDI2241]

Reibpaarungen	Nasslauf			Trockenlauf			
	Sinterbronze/ Stahl	Sintereisen/ Stahl	Papier/ Stahl	Stahl, gehärtet/ Stahl, gehärtet	Sinterbronze/ Stahl	Organische Beläge/ Grauguss	Stahl, nitriert/ Stahl, nitriert
Gleitreibungszahl μ	0,05 bis 0,1	0,07 bis 0,1	0,1 bis 0,12	0,05 bis 0,08	0,15 bis 0,3	0,3 bis 0,4	0,3 bis 0,4
Haftreibungszahl μ_0	0,12 bis 0,14	0,1 bis 0,14	0,08 bis 0,1	0,08 bis 0,12	0,2 bis 0,4	0,3 bis 0,5	0,4 bis 0,6
Verhältnis μ/μ_0	1,4 bis 2,0	1,2 bis 1,5	0,8 bis 1,0	1,4 bis 1,6	1,25 bis 1,6	1,0 bis 1,3	1,2 bis 1,5
Max. Gleitgeschwindigkeit v_{gl} [m/s]	40	20	30	20	25	40	25
Max. Reibflächenpressung p_R [N/mm²]	4	4	2	0,5	2	1	0,5
Zulässiger flächenbezogener Wärmeeintrag bei einmaliger Schaltung q_{AE} [J/mm²]	1,0 bis 2,0	0,5 bis 1,0	0,8 bis 1,5	0,3 bis 0,5	1,0 bis 1,5	2,0 bis 4,0	0,5 bis 1,0
Zulässige flächenbezogene Wärmeleistung $\dot{q}_{AO}$ [W/mm²]	1,5 bis 2,5	0,7 bis 1,2	1,0 bis 2,0	0,4 bis 0,8	1,5 bis 2,0	3,0 bis 6,0	1,0 bis 2,0

Fahrzeuganwendungen praktisch ausschließlich auf die Kupplungsscheibe genietet und für Industrieanwendungen häufig mit speziellen Klebefolien unter erhöhter Temperatur und definierter Anpressung auf die Kupplungskomponenten geklebt. Ein weiterer Vertreter für trockene Systeme ist der Sinterbelag – häufig Sinterbronze oder Sintereisen – der im Wesentlichen für Schwerlastanwendungen im Nutzfahrzeugbereich oder für Industrienanwendungen eingesetzt wird, da er sich durch eine hohe Wärmebelastbarkeit, eine hohe zulässige Flächenpressung und ein hohes Reibwertniveau auszeichnet. Jedoch ist aufgrund der größeren Härte und Abrasionsneigung der Sinterwerkstoffe mit höherem Verschleiß am Stahl bzw. Gusswerkstoff zu rechnen. Ferner ist das Reibwertverhalten bezüglich Konstanz und Abhängigkeit von der Gleitgeschwindigkeit ungünstiger, so dass Sinterbeläge für Anwendungen mit hohen Anforderungen an den Anfahrkomfort (geringe Schwingungen) praktisch nicht in Frage kommen. Neben dem Nieten und Kleben bietet sich hier die Möglichkeit die Belagmaterialien direkt auf Kupplungskomponenten oder Kupplungsscheiben aufzusintern. Die Trends im trockenen Friktionskontakt führen hin zu Karbonbelägen, die eine höhere Leistungsdichte und ein höheres Temperaturniveau erlauben. Die in die Beläge trockenlaufender Systeme eingebrachten Radialnuten und Unterbrechungen im Reibbelag dienen vorwiegend der Abführung von Abrieb und einem besseren Trennverhalten, weniger der Kühlung. Ein wichtiger Designparameter für Kupplungsbeläge in Fahrzeugen ist die Berstfestigkeit, da z. B. bei Fehlschaltung sehr hohe Umfangsgeschwindigkeiten an der Kupplungsscheibe erreicht werden (s. Abb. 14.33) Die Berstfestigkeit muss sowohl in der Belagsentwicklung, z. B. durch gewickelte organische Beläge mit Faserverstärkung, als auch bei der Kupplungskonstruktion berücksichtigt werden. Trockenlaufende Systeme basieren auf der Festkörperreibung und deren physikalischen Gesetze. Ein Rest- bzw. Leerlaufmoment ist in Abhängigkeit der gewählten Friktionspaarung und des Designs praktisch nicht vorhanden, wohingegen die Konstruktion und die Nutzung allerdings einen großen Einfluss haben [Alb97]. Durch Strömungseffekte kann ein Unterdruck im Wirkflächenpaar erzeugt werden, so dass die Kupplung nicht sauber trennt. Problematisch ist das temperaturveränderliche Verschleißverhalten das ab einem reibpaarungsspezifischen Temperaturniveau überproportional negativ beeinflusst wird. Für trockenlaufende Systeme spricht die hohe Gleitreibungszahl ($\mu > 0{,}25$), die im Allgemeinen kleiner ist als die Haftreibungszahl. Somit kommen diese Systeme häufig mit einer geringen Anzahl von Reibflächen aus (ca. 1 bis 8). Mit dem organisch gebundenen Belag und dem Sinterbelag können kompakte Konstruktionen realisiert werden, wobei der organisch gebundene Belag durch einen wesentlich höheren Komfort überzeugt. Bei allen trockenlaufenden Systemen gilt es den Kontakt mit Schmiermitteln zu vermeiden, da sonst die erwartete Reibwerthöhe dramatisch reduziert werden kann, was zu einem reduzierten schaltbaren Moment und somit zu verlängerten Rutschzeiten führt, wobei im schlimmsten Fall keine vollständige Synchronisation von An- und Abtrieb mehr möglich ist.

Im nasslaufenden Bereich sind sowohl Papier- als auch Sinterbeläge Stand der Technik. Papierbeläge kommen einerseits in Industrieanwendungen, wie z. B. Antrieben für Pressen oder Stanzen, und andererseits in Pkw-Anwendungen, wie z. B. Lamellenkupplungen und -bremsen für Automatikgetriebe, zum Einsatz. Sinterbeläge zeigen eine hohe Wärmebelastbarkeit und ein hohe zulässige Flächenpressung. Stahl/Stahl-Paarungen finden auch ihre Anwendung aufgrund der Fressneigung beim Übergang von der Mischreibung zur Festkörperreibung, jedoch nur in Systemen mit geringer Schalthäufigkeit und geringer Wärmebelastung, wie z. B. Haltebremsen mit hohem Haltemoment. Nuten in den Belägen der nasslaufenden Systeme beeinflussen maßgebend die Höhe der Reibungszahl, das Leerlaufverhalten sowie das Öldurchsatzvermögen und damit die mögliche Kühlleistung. In der Praxis haben sich neben den glatten Oberflächen die Spiralrillen, Radialnuten oder –rillen, Waffelnuten und Sunburstnuten durchgesetzt [VDI2241].

Nasslaufende Systeme werden stark durch das Zwischenmedium beeinflusst, weil der Betrieb im Misch- und Grenzreibungsbereich stattfindet, wobei dünne Ölschichten den direkten Kontakt der beiden festen Wirkflächenpaare weitgehend verhindern. Das Funktionsverhalten und die Leistungsfähigkeit werden durch die Scherfestigkeit bzw. Scherbeanspruchbarkeit des eingesetzten Grundöls und die zugesetzten Additive sowie deren Wirksamkeit und Verhalten bei veränderlichen Temperaturen und Drücken beeinflusst.

Für nasslaufende Systeme sprechen der geringere Verschleiß, eine lange Lebensdauer, eine hohe Wärmebelastbarkeit durch die Kühlungswirkung des Öls –im Extremfall sogar durch Innenölung in den Metallscheiben – und hohe zulässige Flächenpressungen (bis ca. 4 N/mm²). Anwendungen im Dauerschlupfbetrieb sind auch mit hohen Wärmeleistungen thermisch beherrschbar. Von besonderem Vorteil ist die Beeinflussbarkeit des Reibwertverlaufs durch das Grundöl und dessen Additivierung und damit die Anpassung des Drehmomentverlaufs an die Anforderungen der jeweiligen Anwendung. Nachteilig sind sicherlich die Komplexität der Mechanik, die Kosten der hydraulischen Komponenten, die gezielte Versorgung des Lamellenpaketes mit Frischöl aus dem Ölumlauf sowie regelmäßige und angepasste Ölwechselintervalle aufgrund der Ölalterung. Ferner muss durch den niedrigen Reibwert mit höheren Anpresskräften oder größeren bzw. mehreren Wirkflächen gearbeitet werden.

Bestandteil jüngster Forschungsarbeiten sind Verbundkeramiken und so genannte monolithische Keramiken, die ein erhebliches Potenzial zur Steigerung der Leistungsdichte für trockenlaufende und nasslaufende Friktionssysteme besitzen [Alb03].

Ein Ziel der Reibbelagentwicklung ist, in Verbindung mit einem geeigneten Gegenreibpartner und unter Berücksichtigung des Zwischenmediums ein möglichst hohes und über die Gebrauchsdauer konstantes Reibwertniveau zu gewährleisten. Dabei sollte der Reibwert möglichst von den Betriebs- und Einsatzbedingungen, wie Temperatur, Luftfeuchtigkeit sowie der wirkenden Flächenpressung, unabhängig sein (Abb. 14.51).

Ein weiteres wichtiges Entwicklungsziel ist der Reibwertverlauf – Reibwert als Funktion der Gleitgeschwindigkeit – im Wirkflächenpaar während des Synchronisationsvorgangs, der maßgeblich die Qualität des erreichbaren Kupplungskomforts beeinflusst. Zur Reduzierung der selbsterregten Reibschwingungen (Rupfen) sollte dieser mindestens konstant oder leicht steigend sein. Dieser so genannte „positive Reibwertgradient" muss dabei nicht nur für fabrikneue Friktionssysteme, sondern insbesondere auch über die gesamte Lebensdauer eines technischen Systems stabil sichergestellt werden.

Abb. 14.51 Reibbelagsport-
folio (Durchmesser entspricht
Verschleißwiderstand)

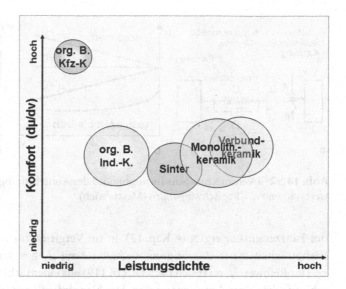

Das Rupfen zählt zu den schwerwiegendsten kupplungsbezogenen Komfort- und somit Qualitätsproblemen. Es entsteht durch Unstetigkeiten in der Drehmoment- und Drehzahlübertragung während des Gleitvorgangs einer reibkraftschlüssigen Kupplung. Hierbei wird der Antriebsstrang durch zwangserregte und/oder selbsterregte Schwingungen derart stark angeregt, dass hieraus merkliche Schwingungen im Antriebssystem resultieren. Im Fahrzeug führen diese Drehschwingungen im Antriebsstrang zu Längsschwingungen des Fahrzeugaufbaus, die durch den Fahrer wahrgenommen und als störend empfunden werden und somit zu einer Ablehnung des Gesamtsystems Fahrzeug führen können. Für Industrieanwendungen führen Rupfschwingungen zu hochfrequenten Geräuschen (Kupplungskreischen), was vom Anwender nicht akzeptiert wird. Ferner können solche Anregungen des Systems unter Umständen Unstetigkeiten bzw. Schwingungen der Arbeitsmaschine verursachen und damit z. B. bei Werkzeugmaschinen zu fehlerhaften Produktionsergebnissen oder Beschädigungen der Werkzeuge führen. Des Weiteren können Schäden an den Antriebsstrangkomponenten durch Überlastung auftreten.

Zwangserregte Schwingungen sind durch mindestens zwei geometrische Fehler der in Kontakt befindlichen Friktionselemente, wie z. B. Winkelversatz, Unparallelität oder lastabhängige Verformungen der Wellen, begründet, die zu einer schwankenden Anpresskraft, damit zu einem schwankenden Reibmoment (s. Gl. (14.40)) und folglich zu schwankenden Beschleunigungsmomenten führen. Die relative Häufigkeit der geometrischen Fehler, z. B. in Abhängigkeit der Drehzahl bzw. Winkelgeschwindigkeit, bestimmt dabei die Erregerfrequenz der zwangserregten Schwingung. Diese sollen im Weiteren nicht näher betrachtet werden. Die selbsterregten Schwingungen hingegen resultieren aus dem steigenden Reibwert mit abnehmenden Schlupf bzw. Gleitgeschwindigkeiten im Synchronisationsvorgang. Die Zusammenhänge sollen im Folgenden näher betrachtet und hervorgehoben werden.

Zur Erläuterung wird der Antriebsstrang mit dem Fahrzeug zu einem Ein-Massen-System reduziert, Abb. 14.52a. Die Fahrzeugträgheitsmasse J_F, die sich durch Reduktion aus

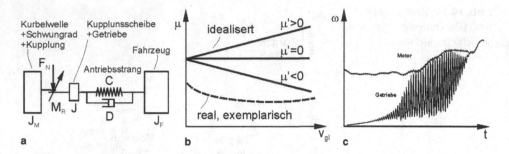

Abb. 14.52 **a** Vereinfachtes Schwingungsmodell des Antriebsstrang, **b** Reibwertverläufe bzw. Reibwertgradienten, **c** Rupfschwingungen (Messschrieb)

der Fahrzeugmasse ergibt (s. Kap. 13), ist im Vergleich zur Kupplungsscheiben- und Getriebeträgheitsmasse J sehr groß, weshalb sie mit $J_F \cong \infty$ angenommen werden kann.

Der Reibwert μ setzt sich nach Gl. (14.119) aus einem schlupfunabhängigen und einem schlupfabhängigen Anteil zusammen. Der hier einfließende so genannte Reibwertgradient nach Gl. (14.120) wird zur Vereinfachung im Folgenden als konstant angenommen und ist je nach Friktionspaarung positiv, negativ oder neutral, Abb. 14.52b.

$$\mu = \mu_1 + \mu'(v_{gl}) \cdot v_{gl} \tag{14.119}$$

$$\mu'(v_{gl}) = \frac{d\mu}{dv_{gl}} \tag{14.120}$$

Hieraus folgt für das Reibmoment M_R nach Gl. (14.40):

$$M_R = nF_A r_m \mu = nF_A r_m (\mu_1 + \mu' \cdot v_{gl}) \tag{14.121}$$

$$\mu'(v_{gl}) \cdot v_{gl} = \frac{d\mu}{dv_{gl}} v_{gl} = \frac{d\mu}{rd\dot{\varphi}_{rel}} r\dot{\varphi}_{rel} = \frac{d\mu}{d\dot{\varphi}_{rel}} \dot{\varphi}_{rel} = \mu'(\dot{\varphi}_{rel}) \cdot \dot{\varphi}_{rel} \tag{14.122}$$

$$M_R(\varphi, \dot{\varphi}_{rel}) = nF_A(\varphi) \cdot r_m \cdot (\mu(\varphi) + \mu'(\dot{\varphi}_{rel}) \cdot \dot{\varphi}_{rel}) \tag{14.123}$$

Hierin ist $F_A(\varphi)$ eine von außen aufgebrachte periodische Anpresskraft und $\mu(\varphi)$ eine winkelabhängige Reibwertänderung, z. B. durch Geometrieabweichungen. Diese Parameter können z. B. zu zwangserregten Schwingungen führen. Das Momentengleichgewicht der Kupplung führt zu der Differentialgleichung des durch $M_R(\varphi, \dot{\varphi}_{rel})$ fremderregten Antriebsstrangs nach Gl. (14.124) mit der Koordinate φ und $\dot{\varphi}_{rel} = \dot{\varphi}_M - \dot{\varphi}$ zwischen Motor und Antriebsstrang.

$$J\ddot{\varphi} + D \cdot \dot{\varphi} + C \cdot \varphi = M_R(\varphi, \dot{\varphi}_{rel}) = n F_A r_m (\mu + \mu'(\dot{\varphi}_M - \dot{\varphi})) \qquad (14.124)$$

Die Linearisierung um einen festen Betriebspunkt mit F_{A0} und $\dot{\varphi}_0$ führt zu Gl. (14.125), wobei die für die Herleitung der selbsterregten Schwingungen unbedeutenden Größen zu einer Konstante K_0 zusammengefasst sind:

$$J\ddot{\varphi} + (D + n F_A r_m \cdot \mu') \cdot \dot{\varphi} + C \cdot \varphi = K_0 \qquad (14.125)$$

Unter der Annahme, dass eine positive Dämpfung D Energie aus dem Schwingungssystem abführt, können, bezogen auf den Reibwertgradienten, drei Fälle betrachtet werden:

- $\mu' > 0$: Reibkontakt wirkt zusätzlich dämpfend auf das Schwingungssystem.
- $\mu' < 0$: Reibkontakt wirkt als negative Dämpfung, verringert somit die wirkende Dämpfung und es kann zu selbsterregten Schwingungen kommen.
- $\mu' = 0$: Reibkontakt verhält sich neutral und es kommt zu keinen Rückwirkungen auf das Schwingungssystem.

Für das Auftreten von Rupfschwingungen ist jedoch die wirkende Systemdämpfung D_{wirk} nach Gl. (14.126) zu betrachten, die demnach negativ sein muss. Hierzu muss die Anregung durch den Friktionskontakt größer sein als die Eigendämpfung des Systems D, z. B. durch Reibungs-bzw. Übertragungsverluste im Antriebsstrang. Da sich die Anpresskraft F_A während des Synchronisationsvorgangs von null beginnend ständig ändert, variieret auch die wirksame Dämpfung. So kann bereits ein geringer negativer Reibwertgradient (bei Fahrzeugen ca. $-0{,}002$ s/m) unter hohen Anpresskräften zu starken Schwingungsanregungen führen [Krü03]. In Gl. (14.126) ist zu erkennen, dass neben der Anpresskraft F_A auch der Reibwertgradient μ', die Anzahl der Wirkflächenpaare n und der mittlere Reibradius r_m die Anregung und damit das Schwingungsverhalten beeinflussen.

Durch die Abhängigkeit des Reibmoments M_R von der Anpresskraft F_A steigt tendenziell die Rupfanregung mit steigendem Motordrehmoment. Die Rupfneigung steigt ebenfalls mit zunehmender Baugröße.

$$D_{wirk} = (D + F_N \mu') = (D + n F_A r_m \mu') \qquad (14.126)$$

So gilt es für die Reibbelagentwicklung u. a. die hier aufgeführten technischen Anforderungen bzw. Restriktionen zu erfüllen. Ebenso gilt es zusätzlich wirtschaftliche Restriktionen und ständig steigende ökologische Restriktionen zu beachten. So ist z. B. das Recycling der Belagreste bzw. der eingesetzten Materialien und eine möglichst hohe Umweltverträglichkeit der Schmiermedien zu gewährleisten. Des Weiteren ist die Partikelbildung, hervorgerufen durch Verschleiß, zu minimieren und die Leistungsfähigkeit unter Ausschluss umwelts- oder gesundheitsbedenklicher Komponenten ständig zu steigern. In der Vergangenheit wurde somit durch die Gesetzgebung die Beimengung von Asbest ausnahmslos und die Beimengung von Blei in fast allen Belagmaterialien verboten.

An dieser Stelle darf auf wesentliche Unterschiede zwischen Kupplungsbelägen und Bremsbelägen hingewiesen werden, da sich hier gegenläufige Entwicklungen abgezeichnet haben. Für Bremsbeläge werden hohe Reibwerte bei hohen Temperaturen angestrebt, da die meisten Bremsen für die Wandlung von mechanischer Energie in Wärmeenergie eingesetzt werden. Somit ist während des Bremsvorgangs mit einer hohen Systemtemperatur zu rechnen. Dies wird besonders durch den Rennsport verdeutlicht, bei dem die Bremsen durch entsprechenden Energieeintrag auf die optimale Betriebstemperatur gebracht werden müssen. Für Kupplungsbeläge ist es das Ziel einen hohen Reibwert bei verhältnismäßig niedrigen Temperaturen zu erhalten, da diese lediglich Wärmeenergien aufnehmen, die aus den möglichst geringen Drehzahldifferenzen der An- und Abtriebsseite resultieren. Ein weiterer wichtiger Unterschied liegt in der Anordnung der Beläge im System Kupplung oder Bremse. Bremsbeläge ruhen im Allgemeinen, d. h. sie sind gehäusefest montiert, wodurch sie keinen zusätzlichen Belastungen durch Fliehkräfte unterliegen und keine Kühlung durch die Eigendrehbewegung möglich ist. Kupplungsbeläge hingegen rotieren je nach Bauart mit der Winkelgeschwindigkeit des An- oder Abtriebs, wodurch sie zusätzlich durch Fliehkräfte belastet werden, aber auch durch Konvektion unter Eigendrehbewegung gekühlt werden können. Aus den wirkenden Fliehkräften definiert sich eine weitere wesentliche Anforderung für Kupplungsbeläge, die Berstfestigkeit, woraus sich die zulässige Betriebsdrehzahl ableiten lässt, die ungefähr um das 1,7- bis 2fache geringer ist als die tatsächliche Berstdrehzahl (s. oben).

14.6 Gestaltung

Es ist zwischen dem eigentlichen Kupplungskonstrukteur und dem Konstrukteur, der eine Kupplung in seine Konstruktion integrieren möchte, zu unterscheiden. Der Kupplungskonstrukteur ist bei seinen Um- oder Neukonstruktionen, insbesondere im Bereich des Maschinenbaus, stark an die Auslegungsrichtlinien der [DIN740] oder die [VDI2241] gebunden, da diese den Stand der Technik dokumentieren und die Basis für eventuelle Produkthaftungs- und Schadensersatzansprüche bilden. Dies beinhaltet auch die Namensgebung und Kennzeichnung. Ein Konstrukteur, der Kupplungen integriert, kann sich im Wesentlichen nach den Vorgaben des Herstellers richten und nutzt die entsprechenden VDI-Richtlinien oder DIN-Normen für die einheitliche und eindeutige Verständigung mit dem Kupplungskonstrukteur. Die [DIN740] definiert sich selbst als „Technische Lieferbedingungen", die zwischen Kupplungshersteller, Anlagenhersteller und Betreiber vereinbart werden. Dies bedeutet, dass sie in erster Linie die Anforderungen für den Fertigungs- bzw. Auslieferungszustand beinhalten. Einzelne Maßnormen werden hierbei unter dem Verweis auf weitere DIN-Normen und VDI-Richtlinien allgemeingültig aufgeführt. Sie ist für schlupffreie Kupplungen, die axial-, radial-, oder winkelnachgiebig sowie drehelastisch oder drehstarr ausgeführt sein können, gültig. Im Bereich des Fahrzeugbaus gestaltet sich die Situation jedoch völlig anders, um im steigenden Wettbewerb bestehen zu können. Hier werden abweichend von den Richtlinien und Normen spezielle Anforderungen zwischen den Vertragspartnern definiert. Dies erhöht zwar die Nachweispflicht und den Aufwand für Eigenerprobungen der Kupplungshersteller, aber nur so ist es möglich ein Produkt zu einem marktfähigen Preis anbieten zu können.

14.6.1 Konstruieren von Kupplungen

Ein Kupplungskonstrukteur bzw. der Kupplungshersteller ist in der Wahl der Werkstoffe und deren endgültigen Gestalt unabhängig, sofern keine besonderen Vereinbarungen getroffen werden. Besondere Vereinbarungen sind einerseits spezielle Kundenwünsche, die in der Anforderungsliste des Zielsystems festgehalten sind. Andererseits ist unter besonderen Vereinbarungen auch die Bindung an Festlegungen anderer Normen zu verstehen, die sich im Wesentlichen auf besondere Anwendungsgebiete beziehen. Aus der freien Konstruktion heraus ergibt sich das Standardlieferprogramm eines Herstellers; spezielle Anforderungen ergeben die kundenspezifischen Auftragskonstruktionen.

Die heute üblichen Kupplungswerkstoffe (s. Abschn. 14.5) können durch Wärmebehandlung, Vergüten, Härten und Maßnahmen zur Verschleißminderung an die gestellten Anforderungen angepasst werden. Hierbei können nur die eigentlichen Wirkflächen oder der gesamte Kupplungskörper behandelt werden.

Die Maß-, Form-, und Lagetoleranzen können speziell in der Konstruktionszeichnung festgelegt werden. Sind vom Kupplungshersteller keine expliziten Angaben festgelegt, gelten für mechanisch bearbeitete Flächen die Allgemeintoleranzangaben „m" nach [DIN7168], wie z. B. der Genauigkeitsgrad. Die Rundlauftoleranz ist generell mit der Toleranzklasse IT8, bezogen auf den Außendurchmesser, gegeben, wobei feinere Toleranzklassen als IT8 nach Vereinbarung möglich sind. Die Zylinderformtoleranz t_1 beträgt allgemein die Hälfte der Toleranz der Nabenbohrung. Wellenkupplungen erhalten üblicherweise Fertigbohrungen für die Montage der Kupplung mit der Toleranz H7 und bei Bedarf zusätzlich eine Passfedernut mit der Breitentoleranz JS9. Werden besondere Anforderungen an Passfedernuten gestellt, sind darüber hinaus Richtungs- und Ortstoleranzen sowie Symmetrietoleranzen möglich.

Die Oberflächenbeschaffenheit der fertig bearbeiteten Funktionsflächen sowie Anschlussflächen und Verbindungen, die der Austauschbarkeit unterliegen, sind anzugeben. Somit sind die Rauheitsklasse N7 für Nabenbohrungen und die Rauheitsklasse N9 für Passfedernuten einzuhalten. Im Auslieferzustand sind die Kupplungen mit Ausrichtflächen zu versehen, die einerseits zum Ausrichten beim Bearbeiten (Bohren) und andererseits zum Ausrichten bei der Montage, d. h. zur Positionsbestimmung vorgesehen sind. Fertig bearbeitete Kupplungsteile erhalten für die Wirkflächen, z. B. die Innenbohrung, eine leicht entfernbare Konservierung gegen Korrosion. Ansonsten erhalten alle anderen Flächen entweder einen hersteller- oder kundenspezifischen Anstrich oder einen anderen gleichartigen Oberflächenschutz. Die Kupplungen sind nach [DINISO1940] allgemein mit der Gütestufe bzw. Gütegruppe Q 16 zu wuchten. Nach Vereinbarung ist die Gütestufe bzw. Gütegruppe Q 6,3 ebenfalls üblich.

Wellenkupplungen sind mit dem Herstellerzeichen zu kennzeichnen und können mit dem DIN-Verbandszeichen versehen werden, um die Einhaltung der die technischen Anforderungen und Normen anzuzeigen.

Alle zum sachgerechten und sicheren Betreiben erforderlichen Informationen sind vom Hersteller in einer Betriebsanleitung anzugeben. Die Kupplungseigenschaften bei einer Umgebungstemperatur von 10–30 °C sowie deren Abhängigkeiten von z. B. Belastung, Temperatur, Drehzahl oder Frequenz sind vom Hersteller anzugeben.

Dem Kupplungshersteller stehen für die Entwicklung und Konstruktion von Kupplungen eine Vielzahl von Berechnungsmethoden und -verfahren sowie deren zweckmäßige Kombinationen zur Verfügung. Stellvertretend seien hier die FEM-Berechungen, CAD-Programmme, Programme zur Wärmeberechnung und –verteilung (z. B. KupSIM) und Mehrkörper- bzw. Drehschwingungssimulationsprogramme (z. B. DRESP[10]) genannt. Kupplungshersteller können häufig auf eine langjährige Konstruktionserfahrung zurückgreifen und sind somit in der Lage vereinfachte produktspezifische oder firmenspezifische Auslegungsrichtlinien zu erstellen. Diese sollten vom Anwender berücksichtigt werden, sind aber meist einfach zu handhaben.

14.6.2   Konstruieren mit Kupplungen (Konstruktion)

Ein Konstrukteur, der eine Kupplung im Antriebssystem integriert, kann grundsätzlich auf Standardlieferprogramme der Hersteller zurückgreifen. Mit der eigentlichen Konstruktion der Kupplung hat er nur insofern zu tun, dass er über die allgemeinen Angaben und Vorgaben hinaus Vereinbarungen treffen und Anforderungen definieren kann, die für die Erfüllung der Funktion erforderlich sind. Der Einsatz von Standardkupplungen ist jedoch nicht zuletzt aus Kostengründen anzustreben. Der Konstrukteur sollte nach Maßgabe der Herstellerangaben, wie z. B. die Auslegungsrichtlinien, Gestaltungshinweise, Schnittstellenanforderungen und die Montage- bzw. Bedienungsanleitung, handeln. Hierfür sollten aus einer Bedienungs- oder Montageanleitung des Herstellers alle für die Anwendung und die Konstruktion erforderlichen Angaben entnommen werden. Die angegebenen technischen Daten beziehen sich jedoch nur auf die eigentliche Kupplung bzw. auf die beinhalteten Komponenten. Besondere Aufmerksamkeit sollte in diesem Zusammenhang den eingesetzten Wellen-Naben-Verbindungen gewidmet werden. Zusätzlich zu den unter Abschn. 14.6.1 genannten Angaben gehören hierzu insbesondere:

- Werkstoffe für Nabenteile und nachgiebige Elemente
- Betriebstemperaturbereich
- Form
- Toleranzen

---

[10] Die Berechnungsprogramme KupSIM und DRESP der FVA – Forschungsvereinigung Antriebstechnik e. V. wurden im Rahmen von universitären Forschungsvorhaben entwickelt.

- Normbezeichnung
- Hinweise auf Betriebsanleitung
- Mitnehmerverbindungen beim Versagen der nachgiebigen Elemente
- Austausch von nachgiebigen Elementen
- Wartung und Sichtkontrolle
- Art und Belastungsgrenze der eingesetzten Welle-Nabe-Verbindung
- Nenn-, Maximal- und Wechseldrehmoment
- Zulässige Drehzahl
- Trägheitsmoment der eingesetzten Kupplungsteile
- Drehfedersteifigkeit
- Dämpfung
- Mögliches Spiel
- Gewicht der eingesetzten Kupplungsteile
- Werte für Axial-, Radial- und Winkelfedersteife
- Werte für zulässigen Axial-, Radial- und Winkelversatz

Generell ist für die Kupplung ein Einbauort zu wählen, aus dem ein möglichst kleines maximales Kupplungsmoment resultiert. Somit können durch kleinere Baugrößen die Kosten niedrig gehalten werden.

Eine möglichst genaue Ausrichtung der Wellen und eine Lagerung in Kupplungsnähe reduzieren die Belastungen und Beanspruchungen einer Kupplung, wodurch deren Lebensdauer wesentlich erhöht werden kann. Wenn die Erweiterte Funktion Ausgleich von Versatz gegeben ist, sollten die verbundenen Kupplungshälften trotzdem so genau wie möglich fluchten. Die Herstellerangaben der Ausgleichsmöglichkeiten einer Kupplung sind als Maximalwerte zu verstehen, die nicht gleichzeitig auftreten dürfen. Bei überlagerten Ausgleichsfunktionen sind die Werte nach Herstellerangaben anteilig in Relation zu setzen. Zusätzlich ist das Ausgleichsvermögen z. B. von der Drehzahl und der Kupplungsbelastung abhängig. Die Anforderungen an die Genauigkeit wachsen somit mit steigender Drehzahl und steigendem Drehmoment. Bei Ungenauigkeiten ist mit dynamischen Kräften, Geräuschen, Vibrationen bzw. unruhigem Lauf, hoher Abnutzung und Erwärmung durch Reibung zu rechnen; besonders gefährdet sind hierbei die Lager und Wellen.

Die Lagerung einer Kupplung ist stets an die Ausgleichsmöglichkeiten der Kupplung anzupassen, damit die beiden Kupplungshälften möglichst statisch bestimmt gelagert sind. Bei statischer Überbestimmung besteht die Gefahr des Klemmens, bei statischer Unterbestimmung hingegen sind unerwünschte und unkontrollierte Bewegungen möglich. Hier gibt es selbstverständlich ebenfalls Ausnahmen, z. B. im Fahrzeugbau, jedoch gilt es stets die zusätzlichen Belastungen zu erfassen bzw. abzuschätzen und in die Dimensionierung zu integrieren. Es sollte eine einfache Montage der Kupplung und ein einfaches Wechseln von Verschleißteilen ermöglicht werden. Bei Maschinenanlagen sollte dies möglichst ohne Verschieben der Teilsysteme erfolgen können, da sonst ein erneutes Ausrichten erforderlich ist. Langen Montage- und Rüstzeiten sowie langen Stillstandszeiten kann somit vorgebeugt werden.

Eine Reihenschaltung und/oder Parallelschaltung von Kupplungen mit unterschiedlichen Eigenschaften erlaubt die Anpassung an die Anforderungen, die einzelne Kupplungen nicht erfüllen können, Abb. 14.31.

Die Berechnungen der Kupplungen beschränken sich häufig auf vereinfachte Berechnungen nach Maßgabe des Herstellers. Darüber hinaus steht die gesamte Bandbereite an Berechnungs- und Simulationstechnik zur Verfügung. Da nicht die Berechnung der Kupplung selbst, sondern die Kupplung im Gesamtsystem und die hieraus resultierenden Wechselwirkungen im Vordergrund stehen, kommen häufig nur die Mehrkörper- und Drehschwingungssimulationsprogramme zum Einsatz. Falls die Kupplung nach Herstellervorgabe richtig ausgelegt und ausgewählt wurde, sind Wärmeberechnungen der Kupplung selbst praktisch nicht erforderlich. Es bleibt jedoch der Einfluss der in der Kupplung erzeugten Wärme auf die umgebende Konstruktion zu berücksichtigen.

Für die Montage und Demontage oder den Wechsel von Verschleißteilen einer Kupplung ist darauf zu achten, dass andere Maschinenteilsysteme und Wellen in ihrer Lage bzw. Ausrichtung nicht verändert werden müssen. Vorteilhaft sind Kupplungen, die vollständig radial montiert werden können, z. B. über eine geteilte Nabe. Zumindest sollte auf einen einfachen Wechsel der Verschleißteile geachtet werden. Kann eine radiale Montage nicht gewährleistet werden, sind die Kupplungskomponenten axial zu montieren, was in der Praxis häufiger angewandt wird. Hierbei ist auf ausreichend verfügbaren axialen Verschiebeweg der Kupplung zur Welle zu achten.

14.6.3 Betätigungssysteme

Die Betätigungssysteme für schaltbare fremdbetätigte Kupplungen können häufig, wie die Kupplungen selbst, vom Kupplungskonstrukteur bzw. -hersteller bezogen werden. Somit können diese zusammen entwickelt und/oder aufeinander abgestimmt werden, da das Betätigungssystem und damit z. B. die Anpresskraft und deren zeitliche Änderung für den Verlauf des Kupplungsmoments in der Rutschphase maßgeblich sind. Hierdurch kann eine Kupplung nebst Betätigungssystem auch als Standardkomponente bezogen werden, wobei häufig die Betätigung sogar größtenteils direkt in die Kupplung integriert ist. Es bleibt somit lediglich z. B. die Druckluft- oder Spannungsversorgung sicherzustellen. Grundsätzlich kann die Betätigung auch vom Anlagenkonstrukteur konstruiert werden, was häufig bei untergeordneten Anwendungen oder für Eigen- und Anpassungskonstruktionen durchgeführt wird. Es bleibt jedoch immer zu berücksichtigen, dass die Betätigung in Verbindung mit der eigentlichen Kupplung steht und damit die Kupplungseigenschaften beeinflusst werden können. Im Anwendungsbeispiel Kraftfahrzeugkupplung ist zusätzlich der Fahrer als aktives Betätigungselement zu berücksichtigen, da dieser das Kupplungsmoment modulieren kann und es dadurch auch zu Überbeanspruchungen kommen kann. Die verfügbaren Betätigungsmittel sind in den meisten Anwendungen von der gesamten Anlagenkonstruktion abhängig, woraus eine hohe Variantenvielfalt resultiert. Die Gestaltung der Betätigungsmittel wird dabei von folgenden Faktoren bestimmt:

- Räumliche Anordnung zwischen Kupplung und Betätigungsmittel
- Zugangsmöglichkeit zur Kupplung
- Verfügbarer Bauraum
- Art und Größe der Betätigungskräfte
- Regeln und Modellieren der Betätigungskräfte
- Erforderliche Betätigungs- bzw. Schaltwege
- Schalten bei Stillstand oder während des Betriebs
- Relative Drehzahl der beiden Kupplungshälften
- Schalthäufigkeit bzw. Schaltfrequenz
- Schaltarbeit
- Schaltgenauigkeit
- Schaltqualität
- Schaltgeschwindigkeit
- Verfügbare Betätigungsenergien (z. B. Hydraulik oder Pneumatik)
- Aktive Betätigung bzw. Modulation durch Bediener oder Aktor
- Verschleißverhalten
- Fehlertoleranz bzw. Fehleranfälligkeit

Literatur

[Alb91]   Albers, A.: Das Zweimassenschwungrad der dritten Generation – Optimierung der Komforteigenschaften von PKW-Antriebssträngen. Antriebstechnisches Kolloquium '91. Verlag TÜV Rheinland (1991)

[Alb97]   Albers, A., Elison, H.D.: Trennprobleme bei Trockenkupplungen – Auftreten, Ursachen, Maßnahmen. Kupplungen in Antrieben '97. VDI-Berichte 1578. VDI-Verlag, Düsseldorf (1997)

[Alb02]   Albers, A., Matthiesen, S.: Konstruktionsmethodisches Grundmodell zum Zusammenhang von Gestalt und Funktion technischer Systeme. In: Konstruktion, Zeitschrift für Produktentwicklung. Band 54, Heft 7/8. (Springer-VDI-Verlag, Düsseldorf) (2002)

[Alb03]   Albers, A., Behrendt, M., Krüger, A.: Kupplungen im Automobilbau – Trends, Anforderungen und Lösungen. Kupplungen in Antriebssystemen 2003. VDI-Berichte 1487. VDI-Verlag, Düsseldorf (2003)

[Alb05]   Albers, A., Behrendt, M.: Funktionsorientierte Klassierung, Auswahl und Berechnung von Kupplungen in Antriebssträngen. Dresdner Maschinenelemente Kolloquium DMK 2005. Dresden (2005)

[DIN7168]   DIN 7168: Allgemeintoleranzen; Längen- und Winkelmaße, Form und Lage; Nicht für Neukonstruktionen, 04-1991

[DIN740]   DIN 740: Nachgiebige Wellenkupplungen, Teil 1: Anforderungen, Technische Lieferbedingungen, Teil 2: Begriffe und Berechnungsgrundlagen. 08-1986

[DINISO1940] DIN ISO 1940-1, Mechanische Schwingungen, Anforderungen an die Auswuchtgüte von Rotoren in konstantem (starrem) Zustand. Teil 1: Festlegung u. Nachprüfung der Unwuchttoleranz (ISO 1949-1:2003), Ausgabe 2004-04. Zusätzlich Berichtigung 1, 04-2005

[Dit74]   Dittrich, O., Schumann, R.: Anwendungen der Antriebstechnik – Band II: Kupp-
             lungen. Krausskopf-Taschebücher „antriebstechnik" TB/ant (1974)
[Dub97]   Dubbel, H., Beitz, W., Grote, K.-H. (Hrsg.): Dubbel – Taschenbuch für den Ma-
             schinenbau, 19. Aufl. Springer-Verlag, Berlin (1997)
[Gei99]   Geilker, U.: Industriekupplungen – Funktion, Auslegung, Anwendung. Die Biblio-
             thek der Technik, Bd. 178. Verlag Moderne Industrie, Landsberg/Lech (1999)
[Krü03]   Krüger, A.: Kupplungsrupfen – Ursachen, Einflüsse und Gegenmaßnahmen. Dis-
             sertation – Forschungsberichte des Instituts für Produktentwicklung, Universität
             Karlsruhe (TH), Bd. 10. Karlsruhe (2003)
[LuK04]   LuK-Aftermarket Service oHG: Schadensdiagnose – Leitfaden für die Beurteilung
             von Störungen am Kupplungssystem (PKW und NFZ), jeweils 2. Aufl., 08-2004
[Scha75]   Schalitz, A.: Kupplungs-Atlas – Bauarten und Auslegung von Kupplungen und
             Bremsen, 4. geänderte Aufl. A.G.T.-Verlag Georg Thum, Ludwigsburg (1975)
[VDI2240]   VDI-Richtlinie 2240: Wellenkupplungen – Systematische Einteilung nach ihren
             Eigenschaften, 06-1971
[VDI2241]   VDI-Richtlinie 2241 Blatt1: Schaltbare, fremdbetätigte Reibkupplungen und –
             bremsen. Begriffe, Bauarten, Kennwerte, Berechnungen, 06-1982
[VDI2254]   VDI-Richtlinie 2254 Blatt 2: Feinwerkelemente – Drehkupplungen – Schaltkupp-
             lungen, 04-1978
[Win85]   Winkelamm, S., Harmuth, H.: Schaltbare Reibkupplungen – Grundlagen, Eigen-
             schaften, Konstruktionen. Springer-Verlag, Berlin (1985)

Zahnräder und Zahnradgetriebe

15

Heinz Linke

Inhaltsverzeichnis

15.1 Grundlegendes zu Zahnradgetrieben 363
   15.1.1 Entwicklungen, Aufgaben, Einteilung 363
      15.1.1.1 Zahnradgetriebe in Antrieben 363
      15.1.1.2 Entwicklungsgeschichte von Zahnradgetrieben 363
      15.1.1.3 Einteilung der Zahnradgetriebe 364
   15.1.2 Grundbeziehungen 369
      15.1.2.1 Übersetzung 369
      15.1.2.2 Wirkungsgrad 372
      15.1.2.3 Drehmomente 373
15.2 Stirnradgetriebe 375
   15.2.1 Verzahnungsgesetz 375
   15.2.2 Zahnprofilformen 381
   15.2.3 Geometrie der Geradverzahnung 386
      15.2.3.1 Geradverzahnte Stirnräder 386
      15.2.3.2 Geometrie der geradverzahnten Stirnradpaare 392
   15.2.4 Geometrie der Schrägverzahnung 403
      15.2.4.1 Schrägverzahnte Stirnräder 403
      15.2.4.2 Geometrie der Verzahnungspaarung-Schrägverzahnung 412
   15.2.5 Besonderheiten der Innenverzahnung 413

H. Linke (✉)
Fachgebiet Maschinenelemente, Technische Universität Dresden, Dresden, Deutschland

© Springer-Verlag GmbH Deutschland, ein Teil von Springer Nature 2018
B. Sauer (Hrsg.), *Konstruktionselemente des Maschinenbaus 2*, Springer-Lehrbuch,
https://doi.org/10.1007/978-3-642-39503-1_6

15.3   Stirnradgetriebe – Tragfähigkeit 414
       15.3.1   Schäden 414
       15.3.2   Geschwindigkeiten 417
                15.3.2.1   Gleitgeschwindigkeit 417
                15.3.2.2   Spezifisches Gleiten 420
                15.3.2.3   Summengeschwindigkeit 421
       15.3.3   Zahnkräfte 422
                15.3.3.1   Grund- und Zusatzbelastungen 422
                15.3.3.2   Lastkollektive 429
       15.3.4   Lastverteilung 433
                15.3.4.1   Einführende Betrachtungen 433
                15.3.4.2   Breitenlastverteilung, Breitenfaktor 434
                15.3.4.3   Stirnlastverteilung, Stirnfaktor 439
       15.3.5   Nachweis der Grübchentragfähigkeit 440
                15.3.5.1   Grundlagen – Grundgleichung 440
                15.3.5.2   Zahnflankenpressung 442
                15.3.5.3   Grübchenfestigkeit 448
                15.3.5.4   Sicherheit gegen Grübchenbildung 450
       15.3.6   Nachweis der Zahnfußtragfähigkeit 451
                15.3.6.1   Grundlagen 451
                15.3.6.2   Zahnfußspannung 453
                15.3.6.3   Zahnfußfestigkeit bei Ermüdungsbeanspruchung 461
                15.3.6.4   Sicherheit gegen Ermüdungsbruch 465
                15.3.6.5   Sicherheit gegen Schäden infolge Maximalbelastungen 465
       15.3.7   Methodisches Vorgehen beim Nachweis der Sicherheit 467
                15.3.7.1   Sicherheit gegen Grübchenbildung 467
                15.3.7.2   Sicherheit gegen Zahnfußüberbeanspruchung 469
       15.3.8   Leistungsverluste, Getriebeschmierung 472
                15.3.8.1   Übersicht 472
                15.3.8.2   Leistungsverluste 473
                15.3.8.3   Getriebeerwärmung 475
                15.3.8.4   Getriebeschmierung – Getriebekühlung 476
       15.3.9   Dimensionierung von Stirnradgetrieben 479
                15.3.9.1   Grundaufbau 479
                15.3.9.2   Hauptabmessungen 481
                15.3.9.3   Profilverschiebung 483
                15.3.9.4   Verzahnungstoleranzen 483
       15.3.10 Zeichnungsangaben 491
15.4   Kegelradgetriebe 495
       15.4.1   Grundlegende Eigenschaften und Arten 495
       15.4.2   Geometrie der Kegelräder/Kegelradgetriebe 497
       15.4.3   Kräfte und Beanspruchung der Kegelräder 502
15.5   Schneckengetriebe 506
       15.5.1   Grundlegende Eigenschaften und Arten 506
       15.5.2   Geometrie der Zylinderschneckengetriebe 507
       15.5.3   Kräfte, Wirkungsgrad und Beanspruchung 509
15.6   Planetengetriebe 512
       15.6.1   Begriffe und Eigenschaften 512

    15.6.2   Drehzahlen 514
             15.6.2.1 Geschwindigkeits- und Drehzahlplan 514
             15.6.2.2 Rechnerische Ermittlung – Überlagerungsmethode 514
             15.6.2.3 Rechnerische Ermittlung – Relativdrehung 517
    15.6.3   Wirkungsgrad einfacher Planetengetriebe 517
    15.6.4   Konstruktive Aspekte bei Planetengetrieben 523
    15.6.5   Wolfsche Symbole 527
    15.6.6   Spezielle und gekoppelte Planetengetriebe 527
15.7 Anhang 535
Literatur 546

Symbole

A	Innerer Doppeleingriffspunkt am treibenden Rad, Eingriffsbeginn, Kopfeingriffspunkt am getriebenen Rad
A-A	Achsschnitt
a	Achsabstand
a_d	Summe der Teilkreisradien
B	Innerer Einzeleingriffspunkt am treibenden Rad
b	Zahnbreite
b_H	Halbe Hertzsche Abplattungsbreite
b_{eH}	Effektive Tragbreite
C	Wälzpunkt
c	Kopfspiel
D	Äußerer Doppeleingriffspunkt am treibenden Rad
d	Teilkreisdurchmesser
d_a	Kopfkreisdurchmesser
d_b	Grundkreisdurchmesser
d_f	Fußkreisdurchmesser
E	a) äußerer Doppeleingriffspunkt am treibenden Rad b) Elastizitätsmodul
$F_{\beta x}$	Klaffmaß ohne Verschleiß
$F_{\beta y}$	Klaffmaß mit Verschleiß
$f_{H\beta}$	Flankenlinienlageabweichung (Flankenlinienwinkelabweich.)
$F_{a1,2}$	Axialkraft am Teilkreis Rad 1 bzw. 2 oder Schnecke (1) bzw. Schneckenrad (2)
F_b	Umfangskraft am Grundkreis, Normalkraft
F_b	Kraft in Normalenrichtung die den Grundkreis tangiert
$F_{r1,2}$	Radialkraft (am Teilkreis) Rad1 bzw. 2; Schnecke (1) bzw. Schneckenrad (2)

F_t	Umfangskraft am Teilkreis
F_{tF}	Äquivalente Umfangskraft für Fußspannung
F_{tH}	Äquivalente Umfangskraft für Hertzsche Pressung
$F_{\beta x}$	Klaffmaß ohne Verschleiß
$F_{\beta y}$	Klaffmaß mit Verschleiß
g_α	Eingriffsstrecke
h	Zahnhöhe
h_a	Zahnkopfhöhe an der äußeren Teilkegellänge
h_{aP}	Zahnkopfhöhe des Bezugsprofils
h_{a0}	Zahnkopfhöhe Werkzeug
h_{f0}	Zahnfußtiefe Werkzeug
h_e	Zahnhöhe an der inneren Teilkegellänge
h_f	Zahnfußhöhe(-tiefe)
h_{Fe}	Biegehebelarm bei dem äußeren Einzeleingriffspunkt
H_{HB}	Härte in Brinelleinheit
H_{HV}	Härte in Vickerseinheit
i	(kinematische) Übersetzung
i_M	Momentenverhältnis
k	Kopfkürzungsfaktor
K	Überlastungsfaktor
K_A	Anwendungsfaktor
K_{AB}	Anwendungsfaktor Ermüdungsbeanspruchung
K_{ASt}	Anwendungsfaktor Stoßbeanspruchung maximal
K_H	Überlastungsfaktor Pressung
K_F	Überlastungsfaktor Fußspannung
m	Modul
m_n	Normalmodul
m_t	Stirnmodul
M	Moment
M_b	Biegemoment
M_t	Torsionsmoment
n	Drehzahl
N	Lastwechselzahl
$N\text{-}N$	Normalenrichtung
$N_{F\,lim}$	Lastwechselzahl Übergang zur Fuß-Dauerfestigkeit
p	Teilung
p_z	Steigungshöhe
p_e	Eingriffsteilung
p_{en}	Normaleingriffsteilung
p_{et}	Stirneingriffsteilung
P	Leistung

P_{nenn}	Nennleistung
q	1 Formzahl
	2. Wöhlerlinienexponent
q_{F}	Wöhlerlinienexp. Fußbeanspr.
q_{H}	Wöhlerlinienexp. Pressung
R_{e}	Elastizitätsgrenze
$R_{\text{p0,2}}$	Streckgrenze ($\sigma_{0,2}$, R_{e}, $R_{\text{p0,2}}$)
R_{m}	Bruchfestigkeit (σ_{B}, R_{m})
S	Sicherheit
S_{F}	Sicherheit gegen Zahnfuß-Ermüdungsbruch
$S_{\text{F min}}$	Mindestsicherheit gegen Zahnfuß-Ermüdungsbruch
S_{H}	Sicherheit gegen Grübchenbildung
$S_{\text{H min}}$	Mindestsicherheit gegen Grübchenbildung
S_{Fst}	Sicherheit gegen Schäden infolge maximaler Belastung hinsichtlich Anriss oder bleibende Verformung
u	Zähnezahlverhältnis
u_{vt}	Verhältnis der Zähnezahlen der virtuellen Schrägstirnräder
v	Umfangsgeschwindigkeit
v_{g}	Gleitgeschwindigkeit
v_{Σ}	Summengeschwindigkeit
x	Profiverschiebungsfaktor
Y_{F}	Formfaktor
Y_{N}	Lebensdauerfaktor (Biegung)
Y_{R}	Rauheitsfaktor
Y_{SF}	Kopffaktor
Y_{X}	Größenfaktor
Y_{β}	Schrägenfaktor
Y_{δ}	Stützziffer
Y_{ε}	Überdeckungsfaktor
z	Zähnezahl
z_{vt}	Zähnezahl des Ersatzschrägstirnrades
z_{nt}	Zähnezahl des Ersatzgeradstirnrades
Z_{E}	Elastizitätsfaktor
Z_{H}	Zonenfaktor
Z_{L}	Schmierungsfaktor
Z_{N}	Lebensdauerfaktor
Z_{R}	Rauheitsfaktor
Z_{v}	Geschwindigkeitsfaktor
Z_{X}	Größenfaktor
Z_{β}	Schrägenfaktor
Z_{ε}	Überdeckungsfaktor
α	Eingriffswinkel

β	Schrägungswinkel
γ	Steigungswinkel
μ	Reibungszahl
ρ	1. Krümmungs-, Rundungsradius
	2. Reibungswinkel
δ	Teilkegelwinkel
ε	Überdeckung
η	Wirkungsgrad
ω	Eigenkreisfrequenz
Σ	Achsenwinkel
Ω	Erregerkreisfrequenz
σ_F	örtliche Zahnfußspannung
σ_{FE}	Fußfestigkeit (örtliche)
$\sigma_{F\,lim}$	Fußfestigkeit (Nennspann.)
σ_F	Fußspannung (örtliche)
σ_{F0n}	Fußnennsp., aus Nennleistung
σ_{Fn}	Fußnennspannung
$\sigma_{F\,max}$	max. örtl. Fußspann. (Stöße)
$\sigma_{Fn\,max}$	max. Fußnennsp. (Stöße)
σ_H	Hertzsche Pressung
$\sigma_{H\,lim}$	Flankenfestigkeit (Hertz)

Indizes

a	1. außen
	2. axial
b	Grundkreis
f	Fuß
F	Fuß
m	mittlere
n	1. Nomalenrichtung, Normalschnitt
	2. Nennschnitt
r	radial
t	Tangential (-schnitt)
x	axial
0	Werkzeug
1, 2	bezogen auf Rad 1 bzw. 2
α	Profil
β	Breitenrichtung, Sprung-
γ	Gesamt-Kopfzeiger
$'$	Größe enthält Einfluss

15.1   Grundlegendes zu Zahnradgetrieben

15.1.1   Entwicklungen, Aufgaben, Einteilung

15.1.1.1   Zahnradgetriebe in Antrieben

Zahnradgetriebe besitzen infolge ihrer verzahnten (formschlüssigen) Radkörper eine von der Belastung unabhängige Übersetzung, d. h. das Verhältnis der Antriebs- zur Abtriebsdrehzahl ist nicht vom übertragenen Drehmoment abhängig. Sie gehören in ihrer üblichen Ausführung zu den gleichmäßig übersetzenden Getrieben. Eine Ausnahme bilden die elliptischen oder exzentrisch gelagerten Zahnräder, die u. a. schwingende Bewegungszustände erzeugen oder beim Anlauf durch eine günstigere momentane Übersetzung Vorteile bringen sollen.

Die Anwendung der gleichmäßig übersetzenden Zahnradgetriebe erfolgt um Drehzahlen zu ändern, in einigen Fällen um unterschiedliche Achslagen zu überbrücken, den Antrieb mit einer anderen Winkellage zu ermöglichen oder eine Drehbewegung über eine Zahnstange in eine geradlinige Bewegung zu wandeln. Die großen Fortschritte der Leistungselektronik haben bei einigen Anwendungen zum Direktantrieb mit dem Elektromotor geführt. Auch früher erforderliche mechanische Kopplungen wurden in einigen Fällen durch die Anwendung der elektronischen Regelung erfolgreich ersetzt. Ein Beispiel hierfür sind Zahnradwälzfräsmaschinen bei denen Fräserdrehzahl, Werkstückdrehzahl und Vorschub genau abgestimmt sein müssen, was nicht mehr durch mechanische Verbindungen und Wechselräder erfolgen muss. Trotzdem haben die Zahnradgetriebe weiterhin eine große Bedeutung.

In vielen Fällen ist es günstiger, anstatt des direkten Motorantriebes die Kombination Motor-Getriebe zu verwenden. Die Kosten, der Bauraum, der Wirkungsgrad und das Gewicht sind maßgebende Kenngrößen für die Wahl dieser Ausführung. Als Beispiele können die Getriebe in Hubschraubern, Kraftfahrzeugen, Propellerantrieben und der Landeklappenverstellung bei Flugzeugen genannt werden. In absehbarer Zeit wird weiterhin die Kombination Motor-Getriebe (Kupplung) bei vielen Anwendungen die beste Lösung bleiben, insbesondere wenn große Drehmomente bei niedrigen Drehzahlen zu übertragen sind und Forderungen wie geringes Gewicht, großer Wirkungsgrad usw. bestehen.

15.1.1.2   Entwicklungsgeschichte von Zahnradgetrieben

Zahnradgetriebe haben eine lange Tradition. Ihre Entwicklung wurde in neuerer Zeit von Seherr-Thoss beschrieben [SeTho65]. Danach gehören zur frühesten technischen Anwendung von Zahnrädern der antike Instrumentenbau und die Hebe- bzw. Fördertechnik. Von Philon wurde 230 vor der Zeitrechnung ein Wasserhebewerk beschrieben und damit ein Hinweis auf die Existenz von Zahnrädern gegeben. Ein Beispiel eines aus späterer Zeit stammenden Göpelantriebes einer Wasserförderungsanlage ist in Abb. 15.1 dargestellt. Es wurden auswechselbare Zähne aus Holz verwendet. Durch die historisch sehr wertvollen Beschreibungen von Bergbaumaschinen durch G. Bauer, genannt Agricola, des Arztes, Bürgermeisters (von Chemnitz) und Bergbaukundigen bestehen Zeugnisse der Verwendung von Zahnrädern im Bergbau. Zu den wesentlichen früheren An-

Abb. 15.1 Wasserförderungsanlage mit
Göpelantrieb; Brunnenanlage Augustus-
burg, Sachsen (etwa 1575) [Link96]

Abb. 15.2 Verschlissener
Holzzahn eines Göpelan-
triebes [Link96]

wendungsgebieten zählen in römischer Zeit die Wassermühlen, seit dem 9. Jahrhundert
die Windmühlen und seit dem 13. Jahrhundert der Uhrenbau. Ursprünglich wurden die
Zahnräder aus Holz (Abb. 15.2), dann aus Bronze, Gusseisen und schließlich aus Stahl gefertigt. Kunststoffe und Leichtmetalle vervollständigten in neuerer Zeit die Auswahl. Das
einsatzgehärtete, geschliffene Zahnrad (mit Protuberanz, kugelgestrahlt und mit Flankenmodifikation) bietet heute die größte Tragfähigkeit.

Die bisher kaum entbehrliche Getriebeschmierung entwickelte sich von der Verwendung tierischer Fette zur Anwendung von reinen zu legierten Mineralölen (Beimengung
von Eigenschaftsverbesserern, so genannten Additiven) und schließlich zu den synthetischen Ölen mit z. T. wesentlich höherer Temperaturstabilität und günstigerem Tempera-
tur-Viskositätsverhalten.

15.1.1.3 Einteilung der Zahnradgetriebe

Die Einteilung kann nach mehreren Gesichtspunkten erfolgen. Hierzu gehören:

- Bauart (Standgetriebe, Planetengetriebe,…)
- Verwendungszweck (Kraftfahrzeuggetriebe, Turbogetriebe, Krangetriebe)
- Änderungsmöglichkeit der Übersetzung (schaltbare und nicht schaltbare Getriebe)
- Verzahnungsart/Radform (Stirnradgetriebe, Kegelradgetriebe, Schneckengetriebe,…)
- Flankenlinienverlauf (Gerad-, Schräg-, Doppelschräg-, Bogenverzahnung)

Für die Einteilung der Getriebe kann man auch zwischen reinen Wälzgetrieben und
Schraubwälzgetrieben unterscheiden. Bei den Schraubwälzgetrieben findet im Gegensatz
zu den Wälzgetrieben auch ein Gleiten längs der Flankenlinie statt. Hierdurch entstehen

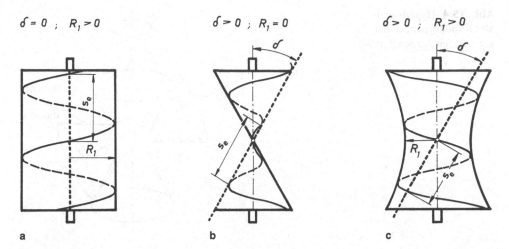

Abb. 15.3 Entstehung der Zahnradgrundkörper als Hyperboloide durch eine um die Zahnradachse rotierend gedachte Gerade („Erzeugende"). **a** Zylinder (Sonderfall), **b** Kegel (Sonderfall), **c** Hyperboloid (allgemeiner Fall) [Kutz25]

zusätzliche Verluste und der Wirkungsgrad ist geringer als bei den reinen Wälzgetrieben. Zu den Schraubwälzgetrieben zählen die Schneckengetriebe, Hypoidgetriebe (achsversetzte Kegelräder) und Schraubgetriebe (Paarung schrägverzahnter Stirnräder mit kreuzenden Achsen). Sie sind meist geräuschärmer als reine Wälzgetriebe.

Im allgemeinen Fall kann man sich einen beliebig geformten Radkörper mit Zähnen beliebigem Profils und beliebigem Flankenlinienverlauf vorstellen, der in einem zwangsläufig geführten Gegenkörper beliebiger Winkellage als Werkzeug die Gegenzähne einwalzt. Damit dabei ein umlauffähiges Zahnrad entsteht, muss das Drehzahlverhältnis der Paarung Werkzeug-Werkrad dem Zähnezahlverhältnis entsprechen. Es ist für die Eignung dann noch wesentlich, ob die Zahnkopfdicke ausreichend ist, der Zahnfußbereich nicht unzulässig unterschnitten ist und ständig eine Zahnpaarung ohne Drehwinkelschwankung im Eingriff ist. Ob die so hergestellte Verzahnung dynamisch und festigkeitsmäßig zweckmäßige Eigenschaften besitzt, müsste gesondert untersucht werden. *Allgemein ist festzustellen, dass ein Zahnrad durch die Form der Grundkörper, den Verlauf der Flankenlinien und die Profilform bestimmt ist.*

Fordert man bei sich kreuzenden Achsen eine linienförmige Berührung der Wälzkörper als Voraussetzung für einen günstigen Zahnkontakt, kann man für die Grundkörper Hyperboloide verwenden. Sie entstehen durch eine um die Zahnradachse rotierende Gerade, die sog. Erzeugende (Abb. 15.3). Eine Paarung von Hyperboloiden ist in Abb. 15.4 dargestellt. Sie führen für bestimmte Grenzfälle und z. T. vereinfachte Zahnradkonturen zu den bekannten und allgemein verwendeten Zahnradformen (Abb. 15.5 und 15.6).

Neben den in Abb. 15.6 dargestellten Getrieben mit sich kreuzenden Achsen sind die Schraubradgetriebe und die Kronenradgetriebe zu nennen. Die Schraubradgetriebe (Abb. 15.7f) bestehen aus zylindrischen schrägverzahnten Stirnrädern, deren Achsenwinkel $\Sigma \neq 0$ ist. Bei dem Kronenradgetriebe ist ein Zylinderrad (Stirnrad) mit einem Kegelrad gepaart (Abb. 15.8, 15.9).

Abb. 15.4 Hyperboloide
als Grundkörper bei sich
kreuzenden Achsen [Litv94]

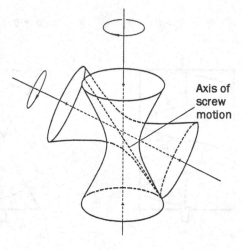

Abb. 15.5 Radpaarung mit
sich kreuzenden Achsen
(Hyperboloidgetriebe)
[Link96]

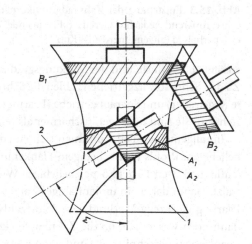

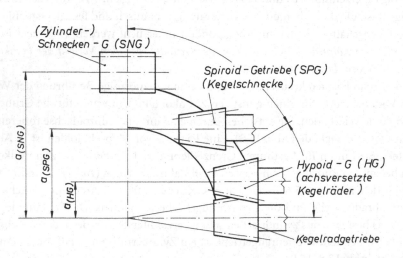

Abb. 15.6 Radkörperformen/Getriebearten bei sich kreuzenden Achsen; Getriebearten abhängig
vom Achsversatz

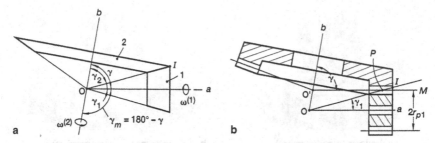

Abb. 15.7 Kegelradgetriebe (**a**) und Kronenradgetriebe, (**b**) nach Litvin [Lit94]; Symbole nach Original

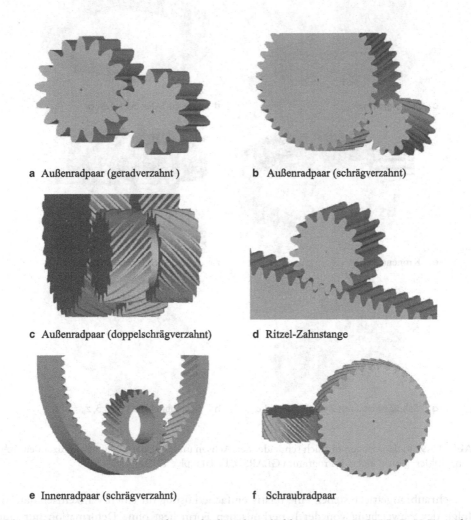

a Außenradpaar (geradverzahnt)   b Außenradpaar (schrägverzahnt)

c Außenradpaar (doppelschrägverzahnt)   d Ritzel-Zahnstange

e Innenradpaar (schrägverzahnt)   f Schraubradpaar

Abb. 15.8 Paarungen von Stirnrädern/Zylinderrädern, (Bilder: Programm GEAR3D, U. Trempler TUD). **a** Außenradpaar (geradverzahnt), **b** Außenradpaar (schrägverzahnt), **c** Außenradpaar (doppelschrägverzahnt), **d** Ritzel-Zahnstange, **e** Innenradpaar (schrägverzahnt), **f** Schraubradpaar

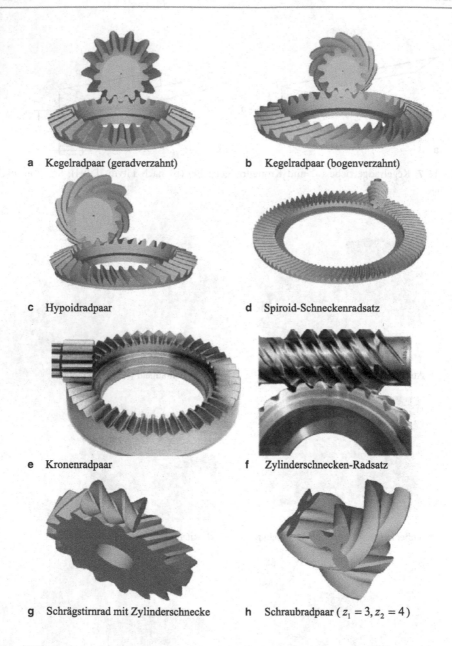

a   Kegelradpaar (geradverzahnt)   b   Kegelradpaar (bogenverzahnt)

c   Hypoidradpaar   d   Spiroid-Schneckenradsatz

e   Kronenradpaar   f   Zylinderschnecken-Radsatz

g   Schrägstirnrad mit Zylinderschnecke h   Schraubradpaar ($z_1 = 3, z_2 = 4$)

Abb. 15.9 Radpaarungen mit sich schneidenden Achsen und Radpaarungen mit kreuzenden Achsen. (Bilder: **a** bis **d** und **g**, **h** Programm GEAR3D, U. Trempler TUD)

Schraubradgetriebe stellen eine relativ einfache Lösung für einen Winkeltrieb dar. Infolge der Abweichung von der hyperbolischen Form liegt ohne Deformation nur eine Punktberührung vor. Die Belastbarkeit ist deshalb gering mit Ausnahme von Radpaarungen kleiner Achsenwinkel bei denen sich infolge der Deformation eine lang gestreckte elliptische Tragzone ausbildet, wodurch sich diese Getriebeart dann auch bei großen Belastungen, z. B. bei Schiffsgetrieben bewährt. Kronenradgetriebe haben den bedeutenden

Tab. 15.1 Kenngrößen von Getrieben/Radpaarungen (Orientierungswerte)

Getriebeart (Radpaarung)	Max. Leistung [kW]	Übersetzung (eine Stufe)	Max. Umfangs-geschwindig-keit [m/s]	Max. Drehzahl [min⁻¹]	Max. Wir-kungsgrad	Masse pro Leist. [kg/kW]
Stirnradgetriebe	140.000	1/6...10	200	150.000	0,99	2,0...0,3
Planetengetriebe	35.000	1/13...13[a]	100	20.000	0,995[a]	1,0...0,15
Kegelradgetriebe	10.000	1/8...8	120	50.000	0.985	2,5...0,6
Hypoidgetriebe	1000	0,1...50	70	20.000	0,97	3,0...0,6
Schneckengetriebe	1000	0,25...200	70	30.000	0,2; 0,97[b,c]	4,5...2,0
Schraubradgetriebe	50	0,2...5	50	10.000	...0,95	3,0...1,5

[a] Planetengetriebe Grundtyp (Abschn. 15.5.5), hochübersetzende Typen bis 10^6 aber dann meist kleiner Wirkungsgrad;

[b] fallend mit steigender Übersetzung;

[c] Werte gelten für Antrieb an der Schnecke; Hinweis: Die Orientierungswerte gelten für einstufige Getriebe

Vorteil, dass ein genaues axiales Positionieren im Hinblick auf das Tragbild nicht erforderlich ist. Andererseits kann aber auch das Flankenspiel durch eine axiale Lageänderung nicht beeinflusst werden. Die Tragfähigkeit von Kegelradgetrieben wird nach bisherigen Erfahrungen von Kronenradgetrieben nicht erreicht.

Grundsätzlich ist festzustellen, dass bei sämtlichen Getrieben mit kreuzenden Achsen außer dem Gleiten in Profilrichtung (radial) ein Gleiten in Richtung der Flankenlinien auftritt. Der Wirkungsgrad dieser Schraubwälzgetriebe ist deshalb geringer als bei reinen Wälzgetrieben, z. B. Stirnradgetrieben, Kegelradgetrieben.

Eine Übersicht zu Eigenschaften häufig angewendeter Getriebearten enthält Tab. 15.1.

Stirnradgetriebe haben im Vergleich zu anderen Getrieben eine große Tragfähigkeit, ein kleines Gewicht pro Leistung und einen großen Wirkungsgrad. Die Planetengetriebe können bei günstiger Ausführung das kleinste Gewicht pro Leistung und den größten Wirkungsgrad erreichen. Schneckengetriebe zeichnen sich durch die geringste Lärmentwicklung unter den Zahnradgetrieben aus. Ihr gegenüber den Stirn- und Kegelradgetrieben wesentlich geringerer Wirkungsgrad beschränkt ihre Anwendung auf kleinere Leistungen. Bei großen Übersetzungen ist der Wirkungsgrad $\eta < 0,5$ bei Antrieb an der Schnecke, was zur Selbsthemmung (Unmöglichkeit der Bewegung) bei Antrieb am Schneckenrad führt. Die Hypoidgetriebe stellen gewissermaßen einen Kompromiss zwischen Kegelradgetrieben und Scheckengetrieben zur Erreichung sowohl günstiger Tragfähigkeitseigenschaften als auch geringer Lärmentwicklung dar.

15.1.2   Grundbeziehungen

15.1.2.1   Übersetzung

Die Änderung der kinematischen Eingangsgröße in die Ausgangsgröße wird durch die Übersetzung i ausgedrückt. Sie ist das Verhältnis von Antriebs-(winkel)-geschwindigkeit

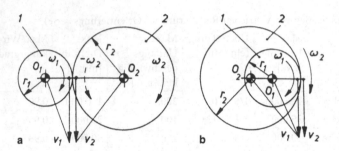

Abb. 15.10 Kinematische Größen am Radpaar. **a** Außenradpaar, **b** Innenradpaar

zur Abtriebs-(winkel)-geschwindigkeit. Bei drehender An- und Abtriebsbewegung ist somit die Übersetzung i

$$i = \omega_{an} / \omega_{ab} = n_{an} / n_{ab}. \tag{15.1}$$

Wie groß die Übersetzung eines Getriebes ist, hängt von den speziellen Abmessungen bzw. Verzahnungsdaten ab, z. B. vom Durchmesserverhältnis, Zähnezahlverhältnis usw. Die Ableitung wird folgend dargestellt:

Ebenfalls wie Reibradgetriebe können Zahnradgetriebe vereinfacht als auf einander abrollende Radkörper betrachtet werden. Da bei ihnen in Wirklichkeit die Kraftübertragung formschlüssig erfolgt (Ineinandergreifen der Zähne), sind an der Berührungsstelle der abrollenden Radkörper (Wälzzylinder) die Umfangsgeschwindigkeiten exakt gleich groß (Abb. 15.10).

$$v = v_1 = v_2$$

Die Geschwindigkeit v bei einer Drehbewegung ist $v = \omega \cdot r$. Somit ergibt sich für die Geschwindigkeiten nach Abb. 15.10 für die Radpaarungen $\omega_1 r_1 = -\omega_2 r_2$ und damit die *Übersetzung i* mit $d_{1,2} = 2 r_{1,2}$.

$$i = \omega_1 / \omega_2 = - r_2 / r_1 = - d_2 / d_1 \tag{15.2}$$

Beachte: Bei Hohlrädern (Innenverzahnung) sind die Durchmesser negativ definiert $(d_2 < 0, r_2 < 0)$.

Oft wird nur der Betrag der Übersetzung bestimmt und das negative Vorzeichen, das die Drehrichtungsumkehr ausdrückt, weggelassen. Bei Zahnradgetrieben ist der Durchmesser proportional der Zähnezahl, sodass sich mit dem Proportionalitätsfaktor Modul m ergibt:

$$i = \omega_1 / \omega_2 = - z_2 / z_1 \tag{15.3}$$

Hinweis: Bei Innengetrieben ist die Zähnezahl des Hohlrades negativ definiert $(z < 0)$. $i < 0$ bedeutet der Abtrieb besitzt gegenüber dem Antrieb eine entgegengesetzte Drehrichtung (Abb. 15.11).

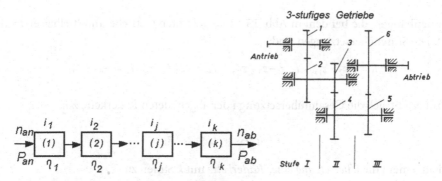

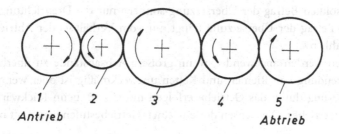

Mehrstufiges Getriebe in Black-Box-Darstellung

Abb. 15.11 Hintereinander geschaltete Getriebe, mehrstufige Getriebe

Abb. 15.12 Räderkette mit $k = 4$ Stufen

Die Gesamtübersetzung eines Getriebes mit k Stufen lässt sich aus den Teilübersetzungen $i_j = n_{\text{an}j} / n_{\text{ab}j}$ für $j = 1 \ldots k$ bestimmen. Geht man von n_{ab} aus und ersetzt diese Größe entsprechend $j = k$ durch $n_{\text{an}k} / i_k$, setzt $n_{\text{an}k} = n_{\text{ab}(k-1)}$ und führt dieses analog bis zur Antriebsstufe durch, erhält man allgemein

$$n_{\text{ab}} = \frac{n_{\text{an}}}{i_1 \cdot i_2 \cdot i_3 \cdot \ldots \cdot i_k} \tag{15.4}$$

Auf Grund von Gl. (15.1) ergibt sich aus (15.4) die Übersetzung i

$$i = i_1 \cdot i_2 \cdot i_3 \cdot \ldots \cdot i_k \tag{15.5}$$

Die Gesamtübersetzung eines mehrstufigen Getriebes ist gleich dem Produkt der Übersetzungen der einzelnen Getriebestufen.

Die Berechnung der Übersetzung eines *Planetengetriebes*, bei dem sich den üblichen Bewegungen die Drehung des Lagergehäuses überlagert, erfolgt nach speziellen Verfahren.

Räderkette

Für die in Abb. 15.12 dargestellte Räderkette, bei der die zwischen An- und Abtriebsrad liegenden Zahnräder mit dem vorherigen und nachfolgenden unmittelbar im Eingriff sind, ergibt sich die Gesamtübersetzung aus den Einzelübersetzungen. Sie folgt aus Zusammenhängen, die bei dem in Abb. 15.12 dargestellten Getriebe unmittelbar ersichtlich sind. Die Stufenübersetzungen sind:

$$i_1 = -z_2 / z_1, \quad i_2 = -z_3 / z_2, \quad i_3 = -z_4 / z_3, \quad i_4 = -z_5 / z_4$$

Damit ergibt sich die Gesamtübersetzung i der abgebildeten Räderkette zu:

$$i = i_1 \cdot i_2 \cdot i_3 \cdot i_4 = z_5 / z_1$$

und allgemein die *Übersetzung einer Räderkette* mit k Stufen zu:

$$i = (-1)^k z_{ab} / z_{an} \tag{15.6}$$

Es ist ersichtlich, dass bei einer Räderkette die Anzahl der Stufen bzw. der Radpaarungen *nicht* den absoluten Betrag der Übersetzung sondern nur die Drehrichtung beeinflusst. Der absolute Betrag der Übersetzung hängt nur vom Verhältnis der Abtriebs- zur Antriebszähnezahl ab.

Räderketten werden angewendet, wenn größere Achsabstände zu überbrücken sind und die Anwendung von Riemen und Ketten unzweckmäßig ist oder wenn eine Drehrichtungsänderung durch das Getriebe erfolgen muss, z. B. beim Rückwärtsgang eines Kraftfahrzeuggetriebes. Die Achsen der einzelnen Getriebestufen liegen oft nicht in einer Ebene.

15.1.2.2 Wirkungsgrad

Der Wirkungsgrad ist der absolute Betrag des Verhältnisses der Abtriebsleistung zur Antriebsleistung. Die Leistungen wiederum sind das Produkt von Drehmoment und Winkelgeschwindigkeit. Man ordnet zweckmäßig dem Drehmoment und der Winkelgeschwindigkeit ein Vorzeichen zu. Am Antrieb sind das von außen auf das Getriebe wirkende Drehmoment und die Drehung gleichgerichtet, da die Bewegung dem Antrieb folgt. Betrachtet man die Drehmomente prinzipiell als von außen auf das Getriebe einwirkend, ergibt sich somit die Antriebsleistung positiv aber die Abtriebsleistung negativ, da dort das von außen auf das Getriebe wirkende Drehmoment die Drehung zu hemmen versucht, also der Drehbewegung entgegenwirkt. Ausgehend von dieser Überlegung ergibt sich:

$$\eta = -P_{ab} / P_{an} \quad \text{oder} \tag{15.7}$$

$$\eta = \left| P_{ab} / P_{an} \right| \tag{15.8}$$

Drückt man die Leistungen durch die Drehmomente und Winkelgeschwindigkeiten aus erhält man mit $P_{ab} = M_{ab}\omega_{ab} < 0, \quad P_{an} = M_{an}\omega_{an} > 0$

$$\eta = -M_{ab}\omega_{ab} / M_{an}\omega_{an} \quad \text{oder} \tag{15.9}$$

$$\eta = \left| (M_{ab}\omega_{ab} / M_{an}\omega_{an}) \right| \tag{15.10}$$

Das Momentenverhältnis kann mit $i_M = -M_{ab} / M_{an}$ bezeichnet werden und es ergibt sich mit dem Winkelgeschwindigkeitsverhältnis $i = \omega_{an} / \omega_{ab}$ der Wirkungsgrad:

$$\eta = i_M / i \tag{15.11}$$

$$\text{mit } i_M = -M_{ab} / M_{an}, \quad i = \omega_{an} / \omega_{ab} \tag{15.12}$$

Der Wirkungsgrad ist somit sowohl vom Verlust des Drehmomentes (Reibung) als auch von der Drehzahl (Schlupf) abhängig. Gleichung (15.11) gilt auch für Kupplungen. Bei *Kupplungen ohne Schlupf* ist $i = 1$ und wegen $\sum M = M_{an} + M_{ab} = 0$ auch das Verhältnis $i_M = -M_{ab} / M_{an} = 1$ und somit ist exakt $\eta = 1$. Bei *Kupplungen mit Schlupf* ($\omega_{ab} < \omega_{ab} < \omega_{an}$) ist dann $i > 1$ und wegen $\sum M = 0$ wieder $i_M = 1$ wodurch $\eta < 1$ wird.

Besteht ein Getriebe aus mehreren hintereinander geschalteten Getriebeelementen bzw. Getriebestufen ergibt sich der Gesamtwirkungsgrad aus den Einzelwirkungsgraden. Für das in Abb. 15.11 dargestellte Getriebe ist für die einzelnen Stufen:

$$\eta_j = \left| P_{ab\,j} / P_{an\,j} \right|; \quad \text{bei } 2 \le j \le k \text{ ist } P_{an\,j} = P_{ab(j-1)};$$

$$\text{bei } 1 \le j \le (k-1) \text{ ist } \left| P_{ab\,j} \right| = \left| P_{an(j+1)} \right|$$

Ersetzt man für den Abtrieb $\left| P_{ab\,j=k} \right|$ durch $P_{an\,k}\,\eta_k$ und führt dieses analog für die anschließenden Stufen bis zur ersten Stufe fort, erhält man für den Gesamtwirkungsgrad η:

$$\eta = \eta_1 \eta_2 \eta_3 \cdots \eta_k \tag{15.13}$$

Der Gesamtwirkungsgrad eines aus mehreren Getriebeelementen bzw. Stufen bestehenden Getriebes ergibt sich als das Produkt der Einzelwirkungsgrade der hintereinander geschalteten (Getriebe-)Elemente.

Hat ein Element einen sehr schlechten Wirkungsgrad, dann kann der Gesamtwirkungsgrad keinesfalls größer als dieser schlechteste sein. Der Einzelwirkungsgrad einer Getriebestufe ist abhängig von der Getriebeart, Zähnezahl, Ölviskosität, Ölart, Oberflächenbeschichtung, Rauheit, Flankengeometrie, Belastung, Wälzgeschwindigkeit, Gleitgeschwindigkeit und der Lagerung. Er liegt bei einer Stirnradstufe üblicherweise im Bereich $\eta = 0,985 - 0,995$.

15.1.2.3 Drehmomente
Zwischen Drehmoment M, Leistung P, Winkelgeschwindigkeit ω besteht der grundsätzliche Zusammenhang:

$$M = P / \omega \tag{15.14}$$

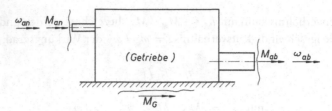

Abb. 15.13 Auf ein Getriebe einwirkende Momente. (Beispiel Getriebe mit parallelen Achsen)

Das Abtriebsmoment M_{ab} ergibt sich somit aus der Abtriebsleistung P_{ab} und der Antriebsleistung bei Verwendung der Beziehungen für die Übersetzung und des Wirkungsgrades zu:

$$M_{ab} = -\eta i M_{an} \qquad (15.15)$$

Wie aus Gl. (15.15) hervorgeht, ändern Getriebe im Gegensatz zu Kupplungen im Allgemeinen auch das Drehmoment.

Neben An- und Abtriebsmoment wirkt auf ein Getriebe auch vom Fundament über das Gehäuse ein drittes Moment M_G ein. Nur aus diesem Grunde ist es wegen $\sum M = 0$ erst möglich, in einem Getriebe eine Änderung des absoluten Betrages des Abtriebsmomentes gegenüber dem Antriebsmoment herbeizuführen, im Gegensatz zur Kupplung bei der nur zwei Momente (das An- und Abtriebsmoment) wirken. Die Größe des Momentes M_G ergibt sich aus der Bedingung „vektorielle Summe aller Momente gleich null". Liegen die Achsen parallel, ist (Abb. 15.13):

$$M_{an} + M_{ab} + M_G = 0 \qquad (15.16)$$

Mit M_{ab} nach Gl. (15.15) erhält man aus Gl. (15.16) für das über das Gehäuse eingeleitete Reaktionsmoment M_G:

$$M_G = (\eta \cdot i - 1) M_{an} \qquad (15.17)$$

Die Übersetzung i ist vorzeichenbehaftet einzusetzen! Hier zeigt sich bereits die Zweckmäßigkeit der Verwendung eines drehrichtungsabhängigen Vorzeichens von i.

Es bedeutet:

$i > 0$ gleiche Drehrichtung der An- und Abtriebswelle
$i < 0$ unterschiedliche Drehrichtungen der An- und Abtriebswelle

Hinweis DIN 3990 verwendet für das Drehmoment bzw. Torsionsmoment das Symbol T [DIN3990]. Zugunsten des allgemein für sämtliche Koordinatenrichtungen verwendeten Symbols M wird dieses hier auch für Torsion verwendet.

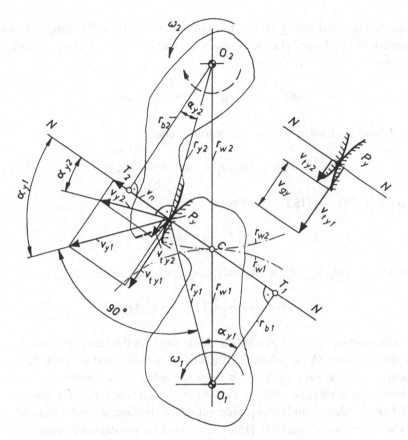

Abb. 15.14 Geschwindigkeiten an einer Zahnpaarung. Hinweis: Die Pfeilrichtungen von ω_1 und ω_2 kennzeichnen die positiv definierte Drehrichtung

15.2 Stirnradgetriebe

15.2.1 Verzahnungsgesetz

Das Verzahnungsgesetz gibt an, wie die Zahnprofile gestaltet sein müssen, damit die Übersetzung konstant ist. Die Anwendung dieses Gesetzes ermöglicht, bei einem gegebenen beliebigen Zahnprofil das Gegenprofil für eine gleichmäßige Bewegungsübertragung (d. h. $i =$ konst.) zu konstruieren. Zur Ableitung für *Stirnradgetriebe* wird von Abb. 15.14 ausgegangen.

Zwei Zahnflanken berühren sich im Punkt P_y. Die Flanke *l* dreht sich mit ω_1 um den Mittelpunkt 0_1 und die Flanke 2 mit ω_2. um 0_2 Im Berührungspunkt P_y haben die Zahnflanken die Geschwindigkeiten v_{y1} bzw. v_{y2}.

$$v_{y1} = \omega_1 r_1, \quad v_{y2} = -\omega_2 r_2$$

Damit keine Flankenablösung erfolgt, müssen beide Flanken in Richtung der Normalen NN eine gleiche Geschwindigkeit v_N besitzen. Sie schließt mit v_{y2} bzw. v_{y2} die Winkel a_{y1} bzw. a_{y2} ein.

$$\cos\alpha_{y1} = v_N / v_{y1}, \qquad \cos\alpha_{y2} = v_N / v_{y2} \qquad (15.18)$$

α_{y1}, α_{y2}, durch die Radien r_b und r_y ausgedrückt, ergibt:

$$\cos\alpha_{y1} = r_{b1} / r_{y1}, \qquad \cos\alpha = r_{b2} / r_{y2} \qquad (15.19)$$

Aus den Gl. (15.18) und (15.19) erhält man:

$$v_{y1} r_{b1} / r_{y1} = v_{y2} r_{b2} / r_{y2}$$

und mit $v_{y1} / r_{y1} = \omega_1$, $v_{y2} / r_{y2} = -\omega_2$ und $r_{b1} / r_{b2} = r_{w1} / r_{w2}$ ergibt sich:

$$i = \omega_1 / \omega_2 = -r_{b2} / r_{b1} = -r_{w2} / r_{w1} \qquad (15.20)$$

Die Wälzkreisradien $r_{w1,2} = \overline{O_{1,2}C}$ sind durch die Lage des Punktes C und den Abständen zu den Mittelpunkten $O_{1,2}$ gegeben. Der Punkt C wird Wälzpunkt genannt. Er ist der Berührungspunkt der Wälzkreise. Diese können wie aufeinander abrollende Scheiben bzw. Kreise betrachtet werden. Der Wälzpunkt C ist durch den Schnittpunkt der Normalen NN der sich berührenden Zahnflankenprofile mit der Verbindungslinie der Achsmitten festgelegt. Die Übersetzung i nach Gl. (15.1) ist demzufolge konstant, wenn die gemeinsame Normale stets durch einen Punkt konstanter Lage, den Wälzpunkt C geht.

Es lässt sich somit das Verzahnungsgesetz für Stirnradpaarungen formulieren:

Soll eine Winkelgeschwindigkeit mit gleichförmiger Übersetzung von einer Welle auf eine zweite durch Zahnflanken überragen werden, muss die gemeinsame Normale der beiden als Flankenprofile verwendeten Kurven in jedem Berührungspunkt durch den Wälzpunkt C gehen.

Durch dieses Gesetz ist für ein gegebenes Flankenprofil und für gegebene Wälzkreise das Gegenprofil eindeutig bestimmt. Das Vorgehen soll an einem Beispiel demonstriert werden. Es sei das in Abb. 15.15 dargestellte zum Rad 1 gehörende Flankenprofil A gegeben. Das Gegenprofil B soll so bestimmt werden, dass eine konstante Übersetzung vorliegt. Auf Grund des Verzahnungsgesetzes ist die Konstruktion des gesuchten Gegenprofiles punktweise möglich. Die Wälzkreise r_{w1}, r_{w2} ergeben sich aus der Übersetzung $i = r_{w1} / r_{w2}$ und dem Achsabstand $a = O_1 O_2$. Liegt die Paarung Rad/Zahnstange vor, ist der Wälzkreis frei wählbar. Es ist jedoch nicht jede Größe zweckmäßig. Durch die Übersetzung liegt der Wälzpunkt C als Berührungspunkt der Wälzkreise eindeutig fest. Auf dem gegebenen Profil A wird ein Punkt A_1 gewählt. Der mit diesem Punkt zur Berührung kommende Punkt B soll bestimmt werden. Die Normale auf das Profil A im Punkt A_1 wird mit dem Wälzkreis des Rades 1 zum Schnitt gebracht. Es ergibt sich der Punkt 1. Punkt

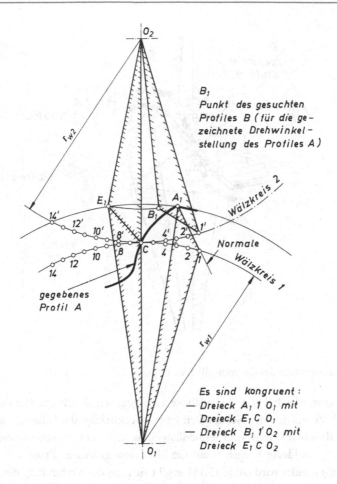

Es sind kongruent:
— Dreieck A_1 1 O_1 mit
  Dreieck E_1 C O_1
— Dreieck B_1 1'O_2 mit
  Dreieck E_1 C O_2

Abb. 15.15 Konstruktion eines Punktes des Gegenprofils

A_1 berührt sich mit dem Gegenprofil, wenn diese Normale durch den Wälzpunkt C geht. Hierzu muss sich Rad 1 so weit gedreht haben, dass Punkt 1 mit der Lage des Wälzpunktes C übereinstimmt. Nach dieser Drehung entspricht E_1 der neuen Lage des Punktes A_1 *und auch des gesuchten Punktes* B_1 *der Gegenflanke. Die Dreiecke* O_1A_1 1 *und* O_1E_1C sind deckungsgleich. Nach den obigen Darlegungen berühren sich die Flanken in E_1, da in dieser Position die Normale durch den Wälzpunkt geht. Es ist nun nur noch die Lage des gesuchten Punktes in der Ausgangsstellung zu bestimmen. Da die Wälzkreise ohne Schlupf, d. h. ohne Gleiten, auf einander abrollen, wurde Rad 2 ebenfalls um die Bogenlänge $1C = 1'C$ gedreht. Die Ausgangslage des sich in E_1 berührenden Punktes des Profils B des Rades 2 erhält man durch Rückdrehung um diesen Bogen C1'. Er nimmt danach die Lage B_1 ein. Dieser Punkt B_1 ist der gesuchte, zu A_1 gehörige Punkt des Gegenprofils B. Die einzelnen Drehungen sind durch schraffierte Dreiecke in Abb. 15.15 verdeutlicht.

Zur Übertragung der abgewälzten Bogenlängen auf dem Wälzkreis, z. B. (1C) von Rad 1 auf Rad 2 (1'C), teilt man den Umfang beider Wälzkreise in der Umgebung des Wälz-

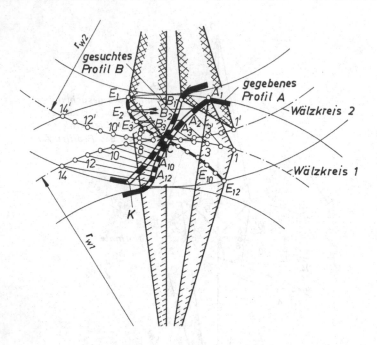

Abb. 15.16 Konstruktion des Gegenprofils [Fron79]

punktes in kleine, gleich lange Bogenstücke ein (gegeben durch die Punkte *1,2,3,4,5...*;
1',2',3',4',5'...). Zugunsten der Genauigkeit ist es zweckmäßig, die Länge dieser Abschnitte
so zu wählen, dass sich Bogen- und Sehnenlängen nicht wesentlich unterscheiden.

Indem das geschilderte Vorgehen auf die über dem gesamten Profil verteilten Punkte
A_1, A_2 ...A_n angewendet wird (Abb. 15.16), ergibt sich aus der Verbindung der gewonnenen
Punkte E_1, E_2 ...E_n die sogenannte Eingriffslinie als geometrischer Ort der Berührung beider
Profile. Aus den Punkten B_1, B_2 ...B_n ergibt sich das gesuchte Gegenprofil. Man bedient sich
dazu zweckmäßigerweise der bereits erwähnten Einteilung der Wälzkreise in kleine, gleiche
Bogenstücke. Von den Punkten des Wälzkreises A_1 ...A_n, die zu dem gegebenen Profil gehören, werden die Normalen gebildet (gezeichnet). Für jeden dieser Punkte konstruiert man
die zugehörigen Punkte des gesuchten Gegenprofils (B_1, B_2 ...B_n), das damit bestimmt ist.

Das gegebene Profil kann auch als Werkzeug aufgefasst werden, dass in einem Abwälz-
vorgang das Gegenprofil erzeugt (herstellt). Andererseits kann auch zu einem gegebenen
Profil das Werkzeugprofil für die Herstellung im Wälzverfahren nach der geschilderten
Methode bestimmt werden. Ein Beispiel hierzu wird in Abb. 15.17 gezeigt.

Denkt man sich das gegebene Profil als Schneide eines Werkzeuges, dessen Wälzkreis
(Schneidrad!) oder Wälzgerade (Schneidkamm, Wälzfräser!) zwangsläufig geführt wird,
sodass diese auf dem Wälzkreis des erzeugenden Profils abrollen, entsteht automatisch das
dem Verzahnungsgesetz entsprechende Gegenprofil als *Hüllkurve*. Dieses Konstruktions-
prinzip nutzt man zur Ermittlung der Zahnfußübergangskurve. Abbildungen 15.18 und
15.19 zeigen diese Konstruktion. Die Fußkurve der Verzahnung wird bei einem Werkzeug

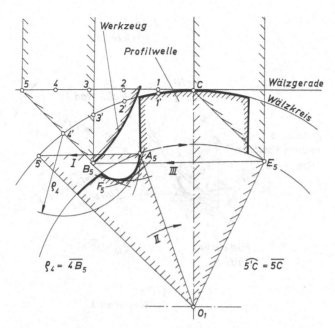

Abb. 15.17 Konstruktion des Wälzwerkzeuges für ein gegebenes geradflankiges Wellenprofil (Keilwelle)

ohne Kopfrundung von der Kopfkante K des Gegenprofils (Werkzeuges) beim Abwälzen erzeugt (Abb. 15.16).

Zur Konstruktion der Fußkurve werden zunächst beide Wälzkreise (bzw. Wälzgerade und Wälzkreis) in kleine Abschnitte gleicher Bogenlänge eingeteilt. Beim gedachten Abrollen des Wälzkreises (der Wälzgerade) des erzeugenden Rades auf dem Wälzkreis des Gegenrades sind dann in bestimmten Lagen der Punkt *1* mit *1'*, *2* mit *2'*, *3* mit *3'* usw. deckungsgleich. Die Kopfkante K des mit dem Wälzkreis *2* fest verbundenen erzeugenden Profils (Abb. 15.18) besitzt unabhängig von der relativen Lage des Wälzkreises *2* zum Wälzkreis *1* jeweils einen konstanten Abstand zu den Punkten, z. B. *8'*, *10'*, *12'* des Wälzkreises *2* des erzeugenden Profils. Dieses bedeutet, dass die Kopfkante K, wenn z. B. Punkt *10* auf *10'* zu liegen kommt, von Punkt *10* den Abstand $\rho_{10} = \overline{10'K}$ besitzt. Begnügt man sich zunächst damit zu wissen, dass K in dieser neuen Lage auf einen um *10'* geschlagenen Kreisbogen mit dem Radius ρ_{10} liegt, zieht diesen Kreisbogen und führt für eine genügende Anzahl Punkte diese Konstruktion durch, erhält man die gesuchte Bahn der Kopfkante K automatisch als Hüllkurve. Sie ist die Fußkurve die das Werkzeug ohne Kopfrundung erzeugt.

Um eine möglichst kleine Spannungskonzentration (Kerbwirkung) im Zahnfuß zu erhalten, wird man eine Fußkurve mit möglichst großen Krümmungsradien anstreben. Auf Grund des Eingriffs des Gegenrades (relative Kopfbahn des Gegenrades) ist diese nicht beliebig wählbar. Sie muss unterhalb der Hüllkurve liegen, die von der Bahn des Zahnkopfes des Gegenrades beschrieben wird.

Besitzt das Gegenprofil eine Kopfrundung, z. B. der Wälzfräser (erzeugendes zahnstangenförmiges Werkzeug), konstruiert man zunächst die relative Bahn des Mittelpunktes der

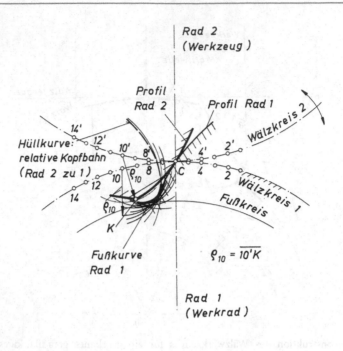

Abb. 15.18 Konstruktion der relativen Bahn des Kopfpunktes; erzeugte Fußkurve durch Werkzeug ohne Kopfrundung (Schneidrad)

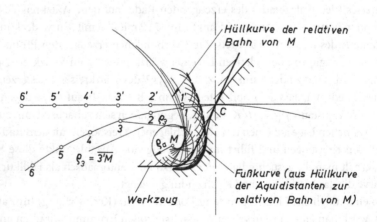

Abb. 15.19 Konstruktion der relativen Bahn des Werkzeugzahnkopfes (Zahnstangenprofil) als Hüllkurve zur Äquidistanten des Mittelpunktes M der Kopfrundung; Fußkurve bei Herstellung der Verzahnung mittels Wälzfräser oder Stoßkamm

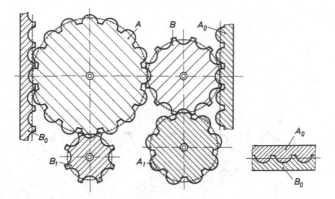

Abb. 15.20 Paarverzahnungen nach Kutzbach

Kopfrundung nach dem beschriebenen, in Abb. 15.18 dargestellten Verfahren. Danach ermittelt man die Fußkurve als Äquidistante zur Mittelpunktbahn (Abb. 15.19). Dieses erfolgt, indem man eine größere Anzahl Kreise mit dem Kopfrundungsradius ρ_a des erzeugenden Werkzeuges zeichnet. Die Mittelpunkte dieser Kreise liegen auf der Bahn des Mittelpunktes M. Die sich ergebende Hüllkurve ist die Fußübergangskurve. Sie stellt eine Zykloide dar.

15.2.2 Zahnprofilformen

Nach dem Verzahnungsgesetz kann zu jedem vorgegebenen Profil das Gegenprofil punktweise ermittelt werden. Dieses wird auch rein mechanisch erzeugt, wenn die Wälzkreise der gepaarten Räder aufeinander abrollen. Die gegebene Verzahnung (Werkzeug) walzt das Profil in das Gegenrad ein, das man sich hierbei aus einer plastischen Masse bestehend vorstellen kann. So ist z. B. für die Verzahnung in Abb. 15.20 denkbar, dass Rad B das Profil des Gegenrades A in dem beschriebenen Wälzvorgang erzeugt. Als Gegenräder von A und B können wie bereits ausgeführt, als Grenzfall Zahnstangen $\left(A_0, B_0\right)$ angenommen werden (Räder mit unendlich großem Durchmesser).

Von den Rädern in Abb. 15.20 sind nur A mit B oder mit B_1 oder mit B_0 paarungsfähig, bzw. B mit A_1 oder mit A_0. Soll eine bestimmte Menge Räder (Satz) miteinander paarungsfähig sein, müssen sie Satzrädereigenschaft besitzen. Diese wird durch ein zentral-symmetrisches Herstellungs-Wälzprofil erreicht. In Abb. 15.21 ist ein zentral-symmetrisches gerades Erzeugungsprofil (Planverzahnung) dargestellt, das die Satzrädereigenschaft gewährleistet. Profil A_0 ist komplimentär zu B_0. In der einfachsten Form besitzt es gerade Zahnflanken (Evolventenverzahnung!). Das gerade Erzeugungsprofil, das im Grenzfall eine Zahnstange darstellt, wird *Bezugsprofil* genannt.

Eine Verzahnung soll nicht nur die kinematische Grundforderung (konstante Übersetzung) erfüllen, sondern auch eine hohe Tragfähigkeit, geringe Verluste, Unempfindlichkeit gegen Fertigungsabweichungen und eine geringe Lärmentwicklung besitzen. Besonders in der Vergangenheit war infolge der Fertigungsmöglichkeiten eine einfache Werkzeugform gefordert.

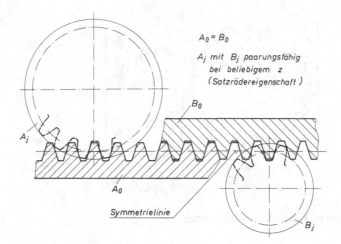

Abb. 15.21 Satzrädereigenschaft durch ein zentralsymmetrisches Bezugsprofil

Die praktisch verwendeten Zahnprofile sind Kompromisse für die gestellten Forderungen. Technische Bedeutung erlangten folgende Profilarten:

- Zykloidenverzahnung
- Kreisbogenverzahnung
- Evolventenverzahnung

Eine Zykloide entsteht, wenn ein Kreis (der Rollkreis) auf oder in einen Kreis (dem Wälzkreis) abrollt. Jeder Punkt des Rollkreises beschreibt beim Abrollen eine Zykloide. Liegt der erzeugende Punkt nicht auf dem Umfang des Rollkreises bezeichnet man die erzeugte Kurve als Hypo- bzw. Epizykloide, (Abb. 15.22).

Gegenüber der Evolventenverzahnung sind durch die Zykloidenverzahnung kleinere Ritzelzähnezahlen, günstigere Verschleißverhältnisse und (bis auf dem Wälzpunktbereich) kleinere Flankenpressungen erreichbar. Der Nachteil der Zykloidenverzahnung ist aber, dass sich Achsabstandsabweichungen, wie bei allen nichtevolventischen Verzahnungen, als periodische Drehwinkelfehler auswirken und sie gegenüber der Evolventenverzahnung eine nicht so einfache Werkzeugform besitzen. Sie waren im 19. Jahrhundert noch vorherrschend und werden heute im Getriebebau nur in Sonderfällen verwendet, z. B. beim so genannten Cyclo-Getriebe [Nie89] oder in einer Sonderform, der Triebstockverzahnung, Abb. 15.23 Die Triebstockerzahnung entsteht, wenn der Rollkreisdurchmesser eines Rades, z. B. von Rad 2, gleich dem Wälzkreisdurchmesser gewählt wird. Rad 2 besitzt dann ein Fußprofil, das nur durch einen Punkt gebildet wird, der bei der praktischen Ausführung durch einen Bolzen ersetzt wird. Dieser arbeitet mit dem durch eine Epizykloide gebildeten Kopfprofil des Gegenrades zusammen. Die Triebstockverzahnung findet in der Fördertechnik und bei Verstellantrieben von Energieanlagen Anwendung.

Die Kreisbogenverzahnung erlangte unter dem Namen *Wildhaber-Novikov-Verzahnung* Bedeutung. Die gepaarten Räder besitzen konvexe bzw. konkave Profile, die durch Kreisbö-

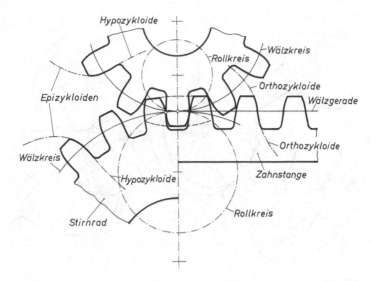

Abb. 15.22 Zykloidenverzahnung

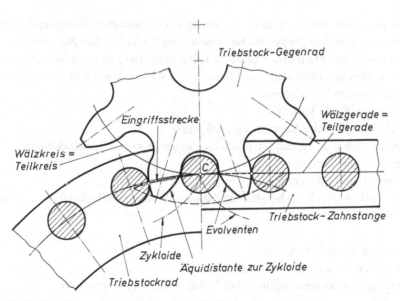

Abb. 15.23 Triebstockverzahnung (entartete Zykloidenverzahnung)

gen gebildet werden, (Abb. 15.24). Die Flankenlinien sind Schraubenlinien, d. h. es liegt eine Schrägverzahnung vor. Durch sie wird gewährleistet, dass stets ein Zahnpaar in Eingriff ist. Der im unbelasteten Zustand vorliegende punktförmige Kontakt ist bei Belastung flächenhaft. Im Gegensatz zur Evolventenverzahnung besitzt sie eine parallel zur Radachse liegende Eingriffslinie. Die Sprungüberdeckung muss hier unbedingt größer als 1,0 sein.

Ein Vorteil der Wildhaber-Novikov-Verzahnung ist die infolge der günstigen Profilpaarung vergleichsweise geringe Flankenpressung. Es bestehen aber die gleichen Nachtei-

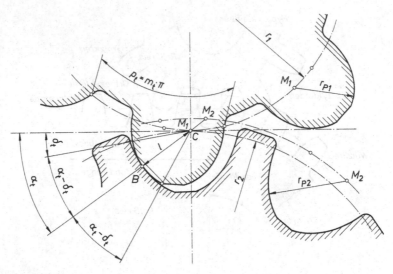

Abb. 15.24 Wildhaber-Novikov-Verzahnung

le wie bei der Zykloidenverzahnung. Die gehärtete Evolventenverzahung wird als tragfähiger eingeschätzt, sodass die praktische Anwendung der Wildhaber-Novikov-Verzahnung auf Ausnahmen beschränkt blieb und z. Z. keine industrielle Bedeutung mehr besitzt.

Für den Maschinenbau stellt die (Kreis-)*Evolventenverzahnung* die genormte und allgemein verwendete Verzahnung dar.

Sie besitzt folgende *Vorteile*:

- einfache geradflankige Verzahnungswerkzeuge
- unempfindlich gegen Achsabstandabweichungen (parallele Verschiebungen)
- Satzrädereigenschaft
- konstante Zahnkraftrichtungen
- durch Profilverschiebung bei gleicher Zähnezahl und Grundkreisteilung Änderung des Achsabstandes möglich

Nachteile sind folgende zu nennen:

- Unterschnitt bei kleinen Zähnezahlen
- ungünstige Pressungsverhältnisse bei Außenverzahnungspaarungen

Eine Evolvente entsteht, wenn eine Gerade schlupffrei auf einem Kreis, dem Grundkreis abrollt (Abb. 15.25). Die Konstruktion einer Evolvente kann auch als Hüllkurve erfolgen (Abb. 15.26). Zunächst wird die Tangente, die abrollende Gerade oder der abgehobene Faden, an dem Grundkreis, z. B. im Punkt *3'* gezeichnet. Es wird nun ein Punkt auf dieser Geraden gewählt, z. B. der Punkt *0*, der auf der Evolvente liegen soll. Ausgehend von dem Berührungspunkt mit dem Grundkreis (in Abb. 15.26 Punkt *3'*) teilt man die abrollende Gerade in gleiche Abschnitte ein (z. B. *3,2; 2,1; 1,0;* und *3,4; 4,5*) und überträgt diese als

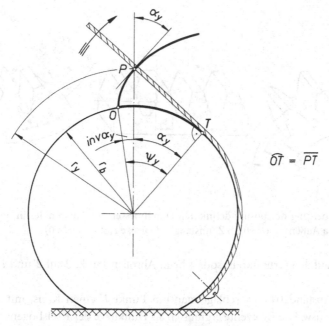

Abb. 15.25 Entstehung der (Kreis-)Evolvente durch einen Punkt P des geschwenkten, straff gespannten Fadens

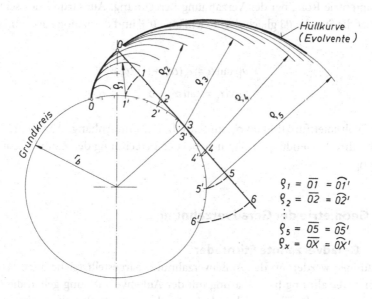

$$\varrho_1 = \overline{O1} = \widehat{O1}'$$
$$\varrho_2 = \overline{O2} = \widehat{O2}'$$
$$\vdots$$
$$\varrho_5 = \overline{O5} = \widehat{O5}'$$
$$\varrho_x = \overline{OX} = \widehat{OX}'$$

Abb. 15.26 Hüllkurvenkonstruktion der Evolvente

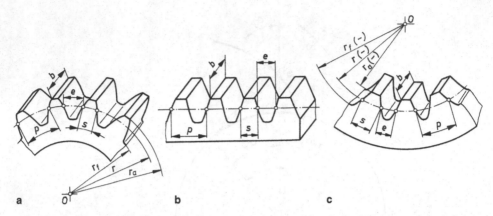

Abb. 15.27 Übergang der positiv definierten Durchmesser der Außenräder in negativ definierte der Hohlräder. **a** Außenrad ($d > 0$), **b** Zahnstange ($d \to \infty$), **c** Hohlrad ($d < 0$)

Bogenlängen auf den Grundkreis, sodass beim Abrollen Punkt 2 auf 2' und 1 auf 1' usw. zu liegen kommt.

Mit dem Abstand $01 = \rho_1$ schlägt man um Punkt 1' einen Kreis, mit $02 = \rho_2$, mit $03 = \rho_3$, um 3' usw. Die Evolvente ergibt sich als Hüllkurve der Kreisbogenschar. Die Kreise mit ρ_1, ρ_2 usw. entsprechen im Schnittpunkt der abrollenden Geraden mit der Evolvente, also in den Punkten P_1, P_2 usw., exakt ihren Krümmungsradius.

Ausgehend von Abb. 15.25 soll die *Evolventenfunktion* inv α definiert werden. Sie spielt eine fundamentale Rolle bei der Verzahnungsberechnung. Auf Grund des schlupffreien Abrollens ist die Strecke 03 gleich der Bogenlänge 0'3' und demzufolge ist (mit α als Bogenmaß):

$$r_b \tan \alpha = r_b (\alpha_y + \mathrm{inv}\,\alpha_y)$$
$$\mathrm{inv}\,\alpha_y = \tan \alpha_y - \alpha_y \tag{15.21}$$

Werte zur Evolventenfunktion invα_y sind in Tab. 15.21 im Anhang (Abschn. 15.7) zusammengestellt. Ihre Anwendung erfolgt u. a. bei der Berechnung der Zahndicke und Profilverschiebung.

15.2.3 Geometrie der Geradverzahnung

15.2.3.1 Geradverzahnte Stirnräder

Die Ableitungen werden an der Außenverzahnung dargestellt (siehe auch [DIN3960]). Für die Innenverzahnung bzw. Paarung mit der Außenverzahnung gelten die Gleichungen ebenfalls, wenn die Zähnezahl und die Durchmesser der Innenverzahnung und der Achsabstand als negative Größen eingesetzt werden (Abb. 15.27). Die Zeichnungsangabe erfolgt jedoch auch bei der Innenverzahnung mit positiver Zahlenangabe. Die Indices

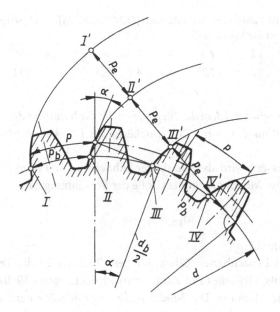

Abb. 15.28 Geometrische Grundgrößen

1 und *2* beziehen sich bei den folgenden Gleichungen jeweils auf die Räder bei einer Paarung.

a) *Eingriffswinkel α, Teilkreisdurchmesser d*
Mit wachsendem Abstand vom Grundkreis wächst auch die Schräglage der Evolvente bzw. der Profilwinkel α_y (vergleiche Abb. 15.25). α_y ergibt sich für einen bestimmten Punkt der Evolvente mit dem Abstand r_y vom Radmittelpunkt nach Abb. 15.25 zu:

$$\cos\alpha_y = r_b \,/\, r_y \tag{15.22}$$

Erfahrungsgemäß ist im Mittenbereich des Profiles der Verzahnung meist ein Winkel von etwa $\alpha_y = 20°$ günstig. In DIN 867 ist deshalb $\alpha_y = \alpha = 20°$ genormt. Der Winkel α wird *Eingriffswinkel* genannt (vgl. Abb. 15.28). Üblich sind auch bei nicht genormten Verzahnungen Eingriffswinkel $\alpha < 20°$ (15°; 17,5°, z. B. in der Kraftfahrzeugindustrie, lärmarme Verzahnungen) und $\alpha > 20°$ (z. B. 25° bei großer Stoßbelastung).

Es ist üblich, u. a. den Durchmesser d der Verzahnung anzugeben, bei dem der Profilwinkel α_y einem bestimmten Wert, dem sogenannten Eingriffswinkel α entspricht (bei der genormten Verzahnung nach [DIN867] $\alpha = 20°$). Dieser Durchmesser d wird *Teilkreisdurchmesser* genannt.

Tab. 15.2 Modulreihe für Zahnräder; Auswahl nach [DIN780, ISO54], Teil 1, Stirnräder; Moduln m in mm. Die obere Reihe ist die Vorzugsreihe

1	1,25	1,5	2	2,5	3	4	5	6	8	10	12	16	20
1,125	1,375	1,75	2,25	2,75	3,5	4,5	5,5	7	9	11	14	18	22

Der Durchmesser des Kreises, bei dem die Tangente an die Evolvente mit der Verbindungslinie zum Mittelpunkt den Winkel $\alpha_y = \alpha = 20°$ einschließt, wird Teilkreisdurchmesser genannt.

Der Teilkreisdurchmesser d wird als Produkt der Zähnezahl z und eines Faktors m, Modul genannt, berechnet. Der Modul drückt die Größe der Verzahnung aus.

$$d_{1,2} = z_{1,2} \cdot m \tag{15.23}$$

b) *Teilkreisteilung p, Modul m*
Der Abstand (Bogen) benachbarter Zähne auf dem Teilkreis ist die Teilkreisteilung p (Abb. 15.28). p wird als Vielfaches der Zahl π ausgedrückt. Dieses Vielfache ist der mit Gl. (15.23) eingeführte Modul m. Der Modul ist eine Grundgröße der Verzahnungsgeometrie.

$$p = m \cdot \pi \tag{15.24}$$

Damit gilt folgende Definition:

Der Modul m ist die Zahl, die mit π multipliziert, die Teilkreisteilung p ergibt.

Da mit dem Modul sämtliche Verzahnungsabmessungen wachsen, gilt ein zweiter Merksatz:

Der Modul m ist ein Größenfaktor der Verzahnung.

Um die Vielfalt der Verzahnungen und Werkzeuge einzuschränken, wurden die Moduln in bestimmten Stufen genormt [DIN780, ISO54]. Obwohl bei der Modulangabe oft nur ein Zahlenwert genannt wird, ist zu beachten, dass es sich um eine dimensionsbehaftete Größe handelt. Ist nur der Zahlenwert gegeben, gilt die Dimension [mm]. Eine Auswahl aus [DIN780] enthält Tab. 15.2.

In der Massenfertigung z. B. in der Kraftfahrzeugindustrie und bei höchsten Anforderungen, z. B. in der Luftfahrtindustrie, verzichtet man zugunsten einer optimalen Auslegung auf genormte Werte des Moduls. Auf Grund der großen Stückzahlen oder der ohnehin hohen und teuren Anforderungen sind dann die Kosten für die Sonderverzahnungswerkzeuge nicht mehr bedeutend.

c) *Grundkreisdurchmesser d_b*
Der Grundkreis ist für die Erzeugung und auch für die Form der Evolvente (Krümmung, Schräglage) die maßgebende Größe. Nach Abb. 15.28 ergibt sich für den Grundkreisdurchmesser

$$d_{b1,2} = d_{1,2} \cos\alpha \quad \text{und mit} \quad d_{1,2} = z_{1,2} \cdot m$$
$$d_{b1,2} = z_{1,2} \cdot m \cdot \cos\alpha \tag{15.25}$$

d) *Grundkreisteilung, Eingriffsteilung*
Die Eingriffsteilung charakterisiert eine der typischsten Eigenschaften der Evolventenverzahnung. Ihre Größe ergibt sich unmittelbar aus der Teilung (dem Abstand der Zähne) am Grundkreis, der *Grundkreisteilung* p_b. Zwei benachbarte Zähne schließen den Winkel $2\pi/z$ ein. Es ist somit:

$$p_b = (2\pi/z) \cdot (d_b/2) \quad \text{und mit} \quad d_b = zm \cdot \cos\alpha$$
$$p_b = m\pi \cdot \cos\alpha \tag{15.26}$$

oder mit $p = m\pi$

$$p_b = p \cos\alpha \tag{15.27}$$

Beachtet man die Fadenkonstruktion der Evolvente (Abb. 15.28) und nimmt Punkte, z. B. *I* und *II*, auf den aufgewickelten Faden im Abstand der Grundkreisteilung p_b an, erkennt man, dass der Abstand p_b auf dem Grundkreisbogen dem senkrechten Abstand zweier benachbarter gleichgerichteter Evolventen (Links- bzw. Rechtsflanken) entspricht. Die Punkte *I* und *II* beschreiben beim Abheben des aufgewickelten Fadens Evolventen, die somit einen konstanten Abstand in Normalenrichtung in beliebigen Punkten besitzen, z. B. auch in der Lage *I′*, *II′*. Dieser konstante Abstand wird *Eingriffsteilung* p_e genannt.
Es ist somit:

$$p_e = p_b = m\pi\cos\alpha \tag{15.28}$$

Es gilt also folgender Merksatz:

Der senkrechte Abstand von zwei benachbarten gleichgerichteten Zahnflanken (Profilen) ist konstant. Er wird Eingriffsteilung genannt.

Es sind nur Räder mit Verzahnungen gleicher Eingriffsteilung paarungsfähig.

e) *Zahnhöhe h, Kopfkreisdurchmesser d_a, Fußkreisdurchmesser d_f*
Die Zahnhöhe und die Begrenzungsdurchmesser der Verzahnung sind ebenfalls linear vom Modul m abhängig. In Abb. 15.29 sind diese Größen eingetragen.
Die *Zahnkopfhöhe* h_a ist

$$h_{a1,2} = m(h_{aP}/m + x_{1,2} + k) \tag{15.29}$$

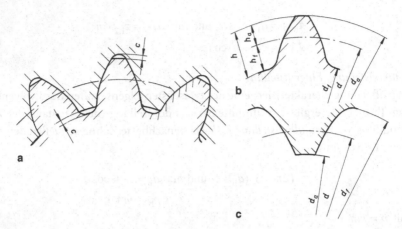

Abb. 15.29 Zahnhöhen und Begrenzungsdurchmesser der Verzahnung

Dabei sind:

x Profilverschiebungsfaktor (s. Abschn. 15.2.3.2, f)

k Kopfhöhenänderungsfaktor (bei Außenverzahnung $k \leq 0$, abhängig von Pro-
            filverschiebung, bei Innenverz. ist meist $k = 0$ gesetzt oder wegen Interferenz
            $k < 0$)

h_{aP} Kopfhöhe des Stirnrad-Bezugsprofils (Abb. 15.34)

$h_{aP}/m = 1$ bei genormter Verzahnung nach [DIN867]

$h_{aP}/m > 1$ Hochverzahnung (meist mit $\alpha < 20°$; lärmarme Verzahn. möglich)

$h_{aP}/m < 1$ Stumpfverzahnung (geringe Verluste, kleinere Tragfähigkeit)

Die Zahnfußtiefe $h_{fl,2}$ ist:

$$h_{fl,2} = m(h_{aP}/m - x_{1,2} + c/m)\tag{15.30}$$

Es ist: $c = c^* \cdot m$, c Kopfspiel, c^* Kopfspielfaktor; normal ist $c^* = 0,25$

In einigen speziellen Fällen und bei älteren Wälzfräsern und Schneidrädern kann der
Kopfspielfaktor im Bereich $0,16 \leq c^* \leq = 0,35$ liegen.

Die *Zahnhöhe* h als Summe von h_a und h_f ist:

$$h = 2h_{aP} + m(k + c^*)\tag{15.31}$$

Mit der Zahnkopfhöhe und der Zahnfußtiefe ergeben sich ausgehend vom Teilkreisdurchmesser der äußere und innere Begrenzungsdurchmesser d_a, d_f der Verzahnung des Rades
1 bzw. *2*.

Der Kopfkreisdurchmesser d_a ist;

$$d_{a1,2} = z_{1,2}m + 2m(h_{aP}/m + x_{1,2} + k)\tag{15.32}$$

Der Fußkreisdurchmesser d_f ist:

$$d_{f1,2} = z_{1,2}m - 2m(h_{aP} / m + c^* - x_{1,2})\tag{15.33}$$

Der Kopfkreisdurchmesser berührt nicht den Zahnfuß des Gegenrades. Der Abstand zwischen dem Zahnkopf eines Rades und dem Zahnfuß des Gegenrades wird *Kopfspiel* genannt und mit dem Symbol c bezeichnet. Es ist erforderlich, da zur Vermeidung hoher Kerbwirkungen eine Zahnfußrundung (Übergangskurve) vorhanden sein muss und in diesem Bereich der Zahnkopf des Gegenrades nicht zum Eingriff kommen darf.

In den Zeichnungen ist der Fußkreisdurchmesser d_f oft nicht angegeben, da er bei der Fertigung zwangsläufig erzeugt wird. Durch die Maßänderung beim Härten kann es aber bei großen Zahnrädern zu erheblichen Durchmesseränderungen kommen (Wachsen oder Schrumpfen). Es ist dann die Angabe des Fußkreisdurchmessers für eine Kontrolle zweckmäßig. Der Kopfkreisdurchmesser ist auf den Zeichnungen bzw. in den Fertigungsunterlagen stets anzugeben. Er wird meist durch Drehen hergestellt. Die Angabe ist mit einer Toleranz zu versehen wobei eine grobe Qualität möglich ist, z. B. *h*9. Eine Ausnahme kann sein, wenn er eine technologische Basis bildet.

Bei Verzahnungen nach [DIN867] ohne Kopfkürzung ($k=0$) ist $h = m(2 + c^*)$, h *Zahnhöhe*. Es ergibt sich also bei dem üblichen Kopfspiel von $c = 0,25$ m eine Zahnhöhe von $h = 2,25$ m. Handelt es sich um eine genormte Verzahnung mit einem Bezugsprofil nach [DIN867] kann durch reine visuelle Betrachtung der Verzahnung der Modul geschätzt werden. Eine Schätzung ist allerdings auch durch die Betrachtung der Zahnteilung der Verzahnung etwa in Mitte der Zahnhöhe möglich. Die Zahnteilung, die an diesem Durchmesser dann zu schätzen wäre, ergibt sich bekanntlich als Produkt von $m\pi$, woraus der Modul m folgt.

f) *Zahndicke an einem beliebigen Durchmesser d_y*
Die Zahndicke s_y soll an einem beliebigen Durchmesser d_y innerhalb des durch Evolventen begrenzten Teiles des Zahnes berechnet werden. Diese Berechnung wird u. a. für die Ermittlung der Zahnkopfdicke (vermeiden des Spitzwerdens) und zur Ableitung der Profilverschiebung benötigt. Es wird von Abb. 15.30 ausgegangen.
Die Zahndicke s_y ist

$$s_y = 2\psi_y d_y / 2\tag{15.34}$$

Aus Abb. 15.30 ist ersichtlich, dass beträgt:

$$2\psi_y = 2\psi_b - 2\mathrm{inv}\,\alpha_y\tag{15.35}$$

$$2\psi_b = 2\psi + 2\mathrm{inv}\,\alpha\tag{15.36}$$

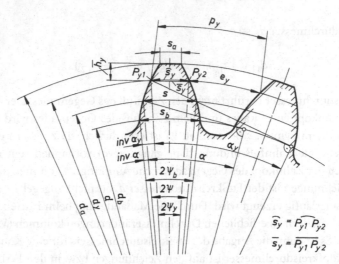

Abb. 15.30 Zahndicke s_y an einem beliebigen Durchmesser d_y

Mit der Zahndicke s im Teilkreis erhält man

$$2\psi = s / (d / 2) \tag{15.37}$$

Aus Gl. (15.34) bis (15.37) ergibt sich die Zahndicke s_y an einem beliebigen Durchmesser d_y

$$s_y = d_y (s / d + \mathrm{inv}\,\alpha - \mathrm{inv}\,\alpha_y) \tag{15.38}$$

15.2.3.2 Geometrie der geradverzahnten Stirnradpaare

a) *Eingriffslinie*
Auf Grund der Eigenschaft der Evolvente tangiert die Normale eines beliebigen Punktes des Zahnprofils stets den Grundkreis (Abb. 15.25). Zwei sich berührende Zahnflanken besitzen eine gemeinsame Normale. Sie muss somit beide Grundkreise der gepaarten Räder tangieren und nach dem Verzahnungsgesetz durch den Wälzpunkt C gehen (Abb. 15.14). Auf dieser Linie liegen sämtliche Berührungspunkte, denn nur so sind die genannten Bedingungen erfüllbar. Sie wird deshalb *Eingriffslinie* genannt.

Es sind zwei Tangenten an die Grundkreise möglich. Auf welcher die Flankenberührung stattfindet hängt von der Richtung der Übertragung des Drehmomentes ab.

b) *Achsabstand, Betriebseingriffswinkel*
Der *Nullachsabstand* a_d (Abb. 15.31) ist eine reine Rechengröße und gleich der Summe der Teilkreisradien.

$$a_d = (d_1 + d_2) / 2 \tag{15.39}$$

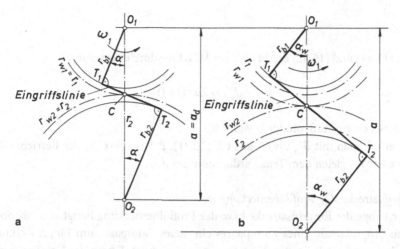

Abb. 15.31 Eingriffslinie, Achsabstand, Betriebseingriffswinkel. **a** $\Sigma x = 0$, **b** $\Sigma x > 0$

Er entspricht dem wirklichen *Achsabstand a*, wenn die Summe der Profilverschiebungsfaktoren gleich null ist. Dann ist auch der Betriebseingriffswinkel $\alpha_w = \alpha$. Ändert man den Abstand der Mittelpunkte der Radpaarung, ergeben sich Betriebseingriffswinkel $\alpha_w \neq \alpha$ (Abb. 15.31). Aus Abb. 15.31a ist ablesbar:

$$a_d = r_{b1} / \cos\alpha + r_{b2} / \cos\alpha$$

Und aus Abb. 15.31b:

$$a = r_{b1} / \cos\alpha_w + r_{b2} / \cos\alpha_w$$

Hieraus ergibt sich der Zusammenhang zwischen Achsabstand und *Betriebseingriffswinkel* α_w.

$$\cos\,\alpha_w = a / a_d \cdot \cos\alpha \tag{15.40}$$

α_w ist eine durch die Radpaarung bestimmte Größe, Abb. 15.31

c) *Wälzkreisdurchmesser*
Die Wälzkreise rollen bei der Bewegungsübertragung schlupffrei, d. h. ohne zu gleiten, aufeinander ab. Ihr Durchmesserverhältnis $|d_{w2} / d_{w1}|$ muss somit dem absoluten Betrag der Übersetzung $|i|$ entsprechen. Die Wälzkreise können wie die Durchmesser schlupffrei arbeitender Reibräder aufgefasst werden.

$$i = n_1 / n_2 = -d_{w2} / d_{w1} = -z_2 / z_1 \tag{15.41}$$

Die Summe der Wälzkreisradien, Abb. 15.31, ergibt den Achsabstand *a*:

$$a = d_{w1} / 2 + d_{w2} / 2 \tag{15.42}$$

Aus Gl. (15.41) und (15.42) ergibt sich der Wälzkreisdurchmesser d_{w1}:

$$d_{w1} = 2a / (1 - i) \tag{15.43}$$

Beachte: Bei einem Außenradpaar ist $i < 0$.

d_{w2} erhält man mit d_{w1} und a aus Gl. (15.41). Bei $\alpha_w = \alpha$ ist der Betriebswälzkreisdurchmesser d_w gleich dem Teilkreisdurchmesser d.

d) *Eingriffsstrecke g_α, Profilüberdeckung ε_α*

Von der Länge der Eingriffsstrecke bzw. der Profilüberdeckung hängt u. a. ab, ob bereits vor dem Eingriffsende eines Zahnpaares ein neues Zahnpaar zum Eingriff kommt und damit eine ruckfreie Bewegungsübertragung möglich ist. Durch die Kopfkreise sind die Zähne nach außen begrenzt. Es ist deshalb nur auf einem bestimmten Bereich der Eingriffslinie die Zahnflankenberührung möglich. Dieser Bereich, in Abb. 15.32 durch die Punkte A und E gekennzeichnet, wird *Eingriffsstrecke g_α* genannt.

Das Verhältnis Eingriffsstrecke zu Eingriffsteilung ist die Profilüberdeckung ε_α.

$$\varepsilon_\alpha = g_\alpha / p_e \tag{15.44}$$

$p_e = m\pi\cos\alpha$, Gl. (15.28); g_α folgt aus Abb. 15.32, Gl. (15.45)

$$g_\alpha = \overline{T_1 E} + \overline{T_2 A} - \overline{T_1 T_2}$$

Die verzahnungsgeometrischen Größen eingesetzt und für Innengetriebe erweitert ergibt:

$$g_\alpha = \sqrt{\left(\frac{d_{a1}}{2}\right)^2 - \left(\frac{d_{b1}}{2}\right)^2} + \frac{z_2}{|z_2|}\sqrt{\left(\frac{d_{a2}}{2}\right)^2 - \left(\frac{d_{b2}}{2}\right)^2} - a\sin\alpha_w \tag{15.45}$$

$d_{a1,2}$ Gl. (15.32), $d_{b1,2}$ Gl. (15.25), α_w, a Gl. (15.40)

Die Profilüberdeckung ε_α drückt die (im Stirnschnitt) durchschnittlich im Eingriff befindlichen Zahnpaare aus.

Bei Verzahnungen mit einem Bezugsprofil nach [DIN867] ist $\varepsilon_\alpha \leq 1{,}98$. Üblicherweise liegt die Profilüberdeckung im Bereich $1{,}2 \leq \varepsilon_\alpha \leq 1{,}7$. Da mindestens ein Zahnpaar zu Kraftübertragung benötigt wird und dieses mit einer Mindestsicherheit (bei Geradverzahnung) einzuhalten ist, muss $\varepsilon_\alpha \geq 1{,}1$ sein. Bei Schrägverzahnung ist ein gleichmäßiger Lauf auch bei $\varepsilon_\alpha < 1$ möglich, wenn die Zahnbreite und der Schrägungswinkel den Eingriff mindestens eines Flankenpaares gewährleisten (siehe Abschn. 15.2.4). Verzahnungen mit $\varepsilon_\alpha < 1$ werden aber auf Grund der geringen Tragfähigkeit im Allgemeinen nicht ausgeführt. Bei Hochverzahnungen, die für lärmarme Getriebe Anwendung finden (PKW-Getriebe), ist meist $\varepsilon_\alpha \geq 2$.

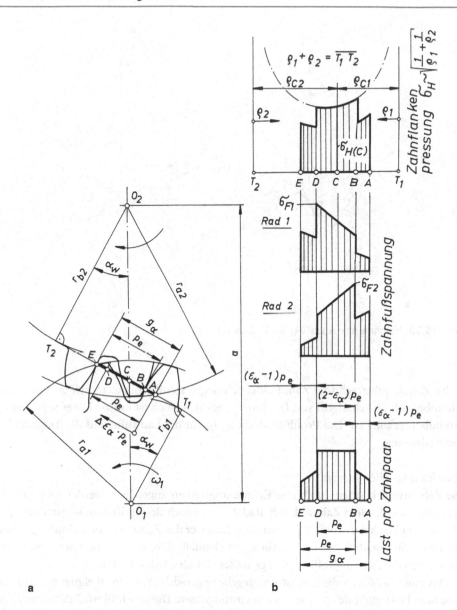

Abb. 15.32 a Eingriffspunkte A, B, D, E, Eingriffsstrecke g_α, **b** Last- und Beanspruchungsverlauf;
(A, E Doppeleingriffspunkte; B, D Einzeleingriffspunkte)

Abbildung 15.32 verdeutlicht, dass die Profilüberdeckung wesentlichen Einfluss auf die Lastverteilung, die Größe der Flankenpressung und der Zahnfußspannung besitzt.
Es ist ersichtlich:
Einzeleingriff (d. h. ein Zahnpaar im Eingriff) im Bereich $\overline{BD}$
Doppeleingriff (d. h. zwei Zahnpaare im Eingriff) im Bereich $\overline{AB}$ und $\overline{DE}$

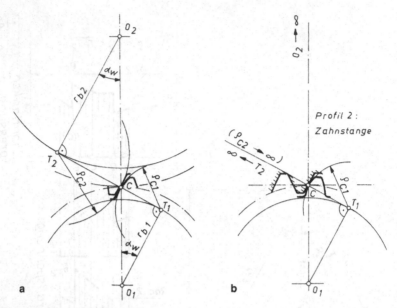

Abb. 15.33 Krümmungsradien ρ_C im Wälzpunkt

Im Zahnkopfbereich und Zahnfußbereich liegen somit Doppeleingriff und im Zahnmittenbereich Einzeleingriff vor. Der Einzeleingriffsbereich ist umso kleiner je größer die Profilüberdeckung ist. Die Profilüberdeckung ist für die Laufruhe und die Tragfähigkeit von Bedeutung.

e) *Zahnstange, Bezugsprofil*
Die Zahnprofile können durch ihre Krümmungsradien angenähert werden (Abb. 15.26). Bei größer werdendem Zahnrad, z. B. Rad *2* wächst auch dessen Krümmungsradius (ρ_2). Als Grenzfall ist bei unendlich großem Durchmesser das Zahnrad eine Zahnstange, denn der Krümmungsradius $\rho = (d_b / 2)\sin\alpha_w$ ist ebenfalls über alle Grenzen gewachsen. Damit werden die Flankenprofile des Gegenrades Geraden (Abb. 15.33b).

Das einfache, durch die Zahnstange gegebene geradflankige Profil eignet sich zur Angabe bzw. Festlegung der geometrischen Grundgrößen. Dieses Profil wird *Bezugsprofil* genannt. Es ist in [DIN867] für Evolventenverzahnungen an Stirnrädern für den allgemeinen Maschinenbau und den Schwermaschinenbau genormt (Abb. 15.34).

Das Bezugsprofil ist so aufgebaut, dass es für beide Räder einer Paarung gleich ist (symmetrisch zur Mittellinie). Damit sind beliebige, aber gleich geteilte Räder (Räder gleichen Moduls) paarungsfähig. Bei Verlängerung der Zahnköpfe des Bezugsprofiles um das Kopfspiel *c* kann dieses auch als Werkzeugprofil aufgefasst werden, dass bei einem zwangsweise geführten Bewegungsvorgang das Gegenprofil einwalzt (oder schneidet).

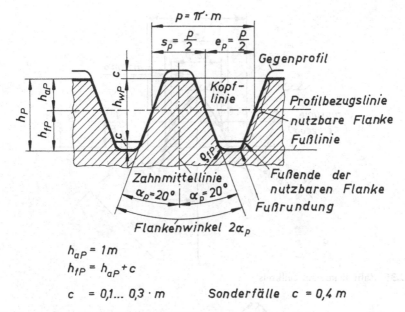

$$h_{aP} = 1\,m$$
$$h_{fP} = h_{aP} + c$$
$$c = 0,1 ... 0,3 \cdot m \qquad \text{Sonderfälle} \quad c = 0,4\,m$$

Abb. 15.34 Bezugsprofil nach [DIN867, ISO54] für Evolventenverzahnungen an Stirnrädern für den allgemeinen Maschinenbau und den Schwermaschinenbau

f) *Profilverschiebung*

Aus Abb. 15.31 geht der große Vorteil der Evolventenverzahnung hervor, dass auch bei verändertem Achsabstand das Verzahnungsgesetz erfüllt bleibt und eine ruckfreie Bewegungsübertragung mit $i = konst.$ (wegen $i = -r_{w2} / r_{w1} = konst.$) möglich ist. Dadurch können weiter außen oder weiter innen liegende Bereiche der Evolvente für den Zahn trotz der damit verbundenen Achsabstandsänderung genutzt werden. Diese Maßnahme, die radiale Verschiebung des Nutzungsbereiches der Evolvente für das Zahnprofil, wird *Profilverschiebung* genannt. Die Gl. (15.32) und (15.33) für den Kopfkreisdurchmesser und Fußkreisdurchmesser enthalten deshalb die Profilverschiebung.

Bei der Zahnradherstellung wird die Profilverschiebung verwirklicht, indem das Werkzeug um den Betrag xm radial weiter an- oder abgerückt wird (Abb. 15.35, 15.36). Wenn die Profilbezugslinie des als Werkzeug gedachten Bezugsprofiles den Teilkreis tangiert, liegen *Nullräder* vor, d. h. die Profilverschiebung ist null. Wenn die Profilbezugslinie den Abstand $xm \neq 0$ vom Teilkreis besitzt, spricht man von *V-Rädern*. Wenn das Profil um xm in Richtung Zahnkopf verschoben ist, ist die Profilverschiebung positiv, andernfalls negativ.

Bei der Paarung Zahnstange-Zahnrad bleibt auch bei $xm \neq 0$ der Teilkreis der Wälzkreis, da nur so die Normale zur geradflankigen Zahnstange ausgehend vom auf den Wälzkreis liegenden Wälzpunkt den Grundkreis tangieren kann. Auf dem Wälzkreis, der bei einem Werkzeug mit zahnstangenförmigem Grundprofil dem Teilkreis entspricht, ist auf Grund des schlupffreien Abrollens die Zahndicke $s_{1,2}$ gleich der Lückenweite des

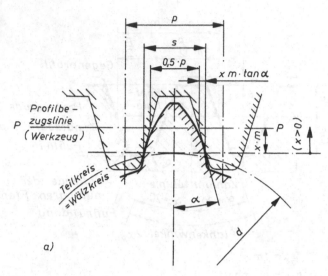

Abb. 15.35 Zahndicke *s* am Teilkreis

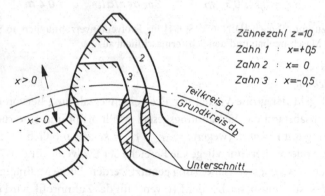

Abb. 15.36 Änderung der Zahnform (durch *xm*)

Werkzeuges. Damit ergibt sich nach Abb. 15.35 die *Zahndicke im Teilkreis* mit der Teilkreisteilung $p = m\pi$ zu:

$$s_{1,2} = p\,/\,2 + 2mx_{1,2}\tan\alpha$$
$$s_{1,2} = m(\pi\,/\,2 + 2x_{1,2}\tan\alpha) \tag{15.46}$$

g) *Erforderliche Summe der Profilverschiebungsfaktoren* $(x_1 + x_2)$
Es soll bestimmt werden, wie groß bei Achsabstandsänderungen die Summe der Profilverschiebungsfaktoren für die Beibehaltung eines spielfreien Zahneingriffes sein muss. Um Klemmen zu vermeiden, ist jedoch ein Flankenspiel erforderlich.

Dieses wird nachträglich durch Zahndicken- bzw. Zahnweiten-Minusabmaße verwirklicht, indem entweder das Werkzeug (Schneidrad oder Wälzfräser) radial weiter zugestellt wird oder die Schleifscheibe durch tangentiale Verstellung die Zahndicken- bzw. Zahnweitenänderung herbeiführt.

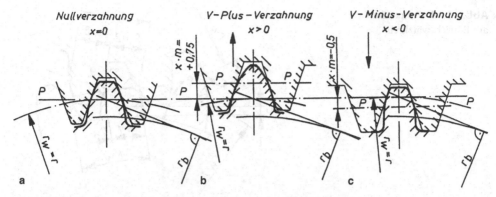

Abb. 15.37 Profilverschiebung durch Werkzeugan- bzw. Werkzeugabrückung

Da die Betriebswälzkreise schlupffrei aufeinander abrollen, muss die Summe der Zahndicken der gepaarten Zahnräder gleich der Teilung p_w auf den Wälzkreisen sein (Abb. 15.38).

$$s_{w1} + s_{w2} = p_w \qquad (15.47)$$

Für $s_y = s_w$ nach Gl. (15.38) und s nach Gleichung (15.46) und d_w, α_w ergibt sich:

$$s_{w1,2} = d_{w1,2} \left[\frac{m(\pi/2 + 2x\tan\alpha)}{z_{1,2}m} + \mathrm{inv}\,\alpha - \mathrm{inv}\,\alpha_w \right] \qquad (15.48)$$

α_w Gl. (15.40), $d_{w1,2}$ Gl. (15.43) und (15.41)

Die Betriebswälzkreisteilung p_w ergibt sich aus dem Zahnteilungswinkel $p/(d/2)$ zu $p_w = p d_w/d$ und mit $d = d_b/\cos\alpha$, $d_w = d_b/\cos\alpha_w$ und $p = m\pi$ erhält man:

$$p_w = p\cos\alpha/\cos\alpha_w \qquad (15.49)$$

Durch Einsetzen von Gl. (15.48) und (15.49) in (15.47) erhält man die *Summe der Profilverschiebungsfaktoren*.

$$x_1 + x_2 = \frac{\mathrm{inv}\,\alpha_w - \mathrm{inv}\,\alpha}{2\tan\alpha}(z_1 + z_2) \qquad (15.50)$$

α_w nach Gl. (15.40), bei Verzahnung nach [DIN867] $\mathrm{inv}\,\alpha\,20° = 0,01490438$

Gleichung (15.50) gibt an, welche Summe der Profilverschiebungsfaktoren für einen spielfreien Zahneingriff bei einem gegenüber der Summe der Teilkreisradien abweichenden Achsabstand erforderlich ist.

Abb. 15.38 Zahndicken
am Betriebswälzkreis

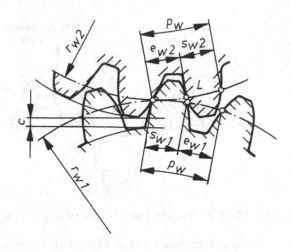

Der Achsabstand $a \neq a_\mathrm{d}$ hat einen Winkel $\alpha \neq \alpha_\mathrm{w}$ zur Folge, der in Gl. (15.50) durch $\mathrm{inv}\alpha_\mathrm{w}$ berücksichtigt wird. Angaben für $\mathrm{inv}\alpha_\mathrm{y}(\alpha_\mathrm{y} = \alpha_\mathrm{w})$ enthält Tab. 15.21 (im Anhang Abschn. 15.7).

h) *Kopfhöhenänderungsfaktor k*
Vergleicht man die Veränderung des Achsabstandes $\Delta a = a - a_\mathrm{d} \neq 0$ mit der Summe der Vergrößerung der Kopf- und Fußkreisradien $(x_1 + x_2)\, m$, so stellt man bei Außenverzahnungen fest, dass $(x_1 + x_2)\, m > (a - a_\mathrm{d})$ ist. Dadurch würde bei konstanter Zahnhöhe das Kopfspiel verkleinert und es bestände die Gefahr von Eingriffsstörungen durch Berührung der Zahnköpfe in den Fußkurven der Gegenräder (Interferenz). Man kürzt deshalb bei Außenverzahnung die Zahnköpfe um $(k \cdot m)$ und stellt so das normale Kopfspiel (meist $c = 0{,}25\, m$) wieder her. Der Faktor k wird *Kopfhöhenänderungsfaktor* genannt. Er wird nach Gl. (15.51) berechnet.

$$k = (a - a_\mathrm{d})\,/\,m - (x_1 + x_2) \qquad (15.51)$$

a gewählter Achsabstand,
a_d Summe der Teilkreisradien

Bei $(x_1 + x_2) \neq 0$ ist bei Außenverzahnungen $k < 0$, d. h. es ist Kopfkürzung erforderlich; bei Innengetrieben ist dagegen $k > 0$ was theoretisch Zahnhöhenvergrößerung bedeutet. Eine Zahnhöhenvergrößerung wird aber meist nicht ausgeführt, sondern im Hinblick auf die Interferenzgefahr $k = 0$ gesetzt.

i) *Einflüsse, Größenwahl und Aufteilung der Profilverschiebung*
Die Profilverschiebung beeinflusst:

- Zahndicke und Zahnform
- Krümmungsradien der Zahnfußkurve
- Profilüberdeckung und Lage der Eingriffsstrecke auf der Eingriffslinie
- Betriebseingriffswinkel
- Gleitgeschwindigkeit, Gleitschlupf der Zahnflanken
- Tragfähigkeit

Mit steigendem Profilverschiebungsfaktor x vergrößert sich die Zahnfußdicke, während die Zahnkopfdicke (bei $k = 0$) stetig kleiner wird. In Abb. 15.37 werden Zähne mit unterschiedlicher Profilverschiebung, die sich durch die Nutzung unterschiedlicher Bereiche der Evolvente und unterschiedlicher Zahndicken unterscheiden, gezeigt. Bei kleinen Zähnezahlen ist *Unterschnitt* möglich. Ob und wie stark er auftritt hängt außerdem von der Profilverschiebung ab. Durch Unterschnitt kann der Zahnfuß wesentlich geschwächt werden und größere Teile des evolventischen Profils weggeschnitten werden (Abb. 15.36). Tabelle 15.22, (im Anhang Abschn. 15.7), gibt einen Überblick zu den Zahnformen abhängig von der Zähnezahl und Profilverschiebung.

Unterschnitt tritt auf, wenn der tiefste Punkt des geraden Teiles der Zahnflanke des Werkzeuges (z. B. Zahnstange) tiefer als der Berührungspunkt T der Eingriffslinie an dem Grundkreis liegt (Abb. 15.39). h_{a0} in Abb. 15.39 ist der geradlinige Teil des Herstellungswerkzeuges mit zahnstangenförmigen Grundprofil (Wälzfräser, Hobelkamm). Beim Wälzvorgang führt dieses Werkzeug eine geradlinige Bewegung aus. Der tiefste Punkt des geradlinigen Teiles des Werkzeugprofiles schneidet dabei die Eingriffslinie im Punkt F. Wenn dieser Punkt mit dem durch die Tangente der Eingriffslinie an den Grundkreis gegebenen Punkt T zusammenfällt liegt ein Grenzfall für den Unterschnitt vor. Läge dieser Punkt tiefer (Abb. 15.39b) wäre Unterschnitt vorhanden. Es ergibt sich somit für den Grenzfall bei Herstellung mit dem Wälzfräser oder Hobelkamm, dass *Unterschnitt vermieden wird, wenn die folgende Gleichung erfüllt ist.*

$$x \geq h_{a0} / m - \frac{z}{2} \cdot \sin^2 \alpha \qquad (15.52)$$

Bei der üblichen Werkzeugkopfhöhe $h_{aO} = 1,25\, m$ und der Werkzeugkopfrundung $p_{aO} = 0,38\, m$ ist $h_{a0'} = 1$. Damit ergibt sich, dass bei $x = 0$ kein Unterschnitt auftritt, wenn die Zähnezahl $z \geq 17$ ist. Diese kleinste Zähnezahl, bei der bei $x = 0$ noch Unterschnitt vermieden wird, heißt *theoretische Grenzzähnezahl.* Bei $z \leq 14$ wird der Unterschnitt bedeutend. Die durch diese Grenze sich ergebende Zähnezahl wird *praktische Grenzzähnezahl* genannt.

Einen großen Einfluss übt die Profilverschiebung auch auf die Krümmungsradien der Zahnfußübergangskurve und damit auf die Kerbwirkung aus. Mit steigendem Profilverschiebungsfaktor x verkleinert sich bei Verzahnungen nach [DIN867] und Wälzwerkzeugen, z. B. Wälzfräser, bis etwa $x \approx 1$ der Krümmungsradius der Zahnfußübergangskurve.

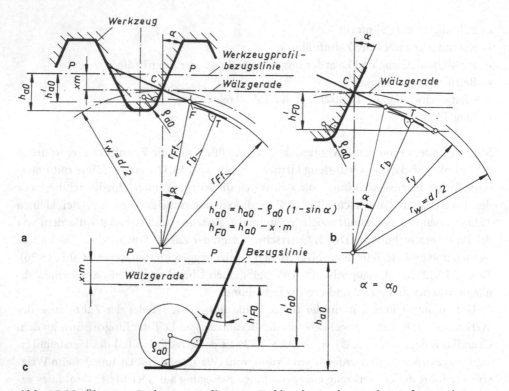

Abb. 15.39 Übergang Evolvente – Fußkurve. **a** Fußformkreisradius r_{Ff} bei Außenverzahnung – zahnstangenartiges Werkzeug (Wälzfräser, Schneidkämme), kein Unterschnitt, **b** Unterschnitt bei Außenverzahnung – zahnstangenartiges Werkzeug, Eingriff unterhalb T, **c** Vergrößerter Ausschnitt vom Werkzeug im Zahnkopfbereich

Mit wachsender Profilverschiebung und bei Kopfkürzung auf konstantes Kopfspiel fällt die Profilüberdeckung, und die äußeren Einzeleingriffspunkte rücken näher zum Zahnkopf. Da andererseits die Zahnfußdicke steigt und die Krümmungsradien der Zahnfußübergangskurve fallen, kann nicht sofort der Einfluss der Profilverschiebung auf die Zahnfußtragfähigkeit erkannt werden. Numerische Berechnungen zeigen, dass mit steigender und günstig aufgeteilter Profilverschiebung die Zahnfußbiegenennspannung fällt und damit die statische Belastbarkeit steigt. Dieser Effekt wird mit steigender Zähnezahl geringer. Bei großen Lastwechselzahlen, insbesondere im Gebiet der Dauerfestigkeit wird die Kerbspannung gegenüber der Belastbarkeit bei sehr geringen Lastwechselzahlen wirksamer. Ihre Einbeziehung ergibt dann nur bei kleinen Zähnezahlen eine bedeutende Erhöhung der Zahnfußtragfähigkeit bei steigender Profilverschiebung.

Eine steigende Summe der Profilverschiebungsfaktoren ergibt einen steigenden Betriebseingriffwinkel α_w. Im Wälzpunkt sind die Krümmungsradien der Zahnprofile $\rho_{C1,2} = r_{b1,2} \tan\alpha_w$, und da diese für die Größe der Flankenpressung maßgebend sind, fällt mit steigender Profilverschiebungssumme diese Beanspruchungsart.

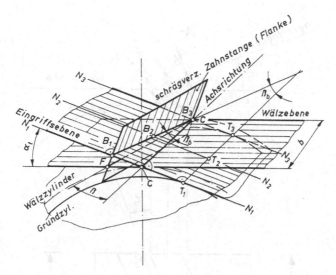

Abb. 15.40 Erzeugung des Schrägzahnes

Empfehlungen zur Wahl der Größe der *Profilverschiebungssumme* $(x_1 + x_2)$ und *ihre Aufteilung auf Ritzel und Rad enthält* [DIN3992] (siehe auch Abschn. 15.3.9.2). Bei praktisch ausgeführten Getrieben liegt $(x_1 + x_2)$ meist im Bereich von $-0,5$ bis $+1,5$ (bevorzugt wird der positive Bereich für hohe Tragfähigkeit!). Durch Profilverschiebung entstehen bei der Fertigung im Wälzverfahren keine erhöhten Kosten.

Weitere Angaben zur Verzahnungsgeometrie können der Literatur entnommen werden [DIN3990, Nie89, Link96].

15.2.4 Geometrie der Schrägverzahnung

15.2.4.1 Schrägverzahnte Stirnräder

Die Zähne einer als Werkzeug gedachten Zahnstange mit Schrägverzahnung sind gegen die Achsrichtung um einen Winkel geneigt, auf dem Teilzylinder um den Winkel β und auf dem Grundzylinder um β_b, Abb. 15.40. Beim schlupffreien Abrollen der Wälzebene auf dem Wälzzylinder (Teilzylinder) wird ein Schrägzahn erzeugt. Dieser entsteht auch, wenn man eine Ebene, in Abb. 15.40 *Eingriffsebene* genannt, mit einer gegenüber der Achsrichtung um den Winkel β_b geneigten Geraden bzw. Erzeugenden auf dem Grundzylinder schlupffrei abrollt.

Die gegenseitige Lage der Profile in den Schnittebenen ist durch die Neigung des Erzeugungsprofiles (Flanke einer Zahnstange mit Schrägverzahnung) gegen die Achsrichtung bestimmt. In jedem dieser Schnitte ist durch die Normale zum Flankenprofil der Zahnstange, die den Grundzylinder des Rades tangiert (z. B. B_1, B_2, B_3 Abb. 15.40) der Berührungspunkt der gepaarten Flanken bestimmt (z. B. B_1, B_2, B_3). Sämtliche Normalen der Stirnschnitte, die den Grundkreis tangieren, liegen in einer Ebene. Diese Ebene, die

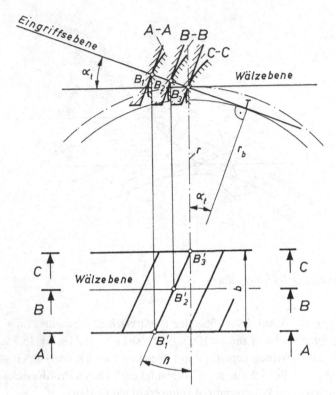

Abb. 15.41 Schrägzahn in 3 Stirnschnitten

Eingriffsebene, ist der geometrische Ort aller Berührungspunkte der gepaarten Zahnflanken. Sie schneidet die Zahnflanke der Zahnstange und der erzeugten Zahnflanke in Geraden. Auf ihr berühren sich die gepaarten Zahnflanken. Sie werden deshalb *Kontaktlinien* oder *Berührlinien* genannt, Abb. 15.40, 15.41, 15.42, 15.43.

Die beim Wälzvorgang entstehende doppelt gekrümmte Verzahnung kann man sich vereinfacht auch durch viele ebene Profile aus Schnitten senkrecht zur Radachse (Stirnschnitten) und gegeneinander um einen bestimmten Winkel verdreht zusammengesetzt denken. Abbildung 15.41 soll dieses verdeutlichen. Unterschiedliche Schnitte senkrecht zur Achse ergeben unterschiedliche Projektionen des Schnittverlaufes mit der Flanke der schrägverzahnten Zahnstange (z. B. Schnitt A und B in Abb. 15.41). In jedem Schnitt kann die Evolvente nach der Hüllkurvenkonstruktion ermittelt werden.

Die Flanke eines Schrägzahnes kann man analog zum abgehobenen Faden beim ebenen Fall, bzw. bei der Geradverzahnung, hier aus einem schräg abgeschnittenen, abgehobenen und dabei straff gespannten Band entstanden denken. In Abb. 15.40 stellt die Gerade $\overline{B_1 B_3}$ das Ende dieses abgehobenen Bandes dar, das bei T_1, T_2, T_3 tangential in den Grundzylinder übergeht.

Jeder Punkt auf der Linie $\overline{B_1 B_3}$ beschreibt beim Ab- bzw. Aufwickeln in Ebenen senkrecht zur Achse, den Stirnschnitten, Evolventen.

Abb. 15.42 Flankenlinien auf einem beliebigen Zylinder

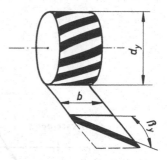

Abb. 15.43 Berührungsbzw. Kontaktlinien, *F* Flankenlinie, *E* Eingriffsebene, *B* Berührlinie, Kontaktlinie

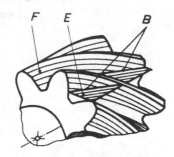

Die Zahnflanken (Profile) von Schrägverzahnungen sind in Stirnschnitten, d. h. in Schnitten senkrecht zur Radachse – und nur dort – Evolventen.

Die Linie $\overline{B_1 B_3}$, bzw. das Ende des schräg abgeschnittenen den Schrägzahn erzeugenden Bandes ergibt im aufgewickelten Zustand eine Schraubenlinie. In Abb. 15.44 wird die Entstehung dieser Linie gezeigt. In Abb. 15.45 werden die Begriffe *links*- und *rechtssteigend* verdeutlicht.

In Abb. 15.43 kennzeichnet *B* die Berühr- bzw. Kontaktlinien, *E* das Eingriffsfeld bei einem bestimmten Drehwinkel und *F* die Flankenlinien. Das *Eingriffsfeld* ist die durch die Zahnbreite und Eingriffsstrecke begrenzte Fläche der Eingriffsebene. Die Lage der Kontaktlinien im Eingriffsfeld hängt von der Berührstellung bzw. dem Drehwinkel ab. Auch wenn zwei schrägverzahnte Stirnräder gepaart werden, berühren sich die Zahnflanken auf geraden Linien, den Kontaktlinien. Man kann dieses erkennen, wenn man zwischen den gepaarten Zähnen sich eine Zahnstange vorstellt, die mit einer gegen null gehenden Dicke als Erzeugende die Verzahnungen im Wälzvorgang bildet (Abb. 15.40). Die linienförmige Berührung der Zahnstange mit den gepaarten Verzahnungen stellt dann auch die linienförmige Berührung der gepaarten Räder dar.

Eine Verzahnung ist *rechtssteigend*, wenn bei einem auf die Stirnseite gelegten Zahnrad die Flanken nach rechts oben verlaufen. Verlaufen sie nach oben links liegt eine *linkssteigende* Verzahnung vor (Abb. 15.45). Die Flankenlinien einer Schrägverzahnung kann man sich durch Aufwickeln eines schräg abgeschnittenen Bandes vorstellen (Abb. 15.44). Man erkennt, dass analog zum Gewinde die Flankenlinien geometrisch Schraubenlinien darstellen.

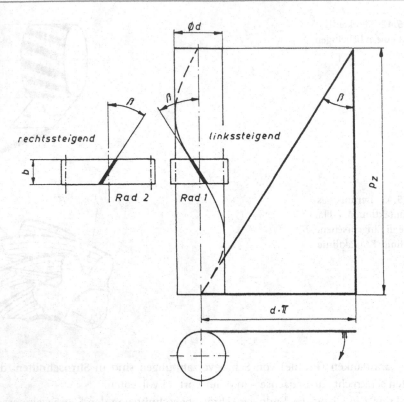

Abb. 15.44 Die Flankenlinie als Teil einer Schraubenlinie

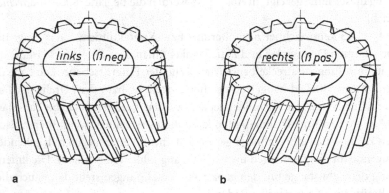

Abb. 15.45 Definition der Steigungsrichtung (Außenverzahnung). **a** Linkssteigend, **b** rechtssteigend

Es gilt folgender Merksatz:

Die Flankenlinien von Schrägverzahnungen sind Schraubenlinien. Es sind zu einer schrägver-zahnten Stirnradpaarung mit parallelen Achsen nur Räder mit einer links- und einer rechts-steigenden Verzahnung paarungsfähig.

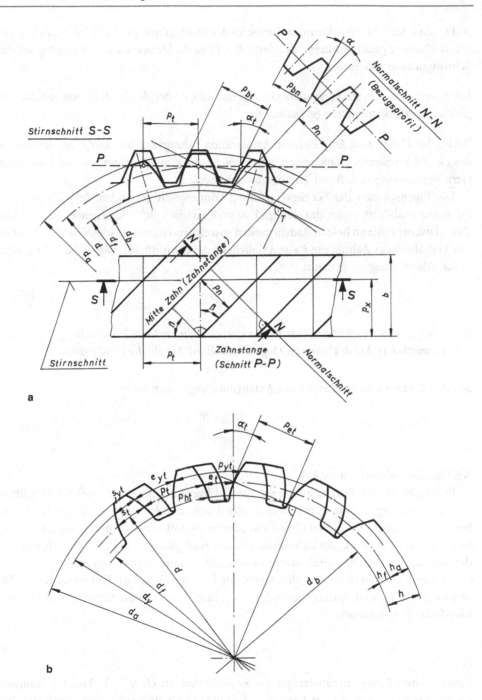

a

b

Abb. 15.46 Schrägverzahnung. **a** Schrägverzahntes Stirnrad mit Zahnstange (Bezugsprofil), **b** Schrägverzahntes Stirnrad mit geometrischen Grundgrößen

Auf Grund des schraubenförmigen Verlaufes der Flankenlinien kommen die Zähne nicht sofort über der gesamten Breite in oder außer Eingriff. Dieses wirkt sich günstig auf das Schwingungsverhalten aus.

Schrägverzahnungen sind gegenüber Geradverzahnungen bei gleicher Fertigungqualität und gleichen Betriebsparametern geräuschärmer.

Ihr Nachteil besteht im Auftreten von Axialkräften. Schrägverzahnungen reagieren infolge des Eingriffs mehrerer Flankenpaare empfindlicher auf einige Fertigungsabweichungen als Geradverzahnungen, z. B. auf Teilungsabweichungen.

Die Eigenschaften der Schrägverzahnung können sich gegenüber der Geradverzahnung erst ausbilden, wenn das Zahnrad so breit ist, dass sich die gegenseitige Lage der Zahnflankenprofile an beiden Radstirnseiten ausreichend unterscheidet. Ein Maß dafür ist das Verhältnis der Zahnbreite b zur Axialteilung p_x (Abb. 15.46). Dieses Verhältnis wird *Sprungüberdeckung* ε_β genannt.

$$\varepsilon_\beta = b \, / \, p_x \tag{15.53}$$

Die Sprungüberdeckung ist das Verhältnis zwischen Zahnbreite und Axialteilung. Sie gibt die durchschnittlich in Axialrichtung im Eingriff befindliche Anzahl der Flankenpaare an.

Mit den Bestimmungsgrößen für die Axialteilung ergibt sich auch:

$$\varepsilon_\beta = \frac{b \cdot \sin|\beta|}{m_n \pi} \tag{15.54}$$

Bei Geradverzahnung ist $\varepsilon_\beta = 0$.

Es ist günstig, Schrägverzahnung mit ganzzahliger und möglichst großer Sprungüberdeckung auszulegen, also $\varepsilon_\beta = 1$ oder 2 oder 3 usw. Es wird dann die Schwankung der Summe der Länge der Kontaktlinien ein Minimum. Oft muss man aber wegen der erforderlichen Begrenzung der Zahnbreite und des Schrägungswinkels, die die Lebensdauer der Wälzlager bedeutend herabsetzen können, mit ε_β unter 1 auskommen.

Für den Gesamteingriff, d. h. der Berührung im Eingriffsfeld ist die Summe der Profilüberdeckung ε_α und Sprungüberdeckung ε_β maßgebend. Diese Summe wird *Gesamtüberdeckung* ε_γ genannt.

$$\varepsilon_\gamma = \varepsilon_\alpha + \varepsilon_\beta \tag{15.55}$$

Eine ruckfreie Bewegungsübertragung ermöglicht theoretisch $\varepsilon_\gamma > 1$. Eine Gesamtüberdeckung wenig über den Wert 1 mit $\varepsilon_\alpha < 1$ ergibt jedoch ein ungünstiges Tragfähigkeitsverhalten.

Eine Schrägverzahnung kann man, wie in Abb. 15.46 dargestellt, in einem Schnitt senkrecht zur Achse, dem *Stirnschnitt*, und in einem Schnitt senkrecht zu den Flankenlinien im Teilzylinder, dem *Normalschnitt*, betrachten. Es ist das Bezugsprofil aus Fertigungsgründen im Normalschnitt festgelegt. Die Werkzeuge können deshalb für beliebige Schrägungswinkel Verwendung finden, also für Gerad- und Schrägverzahnungen.

Es gilt somit folgender Merksatz: *Das Bezugsprofil gilt für den Normalschnitt.*

Die genormten Werte für die Moduln nach [DIN780] gelten für Gerad- und Schräg-verzahnungen und bei Schrägverzahnungen für den Normalschnitt. Zur Unterscheidung werden die Größen des Stirnschnittes mit dem Index t und die Größen des Normalschnit-tes mit dem Index n gekennzeichnet. Man nennt somit

p_n	Normalteilung	p_t	Stirnteilung
α_n	Normaleingriffswinkel	α_t	Stirneingriffswinkel
m_n	Normalmodul	m_t	Stirnmodul

Im Stirn- und Normalschnitt liegen verschiedene Schräglagen der Zahnflankenprofile, also unterschiedliche Eingriffswinkel vor, wie Abb. 15.47 für den Zahn einer Zahnstange mit Schrägverzahnung zeigt. Der *Eingriffswinkel im Stirnschnitt* α_t am Teilzylinder folgt aus dem genormten Winkel α_n im Normalschnitt.

Aus Abb. 15.47 ist ablesbar:

$$\tan\alpha_t = s_t\,/\,(2H), \quad \tan\alpha_n = s_n\,/\,(2H), \quad s_t = s_n\,/\cos\beta$$
$$\tan\alpha_t = \tan\alpha_n\,/\cos\beta \tag{15.56}$$

Der Schrägungswinkel β ist in [DIN3978] genormt. Diese Festlegungen besitzen vor al-lem für die Schraubenführungen von Werkzeugmaschinen Bedeutung. Wenn keine spe-zielle Auswahl im Betrieb getroffen wurde, muss diese Norm insbesondere für Außenver-zahnungen nicht beachtet werden.

Bei (Einfach-)Schrägverzahnungen liegt β meist im Bereich $8° < \beta < 20°$. Bei Doppel-schrägverzahnung sind Winkel bis über 30° üblich. Bei ihr heben sich die Axialkräfte in-nerhalb des Zahnrades auf.

Die *Stirnteilung* p_t und *Normalteilung* p_n am Teilkreis sind

$$p_t = m_t\pi, \quad p_n = m_n\pi \tag{15.57}$$

Da nach Abb. 15.46 $p_n = p_t\cos\beta$ ist, folgt mit Gl. (15.57)

$$m_t = m_n\,/\cos\beta \tag{15.58}$$

Der *Teilkreisdurchmesser d* ist dann $d = z m_t$ bzw.

$$d = z m_n\,/\cos\beta \tag{15.59}$$

Da die Zahnflanken in Schnitten senkrecht zur Achse Evolventen sind, kann die Schräg-verzahnung im Stirnschnitt geometrisch wie eine Geradverzahnung mit dem Eingriffs-winkel α_t, der Teilung p_t und mit einer entsprechend dem Bezugsprofil gegebenen Zahn-höhe von $h = 2{,}25\,m$ betrachtet werden.

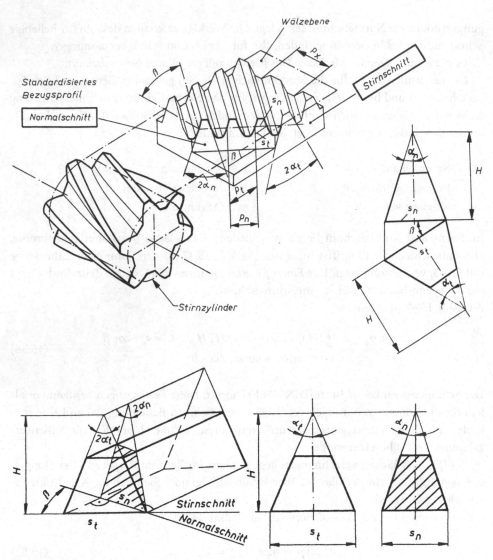

Abb. 15.47 Stirn- und Normalschnitt, Stirn- und Normaleingriffswinkel

Ergänzend soll der Schrägungswinkel β_y an einem beliebigen Zylinder mit dem Durchmesser d_y berechnet werden.

Die Steigung muss auch für verschiedene Zylinderdurchmesser konstant sein, da sonst nach Umfahren des Zylinders, bzw. einer Umdrehung nicht das gleiche Zahnprofil vorliegen würde. Es liegen somit, z. B. im Kopf- und Grundzylinder Flankenlinien gleicher Steigung aber unterschiedlicher (Steigungswinkel bzw.) Schrägungswinkel β_a bzw. β_b vor. Nach Abb. 15.44 ist, wenn man den Durchmesser $d = d_y$ und $\beta = \beta_y$ als allgemeine Größen für einen beliebigen Durchmesser (d_y) setzt, die Steigungshöhe p_z

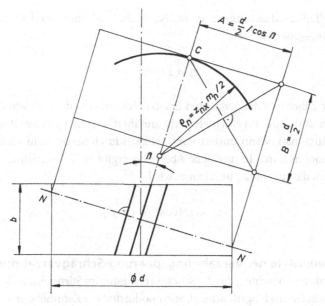

Abb. 15.48 Krümmungsradius der Ersatzgeradverzahnung

$$p_z = \frac{|d| \, \pi}{\tan |\beta_y|} = \frac{|d_y| \, \pi}{\tan |\beta_y|} \tag{15.60}$$

Der Schrägungswinkel an einem beliebigen Durchmesser d_y ist

$$\tan \beta_y = \frac{d_y}{d} \tan \beta \tag{15.61}$$

und am Grundkreisdurchmesser d_b bzw. Kopfkreisdurchmesser d_a sind

$$\tan \beta_b = \frac{d_b}{d} \tan \beta \ \ bzw. \ \ \tan \beta_\alpha = \frac{d_a}{d} \tan \beta \tag{15.62}$$

Mit dem Eingriffswinkel $\alpha_t > 20°$ ergibt sich für Schrägverzahnung eine zu kleineren Zähnezahlen verschobene Unterschnittgrenze (siehe [Link96]).

Da es möglich ist, eine Schrägverzahnung durch eine virtuelle Geradverzahnung anzunähern, kann die Tragfähigkeitsberechnung vereinfacht werden. Diese Näherung gelingt mit Hilfe der Krümmung der Ellipse, die beim Schnitt des Teilzylinders normal zu den Zahnflanken entsteht (Abb. 15.48).

Die große Halbachse A der Ellipse ist $A = d/(2\cos \beta)$ und die kleine Halbachse B der Ellipse ist $B = d/2$. Im Punkt C ist der Krümmungshalbmesser $\rho_n = A^2 / B$. Mit den Beziehungen für A und B und $2\rho_n = d_n$ ergibt sich

$$d_n = z \, m_n / \cos^3 \beta \tag{15.63}$$

Vom ideellen Teilkreisdurchmesser d_n im Normalschnitt ausgehend kann eine *virtuelle Zähnezahl* z_v angegeben werden.

$$z_v \approx z / \cos^3 \beta \tag{15.64}$$

Dabei ist z_v die Zähnezahl des gedachten Ersatzrades mit Geradverzahnung, das die Zahnform des Schrägstirnrades im Normalschnitt annähert. Zu einer wertemäßig geringen Abweichung gelangt man, wenn anstatt vom Teilkreisdurchmesser vom Grundkreisdurchmesser ausgegangen wird. In analoger Ableitung ergibt sich die Zähnezahl des *Ersatz-Geradstirnrades*, die zur mit z_n bezeichnet wird.

$$z_n = z \big/ (\cos^2 \beta_b \cos \beta) \tag{15.65}$$

15.2.4.2 Geometrie der Verzahnungspaarung-Schrägverzahnung

Es ist grundsätzlich zu beachten, das die Schrägverzahnung im Stirnschnitt wie eine Geradverzahnung mit geändertem Eingriffswinkel, Stirnmodul und der Zahnhöhe $h = m_n(2 + k + c^*)$ betrachtet werden kann. Für die Verzahnungspaarung der Schrägverzahnung gibt es deshalb gegenüber der Geradverzahnung nur einige Besonderheiten. Auf die wesentlichsten, die Profilverschiebung und die Profilüberdeckung, wird im folgenden eingegangen.

Die Profilverschiebung als Maß der Werkzeugan- bzw. Werkzeugabrückung wird als Produkt des Faktors x mit dem Normalmodul m_n ausgedrückt, d. h. der Profilverschiebungsfaktor x bezieht sich auf den Normalmodul bzw. auf den Normalschnitt. Analog zur Geradverzahnung ergibt sich ausgehend von $s_{wt1} + s_{wt2} = p_{wt}$ für die Schrägverzahnung im Stirnschnitt (Index t) mit dem Eingriffswinkel α_t die zunächst auf den Stirnmodul m_t bezogene Summe der Profilverschiebungsfaktoren $(x_{t1} + x_{t2})$:

$$x_{t1} + x_{t2} = (\mathrm{inv}\,\alpha_{wt} - \mathrm{inv}\,\alpha_t)(z_1 + z_2) / (2 \tan \alpha_t) \tag{15.66}$$
$$\text{mit} \quad \cos \alpha_{wt} = (a_d / a) \cos \alpha_t$$

Die Werkzeugan- bzw. Werkzeugabrückung kann auch auf den Normalschnitt bezogen ausgedrückt werden, d. h. $(x_{t1} + x_{t2})m_t = (x_{n1} + x_{n2})m_n$. Es folgt mit $m_n / m_t = \cos \beta$ und $\tan \alpha_t = \tan \alpha_n / \cos \beta$ und vereinfacht geschrieben $x_{1,2} = x_{n1,2}$ die Profilverschiebungssumme bei Schrägverzahnung:

$$x_1 + x_2 = \frac{(\mathrm{inv}\,\alpha_{wt} - \mathrm{inv}\,\alpha_t)}{2 \tan \alpha_n}(z_1 + z_2) \tag{15.67}$$

Für den *Kopfhöhenänderungsfaktor k* ergibt sich die gleiche Beziehung wie bereits für Geradverzahnung abgeleitet (Gl. 15.51).

Die *Profilüberdeckung* ε_α ist im Stirnschnitt als das Verhältnis von Eingriffsstrecke g_α und Eingriffsteilung p_{et} zu bestimmen.

$$\varepsilon_\alpha = g_\alpha / p_{et} \tag{15.68}$$

Die *Eingriffsstrecke* g_α begrenzt auch hier das Eingriffsfeld im Stirnschnitt. Sie ergibt sich analog zur Geradverzahnung (Abb. 15.32)

$$g_\alpha = \sqrt{\left(\frac{d_{a1}}{2}\right)^2 - \left(\frac{d_{b2}}{2}\right)^2} + \frac{z}{|z|}\sqrt{\left(\frac{d_{a2}}{2}\right)^2 - \left(\frac{d_{b1}}{2}\right)^2} - a \cdot \sin\alpha_{wt} \qquad (15.69)$$

Die *Eingriffsteilung* im Stirnschnitt ist

$$p_{et} = m_n \pi \cos\alpha_t / \cos\beta \qquad (15.70)$$

Die Summe von Profil- und Sprungüberdeckung ist die *Gesamtüberdeckung* ε_γ Gl. (15.55). Eine Zusammenstellung der Berechnung geometrischer Größen enthält Tab. 15.23.

15.2.5 Besonderheiten der Innenverzahnung

Die Paarung Hohlrad (innenverzahnt)/Außenrad ermöglicht einen kleinen Bauraum und wegen der konkaven/konvexen Profilpaarung kleine Flankenpressungen. Ihre Anwendung erfolgt vorwiegend bei Planetengetrieben, Ölpumpen und Verstellgetrieben.

Denkt man sich den Werkstoff bei der Außenverzahnung von den Zähnen in den Zahnlücken angeordnet, erhält man eine Innenverzahnung (siehe auch Abb. 15.8e) und 15.27). Eine Außenverzahnung und Innenverzahnung mit gleichen verzahnungstechnischen Werten $(z, x, m_n \alpha, \beta)$, lässt sich bei einem Zahndickenabmaß gleich null spielfrei ineinander fügen und ergibt bis auf das Kopfspiel einen kompakten Materialblock.

Die Berechnung der Verzahnungsgeometrie der Innenverzahnung wie auch der Paarung Innenverzahnung-Außenverzahnung kann nach den gleichen Beziehungen wie für Außenverzahnungen berechnet werden, wenn die Zähnezahl und die Durchmesser der Innenverzahnung wie auch der Achsabstand negativ eingesetzt werden. Die Zeichnungseintragungen der Durchmesser wie auch des Achsabstandes erfolgen jedoch ohne Vorzeichen.

Zu den Besonderheiten der Innengetriebe zählt die erhöhte Interferenzgefahr, d. h. die Gefahr des Eingriffs in nicht evolventischen Bereichen, z. B. in der Zahnfußkurve oder außerhalb der Eingriffsebene. Die Interferenzgefahr wächst mit kleiner werdender Differenz Δz.

$$\Delta z = |z_2| - z_1 \qquad (15.71)$$

Es gilt als Faustregel, dass bei $\Delta z \leq 8$ die Interferenzgefahr besonders groß ist. Interferenz (Fehleingriff) kann durch Kopfkürzung oder/und Profilverschiebung beseitigt werden. Bei der Verzahnungsauslegung ist auf die Einhaltung folgender Forderungen hinsichtlich der Interferenz zu achten:

- absoluter Betrag des Kopfkreises größer als der absolute Betrag des Grundkreises der Innenverzahnung

$$|d_{a2}| - |d_{b2}| > 0 \qquad (15.72)$$

- kein Eingriff des Zahnkopfes in der Fußkurve des jeweiligen Gegenrades
- keine gegenseitige Berührung der Zahnköpfe (keine Kopfüberschneidung, die außerhalb der Eingriffsstrecke in bestimmten Fällen auftreten kann)
- Möglichkeit des radialen Einbaus (wenn radialer Einbau gefordert)
- keine Vorschubeingriffsstörungen bei der Fertigung mit dem Schneidrad (Wegschneiden von Flankenteilen)

Die hierzu erforderlichen Berechnungen können der Literatur entnommen werden (siehe hierzu [Link96, DIN3993]).

15.3   Stirnradgetriebe – Tragfähigkeit

15.3.1   Schäden

Allgemein betrachtet können Schäden durch

- Zerstörung der Zahnflanke(n) und
- Bruch bzw. plastische Verformung der Verzahnung oder/und des Radkörpers auftreten.

Zu den häufig auftretenden Schäden gehören die *Grübchenbildung* und der *Zahnfußbruch*. Die Tragfähigkeitsberechnung hierzu ist in den Abschn. 15.3.5 und 15.3.6 dargelegt, die übrigen Schadensarten werden entweder in [DIN3990] (Fressen) oder in der Literatur behandelt [Nie89, Link96]. Zu den *Zahnflankenschäden* gehören:

- Ausbröckelungen bzw. Grübchen (pittings) infolge Ermüdung oberflächennaher Bereiche (Abb. 15.49).
- *Fressen* durch örtliches Verschweißen infolge der Pressung, örtlicher Temperaturerhöhung und unmittelbarer Trennung infolge des Zahnflankengleitens (Abb. 15.50). Die Fressgrenze kann durch Ölzusätze (EP-Zusätze) stark beeinflusst werden.

Abb. 15.49 Grübchenbildung (und Fressverschleiß) an einer einsatzgehärteten Verzahnung, 20MnCr5; Prüfstandsversuch TU Dresden [Link96]

Abb. 15.50 Graufleckigkeit an einer einsatzgehärteten Verzahnung. (Abbilding
aus Konzernnorm ZF Fried-
richshafen ZFN 201)

Abb. 15.51 Fressen;
Prüfstandsversuch TU
Dresden [Link96]

- *Verschleiß* in Form eines allmählichen Abtragens der Oberfläche durch abrasive und adhäsive Wirkung zwischen den gleitenden Oberflächen; Langzeitvorgang (Abb. 15.51, 15.56).
- *Flächenhafte Abplatzungen* (spallings) bei harten Oberflächen infolge Überbeanspruchung der harten Randschicht (Ermüdungserscheinung).
- *Mikropittings* durch Werkstoffermüdung in dünnen Oberflächenschichten bis etwa
  25 µm Tiefe. Wegen der sehr nahe beieinanderliegenden kleinen Ausbröckelungen entsteht ein graues Aussehen. Diese Erscheinung wird deshalb auch *Graufleckigkeit* genannt (Abb. 15.52).

Zahnbrüche
- Der typische und häufigste Zahnbruch ist der *Zahnfußbruch*. Er kann auftreten als
  - *Gewaltbruch* durch Erreichen der Bruchfestigkeit bei einmaliger Beanspruchung
    (oder mit geringer Lastzyklenzahl $N \leq 10^3$) (Abb. 15.53).
  - *Ermüdungsbruch* (bzw. Schwingungsbruch). Oft wird er umgangssprachlich auch als
    Dauerbruch bezeichnet (Abb. 15.54, 15.55).
- Brüche, ausgehend von der Zahnflanke
  - Da sie vom Mittenbereich oder mittleren Bereich der Zahnflanke ausgehen kön-
    nen, werden sie als Flankenbrüche bezeichnet. Auch die Bezeichnung Kopfbruch ist
    üblich. Sie entstehen als Ermüdungsbrüche bei einsatzgehärteten und nitrierten Ver-
    zahnungen meist unter der harten Randschicht, wenn die Spannung die Festigkeit
    übersteigt. Ausgangspunkt sind oft nichtmetallische Einschlüsse oder Grübchen.

Abb. 15.52 Ermüdungsbruch einer induktionsgehärteten Verzahnung

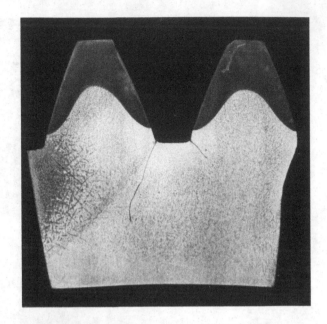

Abb. 15.53 Gewaltbruch an einem Schragstirnrad. (Abbildung aus Konzernnorm ZF Friedrichshafen, ZFN 201)

Abb. 15.54 Ermüdungsbruch an einem Stirnrad

Abb. 15.55 Ermüdungs-
brüche eines Zahnkranzes
mit Passfeder; Prüfstandsversuch TU Dresden
[Link96]

Abb. 15.56 Zahn-
flankenverschleiß,
schematische
Darstellung des Ver-
schleißfortschrittes
[Link96]

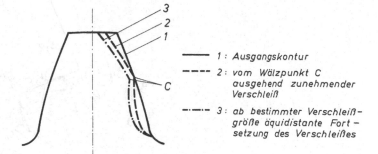

1 : *Ausgangskontur*

2 : *vom Wälzpunkt C*
ausgehend zunehmender
Verschleiß

3 : *ab bestimmter Verschleiß-*
größe äquidistante Fort-
setzung des Verschleißes

- Brüche durch den Radkörper
  - Sie gehen von tieferen Bereichen des Zahngrundes bzw. von der Zahnlücke aus und entstehen bei dünnen Radkränzen (Abb. 15.55).
- Direkt vom Zahnkopf ausgehende Brüche
  - Sie entstehen durch die mögliche erhöhte Beanspruchung beim Eingriffsbeginn und/oder Ermüdung des/eines durchgehärteten Zahnkopfbereiches.

Weitere Schäden sind durch zu hohe Erwärmung (Anlasseffekte), Korrosion, Stromdurchgang, Verunreinigungen infolge des Bearbeitungsprozess möglich (Schleiffrisse, Schleifbrand, Zunderbildung, Schmiedefalten, Härterisse).

15.3.2 Geschwindigkeiten

15.3.2.1 Gleitgeschwindigkeit

Die Zahnflanken rollen und gleiten aufeinander. Die hierbei auftretenden Geschwindigkeiten werden im Folgenden abgeleitet.

Im Berührungspunkt P_y einer Zahnflankenpaarung betragen die resultierenden Geschwindigkeiten der Flanke *1* bzw. *2 entsprechend* der Winkelgeschwindigkeiten ω_1 bzw. ω_2 und der Abstände r_{y1} bzw. r_{y2} zu den Radmittelpunkten (Abb. 15.57):

$$v_{y1} = \omega_1 \, r_{y1} \tag{15.73}$$

Abb. 15.57 Geschwindigkeitskomponenten der Zähne
im Berührungspunkt P_y

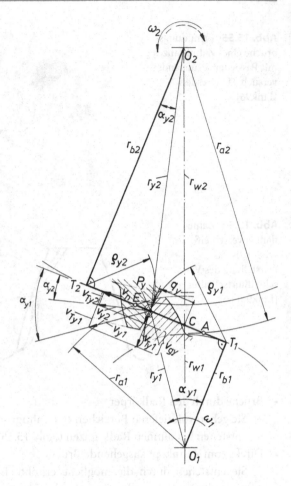

$$v_{y2} = -\omega_2\, r_{y2} \tag{15.74}$$

Diese Geschwindigkeiten können in zwei senkrecht zueinander stehende Komponenten
zerlegt werden – in Normalenrichtung (n) und in Richtung der Tangente (T) zu den Flanken. In Normalenrichtung müssen v_{y1} und v_{y2} eine gleich große Komponente v_n haben, da
sonst Flankenablösung eintreten würde.

$$v_{ny1} = v_{ny2} = v_n \tag{15.75}$$

$$v_n = v_{y1} \cos\alpha_{y1} = v_{y2} \cos\alpha_{y2} \tag{15.76}$$

oder

$$v_n = \omega_1\, r_{b1} = -\omega_2\, r_{b2} \tag{15.77}$$

Die tangentialen Komponenten (*Rollgeschwindigkeiten*) $v_{\mathrm{Ty1}}, v_{\mathrm{Ty2}}$, sind:

$$v_{\mathrm{Ty1}} = v_{\mathrm{n}} \tan \alpha_{\mathrm{y1}}, \quad v_{\mathrm{Ty2}} = v_{\mathrm{n}} \tan \alpha_{\mathrm{y2}} \tag{15.78}$$

Sie haben für die hydrodynamische Wirkung der Fressbeanspruchung Bedeutung. Mit $v_{\mathrm{n}} = \omega_1\, r_{\mathrm{b1}} = -\omega_2\, r_{\mathrm{b2}}$ und $\tan(\alpha_{\mathrm{y}}) = \rho_{\mathrm{y}} / r_{\mathrm{b}}$ ist:

$$v_{\mathrm{Ty1}} = \omega_1\, \rho_{\mathrm{y1}}, \quad v_{\mathrm{Ty2}} = -\omega_2\, \rho_{\mathrm{y2}} \tag{15.79}$$

Die Differenz der im Berührungspunkt tangential zum Zahnprofil vorliegenden Geschwindigkeiten $v_{\mathrm{Ty1,2}}$ stellt die *Gleitgeschwindigkeit* v_{gy} dar.

$$v_{\mathrm{gy}} = v_{\mathrm{Ty1}} - v_{\mathrm{Ty2}} \tag{15.80}$$

Aus Gl. (15.80) unter Beachtung von Gl. (15.79) erhält man

$$v_{\mathrm{gy}} = \omega_1\, \rho_{\mathrm{y1}} + \omega_2\, \rho_{\mathrm{y2}} \quad \text{bzw.}$$
$$v_{\mathrm{gy}} = \omega_1 \left(\rho_{\mathrm{y1}} - \rho_{\mathrm{y2}}\, r_{\mathrm{b1}} / r_{\mathrm{b2}} \right) \tag{15.81}$$

Mit dem Abstand $q_{\mathrm{y}} = \overline{P_{\mathrm{y}} C}$ des Eingriffspunktes P_{y} vom Wälzpunkt C (s. Abb. 15.57), also $\rho_{\mathrm{y1}} = r_{\mathrm{b1}} \tan \alpha_{\mathrm{wt}} + q_{\mathrm{y}}$ und $\rho_{\mathrm{y2}} = r_{\mathrm{b2}} \tan \alpha_{\mathrm{wt}} - q_{\mathrm{y}}$ ergibt sich schließlich aus Gl. (15.81) die *Gleitgeschwindigkeit*:

$$v_{\mathrm{gy}} = \omega_1 q_{\mathrm{y}} \left(1 - 1/i \right) \quad \text{oder speziell bei Außenverzahnung} \tag{15.82}$$
$$v_{\mathrm{gy}} = q_{\mathrm{y}} \left(\omega_1 + |\omega_2| \right)$$

Hinweis: $i = -z_2/z_1 = \omega_1/\omega_2$
Außenradpaar i < 0 (Drehrichtungsumkehr!), $v_{\mathrm{gy}} = \omega_1\, q_{\mathrm{y}} \left(1 + |1/i| \right)$
Innenradpaar $i > 0$; $(\rho_{\mathrm{y2}} < 0; z_2 < 0;$ gl. Drehricht.$)$, $v_{\mathrm{gy}} = \omega_1\, q_{\mathrm{y}} (1 - |1/i|)$

Aus Gl. (15.82) folgt (s. auch Abb. 15.58):
Die Gleitgeschwindigkeit (absoluter Betrag) wächst linear mit dem Abstand des Eingriffspunktes vom Wälzpunkt. Im Wälzpunkt C selbst ist sie gleich Null. Nur dort findet reines Rollen statt, während im gesamten übrigen Bereich Rollen und Gleiten vorliegt.
Die Gleitgeschwindigkeit hat für die Leistungsverluste (Wirkungsgrad, Erwärmung) und die Fressbeanspruchung Bedeutung. In Abb. 15.58 wird der Verlauf der Gleitgeschwindigkeit gezeigt. Für eine konstante Profilüberdeckung ergibt sich ein Minimum der Gleitgeschwindigkeit, wenn der Wälzpunkt C in der Mitte der Eingriffsstrecke liegt. Von Eingriffsbeginn (Punkt A, Zahnfußbereich des treibenden Rades/Zahnkopf des getriebenen Rades) bis zum Wälzpunkt schiebt infolge der größeren, zur Eingriffslinie senkrechten Geschwindigkeitskomponente des getriebenen Rades dessen Zahnkopfflanke den

Abb. 15.58 Gleitgeschwindigkeit v_g und spezifisches Gleiten $\zeta_{1,2}$ der Zahnflanken längs der Eingriffsstrecke $g_\alpha = \overline{AE}$ bei einem Außenradpaar

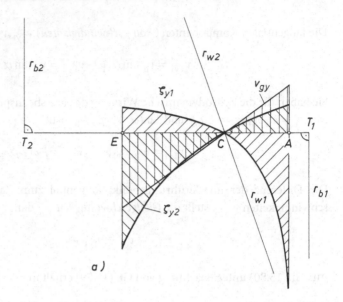

a)

Ölfilm vor sich her. Die Bewegungsverhältnisse in diesem Bereich $\overline{AC}$ werden als „*stemmendes*" oder „*stoßendes*" Gleiten bezeichnet. Dagegen zieht im Bereich $\overline{CE}$ der Eingriffsstrecke die Flanke des treibenden Rades den Ölfilm in den verengenden Schmierspalt hinein, es handelt sich hier um „*ziehendes*" Gleiten. Im Bereich des stoßenden Gleitens, besonders im Bereich des Eingriffspunktes A, kommt es zu erhöhtem Reibungswiderstand, verstärkt durch Voreingriff infolge der Deformation der Zähne (siehe auch Abb. 15.76).

15.3.2.2 Spezifisches Gleiten
Für den Verschleiß und die örtliche Erwärmung ist es für einen bestimmten Punkt der Zahnflanke von Bedeutung, welche Strecke des Gegenprofils pro Eingriff über ihn hinweggleitet. Hierzu betrachten wir Abb. 15.59 Die Strecke $2b_H$ sei die durch Abplattung

Abb. 15.59 Tangentiale Geschwindigkeitskomponenten der Verzahnungen in der Hertzschen Abplattungsfläche (Geschwindigkeiten senkrecht zur Eingriffslinie)

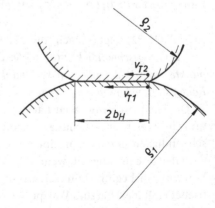

entstandene Berührungsbreite. Die Zeit Δt, die ein Punkt der Flanke *1* zum Durchlaufen der Strecke $2b_{\mathrm{H}}$ benötigt, ist

$$\Delta t = \frac{2b_{\mathrm{H}}}{v_{\mathrm{Ty1}}} \tag{15.83}$$

Während dieser Zeit gleitet über diesen Punkt der Flanke *1* die Strecke S_{g1} hinweg:

$$S_{\mathrm{g1}} = \frac{2b_{\mathrm{H}}}{v_{\mathrm{Ty1}}}\left(v_{\mathrm{Ty1}} - v_{\mathrm{Ty2}}\right) \tag{15.84}$$

Für Flanke *2* ergibt sich gleichartig:

$$S_{\mathrm{g2}} = \frac{2b_{\mathrm{H}}}{v_{\mathrm{Ty2}}}\left(v_{\mathrm{Ty2}} - v_{\mathrm{Ty1}}\right) \tag{15.85}$$

Die Strecken $S_{\mathrm{g1,2}}$ werden auch als *Gleitwege* bezeichnet. Werden die Verhältnisse $S_{\mathrm{g1,2}} / (2b_{\mathrm{H}})$ gebildet, erhält man Größen, die als *spezifisches Gleiten* $\zeta_{1,2}$ bezeichnet werden. Für einen beliebigen Punkt y ist:

$$\zeta_{\mathrm{y1}} = \frac{v_{\mathrm{Ty1}} - v_{\mathrm{Ty2}}}{v_{\mathrm{Ty1}}} \tag{15.86}$$

$$\zeta_{\mathrm{y2}} = \frac{v_{\mathrm{Ty2}} - v_{\mathrm{Ty1}}}{v_{\mathrm{Ty2}}} \tag{15.87}$$

mit $v_{\mathrm{Ty1}}, v_{\mathrm{Ty2}}$ nach Gl. (15.79).

Setzt man in die Gl. (15.86) und (15.87) die Bestimmungsgrößen für $v_{\mathrm{T1,2}}$ nach Gl. (15.79) ein, erhält man:

$$\zeta_{\mathrm{y1}} = 1 - \frac{\rho_{\mathrm{y2}}}{\rho_{\mathrm{y1}}} \cdot \frac{z_1}{z_2} \tag{15.88}$$

$$\zeta_{\mathrm{y2}} = 1 - \frac{\rho_{\mathrm{y1}}}{\rho_{\mathrm{y2}}} \cdot \frac{z_2}{z_1} \tag{15.89}$$

In Abb. 15.58 ist als Beispiel das spezifische Gleiten eines Außenradpaares über der Eingriffsstrecke aufgetragen.

15.3.2.3 Summengeschwindigkeit

Die Summengeschwindigkeit $v_{\Sigma\mathrm{y}}$ ist die Summe der Geschwindigkeiten v_{Ty1} und v_{Ty2}, also die Summe der senkrecht zur Eingriffslinie stehenden Komponenten (vgl. Abb. 15.57).

$$v_{\Sigma y} = v_{Ty1} + v_{Ty2} \tag{15.90}$$

Mit $v_{Ty1} = \omega_1\,\rho_{y1}, v_{Ty2} = -\omega_2\rho_{y2}$ und $\omega_2 = -\omega_1\,z_1/z_2$ ergibt sich:

$$v_{\Sigma y} = \omega_1\left(\rho_{y1} + \rho_{y2}\,z_1/z_2\right) \tag{15.91}$$

ρ_{y1}, ρ_{y2}, s. Abb. 15.57
Speziell für den Wälzpunkt C ist

$$v_{\Sigma y} = \frac{\omega_1\,2a\sin\alpha_{wt}}{\left(1 + z_2/z_1\right)} \tag{15.92}$$

$v_{\Sigma y}$ ist eine entscheidende Größe für die hydrodynamische Wirkung.

15.3.3 Zahnkräfte

15.3.3.1 Grund- und Zusatzbelastungen

Die Grundbelastung eines Getriebes folgt aus der übertragenen Leistung und der Drehzahl. Wenn keine besondere Vorgabe vorliegt, wird üblicherweise die Nennleistung P_{nenn} und Nenndrehzahl n_{nenn} zugrunde gelegt. Hieraus ergibt sich das *Nennmoment* $M_{t\,nenn}$.

$$M_{t\,nenn} = P_{nenn}/\omega_{nenn}$$
$$\omega_{nenn} = 2\pi\,n_{nenn} \tag{15.93}$$

Aus dem Nenn-Drehmoment $M_{t\,nenn}$ ergibt sich die *Nenn-Zahntangentialkraft* am Teilkreis $F_{t\,nenn}$. Sie wird abkürzend im Folgenden einfach nur mit F_t bezeichnet.

$$F_{t1,2} = F_{t1,2\,nenn} = \frac{M_{t\,nenn1,2}}{\dfrac{d_{1,2}}{2}} \tag{15.94}$$

Es ist aufgrund des Momenten- und Durchmesserverhältnisses $F_{t1} = F_{t2} = F_t$. Hieraus ergeben sich die weiteren in Abb. 15.60 dargestellten Komponenten.

$$\text{Axialkraft:}\quad F_a = F_t \tan\beta$$
$$\text{Radialkraft:}\quad F_r = F_t \tan\alpha_t \tag{15.95}$$

$$\text{Zahnnormalkraft im Stirnschnitt:}\quad F_{bt} = F_t/\cos\alpha_t$$
$$\text{Zahnnormalkraft im Normalschnitt:}\quad F_{bn} = F_{bt}/\cos\beta_b \tag{15.96}$$

Zusatzkräfte
Dem Nennmoment und den daraus folgenden Zahnkräften überlagern sich Zusatzkräfte. Diese entstehen durch Schwingungen. Sie können durch die periodische Arbeitsweise des Motors (z. B. Kolbenmotor), durch die periodischen bzw. stochastischen Arbeitswider-

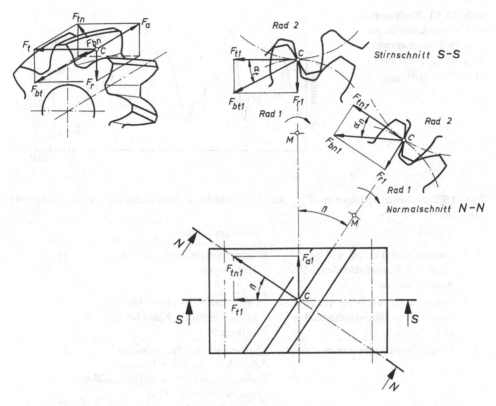

Abb. 15.60 Zahnkraftkomponenten am Teilkreis

stände (z. B. Kolbenverdichter bzw. Bagger) oder durch den Zahneingriff selbst bedingt sein. Ihre Größen und Auswirkungen sind im Allgemeinen vom Gesamtsystem des Antriebes abhängig. Sie wirken exakt betrachtet infolge der Verteilung bzw. Anordnung der Massen, Steifigkeiten und Dämpfungen unterschiedlich erhöhend auf die Belastung der einzelnen Bauelemente (s. [Link96]). Wenn die erregenden Ursachen der Zusatzbelastungen außerhalb des Getriebes liegen und diese vom Gesamtsystem wesentlich abhängen, bezeichnet man die hieraus folgenden Kräfte als *äußere dynamische Kräfte*. Sie werden durch Faktoren global ausgedrückt, die meist eine sehr grobe Näherung darstellen. Da zwei grundlegende Schadensmechanismen zu unterscheiden sind, nämlich Überschreiten der (quasi-)statischen Festigkeitswerte (Bruchfestigkeit, Streckgrenze) und Ermüdung (Schwingfestigkeit, Dauerfestigkeit) ist es auch zweckmäßig, zwei Faktoren zu unterscheiden (Abb. 15.61).

- *Anwendungsfaktor* K_{AB} (folgt aus gesamten Belastungszeitverlauf): zur Berechnung der Sicherheiten gegen Ermüdungsschäden
- *Anwendungsfaktor* K_{AS} (folgt aus den während der gesamten Betriebszeit auftretenden maximalen Belastungen): zur Berechnung der Sicherheit gegen bleibende Bauteilverformung und Anriss

Die Faktoren K_{AB} und K_{AS} gelten streng betrachtet nur für eine ganz bestimmte Anlage, Beanspruchungsart und Anwendung und sind auch von der Lebensdauer abhängig.

Abb. 15.61 Drehmoment-
verlauf und äquivalentes
Dauerbelastungsmoment
$K_{AB}M_{t\,nenn}$; maximales
Moment $K_{AS}M_{t\,nenn}$

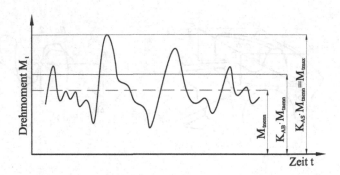

Tab. 15.3 Anwendungsfaktoren K_{AB} für die äquivalente Dauerbelastung, Basis [DIN3990] (Auswahl)

Nr.	Antrieb	Arbeitsmaschine	K_{AB}
1	Elektromotor, Dampf- und Gas-turbine (selten auftretende erhöhte Anfahrmomente)	Stromerzeuger, Lüfter, (leichte) Zentrifugen	1 (…1,15)[a]
2	Elektromotor (mit beim Anfah-ren größeren, häufig auftretenden Momenten)	Drehwerke von Kränen, Industrie- und Grubenlüfter, Kalander, schwere Aufzüge	1,35
3	Mehrzylinder-Verbrennungsmotor	Kolbenpumpen mit mehreren Zylindern, Drehöfen, Extruder, schwere Zentrifugen, ungleichmäßig beschickte Gurtförderer	1,5
4	Einzylinder-Verbrennungsmotoren	Hubweke, Einzylinder-Kolbenpum-pen, Sägegatter	2,0

[a] nach Erfahrungen des Verfassers

Abb. 15.62 Torsions-
schwingungsmodell eines
Radpaares (vereinfachtes
Modell)

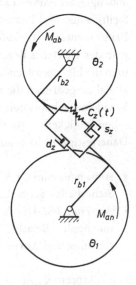

Zur Orientierung über auftretende Werte enthält [DIN3990] Angaben (s. auch [Link96]). Sie sind für Projektierungsberechnungen, d. h. wenn noch keine exakten Angaben (u. a. Zeichnungen) für die Gesamtanlage vorliegen, eine gute Hilfe. Meist werden sie aber auch für Nachrechnungen verwendet. Dafür sind sie jedoch als sehr grobe Näherung zu betrachten, wenn sie nicht als Ergebnis einer Schwingungsanalyse ermittelt wurden. Die Ermittlung des Anwendungsfaktors aus dem Lastkollektiv ist in Abschn. 15.3.3.2 dargelegt. Als Beispiele der Angaben von $K_A = K_{AB}$ nach [DIN3990] sollen einige Werte in Tab. 15.3 genannt werden.

Durch die Faktoren K_{AS} werden die kurzzeitig wirkenden Stoßbelastungen erfasst. Diese können u. a. durch Anfahr- und Bremsvorgänge und durch die mit dem Begriff Sonderereignisse zusammengefassten Einwirkungen wie Kurzschluss oder Notabschaltungen bei Windturbinen entstehen. Sie sind auf Grund von Erfahrungen, Messungen und/oder Berechnungen festzulegen.

Durch eine Drehschwingungsberechnung ist mindestens bei den Charakteristiken Nr. 3 und 4 nachzuweisen, dass keine Resonanzen im Drehzahlbereich vorhanden sind bzw. durch Messungen zu bestätigen, dass keine größeren Schwingungsbelastungen vorliegen.

Im Zahneingriff entstehen weitere, hochfrequente Schwingungen. Da sie im Getriebe entstehen, werden sie *innere dynamische Kräfte* genannt. Ihre Berücksichtigung erfolgt elementar durch den Faktor K_v. Die Schwingungsmodelle für ein einstufiges Stirnradpaar sind in Abb. 15.62 bzw. 15.63 dargestellt.

Abb. 15.63 Vollständiges Schwingungsmodell eines schrägverzahnten einstufigen Stirnradgetriebes (nach *Kücükay*)

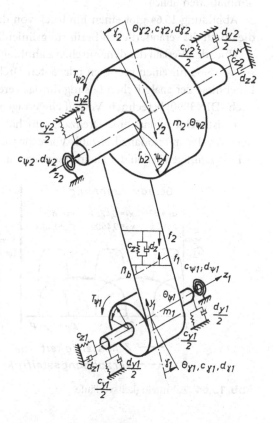

Die Haupterregungen sind die periodischen Zahnsteifigkeitsschwankungen (besonders wegen $1 < \varepsilon_\alpha < 2$) und die Verzahnungsabweichungen. Es liegt also ein parametererregtes (Zahnsteifigkeitsschwankungen), stochastisch fremderregtes (Verzahnungsabweichungen), nichtlineares (Flankenspiel) und gekoppeltes Schwingungssystem vor.

Das allgemeine Differentialgleichungssystem für ein Getriebe hat in Matrizenschreibweise folgende Gestalt

$$\underline{M}\,\ddot{q} + \underline{D}\,\dot{q} + \underline{C}\left(\underline{q}\right)\underline{q} = \underline{r}\left(\underline{q}\right) + \underline{p}\left(t, q,\,\dot{q}\right) + \underline{h} \tag{15.97}$$

Dabei sind:

$\underline{M}$	Massenmatrix (Diagonalmatrix),	$\underline{D}$	Dämpfungsmatrix,
$\underline{C}\,(\underline{q}\,)$	Steifigkeitsmatrix,	$\underline{q}$	Lagevektor (Koordinatenvektor),
$\underline{\dot{q}}$	Geschwindigkeitsvektor,	$\underline{\ddot{q}}$	Beschleunigungsvektor,
$\underline{r}$	Vektor der Zwangserregungen,	$\underline{p}\,(t,q,\dot{q}\,)$	Vektor der Nichtlinearitäten
$\underline{h}$	Vektor der statischen Last (Vorspannung)		

Für praktikable Lösungen sind Näherungen erforderlich und numerische Verfahren bzw. Simulationen üblich.

Abbildung 15.64 gibt einen Eindruck von der periodischen Zahnsteifigkeitsfunktion, die durch die veränderlichen Berührungslinienlängen und Hebelarme bedingt ist.

Über den Verlauf der dynamischen Zahnkraft über der Zahnhöhe informiert Abb. 15.65 sowie 15.66 für einen größeren relevanten Drehzahlbereich. Es sind die Messergebnisse, Ergebnisse der analytischen Lösung für das vereinfachte Modell nach Abb. 15.62 und der nach [DIN3990] berechnete Verlauf eingetragen.

Es ist sichtbar, dass eine Drehzahl sehr hoher innerer dynamischer Zahnkräfte existiert, die Hauptresonanzdrehzahl. Vorresonanzen treten infolge der Parametererregung bei ganzzahligen Teilen der Hauptresonanz auf.

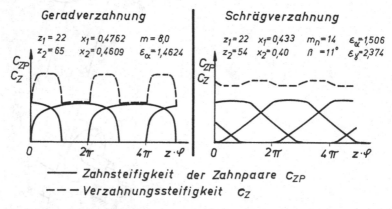

Abb. 15.64 Zahnsteifigkeitsverläufe

Abb. 15.65 Verlauf der resultierenden Zahnbelastung (Summe aus statischer und dynamischer Zahnbelastung) einer Geradverzahnung bei unterschiedlichen Drehzahlen nach Rettig [Re77]

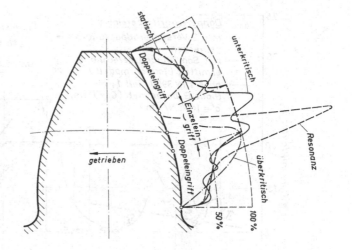

Es ist für den Praxiseinsatz wesentlich, bei der Nachrechnung eines Getriebes nachzuweisen, dass die Anlage nicht im Hauptresonanzbereich betrieben wird.

Eine *überschlägige Nachrechnung* ist möglich, indem das reine Torsionssystem betrachtet wird mit der Zahnsteifigkeit als Feder und den Rädern der Paarung als Trägheitsmoment (vereinfachtes Modell, Abb. 15.62). Für die reine Torsionsschwingung ergibt sich die Eigenfrequenz ω zu

$$\omega = \sqrt{\frac{c_\mathrm{m}}{m_\mathrm{ers}}} \qquad (15.98)$$

mit $c_\mathrm{m} = \dfrac{c_\mathrm{m}}{b}b; \dfrac{c_\mathrm{m}}{b} \approx 20\,N/(mm\,\mu m)$ als Näherung.

$$m_\mathrm{ers} = \frac{m_\mathrm{1T}\,m_\mathrm{2T}}{m_\mathrm{1T} + m_\mathrm{2T}} \qquad (15.99)$$

$$m_\mathrm{1T} = \frac{\Theta_1}{r_\mathrm{b1}^2}; \quad m_\mathrm{2T} = \frac{\Theta_2}{r_\mathrm{b2}^2} \qquad (15.100)$$

ω Eigenkreisfrequenz des Zahnradpaares (dynamisch entkoppelt angenommen),

c_m mittlere Verzahnungssteifigkeit,

m_ers reduzierte Ersatzmasse,

Θ_1, Θ_2 Massenträgheitsmomente der Zahnräder,

b Zahnbreite

$r_\mathrm{b1}, r_\mathrm{b2}$ Grundkreisradien

Die *Erregerkreisfrequenz* Ω ist die Zahneingriffskreisfrequenz:

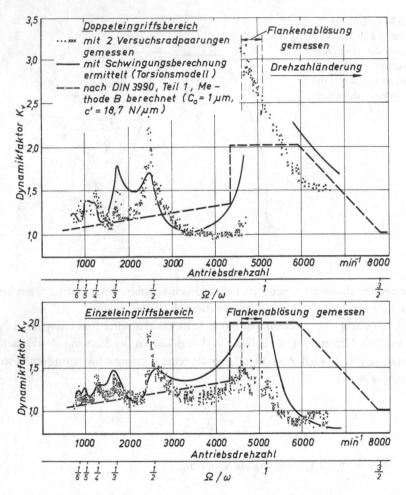

Abb. 15.66 Verlauf des Dynamikfaktors K_v im Doppeleingriffsbereich; Vergleich Messung ($\circ\circ\circ^{xxx}$) mit Berechnung (---), Berechnung nach [DIN3990] T1 (—); Hauptresonanz bei $n \approx 5000$ min^{-1}, Eingriffskreisfrequenz $\Omega = 2\pi n z$ mit ω Haupteigenkreisfrequenz

$$\Omega = 2\pi n_1 z_1 \tag{15.101}$$

und die *Hauptresonanz* tritt bei:

$$\frac{\Omega}{\omega} = 1 \tag{15.102}$$

auf bzw. die *Hauptresonanzdrehzahl* n_{E1} liegt bei:

$$n_{E1} = \frac{1}{2\pi z_1} \sqrt{\frac{c_m}{m_{ers}}} \tag{15.103}$$

Hinweise zur Größe des Dynamikfaktors K_v

Es wird empfohlen, die Hauptresonanzdrehzahl n_{E1} durch die Betriebsdrehzahl n_1 besonders bei Geradverzahnungen zu meiden, wie auch Drehzahlen nahe $n_{E1} / 2$, $n_{E1} / 3$ und $n_{E1} / 4$. Es kann dann bei Schrägverzahnungen gleich oder feiner als Qualität 6 nach [DIN3962] in grober Näherung $K_v = 1$ gesetzt werden. Bei gröberen Qualitäten und $n_1 / n_{E1} \geq 1/4$ wird $K_v = 1,2$ gesetzt.

Bei *überschlägigen Berechnungen* kann $K_v = 1,2$ gesetzt bzw. dieser Einfluss global im Überbeanspruchungsfaktor K mit erfasst werden. Eine differenziertere, aber auch nur grobe Näherung ist nach [DIN3990] möglich. Weitergehende Betrachtungen erfordern eine genaue Analyse, wozu vor allem die genaue Ermittlung der Zahnsteifigkeitsfunktion und die Kenntnis bzw. zutreffende Annahme der Größe und des Verlaufes der Verzahnungs-Abweichungsfunktion $\underline{r}$ erforderlich sind. Infolge der allgemeinen Unkenntnis der Funktion $\underline{r}$ der Zwangserregung infolge der Verzahnungsabweichungen bleiben allgemeine theoretische Untersuchungen bisher für die praktische Anwendung unwirksam. In jedem Fall sollte aber bei industriellen Anwendungen die Resonanzgefahr überprüft werden.

15.3.3.2 Lastkollektive

Nur in seltenen Fällen sind die Belastungsgrößen, z. B. das Drehmoment, konstant. Es werden deshalb aus Messungen, z. T. kombiniert mit Berechnungen, die wirklichen Belastungen bestimmt und diese nach fallender Größe näherungsweise in Laststufen geordnet (Abb. 15.67). Der Verzicht auf die Berücksichtigung der wirklichen Reihenfolge wirkt sich meist nicht wesentlich aus, da innerhalb der gesamten Betriebszeit ein häufiger Wechsel der Belastungen und damit eine Durchmischung vorliegt.

Die einfachste Methode ein Lastkollektiv zu berücksichtigen bietet die lineare Schadensakkumulationstheorie. Sie wurde zuerst von *Palmgren*, später *Miner* angewandt, mit dessen Namen sie meist genannt wird. Der Grundgedanke besteht darin, dass jede Be-

Abb. 15.67 Wöhlerlinie und Belastungskollektiv (Spannungskollektiv)

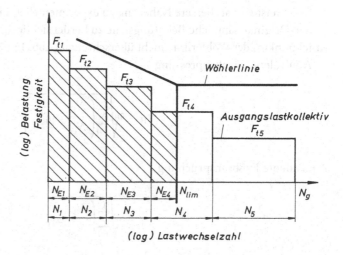

lastungsstufe, die höher als die Dauerfestigkeit ist, zur Schädigung des Bauteils beiträgt. Der Schädigungsanteil S_j der j-ten Stufe ergibt sich als Verhältnis der bei dieser Belastungsgröße vorhandenen Lastwechselzahl zur entsprechend der Wöhlerlinie ertragbaren Lastwechselzahl.

Durch die Spannungsstufe $\sigma_j = \sigma_2$ (im Beispiel Abb. 15.67 $\sigma_j = \sigma_2, N_{Ej} = N_{E2}$, $N_j = N_2$) ist also der Schädigungsanteil S_2:

$$S_2 = \frac{N_{Ej}}{N_{lim}} = \frac{N_{E2}}{N_{lim}} \tag{15.104}$$

Bei $S_j = 1$ entspräche die mit σ_j ertragbare Lastwechselzahl N_{Ej} exakt der zur Wöhlerlinie gehörenden Lastwechselzahl N_j, d. h. die Lebensfähigkeit wäre für diese Beanspruchung ausgeschöpft. Da wie in Abb. 15.67 $S_j = S_2 < 1$ ist, verbleibt die Größe $(1 - S_2)$ als Belastbarkeitsreserve für andere Belastungsstufen.

Es ist also dann erst bei

$$\sum S_j = 1 \tag{15.105}$$

die Lebensdauer *theoretisch* ausgeschöpft. Mit der Wöhlerliniengleichung für den abfallenden Ast:

$$\left(\frac{\sigma}{\sigma_{lim}}\right)^q = \frac{N_{lim}}{N} \tag{15.106}$$

erhält man je eine Beziehung für die äquivalenten Spannungen, für die Flankenpressung σ_H und für die Zahnfußspannung σ_F, Gl. (15.107) bis (15.112). Nach Miner-Original werden nur die Spannungs- bzw. Belastungsanteile berücksichtigt, die größer als die Dauerfestigkeit σ_{lim} sind.

Es erweist sich als bessere Näherung zu experimentellen Ergebnissen, abweichend von Miner-Original, sämtliche Belastungsteile zu berücksichtigen, die die Lastwechselzahl des Knickpunktes der Wöhlerlinie nicht überschreiten (Abb. 15.67).

Äquivalente Flankenpressung

$$\sigma_H = \sqrt[q_H]{\sum_{j=1}^{k}\left(\frac{N_{Ej}}{N_{eq}}\sigma_{Hj}^{q_H}\right)} \tag{15.107}$$

Äquivalente Fußbeanspruchung

$$\sigma_F = \sqrt[q_F]{\sum_{j=1}^{k}\left(\frac{N_{Ej}}{N_{eq}}\sigma_{Fj}^{q_F}\right)} \tag{15.108}$$

$$\text{mit} \quad N_{\text{eq}} = \sum_{j=1}^{m} N_j \quad \text{und } k = m \quad \text{bei} \quad \sum_{j=1}^{m} N_j < N_{\text{lim}} \qquad (15.109)$$

$$\text{bzw.} \quad N_{\text{eq}} = N_{\text{lim}} \qquad \qquad \text{bei} \quad \sum_{j=1}^{m} N_j \geq N_{\text{lim}} \qquad (15.110)$$

$$\text{und} \quad N_{\text{Ej}} = N_j \qquad \qquad \text{bei} \quad \sum_{i=1}^{j} N_i < N_{\text{lim}} \qquad (15.111)$$

$$\text{bzw.} \quad N_{\text{Ej}} = N_{\text{lim}} - \sum_{i=1}^{j-1} N_i \text{ und } k = j \quad \text{bei} \quad \sum_{i=1}^{j} N_i \geq N_{\text{lim}} \qquad (15.112)$$

Dabei sind: k Anzahl der Laststufen; m Summengrenze; Flanke: $N_{\text{lim}} = N_{\text{Hlim}}$; Fuß: $N_{\text{lim}} = N_{\text{Flim}}$; $q_{\text{H,F}}$, N_{lim} Tab. 15.24 (Abschn. 15.7).

Vereinfachte Berücksichtigung von Lastkollektiven (im Folgenden genutzte Methode)
Es ist auch möglich, *äquivalente Zahnkräfte* mit Hilfe der Schadensakkumulationstheorie zu berechnen. Es wird dabei allerdings vernachlässigt, dass für jede Laststufe andere Lastverteilungsfaktoren und auch andere Faktoren für die dynamischen Zusatzbelastungen gelten. Diese sind im Allgemeinen lastabhängig. Für die äquivalenten Zahnkräfte ergeben sich:
für die Flankenpressung

$$F_{\text{tH}} = {}^{q_{\text{H}}/2}\sqrt{\sum_{j=1}^{k} \left(\frac{N_{\text{Ej}}}{N_{\text{eq}}} F_{\text{tj}}{}^{q_{\text{H}}/2} \right)} \qquad (15.113)$$

für die Fußbeanspruchung

$$F_{\text{tF}} = {}^{q_{\text{F}}}\sqrt{\sum_{j=1}^{k} \left(\frac{N_{\text{Ej}}}{N_{\text{eq}}} F_{\text{tj}}{}^{q_{\text{F}}} \right)} \qquad (15.114)$$

mit N_{Ej} und N_{eq} nach Gl. (15.109) bis (15.112); $q_{\text{H,F}}$ Tab. 15.24 (Abschn. 15.7).

Diese äquivalenten Zahnkräfte sind für die Flankenpressung und Fußbeanspruchung unterschiedlich, da die Zahlenwerte für die Wöhlerlinienexponenten q und Lastwechselzahlen N_{lim} für den Knickpunkt der Wöhlerlinie nicht gleich sind. Vereinfachend werden sie nur für das Ritzel ermittelt und für die Paarung zu Grunde gelegt. Aus den äquivalenten Zahnkräften, Gl. (15.114) und (15.113) lassen sich die meist nur global angenommenen Anwendungsfaktoren K_{AB} berechnen. Sie ergeben sich im Gegensatz zu den sonst meist gleich vorgegebenen Werten für die Flankenpressung und die Fußbeanspruchung unterschiedlich und damit genauer. Die *Anwendungsfaktoren* sind:
für die Flankenpressung

$$K_{\text{AB(H)}} = \frac{F_{\text{tH}}}{F_{\text{t nenn}}} \qquad (15.115)$$

für die Fußbeanspruchung

$$K_{AB(F)} = \frac{F_{tF}}{F_{t\,nenn}}$$
(15.116)

mit $F_{t\,nenn}$ nach Gl. (15.94). Typische Lastkollektive zeigt Abb. 15.68

Ergänzende Hinweise

Statistische Auswertungen ergaben, dass ein Versagen des Bauteils bereits bei wesentlich kleineren Werten der Schädigungssumme als 1 eintreten kann (z. B. $\Sigma S_i = 0,3$ Schädigungsgrenze bei Stählen, S_i Schädigungsanteil der i-ten Beanspruchungsstufe).

Es wurde auch festgestellt, dass wenigstens z. T. im Bereich der Dauerfestigkeit ein weiterer Abfall der Belastbarkeit mit steigender Lastwechselzahl vorliegt (s. z. B. [ISO 6336]) und in einigen Fällen auch nach sehr großer Lastwechselzahl (um $N = 10^8$) ein erneuter wesentlicher Abfall eintreten kann (*high-cycle-fatigue*).

Ursachen für den weiteren Abfall können aggressive Medien, Wasserstoffversprödung und nichtmetallische Mikroeinschlüsse sein, die sich besonders bei großen Festigkeiten bzw. geringer Duktilität stärker auswirken.

Es ist auch bekannt, dass nach Vorbelastungen über der Dauerfestigkeit infolge Mikrorissbildung die Dauerbelastbarkeit abfällt, was eine gegenteilige Wirkung zum Trainiereffekt darstellt, der bei geringer stufenweiser Belastung über der Dauerfestigkeit eintritt aber rechnerisch bisher für praktische Anwendungen nicht erfassbar ist.

Abb. 15.68 Grundtypen von Lastkollektiven. **a** Typisch für hohe Anfahrbeanspruchung, **b** Typisch für stochastische Belastung

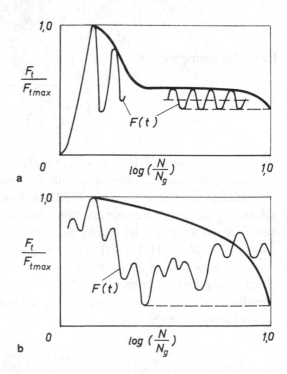

Abb. 15.69 Last- und Fußspannungsverteilung einer Schrägverzahnung in einer Berührstellung (Diskretisierung der Streckenlast für genauere Analysen mit Hilfe von Einflusszahlen [Link96]; siehe auch [Nie89, Wec82]; schematische Darstellung)

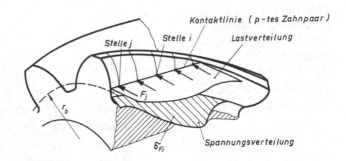

Auch der als konstant angenommene Wöhlerlinienexponent ist eine Näherung. Diese Probleme sind noch Gegenstand der Forschung und die angegebenen Berechnungsgleichungen sind somit Näherungen, die auch bei industriellen Anwendungen ergänzender Erfahrungen bedürfen.

15.3.4 Lastverteilung

15.3.4.1 Einführende Betrachtungen

Die Lastverteilung über die Zahnbreite und Zahnhöhe ist im Allgemeinen nicht konstant. Bereits durch die nicht konstante Zahnpaarsteifigkeit liegt eine ungleichmäßige Lastverteilung auf die im Eingriff befindlichen Zahnpaare im Eingriffsbereich und über der Zahnbreite infolge des Randeinflusses und der bei $\beta \neq 0$ schräg über der Zahnflanke verlaufenden Berührlinie (Kontaktlinie) vor. Wesentlich verstärkt wird diese Ungleichmäßigkeit noch durch den Einfluss der elastischen Deformation der Wellen, der Lager und des Gehäuses sowie der Fertigungsabweichungen der Verzahnungen und Abweichungen der Bohrungslage wie auch durch das Lagerspiel bzw. durch die Lagerspielunterschiede. Abbildung 15.69 gibt schematisch die Last- und Spannungsverteilung einer Schrägverzahnung in einer Berührstellung an.

Beispiele der Lastverteilung im gesamten Eingriffsfeld (Breite b, Eingriffstrecke $g_a = L$) zeigen die Abb. 15.70 und 15.71. Die charakteristischen Unterschiede der Lastverteilung

Abb. 15.70 Lastverteilung einer Geradverzahnung über dem Eingriffsfeld; PC-Programm LVR TU Dresden; ($z_1 = 27$, $z_2 = 43$, $x_1 = 0{,}45$, $x_2 = 0{,}43$, $k = -0{,}15$); $L = g_\alpha$

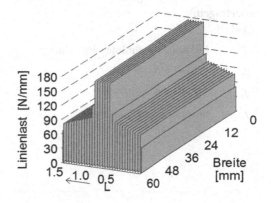

Abb. 15.71 Lastverteilung
einer Schrägverzahnung
über dem Eingriffsfeld; PC-
Programm TUD;
$(z_1 = 27, z_2 = 43, x_1 = 0,45,$
$x_2 = 0,43, \beta = 30°)$ Flankenmodifikation, $L = g_\alpha$

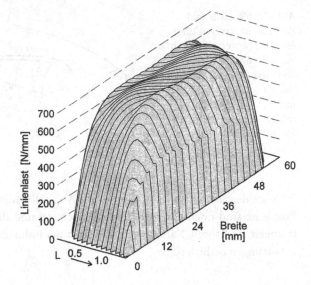

zwischen Gerad- und ausgeprägter Schrägverzahnung sind deutlich sichtbar. Die in Betracht kommenden Anteile der Berührlinienabweichung (Kontaktlinienabweichung) sind in Abb. 15.72 zusammengestellt.

Die genaue Berechnung der Last- und Spannungsverteilung im gesamten Eingriffsfeld unter Berücksichtigung aller maßgebenden Anteile der Berührungslinienabweichung ist sehr aufwändig, sodass eine genaue Analyse meist nur unter Nutzung von Computern möglich ist.

Für überschlägige Berechnungen, denen [DIN3990] und ISO 6336 zugrunde liegen, wird zwischen Lastaufteilung auf die im Eingriff befindlichen Zahnpaare (Stirnfaktor $K_{H\alpha}$) und der Lastverteilung über der Zahnbreite (Breitenfaktor $K_{H\beta}$) unterschieden. Im Folgenden wird die Berechnung dieser Faktoren kurz dargestellt.

15.3.4.2 Breitenlastverteilung, Breitenfaktor

Es soll hier für die meist maßgebende mittlere Berührlinienstellung der Breitenfaktor für Geradverzahnung abgeleitet werden. Sie wird als Näherung auch auf Schrägverzahnung übertragen.

Es sind:

$F_{\beta y}$ wirksame Berührlinienabweichung,

q_m mittlere Streckenlast,

f_z Zahnpaarverformung,

$K_{H\beta}$ Breitenlastverteilungsfaktor

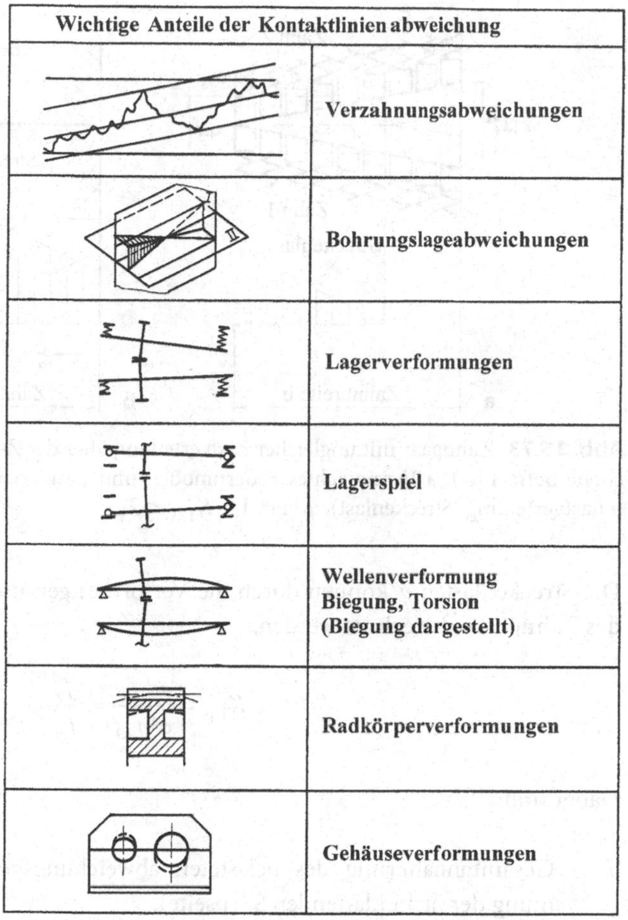

Abb. 15.72 In Betracht
kommende Anteile an der
Berührlinienabweichung
(Kontaktlinienabweichung)

Wichtige Anteile der Kontaktlinien abweichung	
	Verzahnungsabweichungen
	Bohrungslageabweichungen
	Lagerverformungen
	Lagerspiel
	Wellenverformung Biegung, Torsion (Biegung dargestellt)
	Radkörperverformungen
	Gehäuseverformungen

Die Ungleichmäßigkeit der *Breitenlastverteilung* wird vereinfacht durch den Faktor $K_{H\beta}$, nach [DIN3990] kurz *Breitenfaktor* genannt, erfasst. Die Ableitung erfolgt am in Abb. 15.73a dargestellten Federnmodell. Es liegt die Annahme zugrunde, dass ein belastetes Element sich ungehindert von den Nachbarelementen verformen kann. Dieses stimmt nicht mit der Wirklichkeit überein. Da sich aber die Verformung nicht sehr stark in Richtung Zahnbreite ändert, entsteht ein vernachlässigbarer Fehler, wie FEM-Berechnungen bestätigen. Der Breitenfaktor $K_{H\beta}$ ist wie folgt definiert:

$$K_{H\beta} = \frac{q_{max}}{q_m} \tag{15.117}$$

$K_{H\beta}$ *ist somit das Verhältnis der maximalen Streckenlast* q_{max} *bei abweichungsbehafteten Zahneingriff zur mittleren Streckenlast* q_m.

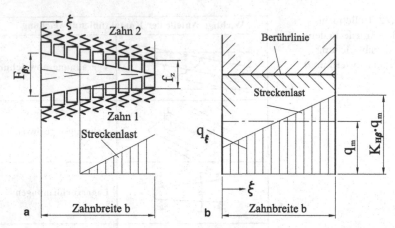

Abb. 15.73 Zahnpaar mit ungleicher Lastverteilung über der Zahnbreite (senkrecht zur Eingriffs-ebene betrachtet). **a** Vereinfachtes Federnmodell und Lastverteilung bei Teillast bzw. $K_{H\beta} > 2$, **b** Lastverteilung (Streckenlast) q_ξ bei $1 < K_{H\beta} < 2$

Die Streckenlasten q können durch die Verformungen und die spezifische Steifigkeit c' des Zahnpaares berechnet werden.

$$K_{H\beta} = \frac{c' f_z}{c' f_{z0}} = \frac{f_z}{f_{z0}} \qquad (15.118)$$

Dabei sind:

f_z Gesamtannäherung des belasteten abweichungsbehafteten Zahnpaares (Verfor-mung der nicht klaffenden Stirnseite),

f_{z0} Verformung der abweichungsfreien Verzahnung.

Der Breitenfaktor soll durch bekannte Größen ausgedrückt werden. Hierzu führt folgen-de Ableitung, ausgehend von der Gesamtzahnkraft F_{bn} in Normalenrichtung (s. auch Abb. 15.73).

$$F_{bn} = \int_0^b \left(f_z - F_{\beta y} \frac{\xi}{b} \right) \cdot c' d\xi \qquad (15.119)$$

Hieraus ergibt sich die über der gesamten Zahnbreite konstante Gesamtannäherung des Zahnpaares (bzw. die Verformung der nicht klaffenden Stirnseite)

$$f_z = \frac{F_{bn} + 0{,}5 F_{\beta y} c'}{c' b} \qquad (15.120)$$

Abb. 15.74 Biege- und
Torsionsverformung der
Wellen bzw. Radkörper

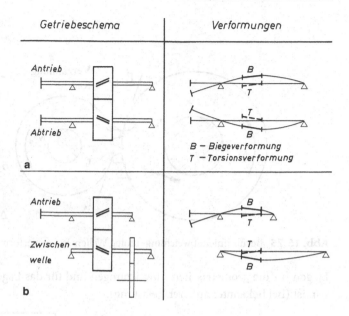

Getriebeschema | Verformungen

Antrieb

Abtrieb

a

B – Biegeverformung
T – Torsionsverformung

Antrieb

Zwischen-
welle

b

mit $f_{z0} = F_{bn}/(c'b)$ (ergibt sich aus den Gl. 15.119 und 15.120) der *Breitenfaktor* zu:

$$K_{H\beta} = 1 + \frac{0,5 F_{\beta y}}{f_{z0}} \qquad (15.121)$$

Die Verformungen f_z und f_{z0} können mit einer spezifischen Steifigkeit von $c' \approx 14\,N/(mm\,\mu m)$ berechnet werden. Gleichung (15.121) zeigt, dass die Auswirkung der effektiven Berührlinienabweichung von ihrem Verhältnis zur Verformung der abweichungsfreien Verzahnung abhängt. Das effektive Klaffmaß $F_{\beta y}$ ergibt sich, wenn nicht vorgegeben, aus der Summe der Abweichungen $F_{\beta x}$, verringert um den Einlauf-Verschleißbetrag y_β.

$$F_{\beta y} = F_{\beta x} - y_\beta \qquad (15.122)$$

Die Abweichungssumme $F_{\beta x}$ wird näherungsweise meist nur aus den elastischen Verformungen der Wellen, den Fertigungsabweichungen der Verzahnungen und den Bohrungslageabweichungen berechnet (genauere Analysen [Wec82, Nie89, Link96]). Der Anteil der elastischen Verformung der Wellen an der effektiven Abweichung ergibt sich aus der Torsions- und Biegeverformung (Abb. 15.74), die abhängig von der Konstruktion eine wesentliche gegenseitige Schrägstellung der Zahnräder in der Eingriffsebene bewirken und die Tragfähigkeit bedeutend mindern können (Abb. 15.75).

Die Bildung der Abweichungssumme $F_{\beta y}$ ist davon abhängig, ob diese Abweichungen durch Messungen bekannt sind oder nur die Grenzwerte als Toleranzangaben vorliegen. Bei *bekannten Werten der Abweichungen* (z. B. Messergebnisse) ist

$$F_{\beta y} = \left| f_{\beta Z} + f_{\beta L} + f_{\beta E} \right| - y_\beta \qquad (15.123)$$

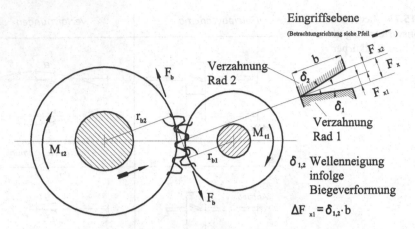

Abb. 15.75 Berührlinienabweichung infolge Wellen-Biege-Verformung (auch Abb. 15.72)

Liegen für die geometrischen Abweichungen und für das Lagerspiel nur *Toleranzangaben* vor, ist (bei bekannter äußerer Belastung):

$$F_{\beta y} = \left| \overline{f}_{\beta E} + \overline{f}_{\beta L} \right| - y_\beta + \sqrt{\tilde{f}_{\beta Z}{}^2 + \tilde{f}_{\beta L}{}^2} \tag{15.124}$$

Die Fertigungsabweichung $f_{\beta Z}$ ist beim Vorliegen von *Messergebnissen*:

$$f_{\beta Z} = \left(\left| f_{\beta 1} - f_{\beta 2} \right| + f_{\Sigma\beta} \frac{b}{B} + f_{\Sigma\delta} \frac{b}{B} \tan\alpha_t \right) \cos\alpha_t \cos\beta \tag{15.125}$$

und wenn nur Toleranzangaben vorliegen:

$$f_{\beta Z} = \sqrt{f_{H\beta 1}{}^2 + f_{H\beta 2}{}^2 + \left(f_{\Sigma\beta} \frac{b}{B} \right)^2 + \left(f_{\Sigma\delta} \frac{b}{B} \tan\alpha_t \right)^2} \; \cos\alpha_t \cos\beta \tag{15.126}$$

Hierbei sind:

$f_{\beta Z}$	Abweichung aus Verzahnungs- und Bohrungslageabweichungen
$f_{\beta L}$	Abweichung infolge Lagerspiel oder Lagerspielunterschiede
$f_{\beta E}$	Abweichung infolge elastischer Biege- und Torsionsverformung der Wellen bzw. Radkörper
$\overline{f}_{\beta\ldots}$	Erwartungswerte der Abweichungen
$\tilde{f}_{\beta\ldots}$	Vielfaches der Standardabweichung
$f_{H\beta 1,2}$	Flankenlinienlageabweichung [DIN3962]
$f_{\Sigma\beta}$	Achsschränkungsabweichung [DIN3964]
$f_{\Sigma\delta}$	Achsneigungsabweichung [DIN3964]
B	Lagerabstand
y_β	Einlauf-Verschleißbetrag ([DIN3990] und [Nie89, Link96], bei Einsatzhärtung im Mittel $y_\beta = 3\,\mu m$)

Abb. 15.76 durch Teilungsfehler und Zahnverformung entstehender Eintrittsstoß und geänderte Lastaufteilung

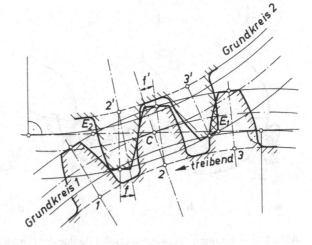

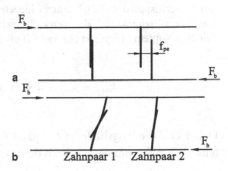

Abb. 15.77 Ersatzmodell zur geänderten Lastaufteilung. **a** unbelastet, **b** belastet

Vereinfachung:
Bei groben Überschlägen oder übungsmäßigen Berechnungen kann $K_{H\beta} = 1,5$ angenommen werden.

15.3.4.3 Stirnlastverteilung, Stirnfaktor

Infolge Teilungs- bzw. Eingriffsteilungsfehler entsteht eine gegenüber der abweichungsfreien Verzahnung geänderte Lastverteilung (Abb. 15.76 und 15.77).

[DIN3990] drückt die Änderung (Erhöhung) der Zahnbelastung infolge der geänderten Lastaufteilung durch einen Faktor, den Stirnfaktor $K_{H\alpha}$, aus. Er ist auf empirischer Grundlage angegeben.

Bei $\varepsilon_\gamma \leq 2$

$$K_{H\alpha} = K_{F\alpha} = \frac{\varepsilon_\gamma}{2}\left(0,9 + 0,4 \cdot \frac{c_\gamma f_{kp}}{\dfrac{F_t}{b} K_A K_v K_{H\beta}}\right) \qquad (15.127)$$

Bei $\varepsilon_\gamma > 2$

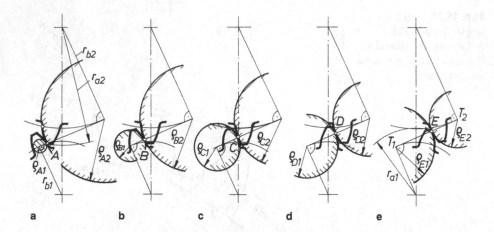

a   b   c   d   e

Abb. 15.78 Krümmungsradien spezieller Punkte der Eingriffslinie. **a** Fußeingriffspunkt (*A*) Rad 1 (Kopfeingriffspunkt Rad 2), **b** innerer Einzeleingriffspunkt (*B*) Rad 1 (äußerer Einzeleingriffspunkt Rad 2), **c** Wälzpunkt (*C*), **d** äußerer Einzeleingriffspunkt (*D*) Rad 1 (innerer Einzeleingriffspunkt Rad 2), **e** Kopfeingriffspunkt (*E*) Rad 1 (Fußeingriffspunkt Rad 2)

$$K_{H\alpha} = K_{F\alpha} = 0,9 + 0,4 \cdot \sqrt{2\frac{(\varepsilon_\gamma - 1)}{\varepsilon_\gamma} \cdot \frac{c_\gamma f_{kp}}{\dfrac{F_t}{b} K_A K_v K_{H\beta}}} \tag{15.128}$$

Dabei sind die Eingriffsfedersteifigkeit $c_\gamma \approx 20\,\mathrm{N}/(\mathrm{mm}\,\mu\mathrm{m})$ und der wirksame Teilungsfehler f_{kp} näherungsweise gleich dem Größtwert der Abweichung von Ritzel und Rad.

Grobe Näherung:
- bei Geradverzahnung $K_{H\alpha} = 1$
- bei geschliffener Schrägverzahnung kann ebenfalls grob $K_{H\alpha} = 1$ gesetzt werden (bei Verzahnungsqualität nach [DIN3962] gleich oder besser als 6 in guter Näherung)

15.3.5   Nachweis der Grübchentragfähigkeit

15.3.5.1   Grundlagen – Grundgleichung

Gegenstand der folgenden Betrachtungen ist die Berechnung und Beurteilung der Beanspruchung an der Abplattungsfläche, die durch elastische Verformung der gewölbten Zahnprofile entsteht. Die Zahnprofile können durch ihre Krümmungskreise angenähert werden (s. Konstruktion der Evolvente, Abschn. 15.2.2 und Abb. 15.25). Längs der Eingriffslinie sind die Krümmungsradien unterschiedlich groß. In Abb. 15.78 wird dieses für Stirnräder mit Außenverzahnung gezeigt.

Die Berechnung der Beanspruchung wird möglich, indem die Zahnflanken aufgrund ihrer Krümmungsradien in einem bestimmten Berührungspunkt durch ein Walzenpaar ersetzt werden.

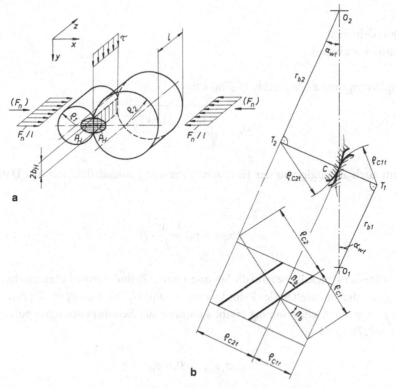

Abb. 15.79 Modell zur Berechnung der Flankenpressung. **a** Walzenmodell, **b** Krümmungradien

Die durch die Zahnnormalkraft F_n senkrecht zur Abplattung entstehende Normalspannung bildet die Hauptgröße für die Beurteilung der Beanspruchung. Es wird meist das Maximum der Spannung in der Abplattungsfläche berechnet und diese Größe Hertzsche Pressung p_H bzw. σ_H genannt (Abb. 15.79). Sie ist nur eine Komponente des räumlichen Spannungssystems. Ihre Berechnung bei beliebig gewölbten Körpern, deren Hauptachsen um einen beliebigen Winkel gegeneinander verdreht sein können ist u. a. in [Dub01] angegeben.

Elementare Fälle sind auch im Kap. 3 des ersten Bandes behandelt. Speziell für zwei Walzen ergibt sich infolge der Normalkraft F_n (Abb. 15.79) die *Hertzsche Pressung* zu

$$p_H = \sqrt{\frac{F_n E}{2\pi\rho l(1-v^2)}} \qquad (15.129)$$

Hierbei sind:

$$\frac{1}{\rho} = \frac{1}{\rho_1} + \frac{1}{\rho_2} \qquad (15.130)$$

$$\frac{E}{1-v^2} = \frac{2}{\dfrac{1-v_1^{\,2}}{E_1} + \dfrac{1-v_2^{\,2}}{E_2}} \qquad (15.131)$$

mit

v Querdehnzahl,

E Elastizitätsmodul.

Die Abplattungsbreite ($2b_H$, Abb. 15.79a) ist:

$$2b_H = \sqrt{\frac{32 F_n \rho \left(1 - v^2\right)}{\pi E l}} \qquad (15.132)$$

Sie kann auch abhängig von der Hertzschen Pressung ausgedrückt werden. Dafür ergibt sich:

$$2b_H = 8 p_H \frac{1 - v^2}{E} \rho \qquad (15.133)$$

In der Mitte der Druckfläche sind die Spannungen in Zylindermitte bei ausreichender Entfernung von den Stirnseiten des Zylinders $\sigma_x = -p_H$; $\sigma_y = -p_H$; $\sigma_z = -2 v\, p_H$.

Die *größte Vergleichsspannung* ergibt sich nach der Schubspannungshypothese in der Tiefe $x = 0,78 b_H$ zu

$$\sigma_{vSmax} = 0,6\, p_H \qquad (15.134)$$

und nach der Gestaltänderungshypothese in der Tiefe $x = 0,71 b_H$ zu

$$\sigma_{vGmax} = 0,56\, p_H \qquad (15.135)$$

(x-Koordinate senkrecht zur Oberfläche; s. Abb. 15.79).

Das bei der Hertzschen Theorie zugrunde gelegte Modell entspricht nicht voll der Wirklichkeit. Zwischen den Zahnflanken flüssigkeitsgeschmierter Zahnräder bildet sich ein Ölfilm aus, der einen geänderten Druck- und Schmierspaltverlauf bedingt. Allerdings weicht der sich unter hydroelastischen Verhältnissen ausbildende Verlauf des Druckes nicht stark vom Verlauf bei reiner Festkörperberührung (Hertzscher Pressungsverlauf) ab. Abbildung 15.80 zeigt den typischen Verlauf des Normaldruckes unter hydroelastischen Verhältnissen.

15.3.5.2 Zahnflankenpressung

a. Einführung der Größen der Verzahnung

Die in Gl. (15.129) angegebene Beziehung zur Hertzschen Pressung soll nun durch Einsetzen der speziellen verzahnungsgeometrischen Größen für die Anwendung aufbereitet werden. Die Ableitung erfolgt mit Hilfe der Außenverzahnung. Sie ist auch für die Innen-

Abb. 15.80 prinzipieller Verlauf der Kontaktspannung bei reiner Festkörperberührung und unter hydroelastischen Verhältnissen

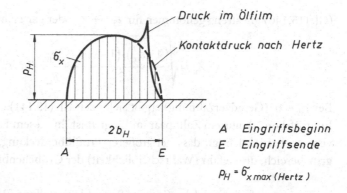

Druck im Ölfilm

Kontaktdruck nach Hertz

A Eingriffsbeginn
E Eingriffsende

$p_H = \tilde{6}_{x\,max\,(Hertz)}$

verzahnung gültig, wofür Durchmesser und Zähnezahl negativ einzusetzen sind. Hierzu ergibt sich für die *Zahnnormalkraft*, die senkrecht zur Zahnflanke im Normalschnitt wirkt (Abb. 15.60):

$$F_n = F_{bn} = \frac{F_t}{\cos\alpha_t \cos\beta_b} \tag{15.136}$$

Der *Ersatzkrümmungsradius* ρ ist entsprechend der Gl. (15.130) zu entnehmen. Er ergibt mit den Größen für den Wälzpunkt

$$\frac{1}{\rho_C} = \frac{1}{\rho_{C1}} + \frac{1}{\rho_{C2}}; \quad \frac{1}{\rho_C} = \frac{1}{\rho_{C1}}\left(1 + \frac{1}{u}\right) \tag{15.137}$$

Dabei ist (Abb. 15.79)

$$\rho_{C1,2} = \frac{d_{1,2}}{2} \frac{\tan\alpha_{wt}}{\cos\beta_b} \cos\alpha_t \tag{15.138}$$

Für die effektive *tragende Zahnlänge* wird definiert:

$$l = \frac{b}{\cos\beta_b \cdot Z_\varepsilon^2} \tag{15.139}$$

Dabei berücksichtigt Z_ε^2 den durch $b/\cos\beta_b$ noch nicht erfassten Anteil. Es ist üblich, mit folgenden Näherungen zu rechnen (ISO 6336 T2; [DIN3990] T2):

$$Z_\varepsilon = \sqrt{\frac{1}{\varepsilon_\alpha}} \quad \text{für } \varepsilon_\beta \geq 1 \tag{15.140}$$

(Gl. (15.140) gilt streng genommen für $\varepsilon_\beta \to \infty$ oder ganzzahliges ε_β).

$$Z_\varepsilon = \sqrt{\frac{(4-\varepsilon_\alpha)\cdot(1-\varepsilon_\beta)}{3} + \frac{\varepsilon_\beta}{\varepsilon_\alpha}} \quad \text{für } \varepsilon_\beta < 1 \tag{15.141}$$

Bei $\varepsilon_\beta = 0$ (Geradverzahnung) ergibt sich nach Gl. (15.141) ein Wert $Z_\varepsilon \leq 1$, obwohl im Eingriffsbereich nur ein Zahnpaar im Eingriff ist. In diesem Fall wird durch Z_ε abhängig von ε_α berücksichtigt, dass bei größerer Profilüberdeckung, also kleinerem Einzelein-griffsbereich, die Gefahr (Wahrscheinlichkeit) der Grübchenbildung geringer ist.

b. Zusammenfassung gleichartiger Größen und Umstellung für die praktische Berechnung

Gleichung (15.129) ergibt mit den Gl. (15.130) und (15.135) bis (15.141) die Beziehung (15.142) für die Hertzsche Pressung. Für den noch nicht vollständig erfassten Schrägungs-winkeleinfluss wird der Faktor Z_β hinzugefügt. Die Berechnung an den Einzeleingriffs-punkten B oder D erfolgt durch Umrechnung der Pressung am Wälzpunkt auf die Einzel-eingriffspunkte B, D mit Hilfe der Faktoren Z_B bzw. Z_D.

$$p_H = Z_E\, Z_H\, Z_{B,D}\, Z_\varepsilon\, Z_\beta \sqrt{\frac{F_t}{b d_1}\cdot\frac{u+1}{u}} \tag{15.142}$$

Hierbei drücken $Z_E, Z_H, Z_{B,D}$ und Z_ε aus:

• *Elastizitätsfaktor*

$$Z_E = \frac{1}{\sqrt{\pi\left(\dfrac{1-\nu_1^{\,2}}{E_1} + \dfrac{1-\nu_2^{\,2}}{E_2}\right)}} \tag{15.143}$$

Für Stahl, $E_1 = E_2 = 2{,}1\cdot 10^5\ N/mm^2$, $\nu_1 = \nu_2 = 0,3$ ist $Z_E = 191{,}6\sqrt{N/mm^2}$.

• *Zonenfaktor*

$$Z_H = \frac{1}{\cos\alpha_t}\sqrt{\frac{2\cos\beta_b}{\tan\alpha_{wt}}} \tag{15.144}$$

Für Geradverzahnung und Profilverschiebungssumme gleich Null ist (für $\alpha_t = \alpha_{wt} = 20°$) $Z_H = 2{,}495$.

• *Einzeleingriffsfaktor* $Z_{B,D}$ (Details zur Ermittlung [DIN3990, Link96])

$$Z_B = \sqrt{\frac{\rho_{C1}\rho_{C2}}{\rho_{B1}\rho_{B2}}} \quad \text{bzw.} \quad Z_D = \sqrt{\frac{\rho_{C1}\rho_{C2}}{\rho_{D1}\rho_{D2}}} \tag{15.145}$$

Bei gleicher Festigkeit der gepaarten Zahnräder ist der größere Wert von Z_B bzw. Z_D einzusetzen. Im Normalfall ist der innere Eingriffspunkt des Ritzels maßgebend. Bei unterschiedlicher Werkstoffpaarung setzt man den zum inneren Einzeleingriffspunkt gehörenden Faktor ein und führt den Flankentragfähigkeitsnachweis getrennt für beide Räder mit dem jeweiligen $\sigma_{H\,lim}$ -Wert durch. Näherung:

$$Z_B = Z_D = 1 \qquad (15.146)$$

- *Überdeckungsfaktor*
Z_ε s. Gl. (15.140) und (15.141)

- *Schrägenfaktor*

$$Z_\beta = \sqrt{1/\cos\beta} \qquad (15.147)$$

Der Einfluss des Schrägungswinkels β auf die Tragfähigkeit wird teilweise durch die Faktoren Z_H und Z_ε erfasst. Ein verbleibender Resteinfluss ist einem weiteren Faktor zugeordnet. Er wird mit dem Symbol Z_β gekennzeichnet. Bei Einführung dieses Schrägenfaktors Z_β und der Benennung der Hertzschen Pressung mit Spannungssymbol σ_H bzw. σ_{H0} ist für den ohne Zusatzbelastungen (Schwingungen, Lastverteilungsänderung) sich ergebenden *Grundwert* (Index 0) der *Flankenpressung*

$$\sigma_{H0} = Z_E Z_H Z_{B,D} Z_\varepsilon Z_\beta \sqrt{\frac{F_t}{b d_1} \frac{u+1}{u}} \qquad (15.148)$$

Der *Grundwert der Flankenpressung* σ_{H0} berücksichtigt definitionsgemäß noch nicht die Erhöhung der Beanspruchung infolge von aus Schwingungen resultierenden Zusatzkräften und ebenso nicht die Erhöhung der Pressung infolge der Änderung der Lastverteilung, z. B. bedingt durch Verzahnungsabweichungen.

Werden die Einflüsse der Änderung der Lastverteilung und dynamischen Zusatzkräfte durch den Faktor K_H erfasst, ergibt sich

$$\sigma_H = \sigma_{H0} \sqrt{K_H} \qquad (15.149)$$

Die Aufgliederung des *Überlastungsfaktors* K_H führt zum Faktor für die Stirnlastverteilung ($K_{H\alpha}$, Lastaufteilung auf die im Eingriff befindlichen Zahnpaare), die Breitenlastverteilung ($K_{H\beta}$), die äußeren (K_A) und die inneren dynamischen Zahnkräfte (K_v). Diese Faktoren sind gegenseitig abhängig. Die angegebenen Gleichungen für ihre getrennte Berechnung stellen eine erste Näherung dar. Es gilt:

$$K_H = K_A K_v K_{H\alpha} K_{H\beta} \qquad (15.150)$$

Tab. 15.4 Elastizitätskenngrößen

Werkstoff	Elastizitätsmodul $E_1 [N/mm^2]$	Poisonsche Zahl ν_1	Elastizitätsfaktor $Z_E[\sqrt{N/mm^2}]$
Stahl	$2{,}1 \cdot 10^5$	0,3	191,6
Stahlguss	$2{,}0 \cdot 10^5$	0,3	188
Gusseisen mit Kugelgraphit	$1{,}7 \cdot 10^5$	0,3	174
Gusseisen mit Lamellengraphit	$(1{,}2 \text{ bis } 1{,}3) \cdot 10^5$	0,3	145 bis 150

Führt man diese Größen ein, ergibt sich für die *Flankenpressung*

$$\sigma_H = Z_E Z_H Z_{B,D} Z_\varepsilon Z_\beta \sqrt{K_A K_v K_{H\alpha} K_{H\beta}} \sqrt{\frac{F_t}{bd_1} \frac{u+1}{u}} \qquad (15.151)$$

Hierbei sind:

Z_E Elastizitätsfaktor, Gl. (15.143), Tab. 15.4 (Z_E berücksichtigt die E-Moduln und Querkontraktionsfaktoren)

Z_H Zonenfaktor, Gl. (15.144), Abb. 15.81 (Z_H fasst die Größen zur Berücksichtigung des Eingriffs- und Schrägungswinkels zur Berechnung der Pressung am Wälzpunkt zusammen)

$Z_{B,D}$ Einzeleingriffsfaktor ($Z_{B,D}$ rechnet die Pressung vom Wälzpunkt C auf die inneren Einzeleingriffspunkte B, D des Ritzels bzw. Rades um; Näherung $Z_{B,D} = 1$)

Z_ε Überdeckungsfaktor, Gl. (15.140) und (15.141), Abb. 15.82 (Z_ε berücksichtigt den Unterschied zwischen der effektiven Gesamtberührungslänge und $b/\cos(\beta_b)$)

Z_β Schrägenfaktor, Gl. (15.147) Z_β berücksichtigt den noch nicht vollständig in Z_H und Z_ε erfassten Einfluss des Schrägungswinkels)

K_A Anwendungsfaktor, Abschn. 15.3.3.1; Tab. 15.3 (K_A berücksichtigt die noch nicht in F_t enthaltenen äußeren dynamischen Zusatzkräfte)

K_v Dynamikfaktor, Abschn. 15.3.3.1 (K_v berücksichtigt die Auswirkungen von Zusatzkräften auf die Flankenpressung infolge Schwingungen, deren Erreger innerhalb des Getriebes liegen, z. B. mit dem Drehwinkel veränderliche Zahnsteifigkeit, Verzahnungsabweichungen)

$K_{H\alpha}$ Stirnfaktor-Flankenpressung, Abschn. 15.3.4.3 ($K_{H\alpha}$ berücksichtigt den Einfluss der Änderung der Lastverteilung auf mehrere Zähne infolge Verzahnungsabweichungen und Deformation)

$K_{H\beta}$ Breitenfaktor, Abschn. 15.3.4.2 ($K_{H\beta}$ berücksichtigt den Einfluss der Änderung der Lastverteilung in Zahnlängsrichtung auf die Flankenpressung infolge geometrischer Abweichungen und Deformationen)

Abb. 15.81 Zonenfaktor Z_H (für $\alpha_n = 20°$)

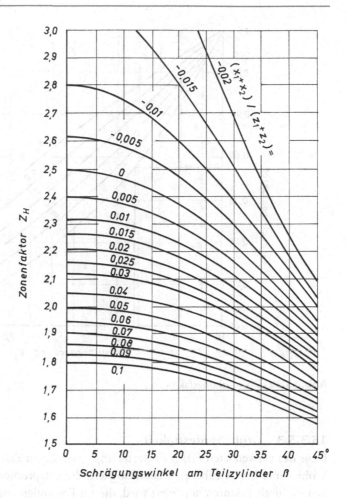

F_t Nenn-Umfangskraft (Tangentialkraft) am Teilkreis, Gl. (15.94)

b (gemeinsame) Zahnbreite

d_1 Teilkreisdurchmesser Rad 1

u Zähnezahlverhältnis ($u = z_2 / z_1$)

Vereinfachend wird hier bei Lastkollektiven eine äquivalente Kraft F_t berechnet bzw. vorgegeben. Damit werden dann die Faktoren K_v, $K_{H\alpha}$, $K_{H\beta}$ sowie die Flankenpressung ermittelt. Bei großen Unterschieden der wirkenden Kräfte kann es beim Vorgehen nach dieser Methode bei industriellen Anwendungen zu unzulässigen Abweichungen kommen.

Hinweis: Die Hertzsche Pressung ist für beide Verzahnungen einer Paarung gleich!

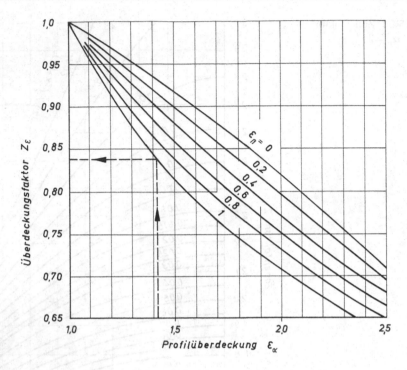

Abb. 15.82 Überdeckungsfaktor Z_ε

15.3.5.3 Grübchenfestigkeit

Basis des verwendeten *Festigkeitswertes* $\sigma_{\mathrm{H\,lim}}$ ist die im Zahnrad-Laufversuch ermittelte Wöhlerlinie bzw. Grübchen-Dauerfestigkeit, die entsprechend den speziellen Gegebenheiten durch Faktoren korrigiert wird, die im Folgenden angegeben werden (siehe auch Gl. (15.158). Da als Maßstab der Werkstoffanstrengung nur eine Komponente der wirkenden Spannungen zugrunde gelegt wird und weitere, wie die Wärmespannung infolge des Temperaturblitzes beim Eingriff und die an der Oberfläche infolge der Gleitung eingeleitete Schubspannung, vernachlässigt werden, ist die Verwendung der am Bauteil Zahnrad im Laufversuch ermittelten Werkstoffkenngröße erforderlich.

Für im Zeitfestigkeitsbereich laufende Flankenpaarungen wird mit Hilfe eines Lebensdauerfaktors Z_{N} die Dauerfestigkeit $\sigma_{\mathrm{H\,lim}}$ auf die für die vorliegende Lastwechselzahl geltende Festigkeit entsprechend der Wöhlerlinie umgerechnet. Bei der Ermittlung der Wöhlerlinie galt die Ermüdungsfestigkeit von Verzahnungen ohne harte Randschicht als erreicht, wenn 2 % der Gesamtfläche *aller* aktiven Flanken einer Paarung durch Grübchen bedeckt war; bei harten Randschichten ist dieser Grenzwert mit 0,5 % festgelegt. Unabhängig davon ist für *eine einzige* Flanke der Grenzwert 4 %.

Die Abweichung der Lage des Knickpunktes der Wöhlerlinie wie auch ein möglicher weiterer Abfall der Grübchenfestigkeit bei $N > N_{\mathrm{H\,lim}}$ gegenüber dem Verhalten schwingbeanspruchter Probestäbe mag durch mehrere Gründe bedingt sein. Sicher zählen der andere Mechanismus des Rissfortschrittes und die Wirkung des Schmiermittels insbesondere und der Schmiermittelalterung dazu. Ein weiterer Grund ist im fortschreitenden Verschleiß der Verzahnung und (Wälz-)Lagerung zu suchen, der eine Änderung der dynamischen Zusatzbelastung bedingt, die nicht immer eine Minderung sein muss. Auch bei nicht ganzzahligen Übersetzungen kommen erst nach mehrfachen Umdrehungen die ungünstigsten Flanken (Teilungsabweihungen) der Paarung wieder zum Eingriff, wodurch ein weiteres Absinken der Dauerfestigkeit vorgetäuscht wird.

Der *Lebensdauerfaktor* ist vereinfacht:

$$Z_N = {}^{q_H}\!\sqrt{\frac{N_{H\,lim}}{N_L}} \tag{15.152}$$

Gleichung (15.152) gilt für $10^5 \leq N_L \leq N_{H\,lim}$.

Hierbei sind:

$N_{H\,lim}$ Lastwechselzahl, die den Knickpunkt der Wöhlerlinie für die Grübchenfestigkeit kennzeichnet. In [DIN3990] ist angegeben (siehe auch Tab. 15.24): $N_{H\,lim} = 2 \cdot 10^6$ bei nitrierten Verzahnungen; Grauguss

$N_{H\,lim} = 50 \cdot 10^6$ Vergütungsstähle; Gusseisen mit Kugelgraphit; perlitischer Temperguss; oberflächengehärtete Stähle (außer nitriert)

N_L Lastwechselzahl bzw. Überrollungszahl der Verzahnung, die der geforderten Lebensdauer entspricht:

$$N_L = n_p L_h n \tag{15.153}$$

mit n_p-Anzahl der Zahneingriffe, L_h-Lebensdauer, n-Drehzahl des Zahnrades

q_H Wöhlerlinienexponent der Grübchenfestigkeit
Nach [DIN3990] (s. auch Tab. 15.24 im Anhang, Abschn. 15.7) sind für den Zeitfestigkeitsbereich:
$q_H = 13,2$: Vergütungsstähle, Gusseisen mit Kugelgraphit, perlitischer Temperguss, oberflächengehärtete Stähle;
$q_H = 11,4$: Vergütungsstähle und Nitrierstähle gasnitriert, Grauguss

Für den Bereich der Dauerfestigkeit $N_L > N_{H\,lim}$ gilt $Z_N = 1$ (einige Richtlinien berücksichtigen den u. a. bei nicht optimalen Schmierbedingungen weiteren Abfall der Festigkeit durch ein größeres q_H).

Es existiert ein Einfluss der Größe des Zahnrades auf die Festigkeit was durch einen *Größenfaktor* Z_X berücksichtigt wird. Es wird als Näherung gesetzt

$$Z_X = 1 \tag{15.154}$$

Es liegen weiterhin ein *Schmierstoff-, Rauheits-* und *Geschwindigkeitseinfluss* vor. Auf Grund des hydroelastischen Zustandes im Kontaktbereich besteht ein Zusammenhang zwischen diesen Größen. Die z. Z. in [DIN3990] aufgeführten Einflüsse ergeben sehr geringe Werte. Außerdem werden diese Größen bisher einzeln und ohne eine hydrodynamische Kennzahl bestimmt. Es erscheint deshalb gerechtfertigt, vorläufig das Produkt $(Z_L Z_R Z_v)$, das auch hydroelastische und tribomechanische Einflüsse enthält, wie folgt anzunehmen:

für geschliffene oder geschabte Verzahnungen:

$$(Z_L Z_R Z_v) = 1 \qquad (15.155)$$

für wälzgefräste, wälzgestoßene oder wälzgehobelte Verzahnungen:

$$(Z_L Z_R Z_v) = 0,85 \ldots 0,9 \qquad (15.156)$$

Der Einfluss der Werkstoffpaarung wird durch den Werkstoffpaarungsfaktor Z_W berücksichtigt. Bei unterschiedlichen Festigkeiten der gepaarten Verzahnungen wird die niedrigere als Flankenfestigkeit $\sigma_{H\,lim}$ zugrunde gelegt. Es wird dann generell hier der *Werkstoffpaarungsfaktor*, siehe Gl. (15.158), näherungsweise gesetzt:

$$Z_W = 1 \qquad (15.157)$$

15.3.5.4 Sicherheit gegen Grübchenbildung

Unter Beachtung der zuvor beim Abschnitt *Grübchenfestigkeit* eingeführten Symbole für wesentliche Einflüsse ergibt sich die *Sicherheit gegen Grübchenbildung* zu:

$$S_H = \frac{\sigma_{H\,lim} Z_N}{\sigma_H}(Z_L Z_R Z_v) \cdot Z_W Z_X \qquad (15.158)$$

Hierbei sind:

$\sigma_{H\,lim}$ Grübchendauerfestigkeit (im Laufversuch ermittelte Dauerfestigkeit, Abschn. 15.3.5.3, siehe Tab. 15.24 im Anhang 15.7)

σ_H Flankenpressung (Hertzsche Pressung), Gl. (15.151)

Z_N Lebensdauerfaktor, Gl. (15.152)

$Z_L Z_R Z_v$ Z_R-Rauheitsfaktor, Z_L-Schmierstofffaktor, Z_v-Geschwindigkeitsfaktor, Gl. (15.155) und (15.156)

Z_W Werkstoffpaarungsfaktor, Gl. (15.157)

Z_x Größenfaktor, vorläufig: $Z_X = 1$, Gl. (15.154)

Zur Vermeidung von Schäden muss die Sicherheit S_H betragen:

$$S_H \geq S_{H\,min} \qquad (15.159)$$

Hinweis: Die Sicherheit gegen Grübchenbildung ist für die Verzahnungen einer Radpaarung nur dann unterschiedlich, wenn sich die Festigkeitswerte wesentlich unterscheiden oder die Lebensdauer im Zeitfestigkeitsgebiet liegt und die Übersetzung $i \neq 1$ ist.

Die erforderliche Größe der Sicherheit S_H hängt u. a. von der Bedeutung der Anlage, den möglichen Folgeschäden, der Genauigkeit der Kenntnis der Belastung, der technologischen Güte, der für den Festigkeitswert und den geometrischen Abweichungen und der Belastung geltenden Wahrscheinlichkeit der Einhaltung der Toleranzgrenzen, den diagnostischen Maßnahmen und von den Vereinbarungen/Festlegungen zwischen dem Besteller und Abnehmer ab. $S_{H\,min}$ berücksichtigt den näherungsweisen Charakter der Berechnungsmethode, die Ungenauigkeiten der Einflussgrößen und die Bedeutung der Anlage

$$S_{H\,min} = 1,1 \tag{15.160}$$

wird im Allgemeinen als ausreichend betrachtet.

Auf die Berechnung der *Sicherheit gegen plastische Verformung an der Berührungsstelle* (Eindrückungen) wird meist verzichtet, da diese Schadensart bei Verzahnungen bisher als nicht wesentlich beurteilt wird.

15.3.6 Nachweis der Zahnfußtragfähigkeit

15.3.6.1 Grundlagen

Der Nachweis der Zahnfußtragfähigkeit richtet sich sowohl auf *Ermüdungsbruch* infolge des gesamten Lastkollektivs bzw. der äquivalenten Dauerbelastung (Schwingungsbruch) als auch auf *bleibende Verformung, Anriss oder Gewaltbruch* infolge der Spitzenbelastungen (Stöße). Die Spannung im Zahnfußbereich, die elementaren Spannungsanteile und das *Berechnungsmodell* für die übliche genormte Berechnung bei Vollrädern zeigt Abb. 15.83. Voraussetzung sind neben der Belastung (Abschn. 15.3.3), der Lastverteilung (Abschn. 15.3.4) und den geometrischen Größen die Ermittlung der Spannungskonzentration (Kerbwirkung), Gl. (15.161).

Zahnbrüche gehen fast immer vom Zahnfußbereich an der Zugseite aus. Es erfolgt hierfür auch der diesbezügliche Tragfähigkeitsnachweis.

Es wird die wirklich auftretende, maximale (örtliche) Spannung des Zahnfußbereiches, d. h. die Kerbspannung, zugrunde gelegt. Sie wird ausgehend von einer Spannung berechnet, die an einem Querschnitt konstanter Lage ermittelt wird. Diese Bezugsspannung ist hier die Biegespannung σ_{Fn}, die bei Außenverzahnungen an der 30°-Tangente ($\Theta = 30°$, Abb. 15.83) berechnet wird. Die auf die Nennspannung σ_{Fn} bezogene maximale örtliche Spannung wird *Spannungskonzentrationsfaktor* Y_S genannt. Er entspricht sinngemäß der gewohnten Formzahl $\alpha_{\sigma,\tau}$, die bei stabförmigen Elementen, z. B. Wellen, Gebrauch findet.

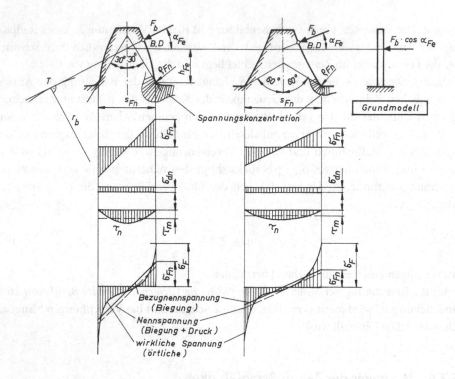

Abb. 15.83 Modell zur Berechnung der Zahnfußspannung für Außen- und Innenverzahnung

Y_S ist allgemein durch folgende Gleichung definiert:

$$\sigma_F = Y_S \sigma_{Fn} \tag{15.161}$$

Hierbei sind:

σ_F örtliche Spannung (Maximum der Spannung in der Kerbe an einem Tangenten-winkel Θ üblicherweise im Bereich $\Theta = 25\ldots 80°$),

σ_{Fn} Zahnfuß-Biegenennspannung (Bezugsspannung), berechnet an der 30°-Tangente.

Wegen der früher empfundenen Unsicherheiten wird Y_S in [DIN3990] Teil 3 als *Spannungskorrekturfaktor* bezeichnet. Die örtliche Zahnfußspannung, d. h. die maximale Spannung in der Kerbe, wird beim Sicherheitsnachweis gegen Ermüdungsbruch einem im Zahnradlaufversuch ermittelten Festigkeitswert gegenübergestellt. Einflussfaktoren (z. B. zur Rauheit, Lastwechselzahl usw.) berücksichtigen noch nicht einbezogene Größen.

Bei Geradverzahnung und Vollrädern bzw. dicken Radkränzen liegt die maximale Fußspannung in der Nähe der 30°-Tangente.

Angaben zur Abhängigkeit des Spannungskonzentrationsfaktors Y_{Sa} von der Zähnezahl $z_{nx} \approx z/\cos^3 \beta$ und dem Profilverschiebungsfaktor x bei Lastangriff am Zahnkopf enthält Abb. 15.86d). Diese Werte sind mit einem numerischen Verfahren ermittelt (Singularitätenverfahren, Variante der Boundary Element Methode (BEM)).

Abb. 15.84 Geometrische Größen am Zahn zur Berechnung der Zahnfußbeanspruchung

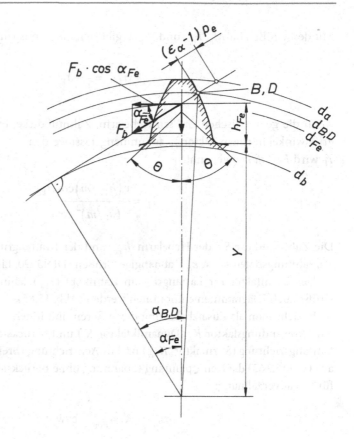

15.3.6.2 Zahnfußspannung

Für die Ermittlung der Spannung wird von Geradverzahnung und dem in Abb. 15.83 dargestellten Modell einer Geradverzahnung (mit Abb. 15.84) ausgegangen und als Belastung die aus dem zu übertragendem (Nutz-)Drehmoment folgende Kraft F_b berücksichtigt. Es werden volle Radkörper vorausgesetzt, d. h. Biegemomente im Zahnkranz treten nicht auf. Die Ableitung erfolgt für Geradverzahnung. Anschließend werden die Ergebnisse auf Schrägverzahnung durch eine näherungsweise Berücksichtigung ihrer Besonderheiten übertragen.

Die Zahnfußbiegenennspannung (ohne Zusatzbelastung) ist bei Kraftangriff am äußeren Einzeleingriffspunkt

$$\sigma_{F0n} = \frac{M_b}{W_b} \tag{15.162}$$

(mit dem Biegemoment $M_b = F_b h_{Fe} \cos\alpha_{Fe}$, bei dem Kraftangriffswinkel α_{Fe}, der Normalkraft F_b, dem Hebelarm h_{Fe} und dem Widerstandsmoment W_b). Die Zahnnormalkraft und das Widerstandsmoment sind:

$$F_b = \frac{F_t}{\cos\alpha}, \quad W_b = \frac{s_F^2 b}{6}$$

Mit den Größen für M_b, F_{bn}, und W_b, ergibt sich die Nennspannung in der Form

$$\sigma_{F0n} = \frac{F_t}{bm} Y_F \qquad (15.163)$$

wenn die geometrischen Größen Hebelarm, Zahnfußdicke, Eingriffswinkel und Lastangriffswinkel in einem Faktor Y_F zusammengefasst werden.
Y_F wird *Formfaktor* genannt.

$$Y_F = \frac{6\left(h_{Fe}/m\right)\cos\alpha_{Fe}}{\left(s_F/m\right)^2 \cos\alpha} \qquad (15.164)$$

Die Zahnfußdicke S_F, der Hebelarm h_{Fe} und der Kraftangriffswinkel α_{Fe} sind von den Verzahnungsdaten $(z, x, \varepsilon_\alpha)$ abhängige Größen [DIN3990, Link96].

Der Formfaktor für Lastangriff am Zahnkopf (Y_{Fa}) kann als paarungsunabhängige Größe auch Diagrammen entnommen werden (Abb. 15.85).

Bezieht man als Zusatzbelastung die äußeren und inneren dynamischen Zusatzkräfte ein (Anwendungsfaktor K_A, Dynamikfaktor K_v) und berücksichtigt die Lastverteilung in Umfangsrichtung (Stirnfaktor $K_{F\alpha}$) und in Achsrichtung (Breitenfaktor $K_{F\beta}$), ergibt sich aus Gl. (15.163) die Nennspannung (Spannung ohne Berücksichtigung der Kerbwirkung) für Geradverzahnung:

$$\sigma_{Fn} = K_F \sigma_{F0n} \quad \text{bzw.}$$

$$\sigma_{Fn} = K_A K_v K_{F\alpha} K_{F\beta} \frac{F_t}{bm} Y_F \qquad (15.165)$$

Es ist möglich, den für den Zahnkopf bestimmten Faktor Y_{Fa} durch eine Näherung auf den maßgebenden Kraftangriff umzurechnen.

$$Y_F \approx Y_{Fa} / \varepsilon_\alpha \qquad (15.166)$$

Durch Gl. (15.166) soll bei Geradverzahnung der geänderte Kraftangriff und bei Schrägverzahnung die gegenüber $b / \cos\beta$ größere Gesamtberührungslinienlänge berücksichtigt werden. Mit Hilfe des Spannungskonzentrationsfaktors ergibt sich schließlich die *örtliche Spannung* $\sigma_F = \sigma_{Fn} Y_S$ für Geradverzahnung:

$$\sigma_F = K_A K_v K_{F\alpha} K_{F\beta} \frac{F_t}{bm} Y_F Y_S \qquad (15.167)$$

Die Faktoren Y_F und Y_S sind bei diesem Ansatz noch paarungsabhängig. Um die Berechnung einfacher zu gestalten, wird ein Überdeckungsfaktor Y_ε eingeführt, der die für den Zahnkopf bestimmten Größen ($Y_{Fa} \cdot Y_{Sa}$) auf den äußeren Einzeleingriffspunkt umrechnet und für Schrägverzahnung die geänderte Berührungslinienlänge berücksichtigt.

Mit $z_{nx} \approx z / \cos^3 \beta$, $s_F = s_{Fn}$, und einem Schrägenfaktor Y_β, der sämtliche noch nicht erfassten Auswirkungen der Schrägverzahnung berücksichtigen soll, ergibt sich, wenn $Y_{Fa} Y_{Sa} = Y_{FS}$ verkürzt geschrieben wird, die für die Ermüdungsbeanspruchung maßgebende *örtliche Spannung* für Gerad- und Schrägverzahnungen zu:

$$\sigma_F = K_A K_v K_{F\alpha} K_{F\beta} \frac{F_t}{bm_n} Y_{FS} Y_\varepsilon Y_\beta \tag{15.168}$$

bzw. in anderer Schreibweise:

$$\sigma_F = K_F \, \sigma_{F0} \quad \text{mit}$$

$$\sigma_{F0} = \frac{F_t}{bm_n} Y_{FS} Y_\varepsilon Y_\beta \quad \text{und} \tag{15.169}$$

$$K_F = K_A K_v K_{F\alpha} K_{F\beta}$$

Hierbei sind:

K_A *Anwendungsfaktor*, Abschn. 15.3.3.1 (K_A soll im Lastkollektiv noch nicht berücksichtigte äußere dynamische Zusatzkräfte erfassen bzw. das Lastkollektiv näherungsweise ersetzen.)
Maximale Belastung (Anriss, bleib. Verformung): $K_A = K_{ASt}$; K_{ASt} nach Vorgabe
Ermüdungsbeanspruchung: $K_A = K_{AB}$; K_{AB} nach Tabelle 15.3 oder bei Lastkollektiven $K_A = K_{AB(H)}$ nach Gl.(15.113)

K_v *Dynamikfaktor*, Abschn. 15.3.3.1 (K_v soll den Einfluss von Zusatzkräften infolge Schwingungen auf die Fußspannung berücksichtigen, die durch die periodisch veränderliche Zahnsteifigkeit und Verzahnungsabweichungen erregt werden.)

$K_{F\alpha}$ *Stirnfaktor*, Abschn. 15.3.4.3 ($K_{F\alpha}$ soll den Einfluss der Lastverteilung berücksichtigen.)

$K_{F\beta}$ *Breitenfaktor*, Abschn. 15.3.4.2 ($K_{F\beta}$ berücksichtigt den Einfluss von geometrischen Abweichungen und Deformationen auf die Spannungsverteilung in Breitenrichtung; näherungsweise: $K_{F\beta} \approx K_{H\beta}$, bei Abschätzungen $K_{F\beta} = 1,5$.)

Y_{FS} *Kopffaktor*, s. Abb. 15.86b für Außenverzahnung (Y_{FS} berücksichtigt für Lastangriff am Zahnkopf: Zahnfußdicke, Hebelarm, Kraftangriffswinkel, Spannungskonzentration.)

$$Y_{FS} = Y_{Fa} Y_{Sa} \tag{15.170}$$

Y_{Fa}: *Formfaktor* für Kopfangriff und Bezug auf den Normalmodul (Abb. 15.86):

$$Y_{Fa} = \frac{6(h_{Fa} / m_n) \cos(\alpha_{Fan})}{(s_{Fn} / m_n)^2 \cos(\alpha_n)} \tag{15.171}$$

Näherung für Y_{FS} nach Gl. (15.172) bzw. (15.173) und Abb. 15.86b mit z_{nx} Gl. (15.65)

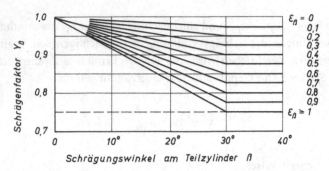

Abb. 15.85 Schrägenfaktor Y_β

- für $\rho_{a0} / m_n = 0,38$, Näherung:

$$Y_{FS} = 3,467 + \frac{13,17}{z_{nx}} - 27,91\frac{x}{z_{nx}} + 0,091x^2 \tag{15.172}$$

- mit *Protuberanz* (Abb. 15.86b) für $h_{a0} / m_n = 1,4$ und $s_{pr} = 0,05$ (Protuberanz), Näherung:

$$Y_{FS} = 3,61 + 0,53x^2 + \frac{25,28}{z_{nx}} - 37,56\frac{x}{z_{nx}} \tag{15.173}$$

Y_{Sa}: *Spannungskonzentrationsfaktor für Kopfangriff* (Abb. 15.86d)

Y_ε *Überdeckungsfaktor* (Y_ε soll den Einfluss der Überdeckungen auf Hebelarm bzw. Berührungslinienlänge und Spannungskonzentration berücksichtigen.)

$$Y_\varepsilon = 0,25 + \frac{0,75}{\varepsilon_\alpha} \quad \text{für} \quad \varepsilon_\beta < 1$$

$$Y_\varepsilon = \frac{1}{\varepsilon_\alpha} \quad \text{für} \quad \varepsilon_\beta \geq 1 \tag{15.174}$$

Hinweis: Die näherungsweise Bestimmung von ε_α kann nach Abb. 15.87 erfolgen.

Y_β *Schrägenfaktor* (Y_β soll den in den anderen Faktoren noch nicht vollständig erfassten Einfluss der Schrägverzahnung gegenüber der Geradverzahnung berücksichtigen, Abb. 15.85)

$$Y_\beta = 1 - \varepsilon_\beta \frac{\beta}{120°} \geq Y_{\beta min};$$

$$Y_{\beta min} = 1 - 0,25\varepsilon_\beta \geq 0,75 \tag{15.175}$$

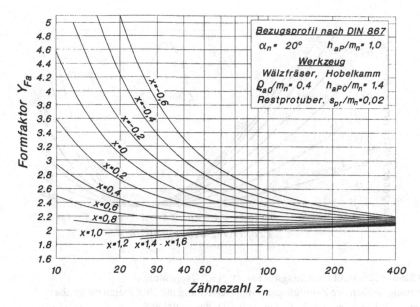

Abb. 15.86 a Formfaktor Y_{Fa}
Bestimmungsgrößen der Zahnfußspannung; Herstellung mit Protuberanzwälzfräser
($\rho_{a0} / m_n = 0,4$, $h_{a0} / m_n = 1,4$, $s_{pr} / m_n = 0,02$) Basis DIN 867.

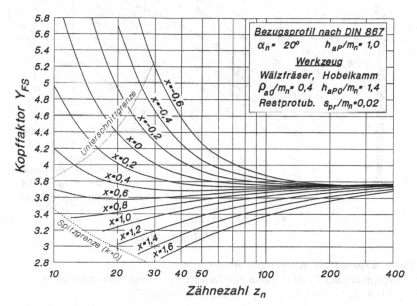

Abb. 15.86 b Kopffaktor Y_{FS}
Bestimmungsgrößen der Zahnfußspannung; Herstellung mit Protuberanzwalzfräser
($\rho_{a0} / m_n = 0,4, h_{a0} / m_n = 1, 4, s_{pr} / m_n = 0, 02$) Basis DIN 867.

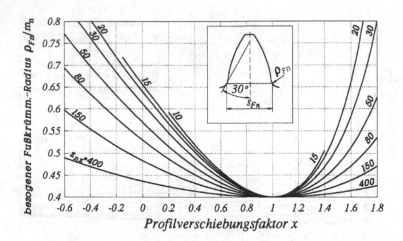

Abb. 15.86 c Zahnfußkrümmungsradius ρ_{Fn} (30°-Tangente)
Bestimmungsgrößen der Zahnfußspannung; Herstellung mit Protuberanzwalzfräser
($\rho_{a0} / m_n = 0,4$, $h_{a0} / m_n = 1,4$, $s_{pr} / m_n = 0,02$) Basis DIN 867.

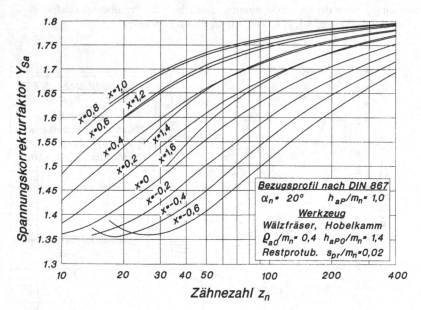

Abb. 15.86 d Spannungskonzentrationsfaktor Y_{Sa}
Bestimmungsgrößen der Zahnfußspannung; Herstellung mit Protuberanzwälzfräser
($\rho_{a0} / m_n = 0,4$, $h_{a0} / m_n = 1,4$, $s_{pr} / m_n = 0,02$) Basis DIN 867

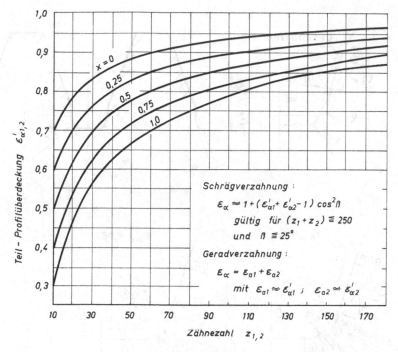

Abb. 15.87 Näherungsweise Ermittlung der Profilüberdeckung

Die *Nennspannung* $\sigma_{\mathrm{Fn}} = \sigma_{\mathrm{F}} / Y_{\mathrm{S}}$ ist die Bezugsspannung für den Spannungskonzentrationsfaktor:

$$\sigma_{\mathrm{Fn}} = K_{\mathrm{A}} K_{\mathrm{v}} K_{\mathrm{F}\alpha} K_{\mathrm{F}\beta} \frac{F_{\mathrm{t}}}{b m_{\mathrm{n}}} Y_{\mathrm{F}} Y_{\beta} \qquad (15.176)$$

mit Y_{F}, berechnet für den maßgebenden Eingriffspunkt, näherungsweise nach:

$$Y_{\mathrm{F}} = Y_{\mathrm{Fa}} Y_{\varepsilon \mathrm{n}} \qquad (15.177)$$

Dabei sind

Y_{Fa} Formfaktor für Lastangriff am Zahnkopf, Hinweise bei Gl. (15.171)

$Y_{\varepsilon \mathrm{n}}$ Überdeckungsfaktor für Umrechnung der Nennspannung von Kraftangriff am Zahnkopf auf den äußeren Einzeleingriffspunkt ($\beta = 0°$), bzw. für die Berücksichtigung der Berührungslinienlänge (Schrägverzahnung). $Y_{\varepsilon \mathrm{n}} \approx 1 / \varepsilon_{\alpha}$

Bei Lastkollektiven ist es bei genaueren Analysen günstig, für jede Laststufe j die Zahnfußspannung σ_{Fj} mit K_{Aj}, K_{Fvj}, $K_{\mathrm{F}\beta}$, F_{tj} zu berechnen und nach Gl. (15.108) eine äquivalente Zahnfußspannung σ_{F} zu bestimmen. Vereinfachend wird auch oft eine äquivalente Kraft (Gl. 15.114) ermittelt, wobei es aber bei großen Unterschieden der wirkenden Kräfte zu unzulässigen Abweichungen kommen kann.

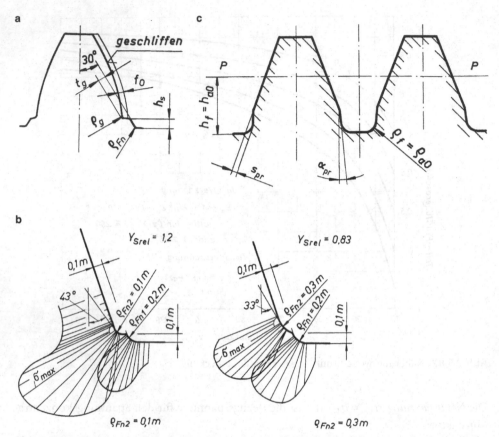

Abb. 15.88 Varianten des Zahnfußüberganges. **a** Schleifabsatz, **b** Zahnfußspannung bei Doppelkerbe (Schleifabsatz), **c** mit einem Protuberanzwerkzeug hergestellte Verzahnung (unterwühlt, Fußfreischnitt)

Um eine hohe Zahnfußtragfähigkeit zu erhalten, müssen große Zahnfußübergangsradien Zahnprofil-Zahnfuß angestrebt werden. Wesentlich ist deshalb auch, dass durch das Zahnflankenschleifen kein *Schleifabsatz* entsteht (Abb. 15.88a). Hierdurch würde eine erhöhte Fußspannung entstehen (Abb. 15.88a), die im Allgemeinen die Tragfähigkeit mindert. Es werden deshalb zur Vorbearbeitung Werkzeuge eingesetzt, die einen freien Auslauf der Schleifscheibe im Zahngrund durch die sogenannte Unterwühlung ermöglichen (Abb. 15.88c). Die hierzu meist benutzten Werkzeuge werden *Protuberanzwerkzeuge* genannt (Abb. 15.89).

Genauere Analysen

Bei genaueren Untersuchungen der Fußbeanspruchung wird nicht nur die Spannung in der Zahnfußausrundung, sondern auch deren Verteilung in Zahnbreitenrichtung in mehreren Eingriffsstellungen analysiert, damit

- *gezielte Flankenkorrekturen* (z. B. Breitenballigkeit, Korrektur des Ritzelschrägungswinkels) realisiert,
- die *Zahnfußbeanspruchung von Schrägverzahnungen* genauer untersucht, bzw.
- die Berechnung *elastisch gestalteter Radkörper* ermöglicht werden können.

Abb. 15.89 Protube-
ranzwerkzeugprofil

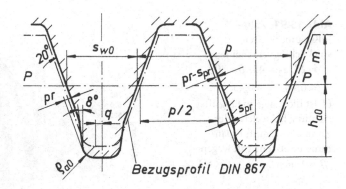

Abb. 15.90 Zahnfußspannung;
Beispiel Geradverzahnung;
$z_1 = 27$, $z_2 = 43$, $x_1 = 0,45$,
$x_2 = 0,43$, $k = -0,15$; $L = g_\alpha$

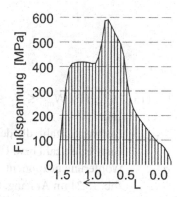

Auf diese Weise kann man unter Berücksichtigung der geometrischen Abweichungen eine gleichmäßigere Verteilung der Fußbeanspruchung erreichen und damit die Zahnfußtragfähigkeit steigern. Ein Ergebnis einer derartigen Analyse (TUD, Lehrstuhl Maschinenelemente) wird in Abb. 15.90 und 15.91 gezeigt.

15.3.6.3 Zahnfußfestigkeit bei Ermüdungsbeanspruchung

Für die zur Berechnung der Sicherheit, Gl. (15.180), maßgebende Zahnfußfestigkeit hinsichtlich Ermüdungsbeanspruchung werden für das Zahnrad im Laufversuch (bzw. darauf umgerechnete) Festigkeitswerte zugrunde gelegt. Dadurch sollen in Berechnungsverfahren noch nicht ausreichend genau erfasste Einflüsse wenigstens global berücksichtigt werden. Zu den Basiswerten für Ermüdungsbruch (angegeben für die Dauerfestigkeit) informiert Tab. 15.24 im Anhang, Abschn. 15.7.

Die *Festigkeitswerte* σ_{FE} entsprechen etwa der Dauerbiegeschwellfestigkeit glatter Probestäbe. Durch Kugelstrahlen ist eine weitere Erhöhung dieser Werte um 20 bis 40 % (und z. T. noch darüber) möglich.

Die *Überrollungszahl* (Gesamtzahl der Zahneingriffe während der Lebensdauer) wird durch den *Lebensdauerfaktor* Y_N gemäß der Wöhlerlinie berücksichtigt (Y_N rechnet also die Dauerfestigkeit auf die Zeitfestigkeit um).

Abb. 15.91 Zahn-
fußspannung; Bei-
spiel Schrägverzahnung;
$z_1 = 27$, $z_2 = 43$, $\beta = 30°$,
$x_1 = 0,45$, $x_2 = 0,43$
(L ist die Länge in Eingriffs-
richtung bei welcher der
Zahn eine Zahnfußspan-
nung besitzt; hier ist wegen
$\beta > 0$ auch $L > g_\alpha$), $K_{F\beta} > 1$

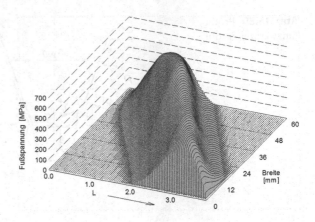

$$Y_N = {}^{q_F}\!\sqrt{\frac{N_{F\,lim}}{N_L}} \qquad (15.178)$$

Gl. (15.178) gilt für $N_{min} \leq N_L \leq N_{F\,lim}$. Bei $N_L \geq N_{F\,lim}$ ist $Y_N = 1$.
Hierbei sind:

$N_{F\,lim}$ Lastwechselzahl, die dem Knickpunkt der Wöhlerlinie entspricht ($N_{F\,lim} = 3 \cdot 10^6$),

N_L Lastwechselzahl bzw. Überrollungszahl, s. Gl. (15.153),

q_F Wöhlerlinienexponent (Einsatzstahl, einsatzgehärtet $q_F \approx 9$, weitere Angaben Tab. 15.24 im Anhang, Abschn. 15.7.,

N_{min} untere Grenze des Geltungsbereiches; $N_{min} = 10^3$, Ausnahme: Vergütungsstahl, Kugelgraphitguss (perl., bain.), schwarzer Temperguss (perl.) $N_{min} = 10^4$.

Hinweis: Es ist $1 \leq Y_N \leq Y_{N\,max}$.

Speziell gelten als Richtwerte:

$Y_{N\,max} = 2,0$ normalgeglühter oder vergüteter Stahl, Stahlguss; Gusseisen mit Kugelgraphit, einsatz-, carbonitrier-, flamm- oder induktionsgehärteter Stahl,

$Y_{N\,max} = 1,6$ nitrierter Stahl.

Die Kerbempfindlichkeit (Gefüge, Eigenspannung) wird durch die *Stützziffer* Y_δ berücksichtigt. Y_δ ist abhängig vom bezogenen Spannungsgefälle χ.

$$\chi = \frac{2,3}{\rho_{Fn}} \qquad (15.179)$$

ρ_{Fn} in mm, s. z. B. Abb. 15.86c
$Y_\delta = Y_\delta(\chi)$ kann Tab. 15.5 oder Abb. 15.92 entnommen werden.

Der *Rauheitsfaktor* Y_R berücksichtigt, dass die Bearbeitungsriefen auf Grund ihres kerbähnlichen Charakters die Ermüdungsfestigkeit mindern. Bei vergüteten und normalgeglühten

Tab. 15.5 Stützziffer (Dauerfestigkeit) Y_δ und $Y_{\delta T}$

Werkstoff und Wärmebehandlung des Zahngrundes	Stützziffer der zu berechnenden Verzahnung Y_δ	Stützziffer Testrad $Y_{\delta T}$
Stahl, normalgeglüht oder vergütet	$1 + \chi^{0,55} \cdot 10^{-(0,47 + R_e/875)}$	1,2
Stahl, einsatz-, carbonitrier-, induktions- oder flammgehärtet; nitriert	$1 + \chi^{0,55} \cdot 10^{-0,72}$	1,2
Gusseisen mit Kugelgraphit	$1 + \chi^{0,6} \cdot 10^{-(0,37 + R_m/1440)}$	1,4

Hinweise: $\chi = 2,3 / \rho_{Fn}$; ρ_{Fn}, Abb. (15.86c) oder speziell berechnet [Link96]

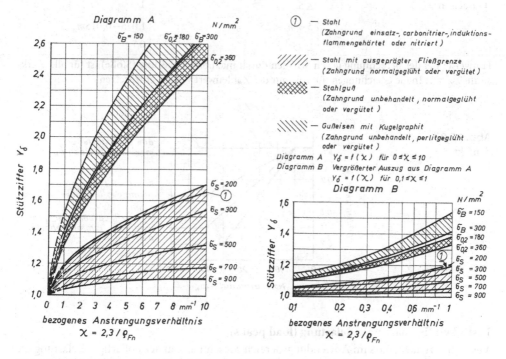

Abb. 15.92 Stützziffer Y_δ für Ermüdungsfestigkeit (Dauerfestigkeit)

Zahnrädern spielt die Zahnfußfestigkeit im Gegensatz zur Flankenfestigkeit ohnehin eine geringe Rolle, so dass $Y_R = 1$ hierfür vertretbar ist. Das Einsatzhärten und Nitrieren sowie ähnliche Verfahren mindern den Einfluss der Rauheit. Im praktischen Bereich $R_z \leq 40\,\mu m$ ($R_a \leq 6\,\mu m$) kann somit auch näherungsweise $Y_R \approx 1$ gesetzt werden. Nicht vernachlässigbar bzw. nicht zulässig sind dagegen Einflüsse durch Korrosion und aggressive Medien.

Den Einfluss der Größe des Zahnrades auf die Dauerfestigkeit drückt [DIN3990] durch den Größenfaktor Y_X aus, der in grober Näherung abhängig vom Modul angegeben wird (Tab. 15.6 und Abb. 15.93). Er soll u. a. den Einfluss der Abnahme der Kernfestigkeit und der Druckeigenspannungen auf die Dauerfestigkeit bei größer werdenden Abmessungen berücksichtigen.

Tab. 15.6 Größenfaktor Y_X

Werkstoff und Wärmebehandlung	Normalmodul m_n [mm]	Größenfaktor Y_X [÷]
Stahl und Stahlguss normalgeglüht oder vergütet	≤ 5	1
	$5 < m_n < 30$	$1{,}03 - 0{,}006 m_n$
	≥ 30	0,85
Stahl einsatz-, carbonitrier-, induktions-, flammgehärtet oder nitriert	≤ 5	1
	$5 < m_n < 30$	$1{,}05 - 0{,}01 m_n$
	≥ 30	0,75
Gusseisen	≤ 5	1
	$5 < m_n < 25$	$1{,}075 - 0{,}015 m_n$
	≥ 25	0,7

Hinweise: Bei der Berechnung gegen Schäden durch maximale Belastung (Stöße) ist für alle Werkstoffe $Y_X = 1$. In die Gleichungen für Y ist nur der Zahlenwert von m_n einzusetzen

Abb. 15.93 Größenfaktor Y_X

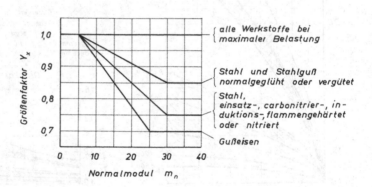

Festigkeit für maximale Belastung (load peaks)

Versuche ergaben, dass im Anwendungsbereich Maschinenbau bei stoßartiger Belastung die ertragene Beanspruchung vorwiegend durch die Größe der Spannung und weniger durch die Belastungsgeschwindigkeit bedingt ist. Die für den Nachweis der Sicherheit gegen Schäden infolge Maximalbeanspruchung erforderlichen Festigkeitswerte beziehen sich auf:

a. Anriss bzw. Gewaltbruch,
b. bleibende Verformung.

Für die unter a) genannte Schadensart ist bei Stählen mit harter Randschicht die Bruchfestigkeit der Randschicht maßgebend (unter Berücksichtigung der Eigenspannungen) während für b) die Streckgrenze maßgebend ist (bei harter Randschicht: Kern). Abschnitt 15.3.6.5 enthält konkrete Angaben.

15.3.6.4 Sicherheit gegen Ermüdungsbruch

Die Sicherheit gegen Ermüdungsbruch ist:

$$S_F = \frac{\sigma_{FE}/Y_{\delta T}}{\sigma_F} Y_N Y_R Y_X Y_\delta \tag{15.180}$$

Hierbei sind:

$\sigma_{FE}/Y_{\delta T}$ Ermüdungsfestigkeit des ideellen Probestabes (Hinweis: Bei [DIN3990] enthält σ_{FE} die Stützwirkung des Testrades; siehe auch [Link96]), Werte für σ_{FE} nach Tab. 15.24 im Anhang Abschn. 15.7, $Y_{\delta T}$ Tab. 15.5

σ_F örtliche Zahnfußspannung nach Gl. (15.168),

Y_N Lebensdauerfaktor nach Gl. (15.178), bei Dauerfestigkeit $Y_N = 1$

Y_R Rauheitsfaktor nach Abschn. 15.3.6.3, überschlägig $Y_R = 1$

Y_X Größenfaktor nach Tab. 15.6 und Abb. 15.93,

$Y_{\delta T}$ Stützziffer Testrad, Tab. 15.5

Y_δ Stützziffer des zu berechnenden Zahnrades nach Tab. 15.5 und Abb. 15.92

Die rechnerische Sicherheit S_F ist mit einer Mindestsicherheit $S_{F\,min}$ zu vergleichen.

$$S_F \geq S_{F\,min} \tag{15.181}$$

Allgemeingültig ist $S_{F\,min}$ nicht anzugeben. Diese Größe muss unter Beachtung vieler Gesichtspunkte festgelegt werden, s. Hinweise bei Gl. (15.159).

Unter der Voraussetzung, dass die Belastung bekannt ist und sich in S_F praktisch nur die Unsicherheit des Berechnungsverfahrens ausdrückt, kann

$$S_{F\,min} = 1,3 \tag{15.182}$$

als Orientierungsgröße betrachtet werden.

15.3.6.5 Sicherheit gegen Schäden infolge Maximalbelastungen

Die Maximalbelastung (load peaks) kann abhängig von Werkstoff, dem Wärmebehandlungszustand und der Zahngeometrie zu Anriss bzw. Gewaltbruch oder bleibender Verformung führen.

Anriss

Die Sicherheit gegen Anriss im Zahnfuß *bei harten Randschichten* (z. B. einsatzgehärtet, nitriert) ergibt sich aus dem Verhältnis von Zugfestigkeit der harten Randschicht $\sigma_{FSt} \approx R_m$ zur örtlichen Fußspannung (Kerbspannung) $\sigma_{F\,max}$ bei Maximalbelastung.

$$S_{FSt} = \frac{\sigma_{FSt}}{\sigma_{Fmax}} \qquad (15.183)$$

Bei Einsatzhärtung ist bei einer Oberflächenhärte $H \geq 60 HRC$ und Vernachlässigung der Eigenspannungen $R_m \approx 2300\,\text{N} / \text{mm}^2$. σ_{Fmax} ist mit der größten auftretenden Belastung zu berechnen.

Die gleiche Beziehung kann für spröde Werkstoffe, z. B. Grauguss, angewendet werden. Dort führt die Überschreitung der Bruchfestigkeit im Allgemeinen zu einem sofort über den Fußquerschnitt verlaufenden Bruch (Gewaltbruch). Anriss tritt bei duktilen Werstoffen (u. a. Bau- und Vergütungsstähle) im üblichen Verformungsbereich nicht auf. Der Nachweis nach Gl. (15.183) entfällt dafür.

Bleibende Verformung

Bei Überbelastung kann es zu einer bleibenden Verformung der Verzahnung kommen. Diese tritt auch in Bereichen oberhalb des Fußquerschnittes auf. Auch bei einsatzgehärteten Verzahnungen kann die Verformungsgrenze gegenüber der Anrissgrenze bei niedrigeren Belastungen liegen (vorwiegend bei $Y_S \leq 2,5$). Genauere Analysen müssen entweder elastisch-plastische FEM-Berechnungen nutzen oder als Näherung über dem gesamten Zahnquerschnitt Streckgrenze und Vergleichsspannung (Biegung, Druck, Schub) gegenüberstellen.

Sehr vereinfacht für grobe Abschätzungen wird hier die maximale *Nenn*spannung σ_{Fn} im Zahnfuß der Streckgrenze des Kernwerkstoffes gegenübergestellt und damit die Sicherheit gegen bleibende Verformung durch Maximalbelastungen bestimmt. Grobe Näherung:

$$S_{FSt} = \frac{R_e}{\sigma_{Fn\,max}} \qquad (15.184)$$

R_e bzw. $R_{p0,2}$, Tab. 15.24., $\sigma_{Fn\,max} = \sigma_{Fn}$ Gl. (15.176) mit $F_t = F_{t\,nenn}$ und $K_A = K_{ASt}$

Sicherheit

$$S_{FSt} \geq S_{FSt\,min} \qquad (15.185)$$

Als Orientierungsgröße kann bezüglich Anriss $\sigma_{FSt} = 1,4$ und bezüglich bleibende Verformung $S_{FSt\,min} = 1,3$ gesetzt werden. Vom Konstrukteur ist abhängig von der Bedeutung der Anlage, möglichen Vorschriften oder Vorgaben $S_{FSt\,min}$ konkret festzulegen. *Der Nachweis der Sicherheit gegen bleibende Verformung ist bei duktilen Werkstoffen bzw. duktilem Kern (also auch bei Einsatzhärtung) stets zu führen.*

15.3.7 Methodisches Vorgehen beim Nachweis der Sicherheit

15.3.7.1 Sicherheit gegen Grübchenbildung

Einführende Hinweise
Der Nachweis der Zahnflankentragfähigkeit ist für beide Räder einer Paarung zu führen, wenn diese aus Werkstoffen mit unterschiedlichen Flankenfestigkeitswerten (Härten) gefertigt sind oder auf Grund der vorgegebenen Lebensdauer die Lastwechselzahlen im Zeitfestigkeitsbereich liegen und wegen einer Übersetzung $i \neq 1$ die Überrollungszahlen beider Räder nicht gleich sind.

Flankentragfähigkeit (Grübchen)
Die Berechnung der Sicherheit S_H erfolgt durch Vergleich der vorhandenen Hertzschen Pressung mit dem Festigkeitswert.
Die Sicherheit S_H beträgt:

$$S_H = \frac{\sigma_{H\lim} Z_N}{\sigma_H} (Z_R Z_L Z_V) \cdot Z_W Z_X \geq S_{H\min} \qquad (15.186)$$

Die Flankenpressung σ_H ergibt sich aus der Pressung σ_{H0} der abweichungsfreien Verzahnung ohne Zusatzbeanspruchung und dem Beanspruchungsfaktor K_H.

$$\sigma_H = \sqrt{K_H} \, \sigma_{H0} \qquad (15.187)$$

Der Beanspruchungsfaktor K_H ist:

$$K_H = (K_A K_v)(K_{H\alpha} K_{H\beta}) \qquad (15.188)$$

und die Pressung σ_{H0}:

$$\sigma_{H0} = Z_E Z_H Z_{B,D} Z_\varepsilon Z_\beta \sqrt{\frac{F_t}{bd_1} \frac{u+1}{u}} \qquad (15.189)$$

In Gl. (15.188) stellen $(K_A K_v)$ die Faktoren für Zusatzbelastungen gegenüber Nenn- bzw. Bezugsbelastung dar und $(K_{H\alpha} K_{H\beta})$ drücken die Änderung der Lastaufteilung bzw. Lastverteilung aus.

Liegt ein Lastkollektiv vor, ist $K_A = 1$ und σ_H aus den zu den Laststufen zugehörigen Werten σ_{Hj} nach Gl. (15.107) oder auf Grund der Äquivalenzkraft $F_t = F_{tH}$, Gl. (15.113) nach Gl. (15.187) bis (15.189) zu berechnen.

$$\sigma_H = \sigma_H(\sigma_{Hj}) \qquad (15.190)$$

Oder vereinfacht:

$$\sigma_H = \sigma_H(F_{tH}) \tag{15.191}$$

Die Bestimmung der Größen von Gl. (15.186) bis (15.189) ist in Tab. 15.7 zusammengestellt.

Tab. 15.7 Ermittlung der Größen zur Berechnung der Sicherheit S_H gegen Grübchenbildung, Gl. (15.186) bis (15.191)

Nr.	Bezeichnung	Zeichen	Berechnungsgleichung, Hinweise
1 1.1	Flankenfestigkeit	$\sigma_{H\lim}$	Stähle legiert: Tab. 15.24., Gusswerkstoffe und unlegierte Stähle: DIN 3990
1.2	Lebensdauerfaktor	Z_N	Gl. (15.152); bei Dauerfestigkeit: $Z_N = 1$
1.3	hydrodynamische Einflussfaktoren	$(Z_L Z_R Z_v)$	geschliffen oder geschabt: $(Z_L Z_R Z_v) = 1$; wälzgefräst, wälzgehobelt oder wälzgestoßen: $(Z_L Z_R Z_v) = 0{,}85$
1.4	Werkstoffpaarungsfaktor	Z_W	bei Werkstoffen gleicher Festigkeit und im Dauerfestigkeitsbereich $Z_W = 1$, sonst bei unterschiedlicher Festigkeit der niedrigere Wert von $(\sigma_{H\lim} Z_N)$ der Paarung
1.5	Größenfaktor	Z_X	$Z_X = 1$ (Näherung)
2	Flankenpressung	σ_H	Gl. (15.187) a) sehr vereinfacht: K_H vorgegeben, σ_{H0} nach (15.189) b) K_H nach lfd. Nr.2.11 bis 2.14 c) genauere Analysen: Gl. (15.190) oder (15.191)
2.1	Grundwert Flankenpressung	σ_{H0}	Gl. (15.189); Pressung ohne Zusatzbelastung und gleichmäßiger Lastverteilung
2.2	Elastizitätsfaktor	Z_E	Gl. (15.143); bei Stahl/Stahl $Z_E = 191{,}6\sqrt{N/mm^2}$
2.3	Zonenfaktor	Z_H	Gl. 15.144; bei $\beta = 0$ und $(x_1 + x_2) = 0$ ist $Z_H = 2{,}495$
2.4	Einzeleingriffsfaktor	$Z_{B,D}$	Näherung: $Z_{B,D} = 1$ (genauer [DIN3990])
2.5	Überdeckungsfaktor	Z_ε	Näherung für Geradverzahnung: $Z_\varepsilon = 1$; Schrägverzahnung: Gl. (15.140) oder (15.141) mit ε_α nach Gl. (15.68) oder Abb. 15.87, ε_β Gl. (15.54)
2.6	Schrägenfaktor	Z_β	Geradverzahnung $Z_\beta = 1$; Schrägverzahnung Gl. (15.147)
2.7	Nennumfangskraft	F_t	$F_t = F_{tnenn}$ Gl. (15.94) (Bezugsgröße für K_A)
2.8	Zahnbreite	b	Gemeinsame Berührungsbreite einer Zahnpaarung
2.9	Teilkreisdurchmesser	d_1	Gl. (15.59) mit z_1; $|z_2| \geq |z_1|$
2.10	Zähnezahlverhältnis	u	$u = z_2/z_1$; $|z_2| \geq |z_1|$

Tab. 15.7 (Fortsetzung)

Nr.	Bezeichnung	Zeichen	Berechnungsgleichung, Hinweise
2.11	Beanspru-chungsfaktor	K_H	Größe der Zusatzbelastung und Änderung der Lastver-teilung Gl. (15.188)
2.12	Anwendungs-faktor	K_A	Lasterhöhung gegenüber Nennbelastung (Bezugswert) a) vorgegeben, z. B. nach Tab. 15.3 b) aus Lastkollektiv $K_A = F_{tH} / F_{tnenn}$, F_{tH} Gl. (15.113) für Ritzel; F_{tnenn} Gl. (15.94)
2.13	Dynamikfaktor	K_v	(sehr) grobe Näherung: Geradverzahnung $K_v = 1,2$ Schrägverzahnung $K_v = 1,0$ (Bedingung $n_1 \leq 0,8 n_{E1}$, d. h. keine Hauptresonanz)
2.14	Stirnfaktor (Stirnlastvertei-lung)	$K_{H\alpha}$	a) grobe Näherung: $K_{H\alpha} = 1$ bei geschliffener Verzahnung (Qualität [DIN3962] gleich oder besser als 6); b) Gl. (15.127) und Gl. (15.128)
2.15	Sicherheit gegen Grübchenbil-dung	S_H	S_H Gl. (15.186) mit den Werten nach lfd. Nr. 1 bis 2.14 $S_{H\,min} \geq 1,1; S_{H\,min}$ zu vereinbaren bzw. vorzugeben

15.3.7.2 Sicherheit gegen Zahnfußüberbeanspruchung

Einführende Hinweise

Der Nachweis der Zahnfußtragfähigkeit ist *stets für beide Räder einer Paarung* zu füh-ren. Bei axialem Versatz der Räder oder unterschiedlichen Zahnbreiten kann für das überstehende Rad mit der nach Gl. (15.192) sich ergebenden Breite b gerechnet werden (b_w gemeinsame Zahnbreite).

$$b = b_w + m_n \tag{15.192}$$

Ermüdungsschäden

Der Tragfähigkeitsnachweis zur Vermeidung von Ermüdungsschäden (umgangssprach-lich von Dauerbrüchen) an den Zähnen hat durch Vergleich der rechnerischen Sicherheit mit der Mindestsicherheit zu erfolgen.

$$S_F = \frac{\sigma_{FE} / Y_{\delta T}}{\sigma_F} Y_N Y_R Y_X Y_\delta \geq S_{F\,min} \tag{15.193}$$

Die örtliche *Zahnfußspannung (bzw. Kerbspannung)* ergibt sich aus der Zahnfußspannung der abweichungsfreien Verzahnung σ_{F0} und dem Beanspruchungsfaktor K_F, der die Zu-satzbelastungen sowie die Änderung der Lastverteilung berücksichtigt.

$$\sigma_F = K_F \sigma_{F0} \tag{15.194}$$

Bei Einführung der einzelnen Bestimmungsgrößen ergibt sich:

$$\sigma_{F0} = \frac{F_t}{bm_n} Y_{FS} Y_\beta Y_\varepsilon$$

$$K_F = K_A K_v K_{F\alpha} K_{F\beta} \tag{15.195}$$

Schäden infolge Anriss, bleibende Verformung und Gewaltbruch

Die Schadensgrenze infolge *Gewaltbruch* liegt entweder über der Anrissgrenze oder fällt (bei spröden Materialien) mit ihr zusammen. Im Folgenden wird deshalb nur die Anrissgrenze neben der Belastungsgrenze hinsichtlich bleibender Verformung behandelt.

Anriss
Die Sicherheit gegen Anriss ist bei nicht duktilen Werkstoffen und Stählen mit harter Randschicht, z. B. bei Einsatzhärtung oder Nitrierung, zu berechnen. Bei duktilen Werkstoffen wird die Spannungsspitze im Zahnfuß durch örtliche plastische Verformung abgebaut, ohne dass es zu einem Anriss kommt.
Die *Sicherheit gegen Anriss* (bei Stählen mit harter Randschicht) ist:

$$S_{FSt} = \frac{\sigma_{FSt}}{\sigma_{Fmax}} \geq S_{FSt\,min} \tag{15.196}$$

Hierbei ist σ_{FSt} die Festigkeit der äußeren harten Randschicht unter Berücksichtigung der Eigenspannungen. Bei Einsatzhärtung ist $\sigma_{FSt} \approx 2300\,N/mm^2$. σ_{Fmax} stellt die örtliche Fußspannung (Kerbspannung) bei der maximal auftretenden Belastung dar.

Tab. 15.8 Ermittlung der Größen zur Berechnung der Sicherheit S_F gegen Ermüdungsbruch

Nr.	Bezeichnung	Zeichen	Berechnungsgleichung, Hinweise
1 1.1	Zahnfußfestigkeit	σ_{FE}	Stähle legiert: Tab. 15.24 Gusswerkstoffe und unlegierte Stähle: DIN 3990
1.2	Lebensdauerfaktor	Y_N	Gl. (15.178) mit q_F nach Tab. 15.24 im Dauerfestigkeitsbereich ($N_L \geq 3 \cdot 10^6$) ist $Y_N = 1$
1.3	Rauheitsfaktor	Y_R	Näherung: $Y_R = 1$, detaillierter s. DIN 3990
1.4	Größenfaktor	Y_X	Tab. 15.6 und Abb. 15.93
1.5	Stützziffer	$Y_\delta, Y_{\delta T}$	Tab. 15.5
2 2.1	*Zahnfußspannung* (örtliche, Kerbspann.)	σ_F	σ_F Gl. (15.168) mit σ_{F0} und K_F nach Gl. (15.169) mit den nach dieser Gleichung angegebenen Beziehungen bzw. Hinweisen
2.2	Nenn-Umfangskraft	F_t	$F_t = F_{tnenn}$ Gl. (15.94), Bezugsgröße für K_A bzw. K_{AB}, Gl. (15.116)
2.3	Sicherheit gegen Ermüdungsbruch	S_F	Gl. (15.193) mit Richtwert $S_{Fmin} \geq 1{,}3$; S_{Fmin} zu vereinbaren bzw. vorzugeben je nach Bedeutung der Anlage

Bleibende Verformung
Die *Sicherheit gegen bleibende Verformung* ist stets zu berechnen. Näherungsweise ist:

$$S_{FSt} = \frac{R_e}{\sigma_{Fn}} \geq S_{FSt\,min} \qquad (15.197)$$

bei nicht ausgeprägter Streckgrenze ist R_e durch $R_{p0,2}$ zu ersetzen.

Bei genaueren Analysen wird die Vergleichsspannung aus Schub, Biegung und Druck über sämtliche Querschnitte zwischen Lastangriff und Fußquerschnitt gebildet und mit der Streckgrenze verglichen oder das Verfahren der FEM angewendet.

Die Bestimmung der Größen zur Ermittlung der Sicherheit ist in Tabellen zusammengestellt (Tab. 15.8, 15.9).

Tab. 15.9 Ermittlung der Größen zur Berechnung der Sicherheit S_{FSt} gegen Schäden infolge *Anriss und bleibender Verformung*

Nr.	Bezeichnung	Zeichen	Berechnungsgleichung
1 1.1	Sicherheit gegen Anriss, Anwendungshinweis		zu berechnen bei: Stählen mit harter Randschicht nicht duktilen Werkstoffen wie Grauguss
1.2	Festigkeit der Randschicht	S_{FSt}	bei Einsatzhärtung $\sigma_{FSt} \approx 2300\,N/mm^2$ (Härte um $H = 60$ HRC)
1.3	Maximal auftretende (örtliche) Fußspannung	$\sigma_{F\,max}$	$\sigma_{F\,max} = \sigma_F$ nach (15.168) mit $K_A = K_{ASt}$ a) K_{ASt} gegeben b) $F_{t\,max}/F_{tnenn} = K_{ASt}$ bzw. $F_{t1}/F_{tnenn} = K_{ASt}$ mit F_{t1} als größte Belastung im Lastkollektiv (Abb. 15.67) Hinweis: $F_t = F_{tnenn}$ nach Gl. (15.94)
1.4	Sicherheit gegen Anriss	S_{FSt}	Gl. (15.183), Gl. (15.184) mit Richtwert $S_{FSt\,min} \geq 1,4$, $S_{FSt\,min}$ zu vereinbaren bzw. vorzugeben nach Bedeutung der Anlage. Gl. (15.185)
2 2.1	Sicherheit gegen bleibende Verformung, (Verbiegung)/ Anwendungshinweis		Stets zu berechnen (hier grobe Näherung angegeben)
2.2	Streckgrenze	R_e bzw. $R_{p0,2}$	Tab. 15.24 (Richtwerte)
2.3	Maximal auftretende Zahnfußnennspannung	$\sigma_{Fn\,max}$	$\sigma_{Fn\,max} = \sigma_{Fn}$ nach (15.176) mit $K_A = K_{ASt}$ und den nach Gl. (15.169) angegebenen Beziehungen bzw. Hinweisen a) K_{ASt} gegeben b) $K_{ASt} = F_{t1}/F_{tnenn}$ mit F_{t1} als größte Belastung im Lastkollektiv
2.4	Sicherheit gegen bleibende Verformung	S_{FSt}	Gl. (15.184) mit Richtwert $S_{FSt\,min} = 1,3$; $S_{FSt\,min}$ zu vereinbaren bzw. vorzugeben je nach Bedeutung der Anlage, Gl. (15.185)

15.3.8 Leistungsverluste, Getriebeschmierung

15.3.8.1 Übersicht

Die Reibung zwischen den Zahnflanken, in den Lagern und an Stellen berührender Dichtungen führt zu Leistungsverlusten und mit den Plansch-, Ölverdrängungs- und Ventilationsverlusten zur Erwärmung des Getriebes. Diese kann je nach dem Leistungs-Volumenverhältnis eine solche Größe erreichen, dass ohne Maßnahmen zur Kühlung die Temperatur infolge Anlasswirkungen zu Schäden an Lagern und Verzahnungen und zur Zerstörung berührender Dichtungen führt. Weitere Probleme entstehen durch eine ungleiche Temperaturverteilung am Gehäuse und über der Zahnbreite von Verzahnungen, da damit Achslageänderungen und ungünstige Lastverteilungen auftreten. Ein zu kleines Flankenspiel führt beim Anfahren des Getriebes (Temperatur und Wärmedehnung der Zahnräder größer als die des Gehäuses) zu einem Verklemmen der Verzahnung, was eine völlige Zerstörung der Zahnflanken ergeben kann. Auch Stützlagerungen und X-Lagerungen können bei Temperaturdifferenzen Wellen/Verzahnungen-Gehäuse durch Verklemmen versagen. Eine zu hohe Öltemperatur führt zu einer frühzeitigen Ölalterung.

Die Gesamtverluste eines Stirnradgetriebes setzen sich aus verschiedenen Anteilen zusammen. Für die *Gesamtverlustleistung* ergibt sich:

$$P_V = P_{VZ} + P_{VL} + P_{VD} + P_{VX} \qquad (15.198)$$

Hierbei sind:

P_{VZ} Verzahnungsverlustleistung,
P_{VL} Lagerverlustleistung,
P_{VD} Dichtungsverlustleistung,
P_{VX} Verlustleistung sonstiger Bauteile.

Die Verlustleistungen der Verzahnungen und Lager gliedern sich weiter in lastabhängige und lastunabhängige Verluste. Das Verhältnis der Verlustleistung zur Antriebsleistung P_a des Getriebes wird als *Getriebeverlustgrad V* bezeichnet:

$$V = \left| P_V / P_a \right| \qquad (15.199)$$

Einen wesentlichen Anteil der Getriebeverluste bilden die Verzahnungsverluste. Abbildung 15.94 veranschaulicht diese Tatsache.

Dabei erfolgt ein Vergleich mit dem Getriebeverlustgrad als Summe der Verzahnungs- und Lagerverluste. Die Dichtungsverluste wurden in dieser Darstellung vernachlässigt. Der möglichst genauen Ermittlung der Verzahnungsverlustleistung kommt wegen des großen Anteils eine besondere Bedeutung zu.

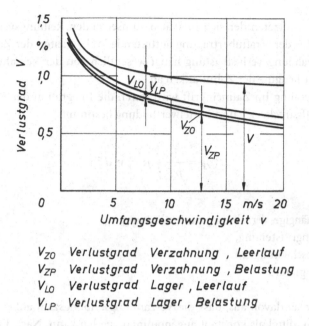

V_{ZO} Verlustgrad Verzahnung , Leerlauf
V_{ZP} Verlustgrad Verzahnung , Belastung
V_{LO} Verlustgrad Lager , Leerlauf
V_{LP} Verlustgrad Lager , Belastung

Abb. 15.94 Gesamtverlustgrad V eines Getriebes mit seinen Anteilen für Verzahnung V_Z und Lagerung V_L nach *Ohlendorf* (siehe [Link96])

15.3.8.2 Leistungsverluste

Bei Verzicht auf eine nähere Analyse der Verlustanteile [Nie89, Link96] kann der Gesamt-leistungsverlust P_V mit Hilfe des bekannten oder angenommenen Wirkungsgrades η eines Getriebes und der Antriebsleistung P_a bestimmt werden.

$$|P_V| = (1-\eta) \cdot P_a = V P_a \qquad (15.200)$$

Es ist für eine Stirnradstufe (wälzgelagert):

- gefräste, vergütete Zahnräder $\eta_{Stufe} = 0,98...0,985$,
- geschliffene, gehärtete Zahnräder $\eta_{Stufe} = 0,985...0,995$.

Der Wirkungsgrad hängt u. a. von der Wälzgeschwindigkeit, der Gleitgeschwindigkeit, der Oberflächenbeschaffenheit, den Zähnezahlen, dem Schmieröl, der Schmierungsart, der Lagerung und der Dichtungsart ab.

Im folgenden sollen kurz einige Zusammenhänge der wichtigen *Verzahnungsverlustan-teile* betrachtet werden. Die Verzahnungsverluste P_{VZ} ergeben sich aus den lastabhängigen Verlusten P_{VZP} und lastunabhängigen Verlusten (Leerlaufverluste) P_{VZ0}:

$$P_{VZ} = P_{VZP} + P_{VZ0} \qquad (15.201)$$

Ursache für das Auftreten der sich in Wärme umsetzenden Reibungsverluste im Zahn-eingriff ist das bei der Kraftübertragung auftretende Wälz-Gleiten der Zahnflanken. Die Größe der Verzahnungsverlustleistung hängt wesentlich von der Verzahnungsgeometrie und der Oberflächengüte der Zahnflanken ab.

Die Verlustleistung im Zahneingriff wird durch die Integration der Reibungsverluste über der Eingriffsstrecke g_α und Mittelwertbildung bestimmt.

$$P_{VZP} = \frac{1}{p_{et}} \int_0^{g_\alpha} \mu\, F_n\, v_g\, d\xi_{g\alpha} \qquad (15.202)$$

Hierbei sind:

P_{VZP} lastabhängige Verzahnungsverlustleistung,
p_{et} Stirneingriffsteilung,
v_g Gleitgeschwindigkeit.
$\mu\, F_n$ Reibungskraft

Vorläufig geht man davon aus, dass die Verzahnungsreibungszahl außer im Bereich des Wälzpunktes im Mittel als konstant angenommen werden kann. Nach Einführung eines Verzahnungsverlustfaktors H_V kann für Gl. (15.201) geschrieben werden:

$$|P_{VZP}| = P_a\, \mu_{mZ}\, H_V \qquad (15.203)$$

Hierbei sind:

μ_{mZ} mittlere Verzahnungsreibungszahl,
H_V Verzahnungsverlustfaktor, Gl. (15.204)

Der *Zahnverlustfaktor* H_V, auch Geometriefaktor genannt, berechnet sich aus der Annahme, dass der Wälzpunkt im Einzeleingriffsbereich liegt und im Doppeleingriff 50 % der Zahnkraft wirkt zu:

$$H_V = \pi \left(\frac{1}{z_1} + \frac{1}{z_2} \right) \frac{1}{\cos \beta_b} (1 + \varepsilon_1^2 + \varepsilon_2^2 - \varepsilon_\alpha) \qquad (15.204)$$

$\varepsilon_1, \varepsilon_2$ Teilüberdeckungen: $\varepsilon_1 = \overline{EC} / p_{et}$; $\varepsilon_2 = \overline{AC} / p_{et}$; $\varepsilon_\alpha = \varepsilon_1 + \varepsilon_2$

Zu den Verzahnungsverlusten unter Belastung sind noch die Leerlaufverluste zu addieren. Sie beinhalten bei Tauchschmierung hauptsächlich die Planschverluste und bei Einspritz-schmierung Verluste durch Ölverdrängung aus den Zahnlücken, Beschleunigung und Umlenkung des eingespritzten Öles sowie Ventilationsverluste.

Die Gleichung für den Zahnverlustfaktor H_V zeigt, die *Verluste fallen mit steigenden Zähnezahlen und fallender Profilüberdeckung* ε_α und gleicher Aufteilung in ε_1 und ε_2.

Für die Zahnreibungszahl μ_{mZ} wird ein Mittelwert über der Eingriffsstrecke ange-nommen. Die Reibungszahl hängt von der Belastung, der dynamischen Ölviskosität, der

Wälzgeschwindigkeit und den Flankenkrümmungen ab. Berechnungsgleichungen enthält die Literatur [Nie89, Link96, DIN3990].

Die Leerlaufverluste können bei schnelllaufenden Getrieben, insbesondere Turbogetrieben, sehr große Werte annehmen. Hierbei haben die Ventilationsverluste oft einen wesentlichen Anteil, dem man wirkungsvoll durch luftleere (luftverdünnte) Getriebegehäuse oder durch Füllung mit Helium begegnet.

15.3.8.3 Getriebeerwärmung

Im *quasistationären Gleichgewichtszustand* ist die erzeugte Verlustleistung P_V gleich der abgeführten Wärmemenge (Wärmestrom) $\dot{Q}$:

$$P_V = \dot{Q} \tag{15.205}$$

Dieser setzt sich allgemein wie folgt zusammen:

$$\dot{Q} = \dot{Q}_K + \dot{Q}_S + \dot{Q}_F + \dot{Q}_W + \dot{Q}_U \tag{15.206}$$

Hierbei sind:

$\dot{Q}_K$ Wärmestrom infolge Konvektion,

$\dot{Q}_S$ Wärmestrom infolge Strahlung,

$\dot{Q}_F$ Wärmestrom infolge Leitung über das Getriebefundament,

$\dot{Q}_W$ Wärmestrom infolge Leitung über rotierende Wellenenden und Kupplungen,

$\dot{Q}_U$ Wärmestrom infolge Kühlkreislauf (Druckumlaufschmierung oder Kühler im Ölsumpf).

Bei langsam laufenden Getrieben genügt die Wärmeabfuhr durch Konvektion, Strahlung und Leitung. Die Schmierung erfolgt durch Eintauchen der Zahnräder in ein Ölbad. Bei schnelllaufenden Getrieben ist Druckumlaufschmierung erforderlich, meist mit einem Kühlkreislauf. Es überwiegt dann meist die auf diesem Wege abgeführte Wärme. Existiert kein Kühlkreislauf, bildet der Wärmestrom infolge Strahlung und Konvektion den Hauptanteil.

Die *Wärmeabgabe des Gehäuses* an die Umgebungsluft erfolgt durch Konvektion und Strahlung. Die resultierende Wärmeübergangszahl ist $\alpha_a \approx 20 W / (m^2 K)$. Es ergibt sich die näherungsweise der Gehäuseaußentemperatur gleichgesetzte *Ölübertemperatur* von:

$$\vartheta_{\ddot{O}\ddot{u}} = P_V / (A_K \alpha_a) \tag{15.207}$$

Hierbei sind P_V die Verlust- bzw. Kühlleistung, A_K die freie Oberfläche des Getriebegehäuses (ohne Bodenfläche) und α_a die Wärmeübergangszahl. Die Öltemperatur $\vartheta_{\ddot{O}}$ ergibt sich aus Raum- und Ölübertemperatur:

$$\vartheta_{\ddot{O}} = \vartheta_R + \vartheta_{\ddot{O}\ddot{u}} \tag{15.208}$$

(Raumtemperatur: normal $\vartheta_R = 20^\circ C$).

Als maximal zulässige Dauertemperatur für Mineralöle gilt $\vartheta_{\ddot{O}} = 100°C\ (120°C)$. Bei erzwungener Luftströmung, z. B. durch Lüfter oder Fahrgeschwindigkeit kann sich die Wärmeübergangszahl wesentlich erhöhen. Eine *Faustformel* für die durch freie Konvektion abgebbare Verlustleistung ist, dass 1 m² freie Getriebeoberfläche etwa 1 kW Verlustleistung an die Umgebungsluft abzugeben vermag.

Wenn die nach Gl. (15.207) ermittelte Öl- bzw. Ölübertemperatur zu hoch ist, kann man bei Vorgabe einer zulässigen oder gewünschten Öltemperatur die mit Konvektion pro Zeiteinheit abgebbare Wärmemenge berechnen, indem in Gl. (15.207) P_V durch $\dot{Q}_G$ ersetzt wird. Die dann noch durch den *Kühlkreislauf abzugebende Wärmemenge* $\dot{Q}_U$ ist:

$$\dot{Q}_U = P_V - \dot{Q}_G \tag{15.209}$$

Oft wird bei Druckumlaufschmierung die durch Konvektion und Strahlung abgebbare Wärmemenge vernachlässigt ($\dot{Q}_G = 0$ gesetzt).

Die durch den Kühlkreislauf abgeführte Wärmemenge $\dot{Q}_U$ ist durch die Ölmenge $\dot{Q}_e$ bei Druckumlaufschmierung, die Temperaturdifferenz $\Delta\vartheta$ aus Abfluss und Zufluss und die spezifische Wärme c des Kühlmediums (Öles) gegeben:

$$\dot{Q}_U = c\rho\dot{Q}_e\Delta\vartheta \tag{15.210}$$

Damit ergibt sich die erforderliche Ölmenge:

$$\dot{Q}_e = \frac{\dot{Q}_U}{c\rho\Delta\vartheta} \tag{15.211}$$

Hierbei sind:

$\dot{Q}_U$ Wärmemenge, durch Umlaufschmierung abzuführen, Gl. (15.207)
c spezifische Wärme des Öles für Mineralöl und synthetisches Öl: $c \approx 1,9 \cdot 10^3$ Ws/ (kg K)
ρ Dichte des Öles (Mineralöl und synthetisches Öl: $\rho \approx 875$ kg/m³)
$\Delta\vartheta$ Differenz zwischen Öleintritts- (-spritz-) und Ölaustrittstemperatur.

Die Abgabe der im Öl enthaltenen Wärmemenge $\dot{Q}_U$ erfolgt im Allgemeinen in einem Ölkühler an eine Kühlflüssigkeit oder an die umgebende Luft.

15.3.8.4 Getriebeschmierung – Getriebekühlung

Zur Schmierung der Zahnflanken wie auch der Wälzlager genügt ein dünner Film. Er entsteht bei Zahnrädern meist sekundär. Dieses erfolgt durch Eintauchen mindestens eines Zahnrades in Öl (*Tauchschmierung*) oder durch Anspritzen der Zahnräder bzw. Einbringen des Öles unter die Radkörper und Abspritzen durch Nutzung der Fliehkraftwirkung (*Spritzschmierung*) bzw. dem im Gehäuse befindlichen Ölnebel.

Während früher reines Mineralöl verwendet wurde, finden jetzt fast ausschließlich nur *legierte Öle*, d. h. Öle mit Beimengungen Verwendung. Durch diese Beimengungen, sogenannte Additive, werden Eigenschaftsverbesserungen erzielt. Hierzu gehören die Erhöhung der Fressbelastbarkeit, speziell durch EP-Zusätze (Extrem Pressure), Erniedrigung des Stockpunktes, Erhöhung des Flammpunktes usw. In zunehmendem Maße werden *synthetische Öle* verwendet. Sie haben u. a. ein günstigeres Viskositäts-Temperaturverhalten und eine größere Temperaturstabilität.

Auf Grund der möglichst vollkommen angestrebten hydrodynamischen bzw. hydroelastischen Effekte und der gewünschten niedrigen Leistungsverluste gilt die Grundregel, *je höher die Wälzgeschwindigkeit umso geringer die erforderliche und zweckmäßige Größe der Ölviskosität.*

Über Schmierstofftypen und global über Einsatzbedingungen orientieren Tab. 15.10. und Abb. 15.95.

Die einfachste Schmierungsart ist die *Tauchschmierung*. Mindestens ein Rad einer Paarung taucht in das Ölbad ein. Eine übliche Tauchtiefe ist etwa 4 m (m Modul). Wegen der

Tab. 15.10 Schmierstofftypen und Einsatzbedingungen [Nie89]; Richtwerte

Umfangsgeschwindigkeit m/s	Schmierstofftyp	Schmierungsart	Getriebebauart
bis 2,5	Haftschmiere	Auftragsschmierung	offen möglich
bis 4 (evtl. 6)	Fließfett	Sprühschmierung	
bis 8 (evtl. 10)		Tauchschmierung	geschlossen
bis 25 (evtl. 30)	Schmieröl	Tauchschm. oder Einspritzschmierung	
über 25 (evtl. 30)		Einspritzschmierung	

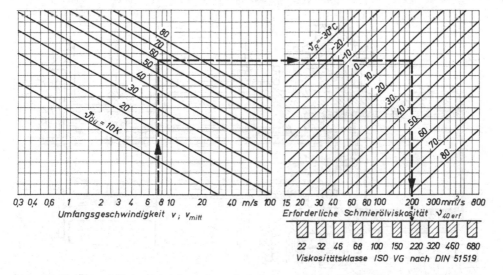

Abb. 15.95 Überschlägige Ermittlung der erforderlichen Schmierölviskosität und der Viskositätsklasse für Stirnradgetriebe [Link96]

Verschäumung und Verwirbelung ist die Anwendung dieser Schmierungsart nur bis zu einer bestimmten Wälzgeschwindigkeit bzw. Umfangsgeschwindigkeit v möglich. Bei herkömmlichen Ausführungen gilt $v \leq 25\,\mathrm{m/s}$. Es sind aber bereits Versuche und Anwendungen bis über $v = 60\,\mathrm{m/s}$ bekannt. Über der Geschwindigkeitsgrenze für Tauchschmierung (Tab. 15.10) und wenn die Wärmeabgabe durch reine Konvektion zu hohe Öltemperaturen bedingt, ist Umlaufspritzschmierung anzuwenden. Die Abb. 15.96a und b zeigen schematisch die Tauch- und Spritzschmierung. Die Spritzschmierung entgegen dem Eingriff (Abb. 15.96b) lässt die geringsten Verluste erwarten. Dagegen ergab das Einspritzen in den Eingriff die günstigste Kühlung. Als sehr günstig erweist sich eine Ritzelinnenkühlung wie sie bei einem Planetengetriebe in Abb. 15.97 dargestellt ist. Durch die Fliehkraft wird das Öl nach außen gefördert und zu einem schmierenden Ölnebel zerstäubt.

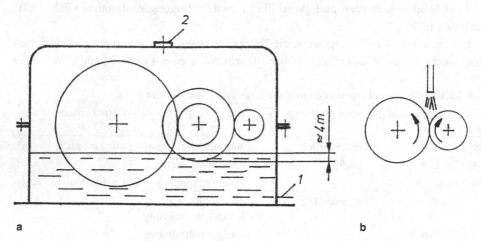

a   **b**

Abb. 15.96 Getriebeschmierung. **a** Tauchschmierung, **b** Einspritzschmierung

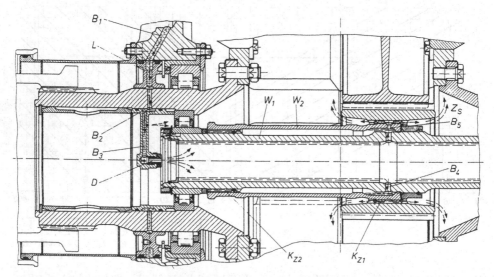

Abb. 15.97 Sonderausführung eines Schmier- und Kühlsystems bei einem Planetengetriebe (ehemals Entwicklungsbau Pirna; *H. Bockermann*)

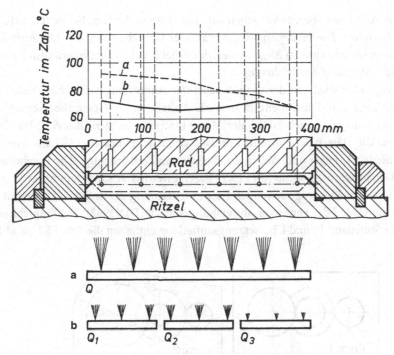

Abb. 15.98 Temperaturverlauf über der Zahnbreite bei Schrägverzahnungen [Eckh]

Da bei Schrägverzahnungen das Öl zu einer Stirnseite hin gefördert wird und sich zunehmend in diese Richtung erwärmt, kann es zu ungünstigen Maßänderungen infolge Wärmedehnung kommen. Diesem wird u. a. durch ungleichmäßige Öleinspritzmengen längs der Zahnbreite entgegengewirkt (Abb. 15.98).

Getriebe ohne Ölschmierung ist ein Wunsch besonders der Lebensmittel-, Papier- und Druckindustrie. Nach bisherigen Versuchen können regenerative Schichten bildende, alternative Schmierungen eventuell in begrenzten Bereichen eine Lösung bieten. Hierfür kommt u. a. PVC-Nebel in Betracht. Die Entwicklungen befinden sich z. Z. noch in den Anfängen des Versuchsstadiums.

15.3.9 Dimensionierung von Stirnradgetrieben

15.3.9.1 Grundaufbau

Die Anzahl der Stirnradstufen und die Aufteilung der Übersetzung auf die einzelnen Stufen muss nach dem Auslegungs- bzw. Optimierungsziel ermittelt werden. Dieses kann die Minimierung von

- Masse,
- Bauraum,
- Massenträgheitsmoment,
- Baulänge

usw. sein, wenn nicht bereits Vorgaben auf Grund spezieller Gegebenheiten, z. B. zur Stufenzahl bestehen. Die Festlegung der Anzahl der Getriebestufen und die Aufteilung der Gesamtübersetzung sind im Allgemeinen das Ergebnis einer Optimierungsrechnung oder sie erfolgt auf Grund der Erfahrung.

Im Folgenden wird von der Grundbauart der Anordnung sämtlicher Wellen in einer Ebene ausgegangen. Die Stufenzahl und die Aufteilung der Gesamtübersetzung soll auf Grund der Forderung nach minimaler Masse bestimmt werden [Röm93]. Für die Masse sind direkt die Massen der Zahnräder und auf empirischer Basis des Gehäuses und die übrigen Anteile wie Lager und Wellen durch Faktoren berücksichtigt. Die Ergebnisse gelten für die Gehäuseformen, die in Abb. 15.99 gezeigt werden. Als Beurteilungskriterium wurde die Hertzsche Pressung verwendet. Eine Einbeziehung der Breitenlastverteilung erfolgte dabei auf Grund der Fertigungsabweichungen nach [DIN3962]. Die Empfehlungen zur Wahl der Stufenanzahl und Übersetzungsaufteilung enthalten die Tab. 15.11 und 15.12.

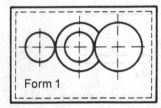 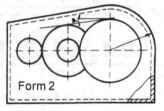

Abb. 15.99 Gehäuseformen (Form 2: Neigung der Deckfläche ist identisch mit der Tangente an die Kopfkreise der Großräder der beiden letzten Stufen)

Tab. 15.11 Wahl der Stufenzahl bei Industriegetrieben (Welle in einer Ebene liegend)

Einstufig	Zweistufig	Dreistufig
$1 \le \left| i_{ges} \right| \le 5$	$5 < \left| i_{ges} \right| \le 15$	$15 < \left| i_{ges} \right| \le 60$

Tab. 15.12 Näherungen zur günstigsten Übersetzungsaufteilung bei Industriegetrieben und mittlerer Fertigungsqualität. (Qualität 5 bis 8 [DIN3962], Wellen in einer Ebene liegend, Übersetzungsbereich Tab. 15.11)

Stufenanzahl k	Zähnezahlverhältnis		
	$u_I = z_2 / z_1$	$u_{II} = z_4 / z_3$	$u_{III} = z_6 / z_5$
1	i_{ges}	–	–
2	$0{,}7332\, i_{ges}^{\,0,6438}$	i_{ges} / u_I	–
3	$0{,}4643 \left| i_{ges} \right|^{0,609}$	$1{,}205 \left| i_{ges} \right|^{0,262}$	$\left| i_{ges} \right| / (u_I u_{II})$

Hinweise zur Festlegung günstiger Breitenverhältnisse b/d_1 zugunsten minimaler Masse enthält die Literatur [Nie89, Link96, Röm93]

15.3.9.2 Hauptabmessungen

Es wäre prinzipiell möglich, die Raddurchmesser, den Modul und die Zahnbreite beliebig zu wählen und im Ergebnis der Nachrechnungen der wichtigsten Beanspruchungen die Hauptabmessungen so lange zu korrigieren, bis eine gute Auslastung oder eine nicht zu hohe Beanspruchung erreicht ist. Um diesen iterativen Prozess zu verkürzen werden im Folgenden Gleichungen für die Ermittlung guter Startwerte angegeben.

Nach der Wahl des Werkstoffes, der Wärmebehandlung, der Verzahnungsart (gerade oder schräg) und der Aufteilung der Gesamtübersetzung, Tab. 15.11. reduziert sich das Problem zunächst auf die Auslegung einer einzelnen Stufe. Hierzu werden Vereinfachungen benutzt, die für die Nachrechnung dann nicht mehr gelten.

In den meisten Fällen ergibt die Auslegung nach der Zahnflankentragfähigkeit eine brauchbare Näherung für die Hauptabmessungen. Besonders bei ungehärteten Verzahnungen ist sie das maßgebende Kriterium. Die Flankenbeanspruchung wird umso deutlicher entscheidend, je kleiner die Zähnezahl ist. Aus Gl. (15.151) für die Flankenpressung und Gl. (15.158) für die Sicherheit ergibt sich mit $F_t = M_{t1} / (d_1 / 2)$ bei Vernachlässigung des Einzeleingriffsfaktors (Z_B, Z_D), des Schrägenfaktors (Z_β), des Rauheits-, Geschwindigkeits- und Schmierstofffaktors ($Z_R Z_V Z_L$), des Größenfaktors (Z_X) und des Werkstoffpaarungsfaktors (Z_W) für den *Ritzeldurchmesser*:

$$d_1 \geq \sqrt[3]{\frac{2 K_H M_{t1} Z_E{}^2 Z_H{}^2 Z_\varepsilon{}^2}{(Z_N \sigma_{H\lim} / S_H)^2 b / d_1} \cdot \frac{u+1}{u}} \qquad (15.212)$$

Hierbei sind:

K_H Beanspruchungsfaktor Zahnflanke

     $K_H = K_A K_v K_{H\alpha} K_{H\beta}$; mit $K_A = K_{AB}$ Anwendungsfaktor; repräsentativer Faktor für die wirksamen Überlastungen bei Ermüdungsbeanspruchung (Abschn. 15.3.3.1 oder [DIN3990] Teil 1, Richtwerte Tab. 15.3); K_v Dynamikfaktor (Abschn. 15.3.3.1), $K_{H\alpha}$ Stirnfaktor (Abschn. 15.3.4.3). Es wird näherungsweise $K_v K_{H\alpha} = 1,2$ gesetzt. $K_{H\beta}$ Breitenfaktor (Abschn. 15.3.4.2). Wenn $K_{H\beta}$ nicht aus Erfahrung bekannt ist, wird $K_{H\beta} = 1,5$ gesetzt.

M_{t1} *Drehmoment der Ritzels der jeweiligen Stufe* $M_{t1} = P_{nenn} / \omega_{1nenn}$

Z_E *Elastizitätsfaktor*, nach Gl. (15.143). Für Stahl gegen Stahl ist $Z_E = 190\sqrt{N / mm^2}$.

Z_H *Zonenfaktor*, nach Gl. (15.144). Bei Geradverzahnung und Profilverschiebungssumme $\Sigma x = 0$ ist $Z_H = 2,5$; bei Schrägverzahnung nach Gl. (15.144) oder Abb. 15.81 für $\Sigma x = 0$ und dem gewählten Schrägungswinkel β. Der Schrägungswinkel wird unter Berücksichtigung der angestrebten Sprungüberdeckung, der für die Lagerung ertragbaren Axialkraft und betrieblichen Festlegungen (genormte Werte s. DIN 3978, aber nicht zwingend anzuwenden) gewählt. Bei

Industrie- und Kraftfahrzeuggetrieben liegt der Schrägungswinkel im Bereich $\beta = 8°$ bis $25°$. Bei Doppelschrägverzahnung sind Werte bis $\beta = 45°$ üblich.

Z_ε *Überdeckungsfaktor*, nach Gl. (15.140) und (15.141) überschlägig: Geradverzahnung $Z_\varepsilon = 1$; Schrägverz. $Z_\varepsilon = 0,85$

u *Zähnezahlverhältnis*, $u = z_2 / z_1$; $|z_2| \geq z_1$

Hinweise: u aus Stufenübersetzung; bei Innenradpaaren ist die Zähnezahl der Innenverzahnung negativ

Z_N *Lebensdauerfaktor* nach Gl. (15.152). Im Dauerfestigkeitsbereich ist $Z_N = 1$.

σ_{Hlim} *Flankenfestigkeit* (Grübchen), Werte Tab. 15.24. Für legierte Einsatzstähle mit einer Oberflächenhärte im Bereich $H = 60^{+3}_{-3} HRC$ ist $\sigma_{Hlim} = 1400$ bis $1500 N / mm^2$.

S_H Rechnerische *Sicherheit*

Die Sicherheit ist unter Berücksichtigung von Vereinbarungen bzw. bestehender Forderungen, der Bedeutung der Anlage usw. festzulegen. Bestehen keine besonderen Forderungen oder Vereinbarungen, kann hier $S_H = 1,2$ angenommen werden.

b / d_1 Breiten-/Durchmesserverhältnis

Wenn b / d_1 nicht vorgegeben ist bzw. nicht in einem Optimierungsprozess berechnet wurde, ist b / d_1 festzulegen. Entscheidend hierzu ist die gesamte Konstruktion (Verformung, Qualität, Werkstoff, Wärmebehandlung, Einstellmaßnahmen). Häufig sind Werte $b/d_1 = 0,6$ bis $1,2$.

Nach der Bestimmung des Ritzeldurchmessers kann die *Zähnezahl* z_1 gewählt und mit Hilfe des vorher festgelegten Schrägungswinkels β der Modul m_n bestimmt werden. Als Zähnezahlen des kleineren Rades der Paarung sind üblich: bei Industriegetrieben $z_1 = 14$ bis 25, bei Turbogetrieben $z_1 = 25$ bis 45 und in Kraftfahrzeuggetrieben $z_1 = 8$ bis 25. Der für den *Modul* rechnerisch aus dem Durchmesser mit der Zähnezahl erhaltene Wert ist allgemein auf einen genormten Wert nach [DIN780] (s. auch Tab. 15.2) auf- oder abzurunden. Die Nachrechnung muss dann zeigen, dass damit die erforderliche Sicherheit der Zahnfußbeanspruchung vorliegt. Gegebenenfalls muss ein anderer Modul festgelegt werden. Die Zähnezahl des Rades 2 ergibt sich mit $z_2 = u \, z_1$, gerundet auf eine ganze Zahl. u ist das Zähnezahlverhältnis z_2 / z_1, d. h. u entspricht der Stufenübersetzung i bei Drehzahländerung ins Langsame. Es ist günstig, die Zähnezahlen einer Paarung so festzulegen, dass sie *keine gemeinsamen Faktoren* > 1 enthalten. Anderenfalls können sich ungünstige, insbesondere periodisch auftretende Verschleißerscheinungen, bilden.

Oft muss die Auslegungsrechnung mehrfach wiederholt werden, insbesondere wenn die Sicherheiten nicht den gewünschten Größen entsprechen, enge Toleranzen der Übersetzung einzuhalten sind, aus eine Reihe möglicher Achsabstände der zu wählende Achsabstand festgelegt werden muss und/oder die Profilverschiebung nicht in einem günstigen Bereich liegt.

15.3.9.3   Profilverschiebung

Es ist zweckmäßig, nach Festlegung des Achsabstandes a die *Summe der Profilverschiebungsfaktoren*, zunächst *überschlägig*, zu bestimmen:

$$x_1 + x_2 \approx (a - a_\mathrm{d}) / m_\mathrm{n} \tag{15.213}$$

mit $a_\mathrm{d} = 0,5(d_1 + d_2)$; $d_{1,2} = z_{1,2} m_\mathrm{n} / \cos \beta$.

Hinweis: Gleichung (15.213) ist nur für grobe Abschätzungen geeignet!

Mit Hilfe von Abb. 15.100 ist eine Orientierung möglich, ob $(x_1 + x_2)$ eine günstige Größe ist. Danach sollte erst/muss die exakte Berechung erfolgen.

Die *Aufteilung der Profilverschiebung* kann nach verschiedenen Kriterien erfolgen, z. B. minimale Biegebeanspruchung, minimale Flankenpressung, minimale Blitztemperatur (s. [Link96]). In Abb. 15.100b und c ist abhängig von Übersetzung ins Langsame oder Schnelle eine Methode zur Aufteilung von $(x_1 + x_2)$ angegeben, wobei im Mittel für die unterschiedlichen Kriterien günstige Ergebnisse erhalten werden. Die Unterscheidung zwischen Übersetzung ins Schnelle oder Langsame erfolgt, da der zwischen Eingriffsbeginn und Wälzpunkt ($\overline{AC}$) liegende Teil der Eingriffsstrecke hinsichtlich Schmierfilmbildung und Reibung ungünstiger als der Teil zwischen Wälzpunkt und Austritt ($\overline{CE}$) beurteilt wird.

Generell liegt ein größerer Einfluss der Summe der Profilverschiebung auf die Tragfähigkeit bei kleinen Zähnezahlen und Zähnezahlverhältnissen vor. Die Aufteilung der Profilverschiebung hat in jedem Fall Bedeutung.

Hinweis zu Abb. 15.100: Vorgehen zur Bestimmung von x_2, x_1 am Beispiel $z_1 = 23$, $z_2 = 52$, $\Sigma x = 1,25$. 1) Ermittlung des Punktes $P(\Sigma z / 2, \Sigma x / 2)$ im Diagramm; 2) Interpolationsgerade durch den gefundenen Punkt; 3) Ablesen des Profilverschiebungsfaktors x_1 auf der Ordinate mit Hilfe von z_1 und der Interpolationsgeraden; 4) $x_2 = \Sigma x - x_1$.

15.3.9.4   Verzahnungstoleranzen

Fertigungstechnische Voraussetzungen

Die erreichbare Genauigkeit der Verzahnung wird entscheidend durch das Fertigungsverfahren festgelegt. Auf Grund der hier im Umfang erforderlichen Beschränkungen kann die Fertigung nur kurz erwähnt bzw. angedeutet werden.

Die Fertigung einer Verzahnung kann man gliedern in *Formgebung* und *Wärmebehandlung*. Bei der Formgebung werden spanende Verfahren (z. B. Fräsen, Stoßen, Räumen, Schleifen, Schaben, Honen) und spanlose Verfahren (z. B. Walzen, Fließpressen, Ziehen, Ausschneiden, Schmieden, Gießen) angewandt. Am häufigsten sind z. Z. spanende Verfahren und dabei das Wälzfräsen, bei dem ein schneckenförmiger Wälzfräser in das zwangsgeführte Werkstück die Verzahnung einschneidet (Abb. 15.101d).

Bei sehr hohen Genauigkeitsforderungen ist das Schleifen, nach erfolgter Wärmebehandlung insbesondere nach dem Einsatzhärten, noch nicht ersetzbar. In Abb. 15.102 sind typische Wälzschleifverfahren dargestellt und Vertreter der Arbeitsprinzipien angegeben.

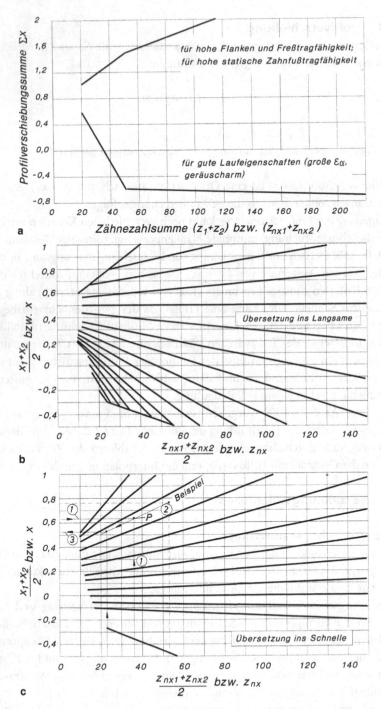

Abb. 15.100 **a** Wahl der Profilverschiebung für Außenverzahnung (analog [DIN3992]), **a** üblicher Bereich zur Wahl der Summe der Profilverschiebungsfaktoren, **b**, **c** Wahl der Profilverschiebung für Außenverzahnung (analog [DIN3992]), **b** Aufteilung der Summe auf Ritzel und Rad bei *Übersetzung ins Langsame*, **c** Aufteilung der Summe auf Ritzel und Rad bei *Übersetzung ins Schnelle*

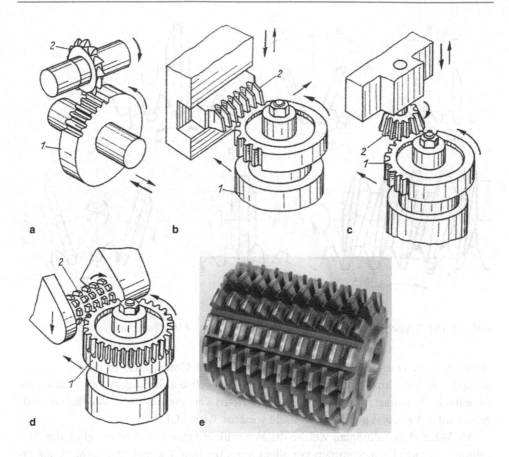

Abb. 15.101 Verzahnungsherstellung, **a** Formfräsen, **b** und **c** Wälzstoßen, **d** Wälzfräsen, **e** Wälzfräser

Beim Wälzschleifverfahren besteht das Werkzeug aus einem oder zwei Schleifkörpern, die das Profil des Zahnstangenzahnes bilden (a, b) oder aus einem Schleifkörper, der die Form einer zylindrischen Schleifschnecke besitzt (c). Bei dem Verfahren a) wird die eine Flanke und nach der Umkehr, bei der das Spiel, Abb. 15.102a überbrückt wird, die andere Flanke geschliffen. Das Schleifverfahren nach Maag wird neuerdings vorrangig nur zur Herstellung sehr genauer Zahnräder (Lehrzahnräder) und spezieller Versuchsräder angewandt. Neben den Wälzverfahren entwickelte sich das Formschleifverfahren (u. a. Fa. Kapp) zu einem genauen und produktiven Verfahren.

Ein Mitschleifen des Zahngrundes soll bei großen Zahnrädern nicht erfolgen, da hierdurch die Gefahr des örtlichen Durchschleifens der Einsatzschicht infolge des Härteverzuges, oder unzulässiger örtlicher Erwärmung der martensitischen Oberflächenschichten besteht. Ein Schleifabsatz am Übergang der Zahnflanke zum Zahnfuß ist aber ebenfalls ungünstig. Bei hochbeanspruchten Verzahnungen wird er durch einen absichtlich erzeugten Unterschnitt mit Hilfe von Sonderwerkzeugen, sogenannten Protuberanzwerkzeugen,

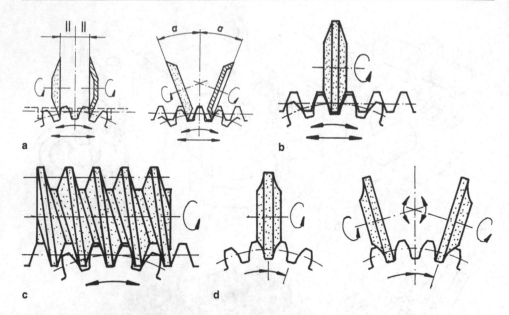

Abb. 15.102 Typische Schleifverfahren. **a, b, c** Wälzschleifen, **d** Profilschleifen

vermieden. Sie erzeugen bei der Vorbearbeitung einen Unterschnitt in der Größenordnung des Schleifaufmaßes. Beim Schleifen sind Schleifrisse unbedingt zu vermeiden. Eine wesentliche Voraussetzung ist bei einsatzgehärteten Verzahnungen ein Randkohlenstoffgehalt unter 0,9 %, was generell angestrebt wird (ca. 0,85 % C).

Als Wärmebehandlungen, welche die konstruktiv geforderte Endfestigkeit der Verzahnung herbeiführen, kommen vor allem Vergüten und Wärmebehandlungen zur Erzeugung harter Randschichten in Frage. Durch Vergüten werden eine höhere Zugfestigkeit, Streckgrenze und höhere Schwingfestigkeiten (Ermüdungsfestigkeiten) erreicht. Es besteht aus einem Härten mit einem nachfolgenden Anlassen bis etwa 650 °C. Das Vergüten ist normalerweise vor der spanenden Endbearbeitung durchzuführen, damit bei der Wärmebehandlung entstehende Maßabweichungen sich nicht auf die Qualität der Verzahnung auswirken. Mit herkömmlichen Wälzfräsern sind Verzahnungen mit vertretbarem Aufwand im Allgemeinen nur bis etwa $R_m = \sigma_B \approx 1000\,\mathrm{N/mm^2}$ zu fräsen. Typische Vergütungsstähle sind C35 bis C60, 37MnSi5, 40Cr4, 50CrV4, 42CrMo4 und 36CrNiMo4. Mit Hartmetallfräsern können auch gehärtete Verzahnungen gefräst werden (Hartverzahnen).

Vergütete Verzahnungen werden für mittlere Beanspruchungen verwendet und haben meist den Endbearbeitungszustand gefräst (und gegebenenfalls geschabt). Wärmebehandlungsverfahren zur Erzeugung harter Randschichten sollen durch den Kernwerkstoff die Zähigkeit des Bauteiles möglichst beibehalten und durch die harte Randschicht die Zahnflankenfestigkeit und Zahnfuß-Schwingfestigkeit erhöhen. Dieses erfolgt durch eine höhere Härte in der Randzone und wesentlich durch einen günstigen Eigenspannungszustand. Die harte Randschicht wird erreicht, indem entweder ein bereits härtbarer

Stahl (C-Gehalt ≥ 0,35 %) nur an der Oberfläche erwärmt und abgeschreckt wird (Flamm-
und Induktionshärten, Elektronenstrahl- und Laserhärten) oder durch ein Aufkohlen der
Oberfläche, wodurch ein C-armer Stahl (C-Gehalt ≤ 0,2 %) oberflächenhärtbar gemacht
wird (Einsatzhärten). Es ist auch möglich, durch eine kombinierte Kohlenstoff- und Stickstoffzuführung (Carbonitrieren, Nitrocarbonieren) oder eine reine Stickstoffzuführung
(Badnitrieren, Gasnitrieren) eine harte, festigkeitssteigernde Randschicht zu erhalten.

   Entscheidend für die Belastbarkeit (Zahnfußfestigkeit) ist das Erreichen einer kontu-
rentreuen harten Randschicht (Abb. 15.103a). Bei einem Verlauf der Härteschicht nach
Abb. 15.103b, wie sie durch Flamm- oder Induktionshärten besonders bei kleineren Mo-

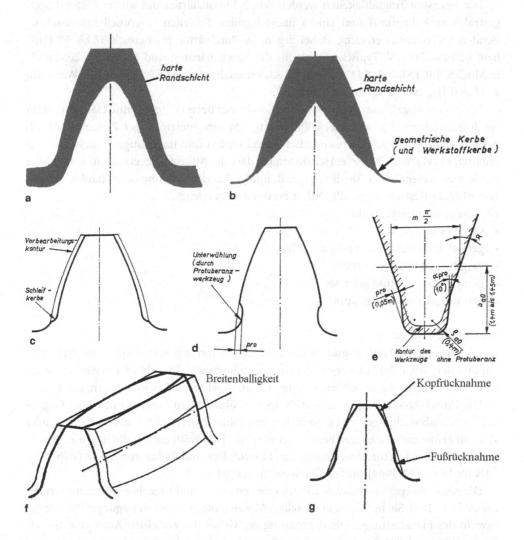

Abb. 15.103 Spezielle Formen der harten Randschicht des Zahngrundes und Flankenmodifitatio-
nen (**f, g**)

duln auftritt, liegt die Flankenfestigkeit wesentlich über den für vergütete Verzahnungen geltenden Werten. Die Zahnfußfestigkeit ist aber meist geringer als im nur vergüteten Ausgangszustand. Durch die in der am höchsten beanspruchten Zone auslaufende Härteschicht (Werkstoffkerbe!) entsteht eine ungünstige Überlagerung von Eigenspannungen und Lastspannungen.

Nitrierte Verzahnungen haben kleinere Maßabweichungen als ungeschliffene einsatzgehärtete Verzahnungen, da die Wärmebehandlung bei niedrigeren Temperaturen erfolgt (um 550 °C). Ein Abschrecken ist beim Nitrieren nicht erforderlich und ein Schleifen nach dem Nitrieren wegen der dünnen Randschicht im Allgemeinen nicht zulässig.

Die höchsten Tragfähigkeiten werden durch Einsatzhärten mit unterwühlten kugelgestrahltem Zahngrund und einem nachfolgenden Schleifen (eventuell mit abschließenden Vibrohonen) erreicht. Dabei liegen die Randhärten im Bereich 57 bis 63 HRC bzw. 650 bis 785 HV. Typische Stähle für die Einsatzhärtung sind 16MnCr5, 20MnCr5, 20MoCr5, 18CrNiMo7–6 (17CrNiMo6). Als Einsatzhärttiefen (*EHT*) kommen Werte um $EHT = 0{,}1m_n$ bis $0{,}2m_n$ zur Anwendung.

Für eine richtige Einsatzhärtung sind außer der richtigen Härtetiefe und Härte vor allem ein Randkohlenstoffgehalt unter 0,9 % wichtig, da sonst netzförmiger Zementit auftritt, der die Bildung von Schleifrissen entscheidend fördert und ungünstige Festigkeitseigenschaften hervorruft. Ebenso entscheidend ist, dass der Mikrohärteverlauf zur Oberfläche hin keinen wesentlichen Abfall zeigt, z. B. infolge Randentkohlung oder Randoxydation. Ein erhöhter Restaustenitgehalt fördert Fresserscheinungen.

Übliche Ausführungen sind:

- vergütet und gefräst
- gefräst, einsatzgehärtet und geschliffen
- vergütet, gefräst und nitriert
- gefräst, geschabt und gehärtet
- gefräst, gehärtet und geläppt

Verzahnungstoleranzen

Die Festlegung der Fertigungsart wird entscheidend von den geforderten Festigkeitswerten und der Größe der zulässigen Abweichungen bestimmt. In Abb. 15.104 werden einige wesentliche Fertigungsabweichungen, die sich im praktischen Fall überlagern, gezeigt.

Die Einzel-Abweichungen nach Abb. 15.104 führen beim Eingriff mit einem Gegenrad zu Wälzabweichungen, die je nach dem gewählten Prüfverfahren, als *Einflanken- oder Zweiflankenwälzabweichungen* bezeichnet werden. [DIN3960] enthält die Begriffe, Benennungen und Zeichen für Abweichungen an Einzelrädern und Radpaarungen. In [DIN3962, DIN3963 und DIN3964] sind die Zahlenwerte festgelegt.

Die *abweichungsgeometrischen Größen* erfassen Form- und Lageabweichungen (vergleiche Abb. 15.104). Sie bedingen unmittelbar Abweichungen in der Bewegungsübertragung bzw. in der Flankenanlage. Die Begrenzung der Größe der einzelnen Abweichungen erfolgt in 12 Qualitätsstufen, mit von 1 bis 12 zu steigenden zulässigen Abweichungen.

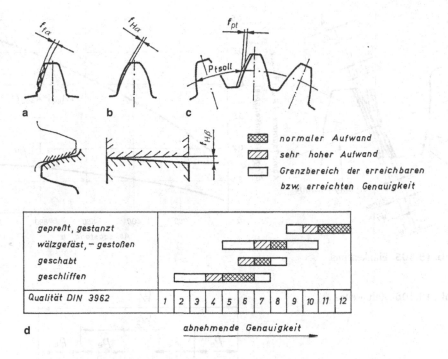

Abb. 15.104 Verzahnungsabweichungen und Verzahnungsqualitäten, **a** Profilformabweichung, **b** Profilwinkelabweichung, **c** Kreisteilungsabweichung, **d** Flankenlinienwinkelabweichung

Die *passungsgeometrischen Größen* haben Bedeutung für das Flankenspiel (Abb. 15.105). Es sind die Abmaße der Zahndicke und die Achsabstandsabweichungen [DIN3964]. Infolge einer größeren Ausdehnung der Zahnräder als Wärmequelle gegenüber dem Gehäuse und infolge der Verzahnungsabweichungen ist kein spielfreier Einbau möglich. Es müssen deshalb die Zahndickenabmaße so festgelegt werden, dass unter Berücksichtigung dieser Größen kein Klemmen im Betrieb eintritt.

Die Prüfung der Zahndicke kann durch die Kontrolle der Zahndicke selbst oder indirekt mit Hilfe des Zweirollen- oder Zweikugelmaßes ([Nie89, Link96, DIN3960]) bzw. durch die Zahnweite W (Abb. 15.106) erfolgen. Die zwischen den Messtellern liegende Zähnezahl k ist so zu wählen, dass die Anlage etwa in der Mitte der Zahnhöhe erfolgt k, sodass $((W_k / \cos_b)^2 + d_b^2 \approx (d_a - 2m)^2$ beträgt). Auf Grund der Eigenschaften der Evolvente wirken sich kleine Schwenkungen des Messzeuges und der dadurch an beiden Flanken entgegengesetzt sich ändernden Anlage nicht in einer Änderung des Prüfmaßes aus.

Bei *Geradverzahnungen* (Abb. 15.106) ist

$$W_k = (k-1)p_b + s_b \qquad (15.214)$$

und nach Übergang auf *Schrägverzahnung* und Einsetzen der Beziehungen für die einzelnen Bestimmungsgrößen:

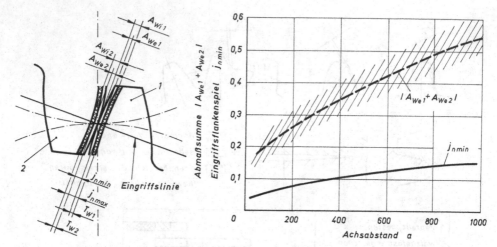

Abb. 15.105 Flankenspiel

Abb. 15.106 Zahnweite

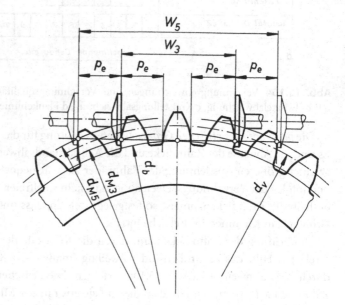

$$W_k = m_n \cos \alpha_n \left[\left(k - \frac{z}{2|z|} \right) \pi + z \cdot \mathrm{inv}\, \alpha_t \right] + 2x m_n \sin \alpha_n \qquad (15.215)$$

Messbar ist die Zahnweite, wenn $b > W_k \sin \beta_b$ ist. Sonst ist die Messung des Kugel- bzw. Rollenabstandsmaßes oder direkt die Messung der Zahndicke erforderlich. Die Tolerierung der Zahndicke bzw. der Zahnweite stellt die Hauptbestimmungsgröße für das Flankenspiel dar.

Der kürzeste Abstand zwischen den Rückflanken der Zähne eines Zahnpaares ist das *Normalflankenspiel* j_n. Aus Abb. 15.105 kann eine Empfehlung für die Summe der kleinsten Abmaße A_{We} der Zahnpaarung entnommen werden. Dabei sind spielverengende Größen, z. B. Wärmedifferenzdehnungen Zahnräder-Gehäuse noch nicht berücksichtigt.

$$j_{n\,min(0)} = \left| A_{We1} + A_{We2} \right| \tag{15.216}$$

Vernachlässigt man diese, was bei industriellen Anwendungen einer Überprüfung bedarf, ergeben sich die kleinsten Zahnweitenabmaße $A_{We1,2}$ zu

$$A_{We1} = A_{We2} = -0,5 \left| j_{n\,min(0)} \right| \tag{15.217}$$

Die Toleranz T_W der Zahnweite liegt im Allgemeinen im Bereich $T_W = 0,03 \dots 0,08\,mm$ (im Mittel $T_W = 0,05\,mm$). Es ergeben sich dann die unteren Abmaße $A_{Wi1,2}$ zu:

$$A_{Wi1,2} = A_{We2} - T_{W1,2} \tag{15.218}$$

Diese Abmaße sind mit der Zahnweite bzw. analog für ein alternatives Prüfmaß im Verzahnungsschriftfeld einzutragen.

15.3.10 Zeichnungsangaben

Die Zeichnungsangaben kann man *allgemein* gliedern in

- Geometrische Angaben
  Makrogeometrie, welche die Form mit den zulässigen Abweichungen einzelner Maße, der Form und Lage festlegt. Mikrogeometrie, welche die Oberflächencharakteristik (Rauheit, Struktur) beschreibt.
- Werkstoffliche Angaben
  Sie umfassen u. a. den Werkstoff selbst, die Wärmebehandlung, den Oberflächenschutz, Vor- und Zusatzbehandlungen.
- Organisatorisch-technische Daten
  Damit werden u. a. Prüfung und Abnahme nach Art und Umfang festgelegt, bzw. in speziellen Fällen technologische Vorschriften, deren Einhalten für die Funktion und/ oder Tragfähigkeit erforderlich ist. Hierzu gehören Angaben wie „gemeinsam mit Teil … gebohrt" oder „Anfasung vor Wärmebehandlung".

Im Folgenden werden die geometrischen Angaben dargelegt:
Die *geometrischen* Angaben erfolgen sowohl direkt bei der bildlichen Darstellung als auch in einer speziellen Verzahnungstabelle. Abbildung 15.107 zeigt ein Beispiel für die Anordnung der Angaben in der Zeichnung. Abbildung 15.108a) bis 15.108f) und Tab. 15.13 geben Hinweise zu üblichen Angaben u. a. auf der Basis von [DIN3966].

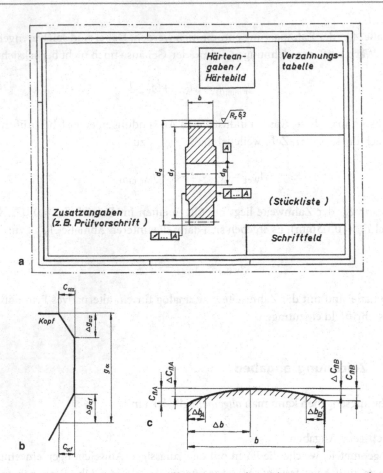

Abb. 15.107 Angaben in einer Zahnradzeichnung. a Anordnung (Hinweis: Es ist auch üblich, das Härtebild links neben dem dargestellten Bauteil (Zahnrad) anzuordnen), b Profildiagramm für Profilmodifikation (Kopf- und Fußrücknahme), c Diagramm für Breitenmodifikation

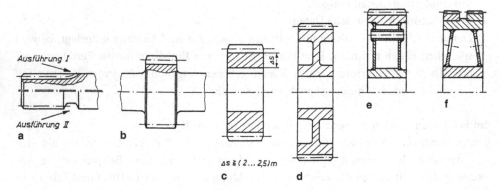

Abb. 15.108 Gestaltungsbeispiele für Zahnräder

In der *bildlichen Darstellung* des Zahnrades werden eingetragen:

- Kopfkreisdurchmesser d_a
  Er wird meist mit *h9* bis *h11* toleriert. Bei größeren einsatzgehärteten Zahnrädern ist die z. T. erhebliche Maßänderung bei der Wärmebehandlung zu beachten, so dass entweder eine sehr grobe Tolerierung, eine Bearbeitung (Schleifen) oder in extremen Fällen sogar ein Anpassen des Gegenrades erfolgen muss. Ist der Kopfzylinder eine technologische Basis, muss selbstverständlich nach dem Härten ein Überschleifen erfolgen.

- Zahnbreite *b*
  Die Zahnbreite wird meist ohne spezielle Toleranz angegeben (Freimaßtoleranz).

- Fußkreisdurchmesser d_f
  Durch Zahnweite bzw. Zahndicke und das Werkzeug entsteht der Fußkreisdurchmesser automatisch. Auf seine Angabe wird deshalb oft verzichtet. Bei größeren Zahnrädern kann es aber beim Einsatzhärten zu großen Maßänderungen kommen, so dass im Hinblick auf die Interferenzgefahr seine Angabe zweckmäßig ist. Es ist jedoch eine ausreichend große Toleranz vorzugeben und dabei auch zu beachten, dass die Zahndickenabmaße z. B. bei Herstellung mit Wälzfräsern und Schneidrädern Einfluss auf den Fußkreisdurchmesser haben. Ein Schleifen des Zahngrundes ist bei größeren Zahnrädern im Allgemeinen unzulässig, da die erforderliche Fußrundung meist nicht gewährleistet werden kann, eine bei einsatzgehärteten Verzahnungen schädliche Anlasswirkung möglich ist und eine unkontrollierbare Schwächung der Härteschicht im Zahngrund infolge der Maßänderung beim Härten befürchtet werden muss. Dadurch sind die angestrebten Festigkeitseigenschaften nicht mehr gewährleistet. Die Anlasswirkung bei neueren Verfahren, z. B. bei CBN-Scheiben, kann wesentlich geringer als bei herkömmlichen sein, sodass bei kleineren Abmessungen (KfZ-Ind.) das Ausschleifen des Zahngrundes mit gerundetem Schleifscheibenkopf üblich und zulässig ist.

- Bezugsbasis
  Die Bezugsbasis bzw. das Bezugselement für Rundlauf und Planlauf wie auch Kreisteilung, Taumelabweichung usw. ist im Allgemeinen die Radachse. Die Eintragung erfolgt nach [DINISO1101].

- Rauheit
  Die Angabe der maximal zulässigen Rauheit der Zahnflanke erfolgt an der Zahnmittellinie (Teilkreis) durch den arithmetischen Mittenrauwert R_a oder durch die gemittelte Rauhtiefe R_z. Für geschliffene Verzahnungen liegt die maximal zulässige Rauhtiefe etwa bei $R_a \approx 0,5\,\mu\mathrm{m}\ (R_z \approx 4\,\mu\mathrm{m})$. Für gefräste Verzahnungen beträgt dieser Wert etwa $R_a \approx 2\,\mu\mathrm{m}\ (R_z \leq 25\,\mu\mathrm{m})$. Die Angabe der Rauheit für den Zahngrund ist bei hoher Biegebeanspruchung üblich, aber nur sinnvoll, wenn keine Schleifabsätze vorliegen, da dann deren Einfluss überwiegt. In Grenzfällen wird Polieren des Zahngrundes verlangt. Kugelstrahlen hebt den Einfluss einer Rauheit von $R_z \leq 25\,\mu\mathrm{m}$ (und z. T. auch von größeren Werten) auf die Zahnfuß-Ermüdungsfestigkeit im Allgemeinen auf.

- Flankenmodifikation
  Bei speziellen Forderungen werden die geforderten Abweichungen der Flanke von der Evolvente und der Flankenlinienlage in speziellen Diagrammen für die Prüfung angegeben. Im Allgemeinen ist bisher eine Profikorrektur und Breitenballigkeit üblich. Neuere Festlegungen geben für ein Punktnetz der Eingriffsebene die gewünschte Lage der Flanke, bezogen auf die abweichungsfreie Evolvente an (Topologie) und berücksichtigen speziell für Schrägverzahnung die schräg über der Zahnhöhe verlaufenden Berührungslinien und die darauf bezogene Flankenrücknahme, z. B. am Eingriffsbeginn, und vermeiden durch einen im Allgemeinen elliptischen Verlauf der Profilmodifikation an den Übergängen des korrigierten zum unkorrigierten Bereich Pressungserhöhungen.

Für *Sonderfälle* können folgende zusätzliche Angaben notwendig oder zweckmäßig sein, z. B. arbeitende Flanke.

Für die Rückflanke sind bei einer Arbeitsrichtung gröbere Abweichungen möglich und eventuell in gesonderten und auf der Zeichnung genannten Richtlinien festgehalten.

- Materialwegnahme beim Wuchten
  Bei größeren Drehzahlen ist ein dynamisches Wuchten erforderlich. Es wird dann bei hochbeanspruchten Verzahnungen der zulässige Bereich für die Materialwegnahme angegeben.

- Ort der Kennzeichnung
  Aus Zweckmäßigkeitsgründen und zur Vermeidung von Schädigungen an hochbeanspruchten Stellen wird der Ort für Kennzeichnungen angegeben.

- Stirn- und Kopfkantenbruch
  Bei hochbeanspruchten Verzahnungen wird nicht nur die Größe der Anfasungen bzw. Rundungen vorgegeben, sondern auch die technologische Einordnung, z. B. „vor dem Aufkohlen angefast", um ungünstige Auswirkungen auf den örtlichen Eigenspannungszustand zu vermeiden.

- Ort der Härteprüfung

Die als Beispiel in der Verzahnungstabelle (Tab. 15.13) aufgeführten Angaben können u. a. ergänzt werden durch

- das Bezugsprofil für das Werkzeug,
- die Zahnhöhe h,
- die Zahndickensehne $\bar{s}$ und Höhe über der Sehne $\bar{h}$,
- das radiale bzw. diametrale Prüfmaß und den Messkugel- bzw. Messrollendurchmesser,
- den Zweiflanken-Wälzabstand a'',
- Sonderangaben für geometrische Abweichungen usw.

Tab. 15.13 Verzahnungstabelle für Zeichnungsangaben

Stirnrad			außenverzahnt[a] innenverzahnt[a]
Modul		m_n	
Zähnezahl		z	
Bezugsprofil			DIN 867[a]
Schrägungswinkel		β	
Flankenrichtung			
Teilkreisdurchmesser		d	
Grundkreisdurchmesser		d_b	
Profilverschiebungsfaktor		x	
Kopfhöhenänderung		km_n	
Verzahnungsqualität[b]			
Zahnweite[c]		W_k	
über k Zähne[c]		k	
Gegenrad	Zeichnungsnummer		
	Zähnezahl	z	
Achsabstand im Gehäuse mit Abmaßen		a	
Eingriffsstrecke		g_a	
Ergänzende Angaben (bei Bedarf)			

[a] Nicht zutreffendes streichen;
[b] nach DIN 3962/3963; 3967 (zutreffendes eintragen);
[c] bzw. Prüfmaß über Kugeln oder Rollen (bei $\beta = 0$) und Kugel- bzw. Rollendurchmesser

Der Vermerk der *Prüfvorschrift* (maßlich, werkstofftechnisch), in der Art, Umfang, Durchführung und Dokumentation der Kontrollen festgehalten sind, ist bei gut entwickelter Fertigung üblich. Zu den wesentlichen Angaben in der Verzahnungstabelle gehört die Angabe der Verzahnungsqualität nach [DIN3962, DIN3963, DIN3964].

15.4   Kegelradgetriebe

15.4.1   Grundlegende Eigenschaften und Arten

Kegelradgetriebe dienen der Bewegungsübertragung zwischen Wellen verschiedener Winkellagen. Bei *Kegelrädern schneiden sich die Achsen in einem Punkt* (Abb. 15.112, 15.113) im Gegensatz zu den Hypoidgetrieben.

Aus fertigungstechnischen Gründen entsteht bei Kegelrädern im Allgemeinen keine (Kugel-)Evolvente, sondern eine ihr nur angenähert entsprechende Profilform, die *Oktoide*. Durch Zusatzbewegungen und sphärische Messer wird außerdem eine gewünschte Abweichung erzeugt, um das Tragbild der Verzahnung zu verbessern bzw. unempfindlich gegen Achsverlagerungen auszubilden.

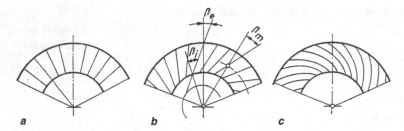

Abb. 15.109 Kegelräder mit unterschiedlichem Flankenlinienverlauf, dargestellt am Planrad (Segment). **a** Gerade, **b** Schräg (rechtssteigend), **c** Bogenförmig (linkssteigend)

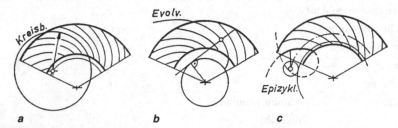

Abb. 15.110 Kegelräder mit bogenförmigen Flankenlinien. **a** Kreisbogen, **b** Evolvente, **c** Epizykloide

Als Eigenschaften von Kegelradgetrieben können genannt werden:

- mögliche Übersetzungsverhältnisse in der gleichen Größenordnung wie bei Stirnradpaarungen,
- Wirkungsgrad größer als bei Schneckengetrieben, geringfügig geringer als bei Stirnradgetrieben,
- im Allgemeinen Axialkräfte vorhanden,
- durch axiale Lageänderungen von Ritzel oder Rad Beeinflussung des Tragbildes möglich,
- Profilverschiebung mit $x_1 + x_2 \neq 0$ führt im Allgemeinen zu Eingriffsabweichungen, da die Zahnform meist keine (Kugel-)Evolvente, sondern eine Oktoide ist; deshalb Ausführung meist als V-Nullverzahnung: $x_1 + x_2 = 0$.

Bei Hypoidgetrieben (*achsversetzten Kegelrädern*) liegen die Achsen um den Achsabstand *a* gegeneinander versetzt (Abb. 15.6 und 15.9). Für sie gelten folgende Besonderheiten:

- auch bei hohen Übersetzungsverhältnissen ist ein großes tragfähiges Ritzel möglich (Teilkreisdurchmesser verhalten sich hier nicht wie Zähnezahlen),
- ruhigerer Lauf als bei nicht achsversetzten Kegelradgetrieben (Anwendung bei Kraftfahrzeugen!),
- beidseitige Lagerungen von Ritzel *und* Rad infolge Achsversatz möglich,
- Wirkungsgrad infolge des Gleitens auch längs der Kontaktlinie geringer als bei (normalen) Kegelradgetrieben.

Die weiteren Ausführungen sind den Kegelradgetrieben (schneidende Achsen) gewidmet (zur Berechnung achsversetzter Kegelräder siehe [Nie89, BECAL]). Sie können auf Grund des *Verlaufes der Flankenlinie* in Kegelräder mit geraden, schrägen oder bogenförmigen Zähnen eingeteilt werden (Abb. 15.109). Bogenverzahnte Kegelräder sind gegenüber Geradverzahnungen geräuschärmer. Die Spiralverzahnung mit einem konstanten Schrägungswinkel (logarithmische Spirale) wird kaum verwirklicht. Aus Herstellungsgründen wird bei Kegelrädern auch die Schrägverzahnung nicht mehr verwendet, sondern für den Flankenverlauf der Kreisbogen, die Evolvente und die Epizykloide (Abb. 15.110). Praktische Bedeutung haben gerad- und bogenverzahnte Kegelräder.

Kegelräder können mit einer veränderlichen oder einer konstanten Zahnhöhe ausgeführt werden (Abb. 15.111) oder einen beliebigen Verlauf besitzen [DIN3971]. Eine kurze Übersicht zu Arten bogenverzahnter Kegelräder vermittelt Tab. 15.14.

Hinweis: Die klassischen Unterschiede veränderliche oder konstante Zahnhöhe sind durch die moderne Fertigungstechnik und die dadurch bedingten Möglichkeiten der Gestaltung z. T. aufgehoben. Für Arcoid- und Kurvenverzahnungen ist die Maschinenfertigung eingestellt.

Die Übertragung der Drehbewegung ist mit dem Abrollen von zwei Kegeln zu vergleichen (Abb. 15.112). Die *Übersetzung i* ist wie bei Stirnradgetrieben:

$$|i| = |n_1 / n_2| = |z_2 / z_1| \qquad (15.219)$$

15.4.2   Geometrie der Kegelräder/Kegelradgetriebe

Begriffe und Bestimmungsgrößen enthält [DIN3971]. Es sind nahezu sämtliche Achswinkel Σ möglich. Üblich ist jedoch $\Sigma \leq 90°$. $\Sigma = 90°$ ist am häufigsten verwirklicht. Der

Abb. 15.111 Verlauf der Zahnhöhe. **a** konstant, **b** veränderlich

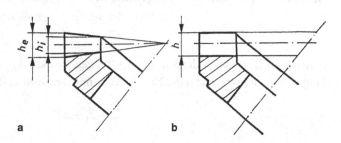

a   b

Abb. 15.112 Abrollen der kegligen Grundkörper (Wälzkegel)

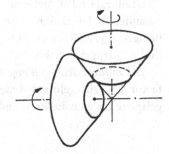

Abb. 15.113 Kegelradpaar mit
Ersatzschrägstirnradpaar

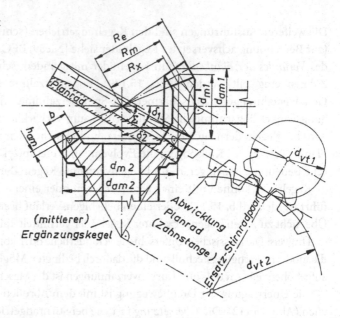

(mittlerer)
Ergänzungskegel

Tab. 15.14 Bezeichnungen und Hersteller von Bogenzahn-Kegelrädern

Flankenlinie	Zahnhöhe	Maschinenhersteller	Firmenbezeichnung (Beispiele)
Kreisbogen	veränderlich	Gleason (USA)	Fixd-setting Duplex (weiter: Zerolverzahnung, Formate als Markenbezeichnung)
		Hurth-Modul (D)	Arcoidverzahnung
	konstant	Hurth-Modul (D)	Kurvexverzahnung
		Gleason (USA)	Tri-AC (Markenbezeichnung)
Evolvente	konstant	Klingelnberg (D)	Palloidverzahnung
Zykloide	konstant	Klingelnberg (D)	Zyklo-Palloidverzahnung
		Oerlikon (Schweiz)	Spiroflex, Spirac

Achswinkel Σ ist gleich der Summe der Teilkegelwinkel $\delta_{1,2}$ (Abb. 15.113), wenn wie im Folgenden vorausgesetzt wird, Null- oder V-nullverzahnung (Summe $x_1 + x_2 = 0$) vorliegt.

$$\Sigma = \delta_1 + \delta_2 \qquad (15.220)$$

Die Teilkegel rollen bei einer Profilverschiebungssumme gleich Null als Wälzkegel aufeinander ab. Die Durchmesser der Kegelräder (z. B. Teilkreisdurchmesser) können in beliebigen Abständen von der Kegelspitze R_x bestimmt werden. Üblich ist, sie im Abstand R_m und R_e anzugeben (Abb. 15.113).

Die *mittlere Teilkegellänge* R_m ist der Abstand von der Kegelspitze bis Mitte Zahnbreite auf der Teilkegelmantellinie. Die äußere Teilkegellänge R_e ist der Abstand von der Kegelspitze bis zum äußeren Ende der Verzahnung. Bei der Tragfähigkeitsberechnung wird meist von der Mitte Zahnbreite, also von den Abmessungen bei der mittleren Teilkegellänge R_m ausgegangen. Im Folgenden werden einige Größen hierfür bestimmt.

Analog zur Stirnrad-Schrägverzahnung ist der *mittlere Teilkreisdurchmesser* $d_{m1,2}$ definiert durch den mittleren Modul im Normalschnitt m_{mn} und den mittleren Schrägungswinkel β_m:

$$d_{m1,2} = z_{1,2} \cdot m_{mn} / \cos \beta_m \tag{15.221}$$

Bei Kegelrädern ändern sich Zahnteilung und Modul über der Zahnbreite für die als grober Richtwert $b \leq 0{,}3\,R_m$ gilt. Häufig wird der *Normalmodul* für die Mitte der Zahnbreite nach der Normreihe für Stirnräder gewählt (Orientierung für m_{mn} nach [DIN780]). Das ist aber im Gegensatz zu Stirnrädern nicht so zwingend, da die Herstellungsverfahren bzw. Werkzeuge variabler anwendbar sind. Aus diesem Grunde findet auch im Allgemeinen kein einheitliches *Bezugsprofil* Verwendung. Oft wird aber vom genormten Bezugsprofil nach [DIN867] ausgegangen, insbesondere bei Kegelrädern mit konstanter Zahnhöhe für die Mitte der Zahnbreite.

Die in einem breiteren Bereich anwendbaren Werkzeuge erlauben, ohne erhöhten Fertigungsaufwand, eine unabhängige Verschiebung der Zahnhöhen von den Zahndicken vorzunehmen. Damit wird einfach eine Änderung des üblichen Bezugsprofils ermöglicht und die Profilverschiebung, bei der im Allgemeinen die Abweichung zwischen Herstell- und Betriebswälzkegel zu kinematischen Abweichungen führt, umgangen. Wenn eine Kegelradpaarung trotzdem mit Profilverschiebung ausgelegt wird, dann ist es bisher fast ausschließlich eine *V-0 Verzahnung*, d. h. es ist $x_1 = -x_2$. Im Folgenden wird hier vereinfachend *Nullverzahnung*, bei der $x_1 = x_2 = 0$ ist, zugrunde gelegt.

Für den *Teilkegelwinkel* δ_1 ergibt sich speziell für $\Sigma = 90°$ aus Abb. 15.113:

$$\tan \delta_1 = d_{m1} / d_{m2} = z_1 / z_2 \tag{15.222}$$

δ_2 erhält man dann unmittelbar aus Gl. (15.220). Aus Gl. (15.222) ist ersichtlich, dass die Teilkegelwinkel von der Übersetzung abhängen. Der *mittlere Kopfkreisdurchmesser* $d_{am1,2}$ ist mit der mittleren Zahnkopfhöhe h_{am} (Abb. 15.114):

$$d_{am1,2} = d_{m1,2} + 2h_{am} \cos \delta_{1,2} \tag{15.223}$$

Es sind meist $h_{am} = m_{nm}$ und $h_{fm} = m_{nm} + c_m$ mit $c_m \approx 0{,}25 m_{nm}$; m_{nm} oft nach Tab. 15.2.

Senkrecht zur Mantellinie des Teilkegels (*Ergänzungskegel*) kann die Kegelradverzahnung näherungsweise als schrägverzahntes Stirnrad betrachtet werden (Abb. 15.113, 15.114). Diese Näherung wird *Tredgoldsche Näherung* genannt. In Abb. 15.114 ist dieses *Ersatz-Schrägstirnrad* für die mittlere Teilkegellänge R_m eingezeichnet. Entsprechend dem Durchmesser d_{vt} ist die Zähnezahl des Ersatzschrägstirnrades (virtuelles Schrägstirnrad):

$$z_{vt1,2} = z_{1,2} / \cos \delta_{1,2} \tag{15.224}$$

Abb. 15.114 Ersatz-Schrägstirnrad und Ersatz-Geradstirnrad (Doppelersatzstirnrad) eines Kegelrades

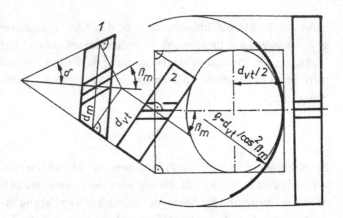

Die *Profilüberdeckung* $\varepsilon_\alpha = \varepsilon_{\alpha m}$ (ε_α s. Tab. 15.23, im Anhang, Abschn. 15.7) kann mit $d_a = d_{am}$, $d_b = d_m \cos\alpha_{tm}$, $\tan\alpha_{tm} = \tan\alpha_n / \cos\beta_m$, $\alpha_{wt} = \alpha_t$, bei $x_1 + x_2 = 0$, $z = z_{vt}$, $p_{et} = m_{nm}\pi\cos\alpha_{mt}$, $m_n = m_{nm}$ und $\beta = \beta_m$, prinzipiell wie bei einer schrägverzahnten Stirnradpaarung berechnet werden (s. auch Tab. 15.15).

Zwischen dem mittleren Teilkreisdurchmesser und dem für die äußere Teilkegellänge geltenden Teilkreisdurchmesser gilt die einfache Beziehung:

$$d_{e1,2} = d_{m1,2}\, R_e / R_m \tag{15.225}$$

Der *Stirnmodul* m_{te} am äußeren Durchmesser (an der äußeren Teilkegellänge R_e) ist demnach:

$$m_{te} = d_{e1,2} / z_{1,2} \tag{15.226}$$

Das Ersatz-Schrägstirnrad ist in ein *virtuelles Geradstirnrad* bzw. Doppelersatzstirnrad (Abb. 15.114) überführbar, wobei sich als Zähnezahl z_{vn} ergibt:

$$z_{vn1,2} \approx \frac{z_{1,2}}{\cos\delta_{1,2} \cdot \cos^3\beta} \tag{15.227}$$

z_{vn} wird (anstatt z_{nx}) bei der Berechnung der Zahnfußtragfähigkeit für die Ermittlung des Zahnformfaktors auf Grund der Angaben für Stirnräder zugrunde gelegt.

Die *Sprungüberdeckung* $\varepsilon_{\beta m}$ ist näherungsweise:

$$\varepsilon_{\beta m} = \frac{b \sin\beta_m}{m_{nm} \cdot \pi} \tag{15.228}$$

Eine *Zusammenstellung* der Berechnung geometrischer Größen erfolgt in Tab. 15.15 [DIN3966] Teil 2 enthält Angaben für Geradzahn-Kegelradverzahnungen in *Zeichnungen* und [DIN3965] Teil 1 bis 4 Angaben für *Toleranzen von Kegelradverzahnungen*.

Tab. 15.15 Zusammenstellung geometrischer $i = z_2 / z_1$ Größen für Kegelräder bei Achsenwinkel von 90° und Nullverzahnung ($x_1 = x_2 = 0$); Bezugsprofil bei R_m nach [DIN867]

Lfd. Nr.	Bezeichnung	Zeichen	Gleichung
1	Zähnezahl, Ritzel	z_1	$z_1 = 6....20$ (bei kleinen z u. U. dann für d_f, h_a, h_f ergänzte Gl., siehe [DIN3971])
2	Zähnezahlverhältnis	u	$u = z_2 / z_1 = 1...10 z_2 / z_1 \geq 1$ (Definition für u)
3	Teilkegelwinkel	δ_1, δ_2	$\tan \delta_1 = z_1 / z_2 = 1 / u$ $\delta_2 = 90^o - \delta_1$
4	Übersetzung	i	$i = z_2 / z_1$
5	Mittlere Teilkegellänge	R_m	$R_m = z_1 m_{mn} / (2 \cos \beta_m \cdot \sin \delta_1)$; $m_{nm} = m$ m meist nach [DIN780] (Tab. 15.2)
6	Zahnbreite	b	$b \leq R_m / 3$
7	Teilkreisdurchmesser bei R_m	$d_{m1,2}$	$d_{m1,2} = z_{1,2} m_{mn} / \cos \beta_m$
8	Kopfkreisdurchmesser bei R_m	$d_{a1,2}$	$d_{a1,2} = d_{m1,2} + 2 h_{am1,2} \cos \delta_{1,2}$; $h_{am1,2} = m$ und m nach Tab. 15.2 (im Allgemeinen)
9	Fußkreisdurchmesser bei R_m	$d_{f1,2}$	$d_{f1,2} = d_{m1,2} - 2 h_{fm1,2} \cos \delta_{1,2}$ $h_{fm} = m_{mn} + c$
10	Stirnmodul bei R_m	m_{mt}	$m_{mt} = m_{mn} / \cos \beta_m$
11	Zähnezahl des virtuellen (Ersatz-) Schrägstirnrades	$z_{vt1,2}$	$z_{vt1,2} = z_{1,2} / \cos \delta_{1,2}$
12	Zähnezahl des virtuellen (Ersatz-) Geradstirnrades	$z_{vn1,2}$	$z_{vn1,2} \approx z_{1,2} / (\cos \delta_{1,2} \cdot \cos^3 \beta_m)$
13	Profilüberdeckung (Stirnschnitt des virtuellen Schrägstirnrades bei R_m)	$\varepsilon_{v\alpha}$	$\varepsilon_{v\alpha} = g_{v\alpha} / p_{vtb}$ $g_{v\alpha} = 0{,}5 \left[\left(d_{va1}^2 - d_{vb1}^2 \right)^{\frac{1}{2}} + (d_{va2}^2 - d_{vb2}^2)^{\frac{1}{2}} \right] - a_v \sin \alpha_{vt}$ $d_{va1,2} = d_{m1,2} / \cos \delta_{1,2} + 2 h_{am1,2}$ $d_{vb1,2} = d_{m1,2} \cdot \cos \alpha_{vt} / \cos \delta_{1,2}$ $\tan \alpha_{vt} = \tan \alpha_n / \cos \beta_m$; $\alpha_n = 20^\circ$ $a_{vt} = 0{,}5 (d_{m1} / \cos \delta_1 + d_{m2} / \cos \delta_2)$ $p_{vtb} = m_{mn} \pi \cos \alpha_{vt} / \cos \beta_m$
14	Sprungüberdeckung (Stirnschnitt des virtuellen Schrägstirnrades bei R_m)	$\varepsilon_{v\beta}$	$\varepsilon_{v\beta} = b_{eH} \sin \beta_m / (m_{mn} \pi)$ b_{eH} Tragbreite $b_{eH} \approx 0{,}85 b$

15.4.3   Kräfte und Beanspruchung der Kegelräder

Es treten die gleichen *Schadensfälle* wie bei Stirnradverzahnungen auf. Die *Berechnung der Beanspruchung* erfolgt näherungsweise für das sich in der mittleren Teilkegellänge ergebende Ersatzstirnrad bzw. Ersatzstirnradpaar. Ausgehend von dem mittleren Modul m_{nm}, dem mittleren Schrägungswinkel β_{m}, der Ersatzzähnezahl z_{vt} bzw. z_{vn} und der Zahnbreite b gelten gegenüber Stirnrädern ähnliche Gleichungen für den Tragfähigkeitsnachweis [DIN3991]. Die Kegelräder werden bis auf die Faktoren zur Berücksichtigung der Lastverteilung wie Schrägstirnräder berechnet. Speziell bei den Faktoren zur Lastverteilung ist zu beachten, dass auf Grund der größeren Breiten- und Höhenballigkeit die Lastverteilung ungleichmäßiger als bei Stirnrädern ist. Es kann auf Grund der Einstellbarkeit durch Verändern der axialen Position der Kegelräder (z. B. Beilagescheiben bei der Lagerung) bei Auslegungsbelastung von einer mittigen Lage des Tragbildes ausgegangen und für die Lastverteilung etwa ein Ellipsoid angenommen werden. Für die Faktoren zur Stirn- und Breitenlastverteilung ($K_{\mathrm{H\alpha}}, K_{\mathrm{F\alpha}}, K_{\mathrm{H\beta}}, K_{\mathrm{F\beta}}$) mit dem Dynamikfaktor K_{v} als Näherung zusammengefasst, wird hier angenommen:

$$K_{\mathrm{H\alpha}} K_{\mathrm{H\beta}} K_{\mathrm{v}} \approx K_{\mathrm{F\alpha}} K_{\mathrm{F\beta}} K_{\mathrm{v}} = 2,0 \tag{15.229}$$

Bei genaueren Analysen ist von der exakt bestimmten Flankengeometrie und der Beanspruchungsberechnung mit Hilfe der FEM oder verallgemeinerten Einflusszahlen auszugehen, z. B. [BECAL].

Aus dem zu übertragenden Drehmoment M_{t} ergibt sich die *mittlere Umfangskraft* F_{tm} (für die Räder einer Paarung gleich) zu:

$$F_{\mathrm{tm}} = 2M_{\mathrm{t1}} / d_{\mathrm{m1}} \tag{15.230}$$

Bei *geradverzahnten* Kegelrädern folgt die *mittlere Axial- und Radialkraft* nach Abb. 15.115 zu:

$$F_{\mathrm{am1,2}} = F_{\mathrm{tm}} \tan\alpha_{\mathrm{n}} \sin\delta_{1,2} \tag{15.231}$$

$$F_{\mathrm{rm1,2}} = F_{\mathrm{tm}} \tan\alpha_{\mathrm{n}} \cos\delta_{1,2} \tag{15.232}$$

Bei *schräg- oder bogenverzahnten* Kegelrädern hängt die Richtung der Axialkraft von der Dreh- und Steigungsrichtung ab. Es ergibt sich nach einer hier nicht dargestellten Ableitung:

$$F_{\mathrm{am1,2}} = F_{\mathrm{tm}} \left(\tan\alpha_{\mathrm{n}} \frac{\sin\delta_{1,2}}{\cos\beta_{\mathrm{m}}} \pm \tan\beta_{\mathrm{m}} \cos\delta_{1,2} \right) \tag{15.233}$$

Abb. 15.115 Kräfte am
Kegelrad (1), geradverzahnt

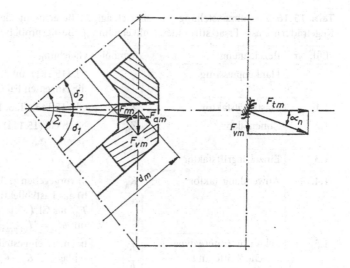

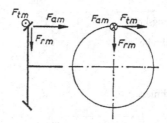

$$F_{\mathrm{rm1,2}} = F_{\mathrm{tm}} \left(\tan \alpha_{\mathrm{n}} \, \frac{\cos \delta_{1,2}}{\cos \beta_{\mathrm{m}}} \mp \tan \beta_{\mathrm{m}} \sin \delta_{1,2} \right) \tag{15.234}$$

Sind Drehrichtung und Richtung der Zahnschräge (Flankenlinienverlauf) gleich, gelten für das *treibende Rad* in den Gl. (15.233) und (15.234) die oberen Vorzeichen, d. h. in (15.233) das (+) und in (15.234) das (−); für das *getriebene Rad* gelten die unteren Vorzeichen.

Sind *Dreh- und Zahnschrägenrichtung unterschiedlich*, gelten für das *treibende Rad* in den Gl. (15.233) und (15.234) die unteren Vorzeichen, d. h. in (15.233) das (+) und in (15.234) das (−); für das *getriebene Rad* gelten die oberen Vorzeichen. Die Drehrichtung ist von der Kegelspitze aus zu betrachten.

Eine kurze *Zusammenfassung der überschlägigen Tragfähigkeitsnachrechnung* enthalten die Tab. 15.16 und 15.17. In [DIN3991] ist die Berechnung durch sogenannte Kegelradfaktoren Z_{K} bzw. Y_{K} ergänzt. Ihre Richtigkeit wird neuerdings bezweifelt und angenommen, dass es besser ist, diese $Z_{\mathrm{K}} = Y_{\mathrm{K}} = 1$ zu setzen. Die angegebene Näherung nach Tab. 15.16 kann deshalb als ausreichend betrachtet werden.

Tab. 15.16 Zusammenstellung zur überschlägigen Berechnung der Grübchentragfähigkeit von Kegelrädern; Basis: Ersatzstirnräder, Nullverzahnung, Bezugsprofil bei R_m nach [DIN867]

Lfd. Nr.	Bezeichnung	Symbol	Gleichung
1.	Flankenpressung	σ_H	Gl. (15.151) mit z. T. ergänzten Angaben für die einzelnen Faktoren wie folgend angegeben
1.1.	Elastizitätsfaktor	Z_E	Gl. (15.143), Tab. 15.4
1.2.	Zonenfaktor	Z_H	Nach Gl. (15.144) oder Abb. 15.81 mit $\beta = \beta_m$, $\alpha_{wt} = \alpha_t = \alpha_{tm}$, $\tan\alpha_{tm} = \tan\alpha_n / \cos\beta_m$
1.3.	Einzeleingriffsfaktor	$Z_{B,D}$	$Z_{B,D} = 1$
1.4.	Anwendungsfaktor	K_A	a) vorgegeben z. B. nach Tab. 15.3 b) aus Lastkollektiv $K_A = K_{AB(H)} = K_{tH} / F_{t\,nenn}$ F_{tH} aus Gl. (15.113), $F_{t\,nenn} = F_{tm}$ Gl. (15.230) mit $M_{t1} = M_{t\,1\,nenn}$
1.5.	Faktor für innere dynamische Kräfte und Lastverteilung	K_v $K_{H\alpha}$ $K_{H\beta}$	bei nicht eingestelltem Lasttragbild zum Überschlag $K_v \cdot K_{H\alpha} \cdot K_{H\beta} = 2{,}0$
1.6.	Umfangskraft	F_t	$F_t = F_{tm}$ Gl. (15.230) mit $M_{t1} = M_{t\,1\,nenn}$
1.7.	Zahnbreite	b	$b = b_{eH}$ gesetzt; $b_{eH} = 0{,}85b$; b_{eH} angenommene Tragbreite; im Allgemeinen wird gewählt $b \leq R_m / 3$
1.8.	Durchmesser	d_1	Durchmesser Ersatzschrägstirnrad $d_1 = z_{vt1} \cdot m_{mt}$
1.9.	Zähnezahlverhältnis	u	Verhältnis der Zähnezahlen der Ersatzschrägstirnräder $u = u_v = z_{vt2} / z_{vt1}$
2.	Flankenfestigkeit	$\sigma_{H\,lim}$	$\sigma_{H\,lim}$ nach Tab. 15.24
2.1.	Lebensdauerfaktor	Z_N	Gl. (15.152) im Dauerfestigkeitsbereich $Z_N = 1$
2.2.	Hydrodynamische Einflussfaktoren	$Z_L Z_v Z_R$	Gl. (15.155) bzw. (15.156)
2.3.	Werkstoffpaarungsfaktor	Z_W	Gl. (15.157)
2.4.	Größenfaktor	Z_X	$Z_X = 1$
3.	Sicherheit	S_H	S_H Gl. (15.186); $S_H \geq S_{H\,min}$ $S_{H\,min}$ zu vereinbaren, i. A. $S_{H\,min} = 1{,}1$

Eine Ermittlung der Abmessungen für den *Getriebeentwurf* ist nach Gl. (15.212) für d_{m1} möglich, wenn gesetzt wird:

$$d_{m1} = d_1$$

$$K_A = K_{AB} \text{ nach Tab. 15.3; } K_V K_{H\alpha} K_{H\beta} = 2{,}0$$

$$M_{tl} = M_{t\,1\,nenn}$$

Z_E nach Gl. (15.143) oder Tab. 15.4; bei Stahl/Stahl
$$Z_E = 190\sqrt{\text{N/mm}^2}$$

Z_H nach Gl. (15.144) und Abb. 15.81 für $\sum x = 0$ und $\beta = \beta_m$, wenn für Bogenverzahnung für den Überschlag noch nicht festgelegt $\beta = 30°$; $\alpha_{wt} = \alpha_t$

Z_ε bei Geradverzahnung $Z_\varepsilon = 1$, bei Schrägverzahnung $Z_\varepsilon = 0,85$

$u = u_{vt} = z_{vt2}/z_{vt1}, z_{vt1,2} = z_{1,2}/\cos\delta_{1,2}$; bei $\sum = 90°$ $u_v = (z_2/z_1)^2$

Z_N nach Gl. (15.152), im Dauerfestigkeitsbereich $Z_N = 1$

σ_{Hlim} Tab. 15.24

$S_H = 1,2$

$b/d_1 = (b/R_m)\cdot[1/(2\sin\delta_1)]$, $b/R_m = 0,3$; $R_m = d_{m1}/(2\sin\delta_1)$; δ_1 Gl. (15.222)

Tab. 15.17 Zusammenstellung zur überschlägigen Berechnung der Zahnfußtragfähigkeit von Kegelrädern; Basis: Ersatzstirnräder, Nullverzahnung, Bezugsprofil bei R_m nach [DIN867]

Lfd. Nr.	Bezeichnung	Symbol	Gleichung
1	Zahnfußtragfähigkeit/ Ermüdung		
1.1	Zahnfußspannung	σ_F	Gl. (15.168)
1.2	Anwendungsfaktor	K_A	a) vorgegeben z. B. nach Tab. 15.3 b) aus Lastkollektiv $K_A = K_{AB(H)} = F_{tF}/F_{t\,nenn}$ F_{tF} aus Gl. (15.114); $F_{t\,nenn} = F_{tm}$ Gl. (15.230) mit $M_{t1} = M_{t\,1\,nenn}$
1.3	Faktoren für innere dynamische Kräfte und Lastverteilung	$K_v K_{F\alpha} K_{F\beta}$	$K_v K_{H\alpha} K_{H\beta} = 1,8$
1.4	Umfangskraft	F_t	$F_t = F_{tm}$ Gl. (15.230) mit $M_{t1} = M_{t\,1\,nenn}$
1.5	Zahnbreite	b	im Allgemeinen wird gewählt $b \le R_m/3$
1.6	Modul	m_n	$m_n = m_{mn}$ (Normalmodul bei R_m)
1.7	Kopffaktor	Y_{FS}	Gl. (15.172) bzw. (15.173) $x = 0$ und $z_{nx} = z_{vn}$ Tab. 15.15
1.8	Überdeckungsfaktor	Y_ε	Gl. (15.174) mit $\beta = \beta_m, \varepsilon_\beta = \varepsilon_{v\beta}, \varepsilon_\alpha = \varepsilon_{v\alpha}$
1.9	Schrägenfaktor	Y_β	Gl. (15.175) mit $\beta = \beta_m, \varepsilon_\beta = \varepsilon_{v\beta}$
2.1	Zahnfußfestigkeit	σ_{FE}	Tab. 15.24
2.2	Lebensdauerfaktor	Y_N	Gl. (15.178); im Dauerfestigkeitsbereich $Y_N = 1$
2.3	Rauheitsfaktor	Y_R	Näherung $Y_R = 1$
2.4	Größenfaktor	Y_X	Tab. 15.6 und Abb. 15.93 mit $m_n = m_{mn}$
2.5	Stützziffer	Y_δ	Tab 15.5 und Abb. 15.92 mit ρ_{Fn} nach Abb. 15.86c) und $z_{nx} = z_{vn}$ Tab. 15.15
3	Sicherheit (gegen Ermüdungsbruch)	S_F	Gl. (15.180) mit Werten dieser Tabelle

Die Hauptabmessungen bzw. Umrisse des Kegelradpaares ergeben sich dann nach Ermittlung von d_{m1} mit δ_1, $R_a = d_{m1} + b/2$, $R_i = R_m - b/2$ usw.

15.5   Schneckengetriebe

15.5.1   Grundlegende Eigenschaften und Arten

Schneckengetriebe gehören wie die achsversetzten Kegelräder zur Gruppe der Schraubgetriebe. Bei diesen findet längs der Kontaktlinie (d. h. auch in Richtung der Kontaktlinie) ein Gleiten statt.

Eine Schneckengetriebestufe besteht aus Schnecke und Schneckenrad. Die Schnecke entspricht einer ein- oder mehrgängigen Schraube. Jeder Schraubengang bedeutet für die Schnecke einen Zahn. Zwischen der Achse der Schnecke und des Schneckenrades besteht meist ein Kreuzungswinkel (Achswinkel) von $\Sigma = 90°$. Zu den wesentlichen Eigenschaften der Schneckengetriebe gehören:

- großer Übersetzungsbereich $5 \le |i| \le 100$ (Antrieb Schnecke) und $1/15 \le |i| \le 1/4$ (Antrieb Schneckenrad)
- geräuschärmster Zahntrieb,
- hohe Belastbarkeit,
- Kreuzlage der Achsen,
- Wirkungsgrad kleiner als bei Stirnradgetrieben (Gleiten!; η fällt mit steigendem i bis $\eta < 0,5$ bei Antrieb durch Schnecke),
- Änderung der Schnecke bedingt Änderung des Werkzeuges,
- bei Antrieb vom Langsamen ins Schnelle (Antrieb Schneckenrad) ist Selbsthemmung möglich und
- Belastbarkeit vorwiegend durch Verschleiß und Erwärmung begrenzt.

Bei der Auswahl der Getriebeart „Schneckengetriebe" müssen neben den höheren Verlusten auch materialökonomische Gesichtspunkte beachtet werden, da insbesondere bei Zylinderschneckengetrieben (s. Abb. 15.116a) der Zahnkranz des Schneckenrades für ein günstiges Verschleiß- und Gleitverhalten meist aus Bronze gefertigt werden muss. Teilt man die Schneckengetriebe nach der Radkörperform ein, kann man die drei in Abb. 15.116 dargestellten Arten unterscheiden.

Bei geringeren Anforderungen wird oft ein Schrägstirnrad mit einer Zylinderschnecke gepaart. In der Feinwerktechnik wird diese Paarung vorzugsweise angewendet. Man erhält damit eine dem Schraubradgetriebe (s. Abb. 15.8f) ähnliche Paarung. Da dabei Punktberührung vorliegt, ist die Belastbarkeit gering.

Die häufigste Form ist das Zylinderschneckengetriebe. Hierfür sind Herstellungsgründe maßgebend. Zylinderschnecken sind relativ einfach schleifbar (günstig: Flankenform I und vor allem K). Wegen der hohen Winkeltreue der Bewegungsübertragung, der erprobten Messtechnik und einfach messbaren Werkzeuge erlangte die ZI-Schnecke die größte Bedeutung [Nie89].

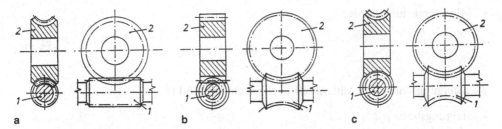

Abb. 15.116 Schneckengetriebearten, eingeteilt nach der Radkörperform. **a** Zylinderschnecke (*1*)/ Globoid-Schneckenrad (*2*), **b** Globoidschnecke (*1*)/Schrägstirnrad (*2*), **c** Globoidschnecke (*1*)/Globoid-Schneckenrad (*2*)

Das Schneckenrad wird meist mit einer Fräserschnecke hergestellt. Die Zahnhöhe, das Kopfspiel und die Zahndicke der Schnecke im Achsschnitt entsprechen den Größen beim Stirnrad im Normalschnitt. Eingriffswinkel und Flankenform der Schnecke sind vom Herstellungsverfahren abhängig und deshalb unterschiedlich. Abbildung 15.117 zeigt verschiedene Flankenformen von Zylinderschnecken. Eine weitere, hier nicht dargestellte Form ist die Hohlflankenschnecke [Nie89]. Sie besitzt zugunsten einer guten Schmierung und hohen Tragfähigkeit ein konkaves Flankenprofil.

15.5.2 Geometrie der Zylinderschneckengetriebe

Der Modul $m = m_x$ bezieht sich beim Schneckengetriebe auf den Achsschnitt der Schnecke. Es ergeben sich für die *Schnecke*:

- Axialteilung p_x

$$p_x = m_x \cdot \pi \tag{15.235}$$

Abb. 15.117 Schnecken-flankenformen. **a** ZA-Schnecke (Flankenform A), **b** ZN-Schnecke (Flankenform B), **c** ZI-Schnecke (Flankenform I), **d** ZK-Schnecke (Flankenform K)

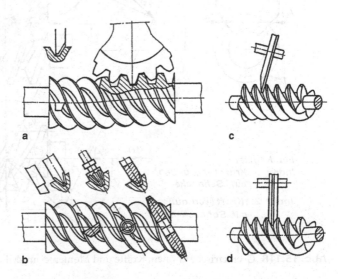

- Mittenkreisdurchmesser d_{m1}

$$d_{m1} = z_1 \cdot m_x / \tan \gamma_m \tag{15.236}$$

γ_m : Steigungswinkel am Mittenkreis (siehe auch Abb. 15.118)

- Steigungshöhe p_z; $z_1 = 1...5$

$$p_{z1} = z_1 \cdot p_x$$
$$p_{z1} = z_1 \cdot m_x \cdot \pi \tag{15.237}$$

(p_z entspricht der axialen Länge einer vollen Windung des Schneckenzahnes)

- Formzahl q

$$q = \frac{d_{m1}}{m_x} \tag{15.238}$$

($q = 6...17$; empfohlen $q = 10$)
Es wird für das *Schneckenrad* (s. Abb. 15.118):

- Teilkreisdurchmesser d_2

$$d_2 = z_2 \cdot m_x \tag{15.239}$$

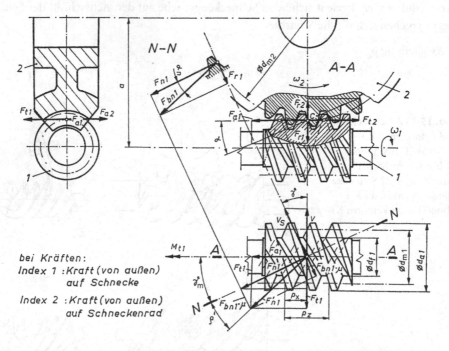

bei Kräften:
Index 1 : Kraft (von außen)
       auf Schnecke
Index 2 : Kraft (von außen)
       auf Schneckenrad

Abb. 15.118 Geometrische Größen, Kräfte und Momente am Zylinderschneckengetriebe

- Mittenkreisdurchmesser d_{m2}

$$d_{m2} = d_2 + 2xm_x \tag{15.240}$$

(x Profilverschiebungsfaktor)

- Schrägungswinkel am Mittenkreis

$$\beta_m = \gamma_m \tag{15.241}$$

(bei einem Achs- bzw. Kreuzungswinkel $\Sigma = 90°$)
Es ergibt sich damit für die *Paarung* der

- Achsabstand

$$a = (d_{m1} + d_{m2}) / 2 = (q + z_2 + 2x_2)m_x / 2 \tag{15.242}$$

Der Modul ist in [DIN780] standardisiert. Normwerte und Vorzugsreihen für den Mittenkreisdurchmesser und die Zuordnung von Achsabständen und Übersetzungen enthält [DIN3976]. Begriffe und Bestimmungsgrößen für Zylinderschneckengetriebe mit sich rechtwinklig kreuzenden Achsen sind in [DIN3975] T1 und T2 zusammengefasst [DIN3996]. T3 enthält Angaben für Schnecken- und Schneckenradverzahnungen in Zeichnungen und [DIN3974] Toleranzen für Schneckengetriebe-Verzahnungen (Teil 1 Grundlagen, Teil 2 Toleranzen).

15.5.3 Kräfte, Wirkungsgrad und Beanspruchung

Es wird hier zunächst vorausgesetzt, dass die *Schnecke treibt*. Die *Übersetzung i* folgt aus dem Zähnezahlenverhältnis:

$$|i| = \omega_1 / \omega_2 = z_2 / z_1 \tag{15.243}$$

Teilweise bezeichnet man die Zähnezahl der Schnecke noch als Gangzahl.

Zur Ermittlung der Kräfte und Momente (Abb. 15.118) geht man von der Antriebsleistung P_1 und Drehzahl n_1 der Schnecke aus und erhält das Antriebsmoment:

$$M_{t1} = P_1 / \omega_1 \tag{15.244}$$

wobei $\omega_1 = 2 \cdot \pi \cdot n_1$ ist.

Es sind die Tangentialkraft (Umfangskraft), Axialkraft und Radialkraft als Komponenten der resultierenden Kraft wirksam. Die Tangentialkraft an der Schnecke ist:

$$F_{t1} = \frac{M_{t1}}{d_{m1}/2} \tag{15.245}$$

Es ergibt sich für die Axialkraft F_{a1} der Schnecke mit Hilfe des Wirkungsgrades η und dem Drehzahlverhältnis z_2/z_1:

$$F_{a1} = \frac{M_{t1} \cdot (z_2/z_1) \cdot \eta}{d_{m2}/2} \tag{15.246}$$

Auf Grund des Kräftegleichgewichtes ist:

$$F_{a1} = F_{t2} \tag{15.247}$$

Die Radialkraft F_{r1} ergibt sich mit:

$$F_{r1} = F_{bn1} \sin\alpha_n \tag{15.248}$$

und

$$F_{bn1} = \frac{F_{t1}}{\cos\alpha_n \cdot \sin\gamma_m + \mu\cos\gamma_m} \tag{15.249}$$

zu:

$$F_{r1} = F_{t1} \cdot \frac{\sin\alpha_n}{\cos\alpha_n \cdot \sin\gamma_m + \mu\cos\gamma_m} \tag{15.250}$$

In den Gl. (15.249) und (15.250) bedeutet μ die Reibungszahl. Auf Grund des Kräftegleichgewichtes sind weiterhin:

$$F_{a2} = F_{t1} \tag{15.251}$$

und

$$F_{r2} = F_{r1} \tag{15.252}$$

Der Wirkungsgrad η resultiert aus dem Leistungsverhältnis

$$\eta = (M_{t2} \cdot \omega_2)/(M_{t1} \cdot \omega_1) \tag{15.253}$$

Es bestehen weiterhin die Beziehungen:

$$M_{t1} = F_{t1} \cdot d_{m1}/2$$
$$\text{und} \tag{15.254}$$
$$M_{t2} = F_{t2} \cdot d_{m2}/2$$

$$F_{t1} = F_{t2} \cdot \tan(\gamma_m + \rho') \tag{15.255}$$

Und nach Gl. (15.236) und (15.239)

$$d_{m1} / d_{m2} = z_1 / (z_2 \cdot \tan\gamma_m) \tag{15.256}$$

In Gl. (15.255) stellen γ_m den Steigungswinkel und ρ' den wirksamen Reibungswinkel dar. Es gelten die Beziehungen:

$$\rho' = \arctan\mu' \tag{15.257}$$

und

$$\mu' = \mu / \cos\alpha_n \tag{15.258}$$

μ ist die Zahnreibungszahl; $\mu = 0,02\dots0,05$ bei gehärteter und geschliffener Schnecke, siehe auch [Zir89].

Damit ergibt sich aus Gl. (15.253) und den Gl. (15.254) bis (15.256) der Wirkungsgrad η bei *treibender Schnecke*:

$$\eta = \frac{\tan\gamma_m}{\tan(\gamma_m + \rho')} \tag{15.259}$$

Treibt das Schneckenrad, wird der Wirkungsgrad:

$$\eta = \frac{\tan(\gamma_m - \rho')}{\tan\gamma_m} \tag{15.260}$$

Bei $\rho' \geq \gamma_m$ wird $\eta \leq 0$. Es liegt *Selbsthemmung* vor, d. h. eine Bewegungsübertragung bei einem Antrieb am Schneckenrad ist nicht möglich. Mit abnehmendem Steigungswinkel γ_m, d. h. bei steigender Übersetzung i, fällt der Wirkungsgrad η. Er kann bei ungünstigen Verhältnissen auch bei Antrieb an der Schnecke weit unter 0,5 liegen.

Entscheidende Beanspruchungen des Schneckengetriebes sind Erwärmung und Verschleiß (bzw. Flankentragfähigkeit). Weiterhin werden die Zahnfußtragfähigkeit, Grübchentragfähigkeit und Durchbiegung der Schneckenwelle nachgerechnet [DIN3996].

Eine Darstellung der Tragfähigkeitsberechnung von Schneckengetrieben in vereinfachter Kurzform enthält [Dub01]. Eine überschlägige Ermittlung der Abmessungen ist nach der empirischen Gl. (15.261) auf der Basis der Angaben von [Nie89] möglich.

Bei bekanntem Schneckenradmoment M_{t2}, gegebener Drehzahl der Schnecke n_1 und Übersetzung bzw. Schneckenraddrehzahl n_2 ergibt sich der *Achsabstand* a für eine Lebensdauer von näherungsweise 25000 Std. nach der auf empirischer Basis aufgestellten Zahlenwertgleichung (15.261).

$$a = C_{HE} \sqrt[3]{Z_p^2 M_{t2} K_A S_{H\,min}} \, (n_2/8+1)^{0,25} \qquad\qquad (15.261)$$

Dabei sind die Zahlenwerte folgender Größen einzusetzen:

C_{HE} Werkstoffkonstante

       G-CuSn 12: 6,8

       Gz-CuSn 12 Ni: 4,4

       Gz-CuSn 10 Zn: 5,0

Z_p Kontaktfaktor; für ZI-Schnecken im Mittel $Z_p = 2,8$

M_{t2} Nenndrehmoment des Schneckenrades in [Nm]

K_A Anwendungsfaktor; Tab. 15.3

$S_{H\,min}$ Mindestsicherheit, $S_{H\,min} = 1,1$

n_2 Drehzahl des Schneckenrades in [min^{-1}]

Aus Gl. (15.261) ergibt sich nach gewähltem z_1 und mit $z_2 = |i|z_1$ der Modul m nach Gl. (15.242). Die endgültigen Festlegungen erfolgen unter Beachtung der Normung und Ergebnisse der maßgebenden Nachrechnung.

15.6 Planetengetriebe

15.6.1 Begriffe und Eigenschaften

Die Planetengetriebe gehören zu den im Oberbegriff *Umlaufgetriebe* zusammengefassten Getrieben. Ein Umlaufgetriebe entsteht, wenn das Gehäuse eines Getriebes nicht mehr am Fundament befestigt ist, sondern drehbar gelagert wird und die Drehachse zu einer weiteren Welle ausgebildet wird. Dadurch erhöht sich der *kinematische Freiheitsgrad* des Getriebes um 1. Unter dem *kinematischen Freiheitsgrad* eines Getriebes versteht man die Anzahl der Drehzahlen, die unabhängig voneinander vorgegeben werden können. Diese Anzahl F beträgt beim üblichen Getriebe mit feststehendem Gehäuse, dem Standgetriebe, $F = 1$ und sie wird beim Umlaufgetriebe $F = 2$. Das bedeutet, es sind unabhängig voneinander 2 Antriebe möglich, wodurch dann die Abtriebsgröße (üblicherweise die Drehzahl) festliegt – oder es sind bei einer gegebenen Antriebsdrehzahl 2 Abtriebe verwirklichbar.

Umlaufgetriebe können außer durch Räder, mit Mechanismen oder hydrostatischen Grundelementen verwirklicht werden. Die häufigsten Umlaufgetriebe sind Umlaufrädergetriebe. Die Räder können als Reibräder oder, wie überwiegend gestaltet, als Zahnräder ausgeführt sein. Durch die Drehung des Gehäuses entsteht bei mindestens einem Zahnrad, außer der Drehung um die eigene Achse, eine Drehung um eine zweite Achse, ähnlich der Bewegung von Himmelskörpern, der Planeten. Die mit Rädern (üblicherweise Zahnrädern) ausgeführten Umlaufgetriebe werden deshalb als Planetenrädergetriebe oder kurz als *Planetengetriebe* bezeichnet.

Abb. 15.119 Entstehung
eines Planetengetriebes
b aus dem Standgetriebe
a Beispiel: G_0 Gehäuse
des Standgetriebes, S Steg

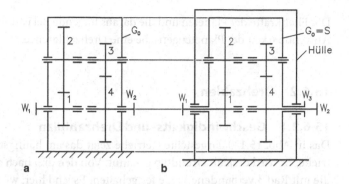

Ein *Standgetriebe* ist ein Getriebe mit feststehenden Achsen (Abb. 15.119a). Aus ihm entsteht ein Planetengetriebe, wenn das Gehäuse vom Fundament gelöst wird und um die Mittelachse rotiert. Da das ursprüngliche Gehäuse nur noch die Aufgabe der Lagerung der Planetenräder besitzt, schrumpft es beim Planetengetriebe zum so genannten Planetenträger, bzw. schematisch dargestellt, zum Steg S zusammen, Abb. 15.119b. Bei Abb. 15.119b sind die Räder 2 und 3 die Planetenräder. Sie drehen sich außer um die eigene um die zentrale Achse, gegeben durch die nach außen führenden Wellen. Während beim Standgetriebe sämtliche Drehzahlen bei einer gegebenen Wellendrehzahl eindeutig bestimmt sind (Freiheitsgrad $F = 1$), müssen beim Planetengetriebe zwei Drehzahlen gegeben sein, da drei nach außen führende Wellen vorhanden sind (Freiheitsgrad $F = 2$). Es können z. B. die Drehzahlen der Welle W_1 und der Welle W_3 gegeben sein. Dabei könnte auch die Drehzahl der Welle W_3 null betragen, d. h. festgehalten sein. Die Drehzahl der Welle W_3 charakterisiert die Drehung des Gehäuses, das beim Planetengetriebe Steg S genannt wird.

Da der üblichen Drehung die Drehung des Gehäuses bzw. Steges überlagert wird, sind die Drehzahlen des Planetengetriebes auch entsprechend dieser Überlagerung zu bestimmen, was zu besonderen Methoden führt. Dieses hat auch Auswirkungen auf den Wirkungsgrad, dessen Ermittlung ein spezielles Problem bei Planetengetrieben darstellt. Planetengetriebe zeichnen vor allem folgende Eigenschaften aus:

- kleines Masse-Leistungsgewicht
- kleiner Bauraum
- größerer Wirkungsgrad, als beim gleichartigen Standgetriebe (festgehaltenem Steg S) möglich
- koaxiale Lage der An- und Abtriebswellen
- sehr große Übersetzungen durch wenige Getriebeelemente möglich
- lastfreie Lager der Zentralwellen durch mehrfach am Umfang angeordnete Planeten
- zwei Antriebe bzw. Abtriebe möglich
- bei gekoppelten Planetengetriebe günstige Leistungsteilung und Drehzahlbeeinflussung im Nebenzweig möglich
- durch Bremsen oder Kuppeln einzelner Getriebeelemente relativ einfache Änderung der Übersetzung möglich

Die Fliehkräfte der Planeten und die daraus folgende Belastung der Planetenlager setzt der Anwendbarkeit der Planetengetriebe eine Drehzahlgrenze.

15.6.2 Drehzahlen

15.6.2.1 Geschwindigkeits- und Drehzahlplan

Das in Abb. 15.120 dargestellte Getriebe zeigt das am häufigsten verwendete Planetengetriebe. Es wird deshalb Grundtyp genannt. Von den drei nach außen führenden Wellen ist die mit Rad 3 verbundene Welle festgehalten. Es sind hier, wie meist üblich, 3 Planeten in gleicher Teilung angeordnet.

Nehmen wir an, dass die mit Rad 1 verbundene Welle den Antrieb darstellt und damit die mit dem Steg S verbundene Welle den Abtrieb. Gegeben sei die Antriebsdrehzahl n_1 und die Durchmesser bzw. die Zähnezahlen der Räder 1, 2, 3.

Am Berührungspunkt haben beide Räder die Umfangsgeschwindigkeit $v_{1,2} = 2\pi \cdot n \cdot d / 2$. Rad 2 wird sich momentan um den Berührungspunkt mit Rad 3 drehen und in diesem Berührungspunkt die Geschwindigkeit null besitzen, da Rad 3 feststeht. Die Geschwindigkeit von Rad 2 wird vom Berührungspunkt der Räder 1,2 linear zum Berührungspunkt der Räder 2,3 abnehmen. Damit ergibt sich die Geschwindigkeit v_S. Diese ist die Umfangsgeschwindigkeit der Mittelachse der Planetenräder bzw. des Steges S am Radius $a = d_1 / 2 + d_2 / 2$. Damit liegt mit $\omega_S = v_S / a$ und $n_S = \omega_S / 2\pi$ die Drehzahl des Steges fest. Zieht man mit den Winkeln ψ_1 und ψ_S, ausgehend von einem beliebigen Punkt, Linien bis zu einer beliebig gewählten Länge l, bilden sich auf der den Winkeln gegenüberliegenden Seite die Drehzahlverhältnisse n_1 und n_S ab. Da n_1 bekannt ist, ergibt sich auf dem damit bestehenden Maßstab die gesuchte Drehzahl n_S. Dieser Plan wird nach seinem Erfinder *Kutzbachplan* genannt, der hier für den einfachsten Fall dargestellt ist. In Abb. 15.121) ist v_{2S} die relative Geschwindigkeit des Rades 1 gegenüber dem Steg S (Wälzgeschwindigkeit) und n_{1S} die relative Drehzahl des Rades 1 gegenüber dem Steg (Wälzdrehzahl). Es ist auch möglich, der dritten Welle eine Drehung zuzuordnen (z. B. zwei Antriebe, ein Abtrieb). Der Geschwindigkeitsplan und der Kutzbachsche Drehzahlplan sind hierfür in Abb. 15.121 dargestellt.

15.6.2.2 Rechnerische Ermittlung – Überlagerungsmethode

Dieser Methode liegt der Gedanke bzw. die Tatsache zugrunde, dass das Planetenrad außer der Drehung um die eigene Achse eine weitere Drehung um die zentrale Achse ausführt. Es werden danach auch die Drehzahlen aus der Überlagerung von Teilbewegungen bestimmt.

Die Methode soll am Beispiel des Getriebes nach Abb. 15.120 dargestellt werden. Sie besteht aus der Teilbewegung der Drehungen relativ zum Steg und der Überlagerung der Stegdrehung. Beide Bewegungen müssen so im Verhältnis stehen, dass ihre Summe die Randbedingung erfüllt, z. B. Drehung von Rad 3 gleich null. Diese Methode wird *Swamp-*

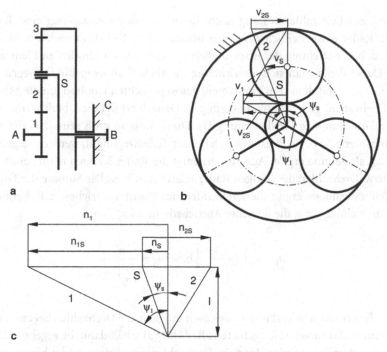

Abb. 15.120 Getriebeschema. **a** Geschwindigkeitsplan, **b** und Kutzbachscher Drehzahlplan, **c** für den Planetengetriebe-Grundtyp. (Hier: eine Welle fest, zwei Wellen drehbar)

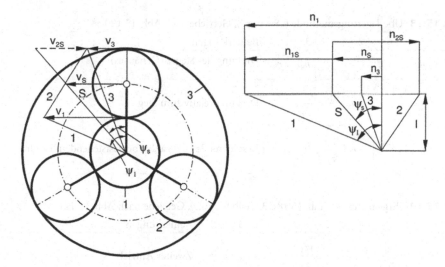

Abb. 15.121 Geschwindigkeits- und Drehzahlplan bei Drehungen der drei Getriebewellen (z. B. Antriebe bei 1 und 3, Abtrieb bei S)

sche Methode genannt. Sie wurde von P. Schwamb veröffentlicht (*P. Schwamb, A. Merrill, W. James: Elements of Mechanism; John Wiley, New York, fifth Edition 1938*) und müsste demnach nach *Seherr-Thoss* eigentlich *Schwambsche Methode* heißen.

Es wird zur Drehzahlermittlung nach dieser Methode zweckmäßig eine Tabelle für sämtliche Räder einschließlich dem Steg benutzt (Tab. 15.18). Zunächst wird die Stegdrehung, d. h. die Drehung des ursprünglichen Gehäuses mit sämtlichen Elementen ausgeführt. Dabei denkt man sich zweckmäßig sämtliche Zahneingriffe verriegelt und das gesamte Getriebe mit dem vom Fundament gelöst gedachten Hohlrad um die Mittenachse mit der Drehzahl n_S gedreht (Teilbewegung I). Danach erfolgt die Überlagerung der Drehungen relativ zum Steg (Teilbewegung II). Diese muss so groß sein, dass die gegebene Bedingung, hier $n_3 = 0$, erfüllt ist was sich bei der Teilbewegung II, wenn diese gesetzt wird $n_{3(II)} = -n_S$, als Summe ergibt. Aus der Drehung des Rades 3 folgen dann sofort die Drehungen bzw. Drehzahlen der übrigen Räder relativ zum Steg. Die Summe der Drehzahlen beider Teilbewegungen ergibt die Drehzahlen des Planetengetriebes, z. B. bei bekannter Antriebsdrehzahl $n_{an} = n_1$ die gesuchte Abtriebsdrehzahl $n_{ab} = n_S$.

$$n_1 = n_S\left(1+\frac{|z_3|}{z_1}\right) \text{ bzw. } n_S = \frac{n_1}{1+\dfrac{|z_3|}{z_1}} \qquad (15.262)$$

Nach dem beschriebenen Verfahren ist es auch möglich, die Drehzahlen bei *zwei Antrieben* zu bestimmen. Das zunächst festgehaltene Rad (hier 3) erhält dann die gegebene Drehzahl. Bei feststehendem Steg werden dann die Drehzahlen der übrigen Räder bestimmt und als Bewegung III den übrigen überlagert (Tab. 15.19).

Tab. 15.18 Überlagerungsmethode („Swamp"), Getriebe nach Abb. 15.120

	1	2	3	S	Bemerkungen
I	n_S	–	n_S	n_S	Drehung des Steges (Gehäuses)
II	$+n_S\dfrac{|z_3|}{z_1}$	$-n_S\dfrac{|z_3|}{z_2}$	$-n_S$	–	Drehung relativ zum Steg
Σ	$n_S\left(1+\dfrac{|z_3|}{z_1}\right)$	$-n_S\left(\dfrac{|z_3|}{z_2}\right)$	0	n_S	Resultierende Drehzahlen bei feststehendem Hohlrad (3)

Tab. 15.19 (Ergänzung von Tab. 15.18); 3. Teilbewegung, Getriebe nach Abb. 15.121

	1	2	3	S	Bemerkungen
III	$-n_3\dfrac{|z_3|}{z_1}$	$+n_3\dfrac{|z_3|}{z_2}$	$+n_3$	–	Zweiter Antrieb
Σ	$n_S\left(1+\dfrac{|z_3|}{z_1}\right)$ $-n_3\dfrac{|z_3|}{z_1}$	$-n_S\left(\dfrac{|z_3|}{z_2}\right)$ $+n_3\left(\dfrac{|z_3|}{z_2}\right)$	$+n_3$	n_S	Resultierende Drehzahlen bei Drehbewegung sämtlicher Wellen (1, 3, S)

$$n_1 = n_S \left(1 + \frac{|z_3|}{z_1}\right) - n_3 \frac{|z_3|}{z_1} \tag{15.263}$$

bzw., wenn n_1 und n_3 die Antriebsdrehzahlen sind, ist:

$$n_S = \frac{n_1 + n_3 \dfrac{|z_3|}{z_1}}{1 + \dfrac{|z_3|}{z_1}} \tag{15.264}$$

Die gleiche Betrachtung ist auch für 2 Abtriebe möglich, wenn entweder ihre Größe, oder ihr Verhältnis gegeben ist.

15.6.2.3   Rechnerische Ermittlung – Relativdrehung

Dieses Verfahren wurde von *Willis, R.* angegeben, siehe [Loo88, Mül98]. Es geht von der Relativdrehung zum Steg aus. Für das Getriebe nach Abb. 15.120 ist:

$$n_3 - n_S = -(n_1 - n_S) \frac{|z_3|}{z_1} \tag{15.265}$$

Die obige nach der Methode von Swamp abgeleitete Gleichung erhält man, indem $n_3 = 0$ gesetzt wird.

15.6.3   Wirkungsgrad einfacher Planetengetriebe

Wie aus dem Swampschen Schema hervorgeht, besteht die Drehung aus zwei Anteilen. Eine Bewegung (I) erfolgt als Drehung des Steges bei verriegelt gedachten Zahneingriffen. Es findet keine Relativbewegung statt (*Drehung als Block*). Da die Verluste maßgebend von den Zahneingriffen bestimmt werden, treten keine Verluste bei dieser Teilbewegung auf, wenn man Lager-, Plansch- und Ventilationsverluste vernachlässigt. Für die Beurteilung des Getriebetyps und Einordnung hinsichtlich des Wirkungsgradverhaltens ist diese Annahme zunächst zulässig und in den meisten Fällen auch ausreichend. Die Verzahnungsverluste (Leistungsverluste) treten dann nur bei der Relativbewegung der Räder gegenüber dem Steg auf, der *Wälzbewegung*. Entsprechend diesen Teilbewegungen unterscheidet man zwischen den folgend genannten Leistungen.

* *Kupplungsleistung* P_K (Teilbewegung I, Umlauf als Block ohne Relativbewegung) Bei Getrieben nach Abb. 15.121 ist:

$$\begin{aligned} P_{K1} &= M_1 \cdot \omega_S \\ P_{K3} &= M_3 \cdot \omega_S \\ P_{KS} &= M_S \cdot \omega_S \end{aligned} \tag{15.266}$$

- *Wälzleistung* P_W Teilbewegung II, Bewegung der Räder relativ zum Steg):

$$P_{W1} = M_1(\omega_1 - \omega_S)$$
$$P_{W3} = M_3(\omega_3 - \omega_S)$$

(15.267)

- *Wellenleistung*

Die Wellenleistung ist die von außen zugeführte oder nach außen abgeleitete Leistung (beim Getriebe nach Abb. 15.121): P_1, P_3, P_S. Die Wellenleistung ist analog der Drehbewegung die Summe von Kupplungs- und Wälzleistung.

$$P_1 = P_{K1} + P_{W1} = M_1\omega_S + M_1(\omega_1 - \omega_S) = M_1\omega$$
$$P_3 = P_{K3} + P_{W3} = M_3\omega_S + M_3(\omega_3 - \omega_S) = M_3\omega$$
$$P_S = P_{KS} = M_S\omega_S$$

(15.268)

Die *Wellenleistungen* P_1, P_3 können die Summe von Leistungen (P_K, P_W) sowohl gleichen, als auch ungleichen Vorzeichens sein. Bei *gleichem Vorzeichen* ist:

$$|P_W| < |P_{1,3}|$$

(15.269)

Da die Wälzleistung die Leistung durch die aufeinander abrollenden (wälzenden Zahnräder) relativ zum Steg darstellt, müssen bei $|P_W| < |P_{1,3}|$ die Verluste geringer, als bei einem gleichartigen Standgetriebe sein, da ein Teil der Leistung, die Kupplungsleistung, verlustfrei übertragen wird. Das bedeutet der Wirkungsgrad ist größer als beim gleichartigen Standgetriebe. Das ist das Getriebe, das sich bei festgehaltenem Steg und Loslösung der sonst festgehaltenen Räder ergibt.

Bei *ungleichem Vorzeichen* von Kupplungsleistung P_K und Wälzleistung P_W wird $|P_W| > |P|$. P ist die zugeführte Leistung. Infolge der größeren (inneren) Wälzleistung entstehen größere Verluste und ein kleinerer Wirkungsgrad als beim gleichartigen Standgetriebe. Der Wirkungsgrad ergibt sich aus dem Verhältnis der abgegebenen zur zugeführten Leistung. Dabei ist es zweckmäßig, hier auch die exakten Vorzeichenregeln zu beachten:

- Zugeführte Leistung bzw. Antriebsleistung positiv: $P_{an} > 0$, Winkelgeschwindigkeit bzw. Drehzahl und Drehmoment haben gleiche Drehrichtung, d. h. gleiches Vorzeichen.
- Abgegebene Leistung bzw. Abtriebsleistung negativ: $P_{ab} < 0$, Winkelgeschwindigkeit bzw. Drehzahl und Drehmoment haben entgegen gesetzte Drehrichtung, d. h. ungleiche Vorzeichen. Das Drehmoment am Abtrieb versucht die Drehbewegung zu hemmen.

Damit ist die Gleichung für den Wirkungsgrad η allgemein zu schreiben:

$$\eta = \frac{-\sum P_{ab}}{\sum P_{an}}$$

(15.270)

Steht eine Welle fest, d. h. Leistung führen nur zwei Wellen, ist vereinfacht:

$$\eta = \frac{-P_{ab}}{P_{an}} \qquad (15.271)$$

Im Folgenden werden hier für die Wirkungsgradberechnung nur zwei leistungsführende Wellen angenommen und bei der Ableitung des Wirkungsgrades von Gl. (15.271) ausgegangen. Führt man die Größen $P_{ab} = M_{ab} \cdot \omega_{ab}$ und $P_{an} = M_{an} \cdot \omega_{an}$ ein, ergibt sich:

$$\eta = -\frac{M_{ab}}{M_{an}} \cdot \frac{\omega_{ab}}{\omega_{an}} \qquad (15.272)$$

Bei Benutzung des Ausdruckes $i = \omega_{an} / \omega_{ab}$ für die kinematische Übersetzung und $i_M = M_{ab} / M_{an}$ für die Momentenübersetzung (Momentenverhältnis) ergibt sich der Wirkungsgrad aus diesen Übersetzungen zu:

$$\eta = -\frac{i_M}{i} \qquad (15.273)$$

Die kinematische Übersetzung i ist bereits abgeleitet (Abschn. 15.6.2). Deshalb wird nur das Momentenverhältnis bestimmt. Wir gehen davon aus, dass gelten muss $\Sigma M = 0$.

$$M_A + M_B + M_C = 0 \qquad (15.274)$$

$M_A = M_{an}, M_B = M_{ab}, C$ feststehendes Glied (A, B nach außen führende Wellen). Von den 3 Drehmomenten haben 2 ein gleiches Vorzeichen. Der absolute Betrag ihrer Summe ist der absolute Betrag des dritten Drehmomentes. Dieses ist das betragsmäßig größte Drehmoment. Die zugehörige Welle wird deshalb *Summenwelle* genannt, die beim Grundtyp nach Abb. 15.120, 15.121 stets die Stegwelle ist. Die anderen beiden Wellen gleichen Vorzeichens nennt man *Differenzwellen*.

Ein Drehmoment, i. A. das Antriebsmoment, ist gegeben. Das Abtriebsmoment hängt von der kinematischen Übersetzung und den Verlusten ab. Da die hierfür maßgebende Wälzleistung $P_W > 0$ oder $P_W < 0$ sein kann, ist zunächst die Wälzleistungsflussrichtung zu bestimmen. Diese ergibt sich aus dem Produkt von Drehmoment und *Wälz*winkelgeschwindigkeit (Winkelgeschwindigkeit relativ zum Steg).

Für das Getriebe nach Abb. 15.120, dem Grundtyp, ist die Wälzwinkelgeschwindigkeit des Rades 1: $\omega_{1S} = \omega_1 - \omega_S$.

Beim Getriebe nach Abb. 15.120 wird hier angenommen: Antrieb bei 1, Abtrieb bei S. Da $\omega_1 > \omega_S$ und $\omega_S > 0$ sind, beträgt auch $\omega_{1S} > 0$. Am Antrieb ist $M_{an} > 0$, sodass für die Wälzleistung gilt:

$$P_{W1} = \omega_{1S} \cdot M_1 > 0 \qquad (15.275)$$

Die Wälzleistung fließt also bei Rad 1 hinein und bei Rad 3 (Bewegung relativ zum Steg) hinaus. Die Verluste wirken sich bei den Drehmomenten aus, denn infolge der formschlüssigen Übertragung durch Zahnräder ist kein Drehzahlverlust möglich. Es ist also:

$$M_3 = -M_1 \cdot i_0 \eta_0, \quad i_0 = -\frac{|z_3|}{z_1}$$

(kinematische) Übersetzung des Standgetriebes, η_0 Wirkungsgrad des Standgetriebes (überschlägig: $\eta_0 = \eta_{01,2} \cdot \eta_{02,3} = 0{,}98$) und nach Gleichung (15.274) mit $M_1 = M_A, M_S = M_B, M_3 = M_C$

$$\begin{aligned} M_1 + M_3 + M_S &= 0 \\ M_1 - M_1 i_0 \eta_0 + M_S &= 0 \end{aligned} \tag{15.276}$$

Daraus ist das Momentenverhältnis des Planetengetriebes bestimmbar:

$$i_M = \frac{M_{ab}}{M_{an}} = \frac{M_S}{M_1} = i_0 \eta_0 - 1 \tag{15.277}$$

Der Wirkungsgrad Gl. (15.271) des Planetengetriebes nach Abb. 15.120 ist somit:

$$\eta = -\frac{i_0 \eta_0 - 1}{-i_0 + 1} \text{ und mit } i_0 = \frac{|z_3|}{z_1} \text{ ergibt sich: } \eta = \frac{1 + \eta_0 \dfrac{|z_3|}{z_1}}{1 + \dfrac{|z_3|}{z_1}} \tag{15.278}$$

Es zeigt sich, dass der Wirkungsgrad des Planetengetriebes η größer, als der des gleichartigen Standgetriebes ist ($\eta > \eta_0$). Unter dem gleichartigen Standgetriebe wird das Getriebe verstanden, dass bei Festhalten des Steges und gleichen Zähnezahlen entsteht. Der Wirkungsgrad ändert sich beim Planetengetriebe, wenn die festgehaltenen Getriebeelemente oder An- und Abtriebe vertauscht werden. Während beim vorstehenden Beispiel die Richtung des äußeren Antriebes und des Wälzleistungsflusses übereinstimmen und der Wirkungsgrad günstiger als beim gleichartigen Standgetriebe ist, kann dieses beim Beispiel, Variante II nach Abb. 15.122b nicht festgestellt werden.

Var.I: Getriebe nach Abb. 15.122a Rad 1 fest, Steg S Antrieb, Rad 4 Abtrieb

• *Drehzahlen nach Swamp*

	1	2	3	4	S
I	n_s	–	–	n_s	n_s
II	$-n_s$	$+n_s \dfrac{z_1}{z_2}$	$+n_s \dfrac{z_1}{z_2}$	$-n_s \dfrac{z_1}{z_2}\dfrac{z_3}{z_4}$	–

$$n_4 = n_S \left(1 - \frac{z_1}{z_2} \cdot \frac{z_3}{z_4}\right); \quad i = \frac{n_S}{n_4} = \frac{1}{1 - \frac{z_1}{z_2} \cdot \frac{z_3}{z_4}} = \frac{1}{1 - i_0}; \quad \text{Annahme}; \quad \frac{z_1}{z_2} \cdot \frac{z_3}{z_4} = i_0 < 1$$

- *Wälzleistungsflussrichtung*

bei 4 ist $M_4 < 0$ da Abtrieb der äußeren Leistung, $n_{4S} = n_4 - n_S = -n_S i_0 < 0$
Wälzleistung $P_{W4} : P_{W4} = M_4 \cdot \omega_{W4} > 0$, da $M_4 < 0$ und n_{W4} bzw. $\omega_{W4} = \omega_{4S} < 0$ sind.
Die Wälzleistung fließt somit bei 4 hinein (siehe Abb. 15.122a), entgegen der äußeren Leistung (Abrieb des Getriebes).

- *Drehmomentenverhältnis*

$$i_M = \frac{M_4}{M_S}; \quad M_1 + M_4 + M_S = 0$$

Aufgrund der Wälzleistungsflussrichtung (siehe oben) ist:

$$M_1 = -\eta_0 M_4 \frac{z_3}{z_4} \cdot \frac{z_1}{z_2} = -i_0 \eta_0 M_4$$

Aus den obigen Gleichungen ergibt sich:

$$i_M = \frac{M_4}{M_S} = \frac{1}{i_0 \eta_0 - 1}$$

- *Wirkungsgrad* des Planetengetriebes

$$\eta = -\frac{i_M}{i} = \frac{1 - i_0}{1 - i_0 \eta_0}$$

Interessant ist, dass bei $i_0 = (z_1 / z_2) \cdot (z_3 / z_4) < 1$ der Wirkungsgrad η diese Planetengetriebes auch dann größer als null ist, wenn der Standwirkungsgrad $\eta_0 = 0$ beträgt. Es wird ein Teil der Antriebsleistung direkt als verlustfreie Kupplungsleistung durchgeleitet.

Var.II: Getriebe nach (Abb. 15.122b); An- und Abtrieb von Var.I vertauscht (Rad 1 fest, Steg S Abtrieb, Rad 4 Antrieb)

- *Übersetzung* $i = n_4 / n_S$

Aus der Drehzahlgleichung bei Var.I folgt:

$$i = \frac{n_4}{n_S} = 1 - i_0; \quad i_0 = \frac{z_1}{z_2} \cdot \frac{z_3}{z_4}$$

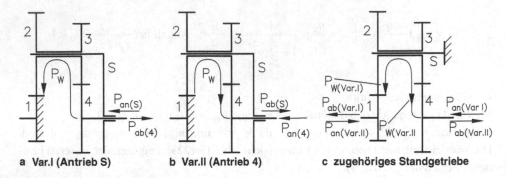

a Var.I (Antrieb S)   **b Var.II (Antrieb 4)**   **c zugehöriges Standgetriebe**

Abb. 15.122 Wälzleistungsflüsse und zugehöriges Standgetriebe

- *Wälzleistungsflussrichtung P_{W4}*

Bei 4 ist $M_4 > 0$, da Antrieb

Wälzdrehzahl: $n_{W4} = n_4 - n_S = -n_S i_0 < 0$

Wälzleistung P_{W4}: $P_{W4} = M_4 \cdot \omega_{W4} < 0$, da $M_4 > 0 n_{W4}$ bzw. $\omega_{W4} < 0$ sind.

Die Wälzleistung fließt somit bei 4 hinaus, (siehe Abb. 15.122b).

- *Drehmomentverhältnis*

$$i_M = \frac{M_S}{M_4}; \quad M_1 + M_4 + M_S = 0$$

Aufgrund der Wälzleistungsflussrichtung ist:

$$M_1 = -\frac{1}{\eta_0} M_4 \frac{z_3}{z_4} \cdot \frac{z_1}{z_2} = -\frac{i_0}{\eta_0} M_4$$

Aus den obigen Gleichungen ergibt sich:

$$i_M = \frac{i_0}{\eta_0} - 1$$

Wirkungsgrad des Planetengetriebes

$$\eta = -\frac{i_M}{i} = \frac{1 - \dfrac{i_0}{\eta_0}}{1 - i_0}$$

Abbildung 15.122a und b zeigen die Wälzleistungsflüsse. Wie aus der Beziehung von P_{W4} bereits folgte, ist der Wälzleistungsfluss, d. h. die im Innern des Getriebes fließende Leistung, bei Var. II der äußeren Leistung entgegengerichtet.

Berechnet man die Wälzleistung, z. B. bei Var.II, b), so stellt man fest, dass diese hier größer als die äußere Leistung ist. Die Leistung, deren absoluter Betrag größer, als die äußere Leistung ist (An- oder Abtriebsleistung), wird als *Blindleistung* bezeichnet.

Es lässt sich schlussfolgern:

- Beim Vertausch von An- und Abtrieb ergeben sich völlig unterschiedliche Beziehungen für den Wirkungsgrad.
- Es ist möglich, dass $\eta = 0$ und rechnerisch sogar $\eta < 0$ wird. (Var.II bei $i_0 / \eta_0 \geq 1$). Dieses bedeutet *Selbsthemmung*, d. h. das Getriebe ist so nicht antreibbar.
- Wenn bei Var.II gerade Selbsthemmung eintritt, ist bei Var.I bei gleichem Zähnezahlverhältnis $\eta \approx 0,5$.

Da ersichtlich ist, dass sehr kleine Wirkungsgrade und sogar Selbsthemmung möglich sind, ist es bedeutsam, das Wirkungsgradverhalten einfach beurteilen zu können. Hierzu dient die Unterscheidung in Minus- und Plusgetriebe.

Ein *Minusgetriebe* liegt vor, wenn bei festgehaltenem Steg die beiden nach außen führenden Wellen entgegen gesetzte Drehrichtungen haben. Ein *Plusgetriebe* liegt dagegen vor, wenn bei festgehaltenem Steg die beiden nach außen führenden Wellen die gleiche Drehrichtung haben.

Ein günstigerer Wirkungsgrad, als beim gleichartigen Standgetriebe liegt bei einem Planetengetriebe vor, wenn dieses als Minusgetriebe charakterisiert werden kann.

Ein Beispiel für ein Minusgetriebe ist der Grundtyp nach Abb. 15.121. Der Wirkungsgrad dieses Getriebes ist größer, als der des gleichartigen Standgetriebes. Stellt das Planetengetriebe ein Plusgetriebe dar, ist eine Beurteilung erst durch die Ableitung des Wirkungsgrades, wie in diesem Abschnitt beschrieben, möglich.

15.6.4   Konstruktive Aspekte bei Planetengetrieben

Übersetzung

Die Übersetzung bestimmt die Durchmesserverhältnisse der Zahnräder. Bei zu groß gewählter Übersetzung würden sich die Planetenräder durchdringen. Es ist deshalb beim Grundtyp mit 3 Planeten nur *etwa* $i \leq 12$ möglich. Eine weitere Grenze ist durch den Mindestdurchmesser der Planetenräder (Lagerung) bedingt.

Planetenanzahl

Die Anzahl der Planeten ist meist 3. Es liegt dann bei nicht gelagertem Sonnenritzel (z. B. Rad 1, des Grundtyps, Abb. 15.121) eine gleichmäßige Lastaufteilung auf die 3 in gleichmäßiger Teilung angeordneten Planeten vor. Bei kleinen Übersetzungen, d. h. bei relativ kleinem Durchmesserverhältnis $|d_3 / d_1|$ werden oft mehr als 3 Planeten angeordnet, z. T. mehr als 7. Es ist konstruktiv eine möglichst gute Lastaufteilung auf die einzelnen Planeten zu gewährleisten. Die Lastaufteilung auf die Planeten ist abhängig von der Elastizität der

Radkörper, der Lager und Lagerbolzen, den Zahnweitenunterschieden der Planetenräder und den Achslageabweichungen der Lagerbohrungen des Planetenträgers und der Einstellbarkeit der Übertragungselemente, z. B. des Hohlrades.

Montagebedingung
Damit die Planetenräder bei gleicher Teilung der Lager im Planetenträger montierbar sind, müssen die Zähnezahlen bestimmten Bedingungen entsprechen. Beim Grundtyp (Abb. 15.121) ist diese:

$$\frac{z_1 + |z_3|}{p} = g \qquad\qquad (15.279)$$

p Anzahl der bei gleichmäßiger Teilung angeordneten Planetenräder,
g ganze Zahl

Lagerung der Planetenräder
Die Lagerung der Planetenräder muss nicht nur die Zahnkräfte, sondern auch die Fliehkräfte aufnehmen. Die Fliehkräfte bedingen eine *obere Drehzahlgrenze* der Anwendbarkeit des Planetengetriebes. Darüber ist dann nur noch das gleichartige Standgetriebe verwirklichbar (z. T. andere Drehrichtung!). Es ist dann u. U. die Fliehkraftspannung des Hohlrades zu beachten. Werden Gleitlager verwendet, ist es beanspruchungsgerecht, das weichere Lagermetall so anzuordnen, dass dieses nicht schwellend, sondern nur ruhend beansprucht wird (z. B. die Bronze). Bei dem Getriebe nach Abb. 15.123 muss sich demnach das Lagermetall auf dem Lagerbolzen der Planetenradlagerung befinden, da die Lagerkraft relativ zum Bolzen eine konstante Richtung besitzt und damit eine zeitlich konstante Pressung (ruhende Beanspruchung) ausübt.

Beanspruchung
Die meist relativ dünnen Radkränze bedingen eine Kranz(-biege-)beanspruchung, die sich der durch die Zahnkraft bedingten Fußspannung überlagert und die Tragfähigkeit entscheidend senken kann (siehe [VDI2737]).

Kühlung und Schmierung
Bei hochtourigen Getrieben liegt vor allem beim zentralen Sonnenritzel (Rad 1 beim Grundtyp, Abb. 15.121) eine große Wärmebelastung infolge des mehrfachen Eingriffs vor. Es wird deshalb, wenn raummäßig möglich, Innenkühlung angewandt (siehe[Link96], S. 722 und 724). Das austretende Öl wird infolge der Fliehkraft vernebelt und schmiert die übrigen Teile (Zahneingriff 2/3 und die Lager).

Welle-Naben-Verbindungen
Infolge der relativ großen Beanspruchung der Wellen und damit der Wellen-Nabenverbindungen wie auch der z. T. erheblichen Fliehkraftbelastung, sind Passfedern i. A. ungeeignet. Es werden deshalb meist Zahnwellen-Nabenverbindungen gewählt, die auch eine

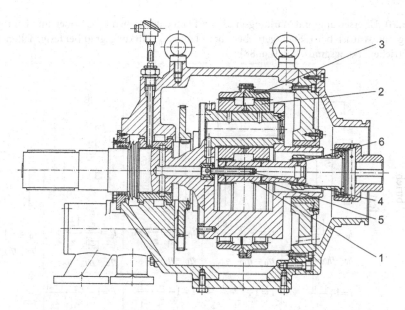

Abb. 15.123 Planetengetriebe (ehemals ASUG Dessau), Bauart: Grundtyp, Doppelschrägverzahnung. *1* Sonnenritzel, *2* Planetenräder, *3* Hohlrad, *4* Öleinspritzung, *5* Ölzuführung am Sonnenritzel, *6* Ölzuführungsbohrung der Kuppelverzahnung

begrenzte Einstellbarkeit gewährleisten. Es ist günstig, zur Vermeidung von Tribokorrosion, Öl durch die Verzahnungen zu leiten, wozu meist die Fliehkraftwirkung genutzt wird (siehe auch Abb. 15.123).

Verzahnungsausführung
Geradverzahnung bietet für die Lagerung Vorteile (keine Axialkräfte). Sie kann aber nur angewendet werden, wenn das Getriebe für den Lärm der Anlage nicht bestimmend ist (z. B. Flugzeug mit Luftschraube, Planetengetriebe und Gasturbinenantrieb). Es wird sonst Doppelschräg- oder auch Einfachschrägverzahnung verwendet. Die Außenverzahnungen moderner Planetengetriebe sind einsatzgehärtet und geschliffen, protuberanzverzahnt und z. T. kugelgestrahlt und flankenmodifiziert. Weniger extrem belastete Planetengetriebe haben nitrierte Verzahnungen der außenverzahnten Räder. Die Verzahnung des Hohlrades ist z. T. nur vergütet, da infolge der konkav-konvexen Profilpaarung die Hertzsche Pressung dieses zulässt. Bei größerer Beanspruchung wird die Hohlradverzahnung nitriert, wobei dann meist vor dem Nitrieren geschliffen wird und nur in Ausnahmefällen auch erst nach dem Nitrieren eine Schleifbearbeitung erfolgt, um die gegenüber dem Einsatzhärten geringeren, aber doch vorhandenen Maßabweichungen infolge der Wärmebehandlung zu beseitigen. Bei sehr großer Beanspruchung wird auch die Hohlradverzahnung einsatzgehärtet und geschliffen. Der Schleifabsatz wird dabei entweder durch die Vorbearbeitung mit Protuberanzwerkzeugen vermieden, oder durch eine Schleifscheibenkopfrundung in seiner Wirkung begrenzt. Eine Zusammenstellung einfacher Planetengetriebe enthält Tab. 15.20.

Tab. 15.20 Übersetzung und Wirkungsgrad von Planetengetrieben (i_0 Übersetzung bei festgehaltem Steg und Antrieb bei 1, Standgetriebe-Übersetzung; η_0 Wirkungsgrad bei festgehaltenem Steg, Standgetriebewirkungsgrad), s. a. [Loo88]

Antrieb / Abtrieb / fest					
	$i_0 = -\dfrac{|z_3|}{z_1}$ $\eta_0 = \eta_{12}\cdot\eta_{23}$	$i_0 = -\dfrac{z_2}{z_1}\cdot\dfrac{|z_3|}{z_{\bar 2}}$ $\eta_0 = \eta_{12}\cdot\eta_{\bar 2 3}$	$i_0 = \dfrac{z_2}{z_1}\cdot\dfrac{z_3}{z_{\bar 2}} > 1$ $\eta_0 = \eta_{12}\cdot\eta_{\bar 2 3}$	$i_0 = \dfrac{z_2}{|z_1|}\cdot\dfrac{|z_3|}{z_{\bar 2}} > 1$ $\eta_0 = \eta_{12}\cdot\eta_{\bar 2 3}$	$i_0 = -1$ $\eta_0 = \eta_{12}\cdot\eta_{23}$
1 S 3	$i = 1 + \dfrac{|z_3|}{z_1}$ $\eta = \dfrac{1 - i_0\eta_0}{1 - i_0}$	$i = 1 + \dfrac{z_2}{z_1}\cdot\dfrac{|z_3|}{z_{\bar 2}}$ $\eta = \dfrac{1 - i_0\eta_0}{1 - i_0}$	$i = 1 - \dfrac{z_2}{z_1}\cdot\dfrac{z_{\bar 2}}{z_1}$ $\eta = \dfrac{i_0\eta_0 - 1}{i_0 - 1}$	$i = 1 - \dfrac{z_2}{|z_1|}\cdot\dfrac{|z_3|}{z_{\bar 2}}$ $\eta = \dfrac{i_0\eta_0 - 1}{i_0 - 1}$	$i = 2$ $\eta = \dfrac{1 + \eta_0}{2}$
S 1 3	$i = \dfrac{1}{1 + \dfrac{|z_3|}{z_1}}$ $\eta = \dfrac{1 - i_0}{1 - \dfrac{i_0}{\eta_0}}$	$i = \dfrac{1}{1 + \dfrac{z_2}{z_1}\cdot\dfrac{|z_3|}{z_{\bar 2}}}$ $\eta = \dfrac{1 - i_0}{1 - \dfrac{i_0}{\eta_0}}$	$i = \dfrac{1}{1 - \dfrac{z_2}{z_1}\cdot\dfrac{z_3}{z_{\bar 2}}}$ $\eta = \dfrac{i_0 - 1}{\dfrac{i_0}{\eta_0} - 1}$	$i = \dfrac{1}{1 - \dfrac{z_2}{|z_1|}\cdot\dfrac{|z_3|}{z_{\bar 2}}}$ $\eta = \dfrac{i_0 - 1}{\dfrac{i_0}{\eta_0} - 1}$	$i = \dfrac{1}{2}$ $\eta = \dfrac{2}{1 + \dfrac{1}{\eta_0}}$
3 S 1	$i = \dfrac{1}{1 + \dfrac{|z_3|}{z_1}}$ $\eta = \dfrac{\eta_0 - i_0}{1 - i_0}$	$i = 1 + \dfrac{z_2}{z_1}\cdot\dfrac{|z_3|}{z_{\bar 2}}$ $\eta = \dfrac{\eta_0 - i_0}{1 - i_0}$	$i = 1 - \dfrac{z_2}{z_1}\cdot\dfrac{z_3}{z_{\bar 2}}$ $\eta = \dfrac{i_0\eta_0 - 1}{\eta_0(i_0 - 1)}$	$i = 1 - \dfrac{z_2}{|z_1|}\cdot\dfrac{|z_3|}{z_{\bar 2}}$ $\eta = \dfrac{i_0\eta_0 - 1}{\eta_0(i_0 - 1)}$	$i = 2$ $\eta = \dfrac{1 + \eta_0}{2}$
S 3 1	$i = \dfrac{1}{1 + \dfrac{z_1}{|z_3|}}$ $\eta = \dfrac{1 - i_0}{\dfrac{1}{\eta_0} - i_0}$	$i = \dfrac{1}{1 + \dfrac{z_1}{z_2}\cdot\dfrac{z_{\bar 2}}{|z_3|}}$ $\eta = \dfrac{1 - i_0}{\dfrac{1}{\eta_0} - i_0}$	$i = \dfrac{1}{1 - \dfrac{z_1}{z_2}\cdot\dfrac{z_{\bar 2}}{z_3}}$ $\eta = \dfrac{i_0 - 1}{i_0 - \eta_0}$	$i = \dfrac{1}{1 - \dfrac{|z_1|}{z_2}\cdot\dfrac{z_{\bar 2}}{|z_3|}}$ $\eta = \dfrac{i_0 - 1}{i_0 - \eta_0}$	$i = \dfrac{1}{2}$ $\eta = \dfrac{2}{1 + \dfrac{1}{\eta_0}}$

Eine praktische Ausführung eines Planetengetriebes (Grundtyp) mit Doppelschrägverzahnung ist in Abb. 15.123 dargestellt.

Die Ritzelkühlung erfolgt hier durch Einspritzung des Öles in die Ritzelbohrung. Radiale Bohrungen zur Zahnlücke bewirken die Schmierung sowohl der Laufverzahnung, als auch der Verzahnung der Zahnwellenverbindung (Kerbwirkung!). Es liegt Gleitlagerung vor. Die Hohlradhälften sind miteinander fest verbunden und über ein elastisches Glied (geschlitzter Zylinder) am Gehäuse befestigt.

15.6.5   Wolfsche Symbole

Besonders bei gekoppelten Getrieben bietet die ergänzende Darstellung mit den Wolfschen Symbolen Vorteile. Dabei werden die 3 Wellen durch Striche dargestellt und an einem, das Getriebe symbolisierenden Kreis (black box) angeordnet (Abb. 15.124, 15.125, 15.126; [Loo88, Mül98, Leist72]).

15.6.6   Spezielle und gekoppelte Planetengetriebe

Im Folgenden werden einige spezielle Ausführungen kurz dargestellt.

Offenes bzw. nicht rückkehrendes Planetengetriebe
Die grundsätzliche Ausführung ist in Abb. 15.127 dargestellt. Durch eine kleine Differenz der Zähnezahlen zwischen dem außenverzahnten, umlaufenden Rad und dem Hohlrad

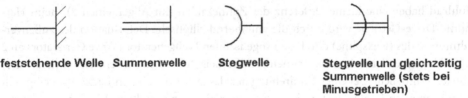

feststehende Welle   Summenwelle   Stegwelle   Stegwelle und gleichzeitig
                                                          Summenwelle (stets bei
                                                          Minusgetrieben)

Abb. 15.124 Wolfsche Grundsymbole

Abb. 15.125 Allgemeine
symbolische Darstellung
eines Getriebes

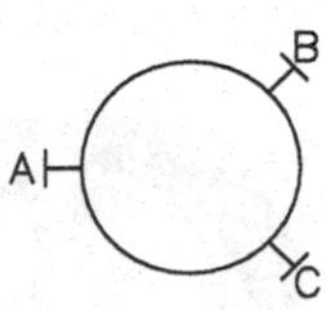

Abb. 15.126 Symbolische
Darstellung des Grundtyps
(siehe Abb. 15.120)

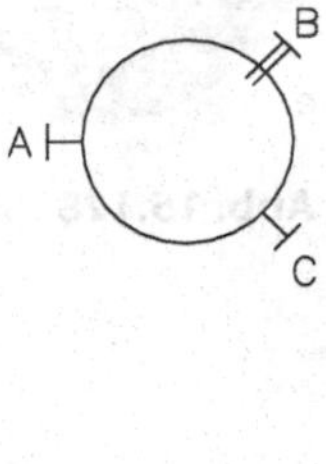

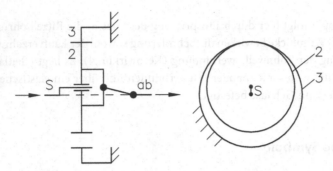

Abb. 15.127 Offenes bzw. nicht rückkehrendes Planetengetriebe

entsteht eine große Änderung der Drehzahl, z. B. zwischen dem Steg und dem Abtrieb. Bei der praktischen Ausführung wird entweder die Drehung des Planetenrades um die eigene Achse durch eine Gelenkwelle oder biegsame Welle auf die zentrale Achse geleitet oder die Achsabstandsdifferenz durch ein elastisches Glied (Harmonic-Drive) oder durch eine Exzenterscheibe (Cyclo-Getriebe) überbrückt.

Wenn Antrieb bei S ist:

$$i = -\frac{z_2}{|z_3| - z_2} \qquad (15.280)$$

Harmonic-Drive-Getriebe

Das Harmonic-Drive-Getriebe (Abb. 15.128, 15.129, 15.130) lässt sich auf ein hoch übersetzendes, nicht rückkehrendes Planetengetriebe zurückführen (Abb. 15.127). Außen- und Hohlrad haben eine kleine Differenz der Zähnezahlen (im Allgemeinen 2). Beim Harmonic-Drive-Getriebe wird durch die annähernd elliptische Deformation des außenverzahnten Rades (Flexspline) durch den sogenannten Wellgenerator (Wave Generator) an 2 gegenüberliegenden Seiten ein Zahneingriff herbeigeführt und ein zentrischer (koaxialer) Abtrieb ermöglicht. Bei einer Umdrehung des das außenverzahnten Rades etwa elliptisch deformierenden Wellgenerators hat sich dieser elastisch gestaltete Radring nur um die Differenz der Zähnezahlen zwischen dem feststehenden Hohlrad und Außenrad gedreht. Entsprechend dem nicht rückkehrenden Getriebe ist beim Antrieb am elliptischen Wave-Generator die Übersetzung:

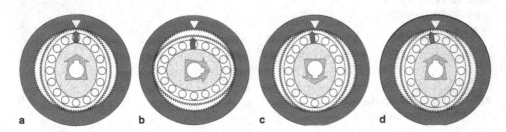

a   b   c   d

Abb. 15.128 Bewegungsablauf des Harmonic-Drive Getriebes [Harm04]

Abb. 15.129 Harmonic-Drive-Getriebe [Harm04]

Abb. 15.130 Schnittzeichnung Harmonic-Drive-Getriebe [Harm04]

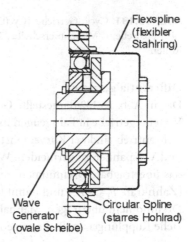

Flexspline
(flexibler
Stahlring)

Wave
Generator
(ovale Scheibe)

Circular Spline
(starres Hohlrad)

$$i = \frac{-z_2}{|z_3| - z_2}, \qquad |z_3| \, \text{Zähnezahl des Hohlrades} \qquad (15.281)$$

Besondere Eigenschaften sind die Spielfreiheit, der kleine Bauraum und ein relativ günstiger Wirkungsgrad bis $\eta = 0{,}85$. Als Anwendungen sind u. a. Roboter, Werkzeugmaschinen und Spezialfahrzeuge (Mondfahrzeug) zu nennen.

Cyclo Getriebe

Das Cyclo Getriebe lässt sich ebenfalls auf das nicht rückkehrende Planetengetriebe zurückführen. Es beruht *nicht* auf der Deformation eines elastisch gestalteten Gliedes, sondern auf durch einen Exzenter (1) angetriebene Kurvenscheiben (2,3). Sie besitzen außer flachen Zähnen ähnelnde Vorsprünge (Zykloiden). Sie wälzen sich auf Bolzen ab. Die Kurvenscheibe besitzt meist einen Zahn weniger, als der äußere Bolzenring. Die Übersetzung ergibt sich nach der gleichen Beziehung, wie beim nicht rückkehrenden Getriebe. Bei einstufiger Ausführung beträgt die Übersetzung etwa $i = 6 \ldots 85$ und der Wirkungsgrad bei Volllast bis 92,5 %. Als Anwendung können u. a. Getriebemotoren und Servomotoren genannt werden. Die Spielfreiheit des Harmonic-Drive-Getriebes wird nicht erreicht (Abb. 15.131).

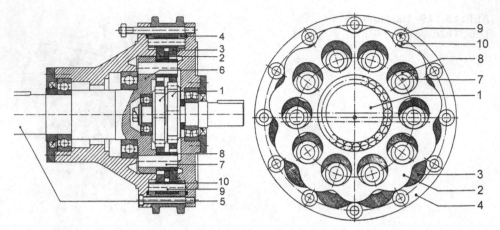

Abb. 15.131 Cyclo-Getriebe [Cyc03, Leh79] *1* Exzenter, *2,3* Kurvenscheiben, *4* Bolzenring, *5* Abtriebswelle, *6* Mitnehmerscheibe, *7* Mitnehmerbolzen, *8* Mitnehmerrollen, *9* Außenbolzen, *10* Rollen

Differentialgetriebe

Das in Abb. 15.132 dargestellte Getriebe besitzt 2 unabhängige Abtriebe. Es wird u. a. als Verteilergetriebe in Fahrzeugen in Kraftfahrzeugen und als Achsantrieb verwendet. Beim Achsantrieb sind bei Kurvenfahrt unterschiedliche Drehzahlen erforderlich, um Schlupf und Verspannen zu vermeiden. Wenn bei einem Abtrieb durch Rutschen, z. B. durch Eis, das übertragbare Drehmoment sehr klein wird, kann wegen des inneren Gleichgewichts (Zahnkraft $F_{1,2} = F_{\overline{2}\overline{1}}$ und damit $|M_{ab1}| = |M_{ab2}|$) auch der andere Abtrieb kein größeres Drehmoment übertragen. Maßnahmen dagegen sind u. a. die Differentialsperre und spezielle Kupplungen (z. B. die so genannte Visco-Kupplung).

Reihenplanetengetriebe

Reihenplanetengetriebe (Abb. 15.133) sind Getriebe, die nur durch eine Welle verbunden sind. Es findet beim Reihenplanetengetriebe im Unterschied zum Koppelplanetengetriebe keine Leistungsteilung über unterschiedliche Getriebebaugruppen statt.

Abb. 15.132 Kegelrad-differential (Achsantrieb); $1, \overline{1}, 2, \overline{2}, s$

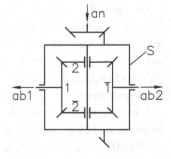

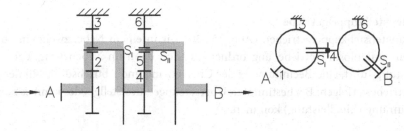

Abb. 15.133 Reihen-Planetengetriebe (ohne innere Leistungsverzweigung); Schema mit Leistungsfluss

Koppelplanetengetriebe

Bei Koppelplanetengetrieben (Abb. 15.134) sind *2* Wellen der verbundenen Getriebe miteinander gekoppelt. Es kann eine günstige innere Leistungsaufteilung haben (Abb. 15.134). Sie kann aber auch ungünstig sein, indem zwischen den gekoppelten Getrieben eine Leistung kreist, die größer als die äußere ist (Koppelblindleistung), siehe u. a. Abb. 15.135). Wenn nicht gleichartige Einzelwellen (z. B. eine Differenzwelle und eine Summenwelle) nach außen führen, liegt eine günstige innere Leistungsaufteilung und damit günstiger Wirkungsgrad vor. Nicht gleichartige Einzelwellen sind z. B. bei Abb. 15.134 die Antriebswelle *A* (Differenzwelle) und die Summenwelle *C* (festgehaltener Steg). Nähere Ausführungen zu dieser Regel findet man bei *Müller* [Mül98].

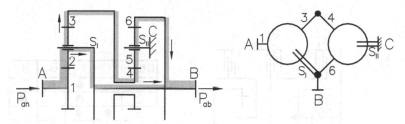

Abb. 15.134 Koppelplanetengetriebe mit günstiger innerer Leistungsteilung; Schema mit Leistungsfluss

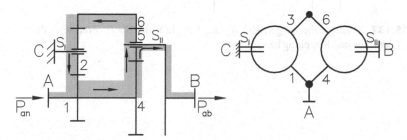

Abb. 15.135 Koppel-Planetengetriebe mit Blindleistung; ungünstige Leistungsverhältnisse; Schema mit Leistungsfluss

Planetenstellkoppelgetriebe

Bei Planetenstellkoppelgetrieben (Abb. 15.136) wir in einem Nebenzweig ein Stellglied, z. B. ein stufenloses Getriebe, angeordnet. Es kann dann im Nebenzweig, der nur eine Teilleistung führt, eine Beeinflussung der Übersetzung und Abtriebsdrehzahl des gesamten Getriebes erfolgen. Bei bestimmten Übersetzungen des Stellgliedes kann es zu innerer Verspannung (Blindleistung) kommen.

Fahrzeuggetriebe

Bei Fahrzeugautotmatikgetrieben (z. B. Abb. 15.137) werden gekoppelte Getriebe eingesetzt, bei denen einzelne Glieder (durch Kupplungen) verbunden oder gelöst bzw. (durch Bremsen) abgebremst werden. Es entstehen so Getriebe mit unterschiedlichen Übersetzungen (Gänge) (Abb. 15.138 und Abb. 15.139).

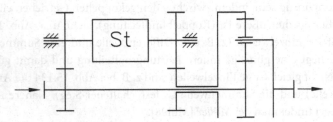

Abb. 15.136 Planeten-Stellkoppelgetriebe (nach [Loo88]); *St* Stellglied (z. B. stufenloses Getriebe)

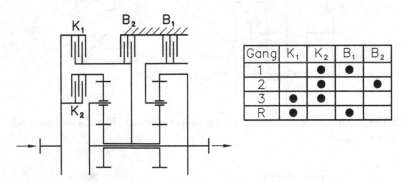

Gang	K_1	K_2	B_1	B_2
1		●	●	
2		●		●
3	●	●		
R	●		●	

Abb. 15.137 3-Gang-Fahrzeuggetriebe K_1, K_2 Kupplungen; B_1, B_2 Bremsen (Punkt in Tabelle bedeutet geschlossene Kupplung bzw. Bremse)

Beispiele

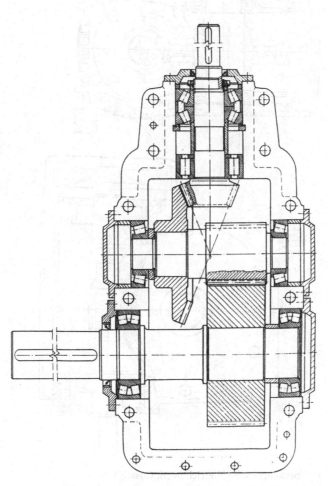

Abb. 15.138 Kegelrad-Stirnradgetriebe (nach FAG-Katalog „Die Gestaltung von Wälzlagerungen")

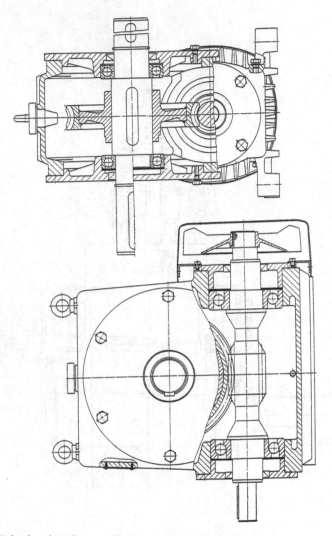

Abb. 15.139 Zylinderschneckengetriebe (Getriebewerk Coswig)

15.7 Anhang

Zahlentafeln

Tab. 15.21 Werte der Evolventenfunktion $\mathrm{inv}\,\alpha_{\mathrm{y}} = \mathrm{inv}\,\alpha$

α_{y}	15°	16°	17°	18°	19°	20°
0,00	0,00614980	0,00749271	0,00902471	0,01076043	0,01271506	0,01490438
0,01	0,00616234	0,00750707	0,00904103	0,01077887	0,01273576	0,01492752
0,02	0,00617490	0,00752144	0,00905738	0,01079733	0,01275649	0,01495068
0,03	0,00618748	0,00753584	0,00907374	0,01081581	0,01277724	0,01497386
0,04	0,00620007	0,00755026	0,00909013	0,01083431	0,01279801	0,01499707
0,05	0,00621268	0,00756470	0,00910653	0,01085283	0,01281881	0,01502030
0,06	0,00622531	0,00757915	0,00912296	0,01087138	0,01283964	0,01504356
0,07	0,00623795	0,00759362	0,00913941	0,01088995	0,01286048	0,01506685
0,08	0,00625061	0,00760812	0,00915587	0,01090854	0,01288135	0,01509016
0,09	0,00626329	0,00762263	0,00917236	0,01092715	0,01290224	0,01511349
0,10	0,00627599	0,00763716	0,00918887	0,01094579	0,01292316	0,01513685
0,11	0,00628871	0,00765171	0,00920540	0,01096444	0,01294410	0,01516024
0,12	0,00630144	0,00766628	0,00922195	0,01098312	0,01296506	0,01518365
0,13	0,00631419	0,00768087	0,00923851	0,01100182	0,01298605	0,01520709
0,14	0,00632696	0,00769547	0,00925510	0,01102055	0,01300706	0,01523055
0,15	0,00633974	0,00771010	0,00927172	0,01103929	0,01302810	0,01525404
0,16	0,00635255	0,00772474	0,00928835	0,01105806	0,01304916	0,01527755
0,17	0,00636537	0,00773941	0,00930500	0,01107685	0,01307024	0,01530109
0,18	0,00637821	0,00775409	0,00932167	0,01109566	0,01309134	0,01532465
0,19	0,00639107	0,00776880	0,00933836	0,01111449	0,01311247	0,01534824
0,20	0,00640394	0,00778352	0,00935508	0,01113335	0,01313363	0,01537185
0,21	0,00641683	0,00779826	0,00937181	0,01115223	0,01315480	0,01539549
0,22	0,00642974	0,00781302	0,00938857	0,01117113	0,01317601	0,01541916
0,23	0,00644267	0,00782780	0,00940534	0,01119005	0,01319723	0,01544285
0,24	0,00645562	0,00784260	0,00942214	0,01120899	0,01321848	0,01546656
0,25	0,00646858	0,00785742	0,00943896	0,01122796	0,01323975	0,01549030
0,26	0,00648156	0,00787225	0,00945580	0,01124695	0,01326105	0,01551407
0,27	0,00649456	0,00788711	0,00947265	0,01126596	0,01328237	0,01553786
0,28	0,00650758	0,00790199	0,00948953	0,01128499	0,01330371	0,01556168
0,29	0,00652061	0,00791688	0,00950643	0,01130405	0,01332508	0,01558552

Tab. 15.21 (Fortsetzung)

α_y	15°	16°	17°	18°	19°	20°
0,30	0,00653367	0,00793180	0,00952336	0,01132313	0,01334647	0,01560939
0,31	0,00654674	0,00794673	0,00954030	0,01134223	0,01336789	0,01563329
0,32	0,00655983	0,00796168	0,00955726	0,01136135	0,01338933	0,01565721
0,33	0,00657293	0,00797666	0,00957424	0,01138050	0,01341079	0,01568116
0,34	0,00658606	0,00799165	0,00959125	0,01139966	0,01343228	0,01570513
0,35	0,00659920	0,00800666	0,00960827	0,01141885	0,01345379	0,01572913
0,36	0,00661236	0,00802169	0,00962532	0,01143807	0,01347533	0,01575315
0,37	0,00662554	0,00803674	0,00964239	0,01145730	0,01349689	0,01577720
0,38	0,00663874	0,00805181	0,00965948	0,01147656	0,01351847	0,01580127
0,39	0,00665195	0,00806690	0,00967658	0,01149584	0,01354008	0,01582537
0,40	0,00666519	0,00808201	0,00969371	0,01151514	0,01356172	0,01584950
0,41	0,00667844	0,00809714	0,00971087	0,01153447	0,01358337	0,01587365
0,42	0,00669171	0,00811228	0,00972804	0,01155381	0,01360505	0,01589783
0,43	0,00670499	0,00812745	0,00974523	0,01157318	0,01362676	0,01592203
0,44	0,00671830	0,00814264	0,00976244	0,01159258	0,01364849	0,01594626
0,45	0,00673162	0,00815784	0,00977968	0,01161199	0,01367024	0,01597052
0,46	0,00674496	0,00817307	0,00979693	0,01163143	0,01369202	0,01599480
0,47	0,00675832	0,00818831	0,00981421	0,01165089	0,01371382	0,01601911
0,48	0,00677170	0,00820358	0,00983151	0,01167037	0,01373564	0,01604344
0,49	0,00678510	0,00821886	0,00984883	0,01168988	0,01375749	0,01606780
0,50	0,00679851	0,00823417	0,00986617	0,01170941	0,01377937	0,01609218
0,51	0,00681194	0,00824949	0,00988353	0,01172896	0,01380127	0,01611659
0,52	0,00682539	0,00826484	0,00990091	0,01174853	0,01382319	0,01614103
0,53	0,00683886	0,00828020	0,00991832	0,01176813	0,01384514	0,01616549
0,54	0,00685235	0,00829558	0,00993574	0,01178775	0,01386711	0,01618998
0,55	0,00686585	0,00831098	0,00995319	0,01180739	0,01388910	0,01621450
0,56	0,00687938	0,00832641	0,00997066	0,01182705	0,01391112	0,01623904
0,57	0,00689292	0,00834185	0,00998814	0,01184674	0,01393317	0,01626361
0,58	0,00690648	0,00835731	0,01000565	0,01186645	0,01395524	0,01628820
0,59	0,00692006	0,00837279	0,01002319	0,01188618	0,01397733	0,01631282
0,60	0,00693365	0,00838829	0,01004074	0,01190594	0,01399945	0,01633746
0,61	0,00694727	0,00840381	0,01005831	0,01192572	0,01402159	0,01636213
0,62	0,00696090	0,00841935	0,01007591	0,01194552	0,01404376	0,01638683
0,63	0,00697455	0,00843491	0,01009352	0,01196534	0,01406595	0,01641156
0,64	0,00698822	0,00845049	0,01011116	0,01198519	0,01408817	0,01643631
0,65	0,00700191	0,00846609	0,01012882	0,01200506	0,01411041	0,01646108
0,66	0,00701562	0,00848171	0,01014650	0,01202495	0,01413267	0,01648588

Tab. 15.21 (Fortsetzung)

α_y	15°	16°	17°	18°	19°	20°
0,67	0,00702934	0,00849735	0,01016420	0,01204487	0,01415496	0,01651071
0,68	0,00704309	0,00851301	0,01018192	0,01206481	0,01417727	0,01653557
0,69	0,00705685	0,00852869	0,01019967	0,01208477	0,01419961	0,01656045
0,70	0,00707063	0,00854439	0,01021743	0,01210476	0,01422197	0,01658536
0,71	0,00708443	0,00856011	0,01023522	0,01212476	0,01424436	0,01661029
0,72	0,00709825	0,00857585	0,01025303	0,01214479	0,01426677	0,01663525
0,73	0,00711208	0,00859161	0,01027086	0,01216485	0,01428921	0,01666024
0,74	0,00712594	0,00860739	0,01028871	0,01218492	0,01431167	0,01668525
0,75	0,00713981	0,00862319	0,01030658	0,01220502	0,01433416	0,01671029
0,76	0,00715370	0,00863901	0,01032448	0,01222515	0,01435667	0,01673535
0,77	0,00716761	0,00865485	0,01034239	0,01224529	0,01437921	0,01676045
0,78	0,00718154	0,00867071	0,01036033	0,01226546	0,01440177	0,01678556
0,79	0,00719549	0,00868659	0,01037829	0,01228565	0,01442435	0,01681071
0,80	0,00720946	0,00870249	0,01039627	0,01230587	0,01444696	0,01683588
0,81	0,00722344	0,00871841	0,01041427	0,01232611	0,01446960	0,01686108
0,82	0,00723744	0,00873435	0,01043229	0,01234637	0,01449226	0,01688630
0,83	0,00725147	0,00875030	0,01045034	0,01236665	0,01451494	0,01691155
0,84	0,00726551	0,00876628	0,01046841	0,01238696	0,01453765	0,01693683
0,85	0,00727957	0,00878228	0,01048650	0,01240729	0,01456038	0,01696214
0,86	0,00729364	0,00879830	0,01050461	0,01242765	0,01458314	0,01698747
0,87	0,00730774	0,00881434	0,01052274	0,01244802	0,01460592	0,01701282
0,88	0,00732186	0,00883041	0,01054089	0,01246843	0,01462873	0,01703821
0,89	0,00733599	0,00884649	0,01055907	0,01248885	0,01465157	0,01706362
0,90	0,00735014	0,00886259	0,01057726	0,01250930	0,01467443	0,01708905
0,91	0,00736431	0,00887871	0,01059548	0,01252977	0,01469731	0,01711452
0,92	0,00737850	0,00889485	0,01061372	0,01255026	0,01472022	0,01714001
0,93	0,00739271	0,00891101	0,01063198	0,01257078	0,01474315	0,01716552
0,94	0,00740694	0,00892719	0,01065027	0,01259132	0,01476611	0,01719107
0,95	0,00742119	0,00894339	0,01066857	0,01261188	0,01478909	0,01721664
0,96	0,00743545	0,00895962	0,01068690	0,01263247	0,01481210	0,01724224
0,97	0,00744974	0,00897586	0,01070525	0,01265308	0,01483513	0,01726786
0,98	0,00746404	0,00899212	0,01072362	0,01267372	0,01485819	0,01729351
0,99	0,00747836	0,00900840	0,01074202	0,01269437	0,01488128	0,01731919
α_y	21°	22°	23°	24°	25°	26°
0,00	0,01734489	0,02005379	0,02304909	0,02634966	0,02997535	0,03394698
0,01	0,01737062	0,02008229	0,02308055	0,02638428	0,03001331	0,03398852
0,02	0,01739638	0,02011083	0,02311204	0,02641892	0,03005132	0,03403009

Tab. 15.21 (Fortsetzung)

α_y	21°	22°	23°	24°	25°	26°
0,03	0,01742217	0,02013939	0,02314357	0,02645360	0,03008935	0,03407170
0,04	0,01744798	0,02016798	0,02317512	0,02648831	0,03012743	0,03411335
0,05	0,01747382	0,02019660	0,02320671	0,02652306	0,03016553	0,03415504
0,06	0,01749968	0,02022525	0,02323832	0,02655784	0,03020367	0,03419676
0,07	0,01752557	0,02025392	0,02326997	0,02659264	0,03024185	0,03423851
0,08	0,01755149	0,02028263	0,02330164	0,02662749	0,03028006	0,03428031
0,09	0,01757744	0,02031136	0,02333335	0,02666236	0,03031831	0,03432214
0,10	0,01760341	0,02034013	0,02336509	0,02669727	0,03035659	0,03436401
0,11	0,01762941	0,02036892	0,02339686	0,02673221	0,03039490	0,03440592
0,12	0,01765544	0,02039774	0,02342866	0,02676718	0,03043325	0,03444786
0,13	0,01768150	0,02042659	0,02346049	0,02680219	0,03047164	0,03448984
0,14	0,01770758	0,02045547	0,02349235	0,02683722	0,03051006	0,03453186
0,15	0,01773369	0,02048438	0,02352424	0,02687229	0,03054851	0,03457391
0,16	0,01775982	0,02051331	0,02355616	0,02690740	0,03058700	0,03461600
0,17	0,01778598	0,02054228	0,02358812	0,02694253	0,03062553	0,03465813
0,18	0,01781217	0,02057127	0,02362010	0,02697770	0,03066409	0,03470030
0,19	0,01783839	0,02060029	0,02365212	0,02701291	0,03070268	0,03474250
0,20	0,01786464	0,02062935	0,02368416	0,02704814	0,03074131	0,03478474
0,21	0,01789091	0,02065843	0,02371624	0,02708341	0,03077997	0,03482702
0,22	0,01791721	0,02068754	0,02374835	0,02711871	0,03081867	0,03486933
0,23	0,01794353	0,02071668	0,02378048	0,02715404	0,03085741	0,03491168
0,24	0,01796989	0,02074585	0,02381265	0,02718941	0,03089618	0,03495407
0,25	0,01799627	0,02077504	0,02384485	0,02722481	0,03093498	0,03499650
0,26	0,01802267	0,02080427	0,02387709	0,02726024	0,03097382	0,03503896
0,27	0,01804911	0,02083352	0,02390935	0,02729571	0,03101270	0,03508146
0,28	0,01807557	0,02086281	0,02394164	0,02733121	0,03105161	0,03512400
0,29	0,01810206	0,02089212	0,02397397	0,02736674	0,03109055	0,03516658
0,30	0,01812858	0,02092147	0,02400632	0,02740230	0,03112953	0,03520919
0,31	0,01815512	0,02095084	0,02403871	0,02743790	0,03116855	0,03525184
0,32	0,01818169	0,02098024	0,02407113	0,02747353	0,03120760	0,03529453
0,33	0,01820829	0,02100967	0,02410358	0,02750920	0,03124669	0,03533726
0,34	0,01823492	0,02103913	0,02413606	0,02754490	0,03128581	0,03538002
0,35	0,01826157	0,02106862	0,02416857	0,02758063	0,03132497	0,03542282
0,36	0,01828825	0,02109814	0,02420111	0,02761639	0,03136416	0,03546566
0,37	0,01831496	0,02112769	0,02423369	0,02765219	0,03140339	0,03550853

Tab. 15.21 (Fortsetzung)

α_y	21°	22°	23°	24°	25°	26°
0,38	0,01834170	0,02115726	0,02426629	0,02768802	0,03144265	0,03555145
0,39	0,01836846	0,02118687	0,02429893	0,02772388	0,03148195	0,03559440
0,40	0,01839525	0,02121650	0,02433160	0,02775978	0,03152128	0,03563739
0,41	0,01842207	0,02124617	0,02436430	0,02779571	0,03156065	0,03568042
0,42	0,01844892	0,02127586	0,02439703	0,02783168	0,03160006	0,03572348
0,43	0,01847579	0,02130559	0,02442979	0,02786767	0,03163950	0,03576658
0,44	0,01850270	0,02133534	0,02446258	0,02790370	0,03167897	0,03580972
0,45	0,01852963	0,02136512	0,02449541	0,02793977	0,03171848	0,03585290
0,46	0,01855658	0,02139494	0,02452826	0,02797586	0,03175803	0,03589612
0,47	0,01858357	0,02142478	0,02456115	0,02801200	0,03179761	0,03593937
0,48	0,01861058	0,02145465	0,02459407	0,02804816	0,03183723	0,03598266
0,49	0,01863762	0,02148455	0,02462702	0,02808436	0,03187688	0,03602599
0,50	0,01866469	0,02151448	0,02466000	0,02812059	0,03191657	0,03606936
0,51	0,01869178	0,02154444	0,02469301	0,02815685	0,03195630	0,03611276
0,52	0,01871890	0,02157443	0,02472606	0,02819315	0,03199606	0,03615620
0,53	0,01874606	0,02160445	0,02475914	0,02822948	0,03203586	0,03619969
0,54	0,01877323	0,02163450	0,02479224	0,02826585	0,03207569	0,03624320
0,55	0,01880044	0,02166458	0,02482538	0,02830225	0,03211556	0,03628676
0,56	0,01882767	0,02169468	0,02485855	0,02833868	0,03215546	0,03633036
0,57	0,01885494	0,02172482	0,02489176	0,02837515	0,03219540	0,03637399
0,58	0,01888223	0,02175499	0,02492499	0,02841165	0,03223537	0,03641766
0,59	0,01890954	0,02178519	0,02495826	0,02844818	0,03227539	0,03646137
0,60	0,01893689	0,02181541	0,02499155	0,02848475	0,03231543	0,03650512
0,61	0,01896426	0,02184567	0,02502488	0,02852135	0,03235552	0,03654890
0,62	0,01899167	0,02187596	0,02505824	0,02855799	0,03239563	0,03659273
0,63	0,01901909	0,02190627	0,02509164	0,02859466	0,03243579	0,03663659
0,64	0,01904655	0,02193662	0,02512506	0,02863136	0,03247598	0,03668049
0,65	0,01907404	0,02196699	0,02515852	0,02866809	0,03251621	0,03672443
0,66	0,01910155	0,02199740	0,02519201	0,02870486	0,03255647	0,03676840
0,67	0,01912909	0,02202784	0,02522553	0,02874167	0,03259677	0,03681242
0,68	0,01915666	0,02205830	0,02525908	0,02877851	0,03263710	0,03685647
0,69	0,01918426	0,02208880	0,02529266	0,02881538	0,03267747	0,03690056
0,70	0,01921188	0,02211932	0,02532628	0,02885229	0,03271788	0,03694469
0,71	0,01923954	0,02214988	0,02535992	0,02888923	0,03275832	0,03698886

Tab. 15.21 (Fortsetzung)

α_y	21°	22°	23°	24°	25°	26°
0,72	0,01926722	0,02218046	0,02539360	0,02892620	0,03279880	0,03703307
0,73	0,01929493	0,02221108	0,02542732	0,02896321	0,03283932	0,03707731
0,74	0,01932267	0,02224172	0,02546106	0,02900025	0,03287987	0,03712160
0,75	0,01935043	0,02227240	0,02549483	0,02903732	0,03292046	0,03716592
0,76	0,01937823	0,02230310	0,02552864	0,02907443	0,03296108	0,03721028
0,77	0,01940605	0,02233384	0,02556248	0,02911158	0,03300174	0,03725468
0,78	0,01943390	0,02236460	0,02559635	0,02914876	0,03304244	0,03729912
0,79	0,01946178	0,02239540	0,02563025	0,02918597	0,03308317	0,03734359
0,80	0,01948969	0,02242622	0,02566419	0,02922322	0,03312394	0,03738811
0,81	0,01951762	0,02245708	0,02569816	0,02926050	0,03316475	0,03743266
0,82	0,01954559	0,02248797	0,02573216	0,02929781	0,03320559	0,03747725
0,83	0,01957358	0,02251888	0,02576619	0,02933516	0,03324647	0,03752189
0,84	0,01960160	0,02254983	0,02580025	0,02937254	0,03328738	0,03756656
0,85	0,01962965	0,02258080	0,02583435	0,02940996	0,03332833	0,03761126
0,86	0,01965772	0,02261181	0,02586848	0,02944741	0,03336932	0,03765601
0,87	0,01968583	0,02264285	0,02590264	0,02948490	0,03341034	0,03770080
0,88	0,01971396	0,02267391	0,02593683	0,02952242	0,03345140	0,03774562
0,89	0,01974213	0,02270501	0,02597106	0,02955997	0,03349250	0,03779048
0,90	0,01977032	0,02273614	0,02600531	0,02959756	0,03353363	0,03783539
0,91	0,01979854	0,02276730	0,02603960	0,02963518	0,03357480	0,03788033
0,92	0,01982678	0,02279849	0,02607392	0,02967284	0,03361601	0,03792531
0,93	0,01985506	0,02282970	0,02610828	0,02971053	0,03365725	0,03797033
0,94	0,01988336	0,02286095	0,02614266	0,02974826	0,03369853	0,03801538
0,95	0,01991170	0,02289223	0,02617708	0,02978602	0,03373985	0,03806048
0,96	0,01994006	0,02292354	0,02621153	0,02982382	0,03378120	0,03810562
0,97	0,01996845	0,02295488	0,02624602	0,02986165	0,03382259	0,03815079
0,98	0,01999687	0,02298625	0,02628053	0,02989951	0,03386402	0,03819601
0,99	0,02002531	0,02301766	0,02631508	0,02993741	0,03390548	0,03824126

Tab. 15.22 Zahnformen abhängig von der Zähnezahl und der Profilverschiebung

x	-0,3	0	0,3	0,6	1,0	1,5
z						
6						
8						
10						
14						
17						
20						
25						
30						
60						
100						

Formeln

Tab. 15.23 Zusammenstellung geometrischer Größen
(*Hinweis:* Bei Innenradpaarungen sind die Zähnezahl und die Durchmesser des Hohlrades negativ einzusetzen. Der Achsabstand der Paarung Außenrad – Hohlrad ist negativ)

Lfd. Nr.	Benennung	Zeichen	Gleichung
1	Virtuelle Zähnezahl Ersatzzähnezahl	z_v z_{nx}	$z_v = \dfrac{z}{\cos^3 \beta}$; $z_n = \dfrac{z}{\cos^2 \beta_b \cos \beta}$; $z_v \approx z_n$
2	Stirnmodul	m_t	$m_t = \dfrac{m_n}{\cos \beta}$
3	Normalteilung	p_n	$p_n = m_n \pi = p_t \cos\beta$
4	Teilkreisteilung	p_t	$p_t = m_t \pi = \dfrac{d\pi}{z} = \dfrac{m_n \pi}{\cos\beta}$
5	Axialteilung	p_x	$p_x = \dfrac{m_n \pi}{sin\,\lvert \beta \rvert}$
6	Steigungshöhe	p_z	$p_z = \dfrac{\lvert z \rvert m_n \pi}{sin\,\lvert \beta \rvert}$
7	Grundkreisteilung	p_{bt}	$p_{bt} = p_t \cos\alpha_t = \dfrac{m_n \pi}{\cos\beta} \cos\alpha_t$
8	Normaleingriffsteilung	p_{en}	$p_{en} = p_{et} \cos \beta_b = p_n \cos \alpha_n = m_n \pi \cos \alpha_n$
9	Stirneingriffsteilung	p_{et}	$p_{et} = \dfrac{d_b \pi}{z} = p_t \cos\alpha_t = m_t \pi \cos \alpha_t$
10	Stirneingriffswinkel	α_t	$tan\,\alpha_t = \dfrac{tan\,\alpha_n}{\cos\beta}$
11	Schrägungswinkel am Grundkreis	β_b	$\sin \beta_b = \sin \beta \cos \alpha_n$
12	Teilkreisdurchmesser	d	$d = \dfrac{z\,m_n}{\cos\beta}$
13	Grundkreisdurchmesser	d_b	$d_b = d \cos\alpha_t$
14	Kopfkreisdurchmesser	d_a	$d_a = d + 2m_n \left(\dfrac{h_{aP}}{m_n} + x + k \right)$
15	Fußkreisdurchmesser	d_f	$d_f = d - 2m_n \left(\dfrac{h_{aP}}{m_n} - x + \dfrac{c}{m_n} \right)$

Tab. 15.23 (Fortsetzung)

Lfd. Nr.	Benennung	Zeichen	Gleichung
16	Wälzkreisdurchmesser	d_w	$d_{w1} = \dfrac{2a}{\dfrac{z_2}{z_1}+1}$; $d_{w2} = 2a - d_{w1}$
17	Zahndicke im Teilkreis im Stirnschnitt (Bogen)	s_t	$s_t = p_t / 2 + 2\,x\,m_n \tan\alpha_t$ $= m_t\left(\pi/2 + 2x\tan\alpha_n\right)$
18	Zahndicke im Teilkreis im Normalschnitt (Bogen)	s_n	$s_n = p_n / 2 + 2\,x\,m_n \tan\alpha_n$ $= m_n\left(\pi/2 + 2x\tan\alpha_n\right)$
19	Null-Achsabstand	a_d	$a_d = \dfrac{d_1 + d_2}{2} = \dfrac{z_1 m_n}{2\cos\beta}\left(z_2/z_1 + 1\right)$
20	Achsabstand	a	$a = a_d\,\dfrac{\cos\alpha_t}{\cos\alpha_{wt}}$
21	Betriebseingriffswinkel	α_{wt}	$\cos\alpha_{wt} = \dfrac{m_t\,(z_1 + z_2)}{2a}\cos\alpha_t$
22	Summe der Profilverschiebungen	$x_1 + x_2$	$x_1 + x_2 = \dfrac{\mathrm{inv}\,\alpha_{wt} - \mathrm{inv}\,\alpha_t}{2\tan\alpha_n}\left(z_1 + z_2\right)$ $\mathrm{inv}\,\alpha = \tan\alpha - \mathrm{arc}\,\alpha$
23	Kopfhöhenänderungs-faktor	k	$k = \dfrac{a - a_d}{m_n} - (x_1 + x_2)$
24	Profilüberdeckung	ε_α	$\varepsilon_\alpha = \dfrac{1}{p_{et}}\left(\sqrt{\left(\dfrac{d_{a1}}{2}\right)^2 - \left(\dfrac{d_{b1}}{2}\right)^2} \right.$ $\left. + \dfrac{z_2}{\lvert z_2 \rvert}\sqrt{\left(\dfrac{d_{a2}}{2}\right)^2 - \left(\dfrac{d_{b2}}{2}\right)^2} - a\sin\alpha_{wt} \right)$ Bei Kopfrundung sind statt $d_{a1,2}$ die Kopf-Nutzkreisdurchmesser $d_{Na1,2}$ einzusetzen
25	Sprungüberdeckung	ε_β	$\varepsilon_\beta = \dfrac{b_w \sin\lvert\beta\rvert}{m_n\,\pi}$ b_w gemeinsame Zahnbreite

Tab. 15.23 (Fortsetzung)

Lfd. Nr.	Benennung	Zeichen	Gleichung
26	Zahnweite	W_k	$$W_k = m_n \cos\alpha_n \left[\left(k - \frac{z}{2|z|} \right) \pi + z \operatorname{inv}\alpha_t \right] + 2\,x\,m_n \sin\alpha_n$$ oder $$W_k = \left[\left(k - \frac{z}{|z|} \right) p_{et} + s_{bt} \right] \cos\beta_b$$ k Meßzähnezahl (bei Innenverzahnung Meßlückenzahl) Bedingungen: $$b > W_k \sin|\beta_b|$$ $$(d_f + 2c) < \sqrt{\left(\frac{W_k}{\cos\beta_b} \right)^2 + d_b{}^2} < d_a$$
27	Diametrales Zweikugelmaß	M_{dK}	$$M_{dK} = d_K + D_M \quad (z \text{ gerade})$$ $$M_{dK} = d_K \cos\frac{\pi}{2z} + D_M \quad (z \text{ ungerade})$$ $$d_K = \frac{d_b}{\cos\alpha_{Kt}}; \ \operatorname{inv}\alpha_{Kt} = \frac{D_M}{d_b \cos\beta_b} - \eta_b$$ $$\eta_b = \frac{\pi - 4\,x \tan\alpha_n}{2z} - \operatorname{inv}\alpha_t$$ D_M Meßkugeldurchmesser Bedingungen: $$M_{dk} > d_a; \ d_M < d_a; \ d_M = \frac{d_b}{\cos\alpha_M}$$ $$\tan\alpha_M = \tan\alpha_{Kt} - \frac{D_M}{d_b} \cos\beta_b$$
28	Zahndickensehne (am Teilzylinder) im Normalschnitt	$\overline{s}$	$$\overline{s} = d_n \cdot \sin\psi_n$$ $$d_n = \frac{d}{\cos^2\beta}; \ \psi_n = \frac{s_n}{d_n}$$
29	Höhe über der Sehne $\overline{s}$ bis Kopfzylinder	$\overline{h}_a$	$$\overline{h}_a = \frac{1}{2}(d_a - d_n \cdot \cos\psi_n)$$

Werkstoffdaten

Tab. 15.24 Richtwerte der Grübchen-Dauerfestigkeit $\sigma_{H\,lim}$ und Zahnfuß-Grundfestigkeit σ_{FE} zur *Überschlagsberechnung* für Stirn- und Kegelräder

Stahlsorte	Wärmebehandlungszustand	Mindesthärte am Zahn H_{Kern}	$H_{Oberfläche}$	Mindeststreckgrenze $R_e\,(R_{p0,2})$ N/mm²	$\sigma_{H\,lim}$ N/mm²	$N_{H\,lim}$	q_H	σ_{FE} N/mm²	$N_{F\,lim}$	q_F
34Cr4	vergütet	225 HV		460	665			565		
34CrMo4		250 HV		550	700	$5 \cdot 10^7$	13,2	585		6,2
42CrMo4		280 HV		650	740			605		
34CrNiMo6		310 HV		800	785			625		
20MnCr5	vergütet, nitrocarburiert	225 HV		450						
34Cr4		225 HV	500 HV2	460	800	$2 \cdot 10^6$	31,4	640		84
34CrMo4		250 HV		550						
42CrMo4		280 HV		650						
46Cr2	vergütet, randschichtgehärtet [2]	205 HV	54 HRC	400	1200			740 [1]		
41Cr4		250 HV	53 HRC	560	1185	$5 \cdot 10^7$	13,2	740 [1]	$3 \cdot 10^6$	8,7
34CrMo4		250 HV	50 HRC	550	1155			720 [1]		
42CrMo4		280 HV	53 HRC	650	1185			740 [1]		
34CrMo4	vergütet, nitriert	250 HV	500 HV2	550	1000			740		
34CrNiMo6		310 HV	500 HV2	800		$2 \cdot 10^6$	11,4			17
31CrMoV9		310 HV	800 HV2	800						
15CrMoV5.9		280 HV	800 HV2	700	1250			850		
16MnCr5	einsatzgehärtet			700				860		
20MnCr5		34 HRC	58 HRC	700	1450	$5 \cdot 10^7$	13,2			8,7
18CrNiMo7-6				800				920		
(17CrNiMo6)										

(1 Ohne Mithärtung des Zahngrundes kann σ_{FE} unter die Werte nur vergüteter Verzahnungen abfallen

(2 z.B. induktions- oder flammgehärtet

Literatur

[BECAL]   Computer-Programm BECAL (Bevel Gear Calculation); Programm der Forschungs-
              vereinigung Antriebstechnik
[Cyc03]   Cyclo Firmenkatalog, 8062 Mark Indersdorf, 07.03, Cat. No. 991042
[DIN780]   DIN 780: Modulreihe für Zahnräder
[DIN867]   DIN 867: Bezugsprofile für Evolventenverzahnungen
[DIN3960]   DIN 3960: Begriffe und Bestimmungsgrößen für Stirnräder (Zylinderräder) und
              Stirnradpaare (Zylinderradpaare) mit Evolventenverzahnung
[DIN3962]   DIN 3962: Toleranzen für Stirnradverzahnungen (Toleranzen für Abweichungen
              einzelner Bestimmungsgrößen)
[DIN3963]   DIN 3963: Toleranzen für Stirnradverzahnungen (Toleranzen für Wälzabweichungen)
[DIN3964]   DIN 3964: Achsabstandsabmaße und Achslagetoleranzen für Gehäuse für Stirnrad-
              getriebe
[DIN3965]   DIN 3965: Toleranzen für Kegelradverzahnungen
              Teil 1: Grundlagen
              Teil 2: Toleranzen für Abweichungen einzelner Bestimmungsgrößen
              Teil 3: Toleranzen für Wälzabweichungen
              Teil 4: Toleranzen für Achsenwinkelabweichungen und Achsenschnittpunktabwei-
                  chungen
[DIN3966]   DIN 3966: Angaben für Verzahnungen in Zeichnungen
              Teil 1: Angaben für Stirnrad-(Zylinderrad-)Evolventenverzahnungen
              Teil 2: Angaben für Geradzahn-Kegelradverzahnungen
              Teil 3: Angaben für Schnecken- und Schneckenradverzahnungen
[DIN3971]   DIN 3971: Begriffe und Bestimmungsgrößen für Kegelräder und Kegelradpaare
[DIN3974]   DIN 3974: Toleranzen für Schneckengetriebeverzahnungen
              Teil 1: Grundlagen
              Teil 2: Toleranzen für Abweichungen einzelner Bestimmungsgrößen
[DIN3975]   DIN 3975: Begriffe und Bestimmungsgrößen für Zylinderschneckengetriebe mit
              sich rechtwinklig kreuzenden Achsen
              Teil 1: Schnecke und Schneckenrad
              Teil 2: Abweichungen
[DIN3979]   DIN 3979: Zahnschäden an Zahnradgetrieben; Bezeichnung, Merkmale, Ursachen
[DIN3990]   DIN 3990: Tragfähigkeitsberechnung von Stirnrädern
              Teil 1: Einführung und allgemeine Einflussfaktoren
              Teil 2: Berechnung der Grübchentragfähigkeit
              Teil 3: Berechnung der Zahnfußtragfähigkeit
              Teil 4: Berechnung der Fresstragfähigkeit
              Teil 5: Dauerfestigkeitswerte und Werkstoffqualitäten
              Teil 6: Betriebsfestigkeitsrechnung
[DIN3991]   DIN 3991: Tragfähigkeitsberechnung von Kegelrädern ohne Achsversetzung
              Teil 1: Einführung und allgemeine Einflussfaktoren
              Teil 2: Berechnung der Grübchentragfähigkeit
              Teil 3: Berechnung der Zahnfußtragfähigkeit
              Teil 4: Berechnung der Fresstragfähigkeit
[DIN3992]   DIN 3992: Profilverschiebung bei Stirnrädern mit Außenverzahnung
[DIN3993]   DIN 3993: Geometrische Auslegung von zylindrischen Innenradpaaren mit Evol-
              ventenverzahnung

[DIN3996]   DIN 3996: Tragfähigkeitsberechnung von Zylinderschneckengetrieben mit Achsenwinkel Σ=90°

[Dub01]   Dubbel, H.; Beitz, W.; Küttner, K.H. (Hrsg): Dubbel, Taschenbuch für den Maschinenbau, 20. Aufl. Springer-Verlag, Heidelberg (2001)

[Eckh]   Eckhardt, F.: Stationäre Zahnradgetriebe; Schmierung und Wartung Hamburg, 2. Aufl. Mobil Oil AG

[Fron79]   Fronius, S.: Konstruktionslehre Antriebselemente. Verlag Technik, Berlin (1979)

[Harm03]   Harmonic Drive: News-Drive-Magazin der Harmonic Drive AG (2003)

[Harm04]   Hamonic Drive: News-Drive-Magazin der Harmonic Drive AG. Limburg, Katalog (2003/2004)

[Kutz25]   Kutzbach, K.: Zahnraderzeugung. VDI-Verlag, Berlin (1925)

[Leh79]   Lehmann, M.: Berechnung der Kräfte im Trochoiden-Getriebe. Antriebstechnik 18, 12 (1979)

[Leist72]   Leistner, F., Lörsch, G., Wilhelm, O.: Getriebetechnik/Umlaufgetriebe. In: Volmer, J. (Hrsg.) Verlag Technik, Berlin (1972)

[Link96]   Linke, H.: Stirnradverzahnung. Carl Hanser, München (1996)

[Lit94]   Litvin, F.L.: Gear Geometrie and Applied Theory. P T R Prentice Hall, Englewood Cliffs, New Jersey 07632 (1994)

[Litv94]   Litvin, F.L.: Development of Gear Technology and Theory of Gearing. NASA Reference Publication 1406, National Aeronautics and Space Center, Lewis Research Center (1994)

[Loo88]   Looman, J.: Zahnradgetriebe, Konstruktionsbücher, Bd. 26. In: Pahl, G. (Hrsg.) 2. Aufl. Springer, Berlin (1988)

[Mül98]   Müller, H.: Die Umlaufgetriebe, 2. Aufl. Springer, Berlin (1998)

[Nie89]   Nieman, G., Winter, H.: Maschinenelemente, Bd. II, 2. Aufl. 1989 BD III. 2. Aufl. Springer, Berlin (1983)

[Röm93]   Römhild, I.: Auslegung mehrstufiger Stirnradgetriebe, Übersetzungsaufteilung für minimale Masse und Wahl der Profilverschiebung auf der Basis neuer Berechnungsgrundlagen. Diss TU Dresden (1993)

[SeTho65]   Seher-Thoss, H.-Chr. Grafr.: Die Entwicklung der Zahnradtechnik. Springer, Berlin (1965)

[Re77]   Rettig, H.: Innere dynamische Zusatzkräfte bei Zahnradgetrieben. Antriebstechnik 16, 11 (1977)

[VDI2157]   Planetengetriebe; Begriffe, Symbole, Berechnungsgrundlagen

[VDI2737]   Berechnung der Zahnfußtragfähigkeit von Innenverzahnungen mit Zahnkranzeinfluss

[Wec82]   Weck, M., Weck, M.: Moderne Leistungsgetriebe. Springer, Berlin (1982)

[Zir89]   Zirpke, K.: Zahnräder, 13. Aufl. Fachbuchverlag, Leipzig (1989)

Zugmittelgetriebe

16

Ludger Deters und Wolfgang Mücke

Inhaltsverzeichnis

16.1 Aufbau und Wirkungsweise 550
16.2 Riemengetriebe 554
    16.2.1 Eigenschaften, Bauarten, Anwendungen 554
    16.2.2 Riemenarten und Riemenwerkstoffe 557
    16.2.3 Berechnungsgrundlagen 561
    16.2.4 Allgemeine Gestaltungs- und Betriebshinweise 573
    16.2.5 Flachriemengetriebe 574
    16.2.6 Keilriemengetriebe 580
    16.2.7 Zahnriemen 590
16.3 Kettengetriebe 595
    16.3.1 Eigenschaften und Anwendungen 595
    16.3.2 Kettenarten 596
    16.3.3 Berechnungsgrundlagen 598
    16.3.4 Schmierung und Wartung 609
    16.3.5 Gestaltungshinweise 611
Literatur 613

L. Deters (✉) · W. Mücke
Institut für Maschinenkonstruktion, Otto-von-Guericke-Universität Magdeburg,
Magdeburg, Deutschland

© Springer-Verlag GmbH Deutschland, ein Teil von Springer Nature 2018
B. Sauer (Hrsg.), *Konstruktionselemente des Maschinenbaus 2*, Springer-Lehrbuch,
https://doi.org/10.1007/978-3-642-39503-1_7

16.1 Aufbau und Wirkungsweise

Zugmittelgetriebe (auch Hülltriebe genannt) werden hauptsächlich zur Wandlung von Drehmomenten und Drehzahlen, aber auch zur Änderung von Drehrichtungen eingesetzt. Sie bestehen aus zwei oder mehreren Scheiben bzw. Rädern, die sich nicht berühren, aber von einem Zugmittel (Riemen oder Kette) umschlungen werden, Abb. 16.1a. Die Zugmittelstränge zwischen den Rädern werden als Trume bezeichnet, und zwar das ziehende Trum als Lasttrum und das gezogene Trum als Leertrum. Das Lasttrum wird um die Nutzkraft stärker beansprucht als das Leertrum. Da Riemen und Ketten (in Grenzen) beliebig lang sein können, lassen sich mit Zugmittelgetrieben beliebige Wellenabstände überbrücken. Die Kraftübertragung vom Antriebsrad auf das Zugmittel und vom Zugmittel auf das Abtriebsrad kann kraftschlüssig (durch Reibung zwischen Rad und Riemen, Abb. 16.2a) oder formschlüssig (durch Ineinandergreifen von Zugmittel und Rad, Abb. 16.2b) erfolgen. Zum Auflegen des Zugmittels auf die Räder muss sich ein Rad um den Verstellweg s_v zum anderen Rad hin verschieben lassen. Durch Verschieben eines Rades um den Spannweg s_{Sp} vom anderen Rad weg wird die notwendige Vorspannung im Zugmittel erzeugt, Abb. 16.1a. Wird eine Spannrolle eingesetzt, ist das Auflegen und Spannen des Zugmittels bei nicht verstellbarem Wellenabstand möglich, Abb. 16.1b.

Abb. 16.1 Radanordnung und Abmessungen am Zweischeiben-Zugmittelgetriebe (schematisch und allgemein): **a** ohne Spannrolle, **b** mit Spannrolle

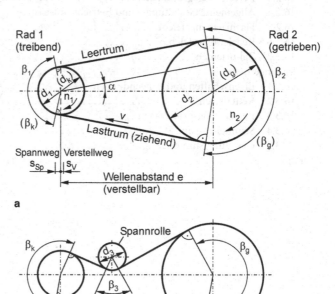

Abb. 16.2 Kraftübertragung in Zugmittelgetrieben: **a** kraftschlüssig, **b** formschlüssig

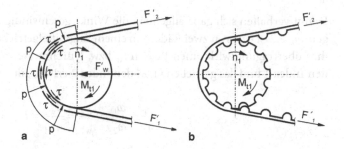

Abb. 16.3. Zugmittelgetriebe mit innen und außen liegenden Rädern

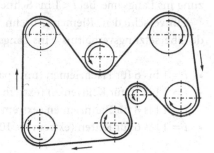

Werden in einem Zugmittelgetriebe mehr als zwei Räder angeordnet, werden auf einfache Weise Leistungsverzweigungen und gegebenenfalls entgegengesetzte Drehrichtungen ermöglicht, Abb. 16.3. Für die außerhalb des Zugmittels angeordneten Räder kehrt sich der Drehsinn um. Mit Hilfe von Umlenkrollen lassen sich die Umschlingungswinkel an den Rädern und dadurch die übertragbaren Leistungen vergrößern, Abb. 16.1b und 16.3.

Wenn die Besonderheiten der verschiedenen Zugmittelgetriebe (z. B. der zwangsläufig auftretende Dehnschlupf bei Riemengetrieben (außer Zahnriemen), der Einfluss der Riemendicke bei Flachriemengetrieben, die Abweichung von Teilkreisdurchmesser und Wirkdurchmesser bei Zahnriemengetrieben, der Polygoneffekt und die Veränderungen der Eingriffsverhältnisse infolge Kettenlängung bei Kettengetrieben) zunächst unberücksichtigt bleiben, sind die Umfangsgeschwindigkeiten aller Scheiben bzw. Räder ($v_1, v_2, v_3 \ldots$) untereinander gleich und gleich der Umlaufgeschwindigkeit v des Zugmittels (Riemen oder Kette). Werden die Umfangsgeschwindigkeiten $v_1, v_2, v_3 \ldots$ ausgedrückt durch die Winkelgeschwindigkeiten $\omega_1, \omega_2, \omega_3 \ldots$ und die zugehörigen, übertragungswirksamen Radien $r_{w1}, r_{w2}, r_{w3} \ldots$ der Räder, gilt:

$$v = r_{w1} \cdot \omega_1 = r_{w2} \cdot \omega_2 = r_{w3} \cdot \omega_3 = \ldots \quad (16.1)$$

Damit verhalten sich ganz allgemein die Winkelgeschwindigkeiten bzw. Drehzahlen (wegen $\omega_i = 2 \cdot \pi \cdot n_i$) von zwei Rädern in einem Zugmittelgetriebe zueinander umgekehrt wie ihre übertragungswirksamen Radien r_w bzw. Durchmesser d_w. Wenn das treibende Rad den Index 1 und das getriebene Rad den Index 2 erhält, gilt:

$$\frac{n_1}{n_2} = \frac{\omega_1}{\omega_2} = \frac{r_{w2}}{r_{w1}} = \frac{d_{w2}}{d_{w1}} = i \qquad (16.2)$$

mit i als Übersetzungsverhältnis der beiden Räder. Bei $i > 1$ erfolgt die Drehzahlübersetzung ins Langsame, bei $i < 1$ ins Schnelle.

Für verschiedene Riemen (Abschn. 16.2.1) und für Ketten (Abschn. 16.3.2) sind folgende Übersetzungsverhältnisse ins Langsame üblich:

- $i = 1$ bis 6 für Flachriemen (mit Spannrolle bis 15, extrem bis 20)
- $i = 1$ bis 10 für Keilriemen (extrem bis 20)
- $i = 1$ bis 8 für Zahnriemen (extrem bis 12)
- $i = 1$ bis 6 für Ketten (extrem bis 10)

Wird in das Antriebsrad das Antriebsdrehmoment M_{t1} eingeleitet, so erhöht sich die Kraft im Lasttrum gegenüber der Kraft im Leertrum um die am Wirkradius r_{w1} angreifende und aus dem Antriebsmoment resultierende Tangentialkraft F_t.

$$F_t = 2 \cdot M_{t1} / d_{w1} = F_1 - F_2 \qquad (16.3)$$

In Gl. (16.3) bedeuten F_1 die Lasttrumkraft und F_2 die Leertrumkraft jeweils im Stillstand.

Wenn das Zugmittel mit einer Zugmittelspannkraft $F_v > F_t/2$ vorgespannt wird (Wellenspannkraft $F_{W0} = 2 \cdot F_v \cdot \cos \alpha$ für Zweischeiben-Zugmittelgetriebe bei Stillstand), wie das für eine kraftschlüssige Leistungsübertragung, Abb. 16.2a notwendig ist, folgen die Trumkräfte zu $F_1 = F_v + F_t/2$ und $F_2 = F_v - F_t/2$, Abb. 16.4. In Getrieben mit Zugmittelspannkräften $0 \le F_v \le F_t/2$ (z. B. bei formschlüssigen Zahnriemen- und Kettengetrieben) ergeben sich als Trumkräfte $F_1 = F_t$ und $F_2 = 0$.

Die mit einem Zugmittelgetriebe übertragbare Antriebsleistung P_1 beträgt:

$$P_1 = M_{t1} \cdot \omega_1 = F_t \cdot v \qquad (16.4)$$

ω_1 Winkelgeschwindigkeit des Antriebsrades
v mittlere Umlaufgeschwindigkeit des Zugmittels

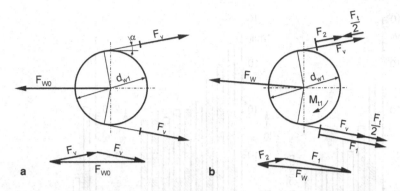

Abb. 16.4 Kräftegleichgewicht an der Antriebsscheibe eines vorgespannten Zweischeiben-Zugmittelgetriebes **a** ohne, **b** mit Antriebsdrehmoment. (Fliehkraftwirkung unberücksichtigt)

Unter Berücksichtigung des Wirkungsgrades η ergibt sich die Abtriebsleistung zu $P_2 = P_1 \cdot \eta$ und das Antriebsdrehmoment M_{t1} wird mit dem Übersetzungsverhältnis i umgewandelt in des Abtriebsdrehmoment M_{t2} entsprechend:

$$M_{t2} = M_{t1} \cdot \frac{\omega_1}{\omega_2} \cdot \eta = M_{t1} \cdot i \cdot \eta \qquad (16.5)$$

Der Bemessung der Zugmittelgetriebe müssen die Berechnungswerte von Leistung, Drehmoment und zu übertragender Nutz- bzw. Tangentialkraft (P_B, M_{tB}, F_{tB}) zugrunde gelegt werden. Sie ergeben sich aus den im Betrieb zu übertragenden Nennwerten (P, M_t, F_t) unter Verwendung des Betriebsfaktors C_B, mit dem die Wirkungsweise der antreibenden und der angetriebenen Maschine, die tägliche Betriebsdauer und die Art des Zugmittels berücksichtigt werden ($C_B = 1 \ldots 2,4$ für Riemengetriebe nach VDI-Richtlinie 2758 bzw. $C_B = 1 \ldots 2,1$ für Kettengetriebe nach [DINISO10823]). Die Berechnungswerte dürfen die von den Zugmittelherstellern angegebenen maximal zulässigen Werte ($P_{zul}, M_{tzul}, F_{tzul}$) nicht überschreiten. Es gilt:

$$(P_{zul}, M_{t\,zul}, F_{t\,zul}) \geq (P_B, M_{tB}, F_{tB}) = (P, M_t, F_t) \cdot C_B \qquad (16.6)$$

Einen Vergleich des Leistungsvermögens der verschiedenen Zugmittelgetriebe untereinander und mit Zahnradgetrieben hinsichtlich Geschwindigkeit, Drehzahl und übertragbarer Leistung vermittelt Abb. 16.5. Danach erreichen Flachriemen im Vergleich mit Keilriemen und Ketten durchweg Spitzenwerte.

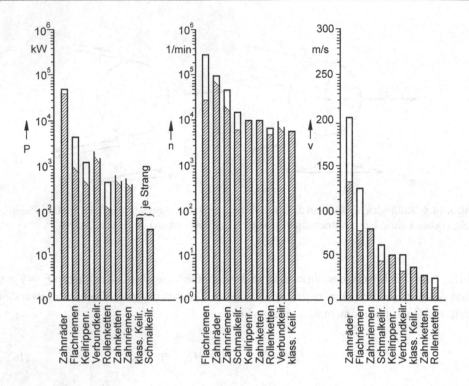

Abb. 16.5 Maximalwerte von Leistung P, Drehzahl n und Umfangsgeschwindigkeit v der häufigsten Getriebearten (schraffierte Höhe serienmäßig, Gesamthöhe mit Sonderausführungen; in Anlehnung an [Mül72])

16.2 Riemengetriebe

16.2.1 Eigenschaften, Bauarten, Anwendungen

In Riemengetrieben wird die Umfangskraft als Zugkraft vom Antriebsrad durch einen elastischen Riemen auf das Abtriebsrad übertragen. Abhängig von der Form des Riemenquerschnitts unterscheidet man *Flachriemen* mit rechteckigem Querschnitt, *Keilriemen* mit trapezförmigem Querschnitt und *Rundriemen* mit rundem Querschnitt (Abb. 16.6).

Die Umfangskraft wird vom Antriebsrad auf den Riemen und vom Riemen auf das Abtriebsrad durch Reibung übertragen. Die dazu erforderliche Anpresskraft muss durch ein entsprechendes Spannen des Riemens erzeugt werden. Bei der Kraftübertragung durch Reibung tritt zwischen Rad und Riemen immer Schlupf auf. Dieser Schlupf wird vermieden, wenn der Flachriemen und die Räder mit Zähnen versehen werden. Das ist bei den formschlüssig und schlupffrei arbeitenden *Zahnriemen* (Synchronriemen) der Fall, Abb. 16.6d.

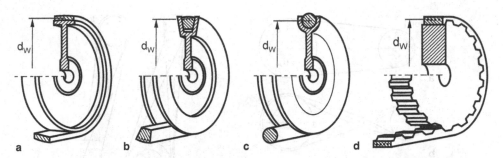

Abb. 16.6 Riemenquerschnitte und dazugehörige Riemenscheiben: **a** Flachriemen, **b** Keilriemen, **c** Rundriemen (Schnurriemen), **d** Zahnriemen (Synchronriemen)

Flachriemengetriebe sind besonders geeignet für große Wellenabstände, hohe Umlaufgeschwindigkeiten, große bis sehr kleine Umfangskräfte und für Mehrwellenantriebe. Sie werden angewendet in Verarbeitungsmaschinen (Textil-, Lebensmittel-, Papier-, Druckerei-, Verpackungs-, Holzverarbeitungsmaschinen), Werkzeugmaschinen, in der Fördertechnik und in der Gerätetechnik. Außer als Antriebsmittel und zur Leistungsübertragung werden Flachriemen in Verarbeitungs- und Förderanlagen auch als Fördermittel zum Transport von Schütt- und Stückgut eingesetzt.

Keilriemengetriebe sind dadurch gekennzeichnet, dass sich bei ihnen die radial auf die Riemenscheibe wirkende Spannkraft an den geneigten Flanken der Keilrillen abstützt. Das verstärkt die für den Reibschluss erforderlich Anpresskraft (Abschn. 16.2.6). Dadurch kommen Keilriemengetriebe mit kleineren Umschlingungswinkeln an der kleinen Riemenscheibe aus als Flachriemengetriebe, d. h. es sind kleinere Wellenabstände und/oder größere Übersetzungsverhältnisse möglich. Keilriemengetriebe sind im allgemeinen Maschinenbau für mittlere Antriebsleistungen sehr verbreitet.

Rundriemengetriebe werden nur zur Bewegungsübertragung (nicht zur Leistungsübertragung) eingesetzt. Rundriemen sind beliebig räumlich umlenkbar und kommen vor allem in der Geräte- und Feinwerktechnik vor.

Zahnriemengetriebe realisieren durch den Formschluss praktisch winkeltreue Bewegungsübertragung. Damit sind sie prädestiniert für Einsatzfälle, die hohe Positioniergenauigkeiten (z. B. Schlittenantriebe in Werkzeugmaschinen, Portalrobotern, Druckern oder Schreibmaschinen) oder Winkeltreue (z. B. Nockenwellenantriebe in Verbrennungsmotoren) erfordern. Darüber hinaus sind sie in vielen Bereichen des Maschinen- und Gerätebaus als universelles Übertragungsmittel für kleinere Leistungen zu finden.

Vorteile von Riemengetrieben sind u. a.
- einfacher Aufbau mit der Möglichkeit vielfältiger, auch nicht paralleler, Wellenanordnungen
- elastische Stoßaufnahme und Stoßdämpfung
- geräuscharmer Lauf (Zahnriemen ausgenommen)
- Unempfindlichkeit gegenüber kurzzeitiger Überlastung durch das Auftreten von Gleitschlupf (Zahnriemen ausgenommen)

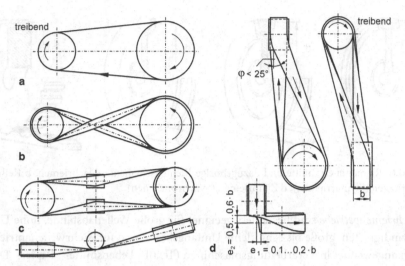

Abb. 16.7 Riemenführungen in Riemengetrieben mit zwei Wellen: **a** offenes Riemengetriebe, **b** gekreuztes Riemengetriebe, **c** Winkelgetriebe, **d** halbgekreuztes (geschränktes) Riemengetriebe

- hohe Gleichlaufgenauigkeit bei gleichbleibender Belastung und Reibungszahl
- vergleichsweise niedrige Anlagenkosten, insbesondere bei größeren Wellenabständen und Mehrfachantrieben
- geringer Wartungsaufwand

Nachteile von Riemengetrieben sind u. a.
- bei Kraftschluss der unvermeidbare Dehnschlupf (bis zu 2 %) durch die im Betrieb unterschiedliche Dehnung von Leer- und Lasttrum
- zusätzliche Wellenbelastung durch die für den Kraftschluss notwendige Riemenspannung
- größere Wellenabstände im Vergleich mit Zahnradstufen
- relativ enge thermische Einsatzgrenzen (abhängig vom Riemenwerkstoff zwischen − 50 °C und + 80 °C)
- Abhängigkeit der Reibungszahl und der Riemendehnung von Umgebungseinflüssen (Feuchtigkeit, Staub, Temperatur, Verunreinigungen)
- mit der Zeit eintretende bleibende Riemendehnung (Nachspannen erforderlich)
- durch Reibung u. U. auftretende elektrostatische Aufladungen

Mit Riemen lassen sich auch räumlich verschieden zueinander liegende Wellen verbinden bzw. antreiben, Abb. 16.7. Am einfachsten aufgebaut ist der *offene Riementrieb*, Abb. 16.7a. Er kann waagerecht, beliebig schräg oder auch senkrecht angeordnet werden und lässt sich mit allen Riemenarten realisieren.

Beim *gekreuzten Riementrieb*, Abb. 16.7b vergrößern sich gegenüber dem offenen Riementrieb bei sonst gleichen Abmessungen die Umschlingungswinkel des Riemens auf den sich dann entgegengesetzt drehenden Scheiben. Das führt zu einer Steigerung der übertragbaren

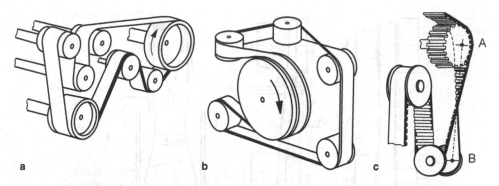

Abb. 16.8 Ebene (**a**) und räumliche (**b, c**) Mehrfachantriebe mit Riemen

Leistung bzw. zur Senkung der notwendigen Vorspannkraft. Die Berührung der Riemenstränge im Kreuzungspunkt ist wegen der Zerstörungsgefahr möglichst zu vermeiden.

Im *Winkeltrieb*, Abb. 16.7c werden Umlenkrollen eingesetzt, um das rechtwinklige Auf- und Ablaufen des Riemens auf die Scheiben zu gewährleisten.

Der *halbgekreuzte* (geschränkte) *Riementrieb*, Abb. 16.7d ermöglicht die Kraftübertragung zwischen sich kreuzenden Wellen. Für einen einwandfreien Riemenlauf ist dafür zu sorgen, dass der Riemen durch Einhaltung der Konstruktionsmaße e_1 und e_2 etwa rechtwinklig zu den Drehachsen auf die Scheiben auflaufen kann. Das ablaufende Trum darf in einem Winkel von bis zu 25° schief zur Scheibenebene liegen. Neben den rechtwinklig geschränkten Riemengetrieben sind auch stumpfwinklige Bauformen möglich. Die Drehrichtung derartiger Riemengetriebe darf nicht umgekehrt werden.

Damit wird auch bei sich schneidenden Wellen eine Leistungsübertragung und Drehrichtungsumkehr möglich. Mit möglichst großen Umlenkrollen kann die Biegebeanspruchung im Riemen klein gehalten werden.

Mit Riemen lassen sich auf einfache Weise ebene und auch räumliche *Mehrfachantriebe* zur Kraftübertragung von meist einer Antriebsscheibe auf mehrere Abtriebsscheiben aufbauen, Abb. 16.8. Räumliche Mehrfachgetriebe, Abb. 16.8b und c werden möglich durch die Verdrehbarkeit von Riemen.

Riemen sind auch in Schalt- bzw. Verstellgetrieben zur Leistungsübertragung einsetzbar, Abb. 16.9. In *Stufenscheibengetrieben*, Abb. 16.9a sind durch die Stufenscheibendurchmesser die möglichen Übersetzungsverhältnisse festgelegt. Das Umstellen ist nur im Stillstand möglich. Mit *Kegelscheibengetrieben* Abb. 16.9b und *Keilscheiben-Verstellgetrieben*, Abb. 16.9c lässt sich das Übersetzungsverhältnis stufenlos und während des Laufs verändern.

16.2.2 Riemenarten und Riemenwerkstoffe

Flachriemen
Moderne Flachriemen sind *Mehrschicht-* oder *Verbundriemen* (Abb. 16.10). Sie können den Anforderungen hinsichtlich Zugfestigkeit und Biegsamkeit sowie Reibungs- und Verschleißverhalten nur genügen durch die Kombination verschiedener Materialien. Die Zug-

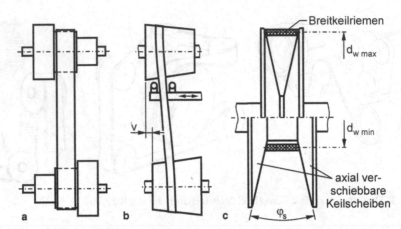

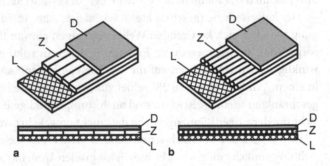

Abb. 16.9 Zugmittel-, Schalt- und -Verstellgetriebe: **a** Stufenscheibengetriebe. **b** Kegelscheibengetriebe (Kegelverhältnis 1:10 bis 1:20). **c** Keilscheiben-Verstellgetriebe (i. Allg. $\varphi_s \approx 26°$, $d_{w\,max}/d_{w\,min} \leq 3$ für Breitkeilriemen und 1,6 für Normalkeilriemen)

Abb. 16.10 Mehrschichtriemen: **a** Bandriemen, **b** Kordriemen (L Laufschicht, Z Zugschicht, D Deckschicht)

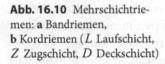

elemente (Bänder oder Kordfäden) bestehen in der Regel aus Polyamid, Polyester oder ähnlichen Stoffen. Sie bilden die *Zugschicht Z*. Sind die Zugelemente verstreckt, erreichen sie eine hohe Zugfestigkeit ($R_m = 450\dots600\,\text{N/mm}^2$) und einen hohen E-Modul, d. h. geringe Dehnung. Mit der Zugschicht stoffschlüssig verbunden ist an der Riemeninnenseite eine *Laufschicht L* aus Chromleder oder einem Elastomer, mit der der notwendige Reibschluss mit den Riemenscheiben erreicht wird. Außerdem kann die Riemenaußenseite mit einer *Deckschicht D* aus imprägniertem Textilgewebe versehen sein, wenn nur innen liegende Riemenscheiben bedient werden sollen. Für Mehrscheibenantriebe mit auch außen liegenden Riemenscheiben sind die Riemen beidseitig mit einer Laufschicht abgedeckt.

Seltener eingesetzt werden reine *Kunststoffriemen*. Sie verfügen zwar über eine hohe Zugfestigkeit und dehnen sich praktisch nicht, ergeben aber nur unzureichende Reibungswerte.

Gewebe- bzw. *Textilriemen* sind aus organischen oder synthetischen Fasern gewebt. Einlagig sind sie besonders biegewillig und können auch mit kleinen Scheibendurchmessern betrieben werden. Wegen ihrer Kantenempfindlichkeit sind sie rissgefährdet.

Abb. 16.11 Schnittführung zum Verkleben endlicher Flachriemen

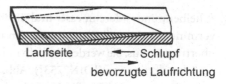

Laufseite ← Schlupf → bevorzugte Laufrichtung

Die klassischen *Lederriemen* erreichen zwar hohe Reibungswerte, sind aber hinsichtlich der Festigkeit den Mehrschicht- und Verbundriemen deutlich unterlegen und deshalb aus der Antriebstechnik fast vollständig verdrängt.

Flachriemen sind als endlose oder endliche Riemen (Meterware) verfügbar. Die Enden endlicher Flachriemen werden abhängig vom Aufbau und vom Werkstoff durch Kleben, Schweißen oder Vulkanisieren miteinander verbunden. Dazu werden sie vorher keilförmig und schräg zur Lauffläche angeschnitten, Abb. 16.11.

Keilriemen

Keilriemen haben einen trapezförmigen Querschnitt. Sie bestehen aus der Zugschicht, dem Kern und der Umhüllung. Die *Zugschicht* ist ein- oder mehrlagig aus Polyester-Kordfäden endlos gewickelt. Für den *Kern* werden hochwertige Kaut-schukmischungen verwendet. Die *Umhüllung* besteht aus gummiertem Baumwoll- oder synthetischem Gewebe. Sie soll einen hohen Reibwert ermöglichen und verschleißfest und unempfindlich gegenüber Öl und Schmutz sein. Flankenoffene Keilriemen haben keine geschlossene Umhüllung. Angepasst an unterschiedliche Erfordernisse sind verschiedene Keilriemenformen entwickelt worden (Abb. 16.12).

Normalkeilriemen (endlos [DIN2215] und endlich [DIN2216]), Abb. 16.12a haben ein Breiten-Höhen-Verhältnis von $b_0/h \approx 1,6$. Endliche Riemen (Meterware) werden dort eingesetzt, wo endlose Riemen nicht montiert werden können. Sie lassen sich an beliebige Wellenabstände anpassen. Die Enden müssen mit einem Riemenschloss verbunden werden. Riemen mit einem Riemenschloss benötigen einen um bis zu 15 % größeren

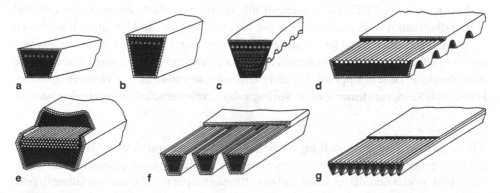

Abb. 16.12 Keilriemenarten: **a** Normalkeilriemen, **b** Schmalkeilriemen, **c** flankenoffener Schmalkeilriemen (gezahnt), **d** Breitkeilriemen (gezahnt), **e** Doppelkeilriemen, **f** Verbundkeilriemen, **g** Keilrippenriemen

Scheibenmindestdurchmesser und die übertragbare Leistung ist bei ihnen um bis zu 15 % vermindert. Normalkeilriemen nutzen nur einen Teil des Riemenquerschnitts zur Kraftübertragung aus. Sie werden deshalb nur in weniger anspruchsvollen Antrieben eingesetzt.

Schmalkeilriemen ([DIN7753]), Abb. 16.12b sind entwickelt worden, um den Riemenquerschnitt optimal für die Kraftübertragung auszunutzen. Bei ihnen beträgt das Breiten-Höhen-Verhältnis $b_0/h \approx 1,2$. Bei gleicher Nennleistung sind Schmalkeilriemen nur etwa halb so breit wie Normalkeilriemen. Wegen des dadurch kleineren Riemenvolumens können sie mit höheren Geschwindigkeiten betrieben werden. Sie erreichen wegen der geringeren Walkarbeit einen besseren Wirkungsgrad.

Flankenoffene Keilriemen haben keine geschlossene Gewebeummantelung. Ihre Flanken werden geschliffen, Abb. 16.12c. Dadurch lassen sich erheblich engere Toleranzen einhalten, was insbesondere bei Mehrfachanordnungen zu einer gleichmäßigeren Leistungsverteilung auf die einzelnen Riemen führt. Quer im Riemenkern liegende Elastomerfasern liefern die notwendige Quersteifigkeit und die erforderliche Verschleißfestigkeit. Durch Verzahnung an der Riemeninnenseite lässt sich die Biegewilligkeit steigern. Flankenoffene Keilriemen sind bei hohen Drehzahlen, kleinen Scheiben und hohem Leistungsbedarf den ummantelten konventionellen Keilriemen überlegen.

Breitkeilriemen ([DIN7719]) mit Breiten-Höhen-Verhältnissen von $b_0/h = 2$ bis 5 und Höhen von $h = 5$ bis 30 mm werden vorwiegend in Verstellgetrieben eingesetzt (Abb. 16.12d). Sie müssen insbesondere bei den größeren Breiten über eine ausreichende Querstabilität verfügen.

Doppelkeilriemen ([DIN7722]) können in einer Ebene auch außen liegende und dadurch gegenläufige Scheiben antreiben, Abb. 16.12e. Gegenüber Normalkeilriemen gleicher Breite übertragen sie nur eine um 10 % verminderte Leistung.

Verbundkeilriemen bestehen aus bis zu 5 nebeneinander angeordneten Keilriemen mit einem gemeinsamen Geweberücken, Abb. 16.12f. Durch den gemeinsamen Rücken werden das Schwingen und Verdrillen der Riemen deutlich gemindert und die Zugkraft gleichmäßiger, als in einer entsprechenden Anordnung einzelner Riemen, auf die Stränge im Verbundkeilriemen verteilt. Derartige Keilriemen eignen sich für stoßbehaftete und reversierende Antriebe.

Keilrippenriemen ([DIN7867]) vereinen die Vorteile von Flachriemen, Keilriemen und Verbundkeilriemen in sich, Abb. 16.12g. Sie sind sehr biegsam und laufen auch bei hohen Geschwindigkeiten leise und vibrationsfrei. Bei Übersetzungen $i \geq 3$ und Umschlingungswinkeln von 120 bis 150° an der profilierten kleinen Antriebsscheibe ist es möglich, die größere Abtriebsscheibe ohne Rillenprofil, d. h. als Flachscheibe, auszuführen. In Mehrwellengetrieben können mit Keilrippenriemen auch außen liegende Flachriemenscheiben angetrieben werden.

Zahnriemen

Zahnriemen verbinden in sich Eigenschaften von Riemen und Ketten. Sie bestehen aus über der gesamten Riemenbreite nebeneinander liegenden Zugstrangeinlagen aus Glasfaser-, Stahl- oder Aramidfaser-Cord und dem Riemenkörper mit Zähnen aus Gummi- oder Elastomermischungen. Um das Reibungs- und Verschleißverhalten zu verbessern, kann die gezahnte Riemenseite mit Polyamidgewebe armiert werden. Der Riemenkörperwerk-

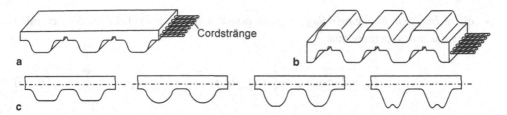

Abb. 16.13 Zahnriemen: **a** einfach verzahnt, **b** doppelt verzahnt, **c** Zahnprofile (Trapezprofil, Rundprofil, Parabelprofil, kombiniertes Profil)

stoff muss so scherfest sein, dass er in der Lage ist, die in die Zähne eingebrachten Kräfte auf die Zugelemente zu übertragen.

Nach der Bauform werden einfach und doppelt verzahnte Riemen unterschieden, Abb. 16.13. Je nach Beanspruchung setzt man verschiedene Zahnprofile ein. Zur Übertragung großer Kräfte bei kleinen Umlaufgeschwindigkeiten wurden Halbrund- und Sonderprofile entwickelt, die bei gleichen Abmessungen wegen der günstigeren Spannungsverteilung im Zahn leistungsfähiger sind als die herkömmlichen Trapezprofile.

16.2.3 Berechnungsgrundlagen

Geometrische Beziehungen

Die maßgebenden geometrischen Größen eines offenen Riemengetriebes (Zweischeiben-Riementrieb) sind der Wellenabstand e, Abb. 16.1a und b und die durch die Riemenart beeinflussten übertragungswirksamen Durchmesser (Wirkdurchmesser d_{w}, s. Abb. 16.6) an den Riemenscheiben. Folgt man den Festlegungen im Abschn. 16.1 (Index 1 für das/die Antriebsrad/-scheibe, Index 2 für das/die Abtriebsrad/-scheibe und $i = n_1/n_2 = d_{\mathrm{w}2}/d_{\mathrm{w}1}$) und verwendet man für die kleine Scheibe den Index k und für die große Scheibe den Index g, folgt für $i > 1$ $d_{\mathrm{k}} = d_{\mathrm{w}1}$ und $d_{\mathrm{g}} = d_{\mathrm{w}2}$ bzw. für $i < 1$ $d_{\mathrm{k}} = d_{\mathrm{w}2}$ und $d_{\mathrm{g}} = d_{\mathrm{w}1}$. Für das offene Riemengetriebe nach Abb. 16.1a ergeben sich

- der *Trumneigungswinkel* α aus:

$$\alpha = \arcsin\left(\frac{d_{\mathrm{g}} - d_{\mathrm{k}}}{2 \cdot e}\right) \tag{16.7}$$

- der *Umschlingungswinkel an der kleinen Scheibe* β_{k} (maßgebend für die Leistungsübertragung) aus:

$$\beta_{\mathrm{k}} = 180° - 2 \cdot \alpha \tag{16.8}$$

- der *Umschlingungswinkel an der großen Scheibe* β_{k} aus:

$$\beta_{\mathrm{g}} = 360° - \beta_{\mathrm{k}} = 180° + 2 \cdot \alpha \tag{16.9}$$

- die *rechnerische Riemenwirklänge* L_{wr} (im gespannten Zustand) als Länge der neutralen Biegefaser des Riemens aus:

$$L_{wr} = 2 \cdot e \cdot \cos\alpha + \frac{\pi}{2} \cdot (d_g + d_k) + \frac{\pi \cdot \alpha}{180°} \cdot (d_g - d_k) \qquad (16.10)$$

Ist der Wellenabstand frei wählbar, sollte er zunächst als *vorläufiger Wellenabstand e'* in den Grenzen

$$e' = (0,7 \dots 2) \cdot (d_g + d_k) \qquad (16.11)$$

festgelegt werden. Bei vorgegebener Riemenwirklänge L_w im gespannten Zustand erhält man den *Wellenabstand e* aus

$$e = p + \sqrt{p^2 - q}$$

$$\text{mit } p = \frac{L_w}{4} - \frac{\pi}{8} \cdot (d_g + d_k) \text{ und } q = \frac{(d_g - d_k)^2}{8}. \qquad (16.12)$$

Um eine Nutzkraft übertragen zu können, muss der Riemen gespannt sein, d. h. er ist gedehnt. Außer bei Verwendung von Spannrollen, Abb. 16.1b erfordert das einen um den Spannweg s_{Sp} vergrößerten Wellenabstand, Abb. 16.1a. Als vorzusehenden *Spannweg* werden 1 bis 1,5 % der ungespannten Riemenlänge bei Flachriemen bzw. 3 % bei Keilriemen empfohlen.

Bei Riemengetrieben mit nicht verstellbarem Wellenabstand und ohne Spannrolle ist die Riemenlänge (im nicht gespannten Zustand) um ΔL kürzer zu wählen, so dass durch die Riemendehnung im Riemen die erforderliche Riemenvorspannkraft F_v entstehen kann. Die dafür notwendige Riemendehnung ΔL folgt aus:

$$\Delta L = L_{w0} \cdot \varepsilon_0 = L_{w0} \cdot \frac{F_v}{A \cdot E_z} \qquad (16.13)$$

ε_0 relative Riemendehnung
L_{w0} Riemenwirklänge im ungespannten Zustand
F_v Riemenvorspannkraft (im Stillstand eingestellt, Gl. (16.16))
A Riemenquerschnitt
E_z Elastizitätsmodul des Riemens bei Zug

Mit Gl. (16.12) erhält man für die (gespannte) Riemenlänge L_w den Wellenabstand e und für die (ungespannte) Riemenlänge L_{w0} den Wellenabstand e_0. Der erforderliche Mindestspannweg ist dann der Unterschied dieser beiden Wellenabstände. Es muss $s_{Sp} \geq e - e_0$ erfüllt sein.

Kräfte am Riemengetriebe

In einem kraftschlüssigen Zugmittelgetriebe wird nur dann eine Leistung übertragen, wenn der Riemen so vorgespannt ist, dass die Reibkraft F_R zwischen Riemen und Antriebsscheibe größer ist als die zu übertragende Nutzkraft F_t. Die Nutzkraft kann mit Gl. (16.3) aus dem Antriebsmoment M_{t1} oder mit Gl. (16.4) aus der Antriebsleistung P_l ermittelt werden. Dabei müssen den Betrachtungen die möglichen Maximalwerte (Berechnungswerte) von Leistung, Drehmoment und zu übertragender Nutzkraft (P_B, T_B, F_{tB}) entsprechend Gl. (16.6) zugrunde gelegt werden.

Um eine Nutzkraft F_t (bzw. F_{tB}) kraftschlüssig übertragen zu können, muss das Riemengetriebe so vorgespannt werden, dass zwischen Riemen und Riemenscheibe ein Anpressdruck p derart entsteht, dass die durch die Pressung bewirkte Reibungsschubspannung τ_R größer wird als die durch die Tangentialkraft F_t hervorgerufene Scherspannung τ am Riemen und an der Riemenscheibe, Abb. 16.2a. Die dazu notwendige Riemenvorspannkraft F_v in den beiden Trumen führt im Stillstand (bei $v = 0$) zu einer Wellenspannkraft $F_{W0} = 2 \cdot F_v \cdot \leq \cos \alpha$, Abb. 16.4a. Wird dann (noch bei $v = 0$) durch ein Drehmoment M_{t1} die Nutzkraft F_t aufgebracht, stellen sich im Lastrum die Zugkraft F_1 und im Leertrum die Zugkraft F_2 ein. Im Betriebszustand (bei $v > 0$) wirken auf den Riemen beim Umlauf um die Scheiben im Bereich der Umschlingungswinkel Fliehkräfte ein. Durch die Fliehkraftwirkung wird im gesamten Riemen in Umfangsrichtung die Fliehkraftspannung $\sigma_f = \rho\, v^2$ hervorgerufen, welche von der Dichte ρ des Riemenmaterials abhängt und dem Quadrat der Umfangsgeschwindigkeit v proportional ist. Sie ist an jeder Stelle des Riemens gleich groß. Durch Multiplikation der Fliehkraftspannung mit der Riemenquerschnittsfläche A kann die sowohl im Leer- als auch im Lasttrum wirkende, aus der Fliehkraftwirkung resultierende Trumkraft $F_f = \rho\, v^2 A$ bestimmt werden.

Infolge der Fliehkraftwirkung werden zum einen die Trumkräfte um F_f und die Trumspannungen um σ_f vergrößert. Zum anderen werden jedoch die für den Kraftschluss erforderlichen Pressungen zwischen den Scheiben und dem Riemen verkleinert. Um diesen Pressungsverlust auszugleichen, muss in den Riementrumen im Stillstand gegenüber dem Betrieb eine um die aus der Fliehkraftwirkung resultierende Trumkraft F_f höhere Vorspannkraft vorhanden sein. Die Vorspannkraft im Stillstand F_v kann daher ermittelt werden aus $F_v = F_v' + F_f$, wenn F_v', die im Betrieb für den Kraftschluss wirksame Vorspannkraft repräsentiert.

Für die Leistungsübertragung bzw. für den Kraftschluss im Betrieb sind infolge der Fliehkraftwirkung im Leertrum dann nur noch die Zugkraft $F_2' = F_2 - F_f$ wirksam und im Lasttrum die um die Nutzkraft F_t größere Zugkraft $F_1' = F_1 - F_f$ (Abb. 16.14). Die Nutzkraft F_t ergibt sich aus:

$$F_t = F_1' - F_2' = F_1 - F_2 \tag{16.14}$$

Bei nachgiebigen Wellen ist die leistungsmindernde Wirkung der Fliehkraft weniger stark ausgeprägt. Durch zweckmäßige Riemenspannvorrichtungen lässt sie sich ausschalten, Abb. 16.12.

Abb. 16.14 Vorspannkraft F_v, für die Leistungsübertragung wirksame Trumkräfte F_1 und F_2 und Wellenbelastung im Stillstand F_W und im Betrieb $(F_\mathrm{v}', F_1', F_2', F_\mathrm{W}')$ am Riemengetriebe mit fest eingestelltem Wellenabstand und ohne Spannrolle (F_Wf = aus der Fliehkraftwirkung resultierende Wellenbelastungsreduzierung)

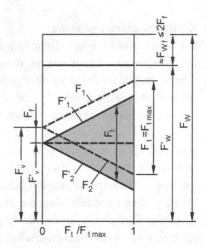

Das in einem kraftschlüssigen Riemengetriebe im Betrieb maximal mögliche Trumkraftverhältnis $m = F_1'/F_2'$ hängt ab vom Umschlingungswinkel an der kleinen Scheibe und von der Gleitreibungszahl zwischen Riemen und Riemenscheibe und kann mit Hilfe der *Eytelweinschen Gleichung* ermittelt werden. Es gilt:

$$m = \frac{F_1'}{F_2'} = e^{\mu \cdot \hat{\beta}_\mathrm{k}} \tag{16.15}$$

$\hat{\beta}_\mathrm{k}$ Umschlingungswinkel an der kleinen Scheibe (im Bogenmaß)
e Basis des natürlichen Logarithmus ($= 2{,}718\ldots$)
μ mittlere Gleitreibungszahl zwischen Riemen und Riemenscheibe

Den Zusammenhang zwischen Trumkraftverhältnis m, Umschlingungswinkel β_1 und Gleitreibungszahl μ zeigt Abb. 16.15.

Beim Umlauf um die Scheibe durchläuft der Riemen zunächst eine Haftzone mit dem Haftzonenwinkel β_H und dann eine Gleitzone mit dem Gleitzonenwinkel β_G (Abb. 16.16). Die

Abb. 16.15 Trumkraftverhaltnis m und Ausbeute κ in Abhangigkeit vom Umschlingungswinkel β_1 und von der Gleitreibungszahl μ

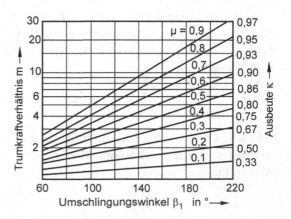

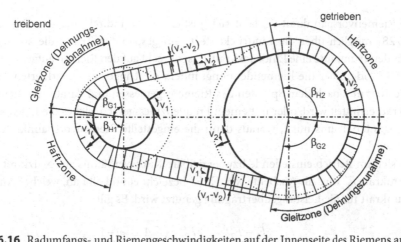

Abb. 16.16 Radumfangs- und Riemengeschwindigkeiten auf der Innenseite des Riemens am kraftschlussigen Riemengetriebe nach. [Joh94]

Größe der Gleitzone stellt sich entsprechend der Nutzkraft ein. Wenn keine Nutzkraft übertragen wird, verschwindet die Gleitzone. Da infolge der Nutzkraft F_t das Lasttrum mehr gedehnt wird als das Leertrum, ist $v_1 > v_2$. In der Gleitzone kommt es zum Gleiten des Riemens auf der Scheibe. Es entsteht Gleitschlupf. Mit steigender Nutzkraft F_t werden der Gleitschlupf und der Gleitzonenwinkel β_G größer. Gleichzeitig wird das Leertrum zunehmend entlastet und die Haftzone wird kleiner. Wenn der Haftzonenwinkel β_H gerade noch geringfügig größer als Null ist, wird das zuvor erwähnte maximal mögliche Trumkraftverhältnis m erreicht.

Wird der Haftzonenwinkel $\beta_H = 0$, rutscht der Riemen auf der Riemenscheibe durch, d. h. der Kraftschluss ist überlastet. Wird der Riemen längere Zeit bei diesem Zustand betrieben, erwärmt er sich aufgrund des hohen Schlupfes stark, wird spröde und schließlich zerstört.

Es wird häufig vereinfachend angenommen, dass Spannungs- und Dehnungsänderungen nur im Bereich der Gleitzone stattfinden. Für die Berechnung wird meist der Gleitzonenwinkel dem Umschlingungswinkel gleichgesetzt.

Um mit einem kraftschlüssigen Riemengetriebe bei gegebenem Umschlingungsbogen $\hat{\beta}$ und sich einstellender Reibungszahl μ eine Nutzkraft F_t übertragen zu können, muss der Riemen während des Betriebes unter einer Vorspannkraft F'_v stehen, d. h. im Stillstand muss die Riemenvorspannkraft $F_v = F_f + F'_2 + F_t/2$ bei als starr angenommenen Wellen und Lagerungen eingestellt werden, Abb. 16.14. Mit Gl. (16.14) und (16.15) ergibt sich dann:

$$F_v = F_f + \frac{F_t}{2} \cdot \left(\frac{m+1}{m-1} \right) \quad bzw. \quad F_v = A \cdot \rho \cdot v^2 + \frac{F_{tB}}{2} \cdot \left(\frac{m+1}{m-1} \right) \quad (16.16)$$

Die im Stillstand aufzubringende Riemenvorspannkraft F_v muss also um so größer sein, je größer die zu übertragende Nutzkraft F_t (bzw. F_{tB}) und der im Betriebszustand zu erwartende Pressungsverlust infolge Fliehkraftwirkung bzw. je größer die Trumkraft aus der Fliehkraftwirkung ist.

Die Riemenvorspannkraft F_v lässt sich justieren bzw. indirekt messen. Das ist nach [VDI2728] möglich über die Eindrücktiefe t_e am gespannten Trum, die sich einstellt, wenn in der Trummitte eine Eindrückkraft F_e senkrecht auf den Riemen aufgebracht wird, Abb. 16.17, oder über die Riemendehnung, indem die Länge eines markierten Trumabschnittes vor und nach dem Spannen des Riemens gemessen und daraus die Riemenvorspannkraft ermittelt wird, oder mit einem Frequenzmessgerät, welches die Eigenfrequenz des gespannten Trums misst, woraus dann die eingestellte Riemenvorspannkraft F_v berechnet wird.

Das sich im Betrieb einstellende bzw. erzielbare Kräfteverhältnis aus Nutzkraft F_t und Lasttrumkraft F_1' wird als Ausbeute $\kappa = F_t/F_1'$ bezeichnet und gibt an, welcher Anteil der Lasttrumkraft für die Leistungsübertragung genutzt wird. Es gilt:

$$\kappa = \frac{F_t}{F_1'} = \frac{F_1' - F_2'}{F_1'} = 1 - \frac{F_2'}{F_1'} = 1 - \frac{1}{m} = \frac{m-1}{m} < 1 \qquad (16.17)$$

In Abb. 16.15 wird gezeigt, dass mit wachsendem Umschlingungswinkel β und wachsender Reibungszahl μ auch das Trumkraftverhältnis m und die Ausbeute κ ansteigen. Wegen der konstruktiv bedingten Umschlingungswinkel (ca. 60 bis 240°) und der Grenzen der realisierbaren Reibungszahlen ($\mu \le 0{,}75$) sind Ausbeuten über 90 % kaum erreichbar.

Aus den Trumkräften F_1' und F_2' resultiert nach Abb. 16.18 (bei Anwendung des Cosinussatzes) eine Wellenbelastung $F_W' = \sqrt{F_1'^2 + F_2'^2 - 2 \cdot F_1' \cdot F_2' \cdot \cos\beta_k}$.

Mit $F_2' = F_1'/m$ aus Gl. (16.15) und $F_1' = F_t \cdot m/(m-1)$ aus Gl. (16.14) folgt als *Wellenbelastung*:

$$F_W' = F_t \cdot \frac{\sqrt{m^2 + 1 - 2 \cdot m \cdot \cos\beta_k}}{m-1} = \frac{F_t}{\Phi} \qquad (16.18)$$

mit dem *Durchzugsgrad* $\Phi = F_t/F_W' = (m-1)/\sqrt{m^2 + 1 - 2 \cdot m \cdot \cos\beta_k}$, welcher in Abb. 16.19 in Abhängigkeit vom Umschlingungswinkel β und der Reibungszahl μ dargestellt ist.

Abb. 16.17 Bestimmung der Riemenspannung

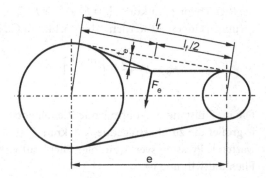

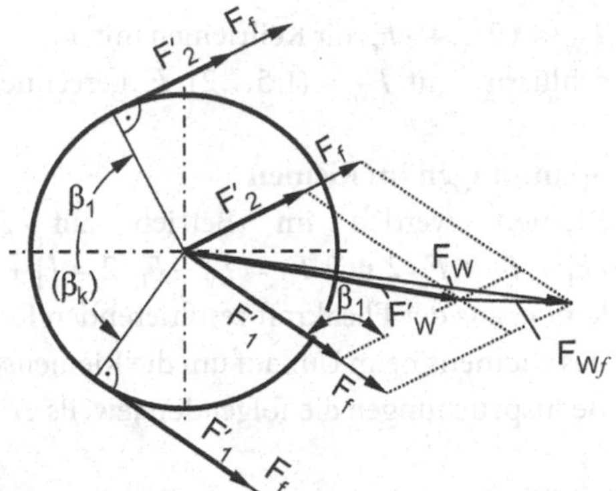

Abb. 16.18 Trumkrafte und Wellenbelastung an einer Riemenscheibe

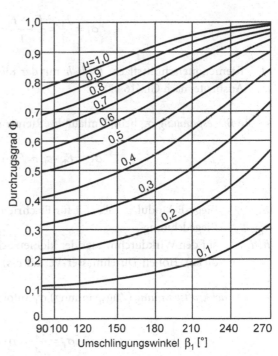

Abb. 16.19 Durchzugsgrad $\Phi = F_t / F'_W$ in Abhängigkeit vom Umschlingungswinkel β_1 und von der Reibungszahl μ

Da die Fliehkraft F_f nur im Betrieb auftritt, ist die *Wellenbelastung im Stillstand* entsprechend erhöht. Aus Abb. 16.18 folgt mit ausreichender Näherung für die Wellenbelastung im Stillstand:

$$F_W \approx F'_W + F_{Wf} = \frac{F_t}{\Phi} + F_f \cdot \sqrt{2 \cdot (1 - \cos\beta_k)} \tag{16.19}$$

Für Überschlagsrechnungen kann abhängig von der Art der Erzeugung der Riemenspannung (Dehnspannung, Spannrolle) und der Riemengeschwindigkeit für Flachriemen mit

$F_W \approx (2\ldots4)\cdot F_t$, für Keilriemen mit $F_W \approx (2\ldots2,5)\cdot F_t$ und für Zahnriemen (nicht kraftschlüssig) mit $F_W \approx (1,5\ldots2)\cdot F_t$ gerechnet werden.

Spannungen im Riemen

Riemen werden im Betrieb auf Zug beansprucht durch die Trumkräfte ($F_1 = F_v + F_t/2$ und $F_2 = F_v - F_t/2 = F_1 + F_t$) und durch die in Tangentialrichtung wirkende, aus der Fliehkraft resultierenden Kraft F_f sowie auf Biegung durch die Krümmung des Riemens beim Umlauf um die Riemenscheiben. In homogenen Riemen erzeugen diese Beanspruchungen die folgenden jeweils größeren Spannungen:

- Die Zugspannung σ_1 im Lasttrum:

$$\sigma_1 = \frac{F_1}{A} = \frac{F_2 + F_t}{A} = \frac{F_t}{\kappa \cdot A} \tag{16.20}$$

A Riemenquerschnittsfläche $(= b\cdot h$ mit der Riemenbreite b und der Riemenhöhe $h)$
κ Ausbeute, nach Gl. (16.17)

- die *Biegespannung* σ_b beim Umlauf des Riemens um die kleine Riemenscheibe:

$$\sigma_b = E_b \cdot \varepsilon_b \approx E_b \cdot (h/d_{wk}) \tag{16.21}$$

E_b Biege-E-Modul, s. Tab. 16.1 für Flachriemen
ε_b Biegedehnung
h/d_{wk} auf den Wirkdurchmesser der kleinen Scheibe bezogene Riemenhöhe (Riemendicke) (Höhen-Durchmesser-Verhältnis)

- die *Fliehkraftspannung* (Zugspannung) σ_f infolge Fliehkraftwirkung am Riemen:

$$\sigma_f = \frac{F_f}{A} = \rho \cdot v^2 \tag{16.22}$$

F_f aus der Fliehkraft resultierende Kraft in den Trumen
ρ Dichte des Riemenmaterials
v Umlaufgeschwindigkeit des Riemen

- die *Gesamtspannung* σ_{ges} im Riemen:

$$\sigma_{ges} = \sigma_1 + \sigma_b + \sigma_f \leq \sigma_{zzul} \tag{16.23}$$

σ_{zzul} zulässige Riemenspannung (nach Herstellerangaben)

Bei Riemengetrieben mit verschränktem Riemenlauf tritt noch eine *Schränkspannung* σ_s auf, die von der Riemenbreite und vom Wellenabstand abhängig ist und um die sich die Gesamtspannung dann noch vergrößert. Werden die Spannungen entlang des Riemens aufgetragen (Abb. 16.20) ist erkennbar, wie sich die Spannung im Riemen während des Umlaufs verändert und dass die Spannung beim Auflaufen des Riemens auf die kleine Riemenscheibe (bei A_1) ihren größten Wert erreicht.

Bei nicht homogenem Riemenaufbau sind die Zug- und Biegespannungen nicht mehr gleichmäßig über der Riemenhöhe h verteilt. Abbildung 16.21 zeigt die Spannungsverläufe in einem Mehrschichtriemen nach Abb. 16.10 qualitativ.

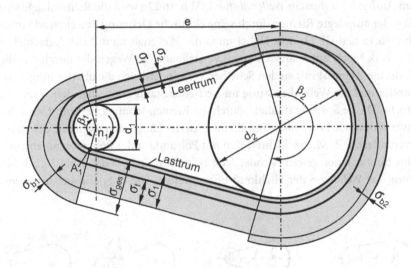

Abb. 16.20 Spannungen im Riemen am offenen Riemengetriebe

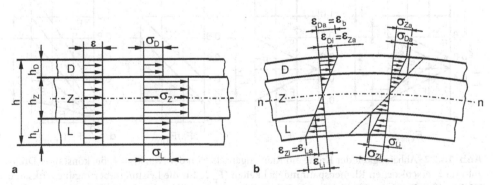

Abb. 16.21 Dehnungen und Spannungen in Mehrschichtriemen nach Abb. 16.10: **a** bei Zug-, **b** bei Biegebeanspruchung (n neutrale Faser). [Mer04]

Für die praktische Auslegung derartiger Riemen wird vereinfachend eine maximal zulässige Nutzkraft pro Riemenbreite $F'_{t\,max}$ (in N/mm) zugrunde gelegt, in der auch die Biegebeanspruchung für den kleinsten zulässigen Scheibendurchmesser $d_{w\,min}$ sowie die maximal zulässige Biegefrequenz (Einfluss von Scheibenzahl und Umlaufgeschwindigkeit) bereits berücksichtigt sind. Die Dehnung bei Zugbeanspruchung wird mit einem mittleren Zug-E-Modul E_z berechnet, die Dehnung/Stauchung bei Biegebeanspruchung mit einem mittleren Biege-E-Modul E_b (Tab. 16.1 für Flachriemen).

Riemenvorspannung und Wellenbelastung

Die verschiedenen Möglichkeiten, die im Betrieb erforderliche Riemenspannung zu erzeugen, haben abhängig von der Nutzkraft unterschiedliche Auswirkungen auf die Trumkräfte und auf die Wellenbelastung, Abb. 16.22.

Zum *Auflegen bei starrem Wellenabstand*, Abb. 16.22a wird die Riemenlänge so bemessen, dass der aufgelegte Riemen durch seine elastische Dehnung hinreichend vorgespannt ist, Abb. 16.1a und Gl. (16.13). Dabei muss der Wellenabstand durch Verschieben einer Scheibe (z. B. Motor auf Spannschienen) verstellbar sein. Wegen der durch die Fliehkraft verminderten Anpresskraft an den Scheiben vermindern sich die übertragungswirksamen Trumkräfte und die Wellenbelastung im Betriebszustand gegenüber denen im Stillstand, Abb. 16.14. Da die Spannkraft allein durch die Riemendehnung bestimmt wird, ist dieses Spannverfahren nur anwendbar bei Riemen, deren Länge sich während der Betriebszeit nicht verändert, z. B. Mehrschichtriemen mit Polyamid- oder Polyesterzugschicht.

Beim Einsatz einer gewichts- oder federbelasteten *Spannwelle*, Abb. 16.22b bleibt die Belastung der Welle von der Fliehkraft unbeeinflusst. Dieses Spannverfahren eignet sich

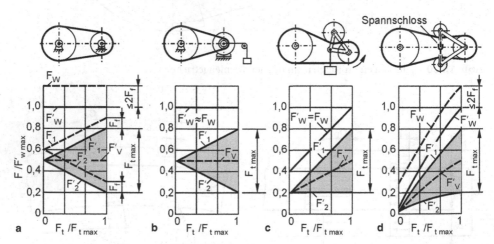

Abb. 16.22 Abhängigkeit der Kräfte am Riemengetriebe von der Nutzkraft F_t bei konstanter Drehzahl und verschiedenen Riemenspannmöglichkeiten (F_1, F_2 für die Leistungsübertragung wirksame Trumkräfte, F_f aus der Fliehkraftwirkung resultierende Trumkraft, F_W Wellenbelastung; mit ´ im Betrieb, ohne ´ im Stillstand) nach. [Mer04]

für Riemen mit zeit- und lastabhängiger Nachdehnung; es ist allerdings schwingungsanfällig.

Mit einer feder- oder gewichtsbelasteten *Spannrolle am Leertrum* wird an diesem eine konstante Trumkraft F_2 erzeugt und bei ihrer Anordnung an der Riemenaußenseite werden gleichzeitig der Umschlingungswinkel β und damit die übertragbare Leistung vergrößert, Abb. 16.22c. Die dadurch erhöhte Biegefrequenz wirkt sich lebensdauermindernd aus. Die Wellenbelastung ist abhängig von der Nutzlast F_t, so dass sich dieses Spannverfahren besonders für Antriebe mit überwiegendem Teillastbetrieb und für Riemen mit Nachdehnung eignet. Derartige Antriebe sind im Gegensatz zu den anderen Spannverfahren für nur eine Drehrichtung bestimmt. Auch sie neigen zum Schwingen. Wird die Spannrolle zwar einstellbar, aber starr befestigt, stellen sich die gleichen Kräfteverhältnisse wie nach Abb. 16.22a ein.

Die *Doppelspannrolle*, Abb. 16.22d hat einen festen, aber mittels Spannschloss einstellbaren Achsabstand und ist drehbar um die Achse einer Riemenscheibe gelagert. Das bewirkt an den beiden Spannrollen gleiche Radialkräfte, unterschiedliche Umschlingungswinkel und dadurch eine Selbstspannung des Riemens. Dazu müssen die Rollen- und Scheibendurchmesser sowie die Achsabstände und die Riemenelastizität sorgfältig aufeinander abgestimmt sein. Die Wellenbelastung ist abhängig von der Nutzlast F_t und im Betrieb gegenüber dem Stillstand wegen der Fliehkraftwirkung vermindert. Derartige Antriebe eignen sich für sehr hohe Leistungen mit überwiegendem Teillastbetrieb und für Riemen ohne zeitabhängige Nachdehnung.

Kinematik der Riemengetriebe

Wird ein kraftschlüssiges Riemengetriebe überlastet bzw. ist der Riemen ungenügend gespannt, so dass die Umfangskraft F_t größer wird als die Reibkraft F_R, beginnt der Riemen auf der Scheibe mit der kleineren Reibkraft zu rutschen. Das dadurch in der Kontaktzone zwischen Riemen und Scheibe auftretende vollständige Gleiten (Überlastschlupf) wirkt auf den Riemen zerstörend. Es lässt sich durch geeignete Maßnahmen (Erhöhung der Riemenspannung, Vergrößerung des Umschlingungswinkels) vermeiden.

Wird in einem Riemengetriebe, in dem die Trume mit der Riemenvorspannkraft F_v vorgespannt und dadurch beide um den gleichen Betrag gedehnt sind, ein Antriebsmoment M_t bzw. eine Nutzkraft F_t eingeleitet, nimmt die Riemendehnung im Lasttrum wegen $F_1 = F_v + F_t/2$ um $\Delta l_1 = F_t \cdot l/(2 \cdot E_z \cdot A)$ zu und im Leertrum wegen $F_2 = F_v - F_t/2$ um den gleichen Betrag $\Delta l_2 = \Delta l_1$ ab. Damit beträgt der Längenunterschied Δl zwischen Lasttrum und Leertrum in einem unter der Nutzkraft F_t umlaufenden Riemen

$$\Delta l = \Delta l_1 + \Delta l_2 = \frac{(F_1 - F_2) \cdot l}{E_z \cdot A} = \frac{F_t \cdot l}{E_z \cdot b \cdot h} \qquad (16.24)$$

l Trumlänge ($l = e \cdot \cos \alpha = e \cdot \sin(\beta_k/2)$)
E_z Zug-E-Modul des Riemens
A Riemenquerschnitt

Das um Δl gegenüber dem Leertrum längere Lasttrum bewirkt im Lasttrum eine (geringfügig) höhere Umfangsgeschwindigkeit (v_1) und im Leertrum eine geringere Umfangsgeschwindigkeit (v_2). Diese Geschwindigkeitsdifferenz ($\Delta v = v_1 - v_2$) muss der Riemen beim Umlauf um die treibende Scheibe abbauen und beim Umlauf um die getriebene Scheibe aufbauen. Beim Auflaufen des Riemens auf die Scheiben behält die Innenseite des Riemens in der Haftzone zunächst ihre Umlaufgeschwindigkeit (identisch mit der Umfangsgeschwindigkeit der Scheibe) bei. Die Geschwindigkeitsänderung an der Riemeninnenseite vollzieht sich vor dem Ablaufen des Riemens in der Gleitzone, und zwar als Verringerung der Geschwindigkeit an der treibenden Scheibe (Dehnungsabnahme) und als Erhöhung der Geschwindigkeit an der getriebenen Scheibe (Dehnungszunahme), s. Abb. 16.16 [Joh94, Fun95]. Der Schlupf (relative Geschwindigkeitsdifferenz) beträgt, angegeben in %:

$$\psi = \frac{v_1 - v_2}{v_1} \cdot 100\% = \frac{\Delta l}{l} \cdot 100\% \qquad (16.25)$$

Damit ist das tatsächliche Übersetzungsverhältnis kraftschlüssiger Riemengetriebe abweichend von Gl. (16.2) gegeben durch:

$$i = \frac{n_1}{n_2} = \frac{d_{w1}}{d_{w2}} \cdot \frac{100}{100 - \psi} \qquad (16.26)$$

Beim Umlaufen wird der Riemen an jeder Scheibe beim Auf- und Ablaufen gebogen. Die *Biegefrequenz* f_B ist abhängig von der (mittleren) Riemengeschwindigkeit $v = (v_1 + v_2)/2$, der Anzahl der Scheiben z und der Riemenlänge L im gespannten Zustand. Es gilt:

$$f_B = \frac{v \cdot z}{L} \leq f_{Bzul} \qquad (16.27)$$

f_{Bzul} zulässige Biegefrequenz (nach Herstellerangaben)

Hohe Biegefrequenzen f_B bewirken mehr Walkarbeit und damit stärkere Erwärmung. Das hat eine verminderte Lebensdauer zur Folge.

Leistung und optimale Geschwindigkeit

Aus der allgemeinen Beziehung $P = F \cdot v$ lässt sich mit $F_t = \sigma_t \cdot A$ die zu übertragende Leistung P (bzw. P_B) ermitteln. Mit der Nutzkraftspannung $\sigma_t = F_t / A = \sigma_1 - \sigma_2 = \sigma_1 \cdot \kappa$, Abb. 16.20 und mit $\kappa = F_t / F_1$ nach Gl. (16.17) bzw. $\sigma_{1zul} = (\sigma_{zul} - \sigma_b - \sigma_f) \cdot \kappa$ und den Gln. (16.21) und (16.22) erhält man:

$$P = (\sigma_{zul} - \sigma_b - \sigma_f) \cdot \kappa \cdot A \cdot v = (\sigma_{zul} - E_b \cdot (h/d_{wk}) - \rho \cdot v^2) \cdot \kappa \cdot A \cdot v \qquad (16.28)$$

Die Fliehkraft vermindert mit steigender Geschwindigkeit die zur Leistungsübertragung verfügbare Riemenspannung stärker als die Leistung mit der Geschwindigkeit ansteigt. Schließlich wird bei hinreichend hoher Geschwindigkeit keine Nutzleistung mehr übertragen. Die *optimale Geschwindigkeit*, bei der das Leistungsmaximum erreicht wird, erhält man, wenn der Leistungsanstieg $dP/dv = 0$ wird. Aus Gl. (16.28) folgt damit:

$$v_{opt} = \sqrt{\frac{\sigma_{zzul} - \sigma_b}{3 \cdot \rho}} = \sqrt{\frac{\sigma_{zzul} - E_b \cdot (h/d_{wk})}{3 \cdot \rho}} \tag{16.29}$$

Für $v > v_{opt}$ sinkt die übertragbare Leistung mit steigender Drehzahl.

Bei der Leistungsübertragung entstehen in Riemengetrieben Leistungsverluste durch den Schlupf (1...2 %), durch das Biegen des Riemens (bei Flachriemen mit $h/d_{wk} \approx 1/50$ ca. 1 %, mit $h/d_{wk} \approx 1/100$ weniger als 0,3 %; bei Keilriemen 1...3 %), durch Kleben an den Laufflächen bei Flachriemen sowie durch Kleben und Klemmen in den Keilrillen und Flankenreibung bei Keilriemen (bei sachgemäßer Handhabung weitgehend vermeidbar), durch die Luftreibung der Riemen und der Riemenscheiben (wirksam bei langen Riemen (> 10 m) und hohen Geschwindigkeiten (> 40 m/s)) und durch die Lagerreibung in Umlenk- und Spannrollen. Es werden *Gesamtwirkungsgrade* erreicht von $\eta = 0,96...0,98$ mit Flachriemen, $\eta = 0,93...0,95$ mit Einzelkeilriemen, $\eta = 0,90...0,95$ mit Keilriemensätzen und $\eta = 0,96...0,98$ mit Zahnriemen [Nie83].

16.2.4 Allgemeine Gestaltungs- und Betriebshinweise

Bei der Gestaltung von Riemengetrieben muss man sich vergegenwärtigen, dass bei einer gegebenen Leistung und einer gegebenen Drehzahl kleine Riemenscheiben zu großen Vorspannkräften und hohen Biegespannungen im Riemen führen. Die den Riemenprofilen zugeordneten Scheibenmindestdurchmesser ($d_{k\,min}$) sollten deshalb auf keinen Fall unterschritten werden. Große Riemenscheiben dagegen beanspruchen großen Bauraum und führen zu hohen Riemengeschwindigkeiten, deren maximal zulässige Werte nicht überschritten werden dürfen.

Da die zwischen Riemen und Riemenscheibe übertragbare Leistung wesentlich vom Umschlingungswinkel β abhängt, muss dieser hinreichend groß sein. Im Bedarfsfalle lassen sich Umschlingungswinkel durch den Einsatz von außen am Riemen angeordnete Spannrollen, Abb. 16.1b oder durch Umlenkrollen, Abb. 16.3 vergrößern. Das führt allerdings zu Wechselbiegung am Riemen und zu erhöhter Biegefrequenz, wodurch die Lebensdauer des Riemens herabgesetzt wird.

Wenn beim Einsatz einer Spannrolle eine Vergrößerung des Umschlingungswinkels nicht erforderlich ist, sollte sie an der Riemeninnenseite angeordnet werden, um die Wechselbiegung zu vermeiden. In jedem Fall muss die Spannrolle auf das Leertrum wirken. Die Durchmesser von Spann- und Umlenkrollen sollten nicht kleiner sein als der Durchmesser der kleinsten Scheibe im Riemengetriebe.

Die Riemenlebensdauer in kraftschlüssigen Riemengetrieben wird erheblich beeinträchtigt, wenn infolge ungenügender Riemenspannung gehäuft Gleitschlupf durch Überlastung auftritt. Durch das Gleiten des Riemens gegenüber den Scheiben entsteht an den Laufflächen bzw. an den Flanken des Riemens Abrieb. Dadurch werden das Riemengetriebe und seine Umgebung verschmutzt und der Riemen zerstört. Durch zu starke Riemenspannung werden der Riemen und die Wellenlagerung überbeansprucht.

Nach Herstellerangaben bedürfen Riemengetriebe mit modernen Hochleistungsriemen keiner besonderen Wartung. Für einen einwandfreien Betrieb empfiehlt sich allerdings, Verschmutzungen, insbesondere durch Öle und Fette, von den Riemen und Scheiben fernzuhalten und die Riemenspannung von Zeit zu Zeit zu kontrollieren. Verschmutzte und ungenügend gespannte Riemen übertragen wegen der abgesenkten Reibungszahl und einer zu geringen Anpresskraft nur eine verminderte Leistung.

Riemen altern, auch wenn sie unbenutzt bleiben, d. h. sie werden im Laufe der Zeit spröde und brüchig. Um das nicht zu fördern, sollte bei der Lagerung von Riemen darauf geachtet werden, dass sie nicht direkter Sonneneinstrahlung und künstlichem Licht mit einem hohen ultravioletten Anteil ausgesetzt sind. Die Luftfeuchtigkeit im Lagerraum sollte ca. 65 % betragen. Die Riemen sind so zu lagern, dass durch Spannungen infolge von Druck, Zug oder Biegung in den Riemen keine bleibenden Verformungen entstehen und sich keine Risse bilden [VDI2728].

16.2.5 Flachriemengetriebe

Auslegung

Die Auslegung von Flachriemengetrieben ist nicht genormt. Im Detail ist deshalb den Berechnungsvorgaben der Riemenhersteller zu folgen. Dennoch sollen hier die Grundzüge des Berechnungsganges in allgemeiner Form angegeben werden. Im Einzelnen sind folgende Schritte zu bearbeiten:

Festlegen der Scheibendurchmesser: Wenn nicht bereits vorgegeben, kann zur Realisierung einer kompakten Bauweise der Mindestdurchmesser der kleinen Scheibe ($d_{k\,min}$) abhängig von der Berechnungsleistung ($P_B = P \cdot C_B$) und von der Drehzahl der kleinen Scheibe aus Abb. 16.23 bestimmt werden. (Im konkreten Fall empfiehlt es sich, auf Vorgaben der Riemenhersteller zurückzugreifen.) Entsprechend Gl. (16.2) wird dann der Durchmesser der großen Scheibe ermittelt: $d_g = d_k \cdot i$ bei $i > 1$ bzw. $d_g = d_k / i$ bei $i < 1$. Scheibendurchmesser sind in DIN 111 genormt.

Ermitteln von Wellenabstand und Riemenlänge: Wenn nicht vorgegeben, ist der (vorläufige) Wellenabstand e' innerhalb der Grenzen nach Gl. (16.11) festzulegen. Mit diesem lässt sich mit Gl. (16.10) die rechnerische Riemenwirklänge L_{wr} bestimmen. Aus der gewählten Riemenwirklänge L_{w0} wird mit Gl. (16.12) der Wellenabstand e_0 bei ungespanntem Riemen ermittelt. Dabei ist zu beachten, dass bei Antrieben nach Abb. 16.15a die notwendige Riemenspannung durch Riemendehnung ΔL entsprechend Gl. (16.13) erzeugt werden muss, d. h. der tatsächliche Wellenabstand e für die Riemenlänge L_w (bei

Abb. 16.23 Riemenschei-
ben-Mindestdurchmesser und
Zugbanddicke für Flachriemen
[VDI2728] (z. B. bedeutet
PA 0,35: Polyamid-Zugband-
höhe = 0,35 mm)

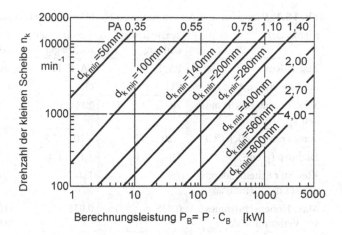

gespanntem Riemen) muss um den Spannweg $s_{Sp} \geq e - e_0$ größer eingestellt werden als der Wellenabstand e_0 für die Riemenlänge $L_{w0} = L_w - \Delta L$ bei ungespanntem Riemen. Für Flachriemen wird empfohlen $s_{Sp} \geq 0,01 \cdot L_{w0}$.

Bestimmen der notwendigen Riemenvorspannkraft: Durch die gewählten Scheiben-durchmesser d_k und d_g und den gewählten Wellenabstand e ist der Umschlingungswin-kel β_k (Gl. (16.8) und mit der Reibungszahl μ zwischen Riemen und Riemenscheibe das Trumkraftverhältnis m (Gl. (16.15)) festgelegt. Um damit eine Nutzkraft $F_{t\,max}$ nach Gl. (16.14) übertragen zu können, ist am Riemen unter Beachtung der aus der Flieh-kraft resultierenden Kraft F_f die Riemenvorspannkraft F_v nach Gl. (16.16) erforderlich. Wird eine Nutzkraft $F_t < F_{t\,max}$ aufgebracht, verkleinert sich das Trumkraftverhältnis m, Abb. 16.16. Das geschieht dadurch, dass für die Kraftübertragung nur ein Teil des Um-schlingungswinkels β_k in Anspruch genommen wird.

Wählen der Riemenbreite: Die erforderliche Riemenbreite b lässt sich mit $d_1 = d_k$ und $A = b \cdot h$ aus der Gl. (16.28) ableiten. Dabei ist die zu übertragende Nenn-leistung P noch mit dem anlagenspezifischen Betriebsfaktor C_B zu multiplizieren (nach [VDI2758] $C_B = 1 \ldots 1,7$ für Flachriemengetriebe). Es gilt:

$$b \geq \frac{P \cdot C_B}{\kappa \cdot h \cdot v \cdot (\sigma_{zul} - \sigma_b - \sigma_f)} = \frac{P \cdot C_B}{\kappa \cdot h \cdot v \cdot (\sigma_{zul} - E_b \cdot (h/d_{wk}) - \rho \cdot v^2)} \qquad (16.30)$$

Anhaltswerte für h/d_{wk}, σ_{zul}, E_b und ρ enthält Tab. 16.1.

Riemenhersteller geben für ihre Riemen auch abhängig vom Riemenscheibendurch-messer d_k und vom Umschlingungswinkel β auf die Riemenbreite (in mm) bezoge-ne zulässige Nennumfangskräfte $F'_{t\,max}$ (in N/mm) oder zulässige Nennleistungen P_N (in kW/mm) an. Die Riemenbreite folgt dann aus $b \geq F_t \cdot C_B / F'_{t\,max}$ und F_t nach Gl. (16.3) bzw. aus $b \geq P \cdot C_B / P_N$ mit P nach Gl. (16.4). Bei Verwendung derartiger Leistungspara-meter ($F'_{t\,max}$ oder P_N) sind die speziellen Berechnungsvorschriften des jeweiligen Rie-menherstellers zu befolgen.

Tab. 16.1 Parameter und Anwendung von Flachriemen (Anhaltswerte)

Riemenart	Textilriemen einlagig	Textilriemen mehrlagig	Polyester-cordriemen	Polyamid-bandriemen
Zugschicht[a]	PA, B	PA, B, PE	PE	PA
Laufschicht(en)[a]	PU	G	G, CH	G, CH
Max. Riemengeschwindigkeit v_{max} (m/s)	70	20 … 50	100	70
Temperaturbereich (°C)	−20 … 70	−20 … 70	−40 …80	−20 … 80
Dichte ρ (g/cm³)	1,1 … 1,4	1,1 … 1,4	1,1 … 1,4	1,1 … 1,4
Kleinster Scheibendurchmesser $d_{w\,min}$ (mm) ab	15	150	20	63
Max. Höhen-Durchmesser-Verhältnis $(h/d_{wk})_{max}$	0,035	0,035	0,008… 0,025[b] 0,01… 0,035[c]	0,008…0,025[b] 0,01…0,035[c]
Zul. Riemenspannung σ_{zul} (N/mm²)	3,3 … 5,4	3,3 … 5,4	14 … 25[b] 4 … 12[c]	6 … 18[b] 4 … 15[c]
Zug-E-Modul E_z (N/mm²)	350 … 1200	900 … 1500	600 … 700[b] 500 … 600[c]	500… 600[b] 400… 500[c]
Biege-E-Modul E_b (N/mm²)	50	50	300[b]; 250[c]	250[b]; 200[c]
Max. Biegefrequenz f_{Bmax} (s⁻¹)	10 … 20	10 … 20	30 (100)[d]	30 (80)[d]
Reibungszahl μ gegen GG und Stahl[e] bis	0,5	0,5	0,7[b]; 0,6[c]	0,7[b]; 0,6[c]
Anwendung	Hohe Drehzahlen; Schleifspindeln	robust, niedrige Leistungen	Mehrscheibengetriebe bis 1000 kW	robust, häufigste Bauart; Zwei- und Mehrwellengetriebe

[a] *PA* Polyamid, *PE* Polyester, *B* Baumwolle, *PU* Polyurethan, *G* Gummi (Elastomer), *CH* Chromleder
[b] Laufschicht Gummi (G)
[c] Laufschicht Leder (CH)
[d] Klammerwerte nur nach Rücksprache mit dem Hersteller
[e] abhängig von äußeren Einflüssen

Sind die Abmessungen (Scheibendurchmesser, Wellenabstand, Riemenbreite, Riemendicke und Riemenlänge) und die Riemenvorspannung festgelegt, können die Spannungen im Riemen (Gl. (16.23)), die Wellenbelastungen (Gln. (16.18) und (16.19)) sowie die Biegefrequenz (Gl. (16.27)) überprüft werden.

Gestaltungshinweise
Neben der Riemenauswahl ist für die optimale Gestaltung eines Flachriemengetriebes auch die Gestaltung der Flachriemenscheiben wichtig. Sie sind in [DIN111] genormt. Kleine Flachriemenscheiben ($d \leq 355$ mm) werden ausgeführt als Bodenscheiben, große als Armscheiben, beide Ausführungsformen mit zylindrischer oder gewölbter Laufffläche,

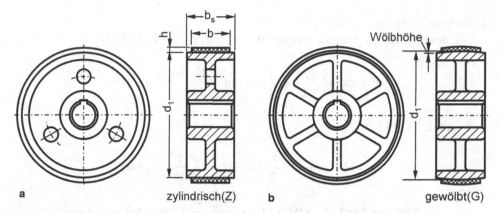

a   zylindrisch(Z)   **b**   gewölbt(G)

Abb. 16.24 Flachriemenscheiben nach DIN 111: **a** Bodenscheibe (zylindrisch), **b** Armscheibe (gewölbt) (b Riemenbreite, b_s Scheibenbreite, h Riemenhöhe, d_1 Scheibendurchmesser)

Abb. 16.24. Durch die Wölbung wird der Riemen mittig auf der Scheibe geführt. Bei Übersetzungsverhältnissen $i \leq 3$ werden im Allgemeinen beide Scheiben gewölbt ausgeführt, bei größeren Übersetzungsverhältnissen nur die große Scheibe. Die Scheibenbreite b_s muss größer als die Riemenbreite b sein (beim offenen Riemengetriebe $b_s > 1,1 \cdot b + 3$ mm, beim gekreuzten $b_s > 1,34 \cdot b$, beim halbgekreuzten $b_s > 2 \cdot b$, Abb. 16.7.

Um einen ruhigen Lauf des Riemens zu erzielen, müssen die Wellen parallel zueinander ausgerichtet sein, die Rundlauftoleranzen und Auswuchtgenauigkeiten an den Scheiben nach [DIN111] eingehalten sein und bei einem Paar gewölbter Scheiben deren größte Durchmesser in einer Ebene liegen.

Berechnungsbeispiel

Es ist ein offenes Flachriemengetriebe nach Abb. 16.7a für folgende Parameter zu dimensionieren: zu übertragende Leistung $P = 20$ kW, Antriebsdrehzahl $n_{an} = 3000$ U/min, Abtriebsdrehzahl $n_{ab} = 1500$ U/min, Wellenabstand $e' \approx 500$ mm. Die Betriebsbedingungen sind durch einen Betriebsfaktor von $C_B = 1,2$ zu berücksichtigen. Die in dem zu wählenden Riemen auftretenden Spannungen, die Wellenbelastung und die Biegefrequenz sind zu überprüfen.

1. *Scheibendurchmesser* (d_k, d_g):
   Mit $P_B = P \cdot C_B = 20 \cdot 1,2 = 24$ kW
   und $n_{an} = n_1 = 3000$ U/min folgt aus Abb. 16.23 $d_k = 140$ mm und mit $n_{ab} = n_2 = 1500$ U/min und Gl. (16.2) folgt

$$d_g = d_k \cdot (n_1/n_2) = 140 \text{ mm} \cdot (3000/1500) = 280 \text{ mm}.$$

2. *Kontrolle* des Wellenabstandes (e'):
   Entsprechend Gl. (16.11) sollte $e' \approx (0,7 \ldots 2) \cdot (d_g + d_k) = (0,7 \ldots 2) \cdot (280 + 140)$ mm $= (294 \ldots 840)$ mm eingehalten werden; d. h. $e' = 500$ mm ist zulässig.

3. *Rechnerische Riemenlänge* (L_{wr}):
   Mit dem vorläufigen Trumneigungswinkel α' entsprechend Gl. (16.7)

$$\alpha' = \arcsin\left(\frac{d_g - d_k}{2 \cdot e'}\right) = \arcsin\left(\frac{280 - 140}{2 \cdot 500}\right) = 8,05°$$

folgt mit Gl. (16.10)

$$L_{wr} = 2 \cdot e' \cdot \cos\alpha' + \frac{\pi}{2} \cdot \left(d_g + d_k\right) + \frac{\pi \cdot \alpha'}{180°} \cdot \left(d_g - d_k\right)$$

$$= 2 \cdot 500 \cdot \cos 8,05° + \frac{\pi}{2} \cdot (280 + 140) + \frac{\pi \cdot 8,05°}{180°} \cdot (280 - 140) = 1670 \text{ mm}$$

Um mit dem Spannweg $s_{Sp} = 0,01 \cdot L_{w0}$ den Wellenabstand $e' \approx 500$ mm in etwa einhalten zu können, wird die Riemenlänge $L_{w0} = 1650$ mm gewählt.

4. *Tatsächlicher* Wellenabstand e:
   Mit $L_{w0} = 1650$ mm, $d_k = 140$ mm und $d_g = 280$ mm, erhält man den Wellenabstand e_0 des nicht vorgespannten Riemens nach Gl. (16.12) mit

$$p = \frac{1650}{4} - \frac{\pi}{8} \cdot (280 + 140) = 247,6 \text{ mm}$$

$$\text{und } q = \frac{(280 - 140)^2}{8} = 2450 \text{ mm}^2 \text{ zu}$$

$$e_0 = p + \sqrt{p^2 - q} = 247,6 + \sqrt{247,6^2 - 2450} = 490,2 \text{ mm}$$

Mit dem Spannweg von $s_{sp} = 0,01 \cdot L_w = 16,5$ mm muss ein Wellenabstand von $e = e_0 + s_{Sp} = 490,2 + 16,5 = 507$ mm realisiert werden.

5. *Maximales Trumkraftverhältnis* (m):
   Mit dem Trumneigungswinkel α nach Gl. (16.7)

$$\alpha = \arcsin\left(\frac{d_g - d_k}{2 \cdot e}\right) = \arcsin\left(\frac{280 - 140}{2 \cdot 507}\right) = 7,94°$$

bzw. mit dem Umschlingungswinkel β_k nach Gl. (16.8)
$\beta_k = 180° - 2 \cdot \alpha = 180° - 2 \cdot 7,94° = 164,12° \approx 64°$ ist mit

$$\hat{\beta}_k = \pi \cdot \beta_k / 180° = \pi \cdot 164° / 180° = 2,862 \text{ und } \mu = 0,5$$

(gewählt aus Tab. 16.1) nach Gl. (16.15)

$$m = e^{\mu \cdot \hat{\beta}_k} = 2{,}718^{0{,}5 \cdot 2{,}862} = 4{,}18 \,, \quad \text{d. h. es ist } F_1 = 4{,}18 \cdot F_2$$

6. *Maximal mögliche Ausbeute* (κ):
   Nach Gl. (16.17) ist $\kappa = (m-1)/m = (4{,}18-1)/4{,}18 = 0.76$,
   d. h. es ist $F_t = 0{,}76 \cdot F_1$

7. *Riemenbreite* (b):
   Entsprechend Gl. (16.30) mit $\sigma_{zzul} = 15$ N/mm^2; $E_b = 250$ N/mm^2; $h/d_{w1} = 0{,}02$;
   $\rho = 1200$ kg/m^3 aus Tab. 16.1 sowie mit der Riemenhöhe $h = 0{,}02 \cdot 140$ mm $= 2{,}8$ mm,
   der Riemengeschwindigkeit

   $$v \approx \frac{d_k}{2} \cdot 2 \cdot \pi \cdot n_1 = 0{,}140 \text{ m} \cdot \pi \cdot 3000/60 s = 22{,}0 \text{ m/s}$$

   der Biegespannung $\sigma_b \approx E_b \cdot (h/d_{wk}) = 250$ N/mm$^2 \cdot 0{,}02 = 5{,}0$ N/mm^2 und
   der Fliehkraftspannung
   $\sigma_f = \rho \cdot v^2 = (1200 \text{ kg/m}^3) \cdot (22{,}0 \text{ m/s})^2 = 0{,}581$ N/mm^2 nach Gl. (16.22)
   wird die Riemenbreite:

   $$b = \frac{P \cdot C_B}{\kappa \cdot h \cdot v \cdot [\sigma_{zzul} - \sigma_b - \sigma_f]}$$

   $$= \frac{20.000 \text{ Nm/s} \cdot 1{,}2}{0{,}76 \cdot 2{,}8 \text{ mm} \cdot 22{,}0 \text{ m/s} \cdot (15 - 5{,}0 - 0{,}581) \text{ N/mm}^2} = 54{,}4 \text{ mm}$$

   Gewählt: $b = 60$ mm

8. *Erforderliche Riemenvorspannkraft* (F_v):
   Nach Gl. (16.16) mit der aus der Fliehkraft resultierenden Trumkraft

   $$F_f = A \cdot \rho \cdot v^2 = b \cdot h \cdot \rho \cdot v^2 = 60 \text{ mm} \cdot 2{,}8 \text{ mm} \cdot 0{,}581 \text{ N/mm}^2 = 97{,}6 \text{ N}$$

   und

   $$F_{tB} = P_B/v = 24.000 \text{ Nm/s}/22 \text{ m/s} = 1091 \text{ N aus Gl. (16.4) folgt}$$

   $$F_v = \frac{F_{tB}}{2} \cdot \left(\frac{m+1}{m-1}\right) + F_f = \frac{1091 \text{ N}}{2} \cdot \left(\frac{4{,}18+1}{4{,}18-1}\right) + 98 \text{ N} = 987 \text{ N}$$

9. *Gesamtspannung im Lasttrum* (σ_{ges}): Die Zugspannung σ_1 folgt aus Gl. (16.20):

   $$\sigma_1 = \frac{F_t}{\kappa \cdot b \cdot h} = \frac{1091 \text{ N}}{0{,}76 \cdot 60 \text{ mm} \cdot 2{,}8 \text{ mm}} = 8{,}54 \text{ N/mm}^2$$

Mit der Biegespannung σ_b nach Gl. (16.21) und der Fliehkraftspannung σ_f nach Gl. (16.22) erhält man die Gesamtspannung σ_{ges} im Riemen nach Gl. (16.23):

$$\sigma_{\text{ges}} = \sigma_1 + \sigma_b + \sigma_f = (8,54 + 5,00 + 0,58)\ \text{N/mm}^2$$

$$= 14,12\ \text{N/mm}^2 < 15\ \text{N/mm}^2$$

10. *Wellenbelastungen* (F'_W, F_W): Es ist im Betrieb nach Gl. (16.18)

$$F'_W = F_t \cdot \frac{\sqrt{m^2 + 1 - 2 \cdot m \cdot \cos\beta}}{m - 1} = 1091\ \text{N} \cdot \frac{\sqrt{4,18^2 + 1 - 2 \cdot 4,18 \cdot \cos 164°}}{4,18 - 1} = 1766\ \text{N}$$

und im Stillstand nach Gl. (16.19)

$$F_W \approx F'_W + F_f \cdot \sqrt{2 \cdot (1 - \cos\beta_k)} = 1766\ \text{N} + 98\ \text{N} \cdot \sqrt{2 \cdot (1 - \cos 164°)} = 1960\ \text{N}$$

11. *Biegefrequenz* (f_B):
Nach Gl. (16.27) ist:

$$f_B = \frac{v \cdot z}{L_w} = \frac{22,0\ \text{m/s} \cdot 2}{1,65\ \text{m}} = 26,7\ \text{s}^{-1} < f_{B\,\text{max}} = 30\ \text{s}^{-1}$$

(aus Tab. 16.1)

16.2.6 Keilriemengetriebe

Auslegung
Bei Keilriemengetrieben laufen die Keilriemen auf den Riemenscheiben in keilförmigen Rillen. Die Kraftübertragung erfolgt zwischen den Flanken der Riemen und den Rillenwandungen, Abb. 16.25a. Der Rillenwinkel α beträgt abhängig vom Keilriemenprofil $\alpha = 32...38°$. Das führt bei gleicher Reibungszahl μ und gleicher Radialkraft F_r zu einer größeren Reibungskraft als bei Flachriemen. Der verbesserte Kraftschluss ermöglicht kleinere Umschlingungswinkel an der kleinen Riemenscheibe, d. h. es lassen sich kleinere Wellenabstände und/oder größere Übersetzungsverhältnisse als mit Flachriemengetrieben realisieren.

Die Abmessungen der Keilriemen und der Riemenscheiben sind genormt (Tab. 16.2 und Abb. 16.26).

Da sich der Keilriemenquerschnitt beim Biegen verformt, Abb. 16.25b, müssen unter Beachtung des Riemenprofils kleinere Scheiben mit einem kleineren Rillenwinkel versehen werden. Rillenwinkel unter 32° werden vermieden. Sie könnten zu Selbsthemmung führen, wodurch das Ablaufen des Riemens erheblich behindert würde.

Tab. 16.2 Parameter und Abmessungen von Keilriemen und Keilriemenscheiben (nach [DIN2211, DIN2215, DIN2217, DIN7753] und Herstellerangaben, Maße in mm, siehe Abb. 16.26)

Riemenart	Normalkeilriemen (DIN 2215)							Schmalkeilriemen (DIN 7753)			
Profilbezeichnung: DIN	6	10	13	17	22	32	40				
ISO	Y	Z	A	B	C	D	E	SPZ	SPA	SPB	SPC
Riemenschulterbreite b_0	6	10	13	17	22	32	40	9,7	12,7	16,3	22
Riemenhöhe h	4	6	8	11	14	20	25	8	10	13	18
Riemenlänge L_{wN}	319	824	1732	2282	3811	6380	7184	1600	2500	3550	5600
Riemenbestelllänge L_{min}	185	300	560	670	1180	2000	3000	630	800	1250	2000
L_{max}	850	2800	5300	7100	18000	18000	1800	3550	4500	8000	12500
Längendifferenzen $\Delta L' = L_{wN} - L$	15	22	30	40	58	75	80	-	-	-	-
Riemenmetermasse m' (kg/m)	0,026	0,064	0,109	0,196	0,324	0,668	0,958	0,074	0,123	0,195	0,377
Scheibenwirkdurchmesser d_{wmin}	28	50	63	112	180	355	500	63	90	140	224
d_{wmax}	125	710	1000	1600	2000	2000	2000	710	1000	1600	2000

Tab. 16.2 (Fortsetzung)

Riemenart		Normalkeilriemen (DIN 2215)							Schmalkeilriemen (DIN 7753)			
Profilbezeichnung	ISO	Y	Z	A	B	C	D	E	SPZ	SPA	SPB	SPC
	DIN	6	10	13	17	22	32	40				
Wirk-, Richtbreite	b_w, b_r	5,3	Für diese Profile sind Keilriemenscheiben für Schmalkeilriemen nach DIN 2211 zu verwenden.				27	32	8,5	11	14	19
Rillenbreite	b_1	6,3					32	40	9,7	12,7	16,3	22
Profilmaße	c	1,6					8,1	12	2	2,8	3,5	4,8
	e	8					38	44,5	12	15	19	25,5
	f	6					24	29	8	10	12,5	17
	t	7					28	33	11	14	18	24
Längenfaktor-variable	x_L	0,283	0,231	0,197	0,191	0,174	0,156	0,152	0,248	0,258	0,232	0,178
	y_L	0,219	0,220	0,218	0,214	0,213	0,212	0,212	0,187	0,173	0,213	0,179

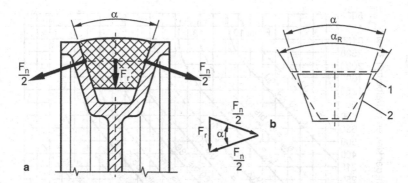

Abb. 16.25 Keilwirkung am Keilriemen: **a** Kräfte zwischen Keilriemen und Scheibe, **b** Profil des gestreckten (*1*) und des in der Rille liegenden gebogenen (*2*) Keilriemens

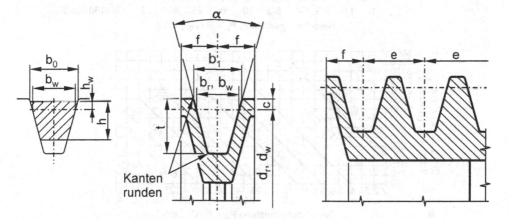

Abb. 16.26 Maße an Keilriemen und Keilriemenscheiben nach [DIN2215] und [DIN2216] (b_r Richtbreite, b_w Wirkbreite, d_r Richtdurchmesser, d_w Wirkdurchmesser; s. Tab. 16.2)

Genormt ist auch das Berechnungsverfahren, und zwar für Normalkeilriemen in [DIN2218] und für Schmalkeilriemen in [DIN7753]. Als der für die Berechnung maßgebende Durchmesser gilt dabei der Wirkdurchmesser d_w (bei Schmalkeilriemen auch der Richtdurchmesser d_r). Die Auslegung eines Keilriemengetriebes erfolgt in folgenden Schritten:

Wahl des Keilriemenprofils und der Scheibendurchmesser: Unter Zugrundelegung der Berechnungsleistung $P_B = P \cdot C_B$ und der Drehzahl n_k der kleinen Keilriemenscheibe werden aus Abb. 16.27 das Keilriemenprofil und der Wirkdurchmesser d_{wk} der kleinen Scheibe ermittelt. Mit dem Übersetzungsverhältnis i erhält man den Wirkdurchmesser d_{wg} der großen Scheibe.

Steht ausreichend Bauraum zur Verfügung, sollte $d_{wk} \approx (1,5...2) \cdot d_{wk\,min}$ gewählt werden, da größere Scheibendurchmesser zu einer längeren Lebensdauer der Keilriemen füh-

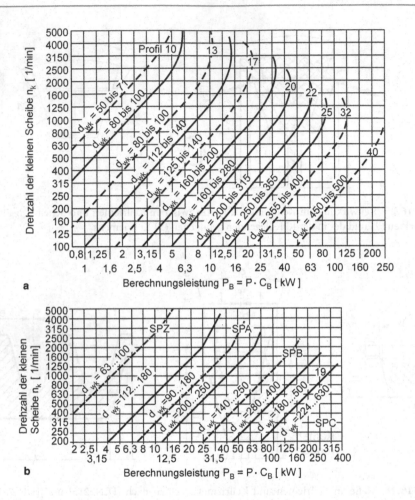

Abb. 16.27 Profile und Scheibendurchmesser von **a** Normalkeilriemen und **b** Schmalkeilriemen (nach [DIN2218] und [DIN7753])

ren. Andererseits lässt sich bei kleinen Scheibendurchmessern die Lebensdauer durch eine höhere Zahl von Riemen mit kleinerem Querschnitt verbessern. Kleinere Profile sind u. U. auch wegen der verminderten Fliehkraftwirkung von Vorteil.

Ermittlung von Wellenabstand und Riemenlänge: Zu verwenden sind die gleichen Gleichungen wie für Flachriemen: Gl. (16.8) für den Umschlingungswinkel, Gl. (16.11) für den vorläufigen Wellenabstand e', Gl. (16.10) für die rechnerische *Keilriemen-Wirklänge* L_{wr}, Gl. (16.12) für den tatsächlichen Wellenabstand e. Die Berechnung der Keilriemengetriebe erfolgt mit den Wirkdurchmessern d_{wk} und d_{wg} der Riemenscheiben und mit der Wirklänge L_{wr} des Keilriemens. Bei der Bestellung von Keilriemen ist zu beachten, dass für Schmalkeilriemen als Bestelllänge die Wirklänge L_{w0} im ungespannten Zustand benutzt wird. Bei Normalkeilriemen muss als Bestelllänge die *Innenlänge* $L_i = L_{w0} - \Delta L'$ angegeben werden. Die Längendifferenz $\Delta L'$ ist profilabhängig und kann Tab. 16.2 entnommen werden.

Bei Keilriemengetrieben wird zur Erzeugung der notwendigen Riemenspannung nach [DIN2218] und [DIN7753] ein *Spannweg* von $s_{Sp} \geq 0,03 \cdot L_w$ benötigt. Der Wellenabstand e bei gespanntem Riemen folgt dann aus $e = e_0 + s_{Sp}$. Um den Riemen spannungsfrei auflegen zu können, ist außerdem ein *Verstellweg* von $s_V \geq 0,015 \cdot L_w$ erforderlich, Abb. 16.1.

Ermittlung der notwendigen Riemenzahl (Leistungsberechnung): Ein einzelner Keilriemen mit dem aus Abb. 16.27 (abhängig von der Berechnungsleistung P_B) bestimmten Profil und mit der diesem Profil zugeordneten Riemennennwirklänge L_{wN}, Tab. 16.2 kann bei einer Drehzahl n_k in Verbindung mit einem Scheibendurchmesser d_{wk} bei einem Umschlingungswinkel von $\beta = 180°$ die Riemennennleistung P_N übertragen, Abb. 16.28 als Beispiel für das Profil SPA.

Für die verschiedenen Riemenprofile sind die entsprechenden Leistungskennfelder in [DIN2215] für Normalkeilriemen und in [DIN7753] für Schmalkeilriemen in Tabellenform angegeben. Weichen in einem Keilriemengetriebe die Riemenwirklänge L_w und der Umschlingungswinkel β_k von der Nennwirklänge L_{wN} und von $\beta = 180°$ ab, ist die von einem einzelnen Riemen übertragbare Leistung mit Hilfe des *Längenfaktors* c_L und des *Winkelfaktors* c_β an die vorliegenden Parameter anzupassen. Die zur Übertragung der Antriebsleistung P erforderliche Anzahl von Riemen folgt dann aus:

$$z \geq \frac{P \cdot C_B}{P_N \cdot c_\beta \cdot c_L} \qquad (16.31)$$

$c_\beta \approx 1,25 \cdot (1 - 5^{(-\beta_k/180°)})$ als *Winkelfaktor* und $c_L \approx x_L \cdot L_w^{y_L}$ als Längenfaktor (L_w in mm; x_L, y_L aus Tab. 16.2).

Abb. 16.28 Nennleistung je Riemen für Schmalkeilriemen Profil SPA

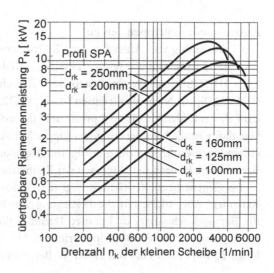

Ermittlung der Vorspannkraft und Wellenbelastung: Angelehnt an [VDI2758] ergibt sich die im Stillstand am Riemengetriebe einzustellende Vorspannkraft F_v aus:

$$F_v = \frac{F_{tB}}{2} \cdot \left(\frac{2{,}5}{c_\beta} - 1 \right) + F_f \tag{16.32}$$

F_{tB} Berechnungswert der Nutzkraft ($= C_B \cdot F_t = C_B \cdot P/v$)
F_f Fliehkraft ($= m' \cdot v^2 \cdot z$)
m' Metergewicht des Riemens (in kg/m), s. Tab. 16.2.
v Riemengeschwindigkeit

Sind mehrere Riemen nebeneinander angeordnet, ist die für die Nutzkraftübertragung notwendige Vorspannkraft F_v für das Riemengetriebe die Summe der in den Einzelriemen wirksamen Vorspannkräfte. Diese nehmen beim Vorspannen einer solchen Mehrfachanordnung wegen der fertigungsbedingten Maßabweichungen an den Riemen und an den Rillenprofilen der Scheiben voneinander verschiedene Werte an. Die Wellenbelastung F_W im Stillstand folgt aus:

$$F_W = 2 \cdot F_v \cdot \sin\left(\beta_k / 2 \right) \tag{16.33}$$

Die für die Dauerfestigkeit der Welle und der Lager maßgebende Wellenbelastung F'_W im Betrieb ergibt sich dann aus Gl. (16.19) zu:

$$F'_W \approx F_W - F_{Wf} = F_W - F_f \cdot \sqrt{2 \cdot \left(1 - \cos \beta_k \right)} \tag{16.34}$$

Antriebe mit Keilrippenriemen
Die Berechnung von Antrieben mit Keilrippenriemen ist nicht genormt. Sie folgt aber für die Leistungsübertragung zwischen Keilrippenriemen und Keilrippenscheiben nach [DIN7867] im Wesentlichen dem Berechnungsverfahren für Keilriemengetriebe ([DIN2218] für Normalkeilriemen bzw. [DIN7753] für Schmalkeilriemen). Zu ermitteln sind das erforderliche Rippenprofil und die erforderliche Anzahl von Rippen. Grundlage dafür ist die Nennleistung pro Rippe. Mit dem Längenfaktor, dem Winkelfaktor und einem Übersetzungszuschlag erfolgt die Anpassung an die vorliegenden Verhältnisse. Die Berechnung ist nach den Angaben der Riemenhersteller durchzuführen.

Im Gegensatz zu Keilriemen liegt die Wirkzone bei Keilrippenriemen außerhalb der Keilrillen, Abb. 16.29. Für die Festlegung von Riemenlänge und Wellenabstand werden die Bezugsdurchmesser d_b benutzt. Damit ergibt sich nach Gl. (16.10) die rechnerische Bezugslänge L_{br} für den Keilrippenriemen. Mit der danach gewählten genormten Bezugslänge L_b folgt nach Gl. (16.12) der Wellenabstand für den Keilrippenriemenantrieb. Die

Abb. 16.29 Profil von Keilrippenriemen und -scheiben

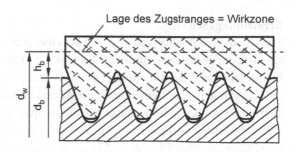

notwendigen Spann- und Verstellwege sind abhängig von der Riemenlänge und vom Rippenprofil festgelegt und entsprechenden Herstellerunterlagen zu entnehmen.

Bei Keilrippenriemenantrieben mit Übersetzungsverhältnissen $i \geq 3$ und
$\beta_k = 120°\ldots150°$ kann für das große Rad an Stelle der Keilrippenscheibe auch eine entsprechende Flachriemenscheibe eingesetzt werden.

Gestaltungshinweise
Keilriemenscheiben sind genormt: für Normalkeilriemen in [DIN2217], für Schmalkeilriemen in [DIN2211], Tab. 16.2. Sie werden je nach Größe als Vollscheiben, Bodenscheiben oder Armscheiben mit bis zu 12 Profilrillen hergestellt. Für Nebenantriebe, vor allem
in Fahrzeugen und Landmaschinen, werden auch gelötete oder geschweißte Stahlblech-
scheiben eingesetzt (Abb. 16.30).

Die Riemen dürfen nicht im Rillengrund aufliegen. Um bei Mehrstrangantrieben eine
optimale Leistungsübertragung zu gewährleisten, müssen die Einzelriemen mit sehr kleinen Längen- und Querschnittsabweichungen (sehr enge Toleranzen) ausgewählt und zu
einem Satz zusammengestellt werden. Bei Ausfall eines Riemens ist der ganze Satz aus-
zuwechseln. Ebenso sind kleinste Form- und Maßabweichungen der Profilrillen auf den
Scheiben anzustreben.

Sichere Kraftübertragung und ruhiger Lauf von Keilriemengetrieben sind nur gewährleistet, wenn die Riemen richtig vorgespannt sind. Da die bleibende Riemendehnung bereits nach kurzer Zeit (20–30 min) im Volllastbetrieb erreicht wird, muss die Riemenspannung auch bereits nach kurzer Zeit kontrolliert und nachgestellt werden. Danach genügt
eine Kontrolle in größeren Zeitabständen.

Abb. 16.30 Ausführungsformen von Keilriemenscheiben:
a Vollscheibe, **b** Bodenscheibe,
c geschweißte Stahlblechscheibe

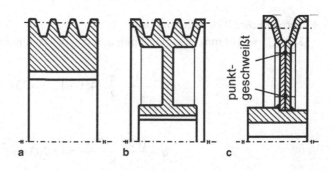

Berechnungsbeispiel

Mittels eines Keilriemengetriebes soll bei einer Antriebsdrehzahl von $n = 950$ U/min und einem Übersetzungsverhältnis $i = 3,6$ eine Leistung von $P = 16$ kW übertragen werden. Die gegebenen Betriebsbedingungen sind durch einen Betriebsfaktor von $C_B = 1,1$ zu berücksichtigen. Das Riemenprofil, die Anzahl und die Länge der einzusetzenden Schmal-keilriemen sowie die notwendige Riemenvorspannung im Stillstand und die auftretende Wellenbelastung sind zu ermitteln.

1. *Riemenprofil und Scheibenwirkdurchmesser* (d_{wk}, d_{wg}):
   Mit $P_B = P \cdot C_B = 16$ kW $\cdot 1,1 = 17,6$ kW und $n_k = 950$ U/min folgen aus Abb. 16.27 Profil SPA und $d_{wk} = 90...180$ mm; gewählt wird $d_{wk} = 125$ mm. Mit $i = 3,6$ erhält man $d_{wg} = d_{wk} \cdot i = 125$ mm $\cdot 3,6 = 450$ mm.

2. *Vorläufiger Wellenabstand* (e'): Entsprechend Gl. (16.11) gilt:

$$e' \approx (0,7...2) \cdot (d_{wg} + d_{wk}) = (0,7...2) \cdot (450 + 125) \text{ mm} = (403...1150) \text{ mm};$$

gewählt wird $e' = 600$ mm.

3. *Riemenlänge* (L_W):
   Mit dem vorläufigen Trumneigungswinkel

$$\alpha' = \arcsin\left(\frac{d_{wg} - d_{wk}}{2 \cdot e}\right) = \arcsin\left(\frac{450 - 125}{2 \cdot 600}\right) = 15,7°$$

nach Gl. (16.7) folgt mit Gl. (16.10)

$$L_{wr} = 2 \cdot e \cdot \cos\alpha + \frac{\pi}{2} \cdot (d_{wg} + d_{wk}) + \frac{\pi \cdot \alpha}{180°} \cdot (d_{wg} - d_{wk})$$

$$= 2 \cdot 600 \cdot \cos 15,7° + \frac{\pi}{2} \cdot (450 + 125) + \frac{\pi \cdot 15,7°}{180°} \cdot (450 - 125) = 2147 \text{ mm}$$

Gewählte Riemenlänge $L_w = 2240$ mm nach DIN 7753

4. *Tatsächlicher Wellenabstand* (e):
   Mit $L_w = 2240$ mm, $d_{wk} = 125$ mm und $d_{wg} = 450$ mm erhält man nach Gl. (16.12) mit

$$p = \frac{2240}{4} - \frac{\pi}{8} \cdot (450 + 125) = 334,2 \text{ mm}$$

und

$$q = \frac{(450 - 125)^2}{8} = 13.203 \text{ mm}^2$$

den Wellenabstand bei ungespanntem Riemen

$$e_0 = p + \sqrt{p^2 - q} = 334,2 + \sqrt{334,2^2 - 13.203} = 648,0 \text{ mm}$$

Mit dem Spannweg von $s_{Sp} \geq 0,03 \cdot L_w = 0,03 \cdot 2240 \text{ mm} = 67,2 \text{ mm}$
ist ein Wellenabstand von insgesamt
$e = e_0 + s_{Sp} = 648,0 + 67,2 = 715,2$ (≈ 715) mm zu realisieren.

5. *Riemenanzahl* (z):
Nach Gl. (16.31) mit $P_N \approx 2,9$ kW für Profil SPA (abhängig von $d_{rk} = d_{wk}$ und n_k aus
Abb. 16.28), dem Trumneigungswinkel

$$\alpha = \arcsin\left(\frac{d_{wg} - d_{wk}}{2 \cdot e}\right) = \arcsin\left(\frac{450 - 125}{2 \cdot 715}\right) = 13,1°$$

dem Umschlingungswinkel $\beta = 180° - 2 \cdot \alpha = 180° - 2 \cdot 13,1° = 154,8° \approx 155°$,
dem Winkelfaktor $c_\beta \approx 1,25 \cdot (1 - 5^{(-\beta_k/180°)}) = 1,25 \cdot (1 - 5^{(-155/180)}) = 0,937$ und
dem Längenfaktor $c_L \approx x_L \cdot L_w^{y_L} = 0,258 \cdot 2240^{0,173} = 0,980$
(x_L, y_L aus Tab. 16.2) kann die Riemenanzahl berechnet werden:

$$z \geq \frac{P \cdot C_B}{P_N \cdot c_\beta \cdot c_L} = \frac{16 \text{ kW} \cdot 1,1}{2,9 \text{ kW} \cdot 0,937 \cdot 0,980} = 6,61;$$

gewählt: $z = 7$ Riemen

6. *Wellenbelastung* $(F_W; F_W')$:
Mit der Riemengeschwindigkeit

$$v = \frac{d_{wk}}{2} \cdot 2 \cdot \pi \cdot n_k = 0,125 \text{ m} \cdot \pi \cdot 950/60 \text{ s} = 6,22 \text{ m/s folgen}$$

die Nutzkraft $F_{tB} = \dfrac{P}{v} \cdot C_B = \dfrac{16.000 \text{ Nm/s}}{6,22 \text{ m/s}} \cdot 1,1 = 2830 \text{ N}$,

die aus der Fliehkraft resultierende Kraft

$$F_f = m' \cdot v^2 \cdot z = (0,123 \text{ kg/m}) \cdot (6,22 \text{ m/s})^2 \cdot 7 = 33 \text{ N}$$

($m' = 0,123$ kg/m als Metergewicht d. Riemenprofils SPA aus Tab. 16.2),
die notwendige Riemenspannkraft im Stillstand nach Gl. (16.32)

$$F_v = \frac{F_{tB}}{2} \cdot \left(\frac{2,5}{c_\beta} - 1\right) + F_f = \frac{2830 \text{ N}}{2} \cdot \left(\frac{2,5}{0,937} - 1\right) + 33 = 2393 \text{ N},$$

die Wellenbelastung im Stillstand nach Gl. (16.33)

$$F_W = 2 \cdot F_v \cdot \sin(\beta_k/2) = 2 \cdot 2388 \cdot \sin(155°/2) = 4663 \text{ N}$$

und im Betrieb nach Gl. (16.34)

$$F'_W = F_W - F_f \cdot \sqrt{2 \cdot (1 - \cos\beta_k)} = 4663 - 33 \cdot \sqrt{2 \cdot (1 - \cos 155°)} = 4599 \text{ N}$$

16.2.7 Zahnriemen

Auslegung

Da die Berechnung von Zahnriemengetrieben nicht genormt ist, sollten grundsätzlich die Vorschriften der Riemenhersteller beachtet werden. Im Allgemeinen erfolgt die Berechnung so, dass mit der Berechnungsleistung ($P_B = P \cdot C_B$) und mit der Drehzahl der kleinen Scheibe aus entsprechenden Leistungskennfeldern (Abb. 16.31) der Riementyp bestimmt wird. Damit sind auch die Teilung t und die Scheibenmindestzähnezahl z_{min} festgelegt, Tab. 16.3. Die Zähnezahl der kleinen Scheibe sollte $z_1 \geq (1,0...1,3) \cdot z_{min}$ gewählt werden, und zwar 1,0 für $n_1 < 1000$ U/min und 1,3 für $n_1 > 3000$ U/min. Bei Übersetzungen ins Langsame gilt $z_2 = z_1 \cdot i$, bei Übersetzungen ins Schnelle $z_2 = z_1/i$.

Die Scheibendurchmesser und die Riemenlänge sind abhängig von der Teilung t so zu wählen, dass sich ganze Zähnezahlen ergeben, Abb. 16.32. Da die übertragbare Leistung von der Tragfähigkeit eines Zahnes und von der Zahl der an der kleinen Scheibe im Eingriff befindlichen Zähne z_e abhängt, lässt sich mit einer größeren Zähnezahl auch eine größere Leistung übertragen. Größere Zähnezahlen haben allerdings auch größere Abmessungen eines Zahnriemengetriebes zur Folge.

Abhängig vom gewählten Riementyp erhält man mit der Teilung t bzw. dem Modul $m = t / \pi$ und den Scheibenzähnezahlen z_1 und z_2 die Wirkdurchmesser der Zahnscheiben:

Abb. 16.31 Auswahlempfehlung für Polyurethan-Zahnriemen (nach [VDI2728])

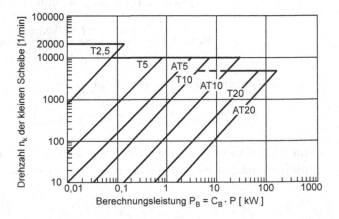

Tab. 16.3 Parameter und Anwendungen von Zahnriemen (nach [VDI2758], [DIN7721] und Herstellerangaben, Abmessungen s. Abb. 16.32)

		Parameter			
Riementyp		T 2,5	T 5	T 10	T 20
Teilung t	mm	2,5	5	10	20
Riemenhöhe h_s	mm	1,3	2,2	4,5	8,0
Riemenzahnhöhe h_z	mm	0,7	1,2	2,5	5,0
Riemenbreite b	mm	4 16	6 50	10 100	16 100
Riemenzahnfußbreite s	mm	1,5	2,65	5,3	10,15
Riemenlänge L_w	mm	120...950	100... 1380	260.. 4780	1260.. 3620
Scheibenzähnezahl z_{min} z_{max}		10 72	10 84	12 96	15 96
Leistung P_{max}	kW	0,5	5	30	100
Geschwindigkeit v_{max}	m/s	80	80	60	40
Drehzahl n_{max}	U/min	20.000	10.000	10.000	6500
Anwendungen					
T 2,5		Feinwerkantriebe, Steuerantriebe			
T 5		Büromaschinen, Haushaltsgeräte, Steuer- und Regelantriebe			
T 10		Werkzeugmaschinen, Druckereimaschinen, Textilmaschinen			
T 20		Baumaschinen, Textilmaschinen, Pumpen, Verdichter			

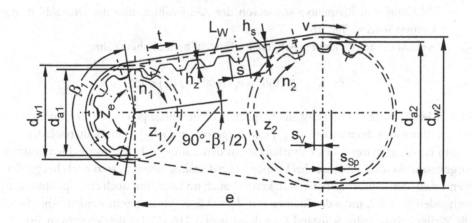

Abb. 16.32 Zahnriemengetriebe in offener Zwei-Scheiben-Ausführung (Hauptabmessungen)

$$d_{w1,2} = \frac{t}{\pi} \cdot z_{1,2} = m \cdot z_{1,2} \qquad (16.35)$$

Mit $d_k = d_{w1}$ und $d_g = d_{w2}$ folgt die rechnerische Riemenlänge L_{wr} aus Gl. (16.10), die zu der rechnerischen Riemenzähnezahl $z_{Rr} = L_{wr}/t$ führt. Danach wird die tatsächliche, ganzzahlige Riemenzähnezahl z_R festgelegt und die Wirklänge des Zahnriemens ermittelt:

$$L_w = z_R \cdot t \tag{16.36}$$

Mit der gewählten Riemenlänge $L = L_w$ bzw. der dazugehörigen Riemenzähnezahl z_R erhält man aus Gl. (16.12) mit

$$p = \frac{t}{4} \cdot \left(z_R - \frac{z_1 + z_2}{2} \right) \text{ und } q = \frac{1}{8} \cdot \left[\frac{t}{\pi} \cdot (z_2 - z_1) \right]^2$$

den Wellenabstand e_0 bei ungespanntem Riemen. Für Zahnriemengetriebe nach Abb. 16.32 sollte der Wellenabstand in dem Bereich $e = (0{,}5 \ldots 2) \cdot (d_{w1} + d_{w2})$ liegen. Zum spannungslosen Auflegen des Riemens ist ein Verstellweg $s_V \geq 0{,}015 \cdot L_w$ erforderlich. Zum Spannen des Riemens ist ein Spannweg von $s_{Sp} \geq 0{,}001 \cdot L_w$ vorzusehen [VDI2728].

Um eine geforderte Leistung übertragen zu können, muss der gewählte Riemen breit genug sein. Dazu ist zunächst abhängig vom Einsatzfall der erforderliche Riementyp festzulegen (Abb. 16.31 für Polyurethan-Riemen und Tab. 16.3). Die erforderliche Riemenbreite ergibt sich aus:

$$b \geq \frac{P \cdot C_B}{P_{spez} \cdot z_e} \tag{16.37}$$

P \qquad Vom Zahnriemen zu übertragende Leistung

C_B \qquad Betriebsfaktor

P_{spez} \qquad Von einem Zahn des Zahnriemens übertragbare spezifische Leistung (in W/mm), abhängig vom Riementyp sowie von der Zähnezahl z_1 und der Drehzahl n_1 der kleinen Scheibe, Tab. 16.4.

z_e \qquad Anzahl der an der kleinen Scheibe im Eingriff befindlichen Zähne

$$(z_e = z_1 \cdot \beta / 360° = z_1 \cdot (180° - 2 \cdot \alpha) \leq 15)$$

Ist die Riemenbreite festgelegt, ist zu überprüfen, ob die zulässigen Werte für Umfangskraft (F_{tzul}), Riemengeschwindigkeit (v_{max}) und Biegefrequenz (f_{Bzul}) eingehalten werden.

Um ein Überspringen des Zahnriemens an den Zahnscheiben zu vermeiden, muss er vorgespannt werden, und zwar bei kleinen Eingriffszähnezahlen z_e stärker als bei großen. Wenn nach dem Aufbringen der Nutzkraft F_t auch im Leertrum noch eine Spannkraft F_2 vorhanden sein soll, muss der Riemen mit $F_v > 0{,}5 \cdot F_t$ vorgespannt werden, Abb. 16.4b. Die Wellenbelastung im Stillstand folgt dann aus Gl. (16.33). Im Betrieb vermindert sich diese infolge der Fliehkraftwirkung am umlaufenden Riemen um F_{Wf} entsprechend Gl. (16.34).

Gestaltungshinweise

Abhängig vom Riementyp enthält die [DIN7721] Angaben zur Gestaltung der Verzahnung und der Zahnscheiben. Um ein seitliches Ablaufen der Zahnriemen von den Scheiben zu verhindern, muss wenigstens eine der Zahnscheiben mit seitlichen Bordscheiben versehen sein, die über den Riemenrücken hinausragen, Abb. 16.8c.

Tab. 16.4 Übertragbare spezifische Leistung P_{spez} von Zahnriemen pro eingreifendem Zahn (Auswahl nach Herstellerangaben)

Riementyp	P_{spez} in W/mm bei $n_1{}^a$ in U/min						
	$z_1{}^a$	100	500	1000	2000	4000	8000
T 2,5	10	0,03	0,18	0,29	0,50	0,81	1,27
	25	0,07	0,35	0,73	1,24	2,03	3,16
	40	0,12	0,60	1,17	1,98	3,08	5,06
T 5	10	0,17	0,68	1,22	2,17	3,78	6,45
	30	0,51	2,04	3,66	6,51	11,33	19,34
	50	0,84	3,40	6,11	10,63	18,99	32,23
T 10	15	1,06	4,06	7,02	11,86	19,35	29,98
	35	2,48	9,46	16,38	27,67	45,16	69,95
	55	3,90	14,87	25,74	43,48	70,96	–

^{a} z_1 und n_1 jeweils für die kleine Scheibe (Zwischenwerte interpolieren)

Bei geschränkten Riemengetrieben sind die Zahnscheiben so anzuordnen, dass die Gerade durch die Auf- und Ablaufpunkte der Riemenmitte an den Wirkzylindern der Zahnscheiben (Punkte A und B in Abb. 16.8c) auch die Schnittgerade der radialen Ebenen in den Mitten der Zahnscheiben ist. Nur dann wird der Riemen in der notwendigen Weise verdrillt und seitlich so geführt, dass auf Bordscheiben verzichtet werden kann. Sind die Radachsen um 90° geschränkt, sollte der Wellenabstand e abhängig von der Riemenbreite b so gewählt werden, dass $e \geq 12 \cdot b$ ist.

Wegen der formschlüssigen Kraftübertragung können bei Verwendung ölbeständiger Riemen (z. B. aus Polyurethan) Zahnriemengetriebe, anders als Flach- und Keilriemengetriebe, auch in ölhaltiger Umgebung eingesetzt werden. Durch Benetzung der Verzahnung mit Öl werden Lebensdauer, Wirkungsgrad und Laufruhe der Zahnradgetriebe mit ölbeständigen Riemen verbessert.

Berechnungsbeispiel

Mittels eines Zahnriemengetriebes entsprechend Abb. 16.32 soll bei einem Betriebsfaktor von $C_B = 1,1$ eine Nutzleistung von $P = 0,25$ kW übertragen werden. Die Antriebsdrehzahl betrage $n_1 = 4000$ U/min, die Abtriebsdrehzahl $n_2 = 1280$ U/min. Es ist ein Wellenabstand von $e \approx 150$ mm anzustreben. Die Zähnezahlen und Durchmesser der Zahnscheiben sowie Zähnezahl, Länge und Breite des Riemens sind zu bestimmen.

1. *Riementyp:* Mit $P_B = P \cdot C_B = 0,25$ kW $\cdot 1,1 \approx 0,28$ kW und $n = 4000$ U/min folgt aus Abb. 16.31 der Riementyp T5 und aus Tab. 16.3 die Teilung $t = 5$ mm.

2. *Scheibendurchmesser:*
   Für die kleine Scheibe wird nach Tab. 16.4. (bzw. [DIN7721])
   $z_1 = 20$ gewählt. Mit $z_2 = z_1 \cdot i$ und
   $i = n_1/n_2 = 4000/1280 = 3,125$ folgt $z_2 = 20 \cdot 3,125 = 62,5$. Zu realisieren sind $z_2 = 63$
   Zähne. Mit Gl. (16.35) folgen die Wirkdurchmesser der Zahnscheiben

$$d_{w1} = (t/\pi)\cdot z_1 = (5\,\text{mm}/\pi)\cdot 20 = 31,83\,\text{mm und}$$
$$d_{w2} = (t/\pi)\cdot z_2 = (5\,\text{mm}/\pi)\cdot 63 = 100,27\,\text{mm.}$$

3. *Vorläufiger Wellenabstand*: Aus $e' = (0,5\ldots2)\cdot(d_{w1}+d_{w2})$ folgt

$$e' = (0,5\ldots2)\cdot(31,83+100,27)\,\text{mm} = (66,05\ldots264,20)\,\text{mm, d. h. } e \approx 150\,\text{mm}$$

ist möglich.

4. *Rechnerische Riemenlänge und Riemenzähnezahl*:
   Mit dem Trumneigungswinkel

$$\alpha = \arcsin\left(\frac{d_{w2}-d_{w1}}{2\cdot e}\right) = \arcsin\left(\frac{100,27-31,83}{2\cdot150}\right) = 13,2°$$

nach Gl. (16.7) folgt mit Gl. (16.10)

$$L_{wr} = 2\cdot e\cdot\cos\alpha + \frac{\pi}{2}\cdot(d_{w2}+d_{w1}) + \frac{\pi\cdot\alpha}{180°}\cdot(d_2-d_1)$$
$$= 2\cdot150\cdot\cos13.2° + \frac{\pi}{2}\cdot(100,27+31,83) + \frac{\pi\cdot13,2°}{180°}\cdot(100,27-31,83)$$
$$= 515,34\,\text{mm}$$

als rechnerische Riemenlänge und aus Gl. (16.36) die Riemenzähnezahl $z_R = L_{wr}/t = 515,34/5 = 103,1$; gewählt wird aus den nach [DIN7721] verfügbaren Riemenzähnezahlen für Riementyp T5 $z_R = 102$. Das ergibt eine Riemenwirklänge von $L_w = 102\cdot5\,\text{mm} = 510\,\text{mm}$.

5. *Tatsächlicher Wellenabstand*: Mit $z_1 = 20$, $z_2 = 63$ und $z_R = 102$ erhält man

$$p = \frac{t}{4}\cdot\left(z_R - \frac{z_1+z_2}{2}\right) = \frac{5\,\text{mm}}{4}\cdot\left(102 - \frac{20+63}{2}\right) = 75,6\,\text{mm}$$

und

$$q = \frac{1}{8}\cdot\left[\frac{t}{\pi}\cdot(z_2-z_1)\right]^2 = \frac{1}{8}\cdot\left[\frac{5\,\text{mm}}{\pi}\cdot(63-20)\right]^2 = 585,4\,\text{mm}^2$$

und mit Gl. (16.12):

$$e_0 = p + \sqrt{p^2 - q} = 75,6 + \sqrt{75,6^2 - 585,4} = 147,3\,\text{mm}$$

Mit dem Spannweg von $s_{Sp} \geq 0,001\cdot L_w = 0,001\cdot510\,\text{mm} = 0,5\,\text{mm}$ ist ein Wellenabstand von insgesamt $e = e_0 + s_{Sp} = 147,3 + 0,5 = 147,8\,\text{mm} \approx 148\,\text{mm}$ zu realisieren.

6. *Riemenbreite*: Die erforderliche Riemenbreite folgt aus Gl. (16.37) mit der spezifischen Leistung $P_{spez} = 7,56$ W/mm für den Riementyp T5 bei $n_1 = 4000$ U/min und $z_1 = 20$ (hier aus Tab. 16.4 durch lineare Interpolation, sonst nach Herstellerangaben) und der im Eingriff befindlichen Zähnezahl

$$z_e = z_1 \cdot (180° - 2 \cdot \alpha)/360° = 20 \cdot (180° - 2 \cdot 13,2°)/360° = 8,53$$

zu

$$b_{erf} \geq \frac{P \cdot C_B}{z_e \cdot P_{spez}} = \frac{250 \text{ W} \cdot 1,1}{8,53 \cdot 7,56 \text{ W/mm}} = 4,3 \text{ mm, gewählt } b = 6 \text{ mm}$$

als verfügbare Riemenbreite nach Tab. 16.3 (bzw. [DIN7721]).

16.3 Kettengetriebe

16.3.1 Eigenschaften und Anwendungen

Ketten werden als Antriebsketten in Kettengetrieben, als Förderketten in Förderanlagen und als Lastketten in Hebezeugen eingesetzt. Das führt zu vielfältigen Kettenarten.

Hinsichtlich des Leistungsvermögens nehmen Kettengetriebe eine Mittelstellung zwischen Zahnradgetrieben und Riemengetrieben ein, Abb. 16.5. Kettengetriebe übertragen durch Formschluss zwischen der Kette und den Kettenrädern Bewegungen und Kräfte schlupffrei. Im Gegensatz zu Zahnradgetrieben können sie einfacher größere Achsabstände überbrücken. Sie eignen sich aber auch für kleinere Achsabstände. Die Kraft- und Bewegungsübertragung ist nur zwischen parallel zueinander und möglichst waagerecht angeordneten Wellen möglich. Ketten werden nicht oder nur gering vorgespannt. Dadurch sind die Wellenlager nur vergleichsweise gering belastet. Metallketten lassen sich sowohl bei ungünstigen Betriebsbedingungen (bei erhöhten Temperaturen wie in Durchlauföfen, bei Staub- und Nässeeinwirkung wie in Bau- und Landmaschinen) als auch bei Schmieröleinwirkung (zusammen mit Zahnrädern im Getriebe-, Motoren- und Fahrzeugbau) einsetzen. Kunststoffketten oder Ketten mit Kunststoffbuchsen arbeiten auch ohne Schmierung zuverlässig (in der Lebensmittel- und Textilindustrie oder im Unterwassereinsatz). Kettengetriebe sind ungeeignet für periodische Bewegungsumkehr, da der Leertrumdurchhang bei der Bewegungsumkehr eine Totzeit am getriebenen Rad verursacht.

Die Kette legt sich als Vieleck (Polygon) um das Kettenrad. Durch den sich über dem Drehwinkel ändernden Abrollradius schwanken die Kettenkraft und die Kettengeschwindigkeit, insbesondere bei kleinen Zähnezahlen der Kettenräder (Polygoneffekt). Die Kettenglieder werden beim Auf- und Ablaufen am Kettenrad gegeneinander verdreht. Das führt zu Reibung und Verschleiß in den Kettengelenken und zur Längung der Kette. Außerdem werden die Kettenbauteile (Buchsen, Rollen, Bolzen, Zähne) und die Kettenräder beim Auflaufen der Kette auf das Kettenrad stoßartig belastet. Das hat Verschleiß

vor allem an den Zähnen der Kettenräder zur Folge. Bei Kettengetrieben mit nachstell-
barem Wellenabstand darf die Verschleißlängung der Kette 3 % (bei Kettengeschwindigkeiten über 16 m/s 1,5 bis 2 %) nicht überschreiten. Für feste Wellenabstände beträgt der
Grenzwert 0,8 % der Kettenlänge (bei Kettengeschwindigkeiten unter 4 m/s ca. 1,5 %).
Um einerseits die Zugkräfte in der Kette nicht unzulässig zu erhöhen und andererseits ein
Überspringen der Kette an den Kettenrädern zu vermeiden, ist ein optimaler Durchhang
des Leertrums einzustellen.

Durch die schwankende Kettenkraft und durch Fertigungsungenauigkeiten (Rundlauf-
und Teilungsabweichungen) sowie durch den Antrieb und den Abtrieb werden Ketten zu
Schwingungen angeregt. Mit Hilfe von Kettenspannern und Kettenführungen wird der
schädlichen Wirkung derartiger Schwingungen entgegengewirkt.

16.3.2 Kettenarten

Die Kettenarten für die verschiedenen Anwendungen (Antriebs-, Last- und Förderketten)
sind weitgehend genormt. In Kettengetrieben werden ausschließlich Gelenkketten eingesetzt.

Bolzenketten sind die einfachsten und billigsten Gelenkketten. Bei ihnen sind auf einem
Bolzen beidseitig mehrere Laschen beweglich angeordnet und durch Vernietung der Bol-
zen oder durch Splinte gegen axiales Abgleiten gesichert. Typische Vertreter sind die als
Last- und Förderketten eingesetzten *Gallketten* nach [DIN8150], die *Ziehbankketten* nach
[DIN8156] und [DIN8157] und die *Flyerketten* nach [DIN8152], Abb. 16.33.

Eine Sonderform der Bolzenketten sind die nicht genormten *Zahnketten*, Abb. 16.34.
Sie bestehen aus Laschen mit je zwei Zähnen, deren beide Außenseiten sich beim Auflaufen auf das Zahnrad so auf jeweils zwei Zahnflanken legen, dass keine Gleitbewegung
zwischen den Laschenzähnen und den Radzähnen entsteht. Durch den Einbau von Wiege-
elementen anstelle zylindrischer Bolzen werden in den Gelenken günstigere Kontakt- und
Bewegungsverhältnisse erreicht, die geringeren Verschleiß und einen verbesserten Wirkungsgrad zur Folge haben. Geführt werden Zahnketten durch mittig (oder auch seitlich)
angeordnete Führungslaschen und bei mittiger Kettenführung durch einen entsprechenden Einschnitt in der Zahnmitte.

Bei *Buchsenketten* sind die Innenlaschen verdrehfest auf Buchsen gepresst und die in
den Buchsen beweglichen Bolzen sind verdrehfest mit den Außenlaschen verbunden,
Abb. 16.35.

Durch diese Bauweise erhält man im Vergleich zu Bolzenketten deutlich geringere Flächenpressungen zwischen den gegeneinander bewegten Teilen und damit eine höhere Verschleißfestigkeit bzw. längere Lebensdauer. Sie eignen sich als Antriebs- und Förderketten
für Geschwindigkeiten bis zu 5 m/s. Buchsenketten sind als Antriebsketten genormt in
[DIN8154] und in [DIN8164]. Als Förderketten können sie in bestimmten Abständen mit
Winkellaschen oder Mitnehmerbügeln versehen sein, Abb. 16.35b.

Bei *Rollenketten* wird auf jeder Buchse noch eine Rolle drehbar angeordnet, Abb. 16.36.
Die Rollen sind gehärtet und geschliffen. Durch das Abrollen der Rollen an den Zahn-

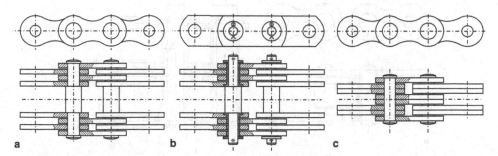

Abb. 16.33 Bolzenketten. **a** Gallkette, **b** Ziehbankkette, **c** Flyerkette

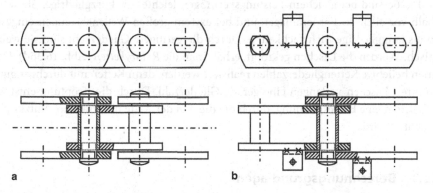

Führungslasche
(Innenführung)

Abb. 16.34. Zahnkette mit Wiegegelenken

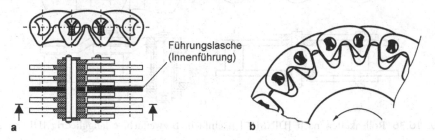

Abb. 16.35 Buchsenketten: **a** nach [DIN8164], **b** nach [DIN8167] (Buchsenförderkette)

flanken der Kettenräder arbeiten Rollenketten verschleiß- und geräuschärmer als andere Kettenarten.

Rollenketten werden in sehr verschiedenen Ausführungen gebaut: einreihig und mehrreihig (Mehrfachketten), bei gleichen Bolzen-, Buchsen- und Rollenabmessungen mit unterschiedlichen Laschenlängen (kurz- und langgliedrig), mit geraden und gekröpften Laschen, als Antriebs- und als Förderketten. Mehrfachketten, Abb. 16.36b ermöglichen als Antriebsketten die Übertragung großer Leistungen (bis 1000 kW) und hohe Kettengeschwindigkeiten (bis 30 m/s). Langgliedrige Rollenketten mit doppelter Teilungslänge,

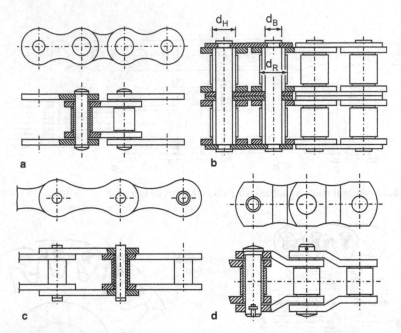

Abb. 16.36 Rollenketten nach [DIN8187] **a** einfach, **b** zweifach, **c** langgliedrig [DIN8182], **d** Rotarykette

Abb. 16.36c sind bei gleichem Leistungsvermögen leichter als kurzgliedrige. Sie werden deshalb vor allem in Förderanlagen und bei extrem großen Wellenabständen eingesetzt, auch als langgliedrige Mehrfachketten. Durch die geringere Gliederzahl sind sie weniger elastisch. Werden die Laschen gekröpft, erhält man die *Rotaryketten* (Abb. 16.36d). Damit können beliebige Kettengliederzahlen realisiert werden, denn Ketten mit durchgängig ungekröpften Laschen verlangen eine gerade Gliederzahl. Durch die Kröpfung entsteht in den Laschen eine Biegespannung, durch die die von der Kette übertragbare Nutzkraft beeinträchtigt wird.

16.3.3 Berechnungsgrundlagen

Geometrische Besonderheiten

Ketten umschlingen wegen der Unbiegsamkeit der Kettenglieder die Kettenräder in einem Polygon. Dadurch folgt die Teilung t für die Kettenräder und die Kette in einem Kettengetriebe nicht mehr wie beim Zahnriemengetriebe aus $t = d_{1,2} \cdot \pi/z_{1,2}$, sondern aus $t = d_{1,2} \cdot \sin(\tau_{1,2}/2) = d_{1,2} \cdot \sin(180°/z_{1,2})$ mit $\tau_{1,2} = 360°/z_{1,2}$ als Teilungswinkel, Abb. 16.37.

Die Teilung t und der Rollen- bzw. Bolzendurchmesser d_R sind durch die Normung der Ketten festgelegt. Das führt nach [DIN8196] für das jeweilige Kettenrad zu den folgenden Abmessungen:

Abb. 16.37 Eingriff der Kette
am Kettenrad

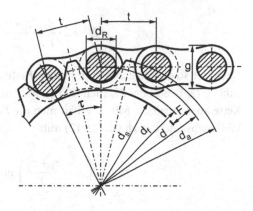

- *Teilkreisdurchmesser d*:

$$d = \frac{t}{\sin(\tau/2)} = \frac{t}{\sin(180°/z)} \qquad (16.38)$$

- *Kopfkreisdurchmesser d_a*:

$$d_a = d \cdot \cos(\tau/2) + 0,8 \cdot d_R \qquad (16.39)$$

- *Fußkreisdurchmesser d_f*:

$$d_f = d - d_R \qquad (16.40)$$

- *Durchmesser der Freidrehung d_s*:

$$d_s = d - 2 \cdot F \qquad (16.41)$$

F entspricht dem Mindestmaß für die Freidrehung am Zahnfuß und ist entsprechend [DIN8196] abhängig von der Teilung t und der maximalen Laschenhöhe g (Abb. 16.37). Für Kettengetriebe günstige Wellenabstände liegen bei:

$$e = (30...50) \cdot t \qquad (16.42)$$

Kettengetriebe mit kleinen Wellenabständen laufen ruhiger. Bei großen Wellenabständen ist der Kettenverschleiß geringer. Der Umschlingungswinkel am kleineren Rad sollte mindestens 120° betragen. Um das Kettengetriebe ein- und nachstellen zu können, sollte eine Verschiebemöglichkeit einer Welle um $1,5 \cdot t$ vorgesehen werden.

Die erforderliche Zahl von Kettengliedern folgt zunächst als *rechnerische Kettengliederzahl X'* aus:

$$X' = 2 \cdot \frac{e'}{t} + \frac{z_1 + z_2}{2} + \frac{t}{e'} \cdot \left(\frac{z_2 - z_1}{2 \cdot \pi} \right)^2 \tag{16.43}$$

Nach der so ermittelten rechnerischen Kettengliederzahl X' ist eine gerade *Kettengliederzahl* X (z. B. 80 oder 82, nicht 81) zu wählen, um ein gekröpftes Verbindungsglied in der Kette zu vermeiden. Mit X erhält man die *Kettenlänge* $L_K = X \cdot t$ und den tatsächlichen Wellenabstand e nach Gl. (16.12) mit:

$$p = \frac{t}{4} \cdot \left(X - \frac{z_1 + z_2}{2} \right) \text{ und } q = \frac{1}{8} \cdot \left[\frac{t}{\pi} \cdot (z_2 - z_1) \right]^2 \tag{16.44}$$

Ketten werden üblicherweise als endliche Kettenstränge geliefert, die beidseitig mit Innengliedern enden. Die Verbindung zu endlosen Ketten erfolgt durch Außenglieder (Steckglieder), die sich von einer Seite in die Innenglieder an den Kettenenden einführen und an der anderen Seite verschließen lassen, Abb. 16.38a–c. Ist eine ungerade Kettengliederzahl erforderlich, muss der Kettenstrang auf der einen Seite mit einem Außenglied und auf der anderen Seite mit einem Innenglied enden und die Verbindung muss mit Hilfe eines gekröpften Verbindungsgliedes hergestellt werden, Abb. 16.38d.

Kinematische Besonderheiten

Eine Kette umschlingt ein Kettenrad vieleckförmig, nicht kreisförmig. Das führt zum sog. *Polygoneffekt* der Kettengetriebe. Die konstante Umfangsgeschwindigkeit des treibenden Kettenrades (v_u) erzeugt eine Kettengeschwindigkeit (v_K), die periodisch zwischen $v_{K\,max} = v_u$ und $v_{K\,min} = v_u \cdot \cos(\tau/2)$ schwankt, Abb. 16.39. Diese Ungleichförmigkeit der Kettengeschwindigkeit nimmt mit sinkender Zähnezahl des treibenden Kettenrades zu, unterhalb von $z = 16$ erheblich. Bei Zähnezahlen $z \geq 20$ bleiben die Schwankungen unter 1 %, Abb. 16.40. Die Ungleichförmigkeit der Kettenbewegung verursacht nicht nur einen unruhigen Lauf und im Resonanzbereich Längs- und Querschwingungen der Kette, sie kann auch infolge der ständigen Massenbeschleunigung und -verzögerung ($a_{max} = t \cdot \omega^2 / 2$), insbesondere bei höheren Geschwindigkeiten, zu

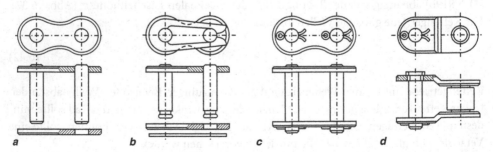

Abb. 16.38 Verbindungsglieder für Ketten: **a** Nietglied, **b** Steckglied mit Federverschluß, **c** Steckglied mit Splintverschluss, **d** gekröpftes Verbindungsglied mit Splintverschluss

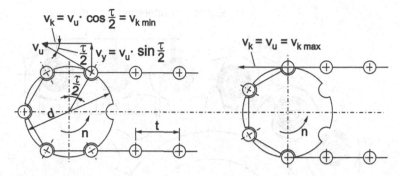

Abb. 16.39 Polygoneffekt beim Kettengetriebe

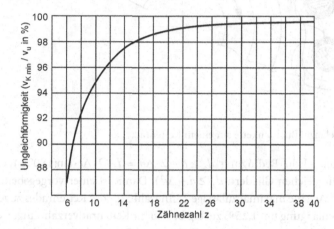

Abb. 16.40 Ungleichförmigkeit der Kettengeschwindigkeit beim Kettengetriebe

erheblichen Zusatzkräften und damit zu einer erhöhten Beanspruchung der Kette führen. In vielen Fällen bleiben diese Effekte jedoch ohne nennenswerten Einfluss.

Durch das Abknicken der Kettenglieder um den Teilungswinkel τ jeweils beim Auf- und Ablaufen am Kettenrad tritt an den Bolzen und Buchsen Verschleiß auf, so dass die wirksame Kettenteilung im Laufe der Betriebszeit im Mittel um Δt und die Länge der Kette mit X Gliedern um $\Delta L = \Delta t \cdot X$ anwächst. Dadurch verlagert sich die Kette an den Kettenrädern um $\Delta d = \Delta t / \sin(180°/z)$ nach außen. Bei Ketten mit unterschiedlichen Gliedern (Außen- und Innenglieder bei Buchsen- und Rollenketten) wirkt sich der Verschleiß unterschiedlich auf die Teilung der Außen- und Innenglieder aus. Dadurch liegt der Kraftangriffspunkt am Kettenradzahn im Wechsel mehr oder weniger außerhalb des Teilkreisdurchmessers, Abb. 16.41. Die Verlagerung der Kette nach außen ist um so größer, je größer die Zähnezahl z des Kettenrades ist. Unterstellt man, dass bei Ketten mit ungleichen Gliedern der Verschleiß die Teilung der Außenglieder um $2 \cdot \Delta t$ anwachsen lässt, während die Teilung der Innenglieder unverändert bleibt (Abb. 16.41), muss für eine Bewegungs- und Kraftübertra-

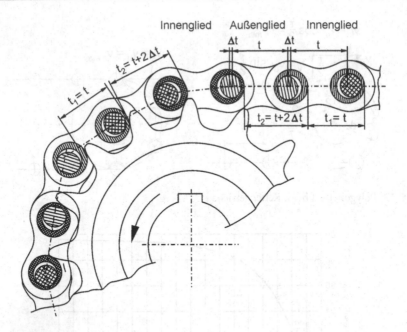

Abb. 16.41 Gelängte Buchsenkette auf einem Kettenrad

gung am Kettenrad die Bedingung $d_a \geq d + 2 \cdot \Delta d = d + 2 \cdot \Delta t \cdot \sin(180°/z)$ erfüllt bleiben (bei Ketten mit gleichen Gliedern $d_a \geq d + \Delta d$). Damit ist einer vorgegebenen Kettenlängung $\Delta L = X \cdot \Delta t$ eine maximal zulässige Zähnezahl z_{max} des Kettenrades zugeordnet. Lässt man eine Kettenlängung um 1,25 % zu, ergibt sich für Kettenradverzahnungen eine maximal zulässige Zähnezahl von $z_{max} = 120$ für Rollen- und Buchsenketten und von $z_{max} = 140$ für Zahnketten. Bei kleineren Zähnezahlen sind größere Kettenlängungen zulässig.

Kräfte am Kettengetriebe

Die von einem Kettengetriebe bei konstanter Drehzahl und konstantem Drehmoment zu übertragende Leistung erzeugt im Lasttrum eine statische *Kettenzugkraft* F_t, vgl. Gln. (16.3) und (16.4). Dieser werden die Fliehzugkraft F_F und die Stützzugkraft F_s überlagert, Abb. 16.42.

Die *Fliehzugkraft* F_f ist die Reaktion in beiden Kettrumen auf die radiale Fliehkraft F_F der Kette, Abb. 16.42c. Die Fliehzugkraft hängt ab vom Metergewicht m' der Kette (in kg/m) und von der Kettengeschwindigkeit v_K (in m/s):

$$F_f = m' \cdot v_K^2 \qquad (16.45)$$

Bei Kettengeschwindigkeiten $v_K \geq 7$ m/s ist F_f eine wichtige bis dominierende Komponente der Kettenbelastung.

Die *Stützzugkraft* F_s resultiert aus der Eigenmasse der Kette. Bei einem Zweirad-Kettengetriebe mit waagerecht liegendem Leertrum hängt sie von dem Durchhang f des Leer-

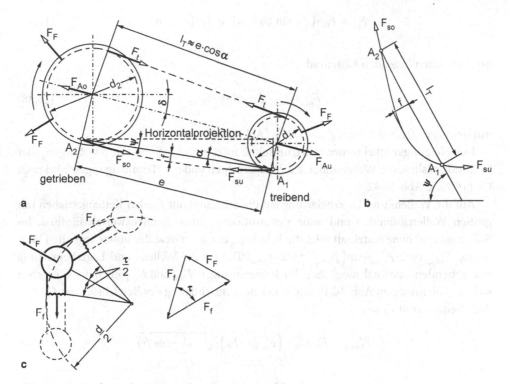

Abb. 16.42 Kräfte an der Kette und an den Kettenrädern

trums ab und ist an beiden Zahnrädern gleich groß. Bei gestrecktem Trum (ohne Durchhang) wird sie theoretisch unendlich groß. Ist der Durchhang f zu groß (die Stützzugkraft zu klein), kann das wegen der dann ungenügenden Kettenspannung zum Überspringen der Kette führen, d. h. die einwandfreie Funktion des Kettengetriebes ist nicht mehr gewährleistet [Nie83, Fun95].

Bei waagerechter Lage des Leertrums ($\psi \approx 0°$, s. Abb. 16.42b) und bei einem relativen Durchhang von $f_{rel} \leq 10\,\%$ lässt sich die Stützzugkraft näherungsweise ermitteln aus:

$$F_s \approx \frac{F_G \cdot l_T}{8 \cdot f} = \frac{m' \cdot g \cdot l_T}{8 \cdot f_{rel}} \tag{16.46}$$

$F_G \approx m' \cdot g \cdot l_T$ Gewichtskraft des Leertrums
$f_{rel} = f / l_T$ relativer Durchhang
f Durchhang der Kette in m
l_T Trumlänge in m
m' Metergewicht der Kette in kg/m
g Erdbeschleunigung in m/s² (g = 9,81 m/s²)

Ist die Sehne über dem Leertrum um den Winkel ψ geneigt, sind die Stützzugkräfte an den beiden Rädern unterschiedlich groß: am oben liegenden Kettenrad

$$F_{so} = F_G \cdot \left(\xi + \sin \psi \right) = m' \cdot g \cdot l_T \cdot \left(\xi + \sin \psi \right) \tag{16.47}$$

und am unten liegenden Kettenrad

$$F_{su} = F_G \cdot \xi = m' \cdot g \cdot l_T \cdot \xi \tag{16.48}$$

mit dem spezifischen Stützzug $\xi = F_s/F_G$ (Abb. 16.43).

Der Neigungswinkel ψ der Leertrumsehne folgt aus $\psi = \delta - \alpha$ mit $\delta =$ Neigung der Verbindungslinie der Wellenmitten zur Waagerechten und $\alpha =$ Trumneigungswinkel nach Gl. (16.7), s. Abb. 16.42.

Auf die Wellen- und Lagerbelastung hat die Stützzugkraft nur bei Kettengetrieben mit großen Wellenabständen und ohne Kettenstützung einen nennenswerten Einfluss. Im Stillstand und ohne Nutzkraft folgt die Belastung der oben bzw. der unten liegenden Welle aus $F_{Wo,u} = 2 \cdot F_{so,u} \cdot \sin\left(\beta_{o,u}/2 \right) \leq 2 \cdot F_{so,u}$. Die für die Wellen- und Lagerbemessung maßgebenden maximal möglichen Wellenbelastungen F'_{Wo} und F'_{Wu} im Betrieb ergeben sich in Anlehnung an Abb. 16.19 und unter Berücksichtigung des Betriebsfaktors C_B und der Fliehzugkraft F_f aus:

$$F'_{Wo,u} \approx F_t \cdot C_B + \left(F_{so,u} - F_f \right) \cdot \sqrt{2 \cdot \left(1 - \cos \beta \right)} \tag{16.49}$$

Abb. 16.43 Spezifische Stützzugkraft

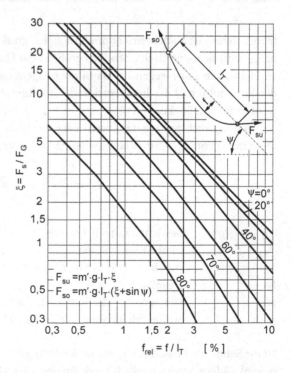

Die maximale Gesamtzugkraft in der Kette folgt aus:

$$F_{ges} = F_t \cdot C_B + F_f + F_{so} \tag{16.50}$$

Beim Auflaufen der Kette auf das Kettenrad schlagen die Rollen bzw. Buchsen stoßartig auf die Zahnflanken auf. Die dabei auftretende Aufschlagkraft F_a kann bei hoher Kettengeschwindigkeit und kleiner Zähnezahl erhebliche Werte annehmen. Sie begrenzt die Lebensdauer der Kettenrollen bzw. -buchsen und führt zum Verschleiß der Zahnflanken. Durch die Wahl hinreichend fester Werkstoffe muss dem Rechnung getragen werden [Nie83, Ber89].

Auslegung von Kettengetrieben

Bei der Auslegung eines Kettengetriebes geht man aus von der zu übertragenden Leistung P, von den Drehzahlen der antreibenden und der angetriebenen Welle n_1 und n_2 sowie vom Wellenabstand e und von der Anordnung der Wellen. Der Arbeitsweise der antreibenden und der angetriebenen Maschine ist durch einen entsprechenden Betriebsfaktor $C_B = 1...2,1$ (nach [DINISO10823]) Rechnung zu tragen. Mit diesen Angaben sind folgende Schritte zu bearbeiten:

Festlegen der Zähnezahlen: Die Zähnezahl des kleinen (in der Regel treibenden) Kettenrades z_1 ist frei wählbar. Die Zähnezahl des großen Kettenrades z_2 folgt dann aus dem Verhältnis der Drehzahlen nach Gl. (16.2). Für Leistungsgetriebe sollten möglichst Kettenräder mit mindestens 17 und höchsten 114 Zähnen eingesetzt werden. Bei stoßweiser Belastung oder bei hoher Kettengeschwindigkeit sollten die Zähne wegen der hohen Aufschlagkraft gehärtet sein und das Antriebsrad sollte mindestens 25 Zähne haben.

Auswählen der Kette: Für Rollenketten (nach [DIN8187] und [DIN8188]) kann man die erforderliche Kette (gekennzeichnet durch die Kettennummer) abhängig von der vorläufigen Diagrammleistung P_D' und der Drehzahl des kleinen Rades (n_1) den Leistungsschaubildern in [DINISO10823] entnehmen (Abb. 16.44). Es gilt:

$$P_D' = P \cdot C_B \cdot f_Z / f_K \tag{16.51}$$

f_Z Zähnezahlfaktor: $f_Z \approx (25/z_1)^{1,12}$

f_K Kettenartfaktor: $f_K = 1$ für Einfach-Ketten, $f_K = 1,75$ für Zweifach-Ketten, $f_K = 2,5$ für Dreifach-Ketten

Mit der so festgelegten Kettennummer ist nach [DIN8187] und [DIN8188] auch die Teilung der Kette festgelegt. Für nicht genormte Ketten ist auf die Angaben der Kettenhersteller zurückzugreifen.

Den Leistungsschaubildern in [DINISO10823] liegen folgende Bedingungen zugrunde:

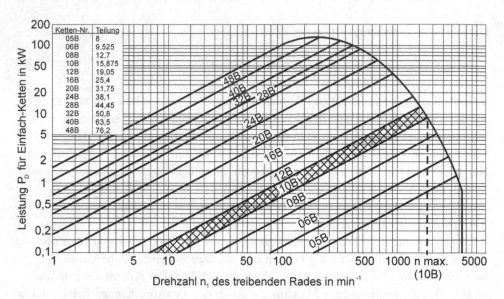

Abb. 16.44 Leistungsdiagramm nach [DINISO10823] für Rollenketten

- Kettengetriebe mit zwei Rädern auf parallelen, horizontalen Wellen
- treibendes Rad mit 25 Zähnen
- Kette ohne gekröpftes Glied
- Kettenlänge 120 Glieder
- Übersetzung ins Langsame bis $i = 3$
- 15.000 h Lebensdauer
- saubere und ausreichende Schmierung

Weichen die Bedingungen in einem Kettengetriebe von den oben genannten ab, werden die abweichenden Parameter mittels entsprechender Faktoren an die vorhandenen Bedingungen angepasst. Die dann maßgebende Diagrammleistung P_D folgt aus:

$$P_D = \frac{P_D'}{f_e \cdot f_F \cdot f_n \cdot f_L \cdot f_S} = \frac{P \cdot C_B \cdot f_Z}{f_K \cdot f_e \cdot f_F \cdot f_n \cdot f_L \cdot f_S} \tag{16.52}$$

f_e Wellenabstandsfaktor: $f_e \approx 0,45 \cdot (e/t)^{0,215}$

f_F Kettenformfaktor: $f_F = 1$ für Ketten ohne gekröpfte Glieder, $f_F = 0,8$ für Ketten mit gekröpften Gliedern

f_n Kettenradzahlfaktor: $f_n = 0,9^{(n-2)}$ mit n als Anzahl der Kettenräder

f_L Lebensdauerfaktor: $f_L \approx (15000/L_h)^{1/3}$ mit L_h als angestrebte Lebensdauer in Stunden

f_S Schmierungsfaktor: berücksichtigt die Schmier- und Betriebsbedingungen, Tab. 16.5.

Tab. 16.5 Schmierungsfaktor f_S für Kettengetriebe

Schmier- und Betriebsbedingungen	f_S
staubfrei und beste Schmierung	1
staubfrei und ausreichende Schmierung	0,9
nicht staubfrei und ausreichende Schmierung	0,7
nicht staubfrei und Mangelschmierung	0,50 für $v \leq 4$ m/s 0,30 für $v = 4...7$ m/s
schmutzig und Mangelschmierung	0,30 für $v \leq 4$ m/s 0,15 für $v = 4...7$ m/s
schmutzig und Trockenlauf	0,15 für $v \leq 4$ m/s

Die Kette ist dann richtig gewählt, wenn die maßgebende Diagrammleistung P_D innerhalb der Leistungsgrenzen liegt, die im Diagramm (Abb. 16.44) der Drehzahl n_1 des kleinen Kettenrades zugeordnet sind.

Bestimmen der Kettengliederzahl und des Wellenabstandes: Abhängig vom angestrebten Wellenabstand e' und von den Zähnezahlen z_1 und z_2 werden dann die Kettengliederzahl X mit Hilfe der Gln. (16.43), (16.42) und damit der tatsächliche Wellenabstand e mit den Gln. (16.12), (16.44) und (16.43) ermittelt.

Ermitteln der Wellenbelastung: Da sich abhängig von der Lage der Wellen zueinander nach den Gln. (16.47) und (16.48) unterschiedliche Stützzugkräfte an den Kettenrädern einstellen, werden auch die Wellen und damit deren Lagerungen unterschiedlich belastet. Die Wellenbelastungen sind nach Gl. (16.49) zu ermitteln.

Berechnungsbeispiel

Mittels eines Kettengetriebes entsprechend Abb. 16.42 soll bei einem Betriebsfaktor von $C_B = 1,1$ und einer Antriebsdrehzahl von $n_1 = 400$ U/min eine Leistung von $P = 6$ kW insgesamt $L_h = 12.000$ Betriebsstunden lang übertragen werden. Als Abtriebsdrehzahl werden $n_2 = 180$ U/min gefordert. Der Wellenabstand soll $e \approx 1000$ mm betragen und die Verbindungslinie der Wellenmitten soll gegenüber der Waagerechten um einen Winkel von $\delta = 45°$ geneigt sein.

Es ist die erforderliche Kette auszuwählen und die von ihr zu übertragende Leistung nachzuweisen. Die maßgebenden Größen (Zähnezahlen und Teilkreisdurchmesser der Kettenräder, Gliederzahl und Länge der Kette, Wellenbelastung und Gesamtzugkraft in der Kette) sind zu ermitteln.

1. *Zähnezahlen*: Für das *kleine* Kettenrad wird $z_1 = 20$ gewählt. Mit $z_2 = z_1 \cdot i$ und $i = n_1/n_2 = 400/180 = 2,22$ erhält man $z_2 = 20 \cdot 2,22 = 44,4$; gewählt: $z_2 = 44$ Zähne.

2. *Kettenauswahl*: Die *vorläufige* Diagrammleistung nach Gl. (16.51) folgt mit $f_Z \approx (25/z_1)^{1,12} = (25/20)^{1,12} = 1,284$ und $f_K = 1$ für Einfach-Ketten zu $P'_D = P \cdot C_B \cdot f_Z/f_K = 6 \text{ kW} \cdot 1,1 \cdot 1,284/1 = 8,47 \text{ kW}$. Aus Abb. 16.44 zusammen mit $n_1 = 400 \text{ U/min}$ folgt die Rollenkette DIN 8187–16B-1 mit einer Teilung von $t = 25,4 \text{ mm}$ nach [DIN8187].

3. *Teilkreisdurchmesser der Kettenräder*: Mit $d = t/\sin(180°/z)$ (Gl. (16.38)) folgt $d_1 = 25,4 \text{ mm}/\sin(180°/20) = 162,4 \text{ mm}$ und $d_2 = 25,4 \text{ mm}/\sin(180°/44) = 356,0 \text{ mm}$

4. Kettengliederzahl und Kettenlänge: Mit Gl. (16.43) erhält man:

$$X' = 2 \cdot \frac{e'}{t} + \frac{z_1 + z_2}{2} + \frac{t}{e'} \cdot \left(\frac{z_2 - z_1}{2 \cdot \pi} \right)^2$$

$$= 2 \cdot \frac{1000}{25,4} + \frac{20 + 44}{2} + \frac{25,4}{1000} \cdot \left(\frac{44 - 20}{2} \right)^2 = 110,8$$

Kettenglieder; gewählt $X = 110$.
Die Kettenlänge beträgt dann $L_K = X \cdot t = 110 \cdot 25,4 \text{ mm} = 2794 \text{ mm}$.

5. *Tatsächlicher Wellenabstand*: Entsprechend Gl. (16.44) mit

$$p = \frac{t}{4} \cdot \left(X - \frac{z_1 + z_2}{2} \right) = \frac{25,4 \text{ mm}}{4} \cdot \left(110 - \frac{20 + 44}{2} \right) = 495,3 \text{ mm}$$

und

$$q = \frac{1}{8} \cdot \left[\frac{t}{\pi}(z_2 - z_1) \right]^2 = \frac{1}{8} \cdot \left[\frac{25,4 \text{ mm}}{\pi} \cdot (44 - 20) \right]^2 = 4707 \text{ mm}^2$$

folgt aus Gl. (16.12):

$$e = p + \sqrt{p^2 - q} = 495,3 + \sqrt{495,3^2 - 4707} = 986 \text{ mm} \approx 1000 \text{ mm}$$

6. *Maßgebende Diagrammleistung*: Gemäß Gl. (16.52) erhält man mit $f_e \approx 0,45 \cdot (e/t)^{0,215} = 0,45 \cdot (986/25,4)^{0,215} = 0,988$, $f_F = 1$ bei einer Kette mit gerader Gliederzahl (ohne gekröpfte Glieder), $f_n = 1$ bei $n = 2$ Kettenrädern, $f_L = (15.000/L_h)^{1/3} = (15.000/12.000)^{1/3} = 1,077$ und $f_S = 0,9$ bei staubfreiem Betrieb und ausreichender Schmierung für die Diagrammleistung:

$$P_D = \frac{P \cdot C_B \cdot f_z}{f_K \cdot f_e \cdot f_F \cdot f_n \cdot f_L \cdot f_S} = \frac{6,0 \text{ kW} \cdot 1,1 \cdot 1,284}{1 \cdot 0,988 \cdot 1 \cdot 1 \cdot 1,077 \cdot 0,9} = 8,85 \text{ kW}$$

d. h. die Bedingung $6\,\text{kW} \leq 8,85\,\text{kW} \leq 18\,\text{kW}$ für die Kette 16B bei $n_1 = 400\,\text{U/min}$ (Abb. 16.44) ist erfüllt.

7. *Nutzkraft*: Mit $v_K = d_1 \cdot \pi \cdot n_1 = 0{,}162\,\text{m} \cdot \pi \cdot 400/60\text{s} = 3{,}39\,\text{m/s}$ als Kettengeschwindigkeit folgt aus Gl. (16.4) $F_t = P/v_K = 6000\,\text{W}/3{,}39\,\text{m/s} = 1768\,\text{N}$

8. *Stützzugkräfte*: Angenommen wird ein relativer Durchhang von $f_{rel} = 2\%$. Trumneigungswinkel

$$\alpha = arc\tan\left(\frac{d_2 - d_1}{2 \cdot e}\right) = arc\tan\left(\frac{356{,}0 - 162{,}4}{2 \cdot 986}\right) = 5{,}6°$$

nach Gl. (16.7); Neigungswinkel der Leertrumsehne $\psi = \delta - \alpha = 45 - 5{,}6 = 39{,}4°$; spezifischer Stützzug $\xi \approx 4{,}8$ mit $f_{rel} = 2\,\%$ und $\psi = 39{,}4°$ aus Abb. 16.43; Metergewicht der Einfach-Kette $m' = 2{,}7\,\text{kg/m}$ nach [DIN8187]; Trumlänge $l_T = e \cdot \cos\alpha = 986 \cdot \cos 5{,}61° = 981\,\text{mm}$; Gewichtskraft des Kettentrums aus Gl. (16.46)

$F_G = m' \cdot g \cdot l_T = 2{,}7\,\text{kg/m} \cdot 9{,}81\,\text{m/s}^2 \cdot 0{,}981\,\text{m} = 26{,}0\,\text{N}$; Stützzugkraft oben (Gl. (16.47))

$F_{so} = F_G \cdot (\xi + \sin\psi) = 26{,}0 \cdot (4{,}8 + \sin 39{,}44°) = 141\,\text{N}$ und unten (Gl. (16.48))

$F_{su} = F_G = 26{,}0 \cdot 4{,}8 = 125\,\text{N}$

9. *Fliehzugkraft*: Mit Gl. (16.45) $F_f = m' \cdot v_K^2 = (2{,}7\,\text{kg/m}) \cdot (3{,}39\,\text{m/s})^2 = 31\,\text{N}$

10. *Wellenbelastung im Betrieb*: Nach Gl. (16.49)

$F'_{Wo,u} \approx F_t \cdot C_B + (F_{so,u} - F_f) \cdot \sqrt{2 \cdot (1 - \cos\beta_{o,u})}$ für oben mit

$\beta_o = \beta_k = 180° - 2 \cdot \alpha = 180° - 2 \cdot 5{,}6° \approx 169°$ nach Gl. (16.8) ist

$F'_{Wo} = 1768 \cdot 1{,}1 + (141 - 31) \cdot \sqrt{2 \cdot (1 - \cos 169°)} = 2380\,\text{N}$ und für unten mit

$\beta_u = \beta_g = 180° + 2 \cdot \alpha = 180° + 2 \cdot 5{,}6° \approx 191°$ nach Gl. (16.9) ist

$F'_{Wu} = 1768 \cdot 1{,}1 + (125 - 31) \cdot \sqrt{2 \cdot (1 - \cos 191°)} = 2317\,\text{N}$

11. *Gesamtzugkraft in der Kette*: Nach Gl. (16.50)

$F_{ges} = F_t \cdot C_B + F_f + F_{So} = 1768 \cdot 1{,}1 + 31 + 141 = 2117\,\text{N}$

16.3.4 Schmierung und Wartung

Ausfälle von Kettengetrieben werden meistens durch unzureichende Schmierung und Wartung verursacht. Ungenügende Schmierung vergrößert die Reibung und den Verschleiß in den Kettengelenken. Deshalb ist es notwendig, abhängig von den Betriebsbedingungen (Temperatur, Kettengeschwindigkeit, Kettengröße), den richtigen Schmierstoff in der erforderlichen Weise einzusetzen: bei niedrigen Temperaturen einen niedriger viskosen und bei höheren Temperaturen einen höher viskosen bzw. bei niedrigen Geschwindigkeiten weniger und bei höheren Geschwindigkeiten mehr Schmierstoff. Eine Orientierung zum Einsatz verschiedener Schmierverfahren vermittelt Abb. 16.45.

Bei der *periodischen Handschmierung* wird das Öl bei stehender Kette (nach ihrer vorherigen Reinigung) mittels Ölkanne, Pinsel oder Sprühdose so auf die Innenseite des Leertrums aufgetragen, dass es zuverlässig zwischen die gegeneinander bewegten Kettenelemente kriechen kann. Um Ketten mit Fett zu schmieren, sollten diese solange in fließfähig erwärmtes Fett gelegt werden, bis die Gelenke ausreichend mit Fett gefüllt sind.

Für *Tropfschmierung* werden Tropföler eingesetzt, die in gleichmäßigen Intervallen das Öl tropfenweise an die Ketteninnenseite abgeben. Um den Ölverlust und die Verunreinigung des Umfeldes durch Schleuderwirkung gering zu halten, werden ggf. Schutzkästen und Ölauffangvorrichtungen vorgesehen.

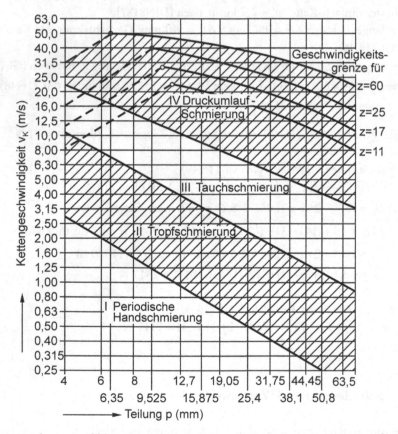

Abb. 16.45 Schmierempfehlungen in Abhängigkeit von Kettenteilung und Kettengeschwindigkeit (nach [Ber89])

Bei Kettengetrieben in geschlossenen Getriebegehäusen lässt sich *Tauchschmierung* anwenden. Um Planschverluste und damit die Erwärmung nicht zu hoch werden zu lassen, sollte die Kette nur bis zur Bolzenmitte in das Ölbad eintauchen. Durch eine entsprechende Schleuderscheibe auf der unteren Kettenradwelle lässt sich die Schmierung der Kette weiter verbessern.

Die *Druckumlaufschmierung* ist das wirkungsvollste Schmierverfahren. Dabei wird ein gleichmäßiger Ölstrom am Leertrum auf die Ketteninnenseite geleitet. Die Ölmenge lässt sich je nach Bedarf einstellen. Von besonderem Interesse ist das, wenn durch den Ölstrom eine Kühlwirkung beabsichtigt ist. Durch den Ölumlauf kann das Öl ständig gefiltert und dadurch dem Kettenverschleiß wirkungsvoll begegnet werden.

Die *Wartung* von Kettengetrieben sollte eine regelmäßige Kontrolle des Verschleißzustandes der Kettengelenke einschließen. Je nach konstruktiver Ausführung des Kettengetriebes ist die Kette spätestens bei einer Kettenlängung um 3 % verbraucht und muss ausgewechselt werden. Gleichzeitig sind die Kettenräder zu erneuern. Niemals sollte eine neue Kette auf abgenutzte Kettenräder aufgelegt werden.

Kettengetriebe benötigen keine Vorspannung. Die Kette sollte dennoch mittels einer Spannmöglichkeit bzw. Spannvorrichtung so vorgespannt sein, dass sich am Leertrum ein Durchhang von etwa 1 bis 2 % der Trumlänge einstellt. Diese Vorspannung sollte regelmäßig kontrolliert werden. Wird ein offenes Kettengetriebe für längere Zeit nicht betrieben, sind die Kette und die Kettenräder bei der Stillsetzung zu reinigen und zu konservieren.

16.3.5 Gestaltungshinweise

Für einen störungsfreien Betrieb von Kettengetrieben sind die Wellenanordnung und die Umlaufrichtung der Kette wesentlich. Günstig ist die waagerechte oder schräge Anordnung mit Neigungen bis zu $\delta = 60°$ (Abb. 16.46). Besonders ruhig laufen Ketten bei Trumneigungen von 30 bis 40° gegen die Waagerechte. Senkrechte Anordnungen neigen zu Schwingungen. Sie lassen sich störungsfrei nur mit Dämpfungseinrichtungen betreiben, die die Kette stützen (Abb. 16.47). Außen liegende Spannräder vergrößern die Umschlingungswinkel an den Kettenrädern. Bei Kettengetrieben ohne nachgebende Spanneinrichtungen ist wegen des Polygoneffektes ein angemessener Durchhang für einen einwandfreien Kettenumlauf unerlässlich. Bei großen Wellenabständen sind Stützräder oder Gleitschienen wegen des dann großen Kettengewichts erforderlich. Gleitschienen am Leertrum müssen unterbrochen sein, damit Längenänderungen der Kette durch Temperatureinflüsse und Verschleiß ausgeglichen werden können, Abb. 16.48.

Abb. 16.46 Wellenanordnungen in Kettengetrieben: **a** waagerecht, **b** schräg, **c** senkrecht (ungünstig)

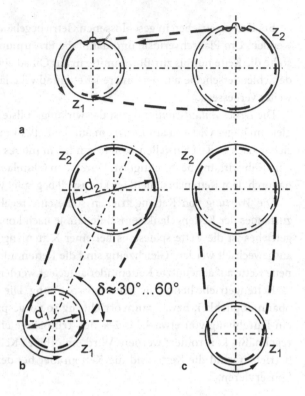

Abb. 16.47 Kettenschwingungen (**a**) und deren Dämpfung (**b**) (1 Spannrad, 2 Schwingungsdämpfer)

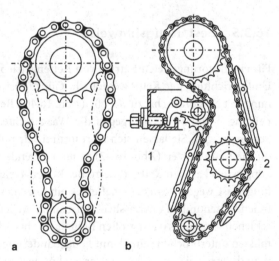

Abb. 16.48 Gleitschienen an langen Ketten

Literatur

[Ber89]   Berents, R., Maahs, G., Schiffner, H., Vogt, E.: Handbuch der Kettentechnik. Arnold & Stolzenberg GmbH, Einbeck (1989)

[DIN111]   DIN 111: Antriebselemente – Flachriemenscheiben – Maße, Nenndrehmomente. Beuth, Berlin (1982)

[DIN2211]   DIN 2211: Antriebselemente; Schmalkeilriemenscheiben. Beuth, Berlin (1984)

[DIN2215]   DIN 2215: Endlose Keilriemen, Maße. Beuth, Berlin (1975)

[DIN2216]   DIN 2216: Endliche Keilriemen, Maße. Berlin, Beuth (1972)

[DIN2217]   DIN 2217: Antriebselemente; Keilriemenscheiben. Beuth, Berlin (1973)

[DIN2218]   DIN 2218: Endlose Keilriemen für den Maschinenbau, Berechnung der Antriebe und Leistungswerte. Beuth, Berlin (1976)

[DIN7719]   DIN 7719: Endlose Breitkeilriemen für industrielle Drehzahlwandler. Beuth, Berlin (1985)

[DIN7721]   DIN 7721: Synchronriementriebe, metrische Teilung. Beuth, Berlin (1989)

[DIN7722]   DIN 7722: Endlose Hexagonalriemen für Landmaschinen und Rillenprofile der zugehörigen Scheiben (1982)

[DIN7753]   DIN 7753: Endlose Schmalkeilriemen für den Maschinenbau. Beuth, Berlin (1988)

[DIN7867]   DIN 7867: Keilrippenriemen und -scheiben. Beuth, Berlin (1986)

[DIN8150]   DIN 8150: Gallketten. Beuth, Berlin (1984)

[DIN8152]   DIN 8152: Flyerketten. Beuth, Berlin (1980)

[DIN8154]   DIN 8154: Buchsenketten mit Vollbolzen. Beuth, Berlin (1999)

[DIN8156]   DIN 8156: Ziehbankketten ohne Buchsen. Beuth, Berlin (1984)

[DIN8157]   DIN 8157: Ziehbankketten mit Buchsen. Beuth, Berlin (1984)

[DIN8164]   DIN 8164: Buchsenketten. Beuth, Berlin (1999)

[DIN8167]   DIN 8167: Förderketten mit Vollbolzen. Beuth, Berlin (1986)

[DIN8182]   DIN 8182: Rollenketten mit gekröpften Gliedern (Rotaryketten). Beuth, Berlin (1999)

[DIN8187]   DIN 8187: Rollenketten – Europäische Bauart. Beuth, Berlin (1996)

[DIN8188]   DIN 8188: Rollenketten – Amerikanische Bauart. Beuth, Berlin (1996)

[DIN8196]   DIN 8196: Verzahnung der Kettenräder für Rollenketten. Beuth, Berlin (1987)

[DINISO10823]   DIN ISO 10823: Hinweise zur Auswahl von Rollenkettentrieben (ISO 10823: 1996). Beuth, Berlin (2001)

[Fun95]   Funk, W.: Zugmittelgetriebe. Springer-Verlag, Berlin (1995)

[Joh94]   Johnson, K.L.: Contact mechanics. Cambridge University Press (1994)

[Mer04]   Mertens, H.: Zugmittelgetriebe. In: Grote, K.-H., Feldhusen, J. (Hrsg.) Dubbel-Taschenbuch für den Maschinenbau. 21. Aufl. Springer, Berlin (2004)

[Mül72]   Müller, H.W.: Keilriemen. Anwendungsbereiche der Keilriemen in der Antriebstechnik. Verlag Ernst Heyer, Essen (1972)

[Nie83]   Niemann, G., Winter. H.: Maschinenelemente, Bd. III, 2. Aufl. Springer-Verlag, Berlin (1983)

[VDI2728]   VDI-Gesellschaft Entwicklung Konstruktion Vertrieb: Riemengetriebe. VDI-Richtlinie 2728. VDI-Verlag, Düsseldorf (1993)

Reibradgetriebe

17

Gerhard Poll

Inhaltsverzeichnis

17.1 Funktion und Wirkprinzip.. 615
17.2 Bauformen und ihre Anwendung.. 619
    17.2.1   Kinematik und Berührgeometrie.. 619
    17.2.2   Erzeugung der Normalkräfte... 622
    17.2.3   Feste und einstellbare Übersetzung.................................... 624
    17.2.4   Werkstoffe... 627
17.3 Berechnung... 630
    17.3.1   Berechnungsgrundlagen.. 630
    17.3.2   Bohrbewegung... 630
    17.3.3   Wälz- oder Längsschlupf.. 631
    17.3.4   Übertragbare Leistung und Wirkungsgrad........................... 633
Literatur.. 635

17.1   Funktion und Wirkprinzip

Funktion

Reibradgetriebe oder auch *Wälzgetriebe* sind analog zu Zahnradgetrieben mit Stirn- oder Kegelrädern gleichförmig übersetzende Getriebe, die primär der Leistungswandlung dienen, d. h. der Übertragung und Änderung von rotatorischen Bewegungen und Drehmomenten hinsichtlich Betrag und Richtung.

G. Poll (✉)
Institut für Maschinenelemente, Konstruktionstechnik und Tribologie,
Leibniz Universität Hannover, Hannover, Deutschland

© Springer-Verlag GmbH Deutschland, ein Teil von Springer Nature 2018
B. Sauer (Hrsg.), *Konstruktionselemente des Maschinenbaus 2*, Springer-Lehrbuch,
https://doi.org/10.1007/978-3-642-39503-1_8

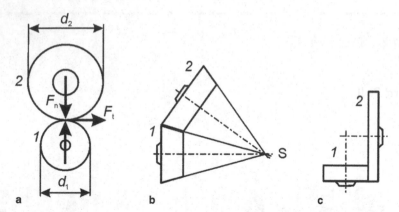

Abb. 17.1 Reibräder: **a** mit parallelen Achsen, **b** mit einander schneidenden Achsen, ohne Bohrreibung, **c** mit einander schneidenden Achsen, mit Bohrschlupf in der Berührlinie

Da sie kraftschlüssig, das heißt ohne diskrete formschlüssige Elemente (Zähne) arbeiten, übertragen sie Drehzahlen gleichförmiger und damit schwingungs- und geräuschärmer als Zahnradgetriebe und dies auch bei extrem hohen Drehzahlen, vorausgesetzt, es gelingt den Radialschlag entsprechend klein zu halten. Im Gegensatz zu Zahnradgetrieben ist es mit Reibradgetrieben entsprechender Bauform möglich, das Übersetzungsverhältnis stufenlos zu verändern, in Sonderfällen sogar mit einem Nulldurchgang und Wechsel der Drehrichtung („geared neutral"). Formschlüssig kann man dies nur mit Schrittschaltgetrieben erreichen, die aber prinzipbedingt nie völlig gleichförmig arbeiten können. Allerdings ist das Übersetzungsverhältnis bei kraftschlüssigen Getrieben wegen des unvermeidlichen Schlupfes geometrisch nicht exakt definiert. Eine vorgegebene Übersetzung kann man bei stufenlosen Wälzgetrieben mittels einer entsprechenden Nachregelung der wirksamen Wälzradien einhalten, was eine Drehzahlmessung und aktive Stellglieder erfordert. Hier zeigt sich eine Analogie zu stufenlosen Umschlingungsgetrieben. Im Gegensatz zu diesen eignen sich Reibradgetriebe jedoch nicht zur Überbrückung großer Achsabstände, mit Ausnahme von Reibringgetrieben.

Eine mögliche Zusatzfunktion von Reibradgetrieben ist die einer schaltbaren Kupplung. Der Antriebsstrang kann in einfacher Weise durch Abheben aufgetrennt werden und arbeitet in diesem Zustand verschleißfrei (im Gegensatz zu Umschlingungsgetrieben). Beim Einkuppeln können kurzzeitig Drehzahlunterschiede durch Makroschlupf ausgeglichen werden.

Wirkprinzip

Reibradgetriebe oder auch *Wälzgetriebe* sind kraftschlüssige Getriebe, bei denen im Gegensatz zu Umschlingungsmittelgetrieben vorwiegend rotatorische Relativbewegungen mit momentanen Drehachsen auftreten, die parallel zu den Berührungsflächen liegen, also ein Abrollen, Abb. 17.1. Infolge des elastischen Formänderungsschlupfes überlagern sich bei Kraftübertragung translatorische Relativbewegungen. Ferner entstehen bei stufenlosen Reibradgetrieben grundsätzlich auch rotatorische Relativbewegungen, das sogenannte Bohren, um Achsen senkrecht zu den Berührungsflächen. Durch diese beiden überlagerten Relativbewegungen wird aus dem Abrollen ein Wälzen.

Bei Umschlingungsmittelgetrieben (Kap. 16) handelt es sich dagegen im wesentlichen um translatorische Relativbewegungen zwischen den Reibpartnern, wobei nur im Ein- und Auslauf nennenswerte Wälzanteile auftreten. Infolge der Gelenkigkeit oder Biegeelastizität der Umschlingungsmittel bleibt der Kontakt über eine relativ große Länge, den gesamten sogenannten Umschlingungsbogen, erhalten. Bei Wälzgetrieben erstreckt er sich nur über die Länge der Hertzschen Kontaktflächen, die bei Punkt- oder Linienberührung aus einer elastischen Abplattung unter Druck resultieren. Solche Hertzschen Kontaktflächen, allerdings parallel in wesentlich größerer Zahl, liegen auch bei kraftschlüssigen Ketten mit diskreten Druckstücken vor. Flach- oder Keilriemen (Kap. 16) aus Elastomeren berühren die Scheiben hingegen flächig. Getriebe mit starren Ringen als „Umschlingsmittel" sind nach diesen Überlegungen in Wirklichkeit Wälzgetriebe, da der Kontakt mit den Scheiben jeweils nur über die Länge einer einzelnen Hertz'schen Fläche erfolgt.

Die Mechanismen der reibschlüssigen Kraftübertragung an sich sind bei trocken laufenden Wälzgetrieben und Umschlingungsgetrieben ähnlich, bei nasslaufenden Getrieben jedoch unterschiedlich. Trockenlaufende Getriebe nutzen die Coulomb'sche Festkörperreibung, die ihrerseits nach der heute vorherrschenden Auffassung auf einen Adhäsions- und einen Mikrogeometrieanteil zurückgeführt wird, siehe Kap. 10. Infolge des unvermeidlichen Schlupfes werden die nutzbaren Tangentialkräfte bei Reibradgetrieben genauso wie bei kraftschlüssigen Umschlingungsmittelgetrieben zu einem wesentlichen Teil durch Gleitreibung übertragen, und nicht, wie oft fälschlich angenommen wird, nur durch Ruhereibung. Der Schlupf entsteht durch makroskopische elastische Formänderungen und kinematische Zwangsbedingungen wie Schräglauf oder überlagerte Bohrbewegungen. Infolge der Schubspannungen in der Berührfläche verschieben sich die oberflächennahen Werkstoffbereiche tangential gegenüber den Grundkörpern, so dass sie beim antreibenden Wälzkörper gegenüber diesem zurückbleiben und dem angetriebenen Wälzkörper voreilen. Dadurch kann sich, falls kein überlagerter Zwangsschlupf vorliegt, im Einlaufbereich der Kontaktfläche zunächst eine „Haft"zone mit Ruhereibung ausbilden, wobei aber die Schubspannungen zum Auslauf hin immer weiter steigen bis schließlich Gleiten einsetzt. Damit verbunden ist somit ein Verlustleistungsanteil, der von der elastischen Nachgiebigkeit der Wirkkörper und der Ausnutzung des Kraftschlusses abhängt. Darüber hinaus entstehen auch ohne Nutzkraftübertragung Verluste durch:

* Gleitgeschwindigkeitskomponenten und daraus resultierende Reibkraftkomponenten, die senkrecht oder entgegengerichtet zu den Nutzkräften wirken; bei Wälzgetrieben entstehen diese überwiegend durch Bohrschlupf, bei keilförmigen Umschlingungsmittelgetrieben durch radiale Bewegungen.
* Hysterese bei der elastischen Abplattung im Bereich der Hertzschen Kontakte

Nass laufende, das heißt geschmierte, kraftschlüssige Getriebe übertragen einen mehr oder minder großen Teil der Nutzkräfte durch Schubspannungen im Fluid, die aus einer Scherung resultieren. Bei nasslaufenden Umschlingungsmittelgetrieben wird der Schmierstoff infolge des langandauernden Kontaktes im Umschlingungsbogen weitgehend verdrängt, zumal hydrodynamische Effekte nur schwach ausgeprägt sind. Dadurch entstehen Grenz-

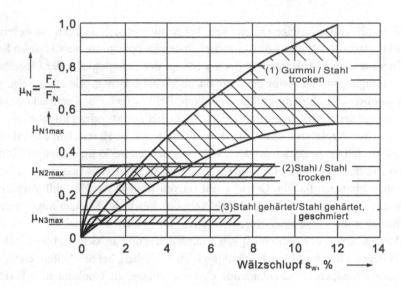

Abb. 17.2 Qualitative Nutzreibwert-Längsschlupf-Kurven für verschiedene Wälzpaarungen

schicht- oder Festkörperkontakte, die wesentlich zur Nutzkraftübertragung beitragen. Bei nasslaufenden Wälzgetrieben ist die hydrodynamisch wirksame Geschwindigkeit schon bei kleinen Drehzahlen ausreichend hoch, um mit Hilfe elastischer Verformungen einen trennenden „elastohydrodynamischen" Schmierfilm zu erzeugen. Somit spielen Grenz- und Festkörperreibung in der Regel keine Rolle und die Nutzkräfte resultieren ausschließlich aus Schubspannungen im Fluid. Durch die Scherung des Schmierstoffs entsteht ein zusätzlicher Schlupfanteil mit entsprechenden Verlusten. Um diese zu minimieren und die übertragbaren Nutzkräfte zu steigern, setzt man spezielle Traktionsfluide mit struktur-viskosen rheologischen Eigenschaften ein, die bereits bei kleinen Scherraten hohe Schub-spannungen erzeugen. Eine wesentliche Rolle spielen dabei die hohen Flächenpressungen und die dementsprechend hohen Drücke im Schmierstoff, die zu einer Verfestigung und zur Erhöhung des Fließwiderstandes führen.

Sowohl bei trockener Reibung als auch bei geschmierten Kontakten wächst die Nutz-kraft mit dem Längs- oder Wälzschlupf zunächst fast linear und dann degressiv bis zu einem Maximalwert an, Abb. 17.2 (der Längs- oder Wälzschlupf ist dabei als das Verhältnis aus der tangentialen Relativgeschwindigkeit und der absoluten Geschwindigkeit im Berührpunkt definiert). Für den ansteigenden Ast verwendet man den Begriff „Mikroschlupf". Darüber hinaus steigen nur der Schlupf und die Verluste, ohne dass mehr Moment und Leistung übertragen werden. Man spricht dann von Makroschlupf. Häufig fällt die Tangentialkraft sogar wieder ab und es besteht die Gefahr von Fressschäden infolge lokaler Überhitzung.

Bei trockenen Getrieben ist Mikroschlupf gleichbedeutend mit einer sogenannten „Haft-zone" innerhalb der Kontaktfläche, analog zum „Ruhebogen" bei Umschlingungsgetrieben, wo keine tangentiale Relativbewegung stattfindet. Im Bereich des Makroschlupfes tritt Glei-ten in allen Kontaktpunkten auf. Die Existenz einer Haftzone bei gleichzeitigem Schlupf resultiert aus elastischen Verformungen. Die Nutzkraft im Makroschlupfbereich und am

Übergang dazu ergibt sich aus dem Produkt von Normalkraft und Gleitreibungszahl. Die Gleitreibungszahl ist grundsätzlich abhängig von der Werkstoffpaarung, der Oberflächenbeschaffenheit, der umgebenden Atmosphäre, der Gleitgeschwindigkeit und der Flächenpressung. Bei einem ansonsten vorgegebenen System kann die übertragbare Nutzkraft nur gesteigert werden, indem man die Anpressung, das heißt die Normalkraft, erhöht.

Ähnliches gilt für geschmierte Wälzkontakte. Allerdings ist es hier physikalisch nicht gerechtfertigt, eine Coulombsche Reibungszahl zu verwenden, da der Zusammenhang zwischen Normalkraft und Nutzkraft komplexer ist. Die Normalkraft beeinflusst hier primär die Größe der elastischen Abplattung und damit der Kontaktfläche sowie die Flächenpressung und damit den Druck im Schmierstoff. Damit steigt er Scherwiderstand des Fluides und – durch Integration der Schubspannungen über die Kontaktfläche – die gesamte Tangentialkraft. Von geringerer Bedeutung ist der Effekt, dass mit steigender Normalkraft die Schmierfilmdicke sinkt und damit bei gegebenem Schlupf das Schergefälle steigt. Wird die Grenzschubspannung für Wandgleiten erreicht, steigt die Tangentialkraft mit dem Schlupf nicht weiter an und kann sogar abnehmen, wenn der Scherwiderstand infolge Erwärmung durch die dissipierte Reibleistung sinkt. Qualitativ zeigen somit geschmierte Wälzkontakte ein quasi-Coulombsches Verhalten, das trockenen Kontakten ähnelt. Definiert man auch hier formal eine Reibungszahl als Verhältnis aus Tangentialkraft und Normalkraft, so sind deren Maximalwerte mindestens um den Faktor drei kleiner als bei trockenen Kontakten.

Ähnlich wie bei Wälzlagern und Zahnflanken ist der primäre Schädigungsmechanismus die Wälzermüdung (Grübchenbildung). Allerdings führt die hohe tangentiale Beanspruchung dazu, dass sich die maximalen Spannungen erhöhen und näher an die Oberfläche wandern. Bei trockenen Wälzkontakten tritt Verschleiß hinzu. Ist der Verschleißfortschritt groß genug, werden Ermüdungsschäden durch Materialabtrag von der Oberfläche her unterdrückt. Das Ende der Lebensdauer ist dann durch Erreichen der Verschleißgrenzmaße bestimmt. Bei großem Schlupf können die Systeme durch Fressen, das ist ein lokales Verschweißen durch reibungsbedingte Temperaturerhöhung, ausfallen. Bei Stillstand eines Partners können sich dabei auch Flachstellen ausbilden, die zu unerträglichen Schwingungen führen.

17.2 Bauformen und ihre Anwendung

17.2.1 Kinematik und Berührgeometrie

Anzahl der Wälzkontakte

Zu unterscheiden ist zwischen Reibradgetrieben mit einem oder mehreren Wälzkontakten, die wiederum hintereinander oder parallel geschaltet sein können. Reibradgetriebe bestehen in der einfachsten Ausführung aus zwei Rotationskörpern, die unmittelbar auf An- und Abtriebswelle angeordnet sind. Besondere Eigenschaften lassen sich durch Konstruktionen mit Zwischengliedern erzielen, was mit dem Nachteil einer Reihenschaltung zweier Kontaktstellen im Leistungsfluss verbunden ist, jedoch eine Parallelschaltung mehrerer Zwischenglieder ermöglicht, wodurch sich die Leistung erhöhen und die Lagerbe-

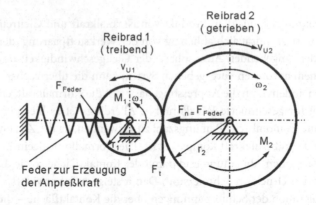

Abb. 17.3 Erzeugung der Anpresskraft über eine Feder

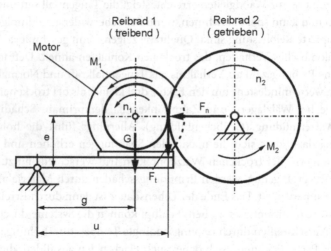

Abb. 17.4 Anpresskrafterzeugung über eine Motorwippe

lastung verringern lässt (z. B. Abb. 17.6, Planeten-Reibradgetriebe). Bei Verstellgetrieben können An- und Abtriebswelle dann raumfest angeordnet werden, und die Bohrbewegung lässt sich im gesamten Verstellbereich minimieren. Toroidgetriebe, Kegelringgetriebe und Umschlingungsgetriebe mit starren Ringen arbeiten mit solchen Zwischengliedern (Roller bei Toroidgetrieben oder, wie der Name schon besagt, Ringe bei den Ringgetrieben) und es sind daher immer zwei Wälzkontakte hintereinandergeschaltet. Bei Toroidgetrieben, Abb. 17.9, 17.10 und 17.11, sind immer mindestens zwei Roller in einer Kavität parallel-geschaltet und außerdem häufig mehrere solcher Kavitäten. Bei Umschlingungsmittelge-trieben mit starren Ringen, Abb. 17.11 steht der Ring auf der An- und Abtriebsseite jeweils parallel im Wälzkontakt mit zwei kegeligen Scheiben. Bei den Topf/Scheibe Getrieben, Abb. 17.7a, werden häufig zwei solche Elemente über eine kippbare Zwischenwelle hinter-einandergeschaltet. Zwischenelemente werden fast ausschließlich zu dem Zweck einge-setzt, eine stufenlose Verstellung zu erleichtern, sind aber keine unbedingte Voraussetzung

Abb. 17.5 Vorrichtung
zur Erzeugung einer
drehmomentabhängi-
gen axialen Anpresskraft
$F_a = F_t \tan \alpha = (M / r) \tan \alpha$

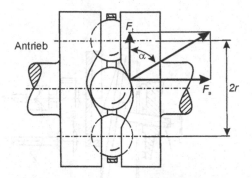

Abb. 17.6 Planeten-Reibradgetriebe nach [Hew68]. *1* Antriebswelle für geteiltes Sonnenrad, *2* feststehender Außenring,
3 ballige Planetenräder, *4* Einrichtung zur drehmomentabhän-
gigen Anpassung der beiden auf Welle 1 axial verschieb- und
drehbaren Sonnenradhälften (vgl. Abb. 17.10). *s* Planetenträger als
Abtrieb

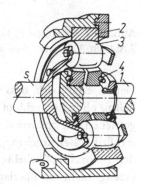

dafür. Sie sind aber dann notwendig, wenn An- und Abtriebswelle zueinander parallel sein
sollen.

Lage der Achsen zueinander

Reibradgetriebe können mit annähernd parallelen Drehachsen oder mit gekreuzten Rota-
tionsachsen der Wälzelemente ausgeführt sein, Abb. 17.1. Auch bei gekreuzten Achsen
kann man parallele An- und Abtriebswellen erzielen, wenn man mit drei Wälzelementen
und zwei hintereinander geschalteten Wälzkontakten arbeitet. Wälzgetriebe mit gekreuzten Achsen entsprechen Zahnradgetrieben mit Kegelrädern. Allerdings kann die Bedingung für schlupffreies Abwälzen (gemeinsame Tangente im Berührpunkt verläuft durch
Schnittpunkt der Drehachsen) bei stufenlosen Getrieben mit Ausnahme ausgezeichneter
Übersetzungsverhältnisse höchstens näherungsweise erfüllt werden. Infolge der kraftschlüssigen Verbindung ist dies bei Reibradgetrieben im Gegensatz zu Zahnradgetrieben
durchaus zulässig, führt aber aufgrund der flächenhaften Ausdehnung der Kontakte unter
Belastung zu zusätzlichen Verlusten durch überlagerte Gleitbewegungen. Ein Maß für
diese geometrisch bedingten Gleitanteile (im Gegensatz zum verformungsbedingten elastischen Formänderungsschlupf und zur Scherung des Fluids in Richtung der Nutzkraft)
ist der Bohrschlupf. Bohrschlupf entsteht, wenn die Differenz der Winkelgeschwindig-
keitsvektoren der Wälzpartner eine Komponente senkrecht zur gemeinsamen Berührfläche aufweist. Dies ist nicht nur dann der Fall, wenn die Drehachsen sich kreuzen und
die gemeinsame Berührtangente nicht durch den Schnittpunkt verläuft, sondern auch bei
parallelen Achsen, wenn die Beträge der Winkelgeschwindigkeiten sich unterscheiden.

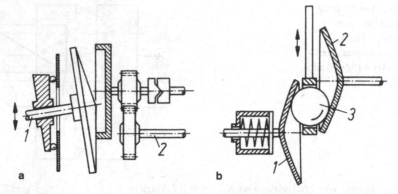

Abb. 17.7 Schematische Darstellung zweier Wälzgetriebe für stationäre Anwendungen: *1* Antrieb, *2* Abtrieb, *3* Zwischenglied. **a** Kegel-Reibring-Getriebe, **b** Hohlkegel-Kugel-Getriebe

Daraus ergibt sich, dass es für stufenlose Wälzgetriebe höchstens ein Übersetzungsverhältnis ohne Bohrschlupf gibt. Bei Volltoroidgetrieben ist dies nie der Fall, bei Halbtoroidgetrieben erreicht man den geringsten Bohrschlupf, da die Kegelwälzbedingung am besten erfüllt ist. Bei Kegelringgetrieben kann man durch längere und damit schlankere Kegel den Bohrschlupf beliebig verkleinern, allerdings auf Kosten des Bauraumes. Bohrschlupf erzeugt nicht nur überlagerte kinematisch erzwungene Gleitbewegungen, sondern führt auch dazu, dass erforderliche Nutzkräfte erst bei einem größeren Längsschlupf und damit geringerem Wirkungsgrad erreicht werden.

Die Verluste durch Bohrschlupf lassen sich durch die Größe und Form der Kontaktflächen beeinflussen, allerdings führen verlustärmere kleine Kontaktflächen zu einer erhöhten Ermüdungsbeanspruchung und gehen daher auf Kosten der Lebensdauer. Insgesamt sind Kontaktflächen günstiger, die sich bevorzugt in Rollrichtung erstrecken. Dies kann durch eine engere Schmiegung der Oberflächen in Rollrichtung erreicht werden, wie sie konkav-konvexe Paarungen aufweisen. Es sind also solche Systeme im Vorteil, bei denen eine Außenfläche auf der Innenfläche eines Hohlkörpers abwälzt.

17.2.2 Erzeugung der Normalkräfte

Die einfachste Möglichkeit besteht darin, die Anpresskräfte über Federn oder Gewichte fest vorzugeben, Abb. 17.3. Dadurch arbeitet das Wälzgetriebe bei Überlast wie eine Rutschkupplung, wobei allerdings die Gefahr einer Beschädigung der Wirkflächen besteht.

Bei den meisten ausgeführten Getrieben steigt die Anpresskraft jedoch entweder bauartbedingt oder infolge drehmomentabhängiger Anpressvorrichtungen mit steigender Belastung an. Im Teillastbereich erreicht man dadurch eine Entlastung der Wälzkörper und vermeidet bei Lastüberschreitungen starken Verschleiß durch Rutschen. Die Kraft ist dabei prinzipbedingt lastabhängig, oder sie wird durch drehmomentabhängige Anpressvorrichtungen, wie z. B. in Abb. 17.4 und 17.5 dargestellt, gezielt beeinflusst. Dadurch ändert sich die Übersetzung mit schwankender Belastung nur geringfügig, das Getriebe ist *„drehmomentensteif"*.

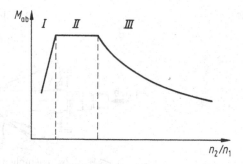

Abb. 17.8 Schematische Abtriebskennlinie der Wälzgetriebe nach Abb. 17.7

Zur Verringerung der bei großer Überlastung drohenden Bruchgefahr bieten manche Hersteller ihre Getriebe mit zusätzlichen Rutschkupplungen an.

Die Wirkungsweise einer momentenabhängigen Erzeugung der Anpresskraft sei anhand der Motorwippe in Abb. 17.4 dargestellt. Vor dem Start des Reibradgetriebes ist die Normalkraft durch das Gewicht der Motorwippe (einschließlich Motor) gegeben:

$$F_n^* \cdot e = G \cdot g \tag{17.1}$$

$$F_n^* = \frac{G \cdot g}{e} \tag{17.2}$$

Bei der Drehmomentübertragung stellt sich die Normalkraft auf folgenden Wert ein:

$$-F_n \cdot e + F_t \cdot u + G \cdot g = 0 \tag{17.3}$$

Abb. 17.9 Halbtoroid-
getriebe, schematische
Darstellung

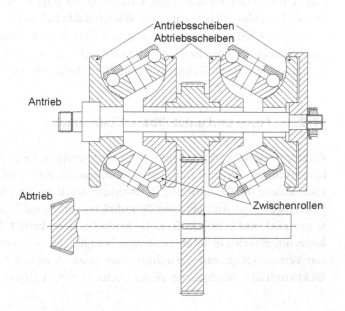

Abb. 17.10 Volltoroidgetriebe, schematische
Darstellung [Fel91]

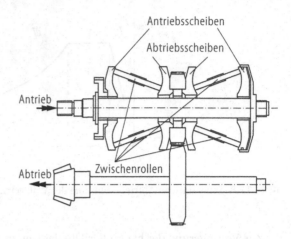

$$F_{\mathrm{n}} = F_{\mathrm{t}} \cdot \frac{u}{e} + \frac{G \cdot g}{e} \tag{17.4}$$

Um einen Betrieb im Betriebspunkt mit der optimalen Kraftschlussausnutzung zu ermöglichen, muss gelten:

$$F_{\mathrm{n}} = F_{\mathrm{t}} \frac{u}{e} + F_{\mathrm{n}}^{*} \overset{!}{=} \frac{F_{\mathrm{t\,max}}}{\mu_{\mathrm{N\,opt}}} \Rightarrow \frac{u}{e} \overset{!}{=} \frac{1}{\mu_{\mathrm{N\,opt}}} - \frac{F_{\mathrm{n}}^{*}}{F_{\mathrm{t\,max}}} \tag{17.5}$$

Dabei ist $F_{\mathrm{t\,max}}$ die maximale Tangentialkraft, die übertragen werden soll; $\mu_{\mathrm{n\,opt}}$ ist der Nutzreibwert, der einerseits klein genug ist, um die Schlupfverluste in erträglichen Grenzen zu halten, und andererseits so groß, dass die notwendigen Anpresskräfte noch eine ausreichende Ermüdungslebensdauer der Wälzkontakte zulassen.

Die Vorrichtung nach Abb. 17.5 kann auch indirekt als Momentenfühler zur Steuerung eines hydraulisch aufgebrachten Anpressdrucks eingesetzt werden, wie z.B. bei den CVT (Continuesly variable Transmission) in PKW der Marke Audi [Schi04].

17.2.3 Feste und einstellbare Übersetzung

Reibradgetriebe kann man mit fester Übersetzung sowie in Stufen oder stufenlos schaltbar ausführen. Wenn man davon absieht, dass es sich beim System Rad-Fahrbahn bzw. Rad-Schiene im Strassen- und Bahnverkehr sowie in der Fördertechnik hinsichtlich der Übertragung von Antriebs- und Bremskräften um Linear-Wälzgetriebe handelt, sind heute nur noch stufenlos schaltbare Reibradgetriebe verbreitet. Forschung und Entwicklung konzentrieren sich dabei auf stufenlose Wälzgetriebe im Antriebsstrang von Automobilen mit Verbrennungsmotor. In industriellen Anwendungen haben sich dagegen weitgehend Elektroantriebe durchgesetzt, deren Drehzahl elektrisch mit Hilfe der Umrichtertechnik stufenlos verstellt wird. Spezialanwendungen, in denen sich Reibradgetriebe behaupten, findet man in Textilmaschinen, Verpackungsmaschinen und bei hochwertigen Plattenspielern und Messgeräten, wo ihre Laufruhe einen großen Vorteil darstellt. Hier können sie in einfacher Weise durch wahlweise Abheben oder Anpressen auch die Funktion einer schaltbaren Kupplung übernehmen. Aus diesem Grunde waren Reibrad-Stufenschaltgetriebe anfangs im Automobilbau verbreitet; im Gegensatz zu Zahnradgetrieben mit Schieberädern oder Klauenkupplungen war es zum Gangwechsel nicht nötig, die Verbindung zum Motor zu trennen und die Drehzahlen zu synchronisieren.

Reibradgetriebe mit festem Übersetzungsverhältnis
Bei allen Anwendungen, die keinen Synchronlauf erfordern, stehen *Reibradgetriebe* mit *festem Übersetzungsverhältnis* in direkter Konkurrenz zu formschlüssigen Getriebetypen wie z. B. Zahnradgetrieben. Sie zeichnen sich durch einfachen Aufbau aus, der kostengünstige Konstruktionen erlaubt und können gleichzeitig die Aufgabe einer Überlastkupplung übernehmen. Sie werden häufig in feinmechanischen Antrieben zur Übertragung geringer Leistungen eingesetzt. Durch Abheben der Räder wirken sie als Schaltkupplung (Tonbandgeräte). Eine zweifache Funktion erfüllen sie auch bei Lagerung und Antrieb großer rohrförmiger Behälter.

Da die Geometrie der Kontaktzone zeitlich unveränderlich ist, sind im Gegensatz zu Zahnradgetrieben keine periodischen Schwingungsanregungen (Eingriffsstoß, Zahnsteifigkeitsschwankung) zu befürchten. Es lassen sich daher sehr geräuscharme Getriebe realisieren (Abb. 17.6) und auch sehr hohe Drehzahlen (z. B. bis 16000 1/s bei Texturiermaschinen) sind bei Übersetzung ins Schnelle erreichbar.

Wälzgetriebe mit stufenlos einstellbarer Übersetzung
Der fehlende Formschluss bei Wälzgetrieben ermöglicht eine stufenlose Veränderung ihrer Übersetzung in den Grenzen i_{min} und i_{max}. Diese Eigenschaft wird durch das *Stellverhältnis* $\phi = i_{max} / i_{min}$ gekennzeichnet.

Verstell-Reibradgetriebe dienen zum Antrieb solcher Geräte und Maschinen, deren Antriebsgeschwindigkeit stufenlos einstellbar sein soll (Fahrzeuge, Rührwerke, sanftanlaufende Förderbänder), aber auch zur Konstanthaltung einer Drehzahl bei veränderlicher Belastung durch manuelle Übersetzungseinstellung oder automatische Regelung. Der Verstellbereich sollte so klein wie möglich gewählt werden, um ihn voll auszunutzen. So wird örtlicher Verschleiß, d. h. Laufrillenbildung bei längerer Laufzeit mit gleicher Übersetzung vermieden. Eine Ausnahme stellt das Getriebe nach Abb. 17.7 dar, da die Kugelrollbahnen sich auch bei gleicher Übersetzung mit jedem Umlauf ändern, [Bas86].

Bei langsam laufenden Antrieben ist die Verwendung einer kleinen Baugröße mit vorgeschalteter Übersetzung ins Schnelle und nachgeschalteter Übersetzung ins Langsame meist günstiger als eine schwere Baugröße ohne Zusatzgetriebe, da die Wirtschaftlichkeit von Reibradgetrieben mit steigendem Drehzahlniveau zunimmt [Schr68]. Wenn für Feinregelungen nur ein geringes Stellverhältnis erforderlich ist, sollte ein *Planeten-Stellkoppelgetriebe* verwendet werden, wodurch das Stellgetriebe nur einen Teil der Gesamtleistung übertragen muss und entsprechend klein gewählt werden kann. Stellkoppelgetriebe entstehen durch Kombination eines stufenlos verstellbaren Reibradgetriebes mit einem Pla-

Abb. 17.11 Erzeugung der Anpresskraft über eine Feder

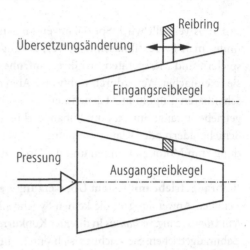

Übersetzungsänderung — Reibring

Eingangsreibkegel

Pressung — Ausgangsreibkegel

netengetriebe. Damit kann das Stellverhältnis beliebig erweitert oder eingeengt werden, wodurch z. B. mit jeder Bauart eine Drehrichtungsumkehr möglich ist [Bir03].

Verstellgetriebe oder auch kurz *Stellgetriebe* werden oft als komplette Antriebseinheiten mit anmontierten Asynchronmotoren angeboten, womit man durch Polumschaltung den Verstellbereich zusätzlich vergrößern kann. In den meisten Fällen können abtriebsseitige Untersetzungsgetriebe montiert werden, mit deren Hilfe beliebige Drehzahlbereiche möglich sind. In Abb. 17.7 werden beispielhaft zwei Bauformen für stationäre Anwendungen gezeigt.

Die Auswahl eines geeigneten Verstellgetriebes für einen bestimmten Anwendungsfall erfolgt unter der Voraussetzung, dass der Antrieb den Drehmomentenbedarf der Arbeitsmaschine im gesamten Drehzahlbereich decken muss. Der als Abtriebskennlinie bezeichnete Verlauf des Abtriebsmoments über der Drehzahl n_2 ist somit eine wichtige Eigenschaft des Verstellantriebs. Bei konstanter Antriebsdrehzahl n_1 lässt sich das Verhalten der Bauarten nach Abb. 17.7 durch verschiedene Bereiche der schematischen Abtriebskennlinie nach Abb. 17.8 darstellen. Das bei vielen Bauarten in einem gewissen Verstellbereich *II* konstante zulässige Drehmoment kann bei extremen Übersetzungen (Bereiche *I* und *III*) oft nicht mehr übertragen werden, da dann z. B. die zulässigen Hertzschen Pressungen durch kleinere Krümmungsradien überschritten werden oder die Bohrbewegung zu erhöhtem Verschleiß führt. Der häufig hyperbelförmige Drehmomentabfall im Bereich *III* wird zudem durch die begrenzte Antriebsleistung verursacht.

Gegenwärtig stehen drei Bauarten von Reibradgetrieben als stufenlose Fahrzeugantriebe (CVT) zur Diskussion [Mach00, Ima01, Fel91, Els98, Ten98, Dra98]:

- das Halbtoroidgetriebe, Abb. 17.9
- das Volltoroidgetriebe, Abb. 17.10 und
- das Kegelringgetriebe, Abb. 17.11.

Es wird erwartet, dass sie höhere Leistungsdichten erreichen werden als die konkurrierenden Umschlingungsmittelgetriebe. Toroidgetriebe haben torusförmige An- und Abtriebsscheiben, zwischen denen Momente über Zwischenrollen übertragen werden; sie befinden sich im Torusraum zwischen diesen Zentralscheiben und werden zur Einstellung der gewünschten Übersetzung um Achsen geschwenkt, die den Torusmittenkreis tangieren. Meist werden zwei Halbgetriebe parallel geschaltet, um die für die Leistungsübertragung nötige axiale Vorspannung ohne verlustreiche Axiallager zu erzeugen und eine höhere Leistung übertragen zu können. Die beiden Antriebsscheiben sitzen dabei auf der inneren, die zwei Abtriebsscheiben auf der äußeren Zentralwelle.

Halbtoroidgetriebe, Abb. 17.9, nützen nur die innere Hälfte des Torusraumes aus ($\varepsilon < 180°$). Die Berührflächennormalen der beiden Kontaktstellen schließen einen Winkel ein, so dass eine erhebliche Axialkraft auf die Zwischenrolle entsteht, die durch eine entsprechende Lagerung mit hohen Bohrschlupfverlusten abgefangen werden muss. Hingegen sind die Bohrschlupfverluste in den eigentlichen Traktionskontaktstellen gering (1 % im optimalen Betriebspunkt bei 80 % Kraftschlussausnutzung), da sich die Berührtangenten und die Drehachsen annähernd in einem Punkt schneiden (Bohr-/Wälzverhältnis i. A. 0 bis 0,2, maximal bis 0,5).

Bei Volltoroidgetrieben, Abb. 17.10, durchstößt die Verbindungslinie zwischen den beiden Kontaktstellen einer Zwischenrolle den Mittenkreis des Torus ($\varepsilon = 180°$), so dass keine Axialkraft auf die Rollen wirkt. Allerdings sind die Bohrschlupfverluste in den Traktionskontaktstellen höher (2 bis 3 %, Bohr-/Wälzverhältnis 0,8 bis 1,0).

Das Kegelringgetriebe, Abb. 17.11, besteht aus einem Ausgangsreibkegel und einem Eingangsreibkegel, um den ein Reibring angeordnet ist. Die Position dieses Reibrings bestimmt die aktuelle Übersetzung. Die erforderliche Anpressung entsteht durch Verschieben des Ausgangsreibkegels [Wal02]. Mit entsprechend schlanken Kegeln können ähnliche günstige Bohr-/Wälzverhältnisse (≈ 0.18) erzielt werden wie mit Halbtoroidgetrieben, jedoch bei geringen Axialkräften. Im Vergleich zu Kegelgetrieben mit zwischengeschalteten Rollen ist die spezifische Belastung der Kontaktstellen kleiner.

Durch Aufprägen eines Schräglaufwinkels kann erreicht werden, dass Zwischenrollen und Reibringe mit geringem äußeren Kraftaufwand durch Querreibkräfte in Positionen mit geänderten Übersetzungen gelenkt werden. Ein Schräglaufwinkel und damit Querschlupf entsteht, wenn die Geschwindigkeitsvektoren der aufeinander abwälzenden Körper im Berührpunkt nicht parallel verlaufen. Dies bewirkt man durch Schwenken der Kegelringe um die Hochachse bzw. durch tangentiales Verschieben der Roller von Toroidgetrieben.

17.2.4 Werkstoffe

Ähnlich wie bei Umschlingungsmittelgetrieben sind auch bei Reibradgetrieben Werkstoffwahl und Schmierung eng miteinander verknüpft. Die Paarung Stahl/Stahl ist hoch belastbar, neigt aber ohne Schmierung bei hoher Kraftschlussausnutzung zu übermäßigem Verschleiß, zur Oberflächenzerrüttung oder sogar zum Fressen. Es werden dieselben Stähle und Wärmebehandlungen (Durchvergüten oder Randschichtvergüten nach Aufkohlen) angewandt wie bei Wälzlagern. Durch Schmierung werden ausreichende Lebensdauern erzielt, es verringern sich aber auch die übertragbaren Nutzkräfte, was durch entsprechend hohe Anpresskräfte kompensiert werden muss. Reibradgetriebe bestehen in der einfachsten Ausführung aus zwei Rotationskörpern, die unmittelbar auf An- und Abtriebswelle

Abb. 17.12 Reibräder
mit Reibbelägen, wobei
$B > b$. **a** harter organischer
Reibbelag, **b** Reibring aus
Gummi, aufvulkanisiert,
c Reibring aus Gummi,
aufgespannt

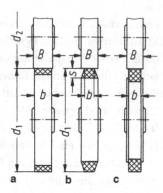

angeordnet sind. Zur Verringerung der hohen Anpresskräfte, die in diesem Fall vollständig
von den Lagern aufgenommen werden müssen, bevorzugt man Paarungen mit *größeren
Reibwerten*, Abb. 17.12, bei denen ein Partner aus nichtmetallischen Reibwerkstoffen, z. B.
Gummi besteht, und die ohne Schmierung arbeiten können.

Diese sind auch deshalb konstruktiv weniger aufwendig, weil sie keine Schmierstoffver-
sorgung und keine Abdichtung gegen Schmierstoffverlust benötigen. Sie sind allerdings
weniger leistungsfähig als geschmierte Stahl/Stahlpaarungen, insbesondere, wenn diese in
Konstruktionen mit einer Parallelschaltung von Zwischengliedern eingesetzt werden, die
einen inneren Ausgleich der Axialkräfte ohne Lagerbelastung ermöglichen (Toroidgetriebe mit zwei Kavitäten).

Tabelle 17.1 zeigt eine Auswahl verwendeter Reibradwerkstoffe mit Richtwerten für die
Berechnung.

Bei metallischen Werkstoffen ist die zulässige Hertzsche Pressung p_{Hzul} angegeben,
sonst die erlaubte Stribecksche Wälzpressung:

$$k_{zul} = F_n / (b d_1) \tag{17.6}$$

vgl. Abb. 17.12b, bzw.

$$k_{zul}^* = F_n / (d_0 b) \text{ mit } d_0 = d_1 d_2 / (d_1 + d_2) \tag{17.7}$$

vgl. Abb. 17.12a.

Die angegebenen Nutzreibwerte μ_N enthalten eine Sicherheit, um der unvermeidlichen
Streuung Rechnung zu tragen (Angaben nach [Nie83], sonstige Quellen sind gekennzeichnet).

Die an Reibpaarungen gestellten Anforderungen in Bezug auf hohe Wälz- und Verschleißfestigkeit bei gleichzeitig hohem Reibwert sind nicht gleichzeitig optimal zu erfüllen. Wegen der bei Verstellgetrieben günstigen Punktberührung findet man dort fast
ausschließlich Ganzstahlgetriebe. Reibradgetriebe mit festem Übersetzungsverhältnis weisen demgegenüber meist Linienberührung auf und lassen sich preisgünstig mit Elasto-
mer-Reibrädern gestalten, da die auftretenden Wellen- und Lagerbelastungen gering sind.

Tab. 17.1 Eigenschaften einiger Werkstoffpaarungen [Bau66]

Paarung	Schmierung	$p_{\text{H zul}}, k^{*}_{\text{zul}}, k_{\text{zul}}$ [N/mm²]	Nutzreibwert μ_N	Zulässiger Schlupf s_w [%]
Gehärteter Stahl –gehärteter Stahl für Bohr- und Wälzverhältnis		Punktberührung		
$\omega_b/\omega_w = 0$	Nathen-basisches Reibradöl	$p_{\text{Hzul}} = 2500\ldots3000$	$0{,}03\ldots0{,}05$	$0{,}5\ldots2$
$= 1$		$p_{\text{Hzul}} = 2000\ldots2500$	$0{,}025\ldots0{,}045$	$1\ldots2$
$= 10$		$p_{\text{Hzul}} = 300\ldots800$	$0{,}015\ldots0{,}03$	$4\ldots7$
$\omega_b/\omega_w = 0$	Synth. Reibrad-Schmierstoff	$p_{\text{Hzul}} = 2500\ldots3000$	$0{,}05\ldots0{,}08$	$0\ldots1$
$= 1$		$p_{\text{Hzul}} = 2000\ldots2500$	$0{,}04\ldots0{,}07$	$1\ldots3$
$= 10$		$p_{\text{Hzul}} = 300\ldots800$	$0{,}02\ldots0{,}04$	$3\ldots5$
		Linienberührung		
Grauguß-Stahl, GG26-St70	Paraffin-basisches Reibradöl	$p_{\text{Hzul}} = 450$	$0{,}02\ldots0{,}04$	$1\ldots3$
Grauguß-Stahl GG 21-St 70 GG18-St50 (Kranräder, DIN 15070)	Trocken	$p_{\text{Hzul}} = 320\ldots390$	$0{,}1\ldots0{,}15$	$0{,}5\ldots1{,}5$
Gummiräder		Linienberührung		
Nach DIN 8220 Belag aufvulkanisiert gegen St	Trocken	$v < 1m/s : k^{*}_{\text{zul}} = 0{,}48$	$0{,}6\ldots0{,}8$	$6\ldots8$
		$v = 1\ldots30m/s:$		
		$k^{*}_{\text{zul}} = 0{,}48 / v^{0{,}75}$		
Belag aufgepresst		$v < 0{,}6m/s : k^{*}_{\text{zul}} = 0{,}48$	$0{,}6\ldots0{,}8$	$6\ldots8$
		$v = 0{,}6\ldots30m/s:$		
		$k^{*}_{\text{zul}} = 0{,}33 / v^{0{,}75}$		
		Linienberührung		
Organischer Reibwerkstoff	Trocken	$k_{\text{zul}} = 0{,}8\ldots1{,}4$	$0{,}3\ldots0{,}6$	$2\ldots5$

Schmierstoffe und Schmutz müssen jedoch unbedingt von den Laufflächen ferngehalten werden, um den hohen Reibwert gewährleisten zu können.

Ein weiteres Kriterium ist das Laufgeräusch. Trocken laufende Reibradgetriebe mit weichem Gummireibbelag sind besonders geräuscharm; gehärtete, feingeschliffene und geschmierte Stahlreibflächen laufen ebenfalls leise; schnelllaufende, trockene metallische Reibpaarungen sind hingegen laut.

17.3 Berechnung

17.3.1 Berechnungsgrundlagen

Die Größe der durch Abplattung entstehenden Berührfläche sowie die Pressungsverteilung lassen sich mit Hilfe der Hertzschen Gleichungen (siehe Kap. 3.2.8.) bestimmen. Bei weichen nichtmetallischen Werkstoffen findet die Theorie der *Stribeckschen Wälzpressung* Anwendung. Die Momentenübertragung erfolgt durch Umfangskräfte F_t, die zwischen den rotationssymmetrischen Rädern unter der Anpresskraft F_n (Abb. 17.1a, 17.3 und 17.4) wirken. Man definiert einen Kraftschlussbeiwert f bzw. *Nutzreibwert*:

$$\mu_N = F_t / F_n \tag{17.8}$$

Tabelle 17.1 der stets kleiner als der maximale Wert $\mu_{N\,max}$ ist. Damit ist die Kraftschlussausnutzung bzw. der tangentiale Nutzungsgrad:

$$\nu_t = \mu_N / \mu_{Nmax} = f / \mu_{Nmax} \tag{17.9}$$

Die Drehachsen liegen zumeist in einer Ebene, um den bei windschiefen Achsen auftretenden Schräglauf zu vermeiden. Bei Verstellgetrieben muss jedoch eine Bohrbewegung in Kauf genommen werden. Nur wenn die Spitzen der beiden Wälzkegel in einem Punkt zusammenfallen, ist reines Rollen möglich (Abb. 17.1b). Die Übersetzung ist definiert als Drehzahlverhältnis von Antriebs-(Index 1-) und Abtriebs-(Index 2-)welle:

$$i = n_1 / n_2 = d_2 / d_1 \tag{17.10}$$

In der Literatur findet man für die Übersetzung, insbesondere von Verstellgetrieben auch den u. U. vorzeichenbehafteten Kehrwert $i = n_2 / n_1$. Die in der Praxis oft konstante Antriebsdrehzahl n_2 dient dabei als Bezugsgröße, mit der Folge, dass bei stillstehender Abtriebswelle ($n_2 = 0$) nicht $i = \infty$ wird.

17.3.2 Bohrbewegung

Zur Berechnung der Relativbewegung im Kontaktbereich werden die beteiligten Reibräder durch Kegel ersetzt, die die als eben angenommene Berührfläche tangieren. Im Allgemeinen fallen die in der Berührebene liegenden Spitzen dieser Wälzkegel nicht in einem Punkt zusammen, wie in Abb. 17.13 dargestellt. Die Umfangsgeschwindigkeiten sind dann nur im Punkt P identisch, entlang der Mantellinien nimmt ihre Differenz zu. Diese dem reinen Abrollen überlagerte Bewegung lässt sich durch eine Relativdrehung mit der Winkelgeschwindigkeit $\vec{\omega}_b$ beschreiben, die normal zur Berührebene gerichtet ist. Allgemein ergibt sich die Relativbewegung von Wälzkörper *2* gegenüber *1* durch die Vektorgleichung $\vec{\omega}_{rel} = \vec{\omega}_2 - \vec{\omega}_1$. Durch Zerlegung in Anteile senkrecht und parallel zur Berührfläche lassen sich die gesuchten Bohr- und Wälzgeschwindigkeiten bestimmen:

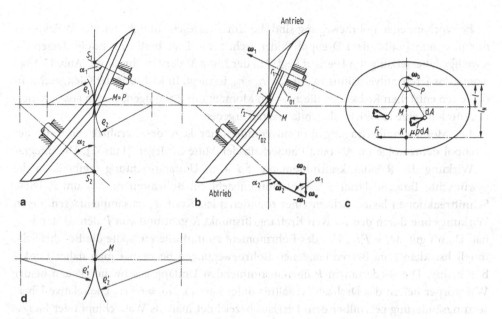

Abb. 17.13 Wälzkontakt mit Bohrbewegung. **a** Im Leerlauf, **b** unter Last, **c** vergrößerte Berühr-ellipse mit Reibkräften in Richtung der Gleitgeschwindigkeit, Verlagerung des Drehpols P um l bei Auftreten einer Umfangslast F_t, **d** geklappte Schnittdarstellung von a mit Hauptkrümmungsradien ρ_1' und ρ_2'

$$\vec{\omega}_b + \vec{\omega}_w = \vec{\omega}_2 - \vec{\omega}_1 \qquad (17.11)$$

mit den Beträgen:

$$\omega_b = \left| \omega_2 \sin \alpha_2 \pm \omega_1 \sin \alpha_1 \right| \qquad (17.12)$$

Pluszeichen, wenn P zwischen S_1 und S_2 liegt,

$$\omega_w = \left| \omega_2 \cos \alpha_2 \pm \omega_1 \cos \alpha_1 \right| \qquad (17.13)$$

Minuszeichen, wenn ein Wälzkegel Hohlkegel ist.

Das *Bohr/Wälzverhältnis* ω_b / ω_w, auch *Bohrschlupf* genannt, kennzeichnet das Ausmaß der Bohrbewegung und der damit verbundenen Verluste. Es wird durch die Bauart bestimmt und variiert im Verstellbereich

17.3.3 Wälz- oder Längsschlupf

Die Größe und Form, d. h. die Halbachsen a und b der Hertzschen Berührellipse werden u. a. durch die Hauptkrümmungsradien der Wälzkörper im Berührpunkt bestimmt. In der durch die Drehachsen aufgespannten Ebene sind das die Radien ρ_1 und ρ_2. Die dazu und wiederum zur Berührfläche senkrechte Ebene erzeugt Kegelschnitte mit den Krümmungs-radien ρ_1' und ρ_2' im Berührpunkt.

Bei vorhandener Bohrbewegung sind die Umfangsgeschwindigkeiten der Wälzkörper nur in einem Punkt, dem Drehpol P identisch. Seine Lage bestimmt infolgedessen die jeweilige Übersetzung. Im Leerlauf liegt P in der Mitte M der Berührellipse (Abb. 17.13a), womit das Drehzahlverhältnis $\omega_{02} / \omega_{01} = r_{01} / r_{02}$ festliegt. In Richtung der Gleitgeschwindigkeiten entstehen Reibkräfte, die zwar ein Moment um P erzeugen, jedoch aus Symmetriegründen keine resultierende Umfangskraft ergeben.

Bei Momentenübertragung und unveränderlicher Lage der Berührfläche muss der Drehpol demzufolge im Abstand l außerhalb der Mitte M liegen [Lutz57]. Die integrale Wirkung der Reibungskraftinkremente $\tau\, d\, A$ in Umfangsrichtung ergibt dann die gewünschte Tangentialkraft F_t. Weiterhin entsteht ein Bohrmoment M_b um P. Diese Schnittreaktionen lassen sich zu einer resultierenden Kraft F_t zusammenfassen, deren Wirkungslinie durch den fiktiven Kraftangriffspunkt K geht und von P den Abstand l_n hat. Damit gilt $M_b = F_t l_n$. Um das Bohrmoment zu minimieren, sollte die Berührfläche möglichst klein sein. Bei vorhandenen Bohrbewegungen bevorzugt man daher Punktberührung. Die wiederum in P übereinstimmenden Umfangsgeschwindigkeiten beider Wälzkörper liefern das Drehzahlverhältnis unter Last $\omega_2 / \omega_1 = r_1 / r_2$. Die relative Übersetzungsänderung gegenüber dem Leerlauf bezeichnet man als Wälzschlupf oder Längsschlupf s_w:

$$s_w = \frac{\omega_{02} / \omega_{01} - \omega_2 / \omega_1}{\omega_{02} / \omega_{01}} = 1 - \frac{r_1 / r_2}{r_{01} / r_{02}} = 1 - \frac{r_{01} - l\sin\alpha_1 / r_{02} - l\sin\alpha_2}{r_{01} / r_{02}}$$

$$s_w = 1 - \frac{(r_{01} - l\sin\alpha_1)/r_{01}}{(r_{02} + l\sin\alpha_2)/r_{02}} \qquad (17.14)$$

Bei konstanter Anpresskraft F_n sowie unveränderlichen Reibungsverhältnissen vergrößert sich der Schlupf demnach mit steigender Belastung, d. h. zunehmender Polauswanderung l. Große Raddurchmesser sowie kleine Kegelwinkel α und damit kleinerer Bohrschlupf wirken sich günstig auf den Wirkungsgrad aus, da sie den Längsschlupf verringern.

Auch bei $\alpha_{1,2} = 0$, das heißt ohne Bohrschlupf (z. B. Abb. 17.1a und b), ist der Nutzreibwert μ_N bzw. der Kraftschlussbeiwert f vom Wälz- oder Längsschlupf in ähnlicher Weise abhängig; allerdings ist der Kraftanstieg mit dem Schlupf steiler, da die Gleitgeschwindigkeitsvektoren in der Berührfläche nicht in die Richtung der gewünschten Kraftübertragung gedreht werden müssen, um den höchstmöglichen Kraftschluss zu erzielen. Dies liegt daran, dass sowohl bei trocken laufenden als auch bei geschmierten Wälzkontakten elastischer Formänderungsschlupf auftritt [Cart26, Fro27, Kal67], dem sich bei geschmierten Kontakten zusätzlich die Scherung im Fluidfilm überlagert. Der Längs- oder Wälzschlupf wird dann definiert als:

$$s_w = (r_{01}\omega_1 - r_{02}\omega_2)/r_{01}\omega_1 \qquad (17.15)$$

Wenn sich die tangentialen Geschwindigkeitsvektoren der beiden aufeinander abwälzenden Körper im Berührpunkt nicht nur im Betrag, sondern auch in der Richtung unterscheiden – man spricht dann auch von „Schräglauf" – entsteht zusätzlich Querschlupf. Er ist im stationären Betrieb unerwünscht, kann aber bei einigen Getriebebauformen gezielt zur Übersetzungsverstellung genutzt werden, die dann selbsttätig durch Querreibkräfte erfolgt.

Berechnungsverfahren zur Bestimmung der übertragbaren Umfangskräfte und der die Kinematik bestimmenden Länge l setzen zumeist eine von Tangentialkräften unbeeinflusste Geometrie und Druckverteilung in der Hertzschen Berührfläche voraus. Für den einfachsten Fall eines konstanten Reibwerts liegen Zustandsdiagramme vor, [Lutz57, Ove66], die in anschaulicher Weise die gegenseitige Abhängigkeit der Einflussgrößen l, l_N, a, b und v_t darstellen.

Gängige Theorien [Gag77] berücksichtigen vom Schlupf bzw. von der Gleitgeschwindigkeit abhängige Schubspannungen in der Kontaktfläche, speziell für den häufigsten Fall geschmierter Hertzscher Kontaktflächen. Die gleichzeitige Berechnung elastischer Verformungen und hydrodynamischer Vorgänge charakterisiert diese EHD (elasto-hydrodynamischen)-Kontakte. Der Druckverlauf in der Kontaktzone ähnelt der Hertzschen Pressungsverteilung mit Maximalwerten von einigen 1000 N/mm². Dadurch werden die Schmierstoffeigenschaften im Spalt stark verändert [Bair03]. Insbesondere spezielle Reibradöle, sogenannte traction fluids [Mat84, New02] verfestigen sich dabei und ermöglichen eine Trennung der Oberflächen (Spaltweite < 1 µm [John77] bei gleichzeitig hoher zulässiger Scherbeanspruchung in der Größenordnung von $\tau = 100$ N/mm². In Abb. 17.14 werden gemessene Nutzreibwertkurven für ein herkömmliches Mineralöl mit günstigem, hohem Naphtengehalt und ein synthetisches Reibradöl bei unterschiedlichen Bohr/Wälzverhältnissen gezeigt.

Unabhängig von dem hier untersuchten Wälzschlupf tritt bei unterschiedlichen elastischen Eigenschaften der Wälzkörper eine Übersetzungsänderung durch Änderung der Reibradien infolge lastabhängiger elastischer Verformungen auf. Es sind Konstruktionen denkbar, bei denen der Wälzschlupf dadurch sogar vollständig kompensiert wird.

Die Wälzschlupfwerte s_w ausgeführter Stellgetriebe liegen bei Nennlast zwischen 1,5 und 5 %, ausnahmsweise darüber.

17.3.4 Übertragbare Leistung und Wirkungsgrad

Neben der durch Werkstofffestigkeit und Reibungsverschleiß begrenzten Hertzschen Pressung bestimmen die bei zunehmender Baugröße infolge schlechter Wärmeabfuhr ansteigenden Temperaturen die Leistungsgrenze von Wälzgetrieben.

Bei gleichem Gewicht und damit etwa gleicher Wellen- und Lagerbelastbarkeit ist die Nennleistung von Wälzgetrieben etwa eine Größenordnung geringer als die von Zahnradgetrieben, Abb. 17.15, weil diese bei gleicher Beanspruchung der Berührflächen die volle

Abb. 17.14 Nutzreibwert-
Wälzschlupf-Kurven nach
[Win79] eines naphten-
basischen Mineralöls
und eines synthetischen
Reibradöls ("traction fluid"
mit höheren μ_N-Werten)
bei verschiedenen Bohr/
Wälzverhältnissen

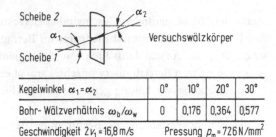

Kegelwinkel $\alpha_1 = \alpha_2$	0°	10°	20°	30°
Bohr- Wälzverhältnis ω_b / ω_w	0	0,176	0,364	0,577
Geschwindigkeit $2v_1 = 16,8$ m/s			Pressung $p_m = 726$ N/mm^2	

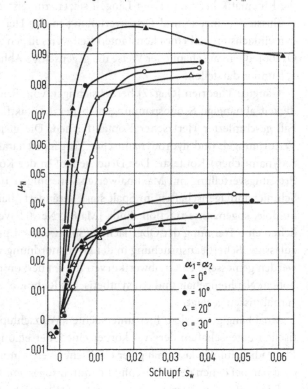

Normalkraft F_n, reibschlüssige Getriebe jedoch nur $\mu_{N\,opt}\,F_n$ als Umfangskraft übertragen
können.

Leistungsverluste treten vor allem in den Lagern und im Reibkontakt selbst auf. Nur bei
Wälzpaarungen ohne Bohrbewegung kann die Reibleistung unmittelbar angegeben werden. Die Differenz der Umfangsgeschwindigkeiten in der Kontaktfläche ist dabei näherungsweise überall gleich und hat im Leerlaufberührpunkt den Wert:

$$\Delta v = \omega_1 r_{01} - \omega_2 r_{02} = \omega_1 r_{01}(1 - \omega_2 r_{02} / \omega_1 r_{01}) = \omega_1 r_{01} s_w \qquad (17.16)$$

Damit ist die Reibleistung:

$$P_V = \Delta v \mu_N F_N = \omega_1 r_{01} s_w \mu_N F_n \qquad (17.17)$$

Abb. 17.15 Leistungsgewicht von Wälzgetrieben im
Vergleich

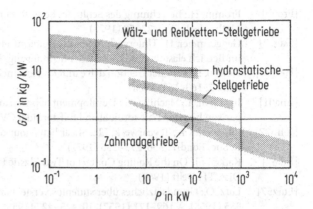

Zusammengehörige Reib- und Schlupfwerte μ_N und s_w entnimmt man z. B. vorhandenen
Reibungszahlkurven oder rechnet überschlägig mit den in Tab. 17.1 angegebenen Daten.
Bei vorhandener Bohrbewegung lässt sich die Reibleistung nach [Nie83] folgendermaßen
abschätzen. Zunächst ermittelt man den zu dem vorliegenden Kraftverhältnis $\mu_N = F_t / F_n$
zugehörigen Schlupf aus der Kraftschluss-Schlupfkurve für Bohrbewegung und setzt diesen in obige Gleichung ein. Den Nutzreibwert wählt man dann jedoch für diesen Schlupf
aus der Kurve ohne Bohrbewegung aus. Von diesem hohen Reibwert wird bei Bohrbewegung nur ein Teil für die Übertragung der Umfangskraft ausgenutzt, der Rest ist den
Bohrreibungsverlusten zuzuordnen. Genauere Berechnungsverfahren findet man z. B. in
[Gag77].

Literatur

[Bas86] Basedow, G.: Stufenlose Nullgetriebe schützen vor Überlast und Anfahrstößen. Antriebstechnik 25, 20–25

[Bair03] Bair, S., Kottke, P.: Pressure-Viscosity Relationssship for Elastohydrodynamics. Konferenz-Einzelbericht, 58th Annual Meeting of the Society of Tribologists and Lubrication
Engineers, New York, 28.04–01.05.2003

[Bau66] Bauerfeind, E.: Zur Kraftübertragung mit Gummiwälzrädern. Antriebstechnik 5, 383–
391 (1966)

[Bir03] Birch, S.: Torotrak developments. Automotive Eng. Int. 2, 65–66 (2003)

[Cart26] Carter, F.J.: On the action of a locomotive driving wheel. Proc. R. Soc. Lond. A 112,
151–157 (1926)

[Dra98] Dräger, C., Gold, P.W., Kammler, M., Rohs, U.: Das Kegelringgetriebe – ein stufenloses
Reibradgetriebe auf dem Prüfstand. ATZ Automob. Z. 100(9), 640–646 (1998)

[Els98] Elser, W., Griguscheit, M., Breunig, B., Lechner, G.: Optimierung stufenloser Toroidgetriebe für PKW. VDI-Ber. 1393, 513–526 (1998)

[Fel91] Fellows, G.T., Greenwood, C.J.: The Design and Development of an Experimental
Traction Drive CVT for a 2.0 Litre FWD Passenger Car. SAE Technical Paper Series
No. 910408, Warrendale, PA (1991)

[Fro27] Fromm, H.: Berechnung des Schlupfes beim Rollen deformierbarer Scheiben. Z. Angew. Math. Mech. 7(1), 27–58 (1927)

[Gag77] Gaggermeier, H.: Untersuchungen zur Reibkraftübertragung in Regel-Reibradgetrieben im Bereich elastohydrodynamischer Schmierung. Diss. TU München (1977)

[Hew68] Hewko, L.O.: Roller traction drive unit for extremely quiet power transmission. J. Hydronaut. 2, 160–167 (1968)

[Ima01] Imanishi, T., Machida, H.: Development of powertoros unit half-toroidal CVT (2) – comparison between half-toroidal and full-toroidal CVTs. Motion Control 10, 1–8 (2001)

[John77] Johnson, K.L., Tevaarwerk, J.L.: Shear behaviour of elastohydrodynamic oil films. Proc. R. Soc. Lond. A 356, 215–236 (1977)

[Kal67] Kalker, J.J.: On the Rolling Contact of Two Elastic Bodies in the Presence of Dry Friction. Diss. TH Delft (1967)

[Lutz57] Lutz, O.: Grundsätzliches über stufenlos verstellbare Wälzgetriebe. Konstruktion 7, 330–335 (1955), 9, 169–171 (1957), 10, 425–427 (1958)

[Mach00] Machida, H., Murakami, Y.: Development of the powertoros unit half toroidal CVT. Motion Control 9, 15–26 (2000)

[Mat84] Matzat, N.: Einsatz und Entwicklung von Traktionsflüssigkeiten. Synthetische Schmierstoffe und Arbeitsflüssigkeiten. 4. Int. Koll., Technische Akademie Esslingen S. 16.1–16.26, Paper-Nr. 16 (1984)

[New02] Newall, J.P., et al.: Development and assessment of traction fluids for use in toroidal (IVT) transmissions. Konferenz-Einzelbericht SAE-SP 1655 S. 21–29 (2002)

[Nie83] Niemann, G., Winter, H.: Maschinenelemente. Bd. III, 2. Aufl. Springer-Verlag, Berlin (1983)

[Ove66] Overlach, H., Severin, D.: Berechnung von Wälzgetriebepaarungen mit ellipsenförmigen Berührungsflächen und ihr Verhalten unter hydrodynamischer Schmierung. Konstruktion 18, 357–367 (1966)

[Schi04] Schiberna, P., et al.: Audi multitronic® – leistungsfähig und sportlich. VDI-Ber. 1827 (2004) 447–459

[Schr68] Schroebler, W.: Praktische Erfahrungen mit speziellen Reibradgetrieben. Tech. Mitt. 61, 411–414 (1968)

[Ten98] Tenberge, P.: Toroidgetriebe mit verbesserten Kennwerten. VDI-Ber. 1393, 703–724 (1998)

[Wal02] Walbeck, T., et al.: Das Kegelringgetriebe im PKW – Vom Funktionsprinzip zum Fahrzeug. VDI-Ber. 1709, 89–105 (2002)

[Win79] Winter, H., Gaggermeier, H.: Versuche zur Kraftübertragung in Verstell-Reibradgetrieben im Bereich elasto-hydrodynamischer Schmierung. Konstruktion 31(2–6), 55–62 (1979)

Sensoren und Aktoren

18

Jörg Wallaschek

Inhaltsverzeichnis

18.1   Funktion   638
18.2   Aktoren   641
     18.2.1   Allgemeines zu elektromechanischen Aktoren   641
         18.2.1.1   Klassifikation anhand der physikalischen Effekte   641
         18.2.1.2   Charakterisierung der Ein- und Ausgangsgrößen   642
         18.2.1.3   Modellbildung   643
     18.2.2   Piezoelektrische Aktoren   643
         18.2.2.1   Der piezoelektrische Effekt   643
         18.2.2.2   Longitudinalaktoren   644
         18.2.2.3   Transversal- und Biegeaktoren   645
         18.2.2.4   Modellbildung   646
         18.2.2.5   Stellwegvergrößerung   648
         18.2.2.6   Elektrische Ansteuerung   649
     18.2.3   Tauchspulen-Aktoren   650
         18.2.3.1   Der elektrodynamische Effekt   650
         18.2.3.2   Bauformen   650
         18.2.3.3   Modellbildung   651
     18.2.4   Elektromotoren   654
         18.2.4.1   Selbstgeführte Motoren   654
         18.2.4.2   Fremdgeführte Motoren   657

J. Wallaschek (✉)
Institut für Dynamik und Schwingungen, Leibniz Universität Hannover, Hannover, Deutschland

© Springer-Verlag GmbH Deutschland, ein Teil von Springer Nature 2018
B. Sauer (Hrsg.), *Konstruktionselemente des Maschinenbaus 2*, Springer-Lehrbuch,
https://doi.org/10.1007/978-3-642-39503-1_9

	18.2.5	Hydraulische und pneumatische Aktoren	660
	18.2.6	Aktoren auf Basis von Formgedächtnislegierungen	661
	18.2.7	Sonstige elektromechanische Aktoren	663
18.3	Sensoren		664
	18.3.1	Wandlung von Messsignalen	664
	18.3.2	Messbereich, Auflösung und Messgenauigkeit	664
	18.3.3	Sensoren zur Messung von Weg- und Winkelgrößen	665
	18.3.4	Geschwindigkeits- und Winkelgeschwindigkeitssensoren	667
	18.3.5	Beschleunigungs- und Winkelbeschleunigungssensoren	669
	18.3.6	Sensoren zur Messung von Druck, Kraft und Drehmoment	670
	18.3.7	Sensoren zur Messung von Temperatur und Strömung	671
	18.3.8	Sensorsysteme	672
Literatur			673

18.1 Funktion

Sensoren und Aktoren bilden die Schnittstelle zwischen der Informationsverarbeitung und den Energie- und Stoffflüssen in technischen Systemen. Abbildung 18.1 zeigt den typischen Aufbau mechatronischer Systeme, bei dem die Sensoren und Aktoren als „blackbox" dargestellt sind. In einer stark vereinfachten Analogie zum menschlichen Körper kann man die mechanische Grundstruktur des Systems mit dem Skelett, die Sensoren mit den Sinnesorganen, die Aktoren mit der Muskulatur und die Informationsverarbeitung mit dem zentralen Nervensystem, einschließlich dem Gehirn, vergleichen.

Die Aktoren dienen in einem abstrakten Sinn als Elemente, mit denen die Energieflüsse im System beeinflusst werden können, wobei die Besonderheit darin besteht, dass die durch Aktoren erzeugten Energieflüsse durch Stellsignale geringer Leistung, d. h.

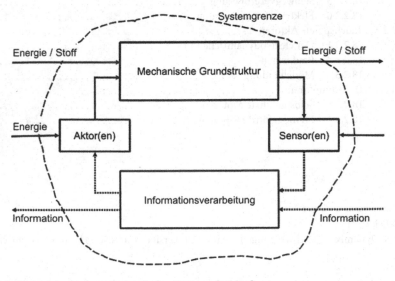

Abb. 18.1 Grundstruktur mechatronischer Systeme [Wal95]

durch Informationsflüsse, angesteuert werden können. Die Aufgabe der Sensoren ist es, bestimmte Größen des Systems oder seiner Umgebung zu erfassen, so dass die daraus gewonnene Information genutzt werden kann, um die im jeweiligen Kontext optimale Reaktion auszulösen. Diese kann z. B. darin bestehen, auf das System im Sinne einer Steuerung oder Regelung einzuwirken, bestimmte Parameter des Systems zu adaptieren, oder besondere Maßnahmen zu ergreifen, etwa wenn ein Fehler diagnostiziert wird.

Sensoren bestehen in der Regel aus einem Messelement, mit dessen Hilfe die zu messende physikalische Größe in ein elektrisches Signal umgewandelt wird, einer – meist analogen – Signalvorverarbeitung, sowie einer Elektronik mit Mikroprozessoren, mit der das entsprechend aufbereitete elektrische Signal abgetastet und digitalisiert wird, so dass die gewünschte Information über eine entsprechende Schnittstelle an die Informationsverarbeitung weitergegeben werden kann. Meist werden zur Übertragung Bus-Systeme eingesetzt. Abbildung 18.2 zeigt den entsprechenden Aufbau.

Aktoren sind aus den in Abb. 18.3 gezeigten elementaren Funktionsgliedern Energiesteller, Energiewandler und Energieumformer aufgebaut ([Jan92, Nor03]).

Im Energiesteller (z. B. Transistor oder Ventil) gibt die Eingangsgröße, das sog. Stellsignal, den gewünschten Verlauf der Ausgangsgröße vor. Die zur Erzeugung der Ausgangsgröße

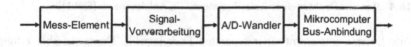

Abb. 18.2 Typischer Aufbau von Sensoren

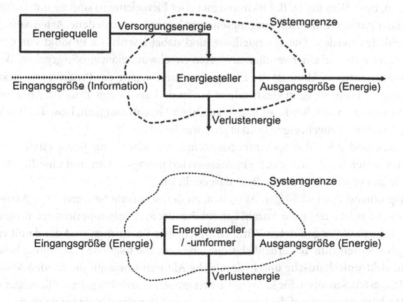

Abb. 18.3 Energiesteller, -wandler und -umformer

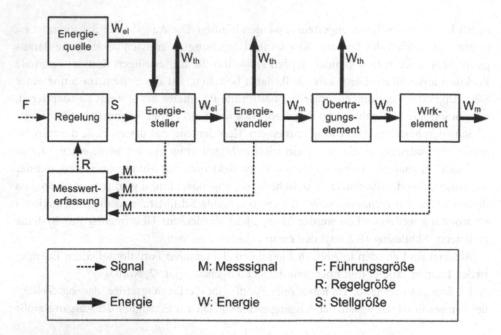

Abb. 18.4 Typische Struktur eines Antriebssystems. (In Anlehnung an [Stö01])

benötigte Energie entstammt einer separaten Energiequelle. Demgegenüber erfolgt beim Energiewandler und beim Energieumformer lediglich eine Wandlung oder Umformung der Energie der Eingangsgröße in die entsprechende Energieform der Ausgangsgröße. Beim Umformer (z. B. Getriebe oder Transformator) sind Eingangs- und Ausgangsenergie vom Typ her gleich, beim Wandler (z. B. Elektromagnet oder Piezoelement) sind sie unterschiedlich.

Je nach Art der Ein- und Ausgangsenergie können verschiedene Arten von Aktoren unterschieden werden. Die Energieflüsse sind dabei jeweils als Produkt einer verallgemeinerten Kraft- und einer verallgemeinerten Geschwindigkeitsgröße gegeben. Bei einem elektromechanischen Aktor ist der Energiefluss am Eingang das Produkt von elektrischer Spannung und zugehörigem elektrischem Strom und der Energiefluss am Ausgang ist das Produkt von mechanischer Kraft und zugehöriger Geschwindigkeit, bzw. das Produkt von Drehmoment und zugehöriger Winkelgeschwindigkeit.

Aktoren sind oft Teil eines Antriebssystems, das neben dem Energiesteller, -wandler und -umformer meist auch noch ein Messwerterfassungssystem und eine Regelung enthält, wie dies in Abb. 18.4 beispielhaft dargestellt ist.

Entsprechend der vielfältigen Aufgaben, zu deren Lösung Sensoren und Aktoren eingesetzt werden, ist eine große Anzahl entsprechender Systemkomponenten entstanden, die sich in Bezug auf die genutzten Wirkprinzipien, ihre Bauformen und die damit erzielbaren Eigenschaften zum Teil erheblich unterscheiden. Die folgende Darstellung beschränkt sich auf elektromechanische und hydraulische Aktoren sowie auf die für den Maschinenbau wichtigsten Sensoren. Sie kann nur einen groben Überblick geben. Für weiter führende Betrachtungen muss auf die jeweils angegebene Literatur verwiesen werden.

18.2   Aktoren

18.2.1   Allgemeines zu elektromechanischen Aktoren

18.2.1.1   Klassifikation anhand der physikalischen Effekte

Da bei elektromechanischen Aktoren immer eine Umwandlung der elektrischen Eingangs-
energie in eine andere Energieform und meist eine weitere Umformung dieser anderen
Energieform in die mechanische Ausgangsenergie erfolgt, kann eine Klassifikation anhand der physikalischen Effekte erfolgen, die zur Energiewandlung genutzt werden. Unter
Einschränkung der dabei genutzten Zwischenenergieformen auf elektrische, magnetische
und thermische Energie ergibt sich die Systematik der Abb. 18.5. Neben den dort dargestellten Effekten können aber auch zahlreiche weitere Effekte in Aktoren genutzt werden.
In der Hydraulik arbeitet man mit Fluidkräften und verschiedenen Strömungseffekten und
in elektrochemischen Aktoren nutzt man Druckunterschiede, die infolge der Gasentwick-
lung zwischen katalytischen Elektroden auftreten. Entsprechend vielfältig sind die daraus
resultierenden Aktorprinzipien.

Eine weitere Unterscheidung ergibt sich danach, ob die Aktoren gesteuert oder geregelt
betrieben werden. Geregelte Aktoren werden meist dann eingesetzt, wenn hohe Anforderungen an die Präzision gestellt werden und Störeinflüsse ausgeglichen werden müssen, wie z. B. Reibung, Lose, Hysterese oder eine Veränderung der Charakteristik infolge
Verschleiß und Alterung. Die in einem geregelten Aktor notwendigerweise vorhandenen
internen Sensoren und die entsprechende Informationsverarbeitung können auch zur
Überwachung, und ggf. sogar zur Fehlerdiagnose des Aktors genutzt werden. Man spricht
dann zuweilen auch von sog. „intelligenten" Aktoren [Ise99].

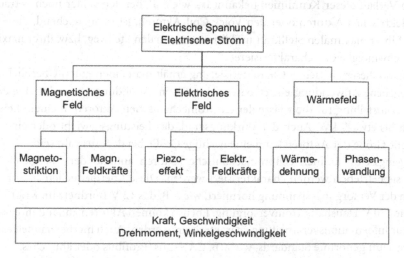

Abb. 18.5 Klassifikation elektromechanischer Aktoren anhand der Zwischenenergieform

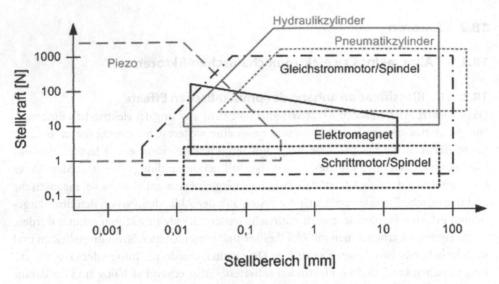

Abb. 18.6 Maximale Kraft und maximale Geschwindigkeit verschiedener Aktoren im Leistungsbereich bis 5 kW

18.2.1.2 Charakterisierung der Ein- und Ausgangsgrößen

Üblicherweise werden Aktoren mit begrenztem Stellweg, wie z. B. Hydraulikzylinder
oder piezoelektrische Aktoren, ausgangsseitig durch Kraft-Weg-Kennlinien beschrieben,
während man Aktoren mit unbegrenztem Hub, wie z. B. Elektromotoren, deren Drehwinkel prinzipiell unbegrenzt ist, in der Regel durch Drehmoment-Drehzahl-Kennlinien,
bzw. Kraft-Geschwindigkeits-Kennlinien beschreibt. In diesen Kennlinien wird das stationäre Aktorverhalten abgebildet, d. h. es handelt sich um Darstellungen der stationären
Betriebspunkte des Aktors bei verschiedenen Belastungen des Ausgangs. Wenn der prinzipielle Verlauf dieser Kennlinien bekannt ist, wie z. B. bei den später noch betrachteten
piezoelektrischen Aktoren oder den Voice-Coil-Aktoren, ist es ausreichend, die Aktoren
anhand ihrer maximalen Stellkraft und ihrem maximalen Stellweg, bzw. ihrer maximalen
Stellgeschwindigkeit zu charakterisieren.

Anhand dieser einfachen Charakterisierung erhält man einen guten Überblick der für
eine gegebene Anwendung einsetzbaren Aktortypen. Abbildung 18.6 zeigt eine entsprechende Darstellung für die Klasse der elektromechanischen Aktoren in einem Leistungsbereich bis etwa 5 kW. Auch der Wirkungsgrad, das Leistungsgewicht oder eine andere
bezogene Größe der Aktoren kann eine wichtige Größe bei der Auswahl sein.

Eingangsseitig können elektromechanische Aktoren anhand der Energiequellen an
denen sie betrieben werden charakterisiert werden. Diese Energiequellen sind meist bezüglich der Versorgungsspannung normiert, wie z. B. das 12 V Bordnetz im Kraftfahrzeug
oder die 230 V Haushaltsstromversorgung. Ebenso können Aktoren anhand ihrer Schnittstelle zur Informationsverarbeitung charakterisiert werden. Auch hierbei handelt es sich in
der Regel um genormte Standards, wie z. B. CAN-Bus, Profibus oder ähnliches.

18.2.1.3 Modellbildung

Für die rechnergestützte Analyse von Systemen, in denen Aktoren eingesetzt werden, sind mathematische Modelle der Aktoren notwendig. Einige Hersteller bieten entsprechende Informationen als Service auf ihrer Homepage oder in Katalogen an. In der Regel müssen Aktormodelle jedoch anwendungsspezifisch erstellt werden. Die Beschreibung des Aktorverhaltens kann oft mit Hilfe von gewöhnlichen Differentialgleichungen erfolgen, die sich aus den elektrischen Netzwerkgleichungen, den Bewegungsgleichungen und den Gleichungen mit denen die elektrisch mechanische Energiewandlung beschrieben wird ergeben [Wal95].

In den Fällen, in denen sich die Aktoren näherungsweise linear verhalten, kann ihr Verhalten mit den klassischen Methoden der System- und Regelungstechnik, wie z. B. der Impuls- oder Sprungantwort oder der Übertragungsfunktion beschrieben werden. Wenn auch die Rückwirkung der ausgangsseitigen Last auf die Eingangsseite beschrieben werden soll, bietet sich die Verwendung von Zwei-Tor-Modellen an, mit denen das Übertragungsverhalten der Aktoren anhand ihrer Impedanz- oder Admittanz-Matrizen modelliert werden kann [Len01].

18.2.2 Piezoelektrische Aktoren

18.2.2.1 Der piezoelektrische Effekt

Der piezoelektrische Effckt wurde erstmals 1880 von Jacques und Pierre Curie beobachtet. Man versteht darunter die mechanische Deformation eines Körpers unter der Wirkung eines elektrischen Fcldes, bzw. die Erzeugung eines elektrischen Feldes in einem mechanisch deformierten Körper. Der piezoelektrische Effekt tritt in einigen natürlich vorkommenden Materialien (Quarz, Rochelle-Salz, Lithium-Niobat, ...) auf, sowie in speziell „gezüchteten" keramischen Materialien, den sog. Piezokeramiken, wie z. B. Blei-Zirkonat-Titanat ($PbZrO_3 - PbTiO_3$, kurz PZT) oder Barium-Titanat ($BaTiO_3$). Die mit gewöhnlichen piezoelektrischen Materialien erreichbaren Dehnungen liegen im Bereich von einem Promille, d. h. mit einem Aktor der Länge 50 mm erreicht man eine Ausdehnung von etwa 50 μm.

Obwohl linearisierte Materialgesetze das Verhalten von Piezokeramiken nur unzureichend beschreiben, werden sie in der Praxis dennoch häufig angewandt. Dabei ist jedoch stets zu beachten, dass diese Beschreibungen nur für kleine Abweichungen von einem nominellen Betriebspunkt gelten und die in den Materialgesetzen auftretenden Parameter von der Temperatur sowie von der elektrischen Feldstärke und der mechanischen Spannung im betrachteten Betriebspunkt abhängen. Beschränkt man die Betrachtung auf den eindimensionalen Fall, so gilt für piezoelektrische Materialien der Zusammenhang

$$T = c^E S - eE \tag{18.1}$$

$$D = eS + \varepsilon^s E \tag{18.2}$$

zwischen der mechanischen Spannung T (tension), der Dehnung S (strain), der elektrischen Feldstärke E und der dielektrischen Verschiebung D, wobei sich die Benennung an

Abb. 18.7 Bauformen piezoelektrischer Aktoren [PI05]

der (allerdings im Jahr 2000 zurückgezogenen) internationalen Norm [IEE87] orientiert. Als Materialparameter tritt der Elastizitätsmodul bei konstanter elektrischer Feldstärke c^E, die piezoelektrische Spannungskonstante e sowie die Dielektrizitätskonstante bei konstanter mechanischer Dehnung ε^S auf. Die piezoelektrische Spannungskonstante gibt an, wie groß die im Material von einem elektrischen Feld erzeugte mechanische Spannung ist, wenn die Verformung des Materials blockiert wird [Set02].

18.2.2.2 Longitudinalaktoren

Die gebräuchlichsten Bauformen piezoelektrischer Aktoren sind in Abb. 18.7 dargestellt. Bei den sog. Longitudinalaktoren sind zur Erzielung hoher elektrischer Feldstärken viele dünne Schichten in abwechselnder Polarität übereinander gestapelt. Sie werden durch Zwischenelektroden kontaktiert, siehe Abb. 18.8. Die einzelnen Schichten können entweder vor dem Zusammenbau einzeln gesintert werden (sog. Stapelbauweise mit Schichtdicken zwischen 0,5 und 2 mm), oder sie werden vor dem Sintern gestapelt und der Aktor wird dann als ganzes gesintert (sog. Multilayer-Technologie mit Schichtdicken typischerweise zwischen 20 und 200 µm). In beiden Fällen wird die mechanische Ausdehnung des Aktors in Richtung seiner Polarisationsachse ausgenutzt. Gelegentlich spricht man deshalb auch von d_{33}-Aktoren, weil die 3-Richtung üblicherweise die Polarisationsachse des Materials angibt.

Aktoren in Stapelbauweise benötigen hohe Ansteuerspannungen von bis zu 1000 V um die maximale im Betrieb zulässige Feldstärke zu erreichen. Die dabei auftretenden Ladeströme sind niedrig. Stapelaktoren können typischerweise bei Temperaturen bis 150 °C eingesetzt werden. Aktoren in Multilayer-Bauweise benötigen nur geringe Ansteuerspan-

Abb. 18.8 Piezoelektrischer
Longitudinalaktor (d33-Effekt)
in Multilayer-Bauweise [WO
00/79162]

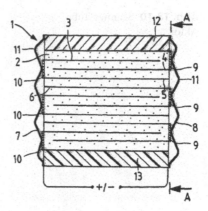

nungen, es treten jedoch vergleichsweise hohe Ladeströme auf. Die maximale Temperatur bei der Multilayer-Aktoren eingesetzt werden können liegt bei etwa 80 °C.

Piezokeramiken können zwar relativ hohe Druckspannungen bis etwa 100 MPa ertragen, sind aber sehr empfindlich gegenüber Zug- und Schubspannungen. Viele Aktoren werden deshalb mechanisch vorgespannt. Um ein über längere Zeiträume stattfindendes Ausgasen der Piezokeramik zu verhindern und um das Material vor Feuchtigkeit zu schützen werden die Aktoren meist mit einer schützenden Oberfläche umhüllt.

18.2.2.3 Transversal- und Biegeaktoren

Bei den sogenannten Transversalaktoren wird die mechanische Ausdehnung in der Ebene senkrecht zur Polarisationsrichtung ausgenutzt. Man nennt sie deshalb auch d_{31}-Aktoren, weil das elektrische Feld in Polarisationsrichtung (3) anliegt und die Dehnung in der 1-2-Ebene erfolgt. Zur Klasse der Aktoren, in denen der d_{31}-Effekt genutzt wird, zählen auch rohrförmige Aktoren, die in Dickenrichtung polarisiert sind. Durch geeignete Kombination von zwei oder mehreren Transversalaktoren, die sich unterschiedlich ausdehnen, können Bimorph- oder Multimorph-Biegeaktoren aufgebaut werden, siehe Abb. 18.9.

Abb. 18.9 Mono-
morph-, Bimorph- und
Multimorph-Biegeaktoren

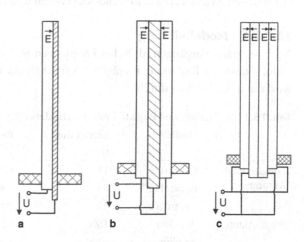

Abb. 18.10 Scanner-Tube
Aktor

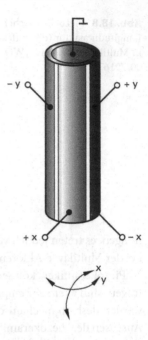

Biegeaktoren können auch durch die Kombination eines Longitudinalaktors mit einem passiven Biegeträger aufgebaut werden. Diese Bauform wird Monomorph-Biegeaktor genannt und ist ebenfalls in Abb. 18.9 dargestellt. Auch in rohrförmigen Aktoren kann Biegung erzeugt werden, wenn die Rohre in Umfangsrichtung entsprechend polarisiert sind, wie z. B. bei dem in Abb. 18.10 gezeigten Biegeaktor, der sich in zwei Ebenen biegt, und als sogenannte „scanner-tube" in Mikroskop-Scannern eingesetzt wird.

Die einzelnen Bauformen führen zu sehr unterschiedlichen Aktoreigenschaften. Während Biegeaktoren große Auslenkungen erzeugen können, sind Longitudinalaktoren eher zur Erzeugung hoher Kräfte geeignet. Tabelle 18.1 gibt einen Überblick zu den mit piezoelektrischen Aktoren erzielbaren Blockierkräften und Leerlaufhüben.

18.2.2.4 Modellbildung

Bei langsamen Vorgängen, d. h. bei Frequenzen weit unterhalb der ersten Resonanz des Aktors kann der Einfluss der Trägheit vernachlässigt werden. Das Verhalten des Aktors wird dann beschrieben durch:

Tab. 18.1 Leerlaufhub und Blockierkraft verschiedener Piezo-Aktoren

	Hersteller	Leerlaufhub [µm]	Blockierkraft [N]	Abmessungen [mm × mm × mm]
Longitudinal-Aktoren	CeramTec	11	900	6 × 5 × 10
	CeramTec	35	2000	8 × 7 × 30
	CeramTec	23	4000	11 × 10 × 20
Biege-Aktoren	Argillon	1600	0,25	49 × 2,1 × 0,8
	Argillon	6200	1,3	93 × 22 × 0,8

$$F = cx - \alpha U \tag{18.3}$$

$$Q = \alpha x + CU \tag{18.4}$$

Dabei ist F die auf den Aktor wirkende Kraft, Q die auf den Aktor fliessende elektrische Ladung. U ist die elektrische Spannung an den Klemmen des Aktors und x die Ausdehnung, wobei die Verschiebung des Aktorendpunktes aus dem unbelasteten Zustand ($F = 0$, $U = 0$) gemessen wird. Es fällt auf, dass die beiden Gleichungen genau die gleiche Struktur besitzen wie das Materialgesetz, wobei es leicht ist, die Analogie der Kraft mit der mechanischen Spannung, die Analogie der elektrischen Spannung mit der Feldstärke, die Analogie der Ladung mit der dielektrischen Ladungsverschiebung und die der Auslenkung mit der Dehnung zu erkennen. Dies ist kein Zufall, da zwischen den jeweiligen Größen lineare Beziehungen bestehen. Die beiden Gleichungen beschreiben das lineare quasistatische Verhalten aller piezoelektrischen Aktoren, unabhängig von deren Bauform.

Der Parameter c ist die Aktorsteifigkeit bei konstanter elektrischer Spannung und C ist die Aktorkapazität bei konstanter mechanischer Verformung. α ist die sogenannte Aktorkonstante. Stellt man den Zusammenhang zwischen Kraft und Auslenkung für verschiedene elektrische Spannungen dar, so erhält man das in Abb. 18.11 gezeigte Diagramm der stationären Betriebspunkte.

Dem Diagramm kann man zwei charakteristische Werte entnehmen: die Blockier-, bzw. Klemmkraft F_∞ und den Leerlaufhub x_0. Diese Werte dienen, bei gleichzeitiger Angabe der dazu gehörenden maximalen Klemmenspannung U_{max}, zur Charakterisierung eines piezoelektrischen Aktors. Sie sind meist in den entsprechenden Hersteller-Katalogen angegeben.

Die von einem piezoelektrischen Aktor im Betrieb tatsächlich erreichten Ausdehnungen, die dabei auftretenden Kräfte und die vom Aktor verrichtete mechanische Arbeit hängen natürlich stark von der jeweiligen Last ab. So wird die maximale Ausdehnung, der Leerlaufhub, nur an einer Last mit verschwindender Steifigkeit erreicht, während die maximale Kraft, die Blockierkraft, nur bei Belastung durch eine sehr steife Last erreicht wird, deren Ersatzsteifigkeit sehr viel höher ist als die Steifigkeit c des Aktors. Das

Abb. 18.11 Kraft-/Weg-Diagramm piezoelektrischer Aktoren

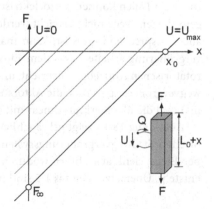

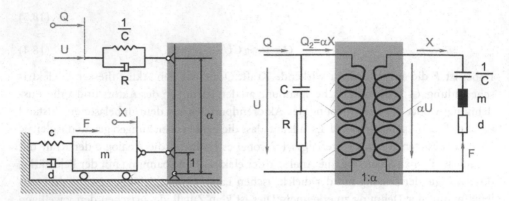

Abb. 18.12 Mechanisches und elektrisches Ersatzmodell piezoelektrischer Aktoren bei dynamischen Vorgängen

Arbeitsvermögen des Aktors wird am besten ausgenutzt, wenn die Laststeifigkeit genau so groß ist wie die Steifigkeit c des Aktors.

Bei schnellen Vorgängen, d. h. wenn die Eigendynamik des Aktors einen wesentlichen Einfluss auf das Systemverhalten hat, müssen Trägheit und Dämpfung berücksichtigt werden. Das Verhalten der Aktoren lässt sich dann durch die Ersatzmodelle der Abb. 18.12 mit den Bewegungsgleichungen

$$m\ddot{x} + d\dot{x} + cx = F + \alpha U \tag{18.5}$$

$$U = \frac{1}{C}[Q - \alpha x] + R[\dot{Q} - \alpha \dot{x}] \tag{18.6}$$

beschreiben. Dabei wurde der elektrische Widerstand R zur Beschreibung der dielektrischen Verluste und der Dämpfer d zur Beschreibung der mechanischen Verluste eingeführt [Hen99].

18.2.2.5 Stellwegvergrößerung

In vielen Fällen können piezoelektrische Aktoren nicht direkt eingesetzt werden, weil die geforderten Wege nicht erreicht werden. Wenn die Kraft, die der Aktor aufbringen kann, aber entsprechend groß ist, kann man in vielen Fällen mit einem System zur Stellwegvergrößerung arbeiten, was dem Einsatz eines Getriebes im Falle eines konventionellen rotatorischen Antriebes entspricht, und zur besseren Lastanpassung führt. Durch die Stellwegvergrößerung werden die Aktorsteifigkeit (quadratisch mit dem Übersetzungsverhältnis) und die Blockierkraft (linear mit dem Übersetzungsverhältnis) reduziert.

Abbildung 18.13 zeigt gebräuchliche Lösungen zur Stellwegvergrößerung. Bei mechanischen Stellwegvergrößerungssystemen werden die Gelenke in der Regel als Festkörper-Biegegelenk ausgeführt, wodurch ein weitgehend spiel- und verschleißfreier Antrieb entsteht. Übersetzungen bis 1:5 sind damit ohne weiteres realisierbar. Bei größeren Über-

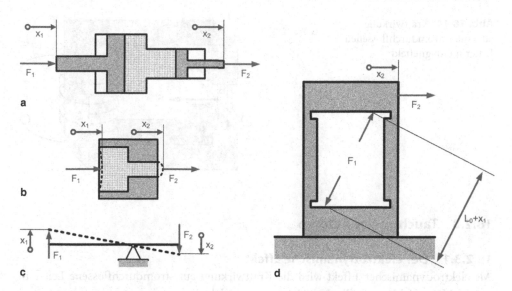

Abb. 18.13 Systeme zur Stellwegvergrößerung bei piezoelektrischen Aktoren: **a** hydraulisch offenes System, **b** hydraulisch geschlossenes System, **c** mechanisches Hebelsystem, **d** mechanische Parallelogrammführung mit Festkörpergelenken

setzungen müssen die Steifigkeit der Festkörpergelenke des Übersetzungsmechanismus und die Nachgiebigkeit der kraftleitenden Teile berücksichtigt werden.

18.2.2.6 Elektrische Ansteuerung

Im einfachsten Fall können Piezo-Aktoren ohne Regelung direkt durch einen Spannungsverstärker angesteuert werden. Dabei können jedoch, infolge des kapazitiven Verhaltens der Aktoren, sehr hohe Pulsströme auftreten. Außerdem tritt bei Spannungsansteuerung Hysterese auf, wenn die Auslenkung als Funktion der elektrischen Ansteuerspannung betrachtet wird. Für den positionsgesteuerten dynamischen Betrieb werden deshalb bevorzugt elektrische Leistungsverstärker mit stromeinprägender Charakteristik eingesetzt, wobei man ausnutzt, dass die Aktor-Hysterese sehr viel kleiner ist, wenn die Auslenkung als Funktion der auf den Aktor geflossenen Ladung betrachtet wird und nicht als Funktion der elektrischen Klemmenspannung [Gol97].

Bei hohen Anforderungen an die Genauigkeit werden die Aktoren geregelt betrieben. Die dazu erforderlichen Messgrößen können durch eine externe Sensorik oder durch in den Aktor integrierte Dehnungsmessstreifen gewonnen werden. Auf diese Art kann eine extrem hohe Auflösung und Wiederholgenauigkeit erreicht werden.

Um das häufig durch Resonanzfrequenzen des Systems bedingte Überschwingen zu vermeiden, wurden spezielle Ansteuerungsmethoden entwickelt [US Patent 4916].

Piezoelektrische Aktoren besitzen im Grunde eine unbegrenzte Auflösung und können deshalb auch für Positionieraufgaben im Sub-Nanometer-Bereich eingesetzt werden. Dies erfordert jedoch spezielle rauscharme elektrische Verstärker und ein hochgenaues Mess-System.

Abb. 18.14 Kraftwirkung
auf einen stromdurchflossenen
Leiter im Magnetfeld

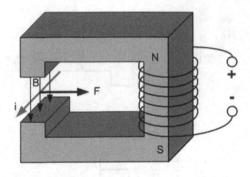

18.2.3   Tauchspulen-Aktoren

18.2.3.1   Der elektrodynamische Effekt

Als elektrodynamischer Effekt wird die Kraftwirkung auf stromdurchflossene Leiter in einem Magnetfeld sowie die Induzierung einer elektrischen Spannung in einer Leiterschleife durch Änderung des diese Schleife durchsetzenden magnetischen Flusses bezeichnet.

Abbildung 18.14 zeigt in vereinfachter Darstellung einen stromdurchflossenen Leiter, der sich in einem Magnetfeld bewegen kann. Der Leiter steht senkrecht zum Magnetfeld und seine Position wird durch die Koordinate x angegeben. Die Kraft, die auf den Leiter wirkt ist

$$F = BlI \tag{18.7}$$

wobei B die magnetische Feldstärke, l die durchflutete Länge des Leiters und I der Strom im Leiter ist. Die durch elektromagnetische Gegeninduktion erzeugte elektrische Spannung im Leiterabschnitt ist

$$U_{\text{ind.}} = Bl\dot{x} \tag{18.8}$$

wobei $\dot{x}$ die Geschwindigkeit ist, mit der sich der Leiter bewegt, und die magnetische Feldstärke sowie die durchflutete Länge als konstant angenommen wurden.

Im Folgenden werden lineare elektrodynamische Antriebe, sogenannte Tauchspulenmotoren, bzw. Voice-Coil Aktoren, betrachtet. Die dabei erzielten Ergebnisse können später einfach auf rotatorische Antriebe übertragen werden.

18.2.3.2   Bauformen

In der einfachsten Bauform, siehe Abb. 18.15 rechts, wird das Magnetfeld von einem ringförmigen Permanentmagneten erzeugt und die Leiter sind als Spule auf einen axial

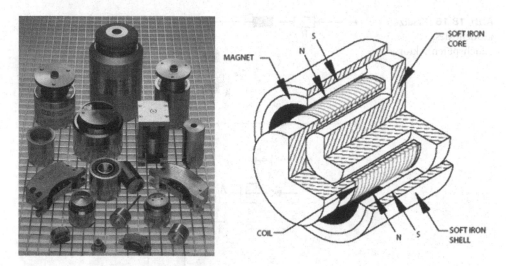

Abb. 18.15 Bauformen von Tauchspulen-Aktoren [BEI Magnetics]

verschieblichen Träger gewickelt. Durch die Ankerrückwirkung kommt es dabei zu einer Vergrößerung oder Abschwächung der Luftspaltinduktion, je nachdem in welche Richtung der Strom fließt, so dass sich kein ideal lineares Verhalten ergibt.

Tauchspulen-Aktoren sind in vielen Bauformen in den unterschiedlichsten Abmessungen erhältlich. Die mit ihnen erreichbare Kraft wird wesentlich durch die vom Magnetfeld durchflutete Fläche bestimmt, die meist proportional zu den radialen Abmessungen ist. Ihr Hub wird durch die axialen Abmessungen bestimmt. Das Arbeitsvermögen ist damit proportional zum Volumen. Tauchspulen-Aktoren werden auch in Lautsprechern eingesetzt und deshalb manchmal auch als Voice-Coil Aktor bezeichnet.

18.2.3.3 Modellbildung

Die Windungen des Aktors sind in dem in Abb. 18.16 gezeigten elektrischen Ersatzmodell zur Spule L zusammengefasst. Der Leitungswiderstand wird durch R abgebildet. Für die auf die stromdurchflossenen Windungen wirkende Kraft und die induzierte Spannung gilt

$$F = k_F I \tag{18.9}$$

$$U_{ind.} = k_F \dot{x} \tag{18.10}$$

Abb. 18.16 Ersatz-
modelle des
Tauchspulen-Aktors

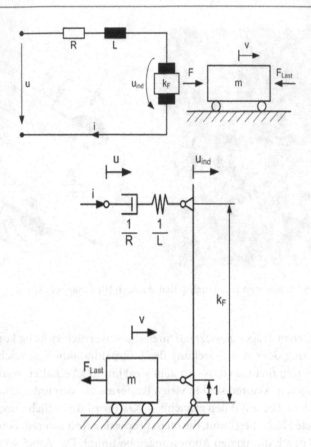

mit der Aktor-Konstanten k_F, die im einfachsten Fall gleich dem Produkt der Feldstärke im Luftspalt und der Länge der durchfluteten Leitung ist. Bei dieser Darstellung der elektro-mechanischen Analogie wird eine andere Korrespondenz (Kraft ~ Strom, Geschwindigkeit ~ Spannung) als bei den piezoelektrischen Aktoren (Kraft ~ Spannung, Geschwindigkeit ~ Strom) angenommen.

Das dynamische Verhalten des Voice-Coil Aktors wird durch die Strom-Differential-gleichung

$$L\dot{I} + RI + k_F\dot{x} = U \tag{18.11}$$

und die Bewegungsgleichung

$$m\ddot{x} = k_F I - F_{Last} \tag{18.12}$$

beschrieben. Mit $v = \dot{x}$ ergibt sich daraus die Übertragungsfunktion

$$\begin{bmatrix} \hat{U} \\ \hat{F}_{Last} \end{bmatrix} = \begin{bmatrix} j\Omega L + R & k_F \\ k_F & -j\Omega m \end{bmatrix} \begin{bmatrix} \hat{I} \\ \hat{v} \end{bmatrix} \tag{18.13}$$

wobei diese Darstellung die sogenannte Impedanzform ist, bei der die Kraftgrößen in Abhängigkeit der Geschwindigkeitsgrößen geschrieben werden und die komplexe Schreibweise für die Amplituden von Strom, Spannung, Kraft und Geschwindigkeit verwendet wird [Len01].

Für konstante Last $F_{\text{Last}} = const.$ und konstante Klemmenspannung $U = const.$ erhält man durch Einsetzen von $v = const.$ und $I = const.$ direkt die Kennlinien des stationären Motorverhaltens. Dann gilt:

$$F_{\text{Last}} = k_F I \qquad (18.14)$$

$$v = \frac{1}{k_F}[U - RI] = \frac{1}{k_F}U - \frac{R}{k_F^2}F_{\text{Last}} \qquad (18.15)$$

Abbildung 18.17 zeigt die entsprechende Kennlinie in graphischer Darstellung. Die maximale Kraft tritt bei blockiertem Aktor, d. h. für $v = 0$ auf.
Man nennt

$$F_\infty = k_F \frac{U}{R} = k_F I \qquad (18.16)$$

die Blockierkraft. Sie ist proportional zur Aktorkonstanten und zum Strom, der durch den Aktor fließt. Die maximale Geschwindigkeit ist:

$$v_0 = \frac{1}{k_F}U \qquad (18.17)$$

Sie heißt Leerlaufgeschwindigkeit und tritt bei unbelastetem Aktor auf.

Die Ansteuerung und Regelung von Voice-Coil Aktoren ist besonders einfach, wenn die Kraft geregelt werden soll. Dann kann der Aktorstrom als Sensorgröße genutzt werden. Bei Lage-, bzw. Geschwindigkeitsregelung werden zusätzliche Sensoren benötigt.

Abb. 18.17 Kennlinie des stationären Betriebsverhaltens des Tauchspulen-Aktors

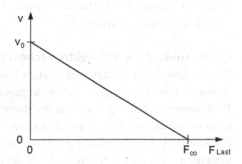

18.2.4   Elektromotoren

Die Bauformen der Elektromotoren werden nach verschiedenen Kriterien charakterisiert. Man unterscheidet z. B. Motoren mit kontinuierlicher Bewegung von Schrittmotoren und Motoren die nach dem elektrodynamischen Prinzip arbeiten von Reluktanzmotoren. Allen Motoren ist gemein, dass in ihnen ein auf die Drehbewegung des Rotors abgestimmtes magnetisches Feld zur Drehmomentbildung genutzt wird. Bei den sogenannten selbstgeführten Motoren erfolgt die Bestromung der Wicklungsstränge abhängig von der Rotorstellung durch einen mechanischen oder elektronischen Kommutator. Bei fremdgeführten Motoren erfolgt sie durch das speisende Netz, bzw. durch eine Motorregelung. Im Folgenden werden ohne Anspruch auf Vollständigkeit einige ausgewählte Beispiele betrachtet.

18.2.4.1   Selbstgeführte Motoren

Gleichstrom-Motor mit mechanischem Kommutator

Abbildung 18.18 zeigt einen Gleichstrom-Motor mit mechanischem Kommutator. Permanentmagnete oder entsprechende Elektromagnete im Stator erzeugen ein ortsfestes Magnetfeld. Im Rotor befinden sich Wicklungen, die über die Bürsten des Kommutators so bestromt werden, dass die Kräfte auf die rotierenden Leiter in den beiden Polbereichen ein gleichgerichtetes Drehmoment erzeugen.

Das von einem magneterregten Gleichstrom-Motor mit mechanischem Kommutator erzeugte Drehmoment ist proportional zum Strom. Sein Betriebsverhalten ist dem des Tauchspulen-Antriebs direkt vergleichbar, da es auf dem gleichen physikalischen Prinzip beruht.

Die Regelung der Drehzahl, bzw. des Drehmomentes erfolgt entweder durch einen Vorwiderstand oder einen in Reihe geschalteten Transistor, der im linearen Bereich arbeitet, was jedoch zu hohen Verlustleistungen insbesondere bei niedrigen Drehzahlen und hohen Drehmomenten führt, oder durch eine sogenannte Chopper-Schaltung. Dabei wird der Gleichstrom durch einen Transistor „zerhackt". Man spricht dann auch von pulsweitenmodulierter Ansteuerung. Bei Verwendung einer sogenannten H-Brücke kann der Motor in allen 4 Quadranten betrieben werden. D. h. er kann in beiden Drehrichtungen sowohl antreiben als auch bremsen.

Gleichstrom-Motor mit elektronischem Kommutator

Wie in Abb. 18.19 gezeigt, gibt es auch Bauformen bei denen die Permanentmagnete im Rotor und die Wicklungen im Stator angeordnet sind. Auch hier erfolgt die Bestromung der Wicklungen in Abhängigkeit von der Rotorposition, wobei eine elektronische Kommutierung verwendet wird. D. h. es werden (meist Hall-) Sensoren genutzt, um die Winkellage des Rotors zu detektieren und der Strom in den Wicklungen wird durch Leistungshalbleiter gesteuert. Diese Bauform wird auch bürstenloser Gleichstrommotor genannt. Das Betriebsverhalten, die Drehzahl-Drehmoment-Kennlinien und die Möglichkeiten zur Ansteuerung sind denen des Gleichstrom-Motors mit mechanischem Kommutator vergleichbar.

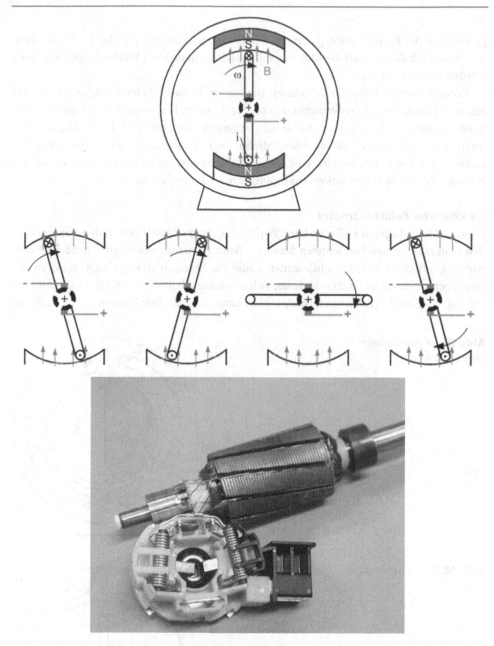

Abb. 18.18 Gleichstrommotor mit mechanischem Kommutator

Kommutator-Reihenschluss-Motor (Universalmotor)

Eine andere Bauform eines Motors mit mechanischem Kommutator, der sog. Universalmotor, ist in Abb. 18.20 dargestellt. Hier wird das im Stator ortsfeste Magnetfeld nicht durch Permanentmagnete sondern durch eine Erregerwicklung erzeugt. Die Bestromung der mit dem Rotor umlaufenden Läuferwicklung wird durch den Kommutator in Abhängigkeit von der Rotorposition gesteuert. Die Erregerwicklung ist mit der Läuferwicklung in Reihe geschaltet, so dass die Motoren mit Gleichstrom und mit Wechselstrom betrieben werden können [Stö01].

Kommutator-Reihenschluss-Motoren werden im Leistungsbereich bis einige kW vor allem in Haushaltsgeräten (Waschmaschine, Staubsauger, Küchenmaschine) und in Elektrowerkzeugen (Bohrmaschine, Kreissäge) eingesetzt. Vorteilhaft ist dabei, dass die Motoren ein vergleichsweise hohes Anzugsdrehmoment besitzen und damit bei wenig Ansteuerungsaufwand (meist wird eine einfache Phasenanschnittsteuerung verwendet) ein robuster Betrieb in einem weiten Drehmomentbereich möglich ist.

Geschalteter Reluktanzmotor

Diesem Motor liegt ein völlig anderes Wirkprinzip zugrunde als den in den vorangehenden Unterabschnitten betrachteten Motoren. Beim Reluktanzmotor wird nicht die Kraftwirkung auf einen stromdurchflossenen Leiter im Magnetfeld ausgenutzt, sondern das Bestreben eines magnetischen Systems, sich so einzustellen, dass sich ein möglichst kurzer Flussweg ergibt (Reluktanzprinzip). Man kann sich den Reluktanzmotor deshalb am

Abb. 18.19 Bürstenloser Gleichstrommotor

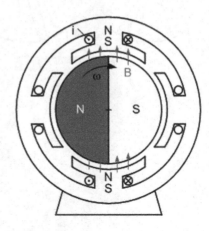

Abb. 18.20 Universalmotor

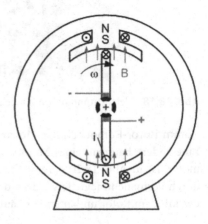

einfachsten als ein System von unabhängigen Elektromagneten vorstellen, bei denen sich je nach Bestromung der Wicklungen eine andere Gleichgewichtslage einstellt. Durch passendes Bestromen der Wicklungen wird der Rotor jeweils in die sich mit der Drehung des Rotors weiterbewegende nächstgelegene Gleichgewichtslage hineingezogen.

Abbildung 18.21 zeigt einen geschalteten Reluktanzmotor mit 6 Statorpolen, 4 Rotorpolen und 3 Erregerwicklungen.

Wird die Erregerwicklung A bestromt, so wird der Rotor in die in Abb. 18.21b gezeigte ausgerichtete Lage gezogen. Wenn diese erreicht ist, wird die Erregerwicklung B bestromt, so dass der Rotor in die in Abb. 18.21c gezeigte ausgerichtete Lage gezogen wird. Und wenn diese erreicht ist, wird die Erregerwicklung C bestromt, so dass der Rotor in die in Abb. 18.21d gezeigte ausgerichtete Lage gezogen wird, usw. Um ein hohes Drehmoment zu erzeugen werden Reluktanzmotoren so konstruiert, dass sich ein möglichst großer Induktivitätsunterschied zwischen der unausgerichteten und der ausgerichteten Lage einstellt.

Der geschaltete Reluktanzmotor ist einfach aufgebaut, robust und kostengünstig. Er besitzt ein hohes Anzugsmoment, ist allerdings laut und hat einen schlechten Wirkungsgrad, weil die jeweils aktiven Spulen am Kommutierungsende im Zustand maximaler gespeicherter magnetischer Energie abgeschaltet werden müssen. Zur Ansteuerung von Reluktanzmotoren werden verschiedene Stromrichter-Topologien verwendet, mit denen auch ein Vier-Quadranten-Betrieb möglich ist [Ken91].

18.2.4.2 Fremdgeführte Motoren

Asynchronmotor

Ein rotierendes magnetisches Drehfeld kann auch durch die Überlagerung räumlich und zeitlich phasenverschobener Wechselfelder erzeugt werden, wie in dem in Abb. 18.22 dargestellten dreiphasigen Wechselstrommotor, bei dem die Spulensysteme um 120° im Raum versetzt angeordnet sind. Die Spulen, mit denen die Magnetfelder erregt werden, sind in Stern- oder Dreieckschaltung an dreiphasigen Wechselstrom („Drehstrom") angeschlossen, so dass sich ein mit konstanter Winkelgeschwindigkeit drehendes Magnetfeld ergibt.

Bei sogenannten Kurzschluss-Läufer-Motoren besteht der Rotor aus parallel zur Drehachse angeordneten Leiterstäben, die an ihren Stirnseiten elektrisch kurzgeschlossen sind. Solange die Winkelgeschwindigkeit des magnetischen Drehfeldes von der Winkelgeschwindigkeit des Rotors verschieden ist, werden in den Leiterstäben elektrische Spannungen induziert, die zu einem Strom in den Leiterstäben führen. Durch diese Leiterströme entstehen Kräfte, die das Drehmoment erzeugen. Bei Asynchronmotoren mit Schleifringläufern sind die Leiterstäbe nicht vollständig kurzgeschlossen, sondern über einstellbare Widerstände miteinander verbunden.

Das Drehmoment des Asynchronmotors hängt vom Schlupf zwischen der Winkelgeschwindigkeit des magnetischen Drehfeldes ω_D und der Winkelgeschwindigkeit des Rotors ω. Der Schlupf ist:

$$s = \frac{\omega_D - \omega}{\omega_D} \tag{18.18}$$

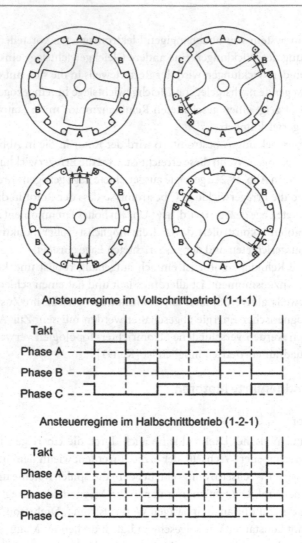

Abb. 18.21 Geschalteter Reluktanzmotor

In Abb. 18.22 wird der typische Verlauf der Kennlinien des stationären Betriebs mit den Größen Anlaufmoment M_A, Kippmoment M_K und Kippschlupf s_K sowie Nennmoment M_N gezeigt.

In gewissen Grenzen lassen sich Asynchronmotoren durch die Ständerspannung steuern. Die gebräuchlichste Ansteuerung besteht jedoch in der Verwendung eines sogenannten Frequenz-Umrichters, mit dem die Frequenz der die stationären Spulen speisenden Ströme und damit die Winkelgeschwindigkeit ω_D des magnetischen Drehfeldes eingestellt werden kann. Die bei Motoren mit Schleifringläufer mögliche Veränderung der Motorcharakteristik durch Läuferzusatzwiderstände ist verlustbehaftet und kommt deshalb nicht oft zum Einsatz.

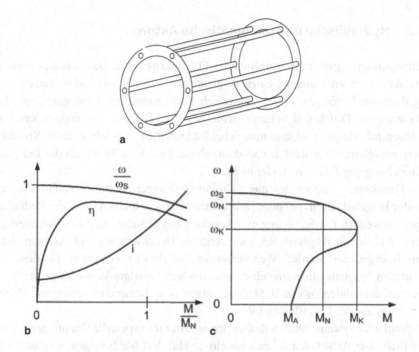

Abb. 18.22 Asynchronmotor mit Kurzschlussläufer. **a** Prinzipieller Aufbau des Läuferkäfigs, **b** und **c** zugehörige Drehzahl-Drehmoment Kennlinie für stationären Betrieb, **b** zeigt zusätzlich den Verlauf des Wirkungsgrades und des aufgenommenen Stromes

Synchronmotor

Auch bei Synchronmotoren wird ein mit konstanter Winkelgeschwindigkeit im Ständer rotierendes magnetisches Drehfeld durch die Überlagerung räumlich und zeitlich phasenverschobener Wechselfelder erzeugt. Der Unterschied zum Asynchronmotor besteht darin, dass der Rotor sich stets synchron dazu dreht, d. h. schlupffrei mit gleicher Winkelgeschwindigkeit umläuft. Synchronmotoren werden meist mit Magnetläufern ausgeführt, wobei sich das von den Permanentmagneten erregte Magnetfeld zum rotierenden Ständerfeld ausrichtet. Sie können aber auch mit einem Reluktanzläufer gebaut werden, wobei sich der Rotor aufgrund des Reluktanzprinzips (Minimierung des magnetischen Flusswiderstandes) entsprechend ausrichtet. Vom physikalischen Aufbau her sind a) Synchronmotoren mit Magnetläufer und bürstenlose Gleichstrommaschinen und b) Synchronmotoren mit Reluktanzläufer und geschaltete Reluktanzmotoren identisch. Der Unterschied zwischen ihnen besteht lediglich in der elektrischen Ansteuerung.

Eine besonders einfache Ausführung ist der einsträngige Synchronmotor, der, aufgrund seiner Robustheit und seines günstigen Preises, oft als Pumpenantrieb in Wasch- und Geschirrspülmaschinen zu finden ist.

18.2.5 Hydraulische und pneumatische Aktoren

Die Energieübertragung mittels strömender Flüssigkeiten oder Gase hat den Vorteil, dass die krafterzeugenden Elemente einen vergleichsweise einfachen Aufbau haben und nur wenig Bauraum benötigen. Es werden jedoch Bauelemente zur Erzeugung, Speicherung und Leitung von Druck und Volumenstrom benötigt. Die Druckerzeugung kann zentral oder dezentral erfolgen und man unterscheidet Systeme mit geschlossenem Kreislauf von solchen mit offenem Kreislauf, je nachdem, ob das Druckmedium nach der Entspannung der Umgebung zugeführt wird oder nicht.

Zur Druckerzeugung werden meist Umlaufverdrängermaschinen (Zahnrad-, Schrauben- oder Flügelzellenpumpe) oder Hubverdrängermaschinen (Axial- oder Radialkolbenpumpe) verwendet. Die Steuerung und Regelung des Druckes, bzw. des Volumenstromes erfolgt mit Hilfe von Wegeventilen, Sperrventilen, Druckventilen und Drosseln, die meist elektrisch angesteuert werden. Weit verbreitet sind dabei Servoventile, bei denen in der sogenannten Vorsteuerstufe eine elektromechanisch betätigte Verstellung von fluidtechnischen Widerständen, wie z. B. Steuerschlitzen oder Sitzspalten erfolgt mit denen der Haupt-Energiestrom beeinflusst wird.

Hydraulische Systeme nutzen als Druckmedium meist spezielle Öle mit geringer Kompressibilität. Der Arbeitsdruck kann bis einige Hundert bar betragen, so dass trotz vergleichsweise kleiner Strömungsgeschwindigkeiten eine hohe Leistungsdichte erreicht wird. In pneumatischen Systemen wird Luft als Druckmedium verwendet. Der Arbeitsdruck ist auf den Bereich bis etwa 10 bar eingeschränkt und aufgrund der hohen Kompressibilität der Luft sind pneumatische Aktoren nicht so gut regelbar wie hydraulische Aktoren.

Modelle für hydraulische und pneumatische Aktoren ergeben sich durch Anwendung der Bilanz- und Impulsgleichungen auf die jeweiligen Systeme. Betrachtet man das Beispiel des in Abb. 18.23 dargestellten Hydraulikzylinders, so ergibt sich im einfachsten Fall die Bewegungsgleichung als

$$m\ddot{x} = A\Delta p(t) - Rsign(\dot{x}) + F \tag{18.19}$$

und der zum Aktor fließende Mengenstrom ist

$$Q(t) = A\dot{x}(t) \tag{18.20}$$

Abb. 18.23 Hydraulikzylinder

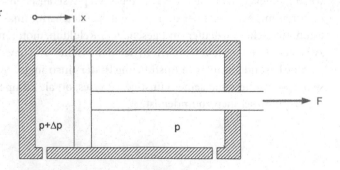

In diesen Gleichungen ist A die wirksame Querschnittsfläche des Kolbens, und $\Delta p(t)$ ist der Arbeitsdruck, d. h. die Druckdifferenz zwischen den beiden Kammern. R ist die (meist als konstant angenommene) Reibungskraft zwischen Kolben und Wand, und $x(t)$ kennzeichnet die Auslenkung des Kolbens.

Wird zusätzlich der Leckstrom zwischen den beiden Kammern und die Kompressibilität des Fluides berücksichtigt, ergibt sich die gleiche Bewegungsgleichung, wie im gerade betrachteten Fall. Der Volumenstrom ist dann durch

$$Q(t) = A\dot{x}(t) + \lambda \Delta p + \frac{V}{2\beta}\Delta\dot{p} \qquad (18.21)$$

gegeben, wobei λ ein Koeffizient ist, mit dem die Leckverluste beschrieben werden, β der Kompressibilitätsmodul des Fluides und V das Volumen des im Zylinder gespeicherten Fluidvolumens.

Von besonderer Bedeutung sind hydraulische und pneumatische Aktoren bei der Betätigung von Fahrzeugbremsen, wo sie aufgrund ihrer kompakten Bauweise bevorzugt eingesetzt werden. Die Antiblockier- und Fahrstabilitätssysteme heutiger PKW enthalten komplexe Hydrauliksysteme, mit denen die Verteilung der Bremskraft auf die Räder geregelt wird, und die Ventilbetätigung in den Einspritzsystemen von Verbrennungsmotoren erfolgt durch hydraulische Aktoren, die über magnetisch oder piezoelektrisch betätigte Vorstufen angesteuert werden.

18.2.6 Aktoren auf Basis von Formgedächtnislegierungen

In bestimmten Legierungen liegt, je nach Temperatur und Spannungszustand, austenitisches oder martensitisches Gefüge vor, und der Phasenübergang zwischen diesen beiden Zuständen kann gezielt beeinflusst werden. Das entsprechende Phänomen wurde zuerst bei bestimmten Messing- und Gold-Cadmium Legierungen beobachtet. Die eigentliche Bedeutung des Formgedächtniseffektes wurde aber erst vor ca. 40 Jahren mit der Entdeckung spezieller Titan-Nickel Legierungen erkannt, in denen er besonders stark ausgeprägt ist. Allgemein bezeichnet man die Klasse der Werkstoffe, die den Formgedächtniseffekt zeigen auch als Memory-Metalle [Ots02].

Bei hohen Temperaturen liegt das Material als Austenit vor. Bei Abkühlung unter $T = M_s$ (Martensit-Start) beginnt die Phasenumwandlung des Austenits in den Martensit, die bei $T = M_f$ (Martensit-Finish) abgeschlossen ist. Wird das Material erwärmt, beginnt die Phasenumwandlung von Martensit nach Austenit bei $T = A_s$ (Austenit-Start). Sie ist bei $T = A_f$ (Austenit-Finish) abgeschlossen. Die entsprechenden Umwandlungen laufen reversibel ab, d. h. am Ende eines Umwandlungszyklus liegt wieder exakt die gleiche Gitterstruktur wie am Anfang vor. Man nennt dieses Verhalten auch ideale Thermoelastizität und unterscheidet dabei den Einweg- und den Zweiweg-Effekt.

Das Verhalten des Aktors bei Nutzung des Einweg-Effektes und des sogenannten Zweiweg-Effektes mit externer Rückstellkraft kann im Spannungs-Dehnungs-Temperatur-Diagramm der Abb. 18.24 anschaulich dargestellt werden. In der martensitischen Phase ist der Elastizitätsmodul gering und das Material hat eine sehr niedrige Elastizitätsgrenze, der sich bei zunehmender Dehnung ein pseudoplastischer Dehnungsbereich anschließt, in dem das Material um mehrere Prozent gedehnt werden kann. Nach Entlastung bleibt eine Verformung ε_W zurück, die im aktorischen Betrieb genutzt werden kann. Bei Erwärmung über A_f hinaus nimmt das Material, wenn es sich frei verformen kann, wieder seine Ursprungsgestalt an, die es vor der in der martensitischen Phase durchgeführten plastischen Verformung hatte (Pfad 1). Dieser Vorgang ist irreversibel, d. h. bei Abkühlung verbleibt das Material in der nunmehr wieder eingestellten Ursprungsform. Dies ist der sogenannte Einweg-Effekt. Wenn die Dehnung des Materials jedoch behindert wird, treten bei Erwärmung mechanische Spannungen auf (Pfad 2), die beim Abkühlen wieder zurückgehen, so dass der Vorgang wiederholt werden kann. Gleiches kann erreicht werden, wenn der Aktor durch eine Feder oder eine andere Belastung ständig unter Spannung gehalten wird. Dies ist der sogenannte extrinsische Zweiweg-Effekt (mit externer Rückstellkraft). Weit verbreitet ist auch eine Bauweise, bei der zwei Formgedächtnisaktoren gegeneinander arbeiten und abwechselnd angesteuert werden (Differentialaktor).

Neben dem extrinsischen Zweiweg-Effekt gibt es den intrinsischen Zweiweg-Effekt, der jedoch eine aufwendige thermomechanische Behandlung („Trainieren") erfordert und in der Praxis nur selten genutzt wird.

Die Einstellung der Ursprungsform erfolgt bei Memory-Metallen durch eine spezielle Wärmebehandlung bei Temperaturen um 500° C, bei der das Material geglüht und anschließend abgeschreckt wird. Die im Einweg-Effekt nutzbaren Dehnungen liegen bei bis zu 8 %. Die im Zweiweg-Effekt nutzbaren Dehnungen sind abhängig von der Zyklenzahl und betragen typischerweise 2 bis 5 %. Die Umwandlungstemperaturen A_s, A_f, M_s, M_f können im Bereich von − 100 bis + 100° C eingestellt werden [Mem05]. Weitere ausgewählte Eigenschaften von Nickel-Titan Memory-Metallen sind in Tab. 18.2 zusammengestellt.

In kommerziellen Anwendungen wird meist der Einweg-Effekt genutzt. Eine der ersten Anwendungen erfolgte als Dichtelement in Hydrauliksystemen, bei denen eine Muffe aus

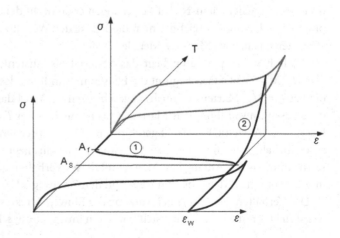

Abb. 18.24 Phasenumwandlung und Spannungs-Dehnungs-Temperatur-Verlauf beim Einweg-Effekt

Tab. 18.2 Typische Eigenschaften von Memory-Metallen aus Nickel-Titan Legierungen. (Nach [Mem05])

Memory-Metall	Elastizitätsmodul	Dichte	Plateauspannung	Thermische Leitfähigkeit
Austenit	70–80 GPa	6450 kg/m³	200–650 MPa	18 W/m K
Martensit	23–41 GPa	6450 kg/m³	70–200 MPa	9 W/m K

Memory-Metall zum dauerhaften Verbinden von Rohrenden benutzt wird. Beim Erwärmen auf A_f nimmt die im martensitischen Zustand plastisch aufgedehnte Muffe wieder ihre Ursprungsform an und bildet einen Schrumpfverbund mit den Rohrenden. Nach dem gleichen Prinzip arbeiten die in der Medizin eingesetzten Stents, die zum Aufdehnen von Blutgefäßen verwendet werden.

18.2.7 Sonstige elektromechanische Aktoren

Es gibt eine Reihe weiterer Aktoren, mit denen durch elektro-mechanische Energiewandlung Kräfte und Bewegungen erzeugt werden können. Dazu zählen z. B.

- Magnetostriktive Aktoren, in denen die Kopplung des magnetischen Feldes und des mechanischen Deformationsfeldes in ferromagnetischen Materialien genutzt wird (Joule-Effekt): In bestimmten Materialien, wie z. B. Terfenol können dadurch statische Dehnungen von bis zu 2 Promille erzeugt werden, indem das Material einem magnetischen Feld ausgesetzt wird. Im Resonanzbetrieb sind sogar Dehnungen bis 4 Promille erreichbar. Technische Anwendungen für magnetostriktive Aktoren finden sich in der aktiven Schwingungsdämpfung [Cla97].
- Aktoren aus elektroaktiven Polymeren: Diese Klasse von Aktoren befindet sich noch im Forschungsstadium und weist deshalb noch ein hohes Entwicklungspotential auf. Man unterscheidet trockene und nasse elektroaktive Polymere und die bei der Erzeugung von Kräften und Bewegungen genutzten Effekte umfassen, je nach Material, unter anderem die elektrostatische Ladungsverschiebung, Ionentransportprozesse, chemisch erzeugte Phasenumwandlungen und Elektrostriktion. Potentielle Anwendungen finden sich insbesondere in der Medizintechnik, wobei der für nasse elektroaktive Polymere manchmal verwendete Name „künstlicher Muskel" schon auf den möglichen Einsatz in Prothesen o.ä. hinweist [Mad04].
- Schwingungsantriebe: In diesen Aktoren werden meist piezoelektrische, in einigen Fällen aber auch magnetostriktive, Materialien genutzt um hochfrequente Schwingungen anzuregen, mit denen Reibungskräfte im Kontakt zweier Körper erzeugt werden. Eine sehr erfolgreiche Anwendung dieser Motoren findet sich in der Linsenverstellung von Kameras mit Autofokus-Objektiv ([Sas92, Ueh93]). Neben rotatorischen Motoren sind auch lineare Schwingungsantriebe bekannt [Hem01].

Jede dieser Klassen besitzt spezifische Vor- und Nachteile, so dass es nur sehr eingeschränkt möglich ist, allgemein gültige Aussagen zur Eignung für bestimmte Anwendungen zu machen [Pon05].

18.3   Sensoren

18.3.1   Wandlung von Messsignalen

Die von einem Sensor gelieferte Information über die zu messende Größe wird aus dem von einem Messelement bereitgestellten Signal gewonnen und muss in der Regel in eine für die Weiterverarbeitung geeignete Signalform umgewandelt werden. Zur Wandlung der zu messenden Größe in ein auswertbares elektrisches Signal werden oft die gleichen Wirkprinzipien wie in Aktoren genutzt. Dies ist z. B. bei den piezoelektrischen Sensoren der Fall. Hier beruht die sensorische Wirkung auf dem sogenannten direkten piezoelektrischen Effekt, d. h. eine mechanische Deformation des Piezos führt zu einer Ladungsverschiebung, die als Spannungssignal an den Elektroden beobachtet werden kann. In Aktoren wird demgegenüber der inverse piezoelektrische Effekt genutzt, d. h. man erzeugt eine mechanische Deformation des Piezos, indem man an den Elektroden eine elektrische Spannung anlegt. Ähnlich verhält es sich mit Tachogenerator und elektrodynamischen Aktoren.

In der Regel liegen die vom Messelement gelieferten elektrischen Signale in analoger Form vor, d. h. als zeit- und wertkontinuierliche Größe. Um daraus eine in einem Prozessor verarbeitbare Information zu gewinnen, muss die als analoges elektrisches Signal vorliegende Messgröße in einen binären Zahlenwert, bzw. eine binäre Zahlenfolge gewandelt werden. Bei dieser Analog-Digital-Wandlung findet eine Amplitudendiskretisierung statt, deren Güte durch die sogenannte Auflösung des Analog-Digital-Wandlers bestimmt wird. Ein 12-Bit Wandler bildet z. B. das analoge Messsignal auf $2^{12} = 4096$ diskrete Zahlenwerte ab. Gleichzeitig erfolgt auch eine zeitliche Diskretisierung des Messsignals, deren Güte durch die Abtastfrequenz beschrieben werden kann. Die Abtastfrequenz des Analog-Digital-Wandlers bestimmt die höchste noch korrekt berücksichtigte Frequenz des zu wandelnden Signals (SHANNON'sches Abtasttheorem). Wenn nicht ausgeschlossen werden kann, dass das abzutastende Messsignal Frequenzen enthält, die über der zulässigen Höchstfrequenz liegen, werden sogenannte Anti-Aliasing-Filter eingesetzt, um diese Frequenzanteile zu unterdrücken [Par04].

18.3.2   Messbereich, Auflösung und Messgenauigkeit

Als Messbereich bezeichnet man den Wertebereich der Eingangsgröße, der auf den vom Sensor gelieferten Ausgangswert abgebildet werden kann. Der Messbereich wird wesentlich durch die Eigenschaften des Messelementes bestimmt. Eingangsgrößen, die außerhalb des Messbereiches des Sensors liegen, können nicht gemessen werden und in bestimmten Fällen zur Zerstörung des Sensors führen, wenn z. B. ein Kraft- oder Stromsensor dadurch überlastet wird.

Die Auflösung gibt an, wie weit zwei Eingangswerte mindestens auseinander liegen müssen, um am Ausgang immer auf zwei unterschiedliche Werte abgebildet zu werden. Eingangsgrößen, deren Differenz kleiner ist als die Auflösung können nicht zuverlässig unterschieden werden.

Die Messgenauigkeit eines Sensors hängt von vielen Einflussgrößen ab. Sie wird nach DIN 1319 durch den Begriff der Messabweichung und der zulässigen Fehlergrenzen beschrieben. Meist werden prozentuale Fehlergrenzen angegeben, die sich z. B. auf den Messbereichsendwert beziehen. Neben Imperfektionen des Messelementes, wie z. B. temperaturabhängige Materialeigenschaften, Nichtlinearität, Alterung, Hysterese usw., spielen dabei Fertigungstoleranzen sowie externe Störeinflüsse eine wichtige Rolle. In vielen Sensoren werden ausgefeilte Methoden zum Abgleich von Exemplarstreuungen und zur Kompensation von Störeinflüssen eingesetzt [Bos01].

18.3.3 Sensoren zur Messung von Weg- und Winkelgrößen

Weg und Winkelgrößen sind prinzipiell besonders einfach zu messen, indem man z. B. ausnutzt, dass die Kapazität eines Kondensators vom Abstand der Kondensatorplatten abhängt, oder dass die Induktivität einer Spule davon abhängt, wie weit ein Eisenkern in die Spule eintaucht, usw.

Einfachste Ausführungen von Sensoren für Weg- und Winkelgrößen sind Schiebe- und Drehpotentiometer, in denen die zu messende Bewegung in eine Veränderung des elektrischen Widerstandes übersetzt wird. In einem Spannungsteiler wird dies dann in ein elektrisches Signal umgesetzt. Entsprechende Potentiometer sind preiswert und decken einen großen Messbereich bei akzeptabler Auflösung ab. Nachteilig ist, dass es infolge unvermeidlicher Reibungskräfte zu einer Rückwirkung auf den zu messende Prozess kommt.

Die Änderung der Induktivität eines Magnetkreises in Abhängigkeit von der Position des Eisenkernes wird in induktiven Wegaufnehmern ausgenutzt. Eine einfache Ausführung ist der in Abb. 18.25 dargestellte Kurzschlussringsensor, bei dem ein Kurzschlussring aus magnetisch gut leitendem Material auf dem weichmagnetischen Kern des Magnetkreises verschieblich angeordnet ist. Abhängig von der Position des Kurzschlussrings ergeben sich kürzere oder längere durchflutete Wege im Magnetkreis, wodurch sich dessen magnetischer Widerstand und Induktivität ändern. Verbreitet sind insbesondere die sogenannten Differentialtransformatoren, von denen eine Ausführung in Abb. 18.26 gezeigt ist. An die Primärspule wird ein Wechselstromsignal angelegt, durch das, in Abhängigkeit von der Stellung des Eisenkernes, eine Wechselspannung in den beiden Sekundärspulen induziert wird. Die beiden Sekundärspulen sind gegeneinander geschaltet, so dass die Differenz der beiden Sekundärspannungen das wegabhängige Ausgangssignal bildet. Durch diese Anordnung lässt sich ein weitgehend lineares Verhalten erreichen.

Abb. 18.25 Kurzschlussringsensor

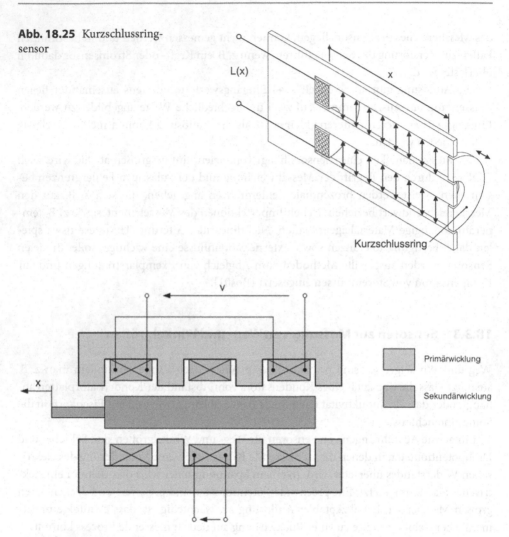

Abb. 18.26 Differentialtransformator

In kapazitiven Sensoren wird die Kapazität eines Kondensators ausgewertet, die von
der Relativ-Verschiebung der Plattenflächen oder des Dielektrikums abhängt. Als Aus-
werteschaltung werden oft Wechselstrombrückenschaltungen mit hoher Trägerfrequenz
eingesetzt. Mit kapazitiven Sensoren können auch sehr kleine Verschiebungen, bis in den
Sub-Nanometer-Bereich hinein, gemessen werden.

In Werkzeugmaschinen, Robotern und Fertigungsmessmaschinen werden häufig co-
dierte Aufnehmer eingesetzt. Bei ihnen ist die Weginformation in diskretisierter Form
durch ein Code-Lineal oder eine Codescheibe aufgebracht. Die meist binär kodierte Information wird in der Regel optisch (Lichtschranke mit Lochscheibe) oder magnetisch (Magnetkreis mit Loch- oder Zahnblende) abgetastet. Bei Verwendung von n Abtastspuren
können 2^n Positionen unterschieden werden.

Eine preiswerte Alternative sind Encoder, die nur über einen oder zwei Kanäle verfügen, mit denen z. B. die Hell/Dunkel Übergänge eines Wegrasters gezählt werden, so dass man die Weg- oder Winkeländerung bezogen auf einen Referenzpunkt erhält. Der zweite Kanal ermöglicht die Erkennung der Bewegungsrichtung. Die Position des Referenzpunktes kann frei gewählt werden. Meist wird sie durch einen Endschalter definiert, der beim Einschalten des Systems angefahren wird. Nachteilig ist, dass sich Zählfehler auf alle nachfolgenden Messwerte auswirken.

Zur Abstandsmessungen, z. B. bei Einparkhilfen für Kraftfahrzeuge, oder zur Füllstandsmessung eignen sich Ultraschall-Abstandssensoren mit denen die Laufzeit eines reflektierten Ultraschallsignals gemessen und in eine entsprechende Weg-Information umgerechnet wird. Bei Verwendung mehrerer Kanäle können dabei Triangulationsverfahren angewandt werden, um nicht nur den Abstand, sondern auch die Position von Messobjekten zu bestimmen [Bos02]. RADAR und LIDAR Systeme sowie Infrarot-Scanner können nach dem gleichen Puls-Echo-Prinzip arbeiten, verwenden jedoch andere Frequenzen und Wellenlängen. Diese Systeme werden meist nicht nur zur reinen Abstandsmessung genutzt. Insbesondere die in Abstandstempomaten eingesetzten RADAR-Systeme werden zur simultanen Messung von Abstand und Relativgeschwindigkeit eingesetzt. Sie senden ein Signal aus, dessen Frequenz kontinuierlich verändert wird (Frequenz-Modulation). Aus dem aus dieser Modulation resultierenden Frequenzunterschied zwischen ausgesandtem und reflektiertem Signal kann die Laufzeit des Signals und damit der Abstand zu dem reflektierenden Körper bestimmt werden. Die durch den Doppler-Effekt auftretende Frequenzverschiebung liefert zusätzlich die Relativgeschwindigkeit der Objekte.

Für sehr präzise berührungslose Abstandsmessungen werden Laser-Interferometer eingesetzt, in denen die bei Überlagerung von ausgesandtem und reflektiertem Lichtstrahl entstehenden Interferenzmuster ausgewertet werden [Pau03].

18.3.4 Geschwindigkeits- und Winkelgeschwindigkeitssensoren

In bestimmten Fällen ist es möglich, Geschwindigkeit und Winkelgeschwindigkeit durch Differentiation aus den Signalen von Weg- und Winkelsensoren zu bestimmen. Ein Sonderfall dieser Methode ist der sogenannte Impulsabgriff bei Encodern, wobei die Anzahl der Zählimpulse je Zeiteinheit ein Maß für die Geschwindigkeit bzw. Winkelgeschwindigkeit ist. Dennoch dominieren in der Praxis Sensoren, mit denen eine direkte Messung der kinematischen Größen erfolgt.

Bei Tachogeneratoren wird die von einem stromdurchflossenen Leiter bei einer Bewegung im Magnetfeld induzierte Spannung als Messsignal genutzt. Bei linearen Bewegungen wird z. B. ein Dauermagnet in einer Tauchspule bewegt und bei rotatorischen Bewegungen dreht sich ein Permanentmagnet in einem Spulensystem. Ein wesentlicher Nachteil dieser Sensoren besteht darin, dass sich Luftspaltänderungen störend bemerkbar machen und die vom Messelement erzeugten Signale bei geringen Geschwindigkeiten nur schwach sind.

Die Messung der Winkelgeschwindigkeit einer bewegten Trägerplattform kann mit mechanischen oder optischen (Laser-) Kreiselsystemen erfolgen; diese sind jedoch sehr aufwendig und teuer. Eine Alternative sind fein- und mikromechanisch hergestellte Schwingungsgyrometer, bei denen die auf eine schwingende Masse bei einer Drehbewegung wirkende Coriolis-Beschleunigung ausgenutzt wird, siehe Abb. 18.27. Die „Stimmgabel" des dort abgebildeten Sensors wird piezoelektrisch zu Schwingungen in der Ebene der Stimmgabel angeregt. Bei einer Rotation des Sensors um die Symmetrieachse führt die von der Coriolis-Beschleunigung hervorgerufene Anregung zu Schwingungen der Stimmgabel in der orthogonalen Richtung, die von einem piezoelektrischen Sensor erfasst und ausgewertet wird. Nach dem gleichen Wirkprinzip arbeitet der in Abb. 18.28 gezeigte aus Silizium in Oberflächenmikromechanik hergestellte Drehratensensor, bei dem die Anregung und Messung der Dreh- und Nick-Schwingungen des Mess-Kammes elektrostatisch, bzw. kapazitiv erfolgt.

Geschwindigkeiten können auch durch eine optische Korrelationsmessung bestimmt werden. Dabei wird aus zwei zeitlich um einen kurzen Zeitabstand versetzten Aufnahmen eines bewegten Objektes der Versatz charakteristischer Merkmale oder Texturen bestimmt und daraus die Geschwindigkeit errechnet. Auch RADAR und Laser-Doppler-Interferometer können zur Geschwindigkeitsmessung eingesetzt werden, wobei die Frequenzverschiebung des reflektierten Strahles infolge des Doppler-Effektes ausgewertet wird.

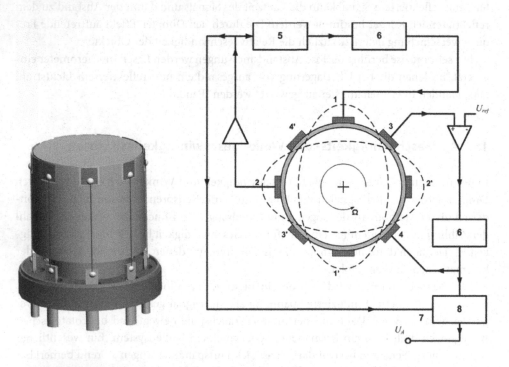

Abb. 18.27 Winkelgeschwindigkeitssensor nach dem Coriolis-Prinzip, links Bauform, rechts Wirkschema

Abb. 18.28 Mikro-
mechanisch hergestellter
Winkelgeschwindigkeitssensor

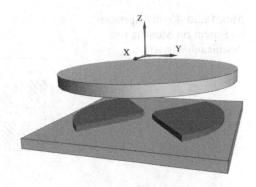

18.3.5   Beschleunigungs- und Winkelbeschleunigungssensoren

Zur Beschleunigungsmessung werden meist Sensoren eingesetzt, bei denen die zur Bewegung einer Probemasse notwendige Kraft oder die bei beschleunigter Bewegung auftretende Deformation der Probemassenlagerung gemessen wird. Dies ist z. B. der Fall bei den
in Abb. 18.29 gezeigten Beschleunigungsaufnehmern, bei denen mit Hilfe eines Piezo-
elementes oder eines kapazitiven Sensors die Auslenkung der Probemasse gemessen wird.

Zur Messung sehr kleiner Beschleunigungen, z. B. in Gravimetern, werden lagegere-
gelte Schwerependel oder tief abgestimmte Feder-Masse-Schwinger eingesetzt, bei denen
die von der beschleunigten Bewegung hervorgerufene Systemauslenkung durch eine von
der Regelung generierte Rückstellkraft kompensiert wird. Eine Prinzipdarstellung ist in
Abb. 18.30 gezeigt. Die Bewegungsgleichung des Systems ist:

$$m\ddot{z} + d\dot{z} + cz = F \tag{18.22}$$

wobei $z(t)$ die Verschiebung der Probemasse m bezüglich des inertialen Bezugssystems
ist, die sich aus der Verschiebung des Sensorgehäuses $u(t)$ und der Relativverschiebung
der Probemasse bezüglich des Sensorgehäuses $x(t)$ zusammensetzt. Unter der Annahme,
dass die Kraft $F(t)$ durch die Regelung so eingestellt wird, dass die Relativverschiebung
der Probemasse x konstant gehalten wird, kann die Beschleunigung des Sensorgehäuses

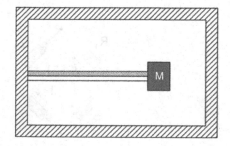
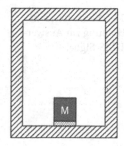

Abb. 18.29 Prinzipbild piezoelektrischer Sensoren zur Messung von Beschleunigungen

Abb. 18.30 Kraftkompensiertes System zur Messung von Beschleunigungen

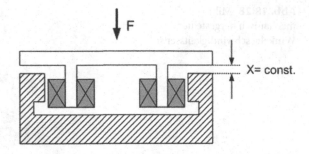

$\ddot{u}$ aus der Kraft F errechnet werden. Solche lagegeregelten Systeme erfahren nur sehr kleine Auslenkungen und zeichnen sich dementsprechend durch gute Linearität, geringe Querempfindlichkeit und hohe Temperaturstabilität aus.

18.3.6   Sensoren zur Messung von Druck, Kraft und Drehmoment

Eine direkte Messung von Druck, Kraft und Drehmoment kann mit piezoelektrischen Sensoren erfolgen, bei denen die mechanische Belastung zu einer Ladungsverschiebung im Material führt, die elektronisch ausgewertet wird. Die am weitesten verbreitete Methode zur Messung von Kräften und Drehmomenten beruht aber darauf, die von den Kräften verursachte mechanische Dehnung mit Dehnmesswiderständen, sogenannten Dehnungs-Mess-Streifen (DMS) zu bestimmen. Die mechanisch vergleichsweise nachgiebigen DMS werden so auf die Oberfläche des Körpers, dessen Dehnung gemessen werden soll, geklebt, dass sie seiner Dehnung folgen. Dadurch stellt sich eine Widerstandsänderung ΔR ein, die proportional zur Längs-Dehnung ε des DMS ist. Zur Elimination thermischer Dehnungen werden die Widerstände in Halb- und Vollbrücken-Schaltungen eingesetzt, von denen die bekannteste, die Wheatstone'sche Brückenschaltung, in Abb. 18.31 dargestellt ist. Die durch Temperaturänderungen verursachten Änderungen der Widerstände sind bei allen Widerständen der Brücke gleich und beeinflussen das Ausgangssignal nicht. Zum Abgleich der Schaltung in der Ausgangslage wird ein Kompensationswiderstand benutzt [Hei98].

Abb. 18.31 Wheatstone'sche Brückenschaltung zur Auswertung von DMS-Signalen

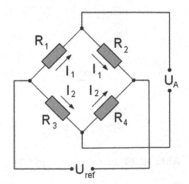

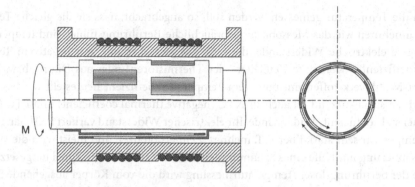

Abb. 18.32 Messung des Drehmomentes mit einem Wirbelstromsensor. (Nach [Bos01])

Neben der DMS-Technik werden auch Kraft- und Momentensensoren die auf dem magnetoelastischen Effekt beruhen oft eingesetzt. Dabei wird ausgenutzt, dass sich in bestimmten Materialien die magnetische Permeabilität unter Einfluss einer eingeleiteten Kraft ändert und in Kraftrichtung einen anderen Wert annimmt als quer dazu. Die dadurch entstehende Veränderung des Magnetfeldes kann als Induktivitätsänderung in einem Magnetkreis detektiert werden. Da bei magnetoelastischen Kraftsensoren eine Mittelung des Messeffektes über den gesamten Probenkörper erfolgt, besteht, verglichen mit der DMS-Technik, nur eine geringe Empfindlichkeit gegenüber unsymmetrischer Krafteinleitung und anderen Störeffekten.

Die Messung von Drehmomenten und Kräften kann auch anhand der von den Kräften verursachten Verdrehungen und Verformungen erfolgen, z. B. durch zwei Encoder, die am Ende einer Messwelle angebracht werden oder durch den in Abb. 18.32 dargestellten Wirbelstrom-Drehmomentensensor. Dort wird durch die beiden am Ende der Messwelle angeflanschten Schlitzhülsen das von den Messspulen erzeugte hochfrequente Magnetfeld so beeinflusst, dass sich bei Verdrehung der Schlitzhülsen eine Veränderung von Induktivität und Bedämpfung des Magnetkreises ergibt, aus der auf das wirkende Drehmoment geschlossen wird. Auch der Einsatz von zwei unabhängigen Encodern an den Enden der Messwelle ist möglich.

Zur direkten Messung von Drücken eignen sich druckabhängige Widerstände, die jedoch nur bei hohen Drücken eine ausreichend große Widerstandsänderung zeigen und bei denen zusätzlich oft noch eine Kompensation der Temperaturabhängigkeit erforderlich ist. Die Messung von Drücken erfolgt deshalb oft indirekt, indem z. B. die Verformung einer Membran mit Dehnungsmessstreifen oder mit kapazitiven Sensoren gemessen wird.

18.3.7 Sensoren zur Messung von Temperatur und Strömung

Zur Messung von Temperaturen können Berührungsfühler und berührungslose Messmethoden eingesetzt werden. Berührungsfühler werden, an den Stellen des Messobjektes, an denen die Temperatur gemessen werden soll, so angebracht, dass sie die gleiche Temperatur annehmen wie das Messobjekt. Gebräuchliche Berührungsfühler sind temperaturabhängige elektrische Widerstände, die z. B. aus Sinterkeramik mit negativem Temperaturkoeffizient (sogenannte Heißleiter oder Thermistoren) oder aus Dünn-, bzw. Dickschicht-Metallwerkstoffen mit positivem Temperaturkoeffizient hergestellt werden. Man bezeichnet sie abkürzend oft auch als NTC (negative thermal coefficient) und PTC (positive thermal coefficient) Widerstände. Ihr elektrischer Widerstand variiert in Abhängigkeit der Temperatur sehr stark über z. T. mehrere Zehnerpotenzen und meist wird die Widerstandsänderung mit Hilfe eines Spannungsteilers in ein elektrisches Signal umgesetzt.

Bei der berührungslosen Temperaturmessung wird die vom Körper ausgehende Strahlung gemessen. Diese hängt von der Temperatur ab und ihre Wellenlänge liegt im Infrarot-Bereich, so dass Stoffe, die in diesem Bereich strahlungsempfindlich sind, als Sensorelement genutzt werden können. Da die Abstrahlung nicht nur von der Temperatur, sondern auch vom Emissionskoeffizienten der Oberfläche des Messobjektes abhängt, ist in der Regel eine Kalibrierung erforderlich. Neben Einzelpunktsensoren werden zunehmend auch Bildsensoren mit mehreren Pixeln zur ortsaufgelösten Temperaturmessung eingesetzt.

Die Messung von Strömungen kann anhand des Staudruckes an einem in die Strömung eingebrachten Hindernis erfolgen, indem entweder der Druckabfall am Hindernis oder die auf das Hindernis wirkende Kraft ausgewertet werden. Sie kann aber auch mit Hilfe von Hitzdraht-Luftmassensensoren gemessen werden. Bei diesen Elementen wird ein Draht auf eine konstante Temperatur aufgeheizt und man bestimmt die Durchflussmenge, bzw. die Strömungsgeschwindigkeit anhand der Kühlwirkung des strömenden Mediums, d. h. anhand des zur Konstanthaltung der Temperatur erforderlichen Heizstromes.

18.3.8 Sensorsysteme

In vielen Fällen bietet es sich an, die Signale von mehreren Sensoren gemeinsam auszuwerten. Manchmal ist es dabei möglich, die Genauigkeit und Zuverlässigkeit der Messungen deutlich zu erhöhen. Insbesondere dann, wenn die zu messende Größe durch mehrere verschiedene Sensoren erfasst wird, spricht man von Sensorfusion, wenn die Messergebnisse geeignet zusammengefasst, bzw. gemeinsam ausgewertet werden. Dabei werden zunehmend auch Sensortechnologien völlig unterschiedlicher Art zusammengeführt, wie z. B. im Navigationssystem von Kraftfahrzeugen, in denen digitale Karten in Verbindung mit Satellitennavigation sowie Geschwindigkeits- und Winkelgeschwindigkeits-Sensoren zur Bestimmung von Position, Orientierung und Geschwindigkeit des Fahrzeuges gemeinsam ausgewertet werden.

In Verbindung mit Funktechnik können Sensoren auch an schwer zugänglichen Orten angebracht werden, wenn es gelingt, genügend elektrische Energie für den Betrieb des Sensors und für das Senden des Funksignals aufzubringen. Dabei kann man unter Umständen sogar auf eine Batterie als Energieversorgung verzichten, indem die verschiedenen Techniken des Energy Harvesting genutzt werden. Darunter versteht man die Gewinnung der zum Betrieb eines Systems notwendigen Versorgungsenergie aus der in der Umwelt ohnehin vorhandenen Energie, die z. B. in Form von Strahlung, Schwingungen oder Temperaturdifferenzen vorliegt.

Literatur

[Bos01]   Robert Bosch GmbH (Hrsg.): Sensoren im Kraftfahrzeug, 1. Aufl. Robert Bosch GmbH, Stuttgart (2001)

[Bos02]   Robert Bosch GmbH (Hrsg.): Autoelektrik, Autoelektronik, 4. Aufl. Friedrich Vieweg & Sohn, Braunschweig (2002)

[Bir02]   Birkhofer, H., Nordmann, R.: Maschinenelemente und Mechatronik II. Shaker Verlag, Aachen (2002)

[Cla97]   Claeyssen, F., Lhermet, N., Le Letty, R., Bouchailloux, P.: Actuators, transducers and motors based on giant magnetostrictive materials. J. Alloy. Compd. 258(8), 61–73 (1997)

[Gol97]   Goldfarb, M., Celanovic, N.: A lumped parameter electromechanical model for describing the nonlinear behavior of piezoelectric actuators. J. Dyn. Syst. Meas. Control. ASME. 119(3), 478–485 (1997)

[Hei98]   Heimann, B., Gerth, W., Popp, K.: Mechatronik. Carl Hanser Verlag, München (1998)

[Hem01]   Hemsel, T., Wallaschek, J.: Piezoelektrische lineare Schwingungsantriebe. VDI-Z/Konstr. 1, 70–71 (2001)

[Hen99]   Henke, A., Kümmel, M., Wallaschek, J.: A piezoelectrical wire feeding system for micropositioning in bonding machines. Proc. Smart Structures and Integrated Systems, Newport Beach, S. 656–664 (1999)

[IEE87]   IEEE Standard on Piezoelectricity (176–1987)

[Ise99]   Isermann, R.: Mechatronische Systeme. Springer Verlag, Berlin (1999)

[Jan92]   Janocha, H. (Hrsg.): Aktoren. Springer Verlag, Berlin (1992)

[Kal03]   Kallenbach, E., Eick, R., Quendt, P., Ströhla, T., Feindt, K., Kallenbach, M.: Elektromagnete, 2. Aufl. B.G. Teubner Verlag, Wiesbaden (2003)

[Ken91]   Kenjo, T.: Electric Motors and their Controls. Oxford University Press, Oxford (1991)

[Len01]   Lenk, A., Pfeifer, G., Werthschützky, R.: Elektromechanische Systeme. Springer Verlag, Berlin (2001)

[Mad04]   Madden, J.: Properties of electroactive polymer actuators, S. 338–343. Proc. of Actuator, Bremen (2004)

[Mem05]   Memory-Metalle GmbH: Selected properties of NiTi-based alloys. Download, Stand 29.5.2005. http://www.memory-metalle.de/html/03_knowhow/PDF/MM_04_properties_e.pdf (2005).

[Nor03]   Nordmann, R., Birkhofer, H.: Maschinenelemente und Mechatronik I. Shaker Verlag, Aachen (2003)

[Ots02]   Otsuka, K., Kakeshita, T.: Science and technology of shape-memory alloys. MRs Bull. 27(2), 91–100 (2002)

[Par04]   Parthier, R.: Messtechnik, 2. Aufl. Friedrich Vieweg & Sohn Verlag, Wiesbaden (2004)

[Pau03]   Paul, H. (Hrsg.): Lexikon der Optik, 2. Aufl. Spektrum Akademischer Verlag GmbH, Heidelberg (2003)

[PI05]   Physik-Instrumente (PI) GmbH & Co. KG: Gesamtkatalog. Karlsruhe (2005)

[Pon05]   Pons, J.L.: Emerging actuator technologies. Wiley, Chichester (2005)

[Sas92]   Sashida, T., Kenjo, T.: An introduction to ultrasonic motors. Oxford University Press, Oxford (1992)

[Set02]   Setter, N.: Piezoelectric meterials in devices. Ceramics Laboratory EPFL, Lausanne (2002)

[Stö01]   Stölting, H.-D., Kallenbach, E. (Hrsg.): Handbuch Elektrische Kleinantriebe. Carl Hanser Verlag, München (2001)

[Ueh93]   Ueha, S., Tomikawa, Y.: Ultrasonic Motors. Oxford University Press, Oxford (1993)

[US Patent 4916635] Shaping command inputs to minimize unwanted dynamics

[Wal95]   Wallaschek, J.: Modellierung und Simulation als Beitrag zur Verkürzung der Entwicklungszeiten mechatronischer Produkte. VDI-Berichte Nr. 1215, S. 35–50. Düsseldorf: VDI (1995)

[WO 00/79162]   Piezoaktor

Autorenkurzbiographien

Dr.-Ing. Dr. h.c. Albert Albers (Kap. 5, 13, 14) IPEK – Institut für Produktentwicklung, Karlsruher Institut für Technologie (KIT).

1978–1987 Studium und Promotion an der Universität Hannover; 1986–1988 Wissenschaftlicher Assistent Uni Hannover, 1989–1990 Leiter der Entwicklungsgruppe Zweimassenschwungrad bei der LuK GmbH; 1990–1994 Leitung der Abteilungen Simulation, Versuch, Prototypenbau für alle Kupplungssysteme bei der LuK GmbH; 1994–1995 Entwicklungsleiter Kupplungssysteme und Torsionsschwingungsdämpfer bei der LuK GmbH; 1995–1996 Stellvertretendes Mitglied der Geschäftsleitung bei der LuK GmbH; seit 1996 Leiter des Instituts für Produktentwicklung IPEK der Universität Karlsruhe (TH).

Forschungsschwerpunkte: Antriebstechnik, NVH/Driveability, Mechatronik, CAE-Optimierung, Produktentwicklung und Entwicklungsmethodik.

Dr.-Ing. Ludger Deters (Kap. 2.4, 10, 11.2, 16) Lehrstuhl für Maschinenelemente und Tribologie, Institut für Maschinenkonstruktion, Otto-von-Guericke-Universität Magdeburg.

1970–1983 Studium und Promotion an der TU Clausthal, 1983–1987 Leiter der Entwicklung und Konstruktion von Turbomolekularpumpem bei der Leybold AG in Köln, 1987–1994 leitende Positionen in Entwicklung und Konstruktion von Textilmaschinen und von Automatisierungssystemen und -komponenten bei der Barmag AG in Remscheid, seit 1994 Professur für Maschinenelemente und Tribologie an der Otto-von-Guericke-Universität Magdeburg.

Forschungsgebiete: Tribologie, Gleitlager, Wälzlager, Rad/Schiene-Kontakt, Reibung und Verschleiß von Verbrennungsmotorkomponenten.

Dr.-Ing. Jörg Feldhusen (Kap. 1, 4, 8) Institut für allgemeine Konstruktionstechnik des Maschinenbaus an der RWTH Aachen.

1977–1989 Studium und Promotion an der TU Berlin, 1989–1994 Hauptabteilungsleiter Elektronikkonstruktion der AEG Westinghouse Transportation Systems, 1994–1996 Leiter

© Springer-Verlag GmbH Deutschland, ein Teil von Springer Nature 2018
B. Sauer (Hrsg.), *Konstruktionselemente des Maschinenbaus 2*, Springer-Lehrbuch,
https://doi.org/10.1007/978-3-642-39503-1

Konstruktion und Entwicklung der Duewag Schienenfahrzeuge AG, 1996–1999 Technischer Leiter der Siemensverkehrstechnik Light Rail, seit 1999 Professur für Konstruktionstechnik, Leiter des Instituts für allgemeine Konstruktionstechnik des Maschinenbaus an der RWTH Aachen.

Forschungsgebiete: Product-Life-Cycle-Management: Prozesse und Tools, Verbindungstechnik für hybride Strukturen, Konstruktionsmethodik.

Dr.- Ing. Erhard Leidich (Kap. 2.1 bis 2.3, 7, 9) Institut für Konstruktions- und Antriebstechnik, Technische Universität Chemnitz, Professur Konstruktionslehre.

1974–1983 Studium und Promotion an der TH Darmstadt, 1984–1985 stellvertr. Abteilungsleiter Turbogetriebe-Konstruktion, 1986 Assist. des techn. Geschäftsführers der Lenze GmbH Aerzen, 1987–1993 Hauptabteilungsleiter Entwicklung und Konstruktion der Lenze GmbH & Co KG Extertal, seit 1993 Leiter der Professur Konstruktionslehre an der TU Chemnitz.

Forschungsgebiete: Welle-Nabe-Verbindungen, Reibdauerbeanspruchung, Gleitlager, kostenorientierte Produktentwicklung, Betriebsfestigkeit.

Dr. Ing. habil. Heinz Linke (Kap. 15) Fachgebiet Maschinenelemente, Technische Universität Dresden.

1952–1955 Maschinenbaustudium an der Fachschule Schmalkalden; 1955–1970 Tätigkeit im VEB Strömungsmaschinen Pirna als Berechnungsingenieur, Gruppenleiter, stellv. Abteilungsleiter auf dem Gebiet Gasturbinen (Luftfahrt), Strömungsgetriebe, Schiffsgetriebe, stationäre Anlagen; 1957–1965 Fernstudium an der TU Dresden, Abschluss: Dipl.-Ing. Strömungstechnik; 1967–1970 außerplanmäßige Aspirantur an der TU Dresden, Promotion: Fachgebiet Antriebsdynamik; 1971 Beginn der Tätigkeit an der TU Dresden, Oberassistent, Dozent, ab 1979 Professor für Maschinenelemente, 1978 Habilitation, Fachgebiet Konstruktionstechnik/Maschinenelemente; Ab 2000, nach dem offiziellen Ausscheiden aus der TU Dresden aus Altersgründen, freier Mitarbeiter; Tätigkeiten in der Forschung und für die Industrie auf dem Gebiet Tragfähigkeit/Schadensursachen von Antrieben und Antriebselementen.

Forschungsgebiete: wiss. Arbeiten auf dem Gebiet Zahnradgetriebe, Tribotechnik.

Dr.-Ing. Gerhard Poll (Kap. 11.1 und 11.3, 12, 17) Institut für Maschinenelemente, Konstruktionstechnik und Tribologie der Leibniz Universität Hannover.

1972–1983 Studium und Promotion an der RWTH Aachen, 1984–1987 Technische Beratung Elektromaschinen und Bahnantriebe bei SKF Schweinfurt, 1987–1992 Projektleiter in den Abteilungen Wälzlagerdichtungen und Tribologie im SKF Forschungszentrum ERC in Nieuwegein, Niederlande, 1992–1996 Leiter Forschung und Entwicklung Wälzlagerdichtungen bei CR Industries in Elgin, Illinois, seit 1996 Leiter des Instituts für Maschinenelemente, Konstruktionstechnik und Tribologie der Leibniz Universität Hannover.

Forschungsgebiete: Tribologie, stufenlose Fahrzeuggetriebe, Wälzlager, Dichtungstechnik, Synchronisierungen, Dynamik von Zahnriementrieben.

Dr.-Ing. Bernd Sauer (Herausgeber, Kap. 1, 3, 6) Lehrstuhl für Maschinenelemente und Getriebetechnik, Technische Universität Kaiserslautern.

1976–1987 Studium und Promotion an der TU Berlin, 1988–1993 Leiter der Konstruktion von Bahnantrieben und Motoren bei der AEG Bahntechnik AG, 1993–1997 Hauptabteilungsleiter Berechnung und Vorlaufentwicklung bei AEG Schienenfahrzeuge GmbH, 1997–1998 Entwicklungsbereichsleiter für Fernverkehrstriebzüge bei Adtranz Deutschland GmbH, seit 1998 Inhaber des Lehrstuhls für Maschinenelemente und Getriebetechnik der Technischen Universität Kaiserslautern.

Forschungsgebiete: Tribologie, Wälzlager, Dichtungstechnik, Schraubenverbindungen, Dynamik von Maschinenelementen.

Dr.- Ing. habil. Jörg Wallaschek (Kap. 18) Institut für Dynamik und Schwingungen, der Leibniz Universität Hannover.

Studium und Promotion an der Technischen Hochschule Darmstadt, 1987 Promotion, 1991 Habilitation, 1991–1992 Daimler Benz AG, Fachreferatsleiter Schwingungsmechanik am Forschungsinstitut der AEG Frankfurt, seit 1992 Professor Universität Paderborn, Leiter des Lehrstuhles für Mechatronik und Dynamik, seit 2007 Leiter des Institutes für Dynamik und Schwingungen, Leibniz Universität Hannover.

Forschungsgebiete: Maschinendynamik, Piezoelektrische Aktoren, Mechatronische Systeme, Ultraschalltechnik, Rollkontakte.

Sachverzeichnis

A

Abrasion 22
Achsabstand 372, 376, 382, 384, 386,
    392–394, 397, 398, 400, 413, 481, 482, 486,
    493, 506, 525, 541
Achsenwinkel 367, 368, 495, 499, 503
ACM 227
Additiv 21, 31, 39, 40, 43
Additivierung 65, 174, 341
Adhäsion 10, 16, 22
aktives Dichtelement 165
Aktor 236, 258, 636– 661
    piezoelektrischer 640, 641, 642
    pneumatischer 657
Aktorprinzipien 639
Anfahrhilfe, hydrostatische 129
angestellte Lagerung 152
Anpresskraft 214
Anpressvorrichtung 621
Antriebmaschine 237
Antriebsstrang 237
Antriebssystem 240
Anwendungsfaktor 423
Arbeitsmaschine 237
Asynchronmotor 624, 655, 656
Ausgangsgröße 2, 3, 12, 237, 369, 637, 638,
    640
Außenbackenbremsen 297, 298
Außenring 132, 134, 135
äußere Axialkraft 140, 170
Axialfaktoren 170
Axialgleitlager 29, 78, 79, 103, 106, 108, 110,
    113, 114, 129, 130
Axialkegelrollenlager 139, 140

Axialkraft
    äußere 140, 170
    innere 140, 154
Axiallager 71, 79–81, 83, 86, 103, 129, 139,
    146, 148, 182, 183
Axialluft 137, 139, 149
Axialnadellager 139, 140
Axialpendelrollenlager 139, 140
Axialrillenkugellager 139, 140

B

Balgkupplung 284, 286, 304
Bandbremsen 297, 298
Basiszeichen 146
Bauformen, Kupplung 282
Beanspruchung, tribologische 10
Belastung, dynamische 169, 170
    mittlere äquivalente 170
berührungsfreie Dichtung 165, 166, 198, 201,
    202, 207, 213
Beschleunigungsmessung 666
Betätigen, Kupplung 273
Betätigungssystem 274, 288, 289, 354
    Kupplung 354
Betriebseingriffswinkel 392, 393, 400, 541
Betriebslagerluft 149, 150
Betriebsviskosität 77, 90, 174
Bezugsprofil 381, 382, 390, 391, 394, 396,
    397, 407, 408, 491
Bezugsviskosität 157, 174
Biegefrequenz 567–569, 571, 574, 578, 590
Blechkäfig 145
Bogenzahnkupplung 284, 285

© Springer-Verlag GmbH Deutschland, ein Teil von Springer Nature 2018
B. Sauer (Hrsg.), *Konstruktionselemente des Maschinenbaus 2*, Springer-Lehrbuch,
https://doi.org/10.1007/978-3-642-39503-1

Bohrgeschwindigkeit 629
Bohrreibung 14, 614
Bohrschlupf 615, 620, 625, 630
Bolzenketten 594, 595
bordgeführter Käfig 144
Bordscheiben 138
Breitenballigkeit 459, 492
Breitenfaktor 433–437, 446
Breitenlastverteilung 434, 435, 445, 479, 498
Breitenreihe 146
Bremse 268, 297–299
Buchsenketten 595, 599, 600, 611
Bügelfederkupplung 288

C
Cyclo-Getriebe 382, 525, 528

D
Dehnschlupf 549, 554
Dehnungs-Mess-Streifen (DMS) 667
Dichtelement
  aktives 164, 165
  elastisches 206
Dichtmasse 203, 204
Dichtscheiben 165, 166, 177, 213
Dichtung 158, 159, 164–166, 196– 233
  berührungsfreie 165, 166, 198, 201, 202,
    207, 213
  dynamische 196, 205
  Gebrauchsdauer 228
  statische 196, 197, 203
Dichtungslauffläche 200, 218
dilatante Fluide 61, 62
Doppeleingriff 359, 395, 396, 427, 473
Drehdurchführung 212
Drehmomentenverhältnis 519
Drehmomentungleichförmigkeit 279
Drehmomentwandler 242
Drehungleichförmigkeit 257, 263, 278, 279,
  287, 306
Drehzahl, mittlere 158, 162
Drehzahlbereich 77, 198, 214, 240, 245, 271,
  314, 317, 334, 335
drehzahlbetätigte Kupplung 291, 292
Drehzahlwandler 238, 240, 269, 610
Drehzahlwandlung 253, 254, 269
Drosselwirkung 198
Druckumlaufschmierung 474, 475, 608

Druckwinkel 136, 139, 140, 142, 143, 147,
  149, 154, 167, 169, 170
Durchmesserreihe 146, 147
dynamische Belastung 169–171
dynamische Dichtungen 196, 205
dynamische Tragzahl 169, 170, 192
dynamische Viskosität 55–57, 60, 89, 91, 115

E
Effekt, elektrodynamischer 648
EHD-Schmierung (elastohydrodynamische
  Schmierung) 30, 37, 38, 40, 41, 156, 165,
  197, 230, 615
Eigenfrequenz 167, 256, 263, 265, 271, 275,
  303, 428, 564
Eigenkreisfrequenz 263, 316–318, 428
Einbaulagerluft 148–150
Eingangsgröße 2, 3, 237, 369, 637, 638, 640
Eingriffsfedersteifigkeit 440
Eingriffslinie 378, 383, 392–394, 401, 420,
  440
Eingriffsstrecke 394, 395, 400, 405, 412, 413,
  419, 420, 472, 482
Eingriffsteilung 389, 394, 412
Eingriffsteilungsfehler 439
Eingriffswinkel 387, 408–410, 412, 454
Einlaufverhalten 83
einreihiges Schrägkugellager 140, 141
Einscheibenkupplung 290, 290
Einzeleingriff 395, 396, 402, 440, 444, 453
Einzeleingriffsfaktor 444, 446, 466
elastisches Dichtelement 206
elastische Lagerung 74
Elastizitätsfaktor 361, 444, 446, 466, 480, 502
elastohydrodynamische Schmierung 30, 37,
  38, 40, 41, 156, 165, 197, 230, 615
elektrodynamischer Effekt 648
Elektromotor 71, 152, 172, 241, 288, 363, 424,
  651–657
Encoder 664, 665, 668
Energiewandler 638
EP-Zusätze (Extrem-Pressure-Zusätze) 414,
  476
Ermüdungsbruch 177, 361, 415, 416, 451, 452,
  463, 470
Ermüdungslebensdauer 135, 139, 154, 158,
  171
Ermüdungsschaden 166, 177, 184, 185, 468,
  617

Ersatz-Geradstirnrad 411, 498

Ersatzkrümmungsradius 443

Ersatz-Schrägstirnrad 497, 498

Evolvente 384–389, 391, 392, 402, 486, 492–495

Evolventenfunktion 386

Evolventenverzahnung 32, 381–384, 389, 396, 397

Eytelweinsche Gleichung 562

F

Federkennlinie 280, 291, 340

Festkörperreibung 13–16, 23, 26, 30, 31, 205, 345, 346, 615

Festlager 71, 75, 138, 151, 152

Festlegung von Lagerringen 147

Fest-Loslagerung 151

Festschmierstoffe 29, 30, 41, 42, 49, 54, 55, 78, 145, 155, 164

Feststoffschmierung 164

Fette 29, 49, 51, 52, 62, 118, 155, 159

Fettgebrauchsdauer 51, 135, 158, 220

fettgeschmiertes Gleitlager 116–118

Fettmengenregler 158, 159, 164, 220, 221

Fettschmierung 1, 17, 76, 117, 156, 158–160

Fettwechselfristen 158

Filzring 165

Flächenpressung 166, 199, 200, 203, 229, 283, 304, 311, 312, 321, 346

Flachriemen 549, 550–553, 555–557

Flachriemenscheiben 553

flankenoffene Keilriemen 557

Flankenpressung 382, 383, 395, 403, 412, 430, 431, 441, 445, 446, 450

Fliehkraftspannung 522, 561, 567, 577

Fliehkraftwirkung 475, 522, 561, 562, 567, 569, 590

Fluide, dilatante 61, 62

Flüssigkeitsfilm, hydrodynamischer 164

Flüssigkeitsreibung 10, 15, 16, 32, 78, 81

Förderstruktur 231, 232

Förderwirkung 162, 199

Formänderungsschlupf 614, 620, 631

Formgedächtniseffekt 658, 659

Formschleifverfahren 483

formschlüssige Kupplung 274, 283, 289, 290, 291, 293, 310, 319

Föttinger-Kupplung 295

FPM 227

Freiheitsgrad 238, 256, 257, 270, 305

fremdbetätigte Kupplungen 274, 288, 295, 297

fremdgeschaltete Kupplung 274, 288

Fressen 83, 414, 415, 617

Friktionswerkstoff 338, 340–350

Fußkreisdurchmesser 359, 389, 391, 489, 490, 499, 540, 597

G

Gebrauchsdauer von Dichtungen 228

Geradstirnrad, virtuelles 497

Gesamtüberdeckung 408

Gesamtübersetzung 263, 370–372, 379, 479

Geschwindigkeit, optimale 571

Getriebe 2, 5, 46, 64, 242

  hydraulisches 252

  hydrodynamisches 254

  hydrostatisches 252

  Lebensdauer 172

Getriebeverlust 470, 471

Getriebeverlustgrad 470, 471

Gewaltbruch 415, 451, 462

Gleichlaufgelenke 287

Gleichstrom-Motor 651, 652

Gleitgeschwindigkeit 20, 21, 36, 54, 78, 90, 93, 97, 98, 101, 104, 108, 115, 116, 131, 179, 312, 344, 361, 417–420

Gleitlager 5, 9, 77

  fettgeschmiertes 116

  wartungsfreies 131

Gleitlagerwerkstoffe 84, 85

Gleitreibung 13, 14, 17

Gleitringdichtungen 165, 208, 214

Gleitschuhe 79, 80

Gleitwege 421

Gleitzone 563, 570

Graufleckigkeit 414, 415

Grenzreibung 10, 15, 31, 81, 82

Grenzschmierung 30, 31, 38, 40

Grenzzähnezahl 401

Größenfaktor 449, 450, 462

Grübchenbildung 166, 450, 465

Grübchen-Dauerfestigkeit 448, 543

Grübchenfestigkeit 448

Grundkreis 360, 384

Grundkreisdurchmesser 359, 389

Grundkreisteilung 389

Gümbelscher Halbkreis 92

H

Haftschmierstoffe 42, 52
Haftzone 563, 570
Halbtoroidgetriebe 618, 620, 625
Haltebremse 297, 320, 321
Harmonic-Drive 525
Hauptkrümmungsradius 629, 630
Hauptresonanz 426–428
Herstelllagerluft 149
Hertzsche Pressung 170, 174, 362, 420, 441, 442
Hertzsche Theorie 167, 442
Hirth-Verzahnung 283
HNBR 227, 228
Hüllkurve 378–381, 384, 385, 404
Hülltriebe 249, 548
Hybridlager 146
Hydraulikzylinder 202, 640, 657, 658
hydraulische Kupplung 253, 294
hydraulischer Aktor 638, 657
hydraulisches Getriebe 252
Hydrodynamik 15, 30, 252
hydrodynamische Schmierung 32, 78
hydrodynamischer Flüssigkeitsfilm 164
hydrodynamisches Getriebe 254
Hydrostatik 252, 253
hydrostatische Anfahrhilfe 129
hydrostatische Kupplung 296
hydrostatisches Getriebe 252
hydrostatisches Gleitlager 78, 118
hydrostatische Schmierung 38
Hyperboloide 365, 366
Hypoidgetriebe 365, 369, 493
Hystereseverluste 178

I

Innenbackenbremse 297, 298
Innenring 132, 134, 135, 137, 294
innere Axialkraft 140, 154

K

Käfig 134
  bordgeführter 144
  wälzkörpergeführter 144
Kantentragen 84
Kapillarviskosimeter 56
Kegelräder 495, 498
Kegelradgetriebe 493

Kegelrollenlager 135, 140
  zweireihiges 140
Keilriemen 550, 552, 553, 556–558
  flankenoffener 557
Keilriemengetriebe 553, 578
Keilriemenscheiben 579, 581, 585
Keilriemen-Wirklänge 581
Keilrippenriemen 557, 558, 584
Kennmoment 312, 313, 320
Kennungswandlung 239
Ketten 52, 249, 372, 593, 594
Kettenarten 594
Kettengeschwindigkeit 595, 598
Kettengetriebe 246, 593
Kettengliederzahl 595, 597, 598, 604
Kettenlängung 549, 599
Kettenrad 593, 595, 596
  Abmessungen 597
Kettenspannung 600
kinematische Viskosität 56, 157, 180
kinetische Energie 254, 258, 259, 299
Klassierung von Kupplungen 273
Klauenkupplung 282–284, 288, 302
kleinste Schmierspalthöhe 79, 103–105
Klemmkörperfreilauf 293–295
Kolbenringe 212
Kommutator 651–653
Konsistenzklasse 64, 159
Kontaktflächen 8
Kopfhöhenänderungsfaktor 390, 400, 412, 541
Kopfkreisdurchmesser 359, 389–391, 397, 410, 489, 497, 499, 540, 597
Kopfkürzung 391, 400, 413
Kopfspiel 359, 390, 391, 397
Koppelgetriebe 250, 251, 530
Korrosion 1, 29
Kraftschlussausnutzung 622, 625, 628
Kreisbogenverzahnung 382
Kreuzkegelrollenlager 140, 141
Kreuzzylinderrollenlager 140, 141
Krümmungsradius 379, 396, 400–402, 440
Kugelfallviskosimeter 56
Kugelführungen 143
Kugellager 134–137
Kugelumlaufsysteme 143
Kühlung 87, 88, 96
Kupplung 237, 241
  ausgleichende 274
  Betätigen 253
  Betätigungssystem 354

Bauformen 282
drehelastische 279, 314
drehstarre 272, 314
drehzahlbetätigte 291, 292
formschlüssige 274, 283, 289, 290, 291,
 293, 310, 319
fremdbetätigte 274, 288, 295, 297
fremdgeschaltete 274, 288
hydraulische 253, 294
hydrostatische 296
Klassierung 273
momentbetätigte 292, 293, 337
schaltbare 288
Schalten 273
selbstschaltende 274
Kupplungsberechung 352
Kupplungsleistung 515
Kupplungsmoment 268, 269, 276, 306, 310
Kupplungsscheibe 291, 304
Kupplungswerkstoffe 338
Kurvengetriebe 250, 251
Kurzzeichen für Wälzlager 146, 147
Kutzbachplan 513

L
Labyrinth 165, 166, 196, 198
Lageranordnung
 O-Anordnung 142, 151, 155
 X-Anordnung 142, 151, 155
Lagerbelastung 154, 158, 169
 spezifische 79, 81, 84, 86, 89
Lagerkäfig 144, 145
Lagerlebensdauer 166, 170
Lagerluft 76, 136, 148
Lagerringe, Festlegung 147
Lagerspiel, relatives 89, 90
Lagerung 69
 elastische 74
 schwimmende 152
Lamellenkupplung 291, 292
Lamellenpaketkupplung 284, 286
Längung der Kette 549, 599
Laser-Doppler-Interferometer 666
Laser-Interferometer 664
Lastkennlinie 239
Lastkollektiv 179, 269, 429
Lasttrum 548, 550, 554, 561, 563, 564
Lasttrumkraft 550, 564
Lastverteilung 167, 169, 433

Laufbahn 134, 135
Lebensdauer, modifizierte 172
Lebensdauerfaktor 361, 448, 449, 460, 466
Leckage 221
Leckageverluste 206, 296
Leertrumdurchhang 593
Leistung 236, 237
 übertragbare 571, 572, 583, 588, 632
Leistungsbremse 297, 321
Leistungsverlust 419, 469, 471, 476, 515
 Reibradgetriebe 633
Linienberührung 9, 134, 135, 156
 modifizierte 134, 135
Longitudinalaktor 642
Loslager 71, 74, 138, 139

M
magnetische Kupplung 296
Magnetlager 73
magnetostriktiver Aktor 660
Makroschlupf 244, 614, 616
Massenreduktion 258
Massenträgheit 257, 258, 261
Massivkäfige 145
Maximaldrehzahl 180
mechatronisches System 236, 258, 636
Mehrfachkette 595
Mehrfachübersetzung 261
Mehrflächen-Axiallager 129, 130
Mehrgleitflächenlager 79, 80, 82, 90, 101, 102
Mehrscheibenkupplung 291
Mehrschichtriemen 556, 568
Mikropitting 414
Mikroschlupf 616
Mikrospaltdichtung 200, 208, 230
Mindestbelastung 152, 177
Mindestdurchmesser 521, 558, 572, 573
Mineralöl 29, 42–46, 53, 57, 60, 63, 65, 127,
 128, 161, 162
 Dauertemperatur 474
 spezifische Wärme 475
 Viskosität 59, 157
 volumenspezifische Warmekapazität 90, 97
minimale Schmierfilmdicke 38, 79, 92
Minimalmengenschmierung 133, 158
Mischreibung 10, 81, 82
mittlere äquivalente dynamische
 Belastung 170
mittlere Drehzahl 158, 162

Modellbildung 256, 257, 281, 649
modifizierte Lebensdauer 172
modifizierte Linienberührung 134, 135
Modul 360, 370, 388
momentbetätigte Kupplung 292, 293, 337
Momentenreduktion 261
Momentenverhältnis 245, 254, 360, 373
Multilayer-Aktor 642

N

Nachschmierfrist 158
Nachsetzzeichen 146
Nadelkränze 133
Nadellager 135, 137
NBR (Nitril-Butadien-Kautschuk) 165, 227
Neubefettung 158
Newtonsches Verhalten 60
Nitril-Butadien-Kautschuk 165, 227
Nominelle Lebensdauer 171, 172
Normaleingriffswinkel 408, 409
Normalflankenspiel 488
Normalmodul 360, 408, 411, 456
Normalschnitt 362, 408, 409
Normalteilung 408, 409, 540
Nutzkraft 548, 560–562

O

Oberflächenzerrüttung 22
Oktoide 493
Ölbadschmierung 162
Öle 155, 160
Öleinspritzschmierung 162
Ölmenge 162, 163, 475
Ölnebelschmierung 162
Ölschmierung 160
Ölübertemperatur 474, 475
Ölumlaufschmierung 76, 77, 87, 162, 183
optimale Geschwindigkeit 571

P

Pendelkugellager 139–141
Pendelrollenlager 135, 139, 140, 141, 143
Piezoelektrischer Effekt 641
Pitting 183
Planetengetriebe 243, 247, 510, 515
  Wirkungsgrad 511, 515
Planeten-Stellkoppelgetriebe 530, 623
pneumatischer Aktor 657

Polygoneffekt 593, 598
Pourpoint 44, 49, 63
Profikorrektur 492
Profil 381, 482
Profilüberdeckung 394, 395, 411, 412
Profilverschiebung 411, 412, 481, 482, 493,
  497
Profilverschiebungsfaktor 453, 482, 506
Profilverschiebungssumme 480, 495
Profilwinkel 387, 487
Protuberanzwerkzeug 459, 483, 523
Pumpenleistung 124, 128, 130
Pumpenmoment 254
Punktberührung 134, 135

R

Radialfaktoren 170
Radialgleitlager 14, 15, 29, 78, 88, 100
Radialkraft 71, 143, 167, 169, 215, 216
Radialluft 149
Radialwellendichtringe 166, 199, 200, 206
Rauheitsfaktor 361, 450, 461, 464, 470, 503
Referenzbelastung 182
Referenzdrehzahl 136, 182
  thermische 182
Referenztemperatur 182
Referenzviskosität 182
Referenzzustand 183
Regelbremse 297, 321
Reibmoment 12, 143, 180, 208, 311
Reibradgetriebe 248, 370, 613
  mit fester Übersetzung 622
  Leistungsverlust 633
Reibradius 310, 311, 349
Reibradwerkstoffe 626
Reibung 1, 12, 132, 137, 143
Reibungsarten 13
Reibungskoeffizient 13, 39, 180
Reibungsleistung 124, 125, 130
Reibungsmechanismus 16
Reibungsschwingungen 17
Reibungszahl 12, 13, 15, 17, 20, 26, 28, 31, 81,
  93, 94, 100, 346, 362, 473, 564
Reibungszustände 14
Reibwerkstoffe 342
relatives Lagerspiel 89, 90
Relaxation 215
Reluktanzmotor 651, 653, 654
Retarder 298
Reynoldszahl 89

rheopexes Verhalten 62
Riemenbreite 558, 566, 568, 574–577, 588, 590, 592
Riemengetriebe 549, 552, 554, 559
Riemenlänge 560, 571
Riemenlebensdauer 572
Riemenprofile 583
Riemenscheiben 571–573
Riemenspannvorrichtung 561
Riemenvorspannkraft 560, 561, 564
Rillenkugellager 134, 136, 137
Ritzeldurchmesser 480
Rollenketten 595, 596
Rollenlager 134, 135, 137
Rollenumlaufschuhe 143
Rollreibung 13, 179, 246
Rotaryketten 595
Rundriemen 552, 553
Rutschmoment 312, 337

S
Satzrädereigenschaft 381, 382
Schalenkupplung 283
Schalten 273, 274
Schalthäufigkeit 299, 321
Schaltmoment 310, 312, 322
Schälung 183, 184
Scheibenbremse 297, 298
Scheibendurchmesser 556, 567, 568
Scheibenkupplung 283, 290
Scherverluste 133, 162, 178
Schleifaufmaß 483
Schleifringläufer 655
Schlupf 143, 144, 179, 180, 249, 250, 254, 269, 276, 310, 312, 552, 613
Schmierfette 42, 47, 48, 52
Schmierfilmdicke 79, 92, 93, 98, 100, 101, 108, 109, 156, 205
  minimale 38, 79, 92
Schmierfrist 51, 158, 159
Schmierring 87
Schmierstoff 29, 30
Schmierstoffdurchsatz 93
Schmierstoffviskosität 16, 81, 88
Schmierstoffzufuhr 88
Schmierung 1, 18, 28, 29, 117
  elastohydrodynamische 30, 37, 38, 40, 41, 156, 165, 197, 230, 615

hydrostatische 38, 79
Schnecke 359, 360, 369, 503, 505
Schneckengetriebe 365, 369, 493, 502, 504, 505, 509
Schneckenrad 360, 361, 369, 503, 504, 506
Schrägenfaktor 361, 445
Schrägkugellager 14, 140, 142
  einreihiges 140, 141
  zweireihiges 140, 141
Schräglager 136, 139, 140
Schrägungswinkel 362, 394, 408, 409
Schrägverzahnung 409
Schraubgetriebe 365, 502
Schulterkugellager 140
Schutzlippen 165
schwimmende Lagerung 152
selbstschaltende Kupplung 274
Selbstspannung 569
Sensor 236, 636
  kapazitiver 664
Spannrolle 548, 550, 560, 566, 569, 572
Spannungskonzentrationsfaktor 452
Spannungskorrekturfaktor 452
spezifische Lagerbelastung 79, 81, 84, 86, 89
spezifisches Gleiten 419, 420
Spiralverzahnung 494
Sprungüberdeckung 407, 481, 498, 499, 541
Standgetriebe 510, 511, 516, 518, 524
statische Dichtung 196, 197, 203
statische Tragzahl 170
Steifigkeiten 257, 258, 260
Stellsignal 636
Stick-slip 17
Stirneingriffswinkel 408, 540
Stirnfaktor 433, 439, 454
Stirnmodul 360, 408, 411, 497, 499, 540
Stirnschnitt 404, 405, 408, 411
Stirnteilung 408, 409
Stirnzahnkupplung 283
Stopfbuchse 206
Stoppbremse 297, 321
Stribeck-Kurve 14, 15, 81
Stützlager 138
Subsystem 237
Summengeschwindigkeit 361, 421
Swampsche Methode 515
Synchronmotor 656, 657
Syntheseöle 42, 46

T

Tandemanordnung 142
Tauchschmierung 473, 475–477, 607
Tauchspulen-Aktor 648
Teilkegel 495, 497
Teilkegelwinkel 362, 495, 497
Teilkreis 359, 360, 388, 392, 397
Teilkreisdurchmesser 359, 387, 388, 390, 394
Teilschmierung 30, 31, 40, 41
Teilung 360, 389, 398, 409, 588
thermische Referenzdrehzahl 182
thixotropes Verhalten 61
Toleranzklasse 149
Tonnenlager 135, 137, 139, 143
Toroidalrollenlager 135, 137, 139, 143
Toroidgetriebe 617, 618, 620
Torsionssteifigkeit 256, 260, 261, 263
Trag-Stützlagerung 152
Tragzahl 167, 170
    dynamische 169, 170, 192
    statische 169, 170
Transversalaktor 643
Triangulationsverfahren 664
tribochemische Reaktion 9, 22, 24
Tribologie 1, 2
tribologische Beanspruchung 10
tribotechnisches System 2, 3
Triebstockerzahnung 382
Tropfölschmierung 162
Tropfschmierung 607
Trumkraftverhältnis 562, 563
Trumneigungswinkel 575, 576, 586, 591, 602
Turbinenmoment 254

U

Überdeckungsfaktor 361, 362, 445
Überlastungsfaktor 445
Überlebenswahrscheinlichkeit 27, 172
Übersetzung 240, 241, 243, 245, 248, 258,
    259, 263, 363
Übersetzungsaufteilung 479, 480
Übersetzungsverhältnis 243, 493, 494, 550,
    551, 553, 570
übertragbare Leistung 571, 572, 583, 588, 632
Umlaufgetriebe 510
Umlaufschmierung 77, 87, 88, 90, 96, 475
Umschlingungswinkel 549, 553, 559
Unterschnitt 384, 401, 402

V

Vergrößerungsfaktor 263
Verlagerungen 274, 277, 279
Verlustleistung 129, 182, 183, 244, 325
Verschleiß 1, 2, 8, 10, 21, 23
    durch Rutschen 621
Verschleißfestigkeit 84
Verschleißpartikel 1, 10, 22
Verstellbereich 617, 623, 624
Verstellgetriebe 555, 556, 558, 617, 624
Verzahnungsgesetz 375
Verzahnungstoleranzen 483
virtuelle Zähnezahl 410
virtuelles Geradstirnrad 497
Viskosimeter 56
Viskosität 30, 36, 38, 42, 44, 55, 476, 477
    dynamische 55–57, 60, 89, 91, 115
    kinematische 56, 157, 180
Viskositätsindex 48, 49
Vogelpohl-Formel 62
Voice-Coil-Aktoren 640
vollrollige Zylinderrollenlager 139
Vollschmierung 30, 32
Volltoroidgetriebe 618, 620
Vorsetzzeichen 146
Vorspannkraft 216, 555, 560, 561, 562, 583

W

Walkpenetration 64
Wälzen 73, 132
Wälzermüdung 133, 174
Wälzgerade 378, 379
Wälzgeschwindigkeit 472, 476, 513, 629
Wälzgetriebe 365, 613
Wälzkörper 73, 132
wälzkörpergeführter Käfig 144
Wälzkreis 376, 397
Wälzkreisdurchmesser 382, 393
Wälzlager 9, 64, 73, 132
    Werkstoffe 146
Wälzlagerdichtung 164, 217, 218
Wälzlagerschmierung 155
Wälzleistung 516
Wälzleistungsflussrichtung 517, 519, 520
Wälzpunkt 359, 376
Wälzschleifverfahren 483
Wandlerüberbrückungskupplung 330
Wandlung 237

Wärmebelastung 303, 304, 313, 319, 325, 329
Wärmebilanz 96
Wärmeeintrag 320, 324
Wärmekapazität 90, 97
Wärmeleistung 320, 324, 325
wartungsfreies Gleitlager 131
Wellenabdichtung 208
Wellenabstand 548, 553, 554, 557, 559, 560, 562, 568, 573, 575
Wellenbelastung 577, 583, 584, 587
Wellendichtung 87
Wellenleistung 516
Werkstoffpaarungsfaktor 450, 466, 480
Werkzeugkopfhöhe 401
Wheatstonesche Brückenschaltung 667, 668
Winkelringe 138
Wirkdurchmesser 277, 549, 559, 566, 578, 581, 585
Wirkflächenpaare 238, 272
Wirkungsgrad 13, 124, 226, 238, 244, 245, 254, 362, 369, 372
  Planetengetriebe 511, 515
Wöhlerlinie 429
Wolfsche Symbole 525

Z
Zahnbreite 359, 394, 407, 433, 436, 447, 466, 478, 489, 495
Zahndicke 386, 391, 392, 398, 401, 486
Zähnezahl 491, 497, 499, 587, 588, 590

  virtuelle 410
Zahnflankenschaden 414
Zahnfußbruch 414, 415
Zahnfußtiefe 360, 390
Zahnfußtragfähigkeit 402, 451
Zahnhöhe 360, 390
Zahnkopfhöhe 390, 497
Zahnnormalkraft 423, 441, 443
Zahnradgetriebe 245, 247, 363
Zahnriemen 550, 553, 558, 559, 587
Zahnstange 363, 367, 380
Zahntangentialkraft 422
Zahnverlustfaktor 473
Zahnweite 398, 486, 488
Zonenfaktor 361, 444
Zugkrafthyperbel 240
Zugmittel 548
Zugmittelgetriebe 548
zweireihiges Kegelrollenlager 140
zweireihiges Schrägkugellager 140, 141
Zwischenstoff 2, 5
Zykloidenverzahnung 382, 383
Zylinderrollenlager 32, 135, 137, 138
  vollrolliges 139
Zylinderschneckengetriebe 504, 505, 507, 532